执业兽医资格考试指南
（兽医全科类）
基础科目
2025年

全国执业兽医资格考试推荐用书

中国兽医协会 组编

机械工业出版社

本书由中国兽医协会组织兽医学各学科权威专家，紧密围绕《全国执业兽医资格考试大纲（兽医全科类）（2025版）》要求的知识点，精心编写而成。内容包括兽医法律法规和职业道德，动物解剖学、组织学与胚胎学，动物生理学，动物生物化学，动物病理学，兽医药理学。全书采用双色印刷，并对重点内容突出显示，方便考生掌握考试重点；配有高清图片及详细图表，便于考生理解；配备电子书及核心考点精讲视频，方便考生随时随地复习。

本书重点突出、结构合理、逻辑性强，便于考生理解和记忆，以期为参加执业兽医资格考试的考生高效复习、备考及提高考试能力提供卓有成效的帮助。

图书在版编目（CIP）数据

执业兽医资格考试指南（兽医全科类）基础科目. 2025年 / 中国兽医协会组编. -- 北京：机械工业出版社，2025.3. -- (全国执业兽医资格考试推荐用书). ISBN 978-7-111-77555-3

I. S85

中国国家版本馆CIP数据核字第2025YZ7203号

机械工业出版社（北京市百万庄大街22号 邮政编码100037）
策划编辑：周晓伟 高 伟　　责任编辑：周晓伟 高 伟 刘 源
责任校对：张爱妮 李 婷　　责任印制：单爱军
保定市中画美凯印刷有限公司印刷
2025年3月第1版第1次印刷
184mm×260mm・35印张・893千字
标准书号：ISBN 978-7-111-77555-3
定价：115.00元

电话服务　　　　　　　　　　网络服务
客服电话：010-88361066　　机　工　官　网：www.cmpbook.com
　　　　　010-88379833　　机　工　官　博：weibo.com/cmp1952
　　　　　010-68326294　　金　书　网：www.golden-book.com
封底无防伪标均为盗版　　　机工教育服务网：www.cmpedu.com

编审委员会

顾　问　陈焕春　沈建忠　金梅林
主　任　辛盛鹏
副主任　刘秀丽
委　员（按姓氏笔画排序）

王化磊	王丽平	冯亚楠	刘　源	刘　璐	刘大程
刘永夏	刘钟杰	许心怡	许巧瑜	李　靖	杨利峰
杨艳玲	束　刚	何启盖	张龙现	张剑柄	张源淑
陈　洁	陈向武	陈明勇	林鹏飞	周振雷	周晓伟
郎　峰	赵德明	党晓群	高　伟	郭慧君	剧世强
盖新娜	彭大新	董　婧			

本书编写组

兽医法律法规和职业道德
主编 陈向武 闫 聪
编者 陈向武 闫 聪 常 鹏 花丽茹 韩玉刚 李 倩
　　　陈孙林枫

动物解剖学、组织学与胚胎学
主编 张剑柄
编者 张剑柄 齐旺梅 韩宝祥 贺鹏飞

动物生理学
主编 束 刚 王 玮
编者 束 刚 杨建成 王 玮 贺 斌 史慧君 朱灿俊

动物生物化学
主编 张源淑
编者 张源淑 李卫真 李士泽

动物病理学
主编 杨利峰 赵德明
编者 杨利峰 赵德明 贺文琦 王金玲 白 瑞 董俊斌

兽医药理学
主编 王丽平
编者 王丽平 黄金虎 王晓明 高修歌 代兴杨

序 FOREWORD

兽医，即给动物看病的医生，这大概是兽医最初的定义，也是现代民众对兽医的直观认识。据记载，兽医职业行为最早可以追溯到3800多年前。在农耕社会，兽医的主要工作内容以治疗畜禽疾病为主；20世纪初到20世纪80年代，动物规模化饲养日益普遍，动物传染病对畜牧业发展构成了极大威胁，控制和消灭重大动物疫病成为这一时期兽医工作的主要内容；20世纪末至今，动物饲养规模进一步扩大，集约化程度进一步提高，动物产品国际贸易日益频繁，且食品安全和环境保护问题日益突出，公共卫生问题越来越受关注，社会对兽医职业的要求使得兽医工作的领域不断拓宽，除保障畜牧业生产安全外，保障动物源性食品安全、公共卫生安全和生态环境安全也逐渐成了兽医工作的重要内容。

社会需求多元化引发了兽医职业在发展过程中的功能分化，兽医专业人员的从业渠道逐渐拓宽，承担不同的社会职责，因而，兽医这一古老而传统的职业在当下社会中并未随着工业化、信息化进程的加速而衰落，相反以强劲的发展势头紧跟时代的脚步。

我国社会、经济的发展对兽医的要求不断提高，兽医职业关系公共利益，这种职业特性决定了政府要规定从事兽医工作应具备的专业知识、技术和能力的从业资格标准，还要规定实行执业许可（执照）管理。2005年，在《国务院关于推进兽医管理体制改革的若干意见》（国发〔2005〕15号）中，第一次提出"要逐步推行执业兽医制度"。随后，在2008年实施的新修订的《中华人民共和国动物防疫法》中，明确提出"国家实行执业兽医制度"，以法律的形式确定了执业兽医制度。农业部（现农业农村部）高度重视执业兽医制度建设，颁布实施了《执业兽医管理办法》和《动物诊疗机构管理办法》，于2009年在吉林、河南、广西、重庆、宁夏五省（区、市）开展了执业兽医资格考试试点工作，并于2010年起在全国推行。通过执业兽医资格考试成为兽医取得执业资格的准入条件。

通过执业兽医资格考试，确保从事动物诊疗活动的兽医具备必要的知识和技能，具备正确的疫病防控知识和技能，有助于动物疫病的有效控制，同时也是与国际接轨、实现相互认证的需要，便于国际上兽医资格认证和动物诊疗服务的相互认可。随着当前我国畜牧业极大繁荣、宠物行业迅猛发展、动物疫病日益复杂以及公共卫生备受关注，对兽医专业人才的需求量加速增长。中国兽医协会作为国家级兽医行业协会，促进兽医职业更专业化，助力执业兽医的培养责无旁贷。

为帮助考生更好地应对执业兽医资格考试，中国兽医协会组织权威专家，依据考试大纲要求，于2010年开始组织编写执业兽医资格考试指南，为众多考生高效复习、备考、应试提供了全面系统的指引。光阴荏苒，"全国执业兽医资格考试推荐用书"系列焕新升级，将继续成为考生们的备考宝典。

我相信，"全国执业兽医资格考试推荐用书"系列图书的出版将对参加全国执业兽医资格考试考生的复习、应试提供很大帮助，将积极推动执业兽医人才培养、提升行业整体素质，进而为提高畜牧业、公共卫生和食品安全保障水平奠定坚实基础。我们期待通过本丛书，推动执业兽医队伍建设，为行业的发展和社会的进步贡献力量。

陈焕春

中国工程院院士
中国兽医协会会长
华中农业大学教授

前言

依据《中华人民共和国动物防疫法》和《国务院关于推进兽医管理体制改革的若干意见》相关要求以及《执业兽医管理办法》规定，我国于 2009 年 1 月 1 日起实行执业兽医资格考试制度。为帮助考生更好地应对执业兽医资格考试，中国兽医协会组织权威专家，依据考试大纲要求，于 2010 年开始组织编写执业兽医资格考试指南，为众多考生高效复习、备考、应试提供了全面系统的指导。随着科技的发展，考生的学习习惯和考试形式发生了很大的变化。为了适应现在的备考环境和考试形式，中国兽医协会与机械工业出版社展开合作，将执业兽医资格考试指南（兽医全科类）系列丛书焕新升级，使其更直击考点，以提升考生的备考效率。

《执业兽医资格考试指南（兽医全科类）基础科目 2025 年》包括兽医法律法规和职业道德，动物解剖学、组织学与胚胎学，动物生理学，动物生物化学，动物病理学，兽医药理学共 6 篇，是全国执业兽医资格考试推荐用书，具有以下特点：

内容更新：以最新考试大纲为框架进行编写，结构合理，逻辑性强。

重点突出：采用双色印刷，对重点内容进行突出处理，方便考生掌握考试重点。

图表结合：配有高清图片及详细图表，便于考生理解。

配有视频：配备电子书及核心考点精讲视频，方便考生随时随地复习，更好地掌握考点。

祝愿广大考生顺利通过执业兽医资格考试，开启一段充满挑战与成就的职业生涯。愿每一位追求兽医梦想的您，都能为动物、为人类、为环境贡献力量。

中国兽医协会

目录

序
前言

第一篇　兽医法律法规和职业道德

第一章　动物防疫基本法律制度 ……… 2
第一节　中华人民共和国动物防疫法 …… 2
一、《中华人民共和国动物防疫法》概述 …… 2
二、动物疫病的预防法律规定 …………… 4
三、动物疫情的报告、通报和公布法律规定 … 7
四、动物疫病的控制法律规定 …………… 8
五、动物和动物产品的检疫法律规定 …… 9
六、病死动物和病害动物产品的无害化处理
　　法律规定 ………………………………… 10
七、动物诊疗法律规定 …………………… 11
八、兽医管理法律规定 …………………… 11
九、动物防疫监督管理法律规定 ………… 12
十、动物防疫的保障措施法律规定 ……… 12
十一、法律责任 …………………………… 13
十二、附则 ………………………………… 17
第二节　重大动物疫情应急条例 ………… 17
一、《重大动物疫情应急条例》概述 …… 17
二、应急准备法律制度 …………………… 18
三、监测、报告和公布法律制度 ………… 19
四、应急处理法律制度 …………………… 20
五、法律责任 ……………………………… 22

第二章　动物防疫条件审查法律制度 …… 23
一、《动物防疫条件审查办法》总则 …… 23
二、动物防疫条件 ………………………… 24
三、审查发证 ……………………………… 25
四、监督管理 ……………………………… 26
五、法律责任 ……………………………… 26
六、附则 …………………………………… 27

第三章　动物检疫管理法律制度 ……… 27
一、《动物检疫管理办法》总则 ………… 27
二、检疫申报 ……………………………… 28
三、产地检疫 ……………………………… 29
四、屠宰检疫 ……………………………… 30
五、进入无规定动物疫病区的动物检疫 … 30
六、官方兽医 ……………………………… 31
七、动物检疫证章标志管理 ……………… 31
八、监督管理 ……………………………… 32
九、法律责任 ……………………………… 33
十、附则 …………………………………… 33

第四章　执业兽医及诊疗机构管理法律
　　　　　制度 …………………………… 34
第一节　执业兽医和乡村兽医管理办法 … 34
一、《执业兽医和乡村兽医管理办法》总则 … 34
二、执业兽医资格考试 …………………… 35
三、执业备案 ……………………………… 35
四、执业活动管理 ………………………… 36
五、法律责任 ……………………………… 37
第二节　动物诊疗机构管理办法 ………… 38
一、《动物诊疗机构管理办法》总则 …… 38
二、诊疗许可 ……………………………… 39
三、诊疗活动管理 ………………………… 40
四、法律责任 ……………………………… 41
五、附则 …………………………………… 43
第三节　兽医处方格式及应用规范 ……… 43
一、基本要求 ……………………………… 43
二、处方笺格式 …………………………… 43
三、处方笺内容 …………………………… 44
四、处方书写要求 ………………………… 45
五、处方保存 ……………………………… 45
第四节　动物诊疗病历管理规范 ………… 45
一、门（急）诊病历 ……………………… 45

二、住院病历 46
　　三、电子病历 46
　　四、病历填写 47
　　五、病历管理 49
　　六、附则 49

第五章　病死畜禽和病害畜禽产品无害化处理管理法律制度 50
　第一节　病死畜禽和病害畜禽产品无害化处理管理办法 50
　　一、《病死畜禽和病害畜禽产品无害化处理管理办法》总则 50
　　二、收集 51
　　三、无害化处理 52
　　四、监督管理 53
　　五、法律责任 53
　　六、附则 55
　第二节　病死及病害动物无害化处理技术规范 55
　　一、适用范围 55
　　二、术语和定义 55
　　三、病死及病害动物和相关动物产品的处理 56
　　四、收集转运要求 59
　　五、其他要求 59

第六章　动物防疫其他规范性文件 60
　第一节　国家突发重大动物疫情应急预案 60
　　一、动物疫情分级 60
　　二、工作原则 60
　　三、应急组织体系 60
　　四、疫情的监测、预警与报告 60
　　五、疫情的应急响应和终止 61
　　六、善后处理 63
　　七、疫情应急处置的保障 64
　　八、相关名词术语定义 65
　第二节　一、二、三类动物疫病病种名录 65
　　一、一类动物疫病 65
　　二、二类动物疫病 65
　　三、三类动物疫病 66
　第三节　人畜共患传染病名录 67

第七章　兽药管理法律制度 67
　第一节　兽药管理条例 67
　　一、《兽药管理条例》概述 67
　　二、兽药经营 68
　　三、兽药使用 69
　　四、兽药监督管理 70
　　五、法律责任 71
　第二节　兽药经营质量管理规范 72
　　一、场所与设施 72
　　二、机构与人员 73
　　三、规章制度 74
　　四、采购与入库 74

　　五、陈列与储存 75
　　六、销售与运输 75
　　七、售后服务 75
　第三节　兽用处方药和非处方药管理办法 76
　　一、兽药分类管理制度 76
　　二、兽用处方药和非处方药标识制度 76
　　三、兽用处方药经营制度 77
　　四、兽医处方权制度 77
　　五、兽医处方笺基本要求 77
　　六、兽用处方药和非处方药监督管理制度 77
　　七、法律责任 77
　第四节　兽用处方药品种目录 78
　　一、兽用处方药品种目录（第一批） 78
　　二、兽用处方药品种目录（第二批） 80
　　三、兽用处方药品种目录（第三批） 81
　　四、兽用处方药品种目录（第四批） 81
　第五节　兽用生物制品经营管理办法 82
　　一、《兽用生物制品经营管理办法》概述 82
　　二、兽用生物制品的经营制度 83
　　三、兽用生物制品的监督管理 84
　第六节　兽药标签和说明书管理办法 84
　　一、兽药标签的基本要求 84
　　二、兽药说明书的基本要求 85
　　三、《兽药标签和说明书管理办法》中相关用语的含义 85
　第七节　特殊兽药的使用 86
　　一、兽用麻醉药品和精神药品使用规定 86
　　二、食品动物中禁止使用的药品及其化合物 87
　　三、禁止在饲料和动物饮水中使用的药物品种目录 89
　　四、禁止在饲料和动物饮水中使用的物质 90

第八章　病原微生物安全管理法律制度 91
　第一节　病原微生物实验室生物安全管理条例 91
　　一、动物病原微生物分类 91
　　二、动物病原微生物实验室的设立和管理 92
　　三、动物病原微生物实验活动管理 93
　　四、实验室感染控制 94
　第二节　动物病原微生物菌（毒）种或者样本运输包装规范和动物病原微生物菌（毒）种保藏管理办法 95
　　一、动物病原微生物菌（毒）种或者样本运输包装规范 95
　　二、民用航空运输动物病原微生物菌（毒）种及动物病料要求 96
　　三、动物病原微生物菌（毒）种收集、保藏、供应、销毁管理 97

第九章　世界动物卫生组织及其标准 98
　　一、简介 98
　　二、主要任务 98

三、法定报告疫病名录 ·············· 98
第十章　执业兽医职业道德 ·············· 100
一、执业兽医职业道德的概念和特征 ·············· 100
二、建设执业兽医职业道德的作用 ·············· 101
三、执业兽医的行为规范 ·············· 101
四、执业兽医的职业责任 ·············· 104

第二篇　动物解剖学、组织学与胚胎学

第一章　概述 ·············· 107
第一节　细胞 ·············· 107
一、细胞的构造 ·············· 107
二、细胞的主要生命活动 ·············· 109
第二节　畜体各部位的名称 ·············· 109
一、头部 ·············· 109
二、躯干 ·············· 109
三、四肢 ·············· 110
第三节　解剖学常用的方位术语 ·············· 110
一、基本切面 ·············· 110
二、用于四肢的术语 ·············· 110

第二章　骨骼 ·············· 110
第一节　基本概念 ·············· 110
一、骨的构造 ·············· 110
二、物理特性和化学成分 ·············· 111
三、畜体全身骨骼的划分 ·············· 111
第二节　头骨 ·············· 112
一、头骨的组成 ·············· 112
二、鼻旁窦的位置和形态特征 ·············· 114
三、头骨的特点 ·············· 114
第三节　躯干骨 ·············· 114
一、椎骨的特点 ·············· 114
二、肋骨的特点 ·············· 115
三、胸骨的特点 ·············· 115
四、胸廓 ·············· 115
第四节　四肢骨 ·············· 115
一、前肢骨的组成和特点 ·············· 115
二、后肢骨的组成和特点 ·············· 116
三、骨盆 ·············· 117

第三章　关节 ·············· 118
第一节　基本概念 ·············· 118
一、骨连结的分类 ·············· 118
二、关节的结构 ·············· 118
第二节　四肢关节 ·············· 119
一、前肢关节的组成与结构特点 ·············· 119
二、后肢关节的组成与结构特点 ·············· 120
第三节　躯干关节 ·············· 122
脊柱连结的结构与特点 ·············· 122

第四章　肌肉 ·············· 123
第一节　基本概念 ·············· 123
一、肌肉的结构 ·············· 123
二、肌肉的辅助结构 ·············· 124
第二节　头部肌 ·············· 124
咬肌的位置和结构特点 ·············· 124
第三节　躯干肌 ·············· 124
一、脊柱肌、颈腹侧肌、胸廓肌、膈、腹壁肌的位置与结构特点 ·············· 124
二、腹股沟管的位置与结构特点 ·············· 126
三、颈静脉沟和髂肋肌沟的位置 ·············· 126
第四节　四肢肌 ·············· 126
一、前肢肌的组成与结构特点 ·············· 126
二、后肢肌的组成与结构特点 ·············· 129
三、跟（总）腱 ·············· 130

第五章　被皮系统 ·············· 131
第一节　皮肤 ·············· 131
一、表皮的结构特点 ·············· 131
二、真皮的结构特点 ·············· 131
三、皮下组织的结构特点 ·············· 132
第二节　乳房 ·············· 132
第三节　蹄 ·············· 133
一、蹄的形态结构 ·············· 133
二、牛、羊、马、猪的蹄及犬爪的结构特点 ·············· 133

第六章　内脏 ·············· 135
一、内脏器官的结构特点 ·············· 135
二、胸膜及胸膜腔 ·············· 135
三、腹膜与腹膜腔 ·············· 136

第七章　消化系统 ·············· 136
第一节　口腔 ·············· 136
一、口腔的组成 ·············· 136
二、口腔的结构特点 ·············· 136
第二节　咽 ·············· 138
一、咽的位置和结构特点 ·············· 138
二、马咽的特点 ·············· 138
第三节　食管 ·············· 138
第四节　胃 ·············· 138
一、反刍动物胃和网膜的位置、形态和组织结构特点 ·············· 138
二、单室胃的位置、形态和组织结构特点 ·············· 141
第五节　肠 ·············· 142
一、小肠的位置、形态和组织结构特点 ·············· 142
二、大肠的位置、形态和组织结构特点 ·············· 142
三、小肠和大肠的特点 ·············· 142
第六节　肝和胰 ·············· 144
一、肝的位置、形态和组织结构特点 ·············· 144
二、胰的位置、形态和组织结构特点 ·············· 145

第八章 呼吸系统 ·················· 145
第一节 鼻 ·················· 146
一、鼻腔的结构特点 ·················· 146
二、鼻盲囊 ·················· 146
第二节 喉 ·················· 146
一、喉软骨的组成和结构特点 ·················· 146
二、声带的位置 ·················· 146
第三节 气管和支气管 ·················· 147
第四节 肺 ·················· 147
一、肺的位置、形态和组织结构特点 ·················· 147
二、牛（羊）、马、猪、犬肺的形态特点 ·················· 148

第九章 泌尿系统 ·················· 149
第一节 肾 ·················· 149
一、肾的位置、形态和组织结构 ·················· 149
二、肾的类型和结构特点 ·················· 151
第二节 输尿管 ·················· 153
第三节 膀胱 ·················· 153
一、膀胱的位置和结构特点 ·················· 153
二、幼龄动物膀胱的位置特点 ·················· 153
第四节 尿道 ·················· 153
一、雄性尿道的位置和结构特点 ·················· 153
二、雌性尿道的位置和结构特点 ·················· 154
三、尿道下憩室 ·················· 154

第十章 生殖系统 ·················· 154
第一节 雄性生殖器官 ·················· 154
一、睾丸、附睾的位置、形态和组织结构特点 ·················· 154
二、输精管、输精管壶腹、精索的形态特点 ·················· 156
三、副性腺的形态特点 ·················· 156
四、阴茎的形态特点 ·················· 157
五、阴囊的形态特点 ·················· 157
第二节 雌性生殖器官 ·················· 158
一、卵巢的位置、形态和组织结构特点 ·················· 158
二、子宫的位置、形态和组织结构特点 ·················· 161
三、阴道穹窿的形态特点 ·················· 161

第十一章 心血管系统 ·················· 162
第一节 心 ·················· 162
一、心的位置、形态和结构特点 ·················· 162
二、心传导系统的组成 ·················· 163
三、心包的结构特点 ·················· 164
四、心肌的结构特点 ·················· 164
第二节 肺循环 ·················· 164
第三节 体循环 ·················· 164
一、主动脉及其主要分支 ·················· 164
二、大静脉 ·················· 167
三、四肢静脉 ·················· 167
第四节 微循环 ·················· 168
一、微循环的组成 ·················· 168
二、微循环的结构特点 ·················· 168

第十二章 淋巴系统 ·················· 168
第一节 淋巴系统的组成 ·················· 168
一、淋巴管 ·················· 168
二、淋巴组织 ·················· 169
三、淋巴器官 ·················· 169
第二节 中枢淋巴器官 ·················· 169
一、胸腺的位置和形态 ·················· 169
二、胸腺的结构特点 ·················· 169
第三节 周围淋巴器官 ·················· 169
一、脾的位置、形态和组织结构特点 ·················· 169
二、扁桃体的位置、形态和组织结构特点 ·················· 170
三、淋巴结的位置、形态和组织结构特点 ·················· 171
四、腹腔内脏淋巴结的位置和形态特点 ·················· 172

第十三章 神经系统 ·················· 173
第一节 基本概念 ·················· 173
一、神经的定义 ·················· 173
二、中枢神经系和外周神经系的组成 ·················· 174
第二节 脊髓 ·················· 174
一、脊髓的位置和形态 ·················· 174
二、脊髓的结构特点 ·················· 174
第三节 脑 ·················· 175
一、大脑的结构特点 ·················· 175
二、小脑的结构特点 ·················· 175
三、脑干的结构特点 ·················· 175
第四节 脑神经 ·················· 176
第五节 脊神经 ·················· 176
一、脊神经的组成 ·················· 176
二、臂神经丛 ·················· 177
三、腰荐神经丛 ·················· 177
四、腹壁神经 ·················· 178
第六节 自主神经（植物性神经） ·················· 178
一、自主神经的概念及特点 ·················· 178
二、交感神经的来源、分支与分布 ·················· 179
三、副交感神经的来源、分支与分布 ·················· 180

第十四章 内分泌系统 ·················· 181
一、内分泌系统的概念及组成 ·················· 181
二、内分泌器官的位置 ·················· 181
三、内分泌器官的结构特点 ·················· 182

第十五章 感觉器官 ·················· 182
第一节 眼 ·················· 182
一、眼球壁的结构 ·················· 182
二、眼球的内含物 ·················· 182
三、眼球的辅助结构 ·················· 182
第二节 耳 ·················· 182

第十六章 家禽解剖 ·················· 183
第一节 消化系统 ·················· 183
一、口腔的特点 ·················· 183
二、嗉囊的特点 ·················· 183

三、腺胃和肌胃的特点·················183
四、小肠和大肠的特点·················183
五、盲肠扁桃体和泄殖腔的特点········183
第二节　呼吸系统·························184
一、鸣管的特点·························184
二、气囊的特点·························184
三、肺的特点····························184
第三节　泌尿系统·························184
一、家禽泌尿系统的组成··············184
二、家禽泌尿系统的特点··············184
第四节　公禽生殖器官····················184
第五节　母禽生殖器官····················185
第六节　淋巴器官·························185
一、胸腺、脾的结构特点··············185
二、法氏囊的位置和结构特点········185
三、肠道淋巴集结的结构特点········185
第七节　神经系统·························185

第十七章　胚胎学·······························186
第一节　胎盘与胎膜·······················186
一、胎盘的类型与功能················186
二、胎膜的组成·························187
第二节　胚胎的发育·······················189
一、受精··································189
二、家畜早期胚胎发育················189
三、家禽早期胚胎发育················190
第三节　胎儿血液循环的特点···········191
一、出生前心血管系统的结构特点···191
二、出生后心血管系统的变化········191

第三篇　动物生理学

第一章　概述·····································193
第一节　机体功能与环境·················193
一、体液与内环境······················193
二、稳态与生理功能的关系···········193
第二节　机体功能的调节·················193
一、机体功能调节的基本方式········193
二、反射、反射弧与机体功能的调节···194

第二章　细胞的基本功能······················194
第一节　细胞的兴奋性和生物电现象···194
一、静息电位、动作电位的产生·····194
二、细胞兴奋性与兴奋、阈值········195
三、极化、去极化、复极化、超极化、阈电位···195
第二节　骨骼肌的收缩功能··············195
一、神经-骨骼肌接头处的兴奋传递···195
二、骨骼肌的兴奋-收缩偶联·········196

第三章　血液·····································196
第一节　血液的组成与特性··············196
一、血量、血液的基本组成、血细胞比容···196
二、血液的理化性质···················197
第二节　血浆······························198
一、血浆与血清的区别················198
二、血浆的主要成分···················198
三、血浆蛋白的功能···················198
四、血浆渗透压························198
第三节　血细胞····························199
一、红细胞的形态和数量、渗透脆性、血沉及其生理功能···199
二、红细胞生成所需的主要原料及辅助因子···200
三、红细胞生成的调节················200
四、白细胞的种类、数量及各种白细胞的生理功能···200
五、血小板的形态、数量及生理功能···201
第四节　血液凝固和纤维蛋白溶解·····201
一、血液凝固的基本过程··············201
二、纤维蛋白溶解系统················202
三、抗凝物质及其作用················202
四、加速和减缓血液凝固的基本原理和措施···202
第五节　家禽血液的特点·················203
一、血浆··································203
二、血细胞·······························203
三、血液凝固····························203

第四章　血液循环······························203
第一节　心脏泵血功能····················204
一、心动周期和心率···················204
二、心脏泵血过程······················204
三、心输出量及其影响因素、射血分数、心指数···205
第二节　心肌的生物电现象和生理特性···206
一、心肌的基本生理特性··············206
二、心肌细胞动作电位的特点（与神经动作电位相比较）及其与功能的关系···207
三、正常心电图的波形及其生理意义···208
四、心音··································208
第三节　血管生理··························209
一、影响动脉血压的主要因素········209
二、中心静脉压、静脉回心血量及其影响因素···210
三、微循环的组成及作用··············211
四、组织液的生成及其影响因素·····211
第四节　心血管活动的调节··············212
一、心交感神经和心迷走神经对心脏和血管功能的调节···212
二、调节心血管活动的压力感受性反射和化学感受性反射···213
三、肾上腺素和去甲肾上腺素对心血管功能的调节···214
第五节　家禽血液循环的特点···········214
一、心脏生理····························214
二、血管生理····························215

三、心血管活动的调节 215

第五章 呼吸 215
第一节 肺的通气功能 215
一、胸内压 215
二、肺通气的动力和阻力 216
三、肺容积和肺容量 217
四、肺通气量和肺泡通气量 218
第二节 气体交换与运输 218
一、肺泡与血液以及组织与血液间气体交换的原理和主要影响因素 218
二、氧气和二氧化碳在血液中运输的基本方式 219
第三节 呼吸运动的调节 221
一、神经反射性调节 221
二、体液调节 222

第六章 采食、消化和吸收 223
第一节 口腔消化 223
一、马、牛、羊、猪和犬的采食方式 223
二、唾液的组成和功能 223
第二节 胃的消化功能 224
一、胃运动的主要方式 224
二、胃液的主要成分和功能 224
三、反刍与嗳气 225
四、反刍动物前胃的消化 226
第三节 小肠的消化与吸收 228
一、小肠运动的基本方式 228
二、胰液和胆汁的性质、主要成分和作用 229
三、主要营养物质在小肠的吸收 230
第四节 胃肠功能的调节 231
一、胃液分泌的体液调节 232
二、交感神经和副交感神经对消化活动的主要调节作用 232
第五节 家禽消化的特点 233
一、淀粉化学性消化 233
二、蛋白质化学性消化 233

第七章 能量代谢与体温调节 233
第一节 基础代谢和静止能量代谢及其在实践中的应用 234
一、基础代谢 234
二、静止能量代谢 234
第二节 体温调节 234
一、动物散热的主要方式 234
二、动物维持体温相对恒定的基本调节方式 235

第八章 尿的生成和排出 236
第一节 尿的生成 236
一、肾小球的滤过功能 237
二、有效滤过压 237
三、肾小管和集合管的重吸收和分泌功能 237
第二节 影响尿生成的因素 239

一、影响肾小球滤过作用的因素 239
二、影响肾小管重吸收的因素 240
三、抗利尿激素对尿生成的调节 240
四、肾素-血管紧张素-醛固酮系统对尿生成的调节 241
第三节 尿的排出 241
一、尿的浓缩与稀释 241
二、排尿反射 242

第九章 神经系统 242
第一节 神经元的活动 242
一、神经纤维传导兴奋的特征 242
二、突触的种类、突触传递的基本特征 242
三、神经递质、肾上腺素能受体、胆碱能受体的功能、种类及其分布 243
第二节 脑的高级功能 244
第三节 神经系统的感觉功能 244
一、感受器的功能 244
二、脊髓、丘脑与大脑皮层在感觉形成过程中的作用 244
三、视觉、听觉、味觉、嗅觉的形成 244
第四节 神经系统对躯体运动的调节 246
一、脊髓反射 246
二、肌紧张、腱反射和骨骼肌的牵张反射 246
三、大脑皮层运动区的特点 246
第五节 神经系统对内脏功能的调节 247

第十章 内分泌 248
第一节 概述 248
一、激素及激素的分类 248
二、内分泌、旁分泌、自分泌与神经内分泌的概念及其对生理功能的调节 248
第二节 下丘脑的内分泌功能 248
下丘脑激素的种类及其主要功能 248
第三节 垂体的内分泌功能 249
一、腺垂体激素的种类及其生理功能 249
二、神经垂体激素的种类及其生理功能 250
第四节 甲状腺激素 250
一、甲状腺激素的主要生理功能 250
二、甲状腺激素分泌的调节 251
第五节 甲状旁腺激素和降钙素 251
一、甲状旁腺激素的作用及其分泌的调节 251
二、降钙素的作用及其分泌的调节 252
第六节 肾上腺激素 252
一、糖皮质激素的主要功能及其分泌的调节 252
二、盐皮质激素的主要功能及其分泌的调节 253
第七节 胰岛激素 253
一、胰岛素的作用及其分泌的调节 253
二、胰高血糖素的作用及其分泌的调节 254
第八节 松果腺激素与前列腺素 254
一、松果腺分泌的激素及其主要功能 254

XIII

二、前列腺素的分类及其主要功能 ··············254
　第九节　胸腺激素 ··············255
　第十节　瘦素 ··············255
　第十一节　胎盘激素 ··············255

第十一章　生殖和泌乳 ··············256
　第一节　雄性生殖 ··············256
　　一、睾丸的生精作用 ··············256
　　二、睾丸的内分泌功能 ··············256
　　三、睾丸功能的调节 ··············257
　第二节　雌性生殖 ··············257
　　一、卵的生成 ··············257
　　二、卵巢的内分泌功能 ··············257
　　三、卵巢功能的调节 ··············258
　第三节　泌乳 ··············258
　　一、乳的生成过程及乳分泌的调节 ··············258
　　二、排乳及其调节 ··············259

第四篇　动物生物化学

第一章　蛋白质化学及其功能 ··············262
　第一节　蛋白质的功能与化学组成 ··············262
　　一、蛋白质的生物学功能 ··············262
　　二、蛋白质的基本结构单位 ··············262
　第二节　蛋白质的结构 ··············263
　　一、肽与肽键 ··············263
　　二、蛋白质的一级结构 ··············263
　　三、蛋白质的高级结构 ··············264
　第三节　蛋白质结构与功能的关系 ··············264
　　一、蛋白质的变性 ··············264
　　二、蛋白质的变（别）构与血红蛋白运输氧的功能 ··············265
　　三、一级结构变异与分子病 ··············265
　第四节　蛋白质的理化性质与分析分离技术 ··············265
　　一、蛋白质的理化性质 ··············265
　　二、蛋白质的定性分析和定量检测方法 ··············266

第二章　生物膜与物质的过膜运输 ··············267
　第一节　生物膜的化学组成 ··············267
　　一、膜脂 ··············267
　　二、膜蛋白 ··············267
　　三、膜糖 ··············268
　第二节　生物膜的特点 ··············268
　　一、膜的运动性 ··············268
　　二、膜脂的流动性与相变 ··············268
　第三节　物质的过膜运输 ··············268
　　一、小分子与离子的过膜转运 ··············268
　　二、大分子物质的过膜转运 ··············269

第三章　酶 ··············269
　第一节　酶分子结构 ··············269
　　一、酶的化学本质 ··············269
　　二、酶的化学组成 ··············269
　　三、酶的辅助因子 ··············269
　　四、酶的分子结构 ··············270
　第二节　酶的结构与功能的关系 ··············270
　　一、酶的活性中心与必需基团 ··············270
　　二、酶原及酶原的激活 ··············270
　第三节　酶的催化作用 ··············270
　　一、酶的催化特点 ··············270
　　二、酶的催化机理 ··············271
　　三、酶活性及其测定 ··············271
　第四节　影响酶促反应的因素 ··············271
　　一、底物浓度和酶浓度的影响 ··············271
　　二、pH和温度的影响 ··············272
　　三、抑制剂的影响 ··············272
　　四、激活剂的影响 ··············273
　第五节　酶活性的调节 ··············273
　　一、反馈调节 ··············273
　　二、同工酶 ··············273
　　三、变（别）构调节 ··············273
　　四、共价修饰调节 ··············273
　　五、其他方式 ··············273
　第六节　酶的实际应用 ··············273
　　一、酶与动物健康的关系 ··············273
　　二、酶与动物生产的关系 ··············274

第四章　糖代谢 ··············274
　第一节　糖的生理功能及在体内的运转 ··············274
　　一、糖的生理功能 ··············274
　　二、动物机体糖的来源与去路 ··············274
　　三、血糖 ··············275
　第二节　葡萄糖的分解代谢 ··············275
　　一、糖酵解途径及其生理意义 ··············275
　　二、有氧氧化途径及其生理意义 ··············276
　　三、磷酸戊糖途径及其生理意义 ··············277
　第三节　糖异生作用 ··············277
　　一、糖异生的反应过程 ··············277
　　二、糖异生的生理意义 ··············277
　　三、乳酸循环 ··············278
　第四节　糖原的分解与合成 ··············278
　　一、糖原的分解 ··············278
　　二、糖原的合成 ··············278

第五章　生物氧化 ··············278
　第一节　生物氧化的概念 ··············278
　　一、生物氧化的酶类 ··············279
　　二、生物氧化中CO_2和H_2O的生成 ··············279
　第二节　呼吸链 ··············280
　　一、呼吸链的组成 ··············280

二、NADH 呼吸链和 FADH$_2$ 呼吸链 ············280
　　三、呼吸链的抑制作用 ············280
　第三节　ATP 的生成 ············280
　　一、高能磷酸化合物和 ATP ············280
　　二、底物水平磷酸化 ············281
　　三、氧化磷酸化 ············281

第六章　脂类代谢 ·················281
　第一节　脂类及其生理功能 ············281
　　一、脂类的分类 ············281
　　二、脂类的生理功能 ············281
　第二节　脂肪的分解代谢 ············282
　　一、脂肪的动员 ············282
　　二、甘油的分解代谢 ············282
　　三、长链脂肪酸的 β- 氧化过程 ············282
　　四、酮体的生成与利用 ············282
　　五、丙酸的代谢 ············283
　第三节　脂肪的合成代谢 ············283
　　一、脂肪酸的合成 ············283
　　二、三酰甘油（甘油三酯）的合成 ············284
　第四节　类脂的代谢 ············284
　　一、磷脂的代谢 ············284
　　二、胆固醇的合成代谢及转变 ············285
　第五节　血脂 ············285
　　一、血脂及其运输方式 ············285
　　二、血浆脂蛋白的分类与功能 ············285

第七章　含氮小分子的代谢 ············286
　第一节　动物体内氨基酸的来源与去路 ···286
　　一、氨基酸的来源 ············286
　　二、氨基酸的主要代谢去路 ············286
　第二节　氨基酸的一般分解代谢 ············286
　　一、脱氨基作用 ············286
　　二、脱羧基作用 ············287
　　三、α- 酮酸的代谢 ············287
　第三节　氨的代谢 ············288
　　一、氨的来源与去路 ············288
　　二、氨的转运 ············288
　　三、尿素的合成——尿素循环及其意义 ···288
　　四、尿酸 ············289
　第四节　非必需氨基酸的合成与个别氨基酸的
　　　　　代谢转变 ············289
　　一、非必需氨基酸的合成 ············289
　　二、个别氨基酸的代谢转变 ············289
　第五节　核苷酸代谢 ············290
　　一、嘌呤核苷酸和嘧啶核苷酸的合成 ·········290
　　二、嘌呤核苷酸和嘧啶核苷酸的分解 ·········290

第八章　物质代谢的相互联系和调节 ····291
　第一节　物质代谢的相互联系 ············291
　　一、糖代谢与脂类代谢的联系 ············291

　　二、糖代谢与氨基酸代谢的联系 ············291
　　三、脂类代谢与氨基酸代谢的联系 ············292
　　四、核苷酸在物质代谢中的作用 ············292
　第二节　细胞调节代谢的信号传导方式 ···292
　　一、信号分子、受体与信号传导分子 ·········292
　　二、与膜受体相联系的细胞信号通路 ·········293
　　三、与胞内受体相联系的细胞信号通路 ······293

第九章　核酸的功能与研究技术 ········293
　第一节　核酸化学 ············293
　　一、核酸的种类与分布 ············293
　　二、核酸的化学组成 ············294
　　三、核酸的结构 ············295
　　四、核酸的主要理化性质 ············296
　第二节　DNA 的复制 ············297
　　一、中心法则 ············297
　　二、复制的半保留性 ············297
　　三、参与 DNA 复制的主要酶类和蛋白因子 ···297
　　四、DNA 的损伤与修复方式 ············298
　第三节　RNA 的转录 ············299
　　一、转录的共同特点 ············299
　　二、原核与真核基因转录过程的比较 ·········299
　　三、转录后加工 ············300
　　四、逆转录作用 ············300
　第四节　蛋白质的翻译 ············300
　　一、翻译系统 ············300
　　二、mRNA 与遗传密码 ············301
　　三、tRNA 的功能 ············301
　　四、rRNA 与核糖体 ············301
　　五、翻译过程 ············302
　第五节　核酸研究技术 ············302
　　一、核酸工具酶 ············302
　　二、分子杂交技术 ············303
　　三、聚合酶链式反应 ············303
　　四、动物转基因技术 ············304

第十章　水、无机盐代谢与酸碱平衡 ····304
　第一节　体液 ············304
　　一、体液的容量与分布 ············304
　　二、体液的电解质组成 ············304
　　三、体液渗透压 ············305
　　四、体液间的交流 ············305
　第二节　水的代谢 ············306
　　一、水的生理作用 ············306
　　二、水平衡 ············306
　第三节　钠、钾的代谢 ············306
　　一、钠、钾的分布与生理功能 ············306
　　二、水和钠、钾的代谢及调节 ············307
　第四节　体液的酸碱平衡 ············307
　　一、体液的酸碱度及酸碱平衡 ············307
　　二、体液酸碱平衡的调节 ············307
　第五节　钙、磷的代谢 ············308

一、钙、磷的分布与生理功能·············308
二、血钙与血磷···························309
三、钙、磷在骨中的沉积与动员·········309

第十一章 器官和组织的生物化学······309

第一节 红细胞的代谢···················309
一、血红蛋白的代谢·····················309
二、红细胞中的糖代谢··················310
三、血红素的代谢·······················311

第二节 肝的代谢··························311
一、肝在物质代谢中的作用············311
二、肝的生物转化作用··················312

三、肝的排泄功能·······················313

第三节 肌肉收缩的生化机制···········313
一、肌纤维与肌原纤维··················313
二、肌球蛋白和粗丝····················313
三、肌动蛋白和细丝····················313
四、肌肉收缩与 ATP 的供应···········313

第四节 大脑和神经组织的生化········314
一、大脑的能量需求····················314
二、大脑中氨和谷氨酸的代谢·········314

第五节 结缔组织的生化·················314
一、纤维与胶原蛋白····················314
二、基质与糖胺聚糖····················315

第五篇 动物病理学

第一章 动物疾病······················317

第一节 概述·······························317
一、动物疾病的概念及特点············317
二、动物疾病的经过、分期及特点···317
三、动物疾病的转归····················318

第二节 病因学概论······················319
一、疾病发生的外因····················319
二、疾病发生的内因····················320
三、影响疾病发生的因素···············321
四、疾病发生的一般机制···············321

第二章 组织与细胞损伤···············322

第一节 变性·······························322
一、细胞肿胀·····························322
二、脂肪变性和脂肪浸润···············323
三、玻璃样变性··························324
四、淀粉样变性··························325

第二节 细胞死亡··························326
一、细胞死亡的类型及其概念·········326
二、细胞坏死与细胞凋亡的区别······326
三、细胞坏死的基本病理变化·········327
四、细胞坏死的类型及其特点·········328
五、细胞坏死的结局····················329
六、细胞自噬·····························329

第三章 病理性物质沉着···············330

第一节 钙化·······························330
一、概念···································330
二、类型、原因及病理变化············330
三、对机体的影响·······················332

第二节 黄疸·······························332
一、概念···································332
二、类型、原因及发病机理············332
三、对机体的影响·······················333

第三节 含铁血黄素沉着·················333
一、概念···································333

二、原因、分类及发病机理············333
三、病理变化·····························333

第四节 尿酸盐沉着······················334
一、概念···································334
二、原因及发病机理····················334
三、病理变化·····························335
四、对机体的影响·······················335

第五节 糖原沉着··························335
一、概念···································335
二、原因、分类及发病机理············335
三、病理变化·····························336

第六节 外源性色素沉着·················336
一、炭末沉着·····························336
二、粉末沉着·····························336
三、纹身色素·····························336
四、四环素沉着··························336
五、福尔马林色素沉着··················337

第四章 血液循环障碍···················337

第一节 充血·······························337
一、概念和类型··························337
二、肝瘀血的原因、发生机理、病理变化及
结局······································338
三、肺瘀血的原因、发生机理、病理变化及
结局······································338
四、肾瘀血的原因、发生机理、病理变化及
结局······································338

第二节 出血·······························339
一、概念、类型及原因··················339
二、病理变化·····························339
三、对机体的影响·······················339

第三节 血栓形成··························340
一、血栓形成的概念和血栓的类型···340
二、血栓形成的条件····················340
三、对机体的影响·······················341

第四节 栓塞································342

一、栓塞与栓子的概念……………………342
二、栓子运行途径……………………………342
三、栓塞的类型及对机体的影响……………342
第五节 梗死……………………………………343
一、概念……………………………………343
二、类型及病理变化………………………343
第六节 弥散性血管内凝血……………………344
一、概念……………………………………344
二、发生原因及机理………………………345
三、对机体的影响…………………………345
第七节 休克……………………………………346
一、概念……………………………………346
二、原因、分类及发生机理………………346
三、休克的分期及特点……………………348

第五章 细胞、组织的适应与修复……349
第一节 适应……………………………………349
一、增生的概念……………………………349
二、萎缩的概念、分类及结局……………350
三、肥大的概念、分类……………………350
四、化生的概念、原因及结局……………351
第二节 修复……………………………………351
一、再生的概念及影响因素………………351
二、各种组织的再生………………………352
三、肉芽组织的概念、形态结构和功能…353

第六章 水盐代谢及酸碱平衡紊乱……354
第一节 水、钠正常代谢………………………354
一、体液的容量和分布……………………354
二、体液的电解质成分……………………354
三、体液中水与电解质的交换……………354
四、体液平衡的调节………………………355
第二节 水肿……………………………………356
一、概念……………………………………356
二、水肿的基本发生机理及其病理变化…356
三、对机体的影响…………………………358
第三节 脱水……………………………………358
一、概念……………………………………358
二、类型、原因及特点……………………358
第四节 水中毒…………………………………359
一、概念、原因和机制……………………359
二、对动物机体的影响……………………359
第五节 钾代谢障碍……………………………359
一、概念……………………………………359
二、分类、原因及发病机理………………359
第六节 酸碱平衡紊乱…………………………361
一、酸中毒的概念、分类、特点及结局…361
二、碱中毒的概念、分类、特点及结局…362
三、混合性酸碱平衡紊乱的概念及特点…362

第七章 缺氧……………………………363
第一节 概述……………………………………363
一、缺氧的概念……………………………363
二、缺氧的类型、原因及主要特点………363
第二节 缺氧的病理变化………………………365
一、细胞和组织的变化……………………365
二、呼吸系统的变化………………………365
三、循环系统的变化………………………365
四、中枢神经系统的变化…………………366
五、缺血后再灌注损伤……………………366

第八章 发热……………………………366
第一节 概述……………………………………366
一、发热的概念和原因……………………366
二、致热原的概念及分类…………………367
第二节 发热的经过……………………………368
一、发热的分期及其特点…………………368
二、热型……………………………………368
三、发热对机体的影响……………………369
四、发热的生物学意义……………………370

第九章 应激与疾病……………………371
第一节 概述……………………………………371
一、应激的概念……………………………371
二、应激原…………………………………371
第二节 应激反应的基本表现…………………371
一、应激的分期……………………………371
二、应激时机体的神经内分泌反应………372
三、应激时的细胞反应……………………374
第三节 应激时机体的代谢和功能变化………375
一、物质代谢改变…………………………375
二、心血管功能变化………………………376
三、消化系统结构及功能改变……………376
四、免疫功能改变…………………………376

第十章 炎症……………………………376
第一节 概述……………………………………376
一、概念……………………………………376
二、炎症局部的基本表现…………………377
第二节 炎症局部的基本病理变化……………377
一、变质……………………………………377
二、渗出……………………………………378
三、增生……………………………………379
四、炎性细胞的种类及其主要功能………379
五、炎症介质………………………………380
六、炎症小体及其生物学意义……………381
第三节 炎症的类型……………………………381
一、变质性炎………………………………381
二、渗出性炎………………………………382
三、增生性炎………………………………385
第四节 炎症时机体的变化及结局……………386
一、炎症时机体的变化……………………386

二、炎症的结局 387
三、多器官功能障碍综合征（全身炎症反应综合征） 388

第十一章 败血症 388
第一节 概念 388
第二节 原因和发病机理 388
一、感染创型败血症 388
二、传染病型败血症 389
第三节 病理变化 389
第四节 结局及对机体的影响 390

第十二章 肿瘤 391
第一节 概述 391
一、概念 391
二、肿瘤的一般形态与结构 391
三、肿瘤的异型性 391
四、肿瘤的生长 392
五、肿瘤的扩散 392
第二节 肿瘤的命名与分类 392
一、肿瘤的命名原则 392
二、肿瘤的分类 393
三、良性肿瘤与恶性肿瘤的区别 393
四、肿瘤对机体的影响 394
第三节 动物常见肿瘤的病变 394
一、良性肿瘤 394
二、恶性肿瘤 395

第十三章 器官系统病理学概论 397
第一节 呼吸系统病理 397
一、气管炎的病变特点 397
二、小叶性肺炎（支气管肺炎）的发病机制和病变特点 398
三、大叶性肺炎（纤维素性肺炎）的发病机制和病变特点 398
四、间质性肺炎（非典型性肺炎）的发病机制和病变特点 399
五、胸膜炎 399
六、肺水肿、肺气肿及肺萎陷 400
七、呼吸机能不全的原因、分类及其引起的各系统变化 400
第二节 消化系统病理 401
一、胃、肠溃疡的病变特点 401
二、胃、肠炎的类型及其病变特点 401
三、肝炎的类型及其病变特点（包括肝周炎） 402
四、肝功能不全 403
五、肝性脑病 404
六、肝硬化的发病机理及其病变特点 404
七、胰腺炎的发病机理及其病变特点 404
第三节 心血管系统病理 405
一、心包炎的概念及病变特点 405

二、心肌炎的概念及病变特点 406
三、心内膜炎的概念及病变特点 407
四、心肌病 407
五、心力衰竭（心功能不全） 408
六、血管的炎症 408
七、淋巴管炎 410
第四节 泌尿系统病理 410
一、肾炎的分类及病变特点 410
二、肾病的病因及病变特点 411
三、肾功能不全和尿毒症 412
第五节 神经系统病理 413
一、神经系统的基本病理变化 413
二、脑炎的分类及病变特点 415
三、脑软化的病因及病变特点 416
四、脑膜炎 417
五、脑水肿 417
第六节 生殖系统病理 417
一、繁殖障碍的原因及病变特点 417
二、子宫内膜炎的类型及病变特点 418
三、乳腺炎的类型及病变特点 419
四、睾丸炎及附睾炎的类型及病变特点 419
五、卵巢炎与卵巢硬化 420
六、卵巢囊肿 420
七、输卵管炎 421
八、与繁殖障碍有关的其他病症 421
第七节 皮肤及运动系统病理 422
一、皮炎和皮疹的分类及病变特点 422
二、毛囊炎的分类及病变特点 422
三、肌炎的病因及病变特点 422
四、白肌病的病因及病变特点 423
五、佝偻病和骨软症的病因及病变特点 423
六、关节炎的病因及病变特点 424
七、蹄叶炎的病因及病变特点 424

第十四章 动物病理剖检诊断技术 425
第一节 概述 425
一、病理剖检的意义及病理剖检诊断的依据 425
二、动物死后的尸体变化 425
三、剖检前的准备 426
四、剖检的注意事项 426
五、剖检的步骤 426
六、剖检病变的描述 426
七、剖检记录的整理分析和病理报告的撰写 427
八、病理组织学材料的摘取和固定 427
九、病理组织学材料的运送 427
十、用于病原学检测的病料的采集及运送 427
十一、用于毒物检验的材料的采集及运送 427
十二、剖检后动物尸体的消毒和无害化处理 428
十三、剖检人员的自身防护 428
第二节 动物病理剖检的方法 428
一、反刍动物（牛、羊）的病理剖检方法 428

二、马属动物的病理剖检方法 ……………… 431
三、单胃动物（猪、犬、猫、兔）的病理剖检
方法 ………………………………………… 432
四、家禽的病理剖检方法 …………………… 433

第六篇　兽医药理学

第一章　总论 ……………………… 435

第一节　基本概念 ……………………………… 435
一、药物与毒物 ……………………………… 435
二、剂型与制剂 ……………………………… 435
三、处方药与非处方药 ……………………… 435

第二节　药代动力学 …………………………… 435
一、药物转运的方式 ………………………… 435
二、药物的吸收 ……………………………… 437
三、药物的分布 ……………………………… 438
四、药物的生物转化 ………………………… 439
五、药物的排泄 ……………………………… 440
六、血药浓度-时间曲线 …………………… 441
七、主要药动学参数及其临床意义 ………… 442

第三节　药效动力学 …………………………… 443
一、药物作用的基本表现 …………………… 443
二、药物作用的方式 ………………………… 443
三、药物作用的选择性 ……………………… 444
四、药物的治疗作用与不良反应 …………… 444
五、药物的相互作用 ………………………… 445
六、药物的构效关系 ………………………… 445
七、药物的量效关系 ………………………… 445
八、药物的作用机理 ………………………… 446

第四节　影响药物作用的因素与合理用药 …… 447
一、影响药物作用的因素 …………………… 447
二、合理用药的基本原则 …………………… 448

第二章　抗菌药 …………………… 450

第一节　概述 …………………………………… 450
一、常用术语 ………………………………… 450
二、抗菌药的合理使用 ……………………… 452

第二节　化学合成抗菌药 ……………………… 454
一、磺胺类 …………………………………… 454
二、抗菌增效剂 ……………………………… 456
三、喹诺酮类 ………………………………… 456
四、喹噁啉类 ………………………………… 458
五、硝基咪唑类 ……………………………… 459

第三节　抗生素 ………………………………… 459
一、β-内酰胺类 …………………………… 459
二、大环内酯类、林可胺类和截短侧耳素类 … 462
三、氨基糖苷类 ……………………………… 465
四、四环素类及酰胺醇类 …………………… 466
五、多肽类 …………………………………… 468

第三章　抗真菌药 ………………… 469

第四章　消毒防腐药 ……………… 470

第一节　概述 …………………………………… 471

一、消毒防腐药的作用机制 ………………… 471
二、理想消毒防腐药的条件 ………………… 471
三、影响消毒防腐药作用的因素 …………… 471
四、消毒防腐药的效力测定 ………………… 472

第二节　环境消毒药 …………………………… 472
一、酚类 ……………………………………… 472
二、醛类 ……………………………………… 472
三、碱类 ……………………………………… 473
四、卤素类 …………………………………… 473
五、季铵盐类 ………………………………… 474
六、氧化剂类 ………………………………… 474

第三节　皮肤、黏膜消毒药 …………………… 474
一、醇类 ……………………………………… 474
二、季铵盐类 ………………………………… 475
三、卤素类 …………………………………… 475
四、氧化剂类 ………………………………… 476
五、染料类 …………………………………… 476
六、其他 ……………………………………… 476

第五章　抗寄生虫药 ……………… 476

第一节　抗蠕虫药 ……………………………… 477
一、抗线虫药 ………………………………… 477
二、抗绦虫药 ………………………………… 483
三、抗吸虫药 ………………………………… 484

第二节　抗原虫药 ……………………………… 485
一、抗球虫药 ………………………………… 485
二、抗锥虫药和抗梨形虫药 ………………… 490

第三节　杀虫药 ………………………………… 491
一、有机磷化合物 …………………………… 492
二、拟除虫菊酯类 …………………………… 493
三、其他杀虫药 ……………………………… 494

第六章　外周神经系统药物 ……… 495

第一节　拟胆碱药 ……………………………… 495
一、胆碱受体激动药 ………………………… 495
二、抗胆碱酯酶药 …………………………… 496

第二节　胆碱受体阻断药 ……………………… 496

第三节　肾上腺素受体激动药 ………………… 497

第四节　肾上腺素受体阻断药 ………………… 499

第五节　局部麻醉药 …………………………… 499
一、局麻作用、作用机理及麻醉方法 ……… 499
二、常用局麻药 ……………………………… 500

第七章　中枢神经系统药物 ……… 501

第一节　中枢兴奋药 …………………………… 501

第二节　镇静催眠药和安定药 ………………… 502

第三节　抗惊厥药 ……………………………… 504

第四节　麻醉性镇痛药……………………505
第五节　全身麻醉药…………………………506
　　一、诱导麻醉药……………………………506
　　二、吸入麻醉药……………………………506
　　三、非吸入麻醉药…………………………507
第六节　化学保定药…………………………508
　　一、α_2肾上腺素受体激动药……………508
　　二、外周性骨骼肌松弛药…………………509

第八章　解热镇痛抗炎药和皮质激素类药物……………………509
第一节　解热镇痛抗炎药……………………509
第二节　糖皮质激素类药物…………………513
　　一、概述……………………………………513
　　二、常用药物………………………………515

第九章　消化系统药物……………………515
第一节　健胃药与助消化药…………………516
第二节　瘤胃兴奋药…………………………517
第三节　制酵药与消沫药……………………517
第四节　泻药与止泻药………………………518
　　一、泻药……………………………………518
　　二、止泻药…………………………………519

第十章　呼吸系统药物……………………519
第一节　平喘药………………………………519
第二节　祛痰镇咳药…………………………520

第十一章　血液循环系统药物……………521
第一节　治疗充血性心力衰竭的药物………521
第二节　抗凝血药与促凝血药………………523
　　一、抗凝血药………………………………523
　　二、促凝血药………………………………524
第三节　抗贫血药……………………………524

第十二章　泌尿生殖系统药物……………526
第一节　利尿药与脱水药……………………526
　　一、利尿药…………………………………526
　　二、脱水药…………………………………527
第二节　生殖系统药物………………………527
　　一、子宫收缩药……………………………527
　　二、性激素类药物…………………………528
　　三、促性腺激素释放激素类药物…………529
　　四、前列腺素类药物………………………530

第十三章　调节组织代谢药物……………530
第一节　维生素………………………………530
　　一、脂溶性维生素…………………………531
　　二、水溶性维生素…………………………532
第二节　矿物质………………………………532
　　一、钙和磷…………………………………533
　　二、微量元素………………………………534

第十四章　组胺受体阻断药………………535
第一节　H_1受体阻断药……………………535
第二节　H_2受体阻断药……………………536

第十五章　解毒药…………………………536
　　一、金属络合剂……………………………537
　　二、胆碱酯酶复活剂………………………537
　　三、高铁血红蛋白还原剂…………………538
　　四、氰化物解毒剂…………………………539
　　五、氟中毒解毒剂…………………………539

参考文献……………………………………540

第一篇

兽医法律法规和职业道德

第一章 动物防疫基本法律制度

第一节 中华人民共和国动物防疫法

一、《中华人民共和国动物防疫法》概述

《中华人民共和国动物防疫法》（以下简称《动物防疫法》）于1997年7月3日经第八届全国人民代表大会常务委员会第二十六次会议通过，根据2007年8月30日第十届全国人民代表大会常务委员会第二十九次会议第一次修订，根据2013年6月29日第十二届全国人民代表大会常务委员会第三次会议《关于修改〈中华人民共和国文物保护法〉等十二部法律的决定》第一次修正，根据2015年4月24日第十二届全国人民代表大会常务委员会第十四次会议《关于修改〈中华人民共和国电力法〉等六部法律的决定》第二次修正，根据2021年1月22日第十三届全国人民代表大会常务委员会第二十五次会议第二次修订。

1.《动物防疫法》的立法目的

加强对动物防疫活动的管理，预防、控制、净化、消灭动物疫病，促进养殖业发展，防控人畜共患传染病，保障公共卫生安全和人体健康。

2.《动物防疫法》的调整对象

在中华人民共和国领域内的动物防疫及其监督管理活动适用《动物防疫法》，但进出境动物、动物产品的检疫，适用《中华人民共和国进出境动植物检疫法》。

3. 动物、动物产品、动物疫病以及动物防疫的含义

（1）动物 《动物防疫法》所称的动物，是指家畜家禽和人工饲养、捕获的其他动物。

（2）动物产品 《动物防疫法》所称的动物产品，是指动物的肉、生皮、原毛、绒、脏器、脂、血液、精液、卵、胚胎、骨、蹄、头、角、筋以及可能传播动物疫病的奶、蛋等。

（3）动物疫病 《动物防疫法》所称的动物疫病，是指动物传染病，包括寄生虫病。

（4）动物防疫 《动物防疫法》所称的动物防疫，是指动物疫病的预防、控制、诊疗、净化、消灭和动物、动物产品的检疫，以及病死动物、病害动物产品的无害化处理。

4. 动物疫病的分类

根据动物疫病对养殖业生产和人体健康的危害程度，《动物防疫法》规定的动物疫病分为下列三类：

（1）一类疫病 一类动物疫病是指口蹄疫、非洲猪瘟、高致病性禽流感等对人、动物构成特别严重危害，可能造成重大经济损失和社会影响，需要采取紧急、严厉的强制预防、控制等措施的动物疫病。

（2）二类疫病 二类动物疫病是指狂犬病、布鲁氏菌病、草鱼出血病等对人、动物构成严重危害，可能造成较大经济损失和社会影响，需要采取严格预防、控制等措施的动物疫病。

（3）三类疫病 三类动物疫病是指大肠杆菌病、禽结核病、鳖腮腺炎病等常见多发，对人、动物构成危害，可能造成一定程度的经济损失和社会影响，需要及时预防、控制的动物疫病。

一、二、三类动物疫病具体病种名录由国务院农业农村主管部门制定并公布。国务院农

业农村主管部门应当根据动物疫病发生、流行情况和危害程度，及时增加、减少或者调整一、二、三类动物疫病具体病种并予以公布。人畜共患传染病名录由国务院农业农村主管部门会同国务院卫生健康、野生动物保护等主管部门制定并公布。

5. 动物防疫工作的方针

我国对动物防疫实行预防为主，预防与控制、净化、消灭相结合的方针。

6. 鼓励社会力量参与动物防疫工作

国家鼓励社会力量参与动物防疫工作。各级人民政府采取措施，支持单位和个人参与动物防疫的宣传教育、疫情报告、志愿服务和捐赠等活动。

7. 行政相对人的动物防疫责任

从事动物饲养、屠宰、经营、隔离、运输以及动物产品生产、经营、加工、贮藏等活动的单位和个人，依照《动物防疫法》和国务院农业农村主管部门的规定，做好免疫、消毒、检测、隔离、净化、消灭、无害化处理等动物防疫工作，承担动物防疫相关责任。

8. 动物防疫工作的行政管理

（1）人民政府　县级以上人民政府对动物防疫工作实行统一领导，采取有效措施稳定基层机构队伍，加强动物防疫队伍建设，建立健全动物防疫体系，制定并组织实施动物疫病防治规划。乡级人民政府、街道办事处组织群众做好本辖区的动物疫病预防与控制工作，村民委员会、居民委员会予以协助。

（2）农业农村主管部门　国务院农业农村主管部门主管全国的动物防疫工作。县级以上地方人民政府农业农村主管部门主管本行政区域的动物防疫工作。县级以上人民政府其他有关部门在各自职责范围内做好动物防疫工作。军队动物卫生监督职能部门负责军队现役动物和饲养自用动物的防疫工作。

（3）其他政府部门　县级以上人民政府卫生健康主管部门和本级人民政府农业农村、野生动物保护等主管部门应当建立人畜共患传染病防治的协作机制。国务院农业农村主管部门和海关总署等部门应当建立防止境外动物疫病输入的协作机制。

（4）动物卫生监督机构　县级以上地方人民政府的动物卫生监督机构依照《动物防疫法》的规定，负责动物、动物产品的检疫工作。

（5）动物疫病预防控制机构　县级以上人民政府按照国务院的规定，根据统筹规划、合理布局、综合设置的原则建立动物疫病预防控制机构。动物疫病预防控制机构承担动物疫病的监测、检测、诊断、流行病学调查、疫情报告以及其他预防、控制等技术工作；承担动物疫病净化、消灭的技术工作。

9. 动物防疫科学研究与国际合作交流

国家鼓励和支持开展动物疫病的科学研究以及国际合作与交流，推广先进适用的科学研究成果，提高动物疫病防治的科学技术水平。

10. 动物防疫法律法规和动物防疫知识的宣传

各级人民政府和有关部门、新闻媒体，应当加强对动物防疫法律法规和动物防疫知识的宣传。

11. 动物防疫的表彰、奖励，以及防疫人员工伤保险、补助和抚恤

各级人民政府和有关部门按照国家有关规定对在动物防疫工作、相关科学研究、动物疫情扑灭中做出贡献的单位和个人给予表彰、奖励。有关单位应当依法为动物防疫人员缴纳工伤保险费。对因参与动物防疫工作致病、致残、死亡的人员，按照国家有关规定给予补助或者抚恤。

二、动物疫病的预防法律规定

1. 动物疫病风险评估制度

国家建立动物疫病风险评估制度。国务院农业农村主管部门根据国内外动物疫情以及保护养殖业生产和人体健康的需要，及时会同国务院卫生健康等有关部门对动物疫病进行风险评估，并制定、公布动物疫病预防、控制、净化、消灭措施和技术规范。省、自治区、直辖市人民政府农业农村主管部门会同本级人民政府卫生健康等有关部门开展本行政区域的动物疫病风险评估，并落实动物疫病预防、控制、净化、消灭措施。

2. 动物疫病强制免疫制度

国家对严重危害养殖业生产和人体健康的动物疫病实施强制免疫。

（1）强制免疫病种和区域的确定主体　国务院农业农村主管部门确定强制免疫的动物疫病病种和区域。

（2）强制免疫计划的制定主体　省、自治区、直辖市人民政府农业农村主管部门制定本行政区域的强制免疫计划；根据本行政区域动物疫病流行情况增加实施强制免疫的动物疫病病种和区域，报本级人民政府批准后执行，并报国务院农业农村主管部门备案。

（3）强制免疫的义务主体　强制免疫是饲养动物的单位和个人应当履行的法定义务，无论是具备一定规模的集约化饲养者，还是零散饲养者，都必须按照强制免疫计划和技术规范的要求，对饲养的动物实施免疫接种，履行强制免疫义务，否则将受到法律制裁。

（4）追溯管理　饲养动物的单位和个人对动物实施免疫接种后，应当按照国家有关规定建立免疫档案、加施畜禽标识，保证可追溯。

（5）补充免疫及不符合免疫质量要求动物的处理　实施强制免疫接种的动物未达到免疫质量要求，实施补充免疫接种后仍不符合免疫质量要求的，有关单位和个人应当按照国家有关规定处理。

（6）疫苗质量要求　用于预防接种的疫苗应当符合国家质量标准。

（7）强制免疫的组织实施及监督管理　县级以上地方人民政府农业农村主管部门负责组织实施动物疫病强制免疫计划，并对饲养动物的单位和个人履行强制免疫义务的情况进行监督检查。乡级人民政府、街道办事处组织本辖区饲养动物的单位和个人做好强制免疫，协助做好监督检查；村民委员会、居民委员会协助做好相关工作。

（8）对强制免疫计划实施情况和效果进行评估　县级以上地方人民政府农业农村主管部门应当定期对本行政区域的强制免疫计划实施情况和效果进行评估，并向社会公布评估结果。

3. 动物疫病监测和疫情预警制度

国家实行动物疫病监测和疫情预警制度。

（1）县级以上人民政府的职责　县级以上人民政府建立健全动物疫病监测网络，加强动物疫病监测，并完善野生动物疫源疫病监测体系和工作机制，根据需要合理布局监测站点。陆路边境省、自治区人民政府根据动物疫病防控需要，合理设置动物疫病监测站点，健全监测工作机制，防范境外动物疫病传入。

（2）监测计划的制定主体　国务院农业农村主管部门会同国务院有关部门制定国家动物疫病监测计划。省、自治区、直辖市人民政府农业农村主管部门根据国家动物疫病监测计划，制定本行政区域的动物疫病监测计划。

（3）动物疫病预防控制机构在监测中的职责　动物疫病预防控制机构按照国务院农业农

村主管部门的规定和动物疫病监测计划，对动物疫病的发生、流行等情况进行监测。

（4）科技、海关和野生动物保护、农业农村主管部门在监测中的职责　科技、海关等部门按照《动物防疫法》和有关法律法规的规定做好动物疫病监测预警工作，并定期与农业农村主管部门互通情况，紧急情况及时通报。野生动物保护、农业农村主管部门按照职责分工做好野生动物疫源疫病监测等工作，并定期互通情况，紧急情况及时通报。

（5）行政相对人在监测中的义务　从事动物饲养、屠宰、经营、隔离、运输以及动物产品生产、经营、加工、贮藏、无害化处理等活动的单位和个人不得拒绝或者阻碍动物疫病的监测。

（6）动物疫情的预警　国务院农业农村主管部门和省、自治区、直辖市人民政府农业农村主管部门根据对动物疫病发生、流行趋势的预测，及时发出动物疫情预警。地方各级人民政府接到动物疫情预警后，应当及时采取预防、控制措施。

4. 动物疫病区域化管理制度

（1）无规定动物疫病区和生物安全隔离区建设和验收　国家支持地方建立无规定动物疫病区，鼓励动物饲养场建设无规定动物疫病生物安全隔离区。对符合国务院农业农村主管部门规定标准的无规定动物疫病区和无规定动物疫病生物安全隔离区，国务院农业农村主管部门验收合格予以公布，并对其维持情况进行监督检查。

（2）无规定动物疫病区建设方案的制定和组织实施主体　省、自治区、直辖市人民政府制定并组织实施本行政区域的无规定动物疫病区建设方案。国务院农业农村主管部门指导跨省、自治区、直辖市无规定动物疫病区建设。

（3）分区防控及措施　国务院农业农村主管部门根据行政区划、养殖屠宰产业布局、风险评估情况等对动物疫病实施分区防控，可以采取禁止或者限制特定动物、动物产品跨区域调运等措施。

5. 动物疫病的净化、消灭制度

（1）动物疫病净化、消灭规划的制定主体　国务院农业农村主管部门制定并组织实施动物疫病净化、消灭规划。

（2）动物疫病净化、消灭计划的制定主体　县级以上地方人民政府根据动物疫病净化、消灭规划，制定并组织实施本行政区域的动物疫病净化、消灭计划。

（3）动物疫病预防控制机构在动物疫病净化、消灭中的职责　动物疫病预防控制机构按照动物疫病净化、消灭规划、计划，开展动物疫病净化技术指导、培训，对动物疫病净化效果进行监测、评估。

（4）鼓励和支持饲养动物的单位和个人开展动物疫病净化　国家推进动物疫病净化，鼓励和支持饲养动物的单位和个人开展动物疫病净化。饲养动物的单位和个人达到国务院农业农村主管部门规定的净化标准的，由省级以上人民政府农业农村主管部门予以公布。

6. 生产经营场所的动物防疫条件

（1）四类场所必须具备的动物防疫条件　动物饲养场和隔离场所、动物屠宰加工场所以及动物和动物产品无害化处理场所，应当符合下列动物防疫条件：①场所的位置与居民生活区、生活饮用水水源地、学校、医院等公共场所的距离符合国务院农业农村主管部门的规定；②生产经营区域封闭隔离，工程设计和有关流程符合动物防疫要求；③有与其规模相适应的污水、污物处理设施，病死动物、病害动物产品无害化处理设施设备或者冷藏冷冻设施设备，以及清洗消毒设施设备；④有与其规模相适应的执业兽医或者动物防疫技术人员；⑤有完善的隔离消毒、购销台账、日常巡查等动物防疫制度；⑥具备国务院农业农村主管部门规定的其他动物防疫条件。

动物和动物产品无害化处理场所除应当符合前述规定的条件外，还应当具有病原检测设备、检测能力和符合动物防疫要求的专用运输车辆。

(2) 动物防疫条件审查　国家实行动物防疫条件审查制度。

1) 申请：开办动物饲养场和隔离场所、动物屠宰加工场所以及动物和动物产品无害化处理场所，应当向县级以上地方人民政府农业农村主管部门提出申请，并附具相关材料。

2) 审查：受理申请的农业农村主管部门应当依照《动物防疫法》和《中华人民共和国行政许可法》的规定进行审查。经审查合格的，发给动物防疫条件合格证；不合格的，应当通知申请人并说明理由。动物防疫条件合格证应当载明申请人的名称（姓名）、场（厂）址、动物（动物产品）种类等事项。

(3) 对集贸市场防疫管理的规定　经营动物、动物产品的集贸市场应当具备国务院农业农村主管部门规定的动物防疫条件，并接受农业农村主管部门的监督检查。具体办法由国务院农业农村主管部门制定。

(4) 在城市特定区域禁止家畜家禽活体交易　县级以上地方人民政府应当根据本地情况，决定在城市特定区域禁止家畜家禽活体交易。

7. 动物疫病预防的其他重要措施

(1) 种用、乳用动物健康标准和检测要求的规定　种用、乳用动物应当符合国务院农业农村主管部门规定的健康标准。饲养种用、乳用动物的单位和个人，应当按照国务院农业农村主管部门的要求，定期开展动物疫病检测；检测不合格的，应当按照国家有关规定处理。

(2) 运载工具等相关物品的动物防疫要求　动物、动物产品的运载工具、垫料、包装物、容器等应当符合国务院农业农村主管部门规定的动物防疫要求。

(3) 染疫动物及其相关物品的处理规定　染疫动物及其排泄物、染疫动物产品，运载工具中的动物排泄物以及垫料、包装物、容器等被污染的物品，应当按照国家有关规定处理，不得随意处置。

(4) 动物病料采集、保存、运输和病原微生物实验活动管理的规定　采集、保存、运输动物病料或者病原微生物以及从事病原微生物研究、教学、检测、诊断等活动，应当遵守国家有关病原微生物实验室管理的规定。

(5) 关于动物、动物产品的禁止性规定　禁止屠宰、经营、运输下列动物和生产、经营、加工、贮藏、运输下列动物产品：①封锁疫区内与所发生动物疫病有关的；②疫区内易感染的；③依法应当检疫而未经检疫或者检疫不合格的；④染疫或者疑似染疫的；⑤病死或者死因不明的；⑥其他不符合国务院农业农村主管部门有关动物防疫规定的。

因实施集中无害化处理需要暂存、运输动物和动物产品并按照规定采取防疫措施的，不适用前述规定。

(6) 对犬只的动物防疫管理规定

1) 犬只的免疫及登记：单位和个人饲养犬只，应当按照规定定期免疫接种狂犬病疫苗，凭动物诊疗机构出具的免疫证明向所在地养犬登记机关申请登记。

2) 犬只的携带要求：携带犬只出户的，应当按照规定佩戴犬牌并采取系犬绳等措施，防止犬只伤人、疫病传播。

3) 流浪犬、猫的控制和处置主体：街道办事处、乡级人民政府组织协调居民委员会、村民委员会，做好本辖区流浪犬、猫的控制和处置，防止疫病传播。

4）农村地区犬只的防疫管理主体：县级人民政府和乡级人民政府、街道办事处应当结合本地实际，做好农村地区饲养犬只的防疫管理工作。

三、动物疫情的报告、通报和公布法律规定

1. 动物疫情报告制度

（1）动物疫情报告义务主体职责　从事动物疫病监测、检测、检验检疫、研究、诊疗以及动物饲养、屠宰、经营、隔离、运输等活动的单位和个人，发现动物染疫或者疑似染疫的，应当立即向所在地农业农村主管部门或者动物疫病预防控制机构报告，并迅速采取隔离等控制措施，防止动物疫情扩散。其他单位和个人发现动物染疫或者疑似染疫的，应当及时报告。

（2）接受动物疫情报告主体的职责　接到动物疫情报告的单位，应当及时采取临时隔离控制等必要措施，防止延误防控时机，并及时按照国家规定的程序上报。

（3）动物疫情的认定主体　动物疫情由县级以上人民政府农业农村主管部门认定；其中重大动物疫情由省、自治区、直辖市人民政府农业农村主管部门认定，必要时报国务院农业农村主管部门认定。

（4）重大动物疫情的定义及报告期间可采取的措施

1）重大动物疫情的定义：重大动物疫情，是指一、二、三类动物疫病突然发生，迅速传播，给养殖业生产安全造成严重威胁、危害，以及可能对公众身体健康与生命安全造成危害的情形。

2）重大动物疫情报告期间可采取的措施：在重大动物疫情报告期间，必要时，所在地县级以上地方人民政府可以作出封锁决定并采取扑杀、销毁等措施。

2. 动物疫情通报制度

国家实行动物疫情通报制度。

（1）重大动物疫情的通报　国务院农业农村主管部门应当及时向国务院卫生健康等有关部门和军队有关部门以及省、自治区、直辖市人民政府农业农村主管部门通报重大动物疫情的发生和处置情况。

（2）进出境动物疫病的通报　海关发现进出境动物和动物产品染疫或者疑似染疫的，应当及时处置并向农业农村主管部门通报。

（3）野生动物疫病的通报　县级以上地方人民政府野生动物保护主管部门发现野生动物染疫或者疑似染疫的，应当及时处置并向本级人民政府农业农村主管部门通报。

（4）履行国际义务的通报　国务院农业农村主管部门应当依照我国缔结或者参加的条约、协定，及时向有关国际组织或者贸易方通报重大动物疫情的发生和处置情况。

（5）发生人畜共患病的通报、采取措施及禁止性规定

1）发生人畜共患病的通报：发生人畜共患传染病疫情时，县级以上人民政府农业农村主管部门与本级人民政府卫生健康、野生动物保护等主管部门应当及时相互通报。

2）发生人畜共患病应采取的措施：发生人畜共患传染病时，卫生健康主管部门应当对疫区易感染的人群进行监测，并应当依照《中华人民共和国传染病防治法》的规定及时公布疫情，采取相应的预防、控制措施。

3）患有人畜共患病的人员不得从事相关活动：患有人畜共患传染病的人员不得直接从事动物疫病监测、检测、检验检疫、诊疗以及易感染动物的饲养、屠宰、经营、隔离、运输等

活动。

3. 动物疫情公布制度

国务院农业农村主管部门向社会及时公布全国动物疫情，也可以根据需要授权省、自治区、直辖市人民政府农业农村主管部门公布本行政区域的动物疫情。其他单位和个人不得发布动物疫情。

4. 动物疫情报告的禁止性规定

任何单位和个人不得瞒报、谎报、迟报、漏报动物疫情，不得授意他人瞒报、谎报、迟报动物疫情，不得阻碍他人报告动物疫情。

四、动物疫病的控制法律规定

1. 发生一类动物疫病的控制措施

发生一类动物疫病时，应当采取下列控制措施：

（1）划定疫点、疫区和受威胁区　所在地县级以上地方人民政府农业农村主管部门应当立即派人到现场，划定疫点、疫区、受威胁区，调查疫源，及时报请本级人民政府对疫区实行封锁。

（2）发布封锁令　所在地县级以上人民政府接到农业农村主管部门的报告后，应当对疫区实行封锁。疫区范围涉及两个以上行政区域的，由有关行政区域共同的上一级人民政府对疫区实行封锁，或者由各有关行政区域的上一级人民政府共同对疫区实行封锁。必要时，上级人民政府可以责成下级人民政府对疫区实行封锁。

（3）控制、扑灭措施　县级以上地方人民政府应当立即组织有关部门和单位采取封锁、隔离、扑杀、销毁、消毒、无害化处理、紧急免疫接种等强制性措施。

（4）封锁措施　在封锁期间，禁止染疫、疑似染疫和易感染的动物、动物产品流出疫区，禁止非疫区的易感染动物进入疫区，并根据需要对出入疫区的人员、运输工具及有关物品采取消毒和其他限制性措施。

2. 发生二类动物疫病的控制措施

发生二类动物疫病时，应当采取下列控制措施：

（1）划定疫点、疫区和受威胁区　所在地县级以上地方人民政府农业农村主管部门应当划定疫点、疫区、受威胁区。

（2）控制、扑灭措施　县级以上地方人民政府根据需要组织有关部门和单位采取隔离、扑杀、销毁、消毒、无害化处理、紧急免疫接种、限制易感染的动物和动物产品及有关物品出入等措施。

3. 解除封锁规定

疫点、疫区、受威胁区的撤销和疫区封锁的解除，按照国务院农业农村主管部门规定的标准和程序评估后，由原决定机关决定并宣布。

4. 发生三类动物疫病的防治措施

发生三类动物疫病时，所在地县级、乡级人民政府应当按照国务院农业农村主管部门的规定组织防治。

5. 二、三类动物疫病呈暴发性流行时的处理

二、三类动物疫病呈暴发性流行时，按照一类动物疫病处理。

6. 发生动物疫情时，行政相对人和运输企业的义务

（1）行政相对人的义务　疫区内有关单位和个人，应当遵守县级以上人民政府及其农业农村主管部门依法作出的有关控制动物疫病的规定。任何单位和个人不得藏匿、转移、盗掘已被依法隔离、封存、处理的动物和动物产品。

（2）运输企业的义务　发生动物疫情时，航空、铁路、道路、水路运输企业应当优先组织运送防疫人员和物资。

7. 制定重大动物疫情应急预案和实施方案

国务院农业农村主管部门根据动物疫病的性质、特点和可能造成的社会危害，制定国家重大动物疫情应急预案报国务院批准，并按照不同动物疫病病种、流行特点和危害程度，分别制定实施方案。县级以上地方人民政府根据上级重大动物疫情应急预案和本地区的实际情况，制定本行政区域的重大动物疫情应急预案，报上一级人民政府农业农村主管部门备案，并抄送上一级人民政府应急管理部门。县级以上地方人民政府农业农村主管部门按照不同动物疫病病种、流行特点和危害程度，分别制定实施方案。重大动物疫情应急预案和实施方案根据疫情状况及时调整。

8. 发生重大动物疫情时采取的限制调运措施

发生重大动物疫情时，国务院农业农村主管部门负责划定动物疫病风险区，禁止或者限制特定动物、动物产品由高风险区向低风险区调运。

9. 重大动物疫情应急处置措施

发生重大动物疫情时，依照法律和国务院的规定以及应急预案采取应急处置措施。

五、动物和动物产品的检疫法律规定

1. 实施动物检疫的主体

动物卫生监督机构依照《动物防疫法》和国务院农业农村主管部门的规定对动物、动物产品实施检疫。动物卫生监督机构的官方兽医具体实施动物、动物产品检疫。

2. 检疫管理制度

（1）检疫申报　屠宰、出售或者运输动物以及出售或者运输动物产品前，货主应当按照国务院农业农村主管部门的规定向所在地动物卫生监督机构申报检疫。

（2）检疫许可　动物卫生监督机构接到检疫申报后，应当及时指派官方兽医对动物、动物产品实施检疫；检疫合格的，出具检疫证明、加施检疫标志。实施检疫的官方兽医应当在检疫证明、检疫标志上签字或者盖章，并对检疫结论负责。

（3）执业兽医、动物防疫人员协助检疫　动物饲养场、屠宰企业的执业兽医或者动物防疫技术人员，应当协助官方兽医实施检疫。

（4）野生动物的检疫管理　因科研、药用、展示等特殊情形需要非食用性利用的野生动物，应当按照国家有关规定报动物卫生监督机构检疫，检疫合格的，方可利用。人工捕获的野生动物，应当按照国家有关规定报捕获地动物卫生监督机构检疫，检疫合格的，方可饲养、经营和运输。

（5）流通过程中检疫证明、检疫标志管理　屠宰、经营、运输的动物，以及用于科研、展示、演出和比赛等非食用性利用的动物，应当附有检疫证明；经营和运输的动物产品，应当附有检疫证明、检疫标志。

（6）动物、动物产品运输的管理

1）动物、动物产品凭检疫证明运输。经航空、铁路、道路、水路运输动物和动物产品的，托运人托运时应当提供检疫证明；没有检疫证明的，承运人不得承运。

2）进出口动物、动物产品凭进口报关单证或检疫单证运递。进出口动物和动物产品，承运人凭进口报关单证或者海关签发的检疫单证运递。

3）运输备案管理。从事动物运输的单位、个人以及车辆，应当向所在地县级人民政府农业农村主管部门备案，妥善保存行程路线和托运人提供的动物名称、检疫证明编号、数量等信息。具体办法由国务院农业农村主管部门制定。

4）运载工具的防疫管理。运载工具在装载前和卸载后应当及时清洗、消毒。

（7）无规定动物疫病区的检疫管理　输入到无规定动物疫病区的动物、动物产品，货主应当按照国务院农业农村主管部门的规定向无规定动物疫病区所在地动物卫生监督机构申报检疫，经检疫合格的，方可进入。

3. 道路运输动物的指定通道管理

省、自治区、直辖市人民政府确定并公布道路运输的动物进入本行政区域的指定通道，设置引导标志。跨省、自治区、直辖市通过道路运输动物的，应当经省、自治区、直辖市人民政府设立的指定通道入省境或者过省境。

4. 跨省引进乳用、种用动物的隔离管理

跨省、自治区、直辖市引进的种用、乳用动物到达输入地后，货主应当按照国务院农业农村主管部门的规定对引进的种用、乳用动物进行隔离观察。

5. 检疫不合格的动物、动物产品处理

经检疫不合格的动物、动物产品，货主应当在农业农村主管部门的监督下按照国家有关规定处理，处理费用由货主承担。

六、病死动物和病害动物产品的无害化处理法律规定

1. 病死动物和病害动物产品无害化处理的主体责任

动物和动物产品无害化处理管理办法由国务院农业农村、野生动物保护主管部门按照职责制定。

（1）病死动物和病害动物产品无害化处理的义务主体　从事动物饲养、屠宰、经营、隔离以及动物产品生产、经营、加工、贮藏等活动的单位和个人，应当按照国家有关规定做好病死动物、病害动物产品的无害化处理，或者委托动物和动物产品无害化处理场所处理。

（2）在病死动物和病害动物产品无害化处理中运输者的义务　从事动物、动物产品运输的单位和个人，应当配合做好病死动物和病害动物产品的无害化处理，不得在途中擅自弃置和处理有关动物和动物产品。

（3）禁止性规定　任何单位和个人不得买卖、加工、随意弃置病死动物和病害动物产品。

2. 水域、城市公共场所、乡村以及野外环境死亡动物的收集、处理

（1）在水域发现的死亡畜禽的收集、处理主体　在江河、湖泊、水库等水域发现的死亡畜禽，由所在地县级人民政府组织收集、处理并溯源。

（2）在城市公共场所、乡村发现的死亡畜禽的收集、处理主体　在城市公共场所和乡村发现的死亡畜禽，由所在地街道办事处、乡级人民政府组织收集、处理并溯源。

（3）在野外环境发现的死亡野生动物的收集、处理主体　在野外环境发现的死亡野生动物，由所在地野生动物保护主管部门收集、处理。

3. 动物和动物集中无害处理建设规划及运作机制

省、自治区、直辖市人民政府制定动物和动物产品集中无害化处理场所建设规划，建立政府主导、市场运作的无害化处理机制。

4. 病死动物无害化处理补助

各级财政对病死动物无害化处理提供补助。具体补助标准和办法由县级以上人民政府财

政部门会同本级人民政府农业农村、野生动物保护等有关部门制定。

七、动物诊疗法律规定

1. 从事动物诊疗活动的条件

从事动物诊疗活动的机构,应当具备下列条件:有与动物诊疗活动相适应并符合动物防疫条件的场所;有与动物诊疗活动相适应的执业兽医;有与动物诊疗活动相适应的兽医器械和设备;有完善的管理制度。

2. 动物诊疗机构的范围

动物诊疗机构包括动物医院、动物诊所以及其他提供动物诊疗服务的机构。

3. 动物诊疗许可证的申请与审核

从事动物诊疗活动的机构,应当向县级以上地方人民政府农业农村主管部门申请动物诊疗许可证。受理申请的农业农村主管部门应当依照《动物防疫法》和《中华人民共和国行政许可法》的规定进行审查。经审查合格的,发给动物诊疗许可证;不合格的,应当通知申请人并说明理由。

4. 动物诊疗许可证内容及其变更的规定

动物诊疗许可证应当载明诊疗机构名称、诊疗活动范围、从业地点和法定代表人(负责人)等事项。动物诊疗许可证载明事项变更的,应当申请变更或者换发动物诊疗许可证。

5. 动物诊疗活动中的防疫要求

动物诊疗机构应当按照国务院农业农村主管部门的规定,做好诊疗活动中的卫生安全防护、消毒、隔离和诊疗废弃物处置等工作。

6. 动物诊疗活动中的执业规范

从事动物诊疗活动,应当遵守有关动物诊疗的操作技术规范,使用符合规定的兽药和兽医器械。

八、兽医管理法律规定

1. 官方兽医管理

(1)官方兽医的任命制度 国家实行官方兽医任命制度。官方兽医应当具备国务院农业农村主管部门规定的条件,由省、自治区、直辖市人民政府农业农村主管部门按照程序确认,由所在地县级以上人民政府农业农村主管部门任命。海关的官方兽医应当具备规定的条件,由海关总署任命。

(2)保障官方兽医依法履职的规定 官方兽医依法履行动物、动物产品检疫职责,任何单位和个人不得拒绝或者阻碍。

(3)官方兽医的培训和考核 县级以上人民政府农业农村主管部门制定官方兽医培训计划,提供培训条件,定期对官方兽医进行培训和考核。

2. 执业兽医和乡村兽医管理

(1)执业兽医资格考试制度 国家实行执业兽医资格考试制度。具有兽医相关专业大学专科以上学历的人员或者符合条件的乡村兽医,通过执业兽医资格考试的,由省、自治区、直辖市人民政府农业农村主管部门颁发执业兽医资格证书;从事动物诊疗等经营活动的,还应当向所在地县级人民政府农业农村主管部门备案。

(2)执业兽医执业备案管理 取得执业兽医资格证书,从事动物诊疗等经营活动的,应当向所在地县级人民政府农业农村主管部门备案。

(3) 执业兽医开具处方的规定　执业兽医开具兽医处方应当亲自诊断，并对诊断结论负责。

(4) 执业兽医的继续教育　国家鼓励执业兽医接受继续教育。执业兽医所在机构应当支持执业兽医参加继续教育。

(5) 乡村兽医的从业区域　乡村兽医可以在乡村从事动物诊疗活动。

(6) 执业兽医、乡村兽医在动物防疫中的义务　执业兽医、乡村兽医应当按照所在地人民政府和农业农村主管部门的要求，参加动物疫病预防、控制和动物疫情扑灭等活动。

3. 兽医行业协会的职责

兽医行业协会提供兽医信息、技术、培训等服务，维护成员合法权益，按照章程建立健全行业规范和奖惩机制，加强行业自律，推动行业诚信建设，宣传动物防疫和兽医知识。

九、动物防疫监督管理法律规定

1. 动物防疫的监督管理主体及内容

动物防疫的监督管理由县级以上地方人民政府农业农村主管部门实施。县级以上地方人民政府农业农村主管部门依照《动物防疫法》规定，对动物饲养、屠宰、经营、隔离、运输以及动物产品生产、经营、加工、贮藏、运输等活动中的动物防疫实施监督管理。

2. 动物防疫检查站的规定

为控制动物疫病，县级人民政府农业农村主管部门应当派人在所在地依法设立的现有检查站执行监督检查任务；必要时，经省、自治区、直辖市人民政府批准，可以设立临时性的动物防疫检查站，执行监督检查任务。

3. 监督管理措施

县级以上地方人民政府农业农村主管部门执行监督检查任务，可以采取下列措施，有关单位和个人不得拒绝或者阻碍：①对动物、动物产品按照规定采样、留验、抽检；②对染疫或者疑似染疫的动物、动物产品及相关物品进行隔离、查封、扣押和处理；③对依法应当检疫而未经检疫的动物和动物产品，具备补检条件的实施补检，不具备补检条件的予以收缴销毁；④查验检疫证明、检疫标志和畜禽标识；⑤进入有关场所调查取证，查阅、复制与动物防疫有关的资料。

县级以上地方人民政府农业农村主管部门根据动物疫病预防、控制需要，经所在地县级以上地方人民政府批准，可以在车站、港口、机场等相关场所派驻官方兽医或者工作人员。

4. 规范执法人员执法行为的规定

执法人员执行动物防疫监督检查任务，应当出示行政执法证件，佩戴统一标志。县级以上人民政府农业农村主管部门及其工作人员不得从事与动物防疫有关的经营性活动，进行监督检查不得收取任何费用。

5. 检疫证明、检疫标志和畜禽标识管理的规定

禁止转让、伪造或者变造检疫证明、检疫标志或者畜禽标识。禁止持有、使用伪造或者变造的检疫证明、检疫标志或者畜禽标识。

十、动物防疫的保障措施法律规定

1. 动物防疫工作是各级政府和全社会的共同目标

县级以上人民政府应当将动物防疫工作纳入本级国民经济和社会发展规划及年度计划。

2. 鼓励和支持动物防疫领域科学技术研究开发

国家鼓励和支持动物防疫领域新技术、新设备、新产品等科学技术研究开发。

3. 动物检疫工作人员保障的规定

县级人民政府应当为动物卫生监督机构配备与动物、动物产品检疫工作相适应的官方兽医，保障检疫工作条件。

4. 派驻工作人员的规定

县级人民政府农业农村主管部门可以根据动物防疫工作需要，向乡、镇或者特定区域派驻兽医机构或者工作人员。

5. 兽医社会化服务的规定

国家鼓励和支持执业兽医、乡村兽医和动物诊疗机构开展动物防疫和疫病诊疗活动；鼓励养殖企业、兽药及饲料生产企业组建动物防疫服务团队，提供防疫服务。地方人民政府组织村级防疫员参加动物疫病防治工作的，应当保障村级防疫员合理劳务报酬。

6. 动物防疫经费保障的规定

县级以上人民政府按照本级政府职责，将动物疫病的监测、预防、控制、净化、消灭，动物、动物产品的检疫和病死动物的无害化处理，以及监督管理所需经费纳入本级预算。

7. 动物防疫应急物资储备的规定

县级以上人民政府应当储备动物疫情应急处置所需的防疫物资。

8. 动物防疫补偿的规定

对在动物疫病预防、控制、净化、消灭过程中强制扑杀的动物、销毁的动物产品和相关物品，县级以上人民政府给予补偿。

9. 动物防疫卫生防护、医疗保健措施和卫生津贴的规定

对从事动物疫病预防、检疫、监督检查、现场处理疫情以及在工作中接触动物疫病病原体的人员，有关单位按照国家规定，采取有效的卫生防护、医疗保健措施，给予畜牧兽医医疗卫生津贴等相关待遇。

十一、法律责任

1. 行政处分法律责任

（1）地方各级人民政府及其工作人员未按照规定履行动物防疫职责的法律责任　地方各级人民政府及其工作人员未依照《动物防疫法》规定履行职责的，对直接负责的主管人员和其他直接责任人员依法给予处分。

（2）农业农村主管部门及其工作人员违法行为的法律责任　县级以上人民政府农业农村主管部门及其工作人员违反《动物防疫法》规定，有下列行为之一的，由本级人民政府责令改正，通报批评；对直接负责的主管人员和其他直接责任人员依法给予处分：①未及时采取预防、控制、扑灭等措施的；②对不符合条件的颁发动物防疫条件合格证、动物诊疗许可证，或者对符合条件的拒不颁发动物防疫条件合格证、动物诊疗许可证的；③从事与动物防疫有关的经营性活动，或者违法收取费用的；④其他未依照《动物防疫法》规定履行职责的行为。

（3）动物卫生监督机构及其工作人员违法行为的法律责任　动物卫生监督机构及其工作人员违反《动物防疫法》规定，有下列行为之一的，由本级人民政府或者农业农村主管部门责令改正，通报批评；对直接负责的主管人员和其他直接责任人员依法给予处分：①对未经检疫或者检疫不合格的动物、动物产品出具检疫证明、加施检疫标志，或者对检疫合格的动物、动物产品拒不出具检疫证明、加施检疫标志的；②对附有检疫证明、检疫标志的动物、动物产品重复检疫的；③从事与动物防疫有关的经营性活动，或者违法收取费用的；④其他未依照《动物防疫法》规定履行职责的行为。

（4）动物疫病预防控制机构及其工作人员违法行为的法律责任　动物疫病预防控制机构及其工作人员违反《动物防疫法》规定，有下列行为之一的，由本级人民政府或者农业农村主管部门责令改正，通报批评；对直接负责的主管人员和其他直接责任人员依法给予处分：①未履行动物疫病监测、检测、评估职责或者伪造监测、检测、评估结果的；②发生动物疫情时未及时进行诊断、调查的；③接到染疫或者疑似染疫报告后，未及时按照国家规定采取措施、上报的；④其他未依照《动物防疫法》规定履行职责的行为。

（5）地方各级人民政府、有关部门及其工作人员未履行动物疫情报告义务的法律责任　地方各级人民政府、有关部门及其工作人员瞒报、谎报、迟报、漏报或者授意他人瞒报、谎报、迟报动物疫情，或者阻碍他人报告动物疫情的，由上级人民政府或者有关部门责令改正，通报批评；对直接负责的主管人员和其他直接责任人员依法给予处分。

2. 行政处罚法律责任

（1）关于违反强制免疫计划、种用和乳用动物检测、犬只免疫接种、运载工具清洗消毒等规定的法律责任　违反《动物防疫法》规定，有下列行为之一的，由县级以上地方人民政府农业农村主管部门责令限期改正，可以处一千元以下罚款；逾期不改正的，处一千元以上五千元以下罚款，由县级以上地方人民政府农业农村主管部门委托动物诊疗机构、无害化处理场所等代为处理，所需费用由违法行为人承担：①对饲养的动物未按照动物疫病强制免疫计划或者免疫技术规范实施免疫接种的；②对饲养的种用、乳用动物未按照国务院农业农村主管部门的要求定期开展疫病检测，或者经检测不合格而未按照规定处理的；③对饲养的犬只未按照规定定期进行狂犬病免疫接种的；④动物、动物产品的运载工具在装载前和卸载后未按照规定及时清洗、消毒的。

（2）违反建立免疫档案或者加施畜禽标识方面规定的法律责任　违反《动物防疫法》规定，对经强制免疫的动物未按照规定建立免疫档案，或者未按照规定加施畜禽标识的，依照《中华人民共和国畜牧法》的有关规定处罚。

（3）动物、动物产品的运载工具、垫料、包装物、容器等不符合防疫要求的法律责任　违反《动物防疫法》规定，动物、动物产品的运载工具、垫料、包装物、容器等不符合国务院农业农村主管部门规定的动物防疫要求的，由县级以上地方人民政府农业农村主管部门责令改正，可以处五千元以下罚款；情节严重的，处五千元以上五万元以下罚款。

（4）未按照规定处置染疫动物、染疫动物产品及被污染的有关物品的法律责任　违反《动物防疫法》规定，对染疫动物及其排泄物、染疫动物产品或者被染疫动物、动物产品污染的运载工具、垫料、包装物、容器等未按照规定处置的，由县级以上地方人民政府农业农村主管部门责令限期处理；逾期不处理的，由县级以上地方人民政府农业农村主管部门委托有关单位代为处理，所需费用由违法行为人承担，处五千元以上五万元以下罚款。造成环境污染或者生态破坏的，依照环境保护有关法律法规进行处罚。

（5）患有人畜共患传染病的人员违法从事相关活动的法律责任　违反《动物防疫法》规定，患有人畜共患传染病的人员，直接从事动物疫病监测、检测、检验检疫，动物诊疗以及易感染动物的饲养、屠宰、经营、隔离、运输等活动的，由县级以上地方人民政府农业农村或者野生动物保护主管部门责令改正；拒不改正的，处一千元以上一万元以下罚款；情节严重的，处一万元以上五万元以下罚款。

（6）屠宰、经营、运输动物或者生产、经营、加工、贮藏、运输动物产品违反禁止性规

定的法律责任

1)屠宰、经营、运输动物或者生产、经营、加工、贮藏、运输动物产品违反相关规定的法律责任。违反《动物防疫法》第二十九条规定，屠宰、经营、运输动物或者生产、经营、加工、贮藏、运输动物产品的，由县级以上地方人民政府农业农村主管部门责令改正、采取补救措施，没收违法所得、动物和动物产品，并处同类检疫合格动物、动物产品货值金额十五倍以上三十倍以下罚款；同类检疫合格动物、动物产品货值金额不足一万元的，并处五万元以上十五万元以下罚款。

2)违法行为人及其法定代表人（负责人）、直接负责的主管人员和其他直接责任人员的责任。屠宰、经营、运输动物或者生产、经营、加工、贮藏、运输动物产品违反禁止性规定的违法行为人及其法定代表人（负责人）、直接负责的主管人员和其他直接责任人员，自处罚决定作出之日起五年内不得从事相关活动；构成犯罪的，终身不得从事屠宰、经营、运输动物或者生产、经营、加工、贮藏、运输动物产品等相关活动。

(7) 未取得动物防疫条件合格证和不具备防疫条件，未经备案从事动物运输，未按照规定保存行程路线和托运人提供的相关信息，未经检疫合格向无规定动物疫病区输入动物、动物产品，跨省、自治区、直辖市引进种用、乳用动物未按照规定进行隔离观察，以及未按照规定处理或者随意弃置病死动物和病害动物产品等违法行为的法律责任 违反《动物防疫法》规定，有下列行为之一的，由县级以上地方人民政府农业农村主管部门责令改正，处三千元以上三万元以下罚款；情节严重的，责令停业整顿，并处三万元以上十万元以下罚款：①开办动物饲养场和隔离场所、动物屠宰加工场所以及动物和动物产品无害化处理场所，未取得动物防疫条件合格证的；②经营动物、动物产品的集贸市场不具备国务院农业农村主管部门规定的防疫条件的；③未经备案从事动物运输的；④未按照规定保存行程路线和托运人提供的动物名称、检疫证明编号、数量等信息的；⑤未经检疫合格，向无规定动物疫病区输入动物、动物产品的；⑥跨省、自治区、直辖市引进种用、乳用动物到达输入地后未按照规定进行隔离观察的；⑦未按照规定处理或者随意弃置病死动物、病害动物产品的。

(8) 有关场所生产经营条件不再符合规定防疫条件的法律责任 动物饲养场和隔离场所、动物屠宰加工场所以及动物和动物产品无害化处理场所，生产经营条件发生变化，不再符合《动物防疫法》第二十四条规定的动物防疫条件继续从事相关活动的，由县级以上地方人民政府农业农村主管部门给予警告，责令限期改正；逾期仍达不到规定条件的，吊销动物防疫条件合格证，并通报市场监督管理部门依法处理。

(9) 未附有检疫证明从事相关活动的法律责任 违反《动物防疫法》规定，屠宰、经营、运输的动物未附有检疫证明，经营和运输的动物产品未附有检疫证明、检疫标志的，由县级以上地方人民政府农业农村主管部门责令改正，处同类检疫合格动物、动物产品货值金额一倍以下罚款；对货主以外的承运人处运输费用三倍以上五倍以下罚款，情节严重的，处五倍以上十倍以下罚款。违反《动物防疫法》规定，用于科研、展示、演出和比赛等非食用性利用的动物未附有检疫证明的，由县级以上地方人民政府农业农村主管部门责令改正，处三千元以上一万元以下罚款。

(10) 将禁止或者限制调运的特定动物、动物产品由动物疫病高风险区调入低风险区的法律责任 违反《动物防疫法》规定，将禁止或者限制调运的特定动物、动物产品由动物疫病高风险区调入低风险区的，由县级以上地方人民政府农业农村主管部门没收运输费用、违法运输的动物和动物产品，并处运输费用一倍以上五倍以下罚款。

（11）跨省、自治区、直辖市运输动物未经指定通道入省境或者过省境的法律责任　违反《动物防疫法》规定，通过道路跨省、自治区、直辖市运输动物，未经省、自治区、直辖市人民政府设立的指定通道入省境或者过省境的，由县级以上地方人民政府农业农村主管部门对运输人处五千元以上一万元以下罚款；情节严重的，处一万元以上五万元以下罚款。

（12）转让、伪造或者变造检疫证明、检疫标志或者畜禽标识的法律责任　违反《动物防疫法》规定，转让、伪造或者变造检疫证明、检疫标志或者畜禽标识的，由县级以上地方人民政府农业农村主管部门没收违法所得和检疫证明、检疫标志、畜禽标识，并处五千元以上五万元以下罚款。

（13）持有、使用伪造或者变造检疫证明、检疫标志或者畜禽标识的法律责任　违反《动物防疫法》规定，持有、使用伪造或者变造的检疫证明、检疫标志或者畜禽标识的，由县级以上人民政府农业农村主管部门没收检疫证明、检疫标志、畜禽标识和对应的动物、动物产品，并处三千元以上三万元以下罚款。

（14）擅自发布动物疫情、不遵守有关控制动物疫病规定、破坏动物和动物产品有关处理措施的法律责任　违反《动物防疫法》规定，有下列行为之一的，由县级以上地方人民政府农业农村主管部门责令改正，处三千元以上三万元以下罚款：①擅自发布动物疫情的；②不遵守县级以上人民政府及其农业农村主管部门依法做出的有关控制动物疫病规定的；③藏匿、转移、盗掘已被依法隔离、封存、处理的动物和动物产品的。

（15）未取得动物诊疗许可证从事动物诊疗活动的法律责任　违反《动物防疫法》规定，未取得动物诊疗许可证从事动物诊疗活动的，由县级以上地方人民政府农业农村主管部门责令停止诊疗活动，没收违法所得，并处违法所得一倍以上三倍以下罚款；违法所得不足三万元的，并处三千元以上三万元以下罚款。

（16）动物诊疗机构未按照规定实施卫生安全防护、消毒、隔离和处置诊疗废弃物的法律责任　动物诊疗机构违反《动物防疫法》规定，未按照规定实施卫生安全防护、消毒、隔离和处置诊疗废弃物的，由县级以上地方人民政府农业农村主管部门责令改正，处一千元以上一万元以下罚款；造成动物疫病扩散的，处一万元以上五万元以下罚款；情节严重的，吊销动物诊疗许可证。

（17）未经执业兽医备案从事经营性动物诊疗活动的法律责任　违反《动物防疫法》规定，未经执业兽医备案从事经营性动物诊疗活动的，由县级以上地方人民政府农业农村主管部门责令停止动物诊疗活动，没收违法所得，并处三千元以上三万元以下罚款；对其所在的动物诊疗机构处一万元以上五万元以下罚款。

（18）执业兽医违反从业规范的法律责任　执业兽医有下列行为之一的，由县级以上地方人民政府农业农村主管部门给予警告，责令暂停六个月以上一年以下动物诊疗活动；情节严重的，吊销执业兽医资格证书：①违反有关动物诊疗的操作技术规范，造成或者可能造成动物疫病传播、流行的；②使用不符合规定的兽药和兽医器械的；③未按照当地人民政府或者农业农村主管部门要求参加动物疫病预防、控制和动物疫情扑灭活动的。

（19）生产经营不符合要求的兽医器械的法律责任　违反《动物防疫法》规定，生产经营兽医器械，产品质量不符合要求的，由县级以上地方人民政府农业农村主管部门责令限期整改；情节严重的，责令停业整顿，并处二万元以上十万元以下罚款。

（20）不履行动物疫情报告义务、不如实提供与动物防疫活动有关资料以及拒绝监督检查、监测、检测、评估或者拒绝官方兽医依法履行职责的法律责任 违反《动物防疫法》规定，从事动物疫病研究、诊疗和动物饲养、屠宰、经营、隔离、运输，以及动物产品生产、经营、加工、贮藏、无害化处理等活动的单位和个人，有下列行为之一的，由县级以上地方人民政府农业农村主管部门责令改正，可以处一万元以下罚款；拒不改正的，处一万元以上五万元以下罚款，并可以责令停业整顿：①发现动物染疫、疑似染疫未报告，或者未采取隔离等控制措施的；②不如实提供与动物防疫有关的资料的；③拒绝或者阻碍农业农村主管部门进行监督检查的；④拒绝或者阻碍动物疫病预防控制机构进行动物疫病监测、检测、评估的；⑤拒绝或者阻碍官方兽医依法履行职责的。

3. 行政处罚法律责任

违反《动物防疫法》规定，造成人畜共患传染病传播、流行的，依法从重给予处分、处罚；构成违反治安管理行为的，依法给予治安管理处罚。

4. 刑事法律责任

违反《动物防疫法》规定，构成犯罪的，依法追究刑事责任。

5. 民事法律责任

违反《动物防疫法》规定，给他人人身、财产造成损害的，依法承担民事责任。

十二、附则

1.《动物防疫法》几个用语的含义

（1）无规定动物疫病区 无规定动物疫病区，是指具有天然屏障或者采取人工措施，在一定期限内没有发生规定的一种或者几种动物疫病，并经验收合格的区域。

（2）无规定动物疫病生物安全隔离区 无规定动物疫病生物安全隔离区，是指处于同一生物安全管理体系下，在一定期限内没有发生规定的一种或者几种动物疫病的若干动物饲养场及其辅助生产场所构成的，并经验收合格的特定小型区域。

（3）病死动物 病死动物，是指染疫死亡、因病死亡、死因不明或者经检验检疫可能危害人体或者动物健康的死亡动物。

（4）病害动物产品 病害动物产品，是指来源于病死动物的产品，或者经检验检疫可能危害人体或者动物健康的动物产品。

2. 境外无疫区的评估

境外无规定动物疫病区和无规定动物疫病生物安全隔离区的无疫等效性评估，参照《动物防疫法》有关规定执行。

3. 实验动物的防疫要求

实验动物防疫有特殊要求的，按照实验动物管理的有关规定执行。

第二节 重大动物疫情应急条例

一、《重大动物疫情应急条例》概述

《重大动物疫情应急条例》于 2005 年 11 月 16 日经国务院第 113 次常务会议通过，根据 2017 年 10 月 7 日《国务院关于修改部分行政法规的决定》修订。

1. 立法目的

迅速控制、扑灭重大动物疫情，保障养殖业生产安全，保护公众身体健康与生命安全，维护正常的社会秩序。

2. 重大动物疫情的定义

重大动物疫情,是指高致病性禽流感等发病率或者死亡率高的动物疫病突然发生,迅速传播,给养殖业生产安全造成严重威胁、危害,以及可能对公众身体健康与生命安全造成危害的情形,包括特别重大动物疫情。

3. 重大动物疫情应急工作的指导方针和工作原则

(1)指导方针 重大动物疫情应急工作应当坚持"加强领导、密切配合,依靠科学、依法防治,群防群控、果断处置"的24字方针。

(2)工作原则 重大动物疫情应急工作应当遵循"及时发现,快速反应,严格处理,减少损失"的16字原则。

4. 重大动物疫情应急工作的行政管理

(1)重大动物疫情应急工作的管理原则 重大动物疫情应急工作按照属地管理的原则,实行政府统一领导、部门分工负责,逐级建立责任制。

(2)兽医主管部门及其他有关部门的职责 县级以上人民政府兽医主管部门具体负责组织重大动物疫情的监测、调查、控制、扑灭等应急工作。县级以上人民政府其他有关部门在各自的职责范围内,做好重大动物疫情的应急工作。

(3)陆生野生动物疫源疫病的监测 县级以上人民政府林业主管部门、兽医主管部门按照职责分工,加强对陆生野生动物疫源疫病的监测。

5. 重大动物疫情通报制度

出入境检验检疫机关应当及时收集境外重大动物疫情信息,加强进出境动物及其产品的检验检疫工作,防止动物疫病传入和传出。兽医主管部门要及时向出入境检验检疫机关通报国内重大动物疫情。

6. 关于重大动物疫情科学研究与国际交流的规定

国家鼓励、支持开展重大动物疫情监测、预防、应急处理等有关技术的科学研究和国际交流与合作。

7. 表彰和奖励制度

县级以上人民政府应当对参加重大动物疫情应急处理的人员给予适当补助,对做出贡献的人员给予表彰和奖励。

8. 重大动物疫情工作中的社会监督制度

对不履行或者不按照规定履行重大动物疫情应急处理职责的行为,任何单位和个人有权检举控告。

二、应急准备法律制度

1. 应急预案制度

(1)制定全国重大动物疫情应急预案及实施方案 国务院兽医主管部门应当制定全国重大动物疫情应急预案,报国务院批准,并按照不同动物疫病病种及其流行特点和危害程度,分别制定实施方案,报国务院备案。

(2)制定地方重大动物疫情应急预案及实施方案 县级以上地方人民政府根据本地区的实际情况,制定本行政区域的重大动物疫情应急预案,报上一级人民政府兽医主管部门备案。县级以上地方人民政府兽医主管部门,应当按照不同动物疫病病种及其流行特点和危害程度,分别制定实施方案。

重大动物疫情应急预案及其实施方案应当根据疫情的发展变化和实施情况,及时修改、完善。

2. 应急预案内容

重大动物疫情应急预案主要包括下列内容：①应急指挥部的职责、组成以及成员单位的分工；②重大动物疫情的监测、信息收集、报告和通报；③动物疫病的确认、重大动物疫情的分级和相应的应急处理工作方案；④重大动物疫情疫源的追踪和流行病学调查分析；⑤预防、控制、扑灭重大动物疫情所需资金的来源、物资和技术的储备与调度；⑥重大动物疫情应急处理设施和专业队伍建设。

3. 应急物资储备制度

国务院有关部门和县级以上地方人民政府及其有关部门，应当根据重大动物疫情应急预案的要求，确保应急处理所需的疫苗、药品、设施设备和防护用品等物资的储备。

4. 关于疫情监测网络和预防控制体系的规定

县级以上人民政府应当建立和完善重大动物疫情监测网络和预防控制体系，加强动物防疫基础设施和乡镇动物防疫组织建设，并保证其正常运行，提高对重大动物疫情的应急处理能力。

5. 应急预备队制度

（1）应急预备队的成立　县级以上地方人民政府根据重大动物疫情应急需要，可以成立应急预备队。

（2）应急预备队的任务　应急预备队在重大动物疫情应急指挥部的指挥下，具体承担疫情的控制和扑灭任务。

（3）应急预备队的组成　应急预备队由当地兽医行政管理人员、动物防疫工作人员、有关专家、执业兽医等组成；必要时，可以组织动员社会上有一定专业知识的人员参加。公安机关、中国人民武装警察部队应当依法协助其执行任务。

（4）应急预备队的培训和演练　应急预备队应当定期进行技术培训和应急演练。

6. 关于重大动物疫情应急知识和重大动物疫病科普知识的宣传

县级以上人民政府及其兽医主管部门应当加强对重大动物疫情应急知识和重大动物疫病科普知识的宣传，增强全社会的重大动物疫情防范意识。

三、监测、报告和公布法律制度

1. 重大动物疫情监测制度

（1）重大动物疫情的监测主体　动物防疫监督机构负责重大动物疫情的监测。

（2）重大动物疫情监测中行政相对人的义务　饲养、经营动物和生产、经营动物产品的单位和个人应当配合动物防疫监督机构的监测工作，不得拒绝和阻碍。

2. 重大动物疫情报告制度

（1）重大动物疫情的报告义务人　从事动物隔离、疫情监测、疫病研究与诊疗、检验检疫以及动物饲养、屠宰加工、运输、经营等活动的有关单位和个人，是重大动物疫情的报告义务人。

（2）重大动物疫情的报告时机　重大动物疫情报告义务人发现动物出现群体发病或者死亡的，应当立即向所在地的县（市）动物防疫监督机构报告。

（3）接受重大动物疫情报告的主体　疫情所在地的县（市）动物防疫监督机构是接受重大动物疫情报告的主体。

（4）重大动物疫情的逐级报告制度　县（市）动物防疫监督机构接到报告后，应当立即赶赴现场调查核实。初步认为属于重大动物疫情的，应当在2h内将情况逐级报省、自治区、直辖市动物防疫监督机构，并同时报所在地人民政府兽医主管部门；兽医主管部门应当及时通报同级卫生主管部门。省、自治区、直辖市动物防疫监督机构应当在接到报告后1h内，向省、自治区、直辖市人民政府兽医主管部门和国务院兽医主管部门所属的动物防疫监督机构报告。省、自治区、直辖市人民政府兽医主管部门应当在接到报告后1h内报本级人民政府和国务院兽医主管部门。重大动物疫情发生后，省、自治区、直辖市人民政府和国务院兽医主管部门应当在4h内向国务院报告。

（5）重大动物疫情报告的内容　重大动物疫情报告包括下列内容：①疫情发生的时间、地点；②染疫、疑似染疫动物种类和数量、同群动物数量、免疫情况、死亡数量、临床症状、病理变化、诊断情况；③流行病学和疫源追踪情况；④已采取的控制措施；⑤疫情报告的单位、负责人、报告人及联系方式。

3. 重大动物疫情的认定权限

重大动物疫情由省、自治区、直辖市人民政府兽医主管部门认定；必要时，由国务院兽医主管部门认定。

4. 重大动物疫情公布制度

重大动物疫情由国务院兽医主管部门按照国家规定的程序，及时准确公布；其他任何单位和个人不得公布重大动物疫情。

5. 重大动物疫病病料采集制度

重大动物疫病应当由动物防疫监督机构采集病料。其他单位和个人采集病料的，应当具备以下条件：①重大动物疫病病料采集目的、病原微生物的用途应当符合国务院兽医主管部门的规定；②具有与采集病料相适应的动物病原微生物实验室条件；③具有与采集病料所需要的生物安全防护水平相适应的设备，以及防止病原感染和扩散的有效措施。

从事重大动物疫病病原分离的，应当遵守国家有关生物安全管理规定，防止病原扩散。

6. 重大动物疫情通报制度

国务院兽医主管部门应当及时向国务院有关部门和军队有关部门以及各省、自治区、直辖市人民政府兽医主管部门通报重大动物疫情的发生和处理情况。

7. 卫生主管部门在发生重大动物疫情时采取的措施

发生重大动物疫情可能感染人群时，卫生主管部门应当对疫区内易受感染的人群进行监测，并采取相应的预防、控制措施。卫生主管部门和兽医主管部门应当及时相互通报情况。

8. 重大动物疫情报告中的禁止性规定

有关单位和个人对重大动物疫情不得瞒报、谎报、迟报，不得授意他人瞒报、谎报、迟报，不得阻碍他人报告。

9. 重大动物疫情报告期间的临时性控制措施

在重大动物疫情报告期间，有关动物防疫监督机构应当立即采取临时隔离控制措施；必要时，当地县级以上地方人民政府可以做出封锁决定并采取扑杀、销毁等措施。有关单位和个人应当执行。

四、应急处理法律制度

1. 应急系统启动

（1）启动重大动物疫情应急指挥部　重大动物疫情发生后，国务院和有关地方人民政府设立的重大动物疫情应急指挥部统一领导、指挥重大动物疫情应急工作。

（2）重大动物疫情应急指挥部的权力　重大动物疫情应急处理中设置临时动物检疫消毒站以及采取隔离、扑杀、销毁、消毒、紧急免疫接种等控制、扑灭措施的，由有关重大动物疫情应急指挥部决定，有关单位和个人必须服从；拒不服从的，由公安机关协助执行。重大动物疫情应急指挥部根据应急处理需要，有权紧急调集人员、物资、运输工具以及相关设施、设备。单位和个人的物资、运输工具以及相关设施、设备被征集使用的，有关人民政府应当及时归还并给予合理补偿。

2. 重大动物疫情分级管理制度

国家对重大动物疫情应急处理实行分级管理，按照应急预案确定的疫情等级，由有关人民政府采取相应的应急控制措施。根据突发重大动物疫情的范围、性质和危害程度，国家通常将重大动物疫情划分为特别重大（Ⅰ级）、重大（Ⅱ级）、较大（Ⅲ级）和一般（Ⅳ级）四级。

3. 人民政府及有关单位和人员在重大动物疫情发生后的责任

（1）县级以上人民政府的主要职责　第一，根据兽医主管部门的建议，决定是否启动重大动物疫情应急指挥系统、应急预案和对疫区实施封锁。第二，重大动物疫情发生地的人民政府和毗邻地区的人民政府应当通力合作，相互配合，做好重大动物疫情的控制、扑灭工作。

（2）县级以上地方人民政府兽医主管部门的主要职责

1）重大动物疫情发生时的职责：重大动物疫情发生后，县级以上地方人民政府兽医主管部门应当立即划定疫点、疫区和受威胁区，调查疫源，向本级人民政府提出启动重大动物疫情应急指挥系统、应急预案和对疫区实行封锁的建议。疫点、疫区和受威胁区的范围应当按照不同动物疫病病种及其流行特点和危害程度划定，具体划定标准由国务院兽医主管部门制定。

2）重大动物疫情应急处理中的职责：重大动物疫情发生后，县级以上人民政府兽医主管部门应当及时提出疫点、疫区、受威胁区的处理方案，加强疫情监测、流行病学调查、疫源追踪工作，对染疫和疑似染疫动物及其同群动物和其他易感染动物的扑杀、销毁进行技术指导，并组织实施检验检疫、消毒、无害化处理和紧急免疫接种。

（3）县级以上人民政府有关部门的职责　重大动物疫情应急处理中，县级以上人民政府有关部门应当在各自的职责范围内，做好重大动物疫情应急所需的物资紧急调度和运输、应急经费安排、疫区群众救济、人的疫病防治、肉食品供应、动物及其产品市场监管、出入境检验检疫和社会治安维护等工作。

（4）解放军和武警部队的职责　中国人民解放军、中国人民武装警察部队应当支持配合驻地人民政府做好重大动物疫情的应急工作。

（5）乡镇人民政府、村民委员会和居民委员会的职责　重大动物疫情应急处理中，乡镇人民政府、村民委员会、居民委员会应当组织力量，向村民、居民宣传动物疫病防治的相关知识，协助做好疫情信息的收集、报告和各项应急处理措施的落实工作。

（6）饲养、经营动物和生产、经营动物产品有关单位和个人的义务　饲养、经营动物和生产、经营动物产品的有关单位和个人必须服从重大动物疫情应急指挥部在重大动物疫情应急处理中做出的设置临时动物检疫消毒站以及采取隔离、扑杀、销毁、消毒、紧急免疫接种等控制、扑灭措施的决定；拒不服从的，由公安机关协助执行。

（7）关于人员防护和技术指导的规定　有关人民政府及其有关部门对参加重大动物疫情应急处理的人员，应当采取必要的卫生防护和技术指导等措施。

4. 应急处理措施

（1）对疫点采取的措施　对疫点应当采取下列措施：①扑杀并销毁染疫动物和易感染的

动物及其产品；②对病死的动物、动物排泄物、被污染饲料、垫料、污水进行无害化处理；③对被污染的物品、用具、动物圈舍、场地进行严格消毒。

（2）对疫区采取的措施　对疫区应当采取下列措施：①在疫区周围设置警示标志，在出入疫区的交通路口设置临时动物检疫消毒站，对出入的人员和车辆进行消毒；②扑杀并销毁染疫和疑似染疫动物及其同群动物，销毁染疫和疑似染疫的动物产品，对其他易感染的动物实行圈养或者在指定地点放养，役用动物限制在疫区内使役；③对易感染的动物进行监测，并按照国务院兽医主管部门的规定实施紧急免疫接种，必要时对易感染的动物进行扑杀；④关闭动物及动物产品交易市场，禁止动物进出疫区和动物产品运出疫区；⑤对动物圈舍、动物排泄物、垫料、污水和其他可能受污染的物品、场地，进行消毒或者无害化处理。

（3）对受威胁区采取的措施　对受威胁区应当采取下列措施：①对易感染的动物进行监测；②对易感染的动物根据需要实施紧急免疫接种。

5. 应急处理工作终止

（1）终止应急处理工作的条件　自疫区内最后一头（只）发病动物及其同群动物处理完毕起，经过一个潜伏期以上的监测，未出现新的病例。

（2）终止应急处理工作的程序　符合终止应急处理工作条件的，彻底消毒后，经上一级动物防疫监督机构验收合格，由原发布封锁令的人民政府宣布解除封锁，撤销疫区；由原批准机关撤销在该疫区设立的临时动物检疫消毒站。

6. 经费保障和补偿制度

县级以上人民政府应当将重大动物疫情确认、疫区封锁、扑杀及其补偿、消毒、无害化处理、疫源追踪、疫情监测以及应急物资储备等应急经费列入本级财政预算。国家对疫区、受威胁区内易感染的动物免费实施紧急免疫接种；对因采取扑杀、销毁等措施给当事人造成的已经证实的损失，给予合理补偿。紧急免疫接种和补偿所需费用，由中央财政和地方财政分担。

五、法律责任

1. 管理机关违法行为的法律责任

（1）兽医主管部门及其所属的动物防疫监督机构违法行为的法律责任　违反《重大动物疫情应急条例》规定，兽医主管部门及其所属的动物防疫监督机构有下列行为之一的，由本级人民政府或者上级人民政府有关部门责令立即改正、通报批评、给予警告；对主要负责人、负有责任的主管人员和其他责任人员，依法给予记大过、降级、撤职直至开除的行政处分；构成犯罪的，依法追究刑事责任：①不履行疫情报告职责，瞒报、谎报、迟报或者授意他人瞒报、谎报、迟报，阻碍他人报告重大动物疫情的；②在重大动物疫情报告期间，不采取临时隔离控制措施，导致动物疫情扩散的；③不及时划定疫点、疫区和受威胁区，不及时向本级人民政府提出应急处理建议，或者不按照规定对疫点、疫区和受威胁区采取预防、控制、扑灭措施的；④不向本级人民政府提出启动应急指挥系统、应急预案和对疫区的封锁建议的；⑤对动物扑杀、销毁不进行技术指导或者指导不力，或者不组织实施检验检疫、消毒、无害化处理和紧急免疫接种的；⑥其他不履行《重大动物疫情应急条例》规定的职责，导致动物疫病传播、流行，或者对养殖业生产安全和公众身体健康与生命安全造成严重危害的。

（2）县级以上人民政府有关部门违法行为的法律责任　违反《重大动物疫情应急条例》规定，县级以上人民政府有关部门不履行应急处理职责，不执行对疫点、疫区和受威胁区采取的措施，或者对上级人民政府有关部门的疫情调查不予配合或者阻碍、拒绝的，由本级人民政府或者上级人民政府有关部门责令立即改正、通报批评、给予警告；对主要负责人、负有责任的主管人员和其他责任人员，依法给予记大过、降级、撤职直至开除的行政处分；构成犯罪的，依法追究刑事责任。

（3）有关地方人民政府违法行为的法律责任　违反《重大动物疫情应急条例》规定，有关地方人民政府阻碍报告重大动物疫情，不履行应急处理职责，不按照规定对疫点、疫区和受威胁区采取预防、控制、扑灭措施，或者对上级人民政府有关部门的疫情调查不予配合或者阻碍、拒绝的，由上级人民政府责令立即改正、通报批评、给予警告；对政府主要领导人依法给予记大过、降级、撤职直至开除的行政处分；构成犯罪的，依法追究刑事责任。

（4）截留、挪用重大动物疫情应急经费，或者侵占、挪用应急储备物资违法行为的法律责任　截留、挪用重大动物疫情应急经费，或者侵占、挪用应急储备物资的，按照《财政违法行为处罚处分条例》的规定处理；构成犯罪的，依法追究刑事责任。

2. 行政相对人违法行为的法律责任

（1）拒绝、阻碍重大动物疫情监测以及不报告动物疫情违法行为的法律责任　违反《重大动物疫情应急条例》规定，拒绝、阻碍动物防疫监督机构进行重大动物疫情监测，或者发现动物出现群体发病或者死亡，不向当地动物防疫监督机构报告的，由动物防疫监督机构给予警告，并处 2000 元以上 5000 元以下的罚款；构成犯罪的，依法追究刑事责任。

（2）不按规定采集重大动物疫病病料和分离重大动物疫病病原违法行为的法律责任　违反《重大动物疫情应急条例》规定，不符合相应条件采集重大动物疫病病料，或者在重大动物疫病病原分离时不遵守国家有关生物安全管理规定的，由动物防疫监督机构给予警告，并处 5000 元以下的罚款；构成犯罪的，依法追究刑事责任。

（3）破坏社会秩序和市场秩序违法行为的法律责任　在重大动物疫情发生期间，哄抬物价、欺骗消费者，散布谣言、扰乱社会秩序和市场秩序的，由价格主管部门、工商行政管理部门或者公安机关依法给予行政处罚；构成犯罪的，依法追究刑事责任。

第二章
动物防疫条件审查法律制度

一、《动物防疫条件审查办法》总则

《动物防疫条件审查办法》于 2022 年 9 月 7 日农业农村部令 2022 年第 8 号公布，自 2022 年 12 月 1 日起施行。

1. 立法目的

规范动物防疫条件审查，有效预防、控制、净化、消灭动物疫病，防控人畜共患传染病，保障公共卫生安全和人体健康。

2. 动物防疫条件的审查范围

为了有效预防控制动物疫病，维护公共卫生安全，《动物防疫条件审查办法》规定农业农村主管部门对动物饲养场、动物隔离场所、动物屠宰加工场所、动物和动物产品无害化处理场所以及经营动物和动物产品的集贸市场的动物防疫条件进行审查，要求上述场所必须符合《动物防疫条件审查办法》规定的动物防疫条件。其中动物饲养场、动物隔离场所、动物屠宰加工场所以及动物和动物产品无害化处理场所必须取得动物防疫条件合格证，才能从事相应的活动。但动物饲养场内自用的隔离舍，参照《动物防疫条件审查办法》第八条规定执行，不再另行办理动物防疫条件合格证；动物饲养场、隔离场所、屠宰加工场所内的无害化处理区域，参照《动物防疫条件审查办法》第十条规定执行，不再另行办理动物防疫条件合格证。

3. 动物防疫条件审查的管理体制

农业农村部主管全国动物防疫条件审查和监督管理工作。县级以上地方人民政府农业农村主管部门负责本行政区域内的动物防疫条件审查和监督管理工作。

4. 动物防疫条件审查的原则

动物防疫条件审查应当遵循公开、公平、公正、便民的原则。

二、动物防疫条件

1. 动物饲养场、动物隔离场所、动物屠宰加工场所以及动物和动物产品无害化处理场所的一般动物防疫条件

动物饲养场、动物隔离场所、动物屠宰加工场所及动物和动物产品无害化处理场所应当符合下列的防疫条件：①各场所之间，各场所与动物诊疗场所、居民生活区、生活饮用水水源地、学校、医院等公共场所之间保持必要的距离；②场区周围建有围墙等隔离设施；场区出入口处设置运输车辆消毒通道或者消毒池，并单独设置人员消毒通道；生产经营区与生活办公区分开，并有隔离设施；生产经营区入口处设置人员更衣消毒室；③配备与其生产经营规模相适应的执业兽医或者动物防疫技术人员；④配备与其生产经营规模相适应的污水、污物处理设施，清洗消毒设施设备，以及必要的防鼠、防鸟、防虫设施设备；⑤建立隔离消毒、购销台账、日常巡查等动物防疫制度。

2. 动物饲养场的特殊动物防疫条件

动物饲养场除应当符合一般动物防疫条件外，还应当符合下列条件：①设置配备疫苗冷藏冷冻设备、消毒和诊疗等防疫设备的兽医室；②生产区清洁道、污染道分设；具有相对独立的动物隔离舍；③配备符合国家规定的病死动物和病害动物产品无害化处理设施设备或者冷藏冷冻等暂存设施设备；④建立免疫、用药、检疫申报、疫情报告、无害化处理、畜禽标识及养殖档案管理等动物防疫制度。

禽类饲养场内的孵化间与养殖区之间应当设置隔离设施，并配备种蛋熏蒸消毒设施，孵化间的流程应当单向，不得交叉或者回流。种畜禽场除符合第一条、第二条规定外，还应当有国家规定的动物疫病的净化制度；有动物精液、卵、胚胎采集等生产需要的，应当设置独立的区域。

3. 动物隔离场所的特殊动物防疫条件

动物隔离场所除应当符合一般动物防疫条件外，还应当符合下列条件：①饲养区内设置配备疫苗冷藏冷冻设备、消毒和诊疗等防疫设备的兽医室；②饲养区内清洁道、污染道分设；③配备符合国家规定的病死动物和病害动物产品无害化处理设施设备或者冷藏冷冻等暂存设施设备；④建立动物进出登记、免疫、用药、疫情报告、无害化处理等动物防疫制度。

4. 动物屠宰加工场所的特殊动物防疫条件

动物屠宰加工场所除应当符合一般动物防疫条件外，还应当符合下列条件：①入场动物卸载区域有固定的车辆消毒场地，并配备车辆清洗消毒设备；②有与其屠宰规模相适应的独立检疫室和休息室；有待宰圈、急宰间，加工原毛、生皮、绒、骨、角的，还应当设置封闭式熏蒸消毒间；③屠宰间配备检疫操作台；④有符合国家规定的病死动物和病害动物产品无害化处理设施设备或者冷藏冷冻等暂存设施设备；⑤建立动物进场查验登记、动物产品出场登记、检疫申报、疫情报告、无害化处理等动物防疫制度。

5. 动物和动物产品无害化处理场所的特殊动物防疫条件

动物和动物产品无害化处理场所除应当符合一般动物防疫条件外，还应当符合下列条件：①无害化处理区内设置无害化处理间、冷库；②配备与其处理规模相适应的病死动物和病害动物产品的无害化处理设施设备，符合农业农村部规定条件的专用运输车辆，以及相关病原检测设备，或者委托有资质的单位开展检测；③建立病死动物和病害动物产品入场登记、无害化处理记录、病原检测、处理产物流向登记、人员防护等动物防疫制度。

6. 经营动物和动物产品的集贸市场的动物防疫条件

经营动物和动物产品的集贸市场应当符合下列条件：①场内设管理区、交易区和废弃物处理区，且各区相对独立；②动物交易区与动物产品交易区相对隔离，动物交易区内不同种类动物交易场所相对独立；③配备与其经营规模相适应的污水、污物处理设施和清洗消毒设施设备；④建立定期休市、清洗消毒等动物防疫制度。

经营动物的集贸市场，除符合前述动物防疫条件外，周围应当建有隔离设施，运输动物车辆出入口处设置消毒通道或者消毒池。

7. 活禽交易市场的动物防疫条件

活禽交易市场除符合经营动物和动物产品的集贸市场防疫条件外，还应当符合下列条件：①活禽销售应单独分区，有独立出入口；市场内水禽与其他家禽应相对隔离；活禽宰杀间应相对封闭，宰杀间、销售区域、消费者之间应实施物理隔离；②配备通风、无害化处理等设施设备，设置排污通道；③建立日常监测、从业人员卫生防护、突发事件应急处置等动物防疫制度。

三、审查发证

1. 申请选址

开办动物饲养场、动物隔离场所、动物屠宰加工场所以及动物和动物产品无害化处理场所，应当向县级人民政府农业农村主管部门提交选址需求。

2. 确认选址

县级人民政府农业农村主管部门依据评估办法，结合场所周边的天然屏障、人工屏障、饲养环境、动物分布等情况，以及动物疫病发生、流行和控制等因素，实施综合评估。确定各场所之间，各场所与动物诊疗场所、居民生活区、生活饮用水水源地、学校、医院等公共场所之间的距离，确认选址。

3. 申请动物防疫条件合格证

动物饲养场、动物隔离场所、动物屠宰加工场所以及动物和动物产品无害化处理场所建设竣工后，开办者应当向所在地县级人民政府农业农村主管部门提出申请，并提交以下材料：①《动物防疫条件审查申请表》；②场所地理位置图、各功能区布局平面图；③设施设备清单；④管理制度文本；⑤人员信息。

申请材料不齐全或者不符合规定条件的，县级人民政府农业农村主管部门应当自收到申请材料之日起5个工作日内，一次性告知申请人需补正的内容。

4. 审核与发证

县级人民政府农业农村主管部门应当自受理申请之日起15个工作日内完成材料审核，并结合选址综合评估结果完成现场核查，审查合格的，颁发动物防疫条件合格证；审查不合格的，应当书面通知申请人，并说明理由。

动物防疫条件合格证应当载明申请人的名称（姓名）、场（厂）址、动物（动物产品）种类等事项，具体格式由农业农村部规定。

四、监督管理

1. 管理主体

县级以上地方人民政府农业农村主管部门依照《动物防疫法》和《动物防疫条件审查办法》以及有关法律、法规的规定，对动物饲养场、动物隔离场所、动物屠宰加工场所以及动物和动物产品无害化处理场所的动物防疫条件实施监督检查，有关单位和个人应当予以配合，不得拒绝和阻碍。

2. 监管措施

推行动物饲养场分级管理制度，根据规模、设施设备状况、管理水平、生物安全风险等因素采取差异化监管措施。

3. 人畜共患传染病防控管理

患有人畜共患传染病的人员不得在动物饲养场、动物隔离场所、动物屠宰加工场所以及动物和动物产品无害化处理场所直接从事动物疫病检测、检验、协助检疫、诊疗以及易感染动物的饲养、屠宰、经营、隔离等活动。

4. 行政相对人的义务

（1）变更场址或者经营范围　取得动物防疫条件合格证后，变更场址或者经营范围的，应当重新申请办理，同时交回原动物防疫条件合格证，由原发证机关予以注销。

（2）变更布局、设施设备和制度　变更布局、设施设备和制度，可能引起动物防疫条件发生变化的，应当提前30d向原发证机关报告。发证机关应当在15d内完成审查，并将审查结果通知申请人。

（3）变更单位名称或者法定代表人（负责人）　变更单位名称或者法定代表人（负责人）的，应当在变更后15d内持有效证明申请变更动物防疫条件合格证。

（4）报告动物防疫条件情况和防疫制度执行情况　动物饲养场、动物隔离场所、动物屠宰加工场所以及动物和动物产品无害化处理场所，应当在每年3月底前将上一年的动物防疫条件情况和防疫制度执行情况向县级人民政府农业农村主管部门报告。

（5）禁止性规定　禁止转让、伪造或者变造动物防疫条件合格证。

（6）申请补发动物防疫条件合格证　动物防疫条件合格证丢失或者损毁的，应当在15d内向原发证机关申请补发。

五、法律责任

1. 行政处罚法律责任

（1）变更场所地址或者经营范围，未按规定重新办理动物防疫条件合格证的法律责任　动物饲养场、动物隔离场所、动物屠宰加工场所以及动物和动物产品无害化处理场所变更场所地址或者经营范围，未按规定重新办理动物防疫条件合格证的，依照《动物防疫法》第九十八条的规定予以处罚，即由县级以上地方人民政府农业农村主管部门责令改正，处三千元以上三万元以下罚款；情节严重的，责令停业整顿，并处三万元以上十万元以下罚款。

（2）经营动物和动物产品的集贸市场不符合动物防疫条件的法律责任　经营动物和动物产品的集贸市场不符合《动物防疫条件审查办法》规定动物防疫条件的，依照《动物防疫法》第九十八条的规定予以处罚，即由县级以上地方人民政府农业农村主管部门责令改正，处三千元以上三万元以下罚款；情节严重的，责令停业整顿，并处三万元以上十万元以下罚款。

（3）未经审查变更布局、设施设备和制度，不再符合规定的动物防疫条件继续从事相关活动的法律责任　动物饲养场、动物隔离场所、动物屠宰加工场所以及动物和动物产品无害化处理场所未经审查变更布局、设施设备和制度，不再符合规定的动物防疫条件继续从事相关活动的，依照《动物防疫法》第九十九条的规定予以处罚，即由县级以上地方人民政府农业农村主管部门给予警告，责令限期改正；逾期仍达不到规定条件的，吊销动物防疫条件合格证，并通报市场监督管理部门依法处理。

（4）变更单位名称或者法定代表人（负责人）未办理变更手续的法律责任　动物饲养场、动物隔离场所、动物屠宰加工场所以及动物和动物产品无害化处理场所变更单位名称或者法定代表人（负责人）未办理变更手续的，由县级以上地方人民政府农业农村主管部门责令限期改正；逾期不改正的，处一千元以上五千元以下罚款。

（5）未按规定报告动物防疫条件情况和防疫制度执行情况的法律责任　动物饲养场、动物隔离场所、动物屠宰加工场所以及动物和动物产品无害化处理场所未按规定报告动物防疫条件情况和防疫制度执行情况的，依照《动物防疫法》第一百零八条的规定予以处罚，即由县级以上地方人民政府农业农村主管部门责令改正，可以处一万元以下罚款；拒不改正的，处一万元以上五万元以下罚款，并可以责令停业整顿。

2. 刑事法律责任

违反《动物防疫条件审查办法》规定，涉嫌犯罪的，依法移送司法机关追究刑事责任。

六、附则

《动物防疫条件审查办法》几个用语的含义。

1. 动物饲养场

动物饲养场，是指《中华人民共和国畜牧法》规定的畜禽养殖场。

2. 经营动物和动物产品的集贸市场

经营动物和动物产品的集贸市场，是指经营畜禽或者专门经营畜禽产品，并取得营业执照的集贸市场。

第三章
动物检疫管理法律制度

一、《动物检疫管理办法》总则

《动物检疫管理办法》于2022年9月7日农业农村部令2022年第7号公布，自2022年12月1日起施行。

1. 立法目的

加强动物检疫活动管理，预防、控制、净化、消灭动物疫病，防控人畜共患传染病，保障公共卫生安全和人体健康。

2. 调整对象

在中华人民共和国领域内的动物、动物产品的检疫及其监督管理活动适用《动物检疫管理办法》，但陆生野生动物检疫办法，由农业农村部会同国家林业和草原局另行制定。

3. 动物检疫的原则

动物检疫遵循过程监管、风险控制、区域化和可追溯管理相结合的原则。

4. 动物检疫的管理体制

（1）农业农村主管部门的职责　农业农村部主管全国动物检疫工作，制定、调整并公布检疫规程，明确动物检疫的范围、对象和程序。县级以上地方人民政府农业农村主管部门主管本行政区域内的动物检疫工作，负责动物检疫监督管理工作。县级人民政府农业农村主管部门可以根据动物检疫工作需要，向乡、镇或者特定区域派驻动物卫生监督机构或者官方兽医。

（2）动物疫病预防控制机构的职责　县级以上人民政府建立的动物疫病预防控制机构应当为动物检疫及其监督管理工作提供技术支撑。

（3）动物卫生监督机构的职责　县级以上地方人民政府的动物卫生监督机构负责本行政区域内动物检疫工作，依照《动物防疫法》《动物检疫管理办法》以及检疫规程等规定实施检疫。

（4）官方兽医的职责　动物卫生监督机构的官方兽医实施检疫，出具动物检疫证明、加施检疫标志，并对检疫结论负责。

5. 动物检疫的信息化管理

（1）农业农村部的职责　农业农村部加强信息化建设，建立全国统一的动物检疫管理信息化系统，实现动物检疫信息的可追溯。

（2）动物卫生监督机构的职责　县级以上动物卫生监督机构应当做好本行政区域内的动物检疫信息数据管理工作。

（3）行政相对人的义务　从事动物饲养、屠宰、经营、运输、隔离等活动的单位和个人，应当按照要求在动物检疫管理信息化系统填报动物检疫相关信息。

二、检疫申报

国家实行动物检疫申报制度。出售或者运输动物、动物产品前，或者屠宰动物以及向无规定动物疫病区输入相关易感动物、易感动物产品的，要求行政相对人按照规定的时限申报检疫，并取得动物检疫证明后，方可从事相关活动。

1. 申报时限

（1）出售或者运输动物、动物产品的申报时限　出售或者运输动物、动物产品的，货主应当提前3d向所在地动物卫生监督机构申报检疫。

（2）屠宰动物的申报时限　屠宰动物的，应当提前6h向所在地动物卫生监督机构申报检疫；急宰动物的，可以随时申报。

（3）向无规定动物疫病区输入相关易感动物、易感动物产品的申报时限　向无规定动物疫病区输入相关易感动物、易感动物产品的，货主除向输出地动物卫生监督机构申报检疫外，还应当在启运3d前向输入地动物卫生监督机构申报检疫。输入易感动物的，向输入地隔离场所在地动物卫生监督机构申报；输入易感动物产品的，在输入地省级动物卫生监督机构指定的地点申报。

2. 动物检疫申报点的设置

动物卫生监督机构应当根据动物检疫工作需要，合理设置动物检疫申报点，并向社会公布。县级以上地方人民政府农业农村主管部门应当采取有力措施，加强动物检疫申报点建设。

3. 申报材料及形式

申报检疫的货主，应当提交检疫申报单以及农业农村部规定的其他材料，并对申报材料的真实性负责。申报检疫采取在申报点填报或者通过传真、电子数据交换等方式申报。

4. 受理申报要求

动物卫生监督机构接到申报后，应当及时对申报材料进行审查。申报材料齐全的，予以受理；有下列情形之一的，不予受理，并说明理由：①申报材料不齐全的，动物卫生监督机构当场或在 3d 内已经一次性告知申报人需要补正的内容，但申报人拒不补正的；②申报的动物、动物产品不属于本行政区域的；③申报的动物、动物产品不属于动物检疫范围的；④农业农村部规定不应当检疫的动物、动物产品；⑤法律法规规定的其他不予受理的情形。

受理申报后，动物卫生监督机构应当指派官方兽医实施检疫，可以安排协检人员协助官方兽医到现场或指定地点核实信息，开展临床健康检查。

三、产地检疫

出售或者运输的动物、动物产品取得动物检疫证明后，方可离开产地。

1. 产地检疫出具动物检疫证明的条件

（1）普通动物　出售或运输的动物，经检疫符合以下条件的，出具动物检疫证明：①来自非封锁区及未发生相关动物疫情的饲养场（户）；②来自符合风险分级管理有关规定的饲养场（户）；③申报材料符合检疫规程规定；④畜禽标识符合规定；⑤按照规定进行了强制免疫，并在有效保护期内；⑥临床检查健康；⑦需要进行实验室疫病检测的，检测结果合格。

（2）种用动物精液、卵、胚胎、种蛋　出售、运输的种用动物精液、卵、胚胎、种蛋，经检疫符合以下条件的，出具动物检疫证明：①其种用动物饲养场为非封锁区及未发生相关动物疫情。②申报材料符合检疫规程规定。③供体动物畜禽标识符合规定；按照规定进行了强制免疫，并在有效保护期内；临床检查健康；需要进行实验室疫病检测的，检测结果合格。

（3）生皮、原毛、绒等产品　出售、运输的生皮、原毛、绒、血液、角等产品，经检疫符合以下条件，且按规定消毒合格的，出具动物检疫证明：①其饲养场（户）为非封锁区及未发生相关动物疫情。②申报材料符合检疫规程规定。③供体动物畜禽标识符合规定；按照规定进行了强制免疫，并在有效保护期内；临床检查健康；需要进行实验室疫病检测的，检测结果合格。

（4）水产苗种　出售或者运输水生动物的亲本、稚体、幼体、受精卵、发眼卵及其他遗传育种材料等水产苗种，经检疫符合以下条件的，出具动物检疫证明：①来自未发生相关水生动物疫情的苗种生产场；②申报材料符合检疫规程规定；③临床检查健康；④需要进行实验室疫病检测的，检测结果合格。

水产苗种以外的其他水生动物及其产品不实施检疫。

2. 已经取得产地检疫证明继续出售或者运输动物的检疫

已经取得产地检疫证明的动物，从专门经营动物的集贸市场继续出售或者运输的，或者动物展示、演出、比赛后需要继续运输的，经检疫符合以下条件的，出具动物检疫证明：①有原始动物检疫证明和完整的进出场记录；②畜禽标识符合规定；③临床检查健康；

④原始动物检疫证明超过调运有效期，按规定需要进行实验室疫病检测的，检测结果合格。

3. 跨省引进乳用、种用动物的隔离

跨省、自治区、直辖市引进的乳用、种用动物到达输入地后，应当在隔离场或者饲养场内的隔离舍进行隔离观察，隔离期为30d。经隔离观察合格的，方可混群饲养；不合格的，按照有关规定进行处理。隔离观察合格后需要继续运输的，货主应当申报检疫，并取得动物检疫证明。跨省、自治区、直辖市输入到无规定动物疫病区的乳用、种用动物的隔离按照进入无规定动物疫病区的动物检疫规定执行。

四、屠宰检疫

1. 派驻（出）官方兽医实施检疫

动物卫生监督机构向依法设立的屠宰加工场所派驻（出）官方兽医实施检疫。屠宰加工场所应当提供与检疫工作相适应的官方兽医驻场检疫室、工作室和检疫操作台等设施。

2. 入场查验登记、待宰巡查以及疫情报告制度

进入屠宰加工场所的待宰动物应当附有动物检疫证明并加施有符合规定的畜禽标识。屠宰加工场所应当严格执行动物入场查验登记、待宰巡查等制度，查验进场待宰动物的动物检疫证明和畜禽标识，发现动物染疫或者疑似染疫的，应当立即向所在地农业农村主管部门或者动物疫病预防控制机构报告。

3. 宰前检查

官方兽医应当检查待宰动物健康状况，回收进入屠宰加工场所待宰动物附有的动物检疫证明，并将有关信息上传至动物检疫管理信息化系统。回收的动物检疫证明保存期限不得少于12个月。

4. 同步检疫

官方兽医在屠宰过程中开展同步检疫和必要的实验室疫病检测，并填写屠宰检疫记录。

5. 屠宰检疫出具动物检疫证明的条件

经检疫符合以下条件的，对动物的胴体及生皮、原毛、绒、脏器、血液、蹄、头、角出具动物检疫证明，加盖检疫验讫印章或者加施其他检疫标志：①申报材料符合检疫规程规定；②待宰动物临床检查健康；③同步检疫合格；④需要进行实验室疫病检测的，检测结果合格。

五、进入无规定动物疫病区的动物检疫

向无规定动物疫病区运输相关易感动物、动物产品，需经过两次检疫，即分别由输出地动物卫生监督机构和输入地动物卫生监督机构检疫合格。

1. 动物检疫

输入到无规定动物疫病区的相关易感动物，或者跨省、自治区、直辖市输入到无规定动物疫病区的乳用、种用动物，应当在输入地省级动物卫生监督机构指定的隔离场所进行隔离，隔离检疫期为30d。隔离检疫合格的，由隔离场所在地县级动物卫生监督机构的官方兽医出具动物检疫证明。

2. 动物产品检疫

输入到无规定动物疫病区的相关易感动物产品，应当在输入地省级动物卫生监督机构指定的地点，按照无规定动物疫病区有关检疫要求进行检疫。检疫合格的，由当地县级动物卫生监督机构的官方兽医出具动物检疫证明。

六、官方兽医

1. 官方兽医的条件

官方兽医应当符合以下条件：①动物卫生监督机构的在编人员，或者接受动物卫生监督机构业务指导的其他机构在编人员；②从事动物检疫工作；③具有畜牧兽医水产初级以上职称或者相关专业大专以上学历或者从事动物防疫等相关工作满3年以上；④接受岗前培训，并经考核合格；⑤符合农业农村部规定的其他条件。

2. 官方兽医的任命程序

国家实行官方兽医任命制度。县级以上动物卫生监督机构提出官方兽医任命建议，报同级农业农村主管部门审核。审核通过的，由省级农业农村主管部门按程序确认、统一编号，并报农业农村部备案。经省级农业农村主管部门确认的官方兽医，由其所在的农业农村主管部门任命，颁发官方兽医证，公布人员名单。官方兽医证的格式由农业农村部统一规定。

3. 官方兽医证的使用

官方兽医实施动物检疫工作时，应当持有官方兽医证。禁止伪造、变造、转借或者以其他方式违法使用官方兽医证。

4. 官方兽医的培训

农业农村部制定全国官方兽医培训计划。县级以上地方人民政府农业农村主管部门制定本行政区域官方兽医培训计划，提供必要的培训条件，设立考核指标，定期对官方兽医进行培训和考核。

5. 协检人员

官方兽医实施动物检疫的，可以由协检人员进行协助。协检人员不得出具动物检疫证明。协检人员的条件和管理要求由省级农业农村主管部门规定。

6. 动物饲养场、屠宰加工场所的协检义务

动物饲养场、屠宰加工场所的执业兽医或者动物防疫技术人员，应当协助官方兽医实施动物检疫。

7. 医疗保健措施和卫生津贴待遇

对从事动物检疫工作的人员，有关单位按照国家规定，采取有效的卫生防护、医疗保健措施，全面落实畜牧兽医医疗卫生津贴等相关待遇。

8. 表彰、奖励制度

对在动物检疫工作中做出贡献的动物卫生监督机构、官方兽医，按照国家有关规定给予表彰、奖励。

七、动物检疫证章标志管理

1. 动物检疫证章标志的范围

动物检疫证章标志包括：①动物检疫证明；②动物检疫印章、动物检疫标志；③农业农村部规定的其他动物检疫证章标志。

动物检疫证章标志的内容、格式、规格、编码和制作等要求，由农业农村部统一规定。

2. 动物检疫证章标志的管理

县级以上动物卫生监督机构负责本行政区域内动物检疫证章标志的管理工作，建立动物检疫证章标志管理制度，严格按照程序订购、保管、发放。

3. 禁止性规定

任何单位和个人不得伪造、变造、转让动物检疫证章标志，不得持有或者使用伪造、变造、转让的动物检疫证章标志。

八、监督管理

1. 禁止性规定

禁止屠宰、经营、运输依法应当检疫而未经检疫或者检疫不合格的动物。禁止生产、经营、加工、贮藏、运输依法应当检疫而未经检疫或者检疫不合格的动物产品。

2. 检疫不合格的动物、动物产品的处理

经检疫不合格的动物、动物产品，由官方兽医出具检疫处理通知单，货主或者屠宰加工场所应当在农业农村主管部门的监督下按照国家有关规定处理。动物卫生监督机构应当及时向同级农业农村主管部门报告检疫不合格情况。

3. 动物检疫证明的撤销

有以下情形之一的，出具动物检疫证明的动物卫生监督机构或者其上级动物卫生监督机构，根据利害关系人的请求或者依据职权，撤销动物检疫证明，并及时通告有关单位和个人：①官方兽医滥用职权、玩忽职守出具动物检疫证明的；②以欺骗、贿赂等不正当手段取得动物检疫证明的；③超出动物检疫范围实施检疫，出具动物检疫证明的；④对不符合检疫申报条件或者不符合检疫合格标准的动物、动物产品，出具动物检疫证明的；⑤其他未按照《动物防疫法》《动物检疫管理办法》和检疫规程的规定实施检疫，出具动物检疫证明的。

4. 按照依法应当检疫而未经检疫处理处罚的情形

有以下情形之一的，按照依法应当检疫而未经检疫处理处罚：①动物种类、动物产品名称、畜禽标识号与动物检疫证明不符的；②动物、动物产品数量超出动物检疫证明载明部分的；③使用转让的动物检疫证明的。

5. 动物、动物产品的补检

依法应当检疫而未经检疫的动物、动物产品，由县级以上地方人民政府农业农村主管部门依照《动物防疫法》处理处罚，不具备补检条件的，予以收缴销毁；具备补检条件的，由动物卫生监督机构补检。

（1）动物的补检　补检的动物具备以下条件的，补检合格，出具动物检疫证明：①畜禽标识符合规定；②检疫申报需要提供的材料齐全、符合要求；③临床检查健康；④不符合第一条或者第二条规定条件，货主于7d内提供检疫规程规定的实验室疫病检测报告，检测结果合格。

（2）动物产品的补检

1）不予补检的动物产品：依法应当检疫而未经检疫的胴体、肉、脏器、脂、血液、精液、卵、胚胎、骨、蹄、头、筋、种蛋等动物产品，不予补检，予以收缴销毁。

2）补检的动物产品：补检的生皮、原毛、绒、角等动物产品具备以下条件的，补检合格，出具动物检疫证明：①经外观检查无腐烂变质；②按照规定进行消毒；③货主于7d内提供检疫规程规定的实验室疫病检测报告，检测结果合格。

6. 行政相对人的义务

（1）按照动物检疫证明载明的目的地运输　经检疫合格的动物应当按照动物检疫证明载明的目的地运输，并在规定时间内到达，运输途中发生疫情的应当按有关规定报告并处置。

（2）运输动物应当遵守指定通道规定　跨省、自治区、直辖市通过道路运输动物的，应当经省级人民政府设立的指定通道入省境或者过省境。

（3）不得接收未附有动物检疫证明的动物　饲养场（户）或者屠宰加工场所不得接收未附有有效动物检疫证明的动物。

（4）履行报告义务　运输用于继续饲养或屠宰的畜禽到达目的地后，货主或者承运人应当在3d内向启运地县级动物卫生监督机构报告；目的地饲养场（户）或者屠宰加工场所应当在接收畜禽后3d内向所在地县级动物卫生监督机构报告。

九、法律责任

1. 申报动物检疫隐瞒有关情况或者提供虚假材料的，或者以欺骗、贿赂等不正当手段取得动物检疫证明的法律责任

申报动物检疫隐瞒有关情况或者提供虚假材料的，或者以欺骗、贿赂等不正当手段取得动物检疫证明的，依照《中华人民共和国行政许可法》有关规定予以处罚。即，申报动物检疫隐瞒有关情况或者提供虚假材料的，动物卫生监督机构不予受理或者不予行政许可，并给予警告，申请人在1年内不得再次申请动物检疫证明；以欺骗、贿赂等不正当手段取得动物检疫证明的，撤销动物检疫证明，申请人在3年内不得再次申请动物检疫证明，构成犯罪的，依法追究刑事责任。

2. 运输用于继续饲养或者屠宰的畜禽到达目的地后，未向启运地动物卫生监督机构报告的法律责任

运输用于继续饲养或者屠宰的畜禽到达目的地后，未向启运地动物卫生监督机构报告的，由县级以上地方人民政府农业农村主管部门处一千元以上三千元以下罚款；情节严重的，处三千元以上三万元以下罚款。

3. 未按照动物检疫证明载明的目的地运输的法律责任

未按照动物检疫证明载明的目的地运输的，由县级以上地方人民政府农业农村主管部门处一千元以上三千元以下罚款；情节严重的，处三千元以上三万元以下罚款。

4. 未按照动物检疫证明规定时间运达且无正当理由的法律责任

未按照动物检疫证明规定时间运达且无正当理由的，由县级以上地方人民政府农业农村主管部门处一千元以上三千元以下罚款；情节严重的，处三千元以上三万元以下罚款。

5. 实际运输的数量少于动物检疫证明载明数量且无正当理由的法律责任

实际运输的数量少于动物检疫证明载明数量且无正当理由的，由县级以上地方人民政府农业农村主管部门处一千元以上三千元以下罚款；情节严重的，处三千元以上三万元以下罚款。

6. 其他违反《动物检疫管理办法》规定行为的法律责任

其他违反《动物检疫管理办法》规定的行为，依照《动物防疫法》有关规定予以处罚。

十、附则

1. 水产苗种的检疫主体

水产苗种产地检疫，由从事水生动物检疫的县级以上动物卫生监督机构实施。

2. 实验室疫病检测报告的出具

实验室疫病检测报告应当由动物疫病预防控制机构、取得相关资质认定、国家认可机构认可或者符合省级农业农村主管部门规定条件的实验室出具。

第四章
执业兽医及诊疗机构管理法律制度

第一节 执业兽医和乡村兽医管理办法

一、《执业兽医和乡村兽医管理办法》总则

《执业兽医和乡村兽医管理办法》于2022年9月7日农业农村部令2022年第6号公布，自2022年10月1日起施行。

1. 立法目的

维护执业兽医和乡村兽医合法权益，规范动物诊疗活动，加强执业兽医和乡村兽医队伍建设，保障动物健康和公共卫生安全。

2. 执业兽医、乡村兽医的分类

执业兽医，包括执业兽医师和执业助理兽医师。乡村兽医，是指尚未取得执业兽医资格，经备案在乡村从事动物诊疗活动的人员。

3. 执业兽医和乡村兽医的管理体制

农业农村部主管全国执业兽医和乡村兽医管理工作，加强信息化建设，建立完善执业兽医和乡村兽医信息管理系统。

农业农村部和省级人民政府农业农村主管部门制定实施执业兽医和乡村兽医的继续教育计划，提升执业兽医和乡村兽医素质和执业水平。

县级以上地方人民政府农业农村主管部门主管本行政区域内的执业兽医和乡村兽医管理工作，加强执业兽医和乡村兽医备案、执业活动、继续教育等监督管理。

4. 继续教育

鼓励执业兽医和乡村兽医接受继续教育。执业兽医和乡村兽医继续教育工作可以委托相关机构或者组织具体承担。执业兽医所在机构应当支持执业兽医参加继续教育。

5. 兽医行业管理

执业兽医、乡村兽医依法执业，其权益受法律保护。兽医行业协会应当依照法律、法规、规章和章程，加强行业自律，及时反映行业诉求，为兽医人员提供信息咨询、宣传培训、权益保护、纠纷处理等方面的服务。

6. 表彰和奖励制度

对在动物防疫工作中做出突出贡献的执业兽医和乡村兽医，按照国家有关规定给予表彰和奖励。

7. 补助和抚恤待遇

对因参与动物防疫工作致病、致残、死亡的执业兽医和乡村兽医，按照国家有关规定给予补助或者抚恤。

8. 村级动物防疫员优先制度

县级人民政府农业农村主管部门和乡（镇）人民政府应当优先确定乡村兽医作为村级动物防疫员。

二、执业兽医资格考试

1. 考试制度

国家实行执业兽医资格考试制度。执业兽医资格考试由农业农村部组织,全国统一大纲、统一命题、统一考试、统一评卷。

2. 考试条件

具备以下条件之一的,可以报名参加全国执业兽医资格考试:①具有大学专科以上学历的人员或全日制高校在校生,专业符合全国执业兽医资格考试委员会公布的报考专业目录;② 2009 年 1 月 1 日前已取得兽医师以上专业技术职称;③依法备案或登记,且从事动物诊疗活动 10 年以上的乡村兽医。

3. 考试类别和科目

执业兽医资格考试类别分为兽医全科类和水生动物类,包含基础、预防、临床和综合应用四门科目。

4. 考试管理

农业农村部设立的全国执业兽医资格考试委员会负责审定考试科目、考试大纲,发布考试公告、确定考试试卷等,对考试工作进行监督、指导和确定合格标准。

5. 资格证书的取得

执业兽医资格证书分为两种,即执业兽医师资格证书和执业助理兽医师资格证书。通过执业兽医资格考试的人员,由省、自治区、直辖市人民政府农业农村主管部门根据考试合格标准颁发执业兽医师或者执业助理兽医师资格证书。

三、执业备案

1. 执业备案的程序

(1)执业兽医的备案条件　取得执业兽医资格证书并在动物诊疗机构从事动物诊疗活动的,应当向动物诊疗机构所在地备案机关备案。动物饲养场、实验动物饲育单位、兽药生产企业、动物园等单位聘用的取得执业兽医资格证书的人员,可以凭聘用合同办理执业兽医备案,但不得对外开展动物诊疗活动。

(2)乡村兽医的备案条件　具备以下条件之一的,可以备案为乡村兽医:①取得中等以上兽医、畜牧(畜牧兽医)、中兽医(民族兽医)、水产养殖等相关专业学历;②取得中级以上动物疫病防治员、水生物病害防治员职业技能鉴定证书或职业技能等级证书;③从事村级动物防疫员工作满 5 年。

(3)备案材料　执业兽医或者乡村兽医备案的,应当向备案机关提交以下材料:①备案信息表;②身份证明。除前述规定的材料外,执业兽医备案还应当提交动物诊疗机构聘用证明,乡村兽医备案还应当提交学历证明、职业技能鉴定证书或职业技能等级证书等材料。

2. 备案管理

(1)备案机关　备案机关是指县(市辖区)级人民政府农业农村主管部门;市辖区未设立农业农村主管部门的,备案机关为上一级农业农村主管部门。

(2)备案审查　备案材料符合要求的,应当及时予以备案;不符合要求的,应当一次性告知备案人补正相关材料。备案机关应当优化备案办理流程,逐步实现网上统一办理,提高备案效率。

(3)执业兽医多点执业的备案制度　执业兽医可以在同一县域内备案多家执业的动物诊

疗机构；在不同县域从事动物诊疗活动的，应当分别向动物诊疗机构所在地备案机关备案。执业的动物诊疗机构发生变化的，应当按规定及时更新备案信息。

四、执业活动管理

1. 执业限制

1）患有人畜共患传染病的执业兽医和乡村兽医不得直接从事动物诊疗活动。

2）经备案专门从事水生动物疫病诊疗的执业兽医，不得从事其他动物疫病诊疗。

2. 执业场所

执业兽医应当在备案的动物诊疗机构执业，但动物诊疗机构间的会诊、支援、应邀出诊、急救等除外。乡村兽医应当在备案机关所在县域的乡村从事动物诊疗活动，不得在城区从业。

3. 执业权限

（1）执业兽医师的权限　执业兽医师可以从事动物疾病的预防、诊断、治疗和开具处方、填写诊断书、出具动物诊疗有关证明文件等活动。

（2）执业助理兽医师的权限　执业助理兽医师可以从事动物健康检查、采样、配药、给药、针灸等活动，在执业兽医师指导下辅助开展手术、剖检活动，但不得开具处方、填写诊断书、出具动物诊疗有关证明文件。省、自治区、直辖市人民政府农业农村主管部门根据本地区实际，可以决定执业助理兽医师在乡村独立从事动物诊疗活动，并按执业兽医师进行执业活动管理。

4. 处方笺、病历的管理制度

执业兽医师应当规范填写处方笺、病历。未经亲自诊断、治疗，不得开具处方、填写诊断书、出具动物诊疗有关证明文件。执业兽医师不得伪造诊断结果，出具虚假动物诊疗证明文件。

5. 关于实习管理的规定

参加动物诊疗教学实践的兽医相关专业学生和尚未取得执业兽医资格证书、在动物诊疗机构中参加工作实践的兽医相关专业毕业生，应当在执业兽医师监督、指导下协助参与动物诊疗活动。

6. 执业兽医和乡村兽医的执业义务

执业兽医和乡村兽医在执业活动中应当履行下列义务：①遵守法律、法规、规章和有关管理规定；②按照技术操作规范从事动物诊疗活动；③遵守职业道德，履行兽医职责；④爱护动物，宣传动物保健知识和动物福利。

7. 兽药和兽医器械的使用制度

执业兽医和乡村兽医应当按照国家有关规定使用兽药和兽医器械，不得使用假劣兽药、农业农村部规定禁止使用的药品及其他化合物和不符合规定的兽医器械。

8. 兽药和兽医器械的不良反应报告制度

执业兽医和乡村兽医发现可能与兽药和兽医器械使用有关的严重不良反应的，应当立即向所在地人民政府农业农村主管部门报告。

9. 兽医器械和诊疗废弃物的处理规定

执业兽医和乡村兽医在动物诊疗活动中，应当按照规定处理使用过的兽医器械和诊疗废弃物。

10. 疫情报告义务的控制措施

执业兽医和乡村兽医在动物诊疗活动中发现动物染疫或者疑似染疫的，应当按照国家规定立即向所在地人民政府农业农村主管部门或者动物疫病预防控制机构报告,并迅速采取隔离、消毒等控制措施,防止动物疫情扩散。执业兽医和乡村兽医在动物诊疗活动中发现动物患有或者疑似患有国家规定应当扑杀的疫病时,不得擅自进行治疗。

11. 履行动物疫病的防控义务

执业兽医和乡村兽医应当按照当地人民政府或者农业农村主管部门的要求,参加动物疫病预防、控制和动物疫情扑灭活动,执业兽医所在单位和乡村兽医不得阻碍、拒绝。

12. 承接政府购买服务的规定

执业兽医和乡村兽医可以通过承接政府购买服务的方式开展动物防疫和疫病诊疗活动。

13. 执业情况报告制度

执业兽医应当于每年3月底前,按照县级人民政府农业农村主管部门要求如实报告上年度兽医执业活动情况。

14. 监督管理规定

县级以上地方人民政府农业农村主管部门应当建立健全日常监管制度,对辖区内执业兽医和乡村兽医执行法律、法规、规章的情况进行监督检查。

五、法律责任

1. 在责令暂停动物诊疗活动期间从事动物诊疗活动的法律责任

违反《执业兽医和乡村兽医管理办法》规定,执业兽医在责令暂停动物诊疗活动期间从事动物诊疗活动的,依照《动物防疫法》第一百零六条第一款的规定予以处罚。即,由县级以上地方人民政府农业农村主管部门责令停止动物诊疗活动,没收违法所得,并处三千元以上三万元以下罚款;对其所在的动物诊疗机构处一万元以上五万元以下罚款。

2. 超出备案所在县域或者执业范围从事动物诊疗活动的法律责任

违反《执业兽医和乡村兽医管理办法》规定,执业兽医超出备案所在县域或者执业范围从事动物诊疗活动的,依照《动物防疫法》第一百零六条第一款的规定予以处罚。即,由县级以上地方人民政府农业农村主管部门责令停止动物诊疗活动,没收违法所得,并处三千元以上三万元以下罚款;对其所在的动物诊疗机构处一万元以上五万元以下罚款。

3. 执业助理兽医师直接开展手术,或者开具处方、填写诊断书、出具动物诊疗有关证明文件的法律责任

违反《执业兽医和乡村兽医管理办法》规定,执业助理兽医师直接开展手术,或者开具处方、填写诊断书、出具动物诊疗有关证明文件的,依照《动物防疫法》第一百零六条第一款的规定予以处罚。即,由县级以上地方人民政府农业农村主管部门责令停止动物诊疗活动,没收违法所得,并处三千元以上三万元以下罚款;对其所在的动物诊疗机构处一万元以上五万元以下罚款。

4. 执业兽医对患有或者疑似患有国家规定应当扑杀的疫病的动物进行治疗,造成或者可能造成动物疫病传播、流行的法律责任

违反《执业兽医和乡村兽医管理办法》规定,执业兽医对患有或者疑似患有国家规定应当扑杀的疫病的动物进行治疗,造成或者可能造成动物疫病传播、流行的,依照《动物防疫法》第一百零六条第二款的规定予以处罚。即,由县级以上地方人民政府农业农村主管部门给予警告,责令暂停六个月以上一年以下动物诊疗活动;情节严重的,吊销执业兽医资格证书。

5. 执业兽医未按县级人民政府农业农村主管部门要求如实形成兽医执业活动情况报告的法律责任

违反《执业兽医和乡村兽医管理办法》规定，执业兽医未按县级人民政府农业农村主管部门要求如实形成兽医执业活动情况报告的，依照《动物防疫法》第一百零八条的规定予以处罚。即，由县级以上地方人民政府农业农村主管部门责令改正，可以处一万元以下罚款；拒不改正的，处一万元以上五万元以下罚款，并可以责令停业整顿。

6. 执业兽医在动物诊疗活动中不使用病历，或者应当开具处方未开具处方的法律责任

违反《执业兽医和乡村兽医管理办法》规定，执业兽医在动物诊疗活动中不使用病历，或者应当开具处方未开具处方的，由县级以上地方人民政府农业农村主管部门责令限期改正，处一千元以上五千元以下罚款。

7. 执业兽医在动物诊疗活动中不规范填写处方笺、病历的法律责任

违反《执业兽医和乡村兽医管理办法》规定，执业兽医在动物诊疗活动中不规范填写处方笺、病历的，由县级以上地方人民政府农业农村主管部门责令限期改正，处一千元以上五千元以下罚款。

8. 执业兽医在动物诊疗活动中未经亲自诊断、治疗，开具处方、填写诊断书、出具动物诊疗有关证明文件的法律责任

违反《执业兽医和乡村兽医管理办法》规定，执业兽医在动物诊疗活动中未经亲自诊断、治疗，开具处方、填写诊断书、出具动物诊疗有关证明文件的，由县级以上地方人民政府农业农村主管部门责令限期改正，处一千元以上五千元以下罚款。

9. 执业兽医在动物诊疗活动中伪造诊断结果，出具虚假动物诊疗证明文件的法律责任

违反《执业兽医和乡村兽医管理办法》规定，执业兽医在动物诊疗活动中伪造诊断结果，出具虚假动物诊疗证明文件的，由县级以上地方人民政府农业农村主管部门责令限期改正，处一千元以上五千元以下罚款。

10. 乡村兽医不按照备案规定区域从事动物诊疗活动的法律责任

违反《执业兽医和乡村兽医管理办法》规定，乡村兽医不按照备案规定区域从事动物诊疗活动的，由县级以上地方人民政府农业农村主管部门责令限期改正，处一千元以上五千元以下罚款。

第二节　动物诊疗机构管理办法

一、《动物诊疗机构管理办法》总则

《动物诊疗机构管理办法》于2022年9月7日农业农村部令2022年第5号公布，自2022年10月1日起施行。

1. 立法目的

加强动物诊疗机构管理，规范动物诊疗行为，保障公共卫生安全。

2. 调整对象

在中华人民共和国境内从事动物诊疗活动的机构，应当遵守《动物诊疗机构管理办法》。

3. 动物诊疗的定义

动物诊疗，是指动物疾病的预防、诊断、治疗和动物绝育手术等经营性活动，包括动物的健康检查、采样、剖检、配药、给药、针灸、手术、填写诊断书和出具动物诊疗有关证明

文件等。

4. 动物诊疗机构的分类

动物诊疗机构，包括动物医院、动物诊所以及其他提供动物诊疗服务的机构。

5. 动物诊疗机构的管理体制

农业农村部负责全国动物诊疗机构的监督管理。县级以上地方人民政府农业农村主管部门负责本行政区域内动物诊疗机构的监督管理。

6. 动物诊疗机构的信息化管理

农业农村部加强信息化建设，建立健全动物诊疗机构信息管理系统。县级以上地方人民政府农业农村主管部门应当优化许可办理流程，推行网上办理等便捷方式，加强动物诊疗机构信息管理工作。

二、诊疗许可

1. 动物诊疗许可制度

国家实行动物诊疗许可制度。从事动物诊疗活动的机构，应当取得动物诊疗许可证，并在规定的诊疗活动范围内开展动物诊疗活动。

2. 动物诊疗机构的条件

（1）动物诊疗机构的一般条件　从事动物诊疗活动的机构，应当具备以下条件：①有固定的动物诊疗场所，且动物诊疗场所使用面积符合省、自治区、直辖市人民政府农业农村主管部门的规定；②动物诊疗场所选址距离动物饲养场、动物屠宰加工场所、经营动物的集贸市场不少于200m；③动物诊疗场所设有独立的出入口，出入口不得设在居民住宅楼内或者院内，不得与同一建筑物的其他用户共用通道；④具有布局合理的诊疗室、隔离室、药房等功能区；⑤具有诊断、消毒、冷藏、常规化验、污水处理等器械设备；⑥具有诊疗废弃物暂存处理设施，并委托专业处理机构处理；⑦具有染疫或者疑似染疫动物的隔离控制措施及设施设备；⑧具有与动物诊疗活动相适应的执业兽医；⑨具有完善的诊疗服务、疫情报告、卫生安全防护、消毒、隔离、诊疗废弃物暂存、兽医器械、兽医处方、药物和无害化处理等管理制度。

（2）动物诊所的条件　动物诊所除具备动物诊疗机构的一般条件外，还应当具备以下条件：①具有一名以上执业兽医师；②具有布局合理的手术室和手术设备。

（3）动物医院的条件　动物医院除具备动物诊疗机构的一般条件外，还应当具备以下条件：①具有三名以上执业兽医师；②具有X光机或者B超等器械设备；③具有布局合理的手术室和手术设备。除动物医院外，其他动物诊疗机构不得从事动物颅腔、胸腔和腹腔手术。

3. 设立动物诊疗机构的程序

（1）申请　从事动物诊疗活动的机构，应当向动物诊疗场所所在地的发证机关提出申请。发证机关，是指县（市辖区）级人民政府农业农村主管部门；市辖区未设立农业农村主管部门的，发证机关为上一级农业农村主管部门。

（2）申请材料　申请设立动物诊疗机构的，应当提交以下材料：①动物诊疗许可证申请表；②动物诊疗场所地理方位图、室内平面图和各功能区布局图；③动物诊疗场所使用权证明；④法定代表人（负责人）身份证明；⑤执业兽医资格证书；⑥设施设备清单；⑦管理制度文本。

申请材料不齐全或者不符合规定条件的，发证机关应当自收到申请材料之日起5个工作日内一次性告知申请人需补正的内容。

（3）动物诊疗机构的名称　动物诊疗机构应当使用规范的名称。未取得相应许可的，不得使用"动物诊所"或者"动物医院"的名称。

（4）审核　发证机关受理申请后，应当在15个工作日内完成对申请材料的审核和对动物诊疗场所的实地考察。符合规定条件的，发证机关应当向申请人颁发动物诊疗许可证；不符合条件的，书面通知申请人，并说明理由。专门从事水生动物疫病诊疗的，发证机关在核发动物诊疗许可证时，应当征求同级渔业主管部门的意见。发证机关办理动物诊疗许可证，不得向申请人收取费用。

4. 动物诊疗许可证管理

动物诊疗许可证应当载明诊疗机构名称、诊疗活动范围、从业地点和法定代表人（负责人）等事项。动物诊疗许可证格式由农业农村部统一规定。

动物诊疗许可证不得伪造、变造、转让、出租、出借。动物诊疗许可证遗失的，应当及时向原发证机关申请补发。

5. 分支机构的设立

动物诊疗机构设立分支机构的，应当按照《动物诊疗机构管理办法》的规定另行办理动物诊疗许可证。

6. 动物诊疗机构的变更

动物诊疗机构变更名称或者法定代表人（负责人）的，应当在办理市场主体变更登记手续后15个工作日内，向原发证机关申请办理变更手续。动物诊疗机构变更从业地点、诊疗活动范围的，应当按照《动物诊疗机构管理办法》规定重新办理动物诊疗许可手续，申请换发动物诊疗许可证。

三、诊疗活动管理

1. 从业活动管理

县级以上地方人民政府农业农村主管部门应当建立健全日常监管制度，对辖区内动物诊疗机构和人员执行法律、法规、规章的情况进行监督检查。动物诊疗机构应当依法从事动物诊疗活动，建立健全内部管理制度，在诊疗场所的显著位置悬挂动物诊疗许可证和公示诊疗活动从业人员基本情况。

2. 利用互联网开展动物诊疗活动的管理

动物诊疗机构可以通过在本机构备案从业的执业兽医师，利用互联网等信息技术开展动物诊疗活动，活动范围不得超出动物诊疗许可证核定的诊疗活动范围。

3. 关于实习管理的规定

动物诊疗机构应当对兽医相关专业学生、毕业生参与动物诊疗活动加强监督指导。

4. 兽医器械和兽药的使用制度

动物诊疗机构应当按照国家有关规定使用兽医器械和兽药，不得使用不符合规定的兽医器械、假劣兽药和农业农村部规定禁止使用的药品及其他化合物。

5. 兼营的管理规定

动物诊疗机构兼营动物用品、动物饲料、动物美容、动物寄养等项目的，兼营区域与动物诊疗区域应当分别独立设置。

6. 病历、处方笺的管理制度

（1）病历　动物诊疗机构应当使用载明机构名称的规范病历，包括门（急）诊病历和住院病历。病历档案保存期限不得少于3年。病历根据不同的记录形式，分为纸质病历和电子病历。电子病历与纸质病历具有同等效力。病历包括诊疗活动中形成的文字、符号、图表、影像、切片等内容或者资料。

（2）处方笺　动物诊疗机构应当为执业兽医师提供兽医处方笺，处方笺的格式和保存等应当符合农业农村部规定的兽医处方格式及应用规范。

7. 放射性诊疗设备的管理制度

动物诊疗机构安装、使用具有放射性的诊疗设备的，应当依法经生态环境主管部门批准。

8. 疫情报告义务

动物诊疗机构发现动物染疫或者疑似染疫的，应当按照国家规定立即向所在地农业农村主管部门或者动物疫病预防控制机构报告，并迅速采取隔离、消毒等控制措施，防止动物疫情扩散。动物诊疗机构发现动物患有或者疑似患有国家规定应当扑杀的疫病时，不得擅自进行治疗。

9. 染疫动物、诊疗废弃物的处理规定

动物诊疗机构应当按照国家规定处理染疫动物及其排泄物、污染物和动物病理组织等。动物诊疗机构应当参照《医疗废物管理条例》的有关规定处理诊疗废弃物，不得随意丢弃诊疗废弃物，排放未经无害化处理的诊疗废水。

10. 履行动物疫病的防控义务

动物诊疗机构应当支持执业兽医按照当地人民政府或者农业农村主管部门的要求，参加动物疫病预防、控制和动物疫情扑灭活动。动物诊疗机构应当配合农业农村主管部门、动物卫生监督机构、动物疫病预防控制机构进行有关法律法规宣传、流行病学调查和监测工作。

11. 承接政府购买服务的规定

动物诊疗机构可以通过承接政府购买服务的方式开展动物防疫和疫病诊疗活动。

12. 业务培训制度

动物诊疗机构应当定期对本单位工作人员进行专业知识、生物安全以及相关政策法规培训。

13. 诊疗活动报告制度

动物诊疗机构应当于每年3月底前将上年度动物诊疗活动情况向县级人民政府农业农村主管部门报告。

四、法律责任

1. 主管部门违法行为的法律责任

县级以上地方人民政府农业农村主管部门不依法履行审查和监督管理职责，玩忽职守、滥用职权或者徇私舞弊的，依照有关规定给予处分；构成犯罪的，依法追究刑事责任。

2. 动物诊疗机构及诊疗活动从业人员违法行为的法律责任

（1）超出诊疗活动范围从事诊疗活动、变更从业地点、诊疗活动范围未按规定重新办理诊疗许可证的法律责任　违反《动物诊疗机构管理办法》，动物诊疗机构超出动物诊疗许可证核定的诊疗活动范围从事动物诊疗活动，或者变更从业地点、诊疗活动范围未重新办理动物诊疗许可证的，依照《动物防疫法》第一百零五条第一款的规定予以处罚。即，由县级以上地方人民政府农业农村主管部门责令停止诊疗活动，没收违法所得，并处违法所得一倍以上三倍以下罚款；违法所得不足三万元的，并处三千元以上三万元以下罚款。

（2）使用伪造、变造、受让、租用、借用的动物诊疗许可证的法律责任　使用伪造、变造、受让、租用、借用的动物诊疗许可证的，县级以上地方人民政府农业农村主管部门应当依法收缴，并依照《动物防疫法》第一百零五条第一款的规定予以处罚。即，由县级以上地方人民政府农业农村主管部门责令停止诊疗活动，没收违法所得，并处违法所得一倍以上三倍以下罚款；违法所得不足三万元的，并处三千元以上三万元以下罚款。

（3）动物诊疗机构不再具备规定条件，继续从事动物诊疗活动的法律责任　动物诊疗场所不再具备《动物诊疗机构管理办法》设立动物诊疗机构规定条件，继续从事动物诊疗活动的，由县级以上地方人民政府农业农村主管部门给予警告，责令限期改正；逾期仍达不到规定条件的，由原发证机关收回、注销其动物诊疗许可证。

（4）动物诊疗机构变更机构名称或者法定代表人（负责人）未办理变更手续的法律责任　违反《动物诊疗机构管理办法》规定，动物诊疗机构变更机构名称或者法定代表人（负责人）未办理变更手续的，由县级以上地方人民政府农业农村主管部门责令限期改正，处一千元以上五千元以下罚款。

（5）动物诊疗机构未在诊疗场所悬挂动物诊疗许可证或者公示诊疗活动从业人员基本情况的法律责任　违反《动物诊疗机构管理办法》规定，动物诊疗机构未在诊疗场所悬挂动物诊疗许可证或者公示诊疗活动从业人员基本情况的，由县级以上地方人民政府农业农村主管部门责令限期改正，处一千元以上五千元以下罚款。

（6）动物诊疗机构未使用规范的病历或未按规定为执业兽医师提供处方笺的，或者不按规定保存病历档案的法律责任　违反《动物诊疗机构管理办法》规定，动物诊疗机构未使用规范的病历或未按规定为执业兽医师提供处方笺的，或者不按规定保存病历档案的，由县级以上地方人民政府农业农村主管部门责令限期改正，处一千元以上五千元以下罚款。

（7）动物诊疗机构使用未在本机构备案从业的执业兽医从事动物诊疗活动的法律责任　违反《动物诊疗机构管理办法》规定，动物诊疗机构使用未在本机构备案从业的执业兽医从事动物诊疗活动的，由县级以上地方人民政府农业农村主管部门责令限期改正，处一千元以上五千元以下罚款。

（8）动物诊疗机构未按规定实施卫生安全防护、消毒、隔离和处置诊疗废弃物的法律责任　动物诊疗机构未按规定实施卫生安全防护、消毒、隔离和处置诊疗废弃物的，依照《动物防疫法》第一百零五条第二款的规定予以处罚。即，由县级以上地方人民政府农业农村主管部门责令改正，处一千元以上一万元以下罚款；造成动物疫病扩散的，处一万元以上五万元以下罚款；情节严重的，吊销动物诊疗许可证。

（9）动物诊疗机构未按规定报告动物诊疗活动情况的法律责任　违反《动物诊疗机构管理办法》规定，动物诊疗机构未按规定报告动物诊疗活动情况的，依照《动物防疫法》第一百零八条的规定予以处罚。即，由县级以上地方人民政府农业农村主管部门责令改正，可以处一万元以下罚款；拒不改正的，处一万元以上五万元以下罚款，并可以责令停业整顿。

（10）诊疗活动从业人员违法行为的法律责任　诊疗活动从业人员有以下行为之一的，依照《动物防疫法》第一百零六条第一款的规定，对其所在的动物诊疗机构予以处罚，即由县级以上地方人民政府农业农村主管部门责令停止动物诊疗活动，没收违法所得，并处三千元以上三万元以下罚款；对其所在的动物诊疗机构处一万元以上五万元以下罚款：①执业兽医超出备案所在县域或者执业范围从事动物诊疗活动的；②执业兽医被责令暂停动物诊疗活动期间从事动物诊疗活动的；③执业助理兽医师未按规定开展手术活动，或者开具处方、填写诊断书、出具动物诊疗有关证明文件的；④参加教学实践的学生或者工作实践的毕业生未经执业兽医师指导开展动物诊疗活动的。

五、附则

1. 乡村兽医的从业场所

乡村兽医在乡村从事动物诊疗活动的，应当有固定的从业场所。

2.《动物诊疗机构管理办法》施行前已取得动物诊疗许可证的动物诊疗机构应当符合规定

《动物诊疗机构管理办法》施行前已取得动物诊疗许可证的动物诊疗机构，应当自2022年10月1日起一年内达到该办法规定的条件。

第三节　兽医处方格式及应用规范

为规范兽医处方管理，根据《动物防疫法》《执业兽医和乡村兽医管理办法》《动物诊疗机构管理办法》《兽用处方药和非处方药管理办法》，2023年12月12日农业农村部公告第734号对2016年出台的《兽医处方格式及应用规范》（农业部公告第2450号）进行了修订，自2024年5月1日起执行。农业部（现农业农村部）2016年10月8日公布的《兽医处方格式及应用规范》同时废止。

一、基本要求

1. 兽医处方的定义

兽医处方是指执业兽医师在动物诊疗活动中开具的，作为动物用药凭证的文书。

2. 执业兽医开具兽医处方的要求

执业兽医开具兽医处方应当符合以下要求：①执业兽医师根据动物诊疗活动的需要，按照兽药批准的使用范围，遵循安全、有效、经济的原则开具兽医处方。②执业兽医师在备案单位签名留样或者专用签章、电子签名备案后，方可开具处方。兽医处方经执业兽医师签名、盖章或者电子签名后有效。③执业兽医师利用计算机开具、传递兽医处方时，应当同时打印出纸质处方，其格式与手写处方一致。④有条件的动物诊疗机构可以使用电子签名进行电子处方的身份认证。可靠的电子签名与手写签名或者盖章具有同等的法律效力。电子兽医处方上没有可靠的电子签名的，打印后需要经执业兽医师签名或者盖章方可有效。《兽医处方格式及应用规范》所称的可靠的电子签名是指符合《中华人民共和国电子签名法》规定的电子签名。⑤兽医处方限于当次诊疗结果用药，开具当日有效。特殊情况下需延长处方有效期的，由开具兽医处方的执业兽医师注明有效期限，但有效期最长不得超过3d。⑥除兽用麻醉药品、精神药品、毒性药品和放射性药品等特殊药品外，动物诊疗机构和执业兽医师不得限制动物主人或者饲养单位持处方到兽药经营企业购药。

二、处方笺格式

兽医处方笺规格和样式（图1-4-1和图1-4-2）由农业农村部规定，从事动物诊疗活动的单位应当按照规定的规格和样式印制兽医处方笺或者设计电子处方笺。兽医处方笺规格如下：①兽医处方笺一式三联，可以使用同一种颜色纸张，也可以使用三种不同颜色纸张。②兽医处方笺分为两种规格，小规格为长210mm、宽148mm；大规格为长296mm、宽210mm。小规格为横版，大规格为竖版。

××××××××处方笺		第一联 从事动物诊疗活动的单位留存
动物主人/饲养单位________ 病历号________ 动物种类________ 动物性别________ 动物毛色________ 体重________ 年（日）龄________ 开具日期________		
诊断：	Rp：	
执业兽医师________ 发药人________		

注：“××××××××处方笺”中，“××××××××”为从事动物诊疗活动的单位名称。

图 1-4-1　兽医处方笺样式 1（个体动物）

××××××××处方笺		第一联 从事动物诊疗活动的单位留存
动物主人/饲养单位________ 病历号________ 动物种类________ 患病动物数量________ 同群动物数量________ 年（日）龄________ 开具日期________		
诊断：	Rp：	
执业兽医师________ 发药人________		

注：“××××××××处方笺”中，“××××××××”为从事动物诊疗活动的单位名称。

图 1-4-2　兽医处方笺样式 2（群体动物）

三、处方笺内容

兽医处方笺内容包括前记、正文、后记三部分，并符合以下标准：

（1）前记　对个体动物进行诊疗的，至少包括动物主人姓名或者饲养单位名称、病历号、开具日期和动物的种类、毛色、性别、体重、年（日）龄。对群体动物进行诊疗的，至少包括动物主人姓名或者饲养单位名称、病历号、开具日期和动物的种类、患病动物数量、同群动物数量、年（日）龄。

（2）正文　正文包括初步诊断情况和 Rp（拉丁文 Recipe“请取”的缩写）。Rp 应当分列兽药名称、规格、数量、用法、用量等内容；对于食品动物还应当注明休药期。

（3）后记　后记至少包括执业兽医师签名或者盖章、发药人签名或者盖章。

四、处方书写要求

兽医处方书写应当符合下列要求：

1）动物基本信息、临床诊断情况应当填写清晰、完整，并与病历记载一致。

2）字迹清楚，原则上不得涂改；如需修改，应当在修改处签名或者盖章，并注明修改日期。

3）兽药名称应当以兽药的商品名或者国家标准载明的名称为准。兽药名称简写或者缩写应当符合国内通用写法，不得自行编制兽药缩写名或者使用代号。

4）书写兽药规格、数量、用法、用量及休药期要准确规范。

5）兽医处方中包含兽用化学药品、生物制品、中成药的，每种兽药应当另起一行。中药自拟方应当单独开具。

6）兽用麻醉药品应当单独开具处方，每张处方用量不能超过一日量。兽用精神药品、毒性药品应当单独开具处方。

7）兽药剂量与数量用阿拉伯数字书写。剂量应当使用法定计量单位：质量以千克（kg）、克（g）、毫克（mg）、微克（μg）为单位；容量以升（L）、毫升（mL）为单位；有效量单位以国际单位（IU）、单位（U）为单位。

8）片剂、丸剂、胶囊剂以及单剂量包装的散剂、颗粒剂分别以片、丸、粒、袋为单位；多剂量包装的散剂、颗粒剂以 g 或 kg 为单位；单剂量包装的溶液剂以支、瓶为单位，多剂量包装的溶液剂以 mL 或 L 为单位；软膏及乳膏剂以支、盒为单位；单剂量包装的注射剂以支、瓶为单位，多剂量包装的注射剂以 mL 或 L、g 或 kg 为单位，应当注明含量；兽用中药自拟方应当以剂为单位。

9）开具纸质处方后的空白处应当画一斜线，以示处方完毕。电子处方最后一行应当标注"以下为空白"。

五、处方保存

1）兽医处方开具后，第一联由从事动物诊疗活动的单位留存，第二联由药房或者兽药经营企业留存，第三联由动物主人或者饲养单位留存。

2）兽医处方由处方开具、兽药核发单位妥善保存 3 年以上，兽用麻醉药品、精神药品、毒性药品处方保存 5 年以上。保存期满后，经所在单位主要负责人批准、登记备案，方可销毁。

第四节　动物诊疗病历管理规范

为规范动物诊疗病历管理，依据《动物防疫法》《动物诊疗机构管理办法》《执业兽医和乡村兽医管理办法》等有关规定，2023 年 12 月 12 日农业农村部制定发布了《动物诊疗病历管理规范》（农业农村部公告第 734 号），自 2024 年 5 月 1 日起执行。

一、门（急）诊病历

门（急）诊病历内容包括基本信息、病历记录、处方、检查报告单、影像学检查资料、病理资料、知情同意书等。动物诊疗机构可以根据诊疗活动需要增加相关内容。

1. 门（急）诊病历的基本信息

对个体动物进行诊疗的，门（急）诊病历的基本信息包括动物主人姓名或者饲养单位名称、联系方式、病历号和动物种类、性别、体重、毛色、年（日）龄等内容。对群体动物进行诊疗的，门（急）诊病历的基本信息包括动物主人姓名或者饲养单位名称、联系方式、病历号和动物种类、患病动物数量、同群动物数量、年（日）龄等内容。

2. 病历记录

病历记录包括就诊时间、主诉、现病史、既往史、检查结果、诊断及治疗意见、医嘱等。门（急）诊病历记录应当由接诊执业兽医师在动物就诊时完成并签名（盖章）确认。

3. 检查报告单

检查报告单包括基本信息、检查项目、检查结果、报告时间等内容。检查报告单应当由报告人员签名（盖章）确认。

4. 影像学检查资料

影像学检查资料包括通过X线、超声、CT、磁共振等检查形成的医学影像。

5. 病理资料

病理资料包括病理学检查图片或者病理切片等资料。

6. 门（急）诊病历的保存

门（急）诊病历应当在患病动物就诊结束后24h内归档保存。

二、住院病历

住院病历内容包括基本信息、入院记录、病程记录、检查报告单、影像学检查资料、病理资料、知情同意书等。住院病历中基本信息、检查报告单、影像学检查资料、病理资料等内容要求与门（急）诊病历一致。动物诊疗机构可以根据诊疗活动需要增加相关内容。

1. 入院记录

入院记录包括入院时间、主诉、现病史、既往史、检查结果、入院诊断等内容。动物入院后，执业兽医师通过问诊、检查等方式获得有关资料，经归纳分析形成入院记录并签名（盖章）确认。

2. 病程记录

入院记录完成后，由执业兽医师对动物病情和诊疗过程进行连续性病程记录并签名（盖章）确认。病程记录包括患病动物住院期间每日的病情变化情况、重要的检查结果、诊断意见、所采取的诊疗措施及效果、医嘱以及出院情况等内容。

3. 住院病历的保存

住院病历应当在患病动物出院后3d内归档保存。

三、电子病历

1. 电子病历的种类和内容要求

电子病历包括门（急）诊病历和住院病历。电子病历内容应当符合纸质门（急）诊病历和住院病历的要求。

2. 使用电子病历系统的条件

动物诊疗机构使用电子病历系统应当具备以下条件：①有数据存储、身份认证等信息安全保障机制；②有相关管理制度和操作规程；③符合其他有关法律、法规、规章规定。

3. 使用电子病历的要求

1) 电子病历系统应当能够完整准确保存病历内容以及操作时间、操作人员等信息，具备电子病历创建、修改、归档等操作的追溯功能，保证历次操作痕迹、操作时间和操作人员信息可查询、可追溯。

2）电子病历系统应当对操作人员进行身份识别，为操作人员提供专有的身份标识和识别手段，并设置相应权限。操作人员对本人身份标识的使用负责。

3）动物诊疗机构可以使用电子签名进行电子病历系统身份认证，可靠的电子签名与手写签名或者盖章具有同等法律效力。

4）动物诊疗机构因存档等需要可以将电子病历打印后与纸质病历资料合并保存，也可以对纸质病历资料进行数字化采集后纳入电子病历系统管理，原件另行妥善保存。

5）需要打印电子病历时，动物诊疗机构应当统一打印的纸张、字体、字号、排版格式等。

四、病历填写

1）病历填写应当客观真实、及时准确、完整规范。

2）病历填写应当使用中文，规范使用医学术语，通用的外文缩写和无正式中文译名的症状、体征、疾病名称等可以使用外文。

3）病历中的日期和时间应当使用阿拉伯数字书写，采用24h制记录。

4）医嘱应当由接诊执业兽医师书写，内容应当准确、清楚，并注明下达时间。

5）纸质病历填写出现错误时，应当在修改处签名或者盖章，并注明修改日期。

6）病历归档后原则上不得修改，特殊情况下确需修改的，应当经动物诊疗机构负责人批准，并保留修改痕迹。

7）病历样式可参考图1-4-3~图1-4-8，动物诊疗机构也可根据本机构实际情况设计病历样式。

图1-4-3　门（急）诊病历样式1（个体动物）

图1-4-4　门（急）诊病历样式2（群体动物）

××××××住院病历 入院记录（个体动物）	××××××住院病历 入院记录（群体动物）
基本信息 动物主人/饲养单位＿＿＿＿＿ 病历号＿＿＿＿＿ 联系方式＿＿＿＿ 动物种类＿＿＿＿ 动物性别＿＿＿＿ 体重＿＿＿ 毛色＿＿＿ 年（日）龄＿＿＿	**基本信息** 动物主人/饲养单位＿＿＿＿＿ 病历号＿＿＿＿＿ 联系方式＿＿＿＿ 动物种类＿＿＿＿ 患病动物数量＿＿＿ 同群动物数量＿＿＿ 年（日）龄＿＿＿
入院记录 入院时间： （在此填写主诉、现病史、既往史、检查结果、入院诊断等内容） 执业兽医师＿＿＿＿＿	**入院记录** 入院时间： （在此填写主诉、现病史、既往史、检查结果、入院诊断等内容） 执业兽医师＿＿＿＿＿

注1："××××××住院病历"中，"××××××"为从事动物诊疗活动的单位名称。
注2：病程记录、检查报告、影像学检查资料、病理资料、知情同意书等需要附页。病程记录样式见后。

图 1-4-5　住院病历入院记录样式 1（个体动物）

注1："××××××住院病历"中，"××××××"为从事动物诊疗活动的单位名称。
注2：病程记录、检查报告、影像学检查资料、病理资料、知情同意书等需要附页。病程记录样式见后。

图 1-4-6　住院病历入院记录样式 2（群体动物）

××××××住院病历 病程记录（个体动物）	××××××住院病历 病程记录（群体动物）
基本信息 动物主人/饲养单位＿＿＿＿＿ 病历号＿＿＿＿＿ 联系方式＿＿＿＿ 动物种类＿＿＿＿ 动物性别＿＿＿＿ 体重＿＿＿ 毛色＿＿＿ 年（日）龄＿＿＿	**基本信息** 动物主人/饲养单位＿＿＿＿＿ 病历号＿＿＿＿＿ 联系方式＿＿＿＿ 动物种类＿＿＿＿ 患病动物数量＿＿＿ 同群动物数量＿＿＿ 年（日）龄＿＿＿
记录时间	记录时间
记录内容 （在此记录患病动物住院期间每日的病情变化情况、重要的检查结果、诊断意见、所采取的诊疗措施及效果、医嘱以及出院情况等内容，出院情况可单独记录） 执业兽医师＿＿＿＿＿	**记录内容** （在此记录患病动物住院期间每日的病情变化情况、重要的检查结果、诊断意见、所采取的诊疗措施及效果、医嘱以及出院情况等内容，出院情况可单独记录） 执业兽医师＿＿＿＿＿

注："××××××住院病历"中，"××××××"为从事动物诊疗活动的单位名称。

图 1-4-7　住院病历病程记录样式 1（个体动物）

注："××××××住院病历"中，"××××××"为从事动物诊疗活动的单位名称。

图 1-4-8　住院病历病程记录样式 2（群体动物）

五、病历管理

1）动物诊疗机构应当设置病历管理部门或者指定专人负责病历管理工作,建立健全病历管理制度。设置病历目录表,确定本机构病历资料排列顺序,做好病历分类归档。定期检查病历填写、保存等情况。

2）动物诊疗机构应当使用载明机构名称的规范病历,为就诊动物建立病历号。已建立电子病历的动物诊疗机构,可以将病历号与动物主人或者饲养单位信息相关联,使用病历号、动物主人信息或者饲养单位信息均能对病历进行检索。

3）动物诊疗机构可以为动物主人或者饲养单位提供病历资料打印或者复制服务。打印或者复制的病历资料经动物主人或者饲养单位和动物诊疗机构双方确认无误后,加盖动物诊疗机构印章。

4）除为患病动物提供诊疗服务的人员,以及经农业农村部门或者动物诊疗机构授权的单位或者人员外,其他任何单位或者个人不得擅自查阅病历。其他单位或者个人因科研、教学等活动,确需查阅病历的,应当经动物诊疗机构负责人批准并办理相应手续后方可查阅。

5）病历保存时间不得少于3年。保存期满后,经动物诊疗机构负责人批准并做好登记记录,方可销毁。

六、附则

《动物诊疗病历管理规范》下列用语的含义。

1. 知情同意书

知情同意书,是指开展手术、麻醉等诊疗活动前,执业兽医师向动物主人或者饲养单位告知拟实施诊疗活动的相关情况,并由动物主人或者饲养单位签署是否同意该诊疗活动的文书。

2. 主诉

主诉,是指动物主人或者饲养单位对促使动物就诊的主要症状(或体征)及持续时间的描述。

3. 现病史

现病史,是指动物本次疾病的发生、演变、诊疗等方面的详细情况,应当按时间顺序书写。内容包括发病情况、主要症状特点及其发展变化情况、伴随症状、发病后诊疗经过及结果等。

4. 既往史

既往史,是指动物以往的健康和疾病情况。内容包括既往一般健康状况、疾病史、预防接种史、手术外伤史、驱虫史、食物或者药物过敏史等。

5. 检查结果

检查结果,是指所做的与本次疾病相关的临床检查、实验室检测、影像学检查等各项检查检验结果,应当分类别按检查时间顺序记录。

6. 入院诊断

入院诊断,是指经执业兽医师根据患病动物入院时情况,综合分析所做出的诊断。

7. 医嘱

医嘱,是指执业兽医师在动物诊疗活动中下达的医学指令,通常包括病情评估、用药指导、护理要点、注意事项、预后判断等。

8. 电子签名

电子签名，是指《中华人民共和国电子签名法》第二条规定的数据电文中以电子形式所含、所附用于识别签名人身份并表明签名人认可其中内容的数据。

9. 可靠的电子签名

可靠的电子签名，是指符合《中华人民共和国电子签名法》第十三条有关条件的电子签名。

第五章 病死畜禽和病害畜禽产品无害化处理管理法律制度

第一节 病死畜禽和病害畜禽产品无害化处理管理办法

一、《病死畜禽和病害畜禽产品无害化处理管理办法》总则

《病死畜禽和病害畜禽产品无害化处理管理办法》于2022年5月11日农业农村部令2022年第3号公布，自2022年7月1日起施行。

1. 立法目的

加强病死畜禽和病害畜禽产品无害化处理管理，防控动物疫病，促进畜牧业高质量发展，保障公共卫生安全和人体健康。

2. 调整范围

在畜禽饲养、屠宰、经营、隔离、运输等过程中病死畜禽和病害畜禽产品的收集、无害化处理及其监督管理活动，适用《病死畜禽和病害畜禽产品无害化处理管理办法》；病死水产养殖动物和病害水产养殖动物产品的无害化处理，参照该办法执行。

3. 无害化处理范围

以下畜禽和畜禽产品应当进行无害化处理：①染疫或者疑似染疫死亡、因病死亡或者死因不明的；②经检疫、检验可能危害人体或者动物健康的；③因自然灾害、应激反应、物理挤压等因素死亡的；④屠宰过程中经肉品品质检验确认为不可食用的；⑤死胎、木乃伊胎等；⑥因动物疫病防控需要被扑杀或销毁的；⑦其他应当进行无害化处理的。

4. 无害化处理的原则

病死畜禽和病害畜禽产品无害化处理坚持统筹规划与属地负责相结合、政府监管与市场运作相结合、财政补助与保险联动相结合、集中处理与自行处理相结合的原则。

5. 生产经营者主体责任

从事畜禽饲养、屠宰、经营、隔离等活动的单位和个人，应当承担主体责任，按照《病死畜禽和病害畜禽产品无害化处理管理办法》对病死畜禽和病害畜禽产品进行无害化处理，或者委托病死畜禽无害化处理场处理。运输过程中发生畜禽死亡或者因检疫不合格需要进行无害化处理的，承运人应当立即通知货主，配合做好无害化处理，不得擅自弃置和处理。

6. 无主死亡畜禽的处理

在江河、湖泊、水库等水域发现的死亡畜禽，依法由所在地县级人民政府组织收集、处

理并溯源。在城市公共场所和乡村发现的死亡畜禽,依法由所在地街道办事处、乡级人民政府组织收集、处理并溯源。

7. 无害化处理的技术要求

病死畜禽和病害畜禽产品收集、无害化处理、资源化利用应当符合农业农村部相关技术规范,并采取必要的防疫措施,防止传播动物疫病。

8. 无害化处理的管理体制

农业农村部主管全国病死畜禽和病害畜禽产品无害化处理工作。县级以上地方人民政府农业农村主管部门负责本行政区域病死畜禽和病害畜禽产品无害化处理的监督管理工作。

9. 无害化处理的建设规划

省级人民政府农业农村主管部门结合本行政区域畜牧业发展规划和畜禽养殖、疫病发生、畜禽死亡等情况,编制病死畜禽和病害畜禽产品集中无害化处理场所建设规划,合理布局病死畜禽无害化处理场,经本级人民政府批准后实施,并报农业农村部备案。鼓励跨县级以上行政区域建设病死畜禽无害化处理场。

10. 无害化处理的支持保障

县级以上人民政府农业农村主管部门应当落实病死畜禽无害化处理财政补助政策和农机购置与应用补贴政策,协调有关部门优先保障病死畜禽无害化处理场用地、落实税收优惠政策,推动建立病死畜禽无害化处理和保险联动机制,将病死畜禽无害化处理作为保险理赔的前提条件。

二、收集

1. 生产经营者收集要求

畜禽养殖场、养殖户、屠宰厂(场)、隔离场应当及时对病死畜禽和病害畜禽产品进行贮存和清运。

畜禽养殖场、屠宰厂(场)、隔离场委托病死畜禽无害化处理场处理的,应当符合以下要求:①采取必要的冷藏冷冻、清洗消毒等措施;②具有病死畜禽和病害畜禽产品输出通道;③及时通知病死畜禽无害化处理场进行收集,或自行送至指定地点。

2. 集中暂存点设立要求

病死畜禽和病害畜禽产品集中暂存点应当具备下列条件:①有独立封闭的贮存区域,并且防渗、防漏、防鼠、防盗,易于清洗消毒;②有冷藏冷冻、清洗消毒等设施设备;③设置显著警示标识;④有符合动物防疫需要的其他设施设备。

3. 运输车辆备案管理制度

(1)备案管理 专业从事病死畜禽和病害畜禽产品收集的单位和个人,应当配备专用运输车辆,并向承运人所在地县级人民政府农业农村主管部门备案。

(2)备案材料 备案时应当通过农业农村部指定的信息系统提交车辆所有权人的营业执照、运输车辆行驶证、运输车辆照片。

(3)备案机关 县级人民政府农业农村主管部门应当核实相关材料信息,备案材料符合要求的,及时予以备案;不符合要求的,应当一次性告知备案人补充相关材料。

(4)备案车辆的要求 病死畜禽和病害畜禽产品专用运输车辆应当符合以下要求:①不得运输病死畜禽和病害畜禽产品以外的其他物品;②车厢密闭、防水、防渗、耐腐蚀,易于清洗和消毒;③配备能够接入国家监管监控平台的车辆定位跟踪系统、车载终端;④配备人员防护、清洗消毒等应急防疫用品;⑤有符合动物防疫需要的其他设施设备。

4. 运输作业要求

运输病死畜禽和病害畜禽产品的单位和个人，应当遵守以下规定：①及时对车辆、相关工具及作业环境进行消毒；②作业过程中如发生渗漏，应当妥善处理后再继续运输；③做好人员防护和消毒。

5. 跨行政区域运输的监管责任

跨县级以上行政区域运输病死畜禽和病害畜禽产品的，相关区域县级以上地方人民政府农业农村主管部门应当加强协作配合，及时通报紧急情况，落实监管责任。

三、无害化处理

1. 无害化处理的形式

病死畜禽和病害畜禽产品无害化处理以集中处理为主，自行处理为补充。

2. 无害化处理能力要求

病死畜禽无害化处理场的设计处理能力应当高于日常病死畜禽和病害畜禽产品处理量，专用运输车辆数量和运载能力应当与区域内畜禽养殖情况相适应。

3. 建设规划和动物防疫要求

病死畜禽无害化处理场应当符合省级人民政府病死畜禽和病害畜禽产品集中无害化处理场所建设规划，并依法取得动物防疫条件合格证。

4. 规模生产经营主体自行处理要求

畜禽养殖场、屠宰厂（场）、隔离场在本场（厂）内自行处理病死畜禽和病害畜禽产品的，应当符合无害化处理场所的动物防疫条件，不得处理本场（厂）外的病死畜禽和病害畜禽产品。畜禽养殖场、屠宰厂（场）、隔离场在本场（厂）外自行处理的，应当建设病死畜禽无害化处理场。

5. 生产经营主体委托处理要求

畜禽养殖场、养殖户、屠宰厂（场）、隔离场委托病死畜禽无害化处理场进行无害化处理的，应当签订委托合同，明确双方的权利、义务。无害化处理费用由财政进行补助或者由委托方承担。

6. 边远和交通不便地区以及畜禽养殖户自行零星处理技术要求

对于边远和交通不便地区以及畜禽养殖户自行处理零星病死畜禽的，省级人民政府农业农村主管部门可以结合实际情况和风险评估结果，组织制定相关技术规范。

7. 无害化处理的人员管理

病死畜禽和病害畜禽产品集中暂存点、病死畜禽无害化处理场应当配备专门人员负责管理。从事病死畜禽和病害畜禽产品无害化处理的人员，应当具备相关专业技能，掌握必要的安全防护知识。

8. 无害化处理产物的利用和销售管理

鼓励在符合国家有关法律法规规定的情况下，对病死畜禽和病害畜禽产品无害化处理产物进行资源化利用。病死畜禽和病害畜禽产品无害化处理场所销售无害化处理产物的，应当严控无害化处理产物流向，查验购买方资质并留存相关材料，签订销售合同。

9. 无害化处理的安全生产和环保责任

病死畜禽和病害畜禽产品无害化处理应当符合安全生产、环境保护等相关法律法规和标准规范要求，接受有关主管部门监管。病死畜禽无害化处理场处理《病死畜禽和病害畜禽产品无害化处理管理办法》第三条之外的病死动物和病害动物产品的，应当要求委托方提供无特殊风险物质的证明。

四、监督管理

1. 信息化管理制度

农业农村部建立病死畜禽无害化处理监管监控平台,加强全程追溯管理。从事畜禽饲养、屠宰、经营、隔离及病死畜禽收集、无害化处理的单位和个人,应当按要求填报信息。县级以上地方人民政府农业农村主管部门应当做好信息审核,加强数据运用和安全管理。

2. 生物安全风险调查评估制度

农业农村部负责组织制定全国病死畜禽和病害畜禽产品无害化处理生物安全风险调查评估方案,对病死畜禽和病害畜禽产品收集、无害化处理生物安全风险因素进行调查评估。省级人民政府农业农村主管部门应当制定本行政区域病死畜禽和病害畜禽产品无害化处理生物安全风险调查评估方案并组织实施。

3. 分级管理制度

根据病死畜禽无害化处理场规模、设施装备状况、管理水平等因素,推行分级管理制度。

4. 无害化处理场所管理制度

病死畜禽和病害畜禽产品无害化处理场所应当建立并严格执行以下制度:①设施设备运行管理制度;②清洗消毒制度;③人员防护制度;④生物安全制度;⑤安全生产和应急处理制度。

5. 台账和视频监控管理措施

(1)台账 从事畜禽饲养、屠宰、经营、隔离以及病死畜禽和病害畜禽产品收集、无害化处理的单位和个人,应当建立台账,详细记录病死畜禽和病害畜禽产品的种类、数量(重量)、来源、运输车辆、交接人员和交接时间、处理产物销售情况等信息。相关台账记录保存期不少于2年。

(2)视频监控 病死畜禽和病害畜禽产品无害化处理场所应当安装视频监控设备,对病死畜禽和病害畜禽产品进(出)场、交接、处理和处理产物存放等进行全程监控。相关监控影像资料保存期不少于30d。

6. 报告制度

病死畜禽和病害畜禽产品无害化处理场所应当于每年一月底前向所在地县级人民政府农业农村主管部门报告上一年度病死畜禽和病害畜禽产品无害化处理、运输车辆和环境清洗消毒等情况。

7. 配合监督检查义务

县级以上地方人民政府农业农村主管部门执行监督检查任务时,从事病死畜禽和病害畜禽产品收集、无害化处理的单位和个人应当予以配合,不得拒绝或者阻碍。

8. 举报制度

任何单位和个人对违反《病死畜禽和病害畜禽产品无害化处理管理办法》规定的行为,有权向县级以上地方人民政府农业农村主管部门举报。接到举报的部门应当及时调查处理。

五、法律责任

1. 未按照规定处理病死畜禽和病害畜禽产品的法律责任

未按照《病死畜禽和病害畜禽产品无害化处理管理办法》规定处理病死畜禽和病害畜禽产品,有以下情形之一的,按照《动物防疫法》第九十八条规定予以处罚,即由县级以上地方人民政府农业农村主管部门责令改正,处三千元以上三万元以下罚款;情节严重的,责令停业整顿，并处三万元以上十万元以下罚款：①畜禽养殖场、养殖户、屠宰厂（场）、隔离场未及时对病死畜禽和病害畜禽产品进行贮存和清运的；②畜禽养殖场、屠宰厂（场）、隔离场委托病死畜禽无害化处理场处理不符合规定条件的；③病死畜禽和病害畜禽产品集中暂存点不具备规定条件的；④运输病死畜禽和病害畜禽产品的单位和个人未遵守作业规定的；⑤畜禽养殖场、屠宰厂（场）、隔离场在本场（厂）内自行处理病死畜禽和病害畜禽产品不符合无害化处理场所的动物防疫条件的，或者在本场（厂）外自行处理未建设病死畜禽无害化处理场的，或者处理本场（厂）外的病死畜禽和病害畜禽产品的；⑥病死畜禽和病害畜禽产品集中暂存点、病死畜禽无害化处理场未配备专门人员负责管理的，或者从事病死畜禽和病害畜禽产品无害化处理的人员不具备相关专业技能、不掌握必要的安全防护知识的。

2. 畜禽养殖场、屠宰厂（场）、隔离场、病死畜禽无害化处理场未取得动物防疫条件合格证的法律责任

畜禽养殖场、屠宰厂（场）、隔离场、病死畜禽无害化处理场未取得动物防疫条件合格证的，按照《动物防疫法》第九十八条规定予以处罚。即，由县级以上地方人民政府农业农村主管部门责令改正，处三千元以上三万元以下罚款；情节严重的，责令停业整顿，并处三万元以上十万元以下罚款。

3. 畜禽养殖场、屠宰厂（场）、隔离场、病死畜禽无害化处理场生产经营条件发生变化，不再符合动物防疫条件继续从事无害化处理活动的法律责任

畜禽养殖场、屠宰厂（场）、隔离场、病死畜禽无害化处理场生产经营条件发生变化，不再符合动物防疫条件继续从事无害化处理活动的，按照《动物防疫法》第九十九条规定予以处罚。即，由县级以上地方人民政府农业农村主管部门给予警告，责令限期改正；逾期仍达不到规定条件的，吊销动物防疫条件合格证，并通报市场监督管理部门依法处理。

4. 专业从事病死畜禽和病害畜禽产品运输的车辆未经备案的法律责任

专业从事病死畜禽和病害畜禽产品运输的车辆未经备案的，按照《动物防疫法》第九十八条规定予以处罚。即，由县级以上地方人民政府农业农村主管部门责令改正，处三千元以上三万元以下罚款；情节严重的，责令停业整顿，并处三万元以上十万元以下罚款。

5. 专业从事病死畜禽和病害畜禽产品运输的车辆不符合规定要求的法律责任

专业从事病死畜禽和病害畜禽产品运输的车辆不符合《病死畜禽和病害畜禽产品无害化处理管理办法》第十四条规定要求的，按照《动物防疫法》第九十四条规定予以处罚。即，由县级以上地方人民政府农业农村主管部门责令改正，可以处五千元以下罚款；情节严重的，处五千元以上五万元以下罚款。

6. 病死畜禽和病害畜禽产品无害化处理场所未建立管理制度的法律责任

病死畜禽和病害畜禽产品无害化处理场所未建立管理制度的，由县级以上地方人民政府农业农村主管部门责令改正；拒不改正或者情节严重的，处二千元以上二万元以下罚款。

7. 从事畜禽饲养、屠宰、经营、隔离以及病死畜禽和病害畜禽产品收集、无害化处理的单位和个人未建立台账的法律责任

从事畜禽饲养、屠宰、经营、隔离以及病死畜禽和病害畜禽产品收集、无害化处理的单位和个人未建立台账的，由县级以上地方人民政府农业农村主管部门责令改正；拒不改正或者情节严重的，处二千元以上二万元以下罚款。

8. 病死畜禽和病害畜禽产品无害化处理场所未进行视频监控的法律责任

病死畜禽和病害畜禽产品无害化处理场所未进行视频监控的,由县级以上地方人民政府农业农村主管部门责令改正;拒不改正或者情节严重的,处二千元以上二万元以下罚款。

六、附则

《病死畜禽和病害畜禽产品无害化处理管理办法》几个用语的含义:

1. 畜禽

畜禽是指《国家畜禽遗传资源目录》范围内的畜禽,不包括用于科学研究、教学、检定以及其他科学实验的畜禽。

2. 隔离场所

隔离场所是指对跨省、自治区、直辖市引进的乳用种用动物或输入到无规定动物疫病区的相关畜禽进行隔离观察的场所,不包括进出境隔离观察场所。

3. 病死畜禽和病害畜禽产品无害化处理场所

病死畜禽和病害畜禽产品无害化处理场所是指病死畜禽无害化处理场以及畜禽养殖场、屠宰厂(场)、隔离场内的无害化处理区域。

第二节　病死及病害动物无害化处理技术规范

为了进一步规范病死及病害动物和相关动物产品无害化处理操作,防止动物疫病传播扩散,保障动物产品质量安全,农业部于2017年7月3日发布了《病死及病害动物无害化处理技术规范》(农医发〔2017〕25号)。

一、适用范围

《病死及病害动物无害化处理技术规范》适用于国家规定的染疫动物及其产品、病死或者死因不明的动物尸体,屠宰前确认的病害动物、屠宰过程中经检疫或肉品品质检验确认为不可食用的动物产品,以及其他应当进行无害化处理的动物及动物产品。

本规范规定了病死及病害动物和相关动物产品无害化处理的技术工艺和操作注意事项,处理过程中病死及病害动物和相关动物产品的包装、暂存、转运、人员防护和记录等要求。

二、术语和定义

1. 无害化处理

《病死及病害动物无害化处理技术规范》所称的无害化处理,是指用物理、化学等方法处理病死及病害动物和相关动物产品,消灭其所携带的病原体,消除危害的过程。

2. 焚烧法

焚烧法是指在焚烧容器内,使病死及病害动物和相关动物产品在富氧或无氧条件下进行氧化反应或热解反应的方法。

3. 化制法

化制法是指在密闭的高压容器内,通过向容器夹层或容器内通入高温饱和蒸汽,在干热、压力或蒸汽、压力的作用下,处理病死及病害动物和相关动物产品的方法。

4. 高温法

高温法是指常压状态下,在封闭系统内利用高温处理病死及病害动物和相关动物产品的方法。

5. 深埋法

深埋法是指按照相关规定，将病死及病害动物和相关动物产品投入深埋坑中并覆盖、消毒，处理病死及病害动物和相关动物产品的方法。

6. 硫酸分解法

硫酸分解法是指在密闭的容器内，将病死及病害动物和相关动物产品用硫酸在一定条件下进行分解的方法。

三、病死及病害动物和相关动物产品的处理

1. 焚烧法

（1）适用对象　国家规定的染疫动物及其产品、病死或者死因不明的动物尸体，屠宰前确认的病害动物、屠宰过程中经检疫或肉品品质检验确认为不可食用的动物产品，以及其他应当进行无害化处理的动物及动物产品。

（2）直接焚烧法

1）技术工艺：①可视情况对病死及病害动物和相关动物产品进行破碎等预处理。②将病死及病害动物和相关动物产品或破碎产物，投至焚烧炉本体燃烧室，经充分氧化、热解，产生的高温烟气进入二次燃烧室继续燃烧，产生的炉渣经出渣机排出。③燃烧室温度应大于或等于850℃。燃烧所产生的烟气从最后的助燃空气喷射口或燃烧器出口到换热面或烟道冷风引射口之间的停留时间应大于或等于2s。焚烧炉出口烟气中氧含量应为6%~10%（干气）。④二次燃烧室出口烟气经余热利用系统、烟气净化系统处理，达到 GB 16297《大气污染物综合排放标准》要求后排放。⑤焚烧炉渣与除尘设备收集的焚烧飞灰应分别收集、贮存和运输。焚烧炉渣按一般固体废物处理或作资源化利用；焚烧飞灰和其他尾气净化装置收集的固体废物需按 GB 5085.3《危险废物鉴别标准　浸出毒性鉴别》要求做危险废物鉴定，如属于危险废物，则按 GB 18484《危险废物焚烧污染控制标准》和 GB 18597《危险废物贮存污染控制标准》要求处理。

2）操作注意事项：①严格控制焚烧进料频率和重量，使病死及病害动物和相关动物产品能够充分与空气接触，保证完全燃烧。②燃烧室内应保持负压状态，避免焚烧过程中发生烟气泄露。③二次燃烧室顶部设紧急排放烟囱，应急时开启。④烟气净化系统，包括急冷塔、引风机等设施。

（3）炭化焚烧法

1）技术工艺：①病死及病害动物和相关动物产品投至热解炭化室，在无氧情况下经充分热解，产生的热解烟气进入二次燃烧室继续燃烧，产生的固体炭化物残渣经热解炭化室排出。②热解温度应大于或等于600℃，二次燃烧室温度大于或等于850℃，焚烧后烟气在850℃以上停留时间大于或等于2s。③烟气经过热解炭化室热能回收后，降至600℃左右，经烟气净化系统处理，达到 GB 16297《大气污染物综合排放标准》要求后排放。

2）操作注意事项：①应检查热解炭化系统的炉门密封性，以保证热解炭化室的隔氧状态。②应定期检查和清理热解气输出管道，以免发生阻塞。③热解炭化室顶部需设置与大气相连的防爆口，热解炭化室内压力过大时可自动开启泄压。④应根据处理物种类、体积等严格控制热解的温度、升温速度及物料在热解炭化室里的停留时间。

2. 化制法

（1）适用对象　不得用于患有炭疽等芽孢杆菌类疫病，以及牛海绵状脑病、痒病的染疫

动物及产品、组织的处理。其他适用对象同焚烧法。

（2）干化法

1）技术工艺：①可视情况对病死及病害动物和相关动物产品进行破碎等预处理。②病死及病害动物和相关动物产品或破碎产物输送入高温高压灭菌容器。③处理物中心温度大于或等于140℃，压力大于或等于0.5MPa（绝对压力），时间大于或等于4h（具体处理时间随处理物种类和体积大小而设定）。④加热烘干产生的热蒸汽经废气处理系统后排出。⑤加热烘干产生的动物尸体残渣传输至压榨系统处理。

2）操作注意事项：①搅拌系统的工作时间应以烘干剩余物基本不含水分为宜，根据处理物量的多少，适当延长或缩短搅拌时间。②应使用合理的污水处理系统，有效去除有机物、氨氮，达到GB 8978《污水综合排放标准》要求。③应使用合理的废气处理系统，有效吸收处理过程中动物尸体腐败产生的恶臭气体，达到GB 16297《大气污染物综合排放标准》要求后排放。④高温高压灭菌容器操作人员应符合相关专业要求，持证上岗。⑤处理结束后，需对墙面、地面及其相关工具进行彻底清洗消毒。

（3）湿化法

1）技术工艺：①可视情况对病死及病害动物和相关动物产品进行破碎预处理。②将病死及病害动物和相关动物产品或破碎产物送入高温高压容器，总质量不得超过容器总承受力的4/5。③处理物中心温度大于或等于135℃，压力大于或等于0.3MPa（绝对压力），处理时间大于或等于30min（具体处理时间随处理物种类和体积大小而设定）。④高温高压结束后，对处理产物进行初次固液分离。⑤固体物经破碎处理后，送入烘干系统；液体部分送入油水分离系统处理。

2）操作注意事项：①高温高压容器操作人员应符合相关专业要求，持证上岗。②处理结束后，需对墙面、地面及其相关工具进行彻底清洗消毒。③冷凝排放水应冷却后排放，产生的废水应经污水处理系统处理，达到GB 8978《污水综合排放标准》要求。④处理车间废气应通过安装自动喷淋消毒系统、排风系统和高效微粒空气过滤器（HEPA过滤器）等进行处理，达到GB 16297《大气污染物综合排放标准》要求后排放。

3. 高温法

（1）适用对象　不得用于患有炭疽等芽孢杆菌类疫病，以及牛海绵状脑病、痒病的染疫动物及产品、组织的处理。其他适用对象同焚烧法。

（2）技术工艺　①可视情况对病死及病害动物和相关动物产品进行破碎等预处理，处理物或破碎产物体积（长×宽×高）小于或等于$125cm^3$（5cm×5cm×5cm）。②向容器内输入油脂，容器夹层经导热油或其他介质加热。③将病死及病害动物和相关动物产品或破碎产物输送入容器内，与油脂混合。常压状态下，维持容器内部温度大于或等于180℃，持续时间大于或等于2.5h（具体处理时间随处理物种类和体积大小而设定）。④加热产生的热蒸汽经废气处理系统后排出。⑤加热产生的动物尸体残渣传输至压榨系统处理。

（3）操作注意事项　①搅拌系统的工作时间应以烘干剩余物基本不含水分为宜，根据处理物量的多少，适当延长或缩短搅拌时间。②应使用合理的污水处理系统，有效去除有机物、氨氮，达到GB 8978《污水综合排放标准》要求。③应使用合理的废气处理系统，有效吸收处理过程中动物尸体腐败产生的恶臭气体，达到GB 16297《大气污染物综合排放标准》要求后排放。④高温高压灭菌容器操作人员应符合相关专业要求，持证上岗。⑤处理结束后，需对墙面、地面及其相关工具进行彻底清洗消毒。

4. 深埋法

（1）适用对象　发生动物疫情或自然灾害等突发事件时病死及病害动物的应急处理，以及边远和交通不便地区零星病死畜禽的处理。不得用于患有炭疽等芽孢杆菌类疫病，以及牛海绵状脑病、痒病的染疫动物及产品、组织的处理。

（2）选址要求　①应选择地势高燥，处于下风向的地点。②应远离学校、公共场所、居民住宅区、村庄、动物饲养和屠宰场所、饮用水源地、河流等地区。

（3）技术工艺　①深埋坑体容积以实际处理动物尸体及相关动物产品数量确定。②深埋坑底应高出地下水位1.5m以上，要防渗、防漏。③坑底洒一层厚度为2~5cm的生石灰或漂白粉等消毒药。④将动物尸体及相关动物产品投入坑内，最上层距离地表1.5m以上。⑤生石灰或漂白粉等消毒药消毒。⑥覆盖距地表20~30cm，厚度不少于1~1.2m的覆土。

（4）操作注意事项　①深埋覆土不要太实，以免腐败产气造成气泡冒出和液体渗漏。②深埋后，在深埋处设置警示标识。③深埋后，第一周内应每日巡查1次，第二周起应每周巡查1次，连续巡查3个月，深埋坑塌陷处应及时加盖覆土。④深埋后，立即用氯制剂、漂白粉或生石灰等消毒药对深埋场所进行1次彻底消毒。第一周内应每日消毒1次，第二周起应每周消毒1次，连续消毒3周以上。

5. 化学处理法

（1）硫酸分解法

1）适用对象：不得用于患有炭疽等芽孢杆菌类疫病，以及牛海绵状脑病、痒病的染疫动物及产品、组织的处理。其他适用对象同焚烧法。

2）技术工艺：①可视情况对病死及病害动物和相关动物产品进行破碎等预处理。②将病死及病害动物和相关动物产品或破碎产物，投至耐酸的水解罐中，按每吨处理物加入水150~300kg，后加入98%浓硫酸300~400kg（具体加入水和浓硫酸量随处理物的含水量而设定）。③密闭水解罐，加热使水解罐内升至100~108℃，维持压力大于或等于0.15MPa，反应时间大于或等于4h，至罐体内的病死及病害动物和相关动物产品完全分解为液态。

3）操作注意事项：①处理中使用的强酸应按国家危险化学品安全管理、易制毒化学品管理有关规定执行，操作人员应做好个人防护。②水解过程中要先将水加入到耐酸的水解罐中，然后加入浓硫酸。③控制处理物总体积不得超过容器容量的70%。④酸解反应的容器及储存酸解液的容器均要求耐强酸。

（2）化学消毒法

1）适用对象：适用于被病原微生物污染或可疑被污染的动物皮毛消毒。

2）盐酸食盐溶液消毒法：①用2.5%盐酸溶液和15%食盐水溶液等量混合，将皮张浸泡在此溶液中，并使溶液温度保持在30℃左右，浸泡40h，1m²的皮张用10L消毒液（或按100mL 25%食盐水溶液中加入盐酸1mL配制消毒液，在室温15℃条件下浸泡48h，皮张与消毒液之比为1:4）。②浸泡后捞出沥干，放入2%（或1%）氢氧化钠溶液中，以中和皮张上的酸，再用水冲洗后晾干。

3）过氧乙酸消毒法：①将皮毛放入新鲜配制的2%过氧乙酸溶液中浸泡30min。②将皮毛捞出，用水冲洗后晾干。

4）碱盐液浸泡消毒法：①将皮毛浸入5%碱盐液（饱和食盐水内加5%氢氧化钠溶液）中，室温（18~25℃）浸泡24h，并随时加以搅拌。②取出皮毛挂起，待碱盐液流净，放入5%盐酸溶液内浸泡，使皮上的酸碱中和。③将皮毛捞出，用水冲洗后晾干。

四、收集转运要求

1. 包装

病死及病害动物和相关动物产品的包装要求：①包装材料应符合密闭、防水、防渗、防破损、耐腐蚀等要求。②包装材料的容积、尺寸和数量应与需处理病死及病害动物和相关动物产品的体积、数量相匹配。③包装后应进行密封。④使用后，一次性包装材料应作销毁处理，可循环使用的包装材料应进行清洗消毒。

2. 暂存

病死及病害动物和相关动物产品的暂存要求：①采用冷冻或冷藏方式进行暂存，防止无害化处理前病死及病害动物和相关动物产品腐败。②暂存场所应能防水、防渗、防鼠、防盗，易于清洗和消毒。③暂存场所应设置明显警示标识。④应定期对暂存场所及周边环境进行清洗消毒。

3. 转运

病死及病害动物和相关动物产品的转运要求：①可选择符合 GB 19217《医疗废物转运车技术要求（试行）》条件的车辆或专用封闭厢式运载车辆。车厢四壁及底部应使用耐腐蚀材料，并采取防渗措施。②专用转运车辆应加施明显标识，并加装车载定位系统，记录转运时间和路径等信息。③车辆驶离暂存、养殖等场所前，应对车轮及车厢外部进行消毒。④转运车辆应尽量避免进入人口密集区。⑤若转运途中发生渗漏，应重新包装、消毒后运输。⑥卸载后，应对转运车辆及相关工具等进行彻底清洗、消毒。

五、其他要求

1. 人员防护

人员防护要求：①病死及病害动物和相关动物产品的收集、暂存、转运、无害化处理操作的工作人员应经过专门培训，掌握相应的动物防疫知识。②工作人员在操作过程中应穿戴防护服、口罩、护目镜、胶鞋及手套等防护用具。③工作人员应使用专用的收集工具、包装用品、转运工具、清洗工具、消毒器材等。④工作完毕后，应对一次性防护用品作销毁处理，对循环使用的防护用品消毒处理。

2. 记录要求

病死及病害动物和相关动物产品的收集、暂存、转运、无害化处理等环节应建有台账和记录。有条件的地方应保存转运车辆行车信息和相关环节视频记录。

（1）台账和记录的内容

1）暂存环节：①接收台账和记录应包括病死及病害动物和相关动物产品来源场（户）、种类、数量、动物标识号、死亡原因、消毒方法、收集时间、经办人员等。②运出台账和记录应包括运输人员、联系方式、转运时间、车牌号、病死及病害动物和相关动物产品种类、数量、动物标识号、消毒方法、转运目的地以及经办人员等。

2）处理环节：①接收台账和记录应包括病死及病害动物和相关动物产品来源、种类、数量、动物标识号、转运人员、联系方式、车牌号、接收时间及经手人员等。②处理台账和记录应包括处理时间、处理方式、处理数量及操作人员等。

（2）台账和记录的保存 涉及病死及病害动物和相关动物产品无害化处理的台账和记录至少要保存2年。

第六章 动物防疫其他规范性文件

第一节 国家突发重大动物疫情应急预案

一、动物疫情分级

根据突发重大动物疫情的性质、危害程度、涉及范围，将突发重大动物疫情划分为特别重大（Ⅰ级）、重大（Ⅱ级）、较大（Ⅲ级）和一般（Ⅳ级）四级。

二、工作原则

1. 统一领导，分级管理

各级人民政府统一领导和指挥突发重大动物疫情应急处理工作；疫情应急处理工作实行属地管理；地方各级人民政府负责扑灭本行政区域内的突发重大动物疫情，各有关部门按照预案规定，在各自的职责范围内做好疫情应急处理的有关工作。根据突发重大动物疫情的范围、性质和危害程度，对突发重大动物疫情实行分级管理。

2. 快速反应，高效运转

各级人民政府和兽医行政管理部门要依照有关法律、法规，建立和完善突发重大动物疫情应急体系、应急反应机制和应急处置制度，提高突发重大动物疫情应急处理能力；发生突发重大动物疫情时，各级人民政府要迅速做出反应，采取果断措施，及时控制和扑灭突发重大动物疫情。

3. 预防为主，群防群控

贯彻预防为主的方针，加强防疫知识的宣传，提高全社会防范突发重大动物疫情的意识；落实各项防范措施，做好人员、技术、物资和设备的应急储备工作，并根据需要定期开展技术培训和应急演练；开展疫情监测和预警预报，对各类可能引发突发重大动物疫情的情况要及时分析、预警，做到疫情早发现、快行动、严处理。突发重大动物疫情应急处理工作要依靠群众，全民防疫，动员一切资源，做到群防群控。

三、应急组织体系

应急组织体系由应急指挥部、日常管理机构、专家委员会和应急处理机构四部分组成。

应急指挥部分为全国突发重大动物疫情应急指挥部和省级突发重大动物疫情应急指挥部。日常管理机构包括农业农村部、省级人民政府兽医行政管理部门和市（地）级、县级人民政府兽医行政管理部门。专家委员会由突发重大动物疫情专家委员会和突发重大动物疫情应急处理专家委员会组成。应急处理机构包括动物防疫监督机构和出入境检验检疫机构。

四、疫情的监测、预警与报告

1. 监测

国家建立突发重大动物疫情监测、报告网络体系。农业农村部和地方各级人民政府兽医行政管理部门要加强对监测工作的管理和监督，保证监测质量。

2. 预警

各级人民政府兽医行政管理部门根据动物防疫监督机构提供的监测信息，按照重大动物疫情的发生、发展规律和特点，分析其危害程度、可能的发展趋势，及时做出相应级别的预警，依次用红色、橙色、黄色和蓝色表示特别严重、严重、较重和一般四个预警级别。

3. 报告

任何单位和个人有权向各级人民政府及其有关部门报告突发重大动物疫情及其隐患，有权向上级政府部门举报不履行或者不按照规定履行突发重大动物疫情应急处理职责的部门、单位及个人。

五、疫情的应急响应和终止

1. 应急响应的原则

发生突发重大动物疫情时，事发地的县级、市（地）级、省级人民政府及其有关部门按照分级响应的原则做出应急响应。同时，要遵循突发重大动物疫情发生发展的客观规律，结合实际情况和预防控制工作的需要，及时调整预警和响应级别。要根据不同动物疫病的性质和特点，注重分析疫情的发展趋势，对势态和影响不断扩大的疫情，应及时升级预警和响应级别；对范围局限、不会进一步扩散的疫情，应相应降低响应级别，及时撤销预警。

突发重大动物疫情应急处理要采取边调查、边处理、边核实的方式，有效控制疫情发展。

未发生突发重大动物疫情的地方，当地人民政府兽医行政管理部门接到疫情通报后，要组织做好人员、物资等应急准备工作，采取必要的预防控制措施，防止突发重大动物疫情在本行政区域内发生，并服从上一级人民政府兽医行政管理部门的统一指挥，支援突发重大动物疫情发生地的应急处理工作。

2. 应急响应

（1）特别重大突发动物疫情（Ⅰ级）的应急响应 确认特别重大突发动物疫情后，按程序启动国家突发重大动物疫情应急预案。

1）县级以上地方各级人民政府：①组织协调有关部门参与突发重大动物疫情的处理；②根据突发重大动物疫情处理需要，调集本行政区域内各类人员、物资、交通工具和相关设施、设备参加应急处理工作；③发布封锁令，对疫区实施封锁；④在本行政区域内采取限制或者停止动物及动物产品交易、扑杀染疫或相关动物，临时征用房屋、场所、交通工具；封闭被动物疫病病原体污染的公共饮用水源等紧急措施；⑤组织铁路、交通、民航、质检等部门依法在交通站点设置临时动物防疫监督检查站，对进出疫区、出入境的交通工具进行检查和消毒；⑥按国家规定做好信息发布工作；⑦组织乡镇、街道、社区以及居委会、村委会，开展群防群控；⑧组织有关部门保障商品供应，平抑物价，严厉打击造谣传谣、制假售假等违法犯罪和扰乱社会治安的行为，维护社会稳定。必要时，可请求中央予以支持，保证应急处理工作顺利进行。

2）兽医行政管理部门：①组织动物防疫监督机构开展突发重大动物疫情的调查与处理；划定疫点、疫区、受威胁区；②组织突发重大动物疫情专家委员会对突发重大动物疫情进行评估，提出启动突发重大动物疫情应急响应的级别；③根据需要组织开展紧急免疫和预防用药；④县级以上人民政府兽医行政管理部门负责对本行政区域内应急处理工作的督导和检查；⑤对新发现的动物疫病，及时按照国家规定，开展有关技术标准和规范的培训工作；⑥有针对性地开展动物防疫知识宣教，提高群众防控意识和自我防护能力；⑦组织专家对突发重大动物疫情的处理情况进行综合评估。

3）动物防疫监督机构：①县级以上动物防疫监督机构做好突发重大动物疫情的信息收集、报告与分析工作；②组织疫病诊断和流行病学调查；③按规定采集病料，送省级实验室或国家参考实验室确诊；④承担突发重大动物疫情应急处理人员的技术培训。

4）出入境检验检疫机构：①境外发生重大动物疫情时，会同有关部门停止从疫区国家或地区输入相关动物及其产品；加强对来自疫区运输工具的检疫和防疫消毒；参与打击非法走私入境动物或动物产品等违法活动；②境内发生重大动物疫情时，加强出口货物的查验，会同有关部门停止疫区和受威胁区的相关动物及其产品的出口；暂停使用位于疫区内的依法设立的出入境相关动物临时隔离检疫场；③出入境检验检疫工作中发现重大动物疫情或者疑似重大动物疫情时，立即向当地兽医行政管理部门报告，并协助当地动物防疫监督机构做好疫情控制和扑灭工作。

（2）重大突发动物疫情（Ⅱ级）的应急响应　确认重大突发动物疫情后，按程序启动省级疫情应急响应机制。

1）省级人民政府：省级人民政府根据省级人民政府兽医行政管理部门的建议，启动应急预案，统一领导和指挥本行政区域内突发重大动物疫情应急处理工作。①组织有关部门和人员扑疫；②紧急调集各种应急处理物资、交通工具和相关设施设备；③发布或督导发布封锁令，对疫区实施封锁；④依法设置临时动物防疫监督检查站查堵疫源；⑤限制或停止动物及动物产品交易、扑杀染疫或相关动物；⑥封锁被动物疫源污染的公共饮用水源等；⑦按国家规定做好信息发布工作；⑧组织乡镇、街道、社区及居委会、村委会，开展群防群控；⑨组织有关部门保障商品供应，平抑物价，维护社会稳定。必要时，可请求中央予以支持，保证应急处理工作顺利进行。

2）省级人民政府兽医行政管理部门：重大突发动物疫情确认后，向农业农村部报告疫情。必要时，提出省级人民政府启动应急预案的建议。同时，迅速组织有关单位开展疫情应急处置工作。①组织开展突发重大动物疫情的调查与处理；②划定疫点、疫区、受威胁区；③组织对突发重大动物疫情应急处理的评估；④负责对本行政区域内应急处理工作的督导和检查；⑤开展有关技术培训工作；⑥有针对性地开展动物防疫知识宣教，提高群众防控意识和自我防护能力。

3）省级以下地方人民政府：疫情发生地人民政府及有关部门在省级人民政府或省级突发重大动物疫情应急指挥部的统一指挥下，按照要求认真履行职责，落实有关控制措施。具体组织实施突发重大动物疫情应急处理工作。

4）农业农村部：加强对省级兽医行政管理部门应急处理突发重大动物疫情工作的督导，根据需要组织有关专家协助疫情应急处置；并及时向有关省份通报情况。必要时，建议国务院协调有关部门给予必要的技术和物资支持。

（3）较大突发动物疫情（Ⅲ级）的应急响应

1）市（地）级人民政府：市（地）级人民政府根据本级人民政府兽医行政管理部门的建议，启动应急预案，采取相应的综合应急措施。必要时，可向上级人民政府申请资金、物资和技术援助。

2）市（地）级人民政府兽医行政管理部门：对较大突发动物疫情进行确认，并按照规定向当地人民政府、省级兽医行政管理部门和农业农村部报告调查处理情况。

3）省级人民政府兽医行政管理部门：省级兽医行政管理部门要加强对疫情发生地疫情应急处理工作的督导，及时组织专家对地方疫情应急处理工作提供技术指导和支持，并向本省有关地区发出通报，及时采取预防控制措施，防止疫情扩散蔓延。

（4）一般突发动物疫情（Ⅳ级）的应急响应　县级地方人民政府根据本级人民政府兽医

行政管理部门的建议,启动应急预案,组织有关部门开展疫情应急处置工作。县级人民政府兽医行政管理部门对一般突发重大动物疫情进行确认,并按照规定向本级人民政府和上一级兽医行政管理部门报告。市(地)级人民政府兽医行政管理部门应组织专家对疫情应急处理进行技术指导。省级人民政府兽医行政管理部门应根据需要提供技术支持。

(5)非突发重大动物疫情发生地区的应急响应　应根据发生疫情地区的疫情性质、特点、发生区域和发展趋势,分析本地区受波及的可能性和程度,重点做好以下工作:①密切保持与疫情发生地的联系,及时获取相关信息。②组织做好本区域应急处理所需的人员与物资准备。③开展对养殖、运输、屠宰和市场环节的动物疫情监测和防控工作,防止疫病的发生、传入和扩散。④开展动物防疫知识宣传,提高公众防护能力和意识。⑤按规定做好公路、铁路、航空、水运交通的检疫监督工作。

3. 应急处理人员的安全防护

要确保参与疫情应急处理人员的安全。针对不同的重大动物疫病,特别是一些重大人畜共患病,应急处理人员还应采取特殊的防护措施。

4. 突发重大动物疫情应急响应的终止

(1)应急响应终止的条件　突发重大动物疫情应急响应的终止需符合以下条件:疫区内所有的动物及其产品按规定处理后,经过该疫病的至少一个最长潜伏期无新的病例出现。

(2)突发重大动物疫情应急响应终止的程序

1)特别重大突发动物疫情:由农业农村部对疫情控制情况进行评估,提出终止应急措施的建议,按程序报批宣布。

2)重大突发动物疫情:由省级人民政府兽医行政管理部门对疫情控制情况进行评估,提出终止应急措施的建议,按程序报批宣布,并向农业农村部报告。

3)较大突发动物疫情:由市(地)级人民政府兽医行政管理部门对疫情控制情况进行评估,提出终止应急措施的建议,按程序报批宣布,并向省级人民政府兽医行政管理部门报告。

4)一般突发动物疫情:由县级人民政府兽医行政管理部门对疫情控制情况进行评估,提出终止应急措施的建议,按程序报批宣布,并向上一级和省级人民政府兽医行政管理部门报告。

上级人民政府兽医行政管理部门及时组织专家对突发重大动物疫情应急措施终止的评估提供技术指导和支持。

六、善后处理

1. 后期评估

突发重大动物疫情扑灭后,各级兽医行政管理部门应在本级政府的领导下,组织有关人员对突发重大动物疫情的处理情况进行评估,提出改进建议和应对措施。

2. 奖励

县级以上人民政府对参加突发重大动物疫情应急处理做出贡献的先进集体和个人,进行表彰;对在突发重大动物疫情应急处理工作中英勇献身的人员,按有关规定追认为烈士。

3. 责任

对在突发重大动物疫情的预防、报告、调查、控制和处理过程中,有玩忽职守、失职、渎职等违纪违法行为的,依据有关法律法规追究当事人的责任。

4. 灾害补偿

按照各种重大动物疫病灾害补偿的规定,确定数额等级标准,按程序进行补偿。

5. 抚恤和补助

地方各级人民政府要组织有关部门对因参与应急处理工作致病、致残、死亡的人员，按照国家有关规定，给予相应的补助和抚恤。

6. 恢复生产

突发重大动物疫情扑灭后，取消贸易限制及流通控制等限制性措施。根据各种重大动物疫病的特点，对疫点和疫区进行持续监测，符合要求的，方可重新引进动物，恢复畜牧业生产。

7. 社会救助

发生重大动物疫情后，国务院民政部门应按《中华人民共和国公益事业捐赠法》和《救灾捐赠管理办法》及国家有关政策规定，做好社会各界向疫区提供的救援物资及资金的接收、分配和使用工作。

七、疫情应急处置的保障

突发重大动物疫情发生后，县级以上地方人民政府应积极协调有关部门，做好突发重大动物疫情处理的应急保障工作。

1. 通信与信息保障

县级以上指挥部应将车载电台、对讲机等通信工具纳入紧急防疫物资储备范畴，按照规定做好储备保养工作。根据国家有关法规对紧急情况下的电话、电报、传真、通信频率等予以优先待遇。

2. 应急资源与装备保障

（1）应急队伍保障　县级以上各级人民政府要建立突发重大动物疫情应急处理预备队伍，具体实施扑杀、消毒、无害化处理等疫情处理工作。

（2）交通运输保障　运输部门要优先安排紧急防疫物资的调运。

（3）医疗卫生保障　卫生部门负责开展重大动物疫病（人畜共患病）的人间监测，做好有关预防保障工作。各级兽医行政管理部门在做好疫情处理的同时应及时通报疫情，积极配合卫生部门开展工作。

（4）治安保障　公安部门、武警部队要协助做好疫区封锁和强制扑杀工作，做好疫区安全保卫和社会治安管理。

（5）物资保障　各级兽医行政管理部门应按照计划建立紧急防疫物资储备库，储备足够的药品、疫苗、诊断试剂、器械、防护用品、交通及通信工具等。

（6）经费保障　各级财政部门为突发重大动物疫病防治工作提供合理而充足的资金保障。各级财政在保证防疫经费及时、足额到位的同时，要加强对防疫经费使用的管理和监督。各级政府应积极通过国际、国内等多渠道筹集资金，用于突发重大动物疫情应急处理工作。

3. 技术储备与保障

建立重大动物疫病防治专家委员会，负责疫病防控策略和方法的咨询，参与防控技术方案的策划、制定和执行。设置重大动物疫病的国家参考实验室，开展动物疫病诊断技术、防治药物、疫苗等的研究，做好技术和相关储备工作。

4. 培训和演习

各级兽医行政管理部门要对重大动物疫情处理预备队成员进行系统培训。在没有发生突发重大动物疫情状态下，农业农村部每年要有计划地选择部分地区举行演练，确保预备队扑灭疫情的应急能力。地方政府可根据资金和实际需要的情况，组织训练。

5. 社会公众的宣传教育

县级以上地方人民政府应组织有关部门利用广播、影视、报刊、互联网、手册等多种形式对社会公众广泛开展突发重大动物疫情应急知识的普及教育，宣传动物防疫科普知识，指导群众以科学的行为和方式对待突发重大动物疫情。要充分发挥有关社会团体在普及动物防疫应急知识、科普知识方面的作用。

八、相关名词术语定义

1. 重大动物疫情

重大动物疫情是指陆生、水生动物突然发生重大疫病，且迅速传播，导致动物发病率或者死亡率高，给养殖业生产安全造成严重危害，或者可能对人民身体健康与生命安全造成危害的，具有重要经济社会影响和公共卫生意义。

2. 我国尚未发现的动物疫病

我国尚未发现的动物疫病是指疯牛病、非洲马瘟等在其他国家和地区已经发现，在我国尚未发生过的动物疫病。

3. 我国已消灭的动物疫病

我国已消灭的动物疫病是指牛瘟、牛肺疫等在我国曾发生过，但已扑灭净化的动物疫病。

4. 暴发

暴发是指一定区域，短时间内发生波及范围广泛、出现大量患病动物或死亡病例，其发病率远远超过常年的发病水平。

5. 疫点

患病动物所在的地点划定为疫点，疫点一般是指患病动物所在的场（户）或其他有关屠宰、经营单位。

6. 疫区

以疫点为中心的一定范围内的区域划定为疫区，疫区划分时注意考虑当地的饲养环境、天然屏障（如河流、山脉）和交通等因素。

7. 受威胁区

疫区外一定范围内的区域划定为受威胁区。

第二节　一、二、三类动物疫病病种名录

根据《动物防疫法》有关规定，农业农村部对原《一、二、三类动物疫病病种名录》进行了修订，于2022年6月23日重新发布了《一、二、三类动物疫病病种名录》（农业农村部公告第573号），自发布之日起施行。2008年发布的中华人民共和国农业部公告第1125号、2011年发布的中华人民共和国农业部公告第1663号、2013年发布的中华人民共和国农业部公告第1950号同时废止。

一、一类动物疫病

一类动物疫病（11种）：口蹄疫、猪水疱病、非洲猪瘟、尼帕病毒性脑炎、非洲马瘟、牛海绵状脑病、牛瘟、牛传染性胸膜肺炎、痒病、小反刍兽疫、高致病性禽流感。

二、二类动物疫病

二类动物疫病（37种）包括：

（1）多种动物共患病（7种） 狂犬病、布鲁氏菌病、炭疽、蓝舌病、日本脑炎、棘球蚴病、日本血吸虫病。

（2）牛病（3种） 牛结节性皮肤病、牛传染性鼻气管炎（传染性脓疱外阴阴道炎）、牛结核病。

（3）绵羊和山羊病（2种） 绵羊痘和山羊痘、山羊传染性胸膜肺炎。

（4）马病（2种） 马传染性贫血、马鼻疽。

（5）猪病（3种） 猪瘟、猪繁殖与呼吸综合征、猪流行性腹泻。

（6）禽病（3种） 新城疫、鸭瘟、小鹅瘟。

（7）兔病（1种） 兔出血症。

（8）蜜蜂病（2种） 美洲蜜蜂幼虫腐臭病、欧洲蜜蜂幼虫腐臭病。

（9）鱼类病（11种） 鲤春病毒血症、草鱼出血病、传染性脾肾坏死病、锦鲤疱疹病毒病、刺激隐核虫病、淡水鱼细菌性败血症、病毒性神经坏死病、传染性造血器官坏死病、流行性溃疡综合征、鲫造血器官坏死病、鲤浮肿病。

（10）甲壳类病（3种） 白斑综合征、十足目虹彩病毒病、虾肝肠胞虫病。

三、三类动物疫病

三类动物疫病（126种）包括：

（1）多种动物共患病（25种） 伪狂犬病、轮状病毒感染、产气荚膜梭菌病、大肠杆菌病、巴氏杆菌病、沙门菌病、李氏杆菌病、链球菌病、溶血性曼氏杆菌病、副结核病、类鼻疽、支原体病、衣原体病、附红细胞体病、Q热、钩端螺旋体病、东毕吸虫病、华支睾吸虫病、囊尾蚴病、片形吸虫病、旋毛虫病、血矛线虫病、弓形虫病、伊氏锥虫病、隐孢子虫病。

（2）牛病（10种） 牛病毒性腹泻、牛恶性卡他热、地方流行性牛白血病、牛流行热、牛冠状病毒感染、牛赤羽病、牛生殖道弯曲杆菌病、毛滴虫病、牛梨形虫病、牛无浆体病。

（3）绵羊和山羊病（7种） 山羊关节炎/脑炎、梅迪-维斯纳病、绵羊肺腺瘤病、羊传染性脓疱皮炎、干酪性淋巴结炎、羊梨形虫病、羊无浆体病。

（4）马病（8种） 马流行性淋巴管炎、马流感、马腺疫、马鼻肺炎、马病毒性动脉炎、马传染性子宫炎、马媾疫、马梨形虫病。

（5）猪病（13种） 猪细小病毒感染、猪丹毒、猪传染性胸膜肺炎、猪波氏菌病、猪圆环病毒病、格拉瑟病、猪传染性胃肠炎、猪流感、猪丁型冠状病毒感染、猪塞内卡病毒感染、仔猪红痢、猪痢疾、猪增生性肠病。

（6）禽病（21种） 禽传染性喉气管炎、禽传染性支气管炎、禽白血病、传染性法氏囊病、马立克病、禽痘、鸭病毒性肝炎、鸭浆膜炎、鸡球虫病、低致病性禽流感、禽网状内皮组织增殖病、鸡病毒性关节炎、禽传染性脑脊髓炎、鸡传染性鼻炎、禽坦布苏病毒感染、禽腺病毒感染、鸡传染性贫血、禽偏肺病毒感染、鸡红螨病、鸡坏死性肠炎、鸭呼肠孤病毒感染。

（7）兔病（2种） 兔波氏菌病、兔球虫病。

（8）蚕、蜂病（8种） 蚕多角体病、蚕白僵病、蚕微粒子病、蜂螨病、瓦螨病、亮热厉螨病、蜜蜂孢子虫病、白垩病。

（9）犬猫等动物病（10种） 水貂阿留申病、水貂病毒性肠炎、犬瘟热、犬细小病毒病、犬传染性肝炎、猫泛白细胞减少症、猫嵌杯病毒感染、猫传染性腹膜炎、犬巴贝斯虫病、利什曼原虫病。

（10）鱼类病（11种） 真鲷虹彩病毒病、传染性胰脏坏死病、牙鲆弹状病毒病、鱼爱德华氏菌病、链球菌病、细菌性肾病、杀鲑气单胞菌病、小瓜虫病、黏孢子虫病、三代虫病、指环虫病。

（11）甲壳类病（5种）　黄头病、桃拉综合征、传染性皮下和造血组织坏死病、急性肝胰腺坏死病、河蟹螺原体病。

（12）贝类病（3种）　鲍疱疹病毒病、奥尔森派琴虫病、牡蛎疱疹病毒病。

（13）两栖与爬行类病（3种）　两栖类蛙虹彩病毒病、鳖腮腺炎病、蛙脑膜炎败血症。

第三节　人畜共患传染病名录

根据《动物防疫法》有关规定，农业农村部对原《人畜共患传染病名录》进行了修订，于2022年6月23日重新发布了《人畜共患传染病名录》（农业农村部公告第571号），自发布之日起施行。2009年发布的农业部第1149号公告同时废止。

《人畜共患传染病名录》共列举了24种人畜共患传染病，分别为：牛海绵状脑病、高致病性禽流感、狂犬病、炭疽、布鲁氏菌病、弓形虫病、棘球蚴病、钩端螺旋体病、沙门菌病、牛结核病、日本血吸虫病、日本脑炎（流行性乙型脑炎）、猪链球菌Ⅱ型感染、旋毛虫病、囊尾蚴病、马鼻疽、李氏杆菌病、类鼻疽、片形吸虫病、鹦鹉热、Q热、利什曼原虫病、尼帕病毒性脑炎、华支睾吸虫病。

第七章
兽药管理法律制度

第一节　兽药管理条例

一、《兽药管理条例》概述

《兽药管理条例》于2004年4月9日中华人民共和国国务院令第404号公布，根据2014年7月29日《国务院关于修改部分行政法规的决定》第一次修订，根据2016年2月6日《国务院关于修改部分行政法规的决定》第二次修订，根据2020年3月27日《国务院关于修改和废止部分行政法规的决定》第三次修订。

1. 立法目的

加强兽药管理，保证兽药质量，防治动物疾病，促进养殖业的发展，维护人体健康。

2. 调整对象

在中华人民共和国境内从事兽药的研制、生产、经营、进出口、使用和监督管理，应当遵守《兽药管理条例》。

3. 兽药行政管理

国务院兽医行政管理部门负责全国的兽药监督管理工作。县级以上地方人民政府兽医行政管理部门负责本行政区域内的兽药监督管理工作。

4. 兽用处方药和非处方药分类管理制度

国家实行兽用处方药和非处方药分类管理制度。兽用处方药和非处方药分类管理的办法和具体实施步骤，由国务院兽医行政管理部门规定。2013年8月1日，农业部第7次常务会议审议通过了《兽用处方药和非处方药管理办法》，自2014年3月1日起施行。

5. 兽药储备制度

国家实行兽药储备制度。发生重大动物疫情、灾情或者其他突发事件时，国务院兽医行政管理部门可以紧急调用国家储备的兽药；必要时，也可以调用国家储备以外的兽药。

6. 相关名词术语定义

（1）兽药　兽药是指用于预防、治疗、诊断动物疾病或者有目的地调节动物生理机能的物质（含药物饲料添加剂），主要包括血清制品、疫苗、诊断制品、微生态制品、中药材、中成药、化学药品、抗生素、生化药品、放射性药品及外用杀虫剂、消毒剂等。

（2）兽用处方药　兽用处方药是指凭兽医处方笺方可购买和使用的兽药。

（3）兽用非处方药　兽用非处方药是指由国务院兽医行政管理部门公布的、不需要凭兽医处方笺就可以自行购买并按照说明书使用的兽药。

（4）兽药生产企业　兽药生产企业是指专门生产兽药的企业和兼产兽药的企业，包括从事兽药分装的企业。

（5）兽药经营企业　兽药经营企业是指经营兽药的专营企业或者兼营企业。

（6）新兽药　新兽药是指未曾在中国境内上市销售的兽用药品。

（7）兽药批准证明文件　兽药批准证明文件是指兽药产品批准文号、进口兽药注册证书、出口兽药证明文件、新兽药注册证书等文件。

二、兽药经营

为了保证兽药经营质量和动物用药的安全，我国对影响兽药经营质量的关键环节进行管理和控制。主要表现在以下三个方面：

1. 经营兽药的企业应当具备的条件及审批程序

（1）经营兽药的企业应当具备的条件　经营兽药的企业应当具备以下条件：①有与所经营的兽药相适应的兽药技术人员；②有与所经营的兽药相适应的营业场所、设备、仓库设施；③有与所经营的兽药相适应的质量管理机构或者人员；④兽药经营质量管理规范规定的其他经营条件。

（2）审批程序　符合经营兽药条件的企业，可以向市、县人民政府兽医行政管理部门提出申请，并提供符合经营兽药应具备条件的证明材料。但经营兽用生物制品的企业，应当向省、自治区、直辖市人民政府兽医行政管理部门提出申请，并提供符合经营兽药应具备条件的证明材料。县级以上地方人民政府兽医行政管理部门应当在收到申请之日起30个工作日内完成审查，审查合格的，发给兽药经营许可证；不合格的，应当书面通知申请人。

2. 兽药经营许可证管理制度

（1）兽药经营许可证的内容及期限　兽药经营许可证应当载明经营范围、经营地点、有效期和法定代表人姓名、住址等事项。兽药经营许可证的有效期为5年。有效期届满，需要继续经营兽药的，必须在许可证有效期届满前6个月到发证机关申请换发兽药经营许可证。

（2）兽药经营许可证内容的变更　兽药经营许可证是取得兽药经营资格的法定凭证，兽药经营企业必须在兽药经营许可证载明的经营地点和经营范围内进行销售。兽药经营企业变更经营范围、经营地点的，必须按照开办兽药经营企业的条件和程序向发证机关申请换发兽药经营许可证。兽药经营企业变更企业名称、法定代表人的，应当在办理工商变更登记手续后15个工作日内，到发证机关申请换发兽药经营许可证。

（3）兽药经营许可证的收回　为了规范兽药经营许可证的使用行为，维护兽药经营许可证的严肃性,兽药经营企业停止经营超过6个月或者关闭的,由发证机关责令其交回兽药经营许可证。

(4)兽药经营许可证的使用　兽药经营许可证是国家依法许可符合条件的企业从事兽药经营行为的法律凭证,任何单位和个人不得买卖、出租、出借,否则要承担法律责任。

3. 兽药经营管理制度

(1)兽药经营质量管理规范　兽药经营质量管理规范,国际上统称为Good Supply Practice,简称GSP,农业部于2010年1月15日发布了《兽药经营质量管理规范》(农业部令2010年第3号发布,2017年11月30日农业部令2017年第8号部分修订)。目的是控制可能影响兽药质量的各种因素,消除发生质量问题的隐患,保证兽药的安全性、有效性和稳定性不会降低。该规范要求经营企业必须建立一整套质量保证体系,以规范企业兽药经营条件和行为,进而维护兽药经营市场的正常秩序,因此兽药企业必须遵守。县级以上地方人民政府兽医行政管理部门,必须对兽药经营企业是否符合该规范的要求进行监督检查,并对社会公开检查结果。

(2)兽药的核对制度　兽药经营企业购进兽药必须要进行质量控制,核对兽药产品与产品标签或者说明书是否与农业农村部公布的标签、说明书内容一致,产品有无质量合格证书。不一致或无产品质量合格证的兽药,不得购进。

(3)销售兽药管理制度　兽药经营企业应配备有兽医学、药学或者相关专业的技术人员,销售兽药时应当向购买者说明兽药的功能主治、用法、用量和注意事项,注明兽用中药材的产地。禁止兽药经营企业销售人用药品和假、劣兽药。兽药经营企业销售兽用处方药的,应当遵守兽用处方药管理办法。

(4)购销兽药的记录制度　兽药不仅关系到动物的健康发展,而且是关系到人身安全的特殊商品,所以国家对兽药经营企业购销活动实施特殊的管理措施。兽药经营企业购销兽药,应当建立购销记录。购销记录应当载明兽药的商品名称、通用名称、剂型、规格、批号、有效期、生产厂商、购销单位、购销数量、购销日期和国务院行政管理部门规定的其他事项。实行购销兽药记录管理制度,有利于加强对兽药经营活动的监督管理,有利于保证动物用药安全,进而维护人类食品安全。

(5)兽药保管制度　因此,兽药经营企业应当建立兽药保管制度,采取必要的冷藏、防冻、防潮、防虫、防鼠等措施,保证所经营兽药的质量。兽药入库、出库,必须执行检查验收制度,并有准确记录。

(6)兽用生物制品的组织与供应制度　为了对动物疫病进行有效的控制,保障兽用生物制品的质量,国家对强制免疫所需兽用生物制品的经营实行强制性的管理,要求经营强制免疫兽用生物制品的单位,应当符合国务院兽医行政管理部门的规定。

(7)兽药广告审批制度　兽药广告的内容必须与兽药说明书内容相一致,不得有误导、欺骗和夸大的情形。兽药生产或经营企业在全国重点媒体发布兽药广告,应当经国务院兽医行政管理部门审查批准,取得兽药广告审查批准文号;在地方媒体发布兽药广告,应当省、自治区、直辖市人民政府兽医行政管理部门审查批准,取得兽药广告审查批准文号。未经批准的,任何单位和个人不得发布兽药广告。

三、兽药使用

1. 用药记录管理制度

兽药使用单位,应当遵守国务院兽医行政管理部门制定的兽药安全使用规定,并建立用药记录。

2. 禁用兽药管理制度

禁止使用假、劣兽药以及国务院兽医行政管理部门规定禁止使用的药品和其他化合物。

3. 休药期管理制度

有休药期规定的兽药用于食用动物时，饲养者应当向购买者或者屠宰者提供准确、真实的用药记录；购买者或者屠宰者应当确保动物及其产品在用药期、休药期内不被用于食品消费。

4. 药物饲料添加剂管理制度

禁止在饲料和动物饮用水中添加激素类药品和国务院兽医行政管理部门规定的其他禁用药品。经批准可以在饲料中添加的兽药，应当由兽药生产企业制成药物饲料添加剂后方可添加。禁止将原料药直接添加到饲料及动物饮用水中或者直接饲喂动物。禁止将人用药品用于动物。

5. 兽药残留监控管理制度

禁止销售含有违禁药物或者兽药残留量超过标准的食用动物产品。

（1）兽药残留监控计划的制定　国务院兽医行政管理部门，应当制定并组织实施国家动物及动物产品兽药残留监控计划。

（2）兽药残留检测的实施　县级以上人民政府兽医行政管理部门，负责组织对动物产品中兽药残留量的检测。兽药残留检测结果，由国务院兽医行政管理部门或者省、自治区、直辖市人民政府兽医行政管理部门按照权限予以公布。

（3）检测结果异议的处理　动物产品的生产者、销售者对检测结果有异议的，可以自收到检测结果之日起7个工作日内向组织实施兽药残留检测的兽医行政管理部门或者其上级兽医行政管理部门提出申请，由受理申请的兽医行政管理部门指定检验机构进行复检。

6. 麻醉药品管理制度

兽用麻醉药品、精神药品、毒性药品和放射性药品等特殊药品，依照国家有关规定管理。

四、兽药监督管理

1. 兽药监督管理主体

（1）执法机构　县级以上人民政府兽医行政管理部门行使兽药监督管理权。

（2）检验机构　兽药检验工作由国务院兽医行政管理部门和省、自治区、直辖市人民政府兽医行政管理部门设立的兽药检验机构承担。国务院兽医行政管理部门，可以根据需要认定其他检验机构承担兽药检验工作。当事人对兽药检验结果有异议的，可以自收到检验结果之日起7个工作日内向实施检验的机构或者上级兽医行政管理部门设立的检验机构申请复检。

2. 兽药国家标准

兽药应当符合兽药国家标准。国家兽药典委员会拟定的、国务院兽医行政管理部门发布的《中华人民共和国兽药典》和国务院兽医行政管理部门发布的其他兽药质量标准为兽药国家标准。兽药国家标准的标准品和对照品的标定工作由国务院兽医行政管理部门设立的兽药检验机构负责。

3. 兽医行政管理部门的监督检查措施

兽医行政管理部门依法进行监督检查时，根据需要采取下列措施：①对有证据证明可能是假、劣兽药的，应当采取查封、扣押的行政强制措施。未经行政强制措施决定机关或者其上级机关批准,不得擅自转移、使用、销毁、销售被查封或者扣押的兽药及有关材料。②自采取行政强制措施之日起 7 个工作日内,采取行政强制措施的兽医行政管理部门必须做出是否立案的决定。③对于当场无法判定是否是假、劣兽药而需要实验室检验的物品,采取行政强制措施的兽医行政管理部门必须自检验报告书发出之日起 15 个工作日内做出是否立案的决定。④对于不符合立案条件的,采取行政强制措施的兽医行政管理部门应当解除行政强制措施。⑤需要暂停生产的,由国务院兽医行政管理部门或者省、自治区、直辖市人民政府兽医行政管理部门按照权限做出决定;需要暂停经营、使用的,由县级以上人民政府兽医行政管理部门按照权限做出决定。

4. 假兽药的判定标准

(1) 有下列情形之一的,为假兽药 ①以非兽药冒充兽药或者以他种兽药冒充此种兽药的;②兽药所含成分的种类、名称与兽药国家标准不符合的。

(2) 有下列情形之一的,按照假兽药处理 ①国务院兽医行政管理部门规定禁止使用的;②依照《兽药管理条例》规定应当经审查批准而未经审查批准即生产、进口的,或者依照《兽药管理条例》规定应当经抽查检验、审查核对而未经抽查检验、审查核对即销售、进口的;③变质的;④被污染的;⑤所标明的适应证或者功能主治超出规定范围的。

5. 劣兽药的判定标准

有下列情形之一的,为劣兽药:①成分含量不符合兽药国家标准或者不标明有效成分的;②不标明或者更改有效期或者超过有效期的;③不标明或者更改产品批号的;④其他不符合兽药国家标准,但不属于假兽药的。

6. 禁止性规定

禁止将兽用原料药拆零销售或者销售给兽药生产企业以外的单位和个人。禁止未经兽医开具处方销售、购买、使用国务院兽医行政管理部门规定实行处方药管理的兽药。禁止买卖、出租、出借兽药生产许可证、兽药经营许可证和兽药批准证明文件。

7. 兽药不良反应报告制度

国家实行兽药不良反应报告制度。兽药生产企业、经营企业、兽药使用单位和开具处方的兽医人员发现可能与兽药使用有关的严重不良反应,应当立即向所在地人民政府兽医行政管理部门报告。

五、法律责任

1. 经营假、劣兽药,或无证经营兽药,或者经营人用药品的法律责任

违反《兽药管理条例》规定,无兽药生产许可证、兽药经营许可证生产、经营兽药的,或者虽有兽药生产许可证、兽药经营许可证,生产、经营假、劣兽药的,或者兽药经营企业经营人用药品的,责令其停止生产、经营,没收用于违法生产的原料、辅料、包装材料及生产、经营的兽药和违法所得,并处违法生产、经营的兽药(包括已出售的和未出售的兽药,下同)货值金额 2 倍以上 5 倍以下罚款,货值金额无法查证核实的,处 10 万元以上 20 万元以下罚款。无兽药生产许可证生产兽药,情节严重的,没收其生产设备;生产、经营假、劣兽药,情节严重的,吊销兽药生产许可证、兽药经营许可证;构成犯罪的,依法追究刑事责任;给他人造成损失的,依法承担赔偿责任。生产、经营企业的主要负责人和直接负责的主管人员终身不得从事兽药的生产、经营活动。

2. 未按兽药安全使用规定使用兽药违法行为的法律责任

违反《兽药管理条例》规定,未按照国家有关兽药安全使用规定使用兽药的、未建立用药记录或者记录不完整真实的，或者使用禁止使用的药品和其他化合物的，或者将人用药品用于动物的，责令其立即改正，并对饲喂了违禁药物及其他化合物的动物及其产品进行无害化处理；对违法单位处 1 万元以上 5 万元以下罚款；给他人造成损失的，依法承担赔偿责任。

3. 违法销售尚在用药期、休药期，或者销售含有违禁药物和兽药残留超标的动物产品的法律责任

违反《兽药管理条例》规定，销售尚在用药期、休药期内的动物及其产品用于食品消费的，或者销售含有违禁药物和兽药残留超标的动物产品用于食品消费的，责令其对含有违禁药物和兽药残留超标的动物产品进行无害化处理，没收违法所得，并处 3 万元以上 10 万元以下罚款；构成犯罪的，依法追究刑事责任；给他人造成损失的，依法承担赔偿责任。

4. 擅自转移、使用、销毁、销售被查封或者扣押的兽药及有关材料违法行为的法律责任

违反《兽药管理条例》规定，擅自转移、使用、销毁、销售被查封或者扣押的兽药及有关材料的，责令其停止违法行为，给予警告，并处 5 万元以上 10 万元以下罚款。

5. 不按规定报告与兽药使用有关的严重不良反应违法行为的法律责任

违反《兽药管理条例》规定，兽药生产企业、经营企业、兽药使用单位和开具处方的兽医人员发现可能与兽药使用有关的严重不良反应，不向所在地人民政府兽医行政管理部门报告的，给予警告，并处 5000 元以上 1 万元以下罚款。

6. 不按规定销售、购买、使用兽用处方药违法行为的法律责任

违反《兽药管理条例》规定，未经兽医开具处方销售、购买、使用兽用处方药的，责令其限期改正，没收违法所得，并处 5 万元以下罚款；给他人造成损失的，依法承担赔偿责任。

7. 违反规定销售原料药，或者拆零销售原料药违法行为的法律责任

违反《兽药管理条例》规定，兽药生产、经营企业把原料药销售给兽药生产企业以外的单位和个人的，或者兽药经营企业拆零销售原料药的，责令其立即改正，给予警告，没收违法所得，并处 2 万元以上 5 万元以下罚款；情节严重的，吊销兽药生产许可证、兽药经营许可证；给他人造成损失的，依法承担赔偿责任。

8. 不按规定添加药品违法行为的法律责任

违反《兽药管理条例》规定，在饲料和动物饮用水中添加激素类药品和国务院兽医行政管理部门规定的其他禁用药品，依照《饲料和饲料添加剂管理条例》的有关规定处罚；直接将原料药添加到饲料及动物饮用水中，或者饲喂动物的，责令其立即改正，并处 1 万元以上 3 万元以下罚款；给他人造成损失的，依法承担赔偿责任。

第二节　兽药经营质量管理规范

《兽药经营质量管理规范》于 2010 年 1 月 15 日农业部令 2010 年第 3 号公布，2017 年 11 月 30 日农业部令 2017 年第 8 号部分修订。

一、场所与设施

1. 对营业场所及仓库的要求

兽药经营企业应当具有固定的经营场所和仓库，其面积应符合省、自治区、直辖市人民政府兽医行政管理部门的规定。经营场所和仓库应布局合理，相对独立。经营场所和仓库的地面、墙壁、顶棚等应当平整、光洁，门、窗应当严密、易清洁。经营场所的面积、设施和设备应当与经营的兽药品种、经营规模相适应。兽药经营区域与生活区域、动物诊疗区域应当分别独立设置，避免交叉污染。

兽药经营企业应当具有与经营的兽药品种、经营规模适应并能够保证兽药质量的常温库、阴凉库（柜）、冷库（柜）等仓库和相关设施、设备。仓库面积和相关设施、设备应当满足合格兽药区、不合格兽药区、待验兽药区、退货兽药区等不同区域划分和不同兽药品种分区、分类保管、储存的要求。

变更经营场所面积以及变更仓库位置，增加、减少仓库数量、面积以及相关设施、设备的，应当在变更后30个工作日内向发证机关备案。

2. 对经营地点的要求

兽药经营企业的经营地点必须与兽药经营许可证载明的地点一致，变更经营地点的，应当申请换发兽药经营许可证。兽药经营许可证应当悬挂在经营场所的显著位置。

3. 对设施、设备的要求

兽药经营企业的经营场所和仓库应当具有以下设施、设备：①与经营兽药相适应的货架、柜台；②避光、通风、照明的设施、设备；③与储存兽药相适应的控制温度、湿度的设施、设备；④防尘、防潮、防霉、防污染和防虫、防鼠、防鸟的设施、设备；⑤进行卫生清洁的设施、设备等；⑥实施兽药电子追溯管理的相关设备。

兽药经营企业经营场所和仓库的设施、设备应当齐备、整洁、完好，并根据兽药品种、类别、用途等设立醒目标志。兽药直营连锁经营企业在同一县（市）内有多家经营门店的，可以统一配置仓储和相关设施、设备。

二、机构与人员

为了加强人员的管理，确保兽药质量，对兽药经营企业负责人、主管质量的负责人、质量管理机构的负责人以及质量管理人员的资质进行了规范。兽药企业在经营过程中，其主管质量的负责人、质量管理机构的负责人、质量管理人员发生变更的，必须在变更后30个工作日内向发放兽药经营许可证的机关备案。

1. 对企业负责人的要求

兽药经营企业直接负责的主管人员应当熟悉兽药管理法律、法规及政策规定，具备相应兽药专业知识。

2. 对主管质量管理的负责人和质量管理机构的负责人的要求

兽药经营企业应当配备与经营兽药相适应的质量管理人员。兽药经营企业主管质量的负责人和质量管理机构的负责人应当具备相应兽药专业知识，且其专业学历或技术职称应当符合省、自治区、直辖市人民政府兽医行政管理部门的规定。

3. 对兽药质量管理人员的要求

兽药质量管理人员应当具有兽药、兽医等相关专业中专以上学历，或者具有兽药、兽医等相关专业初级以上专业技术职称。经营兽用生物制品的，兽药质量管理人员应当具有兽药、兽医等相关专业大专以上学历，或者具有兽药、兽医等相关专业中级以上专业技术职称，并具备兽用生物制品专业知识。兽药质量管理人员不得在本企业以外的其他单位兼职。

4. 对从事兽药采购、保管、销售、技术服务等工作人员的要求

兽药经营企业从事兽药采购、保管、销售、技术服务等工作的人员，应当具有高中以上学历，并具有相应兽药、兽医等专业知识，熟悉兽药管理法律、法规及政策规定。

5. 培训要求

兽药经营企业应当制定培训计划，定期对员工进行兽药管理法律、法规、政策规定和相关专业知识、职业道德培训、考核，并建立培训、考核档案。

三、规章制度

1. 建立质量管理体系，制定质量管理文件

兽药经营企业必须建立质量管理体系，制定管理制度、操作程序等质量管理文件。质量管理文件应当包括以下内容：①企业质量管理目标；②企业组织机构、岗位和人员职责；③对供货单位和所购兽药的质量评估制度；④兽药采购、验收、入库、陈列、储存、运输、销售、出库等环节的管理制度；⑤环境卫生的管理制度；⑥兽药不良反应报告制度；⑦不合格兽药和退货兽药的管理制度；⑧质量事故、质量查询和质量投诉的管理制度；⑨企业记录、档案和凭证的管理制度；⑩质量管理培训、考核制度；⑪兽药产品追溯管理制度。

2. 建立兽药购销、入库、出库等记录

兽药经营企业应当建立以下记录：①人员培训、考核记录；②控制温度、湿度的设施、设备的维护、保养、清洁、运行状态记录；③兽药质量评估记录；④兽药采购、验收、入库、储存、销售、出库等记录；⑤兽药清查记录；⑥兽药质量投诉、质量纠纷、质量事故、不良反应等记录；⑦不合格兽药和退货兽药的处理记录；⑧兽医行政管理部门的监督检查情况记录；⑨兽药产品追溯记录。

记录应当真实、准确、完整、清晰，不得随意涂改、伪造和变造。确需修改的，应当签名、注明日期，原数据应当清晰可辨。

3. 建立质量管理档案

兽药经营企业必须建立兽药质量管理档案，设置档案管理室或者档案柜，并由专人负责。质量管理档案必须包括：①人员档案、培训档案、设备设施档案、供应商质量评估档案、产品质量档案；②开具的处方、进货及销售凭证；③购销记录及兽药经营质量管理规范规定的其他记录。

质量管理档案不得涂改，保存期限不得少于 2 年；购销等记录和凭证应当保存至产品有效期后 1 年。

四、采购与入库

1. 采购管理

兽药经营企业应当采购合法兽药产品，必须对供货单位的资质、质量保证能力、质量信誉和产品批准证明文件进行审核，并与供货单位签订采购合同。购进兽药时，应当依照国家兽药管理规定、兽药标准和合同约定，对每批兽药的包装、标签、说明书、质量合格证等内容进行检查，符合要求的方可购进。必要时，应当对购进兽药进行检验或者委托兽药检验机构进行检验，检验报告应当与产品质量档案一起保存。

兽药经营企业必须保存采购兽药的有效凭证，建立真实、完整的采购记录，做到有效凭证、账、货相符。采购记录应当载明兽药的通用名称、商品名称、批准文号、批号、剂型、规格、有效期、生产单位、供货单位、购入数量、购入日期、经手人或者负责人等内容。

2. 入库管理

兽药入库时，应当进行检查验收，将兽药入库的信息上传兽药产品追溯系统，并做好记录。有以下情形之一的兽药，不得入库：①与进货单不符；②内、外包装破损可能影响产品质量的；③没有标识或者标识模糊不清的；④质量异常的；⑤其他不符合规定的。

兽用生物制品入库，应当由两人以上进行检查验收。

五、陈列与储存

1. 陈列、储存要求

陈列、储存兽药必须符合以下要求：①按照品种、类别、用途以及温度、湿度等储存要求，分类、分区或者专库存放；②按照兽药外包装图示标志的要求搬运和存放；③与仓库地面、墙、顶等之间保持一定间距；④内用兽药与外用兽药分开存放，兽用处方药与非处方药分开存放；易串味兽药、危险药品等特殊兽药与其他兽药分库存放；⑤待验兽药、合格兽药、不合格兽药、退货兽药分区存放；⑥同一企业的同一批号的产品集中存放。

2. 识别标识要求

不同区域、不同类型的兽药应当具有明显的识别标识。标识应当放置准确、字迹清楚。不合格兽药以红色字体标识；待验和退货兽药以黄色字体标识；合格兽药以绿色字体标识。

3. 记录要求

兽药经营企业应当定期对兽药及其陈列、储存的条件和设施、设备的运行状态进行检查，并做好记录。兽药经营企业应当及时清查兽医行政管理部门公布的假劣兽药，并做好记录。

六、销售与运输

1. 遵循先产先出和按批号出库的原则

兽药经营企业销售兽药，应当遵循先产先出和按批号出库的原则。兽药出库时，应当进行检查、核对，建立出库记录，并将出库信息上传兽药产品追溯系统。兽药出库记录应当包括兽药通用名称、商品名称、批号、剂型、规格、生产厂商、数量、日期、经手人或者负责人等内容。有以下情形之一的兽药，不得出库销售：①标识模糊不清或者脱落的；②外包装出现破损、封口不牢、封条严重损坏的；③超出有效期限的；④其他不符合规定的。

2. 建立销售记录

兽药经营企业必须建立销售记录。销售记录应当载明兽药通用名称、商品名称、批准文号、批号、有效期、剂型、规格、生产厂商、购货单位、销售数量、销售日期、经手人或者负责人等内容。

3. 开具有效凭证

兽药经营企业销售兽药，应当开具有效凭证，做到有效凭证、账、货、记录相符。

4. 销售兽药的其他规定

兽药经营企业销售兽用处方药的，应当遵守兽用处方药管理规定；销售兽用中药材、中药饮片的，应当注明产地。兽药拆零销售时，不得拆开最小销售单元。

5. 经营特殊兽药的要求

兽药经营企业经营兽用麻醉药品、精神药品、易制毒化学药品、毒性药品、放射性药品等特殊药品，除遵守《兽药经营质量管理规范》外，还应当遵守国家其他有关规定。

6. 运输要求

兽药经营企业必须按照兽药外包装图示标志的要求运输兽药。有温度控制要求的兽药，在运输时应当采取必要的温度控制措施，并建立详细记录。

七、售后服务

1. 正确宣传

兽药经营企业应当按照兽医行政管理部门批准的兽药标签、说明书及其他规定进行宣传，不得误导购买者。

2. 提供技术咨询服务

兽药经营企业应当向购买者提供技术咨询服务，在经营场所明示服务公约和质量承诺，指导购买者科学、安全、合理使用兽药。

3. 收集、报告兽药使用信息

兽药经营企业应当注意收集兽药使用信息，发现假、劣兽药和质量可疑兽药以及严重兽药不良反应时，应当及时向所在地兽医行政管理部门报告，并根据规定做好相关工作。

第三节　兽用处方药和非处方药管理办法

《兽用处方药和非处方药管理办法》于2013年9月11日农业部令2013年第2号公布，自2014年3月1日起施行。为做好《兽用处方药和非处方药管理办法》贯彻实施工作，农业部还就兽药产品标签和说明书有关问题发布了第2066号公告。

一、兽药分类管理制度

国家对兽药实行分类管理，根据兽药的安全性和使用风险程度，将兽药分为兽用处方药和非处方药。兽用处方药是指凭兽医处方笺方可购买和使用的兽药。兽用非处方药是指不需要兽医处方笺即可自行购买并按照说明书使用的兽药。哪些兽药应当作为兽用处方药管理、哪些作为非处方药管理，兽药生产企业或经营企业无自主决定权，而是农业农村部组织有关专家进行遴选并批准。

兽用处方药品种目录由农业农村部制定并公布，至2024年5月，农业农村部公布了四批兽用处方药品种目录；兽用处方药品种目录以外的兽药为兽用非处方药。

二、兽用处方药和非处方药标识制度

1. 兽用处方药

兽用处方药的标签和说明书应当标注"兽用处方药"字样，不再标注"兽用"；属于外用药的，还应当按照规定标注"外用药"。对附加在包装盒内的说明书，"兽用处方药"标识的颜色可与说明书文字颜色一致。不得通过粘贴或盖章方式对产品的标签和说明书增加"兽用处方药"标识。最小包装为安瓿、西林瓶等产品的，如受包装尺寸限制，瓶身标签可以不标注"兽用处方药"标识。

2. 兽用非处方药

兽用非处方药的标签和说明书应当标注"兽用非处方药"字样。但是，鉴于目前兽用处方药品种目录仍在完善过程中，兽用处方药品种目录外的兽药品种目前可以不标注"兽用非处方药"标识。标注"兽用非处方药"的，不再标注"兽用"。

3. 进口兽药

进口兽药的标签和说明书应当按照农业农村部公告批准内容印制，属于兽用处方药的品种，应当增加"兽用处方药"标识。

4. 兽用原料药

兽用原料药不属于制剂，标签只需标注"兽用"标识。

5. 对标识字样的要求

"兽用处方药"和"兽用非处方药"字样应当在标签和说明书的右上角以宋体红色标注，背景应当为白色，字体大小根据实际需要设定，但必须醒目、清晰。

三、兽用处方药经营制度

兽药经营者应当在经营场所显著位置悬挂或者张贴"兽用处方药必须凭兽医处方购买"的提示语。兽药经营者对兽用处方药、兽用非处方药应当分区或分柜摆放。兽用处方药不得采用开架自选方式销售。兽药经营者应当对兽医处方笺进行查验,单独建立兽用处方药的购销记录,并保存 2 年以上。

四、兽医处方权制度

兽医处方笺由依法注册的执业兽医按照其注册的执业范围开具。兽用处方药凭兽医处方笺方可买卖,但是考虑到兽药进出口以及兽药生产经营者等批量购买兽药的行为,属于生产与使用的中间环节,不是直接使用兽药的行为;同时,聘有专职执业兽医的动物饲养场、动物园等单位可以保障处方药的正确使用,为便于兽用处方药的流通和使用,《兽用处方药和非处方药管理办法》规定以下情形无须凭兽医处方笺买卖兽用处方药:①进出口兽用处方药的;②向动物诊疗机构、科研单位、动物疫病预防控制机构和其他兽药生产企业、经营者销售兽用处方药的;③向聘有依照《执业兽医管理办法》规定注册的专职执业兽医的动物饲养场(养殖小区)、动物园、实验动物饲育场等销售兽用处方药的。

五、兽医处方笺基本要求

兽医处方笺应当记载下列事项:①畜主姓名或动物饲养场名称;②动物种类、年(日)龄、体重及数量;③诊断结果;④兽药通用名称、规格、数量、用法、用量及休药期;⑤开具处方日期及开具处方执业兽医注册号和签章。

处方笺一式三联,第一联由开具处方药的动物诊疗机构或执业兽医保存,第二联由兽药经营者保存,第三联由畜主或动物饲养场保存。动物饲养场(养殖小区)、动物园、实验动物饲育场等单位专职执业兽医开具的处方签由专职执业兽医所在单位保存。处方笺应当保存 2 年以上。

兽用处方药应当依照处方笺所载事项使用。兽用麻醉药品、精神药品、毒性药品等特殊药品的生产、销售和使用,还应当遵守国家有关规定。

六、兽用处方药和非处方药监督管理制度

农业农村部主管全国兽用处方药和非处方药管理工作。县级以上地方人民政府兽医行政管理部门负责本行政区域内兽用处方药和非处方药的监督管理,具体工作可以委托所属执法机构承担。

兽药生产企业应当跟踪本企业所生产兽药的安全性和有效性,发现不适合按兽用非处方药管理的,应当及时向农业农村部报告。兽药经营者、动物诊疗机构、行业协会或者其他组织和个人发现兽用非处方药有前款规定情形的,应当向当地兽医行政管理部门报告。

七、法律责任

1. 不按规定标注"兽用处方药"和"兽用非处方药"字样的法律责任

不按规定在标签和说明书标注"兽用处方药"和"兽用非处方药"字样,或标注字样不符合规定的,依据《兽药管理条例》第六十条第二款的规定进行处罚。即,责令其限期改正;情节严重的,按照生产、经营假兽药处罚;有兽药产品批准文号的,撤销兽药产品批准文号;给他人造成损失的,依法承担赔偿责任。

2. 未经注册执业兽医开具处方销售、购买、使用兽用处方药的法律责任

未经注册执业兽医开具处方销售、购买、使用兽用处方药的,依照《兽药管理条例》第

六十六条的规定进行处罚。即，责令其限期改正，没收违法所得，并处 5 万元以下罚款；给他人造成损失的，依法承担赔偿责任。

3. 其他违法行为的法律责任

违反《兽用处方药和非处方药管理办法》的规定，有下列情形之一的，依照《兽药管理条例》第五十九条第一款的规定进行处罚。即，给予警告，责令其限期改正；逾期不改正的，责令停止兽药经营活动，并处 5 万元以下罚款；情节严重的，吊销兽药经营许可证；给他人造成损失的，依法承担赔偿责任：①兽药经营者未在经营场所明显位置悬挂或者张贴提示语的；②兽用处方药与兽用非处方药未分区或分柜摆放的；③兽用处方药采用开架自选方式销售的；④兽医处方笺和兽用处方药购销记录未按规定保存的。

第四节 兽用处方药品种目录

根据《兽药管理条例》和《兽用处方药和非处方药管理办法》规定，至 2024 年 5 月，农业农村部组织制定了四批兽用处方药品种目录。

一、兽用处方药品种目录（第一批）

《兽用处方药品种目录（第一批）》（2013 年农业部公告第 1997 号），于 2013 年 9 月 30 日发布，自 2014 年 3 月 1 日起施行。

1. 抗微生物药

抗微生物药共 150 个品种，具体如下：

（1）抗生素类（79 个品种）

1）β-内酰胺类（16 个品种）：注射用青霉素钠、注射用青霉素钾、氨苄西林混悬注射液、氨苄西林可溶性粉、注射用氨苄西林钠、注射用氯唑西林钠、阿莫西林注射液、注射用阿莫西林钠、阿莫西林片、阿莫西林可溶性粉、阿莫西林克拉维酸钾注射液、阿莫西林硫酸黏菌素注射液、注射用苯唑西林钠、注射用普鲁卡因青霉素、普鲁卡因青霉素注射液、注射用苄星青霉素。

2）头孢菌素类（5 个品种）：注射用头孢噻呋、盐酸头孢噻呋注射液、注射用头孢噻呋钠、头孢氨苄注射液、硫酸头孢喹肟注射液。

3）氨基糖苷类（15 个品种）：注射用硫酸链霉素、注射用硫酸双氢链霉素、硫酸双氢链霉素注射液、硫酸卡那霉素注射液、注射用硫酸卡那霉素、硫酸庆大霉素注射液、硫酸安普霉素注射液、硫酸安普霉素可溶性粉、硫酸安普霉素预混剂、硫酸新霉素溶液、硫酸新霉素粉（水产用）、硫酸新霉素预混剂、硫酸新霉素可溶性粉、盐酸大观霉素可溶性粉、盐酸大观霉素盐酸林可霉素可溶性粉。

4）四环素类（11 个品种）：土霉素注射液、长效土霉素注射液、盐酸土霉素注射液、注射用盐酸土霉素、长效盐酸土霉素注射液、四环素片、注射用盐酸四环素、盐酸多西环素粉（水产用）、盐酸多西环素可溶性粉、盐酸多西环素片、盐酸多西环素注射液。

5）大环内酯类（14 个品种）：红霉素片、注射用乳糖酸红霉素、硫氰酸红霉素可溶性粉、泰乐菌素注射液、注射用酒石酸泰乐菌素、酒石酸泰乐菌素可溶性粉、酒石酸泰乐菌素磺胺二甲嘧啶可溶性粉、磷酸泰乐菌素磺胺二甲嘧啶预混剂、替米考星注射液、替米考星可溶性粉、替米考星预混剂、替米考星溶液、磷酸替米考星预混剂、酒石酸吉他霉素可溶性粉。

6）酰胺醇类（12 个品种）：氟苯尼考粉、氟苯尼考粉（水产用）、氟苯尼考注射液、氟苯尼考可溶性粉、氟苯尼考预混剂、氟苯尼考预混剂（50%）、甲砜霉素注射液、甲砜霉素粉、甲砜霉素粉（水产用）、甲砜霉素可溶性粉、甲砜霉素片、甲砜霉素颗粒。

7）林可胺类（5个品种）：盐酸林可霉素注射液、盐酸林可霉素片、盐酸林可霉素可溶性粉、盐酸林可霉素预混剂、盐酸林可霉素硫酸大观霉素预混剂。

8）其他（1个品种）：延胡索酸泰妙菌素可溶性粉。

（2）合成抗菌药（71个品种）

1）磺胺类药（21个品种）：复方磺胺嘧啶预混剂、复方磺胺嘧啶粉（水产用）、磺胺对甲氧嘧啶二甲氧苄啶预混剂、复方磺胺对甲氧嘧啶粉、磺胺间甲氧嘧啶、磺胺间甲氧嘧啶预混剂、复方磺胺间甲氧嘧啶可溶性粉、复方磺胺间甲氧嘧啶预混剂、磺胺间甲氧嘧啶钠粉（水产用）、磺胺间甲氧嘧啶钠可溶性粉、复方磺胺间甲氧嘧啶钠粉、复方磺胺间甲氧嘧啶钠可溶性粉、复方磺胺二甲嘧啶粉（水产用）、复方磺胺二甲嘧啶可溶性粉、复方磺胺甲噁唑粉、复方磺胺甲噁唑粉（水产用）、复方磺胺氯达嗪钠粉、磺胺氯吡嗪钠可溶性粉、复方磺胺氯吡嗪钠预混剂、磺胺喹噁啉二甲氧苄啶预混剂、磺胺喹噁啉钠可溶性粉。

2）喹诺酮类药（48个品种）：恩诺沙星注射液、恩诺沙星粉（水产用）、恩诺沙星片、恩诺沙星溶液、恩诺沙星可溶性粉、恩诺沙星混悬液、盐酸恩诺沙星可溶性粉、乳酸环丙沙星可溶性粉、乳酸环丙沙星注射液、盐酸环丙沙星注射液、盐酸环丙沙星可溶性粉、盐酸环丙沙星盐酸小檗碱预混剂、维生素C磷酸酯镁盐酸环丙沙星预混剂、盐酸沙拉沙星注射液、盐酸沙拉沙星片、盐酸沙拉沙星可溶性粉、盐酸沙拉沙星溶液、甲磺酸达氟沙星注射液、甲磺酸达氟沙星溶液、甲磺酸达氟沙星粉、甲磺酸培氟沙星可溶性粉、甲磺酸培氟沙星注射液、甲磺酸培氟沙星颗粒、盐酸二氟沙星片、盐酸二氟沙星注射液、盐酸二氟沙星粉、盐酸二氟沙星溶液、诺氟沙星粉（水产用）、诺氟沙星盐酸小檗碱预混剂（水产用）、乳酸诺氟沙星可溶性粉（水产用）、乳酸诺氟沙星注射液、烟酸诺氟沙星注射液、烟酸诺氟沙星可溶性粉、烟酸诺氟沙星溶液、烟酸诺氟沙星预混剂（水产用）、噁喹酸散、噁喹酸混悬液、噁喹酸溶液、氟甲喹可溶性粉、氟甲喹粉、盐酸洛美沙星片、盐酸洛美沙星可溶性粉、盐酸洛美沙星注射液、氧氟沙星片、氧氟沙星可溶性粉、氧氟沙星注射液、氧氟沙星溶液（酸性）、氧氟沙星溶液（碱性）。

3）其他（2个品种）：乙酰甲喹片、乙酰甲喹注射液。

2. 抗寄生虫药

抗寄生虫药共15个品种，具体如下：

（1）抗蠕虫药（7个品种）阿苯达唑硝氯酚片、甲苯咪唑溶液（水产用）、硝氯酚伊维菌素片、阿维菌素注射液、碘硝酚注射液、精制敌百虫片、精制敌百虫粉（水产用）。

（2）抗原虫药（5个品种）注射用三氮脒、注射用喹嘧胺、盐酸吖啶黄注射液、甲硝唑片、地美硝唑预混剂。

（3）杀虫药（3个品种）辛硫磷溶液（水产用）、氯氰菊酯溶液（水产用）、溴氰菊酯溶液（水产用）。

3. 中枢神经系统药物

中枢神经系统药物共20个品种，具体如下：

（1）中枢兴奋药（5个品种）安钠咖注射液、尼可刹米注射液、樟脑磺酸钠注射液、硝酸士的宁注射液、盐酸苯噁唑注射液。

（2）镇静药与抗惊厥药（6个品种）盐酸氯丙嗪片、盐酸氯丙嗪注射液、地西泮片、地西泮注射液、苯巴比妥片、注射用苯巴比妥钠。

（3）麻醉性镇痛药（2个品种） 盐酸吗啡注射液、盐酸哌替啶注射液。

（4）全身麻醉药与化学保定药（7个品种） 注射用硫喷妥钠、注射用异戊巴比妥钠、盐酸氯胺酮注射液、复方氯胺酮注射液、盐酸赛拉嗪注射液、盐酸赛拉唑注射液、氯化琥珀胆碱注射液。

4. 外周神经系统药物

外周神经系统药物共9个品种，具体如下：

（1）拟胆碱药（2个品种） 氯化氨甲酰甲胆碱注射液、甲硫酸新斯的明注射液。

（2）抗胆碱药（3个品种） 硫酸阿托品片、硫酸阿托品注射液、氢溴酸东莨菪碱注射液。

（3）拟肾上腺素药（2个品种） 重酒石酸去甲肾上腺素注射液、盐酸肾上腺素注射液。

（4）局部麻醉药（2个品种） 盐酸普鲁卡因注射液、盐酸利多卡因注射液。

5. 抗炎药

抗炎药共7个品种，包括氢化可的松注射液、醋酸可的松注射液、醋酸氢化可的松注射液、醋酸泼尼松片、地塞米松磷酸钠注射液、醋酸地塞米松片、倍他米松片。

6. 泌尿生殖系统药物

泌尿生殖系统药物共9个品种，包括丙酸睾酮注射液、苯丙酸诺龙注射液、苯甲酸雌二醇注射液、黄体酮注射液、注射用促黄体素释放激素A2、注射用促黄体素释放激素A3、注射用复方鲑鱼促性腺激素释放激素类似物、注射用复方绒促性素A型、注射用复方绒促性素B型。

7. 抗过敏药

抗过敏药共3个品种，包括盐酸苯海拉明注射液、盐酸异丙嗪注射液、马来酸氯苯那敏注射液。

8. 局部用药物

局部用药物共8个品种，包括注射用氯唑西林钠、头孢氨苄乳剂、苄星氯唑西林注射液、氯唑西林钠氨苄西林钠乳剂（泌乳期）、氨苄西林钠氯唑西林钠乳房注入剂（泌乳期）、盐酸林可霉素硫酸新霉素乳房注入剂（泌乳期）、盐酸林可霉素乳房注入剂（泌乳期）、盐酸吡利霉素乳房注入剂（泌乳期）。

9. 解毒药

解毒药共6个品种，具体如下：

（1）金属络合剂（2个品种） 二巯丙醇注射液、二巯丙磺钠注射液。

（2）胆碱酯酶复活剂（1个品种） 碘解磷定注射液。

（3）高铁血红蛋白还原剂（1个品种） 亚甲蓝注射液。

（4）氰化物解毒剂（1个品种） 亚硝酸钠注射液。

（5）其他解毒剂（1个品种） 乙酰胺注射液。

二、兽用处方药品种目录（第二批）

根据《兽药管理条例》和《兽用处方药和非处方药管理办法》规定，农业部组织制定了《兽用处方药品种目录（第二批）》（2016年农业部公告第2471号），于2016年11月28日发布，自发布之日起施行。

1. 抗生素类（9个品种）

硫酸黏菌素预混剂、硫酸黏菌素预混剂（发酵）、硫酸黏菌素可溶性粉、复方阿莫西林粉、复方氨苄西林粉、氨苄西林钠可溶性粉、硫酸庆大-小诺霉素注射液、注射用硫酸头孢喹肟、乙酰氨基阿维菌素注射液。

2. 磺胺类药（5个品种）

盐酸氨丙啉磺胺喹噁啉钠可溶性粉、复方磺胺二甲嘧啶钠可溶性粉、联磺甲氧苄啶预混剂、复方磺胺喹噁啉钠可溶性粉、磺胺氯达嗪钠乳酸甲氧苄啶可溶性粉。

3. 中枢神经系统药物（1个品种）

复方水杨酸钠注射液（含巴比妥）。

4. 泌尿生殖系统药物（1个品种）

三合激素注射液。

5. 杀虫药（3个品种）

高效氯氰菊酯溶液、精制敌百虫粉、敌百虫溶液（水产用）。

三、兽用处方药品种目录（第三批）

根据《兽药管理条例》和《兽用处方药和非处方药管理办法》规定，农业农村部组织制定了《兽用处方药品种目录（第三批）》（农业农村部公告第245号），于2019年12月19日发布，自发布之日起施行。

1. 抗生素类（11个品种）

吉他霉素预混剂、金霉素预混剂、磷酸替米考星可溶性粉、亚甲基水杨酸杆菌肽可溶性粉、头孢氨苄片、头孢噻呋注射液、阿莫西林克拉维酸钾片、阿莫西林硫酸黏菌素可溶性粉、阿莫西林硫酸黏菌素注射液、盐酸沃尼妙林预混剂、阿维拉霉素预混剂。

2. 合成抗菌药（4个品种）

马波沙星片、马波沙星注射液、注射用马波沙星、恩诺沙星混悬液。

3. 抗炎药（1个品种）

美洛昔康注射液。

4. 泌尿生殖系统药物（2个品种）

戈那瑞林注射液、注射用戈那瑞林。

5. 局部用药物（4个品种）

土霉素子宫注入剂、复方阿莫西林乳房注入剂、硫酸头孢喹肟乳房注入剂（泌乳期）、硫酸头孢喹肟子宫注入剂。

四、兽用处方药品种目录（第四批）

根据《兽药管理条例》和《兽用处方药和非处方药管理办法》规定，农业农村部组织制定了《兽用处方药品种目录（第四批）》（农业农村部公告第790号），于2024年5月30日发布，自发布之日起施行。对列入目录的兽药品种，兽药生产企业按照有关要求自行增加"兽用处方药"标识，印制新的标签和说明书。原标签和说明书，兽药生产企业可继续使用至2025年5月30日，此前使用原标签和说明书生产的兽药产品，在产品有效期内可继续销售使用。为优化兽用处方药管理，自该公告发布施行之日起，在批准新兽药、进口兽药注册同时，对应纳入兽用处方药管理的产品，在发布注册公告时明确列入兽用处方药品种目录，自批准之日起执行，不再分批次集中发布兽用处方药品种目录。

1. 抗生素类药（1个品种）

注射用阿莫西林钠克拉维酸钾。

2. 抗生素类抗寄生虫药（7个品种）

伊维菌素片、伊维菌素注射液、伊维菌素溶液、伊维菌素预混剂、阿维菌素片、阿维菌素胶囊、阿维菌素透皮溶液。

3. 复方抗寄生虫药（7个品种）

芬苯达唑伊维菌素片、伊维菌素阿苯达唑粉、阿苯达唑伊维菌素粉、阿苯达唑伊维菌素片、阿苯达唑伊维菌素预混剂、阿苯达唑阿维菌素片、阿维菌素氯氰碘柳胺钠片。

4. 诱导麻醉剂（1个品种）

丙泊酚注射液。

5. 非吸入麻醉剂（1个品种）

注射用盐酸替来他明盐酸唑拉西泮。

6. 吸入麻醉剂（2个品种）

异氟烷（宠物用）、吸入用七氟烷（宠物用）。

7. 麻醉性镇痛药（1个品种）

酒石酸布托啡诺注射液。

8. 拟肾上腺素类药（1个品种）

盐酸右美托咪定注射液。

9. 肾上腺皮质激素（1个品种）

曲安奈德注射液（宠物用）。

第五节　兽用生物制品经营管理办法

一、《兽用生物制品经营管理办法》概述

《兽用生物制品经营管理办法》于2021年3月17日农业农村部令2021年第2号公布，自2021年5月15日起施行。

1. 立法目的

加强兽用生物制品经营管理，保证兽用生物制品质量。

2. 调整对象

在中华人民共和国境内从事兽用生物制品的分发、经营和监督管理，应当遵守《兽用生物制品经营管理办法》。

3. 兽用生物制品的定义

《兽用生物制品经营管理办法》所称兽用生物制品，是指以天然或者人工改造的微生物、寄生虫、生物毒素或者生物组织及代谢产物等为材料，采用生物学、分子生物学或者生物化学、生物工程等相应技术制成的，用于预防、治疗、诊断动物疫病或者有目的地调节动物生理机能的兽药，主要包括血清制品、疫苗、诊断制品和微生态制品等。

4. 兽用生物制品的分类

兽用生物制品分为国家强制免疫计划所需兽用生物制品（以下简称国家强制免疫用生物制品）和非国家强制免疫计划所需兽用生物制品（以下简称非国家强制免疫用生物制品）。国家强制免疫用生物制品品种名录由农业农村部确定并公布。非国家强制免疫用生物制品是指农业农村部确定的强制免疫用生物制品以外的兽用生物制品。

5. 政府采购和分发制度

省级人民政府畜牧兽医主管部门对国家强制免疫用生物制品可以依法组织实行政府采购、分发。承担国家强制免疫用生物制品政府采购、分发任务的单位，应当建立国家强制免疫用生物制品贮存、运输、分发等管理制度，建立真实、完整的分发和冷链运输记录，记录应当保存至制品有效期满2年后。

二、兽用生物制品的经营制度

1. 生产企业经营兽用生物制品的方式

（1）自主经营制度　兽用生物制品生产企业可以将本企业生产的兽用生物制品销售给各级人民政府畜牧兽医主管部门或养殖场（户）、动物诊疗机构等使用者，也可以委托经销商销售。发生重大动物疫情、灾情或者其他突发事件时，根据工作需要，国家强制免疫用生物制品由农业农村部统一调用，生产企业不得自行销售。

（2）代理销售制度　兽用生物制品生产企业可自主确定、调整经销商，并与经销商签订销售代理合同，明确代理范围等事项。经销商只能经营所代理兽用生物制品生产企业生产的兽用生物制品，不得经营未经委托的其他企业生产的兽用生物制品。经销商可以将所代理的产品销售给使用者和获得生产企业委托的其他经销商。

2. 经营兽用生物制品的资格

从事兽用生物制品经营的企业，应当依法取得兽药经营许可证。兽药经营许可证的经营范围应当具体载明国家强制免疫用生物制品、非国家强制免疫用生物制品等产品类别和委托的兽用生物制品生产企业名称。经营范围发生变化的，应当办理变更手续。

3. 养殖场（户）的强制免疫补助和采购等记录制度

（1）强制免疫补助申请　向国家强制免疫用生物制品生产企业或其委托的经销商采购自用的国家强制免疫用生物制品的养殖场（户），在申请强制免疫补助经费时，应当按要求将采购的品种、数量、生产企业及经销商等信息提供给所在地县级地方人民政府畜牧兽医主管部门。

（2）采购、贮存、使用记录制度　养殖场（户）应当建立真实、完整的采购、贮存、使用记录，并保存至制品有效期满2年后。

4. 兽用生物制品的贮存、销售、冷链运输、采购记录制度

兽用生物制品生产、经营企业应当遵守兽药生产质量管理规范和兽药经营质量管理规范各项规定，建立真实、完整的贮存、销售、冷链运输记录，经营企业还应当建立真实、完整的采购记录。贮存记录应当每日记录贮存设施设备温度；销售记录和采购记录应当载明产品名称、产品批号、产品规格、产品数量、生产日期、有效期、供货单位或收货单位和地址、发货日期等内容；冷链运输记录应当记录起运和到达时的温度。

5. 兽用生物制品的配送要求

兽用生物制品生产、经营企业自行配送兽用生物制品的，应当具备相应的冷链贮存、运输条件，也可以委托具备相应冷链贮存、运输条件的配送单位配送，并对委托配送的产品质量负责。冷链贮存、运输全过程应当处于规定的贮藏温度环境下。

6. 兽用生物制品生产、经营的追溯管理

兽用生物制品生产、经营企业以及承担国家强制免疫用生物制品政府采购、分发任务的单位，应当按照兽药产品追溯要求及时、准确、完整地上传制品入库、出库追溯数据至国家兽药追溯系统。

三、兽用生物制品的监督管理

1. 监督管理主体

农业农村部负责全国兽用生物制品的监督管理工作。县级以上地方人民政府畜牧兽医主管部门负责本行政区域内兽用生物制品的监督管理工作，应当依法加强对兽用生物制品生产、经营企业和使用者监督检查，发现有违反《兽药管理条例》和《兽用生物制品经营管理办法》规定情形的，应当依法作出处理决定或者报告上级畜牧兽医主管部门。

各级畜牧兽医主管部门、兽药检验机构、动物卫生监督机构、动物疫病预防控制机构及其工作人员，不得参与兽用生物制品生产、经营活动，不得以其名义推荐或者监制、监销兽用生物制品和进行广告宣传。

2. 行政相对人的义务及法律责任

（1）兽用生物制品的生产、经营企业未实施追溯，以及未建立真实、完整的贮存、销售、冷链运输记录或未实施冷链贮存、运输的法律责任　兽用生物制品生产、经营企业未按照要求实施兽药产品追溯，以及未按照要求建立真实、完整的贮存、销售、冷链运输记录或未实施冷链贮存、运输的，按照《兽药管理条例》第五十九条的规定处罚。

（2）兽用生物制品经营超范围经营的法律责任　兽用生物制品经营企业超出兽药经营许可证载明的经营范围经营兽用生物制品的，属于无证经营，按照《兽药管理条例》第五十六条的规定处罚；属于国家强制免疫用生物制品的，依法从重处罚。

（3）使用者的禁止性义务以及违反该义务的法律责任　养殖场（户）、动物诊疗机构等使用者采购的或者经政府分发获得的兽用生物制品只限自用，不得转手销售。转手销售兽用生物制品的，属于无证经营，按照《兽药管理条例》第五十六条的规定处罚；属于国家强制免疫用生物制品的，依法从重处罚。

第六节　兽药标签和说明书管理办法

《兽药标签和说明书管理办法》于 2002 年 10 月 31 日农业部令第 22 号公布，2004 年 7 月 1 日农业部令第 38 号、2007 年 11 月 8 日农业部令第 6 号、2017 年 11 月 30 日农业部令 2017 第 8 号修订。

一、兽药标签的基本要求

1. 兽药标签使用管理制度

兽药产品（原料药除外）必须同时使用内包装标签和外包装标签。

2. 兽药内包装标签应注明的事项

内包装标签必须注明兽用标识、兽药名称、适应证（或功能与主治）、含量/包装规格、批准文号或进口兽药登记许可证证号、生产日期、生产批号、有效期、生产企业信息等内容。安瓿、西林瓶等注射或内服产品由于包装尺寸的限制而无法注明上述全部内容的，可适当减少项目，但至少须标明兽药名称、含量规格、生产批号。

3. 兽药外包装标签应注明的事项

外包装标签必须注明兽用标识、兽药名称、主要成分、适应证（或功能与主治）、用法与用量、含量/包装规格、批准文号或进口兽药登记许可证证号、生产日期、生产批号、有效期、停药期、贮藏、包装数量、生产企业信息等内容。

4. 兽用原料药标签应注明的事项

兽用原料药的标签必须注明兽药名称、包装规格、生产批号、生产日期、有效期、贮藏、批准文号、运输注意事项或其他标记、生产企业信息等内容。

5. 对贮藏有特殊要求的兽药的标签要求

对贮藏有特殊要求的必须在标签的醒目位置标明。

6. 兽药有效期的标注方法

兽药有效期按年月顺序标注。年份用四位数表示，月份用两位数表示，如"有效期至2002年09月"，或"有效期至2002.09"。

二、兽药说明书的基本要求

1. 兽用化学药品、抗生素产品的单方、复方及中西复方制剂的说明书应注明的内容

兽用化学药品、抗生素产品的单方、复方及中西复方制剂的说明书必须注明以下内容：兽用标识、兽药名称、主要成分、性状、药理作用、适应证（或功能与主治）、用法与用量、不良反应、注意事项、停药期、外用杀虫药及其他对人体或环境有毒有害的废弃包装的处理措施、有效期、含量/包装规格、贮藏、批准文号、生产企业信息等。

2. 中兽药说明书应注明的内容

中兽药说明书必须注明以下内容：兽用标识、兽药名称、主要成分、性状、功能与主治、用法与用量、不良反应、注意事项、有效期、规格、贮藏、批准文号、生产企业信息等。

3. 兽用生物制品说明书应注明的内容

兽用生物制品说明书必须注明以下内容：兽用标识、兽药名称、主要成分及含量（型、株及活疫苗的最低活菌数或病毒滴度）、性状、接种对象、用法与用量（冻干疫苗须标明稀释方法）、注意事项（包括不良反应与急救措施）、有效期、规格（容量和头份）、包装、贮藏、废弃包装处理措施、批准文号、生产企业信息等。

三、《兽药标签和说明书管理办法》中相关用语的含义

1. 兽药通用名

兽药通用名指国家标准、农业农村部行业标准、地方标准及进口兽药注册的正式品名。

2. 兽药商品名

兽药商品名指某一兽药产品的专有商品名称。

3. 内包装标签

内包装标签指直接接触兽药的包装上的标签。

4. 外包装标签

外包装标签指直接接触内包装的外包装上的标签。

5. 兽药最小销售单元

兽药最小销售单元指直接供上市销售的兽药最小包装。

6. 兽药说明书

兽药说明书指包含兽药有效成分、疗效、使用以及注意事项等基本信息的技术资料。

7. 生产企业信息

生产企业信息包括企业名称、邮编、地址、电话、传真、电子邮址、网址等。

第七节 特殊兽药的使用

一、兽用麻醉药品和精神药品使用规定

1. 兽药安钠咖的临床使用制度

安钠咖属于国家严格控制管理的精神药品，同时也是治疗动物疫病的兽药产品，必须加强管理，防止滥用，保护人体健康。1999年3月22日，农业部以农牧发〔1999〕5号公布了《兽用安钠咖管理规定》，并于2007年11月8日农业部令第6号进行了修改，对兽用安钠咖的生产、使用和经销进行了规定。

（1）临床使用管理 各省、自治区、直辖市畜牧（农牧、农业）厅（局）负责本辖区兽用安钠咖的监督管理工作，并确定省级总经销单位和基层定点经销单位、定点使用单位，负责核发兽用安钠咖注射液经销、使用卡。

（2）经销管理制度 省级总经销单位凭兽用安钠咖注射液经销、使用卡负责本辖区定点经销单位的产品供应，不得擅自扩大供应范围，严禁跨省、跨区域供应。各兽用安钠咖注射液定点经销单位需严格凭兽用安钠咖注射液经销、使用卡向本辖区兽医医疗单位供应产品，并建立相应账卡，凭当年销售记录于9月底前向省、自治区、直辖市畜牧厅（局）申报下年度需求计划。

（3）临床使用管理制度 兽用安钠咖注射液仅限量供应乡以上畜牧兽医站（个体兽医医疗站除外）、家畜饲养场兽医室以及农业科研教学单位所属的兽医院等兽医医疗单位临床使用，上述单位凭兽用安钠咖注射液经销、使用卡到本省指定的定点经销单位采购。各兽医医疗单位仅允许在临床医疗时使用该产品，必须建立相应的兽医处方制度和账目，并接受兽药管理部门的监督检查。各生产厂、各级经销单位在经销该产品时不得搭配其他产品，不得零售或转售，并严禁将兽用安钠咖注射液供人使用。

2. 兽用复方氯胺酮注射液的临床使用制度

氯胺酮属于一类精神药品，其生产、销售、使用和库存都必须执行严格的管理制度，防止滥用，保护人体健康。农业部办公厅于2005年6月29日发布了《兽用复方氯胺酮注射液管理规定》（《关于加强氯胺酮生产、经营、使用管理的通知》，农办医〔2005〕22号），对兽用复方氯胺酮注射液的生产、经营、使用进行了规定。

（1）行政管理部门职责

1）省级兽医行政管理部门职责：①指定专人对兽用复方氯胺酮注射液定点生产企业实施监管，定期核查企业生产、检验、仓储、销售情况，核对出入库记录；②配制制剂当天派员对投料实施监控，核对原料药投放记录；③定期核查批生产记录、批检验记录及销售记录、台账；④发现问题责令停止生产、销售，并将问题及时上报农业农村部；⑤确定一家省级兽用复方氯胺酮注射液经销单位，分别报农业农村部、中亚动物保健品有限公司备案；⑥收集、汇总使用情况。

2）市、县级兽医行政管理部门职责：①负责兽用复方氯胺酮注射液使用监管工作；②指定专人定期对使用单位的采购、使用记录进行核查；③发现问题提出整改意见，违反兽药管理法规的，依法严肃处理，并将处理结果上报农业农村部及省级兽医行政管理部门。

（2）使用单位责任 氯胺酮类兽药使用单位的责任包括：①必须从复方氯胺酮注射液指定经销单位采购产品，产品仅限自用，不得转手倒买倒卖；②凭兽医处方使用产品；③保存

兽医处方，建立使用记录和不良反应记录，定期向县级以上兽医行政管理部门上报使用情况总结，并接受监督管理。

3. 加强兽用麻醉药品和兽用精神药品管理有关事项的公告

为确保兽用麻醉药品和兽用精神药品合法、安全、合理使用，2024年7月5日农业农村部和公安部共同发布了公告第800号（自2024年7月15日起施行），要求各级农业农村和公安部门要加强协作配合，建立兽用麻醉药品和兽用精神药品管理联络沟通机制，定期交流工作情况、研究解决发现的问题，促进信息互通、资源共享、工作协同。

同时，就进一步加强兽用麻醉药品和兽用精神药品管理有关事项公告如下：①兽用麻醉药品和兽用精神药品纳入兽用处方药管理，不得网络销售、不得进行广告宣传，严禁以兽用名义取得后供人使用。②兽用麻醉药品和兽用精神药品应当在其标签和说明书右上角以红色字体标注"兽用麻醉药品"或"兽用精神药品"，以及"兽用处方药"字样。字样的背景应当为白色，字样必须醒目、清晰，大小不得小于兽药通用名称。③本公告所称兽用麻醉药品，是指兽用盐酸氯胺酮、盐酸吗啡、盐酸替来他明、盐酸唑拉西泮及其制剂产品。④本公告所称兽用精神药品，是指兽用安钠咖、巴比妥、苯巴比妥、苯巴比妥钠、异戊巴比妥钠、地西泮、咖啡因、酒石酸布托啡诺、赛拉嗪、盐酸赛拉嗪、赛拉唑及其制剂产品。

二、食品动物中禁止使用的药品及其化合物

1. 农业农村部公告第250号

食品动物是指各种供人食用或其产品供人食用的动物。为了进一步规范养殖用药行为，保障动物源性食品安全，根据《兽药管理条例》有关规定，农业农村部于2019年12月27日以第250号公告修订发布了《食品动物中禁止使用的药品及其他化合物清单》（表1-7-1），自发布之日起施行。食品动物中禁止使用的药品及其他化合物以该清单为准，原农业部公告第193号、235号、560号等文件中的相关内容同时废止。

表 1-7-1 食品动物中禁止使用的药品及其他化合物清单

序号	药品及其他化合物名称
1	酒石酸锑钾（Antimony potassium tartrate）
2	β-兴奋剂（β-agonists）类及其盐、酯
3	汞制剂：氯化亚汞（甘汞）（Calomel）、醋酸汞（Mercurous acetate）、硝酸亚汞（Mercurous nitrate）、吡啶基醋酸汞（Pyridyl mercurous acetate）
4	毒杀芬（氯化烯）（Camahechlor）
5	卡巴氧（Carbadox）及其盐、酯
6	呋喃丹（克百威）（Carbofuran）
7	氯霉素（Chloramphenicol）及其盐、酯
8	杀虫脒（克死螨）（Chlordimeform）
9	氨苯砜（Dapsone）
10	硝基呋喃类：呋喃西林（Furacilinum）、呋喃妥因（Furadantin）、呋喃它酮（Furaltadone）、呋喃唑酮（Furazolidone）、呋喃苯烯酸钠（Nifurstyrenate sodium）
11	林丹（Lindane）
12	孔雀石绿（Malachite green）

(续)

序号	药品及其他化合物名称
13	类固醇激素：醋酸美仑孕酮（Melengestrol Acetate）、甲基睾丸酮（Methyltestosterone）、群勃龙（去甲雄三烯醇酮）（Trenbolone）、玉米赤霉醇（Zeranal）
14	安眠酮（Methaqualone）
15	硝呋烯腙（Nitrovin）
16	五氯酚酸钠（Pentachlorophenol sodium）
17	硝基咪唑类：洛硝达唑（Ronidazole）、替硝唑（Tinidazole）
18	硝基酚钠（Sodium nitrophenolate）
19	己二烯雌酚（Dienoestrol）、己烯雌酚（Diethylstilbestrol）、己烷雌酚（Hexoestrol）及其盐、酯
20	锥虫砷胺（Tryparsamile）
21	万古霉素（Vancomycin）及其盐、酯

2. 农业部公告第 2292 号

为保障动物产品质量安全和公共卫生安全，农业部组织开展了部分兽药的安全性评价工作。经评价，认为洛美沙星、培氟沙星、氧氟沙星、诺氟沙星 4 种原料药的各种盐、酯及其各种制剂可能对养殖业、人体健康造成危害或者存在潜在风险。

农业部于 2015 年 9 月 1 日发布了第 2292 号公告，根据《兽药管理条例》第六十九条规定，决定在食品动物中停止使用洛美沙星、培氟沙星、氧氟沙星、诺氟沙星 4 种兽药，撤销相关兽药产品批准文号。自该公告发布之日起，除用于非食品动物的产品外，停止受理洛美沙星、培氟沙星、氧氟沙星、诺氟沙星 4 种原料药的各种盐、酯及其各种制剂的兽药产品批准文号的申请。自 2015 年 12 月 31 日起，停止生产用于食品动物的洛美沙星、培氟沙星、氧氟沙星、诺氟沙星 4 种原料药的各种盐、酯及其各种制剂，涉及的相关企业的兽药产品批准文号同时撤销。2015 年 12 月 31 日前生产的产品，可以在 2016 年 12 月 31 日前流通使用。自 2016 年 12 月 31 日起，停止经营、使用用于食品动物的洛美沙星、培氟沙星、氧氟沙星、诺氟沙星 4 种原料药的各种盐、酯及其各种制剂。

3. 农业部公告第 2583 号

为保证动物源性食品安全，维护人民身体健康，根据《兽药管理条例》规定，农业部于 2017 年 9 月 15 日发布了第 2583 号公告，禁止非泼罗尼及相关制剂用于食品动物。

4. 农业部公告第 2638 号

为保障动物产品质量安全，维护公共卫生安全和生态安全，农业部组织对喹乙醇预混剂、氨苯胂酸预混剂、洛克沙胂预混剂等 3 种兽药产品开展了风险评估和安全再评价。评价认为喹乙醇、氨苯胂酸、洛克沙胂等 3 种兽药的原料药及各种制剂可能对动物产品质量安全、公共卫生安全和生态安全存在风险隐患。

农业部于 2018 年 1 月 11 日发布了第 2638 号公告，根据《兽药管理条例》第六十九条规定，决定停止在食品动物中使用喹乙醇、氨苯胂酸、洛克沙胂等 3 种兽药。自 2018 年 1 月 11 日起，农业部停止受理喹乙醇、氨苯胂酸、洛克沙胂等 3 种兽药的原料药及各种制剂兽药产品批准文号的申请。自 2018 年 5 月 1 日起，停止生产喹乙醇、氨苯胂酸、洛克沙胂等 3 种兽药的原料药及各种制剂，相关企业的兽药产品批准文号同时注销。2018 年 4 月 30 日前生产的产品，可在 2019 年 4 月 30 日前流通使用。自 2019 年 5 月 1 日起，停止经营、使用喹乙醇、氨苯胂酸、洛克沙胂等 3 种兽药的原料药及各种制剂。

三、禁止在饲料和动物饮水中使用的药物品种目录

为了加强饲料、兽药和人用药品管理，防止在饲料生产、经营、使用和动物饮用水中超范围、超剂量使用兽药和饲料添加剂，杜绝滥用违禁药品的行为，根据《饲料和饲料添加剂管理条例》《兽药管理条例》《中华人民共和国药品管理法》的规定，农业部、卫生部、国家药品监督管理局联合发布公告（农业部公告第 176 号），公布了《禁止在饲料和动物饮用水中使用的药物品种目录》，目录收载了 5 类 40 种禁止在饲料和动物饮用水中使用的药物品种。

1. 肾上腺素受体激动剂

1）盐酸克仑特罗（Clenbuterol hydrochloride）：《中华人民共和国药典》（以下简称《药典》）2000 年版二部 P605。β_2-肾上腺素受体激动药。

2）沙丁胺醇（Salbutamol）：《药典》2000 年版二部 P316。β_2-肾上腺素受体激动药。

3）硫酸沙丁胺醇（Salbutamol sulfate）：《药典》2000 年版二部 P870。β_2-肾上腺素受体激动药。

4）莱克多巴胺（Ractopamine）：一种 β-兴奋剂，美国食品和药物管理局（FDA）已批准，中国未批准。

5）盐酸多巴胺（Dopamine hydrochloride）：《药典》2000 年版二部 P591。多巴胺受体激动药。

6）西巴特罗（Cimaterol）：美国氰胺公司开发的产品，一种 β-兴奋剂，FDA 未批准。

7）硫酸特布他林（Terbutaline sulfate）：《药典》2000 年版二部 P890。β_2-肾上腺受体激动药。

2. 性激素

1）己烯雌酚（Diethylstibestrol）：《药典》2000 年版二部 P42。雌激素类药。

2）雌二醇（Estradiol）：《药典》2000 年版二部 P1005。雌激素类药。

3）戊酸雌二醇（Estradiol valcrate）：《药典》2000 年版二部 P124。雌激素类药。

4）苯甲酸雌二醇（Estradiol benzoate）：《药典》2000 年版二部 P369。雌激素类药。《中华人民共和国兽药典》（以下简称《兽药典》）2000 年版一部 P109。雌激素类药。用于发情不明显动物的催情及胎衣滞留、死胎的排除。

5）氯烯雌醚（Chlorotrianisene）：《药典》2000 年版二部 P919。

6）炔诺醇（Ethinylestradiol）：《药典》2000 年版二部 P422。

7）炔诺醚（Quinestml）：《药典》2000 年版二部 P424。

8）醋酸氯地孕酮（Chlormadinone acetate）：《药典》2000 年版二部 P1037。

9）左炔诺孕酮（Levonorgestrel）：《药典》2000 年版二部 P107。

10）炔诺酮（Norethisterone）：《药典》2000 年版二部 P420。

11）绒毛膜促性腺激素（绒促性素）（Chorionic conadotrophin）：《药典》2000 年版二部 P534。促性腺激素药。《兽药典》2000 年版一部 P146。激素类药。用于性功能障碍、习惯性流产及卵巢囊肿等。

12）促卵泡生长激素（尿促性素，主要含促卵泡素 FSH 和促黄体素 LH）（Menotropins）：《药典》2000 年版二部 P321。促性腺激素类药。

3. 蛋白同化激素

1）碘化酪蛋白（Iodinated casein）：蛋白同化激素类，为甲状腺素的前驱物质，具有类似

甲状腺素的生理作用。

2）苯丙酸诺龙及苯丙酸诺龙注射液（Nandrolone phenylpropionate）：《药典》2000年版二部P365。

4. 精神药品

1）（盐酸）氯丙嗪（Chlorpromazine hydrochloride）：《药典》2000年版二部P676。抗精神病药。《兽药典》2000年版一部P177。镇静药。用于强化麻醉以及使动物安静等。

2）盐酸异丙嗪（Promethazine hydrochloride）：《药典》2000年版二部P602。抗组胺药。《兽药典》2000年版一部P164。抗组胺药。用于变态反应性疾病，如荨麻疹、血清病等。

3）安定（地西泮）（Diazepam）：《药典》2000年版二部P214。抗焦虑药、抗惊厥药。《兽药典》2000年版一部P61。镇静药、抗惊厥药。

4）苯巴比妥（Phenobarbital）：《药典》2000年版二部P362。镇静催眠药、抗惊厥药。《兽药典》2000年版一部P103。巴比妥类药。缓解脑炎、破伤风、士的宁中毒所致的惊厥。

5）苯巴比妥钠（Phenobarbital sodium）：《兽药典》2000年版一部P105。巴比妥类药。缓解脑炎、破伤风、士的宁中毒所致的惊厥。

6）巴比妥（Barbital）：《兽药典》2000年版二部P27。中枢抑制和增强解热镇痛。

7）异戊巴比妥（Amobarbital）：《药典》2000年版二部P252。催眠药、抗惊厥药。

8）异戊巴比妥钠（Amobarbital sodium）：《兽药典》2000年版一部P82。巴比妥类药。用于小动物的镇静、抗惊厥和麻醉。

9）利血平（Reserpine）：《药典》2000年版二部P304。抗高血压药。

10）艾司唑仑（Estazolam）。

11）甲丙氨脂（Mcprobamate）。

12）咪达唑仑（Midazolam）。

13）硝西泮（Nitrazepam）。

14）奥沙西泮（Oxazcpam）。

15）匹莫林（Pemoline）。

16）三唑仑（Triazolam）。

17）唑吡旦（Zolpidem）。

18）其他国家管制的精神药品。

5. 各种抗生素滤渣

抗生素滤渣：该类物质是抗生素类产品生产过程中产生的工业三废，因含有微量抗生素成分，在饲料和饲养过程中使用后对动物有一定的促生长作用。但对养殖业的危害很大，一是容易引起耐药性，二是由于未做安全性试验，存在各种安全隐患。

四、禁止在饲料和动物饮水中使用的物质

为了加强饲料及养殖环节质量安全监管，保障饲料及畜产品质量安全，根据《饲料和饲料添加剂管理条例》有关规定，农业部于2010年以第1519号公告公布了《禁止在饲料和动物饮用水中使用的物质》，禁止在饲料生产、经营、使用和动物饮用水中违禁添加苯乙醇胺A等物质。

1）苯乙醇胺A（Phenylethanolamine A）：β-肾上腺素受体激动剂。

2）班布特罗（Bambuterol）：β-肾上腺素受体激动剂。

3）盐酸齐帕特罗（Zilpaterol hydrochloride）：β-肾上腺素受体激动剂。

4）盐酸氯丙那林（Clorprenaline hydrochloride）：《药典》2010 版二部 P783。β-肾上腺素受体激动剂。

5）马布特罗（Mabuterol）：β-肾上腺素受体激动剂。

6）西布特罗（Cimbuterol）：β-肾上腺素受体激动剂。

7）溴布特罗（Brombuterol）：β-肾上腺素受体激动剂。

8）酒石酸阿福特罗（Arformoterol tartrate）：长效型 β-肾上腺素受体激动剂。

9）富马酸福莫特罗（Formoterol fumatrate）：长效型 β-肾上腺素受体激动剂。

10）盐酸可乐定（Clonidine hydrochloride）：《药典》2010 版二部 P645。抗高血压药。

11）盐酸赛庚啶（Cyproheptadine hydrochloride）：《药典》2010 版二部 P803。抗组胺药。

第八章 病原微生物安全管理法律制度

第一节 病原微生物实验室生物安全管理条例

《病原微生物实验室生物安全管理条例》于 2004 年 11 月 12 日国务院令第 424 号公布，根据 2016 年 2 月 6 日《国务院关于修改部分行政法规的决定》第一次修订，根据 2018 年 3 月 19 日《国务院关于修改和废止部分行政法规的决定》第二次修订。

一、动物病原微生物分类

国家根据病原微生物的传染性、感染后对个体或者群体的危害程度，将病原微生物分为四类，第一类、第二类病原微生物统称为高致病性病原微生物。

1. 第一类病原微生物

第一类病原微生物是指能够引起人类或者动物非常严重疾病的微生物，以及我国尚未发现或者已经宣布消灭的微生物。根据《动物病原微生物分类名录》（农业部令第 53 号），一类动物病原微生物包括口蹄疫病毒、高致病性禽流感病毒、猪水疱病病毒、非洲猪瘟病毒、非洲马瘟病毒、牛瘟病毒、小反刍兽疫病毒、牛传染性胸膜肺炎丝状支原体、牛海绵状脑病病原、痒病病原。

2. 第二类病原微生物

第二类病原微生物是指能够引起人类或者动物严重疾病，比较容易直接或者间接在人与人、动物与人、动物与动物间传播的微生物。根据《动物病原微生物分类名录》，二类动物病原微生物包括猪瘟病毒、鸡新城疫病毒、狂犬病病毒、绵羊痘/山羊痘病毒、蓝舌病病毒、兔病毒性出血症病毒、炭疽芽孢杆菌、布鲁氏菌。

3. 第三类病原微生物

第三类病原微生物是指能够引起人类或者动物疾病，但一般情况下对人、动物或者环境不构成严重危害，传播风险有限，实验室感染后很少引起严重疾病，并且具备有效治疗和预防措施的微生物。根据《动物病原微生物分类名录》，三类动物病原微生物包括：

（1）多种动物共患病病原微生物　低致病性流感病毒、伪狂犬病病毒、破伤风梭菌等 18 种。

（2）牛病病原微生物　牛恶性卡他热病毒、牛白血病病毒、牛流行热病毒等 7 种。

（3）绵羊和山羊病病原微生物　山羊关节炎/脑脊髓炎病毒、梅迪/维斯纳病病毒、传染性脓疱皮炎病毒3种。

（4）猪病病原微生物　日本脑炎病毒、猪繁殖与呼吸综合征病毒、猪细小病毒等12种。

（5）马病病原微生物　马传染性贫血病毒、马动脉炎病毒、马病毒性流产病毒等8种。

（6）禽病病原微生物　鸭瘟病毒、鸭病毒性肝炎病毒、小鹅瘟病毒等17种。

（7）兔病病原微生物　兔黏液瘤病毒、野兔热土拉杆菌、兔球虫等4种。

（8）水生动物病病原微生物　流行性造血器官坏死病毒、传染性造血器官坏死病毒、马苏大麻哈鱼病毒等22种。

（9）蜜蜂病病原微生物　美洲幼虫腐臭病幼虫杆菌、欧洲幼虫腐臭病蜂房蜜蜂球菌、白垩病蜂球囊菌等6种。

（10）其他动物病病原微生物　犬瘟热病毒、犬细小病毒、犬腺病毒等8种。

4. 第四类病原微生物

第四类病原微生物是指在通常情况下不会引起人类或者动物疾病的微生物。四类动物病原微生物包括危险性小、低致病力、实验室感染机会少的兽用生物制品、疫苗生产用的各种弱毒病原微生物以及不属于第一、二、三类的各种低毒力的病原微生物。

二、动物病原微生物实验室的设立和管理

1. 动物病原微生物实验室的设立

（1）动物病原微生物实验室的分级　国家根据实验室对病原微生物的生物安全防护水平，并依照实验室生物安全国家标准的规定，将实验室分为一级、二级、三级、四级。

（2）动物病原微生物实验室的设立条件

1）一级、二级实验室的设立条件。新建、改建或者扩建一级、二级实验室，应当向设区的市级人民政府卫生主管部门或兽医主管部门备案。设区的市级人民政府卫生主管部门或兽医主管部门应当每年将备案情况汇总后报省、自治区、直辖市人民政府卫生主管部门或兽医主管部门。

2）三级、四级实验室的设立条件。新建、改建、扩建三级、四级实验室或者生产、进口移动式三级、四级实验室应当遵守以下规定：①符合国家生物安全实验室体系规划并依法履行有关审批手续；②经国务院卫生主管部门审查同意；③符合国家生物安全实验室建筑技术规范；④依照《中华人民共和国环境影响评价法》的规定进行环境影响评价并经环境保护主管部门审查批准；⑤生物安全防护级别与其拟从事的实验活动相适应。

三级、四级实验室需通过实验室国家认可并取得相应级别的生物安全实验室证书。

2. 动物病原微生物实验室的管理

（1）动物病原微生物实验室的管理体制

1）政府部门：国务院兽医主管部门主管与动物有关的实验室及其实验活动的生物安全监督工作。国务院其他有关部门在各自职责范围内负责实验室及其实验活动的生物安全管理工作。县级以上地方人民政府及其有关部门在各自职责范围内负责实验室及其实验活动的生物安全管理工作。

2）实验室的设立单位及其主管部门：实验室的设立单位及其主管部门负责实验室日常活动的管理，承担建立健全安全管理制度，检查、维护实验设施、设备，控制实验室感染的职责。

实验室的设立单位负责实验室的生物安全管理，依照《病原微生物实验室生物安全管理条例》的规定制定科学、严格的管理制度，并定期对有关生物安全规定的落实情况进行检查，定期对实验室设施、设备、材料等进行检查、维护和更新，以确保其符合国家标准。

3）实验室负责人：实验室负责人为实验室生物安全的第一责任人。实验室负责人应当指定专人监督检查实验室技术规范和操作规程的落实情况。实验室从事实验活动应当严格遵守有关国家标准和实验室技术规范、操作规程。

（2）动物病原微生物实验室的人员管理　实验室或者实验室的设立单位应当每年定期对工作人员进行实验室技术规范、操作规程、生物安全防护知识和实际操作技能培训，并进行考核。工作人员经培训考核合格的，方可上岗。从事高致病性病原微生物相关实验活动的实验室，应当每半年将培训、考核其工作人员的情况和实验室运行情况向省、自治区、直辖市人民政府卫生主管部门或兽医主管部门报告。

三、动物病原微生物实验活动管理

1. 管理范围

动物病原微生物实验活动管理范围为实验室从事与病原微生物菌（毒）种、样本有关的研究、教学、检测、诊断等活动。

2. 从事实验活动应当具备的条件

动物病原微生物实验活动应当在相应级别的实验室进行。实验室从事动物病原微生物实验活动，其级别应当不低于病原微生物目录规定的该项实验活动所需的实验室级别。一级、二级实验室仅可从事病原微生物目录规定的可以在一级、二级实验室进行的高致病性动物病原微生物实验活动。三级、四级实验室从事高致病性动物病原微生物实验活动，必须具备以下条件：①实验目的和拟从事的实验活动符合国务院卫生主管部门或兽医主管部门的规定；②通过实验室国家认可；③具有与拟从事的实验活动相适应的工作人员；④工程质量经建筑主管部门依法检测验收合格。

三级、四级实验室需要从事病原微生物目录规定的应当在三级、四级实验室进行的高致病性动物病原微生物或者疑似高致病性动物病原微生物实验活动的，应当依照国务院卫生主管部门或兽医主管部门的规定报省级以上人民政府卫生主管部门或兽医主管部门批准。实验活动结果以及工作情况应当向原批准部门报告。

3. 其他管理规定

（1）对我国尚未发现或者已经宣布消灭的病原微生物相关实验活动的规定　对我国尚未发现或者已经宣布消灭的动物病原微生物，任何单位和个人未经批准不得从事相关实验活动。为了预防、控制传染病，需要从事我国尚未发现或者已经宣布消灭的动物病原微生物相关实验活动的，应当经国务院兽医主管部门批准，并在批准部门指定的专业实验室中进行。

（2）对实验活动中使用新技术、新方法的规定　实验室使用新技术、新方法从事高致病性动物病原微生物相关实验活动的，应当符合防止高致病性动物病原微生物扩散、保证生物安全和操作者人身安全的要求，并经国家病原微生物实验室生物安全专家委员会论证；经论证可行的，方可使用。

（3）对在动物体上从事实验活动的规定　需要在动物体上从事高致病性动物病原微生物相关实验活动的，应当按照病原微生物目录的规定，在符合动物实验室生物安全国家标准的相应级别的实验室进行。

（4）对从事高致病性病原微生物相关实验活动的规定　从事高致病性动物病原微生物相关实验活动的实验室应当向当地公安机关备案，并接受公安机关有关实验室安全保卫工作的监督指导。从事高致病性动物病原微生物相关实验活动的实验室的设立单位，应当建立健全安全保卫制度，采取安全保卫措施，严防高致病性动物病原微生物被盗、被抢、丢失、泄漏，保障实验室及其病原微生物的安全。实验室发生高致病性动物病原微生物被盗、被抢、丢失、泄漏的，实验室的设立单位应当依照《病原微生物实验室生物安全管理条例》的规定进行报告。

（5）对从事高致病性病原微生物实验活动中的人员规定　从事高致病性动物病原微生物相关实验活动应当有2名以上的工作人员共同进行。进入从事高致病性动物病原微生物相关实验活动的实验室的工作人员或者其他有关人员，应当经实验室负责人批准。实验室应当为其提供符合防护要求的防护用品并采取其他职业防护措施。从事高致病性动物病原微生物相关实验活动的实验室，还应当对实验室工作人员进行健康监测，每年组织对其进行体检，并建立健康档案；必要时，应当对实验室工作人员进行预防接种。

（6）对实验活动的分区规定　在同一个实验室的同一个独立安全区域内，只能同时从事一种高致病性动物病原微生物的相关实验活动。

（7）对实验活动记录的规定　实验室应当建立实验档案，记录实验室使用情况和安全监督情况。实验室从事高致病性动物病原微生物相关实验活动的实验档案保存期，不得少于20年。

（8）对实验活动的防污染规定　实验室应当依照环境保护的有关法律、行政法规和国务院有关部门的规定，对废水、废气以及其他废物进行处置，并制定相应的环境保护措施，防止环境污染。

四、实验室感染控制

1. 实验室感染控制的职责划分

（1）实验室设立单位的职责　实验室的设立单位应当指定专门的机构或者人员承担实验室感染控制工作，定期检查实验室的生物安全防护、病原微生物菌（毒）种和样本保存与使用、安全操作、实验室排放的废水和废气以及其他废物处置等规章制度的实施情况。

（2）负责实验室感染控制工作的机构或人员的职责　负责实验室感染控制工作的机构或者人员应当具有与该实验室中的病原微生物有关的传染病防治知识，并定期调查、了解实验室工作人员的健康状况。实验室工作人员出现与本实验室从事的高致病性动物病原微生物相关实验活动有关的感染临床症状或者体征时，实验室负责人应当向负责实验室感染控制工作的机构或者人员报告，同时派专人陪同及时就诊；实验室工作人员应当将近期所接触的动物病原微生物的种类和危险程度如实告知诊治医疗机构。接诊的医疗机构应当及时救治；不具备相应救治条件的，应当依照规定将感染的实验室工作人员转诊至具备相应传染病救治条件的医疗机构；具备相应传染病救治条件的医疗机构应当接诊治疗，不得拒绝救治。

2. 实验室感染控制措施

（1）病原微生物泄漏的处理措施　实验室发生高致病性动物病原微生物泄漏时，实验室工作人员应当立即采取控制措施，防止高致病性动物病原微生物扩散，并同时向负责实验室感染控制工作的机构或者人员报告。

（2）实验室人员感染的应急处置措施　负责实验室感染控制工作的机构或者人员接到实验室发生工作人员感染事故或者病原微生物泄漏事件的报告后，应当立即启动实验室生物安全事件应急处置预案，并组织人员对该实验室生物安全状况等情况进行调查；确认发生实验室感染或者高致病性动物病原微生物泄漏的，应当依照《病原微生物实验室生物安全管理条例》的规定进行报告，并同时采取控制措施，对有关人员进行医学观察或者隔离治疗，封闭实验室，防止扩散。

（3）感染事故发生后的预防、控制措施　卫生主管部门或兽医主管部门接到关于实验室发生工作人员感染事故或者动物病原微生物泄漏事件的报告，或者发现实验室从事动物病原微生物相关实验活动造成实验室感染事故的,应当立即组织动物疫病预防控制机构和医疗机构以及其他有关机构依法采取以下预防、控制措施:①封闭被动物病原微生物污染的实验室或者可能造成病原微生物扩散的场所;②开展流行病学调查;③对病人进行隔离治疗,对相关人员进行医学检查;④对密切接触者进行医学观察;⑤进行现场消毒;⑥对染疫或者疑似染疫的动物采取隔离、扑杀等措施;⑦其他需要采取的预防、控制措施。

(4) 感染事故发生后的报告、通报制度　医疗机构或兽医医疗机构及其执行职务的医务人员发现由于实验室感染而引起的与高致病性动物病原微生物相关的传染病病人、疑似传染病病人或者患有疫病、疑似患有疫病的动物,诊治的医疗机构或兽医医疗机构应当在 2h 内报告所在地的县级人民政府卫生主管部门或兽医主管部门;接到报告的卫生主管部门或兽医主管部门应当在 2h 内通报实验室所在地的县级人民政府卫生主管部门或者兽医主管部门。接到通报的卫生主管部门或者兽医主管部门应当依照《病原微生物实验室生物安全管理条例》的规定采取预防、控制措施。

(5) 发生病原微生物扩散的处理措施　发生动物病原微生物扩散,有可能造成传染病暴发、流行时,县级以上人民政府卫生主管部门或兽医主管部门应当依照有关法律、行政法规的规定以及实验室生物安全事件应急处置预案进行处理。

第二节　动物病原微生物菌(毒)种或者样本运输包装规范和动物病原微生物菌(毒)种保藏管理办法

一、动物病原微生物菌(毒)种或者样本运输包装规范

为加强动物病原微生物实验室生物安全管理,规范高致病性动物病原微生物菌(毒)种或者样本运输包装,根据《病原微生物实验室生物安全管理条例》和《高致病性病原微生物实验室生物安全管理审批办法》,农业部于 2005 年 5 月 24 日发布了农业部公告第 503 号,制定了《高致病性动物病原微生物菌(毒)种或者样本运输包装规范》。

运输高致病性动物病原微生物菌(毒)种或者样本的,其包装应当符合以下要求:

1. 内包装

运输高致病性动物病原微生物菌(毒)种或者样本的,其内包装应当符合以下要求:①必须是不透水、防泄漏的主容器,保证完全密封。②必须是结实、不透水和防泄漏的辅助包装。③必须在主容器和辅助包装之间填充吸附材料。吸附材料必须充足,能够吸收所有的内装物。多个主容器装入一个辅助包装时,必须将它们分别包装。④主容器的表面贴上标签,表明菌(毒)种或样本类别、编号、名称、数量等信息。⑤相关文件,如菌(毒)种或样本数量表格、危险性声明、信件、菌(毒)种或样本鉴定资料、发送者和接收者的信息等应当放入一个防水的袋中,并贴在辅助包装的外面。

2. 外包装

运输高致病性动物病原微生物菌(毒)种或者样本的,其外包装应当符合以下要求:①外包装的强度应当充分满足对于其容器、重量及预期使用方式的要求;②外包装应当印上生物危险标识并标注"高致病性动物病原微生物(非专业人员严禁拆开)"的警告语(图 1-8-1)。

图 1-8-1　生物危险标识

3. 包装要求

（1）冻干样本　主容器必须是火焰封口的玻璃安瓿或者是用金属封口的胶塞玻璃瓶。

（2）液体或者固体样本　①在环境温度或者较高温度下运输的样本：只能用玻璃、金属或者塑料容器作为主容器，向容器中罐装液体时须保留足够的剩余空间，同时采用可靠的防漏封口，如热封、带缘的塞子或者金属卷边封口。如果使用旋盖，必须用胶带加固。②在制冷或者冷冻条件下运输的样本：冰、干冰或者其他冷冻剂必须放在辅助包装周围，或者按照规定放在由一个或者多个完整包装件组成的合成包装件中。内部要有支撑物，当冰或者干冰消耗掉以后，仍可以把辅助包装固定在原位置上。如果使用冰，包装必须不透水；如果使用干冰，外包装必须能排出二氧化碳气体；如果使用冷冻剂，主容器和辅助包装必须保持良好的性能，在冷冻剂消耗完以后，应仍能承受运输中的温度和压力。

二、民用航空运输动物病原微生物菌（毒）种及动物病料要求

中国民用航空局2008年11月28日发布的《中国民用航空局关于运输动物菌毒种、样本、病料等有关事宜的通知》（局发明电〔2008〕4487号），明确规定了民用航空运输动物病原微生物菌（毒）种或者样本以及动物病料的运输要求。

1. 一般要求

（1）必须作为货物进行航空运输　菌（毒）种或者样本及动物病料必须作为货物进行航空运输，禁止随身携带或作为托运行李或邮件进行运输。

（2）包装合格　菌（毒）种或者样本及动物病料包装需符合《中国民用航空危险品运输管理规定》（CCAR276）和国际民航组织文件《危险品安全航空运输技术细则》（Doc9284），以及农业部《高致病性病原微生物菌（毒）种或者样本运输包装规范》（农业部公告第503号）的要求，同时必须符合国家质量监督检验检疫部门的要求或附有进口包装材料符合国际标准的有关证明文件的要求。

2. 对托运人的要求

（1）托运人持证工作　菌（毒）种或者样本及动物病料的托运人或其代理人必须接受符合《中国民用航空危险品运输管理规定》（CCAR276）和国际民航组织文件《危险品安全航空运输技术细则》（Doc9284）要求的危险品航空运输训练，并持有训练合格后颁布的有效证书。

（2）手续合法　菌（毒）种或者样本及动物病料的托运手续必须符合国务院和农业农村部制定的有关动物病原微生物生物安全管理的规范性法律文件的规定。托运人须持有农业农村部或省、自治区、直辖市人民政府兽医行政管理部门颁发的动物病原微生物菌（毒）种或样本及动物病料准运证书。菌（毒）种或者样本及动物病料的出入境运输，还需由出入境检验检疫机构进行检疫。

3. 对承运人的要求

（1）承运人须有承运资格　菌（毒）种或者样本及动物病料必须由已获得中国民用航空局颁发的危险品航空运输许可的航空公司进行运输。对于尚未获得危险品运输许可的航点，运输航空公司可向地区管理局申请危险品航空运输临时许可，通过特殊安排或派有资质的人员赴始发站办理收运。

（2）紧急事故按程序处置　民航各单位应制定航空运输感染性物质的应急处置程序。如果菌（毒）种或者样本及动物病料在运输过程中出现紧急情况，应及时与运输申请单位及机场所在地的省、自治区、直辖市人民政府兽医行政管理部门联系，在机场应急部门、航空公司

危险品运输管理部门和民航各地区管理局（含各监管办）危险品空运主管部门积极协助下妥善处置紧急事故。

三、动物病原微生物菌（毒）种收集、保藏、供应、销毁管理

《动物病原微生物菌（毒）种保藏管理办法》于 2008 年 11 月 26 日农业部令第 16 号公布，2016 年 5 月 30 日农业部令第 3 号、2022 年 1 月 7 日农业农村部令 2022 年第 1 号修订。

1. 动物病原微生物菌（毒）种的收集管理

保藏机构可以向国内有关单位和个人索取需要保藏的菌（毒）种和样本。从事动物疫情监测、疫病诊断、检验检疫和疫病研究等活动的单位和个人，应当及时将研究、教学、检测、诊断等实验活动中获得的具有保藏价值的菌（毒）种和样本，送交保藏机构鉴定和保藏，并提交菌（毒）种和样本的背景资料。保藏机构应当在每年年底前将保藏的菌（毒）种和样本的种类、数量报农业农村部。

2. 动物病原微生物菌（毒）种的保藏管理

（1）保藏机构　保藏机构是指承担菌（毒）种和样本保藏任务，并向合法从事动物病原微生物相关活动的实验室或者兽用生物制品企业提供菌（毒）种或者样本的单位。保藏机构由农业农村部指定，分为国家级保藏中心和省级保藏中心。保藏机构保藏的菌（毒）种和样本的种类由农业农村部核定。国家对实验活动用菌（毒）种和样本实行集中保藏，保藏机构以外的任何单位和个人不得保藏菌（毒）种或者样本。

（2）保藏要求

1）专库（柜）保藏、分类存放：保藏机构应当设专库保藏一、二类菌（毒）种和样本，设专柜保藏三、四类菌（毒）种和样本。保藏机构保藏的菌（毒）种和样本应当分类存放，实行双人双锁管理。

2）完善资料、健全档案：保藏机构应当建立完善的技术资料档案，详细记录所保藏的菌（毒）种和样本的名称、编号、数量、来源、病原微生物类别、主要特性、保存方法等情况。技术资料档案应当永久保存。

3）定时检查、复壮菌（毒）种：保藏机构应当对保藏的菌（毒）种按时鉴定、复壮，妥善保藏，避免失活。保藏机构对保藏的菌（毒）种开展鉴定、复壮的，应当按照规定在相应级别的生物安全实验室进行。

4）制定应急预案、防患于未然：保藏机构应当制定实验室安全事故处理应急预案。发生保藏的菌（毒）种或者样本被盗、被抢、丢失、泄漏和实验室人员感染的，应当按照《病原微生物实验室生物安全管理条例》的规定及时报告、启动预案，并采取相应的处理措施。

3. 动物病原微生物菌（毒）种的供应管理

（1）供应对象　向保藏机构提出申请、合法从事动物病原微生物实验活动的实验室或者兽用生物制品生产企业。

（2）供应条件　保藏机构应当按照以下规定提供菌（毒）种或者样本：①提供高致病性动物病原微生物菌（毒）种或者样本的，查验从事高致病性动物病原微生物相关实验活动的批准文件；②提供兽用生物制品生产和检验用菌（毒）种或者样本的，查验兽药生产批准文号文件；③提供三、四类菌（毒）种或者样本的，查验实验室所在单位出具的证明。

保藏机构应当留存上述证明文件的原件或者复印件。

（3）登记制度　保藏机构提供菌（毒）种或者样本时，应当进行登记，详细记录所提供的菌（毒）种或者样本的名称、数量、时间以及发放人、领取人、使用单位名称等。提供的菌

（毒）种或者样本应当附有标签，标明菌（毒）种名称、编号、移植和冻干日期等。

（4）保密制度　保藏机构应当对具有知识产权的菌（毒）种承担相应的保密责任。保藏机构提供具有知识产权的菌（毒）种或者样本的，应当经原提供者或者持有人的书面同意。

4. 动物病原微生物菌（毒）种的销毁管理

（1）销毁情形　有下列情形之一的，保藏机构应当组织专家论证，提出销毁菌（毒）种或者样本的建议：①国家规定应当销毁的；②有证据表明已丧失生物活性或者被污染，已不适于继续使用的；③无继续保藏价值的。

（2）销毁审批和告知制度　保藏机构销毁一、二类菌（毒）种和样本的，应当经农业农村部批准；销毁三、四类菌（毒）种和样本的，应当经保藏机构负责人批准，并报农业农村部备案。保藏机构应当在实施销毁30d前书面告知被销毁菌（毒）种和样本的原提供者。

（3）销毁要求　保藏机构销毁菌（毒）种和样本的，应当制定销毁方案，注明销毁的原因、品种、数量，以及销毁方式方法、时间、地点、实施人和监督人等；使用可靠的销毁设施和销毁方法，必要时应当组织开展灭活效果验证和风险评估；应当做好销毁记录，经销毁实施人、监督人签字后存档，并将销毁情况报农业农村部。

第九章
世界动物卫生组织及其标准

一、简介

世界动物卫生组织于1924年成立，总部设在法国巴黎，是一个政府间的兽医卫生技术组织，目前有182个成员。创建之初所用名称为 Office International des Epizooties，缩写为 OIE，译作国际兽医局。2003年，更名为 World Organisation for Animal Health。2022年5月，将其缩写由原来的 OIE 改为 WOAH，新网址为 www.woah.org。

WOAH 是世界贸易组织（WTO）指定负责制定国际动物卫生标准规则的国际组织，各国开展动物及动物产品国际贸易都应遵循 WOAH 的规定。2007年，世界动物卫生组织第75届国际委员会大会通过决议，决定恢复中华人民共和国行使在世界动物卫生组织的合法权利与义务。

二、主要任务

WOAH 工作内容涵盖兽医管理体制、动物疫病防控、兽医公共卫生、动物产品安全和动物福利等多个领域。WOAH 的主要职能：一是通报和管理全球动物疫情和人畜共患病疫情，促进各国疫情透明化；二是收集、整理和通报最新兽医科技进展和信息；三是统一协调各国动物疫病防控活动并提供专家支持；四是在 WTO 和《实施卫生与植物卫生措施协定》（简称《WTO/SPS 协定》）框架下制定国际畜产品贸易中的动物卫生标准和规则，促进贸易发展；五是提高各国兽医立法和兽医体系服务水平并提供有关能力建设技术援助；六是以科学为依据提高动物产品安全和动物福利水平。

三、法定报告疫病名录

WOAH 的国际标准包括：《陆生动物卫生法典》《陆生动物诊断试验与疫苗手册》《水生动物卫生法典》和《水生动物诊断试验手册》四个标准出版物。

2024年5月，WOAH 第91届国际代表大会通过新修订的疫病名录，将13类122种动物疫病列为法定报告疫病。

1. 多种动物共患病（26种）

炭疽，克里米亚刚果出血热，马脑脊髓炎（东部），心水病，感染布鲁氏锥虫、刚果锥虫、猿猴锥虫和活跃锥虫感染，伪狂犬病病毒感染，蓝舌病病毒感染，布鲁氏菌（流产布鲁氏菌、羊布鲁氏菌、猪布鲁氏菌）感染，细粒棘球蚴感染，多房棘球蚴感染，利什曼原虫感染，流行性出血病感染，口蹄疫病毒感染，结核分枝杆菌感染，狂犬病病毒感染，裂谷热病毒感染，牛瘟病毒感染，旋毛虫感染，日本脑炎，新大陆螺旋蝇蛆病，旧大陆螺旋蝇蛆病，副结核病，Q热，苏拉病（伊氏锥虫），土拉杆菌病，西尼罗热。

2. 蜂病（6种）

蜜蜂蜂房蜜蜂球菌感染（欧洲幼虫腐臭病）、蜜蜂幼虫芽孢杆菌感染（蜜蜂美洲幼虫腐臭病）、蜜蜂武氏蜂盾螨感染、蜜蜂小蜂螨感染、蜜蜂狄氏瓦螨感染（蜜蜂瓦螨病）、蜜蜂蜂巢小甲虫病（蜂窝甲虫）。

3. 禽病（14种）

禽衣原体病、鸡传染性支气管炎、鸡传染性喉气管炎、鸭病毒性肝炎、禽伤寒、高致病性禽流感病毒感染、鸟类（不包括家禽但含野鸟）感染高致病性甲型流感病毒、家禽和捕获野生鸟类感染低致病性禽流感病毒并已证实可自然传染人类且伴有严重后果、鸡败血支原体感染（禽支原体病）、滑液囊支原体感染（禽支原体病）、新城疫病毒感染、传染性法氏囊病（甘布罗病）、鸡白痢、火鸡鼻气管炎。

4. 牛病（12种）

牛无浆体病、牛巴贝斯虫病、牛生殖道弯曲杆菌病、牛海绵状脑病、牛病毒性腹泻、地方流行性牛白血病、出血性败血症（多杀性巴氏杆菌血清型6:b和6:e）、牛传染性鼻气管炎/传染性脓疱外阴阴道炎、牛结节性皮肤病病毒感染、丝状支原体丝状亚种感染（牛传染性胸膜肺炎）、泰勒虫（环形/东方/小泰勒虫）感染、毛滴虫病。

5. 马病（11种）

马媾疫、马脑脊髓炎（西部）、马传染性贫血、鼻疽伯克霍尔德氏菌感染（马鼻疽）、非洲马瘟病毒感染、马疱疹病毒1型感染、马病毒性动脉炎病毒感染、马流感病毒感染、马传染性子宫炎、马梨形虫病、委内瑞拉马脑脊髓炎。

6. 兔病（2种）

兔出血疾病病毒感染（兔病毒性出血症）、黏液瘤病。

7. 羊病（12种）

山羊关节炎/脑炎、接触传染性无乳症、山羊传染性胸膜肺炎、母羊地方性流产（绵羊衣原体）、小反刍兽疫病毒感染、泰勒虫（莱氏/吕氏/尤氏）感染、梅迪-维斯纳病、内罗毕羊病、绵羊附睾炎（布鲁氏菌病）、羊沙门菌病（流产沙门菌）、痒病、绵羊痘和山羊痘。

8. 猪病（6种）

非洲猪瘟病毒感染、古典猪瘟病毒感染、猪繁殖与呼吸综合征病毒感染、尼帕病毒性脑炎、猪囊虫病、传染性胃肠炎。

9. 其他陆生动物病（2种）

骆驼痘、中东呼吸综合征冠状病毒感染。

10. 鱼病（11种）

流行性溃疡综合征、丝囊霉感染（流行性溃疡综合征）、鲑鱼三代虫感染、鲑传染性贫血、传染性造血器官坏死病、锦鲤疱疹病毒病、鲷肿大细胞病毒1型感染、鲑鱼甲病毒感染、鲤春病毒血症、罗非鱼湖病毒病、病毒性出血性败血症。

11. 软体动物病（7种）

鲍疱疹样病毒感染、牡蛎包拉米虫感染、杀蛎包拉米虫感染、折光马尔太虫感染、海水派琴虫感染、奥尔森派琴虫感染、加州立克次体感染。

12. 甲壳类动物病（10种）

急性肝胰腺坏死病、变形藻丝囊霉菌感染（螯虾瘟）、十足目虹彩病毒1感染、对虾肝炎杆菌感染（坏死性肝胰腺炎）、传染性皮下和造血器官坏死病、传染性肌肉坏死病、桃拉综合征、罗氏沼虾白尾病、白斑综合征、黄头病。

13. 两栖动物疫病（3种）

蛙病毒感染、箭毒蛙壶菌感染、蝾螈壶菌感染。

第十章
执业兽医职业道德

一、执业兽医职业道德的概念和特征

1. 执业兽医职业道德的概念

道德是人类社会评价人类行为的基本尺度，是调整人与人之间、人与社会之间关系的行为规范总和。它是人们的道德行为和道德关系普遍规律的反映，是一定社会或阶级对人们行为的基本要求的概括，是人们的社会关系在道德生活中的体现。道德主要依靠社会舆论、传统习惯和人们的内心信念来约束、规范人们的行为。

职业道德是随着社会分工的发展，并在出现相对固定的职业集团时产生的，是社会道德在职业领域的具体体现。人类进入阶级社会以后，出现了商业、政治、军事、教育、医疗等职业。在一定社会的经济关系基础上，这些特定的职业不但要求人们具备特定的知识和技能，而且要求人们具备特定的道德观念、情感和品质。各种职业集团，为了维护其职业利益和信誉，适应社会的需要，从而在职业实践中，根据一般社会道德的基本要求，逐渐形成了职业道德规范，如医生有"医德"、教师有"师德"等。一般来讲，职业道德包括职业道德意识、职业道德行为和职业道德规则三个层次。

执业兽医职业道德是指执业兽医在动物诊疗活动中应当遵循的行为规范的总和。执业兽医职业道德是社会道德体系的重要组成部分，是指导执业兽医行为的基本准则，是衡量执业兽医从业行为是否符合执业兽医职业道德要求的基本标准，它不仅适用于执业兽医师，同时适用于执业助理兽医师和执业兽医辅助人员。执业兽医职业道德的内容包括：奉献社会、爱岗敬业、诚实守信、服务群众和爱护动物等，其中奉献社会是执业兽医职业道德的最高境界，爱岗敬业、诚实守信是执业兽医执业行为的基础要素。

2. 执业兽医职业道德的特征

执业兽医职业道德与一般社会道德相比，具有主体的特定性、职业的特殊性两个特征。

（1）主体的特定性　执业兽医职业道德所规范的是专门从事动物诊疗活动的执业兽医师、执业助理兽医师等兽医人员。根据《动物防疫法》《执业兽医和乡村兽医管理办法》的规定，执业兽医执业必须具备以下两个条件：①备案。取得执业兽医师或执业助理兽医师资格证书后，并不能直接从事执业活动，只有向备案机关申请执业备案后，方可按规定从事动物诊疗活动。②接受动物诊疗机构的管理。执业兽医的执业活动必须接受动物诊疗机构，或者执业兽医所在的动物饲养场、实验动物饲育单位、兽药生产企业、动物园等单位的管理，动物诊疗机构或者执业兽医所在的动物饲养场、实验动物饲育单位、兽药生产企业、动物园等单位是执业兽医的执业机构。

（2）职业的特殊性　执业兽医从事的动物诊疗活动既关系到公共卫生安全的保障，又关系到动物健康和养殖业的持续发展。因此，执业兽医的道德规范更应该体现其职业的鲜明特点，树立其良好的社会形象。执业兽医在动物诊疗活动中发现动物染疫或者疑似染疫，必须要按规定报告，并采取隔离等控制措施，防止动物疫情扩散；同时，要按人民政府或者农业农村主管部门的要求，参加预防、控制和扑灭动物疫病活动。由于执业兽医的执业活动关系到动物健康和公共卫生安全，在动物疫病预防、控制、净化和消灭过程中起着至关重要的作用，因此客观上要求执业兽医必须有较高的职业道德水平，从而有效的保护动物健康和公共卫生安全。

二、建设执业兽医职业道德的作用

1. 调节社会关系的作用

执业兽医的执业活动涉及社会生活的诸多方面，一方面可以调节从业人员内部的关系，即运用执业兽医的道德规范约束内部人员的行为，要求内部人员团结互助、爱岗敬业、齐心协力为发展本行业服务。另一方面可以调节从业人员和服务对象之间的关系，它要求执业兽医应当对服务对象负责，通过树立良好的执业兽医队伍的道德形象，进而带动整个社会的道德文明和精神文明的进步。

2. 提高本行业信誉的作用

社会公众对执业兽医的信任程度，决定着执业兽医在社会中的发展前景。执业兽医的信誉主要由其服务水平质量的高低来决定，而执业兽医职业道德水平高是服务质量的有效保证，若执业兽医职业道德水平不高，就很难提供优质的服务。因此，执业兽医良好的职业道德水平，对提高本行业的信誉和促进本行业的发展具有重要的作用。

3. 规范执业行为的作用

执业兽医职业道德在于规范执业兽医的执业行为。动物卫生法律规范中虽然有执业兽医职业道德的内容，但执业兽医的执业行为不可能都在法律调整范围之内，所以规范执业兽医职业道德行为的主要手段还是依靠道德，通过道德的规范作用提高执业兽医的责任感和自觉性，从而使职业道德在执业活动中发挥作用，有效地提高服务质量。

三、执业兽医的行为规范

1. 执业兽医的执业机构概述

（1）执业兽医的执业机构　动物诊疗机构是执业兽医的主要执业机构，执业兽医的执业活动必须接受动物诊疗机构的管理。根据《动物防疫法》《动物诊疗机构管理办法》的规定，动物诊疗机构应当具备以下一般条件：①有固定的动物诊疗场所，且动物诊疗场所使用面积符合省、自治区、直辖市人民政府农业农村主管部门的规定；②动物诊疗场所选址距离动物饲养场、动物屠宰加工场所、经营动物的集贸市场不少于200m；③动物诊疗场所设有独立的出入口，出入口不得设在居民住宅楼内或者院内，不得与同一建筑物的其他用户共用通道；④具有布局合理的诊疗室、隔离室、药房等功能区；⑤具有诊断、消毒、冷藏、常规化验、污水处理等器械设备；⑥具有诊疗废弃物暂存处理设施，并委托专业处理机构处理；⑦具有染疫或者疑似染疫动物的隔离控制措施及设施设备；⑧具有与动物诊疗活动相适应的执业兽医；⑨具有完善的诊疗服务、疫情报告、卫生安全防护、消毒、隔离、诊疗废弃物暂存、兽医器械、兽医处方、药物和无害化处理等管理制度。

动物诊所除具备动物诊疗机构的一般条件外，还应当具备以下条件：①具有一名以上执业兽医师；②具有布局合理的手术室和手术设备。

动物医院除具备动物诊疗机构的一般条件外，还应当具备以下条件：①具有三名以上执业兽医师；②具有X光机或者B超等器械设备；③具有布局合理的手术室和手术设备。除动物医院外，其他动物诊疗机构不得从事动物颅腔、胸腔和腹腔手术。

（2）执业兽医执业机构的行为规范

1）遵守管理机关登记管理的规定：农业农村主管部门是执业兽医和动物诊疗机构的管理机关，管理的重要内容之一就是对动物诊疗机构的重大事项进行登记管理，因此动物诊疗机构变更名称、诊疗活动范围、从业地点和法定代表人（负责人）等重大事项，应当报原审批部门批准。动物诊疗机构应当使用规范的名称，未取得相应许可的，不得使用"动物诊所"或者"动物医院"的名称。设立分支机构必须另行办理动物诊疗许可证。动物诊疗许可证遗失的，应当及时向原发证机关申请补发。安装、使用具有放射性的诊疗设备的，应当依法经生态环境主管部门批准。

2）动物诊疗机构内部管理的行为规范：①动物诊疗机构应当依法从事动物诊疗活动，建立健全内部管理制度，在诊疗场所的显著位置悬挂动物诊疗许可证和公示诊疗活动从业人员基本情况；②动物诊疗机构应当使用载明机构名称的规范病历，包括门（急）诊病历和住院病历。病历档案保存期限不得少于3年；③动物诊疗机构应当为执业兽医师提供兽医处方笺，处方笺的格式和保存等应当符合农业农村部规定的兽医处方格式及应用规范；④动物诊疗机构应当定期对本单位工作人员进行专业知识、生物安全以及相关政策法规培训；⑤动物诊疗机构应当对兽医相关专业学生、毕业生参与动物诊疗活动加强监督指导。

3）动物诊疗机构诊疗活动中的行为规范：①应当按照农业农村部的规定，做好诊疗活动中的卫生安全防护、消毒、隔离和诊疗废弃物处置等工作。②不得伪造、变造、转让、出租、出借动物诊疗许可证。③应当按照国家兽药管理的规定使用兽药和兽医器械，不得使用不符合规定的兽医器械、假劣兽药和农业农村部规定禁止使用的药品及其他化合物。④兼营动物用品、动物饲料、动物美容、动物寄养等项目的，兼营区域与动物诊疗区域应当分别独立设置。⑤发现动物染疫或者疑似染疫的，应当按照国家规定立即向当地农业农村主管部门或者动物疫病预防控制机构报告，并采取隔离、消毒等控制措施，防止动物疫情扩散。发现动物患有或者疑似患有国家规定应当扑杀的疫病时，不得擅自进行治疗。⑥应当按照国家规定处理染疫动物及其排泄物、污染物和动物病理组织等；不得随意丢弃诊疗废弃物，排放未经无害化处理的诊疗废水。⑦利用互联网等信息技术开展动物诊疗活动，活动范围不得超出动物诊疗许可证核定的诊疗范围。⑧应当支持执业兽医按照当地人民政府或者农业农村主管部门的要求，参加动物疫病预防、控制和动物疫情扑灭活动。⑨应当于每年3月底前将上年度动物诊疗活动情况向县级人民政府农业农村主管部门报告。⑩应当配合农业农村主管部门、动物卫生监督机构、动物疫病预防控制机构进行有关法律法规宣传、流行病学调查和监测工作。

2. 执业兽医的行为规范要求

2005年5月，国务院推进兽医管理体制改革，提出逐步实行执业兽医制度，2008年1月施行的《动物防疫法》确立了执业兽医资格考试制度。2010年10月农业部组织在全国范围内开展执业兽医资格考试。2010年10月中国兽医协会成立，专门设立了中国兽医协会职业道德建设工作委员会，开展研究执业兽医职业道德规范和执业兽医依法执业行为的具体措施、法律咨询，以及办理执业兽医行业内重大影响的维权事项等工作。2011年11月，中国兽医协会发布了《执业兽医职业道德行为规范》，对提升执业兽医职业道德，规范执业兽医从业活动，提高执业兽医整体素质和服务质量，以及维护兽医行业的良好形象，起到积极的促进作用。

（1）执业兽医在执业机构中的行为规范　①执业兽医应当在备案的动物诊疗机构执业，但动物诊疗机构间的会诊、支援、应邀出诊、急救等除外；②动物饲养场、实验动物饲育单位、兽药生产企业、动物园等单位聘用的取得执业兽医资格证书的人员，不得对外开展动物诊疗活动。

（2）执业兽医与行政管理机构之间的行为规范　①取得执业兽医资格证书并在动物诊疗机构从事动物诊疗活动的，应当向动物诊疗机构所在地备案机关备案；②执业的动物诊疗机构发生变化的，应当按规定及时更新备案信息。

（3）执业兽医在执业活动中的行为规范　《执业兽医职业道德行为规范》规定，执业兽医职业道德规范是执业兽医的从业行为职业道德标准和执业操守，执业兽医应当遵守，具体内容包括以下几个方面：

1）执业兽医应当模范遵守有关动物诊疗、动物防疫、兽药管理等法律规范和技术规程的规定，依法从事兽医执业活动。

2）执业兽医不对患有国家规定应当扑杀疫病的动物擅自进行治疗；当发现动物染疫或者疑似染疫时，应当立即向农业农村主管部门或者动物疫病预防控制机构报告。

3）执业兽医未经亲自诊断或治疗，不开具处方药、填写诊断书或出具有关证明文件。

4）发现违法从事兽医执业行为或其他违法行为的，执业兽医应当向有关主管部门进行举报。

5）执业兽医应当使用规范的处方笺、病历，并照章签名保存。发现兽药有不良反应的，应当向农业农村主管部门报告。

6）执业兽医应当热情接待动物主人和患病动物，耐心解答动物主人提出的问题，尽量满足动物主人的正当要求。

7）执业兽医应当如实告知动物主人患病动物的病情，制定合理的诊疗方案。遇有难以诊治的患病动物时，应当及时告知动物主人，并及时提出转诊意见。

8）执业兽医应当如实表述自己的执业情况和技术水平，不做虚假广告，不在诊治活动中弄虚作假。

9）执业兽医应当对动物诊疗的相关信息或资料保守秘密，未经动物主人同意不得用于商业用途。

10）执业兽医在从业过程中应当注重仪表，着装整洁，举止端庄，语言文明。

11）执业兽医应当为患病动物提供医疗服务，解除其病痛，同时尽量减少动物的痛苦和恐惧。

12）执业兽医应当劝阻虐待动物的行为，宣传动物保健和动物福利知识。

13）执业兽医应当积极参加兽医专业知识和相关政策法规的培训教育，提高业务素质。

14）执业兽医应当积极参加有关兽医新技术和新知识的培训、研讨和交流，更新知识结构。

15）执业兽医在从业活动中，应当明码标价，合理收费。

16）执业兽医不得接受医疗设备、器械、药品等生产、经营者的回扣、提成或其他不当得利。

此外，《执业兽医职业道德行为规范》还规定了执业兽医的十种不道德的行为，具体内容如下：

1）随意贬低兽医职业和兽医行业的。

2）故意贬低同行或通过诋毁他人等方式招揽业务的。

3）未取得专家称号，对外称"专家"谋取利益的。

4）通过给其他兽医介绍患病动物，收取回扣或提成的。

5）冒充其他执业兽医从业获利的。

6）擅自篡改或删除处方、病历及相关诊疗数据，伪造诊断结果、违规出具证明文件或在诊疗活动中弄虚作假的。

7）未经动物主人同意，将动物诊疗的相关信息或资料用于商业用途的。

8）教唆、帮助或参与他人实施违法的兽医执业活动的。

9）随意夸大动物病情或夸大治疗效果的。

10）执业兽医在人才流动过程中损害原工作单位权益的。

四、执业兽医的职业责任

执业兽医的职业责任，是指执业兽医在执业活动中违反有关执业兽医的法律规范时应承担的法律责任，包括刑事责任、行政责任、民事责任和纪律处分。执业兽医的职业责任，对于督促执业兽医在执业过程中勤勉尽责、恪尽职守，增强执业兽医的自律意识、风险意识，树立执业兽医良好的社会形象具有十分重要的意义。

1. 执业兽医的刑事责任

执业兽医的刑事责任是指执业兽医在执业活动中，因其行为触犯了刑事法律规范的有关规定，而应承担的法律责任。需要明确的是，这里所称的执业兽医的刑事责任是一种职业责任，该责任发生在执业兽医的执业活动中，如果与执业兽医的执业活动无关，则不能称之为执业兽医的刑事责任。根据《中华人民共和国刑法》和《动物防疫法》的有关规定，执业兽医在执业活动中，违反有关动物防疫的国家规定，引起重大动物疫情，或者有引起重大动物疫情危险，情节严重的，处三年以下有期徒刑或者拘役，并处或者单处罚金。

2. 执业兽医的行政责任

执业兽医的行政责任是指执业兽医和动物诊疗机构违反与其执业活动有关的法律规范，而应承担的法律责任。执业兽医行政责任的主要法律依据是《动物防疫法》《动物诊疗机构管理办法》《执业兽医和乡村兽医管理办法》。对执业兽医违法行为实施行政处罚的种类有：警告、罚款、没收违法所得、暂停动物诊疗活动、吊销执业兽医资格证书。对动物诊疗机构违法行为实施行政处罚的种类有：警告、罚款、没收违法所得、停业整顿、吊销动物诊疗许可证。

3. 执业兽医的民事责任

执业兽医的民事责任是指执业兽医和动物诊疗机构在执业活动中，因违法执业或过错给他人造成损失应承担的民事责任。执业兽医在执业活动中，违反《动物防疫法》《动物诊疗机构管理办法》《执业兽医和乡村兽医管理办法》的规定，导致动物疫病传播、流行或造成动物诊疗事故等，给他人人身、财产造成损害的，应当依法承担民事责任。执业兽医从事动物诊疗活动，是一种民事法律关系，执业兽医在执业活动中因过错给他人造成损失的，其赔偿的主体是动物诊疗机构，即由执业兽医所在的动物诊疗机构承担民事赔偿责任。

4. 执业兽医的纪律处分

执业兽医的纪律处分是指兽医行业协会对执业兽医和动物诊疗机构违反执业兽医执业规范行为作出的行业处分。《执业兽医和乡村兽医管理办法》第五条规定，执业兽医、乡村兽医依法执业，其权益受法律保护。同时，规定兽医行业协会要加强行业自律，及时反映行业诉求，为兽医人员提供信息咨询、宣传培训、权益保护、纠纷处理等方面的服务。为了维护动物诊疗执业秩序、保障执业兽医依法执业的权利，兽医行业协会对执业兽医和动物诊疗机构违规行为实施行业处分是十分必要的。对执业兽医和动物诊疗机构的纪律处分方式主要有：警告、通报批评、公开谴责、暂停会员资格、取消会员资格等。

第二篇

动物解剖学、组织学与胚胎学

第一章 概述

第一节 细 胞

动物解剖学、组织学与胚胎学是研究正常动物有机体的形态、结构及发生发展规律的科学。动物体的最基本结构和功能单位是细胞，它是机体进行新陈代谢、生长发育和繁殖分化的形态基础。在细胞之间存在着细胞间质，是由细胞产生的构成细胞生存的微环境，对细胞起支持、营养和保护作用。由一些起源相同、形态和功能相似的细胞和细胞间质构成组织，动物体有4种基本组织，即上皮组织、结缔组织、肌组织和神经组织。由几种不同的组织结合在一起，构成具有一定形态和执行特殊功能的结构，称为器官。由若干个功能相关的器官联系起来，共同完成某种特定的生理功能，则构成系统。动物体由运动系统、被皮系统、消化系统、呼吸系统、泌尿系统、生殖系统、心血管系统、淋巴系统、神经系统、内分泌系统和感觉器官组成。各系统之间有着密切的联系，在功能上相互影响、相互配合，构成一个统一的有机整体，表现出各种生命活动。

一、细胞的构造

构成动物体的细胞种类繁多，大小、形态、结构和功能各异，但却具有共同的特征：①一般都由细胞膜、细胞质（包括各种细胞器）和细胞核构成。②细胞是有机体代谢与执行功能的基本单位，具有独立的、有序的自控代谢体系。③具有生物合成的能力，能把小分子的简单物质合成为大分子的复杂物质，如蛋白质、核酸等。④细胞是遗传的基本单位，每个细胞都含有全套的遗传信息，即基因，它们具有遗传的全能性。近年来，研究获得的克隆动物就是将已分化的体细胞诱导发育为动物个体。⑤细胞是有机体生长与发育的基本单位，以细胞的分裂、增殖、分化与凋亡来实现有机体的生长与发育。构成细胞的基本物质是原生质，其化学成分很复杂，主要由蛋白质、核酸、脂类、糖类等有机物和水、无机盐等无机物组成。细胞结构模式图见图2-1-1。

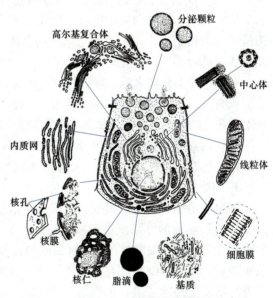

图 2-1-1　细胞结构模式图

1. 细胞膜

细胞膜是包围在细胞质外面的一层薄膜，又称质膜。一般厚7~10nm，在高倍电镜下细胞膜分3层结构：内、外两层电子密度高，中间层电子密度低，通常将具有这样3层结构的膜称为单位膜。除细胞膜外，在细胞内还有构成某些细胞器的细胞内膜。细胞膜和细胞内膜统称为生物膜。细胞膜的基本作用是保持细胞形态结构的完整，维护细胞内环境的相对稳定，细胞识别，与外界环境不断地进行物质交换及能量和信息的传递。

细胞膜的化学成分主要包括蛋白质、脂质和少量多糖。关于细胞膜的分子结构，目前公认的是液态镶嵌模型学说。该学说认为：细胞膜是由液态的脂质双分子层中镶嵌着可移动的球形蛋白质构成。每个脂质分子均由一个头部和两个尾部构成。头部具有亲水性，它分别朝向膜的内、外表面；而尾部具有疏水性，伸入膜的中央。蛋白质分子有的镶嵌在脂质分子之间，称为嵌入蛋白；有的附着在脂质分子的内、外表面，主要在内表面，称为外在膜蛋白。少量的多糖可以和部分暴露在细胞膜外表面的蛋白质或脂质分子结合成糖蛋白或糖脂。

2. 细胞质

细胞质是执行细胞生理功能和化学反应的主要部分，填充在细胞膜与细胞核之间，生活状态下为半透明的胶状物，由基质、细胞器和内含物组成，又称细胞浆、胞浆。

（1）基质　基质呈均匀透明而无定形的胶状，含有蛋白质、糖类、脂类、水和无机盐等。各种细胞器、内含物和细胞核均悬浮于基质中。

（2）细胞器　细胞器是细胞质内具有一定形态结构和执行一定功能的小器官，包括线粒体、核糖体、内质网、高尔基复合体、溶酶体、过氧化物酶体、中心体、微丝、微管和中间丝等。线粒体存在于除成熟红细胞以外的所有细胞内，主要功能是进行氧化磷酸化，为细胞生命活动提供直接能量，所以被称为细胞内的"能量工厂"。核糖体又称核蛋白体，是合成蛋白质的场所。内质网根据其表面是否附着有核糖体，可分为粗面内质网和滑面内质网；前者主要功能是合成和运输蛋白质，后者是脂质合成的重要场所。横纹肌和心肌细胞内有大量滑面内质网，又称肌浆网，能摄取和释放钙离子（Ca^{2+}），参与肌纤维的收缩活动。高尔基复合体位于细胞核附近，主要功能与细胞的分泌、溶酶体的形成及糖类的合成有关。溶酶体的主要功能是进行细胞内消化作用，消化分解进入细胞的异物和细菌或细胞自身失去功能的细胞器，有细胞内消化器之称。过氧化物酶体又称微体，与细胞内物质的氧化及过氧化氢（H_2O_2）的形成有关。中心体位于细胞的中央或细胞核附近，其功能与细胞分裂有关，此外它还参与纤毛和鞭毛的形成。微管、微丝和中间丝参与组成细胞骨架结构。

（3）内含物　内含物为广泛存在于细胞内的营养物质和代谢产物，包括糖原、脂肪、蛋白质和色素等。其数量和形态可随细胞不同生理状态和病理情况改变。

3. 细胞核

细胞核是细胞的重要组成部分，遗传信息的贮存场所，控制细胞的遗传和代谢活动。在家畜体内除成熟的红细胞没有细胞核外，所有细胞都有细胞核。多数细胞只有1个细胞核，但也有2个和多个细胞核的（如肝细胞和骨骼肌细胞）。细胞核主要由核膜、核质、核仁和染色质组成。核膜是细胞核与细胞质之间的界膜，上有许多散在的核孔，是细胞核与细胞质之间进行物质交换的通道。核质是无结构的透明胶状物质，又称核液，其成分与细胞质的基质很相似，含多种酶和无机盐。核仁有1~2个，也有3~5个的，它是rRNA合成、加工和核糖体亚单位装配的场所。染色质是指细胞核内能被碱性染料着色的物质，当细胞进入有丝分裂期时，每条染色质丝均高度螺旋化，变粗变短，成为一条条染色体。各种家畜的染色体具有特定的数目和形态，如猪38条、牛60条、马64条、驴62条、骆驼74条、绵羊54条、山羊60条、犬78条、兔44条、鸡78条、鸭80条。正常家畜体细胞的染色体为双倍体（即染色体成对），而成熟的性细胞的染色体是单倍体。在成对的染色体中有一对为性染色体。哺乳动物的性染色体又可分为X和Y染色体，它们决定性别，雌性为XX，雄性为XY；在家禽中，雌性为ZW，雄性为ZZ。

二、细胞的主要生命活动

1. 细胞分裂

细胞增殖是细胞生命活动的重要特征之一，细胞增殖是通过细胞分裂来实现的。细胞分裂分为有丝分裂、无丝分裂和减数分裂。细胞从前一次分裂结束到下一次分裂完成，称为一个细胞周期。每个细胞周期又可分为分裂间期和分裂期。细胞分裂间期又分为3期，即DNA合成前期（G1期）、DNA合成期（S期）与DNA合成后期（G2期）。细胞分裂期包括前期、中期、后期和末期。细胞总是交替地处于这两个阶段。

2. 细胞分化

在个体发育中，由一种相同的细胞类型经细胞分裂后逐渐在形态、结构和功能上形成稳定性的差异，产生不同细胞类群的过程称为细胞分化。组成动物有机体的各种细胞就是由一个受精卵细胞经增殖分裂和细胞分化衍生而来的后代。一般来说，分化程度低的细胞，其分裂繁殖的能力较强（如间充质细胞），有些细胞不断地分裂繁殖，同时又不断地进行着分化（如造血干细胞和精原细胞），这些细胞通常在形态上表现出细胞核大、核仁明显、染色浅、细胞质嗜碱性，这种幼稚的细胞（低分化细胞）常称为干细胞。分化程度较高的细胞的分裂繁殖潜力较弱或完全丧失（如神经元）。细胞的分化既受内部遗传的影响，也受外界环境的影响。例如，某些化学药物、激素和维生素缺乏等因素，可引起细胞异常分化或抑制细胞分化。

3. 细胞衰老

衰老和死亡是细胞发展过程中的必然规律。衰老的细胞主要表现为代谢活动降低，生理功能减弱，并出现形态结构的改变。不同类型的细胞的衰老进程很不一致。一般来说，寿命长的细胞，衰老出现很慢，如神经元和心肌细胞；寿命短的细胞，衰老较快，如红细胞和表皮细胞等。衰老的细胞濒临死亡时，除了代谢降低、生理功能减弱外，形态也发生显著的变化，如细胞质出现膨胀或缩小，嗜酸性增强；脂肪增多，出现空泡；色素蓄积等。

4. 细胞凋亡

细胞凋亡是指细胞在一定的生理或病理条件下，受内在遗传机制的控制自动结束生命的过程，即细胞程序性死亡。

5. 细胞周期

通常将通过细胞分裂产生的新细胞的生长开始到下一次细胞分裂形成子细胞结束为止所经历的过程称为细胞周期。

第二节　畜体各部位的名称

动物体可分为头、躯干和四肢3部分。

一、头部

头部包括颅部和面部。

（1）颅部　位于颅腔周围，可分为枕部、顶部、额部、颞部、耳部和眼部。

（2）面部　位于口腔和鼻腔周围，可分为眶下部、鼻部、咬肌部、颊部、唇部、颏部和下颌间隙部。

二、躯干

1）颈部：包括颈背侧部、颈侧部和颈腹侧部。

2）背胸部：包括背部（分为鬐甲部和背部）、胸侧部（肋部）和胸腹侧部（分为胸前部和胸骨部）。
3）腰腹部：分为腰部和腹部。
4）荐臀部：包括荐部和臀部。
5）尾部。

三、四肢

（1）前肢部　包括肩部、臂部、前臂部和前脚部。前脚部又可分为腕部、掌部和指部。
（2）后肢部　分为臀部、股部、膝部、小腿部和后脚部。后脚部又可分为跗部、跖部和趾部。

第三节　解剖学常用的方位术语

解剖学方位术语是解剖学的基本术语，是正确描述动物体各部结构的位置关系的基础。

一、基本切面

（1）矢状面　与动物体长轴平行而与地面垂直的切面。其中通过动物体正中轴将动物体分成左、右两等分的面称正中矢面，其他与正中矢面平行的矢状面称侧矢面。
（2）水平面（额面）　与地面平行且与矢状面和横断面垂直的切面。
（3）横断面　与动物体的长轴或某一器官的长轴垂直的切面。

二、用于四肢的术语

（1）掌侧　前肢的后面称掌侧。
（2）跖侧　后肢的后面称跖侧。

第二章 骨骼

第一节　基本概念

动物体内每枚骨都是一个器官。骨主要由骨组织构成，具有一定的形态和功能，坚硬而富有弹性，有丰富的血管和神经，能不断地进行新陈代谢和生长发育，并具有改建、修复和再生的能力。骨内含有骨髓，是重要的造血器官。骨质内有大量的钙盐和磷酸盐，是动物体的钙、磷库。

一、骨的构造

骨由骨膜、骨质和骨髓构成，并含有丰富的血管和神经。骨的构造见图 2-2-1。

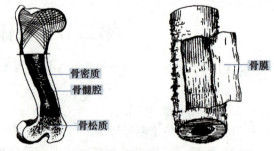

图 2-2-1　骨的构造

1. 骨膜

除关节面外，骨的内、外表面均被覆一层骨膜。位于骨质外表面的称骨外膜，较厚，分两层。外层为纤维层，富含胶原纤维束和血管、神经，并穿入骨质内，可固定骨膜。内层疏松，为成骨层，含有大量细胞和少量纤维。

在幼龄时期,正在生长的骨的成骨层很发达,细胞非常活跃,直接参与骨的生长;到了成年期,成骨层逐渐萎缩,细胞转为静止状态,但它终生保持分化能力。在骨受损失时,成骨层有修补和再生骨质的作用,故在骨的手术中应尽量保留骨膜,以免发生骨的坏死和延迟骨的愈合。在骨髓腔面、骨小梁表面、中央管和穿通管的内表面也衬有薄层结缔组织膜,称骨内膜。骨内膜的纤维细而少,富含细胞和血管。

2. 骨质

骨质是构成骨的主要成分,由骨组织构成。骨组织是动物体内最坚硬的组织,由骨细胞、成骨细胞、骨原细胞、破骨细胞等细胞成分和大量钙化的细胞间质(也称骨基质)组成。骨基质呈板层状,称为骨板。因骨板排列的松密程度不同,骨质可分为骨密质和骨松质两种。骨密质位于骨的外周,构成长骨的骨干、骺及其他类型骨的外层,坚硬、致密。骨松质位于骨的深部,呈海绵状,由互相交错的骨小梁构成。骨松质中骨小梁的排列方向与受力的作用方向一致。骨密质和骨松质的这种配合,使骨既坚固又轻便。

3. 骨髓

骨髓分为红骨髓和黄骨髓。红骨髓位于骨髓腔和所有骨松质的间隙内,具有造血机能。成年家畜长骨骨髓腔内的红骨髓被富含脂肪的黄骨髓代替,但长骨两端、短骨和扁骨的骨松质内终生保留红骨髓。当机体大量失血或贫血时,黄骨髓又能转化为红骨髓,恢复造血机能。骨松质中的红骨髓终生存在,所以临床上常进行骨髓穿刺,检查骨髓象,诊断疾病。

4. 血管、神经

骨具有丰富的血液供应,血管的一部分经骨膜穿入骨质,另一部分由骨端的滋养孔穿入骨内。神经与血管伴行,分布于骨膜、骨质和骨髓。

二、物理特性和化学成分

骨最基本的物理特性是具有硬度和弹性。这与骨的形状、内部结构及其化学成分有密切的关系。骨的化学成分主要包括无机物和有机物。有机物主要是骨胶原,在成年家畜的骨中约占 1/3,使骨具有弹性和韧性;无机物主要是磷酸钙和碳酸钙,在成年家畜的骨中约占 2/3,使骨具有硬性和脆性。有机质和无机质在骨中的比例,随年龄和营养健康状况不同而变化。幼畜的骨中有机物较多,所以骨的弹性大,硬度小,不易发生骨折,但容易弯曲变形。老年家畜则相反,骨中无机物多,只有硬度而缺乏弹性,因此脆性较大,易发生骨折。妊娠母畜骨内钙质被胎儿吸收,使母畜骨质疏松而易发生骨软症。奶牛在泌乳期,如果饲料成分比例不适,可发生上述情况。为了预防骨软症,应注意饲料成分的调配。

三、畜体全身骨骼的划分

畜体全身骨骼的划分见图 2-2-2。以马为例,其骨骼见图 2-2-3。

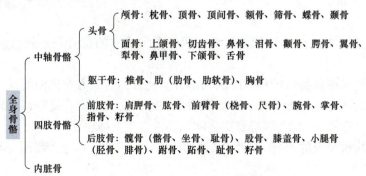

图 2-2-2 畜体全身骨骼的划分

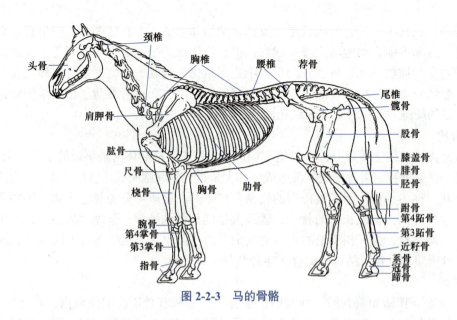

图 2-2-3　马的骨骼

第二节　头　骨

头骨主要由扁骨和不规则骨构成，分颅骨和面骨两部分。马头骨见图 2-2-4~ 图 2-2-6。

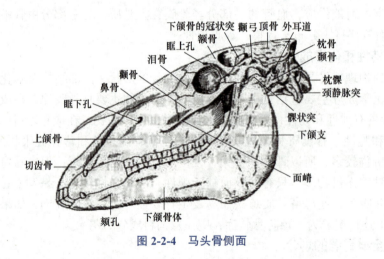

图 2-2-4　马头骨侧面

一、头骨的组成

1. 颅骨

颅骨构成颅腔，由成对的顶骨、额骨、颞骨和不成对的枕骨、顶间骨、蝶骨和筛骨等组成。

（1）枕骨　构成颅腔的后壁和下底的一部分。枕骨的后上方有横向的枕嵴。猪的枕嵴特别高大。枕骨的后下方有枕骨大孔，后接椎管。枕骨大孔的两侧有枕髁，与寰椎构成寰枕关节。髁的外侧有颈静脉突，髁与颈静脉突之间的窝内有舌下神经孔。

（2）顶骨　构成颅腔的顶壁（黄牛为后壁），其后面与枕骨相连，前面与额骨相接，两侧为颞骨。

(3) 顶间骨　为一小骨，位于左、右顶骨和枕骨之间，常与相邻骨结合，故外观不明显，但在其脑面有枕内结节。

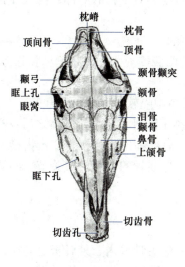

图 2-2-5　马头骨背面

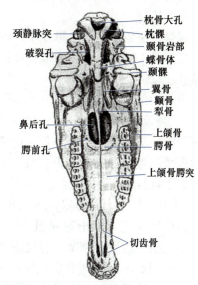

图 2-2-6　马头骨底面

(4) 额骨　位于顶骨的前方，鼻骨的后方，构成颅腔的前上壁和鼻腔的后上壁。额骨的外部有突出的眶上突，构成眼眶的上界。眶上突的基部有眶上孔。突的后方为颞窝；突的前方为眶窝，是容纳眼球的深窝。额骨的内、外板和筛骨之间，形成额窦。

(5) 筛骨　位于颅腔和鼻腔之间，由垂直板、筛板和 1 对侧块组成。垂直板位于正中，将鼻腔后部分为左右两部分。侧块由筛骨迷路组成，向前突入鼻腔后部。侧块后方是多孔的筛板，构成颅腔的前壁。

(6) 蝶骨　构成颅腔下底的前部。由蝶骨体、两对翼（眶翼、颞翼）及 1 对翼突组成，形如蝴蝶。蝶骨的后缘与枕骨及颞骨形成不规则的破裂孔。其前缘与额骨及腭骨相连处有 4 个孔，由上而下为筛孔、视神经孔、眶孔和圆孔。这些孔、裂都是血管和神经的通路。

(7) 颞骨　位于颅腔的侧壁，又分为鳞部和岩部。鳞部与顶骨、额骨及蝶骨相连。在外面有颞骨颧突伸出，并转而向前与颧骨颞突合成颧弓。在颞骨颧突的腹侧有颞髁。岩部位于鳞部与枕骨之间，是中耳和内耳的所在部位。

2. 面骨

面骨主要构成鼻腔、口腔和面部的支架，由成对的上颌骨、切齿骨、鼻骨、泪骨、颧骨、腭骨、翼骨、鼻甲骨和不成对的犁骨、下颌骨、舌骨等组成。

(1) 上颌骨　位于面部的两侧，构成鼻腔的侧壁、底壁和口腔的上壁，几乎与面部各骨均相接连。齿槽缘上具有臼齿齿槽，前方无齿槽的部分，称齿槽间缘。骨内有眶下管通过。骨的外面有面嵴和眶下孔。

(2) 切齿骨　又称颌前骨，位于上颌骨前方，构成鼻腔的侧壁及下底和口腔上壁的前部。骨体上有切齿齿槽（牛无切齿齿槽）。

(3) 鼻骨　位于额骨的前方，构成鼻腔顶壁的大部。

(4) 泪骨　位于上颌骨后背侧，眼眶底的内侧。其眶面有泪囊窝和鼻泪管的开口。

（5）颧骨 位于泪骨腹侧，构成眼眶的下界。前接上颌骨的后缘；下部有面嵴，并向后方伸出颧骨颞突，与颞骨颧突结合形成颧弓。

（6）腭骨 位于上颌骨内侧的后方，形成鼻后孔的侧壁与硬腭的后部，构成硬腭和鼻后孔侧壁的骨质基础。

（7）翼骨 是成对的狭窄薄骨片，位于鼻后孔的两侧。

（8）鼻甲骨 是两对卷曲的薄骨片，附着在鼻腔的两侧壁上，并将每侧鼻腔分为上、中、下3个鼻道。

（9）犁骨 位于鼻腔底面的正中，背侧呈沟状，接鼻中隔软骨和筛骨垂直板。

（10）下颌骨 是头骨中最大的骨，有齿槽的部分称下颌骨体，下颌骨体之后没有齿槽的部分称下颌支。下颌骨体呈水平位，前部为切齿齿槽，后部为臼齿齿槽。切齿齿槽与臼齿齿槽之间为齿槽间隙。下颌支呈垂直位，上部有下颌髁，与颞骨的髁状突成关节。两侧下颌骨体和下颌支之间形成下颌间隙。

（11）舌骨 位于下颌间隙后部，由几枚小骨片组成。

二、鼻旁窦的位置和形态特征

鼻旁窦包括上颌窦、额窦、蝶腭窦和筛窦等，是一些头骨的内、外骨板之间的腔洞，可增加头骨的体积而不增加其重量，并对眼球和脑起保护、隔热的作用，因其直接或间接与鼻腔相通，故称为鼻旁窦。鼻旁窦内的黏膜和鼻腔的黏膜相延续，当鼻腔黏膜发炎时，常蔓延到鼻旁窦，引起鼻旁窦炎。

三、头骨的特点

各种动物的头骨差别比较大，主要表现为：

1）因各种动物脑的发育不同，颅腔大小、形态有差别。例如，马的头骨呈长锥状，猪呈锥状，牛的则比马的短。

2）动物食性不同，牙齿的发育不同，面部的长短也不一样。例如，马的面部较长，而犬的则较短。

3）眶窝发育情况、角的有无等也不一样。例如，牛的额骨上有角突，猪有吻骨等。

第三节 躯干骨

一、椎骨的特点

1. 颈椎

颈椎一般有7枚。第1颈椎呈环形，又称为寰椎。寰椎由背侧弓和腹侧弓构成。前面有成对的关节窝，与枕髁成关节；后面有与第2颈椎成关节的鞍状关节面。寰椎两侧的宽板叫寰椎翼。第2颈椎又称枢椎，椎体发达，前端突出称为齿状突，与寰椎的鞍状关节面构成可转动的关节。棘突发达，呈板状。无前关节突。第3~6颈椎形态相似，椎体发达，椎头和椎窝明显；关节突发达，横突分前、后两支。在横突基部有横突孔，各颈椎横突孔连接在一起形成横突管，供血管和神经通过。第7颈椎的椎体短而宽，椎窝两侧有与第1肋成关节的关节面，棘突明显。

2. 胸椎

猪14或15枚，牛、羊13枚，犬、猫13枚，马18枚。椎体大小较一致，在椎头和椎窝的两侧均有与肋骨头成关节的前、后肋凹。棘突发达，以第2~6（牛）或第3~5（马）胸椎的棘突最高，构成鬐甲的基础。横突短，有小关节面与肋骨结节成关节。

3. 腰椎

猪、羊 6 或 7 枚，牛、马 6 枚，犬、猫为 7 枚，驴、骡常为 5 枚。腰椎椎体长度与胸椎相近；棘突较发达，其高度与后段胸椎的相等。横突长，牛的腰椎横突更长，呈上下压扁的板状，伸向外侧，有利于扩大腹腔顶壁的横径。

4. 荐椎

猪、羊 4 枚，牛、马 5 枚，犬、猫 3 枚。荐椎是构成骨盆腔顶壁的基础。成年家畜的荐椎愈合在一起，称为荐骨。其前端两侧的突出部叫荐骨翼。第 1 荐椎体腹侧缘前端的突出部叫荐骨岬。荐骨的背面和盆面每侧各有 4 个孔，分别叫荐背侧孔和荐盆侧孔，是血管和神经的通路。

5. 尾椎

数目变化大，猪、犬 20~23 枚，羊 13~24 枚，牛 18~20 枚，马 15~21 枚。除前 3 或 4 枚尾椎具有椎骨的一般构造外，其余尾椎椎弓、棘突和横突逐渐退化，仅保留椎体。牛的前几枚尾椎椎体腹侧有成对的腹棘，中间形成一血管沟，供尾中动脉通过。

二、肋骨的特点

肋包括肋骨和肋软骨。肋骨为弓形长骨，构成胸廓的侧壁，左右成对。其对数与胸椎数目相同：牛、羊、犬、猫 13 对，马 18 对，猪 14 或 15 对。肋骨的椎骨端（近端）有肋骨小头和肋骨结节，分别与相应的胸椎体和横突成关节。相邻肋骨间的空隙称为肋间隙。每一肋骨的下端接一肋软骨。经肋软骨与胸骨直接相接的肋骨称真肋。一般真肋有 8 对，但猪、犬分别为 7 对和 9 对。而肋的肋软骨不与胸骨直接相连，而是连于前一肋软骨上，这些肋称假肋。肋软骨不与其他肋相接的肋称浮肋。最后肋骨与各假肋的肋软骨依次连接形成的弓形结构称为肋弓，作为胸廓的后界。

三、胸骨的特点

胸骨位于胸底部，由 6~8 枚胸骨节片借软骨连接而成。其前端为胸骨柄；中部为胸骨体，两侧有肋窝，与真肋的肋软骨相接；后端为剑状软骨。牛的胸骨较长，呈上下压扁状，无胸骨嵴。马的胸骨呈舟形，前部左右压扁，有发达的胸骨嵴；后部上下压扁。猪的胸骨与牛的相似，但胸骨柄明显突出。

四、胸廓

背侧的胸椎、两侧的肋骨和肋软骨，以及腹侧的胸骨围成胸部的轮廓，称为胸廓。胸前口由第 1 胸椎、两侧的第 1 肋和胸骨柄构成。胸后口则由最后的胸椎、两侧的肋弓和腹侧的剑状软骨构成。马的胸廓前部两侧显著压扁，向后逐渐扩大。牛的胸廓较马的短。

第四节 四 肢 骨

一、前肢骨的组成和特点

前肢骨包括肩胛骨、肱骨、前臂骨和前脚骨，其中前脚骨包括腕骨、掌骨、指骨和籽骨。

1. 肩胛骨

肩胛骨为三角形扁骨，外侧面有一纵形隆起的肩胛冈。马的肩胛冈发达，尤其肩胛冈的中部较粗大，称为冈结节。牛的肩胛冈远端突出明显，称肩峰。猪的冈结节特别发达且弯向后方，肩峰不明显。肩胛冈前方称冈上窝，后方为冈下窝，供肌肉附着。肩胛骨内侧面的上部为三角形粗糙面，是锯肌面；中、下部凹窝，称肩胛下窝。肩胛骨的上缘附有肩胛软骨，远端较粗大，有一圆形浅凹，称肩臼。肩臼前方突出部为肩胛结节。

2. 肱骨

肱骨为管状长骨，可分为骨干和两个骨端。近端后部球状关节面是肱骨头，前部内侧是小结节，外侧是大结节。两结节之间为肱二头肌沟。骨干呈不规则的圆柱状，形成一螺旋状沟（臂肌沟），外侧上部有三角肌粗隆，内侧中部有卵圆形的大圆肌粗隆。肱骨远端有内、外侧髁。髁间是肘窝。窝的两侧是内、外侧上髁。马的三角肌粗隆发达；而牛、猪的不太发达，但大结节粗大。

3. 前臂骨

前臂骨包括桡骨和尺骨。桡骨在前内侧，尺骨在后外侧。马、牛的桡骨发达；尺骨显著退化，仅近端发达，骨体向下逐渐变细，与桡骨愈合，近侧有间隙，称前臂骨间隙。尺骨近端突出部称肘突。猪、犬的尺骨比桡骨长。

4. 腕骨

腕骨位于前臂骨与掌骨之间，为小的短骨，排成上、下两列。近列腕骨有4枚，自内向外为桡腕骨、中间腕骨、尺腕骨和副腕骨；但犬仅3枚，其桡腕骨和中间腕骨愈合为1枚。远列一般为4枚，自内向外依次为第1、第2、第3和第4腕骨，如猪和犬。牛缺第1腕骨，而第2和第3腕骨愈合。马的第1和第2腕骨愈合为1枚。

5. 掌骨

掌骨为长骨，近端接腕骨，远端接指骨，由内向外分别称为第1、第2、第3、第4和第5掌骨。犬有5枚掌骨，但有蹄动物的掌骨有不同程度的退化。牛有3枚掌骨，第3、第4掌骨发达，相互愈合成大掌骨；第5掌骨为一圆锥形小骨，附于第4掌骨的近端外侧，称为小掌骨，而其他掌骨退化。马有3枚掌骨，中间是大掌骨，即第3掌骨；内侧和外侧是小掌骨，即第2和第4掌骨，缺第1和第5掌骨。猪有4枚掌骨，第3、第4掌骨大，第2、第5掌骨小，缺第1掌骨。

6. 指骨

一般每一指骨从上至下顺次包括系骨（近指节骨）、冠骨（中指节骨）和蹄骨（远指节骨）。牛有4指，第3、第4指发育完全，每指有3节；第2、第5指仅有2节，包括系骨和蹄骨，又称悬蹄。马只有第3指。猪有4指，第3、第4指发达，第2、第5指小。犬有5指，但第1指仅有2节。

7. 籽骨

一般每指有3枚籽骨，包括近籽骨和远籽骨。近籽骨位于掌骨远端掌侧，2枚。远籽骨位于冠骨和蹄骨交界部掌侧，1枚。但是，牛的悬指无籽骨，猪的第2、第5指仅有1对近籽骨，犬的籽骨特殊。

二、后肢骨的组成和特点

后肢骨包括髋骨、股骨、膝盖骨、小腿骨和后脚骨，其中后脚骨包括跗骨、跖骨、趾骨和籽骨。

1. 髋骨

髋骨由髂骨、坐骨和耻骨结合而成。3枚骨在外侧中部结合处形成深杯状的关节窝，称为髋臼，与股骨头成关节。左、右侧髋骨在骨盆中线处以软骨连结形成骨盆联合。

(1) 髂骨　位于外上方，为三角形的扁骨。前部宽大，称髂骨翼；后部窄小，称髂骨体。髂骨翼的外侧角粗大，称髋结节；内侧角为荐结节。

(2) 坐骨　为不正的四边形，位于后下方，构成骨盆底的后部。坐骨前缘与耻骨围成闭孔；后外角粗大，称坐骨结节。左、右侧坐骨的后缘连成坐骨弓。两侧坐骨内侧缘被软骨结合形成坐骨联合，构成骨盆联合的后部。

(3) 耻骨　较小，位于前下方，构成骨盆底的前部。耻骨后缘与坐骨前缘共同围成闭孔。两侧耻骨内侧缘由软骨结合形成耻骨联合，构成骨盆联合的前部。

2. 股骨

股骨为管状长骨。近端粗大，内侧是球状的股骨头，头的中央有一凹陷称头窝，供圆韧带附着，与髋臼成关节；外侧有粗大的突起，称大转子。骨干呈圆柱状，内侧近上 1/3 处的嵴称小转子；外侧缘在与小转子相对处有一较大的突，称第 3 转子。牛、猪和犬的第 3 转子不明显，马的第 3 转子发达。股骨远端粗大，前部是滑车关节面，由内侧嵴和外侧嵴组成，内侧嵴高，与膝盖骨成关节；后部由股骨内、外侧髁构成，与胫骨成关节。在两髁间有深的髁间窝，而髁内、外侧的上方有内、外侧上髁，供肌肉、韧带附着。

3. 膝盖骨

膝盖骨又称髌骨，呈顶端向下的楔形，位于股骨远端的前方。膝盖骨的前面粗糙，供肌腱、韧带附着，后面为与股骨滑车形成关节的关节面。

4. 小腿骨

小腿骨包括胫骨和腓骨。胫骨位于内侧，粗大，是呈三面棱柱状的长骨。近端粗大，有胫骨内、外侧髁，与股骨髁成关节。骨干为三面体，背侧缘隆起，称胫骨嵴。远端有螺旋状滑车，与胫跗骨成关节。腓骨细小，位于胫骨近端外侧。腓骨近端较大，称腓骨头；远端细小。牛的腓骨更退化，仅有两端，无骨体，其远端腓骨又称踝骨。猪、犬的腓骨发达。

5. 跗骨

跗骨由数枚短骨构成，位于小腿骨与跖骨之间。各种家畜跗骨的数目不同，但一般分为近、中、远3列。近列有 2 枚，内侧是距骨（胫跗骨），外侧是跟骨（腓跗骨）。跟骨近端粗大，称跟结节。中列仅有 1 枚中央跗骨。远列由内向外依次是第 1、第 2、第 3 和第 4 跗骨。牛的跗骨共 5 枚，第 2、第 3 跗骨愈合，第 4 跗骨与中央跗骨愈合；马的跗骨共 6 枚，第 1、第 2 跗骨愈合；猪、犬的跗骨有 7 枚。

6. 跖骨

跖骨与前肢掌骨相似，但较细长。

7. 趾骨

趾骨分为系骨、冠骨和蹄骨，与前肢指骨相似。

8. 籽骨

近籽骨 2 枚，远籽骨 1 枚。位置、形态与前肢籽骨相似。

三、骨盆

骨盆是指由两侧髋骨、背侧的荐骨和前 3~4 枚尾椎以及两侧的荐结节阔韧带共同围成的结构，呈前宽后窄的圆锥形腔。前口以荐骨岬、髂骨和耻骨为界；后口的背侧为尾椎，腹侧为坐骨，两侧为荐结节阔韧带后缘。雌性动物骨盆的底壁平而宽，雄性动物则较窄。骨盆背侧壁为荐椎和前 3~4 枚尾椎，侧壁为髂骨和荐结节阔韧带，底壁为耻骨和坐骨。

第三章 关节

第一节 基本概念

动物体全身骨借助骨连结连接成骨架。其中骨与骨之间借助膜性的结缔组织囊相连结，其间有腔隙，能进行灵活的运动。这种连结又叫滑膜连结，简称关节。关节构造模式图见图2-3-1。

一、骨连结的分类

根据骨间连接及其运动形式的不同，骨连结可分为直接连结和间接连结两大类。

1. 直接连结

骨连结间由结缔组织、软骨或骨直接相连，无腔隙，不活动或有少许活动，具有保护和支持功能。由于骨连结间组织的不同，可分为纤维连结和软骨连结。

图 2-3-1　关节构造模式图

（1）纤维连结　即两骨间借纤维结缔组织相连，连接牢固，一般无活动性，因此又称不动连结。这种连结有缝和韧带连结2种方式，如头骨诸骨之间的缝，椎弓间的黄韧带连接，以及桡骨与尺骨间的韧带连结等。纤维连结常随年龄的增长而骨化，成为骨性连结，不再具有活动性。

（2）软骨连结　两骨间借软骨组织相连，具有弹性和韧性，能微量活动或基本不活动，故又称微动连结。软骨连结包括2种形式：透明软骨连结，如长骨的骨干与骺之间的结合，这种连接一般为暂时性的，随着年龄增长逐渐骨化，成为骨性连结；纤维软骨连结，如椎体间的椎间盘和骨盆联合等，这种连结在正常情况下一般不骨化。

2. 间接连结

间接连接又称滑膜连结，简称关节，是骨连结的最高分化形式，也是骨连结中较普遍的一种形式。其特点是骨与骨之间借由结缔组织构成的关节囊相连，不直接相连，其间有腔隙，周围有滑膜包围，活动度较大。

二、关节的结构

1. 关节的基本结构

（1）关节面和关节软骨　关节面是形成关节的骨与骨相对的光滑面，骨质致密，其表面覆盖有透明软骨，称关节软骨。关节面的形状多样，主要是适应关节的运动。关节软骨富有弹性，有减少摩擦和缓冲震动的作用。

（2）关节囊　由结缔组织构成，附着于关节面周缘。囊壁分内、外两层，外层为纤维层，内层为滑膜层，滑膜层与关节软骨围成密闭的关节腔。滑膜层可分泌滑液，有营养软骨和润滑关节的作用。

（3）关节腔　为关节软骨与滑膜围成的密闭腔隙，内有滑液。关节腔内为负压，有助于维持关节的稳定。

（4）血管、淋巴管及神经　关节的动脉来自附近动脉的分支，在关节周围形成动脉网，再分支到骨骺和关节囊。关节囊各层均有淋巴管网分布。神经也来自附近神经的分支，在关节囊内有丰富的神经分布。关节软骨内无血管、神经和淋巴管分布。

2. 关节的辅助结构

（1）韧带　见于多数关节，是由致密结缔组织构成的纤维带，分囊外韧带和囊内韧带。囊外韧带在关节囊之外，其中在关节两侧的称内、外侧副韧带。囊内韧带位于关节囊壁的纤维层与滑膜层之间，如髋关节的圆韧带。韧带可增强关节的稳定性，并对关节的运动有限定作用。

（2）关节盘　是位于两关节面之间的纤维软骨板。它可使两关节面更加吻合，并有扩大关节运动范围和缓冲震动的作用，如膝关节中的半月板等。

（3）关节唇　指附着在关节面周缘的纤维软骨环，有加深关节窝、扩大关节面、增强关节稳定性的作用，如髋臼周缘的髋臼唇。

第二节　四肢关节

一、前肢关节的组成与结构特点

前肢的肩胛骨与躯干骨之间为肌肉连接，不形成骨连结。前肢各骨之间自上向下依次形成肩关节、肘关节、腕关节和指关节。指关节又包括系关节、冠关节和蹄关节。

1. 肩关节

肩关节由肱骨头和肩胛骨的关节盂（肩臼）构成，属于多轴单关节。关节角在后方，没有侧副韧带，关节囊薄而松弛，因此肩关节的活动性大。由于动物受内、外侧肌肉的限制，肩关节屈伸运动的范围较大，而内收和外展运动的活动性较小。

2. 肘关节

肘关节是由肱骨远端的肱骨滑车与桡骨头凹和尺骨近端滑车切迹构成的单轴复关节，关节角在前方。关节囊背侧壁厚而紧张，掌侧壁薄而松弛，并伸入鹰嘴窝内，两侧分别有外侧副韧带和内侧副韧带加强，而且将关节牢固连接与固定，故只能做屈伸运动。桡骨与尺骨之间有骨间韧带相连，成年动物逐步骨化成为骨性连结。

3. 腕关节

腕关节包括以下各关节：

（1）桡腕关节　由桡骨远端和近列腕骨构成。

（2）腕间关节　由相邻各腕骨构成的关节。

（3）腕掌关节　由远列腕骨和掌骨近端构成。

腕关节属于单轴复关节，关节角位于后方。关节囊纤维层包围整个腕关节，背侧面薄而松弛，掌侧面厚而紧张。滑膜层形成3个互不相通的关节囊：桡腕关节囊宽松，关节腔最大，活动范围也大；腕间关节囊次之；腕掌关节囊的关节腔最小，活动范围较小。腕关节的内、外侧有长的侧副韧带，分别起于前臂骨远端内、外侧，止于掌骨的内、外侧。在腕关节的背侧面有两条斜向的背侧韧带。另外，腕骨间尚有一些短小的腕骨间韧带。由于关节面的形状、关节囊掌侧的特殊结构和侧副韧带及骨间韧带的限制，腕关节仅能向掌侧屈曲。

掌骨间连接：牛的第3、第4掌骨愈合成大掌骨，第5掌骨与大掌骨形成关节，但不与腕骨成关节，其关节腔与腕掌关节腔相连通。

4. 指关节

指关节包括系关节（掌指关节）、冠关节（近指节间关节）和蹄关节（远指节间关节），均为单轴关节。动物的指关节在正常站立时呈背屈状态或过度伸展状态。

（1）系关节　又称掌指关节或球节，由掌骨远端、近指节骨近端的关节面和 1 对近籽骨构成。关节囊背侧壁厚而较坚韧，掌侧壁宽大。系关节的韧带主要有内、外侧副韧带和籽骨韧带。

1）内、外侧副韧带：分别起于大掌骨远端的内、外侧韧带窝，止于近指节骨近端的内、外侧韧带结节，而且均与关节囊紧密相连。

2）籽骨韧带：连接近籽骨、掌骨、近指节骨近端及中指节骨，起到加固、缓冲震动、防止系关节过度背屈的作用。籽骨韧带包括悬韧带、籽骨下韧带、籽骨内、外侧副韧带、籽骨间韧带和指间指节骨籽骨韧带。

① 悬韧带：又称籽骨上韧带或骨间肌，由骨间肌腱质化而形成，位于掌骨的掌侧面，被指深屈肌腱覆盖。起于大掌骨近端，下行至大掌骨下 1/3 处分成 3 束。内侧束和外侧束的大部分止于相应近籽骨，其余分支转向背侧，并入指伸肌腱；中间束较大，大部分止于轴侧近籽骨，并有分支并入指深肌腱。牛的悬韧带含有肌质，称骨间肌。

② 籽骨下韧带：位于近籽骨下缘和近指节骨之间，在屈肌腱深面，分为浅、深 2 束，浅束较细，深束较粗，在浅束的深面交叉，所以又称籽骨交叉韧带。

③ 籽骨内、外侧副韧带：较短，位于近籽骨和近指节骨之间，由远轴侧近籽骨连于近指节骨的远轴侧。

④ 籽骨间韧带：又称掌韧带，连接 4 枚近籽骨，供屈肌腱通过。

⑤ 指间指节骨籽骨韧带：分别起于第 3、第 4 指轴侧籽骨，止于近指节骨轴侧中部。此外，还有连于第 3 和第 4 指节骨之间的短的指间近韧带。

（2）冠关节　又称近指节间关节，由近指节骨远端的关节面与中指节骨近端的关节面构成，有关节囊、侧副韧带和掌侧韧带，韧带连于关节囊，仅能做小范围的屈伸运动。

（3）蹄关节　又称远指节间关节，由中指节骨的远端、远指节骨近端关节面及远籽骨构成。关节囊的背侧及两侧强厚，并与伸肌腱及侧副韧带紧密结合，掌侧较薄。蹄关节韧带含有较多韧带，包括侧副韧带、指节间轴侧韧带、与籽骨相连的韧带、背侧韧带和指间远韧带。由于侧副韧带短而强，蹄关节只能做伸展运动。

牛为偶蹄，2 指关节成对，其构造与上述各指关节结构相似。2 指系关节的关节囊在掌侧相互连通。悬韧带含有较多的肌组织，特别是犊牛，含肌质更多。此外，在 2 指的系骨、冠骨和蹄骨之间，有较强的近侧和远侧 2 组指间韧带，以防止 2 指过分开张。

二、后肢关节的组成与结构特点

后肢关节包括荐髂关节、髋关节、膝关节、跗关节和趾关节。后肢各关节与前肢各关节相对应，除趾（指）关节外，各关节角方向相反，这种结构特点有利于动物站立时保持姿势稳定。除髋关节外，各关节均有侧副韧带，因此均为单轴关节，主要进行屈伸运动。趾关节和前肢的指关节构造相似。

1. 荐髂关节

荐髂关节由荐骨翼和髂骨翼的耳状关节面构成，彼此连接紧密。关节面粗糙，周围有关节囊，囊壁紧张，并有短而强的荐髂腹侧韧带和荐髂骨间韧带加固。因此，荐髂关节几乎不能活动，主要起连接后肢和躯干的作用。后肢在推动机体前进方面起主要作用，因此，髋骨与荐骨由荐髂关节牢固连接起来，以便把后肢肌肉收缩时产生的推动力沿脊柱传至前肢。

骨盆韧带为连接荐骨和髂骨之间的一些强大的韧带，包括荐髂背侧韧带和荐结节阔韧带。

（1）荐髂背侧韧带　可分为2条，一条呈索状，起于髂骨荐结节，止于荐骨棘顶端；另一条较厚，呈三角形，起于髂骨荐结节和坐骨大切迹前部内侧缘，止于荐骨外侧缘并与荐结节阔韧带合并。

（2）荐结节阔韧带　又称荐坐韧带，呈四边形薄板状，起于荐骨两侧缘和第1、第2尾椎横突，止于坐骨棘和坐骨结节，形成骨盆的侧壁。其前缘凹与坐骨大切迹围成坐骨大孔，下缘与坐骨小切迹围成坐骨小孔，供血管、神经通过。

2. 髋关节

髋关节是由髋臼和股骨头构成的多轴关节，关节角在前方，关节囊坚韧致密。髋臼的周缘附有由纤维软骨环形成的关节盂缘，以增加髋臼的深度，在髋臼切迹处有髋臼横韧带。在髋臼与股骨头凹之间有一短而强的圆韧带，又称股骨头韧带。马属动物还有一条侧副韧带加固关节，来自腹直肌的耻前腱，沿耻骨腹侧面向两侧连于股骨头窝，并可限制马的后肢做外展运动。髋关节能进行屈伸运动，并伴有轻微的内收、外展和旋内、旋外运动。

3. 膝关节

膝关节是包括股膝关节和股胫关节的单轴复关节，是动物体最大、最复杂的关节。关节角在后方，可做屈伸运动。

（1）股膝关节　由膝盖骨的关节面与股骨远端前部滑车关节面构成。膝盖骨的内侧缘有纤维软骨构成的软骨板，与滑车内侧嵴相适应，关节囊薄而松弛。在关节囊的上部有滑膜形成的盲囊伸入股四头肌的下面。

股膝关节主要的韧带有膝直韧带和内、外侧副韧带。膝直韧带有3条：膝外侧（直）韧带起于膝盖骨前外侧的粗糙面，止于胫骨粗隆近端及外缘；膝中间（直）韧带由膝盖骨顶的前方连于胫骨粗隆前端；膝内侧（直）韧带起于膝盖骨内侧的纤维软骨，止于胫骨粗隆的内侧。膝直韧带强韧，韧带与关节囊之间填充有脂肪。内、外侧副韧带分别位于股骨内、外侧上髁粗糙面与膝盖骨内侧缘软骨和外侧缘之间。

（2）股胫关节　由股骨远端后部的内、外侧髁与胫骨近端的内、外侧髁构成，其间有2个半月状软骨板，分别称内侧半月板和外侧半月板。关节囊附着于股胫关节的周围及半月板的周缘，前壁薄，后壁厚，其滑膜层是全身关节中最宽阔、最复杂的结构，附着于该关节各骨的关节面周缘。关节中央有2条膝交叉韧带，分别称前交叉韧带和后交叉韧带，前者起于胫骨的髁间隆起，止于股骨外侧髁的内侧；后者短而强韧，连于胫骨腘肌切迹与股骨髁间窝的前部，也有内、外侧副韧带，而且有半月板韧带连于股骨和胫骨。内侧半月板较大，呈C形；外侧半月板较小，呈O形。半月板上面凹，下面平坦，可使股骨和胫骨的关节面互相吻合，既缓冲压力，又吸收震荡，起弹性垫的作用。

股膝关节的运动，主要是膝盖骨在股骨滑车上滑动，通过改变股四头肌作用力而伸展膝关节。股胫关节的运动主要是屈伸运动，在屈曲时可进行小范围的旋转运动。

4. 跗关节

跗关节又称飞节，是由小腿骨远端、跗骨和跖骨近端构成的单轴复关节，包括跗小腿关节（包括胫跗关节和腓跗关节，有些家畜腓骨退化，不形成腓跗关节）、跗间近和远关节、跗跖关节。关节角在前方。

跗关节的关节囊背侧壁薄而宽松，跖侧紧而强厚，紧密附着于跗骨。其纤维层包围整个跗关节，滑膜层形成4个滑膜囊，即位于胫骨远端与距骨之间的胫距囊，在距骨、跟骨与中央跗骨和第4跗骨之间的近跗间囊，位于中央跗骨和第4跗骨与第1、第2和第3跗骨之间的远跗间囊，连于远列跗骨与跖骨近端之间的跗跖囊，其中以胫距囊最大。

在跗关节的内、外侧有内、外侧副韧带，附着于小腿骨远端和跖骨近端的内、外侧，分为浅层的长韧带和深层的短韧带，但在跗骨的近列与中间列之间没有内侧副韧带。跗关节的背侧有背侧韧带，在跗关节的背内侧，起于距骨的远端内侧，止于跖骨近端背侧，有些个体缺如。跖侧有跖侧韧带，连于跟骨跟结节的跖侧面和跖骨近端之间。另外，在踝骨与距骨的跖侧面有强韧的横韧带相连。

牛的跗关节除胫跗关节活动范围较大外，跗间近关节也有一定的活动性，可进行屈曲和伸展运动。肉食动物的跗间近关节除屈曲和伸展外，也可以进行关节的侧运动和旋转。马的跗关节仅胫跗关节能做屈伸运动，其余3个关节连接紧密，活动范围极小，只起缓冲作用。

5. 趾关节

趾关节包括系关节（跖趾关节）、冠关节（近趾节间关节）和蹄关节（远趾节间关节），其构造与前肢指关节相似。

第三节 躯干关节

脊柱连结的结构与特点

躯干骨的一系列椎骨借骨连结形成脊柱，构成动物的中轴，也是动物的支柱，起到支撑颅部、支持体重、保护脊髓及运动躯干的功能。脊柱连结包括椎体间连结、椎弓间连结、寰枕关节和寰枢关节。

（1）椎体间连结　为相邻椎骨的椎头和椎窝借纤维软骨、韧带相连。但是寰枕关节和寰枢关节缺纤维软骨。纤维软骨呈圆盘状，称椎间盘。盘的中央为柔软而富有弹性的髓核，外周是纤维环，为胚胎时期脊索的遗迹。椎间盘具有弹性，在运动时起缓冲作用。椎间盘越厚的部位，活动范围越大，颈部和尾部的椎间盘厚，所以活动性也较大。主要韧带有背侧纵韧带和腹侧纵韧带。背侧纵韧带位于椎管的底壁，由枢椎向后伸延止于荐骨，有防止椎间盘脱出的作用；腹侧纵韧带位于椎体和椎间盘的腹侧，起于第7胸椎，止于荐骨的骨盆面。

（2）椎弓间连结　主要由相邻的关节突间或棘突间借助关节囊和短的韧带相连形成。颈部的关节囊宽大，活动性也大，胸腰部的小而紧。椎弓间连结的韧带包括棘上韧带和项韧带、横突间韧带和棘间韧带。

1）棘上韧带和项韧带：棘上韧带为由枕骨向后伸延到荐骨，连于多数椎骨棘突顶端的长韧带。颈部和胸前部的棘上韧带特别强大而富有弹性，主要由弹性纤维构成，呈黄色，称为项韧带，并分为左、右两侧部，每侧又分索状部和板状部。索状部呈圆索状，起于枕外隆突，由枢椎向后，左右并列，沿颈的背侧缘向后伸延至第3~4胸椎棘突两侧，逐渐加宽变扁，并逐渐变小，至腰部消失；板状部呈板状，位于索状部和颈椎棘突之间，由左右2层构成，2层间以疏松结缔组织相连，由第2~3胸椎棘突及索状部向前下方伸延止于颈椎棘突。牛、马的项韧带很发达，牛的项韧带板状部后部为单层，猪的项韧带不发达，犬无项韧带板状部。

2）横突间韧带和棘间韧带：为分别连接相邻椎骨的横突、棘突之间的短韧带，均由弹性纤维构成。腰部无横突间韧带。

（3）寰枕关节　由寰椎的前关节窝与枕骨的枕髁构成，为双轴关节，可做屈伸运动和小范围的侧转运动。它的关节囊宽大,而且有1对连接在寰椎翼和枕骨颈静脉突之间的外侧韧带。

(4) 寰枢关节　由寰椎的鞍状关节面与枢椎齿突构成,关节囊松大,运动范围较大,可做旋转运动,即左右转动头部。

第四章 肌肉

第一节　基本概念

运动系统的肌肉由横纹肌组织构成,它们附着于骨骼上,又称为骨骼肌,是运动的动力器官。马的全身浅层肌见图2-4-1。

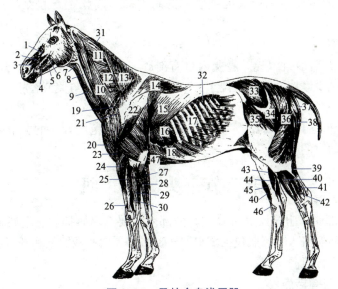

图 2-4-1　马的全身浅层肌

1—上唇提肌　2—鼻唇提肌　3—鼻孔外侧开肌　4—颊肌　5—下唇降肌　6—颧肌　7—肩胛舌骨肌　8—颈外静脉　9—胸头肌　10—臂头肌　11—夹肌　12—颈腹侧锯肌　13—颈斜方肌　14—胸斜方肌　15—背阔肌　16—胸腹侧锯肌　17—肋间外肌　18—腹外斜肌　19—胸前深肌　20—胸前浅肌　21—冈上肌　22—三角肌　23—臂肌　24—腕桡侧伸肌　25—指总伸肌　26—腕斜伸肌　27—腕尺侧屈肌　28—腕桡侧屈肌　29—腕外侧屈肌　30—指外侧伸肌　31—菱形肌　32—后背侧锯肌　33—臀中肌　34—臀浅肌　35—阔筋膜张肌　36—股二头肌　37—半膜肌　38—半腱肌　39—腓肠肌　40—趾长伸肌　41—趾外侧伸肌　42—趾深屈肌　43—腘肌　44—趾深屈肌内侧头　45—胫骨前肌　46—第3腓骨肌　47—胸后深肌

一、肌肉的结构

每块肌肉都是一个肌器官,可分为能收缩的肌腹和不能收缩的肌腱两部分。

1. 肌腹

肌腹是肌器官的主要部分,位于肌器官的中间,由无数骨骼肌纤维借结缔组织结合而成,具有收缩能力。肌纤维为肌器官的实质部分,在肌肉内部先集合成肌束,肌束再集合成一块肌肉。肌肉的结缔组织形成肌膜,构成肌器官的间质部分。每一条肌纤维外面包有肌膜,称肌内膜。若干肌纤维组成肌束，肌束外面包有肌束膜。整块肌肉外面由肌外膜包裹。肌膜是肌肉的支持组织，使肌肉具有一定的形状。血管、淋巴管和神经随着肌膜进入肌肉内，对肌肉的代谢和机能调节有重要意义。当动物营养良好时，在肌膜内蓄积有脂肪组织，使肌肉横端面上呈大理石状花纹。

2. 肌腱

肌腱位于肌腹的两端或一端，由规则的致密结缔组织构成。在四肢多呈索状；在躯干多呈薄板状，又称腱膜。腱纤维借肌内膜直接连接肌纤维的两端或贯穿于肌腹中。腱不能收缩，但有很强的韧性和抗张力，不易疲劳。它传导肌腹的收缩力，以提高肌腹的工作效力。其纤维伸入骨膜和骨质中，使肌肉牢固附着于骨上。

二、肌肉的辅助结构

1. 筋膜

筋膜分为浅筋膜和深筋膜。浅筋膜位于皮下，由疏松结缔组织构成，覆盖在全身肌的表面。有些部位的浅筋膜中有皮肌。营养良好的家畜在浅筋膜内蓄积有脂肪。深筋膜由致密结缔组织构成，位于浅筋膜下。在某些部位深筋膜形成包围肌群的筋膜鞘；或伸入肌间，附着于骨上，形成肌间隔；或提供肌肉的附着面。筋膜主要起保护、固定肌肉位置的作用。

2. 黏液囊（滑膜囊）

黏液囊是密闭的结缔组织囊。囊壁内衬有滑膜，腔内有滑液。多位于骨的突起与肌肉、腱和皮肤之间，起减少摩擦的作用。位于关节附近的黏液囊多与关节腔相通。

3. 腱鞘

腱鞘由黏液囊包裹于腱外而成，多位于腱通过的活动范围较大的关节处。腱鞘内有少量滑液，可减少腱活动时的摩擦。

第二节 头 部 肌

头部肌分为面部肌、咀嚼肌和舌骨肌。面部肌主要有鼻唇提肌、上唇提肌、犬齿肌、下唇降肌、口轮匝肌和颊肌。咀嚼肌包括闭口肌（咬肌、翼肌和颞肌）和开口肌。舌骨肌主要包括下颌舌骨肌和茎舌骨肌。

咬肌的位置和结构特点

咬肌位于下颌支的外侧。两侧同时收缩，可上提下颌（闭口）；交替收缩，可使下颌左右运动，以咀嚼食物。

第三节 躯 干 肌

一、脊柱肌、颈腹侧肌、胸廓肌、膈、腹壁肌的位置与结构特点

1. 脊柱肌

（1）背（腰）最长肌　为全身最长的肌肉，呈三棱形，位于胸、腰椎棘突与横突和肋骨椎骨端所形成的夹角内。自髂骨、荐骨向前，伸延至颈部。两侧同时收缩时可伸腰背，另外还有伸颈、侧偏脊柱和助呼吸的作用。

（2）髂肋肌　由一束束斜向的肌束组成，位于背（腰）最长肌的腹外侧。起于腰椎横突末端和后8（牛）或15（马）枚肋的前缘，向前止于所有肋骨后缘和第7颈椎横突。可向后牵

引肋骨，协助呼吸。它与背（腰）最长肌之间形成髂肋肌沟，沟内有针灸穴位。

（3）夹肌 位于颈侧部，呈三角形。起于棘横筋膜和项韧带索状部，止于枕骨及前2（牛）或4~5（马）枚颈椎。两侧同时收缩可抬头颈，单侧收缩可偏头颈。

（4）头半棘肌 又称复肌。位于夹肌和项韧带板状部之间。起于棘横筋膜、前6~7（马）或8~9（牛）枚胸椎横突和颈椎关节突，以强腱止于枕骨。作用同夹肌。

（5）颈多裂肌 被头半棘肌覆盖位于后6枚颈椎椎弓背侧。起于第1胸椎横突和后4~5枚颈椎关节突，止于后6枚颈椎的棘突和关节突。有伸、偏头颈的作用。

2. 颈腹侧肌

（1）胸头肌 位于颈下部的外侧，起于胸骨柄，止于下颌骨后缘，呈长带状。它与臂头肌之间形成颈静脉沟，沟内有颈静脉。牛的止端分浅、深两部。浅部止于下颌骨下缘，称胸下颌肌；深部止于颞骨，称胸乳突肌。作用为屈头颈。

（2）胸骨甲状舌骨肌 位于气管的腹侧，呈扁平带状。起于胸骨柄，向前分为两支。外侧支止于喉的甲状软骨，称胸骨甲状肌；内侧支止于舌骨，称胸骨舌骨肌。作用为向后牵引舌和喉，以助吞咽。

（3）肩胛舌骨肌 呈薄带状。起于肩胛下筋膜，止于舌骨体。它位于颈侧，臂头肌的深面，在颈前部经颈总动脉和颈静脉之间穿过，形成颈静脉沟的沟底。作用同胸骨甲状舌骨肌。

3. 胸廓肌

胸廓肌位于胸侧壁和胸腔后壁。参与呼吸，可分为吸气肌和呼气肌。

（1）吸气肌

1）肋间外肌：位于相邻两肋间隙内，起于肋后缘，斜向后下方止于后一肋的前缘。作用是向前外方牵引肋，扩大胸腔，引起吸气。

2）前背侧锯肌：位于胸壁前上部，背（腰）最长肌的表面，由几片薄肌组成。起于胸腰筋膜，止于第6~9（牛）或第5~11（马）肋近端的外侧面。作用可向前牵引肋以助吸气。

（2）呼气肌

1）后背侧锯肌：为薄肌片，位于胸壁后下部，背（腰）最长肌的表面。起于腰背筋膜，肌纤维方向为后上至前下，止于后7~8枚（马）或后3枚（牛）肋的后缘。作用是向后牵引肋骨，协助呼气。

2）肋间内肌：位于肋间外肌深肌，起于肋骨和肋软骨的前缘，肌纤维方向自后上向前下，止于前一肋的后缘。作用为牵引肋骨向后并拢，协助呼气。

4. 膈

膈是一圆拱形突向胸腔的板状肌，构成胸腔和腹腔间的分界。其周围由肌纤维构成，称肉质缘；中央是强韧的腱质，称中心腱。肉质缘分别附着于前4枚腰椎腹侧面、肋弓内侧面和剑状软骨的背侧面。在腰椎附着部，膈的肉质缘形成左、右膈脚。两脚间裂孔供主动脉通过，称主动脉裂孔。在膈上还有分别供食管和后腔静脉通过的食管裂孔和后腔静脉裂孔。膈的收缩和舒张改变了胸腔的大小，从而引起呼吸。故膈是重要的呼吸肌。

5. 腹壁肌

腹壁肌构成腹侧壁和腹底壁，由4层纤维方向不同的板状肌构成，自浅至深分别有腹外斜肌、腹内斜肌、腹直肌和腹横肌，其表面覆盖有腹壁筋膜。牛和马等草食动物的腹壁肌外包的深筋膜含有大量的弹性纤维，呈黄色，称腹黄膜。它可加强腹壁的强韧性。

(1) **腹外斜肌** 为腹壁肌最外层，以锯齿状自第5至最后肋的外侧面起始，肌纤维由前上方斜向后下方，在肋弓下约一掌处变为腱膜，止于腹白线。

(2) **腹内斜肌** 位于腹外斜肌深面，其肌质部起于髋结节，呈扇形向前下方扩展，逐渐变为腱膜，止于耻前腱、腹白线及最后几枚肋软骨的内侧面。

(3) **腹直肌** 为一宽带状肌，左、右二肌并列于腹腔底的白线两侧，肌纤维纵行，有数条横向的腱划将肌纤维分成数段。腹直肌起于胸骨及肋软骨，以强厚的耻前腱止于耻骨前缘。

(4) **腹横肌** 是腹壁的最内层肌，起于腰椎横突及假肋下端的内侧面，肌纤维横行，走向内下方，以腱膜止于腹白线。

二、腹股沟管的位置与结构特点

腹股沟管位于腹底壁后部，耻前腱两侧，是腹内斜肌（形成管的前内侧壁）与腹股沟韧带（形成管的后外侧壁）之间的斜行裂隙。管的内口通腹腔，称腹环，由腹内斜肌的后缘及腹股沟韧带围成；外口通皮下，称皮下环，是腹外斜肌腱膜上的一个裂孔。公畜的腹股沟管明显，是胎儿时期睾丸从腹腔下降到阴囊的通道，内有精索、总鞘膜、提睾肌并供血管、淋巴管、神经通过。母畜的腹股沟管仅供血管、淋巴管、神经通过。

腹壁肌各层肌纤维走向不同，彼此重叠，再加上腹黄膜，形成了柔韧的腹壁，对腹脏内器官起着重要的支持和保护作用。腹肌收缩时，可增大腹压，有助于呼气、排便和分娩等活动。

三、颈静脉沟和髂肋肌沟的位置

臂头肌和胸头肌之间形成颈静脉沟。髂肋肌与背（腰）最长肌之间形成髂肋肌沟。

第四节 四 肢 肌

一、前肢肌的组成与结构特点

前肢肌按部位分为肩带肌、肩部肌、臂部肌、前臂部肌和前脚部肌。

1. 肩带肌

肩带肌是连接前肢与躯干的肌肉，多数起于躯干，止于肩部和臂部。主要包括斜方肌、菱形肌、背阔肌、臂头肌、肩胛横突肌、胸肌和腹侧锯肌。牛、羊、猪、犬还有肩胛横突肌。

(1) **斜方肌** 为三角形薄板状肌，位于肩颈上部浅层。起于项韧带索状部和前10枚胸椎棘突，止于肩胛冈。有提举、摆动和固定肩胛骨的作用。

(2) **菱形肌** 位于斜方肌深面，分为颈、胸两部。颈菱形肌狭长，起于项韧带索状部，止于肩胛骨前上角内侧。胸菱形肌呈四边形，起于前数枚胸椎棘突，止于肩胛骨后上角内侧。具有提举肩胛骨的作用。

(3) **背阔肌** 呈三角形，位于胸侧壁，自腰背筋膜起始，牛还起于第9~11肋、肋间外肌和腹外斜肌的筋膜，肌纤维向前止于肱骨。其作用可向后上方牵引肱骨，屈肩关节，对牛而言还可协助吸气。

(4) **臂头肌** 位于颈侧部浅层，呈长带状。起于枕嵴、寰椎和第2~4颈椎横突，止于肱骨外侧三角肌结节。它形成颈静脉沟的上界。牛的臂头肌前宽后窄，可明显分为上部的锁枕肌和下部的锁乳突肌。其作用为牵引前肢向前，伸肩关节。

（5）肩胛横突肌　前部位于臂头肌深面，后部位于颈斜方肌与臂头肌之间。起于寰椎翼，止于肩峰部筋膜。有牵引前肢向前，侧偏头颈的作用。马无此肌。

（6）胸肌　位于臂和前臂内侧与胸骨之间，分为胸前浅肌、胸后浅肌、胸前深肌和胸后深肌。有内收前肢的作用。当前肢向前踏地时，可牵引躯干向前。

（7）腹侧锯肌　位于颈、胸部的外侧面，为一宽大的扇形肌，下缘呈锯齿状。可分为颈、胸两部，自后 3~4 枚颈椎横突和前 4~9（牛）或 8~9（马）枚肋外侧面，集聚止于肩胛骨内侧上部锯肌面及肩胛软骨内侧。其作用为举颈、提举和悬吊躯干，并能协助呼吸。

2. 肩部肌

肩部肌分布于肩胛骨的内侧及外侧面，起于肩胛骨，止于肱骨，跨越肩关节。可分为外侧组和内侧组。

（1）外侧组

1）冈上肌：位于肩胛骨冈上窝内。起于冈上窝，止腱分两支，分别止于肱骨大结节和小结节。作用为伸展或固定肩关节。

2）冈下肌：位于肩胛骨冈下窝内，一部分被三角肌覆盖。起于冈下窝及肩胛软骨，止于肱骨近端外侧结节。可外展臂部和固定肩关节。

3）三角肌：位于冈下肌的外面，呈三角形。起于肩胛冈及冈下肌腱膜，牛还起于肩峰，止于肱骨外侧三角肌结节。可屈肩关节。

4）小圆肌：较小，呈短索状或楔状，位于三角肌肩胛部的深面。

（2）内侧组

1）肩胛下肌：位于肩胛骨内侧面，起于肩胛下窝，牛的肩胛下肌明显分为 3 个肌束，止于肱骨近端内侧小结节。可内收肱骨或固定肩关节。

2）大圆肌：呈长梭形，位于肩胛下肌后方，起于肩胛骨后角，止于肱骨内侧圆肌结节。具有屈肩关节和内收肱骨的作用。

3）喙臂肌：呈扁而小的梭形，位于肩关节和肱骨的内侧上部。起于肩胛骨的喙突，止于肱骨内侧面。具有内收和屈曲肩关节的作用。

3. 臂部肌

臂部肌分布于肱骨周围，主要作用在肘关节。可分为伸、屈两组。伸肌组位于肱骨后方，屈肌组在前方。

（1）伸肌组

1）臂三头肌：位于肩胛骨和肱骨后方的夹角内，呈三角形。肌腹大，分为长头、外侧头和内侧头。长头最大，起于肩胛骨后缘；外侧头较厚，起于肱骨外侧面；内侧头最小，起于肱骨内侧面。3 个头共同止于肘突。主要作用为伸肘关节。

2）前臂筋膜张肌：位于臂三头肌的后缘及内侧面，以一薄的腱膜起于背阔肌的止端腱及肩胛骨的后缘，止于肘突及前臂筋膜。作用为伸肘关节。

（2）屈肌组

1）臂二头肌：位于肱骨前面，呈圆柱状（牛）或纺锤形（马）。起于肩胛结节，越过肩关节前面和肘关节，止于桡骨近端前面的桡骨结节。另分出一个长腱支并入腕桡侧伸肌，间接止于掌骨。主要作用是屈肘关节，也有伸肩关节的作用。

2）臂肌：位于肱骨臂肌沟内，起于肱骨后面上部，止于桡骨近端内侧缘。作用为屈肘关节。

4. 前臂及前脚部肌

前臂及前脚部肌可分为背外侧肌群和掌内侧肌群。

（1）背外侧肌群 分布于前臂骨的背侧和外侧面，由前向后依次为腕桡侧伸肌、指总伸肌和指外侧伸肌，在前臂下部还有腕斜伸肌。牛的腕桡侧伸肌和指总伸肌之间还有指内侧伸肌。它们是作用于腕、指关节的伸肌。

1）腕桡侧伸肌：位于桡骨的背侧面，起于肱骨远端外侧，肌腹于前臂下部延续为一扁腱，止于第3掌骨近端。主要作用是伸腕关节。

2）腕斜伸肌：又称拇长外展肌，呈扁三角形，在指伸肌覆盖下，起于桡骨外侧下半部，斜伸延向腕关节内侧，止于第3（牛）或第2（马）掌骨近端。有伸和旋外腕关节的作用。

3）指总伸肌：牛的指总伸肌较细，位于指内侧伸肌和指外侧伸肌之间，起于肱骨外侧上髁（浅头）和尺骨外侧面（深头），其腱向下伸延至掌骨远端分为两支，分别沿第3指和第4指背侧面下行，止于蹄骨。

马的指总伸肌位于腕桡侧伸肌的后方，桡骨的外侧。主要起于肱骨远端前面，至前臂下部延续为腱，经腕关节背外侧面、掌骨和系骨背侧面向下伸延，止于蹄骨的伸腱突。主要作用是伸指和腕关节，也可屈肘。

4）指外侧伸肌：位于前臂外侧面，在指总伸肌后方，牛的发达，马的很小。起于桡骨近端外侧，其腱经腕关节外侧面下延至掌部，沿指总伸肌腱外侧缘下行。牛的止于第4指的冠骨和蹄骨，又称第4指固有伸肌；马的止于系骨近端。有伸指和腕关节的作用。

5）指内侧伸肌：又称第3指固有伸肌，马无此肌。它位于腕桡侧伸肌和指总伸肌之间，肌腹和腱紧贴其后缘的指总伸肌及其腱。起于肱骨外侧上髁，以长腱止于第3指冠骨近端和蹄骨内侧缘。有伸第3指的作用。

（2）掌内侧肌群 分布于前臂骨的掌侧面，为腕和指关节的屈肌。肌群的浅层为屈腕的肌肉，包括腕外侧屈肌、腕尺侧屈肌和腕桡侧屈肌；深层为屈指的肌肉，有指浅屈肌和指深屈肌。

1）腕外侧屈肌：又称尺外侧肌，位于前臂外侧后部，指外侧伸肌的后方。起于肱骨远端，止于副腕骨和第4掌骨近端。作用为屈腕、伸肘。

2）腕尺侧屈肌：位于前臂部内侧后部，起于肱骨远端内侧和肘突，止于副腕骨。有屈腕、伸肘的作用。

3）腕桡侧屈肌：位于腕尺侧屈肌前方，桡骨之后，它与桡骨内侧缘之间形成前臂正中沟，沟内有正中动脉、正中静脉和正中神经。起于肱骨远端内侧，牛的止于第3掌骨近端，马的止于第2掌骨近端。作用为屈腕、伸肘。

4）指浅屈肌：位于腕尺侧屈肌的深面与指深屈肌之间。牛的指浅屈肌起于肱骨内侧上髁，肌腹分为浅、深两部，肌腱分别止于第3、第4指冠骨近端的两侧。马的指浅屈肌有两个起点，一个起于肱骨远端内侧，另一个以腱质起于桡骨掌侧面下半部。肌腹与指深屈肌不易分离。其腱索经腕管至掌部，位于指深屈肌腱的浅面。在系关节附近形成一腱环，供指深屈肌腱通过。在系骨远端分为两支，分别止于系骨和冠骨的两侧。作用为屈指和腕关节。

5）指深屈肌：其肌腹在前臂掌侧面，被其他屈肌包围。以3个头分别起于肱骨远端内侧、肘突和桡骨近端后面。3个头的腱合成一个总腱，经腕管向下伸延至掌部，走行在指浅屈肌腱深面、悬韧带的浅面，在系关节附近，穿过指浅屈肌的腱环，并在其分支间下行，以扁腱止于蹄骨的屈腱面。牛的指深屈肌腱分支分别止于第3、第4指蹄骨的屈腱面。其作用为屈指和腕关节。

二、后肢肌的组成与结构特点

后肢肌肉较前肢肌肉发达，是推动身体前进的主要动力。可分为臀部肌、股部肌、小腿和后脚部肌。

1. 臀部肌

臀部肌分布于臀部，跨越髋关节，止于股骨。可伸屈髋关节及外旋大腿。

（1）臀浅肌　牛、羊无此肌。马的臀浅肌位于臀部浅层，有两个起点，一个是髋结节，另一个是臀筋膜。止于股骨第3转子。有外展后肢和屈髋关节的作用。

（2）臀中肌　是臀部的主要肌肉，大而厚。起于髂骨翼和荐结节阔韧带，止于股骨大转子。主要作用是伸髋关节，外展后肢，由于其与背（腰）最长肌结合，还参与竖立、蹴踢和推动躯干前进等动作。

（3）臀深肌　位于最深层，臀中肌的下面。起于坐骨棘，牛还起于荐结节阔韧带，止于大转子前部。有外展髋关节和内旋后肢的作用。

（4）髂肌　起于髂骨腹侧面，止于小转子。因其与腰大肌的止部紧密结合一起，故常合称为髂腰肌。其作用为屈髋关节及外旋后肢。

2. 股部肌

股部肌分布于股骨周围，可分为股前、股后和股内侧肌群。

（1）股前肌群　位于股骨前面。

1）阔筋膜张肌：位于股前外侧皮下，起于髋结节，向下呈扇形连于阔筋膜，并借阔筋膜止于膝盖骨和胫骨前缘。可紧张阔筋膜，屈髋关节，伸膝关节。

2）股四头肌：大而厚，位于股骨前面及两侧，被阔筋膜张肌覆盖。有4个肌头，包括股直肌、股内侧肌、股外侧肌和股中间肌。股直肌起于髂骨体，其余3个肌头起于股骨。4个头都止于膝盖骨。作用为伸膝关节。

（2）股后肌群　位于股后部。

1）股二头肌：又称臀股二头肌位于股后外侧，有两个头，一是椎骨头（长头），起于荐骨；二是坐骨头（短头），起于坐骨结节。2个头合并后下行逐渐变宽，牛的分前、后两部，马的明显分为前、中、后三部，分别止于膝盖骨侧缘、胫骨嵴，另分出一腱支加入跟腱，止于跟结节。可伸髋关节、膝关节、跗关节，提举后肢时又可屈膝关节。

2）半腱肌：长而大，位于股二头肌后方，止端转到内侧。其起点是前2枚尾椎、荐结节阔韧带（马）及坐骨结节（马、牛），止点是胫骨嵴、小腿筋膜和跟结节。作用同股二头肌。

3）半膜肌：大，呈三棱形，位于半腱肌后内侧。起于荐结节阔韧带后缘（马）和坐骨结节（马、牛），止于股骨远端内侧。有伸髋关节并内收后肢的作用。

（3）股内侧肌群　位于股部内侧。

1）股薄肌：呈四边形，薄而宽，位于缝匠肌后方，起于骨盆联合及耻前腱，止于膝内侧直韧带和胫骨近端内侧面。它将耻骨肌、内收肌覆盖于其下，有内收后肢的作用。

2）耻骨肌：位于耻骨前下方，起于耻骨前缘和耻前腱，止于股骨中部的内侧缘。可内收后肢和屈髋关节。

3）内收肌：呈三棱形，位于耻骨肌后面、半膜肌前方、股薄肌深面，起于耻骨和坐骨的腹侧面，止于股骨。可内收后肢，也可伸髋关节。

4）缝匠肌：呈狭长带状，位于股内侧前部，起于骨盆盆面髂筋膜和腰小肌腱，止于胫骨近端内面。有内收后肢的作用。

3. 小腿和后脚部肌

小腿和后脚部肌多为纺锤形肌，肌腹位于小腿部，在跗关节均变为腱，作用于跗关节和趾关节。可分为背外侧肌群和跖侧肌群。

（1）小腿背外侧肌群

1）趾长伸肌：位于小腿背外侧部，马的位于浅层，而牛、猪的趾长伸肌被第3腓骨肌覆盖着。起于股骨远端，在跗关节上方延续为一长腱，经跗、跖及趾的背侧面伸向趾端，止于蹄骨伸腱突。牛、猪的趾长伸肌的肌腹分为内侧肌腹（趾内侧伸肌）和外侧肌腹，分别止于第3、第4趾。有伸趾关节，屈跗关节的作用。

2）趾外侧伸肌：在牛上又称为第4趾固有伸肌。位于小腿的外侧部，在趾长伸肌的后方（马）或腓骨长肌的后方（牛、猪）。起于胫骨近端外侧及腓骨，于跖中部并入趾长伸肌腱（马），或沿趾长伸肌腱的外侧缘下行，止于第4趾冠骨（牛、猪）。作用同趾长伸肌。

3）第3腓骨肌：马的第3腓骨肌无肌质，为一强腱，位于胫骨前肌与趾长伸肌之间；牛、猪的第3腓骨肌比马的发达，呈纺锤形，位于小腿背侧面的浅层，在趾长伸肌的表面。起于股骨远端，沿胫骨前肌背侧下行，在跗关节上方分为两支，分别止于大跖骨近端和跗骨。有屈跗关节的作用。

4）胫骨前肌：紧贴于胫骨前外侧，被第3腓骨肌（牛）或趾长伸肌（马）覆盖。起于胫骨近端外侧，在跗关节背侧，其止腱自第3腓骨肌二腱间穿过，分为两支，分别止于大跖骨近端和第1、第2跗骨（马）或第2、第3跗骨（牛）。有屈跗关节的作用。

5）腓骨长肌：马无此肌，位于小腿背外侧部，在趾长伸肌和趾外侧伸肌之间。起于胫骨外侧髁和腓骨，止于跖骨近端和第1跗骨。有屈跗关节和旋内后脚的作用。

（2）小腿跖侧肌群

1）腓肠肌：位于小腿后部，分内、外两头，起于股骨远部跖侧，于小腿中部变为腱，与趾浅屈肌腱扭结一起，止于跟结节。作用为伸跗关节。

2）趾浅屈肌：肌腹夹于腓肠肌二头之间，几乎全为腱质。起于股骨髁上窝，其腱与腓肠肌腱扭结一起，在跟结节处变宽，成帽状罩于其上，两侧附着于跟结节两旁。主腱继续下行，经跗部和跖部后面向下伸延至趾部，止于冠骨两侧（马），或分两支，分别止于第3、第4趾的冠骨（牛）。主要作用是屈趾关节。

3）趾深屈肌：肌腹位于胫骨后面，有3个头，即外侧浅头、外侧深头和内侧头，均起于胫骨后面。3部肌腱在跗关节处合成一总腱，沿趾浅屈肌深面下行，止于蹄骨的屈腱面（马），或分两支，止于第3、第4趾的蹄骨（牛）。作用为屈趾关节，伸跗关节。

4）腘肌：位于膝关节后面。以圆形腱起于股骨远端，肌腹扩大为厚的三角形，止于胫骨近端后面。作用为屈股胫关节。

三、跟（总）腱

腓肠肌腱及附着于跟结节的趾浅屈肌腱、股二头肌腱、半腱肌腱合成一粗而坚硬的腱索，称为跟（总）腱。

第五章 被皮系统

被皮系统由皮肤和皮肤衍生物构成。皮肤衍生物是在动物机体的某些部位，由皮肤演变而成的形态特殊的器官，如家畜的毛、皮肤腺、蹄、角、枕等都属于皮肤的衍生物。皮肤腺又包括汗腺、皮脂腺和乳腺。

第一节 皮 肤

皮肤覆盖于动物体表，在天然孔（口裂、鼻孔、肛门和尿生殖道外口等）处与黏膜相接，由复层扁平上皮和结缔组织构成，含有大量的血管、淋巴管、汗腺和多种感受器，具有感觉、分泌、保护深层组织、调节体温、排泄废物、吸收及贮存营养物质等功能。皮肤一般可分为表皮、真皮和皮下组织3层。皮肤结构模式图见图2-5-1。

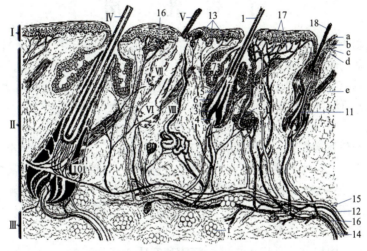

图 2-5-1 皮肤结构模式图

Ⅰ—表皮　Ⅱ—真皮　Ⅲ—皮下组织　Ⅳ—触毛　Ⅴ—被毛　Ⅵ—毛囊　Ⅶ—皮脂腺　Ⅷ—汗腺
1—毛干　2—毛根　3—毛球　4—毛乳头　5—毛囊　6—根鞘　7—皮脂腺断面　8—汗腺断面　9—竖毛肌　10—毛囊内的血管　11—新毛　12—神经　13—皮肤的各种感受器　14—动脉　15—静脉　16—淋巴管　17—血管丛　18—脱落的毛
a—表皮角质层　b—颗粒层　c—生发层　d—真皮乳头层　e—网状层　f—皮下组织内的脂肪组织

一、表皮的结构特点

表皮位于皮肤的最表层，由复层扁平上皮构成，没有血管和淋巴管，但有丰富的神经末梢。表皮由角质形成细胞和非角质形成细胞组成。非角质形成细胞中的黑素细胞，所产生的黑色素与皮肤的颜色有关，并能吸收阳光中的紫外线，从而保护深部组织不受紫外线的损伤。表皮的厚薄因部位不同而异，长期受摩擦的部位，表皮较厚。表皮结构由内向外依次为基底层、棘层、颗粒层、透明层和角质层。

二、真皮的结构特点

真皮位于表皮的深层，由致密结缔组织构成，是皮肤最厚的一层。其胶原纤维和弹性纤维交错排列，使皮肤具有一定的弹性和韧性。皮革就是真皮鞣制而成的，各种动物真皮的厚度不同。牛的真皮最厚，绵羊的最薄。同一种动物，老龄的真皮比幼龄的厚，公畜的真皮比母畜的厚。临床上进行的皮内注射就是把药液注入真皮层内。真皮又分为乳头层和网状层，两层互相移行，无明显界线。

1. 乳头层

乳头层为真皮的浅层，较薄，在与表皮相衔接处形成许多乳头状的突起，称为真皮乳头。乳头内有丰富的毛细血管和感受器。生发层细胞的营养代谢靠乳头层供给。

2. 网状层

网状层为真皮的深层，较厚。网状层内含有大量粗大的胶原纤维和少量的弹性纤维，两者交错排列，故皮肤坚韧而富有弹性。网状层内还有较大的血管、淋巴管和神经。

三、皮下组织的结构特点

皮下组织位于真皮的深层，由疏松结缔组织构成，又称浅筋膜。皮下组织内有皮血管、皮神经和皮肌，营养好的家畜还在此蓄积大量的脂肪，如猪膘。马、牛、羊颈侧部的皮下组织较发达，因此是常用的皮下注射部位。

第二节 乳 房

乳腺是哺乳动物特有的皮肤腺，为复管泡状腺，在功能和发生上属于汗腺的特殊变形。雌性、雄性哺乳动物均有乳腺，但只有雌性哺乳动物的乳腺能够充分发育，并形成较发达的乳房，随分娩而具有泌乳功能。在兽医临床上，奶牛易患乳腺炎，老龄母犬易患乳腺肿瘤。各种雌性动物乳房的数目、位置和形态均不相同。

1. 牛的乳房

（1）牛乳房的位置和形态　牛的乳房位于腹壁后部的下方，一直伸延至骨盆的腹侧、两股之间。牛的乳房通常呈半圆形，分为紧贴腹壁的基部、中间的体部和游离的乳头部。乳房被较明显的纵沟和不明显的横沟分成4个乳丘。每个乳丘上有1个圆柱形或圆锥形的乳头，有时在乳房的后部还有1对小的副乳头。每个乳头上有1个乳头管的开口。乳头的大小与形态，决定着是用机器挤奶还是用手挤奶。

（2）牛乳房的结构特点　乳房由皮肤、筋膜和实质3部分组成。

乳房的皮肤薄而柔软，除乳头外，均长有一些稀疏的细毛。皮肤内有汗腺和皮脂腺。乳房后部与阴门之间有呈线状毛流的皮肤纵褶，称为乳镜，可作为评估奶牛产乳能力的一个指标。乳镜越大，产乳量越高。

皮肤的深层为筋膜，筋膜分为浅筋膜和深筋膜。浅筋膜为腹壁浅筋膜的延续，由疏松结缔组织构成，使乳房皮肤有一定的活动性，乳头皮肤下无浅筋膜。深筋膜富含弹性纤维，包在整个乳房实质的内、外表面，由内外侧板组成，形成乳房的悬吊装置。两侧的内侧板形成乳房悬韧带，将乳房悬吊在腹白线的两侧，并形成乳房中隔，将乳房分为左、右两半。

乳房深筋膜的结缔组织同时还伸入乳房的实质内，构成乳腺间质，将乳腺实质分隔成许多腺小叶。每一腺小叶由分泌部和导管部组成。分泌部包括腺泡和分泌小管，其周围有丰富的毛细血管网。乳汁由腺泡分泌，经分泌小管至小的输乳管，小的输乳管汇合成大的输乳管，再汇合成乳道，通入乳房下部和乳头内的乳头管，经乳头管的开口排出。

（3）牛乳房的血管、神经和淋巴管　乳房的动脉有阴部外动脉、阴部内动脉的阴唇背侧支和乳房支。阴部外动脉进入乳房后分为乳房前动脉和乳房后动脉，分布于乳房。乳房的静脉在乳房基部形成静脉环，与静脉环相连的静脉有腹壁前浅静脉（腹皮下静脉）、阴部外静脉及阴部内静脉的阴唇背侧支和乳房后静脉，乳房的静脉血主要经前两种静脉回流。支配乳房的主要血管管径较粗，以保证乳房有足够的血液供应。据估算，每分泌 1L 乳汁就会有 600L 的血液流经乳房。

乳房的感觉神经来自髂腹下神经、髂腹股沟神经、生殖股神经和阴部神经的乳房支。自主神经来自肠系膜后神经节的交感纤维，分布于肌上皮细胞、平滑肌纤维和血管，不分布于腺泡。乳腺的分泌除了受神经调节外，还受到垂体等内分泌器官的激素调节。乳房的淋巴管分布较多，淋巴液主要汇入乳房淋巴结。

2. 羊的乳房

羊的乳房呈圆锥形，有 1 对圆锥形的乳头。乳头基部有较大的乳池，每个乳头有 1 个乳头管的开口。

3. 马的乳房

马的乳房呈扁圆形，位于两股之间，被纵沟明显地分为左、右两部分，每部分各有 1 个乳头，每个乳头各有 2~3 个乳头管。

4. 猪的乳房

猪的乳房位于胸部和腹正中线的两侧。乳房数目依品种而异，常有 5~8 对，有的有 10 对。乳池小，每个乳房有 1 个乳头，每个乳头有 2~3 个乳头管的开口。

5. 犬的乳房

犬有 4~5 对乳房，成对排列于胸腹部正中线的两侧。乳头短，每个乳头有 2~4 个乳头管的开口。

第三节 蹄

一、蹄的形态结构

蹄是家畜四肢的着地器官，位于指（趾）端，由皮肤演变而成，其结构似皮肤，也具有表皮、真皮和少量皮下组织。表皮因角质化而称角质层，构成蹄匣，无血管和神经；真皮部含有丰富的血管和神经，呈鲜红色，感觉灵敏，通常称肉蹄。

二、牛、羊、马、猪的蹄及犬爪的结构特点

1. 牛（羊）蹄的结构特点

牛、羊为偶蹄动物，每指（趾）端有 4 个蹄，直接与地面接触的 2 个称为主蹄，不与地面接触的 2 个称为悬蹄。

（1）主蹄 主蹄包括蹄匣和肉蹄（蹄真皮）两部分。

1) 蹄匣：由表皮衍生而成，可分为蹄壁角质、蹄底角质和蹄球角质 3 部分。

① 蹄壁角质：构成蹄匣的背壁和侧壁，由釉层、冠状层和小叶层构成。釉层位于蹄壁表皮的最表面，由角质化的扁平细胞构成。冠状层是蹄壁最厚的一层，由纵行的角质小管和小管间角质构成。角质中常有色素，使蹄壁呈深暗色；最内层角质较软，缺乏色素。小叶层是蹄壁表皮的最内层，由角质小叶构成。

② 蹄底角质：与地面接触，和蹄壁角质下缘有蹄白线分开。蹄白线由角质小叶层向蹄底伸延而成。蹄底角质的内表面有许多小孔，容纳肉底真皮上的乳头。

③ 蹄球角质：呈球状隆起，由较柔软的角质构成。

2) 肉蹄：又称蹄真皮，由真皮演化而成，富含血管神经，供应表皮营养，并有感觉作用，分为肉壁、肉底和肉球3部分。

① 肉壁（蹄壁真皮）：和蹄壁角质相对应，无皮下组织，与蹄骨的骨膜紧密相连，包括蹄缘真皮、蹄冠真皮和真皮小叶3部分。

② 肉底（蹄底真皮）：与蹄底角质相对应，其乳头插入蹄底角质的小孔中，也无皮下组织，和骨膜紧密相连。

③ 肉球（蹄球真皮）：皮下组织发达，含有丰富的弹性纤维，构成指（趾）端的弹力结构。

（2）悬蹄　悬蹄不与地面接触，结构与主蹄相似。

2. 马蹄的结构特点

马为奇蹄兽，蹄由蹄匣和肉蹄（蹄真皮）组成。马蹄结构见图2-5-2，马蹄纵切面见图2-5-3。

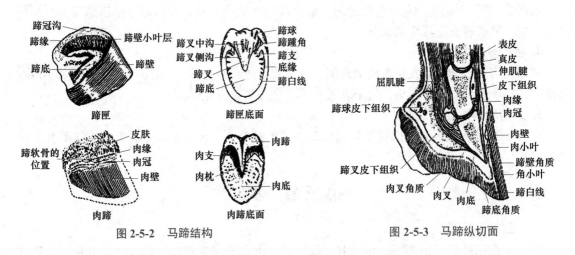

图 2-5-2　马蹄结构　　　　　图 2-5-3　马蹄纵切面

（1）蹄匣　蹄匣是蹄的角质层，由蹄壁、蹄底和蹄叉组成。

1) 蹄壁：构成蹄匣的背侧壁和两侧壁。结构与牛蹄匣的蹄壁角质相似。蹄白线位于蹄壁底缘，是钉蹄铁时下钉的标志位置。

2) 蹄底：为向着地面略凹陷的部分，结构似牛蹄匣的蹄底角质。

3) 蹄叉：呈楔形，位于蹄底的后方，角质层较厚，富有弹性。

（2）肉蹄（蹄真皮）　由真皮组成，同样富含血管和神经。形态与蹄匣相似，分为肉壁、肉底和肉叉（蹄叉真皮）3部分。其结构分别相似于牛、羊肉蹄的肉壁、肉底和肉球。

3. 猪蹄的结构特点

猪蹄为偶蹄，由2个主蹄和2个副蹄，结构与牛蹄相似。蹄内有完整的指（趾）节骨。

4. 犬爪的结构特点

犬、猫、兔等动物的指（趾）骨末端附有爪，由皮肤的表皮层衍化形成，相当坚硬。真皮层较薄，只起连接爪和骨的作用，皮下组织在爪的后部与真皮共同形成垫，相当于家畜的蹄球。按部位可分为爪轴、爪冠、爪壁和爪底。爪具有防御、捕食、挖掘等功能。

第六章 内脏

内脏广义上的概念是指的身体内部的器官，但从狭义上是指绝大部分位于体腔（胸腔、腹腔和骨盆腔）内的器官，一般包括消化、呼吸、泌尿和生殖4个器官系统。这些器官系统的共同特点是每个器官都直接或间接地以一端或两端与外界环境相通，以保证动物体物质代谢和种族延续。

一、内脏器官的结构特点
根据内脏器官的基本结构，可将其分为管状器官和实质性器官两大类。

1. 管状器官

大多数内脏器官属于管状器官，如消化道、呼吸道、泌尿和生殖管道。其结构有2个特点：一是器官的中央都有管腔，而管壁结构从内向外依次由黏膜、黏膜下层、肌层和浆膜（或外膜）组成；二是都以一端或两端与体外相通。管状器官结构模式图见图2-6-1。

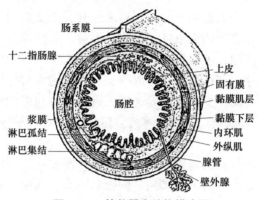

图 2-6-1　管状器官结构模式图

（1）黏膜　构成管壁的最内层，由上皮、固有膜和黏膜肌层构成。黏膜的色泽为浅红色或鲜红色，柔软而湿润，有一定的伸展性，空虚状态常形成皱褶。

（2）黏膜下层　位于肌层与黏膜层之间，由疏松结缔组织构成，含有大量的血管、淋巴管和神经丛，有些部位还有淋巴组织和腺体。

（3）肌层　主要由平滑肌组成，一般可分为内环肌、外纵肌两层，两层之间有少量的结缔组织和神经丛。

（4）浆膜或外膜　为管状器官的最外层，是一薄层的疏松结缔组织，称为外膜。有的管状器官，在外膜表面覆盖一层间皮，合称浆膜，能分泌浆液，有润滑作用，可减少内脏器官的摩擦。

2. 实质性器官

实质性器官包括肺、胰、肾、睾丸和卵巢等。实质性器官无特定的空腔，由实质和间质两部分组成。实质部分是器官的结构和功能的主要部分。间质是结缔组织，它被覆于器官的外表面并伸入实质内构成支架。

二、胸膜及胸膜腔
衬在胸腔内的浆膜称为胸膜。由胸膜的壁层和脏层围成的腔隙均称为胸膜腔。

三、腹膜与腹膜腔

衬在腹腔和骨盆腔内的浆膜称为腹膜。由腹膜的壁层和脏层围成的腔隙均称为腹膜腔。

第七章 消化系统

第一节 口 腔

一、口腔的组成

口腔由唇、颊、硬腭、软腭、舌、齿和唾液腺组成。

二、口腔的结构特点

1. 唇

唇构成口腔最前壁，分为上唇和下唇，其游离缘共同围成口裂。牛唇较短厚，坚实而不灵活。在上唇中部与两鼻孔之间的无毛区，称为鼻唇镜，鼻唇镜的表面有鼻唇腺开口。羊唇薄而灵活，采食时起重要作用，上唇正中有深沟状的"人中"，在两鼻孔间形成光滑的鼻镜。猪唇运动不灵活，上唇宽厚，与鼻端一起形成吻突，有掘地觅食作用；下唇小而尖，口裂很大。马唇运动灵活，是采食的主要器官。犬、猫上唇与鼻端间形成鼻镜，鼻镜正中有纵沟为"人中"。兔上唇中央有一裂缝，称为唇裂，唇裂与上端圆厚的鼻端构成三瓣鼻唇。

2. 颊

颊构成口腔的侧壁，以颊肌为基础，内衬黏膜、外覆皮肤。在颊黏膜上有颊腺的开口和腮腺管的开口。牛的颊黏膜上有许多尖端向后的锥状乳头，而猪、马的颊黏膜平滑，犬、猫的颊黏膜光滑且常有色素。

3. 硬腭

硬腭构成固有口腔的顶壁，向后延续为软腭，由切齿骨腭突、上颌骨腭突和腭骨水平部构成骨质基础。硬腭前后较宽，中间稍窄。硬腭的黏膜厚而结实，正中有一条纵行的腭缝，两侧为横行的腭褶。硬腭黏膜在周缘与上唇齿龈黏膜相移行，上皮高度角质化，有色素沉积。黏膜下组织有丰富的静脉丛，有利于体温调节和热量交换。

牛硬腭前端无切齿，但该处黏膜形成厚而致密的角质垫，称齿垫或齿枕，代替了上切齿的功能。其后有一小的菱形突起，称切齿乳头，在切齿乳头两旁的深沟中有切齿管开口。牛的切齿管长5~6cm，管的另一端向后、向上开口于鼻腔底壁。牛的腭褶有15~16条，羊的腭褶约有14条，前部腭褶高而明显，向后逐渐降低并消失于第1~3臼齿之后。除后几条腭褶外，每条腭褶的游离缘均有角质化乳头，呈锯齿状。腭腺多分布于切齿乳头附近和硬腭后部。马的腭褶有16~18条，每条腭褶的游离缘光滑；切齿乳头和乳头两侧的切齿管口不明显。猪的硬腭上的腭褶较密，多达22条；切齿乳头两侧有鼻腭管开口。犬硬腭有腭褶，舌前有切齿乳头及切齿管，无齿枕。

4. 软腭

软腭由肌肉和黏膜构成，是硬腭向后的延续，构成口腔的后壁。软腭后缘游离并凹陷，称为腭弓。软腭向两侧各有两条弓状黏膜褶,伸向后方到咽侧壁的称为腭咽弓,伸向前方连于舌根侧缘的称为腭舌弓。两弓间的凹陷为扁桃体窦,窦内容纳扁桃体。

马的软腭长,游离缘达于舌根,因此很难用口呼吸。呕吐时,胃内容物易从鼻孔逆出。

5. 舌

舌附着在舌骨上,占据固有口腔的大部分,主要由舌肌构成,表面被覆黏膜,分为舌尖、舌体和舌根3部分。在舌背表面的黏膜形成乳头状隆起,称为舌乳头。根据形状主要分为5种:圆锥状乳头、丝状乳头、菌状乳头、轮廓乳头和叶状乳头,后3种乳头有味蕾。丝状乳头呈倒钩状,表面覆盖硬的角质层。舌背后部有一椭圆形的隆起,称为舌圆枕。

牛(羊)的舌宽厚有力,是采食的主要器官,在舌背上分布有圆锥状乳头、豆状乳头、菌状乳头和轮廓乳头4种,轮廓乳头每侧有8~17个。猪和犬的舌背黏膜上分布有5种舌乳头,猪舌系带有2条,舌下肉阜小或无。犬的轮廓乳头每侧有2~3个。马和兔无圆锥状乳头。猫的舌背面有丝状乳头、菌状乳头和轮廓乳头3种。

6. 齿

齿镶嵌于上、下颌骨的齿槽内,因其排列成弓形,所以又分别称为上齿弓和下齿弓。每一侧的齿弓由前向后顺序排列为切齿、犬齿和臼齿。

(1)切齿 位于齿弓前部,与口唇相对。牛、羊无上切齿,下切齿有4对。猪、马、犬、猫的上、下切齿各有3对。兔上切齿有2对,下切齿有1对。

(2)犬齿 尖而锐,在切齿和前臼齿之间,约与口角相对,牛、羊和兔无犬齿,猪、公马、犬、猫的上、下犬齿各有1对。

(3)臼齿 位于齿弓后部,与颊相对,分为前臼齿和后臼齿。牛、马的上、下颌各有前臼齿3对,猪的上、下颌各有前臼齿4对。后臼齿均为3对。

齿在动物出生后逐个长出。除后臼齿和猪的前臼齿外,其余齿到一定年龄均按一定顺序进行更换。更换前的齿称为乳齿,一般个体较小、颜色乳白、磨损较快;更换后的齿称为恒齿,相对较大而坚硬。在实践中,常根据齿长出和更换的时间次序来估测动物的年龄。

牛(羊)、猪、马、犬的齿式如下:

$$\text{恒齿式} \qquad\qquad\qquad \text{乳齿式}$$

$$牛、羊:\quad 2\left\{\frac{0\ \ 0\ \ 3\ \ 3}{4\ \ 0\ \ 3\ \ 3}\right\}=32 \qquad 2\left\{\frac{0\ \ 0\ \ 3\ \ 0}{4\ \ 0\ \ 3\ \ 0}\right\}=20$$

$$猪:\quad 2\left\{\frac{3\ \ 1\ \ 4\ \ 3}{3\ \ 1\ \ 4\ \ 3}\right\}=44 \qquad 2\left\{\frac{3\ \ 1\ \ 3\ \ 0}{3\ \ 1\ \ 3\ \ 0}\right\}=28$$

$$马(♂):\quad 2\left\{\frac{3\ \ 1\ \ 3\ \ (4)\ \ 3}{3\ \ 1\ \ 3\ \ (4)\ \ 3}\right\}=40\sim44 \qquad 2\left\{\frac{3\ \ 0\ \ 3\ \ 0}{3\ \ 0\ \ 3\ \ 0}\right\}=24$$

$$马(♀):\quad 2\left\{\frac{3\ \ 0\ \ 3\ \ (4)\ \ 3}{3\ \ 0\ \ 3\ \ (4)\ \ 3}\right\}=36\sim40 \qquad 2\left\{\frac{3\ \ 0\ \ 3\ \ 0}{3\ \ 0\ \ 3\ \ 0}\right\}=24$$

$$犬:\quad 2\left\{\frac{3\ \ 1\ \ 4\ \ 2}{3\ \ 1\ \ 4\ \ 3}\right\}=42 \qquad 2\left\{\frac{3\ \ 1\ \ 4\ \ 0}{3\ \ 1\ \ 4\ \ 0}\right\}=32$$

7. 唾液腺

唾液腺是导管开口于口腔,能分泌唾液的腺体,主要有腮腺、颌下腺和舌下腺3对(牛、羊、马、猪）。犬、兔唾液腺发达，有4对（多了眶下腺）。猫的唾液腺特别发达，有5对（多了臼齿腺和眶下腺）。

第二节 咽

一、咽的位置和结构特点

咽为消化管和呼吸道的公共通道，位于颅底下方，口腔和鼻腔的后方，喉和气管的前上方，为前宽后窄的漏斗形的肌膜性管道，其内腔称咽腔，可分为鼻咽部、口咽部和喉咽部3部分。

1. 鼻咽部

鼻咽部位于鼻腔后方，软腭的背侧，为鼻腔向后的直接延续。咽中隔分为左、右隐窝，向后以鼻后孔通鼻腔，两侧壁各有1个缝状的咽鼓管咽口，经咽鼓管通中耳鼓室。

2. 口咽部

口咽部又称咽峡，位于软腭与舌根之间，较宽大，前端以咽峡与口腔相通，后方在会厌与喉咽部相接。

3. 喉咽部

喉咽部位于喉口的背侧，较短，向下经喉口通喉和气管，向后以食管口通食管，向上则经软腭游离缘与舌根形成的咽内口与鼻咽部相通。

二、马咽的特点

马的咽鼓管在颅底和咽后壁之间（鼻咽部）膨大，形成咽鼓管囊，又称喉囊。

第三节 食 管

食管是食物通过的肌膜性管道，起于喉咽部，连接咽和胃之间。食管可分为颈、胸和腹3段。颈段于颈前1/3处，位于气管右侧与颈长肌之间，到颈中部逐渐偏至气管左侧，直至胸腔前口。胸段位于纵隔内，又转至气管背侧与颈长肌的胸部之间继续向后伸延，越过主动脉右侧，然后穿过膈的食管裂孔进入腹腔。腹段很短，以贲门开口于胃。

食管壁由黏膜、黏膜下组织和肌层的外膜构成。平时黏膜集聚成若干纵褶，几乎将管腔闭塞，当食物通过时，管腔扩大，纵褶展平。其上皮为复层扁平上皮。

第四节 胃

胃位于腹腔内，为消化管的膨大部分，前端以贲门接食管，后端以幽门通十二指肠，具有暂时贮存食物、进行初步消化和推送食物进入十二指肠的作用。胃可分为单室胃和多室胃两种类型。

一、反刍动物胃和网膜的位置、形态和组织结构特点

反刍动物胃为多室胃，又称复胃或反刍胃。根据形态和构造不同，分为瘤胃、网胃、瓣胃和皱胃4部分。前3部分合称为前胃，黏膜无腺体，相当于其他动物单室胃的无腺部，与反刍动物消化纤维素有关。皱胃又称真胃，黏膜具有腺体。瘤胃以贲门接食管，皱胃以幽门连十二指肠。食物经过各个胃的顺序是瘤胃、网胃、瓣胃和皱胃。成年牛的胃总容积也有差异，一般为110~235L。以重量计算，4个胃占体重的2.5%。其中前胃占胃总重量的89%，皱

胃占11%。羊胃的形态结构基本上与牛胃的相似，但是网胃较大而瓣胃较小。牛的消化系统模式图见图2-7-1。

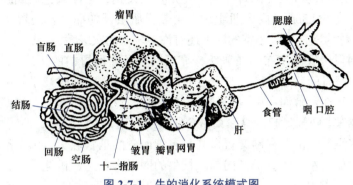

图 2-7-1　牛的消化系统模式图

1. 瘤胃

（1）瘤胃的形态和位置　成年牛的瘤胃最大，约占胃总容积的80%，呈前后稍长、左右略扁的椭圆形大囊，几乎占据整个腹腔左侧，其后腹侧部越过正中矢状面而突入腹腔右侧。瘤胃前端至膈，后端达盆腔前口。左侧面为壁面，与脾、膈及腹壁相接触；右侧面为脏面，与瓣胃、皱胃、肠、肝及胰相接触。背侧借腹膜和结缔组织附着于膈脚和腰肌的腹侧，腹侧隔着大网膜与腹腔底壁相接触。瘤胃以左、右侧面较浅的左、右纵沟和前后方较深的前、后沟又将瘤胃分为背囊和腹囊两部分，背囊较长。右纵沟分成两支围绕形成瘤胃岛。两纵沟在后端又分出环形的背侧冠状沟和腹侧冠状沟，从背囊、腹囊分出后背盲囊和后腹盲囊。瘤胃的前背盲囊和前腹盲囊前端，分别称为瘤胃房和瘤胃隐窝。瘤胃沟内含有脂肪、血管、淋巴管、淋巴结和神经；沟表面覆盖有浆膜，有时还有肌纤维跨过。瘤胃与网胃之间有较大的瘤网胃口，口的腹侧和两侧有向内折叠的瘤网胃褶，呈纵长的椭圆形，约为18cm×13cm；口的背侧形成一个穹窿，称瘤胃前庭，其与食管相接处为贲门。

（2）瘤胃的组织结构特点　瘤胃壁由黏膜、黏膜下组织、肌层和浆膜构成，黏膜表面被覆复层扁平上皮，角化层发达，成年牛除肉柱的颜色较浅外，其余均被饲草中的染料和鞣酸染成深褐色，初生牛犊则全部呈苍白色，上皮的角化层不发达。在前、后沟和左、右纵沟相对应处分别形成厚的前、后肉柱和左、右纵柱，将背囊、腹囊分开，以肉柱围成的瘤胃内口相互交通。黏膜表面形成无数圆锥状或叶状的瘤胃乳头，长的达1cm，使之表面异常粗糙。腹囊、盲囊和瘤胃房的乳头最发达，向肉柱方向逐渐变小，肉柱上及背囊的顶部无乳头，色白。乳头与瘤胃的吸收功能有关。瘤胃的黏膜无黏膜肌层，其固有膜与较致密的黏膜下组织直接相连，黏膜内无腺体。瘤胃肌层很发达，由外纵层和内环层构成。外纵层在瘤胃背囊为外斜纤维，内环层主要在瘤胃腹囊。瘤胃肉柱由内斜纤维构成，在瘤胃蠕动中起着重要作用。浆膜无特殊结构，只有背囊顶部和脾附着处无浆膜。

2. 网胃

（1）网胃的形态和位置　网胃在4个胃中最小，成年牛的网胃约占胃总容积的5%。外形略呈梨形，前后稍扁，位于季肋部正中矢状面、瘤胃房的前下方，约与第6~8肋间隙相对。膈面突，与膈、肝相接触；脏面平，与瘤胃房相邻。网胃底则置于胸骨后端和剑状软骨上。网胃上端的瘤网胃口与瘤胃背囊相通，在瘤网胃口的下方有网瓣胃口与瓣胃相通。由于网胃前面与膈紧贴，当牛吞食的尖锐异物留于网胃时，常因网胃收缩而穿过胃壁和膈引起创伤性心包炎（又称创伤性网胃心包炎）。

（2）网胃的组织结构特点　网胃黏膜上皮角化层发达，呈深褐色。黏膜形成一些隆起皱褶，称为网胃嵴，高约1.3cm，内含肌组织，由黏膜肌层延伸而来。网胃嵴形成多边形的小室，形似蜂房状，称为网胃房。小室的底上还有许多较低的次级嵴。

在网胃嵴和网胃房底部密布角质乳头，靠近网胃及瘤网胃褶的边缘，网胃房逐渐变小，嵴变低以致消失。网胃的肌层发达，与反刍时的逆呕有关，收缩时几乎将网胃完全闭合。网胃壁上的网胃沟，又称食管沟。网胃沟起于贲门，沿瘤胃前庭和网胃右侧壁向下伸延至网瓣胃口，与瓣胃相接。沟两侧隆起的黏膜褶富含肌组织，称为左、右唇，两唇之间为网胃沟底。沟底黏膜形成一些浅的纵褶，在网瓣胃口处具有细而弯的爪状乳头。由于沟略呈螺旋状，沟底在上部向后、中部向左，而直部则向前。犊牛的网胃沟发达、机能完善，当吸吮时，可反射性地闭合两唇形成管状，乳汁从贲门经网胃沟和瓣胃沟直达皱胃。成年牛的网胃沟闭合不全。

3. 瓣胃

（1）瓣胃的形态和位置　瓣胃与网胃相连接，以较大的瓣皱胃沟与皱胃为界，占胃总容积的7%~8%。瓣胃的壁面（右面）斜向右前方，隔着小网膜与膈、肝和胆囊接触；脏面（左面）与瘤胃、网胃和皱胃相贴。羊的瓣胃在4个胃中最小，呈卵圆形，位于第8~10肋的下半部。

（2）瓣胃壁的组织结构特点　瓣胃壁的构造与瘤胃、网胃的相似，而黏膜形成百余片互相平行的新月形皱褶，称瓣胃叶，从横切面上看，很像一叠"百叶"，故又称百叶胃。皱褶的突缘附着于胃壁，凹缘游离，朝向瓣胃底。瓣胃叶间形成叶间隐窝，平时充满较干的饲草和饲料细粒。瓣胃叶按高低可分为大、中、小、最小4级，呈有规律地相间排列，最大的瓣胃叶有12~16片，在大叶之间有中叶、小叶和最小叶，最小的叶几乎呈线状。瓣胃叶的表面分布有许多小的角质化乳头。瓣胃底处无瓣胃叶，仅有一些小的皱褶和乳头，称瓣胃沟，起于网瓣胃口，止于瓣皱胃口，长10~12cm。最大的瓣胃叶游离缘与瓣胃沟之间的空隙，称瓣胃管，位于网瓣胃口与瓣皱胃口之间，液体和细粒饲料可由网胃经过此管沟直接进入皱胃。瓣皱胃口呈卵圆形，口的前方有瓣胃柱环绕，柱内肌组织向外扩展至瓣胃壁。瓣皱胃口上有一黏膜，称皱胃帆，有启闭瓣皱胃口的作用。瓣胃的肌层，也由外纵肌和内环肌构成。

4. 皱胃

（1）皱胃的形态和位置　皱胃占胃总容积的7%~8%，为一端粗一端细的弯曲长囊，位于右季肋部和剑状软骨部。在网胃和瘤胃腹囊的右侧、瓣胃腹侧和后方，大部分与腹腔底壁紧贴，与第8~12肋相对。皱胃前端粗大，称胃底，与瓣胃相连；后端狭窄，称幽门部。幽门部则在瓣胃后方沿右肋弓转向后上方，在肝的脏面与十二指肠相接。皱胃脏面（内侧）与瘤胃隐窝相邻，当充盈时可从瘤胃房下方越至左侧与腹壁接触。皱胃大弯凸向下，与腹腔底壁接触；小弯凹向上，与瓣胃接触。

（2）皱胃的组织结构特点　皱胃壁由黏膜、黏膜下组织、肌层和浆膜构成。皱胃黏膜光滑、柔软，含有胃腺。胃底和大部胃体的黏膜形成12~14片与皱胃纵轴斜行的大皱褶，称皱胃旋褶，向后逐渐变低。皱胃黏膜依据固有膜内的腺体不同而分为贲门腺区、胃底腺区和幽门腺区，环绕瓣皱胃口的狭带为贲门腺区，色浅，内有贲门腺；胃底和大部分胃体为胃底腺区，呈灰红色，内有胃底腺；幽门部和一部分胃体为幽门腺区，色浅而稍黄，常形成一些暂时性的皱褶，内有幽门腺。

5. 犊牛胃的特点

牛胃各室的容积和形态随着年龄增长而变化。犊牛因吃乳，所以皱胃特别发达，瘤胃较小，局限于腹腔左侧的前上部，食管沟发达。从犊牛吃草料开始，前胃发育加快，到1~1.5岁时达到成年时的比例。

6. 网膜

网膜是联系胃的浆膜褶，由腹膜折转形成，可分为大网膜和小网膜。

（1）大网膜　牛的大网膜很发达，覆盖在肠管右侧面的大部分和瘤胃腹囊的表面，可分为浅、深两层。浅层起于瘤胃左纵沟，向下绕过瘤胃腹囊到腹腔右侧，继续沿右腹侧壁向上伸延，止于十二指肠和皱胃大弯。浅层由瘤胃后沟折转到右纵沟转为深层。深层向下绕过肠管到肠管右侧面，沿浅层向上，也止于十二指肠（但有时浅、深两层先合并，然后止于十二指肠）。浅、深两层网膜形成一个大的网膜囊，瘤胃腹囊就被包在其中。在两层网膜和瘤胃右侧壁之间，形成一个似兜袋的网膜囊隐窝，兜着大部分肠管。网膜囊的开口向后，口的游离缘即浅、深两层的折转处。网膜上常沉积有大量的脂肪，营养状况良好的动物更为明显。由于大网膜内含有许多巨噬细胞，因此又是腹腔内重要的防卫器官。

（2）小网膜　较小，起于肝的脏面，经过瓣胃的壁面，止于皱胃幽门部和十二指肠起始部，将瓣胃包在其中。

二、单室胃的位置、形态和组织结构特点

1. 马的胃

马的胃为单室混合胃，容积为5~8L，呈横向朝下弯曲的囊状，胃的腹缘凸出称大弯，背缘短而凹入称小弯。大部分位于左季肋部，小部分位于右季肋部。胃的左侧与脾相连，腹侧与大结肠膈曲相邻，壁面与膈和肝相邻，脏面接大结肠、空肠和胰。胃的左端向后上方膨大形成胃盲囊，位于左膈脚和第15~17肋上端的腹侧。

马的胃黏膜分为腺部和无腺部。无腺部的结构与食管相似，缺消化腺，黏膜苍白，它占据整个胃盲囊和幽门口以上的胃黏膜区。腺部黏膜富有皱褶，呈红褐色或灰色，内有丰富的贲门腺、胃底腺和幽门腺分布。幽门黏膜形成一环形褶，称为幽门瓣。

2. 猪的胃

猪的胃为单室混合胃，但其相对容积比马胃的大，为5~7L，呈弯曲的囊状。胃横位于腹前部，大部分在左季肋部，小部分在右季肋部。饱食时胃大弯可向后伸达剑状软骨部和脐部之间的腹底壁，并与第9~12肋软骨相对的腹壁相贴。壁面向前，又称膈面，与肝、膈相邻；脏面向后，与大网膜、肠、肠系膜和胰等相接触。胃的左端特别发达，近贲门处有一盲突，称为胃憩室。在幽门的小弯处，有一纵长的鞍状隆起，称为幽门圆枕，与对侧的唇形隆起相对，有关闭幽门的作用。

猪的胃黏膜的无腺部很小，仅位于贲门周围，呈苍白色。贲门腺区很大，由胃的左端达中间，呈浅灰色。胃底腺区较小，沿胃大弯分布，呈棕红色。幽门腺区位于幽门部，呈灰白色。

3. 犬的胃

犬的胃容积大，呈弯曲的梨形。左端的贲门部和胃底部膨大，呈圆形。右端的幽门部小，呈圆筒状。胃黏膜没有无腺部。贲门腺区呈环带状，灰白色，较小；胃底腺区较大，占胃黏

膜面积的 2/3，黏膜很厚；幽门腺区黏膜较薄而小。大网膜特别发达，从腹面完全覆盖肠管。

第五节　肠

一、小肠的位置、形态和组织结构特点

肠起于胃的幽门，止于肛门，可分为小肠和大肠两部分。草食动物的肠管较长，肉食动物的较短。小肠是细长的管道，前端起于皱胃的幽门，后端止于盲肠，可分为十二指肠、空肠和回肠 3 部分。十二指肠位于右季肋部和腰部，位置较为固定。空肠是最长的一段，形成许多迂曲的肠圈，并以肠系膜固定于腹腔顶壁，活动范围较大。回肠较短，肠管直，肠壁较厚，末端开口于盲肠或盲肠与结肠交界处。回肠以回盲韧带与盲肠相连。

二、大肠的位置、形态和组织结构特点

大肠比小肠短，管径较粗，可分为盲肠、结肠和直肠。草食动物的盲肠特别发达。多数动物的盲肠位于腹腔右侧。结肠可分为升结肠、横结肠和降结肠。直肠位于骨盆腔内，以直肠系膜连于骨盆腔顶壁，后端以肛门与外界相通。

三、小肠和大肠的特点

1. 牛（羊）的肠

（1）小肠　牛的小肠长约 40m，管径 5~6cm，羊的小肠长约 25m，管径 2~3cm。

1）十二指肠：起于皱胃的幽门，向前上方伸延，在肝的脏面形成乙状弯曲。由此再向后上方伸延，到髋结节的前方，折转向左并向前方形成一后曲，再向前伸延到右肾腹侧，移行为空肠。

2）空肠：位于腹腔右侧，借助于空肠系膜悬吊在结肠圆盘周围，形成花环状肠圈，空肠的右侧和腹侧隔着大网膜与腹壁相邻，左侧与瘤胃相邻，背侧为大肠，前方为瓣胃和皱胃。

3）回肠：较短而直，从空肠最后肠圈起，直向前上方伸延至盲肠腹侧，以回肠口开口于盲结肠交界处腹内侧壁，开口处形成略隆起的回肠乳头，突入盲肠腔内。

（2）大肠　牛的大肠长 6.4~10m，羊的大肠长 7.8~10m。管径比小肠略粗，无肠袋和纵肌带。

1）盲肠：呈长圆筒状，位于右髂部。起于回肠口，沿右髂部的上部向后伸延，盲端可达骨盆腔入口处，前端移行为结肠。

2）结肠：大肠最长的一段，借总肠系膜附着于腹腔顶壁，可分为升结肠、横结肠和降结肠，起始部的管径与盲肠相似，以后逐渐变细。

升结肠分为初袢、旋袢和终袢 3 段，初袢起于盲结口，形成乙状弯曲，在小肠和结肠旋袢的背侧。向前伸达第 2~3 腰椎腹侧，移行为旋袢。旋袢位于瘤胃右侧，呈一扁平的圆盘状，分为向心回和离心回。向心回是初袢的延续，以顺时针方向向内旋转约 2 圈（羊约 3 圈）至中心曲。离心回自中心曲起，按相反方向旋转约 2 圈（羊约 3 圈），移行为终袢。终袢离开旋袢后，向后伸延到骨盆腔入口处，再折转向前并向左延续为横结肠。横结肠由右侧通过肠系膜前动脉而至左侧，转而向后延续为降结肠。降结肠沿肠系膜根的左侧面向后伸延，至骨盆前口处形成乙状弯曲，移行为直肠。

3）直肠和肛门：直肠位于骨盆腔内，不形成直肠壶腹。肛门位于尾根的下方，平时不向外突出。

2. 马的肠

(1) 小肠

1) 十二指肠：长约 1m，起始部形成乙状弯曲，然后向后伸延到右肾的后下方，在盲肠底附着处弯向左侧，在左肾的腹侧移行为空肠。

2) 空肠：长约 22m，借助空肠系膜悬吊于第 2~3 腰椎腹侧。空肠大部分位于左髂部的上 2/3 处，并与小结肠混在一起。

3) 回肠：长约 1m，肠壁较厚，肠管较直，以回盲韧带与盲肠相连，从左髂部斜向右后上方，开口于盲肠。

(2) 大肠

1) 盲肠：发达，外形呈逗点状，长约 1m。位于腹腔右侧，起于右髂部的上部，沿腹侧壁向前下方伸延，达剑状软骨部。可分为盲肠底、盲肠体和盲肠尖 3 部分。盲肠底是后上方弯曲的部分，背缘较凸称大弯，借结缔组织附着于腹腔顶壁。腹缘凹称小弯，偏向内侧，有回盲口和盲结口。两口相距约 5cm，口上有由黏膜隆起形成的皱襞，分别称为回盲瓣和盲结瓣。盲肠体沿右侧腹壁和底壁向前向下伸达脐部。盲肠尖是盲肠体前端逐渐缩小的部分，为一盲端，在剑状软骨的稍后方。在盲肠底和盲肠体上有 4 条纵肌带和 4 列肠袋，盲肠尖部有 2 条纵肌带。

2) 结肠：可分为升结肠、横结肠和降结肠。升结肠通常称大结肠，降结肠通常称小结肠。

大结肠特别发达，长 3~3.7m（驴约 2.5m），几乎占据腹腔的下 3/4，盘曲成双层马蹄铁形。可分为 4 段 3 个弯曲，从盲结口开始，顺次为右下大结肠、胸骨曲、左下大结肠、骨盆曲、左上大结肠、膈曲、右上大结肠。大结肠管径的变化很大，下大结肠除起始部外均较粗，管径 20~25cm。至骨盆曲处管径突然变细，约 8cm。右上大结肠管径逐渐变粗，末端可达 30cm，因此又叫胃状膨大部。从胃状膨大部向后又突然变细成短的横结肠。左下和右下大结肠各有 4 条纵肌带和 4 列肠袋，骨盆曲有 1 条纵肌带。左上大结肠开始有 1 条纵肌带，到中部增加至 3 条，经膈曲延续到右上大结肠。

横结肠为升结肠和降结肠之间的移行部，即自升结肠末端在肠系膜前动脉之前，从右向左横越正中面至左肾腹侧延续为小结肠。

小结肠长约 3m，管径约 6cm，有 2 条纵肌带和 2 列肠袋，借后肠系膜连于腰椎腹侧，活动范围较大，常与空肠混在一起，位于腹腔左髂部，在骨盆腔入口处移行为直肠。

3) 直肠和肛门：直肠长约 30cm，前部管径小，称狭窄部；后段管径增大，称直肠壶腹。肛门呈圆锥状，突出于尾根之下。

3. 猪的肠

(1) 小肠　全长 15~20m。

1) 十二指肠：起始部在肝的脏面形成乙状弯曲，然后经右肾和结肠之间，向后伸延至右肾的后端，转而向左再向前延续为空肠。

2) 空肠：形成许多肠圈，以较长的空肠系膜与总肠系膜相连。空肠大部分位于腹腔右半部，在结肠圆锥的右侧。

3) 回肠：较短，开口于盲肠与结肠的交界处。

(2) 大肠

1) 盲肠：短而粗，呈圆锥状，长 20~30cm，有 3 条纵肌带和 3 列肠袋，位于左髂部。

2）结肠：升结肠在肠系膜中盘曲成结肠圆锥或结肠旋襻。锥底朝向背侧，附着于腰部和左髂部；锥顶向下向左与腹腔底壁接触。结肠圆锥可分为向心回和离心回，向心回位于结肠圆锥的外周，肠管较粗，有2条纵肌带和2列肠袋，按顺时针方向向下旋转约3圈到锥顶，然后转为离心回。离心回位于结肠圆锥的里面，肠管较细，纵肌带不发达，按逆时针方向旋3圈半或4圈半到腰部转为横结肠。横结肠在腰下部前行至胃的后方，然后向左绕过肠系膜前动脉，折转向后移行为降结肠。降结肠在左肾内侧，向后伸延至骨盆前口移行为直肠。

3）直肠和肛门：直肠形成直肠壶腹。肛门黏膜形成许多纵行的细褶。

4. 犬的肠

肠管较短，小肠平均长4m，大肠长60~75cm。

（1）小肠 十二指肠自幽门向后上方伸延，经右髂部至骨盆前口处转而向左，再沿升结肠和左肾内侧前行至胃后部，然后转向后方移行为空肠。空肠由6~8个肠襻组成，位于肝、胃和骨盆前口之间。回肠短，沿盲肠内侧向前，以回肠口开口于结肠起始处。

（2）大肠 无纵肠带和肠袋，盲肠呈螺旋状弯曲，位于右髂区内侧，在十二指肠和胰的腹侧。前端以盲结口与结肠相通，后方盲端尖。结肠呈U形襻，升结肠沿十二指肠降部前行，至幽门处转向左侧为横结肠，降结肠沿左肾腹内侧后行，入骨盆腔后延续为直肠。直肠壶腹宽大，在肛管两侧有肛囊，壁内有肛囊腺，其分泌物有难闻的异味。

第六节 肝 和 胰

一、肝的位置、形态和组织结构特点

肝呈扁平状，暗褐色，是动物体内最大的腺体。位于腹前部，膈的后方，大部分位于右季肋部。背缘短而厚，腹缘薄锐。在腹缘上有深浅不同的切迹，将肝分成大小不等的肝叶。壁面凸，脏面凹，中部有肝门。门静脉和肝动脉经肝门入肝，胆汁的输出管和淋巴管经肝门出肝。肝各叶的输出管合并在一起形成肝管。无胆囊的动物，肝管和胰管一起开口于十二指肠；有胆囊的动物，胆囊的胆囊管与肝管合并，称为胆管，开口于十二指肠。

（1）牛（羊）的肝 扁而厚，略呈长方形，质坚实而脆，略有弹性。大部分位于右季肋部，无叶间切迹，故分叶不明显，被胆囊和圆韧带分为左、中、右3叶。幼龄和营养良好的个体肝呈浅褐色，老龄或消瘦的个体肝呈深红褐色。有胆囊，胆管在十二指肠的开口距幽门50~70cm。

（2）马的肝 较扁，质脆，呈棕红色。没有胆囊，分叶较明显。在肝的腹侧缘上有两个切迹，将肝分为左、中、右3叶。大部分位于右季肋部，小部分位于左季肋部。肝的输出管为肝总管，由肝左管和肝右管汇合而成，开口于十二指肠憩室。

（3）猪的肝 较发达，分叶明显，腹侧缘有3条较深的叶间切迹将肝分为左叶、左内叶、右内叶和右叶。中叶包括位于肝门和胆囊之间的方叶及肝门上方的尾叶和尾状突。由于猪肝小叶间结缔组织发达，所以在肝的表面有肉眼可见的明显的肝小叶。胆囊位于右内叶的胆囊窝内。胆管开口于距幽门2~5cm处的十二指肠憩室。

（4）犬的肝 体积较大，相当于体重的3%，呈紫褐色。由辐射状的裂缝分为6叶，即左外叶、左内叶、右外叶、右内叶、方叶和尾叶。尾叶的右侧有尾状突，左侧有明显的

乳头突。胆囊隐藏在脏面的右外叶和右内叶之间。胆总管开口于距幽门处 5~8cm 处的十二指肠。

二、胰的位置、形态和组织结构特点

胰呈浅红黄色，柔软而分叶明显，其形状、大小因动物的不同而差异较大。胰位于腹腔背侧，靠近十二指肠，可分为左、中、右 3 叶，中叶又称胰头。胰的输出管，有的动物（牛、猪）有 1 条，有的动物（马、犬）有 2 条，其中一条叫胰管，另一条叫副胰管。

（1）牛（羊）的胰 呈不正的四边形，分叶不明显。通常只有 1 条胰管自右叶末端穿出，在胆管开口后方 30cm 处开口于十二指肠内。羊的胰管和胆管合成 1 条总管开口于十二指肠。

（2）猪的胰 呈不规则三角形，分为胰头、左叶和右叶。胰管由右叶末端发出，开口于距幽门 10~12cm 处的十二指肠内。

（3）马的胰 呈不正的三角形，分为胰头（中叶）、胰尾（左叶）和右叶。胰管由左、右两支汇合而成，从胰头穿出与肝管一同开口于十二指肠憩室。副胰管开口于十二指肠憩室对侧的黏膜上。

（4）犬的胰 位于十二指肠、胃和横结肠之间，粉红色，呈 V 形。左、右两叶均狭长，在幽门后方汇合。胰管与胆总管共同开口于十二指肠，副胰管较粗，开口于胰管入口的后方 3~5cm 处。

第八章
呼吸系统

呼吸系统包括鼻、咽、喉、气管、支气管和肺等器官，以及胸膜腔等辅助装置。鼻、咽、喉、气管和支气管是气体出入肺的通道，称为呼吸道。肺是气体交换的器官。牛呼吸系统模式图见图 2-8-1。

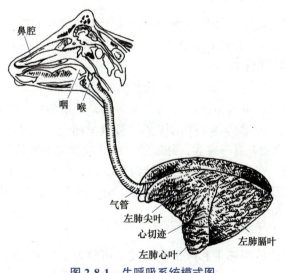

图 2-8-1　牛呼吸系统模式图

第一节 鼻

鼻是呼吸道的起始部分，对吸入的空气有温暖、湿润和清洁作用，同时又是嗅觉器官。鼻位于口腔背侧，分为外鼻、鼻腔和鼻旁窦 3 部分。

一、鼻腔的结构特点

鼻腔呈圆桶状，前方经鼻孔与外界相通，后方以鼻后孔与咽相通。鼻孔有 1 对，位于鼻尖，由内、外侧鼻翼围成。鼻腔被鼻中隔分为左、右两半。鼻中隔主要由筛骨垂直板和鼻中隔软骨组成。鼻腔分为鼻前庭和固有鼻腔。

1. 鼻前庭

鼻前庭是鼻腔前部衬有皮肤的部分，相当于鼻翼围成的空间。在鼻前庭的外侧壁上有鼻泪管的开口。

2. 固有鼻腔

固有鼻腔是鼻腔衬有黏膜的部分，位于鼻前庭后方。每侧鼻腔侧壁上附有上、下鼻甲，将鼻腔分为 3 个鼻道，上鼻道位于鼻腔顶壁与上鼻甲之间，狭窄，后端通嗅区；中鼻道位于上、下鼻甲之间，通鼻旁窦；下鼻道位于下鼻甲与鼻腔底壁之间，最宽，直接通鼻后孔。上、下鼻甲与鼻中隔之间形成总鼻道，与以上 3 个鼻道相通，这 4 个鼻道在鼻腔横切面上呈 E 形。固有鼻腔根据黏膜性质分为呼吸区和嗅区。呼吸区占据鼻腔前部大部分，黏膜为浅红色，被覆假复层纤毛柱状上皮；嗅区位于筛鼻甲和鼻中隔后部，黏膜颜色因畜种而异，马、牛呈灰黄色，山羊为黄色，绵羊为黑色，猪、犬为棕色，被覆嗅上皮，为嗅觉器官。

二、鼻盲囊

马的鼻前庭背侧的皮下有一盲囊，向后伸达鼻颌切迹，称鼻憩室或盲囊，给马插胃管时需注意。在鼻前庭外侧的下部距黏膜约 0.5cm 处有一小孔，为鼻泪管的开口。牛无鼻盲囊，鼻泪管口位于鼻前庭的侧壁。猪也无鼻盲囊，鼻泪管口位于下鼻道的后面。

第二节 喉

喉既是空气出入肺的通道，又是发声器官，位于头颈交界的腹侧、下颌间隙的后方，悬于两甲状舌骨之间。喉壁主要由喉软骨和喉肌组成，内面衬有喉黏膜。

一、喉软骨的组成和结构特点

喉软骨有 4 种 5 块，包括环状软骨、甲状软骨、会厌软骨和成对的杓状软骨。环状软骨位于第 1 气管软骨环前方，呈戒指样，背侧宽大为板，其余为弓。甲状软骨位于环状软骨前方，呈 U 形，两侧为板，底部为体。牛的甲状软骨板呈四边形，马的呈菱形。甲状软骨腹侧面后部（犬、猪和反刍动物）有一突起，称喉结。会厌软骨位于甲状软骨前方，呈叶片状，分为底和尖，尖弯向舌根，在吞咽时可向后翻转盖住喉口，防止食物落入喉内。杓状软骨位于甲状软骨背内侧、环状软骨前方，呈三面锥体形，分为底和尖，底向腹侧伸出声带突，尖向前上方弯曲呈钩状称小角突。

二、声带的位置

声带由声襞及其外侧的声韧带和声带肌构成。声襞为喉腔中部侧壁上的 1 对黏膜襞，两侧声襞之间的裂隙称声门裂，声襞与声门裂合称声门。声襞是发声器官。声门裂前方的喉腔称喉前庭，内有喉室，后方的喉腔称声门下腔（喉后腔）。马和犬的喉前庭有前庭襞，位于喉室的前缘。牛无喉室。

第三节　气管和支气管

气管和支气管为圆筒状长管，由软骨环构成支架。气管位于颈腹侧中线，由喉向后伸延，经胸前口入胸腔，在心底背侧（相当于第4~6肋间隙处）分为左、右两条主支气管，分别经肺门进入左、右肺。反刍动物和猪的气管在分为主支气管之前，在右侧先分出一气管支气管（前叶或右尖叶支气管），进入右肺前叶。一般左主支气管稍细长，右主支气管较短粗。气管、支气管均由黏膜、黏膜下层和软骨纤维膜（外膜）组成。软骨环呈C形，为透明软骨，缺口朝向背侧，由气管肌和结缔组织封闭。牛的气管较短，垂直径大于横径，有气管软骨环48~60个，游离的两端重叠。马的气管横径大于垂直径，有气管软骨环50~60个，游离的两端不相接触。猪的气管呈圆柱状，有气管软骨环32~36个，游离的两端重叠或相互接触。犬的气管软骨环约有35个。

第四节　肺

肺为气体交换器官，正常为粉红色，富有弹性，入水不沉，表面光滑、湿润。

一、肺的位置、形态和组织结构特点

1. 肺的位置、形态

肺位于胸腔内、心脏两侧，分为左肺和右肺，右肺较大。肺呈底面斜切的三面棱柱状，有3个面和3个缘。肋面隆凸，与肋接触，可见肋压迹；膈面略凹，与膈相邻；内侧面较平，与胸椎椎体（脊椎部）和纵隔（纵隔部）接触，有大血管、食管和心等器官的压迹；中部有肺门，为支气管、血管和神经出入肺的门户，这些结构被结缔组织包裹在一起称肺根。背侧缘隆凸；腹侧缘较薄，有心切迹，左侧与第3~6肋相对；底缘薄，为从第6肋的肋骨与肋软骨交界处至第11肋上端的弧线，在临床诊断上有重要意义。肺以主支气管在肺内的第1级分支为准分为肺叶，左肺分为2叶，即前叶（尖叶）和后叶（膈叶）；右肺分为4叶，即前叶、中叶、后叶和副叶，副叶位于后叶内侧，其外侧有沟供后腔静脉通过。

2. 肺的组织结构特点

肺表面被覆一层浆膜称为肺胸膜。浆膜下结缔组织伸入肺内形成肺间质，将肺组织分隔成许多肺小叶。肺实质是指肺内各级支气管及其分支和肺泡。左、右主支气管经肺门入肺后分出肺叶支气管，肺叶支气管分出肺段支气管，如此反复分支，形成各级小支气管。当管径细至1mm以下时，称为细支气管。细支气管继续反复分支，管径至0.5mm以下时，称为终末细支气管。终末细支气管再次分支，管壁上出现肺泡开口，称为呼吸性细支气管，后者进一步分支形成大量肺泡开口，致使管壁失去原有的连续结构，称为肺泡管。由数个肺泡围成的结构称为肺泡囊。由于支气管在肺内反复分支成树状，故名支气管树。每个细支气管连同其所属分支和周围的肺泡共同组成一个肺小叶。临床上的小叶性肺炎，即指肺小叶的病变。

（1）肺的导气部　管壁分为黏膜、黏膜下层和外膜3层。随管道反复分支，管径逐渐变细，管壁逐渐变薄，组织结构也随之发生变化。黏膜上皮为假复层纤毛柱状上皮，内有纤毛细胞和无纤毛细胞（包括基细胞、刷细胞、杯状细胞和分泌细胞）；随管径变细，杯状细胞逐渐减少，固有膜外方出现平滑肌并逐渐增多形成完整一层；黏膜下层的腺体数量逐渐减少，

外膜结缔组织中的软骨环逐渐变为软骨小片，数量逐渐减少而接近消失。在终末细支气管，黏膜形成皱襞，上皮转变为单层纤毛柱状上皮或单层柱状上皮；杯状细胞、腺体和软骨片完全消失，平滑肌形成完整的环形肌层。

(2) 肺的呼吸部

1) 呼吸性细支气管：每个终末细支气管可以分出两支及以上的呼吸性细支气管，后者的管壁上有零散的肺泡直接开口。黏膜上皮由单层纤毛柱状上皮移行为单层柱状或单层立方上皮，上皮下有少量结缔组织与平滑肌。

2) 肺泡管：管壁上出现大量肺泡连续开口，致使管壁结构只有在相邻肺泡开口之间才出现，该处上皮为单层立方上皮或扁平上皮，上皮下有薄层结缔组织和少量的环形平滑肌，因此，在切片上肺泡管壁断面呈结节状膨大。

3) 肺泡囊：为数个肺泡共同开口处。

4) 肺泡：是肺进行气体交换的场所。肺泡呈半球状，一面开口于肺泡囊、肺泡管或呼吸性细支气管，另一面则与结缔组织的肺泡隔相贴。相邻肺泡之间相通的小孔称为肺泡孔，是沟通相邻肺泡内气体的孔道。当细支气管发生阻塞时，可通过肺泡孔建立侧支通气道。但当肺发生感染时，微生物也可通过肺泡孔扩散，造成炎症蔓延。肺泡壁菲薄，腔面衬以上皮细胞，上皮下即为肺泡隔的结缔组织和血管等。肺泡上皮根据细胞的形态和功能分为Ⅰ型肺泡细胞和Ⅱ型肺泡细胞。Ⅰ型肺泡细胞呈扁平状，是执行气体交换的主要部分。Ⅱ型肺泡细胞是分泌细胞，常单个或三两成群地镶嵌于Ⅰ型肺泡细胞之间，呈立方形，突向肺泡腔，细胞核大而圆，细胞质呈泡沫状。电镜下Ⅱ型肺泡细胞的细胞质内含大量嗜锇性板层小体。板层小体周围包有界膜，内包肺泡表面活性物质，以胞吐方式分泌后，分布于肺泡上皮表面。表面活性物质具有降低肺泡表面张力、稳定肺泡形态的作用。呼气时，肺泡缩小，表面活性物质密度增加，肺泡表面张力减小，肺泡回缩力降低，从而防止肺泡过度回缩而塌陷；吸气时，肺泡扩张，表面活性物质密度减小，表面张力增大，肺泡回缩力增强，进而防止肺泡过度膨胀。临床上如果由于某种原因引起表面活性物质合成与分泌受到抑制或破坏，可引起肺泡塌陷，造成肺功能衰竭。

5) 肺泡隔：是相邻肺泡之间的薄层结缔组织，其内分布着丰富的毛细血管、网状纤维和弹性纤维等。在肺泡隔结缔组织中，还分布有巨噬细胞，胞体大而不规则，具有明显的吞噬功能。这种巨噬细胞还可以穿过肺泡上皮进入肺泡腔，并能逆着支气管树的分支方向排出体外。当肺内巨噬细胞吞噬尘埃颗粒后，称为尘细胞，它们属于单核吞噬细胞系统。

6) 气-血屏障（呼吸膜）：机体的气体交换发生于肺泡上皮和肺泡隔毛细血管之间。Ⅰ型肺泡细胞下方及肺泡隔毛细血管内皮之外，各有1层基膜，2层基膜间夹有薄层结缔组织。所以，肺泡与血液之间进行气体交换时，至少要通过肺泡上皮、上皮基膜、血管内皮基膜和内皮细胞4层结构，这4层结构合称为气-血屏障。气-血屏障的任何一层发生病理变化，都会影响气体交换。

二、牛（羊）、马、猪、犬肺的形态特点

1. 牛、羊的肺

肺叶间裂较深，所以分叶很明显。左肺分3叶，心切迹以前的部分为前叶或尖叶，中间为中叶或心叶，心切迹以后的部分为后叶或膈叶。右肺分4叶，即尖叶、心叶、膈叶和副叶，副叶呈小锥体形，附着于心叶和膈叶内侧、纵隔和后腔静脉之间。两肺的前叶又分为前、后2

部分。牛、羊的右肺比左肺明显大，二者体积比约为 2∶1。

2. 马的肺

分叶不明显，左肺分 2 叶，前叶（尖叶）小，位于心切迹之前；后叶（心膈叶）较大，在心切迹之后。右肺分 3 叶，即前叶、后叶和副叶，副叶位于后叶的内侧、胸纵隔和后腔静脉之间。

3. 猪的肺

左肺分 3 叶，即尖叶（前叶）、心叶（中叶）和膈叶（后叶）。右肺分 4 叶，即尖叶（前叶）、心叶（中叶）、膈叶（后叶）和副叶。

4. 犬的肺

肺叶间裂深，分叶很明显。左肺分前叶和后叶，前叶又分前、后两部分。右肺分前叶、中叶、后叶和副叶。

第九章 泌尿系统

泌尿系统由肾、输尿管、膀胱和尿道组成。肾是生成尿液的器官；输尿管为输送尿液至膀胱的管道；膀胱为暂时贮存尿液的器官；尿道是排出尿液的管道。后三者合称尿路。马的泌尿系统见图 2-9-1。

第一节 肾

一、肾的位置、形态和组织结构

1. 肾的位置和形态

肾为成对的实质性器官，呈豆形，红褐色至深褐色，位于腹主动脉和后腔静脉两侧、腰椎的腹侧。右肾位置略靠前，常在肝尾叶和右叶上形成肾压迹。肾的外面通常包有厚层的脂肪，称脂肪囊，其深面有结缔组织构成的纤维囊，纤维囊易与肾剥离。肾的内侧缘中部凹陷，为肾门，内陷形成肾窦。输尿管、肾血管、神经和淋巴管等由肾门出入肾。

2. 肾的组织结构

（1）被膜 由结缔组织构成，结缔组织在肾门处进入实质，形成肾间质。

（2）肾实质 分为皮质和髓质。皮质位于外周，因富含血管而呈红褐色，切面上可见许多红色小颗粒，为肾小体。髓质位于内部，血管较少而色较浅，呈圆锥形，称肾锥体；锥尖钝圆，称肾乳头。在髓质切面上可见有许多放射状的浅色条纹，伸入皮质形成髓放线。每个髓放线及其周围的皮质组成一个肾小叶。肾实质实际上是由大量泌尿小管构成，其间有少量结缔组织和血管。泌尿小管包括肾单位和集合小管两部分。

图 2-9-1 马的泌尿系统（腹侧面观）

1）肾单位：由肾小体和肾小管组成。

① 肾小体：呈球形，由血管球和肾小囊组成。肾小体具有两个极，小动脉进出的一端为血管极，与血管极相对的一端是尿极。血管球为一团盘曲成团球状的动脉毛细血管。血管球的动脉毛细血管为有孔毛细血管，无隔膜，血管内皮外是一层基膜。肾小囊为近端小管起始盲端凹陷而成的双层杯状结构，包绕中央的血管球。肾小囊的外层为壁层，为单层扁平上皮，在尿极与近端小管相连。内层为脏层，其细胞形态特殊，胞体较大，突向肾小囊腔，从胞体上伸出若干大的初级突起，初级突起上又分出许多次级突起和三级突起，这些突起的末端膨大并紧贴于毛细血管基膜，参与形成肾滤过膜。脏层的细胞又称足细胞。相邻足细胞的次级突起或三级突起相互穿插，形成栅栏状，其间有狭窄的裂隙。足细胞突起有收缩能力，调节裂隙的宽度。肾小囊壁层和脏层之间的狭窄腔隙称为肾小囊腔，原尿滤过后首先进入肾小囊腔。血管球有孔内皮、基膜和足细胞裂隙膜，合称为滤过膜或原尿的滤过屏障。一般情况下，肾小体滤过膜只允许相对分子量60000以下的物质滤过。肾小囊腔内的原尿，除不含大分子的蛋白质外，其余成分与血浆基本相似。在某些病理条件下，滤过膜受损伤，其通透性升高，一些正常情况下不能滤过的大分子蛋白，甚至血细胞也能漏出，导致蛋白尿或血尿。

② 肾小管：包括近端小管、细段和远端小管。近端小管与肾小囊尿极相连并盘曲于肾小体附近，之后离开皮质进入髓放线并直行至髓质。近端小管曲部简称近曲小管，长而弯曲，管径较粗，管壁由单层锥体形细胞组成，管腔小而不规则。上皮游离面可见明显的刷状缘，基底面有纵纹。近曲小管上皮细胞的侧面伸出许多侧突，相邻细胞的侧突呈指状交错，造成光镜下细胞界线不清楚。侧突细胞膜上具有许多钠泵，可将原尿中的钠离子（Na^+）主动运输到细胞间隙，同时氯离子（Cl^-）也伴随钠离子进入间隙。细胞间隙内离子浓度升高，渗透压升高，引起原尿中的大量水分被重吸收到细胞间隙中，再经过肾间质进入毛细血管。近端小管直部简称近直小管，其组织结构与近曲小管基本相同，只是上皮细胞变得略矮，线粒体较少，质膜内褶和细胞侧突不如近曲小管明显。近端小管是原尿重吸收的主要部位，可吸收原尿中全部葡萄糖、氨基酸、蛋白质、维生素，以及60%以上的钠离子、50%的尿素和65%~70%的水分等。

细段管径小，由单层扁平上皮构成，有核部分突向管腔。细胞质染色浅，游离面无刷状缘结构。细段的扁平上皮有利于水和离子通过。

远端小管包括直部（远直小管）和曲部（远曲小管）。远直小管经髓质又返回所属肾小体附近的皮质，盘曲形成远曲小管。远直小管的上皮为单层立方上皮，较近端小管的上皮细胞矮小，着色也浅。圆形细胞核位于细胞中央或近腔面，细胞游离面不形成刷状缘，但质膜内褶更发达。电镜下有的质膜内褶可伸达细胞顶部，褶间线粒体细长，数量多。质膜内褶上分布着大量钠泵，主动向间质泵出钠离子，导致从肾锥体底部至肾乳头间质内的渗透压逐渐升高，有利于集合小管进行尿液浓缩，进而保留体内水分。远曲小管在皮质的肾小体周围盘曲，但其长度要比近曲小管短，管径也较细。电镜下远曲小管上皮细胞的线粒体和质膜内褶不如远直小管发达，但细胞高度比远直小管的略高。远曲小管是离子交换的重要部位，在醛固酮的作用下，远曲小管能主动吸收钠离子，并以钠-钾交换的方式排出钾。远曲小管还可分泌氢离子和氨，并继续吸收原尿的水分。在神经垂体释放的抗利尿激素（也称加压素）作用下，远曲小管重吸收水分，减少尿量，收缩血管平滑肌，升高血压。

2）集合小管：包括弓形集合小管、直集合小管和乳头管。弓形集合小管是远曲小管的延续，由皮质迷路进入髓放线与直集合小管连接。直集合小管在髓放线和髓质内下行，至肾乳头处改称乳头管并开口于肾乳头。集合小管上皮一般为单层立方上皮，细胞界线清晰，管腔大而平整，细胞着色较浅。靠近肾乳头开口处，小管上皮转变为变移上皮。肾小体形成的原尿，经过肾小管和集合小管的重吸收、分泌和排泄作用，有用的物质大部分或全部被重吸收入血，并把无用的物质分泌和排泄到管腔，最后形成终尿。

3）球旁复合体：在肾小体血管极，由球旁细胞、致密斑和球外系膜细胞组成，也称血管球旁器，具有内分泌和调节功能。

① 球旁细胞：入球小动脉进入肾小囊时，动脉管壁上的平滑肌纤维转变为上皮样细胞，体积变大，细胞呈立方形，细胞质充满特殊分泌颗粒，内含肾素。

② 致密斑：远曲小管进入皮质，在穿过肾小体血管极时，紧靠肾小体一侧的管壁上皮细胞转变为高柱状，细胞排列紧密，形成一个椭圆形斑，称为致密斑。致密斑是一个化学感受器，对肾小管内尿液钠离子浓度的变化很敏感，当钠离子浓度降低或升高时，致密斑将信息通过球外系膜细胞传递给球旁细胞，使得后者增加或减少肾素分泌。

③ 球外系膜细胞：指入球小动脉、出球小动脉和致密斑形成的三角区内的一群细胞，也称极垫细胞，与球内系膜细胞相连续。球外系膜细胞较小，有突起，细胞质中可见分泌颗粒，它们的功能与信息传导有关。

二、肾的类型和结构特点

1. 肾的类型

根据肾叶愈合的程度，肾分为4种类型，即复肾、有沟多乳头肾、平滑多乳头肾和平滑单乳头肾。由许多独立的肾叶构成的肾，为复肾，见于鲸、熊、水獭等动物。如果相邻肾叶仅中部合并，肾表面以沟分开，每一肾叶仍保留独立的肾乳头，则为有沟多乳头肾，如牛肾。如果所有肾叶的皮质完全合并，肾表面平滑无分界，但每一肾叶仍保留独立的肾乳头，则为平滑多乳头肾，如猪肾。如果所有肾叶的皮质和髓质完全合并，肾乳头也愈合为一个总乳头，则称平滑单乳头肾，大多数动物的肾属于这一类，如马肾、羊肾、犬肾等。

2. 牛肾的结构特点

牛的右肾位于最后肋间隙上部至第2~3腰椎横突腹侧，呈背腹压扁的椭圆形，前端位于肝的肾压迹内，背侧面隆凸，腹侧面较平，腹内侧缘凹陷为肾门。左肾位于第3~5腰椎椎体的腹侧，呈三棱形，前端较小，后端较大而圆，背侧面隆凸，前外侧有裂隙状的肾门。牛肾为有沟多乳头肾，表面有沟，分叶明显。皮质位于外周，髓质位于深部，肾锥体明显，有18~22个肾乳头。皮质伸入相邻肾锥体之间，称肾柱。输尿管在肾内分为两个肾大盏，肾大盏分支形成肾小盏；肾小盏呈喇叭状，包围每一个肾乳头。牛肾见图2-9-2。

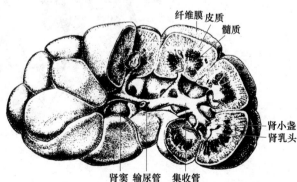

图 2-9-2　牛肾（部分剖开）

3. 羊肾的结构特点

羊的左、右两肾均呈豆形。右肾位于前3枚腰椎横突的腹侧；左肾位于第4、第5腰椎横突的腹侧,也常被瘤胃挤至体中线右侧。羊肾的构造为平滑单乳头肾。但肾的皮质相对较薄,肾切面上可见12~16个肾锥体合并为肾嵴,肾嵴宽厚,呈钝圆的嵴形。肾门位于内侧缘的中部。

4. 马肾的结构特点

马的右肾呈圆角的等边三角形,位于最后2~3枚肋骨椎骨端及第1腰椎横突腹侧;左肾呈长椭圆形或豆形,位于最后肋骨的椎骨端及前2~3枚腰椎横突腹侧。马肾为平滑单乳头肾,表面光滑无沟,内侧缘中部有肾门。皮质与髓质之间有深红色的中间区,肾柱不如多乳头肾发达,所有肾乳头合并形成肾嵴。输尿管在肾窦内膨大呈漏斗状,称肾盂,并向两端延伸形成裂隙样的终隐窝。马肾见图2-9-3。

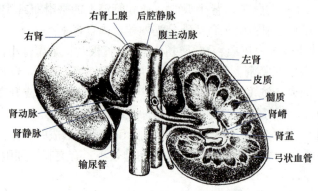

图2-9-3 马肾(腹侧面,左肾剖开)

5. 猪肾的结构特点

猪的左、右肾位置对称,位于前4枚腰椎横突腹侧,呈长椭圆形。猪肾为平滑多乳头肾,表面光滑无沟,皮质较厚,髓质的肾锥体和肾乳头明显。输尿管入肾后膨大为漏斗状的肾盂,肾盂分为两支肾大盏,肾大盏分支为8~12个肾小盏,包围每一个肾乳头。猪肾见图2-9-4。

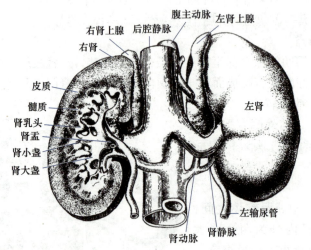

图2-9-4 猪肾(腹侧面,右肾剖开)

6. 犬肾的结构特点

犬的右肾位于第1~3腰椎横突腹侧,左肾位于第2~4腰椎横突腹侧,呈豆形。犬肾为平滑单乳头肾,结构与马肾相似。犬肾剖面见图2-9-5。

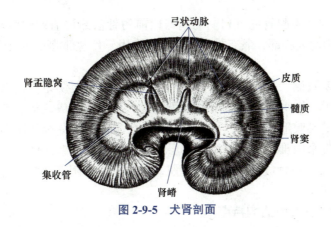

图 2-9-5 犬肾剖面

第二节 输 尿 管

输尿管为将尿液输送至膀胱的细长管道，左右各一，出肾门后沿腹腔顶壁向后伸延，横过髂外、髂内动脉入盆腔，在尿生殖褶（公畜）中或经子宫阔韧带（母畜）向后伸延至膀胱颈背侧面，斜穿膀胱壁开口于膀胱颈，这种方式可以防止尿液逆流。牛、羊左侧输尿管常因左肾位置的变化而变化，开始位于正中矢状面的右侧，并在右侧输尿管的下方，其后端逐渐移向左侧，至膀胱颈背侧面斜穿膀胱壁开口于膀胱颈。输尿管管壁由黏膜、肌层和外膜构成。

第三节 膀 胱

一、膀胱的位置和结构特点

膀胱是贮存尿液的器官，位于盆腔内，大小如拳头，充满尿液时可伸达腹腔底壁。膀胱呈长卵圆形或梨形，分为膀胱顶、膀胱体和膀胱颈。膀胱前端钝圆为膀胱顶，中部膨隆为膀胱体，后部缩细为膀胱颈，以尿道内口与尿道相连。膀胱由黏膜、黏膜下层、肌层和外膜组成。黏膜形成许多不规则的皱褶，在靠近膀胱颈的背侧壁上，输尿管末端在膀胱黏膜下层内走行使黏膜隆起，称输尿管柱，终于输尿管口；有1对黏膜襞自输尿管口向后伸延，称输尿管襞，两输尿管襞之间所夹的三角形区域称膀胱三角。肌层在膀胱颈形成括约肌。外膜在膀胱顶和膀胱体为浆膜，在膀胱颈为结缔组织的外膜。膀胱由1对膀胱侧韧带和1条膀胱正中韧带固定，膀胱侧韧带的游离缘为索状的膀胱圆韧带，为胎儿期脐动脉的遗迹。

二、幼龄动物膀胱的位置特点

幼龄动物膀胱的位置与成年动物的略有不同，小部分位于盆腔内，大部分位于腹腔内，腹侧邻接腹底壁，向前可达脐与耻骨前缘之间。

第四节 尿 道

一、雄性尿道的位置和结构特点

雄性尿道为排尿和排精的共同管道，也称尿生殖道。雄性尿道以坐骨弓为界分为骨盆部和阴茎部，两者交界处变狭窄，称尿道峡。

1. 骨盆部

骨盆部位于骨盆底壁与直肠之间，以尿道内口起于膀胱颈，起部背侧中央有一圆形隆起，称精阜，有输精管和精囊腺管的开口。射精口以前的骨盆部称前列腺前部，为纯粹的尿道；射精口以后的部分为前列腺部，兼有排尿和排精的作用。骨盆部背侧有副性腺。

2. 阴茎部

阴茎部位于阴茎腹侧，起于坐骨弓，沿阴茎腹侧向前行至阴茎头，以尿道外口开口于外界。雄性尿道由黏膜、海绵体层、肌层和外膜组成。黏膜常形成纵褶，被覆变移上皮，在雄性尿道起始部背侧壁黏膜形成精阜，在尿道狭之前，牛和猪的黏膜形成半月形的黏膜襞，该黏膜襞给公畜导尿带来困难。阴茎部海绵体层发达，形成尿道海绵体，在尿道狭处膨大形成阴茎球（尿道球）。肌层在骨盆部主要为尿道肌，在阴茎球和阴茎部为球海绵体肌。肌层有协助排尿和排精的作用。

二、雌性尿道的位置和结构特点

母畜的尿道较短，位于阴道腹侧、骨盆底壁，以尿道内口接膀胱颈，借尿道外口开口于阴道与阴道前庭交界处。

三、尿道下憩室

在母牛尿道外口的下方，有一黏膜凹陷形成的短盲囊（长约 3cm），称尿道下憩室。因此，在给母牛导尿时，应注意导尿管要向前下方直插，不要误插入憩室。猪尿道外口腹侧也有尿道下憩室。

第十章 生殖系统

第一节 雄性生殖器官

雄性生殖器官包括睾丸、附睾、输精管和精索、雄性尿道、副性腺、阴茎、包皮和阴囊。公畜生殖器官比较模式图见图 2-10-1。

一、睾丸、附睾的位置、形态和组织结构特点

1. 睾丸的位置和形态特点

睾丸是产生精子和分泌雄性激素的器官。位于阴囊内，左右各一，呈椭圆形或卵圆形，表面光滑，分两面、两缘和两端。内侧面较平坦，外侧面较隆凸；有附睾附着的一侧为附睾缘，与其相对的一侧为游离缘；有血管、神经进入的一端为睾丸头端，与其相对的一端为睾丸尾端。

（1）牛（羊）的睾丸　位于两股部之间的阴囊内，呈长椭圆形，长轴与地面垂直，上端为睾丸头，下端为睾丸尾，附睾位于睾丸的后缘。牛的睾丸实质呈黄色，羊的呈白色。

（2）马的睾丸　位置与牛的近似，外形呈椭圆形，长轴与地面平行，睾丸头向前，附睾位于睾丸的背侧。睾丸实质呈浅棕色。

（3）猪的睾丸　较大，斜位于肛门腹侧（会阴部）。长轴斜向后上方，睾丸头朝向前下方，附睾位于睾丸的背侧上缘。睾丸实质呈浅灰色，但因品种差异有深浅之分。

（4）犬的睾丸　较小，呈卵圆形，白色，长轴也斜向后上方，位置与猪的相似。

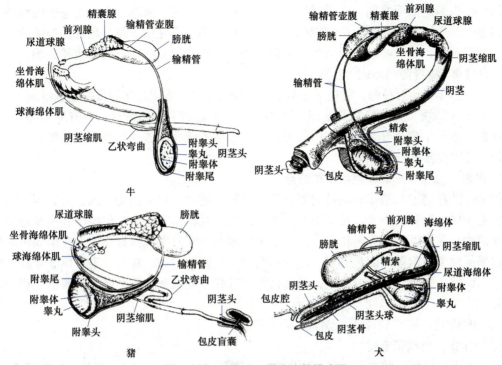

图 2-10-1　公畜生殖器官比较模式图

2. 睾丸的组织结构特点

睾丸表面被覆一层浆膜称固有鞘膜，其深面为致密结缔组织构成的白膜。白膜自睾丸头端沿纵轴伸向尾端，形成睾丸纵隔，自睾丸纵隔呈放射状分出许多睾丸小隔，将睾丸实质分成许多睾丸小叶，每个小叶中有 1~4 条精小管。精小管分为生精小管和直精小管两段。生精小管以盲端起于小叶边缘，在小叶内盘曲折叠，末端变为短而直的直精小管。直精小管在睾丸纵隔中相互吻合形成睾丸网，最后汇合成 6~12 条较粗的睾丸输出管，从睾丸头端走出进入附睾头。分布在生精小管间的疏松结缔组织称睾丸间质，间质中有一种特殊的内分泌细胞，称睾丸间质细胞。

（1）生精小管　管径 150~300μm，管壁细胞分两类，即生精细胞和支持细胞。生精细胞包括精原细胞、初级精母细胞、次级精母细胞、圆形精子细胞及长形精子细胞，它们依次由生精小管的基底部向管腔排列。支持细胞占成年生精上皮的 25%。上皮外有一薄层基膜，基膜外为一层肌样细胞，其结构与平滑肌细胞相近，可收缩，有助于生精小管内精子的排出。

精原细胞是精子形成过程的干细胞，紧贴基底膜，细胞核呈圆形，有 1~2 个核仁。精原细胞经有丝分裂不断增殖，一部分作为储备干细胞，另一部分进入生长期，发育成初级精母细胞。初级精母细胞较大，细胞核大而圆，处于第一次减数分裂期，分裂前期较长，有明显的分裂象。经第一次减数分裂产生 2 个次级精母细胞。次级精母细胞位于初级精母细胞内侧，较初级精母细胞小，胞体及细胞核均为圆形，染色质呈细粒状。次级精母细胞存在时间很短，很快完成第二次减数分裂，产生 2 个单倍体的精子细胞，所以在切片上不易观察到次级精母细胞。精子细胞靠近生精小管的管腔，细胞核小而圆，核仁明显，细胞质少，经变态形成精子。精子形似蝌蚪，由头部和尾部组成。

支持细胞又称塞托利细胞，呈高柱状或锥状。细胞底部附着在基膜上，顶部伸达腔面。

在相邻支持细胞的侧面之间，镶嵌有许多各级生精细胞。在游离端，多个变态中的精子细胞以头部嵌附其上。由于各类生精细胞的嵌入，使支持细胞在光镜下难辨轮廓，但细胞核为椭圆形或不规则形，核仁明显，异染色质少而浅染。支持细胞具有支持营养生精细胞，分泌雄激素，参与血-睾屏障的形成等功能。

（2）**直精小管** 管径细，管壁无生精细胞，仅由单层立方或柱状的支持细胞组成。

（3）**睾丸间质** 为疏松结缔组织，除含有丰富的血管、淋巴管外，还有睾丸间质细胞。它们成群分布于生精小管之间，胞体较大，呈圆形或不规则状，细胞质呈强嗜酸性，其主要作用是分泌雄性激素——睾酮。

3. 附睾的位置、形态和组织结构特点

附睾是贮存精子和精子成熟的地方，呈新月形，附着于睾丸的附睾缘，分为附睾头、附睾体和附睾尾。附睾头膨大，覆盖睾丸的头端，由睾丸输出管组成。附睾体和附睾尾由附睾管盘曲而成，在尾端延续为输精管。在附睾尾与睾丸尾间有睾丸固有韧带，在附睾尾与阴囊间有附睾尾韧带。附睾外面包有固有鞘膜和白膜。在胚胎时期，睾丸和附睾位于腹腔内肾附近。出生前后，在睾丸引带牵引下，睾丸和附睾从腹腔经腹股沟管下降到阴囊的过程，称睾丸下降。

二、输精管、输精管壶腹、精索的形态特点

1. 输精管、输精管壶腹

输精管为运送精子的管道，起于附睾管（由附睾尾进入精索后缘内侧的输精管褶中），经腹股沟管上行进入腹腔，随即向后进入骨盆腔，末端与精囊腺导管合并成短的射精管（马）或与精囊腺导管一同（牛、羊、猪）开口于尿生殖道起始部背侧壁的精阜上。马、牛、羊的输精管末段在膀胱的背侧呈纺锤形膨大，形成输精管壶腹，其黏膜内有壶腹腺分布。猪、犬的输精管壶腹不明显。

2. 精索

精索为一扁平的圆锥形索状结构，由神经、血管、淋巴管、平滑肌束和输精管等组成，外面包以固有鞘膜。精索基部较宽，附着于睾丸和附睾上，向上逐渐变细，顶端达腹股沟管内口（腹环）。在给雄性动物去势（睾丸摘除术）时，需切断精索。

三、副性腺的形态特点

副性腺为位于尿生殖道骨盆部背侧面的腺体，包括精囊腺、前列腺和尿道球腺。去势家畜的副性腺均发育不良。

1. 精囊腺

精囊腺1对，位于膀胱颈背侧的尿生殖褶中，在输精管壶腹外侧，一些动物的精囊腺导管与输精管共同形成射精管开口于精阜。牛的精囊腺呈不规则的长卵圆形，羊的呈圆形、分叶状。猪的精囊腺十分发达、呈三棱锥体形，导管多数单独开口于精阜。马精囊腺呈梨形囊状，表面平滑，囊壁由黏膜、肌膜和外膜组成。犬无精囊腺。

2. 前列腺

前列腺分为体部和扩散部，体部位于尿生殖道起始部的背侧，扩散部位于尿生殖道骨盆部海绵体层与肌层之间。前列腺导管有多条，开口于精阜两侧及后方的尿生殖道背侧壁。牛的前列腺分为体部和扩散部，体部呈横向的卵圆形，羊前列腺只有扩散部。猪的前列腺与牛的相似，但体部较圆。马的前列腺发达，由左、右侧叶和中间的峡部组成。犬的前列腺很发达，体部呈浅黄色球形体，环绕在整个膀胱颈和尿生殖道的起始部，扩散部薄，包围尿道

盆部。

3. 尿道球腺

尿道球腺 1 对，位于骨盆部末端背侧、坐骨弓附近，导管有多条，直接开口于尿生殖道背侧壁。牛、羊的尿道球腺呈卵圆形，外有球海绵体肌覆盖，导管仅有 1 条，开口处被一半月状黏膜褶遮盖。马尿道球腺呈椭圆形，有 5~8 条导管。猪的尿道球腺发达，呈长圆柱状，位于尿生殖道骨盆部后 2/3 的背侧。犬无尿道球腺。

四、阴茎的形态特点

阴茎为交配器官，位于腹壁下方，起于坐骨结节，经两股之间沿中线向前伸延至脐部，分为阴茎头、阴茎体和阴茎根 3 部分。阴茎根包括 1 对阴茎脚和尿道阴茎部起始段，两阴茎脚附着于坐骨结节腹侧，外面被覆发达的坐骨海绵体肌，向后汇合成阴茎体。阴茎体呈圆柱状，构成阴茎的大部分，借阴茎悬韧带附着于骨盆腹侧面。阴茎头位于阴茎前端，藏于包皮腔内，其形状因畜种而异。

牛、羊的阴茎呈圆柱状，细而长，在阴囊后方形成乙状弯曲。牛的阴茎头较尖，略向右侧扭转，右侧的浅沟内有尿道突，上有尿道外口。羊的阴茎头较膨大，尿道突长。

马的阴茎呈左右略扁的圆柱状，粗大，没有乙状弯曲，阴茎头膨大，后缘膨隆称阴茎头冠；阴茎头腹侧的深窝称阴茎头窝，内有短的尿道突，末端有尿道外口。

猪的阴茎与牛的相似，但乙状弯曲位于阴囊的前方，阴茎头扭转呈螺旋状，尿道外口呈裂隙状，位于阴茎头前端腹外侧。

犬的阴茎头较长，分前、后两部分，且内含阴茎骨。前部为阴茎头长部，后部为阴茎头球。阴茎头球由尿道海绵体扩大而成，充血后成球状，交配时可延长阴茎在母犬阴道中的停留时间。阴茎骨位于阴茎的中下部，后端膨大，前端尖细，形成纤维软骨突。阴茎骨的腹侧有尿道沟。

阴茎由皮肤、(浅、深)筋膜、阴茎海绵体和尿道阴茎部构成。阴茎的外层为皮肤，薄而柔软，富有伸展性。阴茎海绵体为长的柱形体，构成阴茎的背侧部，从阴茎脚向前伸至阴茎前端。背侧有阴茎背侧沟，供血管、神经通过，腹侧有尿道沟，容纳尿道阴茎部。阴茎海绵体外面包有致密结缔组织构成的白膜，白膜沿中轴形成阴茎中隔（明显程度因畜种而异），并分出阴茎海绵体小梁，小梁之间的腔隙称阴茎海绵体腔，实为扩大的毛细血管窦，充血时可使阴茎勃起。尿道阴茎部位于阴茎腹侧，中央为尿道，黏膜被覆变移上皮，在尿道外口处移行为复层扁平上皮；尿道海绵体构造与阴茎海绵体的相似，在阴茎前端形成阴茎头海绵体，覆盖阴茎海绵体尖而构成阴茎头。

包皮为包裹阴茎游离部的双层皮肤鞘。外层与腹壁皮肤连续，内层结构似黏膜，内、外两层在包皮口处转折移行。包皮内层与阴茎头之间形成包皮腔。

五、阴囊的形态特点

阴囊为容纳睾丸、附睾和部分精索的腹壁囊。牛、马的阴囊位于两股之间，牛的阴囊呈瓶状，上端略细，形成阴囊颈，阴囊颈前方通常有两对雄性乳头。马的阴囊呈球形，阴囊颈较明显，皮肤颜色较深。猪的阴囊位于肛门下方，与周围界线不明显。犬的阴囊呈球形，位于两股之间。阴囊壁的结构与腹壁相似，由外向内依次为皮肤、肉膜、精索外筋膜、提睾肌、精索内筋膜和鞘膜壁层。阴囊皮肤较薄，与腹壁皮肤相延续，阴囊腹侧中线有阴囊缝。肉膜相当于腹壁的浅筋膜，由结缔组织和平滑肌束组成，与阴囊皮肤紧贴，并形成阴囊中隔；肉膜有调节阴囊内温度的作用。精索外筋膜由腹外斜肌筋膜延续而来，以疏松结缔组织连接肉膜和提睾肌。精索外筋膜在附睾尾附近与肉膜相连，称阴囊韧带。提睾肌由腹内斜肌分出，位于阴囊外侧壁，有与肉膜一起调节阴囊内温度的作用。精索内筋膜为腹横筋膜的延续，与鞘膜壁层结合，合称总鞘膜。鞘膜壁层折转覆盖到睾丸和附睾表面称固有鞘膜，两者之间的腔隙称鞘膜腔，上部较细称鞘膜管，经鞘膜环与腹膜腔相通。如果鞘膜环扩大，腹腔中游离度较大的肠管会落入鞘膜管或鞘膜腔，引发腹股沟疝和阴囊疝。

第二节　雌性生殖器官

雌性生殖器官包括卵巢、输卵管、子宫、阴道、阴道前庭和阴门。其中卵巢为生殖腺，输卵管和子宫为生殖管，阴道、阴道前庭和阴门为交配器官和产道。母畜生殖器官比较模式图见图2-10-2。

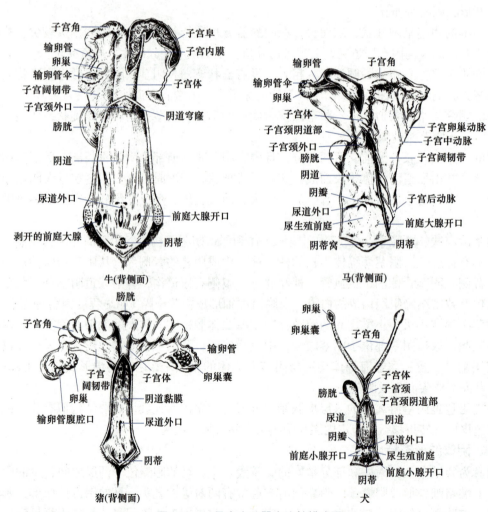

图2-10-2　母畜生殖器官比较模式图

一、卵巢的位置、形态和组织结构特点

1. 卵巢的位置和形态

卵巢是产生卵子和分泌雌激素的器官，呈卵圆形或圆形，借卵巢系膜悬挂于肾后方的腰

下部或盆腔入口附近。卵巢分为两缘、两端和两面。卵巢背侧与卵巢系膜相连，称卵巢系膜缘，系膜缘有神经、血管和淋巴管出入卵巢，该处称卵巢门；卵巢腹侧为游离缘。前端与输卵管伞相接，称输卵管端；后端借卵巢固有韧带与子宫角相连，称子宫端。输卵管系膜和卵巢固有韧带之间形成卵巢囊，卵巢位于其中。

2. 卵巢的组织结构特点

卵巢的结构依动物的种类、年龄、生殖周期的阶段而有所不同。卵巢由被膜和实质组成。

（1）被膜　包括生殖上皮和白膜。卵巢表面除卵巢系膜附着部以外，均被覆单层扁平或立方形的生殖上皮，其下方是结缔组织构成的白膜。马卵巢的生殖上皮仅位于排卵窝处，其余部分均被覆浆膜。

（2）实质　分为外周的皮质和内部的髓质，但马卵巢的皮质与髓质的位置颠倒。

1）皮质：位于白膜的内侧，由基质、卵泡和黄体构成。基质中主要是紧密排列的较幼稚的结缔组织细胞，呈梭形，细胞核呈长杆状。基质中胶原纤维较少，网状纤维多。皮质中的卵泡大小和形态各不相同，处于卵泡发育的不同阶段。通常外周的卵泡较小而多，朝向髓质的卵泡较大。有的卵泡未能发育成熟即退化而成为闭锁卵泡。幼年期动物的卵巢含有许多小卵泡，性成熟后卵泡发育，可见到许多不同发育阶段的卵泡。

2）髓质：位于卵巢中部，占小部分。含有较多的疏松结缔组织。其中有许多大的血管、神经及淋巴管。在近卵巢门处有少量的平滑肌，血管、淋巴管及神经由卵巢门进入卵巢。

3）卵泡发育：由原始卵泡发育成为生长卵泡和成熟卵泡的生理过程，称卵泡发育。卵泡是由中央的1个卵母细胞及其周围的卵泡细胞组成。根据卵泡的发育特点，将卵泡分为原始卵泡、生长卵泡和成熟卵泡。

① 原始卵泡：位于皮质浅层，体积小，数量多，为处于静止状态的卵泡。原始卵泡呈球形，由1个大而圆的初级卵母细胞及外周单层扁平的卵泡细胞组成，在卵泡细胞外有基膜。动物出生前，初级卵母细胞进入最后一轮 DNA 合成，然后被抑制在第一次成熟分裂（减数分裂）的前期，直至性成熟排卵时才完成第一次成熟分裂。

② 生长卵泡：静止的原始卵泡开始生长发育，根据发育阶段不同，又可分为初级卵泡、次级卵泡。

初级卵泡由原始卵泡发育而成，卵泡细胞为单层立方或柱状细胞。卵母细胞增大，卵泡细胞由单层变为多层，这是卵泡开始生长的标志。在卵母细胞周围和颗粒细胞之间出现一层嗜酸性、折光强的膜状结构，称透明带。透明带是颗粒细胞与初级卵母细胞共同分泌形成的。

次级卵泡由初级卵母细胞及周围多层的卵泡细胞组成。此期的卵泡细胞有6~12层，称颗粒细胞。位于基膜上的一层颗粒细胞呈柱状，其余为多边形，颗粒细胞间出现若干充满液体的小腔隙，并逐渐融合变大。卵泡周围的结缔组织分化为界线明显的卵泡膜。中央出现1个大的新月形腔，称卵泡腔，腔中充满卵泡液。颗粒细胞参与分泌卵泡液。由于卵泡腔的扩大及卵泡液的增多，使卵母细胞及其外周的颗粒细胞位于卵泡腔的一侧，并与周围的卵泡细胞一起突入卵泡腔，形成丘状隆起，称卵丘。卵丘中紧贴透明带外表面的一层颗粒细胞，随卵泡发育而变为高柱状，呈放射状排列，称放射冠。

③ 成熟卵泡：次级卵泡发育到即将排卵的阶段，卵泡液及其压力激增，即为成熟卵泡。

此时卵泡体积显著增大，卵泡壁变薄，并向卵巢的表面突出。由于卵泡腔扩大及卵泡颗粒细胞分裂增生逐渐停止，导致颗粒层变薄。成熟卵泡的透明带达到最厚。许多动物的卵母细胞在成熟卵泡接近排卵时，完成第一次成熟分裂，而犬和马在排卵后才完成第一次减数分裂。分裂时，细胞质的分裂不均等，形成大小不等的两个细胞，大的称为次级卵母细胞，其形态与初级卵母细胞相似；小的只有极少的细胞质，附在次级卵母细胞与透明带的间隙中，称第一极体。次级卵母细胞接着进入第二次成熟分裂，但停滞在分裂中期，直到受精才能完成第二次成熟分裂，并释放出第二极体。

④ 排卵：卵泡破裂，卵母细胞及其周围的透明带和放射冠自卵巢排出的过程，称排卵。卵泡液将卵母细胞及周围的放射冠、卵丘细胞冲出，排出的卵被输卵管伞接收。每个性周期中单胎动物一般只排1个卵，而多胎动物可排多个卵，如猪、兔、鼠等可排10~26个卵。

⑤ 黄体的形成和发育：排卵后，卵泡壁塌陷形成皱襞，卵泡内膜毛细血管破裂引起出血，基膜破碎，血液充满卵泡腔内，形成血体（红体）。同时，残留在卵泡壁的颗粒细胞和内膜细胞向腔内侵入，胞体增大，细胞质内出现脂质颗粒，颗粒细胞分化成粒性黄体细胞，而内膜细胞分化成膜性黄体细胞。黄体是内分泌腺，主要分泌孕酮（黄体酮）及雌激素，有刺激子宫分泌和乳腺发育的作用，保证胚胎附植和胎儿在子宫内的发育。黄体发育程度和存在时间，完全取决于卵细胞是否受精。如果动物未妊娠，黄体则逐渐退化，这种黄体称为发情黄体或假黄体。如果动物已妊娠，黄体在整个妊娠期继续维持其大小和分泌功能，这种黄体称为妊娠黄体或真黄体。黄体完成其功能后即退化成为结缔组织瘢痕，称为白体。

⑥ 卵泡的闭锁和间质腺：在正常情况下，卵巢内的卵泡绝大多数都不能发育成熟，而在各发育阶段中逐渐退化，统称为闭锁卵泡。原始卵泡和初级卵泡闭锁时，卵细胞皱缩并退变，最后被吸收，不留痕迹。次级卵泡和接近成熟的卵泡闭锁时，卵泡失去圆形。卵母细胞核偏位，皱缩，染色质粗糙呈致密颗粒状；透明带膨胀，塌陷；卵泡壁颗粒细胞松散脱落入卵泡腔。退变的残物很快被吸收。同时，卵泡内膜细胞变为多角形，被结缔组织、毛细血管分隔成辐射状排列的细胞索。有些动物如啮齿类、食肉类等，这些细胞变为间质腺或间质细胞，这种细胞在光镜下与黄体细胞很相似，可分泌雌激素、孕酮和雄激素。

3. 牛（羊）的卵巢

牛（羊）的卵巢呈稍扁的椭圆形，右侧卵巢较大，位于骨盆前口两侧附近，处女牛多位于骨盆腔内，经产牛位于腹腔内，在耻骨前缘前下方。性成熟后，有成熟的卵泡和黄体突出于卵巢表面。

4. 马的卵巢

马的卵巢呈豆形，位于第4（右侧）~5（左侧）腰椎横突腹侧；卵巢游离缘有一凹陷称排卵窝，成熟卵泡由此排出。

5. 猪的卵巢

猪的卵巢呈卵圆形，左侧卵巢较右侧的稍大。性成熟前较小，表面光滑，位于荐骨岬两侧稍后方；接近性成熟时，体积增大，表面有许多卵泡突出呈桑葚状，位于髋结节平面上；性成熟后及经产母猪的卵巢更大，表面有卵泡、黄体等突出呈结节状，卵巢向前向下移至髋关节与膝关节连线的中点上。

6. 犬的卵巢

犬的卵巢位于第3~4腰椎横突腹侧，呈扁椭圆形，因有卵泡和黄体突出于表面而呈结节状。

二、子宫的位置、形态和组织结构特点

1. 子宫的位置和形态特点

子宫为孕育胎儿的肌质器官。大部分位于腹腔内，小部分位于盆腔内，借子宫系膜附着于腹腔顶壁和盆腔侧壁。根据两侧子宫的合并程度，哺乳动物的子宫分为双子宫、双角子宫和单子宫3种。家畜均为双角子宫，由子宫角、子宫体和子宫颈组成。子宫角1对，位于腹腔内，呈弯曲的圆筒状，后端汇合为子宫体。子宫体多位于盆腔内，部分在腹腔内，呈圆筒状，向后延续为子宫颈。子宫角与子宫体内的空腔称子宫腔。子宫颈位于骨盆腔内，阴道前方的部分称阴道前部，突入阴道内的部分称阴道部。子宫颈壁厚，内腔狭窄，称子宫颈管；子宫颈管分别以子宫内口和外口与子宫体和阴道相通。

（1）牛（羊）的子宫　子宫角呈卷曲的绵羊角状，子宫腔内有子宫帆，将子宫角的后部隔开；子宫角分叉处有角间背侧和腹侧韧带相连；子宫体短，牛子宫角和子宫体黏膜上有100多个卵圆形隆起，称子宫阜；子宫颈长，黏膜形成环形皱褶，子宫颈管呈螺旋状，有子宫颈阴道部。

（2）马的子宫　整体呈Y形，子宫角略呈向下弯曲的弓形；子宫体与子宫角等长，子宫角和子宫体无子宫阜；子宫颈阴道部明显。

（3）猪的子宫　子宫角长而弯曲，似小肠；子宫体较短，子宫角和子宫体无子宫阜；子宫颈黏膜形成两排半球形隆起称子宫颈枕，子宫颈管呈螺旋状；无子宫颈阴道部，与阴道无明显的界线。

（4）犬的子宫　整体呈Y形，子宫角细长而直，子宫体和子宫颈很短；有子宫颈阴道部。

2. 子宫的组织结构特点

子宫从内向外由内膜、肌层和外膜3层组成。在发情周期中，子宫经历一系列明显的变化。

（1）内膜　由上皮和固有层构成。上皮随动物种类和发情周期而不同，反刍动物和猪为单层柱状或假复层柱状上皮，马、犬、猫等动物为单层柱状上皮。固有层的浅层有较多的细胞成分及子宫腺导管，深层中细胞成分较少，但布满了分支管状的子宫腺及其导管（子宫阜处除外）。腺上皮由有纤毛或无纤毛的单层柱状上皮组成。子宫腺分泌物为富含糖原等营养物质的浓稠黏液，称子宫乳，可供给着床前附植阶段早期胚胎所需营养。

子宫阜是反刍动物固有层形成的圆形隆起，其内有丰富的成纤维细胞和大量的血管。牛的子宫阜为圆形隆凸，羊的子宫阜中心凹陷。子宫阜参与胎盘的形成，属胎盘的母体部分。

（2）肌层　由发达的内环和外纵平滑肌组成。在两层间或内层深部存在有大量的血管及淋巴管，这些血管主要是供应子宫内膜营养，在反刍动物子宫阜区特别发达。

（3）外膜　为浆膜，由疏松结缔组织和间皮构成。在子宫外膜中有时可见少数平滑肌细胞存在。

三、阴道穹窿的形态特点

阴道是雌性动物的交配器官和产道，呈扁管状，位于骨盆腔内，在子宫后方，向后连接尿生殖前庭，其背侧与直肠相邻，腹侧与膀胱及尿道相邻。有些动物的阴道前部由子宫颈阴道部突入，形成陷窝状的阴道穹窿。牛和马的阴道宽阔，周壁较厚。牛的阴道穹窿呈半环状，马的呈环状。猪的阴道腔管径很大，无阴道穹窿。犬的阴道比较长，前端尖细，肌层很

厚，主要由环行肌组成。

第十一章 心血管系统

循环系统也称脉管系统，分为心血管系统和淋巴系统。心血管系统由心、动脉、毛细血管和静脉构成。心是血液循环的动力器官；动脉是将血液由心运输到全身各部的血管；静脉是将血液由全身各部运输到心的血管；毛细血管是血液与组织液进行物质交换的场所。

第一节 心

一、心的位置、形态和结构特点

1. 心的位置和形态

（1）心的位置 心位于胸腔纵隔内，夹于左、右肺之间，略偏左侧（牛心约5/7、马心约3/5位于正中线左侧），在第3肋和第6肋之间。牛心底约位于肩关节水平线上，心尖距膈2~5cm；马心底位于胸高中点稍下方，心尖距膈5~8cm。

（2）心的形态 呈倒圆锥形，外有心包包围。心的上部宽大为心底，与出入心的大血管相连；心的下部尖而游离为心尖。心的前缘隆凸，称右心室缘；心的后缘短而平直，称左心室缘；心的左侧面称心耳面；心的右侧面称心房面。心底有呈C形的冠状沟，将心分为上部的心房和下部的心室。心室左、右侧面各有一纵沟，分别称锥旁室间沟（左纵沟）和窦下室间沟（右纵沟），为左、右心室外表的分界标志。上述沟内含有血管、神经和脂肪。牛心脏见图2-11-1。

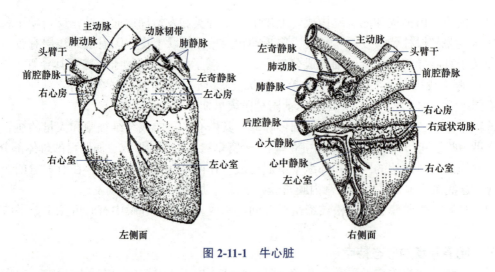

图2-11-1 牛心脏

2. 心腔的结构特点

心腔以房间隔和室间隔分为左、右两半，每半上部为心房、下部为心室。因此，心腔分为右心房、右心室、左心房和左心室4部分，同侧的心房和心室经房室口相通。

(1) 右心房　位于心底右前方，分为腔静脉窦和右心耳两部分。右心耳为圆锥形盲囊，其盲端伸向左侧至肺动脉干前方，内壁上有梳状肌。腔静脉窦是前、后腔静脉开口处的膨大部，前、后腔静脉分别开口于腔静脉窦的背侧壁和后壁，在两静脉开口处有发达的半月形静脉间结节（静脉间嵴）。在后腔静脉口下方有冠状窦，窦口有一半月形瓣膜；心大静脉和心中静脉注入冠状窦。牛的左奇静脉也汇入冠状窦；马的右奇静脉口位于前、后腔静脉口之间，右心房背侧或前腔静脉根部。在后腔静脉口附近的房间隔上有一卵圆窝，是胎儿时期卵圆孔的遗迹。右心房以右房室口通右心室。

(2) 右心室　位于右心房腹侧，构成心的右前部，横切面略呈三角形，不达心尖部。右心室上部有2个开口，入口为右房室口，出口为肺动脉干口。右房室口略呈卵圆形，口周缘有由致密结缔组织构成的纤维环，环上附着有3片三角形瓣膜，称右房室瓣（三尖瓣），游离缘借腱索附着于心室侧壁和室间隔上的乳头肌，每片瓣膜的腱索分别连至相邻的2块乳头肌上。乳头肌为心室壁突出的锥形肌柱，有3块，2块位于室间隔上，1块位于心室侧壁上。当心室收缩时，室内压升高，血液将三尖瓣推向上，使其互相合拢，关闭右房室口，由于腱索的牵引，瓣膜不至于翻向右心房，以防止血液逆流回右心房。肺动脉干口位于右心室左前方或主动脉口前方，呈圆形，口周围也有纤维环，环上附着有3片半月形瓣膜，称肺动脉干瓣（半月瓣）。瓣膜呈袋状，袋口朝着肺动脉干。当心室舒张时，肺动脉干血液倒流，将半月瓣口袋装满，3片半月瓣展开将肺动脉干口关闭，防止血液倒流入右心室。此外，右心室内还有隔缘肉柱（心横肌），由室间隔伸至心室侧壁，有防止心室舒张时过度扩张的作用。

(3) 左心房　位于心底左后方，其构造与右心房相似。左心耳盲端向前，内有梳状肌。在左心房背侧壁后部，有5~8个肺静脉口，聚集为3组。左心房以左房室口通左心室。

(4) 左心室　位于左心房腹侧，横切面略呈圆锥形，上部有2个开口，入口为左室口，出口为主动脉口。左房室口呈圆形，口周围有纤维环，环上有2片强大的瓣膜，称左房室瓣（二尖瓣），其形态、构造和功能与右房室口的三尖瓣相同，游离缘借腱索附着于心室侧壁的2个乳头肌上。主动脉口呈圆形，约在心底中部，口周围的纤维环上附着有3片主动脉瓣（半月瓣），其形态、构造和功能与肺动脉干口的半月瓣相同。牛的纤维环内有2枚心小骨，马的有2~3枚心软骨，猪的有1枚心软骨。左心室有2个乳头肌，较右心室发达，位于心室侧壁，隔缘肉柱有2条，分别自室间隔伸至乳头肌。

3. 心壁的结构特点

心壁分为3层，由内向外依次为心内膜、心肌膜和心外膜。心内膜由内皮、内皮下层和心内膜下层构成，心内膜下层的结缔组织中分布着具有传导功能的浦肯野（浦金野）细胞。心肌膜最厚，分为心房肌和心室肌，主要由心肌纤维构成，可分为内纵、中环和外斜3层，心肌纤维之间具有闰盘结构，实际上是心肌细胞之间的特殊连接。心外膜是心包浆膜的脏层结构，外表面被覆间皮，间皮下是薄层结缔组织。

二、心传导系统的组成

心传导系统由特殊的心肌纤维所构成，能自动而有节律地产生兴奋和传导兴奋，使心房和心室交替性地收缩和舒张，包括窦房结、房室结、房室束和浦肯野纤维。窦房结位于前腔静脉和右心耳之间的沟内、心外膜下。房室结呈结节状，位于房间隔右心房侧的心内膜下、冠状窦口前下方。房室束为房室结向下的直接延续，在室间隔上部分为左、右两脚（束支），分别在室间隔左侧面和右侧面的心内膜下向下伸延，分布于室间隔，并有分支通过左、右心室的隔缘肉柱（心横肌），分布于左、右心壁的外侧壁。浦肯野纤维为房室束的微细分支，交织成网，与普通心肌纤维相连。

三、心包的结构特点

心包为包在心脏外面的圆锥形纤维浆膜囊，分为纤维层和浆膜层。纤维层为心包的外层，背侧附着于心底的大血管，腹侧以胸骨心包韧带与胸骨后部相连。纤维层外面被覆纵隔胸膜（心包胸膜）。浆膜层为心包的内层，分为壁层和脏层，壁层紧贴于纤维层内面，脏层紧贴于心脏外面，构成心外膜；壁层和脏层之间的腔隙称心包腔，内含心包液，起润滑作用，可减少心搏动时的摩擦。

四、心肌的结构特点

心肌为心壁的主要组成部分，主要由心肌纤维构成。心肌被房室口的纤维环分隔为心房肌和心室肌两个独立的肌系。因此，心房和心室可以分别收缩和舒张。

心房肌薄，分为浅、深两层。浅层是同时环绕左、右心房的横行肌束，为左、右心房共有，有些纤维伸入房中隔形成∞形袢。深层为每个心房独有，肌纤维呈袢状和环状。前者起于房室口的纤维环，纵绕心房而止于纤维环；后者围绕静脉口、心耳和卵圆窝。

心室肌厚，左心室肌最厚。心室肌可分为浅、中、深3层。浅层纤维分别起于左、右房室口的纤维环，呈弓形绕至心尖，并在心尖旋转成漩涡状的心涡，然后转入深部形成深层，再上升经室中隔至另一心室的乳头肌。夹于浅、深两层间的中层也起于房室口的纤维环，肌束几乎呈环形排列，为各心室独有，左心室中层特别发达。

第二节 肺 循 环

血液由右心室输出，经肺动脉、肺毛细血管、肺静脉回流到左心房，称肺循环（小循环）。

肺循环的动脉主干为肺动脉干，静脉为肺静脉。肺动脉干起始于右心室的肺动脉干口，在左、右心耳之间向上、向后伸延，经主动脉左侧伸达后方，分为左、右肺动脉，经肺门入肺，牛和猪的右肺动脉还分出前叶支至右肺前叶。肺动脉在肺内随支气管反复分支，最后形成毛细血管网，包绕在肺泡周围。肺动脉干与主动脉之间有动脉韧带相连。肺静脉由肺毛细血管汇集而成，最后形成5~8支肺静脉，开口于左心房。

第三节 体 循 环

血液由左心室输出，经主动脉及其分支运输到全身各部，通过毛细血管、静脉回流到右心房，称体循环（大循环）。

一、主动脉及其主要分支

主动脉是体循环的动脉主干，起于左心室的主动脉口，分为升主动脉、主动脉弓和降主动脉。升主动脉位于心包内，在肺动脉干和左、右心房之间向上伸延，穿出心包延续为主动脉弓。主动脉弓呈弓形向上、向后伸延至第5~6胸椎腹侧，延续为降主动脉。降主动脉沿胸椎腹侧向后伸延至膈的一段，称胸主动脉，然后穿过膈的主动脉裂孔进入腹腔，称腹主动脉。腹主动脉沿腰椎腹侧向后伸延，在第5~6腰椎腹侧分为左髂外动脉、右髂外动脉、左髂内动脉、右髂内动脉和荐中动脉。升主动脉短，起始部膨大称主动脉球，并分出左、右冠状动脉。主动脉弓向前分出头臂干（又称臂头动脉总干、臂头干）。头臂干为分布于胸廓前部、头颈和前肢的动脉主干，在纵隔中沿气管腹侧向前向上伸延，至第1肋附近分出左锁骨下动脉，其主干在胸前口处分出双颈干后，延续为右锁骨下动脉。猪和犬的左锁骨下动脉直接从主动脉弓上分出。

1. 胸主动脉及其主要分支

胸主动脉包括成对的肋间背侧动脉、支气管食管动脉等。

（1）肋间背侧动脉　前1~5对由肋间最上动脉发出，其余均由胸主动脉发出，沿椎体外侧面向上伸延至相应肋间上端分出背侧支和腹侧支。背侧支较小，分出肌支和脊髓支，分布于脊髓及脊柱背侧的肌肉和皮肤。腹侧支较粗，沿肋骨后缘向下伸延，分布于胸膜、肋骨、肋间肌、乳房（猪、犬）和皮肤。

（2）支气管食管动脉　约在第6胸椎腹侧起于胸主动脉，分为支气管支和食管支，分布于肺内支气管和食管。牛的支气管动脉和食管动脉单独起于胸主动脉。

2. 腹主动脉及其主要分支

腹主动脉包括腹腔动脉、肠系膜前动脉、肾动脉、肠系膜后动脉、睾丸动脉或卵巢动脉、腰动脉等。

（1）腹腔动脉　紧靠膈主动脉裂孔后方起于腹主动脉腹侧，分为脾动脉、胃左动脉和肝动脉等，分布于脾、胰、胃、肝、十二指肠和大网膜。

（2）肠系膜前动脉　在腹腔动脉后方起于腹主动脉腹侧面，分为空肠动脉和回结肠动脉等，分布于空肠、回肠、盲肠、结肠和十二指肠等。

（3）肾动脉　在肠系膜前动脉后方自腹主动脉分出，经肾门入肾。

（4）肠系膜后动脉　在第4~5腰椎腹侧、两髂外动脉起始部之间起于腹主动脉，分为结肠左动脉和直肠前动脉，分布于降结肠后部和直肠。

（5）睾丸动脉或卵巢动脉　在肠系膜后动脉起始部附近起于腹主动脉，睾丸动脉沿腹壁向后、向下进入腹股沟管，分布于睾丸、附睾和精索等结构。卵巢动脉在子宫阔韧带中向后伸延，分出输卵管支和子宫支后，经卵巢系膜入卵巢，分布于卵巢、输卵管和子宫角。

（6）腰动脉　牛、马有6对，前5对起于腹主动脉，在相应腰椎横突后缘向外伸延，分布于脊髓、腰椎背侧和腹侧的肌肉和皮肤。

3. 锁骨下动脉及其主要分支

自头臂干分出后向前、向下和向外侧呈弓状伸延，绕过第1肋前缘移行为腋动脉。锁骨下动脉在胸腔内的分支有肋颈干、胸廓内动脉和颈浅动脉。马左侧锁骨下动脉在胸腔内的分支有肋颈干、颈深动脉、椎动脉、胸廓内动脉和颈浅动脉，但右侧的肋颈干、颈深动脉和椎动脉由头臂干分出。牛的肋颈干起于锁骨下动脉起始部的背侧，在第1肋前缘向前、向上伸延，由后向前顺次发出肋间最上动脉、肩胛背侧动脉和颈深动脉后，主干延续为椎动脉，其中肋间最上动脉分出前几对肋间背侧动脉，肩胛背侧动脉分布于鬐甲部，颈深动脉分布于颈背侧部，椎动脉在横突管内前行，分布于颈部的肌肉、皮肤及脊髓等。胸廓内动脉沿第1肋内侧面和胸骨背侧面向后伸延至第7肋的肋软骨间隙，分为肌膈动脉和腹壁前动脉，分布于膈、胸壁和腹壁前部。

4. 腋动脉及其主要分支

腋动脉是前肢的动脉主干，为锁骨下动脉的直接延续，位于腋部称腋动脉，位于臂部称臂动脉，位于前臂部称正中动脉，在掌部称指掌侧第2（马）或第3（牛）总动脉。腋动脉分出胸廓外动脉、肩胛上动脉、肩胛下动脉和旋肱前动脉，其中肩胛上动脉分布于冈上肌、肩胛下肌和肩关节；肩胛下动脉分为3支，分布于肩胛骨内、外侧的肌肉及肩后部的肌肉和皮肤。臂动脉分支有臂深动脉、尺侧副动脉、肘横动脉和骨间总动脉等，其中尺侧副动脉分布于臂三头肌及腕和指的屈肌，肘横动脉分布于腕和指的伸肌。正中动脉的分支有前臂深动脉和桡动脉等，前者分布于腕和指的屈肌。指掌侧（第2~4）总动脉伸达指部，分为指掌侧固有动脉，分布于指。

5. 颈总动脉及其主要分支

双颈动脉干很短，分为左、右颈总动脉。颈总动脉在颈静脉沟深部伴随迷走交感干向前伸延，在寰枕关节腹侧分为颈外动脉和颈内动脉，沿途分支至食管、支气管、甲状腺等。在颈总动脉分叉处有小结节称颈动脉球（马），或枕动脉起始部略膨大称颈动脉窦，分别为对血液的化学感受器和压力感受器。颈内动脉经破裂孔或颈静脉孔入颅腔分布于脑和脑膜，成年牛的颈内动脉退化。牛的枕动脉自颈内动脉分出，马的自颈外动脉分出，分布于中耳、脑膜、枕部肌肉和皮肤等。

颈外动脉向前上方伸延，分出颞浅动脉后延续为上颌动脉，沿途分支有舌面干、咬肌动脉（支）和耳后动脉。舌面干分为舌动脉和面动脉，舌动脉分布于舌；面动脉经下颌骨面血管切迹至面部，沿咬肌前缘上行分支分布于下唇、上唇、颊、鼻和眼角等，猪、羊无面动脉。咬肌动脉分布于咬肌。耳后动脉分布于耳。颞浅动脉在颞下颌关节腹侧分出，分为数支分布于颞肌、咬肌、耳、角和眼睑等。上颌动脉向前、向上、向内伸延，沿途分出下齿槽动脉、至颅腔的侧支（牛）、颊动脉、眼外动脉和颧动脉等，分布于下颌骨、下颌的齿、颊、翼肌、颞肌、脑和脑膜、眼球及其附属结构等，最后分为眶下动脉和腭降动脉。眶下动脉经眶下管出眶下孔，分布于上颌的齿和鼻唇部。腭降动脉分为3支，分布于软腭、硬腭和鼻腔。

6. 髂内动脉及其主要分支

髂内动脉为盆腔脏器和盆壁的动脉主干，沿荐结节阔韧带内侧面向后腹侧伸延，沿途分出脐动脉、臀前动脉和前列腺动脉（阴道动脉）等，在坐骨小孔附近分为臀后动脉和阴部内动脉。脐动脉分布于膀胱、输尿管、输精管或子宫（子宫动脉）。臀前动脉和臀后动脉分别自坐骨大、小孔走出分布于臀肌和股二头肌。前列腺动脉（公畜）和阴道动脉（母畜）分布于膀胱、输尿管、尿道、输精管、副性腺、子宫、阴道、直肠和会阴等。阴部内动脉分布于直肠、会阴部、阴茎、阴蒂、阴唇和乳房等。马的髂内动脉主要分为阴部内动脉和臀后动脉，由阴部内动脉分出脐动脉和前列腺动脉等，由臀后动脉分出臀前动脉等。

7. 髂外动脉及其主要分支

髂外动脉为后肢的动脉主干，在腹腔称髂外动脉，在股部称股动脉，在膝关节后方称腘动脉，在小腿部称胫前动脉，在跗部称足背动脉，在跖部称跖背侧第3动脉，延续为趾背侧总动脉。髂外动脉分出旋髂深动脉、子宫动脉（马）和股深动脉，其中旋髂深动脉约在髋结节相对处分为前支和后支，分布于腹壁肌、髂腰肌和股前肌群等；股深动脉分为阴部腹壁干和旋股内侧动脉，前者向前下方伸延至腹股沟管深环处，分为腹壁后动脉和阴部外动脉，分布于腹壁、阴囊、包皮、乳房和阴唇；后者分布于股内侧和股后肌群。股动脉的分支有旋股外侧动脉（股前动脉）、隐动脉和股后动脉等，其中旋股外侧动脉分布于股四头肌，隐动脉向后、向下伸延至跟骨内侧，分为足底内侧动脉和足底外侧动脉，在跖部延续为趾跖侧第2~4总动脉，分支分布于趾跖侧面。股后动脉分布于股二头肌、腓肠肌、趾浅屈肌和腘淋巴结等。腘动脉分为胫前动脉和胫后动脉，后者分布于腘肌、趾浅屈肌和趾深屈肌等。胫前动脉沿胫骨前肌与胫骨背侧之间向下伸延，分支分布于胫骨背外侧面的肌肉和胫骨等，主干向下延续为足背动脉。足背动脉在跗关节背侧分出跗穿动脉后称跖背侧第3动脉，在跖远端延续为趾背侧总动脉，分布于趾背侧面。

二、大静脉

全身的静脉汇集成心静脉系、前腔静脉系、后腔静脉系和奇静脉系4个静脉系，其中的主要静脉如下：

1. 前腔静脉

前腔静脉为收集头、颈、前肢和部分胸壁、腹壁血液回流入右心房的静脉干。马、牛由左、右颈（内、外）静脉和左、右锁骨下静脉在胸前口处汇集而成，猪、犬的左、右颈外静脉和左、右锁骨下静脉先汇集成左、右头臂静脉，然后合并形成前腔静脉。前腔静脉位于心前纵隔内、头臂干的右腹侧，经主动脉右侧注入右心房的腔静脉窦。前腔静脉的侧支有肋颈静脉、胸内静脉和右奇静脉。锁骨下静脉为前肢的深静脉干，由第3、第4指掌轴侧固有静脉、指掌侧第3总静脉、正中静脉、臂静脉和腋静脉依次汇聚而成，均与同名动脉伴行。

2. 后腔静脉

后腔静脉为收集腹部、骨盆部、尾部及后肢血液入右心房的静脉干。由左、右髂总静脉在第5~6腰椎腹侧汇集而成，沿腹主动脉右侧向前伸延，经肝的腔静脉沟穿过膈的腔静脉裂孔进入胸腔，注入右心房。后腔静脉在途中有腰静脉、肝静脉、肾静脉、睾丸静脉或卵巢静脉等属支汇入。髂总静脉由髂内静脉和髂外静脉在盆腔前口处汇集而成，为收集后肢、骨盆腔和尾部等处血液的短静脉干。髂内静脉与髂内动脉伴行，其属支有臀前静脉、臀后静脉、前列腺静脉或阴部内静脉等，均与同名动脉伴行。髂外静脉为后肢的静脉主干，由足背静脉、胫前静脉、腘静脉和股静脉顺次汇集而成，均与同名动脉伴行。

3. 颈静脉

颈静脉包括颈外静脉和颈内静脉，马无颈内静脉。颈外静脉由舌面静脉和上颌静脉汇集而成，为头颈部粗大的静脉干，其属支有舌面静脉、上颌静脉、颈浅静脉和头静脉等。颈外静脉位于颈静脉沟内，是临床上采血、放血和输液的重要部位。

4. 肝门静脉

肝门静脉是收集腹腔内不成对脏器［胃、脾、胰、小肠和大肠（直肠后段除外）］血液回流的静脉主干，其属支有胃十二指肠静脉、脾静脉、肠系膜前静脉和肠系膜后静脉。肝门静脉位于后腔静脉腹侧，穿过胰，与肝动脉一起经肝门入肝，开口于肝小叶的窦状隙。窦状隙的血液依次汇流入中央静脉、小叶下静脉和肝静脉。

5. 奇静脉

奇静脉为胸壁静脉的主干，收集部分胸壁和腹壁的静脉血，也接受支气管、食管、部分脊柱及其上方组织的静脉血。左奇静脉（牛、羊、猪）位于胸主动脉的左侧向前伸延，注入右心房；右奇静脉（马）位于胸椎腹侧偏右，与胸主动脉和胸导管伴行向前伸延，注入右心房。

三、四肢静脉

四肢静脉分为深静脉和浅静脉，两者之间常有交通。深静脉位置较深，与同名动脉伴行。浅静脉位于皮下，无动脉伴行，在体表可见，常用于采血和静脉注射等。

1. 头静脉

头静脉也称臂皮下静脉，为前肢的浅静脉干，无动脉伴行，起于蹄静脉丛，沿前臂内侧面上行，经前臂前面入胸外侧沟向上、向内伸延注入颈外静脉。头静脉是小动物静脉注射的常用部位，用指按压肘部背侧，可使该静脉怒张。副头静脉位于前脚部背侧，起于蹄静脉丛，由指背侧固有静脉、指背侧总静脉依次汇聚而成，注入头静脉。

2. 隐静脉

隐静脉为后肢的浅静脉干，包括内侧隐静脉和外侧隐静脉，均注入深静脉干。外侧隐静脉又称小隐静脉或小腿外侧皮下静脉，分前、后两支，无动脉伴行，起于蹄静脉丛，牛和猪的外侧隐静脉汇入旋股内侧静脉，马和犬的注入股后静脉。外侧隐静脉是小动物静脉注射的常用部位。内侧隐静脉又称大隐静脉或小腿内侧皮下静脉，在跗关节内侧起于足底内侧静脉，与隐动脉和隐神经伴行，注入股静脉。

第四节 微循环

一、微循环的组成

微循环是指由微动脉到微静脉之间微血管的循环系统，是血液循环的基本功能单位，既是血液和组织之间进行物质交换的部位，又是调节局部血流，影响局部代谢和功能的结构。微血管包括微动脉、后微动脉（中间微动脉）、毛细血管前括约肌、真毛细血管、直捷通路、动静脉吻合和微静脉7个连续的部分。

二、微循环的结构特点

微动脉管径一般小于300μm，由内膜、中膜和外膜组成。内膜包括内皮、内皮下层和内弹性膜；中膜常为1~2层螺旋状平滑肌；外膜薄，由疏松结缔组织构成。后微动脉的内膜无内弹性膜，中膜平滑肌稀疏。真毛细血管管壁极薄，相互吻合成网，最后汇入多条微静脉。毛细血管起始部有由环行平滑肌组成的毛细血管前括约肌，起调节微循环"闸门"的作用。根据机体局部机能活动的需要，血液流经微循环的途径有3种：微动脉→真毛细血管→微静脉；微动脉→直捷通路→微静脉；微动脉→动静脉吻合→微静脉。与毛细血管相连的微静脉为毛细血管后微静脉，其结构与毛细血管相似，细胞间隙较宽，物质通透性较大。动静脉吻合的动脉缺乏内弹性膜，但有纵向排列的上皮样平滑肌细胞。

第十二章 淋巴系统

第一节 淋巴系统的组成

淋巴系统包括淋巴管、淋巴组织和淋巴器官。淋巴组织和淋巴器官可产生淋巴细胞，通过淋巴管或血管进入血液循环，参与机体的免疫活动，因此，淋巴系统是机体的主要防御系统。淋巴回流径路及其与心血管系统的关系简图见图2-12-1。

一、淋巴管

淋巴管是收集淋巴回流的管道，始于组织间隙，结构与静脉相似，管道内含有淋巴，最终汇入静脉，是血液循环的辅助结构。淋巴管根据管径大小分为毛细淋巴管、

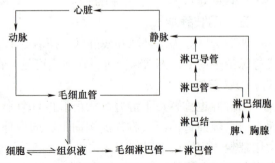

图2-12-1 淋巴回流径路及其与心血管系统的关系简图

淋巴管、淋巴干和淋巴导管。胸导管是全身最大的淋巴管，汇集除右淋巴导管以外的全身淋巴，始于乳糜池，沿胸主动脉的右上方向前伸延，然后越过食管和气管的左侧面向下，于胸腔入口处注入前腔静脉或左颈外静脉。

二、淋巴组织

淋巴组织是含有大量淋巴细胞的网状组织，包括弥散淋巴组织和淋巴小结。弥散淋巴组织的特点是淋巴细胞呈弥散性分布，与周围组织无明显界线。淋巴小结是由淋巴细胞构成的圆形或卵圆形结构，与周围组织分界明显。典型淋巴小结的中央为浅染区，称生发中心，又分为暗区（主要含大淋巴细胞）和明区（主要含中淋巴细胞）；边缘为深染区，称小结帽，由密集的小淋巴细胞构成。弥散淋巴组织和淋巴小结主要分布于消化系统、呼吸系统、泌尿生殖系统及其他部位的结缔组织中。

三、淋巴器官

淋巴器官是以淋巴组织为主构成的器官，包括淋巴结、脾、胸腺和扁桃体等。根据其功能和淋巴细胞的来源分为中枢（初级）淋巴器官和周围（次级）淋巴器官，前者包括胸腺、骨髓和禽类的法氏囊（腔上囊），后者包括淋巴结、脾和扁桃体等，是引起免疫应答的主要场所。

第二节　中枢淋巴器官

一、胸腺的位置和形态

单蹄类和肉食类动物的胸腺位于胸腔内，偶蹄动物的位于胸部和颈部。牛、羊、猪的胸腺分为胸叶和颈叶。胸叶大，位于心前纵隔内，向前分为左、右颈叶，沿气管两侧分布，前端可达喉部。新生动脉的胸腺在生后继续发育，至性成熟期体积达到最大，到一定年龄（犬 1 岁，马 2~3 岁，猪 1~2 岁，牛 4~5 岁）开始退化，直至消失。

二、胸腺的结构特点

胸腺表面被覆由薄层结缔组织构成的被膜，被膜伸入实质内部形成小叶间隔，将胸腺分成许多大小不等的胸腺小叶，每一小叶分为外周的皮质和中央的髓质，由于小叶间隔不完整，因此相邻小叶的髓质常彼此相连。胸腺皮质以有突起呈网状排列的上皮性网状细胞为支架，间隙内含有大量密集的淋巴细胞（又称胸腺细胞）和少量巨噬细胞等。胸腺髓质的胸腺细胞数量较少，染色较浅；髓质中一些上皮性网状细胞呈同心圆状排列，构成特殊的胸腺小体。

胸腺具有培育、选择和向外周淋巴器官和淋巴组织输送 T 淋巴细胞的作用，还有内分泌功能，可分泌胸腺素和胸腺生成素等多种激素，有促进胸腺细胞分化的作用。

第三节　周围淋巴器官

一、脾的位置、形态和组织结构特点

1. 脾的位置和形态

脾位于腹前部、胃的左侧。家畜脾的形态各异，分述如下：

（1）牛的脾　呈长而扁的椭圆形，蓝紫色，质较硬。位于左季肋部，贴附于瘤胃背囊左前部，从最后 2 肋的椎骨端斜向前下方达第 8~9 肋下 1/3 处。壁面略凸，邻接膈，脏面略凹，紧贴瘤胃左侧面；脏面上 1/3 近前缘处稍凹，为脾门。

（2）羊的脾 扁平，略呈钝三角形，红紫色，质较软，位于瘤胃左侧，脾门靠近脏面前上角。

（3）马的脾 呈镰刀形，蓝红色或铁青色，位于胃大弯左侧。上端宽而下端窄，从第1腰椎腹侧和后2~3枚肋的椎骨端斜向前下方至第9~11肋下1/3。壁面略凸，脏面略凹，有一纵嵴，上有脾门。

（4）猪的脾 呈细而长的带状，呈暗红色，质地较硬。位于胃大弯左侧，长轴几乎呈背腹向；上端较宽，位于后3枚肋的椎骨端腹侧；下端稍窄，位于脐部。脏面有一纵嵴，上有脾门。猪瘟剖检的特征性病变是脾出血性梗死。

（5）犬的脾 略呈舌形或靴形，中部稍狭，紫红褐色，质较硬。上端与第1腰椎横突和最后肋骨椎骨端相对。壁面凸，脏面凹，有一纵嵴，上有脾门。

2. 脾的组织结构特点

脾由被膜和实质构成，具有造血、滤血、灭血和贮血等作用。

（1）被膜和小梁 被膜由一层富含平滑肌和弹性纤维的结缔组织构成，表面被覆间皮。被膜的结缔组织伸入脾内形成许多分支的小梁，它们互相连接构成脾的支架。

（2）实质 由白髓、边缘区和红髓组成。

1）白髓：包括脾小结和动脉周围淋巴鞘。脾小结即淋巴小结，主要由B淋巴细胞（B细胞）构成。发育良好的脾小结也可呈现明区、暗区和小结帽，小结帽朝向红髓。健康动物脾内的脾小结较少，当受到抗原刺激引起体液免疫应答时，脾小结增多、增大。动脉周围淋巴鞘是围绕中央动脉周围的厚层弥散淋巴组织，由大量T淋巴细胞（T细胞）、少量巨噬细胞和交错突细胞等构成，属胸腺依赖区，相当于淋巴结的深层皮质。

2）边缘区：在白髓与红髓之间，呈红色。其中淋巴细胞较白髓稀疏，但较红髓密集，主要含B淋巴细胞，也含T淋巴细胞、巨噬细胞、浆细胞和其他各种血细胞。中央动脉分支而成的一些毛细血管，其末端在白髓与边缘区之间膨大形成边缘窦，窦的附近有许多巨噬细胞，能对抗原进行处理。因此，边缘区是脾内首先捕获、识别、处理抗原和诱发免疫应答的重要部位。边缘窦是血液中的淋巴细胞进入脾内淋巴组织的重要通道，脾内淋巴细胞也可经过此区转移至边缘窦，参与再循环。

3）红髓：分布于被膜下、小梁周围、白髓及边缘区的外侧，因含大量血细胞，在新鲜切面上呈红色而得名。红髓包括脾索和脾血窦。脾索是由富含血细胞的索状淋巴组织构成的，内含T淋巴细胞、B淋巴细胞、浆细胞、巨噬细胞和其他血细胞。脾索相互连接成网，与脾窦相间排列。脾索内含有各种血细胞，是滤血的主要场所。脾血窦简称脾窦，为相互连通的不规则的静脉窦。窦壁由一层长杆状的内皮细胞纵向平行排列而成，细胞之间有宽的间隙，脾索内的血细胞可经此穿越进入脾窦，内皮外有不完整的基膜和环行的网状纤维围绕。因此，脾窦如同多孔隙的栅栏状结构。当脾收缩时，血窦壁的孔隙变窄或消失，脾扩张时孔隙变大。脾窦外侧有较多的巨噬细胞，其突起可通过内皮间隙伸入窦腔内。

二、扁桃体的位置、形态和组织结构特点

扁桃体由淋巴组织构成，既有弥散淋巴组织，也有淋巴小结，分布于舌、咽等处上皮下结缔组织中，为机体重要的防御器官。扁桃体滤泡的特点之一是表面上皮凹陷，称隐窝。一个隐窝及其相连的淋巴组织为一个扁桃体滤泡，数个滤泡聚集成一个扁桃体。家畜主要有以下扁桃体：

（1）舌扁桃体 位于舌根部背侧。

(2) 腭扁桃体　位于咽部侧壁、腭舌弓和腭咽弓之间。反刍动物具有腭扁桃体窦，腭扁桃体位于窦壁内，牛腭扁桃体位于口咽部侧壁。马腭扁桃体位于舌根两侧，在黏膜上可见无数小孔。猪无腭扁桃体。犬具有腭扁桃体窝，腭扁桃体位于其内。

(3) 腭帆扁桃体　位于软腭口腔面黏膜下，猪的特别发达。

(4) 咽扁桃体　位于鼻咽部后背侧壁，猪和反刍动物位于咽隔。

三、淋巴结的位置、形态和组织结构特点

1. 淋巴结的位置和形态

淋巴结多沿血管周围分布，浅淋巴结多位于体表凹陷处的皮下，深淋巴结多位于深部的大血管附近、血管主干分叉处、器官门附近、纵隔和肠系膜等处。淋巴结通常有固定的位置，其输入淋巴管引流附近器官或部位的淋巴，并沿一定的方向汇集，通过输出淋巴管汇入附近的淋巴结、淋巴干或淋巴导管。当某一器官或部位发生病变时，淋巴结的细胞迅速增殖，体积增大。故了解局部淋巴结的正常位置、大小、引流区域及其引流的方向，对临床诊断、病理剖检及兽医卫生检验有重要的指导意义。淋巴结呈圆形或椭圆形，牛的较大，数目较少；马的较小，数目较多。在活体中呈浅红色，在尸体中略呈黄灰白色，也可因所处环境而有所变化。淋巴结表面的凹陷处为淋巴结门，有血管、神经和输出淋巴管出入。

2. 主要的浅在淋巴结

家畜有19个淋巴中心，其中头部3个（腮腺淋巴中心、下颌淋巴中心和咽后淋巴中心）、颈部2个（颈浅淋巴中心和颈深淋巴中心）、前肢1个（腋淋巴中心）、胸腔4个（胸背侧淋巴中心、胸腹侧淋巴中心、支气管淋巴中心和纵隔淋巴中心）、腹腔内脏3个（腹腔淋巴中心、肠系膜前淋巴中心和肠系膜后淋巴中心）、腹壁和骨盆壁4个（腰淋巴中心、荐髂淋巴中心、腹股沟淋巴中心和坐骨淋巴中心）、后肢2个（腘淋巴中心和髂股淋巴中心）。下面仅介绍生产实践中常用的浅在淋巴结。

(1) 下颌淋巴结　位于下颌间隙后部、下颌支后内侧，也称为颌下淋巴结。引流区域为头下半部的肌肉和皮肤、鼻腔前半部、口腔、唾液腺等，汇入咽后外侧淋巴结。牛、犬和马的下颌淋巴结可触知，但注意区别牛的下颌淋巴结与下颌腺。

(2) 颈浅淋巴结　又称肩前淋巴结，牛、马、犬只有颈浅淋巴结，猪有颈浅背侧淋巴结、颈浅中淋巴结和颈浅腹侧淋巴结。位于肩关节前上方，臂头肌和肩胛横突肌（牛）的深层。引流颈部、胸壁、前肢皮肤和肌肉、胸部乳房的淋巴，汇入胸导管或右气管淋巴干。

(3) 腹股沟浅淋巴结　母牛、母马的位于乳房基部后上方或外侧的皮下，称乳房淋巴结，母猪、母犬的位于最后乳房的后外侧或基部的后上方。乳房临床检查时常触诊此淋巴结。公畜的称阴囊淋巴结，公牛的位于阴茎背侧、精索的后方；公马的有2群，分别位于精索前方和后方；公猪、公犬的位于阴茎外侧、腹股沟管皮下环的前方。输出淋巴管汇入髂内侧淋巴结。

(4) 髂下淋巴结　又称股前淋巴结，位于阔筋膜张肌前缘的膝褶中，在活体上易于触摸。引流腹壁、骨盆、股部和小腿皮肤的淋巴，汇入髂内、外侧淋巴结。犬没有，猫少见。

(5) 腘淋巴结　位于股二头肌与半腱肌之间，腓肠肌外侧头起始部的脂肪中。猪的腘淋巴结分为腘浅淋巴结和腘深淋巴结。引流后肢小腿下部肌肉和皮肤的淋巴，汇入髂内侧淋巴结（牛）或腹股沟深淋巴结（马）。

3. 淋巴结的组织结构特点

淋巴结分为间质和实质。

（1）间质 包括表面的被膜和伸入实质内的网状小梁。淋巴结表面被覆由薄层致密结缔组织构成的被膜，数条输入淋巴管穿越被膜进入被膜下淋巴窦。被膜和门部的结缔组织伸入淋巴结实质，形成许多粗细不等的小梁。小梁互相连接成网，构成淋巴结的支架。

（2）实质 分为外周的皮质和中央的髓质，二者之间无明显界线。猪淋巴结的皮质和髓质的位置恰好相反。

1）皮质：位于被膜下方，由浅层皮质、深层皮质和皮质淋巴窦构成。

① 浅层皮质：为紧靠被膜下淋巴窦的淋巴组织，由淋巴小结和小结间弥散淋巴组织构成。在抗原刺激下，淋巴小结发育良好，可见明显的暗区、明区和小结帽。淋巴小结内有 B 细胞、巨噬细胞、滤泡树突细胞和 T 淋巴细胞等。暗区位于基部，其中大而幼稚的 B 淋巴细胞分裂分化为中等大的 B 淋巴细胞后，移至明区。小结帽的小淋巴细胞中主要是浆细胞的前身，另有一些记忆 B 细胞（B 记忆细胞）。

② 深层皮质：又称副皮质区，位于皮质深部，为厚层弥散淋巴组织，主要含 T 淋巴细胞。深层皮质分布有许多毛细血管后微静脉，是血液内淋巴细胞进入淋巴结的重要通道。

③ 皮质淋巴窦：是淋巴结内淋巴流动的通道，包括被膜下淋巴窦和小梁周围淋巴窦。淋巴窦壁衬有一层连续内皮细胞，内皮外有薄层基质、少量网状纤维和一层扁平网状细胞。窦腔内有一些呈星状的内皮细胞和网状纤维作为支架，并有许多巨噬细胞附于其上或游离于窦腔内，网眼内还有许多淋巴细胞。因此，淋巴在窦内流动缓慢，有利于巨噬细胞清除异物和摄取抗原。

2）髓质：位于淋巴结中央和淋巴结门附近，由髓索和髓质淋巴窦组成。

① 髓索：是由弥散淋巴组织构成的不规则形条索，彼此相连成网，主要含 B 淋巴细胞，另有一些 T 淋巴细胞、浆细胞、肥大细胞和巨噬细胞等。髓索是淋巴结产生抗体的部位。髓索中央常有 1 条毛细血管后微静脉，是血液内淋巴细胞进入髓索的通道。

② 髓质淋巴窦：位于髓索之间，相互连接成网，其结构与皮质淋巴窦相同，但窦腔大，腔内巨噬细胞较多，因此有较强的滤过作用。

周围淋巴器官和淋巴组织内的淋巴细胞可经淋巴管进入血液循环于全身，它们又可通过毛细血管后微静脉再回到淋巴器官或淋巴组织内，如此周而复始，使淋巴细胞从一个地方到另一个地方，这种现象称为淋巴细胞再循环。

猪的淋巴结与上述典型淋巴结的结构不同。仔猪的淋巴结皮质和髓质的位置恰好相反。淋巴小结位于中央区域，而不甚明显的淋巴索和少量较小的淋巴窦则位于周围。输入淋巴管从一处或多处经被膜和小梁一直穿行到中央区域，然后流入周围窦，最后汇集成几条输出淋巴管，从被膜的不同地方穿出。成年猪的皮质和髓质混合排列。

淋巴结是机体内重要的免疫器官，构成机体免疫的第二道防线，主要功能包括滤过侵入机体的抗原物质，形成具有免疫活性的淋巴细胞，引发免疫反应。当引起体液免疫应答时，淋巴小结增多、增大，髓索内浆细胞增多；引起细胞免疫应答时，深层皮质区明显扩大，效应 T 细胞输出增多。淋巴结常同时发生体液免疫和细胞免疫，免疫反应剧烈时，临床上表现为肿大和出血等。

四、腹腔内脏淋巴结的位置和形态特点

（1）腹腔淋巴结 位于腹腔动脉及其分支附近，有 2~4 个。

（2）肝淋巴结 位于肝门或门静脉表面，有 2~7 个，肉品检验时常规检查。

（3）脾淋巴结 沿脾动脉和静脉分布，一些淋巴结位于脾门背侧，有 1~10 个。

（4）胃淋巴结 位于胃贲门或沿胃左动脉分布，有 1~5 个。

（5）胰十二指肠淋巴结　位于胰和十二指肠之间，邻近胰十二指肠动脉，一些淋巴结包埋在胰中，有5~10个。

（6）肠系膜前淋巴结　位于肠系膜前动脉起始部附近。

（7）空肠淋巴结　位于空肠系膜中，在肠系膜每侧形成2排淋巴结。

（8）回结肠淋巴结　位于回盲褶和回肠口附近，有5~9个。

（9）结肠淋巴结　位于结肠圆锥轴心，邻近结肠右动脉及其分支，多达50个。

（10）肠系膜后淋巴结　沿降结肠分布，有7~12个。

第十三章 神经系统

神经系统由脑、脊髓、神经节和分布于全身的神经组成。神经系统能接受来自体内器官和外界环境的各种刺激，并将刺激转变为神经冲动进行传导，一方面调节机体各器官的生理活动，保持器官之间的平衡和协调；另一方面保证畜体与外界环境的平衡和协调一致，以适应环境的变化。因此，神经系统在畜体调节系统中起主导作用。

第一节　基本概念

一、神经的定义

神经元胞体与突起及神经胶质一起在神经系统的中枢和外周部组成一些结构，常给这些结构不同的术语名称。

1. 神经元

神经元即神经细胞，是一种高度分化的细胞，它是神经系统的结构和功能单位。

2. 突触

相邻的神经元之间借突触彼此发生联系。

3. 神经纤维

神经纤维是中枢神经和外周神经的组成部分，由神经元的突起构成，包括有髓神经纤维和无髓神经纤维。

4. 灰质和皮质

在中枢，神经元胞体及其树突集聚的地方，在新鲜标本上呈灰白色，称为灰质，如脊髓灰质。灰质在脑表面成层分布，称为皮质，如大脑皮质、小脑皮质。

5. 白质和髓质

白质是泛指神经纤维集聚的地方，大部分神经纤维有髓鞘，呈白色，如脊髓白质。分布在小脑皮质深面的白质特称髓质。

6. 神经核和神经节

在中枢，由功能相似的神经元胞体和树突集聚而成的灰质团块称神经核。在外周部，神经元胞体聚集形成神经节，神经节可分为感觉神经节和自主神经节。

7. 神经和神经纤维束

起止行程和功能基本相同的神经纤维聚集成束，在中枢称神经纤维束。由脊髓向脑传导感觉冲动的神经束称上行束；由脑传导运动冲动至脊髓的称下行束。神经纤维在外周部聚集形成粗细不等的神经。神经根据冲动的性质可分为感觉神经、运动神经和混合神经。

8. 神经末梢

神经末梢为神经纤维的末端部分，在各种组织器官内形成多种样式的末梢装置。按其功能可分为感觉神经末梢和运动神经末梢两大类。感觉神经末梢能感受内外环境的各种刺激，故又称感受器，主要有游离神经末梢、触觉小体、环层小体和肌梭。运动神经末梢是中枢发出的传出神经纤维末梢装置，故又称效应器，包括躯体运动神经末梢（如运动终板）和内脏运动神经末梢。

二、中枢神经系和外周神经系的组成

中枢神经系包括脑和脊髓；外周神经系（周围神经系）指由中枢发出，且受中枢神经支配的神经，包括脑神经、脊神经和自主神经（图2-13-1）。从脑部出入的神经称脑神经；从脊髓出入的神经称脊神经；控制心肌、平滑肌和腺体活动的神经称自主神经。自主神经又分为交感神经和副交感神经。

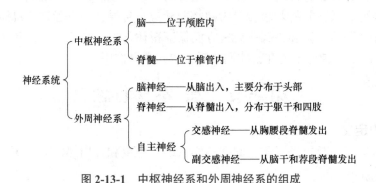

图 2-13-1 中枢神经系和外周神经系的组成

第二节 脊 髓

一、脊髓的位置和形态

脊髓位于椎管内，呈上下略扁的圆柱形。前端在枕骨大孔处与延髓相连；后端到达荐骨中部，逐渐变细呈圆锥形，称脊髓圆锥。脊髓末端有1根细长的终丝。脊髓各段粗细不一，在颈后部和胸前部较粗，称颈膨大；在腰荐部也较粗，称腰膨大，为四肢神经发出的部位。

脊髓的外面包有3层结缔组织膜，由外向内依次为脊硬膜、脊蛛网膜和脊软膜，统称为脊膜。脊硬膜的外面与椎管之间形成硬膜外腔，临床上常在此进行神经阻滞麻醉，称为硬膜外麻醉，注射麻醉剂的部位一般为腰荐间隙。

二、脊髓的结构特点

脊髓中部为灰质，周围为白质，灰质中央有1条纵贯脊髓的中央管。

（1）灰质 主要由神经元的胞体构成，横断面呈蝶形，有1对背侧角（柱）和1对腹侧角（柱）。背侧角和腹侧角之间为灰质联合。在脊髓的胸段和腰前段腹侧柱基部的外侧，还有稍隆起的外侧角（柱）。腹侧柱内有运动神经元的胞体，支配骨骼肌纤维。外侧柱内有自主神经节前神经元的胞体，背侧柱内含有各种类型的中间神经元的胞体，这些中间神经元接受脊神经节内的感觉神经元的冲动，传导至运动神经元或下一个中间神经元。

（2）白质　被灰质柱分为左右对称的 3 对索。背侧索位于背正中沟与背侧柱之间，腹侧索位于腹侧柱与腹正中裂之间，外侧索位于背侧柱与腹侧柱之间。背侧索内的纤维是由脊神经节内的感觉神经元的中枢突构成的。外侧索和腹侧索均由来自背侧柱的中间神经元的轴突（上行纤维束），以及来自大脑和脑干的中间神经元的轴突（下行纤维束）组成。

第三节　脑

脑是神经系统中的高级中枢，位于颅腔内，在枕骨大孔与脊髓相连。脑可分为大脑、小脑、间脑、中脑、脑桥和延髓 6 部分。通常将延髓、脑桥、中脑和间脑称为脑干。马脑见图 2-13-2。

一、大脑的结构特点

大脑位于脑干前上方，被大脑纵裂分为左、右两大脑半球，纵裂的底是连接两半球的横行宽纤维板，即胼胝体。大脑半球包括大脑皮质和白质、嗅脑（包括嗅球、海马等）、基底神经核和侧脑室等结构。

1. 海马

海马呈弓带状，为古老的皮质，位于侧脑室底的后内侧，海马的吻侧由梨状叶的后部和内侧部形成。左、右半球的海马前端于正中相连接，形成侧脑室后部的底壁。

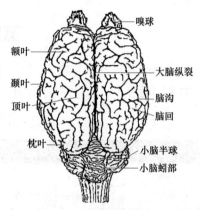

图 2-13-2　马脑（背侧面）

2. 边缘系统

大脑半球内侧面的扣带回和海马旁回等，因其位置在大脑和间脑之间，所以称为边缘叶。边缘系统由边缘叶与附近的皮质及有关的皮质下结构组成，包括与扣带回前端相连的隔区（即胼胝体前部前方的皮质）、杏仁核、下丘脑、丘脑前核及中脑被盖等组成的一个功能系统，与内脏活动、情绪变化及记忆有关。

二、小脑的结构特点

小脑近似球形，其表面有许多沟和回。小脑被两条纵沟分为中间的蚓部和两侧的小脑半球。蚓部最后有一小结，向两侧伸入小脑半球腹侧，与小脑半球的绒球合称绒球小结叶，是小脑最古老的部分。小脑的浅层为灰质，称小脑皮质，其结构由外向内分为 3 层：分子层细胞稀少；浦肯野细胞层的细胞体积最大，整齐排列为一层；颗粒层细胞数量最多。小脑的深部为白质，称小脑髓质。髓质呈树枝状伸入小脑各叶，形成髓树。

小脑借 3 对小脑脚（小脑后脚、小脑中脚及小脑前脚）分别与延髓、脑桥和中脑相连。

三、脑干的结构特点

脑干通常包括延髓、脑桥、中脑和间脑。延髓、脑桥和小脑的共同室腔为第四脑室。中脑内部室腔狭小，称中脑导水管。脑干由第 3~12 对脑神经根与脑相连。脑干也由灰质和白质构成，但灰质不像脊髓灰质那样形成连续的灰质柱，而是由功能相同的神经元胞体集合成团块状的神经核，分散存在于白质中。脑干内的神经核可分为两大类：一类是与脑神经直接相连的脑神经核，其中接受感觉纤维的，称脑神经感觉核；发出运动纤维的，称脑神经运动核。另一类为传导径上的中继核，是传导径上的联络站，如薄束核、楔束核和红核等。此外，脑干内还有网状结构，它由纵横交错的纤维网和散在其中的神经元构成，在一定程度上也集合成团，形成神经核。网状结构既是上行和下行传导径的联络站，又是某些反射中枢。脑干的白质为上、下行传导径。较大的上行传导径多位于脑干的外侧部和延髓靠近中线的部分，较大的下行传导径位于脑干的腹侧部。

间脑位于中脑和大脑之间，被两侧大脑半球所遮盖，内有第三脑室。间脑主要分为丘脑和丘脑下部。

丘脑占间脑的最大部分，为1对卵圆形的灰质团块，由白质（内髓板等）分隔为许多不同机能的核群组成。

丘脑下部位于丘脑腹侧，包括第三脑室侧壁内的一些结构，是自主神经系统的皮质下中枢。

第四节 脑 神 经

脑神经是指与脑相联系的外周神经，共有12对，按其与脑相连的部位先后次序以罗马数字Ⅰ~Ⅻ表示。12对脑神经的主要分支和支配的器官见表2-13-1。

表2-13-1 12对脑神经的主要分支和支配的器官

名称	与脑联系部位	纤维成分	支配的器官
Ⅰ嗅神经	嗅球	感觉神经	鼻黏膜
Ⅱ视神经	间脑外侧膝状体	感觉神经	视网膜
Ⅲ动眼神经	中脑的大脑脚	运动神经	眼球肌
Ⅳ滑车神经	中脑四叠体的后丘	运动神经	眼球肌
Ⅴ三叉神经	脑桥	混合神经	面部皮肤，口、鼻黏膜，咀嚼肌
Ⅵ外展神经	延髓	运动神经	眼球肌
Ⅶ面神经	延髓	混合神经	面、耳、睑肌和部分味蕾
Ⅷ前庭耳蜗神经	延髓	感觉神经	前庭、耳蜗和半规管
Ⅸ舌咽神经	延髓	混合神经	舌、咽和味蕾
Ⅹ迷走神经	延髓	混合神经	咽、喉、食管、气管和胸、腹腔内脏
Ⅺ副神经	延髓和颈部脊髓	运动神经	咽、喉、食管，以及胸头肌和斜方肌
Ⅻ舌下神经	延髓	运动神经	舌肌和舌骨肌

第五节 脊 神 经

一、脊神经的组成

脊神经为混合神经，含有感觉纤维和运动纤维，由椎管中的背根（感觉根）和腹根（运动根）自椎间孔或椎外侧孔穿出而形成，分为背侧支和腹侧支，每支均含有感觉纤维和运动纤维，分布到邻近的肌肉和皮肤，分别称为肌支和皮支。

脊神经按照从脊髓所发出的部位，分为颈神经、胸神经、腰神经、荐神经和尾神经。

脊神经的背侧支自椎间孔发出后，分布于颈背侧、鬐甲、背部、腰部和荐尾部的肌肉和皮肤。

脊神经的腹侧支粗大，分布于颈侧、胸壁、腹壁、四肢肌肉和皮肤。

二、臂神经丛

臂神经丛由第 6、第 7、第 8 颈神经的腹侧支和第 1、第 2 胸神经的腹侧支构成，位于肩关节的内侧。由此丛发出的主要神经有肩胛上神经、桡神经、正中神经和尺神经。

1. 肩胛上神经

肩胛上神经由臂神经丛的前部发出，经肩胛下肌与冈上肌之间，绕过肩胛骨前缘，分布于冈上肌、冈下肌和肩关节。由于位置关系，临床上常可见肩胛上神经麻痹。

2. 桡神经

桡神经由臂神经丛后部发出，在臂内侧经臂三头肌长头与内侧头之间进入臂肌沟，沿臂肌后缘向下伸延，分出肌支分布于臂三头肌和肘肌之后，在臂三头肌外侧头的深面分为深浅两支。深支分布于腕和指的伸肌；浅支在马分布于前臂背外侧的皮肤，在牛经腕桡侧伸肌前面，沿指伸肌腱内侧至腕部和掌部，分布于第 3、第 4 指的背侧面。桡神经由于其位置和径路，易受压迫、牵引而损伤，在临床上可见到桡神经麻痹。

3. 正中神经

正中神经在臂内侧与肌皮神经合成一总干，随同臂动脉、臂静脉向下伸延。在肌皮神经分出之后，正中神经行经于肘关节内侧，进入前臂的正中沟。它在前臂近端分出肌支分布于腕桡侧屈肌和指深屈肌；在正中沟内分出骨间神经进入前臂骨间隙，分布于骨膜。

4. 尺神经

尺神经在臂内侧，沿臂动脉后缘和前臂部尺沟向下伸延。在臂中部分出一皮支，分布于前臂后面的皮肤；在臂部远端分出一些肌支，分布于腕尺侧屈肌、指深屈肌和指浅屈肌。

马的尺神经在腕关节上分为一背侧支和一掌侧支。背侧支分布于腕、掌部的背外侧和掌侧的皮肤。掌侧支合并于掌外侧神经。

牛的尺神经在腕关节上分为一背侧支和一掌侧支。背侧支在掌部的背外侧面向指端伸延，分布于第 4、第 5 指背外侧面。掌侧支在掌近端分出一深支进入悬韧带后，沿指浅屈肌腱外侧缘向指端伸延，分布于第 4 指掌外侧面。

三、腰荐神经丛

腰荐神经丛由第 4、第 5、第 6 腰神经的腹侧支和第 1、第 2 荐神经的腹侧支构成，位于腰荐部腹侧。由此神经丛发出的主要神经有坐骨神经、闭孔神经和股神经。

1. 坐骨神经

坐骨神经为全身最粗最长的神经，扁而宽。由坐骨大孔走出，沿荐结节阔韧带的外侧面向后下方伸延，在大转子与坐骨结节之间绕过髋关节后方而至股后部，在腓肠肌上方分为腓神经和胫神经。坐骨神经在臀部有分支分布于闭孔肌；在股部分出大的肌支，分布于半膜肌、股二头肌和半腱肌。

2. 闭孔神经

闭孔神经由腰荐神经丛前部发出，沿髂骨内侧面向后下方伸延，穿出闭孔，分布于闭孔外肌、耻骨肌、内收肌和股薄肌。

3. 股神经

股神经由腰荐神经丛前部发出，行经腰大肌与腰小肌之间和缝匠肌深面而进入股四头肌。股神经分出肌支分布于髂腰肌；还分出隐神经，分布于缝匠肌和股部、小腿部和跖内侧的皮肤。

四、腹壁神经

1. 肋腹神经

肋腹神经为最后胸神经的腹侧支，在最后肋的后缘经腰大肌的背侧向外侧伸延，至腹横肌表面分为外侧支（浅支）和内侧支（深支）。外侧支在分支到腹外斜肌后，穿过腹外斜肌成为外侧皮支，分布于胸腹皮肌和皮肤。内侧支在腹内斜肌和腹横肌之间继续沿最后肋后缘下行，途中分出分支到腹内斜肌和腹横肌后，进入腹直肌，并穿过腹外斜肌腱膜成为腹侧皮支，分布于腹底壁的皮肤。

2. 髂腹下神经

髂腹下神经来自第 1 腰神经的腹侧支，向后、向外行经第 2 腰椎横突末端腹侧，分为浅、深两支。浅支穿过腹内斜肌、腹外斜肌和躯干皮肌，分支分布于上述肌肉及腹壁和膝关节外侧的皮肤；深支先后在腹膜与腹横肌之间、腹横肌和腹内斜肌之间向下伸延，进入腹直肌，且有分支分布于腹横肌、腹内斜肌、腹直肌和腹底壁的皮肤。

3. 髂腹股沟神经

髂腹股沟神经来自第 2 腰神经的腹侧支。马的行经第 3 腰椎横突末端，牛的行经第 4 腰椎横突末端外侧缘，分为浅、深两支。浅支分支到膝外侧及以下的皮肤；深支与髂腹下神经的深支平行，向后下方伸延，斜越过旋髂深动脉，分布的情况与髂腹下神经的相似，分布区域略靠后方。

4. 生殖股神经

生殖股神经来自第 2、第 3、第 4 腰神经的腹侧支，沿腰肌间下行，分为前、后两支，向下伸延穿过腹股沟管，与阴部外动脉一起分布于睾外提肌、阴囊和包皮（公畜）或乳房（母畜）。

5. 阴部神经

阴部神经来自第 2、第 3、第 4 荐神经的腹侧支，沿荐结节阔韧带向后、向下伸延，其终支绕过坐骨弓，在公畜至阴茎背侧，称为阴茎背神经，分布于阴茎；在母畜称为阴蒂背神经，分布于阴蒂、阴唇。

6. 直肠后神经

其纤维来自第 3、第 4（马）或第 4、第 5（牛）荐神经的腹侧支，有 1~2 支，在阴部神经背侧沿荐结节阔韧带的内侧面向后、向下伸延，分布于直肠和肛门，在母畜还分布于阴唇。

第六节　自主神经（植物性神经）

一、自主神经的概念及特点

在神经系统中，分布到内脏器官、血管和皮肤的平滑肌，以及心肌、腺体等的神经，称为内脏神经。其中的传出神经称为自主神经或植物性神经。

自主神经的特点：

1) 躯体运动神经支配骨骼肌；而自主神经支配平滑肌、心肌和腺体。

2) 躯体运动神经神经元的胞体存在于脑和脊髓，神经冲动由中枢传至效应器只需 1 个神经元；而自主神经神经元的胞体部分存在于中脑、延髓和胸腰段脊髓，部分存在于周围神经系的自主神经节，神经冲动由中枢传至效应器则需通过 2 个神经元。

3）躯体运动神经由脑干和脊髓全长的每个节段向两侧对称地发出；而自主神经由脑干及第1胸椎至第3、第4腰椎段脊髓质外侧柱和荐部脊髓发出。

4）躯体运动神经纤维一般为粗的有髓纤维，且通常以神经干的形式分布；而自主神经的节前纤维为细的有髓纤维，节后纤维为细的无髓纤维，常形成神经丛，再由神经丛发出分支分布于效应器。

5）躯体运动神经一般都受意识支配；而自主神经在一定程度上不受意识的直接控制，具有相对的自主性。自主神经根据形态和机能的不同，分为交感神经和副交感神经两部分。

二、交感神经的来源、分支与分布

交感神经节前神经元的胞体位于胸腰段脊髓的外侧柱，又称胸腰系统。自脊髓发出的节前神经纤维经白交通支到达交感干。交感干位于脊柱两侧，为自颈前端伸延到尾根的一对神经干，干上有一系列的椎神经节。交感干有交通支与脑脊神经相连。自交感干发出的节后神经纤维经灰交通支进入脑脊神经，并随之分布于躯体的血管和腺体。交感干有内脏支分布于内脏。内脏支在动脉周围和器官内、外构成神经丛，丛内有神经节。内脏支有的含有节后神经纤维（神经元的胞体在交感干），有的主要含有节前神经纤维。内脏支中的节前神经纤维大都在椎下神经节内更换神经元，即与该神经节内的节后神经元形成突触。由该神经节发出的节后神经纤维直接分布于平滑肌或腺体。但也有少数节前纤维在椎下神经节内不换神经元，直接伸到器官附近的终末神经节，与那里的节后神经元形成突触。交感干按部位可分为颈部、胸部、腰部和荐尾部。

1. 颈部交感干

颈部交感干包含3个神经节，即颈前神经节、颈中神经节和颈后神经节。位于颈前神经节与颈中神经节之间的神经干是由来自前部胸段脊髓的节前神经纤维组成的，向前到颈前神经节，它位于气管的背外侧，常与迷走神经合并成迷走交感干，简称迷交干。

（1）颈前神经节　位于颅底腹侧，呈长梭状。由颈前神经节发出灰交通支连于附近的脑神经和第1颈神经，形成颈内动脉神经丛和颈外动脉神经丛（内脏支），随动脉分布于唾液腺、泪腺和虹膜的瞳孔开大肌。

（2）颈后神经节和颈中神经节　左侧的常与第1或第1、第2胸椎神经节合并成星状神经节；右侧的颈中神经节保持独立，仅颈后神经节与胸椎神经节合并成星状神经节。左右两侧的星状神经节均位于胸前口、第1肋椎骨端的内侧，紧贴于颈长肌的外侧面。神经节向四周发出神经，向前上方发出椎神经（灰交通支）与各颈神经相连，向背侧发出交通支与第1或第1、第2胸神经相连，向后下方发出心支（内脏支）参与构成心神经丛，分布于心脏和肺。

2. 胸部交感干

紧贴于椎体的腹外侧面，每节都有1个椎神经节。每个椎神经节均有白交通支和灰交通支与脊神经相连。胸部交感干发出内脏大神经、内脏小神经及一些分布于心、肺和食管的内脏支。

（1）内脏大神经　自胸部交感干发出，由节前神经纤维构成，在胸腔内与交感干并行，分开后穿经膈脚的背侧入腹腔，在腹腔动脉的根部连于腹腔肠系膜神经节。

（2）内脏小神经　由最后胸部脊髓和第1、第2腰部脊髓的节前神经纤维构成，在内脏大神经后方连于腹腔肠系膜神经节，且有分支参与构成肾神经丛。

3. 腰部交感干

在腰肌与主动脉之间向后延伸，每节均有1个椎神经节。每个椎神经节都有交通支与脊神经相连，前3个节有白交通支和灰交通支，后数节只有灰交通支。腰部交感干发出的内脏支称腰内脏支，自腰部交感干连于肠系膜后神经节。

（1）腹腔肠系膜前神经节　位于腹腔动脉和肠系膜前动脉根部，包括左、右2个腹腔神经节和1个肠系膜前神经节。从此神经节上发出的纤维形成腹腔神经丛，沿动脉的分支分布到肝、胃、脾、胰、小肠、大肠和肾等器官。腹腔肠系膜前神经节与肠系膜后神经节之间有节间支沿主动脉腹侧伸延。

（2）肠系膜后神经节　在肠系膜后动脉根部两侧，位于肠系膜后神经丛内，接受来自腰交感干的腰内脏支和来自腹腔肠系膜前神经节的节间支。从肠系膜后神经节发出分支沿动脉分布到结肠后段、精索、睾丸、附睾或通向卵巢、输卵管和子宫角。还分出1对腹下神经，向后伸延到盆腔内，参与构成盆神经丛。腹下神经内含有节后神经纤维和节前神经纤维。

4. 荐尾部交感干

沿荐骨骨盆面向后伸延且逐渐变细。前1对荐神经节较大，后部的较小，均以灰交通支与脊神经相连。

三、副交感神经的来源、分支与分布

副交感神经节前神经元的胞体位于中脑、延髓和荐段脊髓，又称颅荐系统。节后神经元的胞体多数位于器官壁内的终末神经节，少数位于器官附近的终末神经节。自脑发出的节前神经纤维加入动眼神经、面神经、舌咽神经和迷走神经，自荐段脊髓发出的节前纤维形成盆神经。

1）动眼神经内的副交感神经节前纤维在眼眶中的睫状神经节更换神经元，由此发出的节后神经纤维分布于虹膜的瞳孔括约肌。

2）面神经内的副交感神经节前纤维，部分在蝶腭神经上方的蝶腭神经节更换神经元，由此发出节后神经纤维分布于泪腺、腭腺、颊腺和唇腺；其他部分则行经鼓索神经和舌神经而到舌根外侧的下颌神经节更换神经元，其节后神经纤维分布于颌下腺和舌下腺。

3）舌咽神经内的副交感神经节前纤维在颅底附近的耳神经节更换神经元，其节后纤维分布于腮腺。

4）迷走神经为混合神经，含有来自消化管、呼吸道及外耳的感觉纤维，分布于咽喉横纹肌的运动纤维；分布于食管、胃、肠、支气管、心和肾的副交感神经纤维。运动神经核和副交感神经核位于延髓内，感觉神经节位于破裂孔附近。迷走神经经破裂孔出颅腔，与交感干合并而行，形成迷走交感干，沿气管的背外侧和颈总动脉的背侧向后伸延。至颈后端与交感干分离，经锁骨下动脉腹侧入胸腔，在纵隔中继续向后伸延，约于支气管背侧分为一食管背侧支和一食管腹侧支。左、右迷走神经的食管背侧支合成较粗的食管背侧干。腹侧支合成较细的食管腹侧干，分别沿食管的背侧和腹侧向后伸延至膈的食管裂孔。穿过食管裂孔入腹腔，食管腹侧干分布于胃、幽门、十二指肠、肝和胰，食管背侧干除分布于胃外，还分出一大支通过腹腔神经节参与构成腹腔神经丛，分布于胃、肠、肝、胰、脾和肾等。

迷走神经分出的侧支有咽支、喉前神经、喉后神经（返神经）、心支、支气管支，以及一些分布于食管、气管和外耳的小支。咽支在咽外侧发出，分布于咽和食管前端。喉前神

在咽外侧发出，分布于咽、喉和食管前端。返神经又称喉后神经，在胸腔中发出，绕过主动脉弓（左侧）或右锁骨下动脉（右侧），沿气管向前伸延，分布于喉肌。心支常有2~3支，在胸腔内发出，参与构成心神经丛，分布于心和肺。支气管支在胸腔中发出，参与构成肺神经丛，分布于肺。迷走神经的副交感节前纤维在心神经丛、肺神经丛及其他内脏器官的神经丛进入终末神经节，并在这些神经节内更换神经元，其节后纤维分布在这些神经节所在的器官。

5）盆神经：来自第3、第4荐神经的腹侧支，有1~2支，沿骨盆壁向腹侧伸延，参与构成盆神经丛。盆神经的副交感节前纤维在盆神经丛中的终末神经节内更换神经元，由终末神经节发出的节后纤维分布于直肠、膀胱、输尿管、尿道、副性腺、输精管、睾丸和阴茎（公畜）或卵巢、子宫、阴道等器官（母畜）。

第十四章 内分泌系统

一、内分泌系统的概念及组成

1. 内分泌系统的概念

内分泌系统是动物体内重要的调节系统，它以体液的形式进行调节，主要作用于动物体的新陈代谢，保持内部环境的平衡，对外界的适应，个体的生长发育和生殖方面等。

2. 内分泌系统的组成

内分泌系统包括独立的内分泌器官和分散在其他器官中的内分泌组织。内分泌器官有甲状腺、甲状旁腺、垂体、肾上腺和松果体；内分泌组织分散存在于其他器官或组织内，共同组成混合腺的器官，如胰腺内的胰岛、肾脏内的肾小球旁复合体、睾丸内的间质细胞，以及卵巢内的间质细胞、卵泡和黄体等。不同动物脑垂体的正中矢状面模式图见图2-14-1。

图2-14-1 不同动物脑垂体的正中矢状面模式图
注：点示远侧部与结节部，黑色示中间部。

二、内分泌器官的位置

1）垂体位于蝶骨体颅腔面的垂体窝内，借漏斗与间脑的丘脑下部相连。

垂体是动物机体内最重要的内分泌腺，结构复杂，分泌的激素种类很多，作用广泛，并与其他内分泌腺关系密切。

2）甲状腺一般位于喉的后方、前2~3个气管环的两侧面和腹侧面，表面覆盖胸骨甲状肌和胸骨舌骨肌。猪的甲状腺侧叶和腺峡结合为一整体，呈深红色、球形。

3）甲状旁腺通常有两对，位于甲状腺附近或埋于甲状腺实质内。

4）肾上腺成对，借助于肾脂肪囊与肾相连。左、右肾上腺分别位于左、右肾的前内侧缘附近。

5）松果体也称松果腺，位于间脑背侧壁中央、大脑半球的深部，以柄连接于丘脑上部。

三、内分泌器官的结构特点

1）内分泌器官（内分泌腺）的腺体的表面被覆一层被膜。
2）腺细胞在腺小叶内排列成索、团、滤泡或腺泡。
3）没有排泄管。
4）腺内富含血管，腺小叶内形成毛细血管网或血窦，激素进入毛细血管或血窦内，加入血液循环。

各种激素在血液中经常保持着适宜的浓度，彼此互相对抗和协调，以维持机体的正常生理活动。如果某个内分泌腺的激素分泌量过多或者过少，就会出现该内分泌腺机能亢进症或机能减退症，表现出一系列的病理变化和临床症状。

第十五章 感觉器官

第一节 眼

一、眼球壁的结构

（1）纤维膜　位于眼球壁外层，分为前部的角膜和后部的巩膜。
（2）血管膜　是眼球壁的中层，富含血管和色素细胞，具有输送营养和吸收眼内分散光线的作用。血管膜由后向前分为虹膜、睫状体和脉络膜。
（3）视网膜　位于眼球壁内层，分为视部和盲部。

二、眼球的内含物

眼球的内含物主要是折光体，包括晶状体、眼房水和玻璃体。其作用是与角膜一起，将通过眼球的光线经过屈折，使焦点集中在视网膜上，形成影像。眼球纵切面模式图见图 2-15-1。

三、眼球的辅助结构

眼球的辅助结构主要有眼睑、眼球肌和泪器，分别具有保护眼球、使眼球灵活运动和分泌眼泪、清洗眼球的作用。

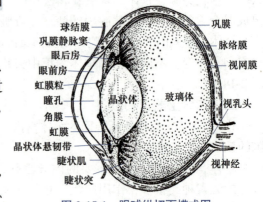

图 2-15-1　眼球纵切面模式图

第二节 耳

耳由外耳、中耳和内耳 3 部分构成。
（1）外耳　包括耳郭、外耳道和鼓膜 3 部分。外耳收集声波。
（2）中耳　由鼓室、听小骨和咽鼓管组成。中耳传导声波。
（3）内耳　内耳是听觉感受器和位置感受器所在地。分为骨迷路和膜迷路。它们是盘曲于鼓室内侧骨质内的骨管，在骨管内套有膜管。骨管称骨迷路，膜管称膜迷路，膜迷路内充满内淋巴，在膜迷路与骨迷路之间充满外淋巴，它们起着传递声波刺激和机体位置变动刺激的作用。

第十六章 家禽解剖

第一节 消化系统

鸡消化系统模式图见图 2-16-1。

一、口腔的特点

禽类没有软腭、唇和齿，颊不明显，上、下颌形成喙。舌的形状与喙相似，舌肌不发达，黏膜上缺味觉乳头，仅分布有数量少、结构简单的味蕾。口腔与咽没有明显的界线，唾液腺比较发达。

二、嗉囊的特点

嗉囊为食管的膨大部，位于食管的下 1/3、胸前口皮下，鸡的偏于右侧。

三、腺胃和肌胃的特点

（1）**腺胃** 呈纺锤形，位于腹腔左侧，在肝的左、右两叶之间。腺胃黏膜表面形成 30~40 个圆形的矮乳头，其中央是深层复管状腺的开口。

（2）**肌胃** 肌胃紧接腺胃之后，为近圆形或椭圆形的双凸体。肌胃内经常有吞食的砂粒，又称砂囊。肌胃以发达的肌层、胃内砂粒及粗糙而坚韧的类角质膜对吞入食物起机械性磨碎作用，因而在机械化养鸡场饲料中，须定期掺入一些砂粒。

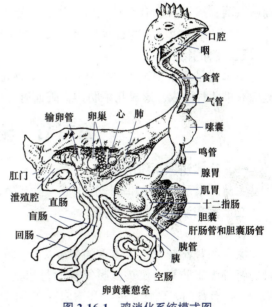

图 2-16-1 鸡消化系统模式图

四、小肠和大肠的特点

（1）小肠 十二指肠位于腹腔右侧，形成较直的肠袢，分为降支和升支，两支平行，之间夹有胰。空肠形成许多肠袢，中部有 1 个小突起，叫卵黄囊憩室，是胚胎期卵黄囊柄的遗迹。回肠短而直。

（2）大肠 包括 1 对盲肠和一短的直肠（也称结直肠）。肉食禽类盲肠很短，仅长 1~2cm。

五、盲肠扁桃体和泄殖腔的特点

禽类盲肠基部有丰富的淋巴组织，称盲肠扁桃体，是禽病诊断的主要观察部位。泄殖腔为肠管末端膨大形成的腔道，是消化、泌尿和生殖 3 个系统的共同通道。泄殖腔背侧有法氏囊，性未成熟的法氏囊体积很大，性成熟后逐渐退化。泄殖腔内有2个由黏膜形成的不完整的环形襞，把泄殖腔分成粪道、泄殖道和肛道3部分。粪道为直肠末端的膨大，泄殖道背侧有1对输尿管开口，母鸡的左输卵管开口于左输尿管口的腹外侧；公鸡的输精管末端呈乳头状，开口于输尿管口腹内侧。泄殖腔的对外开口称肛门。

第二节 呼吸系统

一、鸣管的特点

鸣管是禽类的发声器官，由数个气管环、支气管环及1枚鸣骨组成。鸣骨呈楔形，位于鸣管腔分叉处。在鸣管的内侧、外侧壁覆以2对鸣膜。当禽呼吸时，空气经过鸣膜之间的狭缝，振动鸣膜而发声。公鸭鸣管形成膨大的骨质鸣泡，故发声嘶哑。

二、气囊的特点

气囊是禽类特有的器官，可分前、后两群。前群气囊有1个锁骨气囊和成对的颈气囊、前胸气囊；后群气囊有1对后胸气囊和1对腹气囊。气囊分出憩室进入骨中。前群气囊、后胸气囊分别与次级支气管直接相通，腹气囊直接与初级支气管相通。

三、肺的特点

禽肺略呈扁平四边形，不分叶，位于胸腔背侧，从第1~2肋向后伸延到最后肋骨。其背侧面有椎肋骨嵌入，形成几条肋沟，脏面有肺门和几个气囊开口。

第三节 泌尿系统

一、家禽泌尿系统的组成

家禽泌尿系统由肾和输尿管组成，没有膀胱。

二、家禽泌尿系统的特点

1. 肾

家禽的肾比较大，占体重的1%以上，位于综荐骨两旁和髂骨的内面，前端达最后椎肋骨。肾外无脂肪囊，仅垫以腹气囊的肾憩室。禽肾呈长豆荚状，红褐色，分为前、中、后3部分。没有肾门，血管、神经和输尿管在不同部位直接进出肾脏。

2. 输尿管

输尿管在肾内不形成肾盂或肾盏，而是分支为初级分支和次级分支。输尿管两侧对称，起于肾髓质集合管，沿肾内侧后行达骨盆腔，开口于泄殖道背侧，接近输卵管或输精管开口的背侧。

第四节 公禽生殖器官

公禽生殖器官由睾丸、附睾、输精管和交配器官组成。

禽类的睾丸呈豆形，乳白色，左右对称，由睾丸系膜吊于腹腔背中线两侧，约在最后2枚椎肋骨上部。附睾小，紧贴在睾丸的背内侧。

公鸡无阴茎，却有一套完整的交配器，性静止期隐匿在泄殖腔内，由1对输精管乳头、1对脉管体、阴茎体和淋巴襞组成。

公鸭和公鹅的阴茎发达，位于肛道腹侧偏左，但和哺乳动物并非同源器官。勃起时，阴茎变硬加长而伸出，阴茎沟闭合呈管状。

第五节　母禽生殖器官

卵巢以短的系膜悬吊于腹腔背侧。成体仅左侧的卵巢和输卵管发育正常，右侧的退化。性成熟时，卵巢可达 3cm×2cm，重 2~6g。产蛋期常见 4~6 个体积依次递增的大卵泡，在卵巢腹侧面有成串似葡萄样的白色小卵泡，以短柄与卵巢紧接。产蛋结束时，卵巢又恢复到静止期时的形状和大小。

输卵管以背韧带和腹韧带悬吊于腹腔顶壁。小母鸡输卵管较平直而短；经产母鸡输卵管长度可达 60~70cm，占据腹腔的大部分，休产期输卵管长度变短。输卵管根据其形态结构和功能特点，由前向后可分为漏斗部、膨大部、峡部、子宫和阴道部。

第六节　淋巴器官

一、胸腺、脾的结构特点

1. 胸腺

家禽胸腺呈黄色或灰红色，分叶状，从颈前部到胸部沿着颈静脉伸延为长链状。在近胸腔入口处，后部胸腺常与甲状腺、甲状旁腺及鳃后腺紧密相接，彼此间无结缔组织隔开，幼龄时体积增大，到接近性成熟时达到最高峰，随后逐渐退化，成年时仅留下残迹。

2. 脾

鸡的脾呈球形；鸭的脾呈三角形，背面平，腹面凹。脾呈棕红色，位于腺胃与肌胃交界处的右背侧，直径约 1.5cm，重 3~5g。家禽脾的功能主要是造血、滤血和参与免疫反应等，无贮血和调节血量的作用。

二、法氏囊的位置和结构特点

法氏囊（腔上囊）为椭圆形盲囊状，位于泄殖腔背侧，紧贴尾椎腹侧，以短柄开口于肛道。性成熟达到最大体积。性成熟后法氏囊开始退化。法氏囊的结构与消化道结构相似，但黏膜层形成多条富含淋巴小结的纵行皱襞。

法氏囊的功能与体液免疫有关，是产生 B 淋巴细胞的初级淋巴器官。B 淋巴细胞受到抗原刺激后，可迅速增生，转变为浆细胞，产生抗体起防御作用。

三、肠道淋巴集结的结构特点

肠道黏膜固有层或黏膜下层内，具有弥散性淋巴集结，较大的有以下两种：

（1）回肠淋巴集结　存在于回肠后段，可见直径约 1cm 的弥散性淋巴团。

（2）盲肠扁桃体　位于回 - 盲 - 直肠连接部的盲肠基部。鸡的发达，外表略膨大。

第七节　神经系统

坐骨神经粗大，穿过髂坐孔到腿部，分布到股外、后、内侧肌群及皮肤，在股下 1/3 处分为以下两支：

（1）胫神经　分布至小腿、跖、趾屈侧的肌肉、关节和皮肤，如腓肠肌内部、中部、趾长屈肌和腘肌。

（2）腓总神经　分布至小腿、趾的伸侧肌肉、关节和皮肤。鸡患马立克病时坐骨神经水肿、变性、颜色灰黄。

第十七章 胚胎学

第一节 胎盘与胎膜

一、胎盘的类型与功能

胎盘是哺乳动物胎儿与母体进行物质交换的结构。由母体子宫内膜和胚胎的尿囊绒毛膜相结合形成，包括胎盘的母体部分和胎儿部分。胎儿在母体子宫内发育，依靠胎盘从母体获得营养并进行物质和气体交换，而双方保持相当的独立性。

1. 胎盘的分类

动物的胎盘属于尿囊绒毛膜胎盘，可根据不同的标准对胎盘进行分类。

（1）依据胎盘系统和尿囊绒毛膜上绒毛的分布方式分类　依据胎盘的形态和尿囊绒毛膜上绒毛的分布方式，高等哺乳动物的胎盘分为 4 种类型。

1）散布胎盘（分散型胎盘）：除尿囊绒毛膜的两端外，整个绒毛膜表面均匀地分布着绒毛（马）或皱褶（猪）。绒毛或皱褶与子宫内膜相应的凹陷部分相嵌合。这种胎盘构造比较简单，易剥离。猪和马的胎盘属于这种类型。

2）子叶胎盘（绒毛叶胎盘）：绒毛在胎儿绒毛膜表面集合成丛，形成绒毛叶（又称子叶），子叶与子宫内膜上的子宫肉阜紧密嵌合。反刍动物的胎盘属于此类。羊的子宫肉阜上有一大的凹陷，子叶伸入凹陷内构成胎盘块；牛的子宫肉阜上无凹陷，由子叶包裹子宫肉阜而构成胎盘块。

3）带状胎盘（环状胎盘）：绒毛集中分布在胎儿绒毛膜的中段，呈一宽环带状，与子宫内膜紧密接触。猫和犬等肉食动物的胎盘属于此类。

4）盘状胎盘：绒毛集中在胎儿绒毛膜的一盘状区域内，与子宫内膜基质相结合形成胎盘。灵长类和啮齿类（如兔）的胎盘属于这种类型。

（2）根据胎盘屏障的组织分类　母体胎盘和胎儿胎盘两部分的血液循环是相互独立的体系，二者之间的血液不混合，物质的交换经渗透通过数层组织结构，这称为胎盘屏障。其组织结构包括胎儿和母体两部分。胎儿部分是尿囊加绒毛膜，包括 3 层组织结构：胎儿绒毛膜上皮、绒毛膜间充质和绒毛膜血管内皮；母体部分也有 3 层组织结构：子宫内膜上皮、子宫内膜结缔组织和子宫内膜血管内皮。胎儿与母体的血液间物质交换，要经过胎盘屏障这 6 层组织结构。胎儿部分的 3 层组织结构在各种动物胎盘中变化不大，但胎盘的母体部分在不同动物却有很大差异。根据胎盘的组织结构和对母体子宫内膜的破坏程度，可将高等哺乳动物的胎盘分为 4 类。哺乳动物胎盘模式图见图 2-17-1。

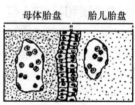
猪的上皮绒毛膜胎盘、散布胎盘（绘自Michelle，1983）

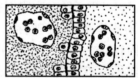
牛的结缔绒毛膜胎盘、子叶胎盘（绘自Michelle，1983）

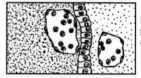
肉食兽的内皮绒毛膜胎盘、带状胎盘（绘自Michelle，1983）

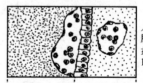
人的血绒毛膜胎盘、盘状胎盘（绘自Patten，1953）

图 2-17-1　哺乳动物胎盘模式图

1) 上皮绒毛膜胎盘：这种胎盘的胎盘屏障组织结构比较完整，所有的3层子宫组织都存在，绒毛嵌合于子宫内膜相应的凹陷处。猪和马的胎盘属于此类。

2) 结缔绒毛膜胎盘：这种胎盘的子宫内膜上皮脱落，绒毛膜上皮直接接触子宫内膜的结缔组织。这种胎盘的联系较散布胎盘紧密，反刍动物妊娠后期的胎盘属于此类。

上述两种胎盘，胎儿绒毛膜与子宫内膜接触时，子宫内膜没有被破坏或破坏轻微。分娩时胎儿胎盘和母体胎盘各自分离，没有出血现象，也没有子宫内膜的脱落，又称非蜕膜胎盘。

3) 内皮绒毛膜胎盘：子宫内膜上皮和结缔组织都脱落，胎儿绒毛膜上皮直接与母体血管内皮接触。猫、犬等肉食动物胎盘属这种类型。

4) 血绒毛膜胎盘：所有3层子宫内膜组织全部脱落，胎盘的绒毛直接浸在子宫内膜绒毛间腔的血液中。啮齿类、灵长类动物及人的胎盘属这种类型。

上述两种胎盘，胎儿胎盘伸入子宫内膜，子宫内膜被破坏的组织较多。分娩时不仅母体子宫有出血现象，而且有子宫内膜的大部分或全部脱落，所以又称蜕膜胎盘。

2. 胎盘的功能

胎盘是胎儿与母体进行物质交换的器官。胎儿所需的营养物质和氧，通过胎盘从母体吸取；胎儿的代谢产物，通过胎盘排入母体血液内；胎盘还把母体与胎儿分隔开来，确保胎儿发育的独立性；胎盘能合成多种激素和酶类，如促激素和类固醇激素等，这些激素释放到胎儿与母体的血液中。胎儿对于母体免疫系统来说具有抗原性，然而胎盘直到分娩前都不受排斥，可能由于母体和胎儿之间存在的物理性屏障及胎儿产生的免疫抑制性的激素，阻止了免疫排斥。

二、胎膜的组成

1. 哺乳动物的胎膜

胎膜也称胚外膜，包括绒毛膜、羊膜、卵黄囊和尿囊4种。某些胎膜和母体子宫内膜一起形成哺乳动物胚胎发育所特有的结构胎盘。

（1）卵黄囊　虽然动物的卵细胞的卵黄含量少，但在胚胎发育过程中仍有卵黄囊形成。卵黄囊位于原始消化管腹侧。随着胚体自胚盘隆起及体褶的形成，原肠便缢缩成两部分，即胚内的原肠和胚外的卵黄囊。二者之间的狭窄部分形成脐带中的卵黄囊柄。卵黄囊由胚外内胚层和胚外脏壁中胚层包围。

卵黄囊早期较大，以后逐渐缩小而退化。猪的卵黄囊在胚胎13d左右形成，17d开始退化，1个月左右完全消失。牛、羊和猪的卵黄囊对胚胎营养作用不大。马的卵黄囊与绒毛膜接触，形成卵黄囊胎盘，并有丰富的血管吸收子宫乳，作为胚胎早期的营养来源。

（2）尿囊　是后肠末端向腹侧方向突出的囊，逐渐扩展至胚外体腔并包围羊膜。其囊壁的结构与卵黄囊壁相同，内表面是胚外内胚层，外表面是胚外脏壁中胚层。以后尿囊外壁与绒毛膜紧贴形成尿囊绒毛膜，与子宫内膜紧密联系，便构成胎盘的基础，尿囊腔内贮存尿囊液，内含胎儿排泄的废物。尿囊通过尿囊柄与胚体后肠部分相连通。胎儿出生后，残留在胚体内的尿囊柄封闭形成膀胱韧带。

尿囊的形状和在胚外体腔内扩展的程度因动物种类而异。马的尿囊呈盲囊状，充满整个胚外体腔，完全包围羊膜，形成尿囊绒毛膜和尿囊羊膜；牛、羊和猪的尿囊分成左、右2支，且尿囊未完全包围羊膜，除有尿囊绒毛膜和尿囊羊膜外，还有羊膜绒毛膜存在；猪和犬的尿囊特别发达。猪胚13d时尿囊发生，突向胚外体腔；16d左右与绒毛膜接触，随后逐渐发育形成尿囊绒毛膜。通过分布于尿囊上的脐血管到达胎盘，与母体进行物质交换。

（3）羊膜与绒毛膜　胚胎体褶形成时，胚盘四周的胚外外胚层与胚外体壁中胚层共同向胚体上方褶起，最后在胚体背侧汇合形成双层膜，将胚胎完全包在膜内。内层膜紧包胎儿，称羊膜；外层膜为绒毛膜，与子宫内膜相贴。羊膜和绒毛膜都是由胚外外胚层和胚外体壁中胚层构成，但两者的排列方向相反。羊膜壁的胚外外胚层在内，胚外体壁中胚层在外；绒毛膜壁的胚外体壁中胚层在内，胚外外胚层在外。

羊膜内有羊水。胎儿在羊水的液体环境中生长发育，既保证了相对恒定的温度、化学成分、渗透压和浮力环境，又能缓冲来自各方面的压力，保证胎儿正常的形态发生。分娩时，胎膜破裂，羊水连同尿囊液外流，能扩张子宫颈，润滑产道，利于胎儿分娩。

绒毛膜包在胚胎及其他附属结构的最外面，绒毛膜与尿囊壁紧密相贴发育成尿囊绒毛膜。尿囊绒毛膜的表面着生绒毛并与子宫黏膜紧密联系，通过渗透进行物质交换，这就构成了胎盘形成的基础。

2. 禽类的胎膜

家禽的胚胎发育主要在体外进行。禽蛋含有丰富的卵黄、蛋白及其他营养物质，供胚胎发育利用。家禽的胎膜也称胚外膜，有卵黄囊、羊膜、浆膜和尿囊4种。其中卵黄囊形成最早，尿囊形成最晚。家禽胎膜的形成方式与哺乳动物的有许多相同之处，但也有差别。胎膜不仅是胚胎发育的营养、呼吸、排泄和保护的重要结构，也是禽蛋孵化期间用以鉴定胚胎发育状况的重要依据。

（1）卵黄囊　4种胎膜中卵黄囊出现最早。随着胚体从胚盘上隆起而独立出来，原肠则明显地分成胚内的原肠和胚外的卵黄囊，卵黄囊内包有大量的卵黄，卵黄囊的壁由胚外内胚层和胚外脏壁中胚层形成。卵黄囊开始并非完整的囊，卵黄逐渐被包入其内，直到胚胎发育后期，最后将卵黄完全包围。

在孵化初期，卵黄囊内的卵黄，因吸收蛋白内的水分逐渐被稀释，体积变大。孵化第7~8天时，卵黄达到最大重量。随着胚胎对卵黄的吸收利用加快，卵黄重量又逐渐减轻，直到孵出以前，卵黄囊连同剩余的卵黄，经脐部收入腹腔，作为胚胎营养的延续，被幼雏利用。

卵黄囊与胚体中肠相通的紧缩部分称卵黄囊柄。卵黄囊柄不断缩细使脐肠系膜动脉和静脉集中在一起。由于没有卵黄直接进入原肠，卵黄囊卵黄的吸收主要是通过卵黄囊壁细胞的活动实现的。卵黄囊壁内胚层细胞产生消化酶，将卵黄变成液体状态，通过囊壁吸收进入卵黄囊血液循环，运至胚胎体内。在卵黄囊进入腹腔时，部分卵黄可被挤入肠内，被肠管直接消化利用。

（2）羊膜和浆膜　鸡的羊膜和浆膜是同时形成的2种胎膜。

在胚体四周边缘上，胚外3个胚层自胚体四周向下、向内折叠而把胚体举起，向内折形成的结构称为体褶。当体褶在胚胎腹侧不断加深时，胚外外胚层和胚外体壁中胚层沿着胚体四周上折，形成浆羊膜褶。羊膜头褶首先出现，羊膜侧褶和尾褶相继发生。最后在胚体背部相遇并愈合，形成囊状的羊膜，包围胚胎。羊膜褶汇合处的外缘发育为浆膜。羊膜和浆膜之间是浆羊膜腔，它属于胚外体腔。

羊膜和浆膜均由胚外外胚层和胚外体壁中胚层构成，但位置相反。羊膜的内表面为胚外外胚层，外表面为胚外体壁中胚层，羊膜外胚层上皮细胞可分泌羊水，充满羊膜腔。羊膜壁上有平滑肌纤维，肌纤维的节律性收缩，使胚胎在羊水中浮动，此发育环境能够防止组织脱水、防止温度突然变化和缓冲机械冲击，有利于胚胎正常发育。无羊膜的鸡胚，在孵化期间必然死亡。

浆膜直接与壳膜接触，并将其余胎膜都包围在内，浆膜的胚外外胚层在外，胚外体壁中胚层在内，两者紧密结合。浆膜外胚层上皮分化成类似肺泡状的呼吸上皮，在尿囊和浆膜接触以后，共同执行重要的呼吸功能。

（3）尿囊　尿囊是由后肠腹侧壁向胚外体腔伸出的一囊状结构，尿囊在浆羊膜腔内进一步扩展，占据整个胚外体腔，把羊膜和卵黄囊都包围起来。

尿囊的胚层结构与卵黄囊相同，胚外脏壁中胚层在外，胚外内胚层在内，在尿囊的胚外脏壁中胚层和浆膜胚外体壁中胚层接触并融合成尿囊浆膜后，在其中发生大量血管。汇集成尿囊动脉和尿囊静脉，和胚体血管连通，构成尿囊循环。尿囊浆膜血管网通过血管壁吸收氧、排出二氧化碳，具有强大的气体交换功能。尿囊浆膜的呼吸功能，从形成开始直到雏鸡孵出以前（肺呼吸发生之前）一直发挥作用。因而尿囊浆膜是胚胎发育期间的重要呼吸结构。

尿囊腔内贮有尿囊液，因而尿囊又是重要的排泄贮存器官。早期胚胎排出的蛋白质代谢产物以尿素为主。中、晚期胚胎的尿酸排出增多，难以溶解的尿酸存积在尿囊腔内。当雏鸡孵出时，细的尿囊柄断开，尿囊浆膜及其囊内排泄物被全部遗弃于壳内。

第二节　胚胎的发育

一、受精

1. 受精的概念

受精是指两性配子（精子和卵子）相融合形成合子（受精卵）的过程。它标志着胚胎发育的开始，是一个具有双亲遗传特性的新生命的起点。受精是有性生殖的特征和必不可少的步骤。

2. 受精的生物学意义

① 标志着新生命的开始；②染色体的数目复原；③传递双亲的遗传基因；④决定性别。

3. 受精部位

在输卵管前1/3。

4. 受精条件

①精子必须发育正常；②精子必须获能；③交配时间。

5. 受精过程

①精子入卵；②原核形成和融合。

二、家畜早期胚胎发育

1. 卵裂

合子（受精卵）在输卵管内进行多次连续的分裂过程称为卵裂，产生的细胞叫卵裂球，是一个实心的细胞团。当卵裂球的细胞数目为16~32个时，称为桑葚胚。

2. 囊胚形成

桑葚胚形成以后，由于卵裂球分泌液体，在实心的细胞团中央开始出现不规则的裂隙。随着胚胎的继续发育，各裂隙不断扩大并联合起来，形成一个大的圆形腔隙，称为囊胚腔，其内部充满液体，称为囊胚液。此时的胚胎称为囊胚或胚泡。

3. 胚胎附植（着床）

随着囊胚不断发育，体积增大，透明带逐渐变薄，最后破裂，胚胎裸露。进入子宫的胚泡，从子宫内膜腺体分泌的子宫乳中吸收营养而迅速发育，囊胚腔也迅速增大。此时细胞开始分化，位于囊胚顶端分裂慢的细胞构成内细胞团，胚内所有组织都是由内细胞团分化而来的。分裂快、包围成囊胚腔的细胞，变成扁平状，形成滋养层。漂浮在子宫腔内的胚胎逐渐长大。在神经内分泌系统的调节下，随着胚泡长大，制约了胚胎在子宫腔内的运动，逐渐陷入子宫内膜中，此过程称为胚胎附植或着床。其重要意义在于使胚胎停留在子宫内，与母体组织建立起物质交换的结构——胎盘。

4. 原肠胚和胚层形成

胚泡继续发育、分化，开始形成原肠，这在胚胎发生过程中是一个重要的阶段。在原肠形成过程中，胚胎细胞经过一系列的运动和变化，迁移到囊胚内部，形成内胚层；此时的滋养层留在外面，称为外胚层。具有内、外两个胚层结构的胚胎，称为原肠胚。原肠胚细胞迁移的过程，称为原肠形成。内胚层包围的腔，称为原肠。原肠胚继续发育，外胚层的部分细胞经中轴向内转移，在内、外胚层之间扩展形成中胚层。之后，中胚层的细胞间出现裂隙，又分出壁中胚层与脏中胚层。

5. 三胚层分化及器官的形成

胚胎的3个胚层分别形成不同的器官系统。

（1）外胚层 分化形成神经系统、感觉器官的上皮、肾上腺髓质、垂体前叶、复层扁平上皮及衍生物。

（2）中胚层 分化形成肌肉、结缔组织、心血管和淋巴系统、肾上腺皮质、泌尿、生殖器官的大部分、体腔上皮。

（3）内胚层 分化形成消化系统，从咽到直肠末端的上皮及腺上皮，呼吸系统从喉到肺泡的上皮。

三、家禽早期胚胎发育

1. 卵裂

家禽的卵属于多黄卵、端黄卵，由于受精卵植物极的卵黄不能分裂，卵裂就在动物极的一个小圆盘的范围内进行，这种分裂形式称为盘状卵裂。卵裂时，中央的细胞分裂完全，而周围的细胞分裂不完全。由于卵裂集中在动物极的范围内，随着卵裂的进行，形成一个逐渐扩大的盘状结构，称为胚盘。

2. 囊胚形成

胚盘的细胞位于卵黄表面，胚盘细胞与卵黄之间逐渐形成一个腔隙。此腔的下方为卵黄，没有卵裂球包围，称为胚盘下腔。此时的胚胎称为囊胚。

3. 原肠胚和胚层形成

受精蛋产出体外后，温度降低导致胚胎发育暂停，给予适当的条件孵化，胚胎则继续发育。囊胚进一步发育，胚盘扩大并出现明显的变化。胚盘的一端形成原条，确定了胚体的方向。

原条形成的同时，一些细胞沉入深层，与由胚盘深层以分层方式分离出来的零散细胞共同形成内胚层。内胚层下面的腔，称为原肠腔。内胚层上面的细胞层称为外胚层。中胚层的发生起于原条的形成，原条开始时较短，以后逐渐变长。原条两侧的细胞向原条集中，并沿着原沟卷入内、外胚层之间，同时向两侧扩展形成中胚层。

4. 三胚层分化及器官的形成

与哺乳动物的三胚层分化及器官形成的形式相似。

第三节　胎儿血液循环的特点

一、出生前心血管系统的结构特点

1. 脐带

胎盘是胎儿与母体进行气体及物质交换的特殊器官，借脐带与胎儿相连。脐带内有2条脐动脉和1条（马、猪）或2条（牛）脐静脉。

脐动脉由髂内动脉（牛）或阴部内动脉（马）分出，经脐带到胎盘，分支形成毛细血管网；脐静脉由胎盘毛细血管汇集而成，经脐带由脐孔进入胎儿腹腔，沿肝的镰状韧带伸延，经肝门入肝。

2. 卵圆孔

胎儿心脏的房中隔上有1个卵圆孔，使左、右心房相通。该孔左侧有瓣膜，所以血液只能由右心房流向左心房。

3. 动脉导管

胎儿的主动脉与肺动脉之间有动脉导管相通。因此，来自右心房的大部分血液由肺动脉通过动脉导管流入主动脉，仅少量血液经肺动脉入肺。

二、出生后心血管系统的变化

胎儿出生后，肺和胃肠开始功能活动，同时脐带中断，胎盘循环停止，血液循环随之发生改变。脐动脉和脐静脉闭锁，分别形成膀胱圆韧带和肝圆韧带；动脉导管闭锁，形成动脉导管索；卵圆孔闭锁，形成卵圆窝；左、右心房完全分开，左心房内为动脉血，右心房内为静脉血。

第三篇

动物生理学

第一章 概述

动物生理学的目的是研究动物机体各系统、器官和细胞的正常活动过程和规律,揭示各系统、器官和细胞功能表现的内部机制,探索不同系统、器官和细胞之间的相互联系和相互作用,并阐明机体如何协调各组成部分的功能,作为一个整体适应复杂多变的生存环境,从而维持个体的生存和种系的繁衍。

第一节 机体功能与环境

一、体液与内环境

体液是机体内液体的总称,约占体重的 60%,其中 2/3 分布在细胞内,称为细胞内液;另外 1/3 分布于细胞外,称为细胞外液。细胞外液包括血浆和组织液,其中 1/4 分布在心血管系统内,也就是血浆;其余 3/4 分布在心血管系统之外,即全身的各种组织间隙中,称为组织液。体内的组织、细胞一般不与外界环境直接接触,而是被细胞外液包围。所以,细胞外液是机体中细胞所处的内环境。

二、稳态与生理功能的关系

稳态是指内环境的理化性质只在很小的范围内波动的生理学现象。在新陈代谢过程中,细胞与内环境之间不断地进行物质交换,外环境的改变也会影响内环境。因此,机体的各器官系统必须不断地通过多种调节途径,使内环境的各项指标,包括组成成分、相互比例、酸碱度、温度、渗透压等,都维持在一个正常的生理范围内(生理常值)。内环境稳态,并不是说内环境的理化性质是固定不变的,而是保持相对稳定。

内环境稳态是机体各功能系统相互协调、相互配合而实现的一种动态平衡。内环境稳态是各种器官、细胞正常生理活动的综合结果,也是各种器官、细胞正常生理活动的必要条件。内环境稳态的破坏或失衡会引起机体功能的紊乱而发生疾病。从某种意义上讲,临床治疗就是通过物理、化学等手段将失衡的内环境调整至正常水平,以恢复内环境稳态。

稳态是生理学的核心概念。现代生理学中稳态的概念已不仅仅局限于内环境稳态,还包括机体内各器官、各功能系统生理活动的相对稳定和协调的状态。如交感神经系统与副交感神经系统、体内产热与散热、心脏与血管活动的协调平衡等。机体的稳态调节是一个极为复杂的过程,它是通过机体复杂的调节和控制系统来实现的。

第二节 机体功能的调节

一、机体功能调节的基本方式

机体生理功能的调节方式主要包括神经调节、体液调节及自身调节。

1. 神经调节

神经调节通过神经系统的活动来实现,而反射是神经系统活动的基本方式。神经调节的主要特点是快速、精确、具有高度的整合能力,但作用部位局限,作用时间短暂。

2. 体液调节

体液调节指机体的某些细胞分泌的某些特殊的化学物质,经体液运输到有相应受体的组织、细胞，对这些组织、细胞的活动进行调节。体液调节的特点是反应相对迟缓，但作用较为持久、广泛。

3. 自身调节

自身调节指某些器官、组织和细胞不依赖神经、体液调节，自身对环境改变产生的适应性反应。自身调节的幅度、范围都不会太大，对刺激的感受性也较低，它是机体调节的辅助方式。

二、反射、反射弧与机体功能的调节

反射是神经系统活动的基本方式，而反射的结构基础是反射弧。反射弧由感受器、传入神经、神经中枢、传出神经和效应器五部分组成。感受器感受内外环境的变化，并将这种变化转变为神经信号（动作电位），通过传入神经传至相应的神经中枢，神经中枢对传入的信号进行整合分析，并发出指令（神经冲动），通过传出神经传至相应的效应器，改变效应器（如肌肉、腺体）的活动。反射弧是一个完整的整体，任何部分的缺损，均可导致反射活动的丧失。人类和高等动物的反射可分为非条件反射和条件反射。

第二章 细胞的基本功能

细胞是构成动物机体的基本结构和功能单位。体内所有的生理功能和生化反应都是以细胞及其代谢产物为基础的。

第一节　细胞的兴奋性和生物电现象

细胞兴奋的发生取决于其本身的功能状态和外加的有效刺激。动作电位是可兴奋细胞兴奋的标志。刺激只要使细胞去极化达到某种临界状态就能产生可传播的动作电位。

一、静息电位、动作电位的产生

1. 静息电位

静息电位是指细胞未受到刺激时存在于细胞膜两侧的电位差，表现为外正内负。若规定膜外电位为零，则膜内为负电位，高等哺乳动物神经和肌肉细胞膜静息电位一般为 $-90\sim-70\text{mV}$。细胞内外 K^+ 的不均衡分布和静息状态下细胞膜对 K^+ 的通透性是细胞在静息状态下保持极化状态的基础。在静息状态下，膜内的 K^+ 浓度远高于膜外，且此时膜对 K^+ 的通透性高，因此 K^+ 以易化扩散的形式移向膜外，但带负电荷的大分子蛋白不能通过膜而留在膜内。虽然细胞外 Na^+ 浓度约为细胞内的 10 倍，但在静息状态下，细胞膜对 Na^+ 相对不通透，细胞外的 Na^+ 不能进入胞内。随着 K^+ 的移出，膜内电位变负而膜外电位变正，当 K^+ 外移造成的电场力足以对抗 K^+ 继续外移时，膜内外不再有 K^+ 的净移动，此时存在于膜内外两侧的电位即为静息电位。由此可见，静息电位是 K^+ 的平衡电位，主要是 K^+ 外流所致。

2. 动作电位

在静息电位的基础上，给细胞一个适宜的刺激，可触发其产生可传播的瞬时膜电位改变，称为动作电位。当细胞受到一次适当强度的刺激后，膜内原有的负电位迅速消失，进而变为正电位，如从 $-90\sim-70\text{mV}$ 变到 $+20\sim+40\text{mV}$，整个膜电位的变化幅度达到 $90\sim130\text{mV}$，这构

成了动作电位的上升支（去极相）。动作电位在 0 电位以上的部分称为超射。此后，膜内电位急速下降，构成了动作电位的下降支（复极相）。可见，动作电位实际上是细胞膜受到刺激后，膜两侧电位的快速倒转和复原的过程。构成动作电位主体部分的脉冲样变化称为锋电位。在锋电位后出现的膜电位低幅、缓慢的波动，称为后电位，包括两个成分，前一个成分的膜电位仍小于静息电位，称为负后电位，后一个成分大于静息电位，称为正后电位。不同细胞的动作电位具有不同的形态。

二、细胞兴奋性与兴奋、阈值

由相对静止状态变为显著活动状态，或者活动由弱变强，称为兴奋。兴奋性是指活组织或细胞对刺激发生反应的能力。几乎所有组织或细胞都具有对刺激发生反应的能力，但是神经元（神经细胞）、骨骼肌细胞和腺细胞对于较弱的刺激就能发生反应，因此这三种细胞的兴奋性较强，习惯上称它们为可兴奋细胞。产生动作电位的关键环节是电压门控钠通道或电压门控钙通道的电压依赖性及其激活过程中与膜电位之间的正反馈作用。因此，所有可兴奋细胞都必然具有电压门控钠通道或电压门控钙通道，它们在受刺激后发生的共同反应是基于这些离子通道激活而产生的动作电位。然后，肌细胞通过兴奋-收缩偶联产生收缩；腺细胞通过兴奋-分泌偶联引起分泌；神经元则以动作电位沿细胞膜传播而形成的神经冲动作为其活动特征。

任何刺激要引起组织兴奋必须存在三要素——强度、持续时间和强度-时间变化率达到最小值或更高。用能引起组织兴奋的不同刺激强度和与它们相对应的作用时间可以绘制刺激强度-时间曲线图。能使细胞产生动作电位的最小的刺激强度，称为阈强度，或称阈值。具有阈强度的刺激称为阈刺激，阈刺激对于动作电位的形成只起到一个触发的作用。

三、极化、去极化、复极化、超极化、阈电位

静息状态下细胞内负外正的状态称为极化，细胞膜两侧电位差的绝对值减小称为去极化。去极化后，膜内电位向极化状态恢复，称为复极化。膜内电位的负值进一步增大称为超极化。阈电位是指细胞膜电位因去极化突然变为锋电位时的临界膜电位，即细胞膜 Na^+ 通道突然大量开启产生动作电位时的临界膜电位。

第二节　骨骼肌的收缩功能

一、神经-骨骼肌接头处的兴奋传递

每个运动神经元的轴突分出数十至数百根分支，每一分支支配一条肌纤维（肌细胞）。因此，当这一神经元兴奋时，可引起它所支配的所有肌纤维收缩。由一个 α 运动神经元及其所支配的全部肌纤维组成的功能单位，称为运动单位。运动神经纤维在到达神经末梢处时先失去髓鞘，以裸露的轴突末梢嵌入肌细胞膜的凹陷中，形成神经-肌肉接头，又称运动终板。轴突末梢的膜（接头前膜）与终板并不直接接触，而是被充满了细胞外液的宽约 50nm 的接头间隙隔开。在轴突末梢的轴浆中，除线粒体外，还含有大量无特殊结构的囊泡（突触小泡），内含乙酰胆碱（ACh）。终板膜上有 N_2 型乙酰胆碱受体阳离子通道，能与乙酰胆碱进行特异性结合。此外，终板膜上还有大量能分解乙酰胆碱的胆碱酯酶。

当神经冲动到达时，神经末梢即进行诱发性的乙酰胆碱量子式释放。诱发释放的过程十分复杂，大体可分为以下步骤：①接头前膜去极化，引起该处特有的电压门控钙通道开放，细胞外 Ca^{2+}（钙离子）进入神经末梢，促使大量小泡向前膜靠近，并与之融合，然后通过胞裂

外排的方式将小泡中的乙酰胆碱分子全部释放入接头间隙，据测算，一次动作电位到达末梢，能使200~300个小泡几乎同步释放近1×10^7个乙酰胆碱分子进入接头间隙；②当乙酰胆碱通过间隙扩散至终板膜时，便与膜上的N_2型乙酰胆碱受体阳离子通道结合并使之激活开放，允许Na^+、K^+，甚至少量Ca^{2+}同时通过，出现Na^+内流与K^+外流，由于Na^+内流远远超过K^+外流，故总的结果是使终板膜原有的静息电位减小，导致终板膜去极化，这种去极化电位，称为终板电位；③终板电位以电紧张扩布的形式影响其邻近的肌细胞膜，使之去极化。当去极化达到阈电位水平时，便产生动作电位并传遍整个肌细胞，引起肌细胞兴奋，从而完成一次神经与骨骼肌之间的兴奋传递。神经-肌肉接头间的兴奋传递是电—化学—电的传递过程，即神经末梢的动作电位通过乙酰胆碱与终板膜上乙酰胆碱受体结合，再触发肌细胞产生动作电位。

二、骨骼肌的兴奋-收缩偶联

动物所有骨骼肌的活动，都在中枢神经系统控制下完成。从运动神经元的兴奋到肌肉的收缩共包括3个过程：①中枢神经系统发出的指令以神经冲动（动作电位）的形式，沿躯体运动神经传导，并传递给肌细胞，这个过程称为神经-肌肉间的兴奋传递；②肌细胞膜表面的动作电位通过肌细胞的三联管结构传到肌细胞内部，触发信息物质Ca^{2+}从肌质网（纵管系统）释放到肌质，引起肌质内调节蛋白变构的过程，称为兴奋-收缩偶联；③肌质中高浓度Ca^{2+}通过肌质内调节蛋白，触发收缩蛋白之间的结合，导致肌丝滑行，肌肉收缩。

兴奋-收缩偶联包括3个主要过程：①兴奋（动作电位）通过横管系统传导进入肌细胞深部；②横管（T管）将信息传递给纵管（L管），引起终末池Ca^{2+}通道开放；③Ca^{2+}释放进入肌质，引起肌质内调节蛋白变构，触发肌丝滑行。此后，肌质网膜上的Ca^{2+}泵将Ca^{2+}逆浓度差由肌质转运到肌质网内腔中。由于肌质中Ca^{2+}浓度的降低，与肌钙蛋白结合的Ca^{2+}解离，引起肌肉舒张。

第三章 血液

第一节 血液的组成与特性

血液是由血浆和血细胞组成的流体组织，对于生命的维持和机体各部分正常生理功能的实现具有重要作用。

一、血量、血液的基本组成、血细胞比容

1. 血量

血量是指机体内的血液总量。成年动物的血量占体重的5%~9%。血量中参与循环流动的部分，称为循环血量；而暂时滞留于"储血库"中，即存在于肝脏、脾脏、肺及皮下等处毛细血管和血窦之中的部分，则称为储备血量。两部分血量的比例，可随机体状态不同而相应变化。剧烈运动时，循环血量增大；反之，相对静止时，则储备血量增多。成年动物的血量因种类、年龄等不同而异。血量的相对恒定是维持正常动脉血压和各器官血液供应的必要条件。失血是引起血量减少的主要原因。失血对机体的危害程度，通常与失血的速度和失血量有关。快速失血对机体有较大危害，而缓慢失血则对机体危害较小。正常动物一次失血不超过血液总

量的10%，一般不影响健康。如果一次失血超过血量的20%，机体的生命活动将受到明显影响。一次失血超过血量的30%，则会危及生命。

2. 血液的基本组成

将一定量新鲜采集的血液经抗凝处理后注入分血管（又称比容管）中，经3000r/min的转速离心30 min，由于相对密度的不同，血细胞将与血浆分开，分血管中上层的浅黄色或无色的液体为血浆，下层深红色物质为红细胞，二者之间一薄层白色不透明的物质是白细胞和血小板。

3. 血细胞比容

压紧的血细胞在全血中所占的容积百分比，称为血细胞比容。因为红细胞占所有血细胞中99%的容积，所以血细胞比容又可称为红细胞比容或红细胞压积（PCV）。血细胞比容可以反映全血中血细胞数量的相对值。不同健康动物的血细胞比容不同。同一个体的血细胞比容相对稳定，但也可因生理或病理变化而改变。当红细胞数量或体积、血浆容量发生改变时，血细胞比容也随之改变。因此，测定红细胞比容有助于诊断多种疾病，如机体脱水、贫血和红细胞增多症等。

二、血液的理化性质

1. 血液的颜色、气味和相对密度

血液颜色主要取决于红细胞。红细胞内含有血红蛋白，因此血液呈不透明的红色。此外，血液的颜色还与红细胞内血红蛋白的含氧量有关。动脉血中，血红蛋白含氧量高，血液呈鲜红色，而静脉血中血红蛋白的含氧量较低，血液呈暗红色。当机体缺氧时，常可使血液的颜色变暗，使皮肤和黏膜呈发绀现象。

血液中因含有氯化钠而稍带咸味，因含挥发性脂肪酸而具有特殊的血腥味，食肉类动物较其他动物血液的血腥味更浓一些。

血液的相对密度是一定体积血液的质量与等体积水的质量之比。不同动物血液的相对密度稍有不同。血液中红细胞比容越大，即红细胞数量越多，全血的相对密度就越大。红细胞的相对密度比血浆大。红细胞内血红蛋白的含量越多，红细胞的相对密度就越大，而血浆的相对密度主要取决于血浆蛋白的含量。

2. 血液的黏滞性

由于液体内分子间的摩擦产生阻力，使液体流动缓慢，表现出黏着的特性，称为黏滞性（或黏度）。在37℃的温度条件下，全血和血浆相对水的黏度分别为4.5~6.0和1.5~2.5，表示全血和血浆的黏度分别是水的黏度的4.5~6.0倍和1.5~2.5倍。全血黏度主要取决于红细胞比容（红细胞数量），血浆黏度与血浆蛋白含量正相关。此外，黏滞性与血液的流速也有一定的关系，当血流速度降到一定值时红细胞可叠连，聚集成团块而使黏滞性增加。黏滞性升高，血管内血流阻力增大，血流速度减慢，血压升高。黏滞性降低，血管内血流阻力减小，血流速度加快，血压降低。因此贫血时血液的黏滞性降低，可导致低血压。

3. 血浆的酸碱度

哺乳动物血浆的pH（酸碱度）一般维持在7.30~7.50，呈弱碱性。血液的正常pH差异很小，各种动物血液的平均pH为：马7.40、牛7.50、猪7.47、绵羊7.49、鸡7.54。静脉血中含H_2CO_3较多，pH比动脉血略低，但pH变化幅度一般不超过0.05，否则动物会出现明显的酸中毒或碱中毒症状。pH相对稳定的主要原因是动物体内存在缓冲系统，其中$NaHCO_3/H_2CO_3$是最主要的一个缓冲对。当体内酸性物质增多时，$NaHCO_3$可与之作用，生成H_2CO_3，H_2CO_3

解离生成CO_2和H_2O，CO_2可经肺呼出；反之则由H_2CO_3与碱性物质作用生成弱碱性的碳酸盐。血浆中的缓冲对还有Na_2HPO_4/NaH_2PO_4和蛋白质钠盐/蛋白质等。它们通常由强碱弱酸盐和弱酸组成。此外红细胞内也存在缓冲对，包括$KHCO_3/H_2CO_3$、K_2HPO_4/KH_2PO_4、血红蛋白钾盐/血红蛋白和氧合血红蛋白钾盐/氧合血红蛋白，它们共同参与对血浆pH的调节。由于机体内的$NaHCO_3$含量最多，且容易测定，故把血液中$NaHCO_3$的含量称为碱储。缓冲物质的缓冲作用和多余的酸性物质、碱性物质经肺、肾脏等器官排出，使血浆的pH保持相对的稳定。血液pH保持相对的稳定有重要的生理意义。如果血液pH发生较大幅度的变化，细胞内多种酶系统的活性将受到影响，细胞内很多物质的理化状态发生异常改变，严重影响机体的正常生命活动。

第二节 血 浆

一、血浆与血清的区别

将新鲜采集的血液经抗凝处理后注入分血管（又称比容管）中离心，离心所得上层浅黄色的液体为血浆。采集的血液若未经抗凝处理，静止后将凝固，先生成血块，随着血块收缩后析出浅黄色的清亮液体，称为血清。血清与血浆的主要差异在于血清中不含有纤维蛋白原以及一些参与凝血反应的物质。

二、血浆的主要成分

血浆是有机体内环境的重要组成部分。血浆的成分复杂，除大量的水分外，溶质占8%~10%，其中血浆蛋白占5%~8%，其余2%~3%是晶体物质。血浆蛋白是血浆中多种蛋白质的总称。这些蛋白质通常用盐析法被区分为白蛋白、球蛋白和纤维蛋白原3类。晶体物质包括电解质和小分子有机物。

三、血浆蛋白的功能

1. 白蛋白

白蛋白是血浆蛋白中相对分子质量最小、数量最多的一种，主要由肝脏合成，是形成血浆胶体渗透压的主要成分。正常情况下，约75%的血浆胶体渗透压由白蛋白形成，对血管内外水的平衡有重要作用。白蛋白能与游离脂肪酸这样的脂类、类固醇激素等结合，有利于这些物质的有效运输。白蛋白还可以作为组织蛋白的原材料，起修补组织的作用。

2. 球蛋白

球蛋白包括α-球蛋白、β-球蛋白和γ-球蛋白，其中α-球蛋白能与糖、维生素B_{12}、胆色素等形成结合蛋白质；β-球蛋白能与脂类结合成为脂蛋白，起运输这些物质的作用；γ-球蛋白几乎都是免疫球蛋白，起免疫保护作用，包括IgM、IgG、IgA、IgD和IgE 5种，以IgG含量最高。初乳对新生动物尤为重要，就是因为新生动物的血浆中不含γ-球蛋白，只能依靠初乳才能获得被动免疫。

3. 纤维蛋白原

纤维蛋白原主要在血液凝固过程中起作用，在凝血酶等的催化下最终转变为纤维蛋白细丝，网罗红细胞，形成凝血块，在组织受伤出血时堵塞伤口，起止血和凝血作用。

四、血浆渗透压

血浆中溶质吸收水分通过半透膜的能力称为渗透压，其大小取决于溶质颗粒（分子或离子）数目的多少，而与溶质的种类或颗粒的大小（分子质量）无关。血浆渗透压约为313

mOsm/L，相当于771.0 kPa（约7.6个大气压），包括晶体渗透压和胶体渗透压。其中由晶体物质（主要来自Na^+、Cl^-）形成的渗透压称为晶体渗透压，约占总渗透压的99.5%以上，由胶体物质（主要来自血浆蛋白）形成的渗透压称为胶体渗透压，不足0.5%。

由于晶体物质较容易通过毛细血管壁，因此血浆和组织液的晶体渗透压保持着动态平衡。细胞外液中的晶体物质大部分不易通过细胞膜，而且细胞外液的晶体渗透压保持相对稳定，这对保持细胞内外水的平衡和血细胞正常形态的维持十分重要。如果细胞外液（包括血浆）渗透压下降，可致细胞（如红细胞）膨胀，甚至破裂，而渗透压升高则可使红细胞皱缩，两者都可严重影响细胞的机能。

有机体细胞渗透压与血浆渗透压相等。与细胞和血浆渗透压相等的溶液，称为等渗溶液。0.9%氯化钠溶液和5%葡萄糖溶液产生的渗透压与哺乳动物血浆渗透压相近，在临床上和生理实验中通常把0.9%氯化钠溶液称为等渗溶液或生理盐水，把5%葡萄糖溶液称为等渗葡萄糖溶液。渗透压高于或低于血浆渗透压的溶液分别称为高渗溶液或低渗溶液。

第三节 血 细 胞

一、红细胞的形态和数量、渗透脆性、血沉及其生理功能

1. 红细胞的形态和数量

哺乳动物成熟的红细胞为无细胞核、双面内凹的圆盘形（骆驼和鹿的为椭圆形），这种双凹圆盘形态可使红细胞的表面积与体积的比值增大，且表面到血红蛋白的扩散距离减小，有利于红细胞内气体、营养物质和代谢产物的运输。红细胞是各种血细胞中数量最多的一种，不同动物的红细胞数量不同，同种动物的红细胞数量也因品种、年龄、性别、生理状态和生活环境不同而异。

2. 渗透脆性

红细胞膜是半透膜，水能自由通过。将红细胞置于高渗溶液中，红细胞将因水的渗出而皱缩；而置于低渗溶液中，水将进入红细胞使红细胞膨胀成球形，甚至破裂。红细胞在低渗溶液中因水分的渗入而膨胀、破裂的现象称为溶血。红细胞膜对低渗溶液有一定的抵抗力，当周围液体的渗透压降低不大时，细胞虽有胀大但并不破裂溶血，这种在低渗溶液中抵抗破裂和溶血的特性称为红细胞的渗透脆性，简称脆性。脆性的大小并不在动物个体间比较，而是在同一动物的红细胞间比较。生理状态下，衰老的红细胞对低渗溶液的抵抗力小，即脆性较大；而初成熟的红细胞对低渗溶液的抵抗力大，即脆性较小。

3. 血沉

尽管红细胞的相对密度比血浆大，但将抗凝血垂直静置时红细胞下沉缓慢。红细胞能均匀地悬浮于血浆中而不易下沉的特性，称为红细胞的悬浮稳定性。常用红细胞沉降率，简称血沉，即1h内红细胞下沉的距离来测定红细胞的这一特性。

4. 红细胞的生理功能

（1）气体运输 红细胞的主要功能是运输O_2和CO_2。红细胞运输O_2的功能是依靠细胞内的血红蛋白实现的，如果红细胞破裂，血红蛋白逸出，就失去了与O_2结合的能力。血红蛋白依靠亚铁血红素运输O_2，如果由于某种原因，如亚铁血红素被亚硝酸盐氧化生成高铁血红蛋白，高铁血红蛋白与O_2的结合很牢固，且很难分离，这样就失去了运输O_2的功能。血红蛋白也能与CO结合，且其与CO的亲和力比与O_2的亲和力强200倍，结合后使血红蛋白运

输 O_2 的能力大大降低，严重时可导致中毒死亡。红细胞运输 CO_2 的功能，主要是由于红细胞内有丰富的碳酸酐酶，它能使 CO_2 和 H_2O 之间的可逆反应速度加快数千倍。血红蛋白的含量以每升血液中含有的质量（g）表示。动物的年龄、性别和营养状况等因素均影响血液中血红蛋白的含量。红细胞数量和（或）血红蛋白减少均可造成贫血。

（2）酸碱缓冲功能 红细胞内含有多种缓冲对，对血液中的酸碱物质有一定的缓冲作用。

（3）免疫功能 红细胞表面具有 I 型补体的受体（CR1），可与抗原-抗体-补体免疫复合物结合，促进巨噬细胞对抗原-抗体-补体免疫复合物的吞噬，防止其沉积于组织内引起免疫性疾病。

二、红细胞生成所需的主要原料及辅助因子

红细胞的功能物质是血红蛋白，铁和蛋白质是合成血红蛋白的重要原料。铁有两个来源，一部分来自衰老的红细胞被破坏后，血红蛋白分解所释放；另一部分来自消化吸收的亚铁离子（Fe^{2+}）或亚铁化合物。蛋白质主要来自消化吸收的氨基酸。机体因缺乏蛋白质或铁引起的贫血，称为营养性贫血。若以缺铁为主导致的贫血，称为缺铁性贫血。叶酸和维生素 B_{12} 是影响红细胞成熟的主要物质。叶酸在红细胞 DNA 合成中起辅酶作用，叶酸的转化和利用需要维生素 B_{12} 的参与。饲料中的维生素 B_{12} 需和胃黏膜壁细胞分泌的一种糖蛋白（内因子）结合成复合物后才能被吸收。若叶酸或维生素 B_{12} 缺乏，红细胞 DNA 合成障碍，红细胞分裂增殖速度减慢，使红细胞停止在初始状态而不能成熟，就会形成巨幼红细胞性贫血。此外，红细胞生成还需要氨基酸、维生素 B_6、维生素 C、维生素 E 以及铜、锰、钴、锌等微量元素。

三、红细胞生成的调节

红细胞的生成、红细胞数量的自稳态主要受体液调节。爆式促进激活物（BPA）也叫爆式促进因子，作用是促进早期红系定向祖细胞的生长发育，形成集落单位的细胞分布呈现爆炸后散布的性状。促红细胞生成素（EPO）促进晚期红系定向祖细胞的生长发育。EPO 调节红细胞生成的机制为：机体组织中氧分压降低，刺激 EPO 生成细胞（主要是肾皮质管周细胞）合成、释放 EPO，EPO 刺激骨髓造血功能，并使释放入血的红细胞数量增加。血液的携氧能力提高，对 EPO 产生细胞的刺激减弱，EPO 的合成释放减少。这种对 EPO 合成和释放的负反馈调节机制，使红细胞的数量保持着相对稳定。因此能影响外周血中氧分压的各种因素也都能影响 EPO 的合成和释放，如大气的含氧量、心脏的泵血功能、血红蛋白浓度及与氧的亲和力、组织耗氧量等。

雄激素可作用于肾脏或肾外组织产生 EPO，促进红细胞的生成，也可直接刺激骨髓造血组织，促进红细胞中血红蛋白的生成。而雌激素可降低红系祖细胞对 EPO 的反应，抑制红细胞的生成。此外，甲状腺激素、生长激素等也促进红细胞的生成。

四、白细胞的种类、数量及各种白细胞的生理功能

1. 白细胞的种类和数量

白细胞是无色、球形、有核的血细胞，白细胞数量少、体积大，直径为 7~20μm。根据白细胞细胞质中有无粗大的颗粒，可分为颗粒细胞和无颗粒细胞两类。颗粒细胞按其颗粒染色特点，又可分为 3 类，即中性粒细胞、嗜酸性粒细胞和嗜碱性粒细胞；无颗粒细胞包括单核细胞和淋巴细胞。白细胞的数量通常以 10^9 个 /L 为单位表示，在不同生理状态下，白细胞数量波动较大。例如，运动、寒冷、消化期、妊娠及分娩期等，白细胞数量均增加。此外，在机体失血、剧痛、炎症等病理状态下，白细胞也增多。分别计数各类白细胞在白细胞总数

中所占的百分比，称为白细胞的分类计数。

2. 白细胞的生理功能

（1）中性粒细胞和单核细胞的吞噬作用　中性粒细胞是血液中主要的吞噬细胞，其活跃的变形游走能力、敏锐的趋化性使得在感染发生时，中性粒细胞首先到达炎症部位发挥吞噬作用，再靠细胞内溶酶体将细菌和组织碎片分解，发挥非特异性免疫作用。

（2）嗜酸性粒细胞和嗜碱性粒细胞的作用　嗜酸性粒细胞不含溶菌酶，吞噬作用较弱，基本无杀菌能力。嗜碱性粒细胞能合成和释放组胺、肝素、过敏性慢反应物质等生物活性物质。

（3）淋巴细胞的免疫作用　淋巴细胞包括T淋巴细胞（T细胞）和B淋巴细胞（B细胞）两类。

1）T淋巴细胞：T淋巴细胞受到抗原的刺激，可形成具有特异性免疫活性的细胞，激活后的T淋巴细胞遇到特异性抗原物质或细胞时就可发挥免疫功能。鉴于T淋巴细胞是通过与某些抗原、抗原细胞直接接触而实现免疫作用，故称为细胞免疫。也有一些T淋巴细胞受抗原刺激后能合成一些免疫活性物质，如淋巴因子、干扰素等，参与体液免疫。

2）B淋巴细胞：B淋巴细胞在活化的T淋巴细胞和特异性抗原（如某种细菌和特异性蛋白分子）的共同刺激下被激活，转化成目标特异性浆细胞。这种浆细胞大量产生、分泌多种特异性的抗体，释放入血液的抗体能和细胞外液中相应的抗原物质和异物发生中和、凝集或裂解作用，从而阻止抗原、异物对机体的伤害。由于这种免疫反应是依靠免疫细胞产生和分泌的特异性抗体实现的，故称为体液免疫。

五、血小板的形态、数量及生理功能

1. 血小板的形态和数量

哺乳动物的血小板无色，无细胞核，体积仅相当于红细胞的1/4~1/3，呈双面微突的圆盘形、卵圆形、杆形或不规则形。但血小板与玻片接触或受到刺激时，可伸出呈不规则形状的伪足。

2. 血小板的生理功能

血小板的主要生理功能是促进止血和加速血液凝固。

（1）参与生理性止血　血小板能释放缩血管物质，在损伤的血管内皮处黏附、聚集，堵塞伤口，并促进血栓形成。

（2）参与凝血　血小板表面能吸附纤维蛋白原、凝血酶等多种凝血因子，血小板内也含有多种凝血因子，有利于凝血酶的生成并加速凝血。

（3）参与纤维蛋白溶解　血小板含有纤溶酶原（纤维蛋白溶解酶原），经活化后可促进纤维蛋白溶解。

（4）维持血管内皮细胞完整性　血小板可黏附在血管壁上，填补于内皮细胞间隙或脱落处，并融入内皮细胞，起维护和修复血管壁的完整性、降低血管壁脆性的作用。

第四节　血液凝固和纤维蛋白溶解

一、血液凝固的基本过程

血液凝固简称血凝，是指在某些条件下（如血液流出血管或血管内皮损伤），血液由流动的溶胶状态转变为不能流动的凝胶状态的过程。血液凝固是一系列复杂的酶促反应过程，可

分为凝血酶原复合物的形成、凝血酶的激活和纤维蛋白的生成3个基本过程，需要多种凝血因子的参与。

二、纤维蛋白溶解系统

血凝过程中形成的纤维蛋白被分解、液化的过程，称为纤维蛋白溶解（简称纤溶）。纤溶的作用是防止血栓的形成、保证血流畅通，也与组织修复、血管再生有关。参与纤溶的物质有纤溶酶原、纤溶酶、纤溶酶原激活物和纤溶抑制物。纤溶过程可分为纤溶酶原的激活和纤维蛋白与纤维蛋白原的降解两个阶段。

三、抗凝物质及其作用

（1）肝素　在有抗凝血酶Ⅲ存在时，肝素对凝血过程各阶段都有抑制作用。无论在体内或体外，它都是很强的抗凝剂，并具有用量少、对血液影响小、保存性好等优点。

（2）双香豆素　苜蓿饲料发霉腐败后香豆素转变成双香豆素，后者有抑制维生素K的作用，牛、羊采食后凝血能力减弱可致内部出血。临床上则可用双香豆素作为抗凝血药，防止血栓的形成。

四、加速和减缓血液凝固的基本原理和措施

1. 加速血液凝固的基本原理和措施

（1）升温　升温可提高凝血酶的活性，使凝血过程加速。外科手术中应用消毒过的温热生理盐水纱布压迫术部，能加快凝血与止血。

（2）接触粗糙面　机体受创伤出血时，使血液与粗糙面接触，这样既可促进因子Ⅻ的激活，又可促进血小板聚集、解体并释放凝血因子，加速凝血反应的进程。

（3）使用维生素K　凝血酶原和凝血因子（因子Ⅶ、因子Ⅸ和因子Ⅹ等）的合成过程需要维生素K的参与，有加速凝血和止血的间接作用。缺乏维生素K，可以引起凝血障碍，故对于许多出血性疾病可以通过补充维生素K起到治疗效果。

2. 减缓血液凝固的基本原理和措施

（1）降低温度　凝血过程是一系列酶促反应，降低温度可使凝血过程中酶促反应减慢，使凝血延缓。如将盛血容器置于低温环境中，参与凝血过程的酶的活性下降，因此可延缓血液凝固。

（2）接触光滑的表面　光滑的表面也称不湿表面，可因减少血小板的聚集和解体以及使因子Ⅻ的活化延迟等原因，减弱对凝血过程的触发，因而延缓血液凝固。例如，将血液盛放在内表面光滑的容器内，即可延缓血凝。

（3）移钙法　Ca^{2+}参与凝血的多个环节，除去血浆中的Ca^{2+}就可以达到抗凝的目的，而且Ca^{2+}易于添加或去除，因此常作为促凝、抗凝措施应用于临床。例如，血液中加入适量的柠檬酸钠（枸橼酸钠），可与Ca^{2+}结合成络合物柠檬酸钠钙（常用于临床输血），是一种不易电离的可溶性络合物。血液中加入适量的草酸钾、草酸铵等，可与Ca^{2+}结合成草酸钙沉淀（常用于血液化验）；也可以用乙二胺四乙酸（EDTA）与钙螯合等。这些都是制备抗凝血的常用方法。

（4）去除纤维蛋白　除去血液中纤维蛋白的方法是使用一束细木条不断搅拌流入容器中的血液，或者在容器内放置玻璃球加以摇晃，由于血小板迅速破裂等原因，加速了纤维蛋白的形成，并使形成的纤维蛋白附着在木条或玻璃球上，如此制备的脱纤血，将永不凝固。由于此方法不能保全血细胞，不适用临床血液检验。

（5）使用抗凝血物质　可使用肝素或双香豆素作为抗凝剂。

第五节　家禽血液的特点

一、血浆

禽类血液也由血细胞和血浆组成，但其红细胞比容较小。禽类全血的相对密度在 1.045~1.060 变动。禽类全血相对水的黏度在 3~5。禽类血液的总渗透压与哺乳类相近，但其血浆蛋白的含量较低，特别是白蛋白的含量远低于哺乳动物，故胶体渗透压较低。血浆非蛋白含氮化合物含量平均为 14.3~21.4mmol/L，主要为氨基氮和尿酸氮，尿素含量很低，几乎没有肌酸。禽类血糖平均可高达 12.8~16.7mmol/L，比哺乳动物高。禽类血液的 pH 在 7.35~7.50 波动，与哺乳类相似。

二、血细胞

禽类的血细胞分为红细胞、白细胞和凝血细胞。

1. 红细胞

禽类红细胞为卵圆形，有核。与哺乳动物相比，禽类红细胞体积较大，但数量较少，一般为 $(2.5\sim4.0)\times10^{12}$ 个/L，血细胞比容也较低。红细胞中血红蛋白含量与哺乳动物相近。

2. 白细胞

禽类白细胞包括嗜异粒细胞（异嗜性粒细胞）、嗜酸性粒细胞、嗜碱性粒细胞、单核细胞和淋巴细胞 5 种。嗜异粒细胞与哺乳动物中性粒细胞的功能相似，与单核细胞一起组成机体主要的吞噬细胞。禽类嗜酸性粒细胞和嗜碱性粒细胞的作用与哺乳动物的类似。淋巴细胞来自骨髓的淋巴样细胞，迁移到胸腺后可分化生成 T 细胞，迁移到泄殖腔背侧的法氏囊（腔上囊）后可分化产生 B 细胞。因此，淋巴细胞具有细胞免疫和体液免疫功能。

3. 凝血细胞

禽类血液中含有凝血细胞，又称为血栓细胞，数量比红细胞少。细胞呈卵圆形，由骨髓的单核细胞分化而来。禽类凝血细胞的功能与哺乳动物的血小板相似，参与生理性止血过程和血液凝固。

三、血液凝固

禽类血液凝固较为迅速。一般认为禽血液中存在与哺乳动物相似的凝血因子，也有人认为禽类血浆中缺乏因子Ⅸ（抗血友病球蛋白 B）和因子Ⅻ（接触因子）两个凝血因子，鸡的因子Ⅴ和因子Ⅶ很少甚至没有，因而不能形成促凝血酶原激酶和凝血酶，因此不易引发内源性途径凝血。禽类的凝血主要靠组织释放的凝血酶原激活物激活凝血酶原，即主要依赖于外源性途径凝血，故凝血速度较哺乳动物快。

第四章　血液循环

血液循环是血液在心血管系统内按一定的方向进行周而复始的循环流动过程，包括体循环、肺循环及淋巴回流。心血管系统由心脏、血管及存在于心腔和血管内的血液组成。血液只有通过循环流动才能发挥其物质运输、维持内环境稳态、传递信息和保护机体等方面的作用。

第一节 心脏泵血功能

心脏通过周期性收缩和舒张，以及由此引起的瓣膜规律性启闭活动，推动血液按照心房—心室—动脉—毛细血管—静脉—心房的方向循环流动。心脏这种对血液的驱动作用称为泵血功能。

一、心动周期和心率

1. 心动周期

心脏（包括心房和心室）每收缩和舒张一次称为一个心动周期。心房和心室的心动周期都分为收缩期和舒张期。由于心室在心脏泵血中起主要作用，故心动周期通常是指心室的心动周期，心缩期和心舒期一般指心室收缩期和心室舒张期。以健康成年猪的心率为75次/min为例，每个心动周期的时间为0.8s。其中心房收缩期约为0.1s，心房舒张期约为0.7s；心室收缩期约为0.3s，心室舒张期约为0.5s；心房和心室共同舒张期，也称为全心舒张期约为0.4s。可见，在每一个心动周期中，心房和心室的舒张期均长于收缩期。这有利于血液回流和冠状血管供血，并保证心脏能长期、连续地泵血。

2. 心率

单位时间的心动周期数称为心率。心率直接影响心动周期的持续时间。在心率加快时，心动周期中收缩期和舒张期都缩短，但因舒张期缩短比率大，所以实际上是心脏舒张的时间缩短，而收缩的时间延长，这不利于心脏的充盈、心肌的供血和心脏的持久活动。动物的心率因动物种类、品种、性别、年龄及生理状况的不同而异，但一般与代谢率呈正相关。

二、心脏泵血过程

1. 心房收缩期

在上一个心动周期的全心舒张期，静脉压高于心房内压，心房压略高于心室压，房室瓣处于开放状态，血液不断从静脉流入心房，再经心房流入心室，使心室充盈。此时，心室内压远低于动脉内压，动脉瓣（半月瓣）处于关闭状态。在新的心动周期，心房收缩可将剩余10%~30%的回心血量压入心室，使心室充盈达到最大水平。心房收缩结束后即舒张，房内压回降，随后心室开始收缩。

2. 心室收缩期

包括等容收缩期和射血期（快速射血期和减慢射血期）。

（1）等容收缩期 心室开始收缩后，心室内压力迅速升高，当大于房内压时，房室瓣关闭，防止血液倒流入心房。但此时的心室内压仍低于动脉压，动脉瓣仍处于关闭状态，心室暂时成为一个封闭的心腔。此时，心室肌虽然收缩，并不射血，心室内血液容积不变，故称为等容收缩期，等容收缩期为射血储备了能量。

（2）射血期 当心室收缩使室内压升高至超过动脉压时，动脉瓣被冲开，血液迅速由心室流入动脉（主动脉或肺动脉），这一时期称为射血期。在射血期前1/3时间内，血液流速很快，称为快速射血期，射血量约占整个收缩期射血量的2/3。在射血期后2/3时间内，由于心肌收缩力减弱，血流量减少，射血速度逐渐减慢，称为减慢射血期。这一时期，虽然心室内压已降至稍微低于动脉内压，但心室内血液因受到心室肌收缩作用而具有较高的动能，故仍有占射血量1/3的血液借惯性作用逆压力梯度继续流入动脉内。

3. 心室舒张期

包括等容舒张期和充盈期（快速充盈期和减慢充盈期）。

（1）等容舒张期　射血后，心室开始舒张，心室内压迅速下降，当心室内压低于主（肺）动脉内压时，动脉瓣关闭。但因心室内压仍高于心房内压，故房室瓣仍处于关闭状态。此时心室肌舒张导致室内压以极快速度大幅度下降，但血液容积并不改变，故称为等容舒张期。

（2）充盈期　随着心室继续舒张，当心室内压低于心房内压时，房室瓣开放，血液由心房流入心室，心室开始充盈。在充盈初期，由于心室继续舒张，使心室内压进一步下降，甚至可形成负压，对心房和大静脉内的血液产生"抽吸"作用，心室快速充盈，故称为快速充盈期。此时期进入心室的血液可占总充盈量的2/3以上。血液的充盈使心室容积增大，心室内压升高，心室与心房、大静脉内的压力梯度减少，血液充盈变慢，此时称为减慢充盈期。充盈期与下一个心动周期的心房收缩期相衔接。

三、心输出量及其影响因素、射血分数、心指数

1. 心输出量及其影响因素

一侧心室一次收缩所搏出的血液量，称为每搏输出量。一侧心室收缩1min所搏出的血量，称为每分输出量，其值等于每搏输出量和心率的乘积。生理学一般说所的心输出量通常指每分输出量，因此凡是能影响每搏输出量和心率的因素均可影响心输出量。

（1）前负荷　前负荷是心肌收缩前所承受的负荷。心室肌的前负荷相当于心舒末期心室的压力，此时心室的充盈量决定了心肌收缩前的初长度。心肌初长度越长，收缩产生的能量越大，因此前负荷越大，每搏输出量越多。这种由心肌细胞初长度的改变而引起心肌细胞收缩强度改变的调节机制称为异长自身调节。当机体回心血量增加、心室容积增大时，心肌可通过异长自身调节机制加大心室肌的收缩强度，使每搏输出量增加，以防止心室舒张末期容积和压力发生过久和过度的改变，保持回心血量和射血量的动态平衡，实现心脏泵血机能的自身调节。

（2）后负荷　后负荷是心肌在收缩时承受的负荷。大动脉血压是心室射血时遇到的后负荷。在其他因素不变的情况下，动脉血压的升高将使心室射血的阻力增大，心室等容收缩过程延长，射血期延迟、缩短，射血速度减慢，每搏输出量减少；反之，每搏输出量增多。

（3）心肌收缩能力　心肌不依赖于前负荷和后负荷的改变，而能改变其力学活动（包括收缩强度和速度）的内在特性，称为心肌收缩能力。通过改变心肌收缩能力来调节每搏输出量的方式，称为等长自身调节，其调节机制与心肌初长度无关。当心肌收缩能力增强时，射血分数增大，心缩末期容积减小，心输出量增加。

（4）心率　在一定范围内，心率的加快能使心输出量随之增加。但心率过快就会使心动周期的时间缩短，特别是舒张期的时间缩短，最终导致心室在还没有被血液完全充盈的情况下进行收缩，每搏输出量减少。若心率过慢，由于回心血量大部分是在心室快速充盈期进入心室的，在间歇期又使心室进一步充盈，心率变慢会使心舒期延长，并不能提高相应的充盈量，结果反而会因射血次数减少而使心输出量下降。

2. 射血分数

每搏输出量与心室舒张末期容积之比称为射血分数。射血分数同样与心肌收缩能力有关，收缩能力越强，射血分数越高。与每搏输出量相比，射血分数能更准确地反映心脏泵血功能，对临床上早期发现心脏泵血功能异常具有重要意义。

3. 心指数

心输出量是以个体为单位计量的，但个体大小对心输出量影响很大，所以用心输出量的绝对值，在个体大小不同的动物之间比较心脏的功能是不全面的。研究发现，在安静状态下心输出量与动物体表面积成正比，因此将每平方米表面积每分钟的心输出量称为心指数。心指数是比较不同种属的动物或动物个体之间心脏泵血功能的常用指标。

第二节　心肌的生物电现象和生理特性

心肌细胞的生物电活动是心肌组织维持其生理特性，进行舒缩和泵血的基础。根据形态特点、电生理特性及功能特征，心肌细胞可以分为普通心肌细胞和特殊分化的心肌细胞两大类。普通心肌细胞又称工作细胞，指心房肌细胞和心室肌细胞。特殊分化的心肌细胞又称自律细胞，主要包括 P 细胞（起搏细胞）和浦肯野细胞，它们共同组成心脏内特殊的传导系统。

一、心肌的基本生理特性

心肌细胞的生理特性包括兴奋性、自律性、传导性和收缩性。其中，普通心肌细胞通常具有兴奋性、传导性和收缩性，没有自律性。而自律细胞通常具有兴奋性、自律性和传导性，几乎没有收缩性。

1. 心肌细胞的兴奋性

心肌细胞在受到刺激时产生兴奋（动作电位）的能力或特性，称为兴奋性。兴奋性的高低，可用刺激阈值（最小刺激强度）为指标。阈值高表示兴奋性低，阈值低则表示兴奋性高。而阈值的高低和心肌细胞的静息电位（或舒张期最大电位）与阈电位之间的电位差有关。差距大，引起兴奋所需的刺激强度就大，兴奋性低；差距小，引起兴奋所需的刺激强度就小，兴奋性高。心肌细胞受到刺激产生动作电位后，兴奋性会发生周期性变化，其机制与跨膜电位变化/膜上离子通道的状态有关，表现为以下 3 个阶段：

（1）有效不应期　有效不应期包括绝对不应期和局部反应期。从动作电位的 0 期去极化开始到 3 期复极化至 –55mV 期间，给予任何强度的刺激都不能引起心肌细胞的兴奋，其机制是此时期 Na^+ 通道处于完全失活状态，称为绝对不应期。膜电位由 –55mV 复极化到 –60mV 期间，给予一定强度的阈上刺激，可引起心肌细胞膜局部去极化，但仍不能产生可传导的动作电位，不足以引起心肌收缩。此时期少量 Na^+ 通道开始复活，但大部分没有恢复到备用状态，这段时期称为局部反应期。

（2）相对不应期　膜电位从 3 期复极化的 –60mV 复极化到 –80mV 期间，能接受阈上刺激并引发动作电位，称为相对不应期，此时膜上 Na^+ 通道大部分已经复活，兴奋性逐渐恢复，但仍低于正常，故需要阈上刺激才能引起新的兴奋。

（3）超常期　膜电位从 3 期复极化的 –80mV 复极化到 –90mV 期间，膜电位比 4 期更接近阈电位，因此一定强度的阈下刺激就能引发可传导的动作电位，即心肌的兴奋性高于正常水平，故称为超常期。此时 Na^+ 通道基本恢复至备用状态，而膜电位离阈电位距离要比静息电位近，因此阈下刺激即可使其重新兴奋。

2. 心肌细胞的自动节律性

心肌在没有外来刺激的情况下，能自动地按一定节律产生兴奋的能力或特性，称为自动节律性，简称自律性。心肌的自律性来源于特殊传导系统内的自律细胞，其中哺乳动物以窦房结 P 细胞的自律性最高，浦肯野细胞的自律性最低。由于窦房结的自律性最高，其冲动依次激发心房肌、心室肌的兴奋和收缩，因此窦房结是正常心脏活动的起搏点。以窦房结为起搏点的心脏节律性活动，称为窦性节律。窦房结以外的自律组织虽也有自动兴奋的能力，但由于它们的节律没有窦房结高，故通常不表现其自身的节律性，称为潜在起搏点。在某些病理情况下，心房和心室可依当时节律性最高的某个潜在起搏点的兴奋而活动，此时异常的起搏部位称为异位起搏点。由异位起搏点引起的心脏活动节律，称为异位节律。窦房结对潜在起搏点的控制主要是通过抢先占领和超速驱动压抑两种方式进行。

3. 心肌细胞的传导性

普通心肌细胞和特殊分化心肌细胞均具有传导兴奋的能力或特性，称为传导性。由于心肌细胞之间有特殊缝隙连接结构——闰盘相连接，使得心肌在功能上成为一种合胞体。因此心肌细胞膜上任何部位产生的动作电位不仅可传遍整个细胞，还可传至相邻细胞乃至整个心肌，引起心肌的兴奋和收缩。传导性的高低，常用动作电位沿细胞膜传播的速度来衡量，动作电位传播速度快表示传导性高。

心脏内兴奋的传播途径是特殊的传导系统。在正常情况下，窦房结发出的兴奋在心脏内的传播途径为：窦房结—心房肌—优势传导通路—房室结—房室束—左、右束支—浦肯野纤维网—心室肌。兴奋在心脏不同部位的传导速度不同，具有"快—慢—快"的特点。兴奋在房室结的传导速度极慢，使兴奋在这里延搁一段时间后才向心室传导，这一现象称为房室延搁。房室延搁可保证心房先收缩，然后心室再收缩，这样既有利于心室血液充盈，又有利于射血。

4. 心肌细胞的收缩性

心肌细胞在受到外来刺激时能通过兴奋而产生收缩的能力或特性，称为收缩性，其收缩机制与骨骼肌类似。正常情况下，心肌细胞只接收来自窦房结的节律性兴奋的刺激发生收缩反应，并具有以下特点：同步收缩、节律性收缩、高度依赖于细胞外 Ca^{2+} 的内流、不发生强直收缩，以及期前收缩和代偿间歇。期前收缩指在心室肌有效不应期之后和下一次窦房结兴奋到达之前，受到一次额外刺激，心肌可在正常节律之前，出现一次额外的兴奋和收缩，也称为早搏。由于期前兴奋的有效不应期也很长，常使期前兴奋后到达的窦性刺激正好落在其不应期内，使这一次刺激失效，必须要等到下一次窦性刺激达到时，才引起新的兴奋和收缩，这种期前收缩后出现的较长时间的心室舒张期，称为代偿间歇。

二、心肌细胞动作电位的特点（与神经动作电位相比较）及其与功能的关系

心肌细胞和其他可兴奋细胞一样，在细胞膜两侧存在着电位差，也包括静息状态下的静息电位和兴奋时的动作电位。心肌细胞静息电位产生机制与神经元和骨骼肌细胞相似，也是细胞内 K^+ 向膜外流动所产生的 K^+ 平衡电位。不同类型心肌细胞动作电位产生机制有一定差异，其生物电活动的表现各不相同。

1. 普通心肌细胞的动作电位

心室细胞的动作电位也包括去极化和复极化两个过程，但形成机制明显不同于骨骼肌和神经元。其特点是去极化和复极化过程不对称，复极化过程较复杂，持续时间长。心室肌细胞复极化持续时间长与心室肌细胞不应期长、不产生强直收缩以及维持泵血功能有关。心室肌细胞动作电位可分为 0、1、2、3、4 五个时期，总时长可长达 250~350ms。0 期指心室肌细胞动作电位的去极化过程，产生机制为 Na^+ 通道开放引起 Na^+ 快速内流。1 期、2 期、3 期指动作电位的复极化过程，其中 1 期也称为快速复极初期，此时期瞬时性 K^+ 通道激活，出现 K^+ 为主的瞬时外向电流。2 期又称为平台期或缓慢复极化期，是心室肌复极化过程较长的重要原

因，也是心室肌细胞区别于神经元和骨骼肌细胞动作电位的主要特征，其机制为外向 K^+ 电流和内向的 Ca^{2+} 和少量 Na^+ 电流处于动态平衡。3 期也称为快速复极末期，是 K^+ 快速外流的结果。4 期又称为静息期，膜电位已恢复至静息电位水平，但细胞膜的离子转运机制加强，包括 Na^+-K^+ 泵、Na^+-Ca^{2+} 交换体和 Ca^{2+} 泵运转，通过对相关离子逆浓度梯度的主动转运，使细胞内外的离子浓度完全恢复为静息电位状态。

2. 自律细胞的动作电位

自律细胞的动作电位与非自律细胞的主要区别为：在 3 期复极末期达到最大复极电位后，4 期的膜电位并不稳定于这一水平，而是开始自动去极化，达到阈电位水平后自动产生一个新的动作电位。4 期自动去极化是心脏自律细胞自律性产生的基础。不同类型的自律细胞，4 期自动去极化的速度和产生机制存在差异。

（1）窦房结 P 细胞的动作电位　窦房结 P 细胞的动作电位只表现为 0、3、4 三个时期。0 期去极化由 Ca^{2+} 内流引起，特点是去极化幅度较小、速率慢、时程长。3 期为复极化过程，由 K^+ 递增性外流引起。4 期为自动去极化时期，由 K^+ 外流呈进行性衰减，同时伴随 Na^+ 内流进行性增强以及快速衰减的 Ca^{2+} 内向电流引起。

（2）浦肯野细胞的动作电位　浦肯野细胞动作电位的形态和心室肌细胞相似，也分为 0、1、2、3、4 五个时期，产生的离子基础也基本相同，但时程更长。不同的是，4 期膜电位自动发生去极化，其机制主要是随时间递增的以 Na^+ 为主的内向电流和逐渐衰减的外向 K^+ 电流共同存在，当去极化达到阈电位时就产生新的动作电位。

三、正常心电图的波形及其生理意义

心电图反映的是整个心脏心肌兴奋的产生、传导和恢复过程中的生物电变化。各种导联所描记的心电图波形虽有所不同，但基本都由 P 波、QRS 波群和 T 波组成，有时候在 T 波后还会出现 U 波。

（1）P 波　由左、右心房的去极化过程产生。P 波起点表示心房有一部分开始兴奋，终点则表示左、右心房已全部兴奋，心房各部分不存在电位差，所以曲线回到基线水平。P 波波形的改变反映心房去极化过程发生改变。

（2）QRS 波群　由左、右心室的去极化过程产生。QRS 波群通常由向下的 Q 波、向上的高而尖的 R 波和向下的 S 波组成，在不同的导联记录中，这三个波不一定同时出现。QRS 波群的起点表示部分心室开始兴奋，而终点表示左、右心室全部处于兴奋状态。QRS 波群的时程代表兴奋在心室内传播所需要的时间。

（3）T 波　由心室复极化产生的电位变化。T 波的终点标志两心室复极化完毕。T 波时程较长，方向与 QRS 波群方向一致。T 波波形的改变往往提示心室处于病理状态。

（4）P-R 间期　从 P 波起点到 QRS 波群起点之间的时程，表示心房开始兴奋到心室兴奋所需要的时间。当房室传导阻滞时，P-R 间期延长。

（5）Q-T 间期　从 QRS 波群起点到 T 波终点之间的时程，反映心室从开始兴奋到心室全部复极化结束所需要的时间。Q-T 间期与心率呈负相关，当 Q-T 间期缩短时表示心率过快。

（6）S-T 段　指 QRS 波群终点到 T 波起点的线段，表示心室各部分均已进入去极化状态。S-T 段偏离基线常反映心肌缺血或损伤。

四、心音

心动周期中，心肌收缩、瓣膜开闭、血流加速度和减速度对心血管的升压和降压作用，以及形成涡流等引起的机械振动，可通过周围组织传递到胸壁，利用听诊器可在胸壁特定部位听到相应的声音,称为心音。使用传感器将这些机械振动转换成电信号记录下来,即为心音图。在1个心动周期中一般能听到两种声音,分别称为第一心音和第二心音,偶尔可听到第三心音,在心音图上还可能观察到第四心音。

第一心音发生于心室射血期,音调低,持续时间相对较长。产生的原因主要包括心室肌的收缩、房室瓣突然关闭及射血开始引起的主动脉管壁的振动,通常可作为心室收缩开始的标志。第二心音发生于心室舒张期,音调较高,持续时间较短。产生的主要原因包括动脉瓣突然关闭、血液冲击瓣膜及主动脉中血液减速等引起的振动,可作为心室舒张期开始的标志。第三心音发生在心室快速充盈的末期,与腱索的突然紧绷、血流充盈减速和心室振动有关。第四心音很弱,与心房收缩、血流快速进入心室等有关,也称心房音。

第三节 血 管 生 理

一、影响动脉血压的主要因素

血管内血液对单位面积血管壁的侧压力称为血压,可分为动脉血压和静脉血压。血管内有足够的血液充盈是形成血压的基础,心脏射血是形成血压的动力,外周阻力是形成血压的重要因素,主动脉和大动脉的弹性储器作用对于减小动脉血压在心动周期中的波动幅度具有重要作用。通常所说的血压,就是指体循环系统中的动脉血压,它是动物机体基本的生命体征。动脉血压可用收缩压、舒张压、脉搏压和平均动脉压来表示。收缩压指心室收缩中期动脉血压所达到的最高值,也称为高压;舒张压指心室舒张末期动脉血压下降所达到的最低值,也称为低压。脉搏压指收缩压与舒张压的差值,简称为脉压。在一个心动周期中,每一瞬间动脉血压都是变动的,其平均值称为平均动脉压,简称平均压。平均动脉压=舒张压+1/3(收缩压−舒张压),即平均动脉压=舒张压+1/3脉搏压。

动脉血压的高低主要取决于心输出量和外周阻力两者的相互作用,前者取决于每搏输出量和心率,后者取决于小动脉口径和血液黏滞性。此外,大动脉管壁的弹性、循环血量和血管系统容量之间的相互关系等因素的改变,都能影响动脉血压。

1. 每搏输出量

每搏输出量的变化主要影响收缩压。在外周阻力和心率稳定的条件下,每搏输出量增加,使心缩期动脉内血量增多,血量与血管容量比值增大,动脉管壁所承受的压强也增大,导致收缩压明显升高。由于血压升高,血流速度加快,在心舒末期存留在大动脉中的血量增加不多,舒张压的升高相对性较小,即每搏输出量增加对舒张压影响不明显。因此,收缩压的高低主要反映心脏每搏输出量的多少。每搏输出量增加时,由于收缩压升高的幅度大于舒张压,因此脉搏压增大;反之,每搏输出量减少则主要表现为收缩压降低,脉搏压减少。

2. 心率

心率的变化主要影响舒张压。心率加快,心动周期缩短,心舒期也缩短,在每搏输出量和外周阻力保持不变时,心舒期血液外流量减少,使心舒末期主动脉内血液存留增多,导致舒张压明显升高。虽然心舒末期主动脉内血液存留增多使心缩期动脉内的血量增多,导致收缩压也相应升高,但由于血压升高使得血流速度加快,心缩期外流血量增多,因此收缩压升高不明显。心率增加时由于舒张压升高的幅度大于收缩压,故脉搏压减少;相反,心率减慢时,舒张压降低的幅度超过收缩压,导致脉搏压增大。

3. 外周阻力

外周阻力的变化主要影响舒张压。在心输出量不变的条件下，外周阻力增加使心舒期血液外流速度及血量减少，心舒末期动脉内血量增加，导致舒张压明显升高。而在心缩期，由于血压升高使血流速度加快，收缩压的升高相对较小。因此，舒张压的高低主要反映了外周阻力的大小。外周阻力增加时，由于舒张压升高的幅度大于收缩压，故脉搏压减小；相反，则脉搏压增大。

4. 大动脉管壁弹性

大动脉管壁弹性的变化主要影响动脉血压变化的幅度。大动脉管壁弹性越好，弹性储器作用越明显，可使血压的波动幅度明显减小，收缩压和脉搏压降低；反之，大动脉管壁弹性下降时则出现相反结果，脉搏压升高。动物随年龄的增长，由于动脉管壁硬化，大动脉弹性减弱，引起收缩压增大而舒张压减小，故脉搏压增大。

5. 循环血量与血液系统容量比

循环血量和血液系统容量在正常情况下是相适应的，以保持正常的体循环平均充盈压。在循环血量减少而血液系统容量不变的情况下，如大出血，使体循环平均充盈压降低，动脉血压降低。在循环血量不变而血液系统容量变大的情况下，如静脉扩张，也可导致动脉血压的下降。

二、中心静脉压、静脉回心血量及其影响因素

1. 中心静脉压及其影响因素

血液在机体循环过程中，不断克服血管阻力，消耗能量，因此压力逐渐降低，当达到微静脉时，血压已降至约1.9kPa；右心房作为体循环的终点，压力最低（接近于0）。通常把右心房和胸腔内大静脉的血压称为中心静脉压，把各器官静脉的血压称为外周静脉压。中心静脉压在一定范围内进行波动，其高低取决于心脏每搏输出量和静脉回心血量之间的相对关系。心脏射血功能较强时，能及时将回流入心脏的血液射入动脉，中心静脉压较低；反之，心脏射血功能减弱时，中心静脉压升高。中心静脉压是反映心血管功能的重要指标。静脉血压与右心房压之差是驱动血液回流的动力，中心静脉压升高时，压差减小，静脉回流减弱，外周静脉压升高。临床输液治疗时，常用中心静脉压作为输液量和输液速度的重要参数。

2. 静脉回心血量及其影响因素

单位时间内由静脉回流到心房的血量，称为静脉回心血量，其与心输出量相等。促进静脉血回流的基本动力是外周静脉压与中心静脉压的差值，影响这一压力差的因素主要有以下几个方面：

（1）体循环平均充盈压　平均充盈压的高低反映血管系统的充盈程度。在心脏停搏、血液停止流动时循环系统各处的压力相等，此时的血压称为体循环平均充盈压。当循环血量增加或静脉收缩时，体循环平均充盈压升高，回心血量增多。反之，当循环血量减少（如失血）或静脉舒张时，体循环平均充盈压降低，回心血量减少。

（2）心室收缩力　心肌收缩力较强，射血分数较高，心缩末期容积较小，心舒期室内压较低，对静脉血抽吸力量较大，有助于静脉血回流。反之，当心室衰竭时，射血能力下降，心舒期室内压升高，阻碍静脉血回流。

（3）体位改变　动物处于卧位时，由于全身各部位与心脏处于同一水平，靠静脉系统中各段的血压差就可以推动血液回流到心脏。动物由卧位转为站立时，由于受地球重力场的影响，心脏以下部分的静脉充盈扩张，容量增加，使回心血量减少。

(4) 骨骼肌的挤压作用　血管多位于肌沟中，骨骼肌收缩时，可挤压肌沟中的静脉，加速静脉血的流动。由于静脉中的静脉瓣只向心脏的方向开启，使静脉血液只能向心脏的方向流动。肌肉舒张时由于静脉瓣关闭，血液也不会因重力作用返回外周，此时静脉内压力下降，反而有利于毛细血管血液流入静脉。

(5) 呼吸运动　吸气时，胸腔容积扩大，胸内负压加大，中心静脉压下降，有利于静脉血的回流。呼气时，胸腔容积减小，胸内负压变小，回心血量减少。

三、微循环的组成及作用

微循环指微动脉和微静脉之间的血液循环。通过微循环，可实现血液与组织液之间的物质交换。典型的微循环由微动脉、后微动脉（中间微动脉）、毛细血管前括约肌、真毛细血管、通血毛细血管、动静脉吻合（动静脉吻合支）和微静脉7部分组成。血液流经微循环的通路有3条：直捷通路、迂回通路和动静脉短路。

1. 直捷通路

直捷通路指血液从微动脉经后微动脉，通过通血毛细血管进入微静脉的通路。直捷通路常见于骨骼肌，路径短，血流阻力小，因此血流速度较快。直捷通路经常处于开放状态，其主要功能是使一部分血液能迅速通过微循环进入静脉，而非进行物质交换。

2. 迂回通路

迂回通路是指血液从微动脉经后微动脉、毛细血管前括约肌，通过真毛细血管网进入微静脉的通路。真毛细血管的特点是管壁薄、通透性强、路径长，因此血流速度缓慢，是血液和组织液进行物质交换的场所，因此迂回通路又称为营养通路。

3. 动静脉短路

动静脉短路是指血液从微静脉经动静脉吻合进入微静脉的通路。动静脉短路在指（趾）端、耳郭等处的皮肤和皮下组织较多，其主要功能是调节组织血流量和参与体温调节。

四、组织液的生成及其影响因素

1. 组织液的生成

存在于血管外细胞间隙的体液称为组织液，其是血液与组织细胞进行物质交换的媒介。组织液绝大部分以凝胶形式存在，不能自由流动。组织液中的各种离子成分与血浆相同，也存在各种血浆蛋白，但其浓度明显低于血浆。在毛细血管，血浆中的水和营养物质通过毛细血管壁进入组织间隙的过程称为组织液的生成；组织液中的水和代谢产物回到毛细血管内的过程称为组织液的回流，以此保持组织液量的动态平衡。组织液是血浆滤过毛细血管壁而形成的。组织液的生成和重吸收取决于4个因素，即毛细血管血压、血浆胶体渗透压、组织液静水压和组织液胶体渗透压。其中，毛细血管血压和组织液胶体渗透压是促使液体由毛细血管内向血管外滤过的力量，而血浆胶体渗透压和组织液静水压是将液体从血管外重吸收回毛细血管内的力量。滤过的力量和重吸收的力量之差，称为有效滤过压。即生成组织液的有效滤过压＝（毛细血管血压＋组织液胶体渗透压）－（组织液静水压＋血浆胶体渗透压）。当有效滤过压为正值时，液体从毛细血管滤出，有组织液生成；有效滤过压为负值时，则组织液被重吸收。正常情况下，组织液的90%在毛细血管静脉端被重吸收回血液；其余10%（包括少量白蛋白分子），则进入毛细淋巴管成为淋巴液，经由淋巴管系统回流入静脉。单位时间内通过毛细血管壁滤过的液体量等于有效滤过压与滤过系数的乘积。滤过系数的大小由毛细血管壁的通透性和滤过面积决定。

2. 影响组织液生成的因素

（1）有效流体静压　有效流体静压指毛细血管血压与组织液静水压的差值，是促进组织液生成的主要因素。全身或局部的静脉压升高可导致有效流体静压升高，组织液生成增多。例如，右心衰竭可引起静脉回流受阻，体循环静脉压升高，使有效流体静压异常升高，组织液生成异常增多，引起全身性水肿；而左心衰竭则可引起肺静脉压升高，导致肺水肿。

（2）有效胶体渗透压　有效胶体渗透压指血浆胶体渗透压与组织液胶体渗透压的差值，是抑制组织液生成的主要因素。当血浆蛋白生成减少（如慢性消耗性疾病、肝病等）或患某些肾病引发大量血浆蛋白随尿排出，均可导致组织液胶体渗透压升高，组织液生成增多，引起组织水肿。

（3）毛细血管通透性　在正常情况下，毛细血管壁对蛋白质几乎不通透，从而可维持正常的有效胶体渗透压。但在烧伤、过敏反应时，由于局部组织释放大量组胺，可使毛细血管壁的通透性加大，滤过系数增大，部分血浆蛋白渗出，血浆胶体渗透压降低，而组织液胶体渗透压升高，组织液生成增多，出现局部水肿。

（4）淋巴液回流　当淋巴回流受阻（如丝虫病、肿瘤压迫淋巴管等）时，组织液在组织间隙内积聚，可导致局部组织水肿。

第四节　心血管活动的调节

动物机体在不同的生理状态下，各组织器官的代谢水平不同，对血流量的需求也不同。机体可通过神经和体液机制调节心血管系统活动，从而适应各组织器官在不同情况下对血流量的需求，有效地进行各器官之间的血流分配。心血管活动的神经调节主要通过各种心血管反射来完成，而体液调节主要通过一些激素和血管活性物质来实现。

一、心交感神经和心迷走神经对心脏和血管功能的调节

1. 心脏的神经支配及其功能

支配心脏的传出神经是心交感神经和心迷走神经，其中心交感神经兴奋，心脏活动增强；而心迷走神经兴奋，则心脏活动抑制。

（1）心交感神经及其功能　心交感神经节前神经元的胞体位于脊髓胸段第1~5段的中间外侧柱，兴奋时其突触末梢释放乙酰胆碱。心交感神经节后神经元的胞体位于星状神经节或颈交感神经节内，其突触末梢支配窦房结、房室结、房室束、心房肌和心室肌等心脏各个部位，兴奋时释放去甲肾上腺素，可与心肌细胞膜上的β受体结合，通过腺苷酸环化酶-环磷酸腺苷（AC-cAMP）途径激活蛋白激酶A，后者可使心肌细胞的许多功能性蛋白磷酸化，导致心率加快（称为正性变时作用）、房室传导速度加快（称为正性变传导作用）、心肌收缩能力增强（称为正性变力作用）。

此外，两侧心交感神经对心脏的支配有所侧重，右侧心交感神经主要支配窦房结、房室前壁，兴奋时主要加速心率，加强收缩；左侧心交感神经主要支配房室结、房室后壁，兴奋时主要加快房室传导，加强收缩。

（2）心迷走神经及其功能　心迷走神经的节前神经节的胞体位于延髓迷走神经背核和疑核，节后神经元的胞体位于心内神经节中，节前和节后神经元兴奋时，其末梢均释放乙酰胆碱。心迷走神经兴奋时，释放的乙酰胆碱可与心肌细胞膜上的M受体结合，通过腺苷酸环化酶-环磷酸腺苷途径，降低蛋白激酶A的活性，导致心率减慢（称为负性变时作用）、房室传

导速度减慢（称为负性变传导作用）、心肌收缩能力减弱（称为负性变力作用）。

此外，两侧心迷走神经对心脏的支配也有所侧重，但没有交感神经明显。右侧心迷走神经主要支配窦房结，兴奋时使心率减慢；而左侧心迷走神经主要支配房室结，兴奋时使传导性下降。只有少量心迷走神经纤维支配心室肌。心交感神经和心迷走神经平时都有一定程度的冲动发放，分别称为心交感紧张和心迷走紧张，两者可相互抑制。在生理状态下，迷走神经对心脏的支配占优势，因此神经系统对心脏的抑制作用较强。但随着年龄增长，这种抑制作用逐渐减弱。

2. 血管的神经支配及其功能

各类血管壁（除真毛细血管外）都有平滑肌分布，除毛细血管前括约肌的活动受局部代谢产物调控外，其他部位的平滑肌都接受自主神经的控制。支配血管平滑肌运动的神经纤维称为血管运动神经纤维，分别为缩血管神经纤维和舒血管神经纤维两类。

（1）缩血管神经纤维　缩血管神经纤维都是交感神经纤维，因此又称为交感缩血管神经纤维，其节后神经节末梢释放去甲肾上腺素，与血管平滑肌细胞膜上α受体和β受体结合。与α受体结合，可引起血管平滑肌收缩；与β受体结合，则引起血管平滑肌舒张。但去甲肾上腺素与α受体结合能力比与β受体结合能力强，故缩血管纤维兴奋时总的效应是使血管收缩。

缩血管神经纤维几乎支配所有的血管，但分布的密度不同。一般在皮肤和黏膜的血管分布最密，骨骼肌和内脏的血管次之，心、脑血管上分布最少。在同一器官内，缩血管神经纤维在动脉的分布多于静脉，其中以小动脉和微动脉分布最密。动物体内绝大部分血管只受缩血管神经纤维的支配，安静状态下缩血管神经纤维有低频冲动发放，称为交感缩血管紧张，这使血管平滑肌保持一定的收缩状态。在此基础上，通过交感缩血管神经紧张的增强或减弱来调节外周阻力和不同器官的血流量。

（2）舒血管神经纤维　仅分布在机体某些局部的血管，对全身血压的影响较小，根据来源可分为：交感舒血管神经纤维、副交感舒血管神经纤维、脊髓背根舒血管神经纤维和血管活性肠肽神经元四类。

二、调节心血管活动的压力感受性反射和化学感受性反射

心血管反射一般都能很快完成，其生理意义在于使循环功能适应机体当时所处的状态或环境变化的需要。

1. 颈动脉窦和主动脉弓压力感受性反射

（1）压力感受器　在心血管系统中，心脏和血管壁内存在许多感觉神经末梢。当管壁受到牵拉或扩张刺激时，这些神经末梢能感受机械牵张的刺激而引起心血管反射，这些神经末梢称为压力感受器。其中最重要的是颈动脉窦压力感受器和主动脉弓压力感受器。

（2）传入途径　颈动脉窦压力感受器由窦神经汇入舌咽神经后进入延髓，主动脉弓压力感受器由主动脉神经（或称为降压神经）汇入迷走神经后传至延髓孤束核。

（3）传出途径及效应　当动脉血压突然升高时，颈动脉窦和主动脉弓压力感受器受到的牵张刺激增强，感受传入冲动增多，冲动沿传入纤维到延髓心血管中枢，最终引起心迷走神经紧张加强，心交感神经及交感缩血管神经紧张减弱，使心脏活动减弱，心率减慢，心输出量减少，血管扩张，外周阻力降低，动脉血压回降，该反射称为降压反射。反之，当动脉血压突然降低时，压力感受器传入冲动减少，使心迷走神经紧张降低，交感神经紧张加强，引起心率加快，心输出量增加，外周阻力增大，动脉血压回升，此反射称为升压反射。

2. 颈动脉体和主动脉体化学感受性反射

（1）**化学感受器**　化学感受器主要有位于颈外动脉和颈内动脉分叉处的颈动脉体化学感受器和位于主动脉弓区的主动脉体化学感受器。化学感受器对血液中某些化学物质的变化敏感，如氧分压（P_{O_2}）下降、二氧化碳分压（P_{CO_2}）升高和H^+浓度（$[H^+]$）升高等，可刺激化学感受器使其兴奋。

（2）**传入途径**　颈动脉体化学感受器由窦神经汇入舌咽神经后进入延髓，主动脉体化学感受器经迷走神经传至延髓孤束核。

（3）**传出途径及效应**　化学感受器兴奋的信息沿传入神经到达延髓孤束核，使延髓内的呼吸神经元和心血管中枢神经元的活动发生改变，由交感神经、迷走神经以及与呼吸运动有关的躯体运动神经传出，主要效应是使呼吸加深、加快，气体交换过程加强，以吸入O_2，排出CO_2和降低H^+浓度；同时，也可反射性地使心率加快、心输出量增加。由于缺氧或缺血引起的化学感受性反射是通过心血管中枢使骨骼肌和内脏血管收缩，心和脑血管舒张或不变，总外周阻力增加，故血压升高。在正常情况下，化学感受性反射对心血管活动不起明显的调节作用，只有在缺氧、窒息、失血、动脉血压过低和酸中毒时才发挥作用。

三、肾上腺素和去甲肾上腺素对心血管功能的调节

血液中的肾上腺素和去甲肾上腺素主要由肾上腺髓质分泌，其中肾上腺素约占80%，去甲肾上腺素约占20%。肾上腺素能纤维释放的去甲肾上腺素也有少量进入血液。肾上腺素和去甲肾上腺素对心血管系统的作用有许多共同点，但因对不同受体的结合能力不同，二者的作用并不完全相同。心肌细胞膜上主要是β受体，肾上腺素和去甲肾上腺素都可以与其结合，使心率加快，心脏收缩力量加强，心输出量增加。

在不同器官血管平滑肌上的肾上腺素能受体的分布有差异。皮肤、内脏（肾脏、胃肠道）的血管平滑肌是α受体占优势，而骨骼肌、肝脏内的血管平滑肌则是β受体占优势。肾上腺素与α受体和$β_2$受体结合能力都很强，应用肾上腺素后可使皮肤、内脏血管收缩，而骨骼肌血管舒张，故对外周阻力和血压的影响不大。去甲肾上腺素则主要与α受体结合，与$β_2$受体的结合能力较弱，应用去甲肾上腺素后可使全身血管广泛收缩，外周阻力增加，动脉血压升高。所以，临床上常把肾上腺素用作强心药，去甲肾上腺素用作升压药。

第五节　家禽血液循环的特点

禽类血液循环系统进化水平较高，是完全的双循环，并具有心脏容量大、心率快、动脉血压高和血液循环速度快的特点。

一、心脏生理

禽类的心脏与哺乳动物相似，分为左、右心房和左、右心室。禽类心脏占体重的比例大于哺乳动物类，且心脏容量大。禽类的心率比哺乳动物快，心率快慢与个体大小、日龄和环境等有关。个体越大，心率越慢；个体越小，心率越快。幼禽心率较快，随年龄增加心率有下降趋势。晚上心率很低，随光照和运动而增加；处于冷环境中较温热环境中心率快。

禽类心电图的记录方法与哺乳动物相似，通常采用标准双极体导联记录。禽类的心电图仅有P波、S波和T波，R波小而不全，通常无效，Q波缺失。其中，P波代表心房肌去极化，S波代表心室肌去极化，T波代表心室肌复极化。P-S间期表示兴奋由心房传向心室；S-T段表示整个心室均处于兴奋状态。

二、血管生理

禽类静息时平均血压高于同等状态、体重相同的哺乳动物血压。正常情况下，禽类动脉血压虽因种类、年龄、生理状态不同而有变动，但变动范围较小，血压值相对稳定，从而保证机体各器官组织正常的血液供应和机能。禽类血液循环时间比哺乳动物短，各器官血流量与器官的代谢水平相适应，存在显著差异。代谢水平较低时，血流量较少；代谢水平升高时，血流量增大。

三、心血管活动的调节

延髓是禽类调节心血管活动的基本中枢，可分为心抑制中枢、心加速中枢、缩血管中枢和舒血管中枢。与哺乳动物相似，禽类的心脏活动受自主神经系统中交感神经和迷走神经的双重支配和调节。但在生理状态下，禽类迷走神经和交感神经对心脏的调节作用较为均衡，不像哺乳动物那样呈现明显的迷走神经紧张。与哺乳动物类似，禽类心血管反射调节包括压力感受性反射和化学感受性反射等。激素等化学物质对心血管的作用与哺乳动物的情况基本相同，局部产生的血管活性物质和一些新陈代谢的产物等也可调节心血管的活动。此外，禽类心血管功能受环境的影响较大。适应高温环境生活的鸡，其血压水平低于冷适应性的鸡。环境温度突然升高时，可引起体温上升，同时使血管舒张、血压下降。而当环境温度下降时，也产生血压下降的情况，下降程度与温度降低程度成正比。

第五章 呼吸

机体与外界环境之间的气体交换过程称为呼吸。高等动物的呼吸过程包括外呼吸、气体运输和内呼吸 3 个连续的阶段。外呼吸又称肺呼吸，是指动物机体与外界环境之间进行气体交换的过程，包括肺泡气与外界空气之间的气体交换和肺泡气与肺泡壁毛细血管内血液之间的气体交换过程，前者称为肺通气，后者称为肺换气。气体运输指由循环血液将从肺泡摄取的氧运输到组织细胞，同时将组织细胞产生的二氧化碳运输到肺的过程。内呼吸又称组织呼吸，指血液和组织细胞之间的气体交换过程。

第一节 肺的通气功能

肺通气是血液与肺泡之间进行气体交换的前提。实现肺通气的呼吸器官包括呼吸道、肺泡以及胸廓。呼吸道是沟通肺泡与外界环境的通道，包括上呼吸道（鼻、咽、喉）和下呼吸道（气管、支气管直至呼吸性细支气管以前的终末细支气管）。呼吸性细支气管、肺泡管、肺泡囊和肺泡 4 部分构成一个呼吸单位，每部分均可进行气体交换，其中以肺泡为主。呼吸肌舒缩引起胸廓的节律性活动，则是产生肺通气的原动力。

一、胸内压

胸内压又称胸膜腔内压。胸膜腔是紧贴于肺表面的胸膜脏层和紧贴于胸廓内壁的胸膜壁层之间的一个密闭的潜在腔隙，内有少量浆液，没有气体。这一薄层浆液不但能起润滑作用，可减少呼吸运动时两层胸膜之间的摩擦，而且由于浆液分子的内聚力让两层胸膜黏附在一起，使肺随胸廓的运动而运动。平静呼吸时,胸膜腔内压始终低于大气压,故称为胸内负压。

1. 胸内负压形成的原理

胸内压的形成与胸膜表面受到的压力作用有关。胸膜腔壁层的表面因受到胸廓组织保护,不受外界大气压影响。而胸膜腔脏层表面有两种力的作用,一是肺内压,使肺泡扩张;二是肺的弹性回缩力,使肺泡缩小,其作用方向与肺内压相反。因此,胸膜腔内的压力是上述两种方向相反的力的代数和,即胸内压=肺内压-肺弹性回缩力。机体在吸气末和呼气末,肺内压均等于大气压,即胸内压=大气压-肺弹性回缩力。如果把大气压值作为生理零位标准,则:胸内压=-肺弹性回缩力。

由此可见,胸内负压是由肺的弹性回缩力造成的。吸气时,肺扩张,肺的弹性回缩力增大,胸内负压增大;呼气时,肺缩小,肺的弹性回缩力减小,胸内负压减小。正常情况下,肺总是表现出回缩倾向,胸内压因而为负。

2. 胸内负压的生理意义

胸内负压的维持具有重要的生理意义。首先,可使肺和小气道维持扩张状态,不致因回缩力而使肺塌陷,从而能持续地与周围血液进行气体交换。其次,可引起腔静脉和胸导管扩张,有助于静脉血和淋巴液回流及右心充盈。最后,可使胸部食管扩张,食管内压下降,有利于呕吐及反刍动物的逆呕。胸膜腔的密闭性是胸内负压形成的前提,如果密闭性遭到破坏,如胸壁贯通伤、膈肌破损、肺损伤、肺损伤累及胸膜脏层,气体进入胸膜腔形成气胸,可导致胸内负压减小甚至消失,出现肺不张及腔静脉血液和淋巴回流受阻,造成呼吸和循环功能障碍而危及生命。

二、肺通气的动力和阻力

1. 肺通气的动力

气体进出肺直接取决于大气和肺泡气之间的压力差。由于大气压基本恒定,故这种压力差主要取决于肺泡内压或肺内压。在自然呼吸条件下,肺内压取决于肺的张缩引起的肺容积的变化。肺本身不具有主动张缩的能力,其张缩依赖呼吸肌的收缩和舒张引起的胸廓的扩大或缩小。当吸气肌收缩时,胸廓扩大,肺随之扩张,肺容积增大,肺内压暂时下降并低于大气压,空气就顺此压差进入肺,机体产生吸气。反之,当吸气肌舒张和(或)呼气肌收缩时,胸廓缩小,肺也随之缩小,肺容积减小,肺内压暂时升高并高于大气压,肺内气体便顺此压差流出肺,机体产生呼气。呼吸肌收缩和舒张造成的胸廓扩大和缩小,称为呼吸运动。呼吸运动是肺通气的原动力。

呼吸运动分为平静呼吸和用力呼吸两种类型。安静状态下的呼吸称为平静呼吸,由膈肌和肋间外肌的舒缩而引起。平静呼吸的主要特点是呼吸运动较为平衡均匀,吸气是主动的(膈肌和肋间外肌收缩),而呼气是被动的(膈肌和肋间外肌舒张)。动物运动时,用力且加深的呼吸称为用力呼吸。用力吸气时,不但膈肌和肋间外肌收缩加强,其他辅助吸气肌也参加收缩,使胸廓进一步扩大,吸气量增加;用力呼气时,不仅膈肌和肋间外肌舒张,而且呼气肌收缩,使胸廓和肺容积尽量缩小,呼气量增加,即用力呼吸时,吸气和呼气都是主动过程。

根据呼吸过程中呼吸肌活动的强弱和胸腹部起伏变化的程度可将动物呼吸分为胸式呼吸、腹式呼吸和胸腹式呼吸3种类型。胸式呼吸指主要由肋间肌舒缩使肋骨和胸骨运动而产生的呼吸运动,表现为胸部起伏明显。腹式呼吸指主要由膈肌舒缩引起的呼吸运动,表现为腹壁起伏明显。胸腹式呼吸指肋间外肌和膈肌都参加的呼吸运动,胸腹部都有明显起伏。健康动物的呼吸类型多属于胸腹式呼吸。只有在胸部或腹部活动受到限制时，才可能出现单独的胸式呼吸或腹式呼吸。

动物每分钟的呼吸次数称为呼吸频率。呼吸频率可因动物种类、品种、性别、年龄、环境温度、海拔高度、新陈代谢强度、情绪等因素而产生一定程度的差异。

2. 肺通气的阻力

肺通气的阻力包括弹性阻力和非弹性阻力两种，前者是平静呼吸时的主要阻力，约占总阻力的70%；后者约占总阻力的30%，以气道阻力为主。

（1）弹性阻力　弹性阻力主要是肺和胸廓的弹性阻力。肺的弹性阻力来自肺组织本身的弹性回缩力和肺泡液-气界面的表面张力所产生的回缩力。两者均使肺具有回缩倾向，故成为肺扩张的弹性阻力。弹性阻力的大小可用顺应性的高低来度量。顺应性是指在外力作用下弹性组织的可扩张性，容易扩张者顺应性大，弹性阻力小；不易扩张者，顺应性小，弹性阻力大。顺应性（C）与弹性阻力（R）成反比关系，即$C=1/R$。

肺组织的回缩力主要来自肺自身的弹性纤维和胶原纤维等组织。肺扩张越大，对纤维的牵拉程度也越大，回缩力也越大，弹性阻力也越大，反之则小。肺组织的弹性阻力约占肺总弹性阻力的1/3。肺泡表面张力是指分布于肺泡内侧表面的液体层与肺泡内气体之间形成液-气界面，由于液体分子之间的相互吸引，在该界面产生表面张力。肺泡表面张力倾向于使肺泡缩小，产生的弹性阻力约占肺总弹性阻力的2/3。肺泡Ⅱ型细胞合成并分泌的肺泡表面活性物质（主要成分是二棕榈酰卵磷脂）分布在液-气界面上，具有降低肺泡表面张力的作用，并可随肺泡的张缩而改变密度及其作用。肺泡表面活性物质具有重要的生理功能：①增加肺的顺应性，减少吸气过程的做功量；②降低肺泡表面张力，稳定肺泡内压，防止小肺泡塌陷和大肺泡过度膨胀；③减弱表面张力对肺毛细血管中液体的吸引作用，减少肺组织液的产生，使肺泡得以保持相对干燥。

与胸廓的情况不同，肺的弹性阻力总是吸气的阻力，而胸廓的弹性阻力来自胸廓的弹性成分，既可能是吸气或呼气的阻力，也可能是吸气或呼气的动力，这取决于胸廓的位置。

（2）非弹性阻力　非弹性阻力是气体流动时产生的，并随流速加快而增加，故为动态阻力，包括惯性阻力、黏滞阻力和气道阻力3种，其中气道阻力是非弹性阻力的主要部分，占80%~90%。气道阻力受气流流速、气流形式和管径大小影响。流速快，阻力大；流速慢，阻力小。气道阻力与气道半径的4次方成反比，管径越小，阻力越大。

三、肺容积和肺容量

1. 肺容积

肺容积是指肺内气体的容积。在呼吸过程中，肺容积呈现周期性变化。通常肺容积分为潮气量、补吸气量、补呼气量和余气量4种互不重叠的基本肺容积。潮气量指平静呼吸时，每次吸入或呼出的气体量。潮气量的大小取决于呼吸中枢所支配的呼吸肌收缩的强度和胸廓、肺的机械特性。补吸气量又称吸气储备量，可反映机体呼气的储备量，指平静吸气末再尽力吸气所能吸入的气体量。补呼气量又称呼气储备量，可反映机体吸气的储备量，指平静呼气末再尽力呼气所能呼出的气体量。补呼气量的个体差异较大，也因体位不同而变化。余气量又称残气量，指补呼气后肺内残留的气体量。余气量的存在可避免肺泡在肺容积较低的情况下发生塌陷。

2. 肺容量

肺容量指基本肺容积中两项以上的联合气体量，包括深吸气量、功能余气量、肺活量和肺总量4种指标。深吸气量指从平静呼气末到最大吸气时所能吸入的气体量，等于潮气量和补吸气量之和，是衡量机体最大通气潜力的一个重要指标。功能余气量指平静呼气末肺内存留的气量，是补呼气量与余气量之和，其生理意义为缓冲呼吸过程中肺泡气中氧和二氧化碳分压的急剧变化。肺活量指最大吸气后，用力呼气所能呼出的最大气体量，是潮气量、补吸气量和补呼气量之和。肺活量个体差异较大，与躯体的大小、性别、年龄、体位、呼吸肌强弱等因素有关。肺总量指肺所容纳的最大气量，是肺活量和余气量之和，其大小因性别、年龄、运动情况和体位改变等因素而异。

四、肺通气量和肺泡通气量

1. 每分通气量

每分通气量即肺通气量，指每分钟肺吸入或呼出的气体总量。每分通气量＝潮气量×呼吸频率。每分通气量因动物性别、年龄和活动量的不同而异。

2. 肺泡通气量

因上呼吸道至呼吸性细支气管之间的气体不参与气体交换，故将这部分结构称为解剖无效腔或死腔。进入肺泡内的气体，也可能由于血液在肺内分布不均而未能全部参加气体交换。生理学上，将进入肺而未能发生气体交换的这一部分肺泡容量称为肺泡无效腔。解剖无效腔与肺泡无效腔合称为生理无效腔，健康动物的肺泡无效腔可忽略不计，因此，生理无效腔几乎等于解剖无效腔。由于存在无效腔，每次吸入的新鲜空气不能全部到达肺泡与血液进行气体交换，所以，真正有效的气体交换量应以肺泡通气量为准。肺泡通气量指每分钟吸入肺泡的新鲜空气量，即肺泡通气量＝（潮气量－无效腔气量）×呼吸频率。在一定范围内，深而慢的呼吸可使肺泡通气量增大，肺泡气更新率加大，有利于气体交换。

第二节　气体交换与运输

气体交换包括肺换气和组织换气，即肺泡与其周围毛细血管血液之间和血液与组织之间的气体交换。气体交换主要是通过气体扩散运动实现的，不同组织之间的气体压力差是气体交换的动力，而血液循环通过对气体的运输将肺换气和组织换气联系起来。

一、肺泡与血液以及组织与血液间气体交换的原理和主要影响因素

1. 气体交换原理

气体分压差是促进气体分子扩散，引起气体交换的动力。气体分压差与气体扩散率呈正比，分压差大，扩散快；分压差小，则扩散慢。根据气体扩散规律，气体扩散速度与气体溶解度呈正比，与气体相对分子量的平方根呈反比。气体扩散率也与扩散面积和温度呈正比，与扩散距离呈反比。

2. 肺泡与血液间气体交换的原理及其影响因素

肺泡壁和肺毛细血管之间的呼吸膜结构允许气体分子自由通过。生理状态下，肺泡气内氧分压高于肺毛细血管内混合静脉血的氧分压，而二氧化碳分压低于肺毛细血管内混合静脉血的二氧化碳分压。故在分压差作用下，肺泡气中氧气通过呼吸膜扩散进入毛细血管血液内，而血液中二氧化碳通过呼吸膜扩散进入到肺泡气中，静脉血变成动脉血。

影响肺换气的因素主要是呼吸膜的厚度、换气肺泡的数量和通气血流比例。呼吸膜的厚度不仅影响气体扩散的距离，也影响膜的通透性。气体扩散速率与呼吸膜的厚度成反比，呼吸膜越厚，扩散速率就越慢。正常情况下，呼吸膜很薄（小于$1\mu m$），通透性大，红细胞与呼

吸膜的距离很近，有利于气体交换。在其他条件不变的情况下，单位时间内气体的扩散量与肺泡部的换气面积呈正比。换气面积取决于换气肺泡的数量。平静呼吸时，参与换气的肺泡约占总肺泡的55%，剧烈运动时有更多储备状态的肺泡参与换气，增加了肺泡换气面积。通气血流比例（VA/Q）指每分肺泡通气量（VA）和每分肺血流量（Q）之间的比值，又叫通气/血流值、血流比值。只有适宜的VA/Q才能实现适宜的气体交换。如果比值增大，说明通气过度或血流减少，有部分肺泡气不能与血液中气体充分交换，即增加了生理无效腔；如果因通气不良或血流过多，导致VA/Q减少，表示有部分静脉血未能充分进行气体交换而混入动脉血中，如同动静脉短路一样。以上两种情况都使气体的交换效率或质量降低。

3. 组织与血液间气体交换的原理及其影响因素

在组织处，由于细胞新陈代谢，不断消耗氧气，产生二氧化碳，故组织中二氧化碳分压高于动脉血中二氧化碳分压，而氧分压低于动脉血中氧分压，所以动脉血流经组织毛细血管时，在分压差作用下，组织细胞和血液间实现了气体交换（组织换气），动脉血变成静脉血。

影响组织换气的因素包括组织细胞离毛细血管的距离、组织的血流量以及组织的代谢率。组织细胞距离毛细血管越远，气体在组织中的扩散距离越大，扩散速率减慢，换气减少。当组织血流量减少，难以维持毛细血管血液中较高的氧分压和较低的二氧化碳分压，氧气和二氧化碳的扩散速率减慢，导致缺氧和局部二氧化碳增多。当组织代谢增强，耗氧量和二氧化碳产量增加，血液中二氧化碳分压升高，氧分压下降，驱动气体扩散的分压差增大，组织换气增多。同时，局部温度、二氧化碳分压和H^+浓度升高，可使毛细血管开放数目增加，局部血流量增加，并缩短气体扩散距离，组织换气增多。

二、氧气和二氧化碳在血液中运输的基本方式

血液运输气体有两种方式：一种是物理溶解方式，另一种是化学结合方式。以物理溶解方式运输氧气和二氧化碳的量很少，但很重要。这是因为物理溶解方式不仅是化学结合方式的中间阶段，也是最终实现气体交换的必经步骤。进入血液的气体首先溶解于血浆，提高其分压，然后才进一步转化为化学结合状态；气体从血液释放时，也是溶解的先逸出，分压下降，化学结合状态再分离出来补充失去的溶解气体。物理溶解和化学结合的气体两者之间处于动态平衡。

1. 氧气的运输

（1）**氧气运输的形式** 一般情况下，动脉血中物理溶解的O_2仅为0.31mL/100mL，约占血液运输O_2总量的1.5%。血液运输O_2主要是与血红蛋白（Hb）结合，以氧合血红蛋白（HbO_2）的形式存在于红细胞内。每100 mL血液中，血红蛋白所能结合O_2的最大量称血氧容量。血氧容量大小受血红蛋白浓度的影响。在一定氧分压下，血红蛋白实际结合的O_2量，称为血氧含量。血氧含量与血氧容量的百分比称为血氧饱和度。

（2）**氧合血红蛋白的形成和解离** 1个血红蛋白分子由1个珠蛋白和4个血红素组成。每个血红素含有1个能与O_2结合的亚铁离子（Fe^{2+}）。当血红蛋白中血红素的Fe^{2+}转为Fe^{3+}时，血红蛋白将失去运输O_2的机能。O_2进入血液与红细胞血红蛋白中Fe^{2+}结合，无电子转移，因此不是氧化反应，称为氧合。血红蛋白和O_2既易结合又易分离，不需要酶的催化作用，主要受氧分压的影响。当血液流经肺毛细血管与肺泡交换气体后，血液中氧分压升高，血红蛋白与O_2结合形成氧合血红蛋白；当氧合血红蛋白经由血液运送到组织毛细血管时，由于组织代谢耗氧，组织氧分压降低，氧合血红蛋白解离为去氧血红蛋白（HHb），释放出O_2供组织代谢需要。

（3）**氧解离曲线及其生理意义** 氧解离曲线又称为氧离曲线，是氧分压与血红蛋白氧饱

和度的关系曲线。该曲线表示不同氧分压下，O_2 与血红蛋白的解离和结合情况。氧离曲线呈 S 形，与血红蛋白的变构效应有关，是由血红蛋白中珠蛋白含有 4 个亚单位决定的。氧离曲线可分为上、中、下 3 段，各段均有相应的功能意义。氧离曲线上段氧分压为 7.98~13.3kPa（60~100mmHg），反映血红蛋白与 O_2 结合，曲线较为平坦，表明氧分压在这段范围内的变化对血红蛋白氧饱和度影响不大，显示动物对空气中氧含量降低或呼吸性缺氧有很强的耐受能力。氧离曲线中段氧分压为 5.32~7.98kPa（40~60mmHg），反映氧合血红蛋白释放 O_2，曲线走势较陡，表明氧分压轻度变化可使氧饱和度发生较大变化，释放较多的 O_2。氧离曲线中段反映了机体在安静状态下血液血红蛋白对组织的供氧情况。氧离曲线下段氧分压为 1.995~5.32kPa（15~40mmHg），是氧离曲线中最为陡峭的部分。在此范围内，氧分压稍有变化，血红蛋白氧饱和度就会有很大的改变，即可释放更多的 O_2 供组织活动利用。氧离曲线下段反映血红蛋白对组织氧分压波动具有缓冲作用，对组织供氧具有很强的储备能力。

（4）氧解离曲线的位移及其影响因素　多种因素影响血红蛋白与 O_2 的结合和解离，从而使氧离曲线的位置偏移。血红蛋白对 O_2 的亲和力降低，曲线右移；血红蛋白对 O_2 的亲和力增加，曲线左移。血液中影响氧离曲线位移的因素主要有 pH、二氧化碳分压、温度和 2,3-二磷酸甘油酸（2,3-DPG）含量。血液中 pH 降低或二氧化碳分压升高，血红蛋白对 O_2 的亲和力降低，曲线右移，有利于血红蛋白释放 O_2；反之，血液 pH 升高或二氧化碳分压降低，血红蛋白对 O_2 的亲和力增加，曲线左移，有利于血红蛋白对 O_2 的结合。pH 和二氧化碳分压对血红蛋白氧亲和力的这种影响称为波尔效应。波尔效应具有重要的生理意义，它既可促进肺毛细血管血液中血红蛋白的氧合，又有利于组织毛细血管血液中氧合血红蛋白释放 O_2。温度升高，氧离曲线右移，可解离更多 O_2 供组织利用；反之，温度降低时，曲线左移，氧合血红蛋白不易释放 O_2。因此，临床上进行低温麻醉时要注意防止缺氧。2,3-DPG 是红细胞无氧酵解的产物，可与去氧血红蛋白结合，从而降低血红蛋白对 O_2 的亲和力。当血液中 2,3-DPG 含量增加时，血红蛋白对 O_2 亲和力下降，氧离曲线右移；反之，2,3-DPG 含量降低时，血红蛋白对 O_2 亲和力增加，氧离曲线左移。

2. 二氧化碳的运输

（1）二氧化碳运输的形式　CO_2 在血液中也以物理溶解和化学结合两种形式运输，其中化学结合形式运输的量高达 95%。从组织扩散入血的 CO_2 首先溶解于血浆，一小部分溶解的 CO_2 缓慢与 H_2O 结合生成 H_2CO_3，H_2CO_3 进一步解离为 H^+ 和 HCO_3^-，H^+ 被血浆缓冲系统缓冲，不造成 pH 的明显变化；溶解的 CO_2 绝大部分扩散进入红细胞，在红细胞内以碳酸氢盐（约占 88%）和氨基甲酰血红蛋白（约占 7%）形式运输。红细胞内含有较高浓度的碳酸酐酶，可催化 H_2O 和 CO_2 迅速生成 H_2CO_3，H_2CO_3 进一步解离生成 H^+ 和 HCO_3^-。当红细胞内的 HCO_3^- 含量超过血浆中的 HCO_3^- 含量时，HCO_3^- 可通过红细胞膜顺浓度梯度扩散入血浆，红细胞内负离子因此而减少。由于红细胞不允许正离子自由通过，只允许小的负离子通过，Cl^- 由血浆扩散进入红细胞，以维持细胞内外正、负离子平衡，这一现象称为氯转移。这样 HCO_3^- 不会在红细胞内聚集，有利于组织产生的 CO_2 不断进入血液。进入红细胞的一部分 CO_2 也可与血红蛋白的氨基结合，形成氨基甲酰血红蛋白（Hb-NHCOOH，又称氨基甲酸血红蛋白），这一反应迅速、可逆，无须酶参与。调节这一反应的主要因素是氧合作用。去氧血红蛋白结合 CO_2 的能力强于氧合血红蛋白。在组织中，血红蛋白释放 O_2，去氧血红蛋白生成多，结合 CO_2 的量增多，促使生成更多的氨基甲酰血红蛋白；在肺部，血红蛋白与 O_2 结合生成氧合血红蛋白，因此可促进 CO_2 释放进入肺泡而排出体外。

(2) O_2 与血红蛋白的结合对 CO_2 运输的影响　O_2 与血红蛋白结合将促使 CO_2 释放，这一效应称作何尔登效应。在肺部，因血红蛋白与 O_2 结合成为氧合血红蛋白，经何尔登效应促使血液中 CO_2 释放并进入肺泡进而排出体外；在组织中，由于氧合血红蛋白释出 O_2 而生成去氧血红蛋白，进而与 CO_2 结合。可见 O_2 和 CO_2 的运输不是孤立进行的，而是相互影响的。CO_2 通过波尔登效应影响 O_2 的结合和释放，O_2 又通过何尔登效应影响 CO_2 的结合和释放，两者都与血红蛋白的理化特性有关。

第三节　呼吸运动的调节

呼吸运动是一种节律性的活动，正常节律性呼吸运动起源于呼吸中枢。机体内外环境变化可通过神经和体液机制调节正常呼吸节律的频率和深度，使肺的通气机能与代谢变化相适应，满足机体对氧气的需求，并排出 CO_2。

一、神经反射性调节

1. 呼吸中枢

中枢神经系统内，产生和调节呼吸运动的神经元细胞群，称为呼吸中枢。它们分布在大脑皮层、间脑、脑桥、延髓和脊髓等部位。正常的呼吸运动是在各级呼吸中枢的相互配合下进行的。其中脊髓是呼吸运动的初级中枢，脊髓神经元是联系上位呼吸中枢和呼吸肌的中继站及整合某些呼吸反射的初级中枢。延髓是产生基本呼吸节律的中枢，其呼吸神经元主要集中在背侧和腹侧两组神经核团内，即背侧呼吸组和腹侧呼吸组，其中背侧呼吸组主要为吸气神经元，兴奋时引起吸气肌收缩，产生主动吸气；而腹侧呼吸组主要为呼气神经元，兴奋时引起呼气肌收缩，产生主动呼气。脑桥呼吸神经元相对集中于脑桥头端背侧部的臂旁内侧核和相邻的 KF 核（合称为 PBKF 核团），为呼吸调整中枢所在的部位，主要含呼气神经元，其作用是限制吸气，促使吸气转换为呼气。

2. 呼吸的反射性调节

呼吸活动受到呼吸器官本身以及心血管等其他器官系统感受器传入冲动的反射性调节，使呼吸运动的频率、深度和形式等发生相应变化，从而使机体适应内外环境的变化。

（1）肺牵张反射　由肺扩张或缩小引起的吸气抑制或兴奋的反射称为肺牵张反射，也称为黑-伯反射，包括肺扩张反射和肺缩小反射。肺扩张反射是肺充气或扩张时抑制吸气活动的反射。肺扩张反射的牵张感受器位于气管到细支气管的平滑肌内，阈值低，适应慢。感受器兴奋后，冲动沿迷走神经传入延髓，使吸气转入呼气。肺扩张反射可加速吸气和呼气的交替，使呼吸频率增加。肺缩小反射是肺缩小时增强吸气活动或促进呼气转换为吸气的反射。肺缩小反射在平静呼吸调节中意义不大，但对防止呼气过深和肺不张等可能有一定的作用。

（2）呼吸肌的本体感受性反射　呼吸肌是骨骼肌，其本体感受器主要是肌梭。当肌梭受到牵张刺激而兴奋时，可以反射性地引起受刺激肌梭所在肌肉收缩，称为呼吸肌的本体感受器反射。该反射在维持正常呼吸运动中起一定作用，尤其在气道阻力加大时，吸气肌因增大收缩程度而使肌梭受到牵拉刺激，从而反射性地引起呼吸肌收缩加强，以克服气道阻力。

（3）防御性呼吸反射　呼吸道黏膜受刺激时所引起的一系列保护性呼吸反射，称为防御性呼吸反射，此反射具有清除刺激物，防止异物进入肺泡的作用，其中主要有咳嗽反射和喷嚏反射。咳嗽反射是常见的重要防御反射，当呼吸道黏膜感受器受到机械性或化学性刺激时，冲动经迷走神经传入延髓，触发一系列协调的反射反应，引起咳嗽反射，将呼吸道内异物或分泌物排出。喷嚏反射是和咳嗽类似的反射，其感受器在鼻黏膜，感受器兴奋，冲动经三叉神经传入延髓，引起喷嚏反应，目的在于清除鼻腔中的刺激物。

二、体液调节

血液、组织液或脑脊液中的化学成分的改变，特别是氧分压、二氧化碳分压和H^+浓度的变化，可刺激外周和中枢化学感受器，引起呼吸中枢活动的改变，从而调节呼吸的频率和深度，增加肺通气量，维持机体内环境中这些因素的相对稳定。

1. 外周和中枢化学感受器

（1）外周化学感受器　颈动脉体和主动脉体是调节呼吸和循环的重要外周化学感受器。在动脉血氧分压降低、二氧化碳分压或H^+浓度升高时受到刺激，冲动经窦神经和主动脉神经传入延髓呼吸中枢，反射性地引起呼吸加深、加快，及心血管活动变化。但是颈动脉体主要调节呼吸运动，而主动脉体在循环功能调节方面比较重要。氧分压、二氧化碳分压和H^+浓度3种因素对外周化学感受器的刺激有相互增强的作用。

（2）中枢化学感受器　位于延髓腹外侧浅表部位，左右对称，其生理刺激是脑脊液和局部细胞外液中的H^+。但血液中的CO_2能迅速通过血-脑屏障，扩散进入脑脊液和脑组织内，在碳酸酐酶作用下，与H_2O形成H_2CO_3，继而解离出H^+，使脑脊液中的H^+浓度升高，从而刺激中枢化学感受器，引起呼吸中枢的兴奋，导致呼吸加强。血液中的H^+不易通过血-脑屏障，故血液H^+的变化对中枢化学感受器的直接作用不大，也较缓慢。

2. 二氧化碳分压、H^+和氧分压对呼吸的影响

（1）二氧化碳分压对呼吸的影响　二氧化碳分压是调节呼吸运动最重要的体液因素，一定水平的二氧化碳分压对维持呼吸中枢的基本活动是必需的。动脉血中二氧化碳分压下降，减弱了对化学感受器的刺激，可使呼吸中枢兴奋减弱，出现呼吸运动减弱甚至暂停。当吸入气体中CO_2浓度适度增加时，呼吸加深加快，促进CO_2的排出，使动脉血中CO_2浓度维持正常。当吸入CO_2过量时，导致CO_2蓄积，抑制呼吸中枢，出现呼吸困难、昏迷等中枢症状。总之，在一定范围内动脉血二氧化碳分压的升高，可以加强对呼吸运动的刺激作用，但超过一定限度则有抑制和麻醉效应。CO_2对呼吸的影响是通过两条途径实现的，一条是通过间接刺激（通过血-脑屏障解离出H^+）中枢化学感受器而兴奋延髓呼吸中枢；另一条是直接刺激外周化学感受器，冲动沿窦神经和迷走神经传入延髓呼吸中枢，反射性地使得呼吸加深、加快，增加肺通气量。在两条途径中前者是主要的，只有中枢化学感受器受到抑制，对CO_2的反应降低时，外周化学感受器才起主要作用。

（2）H^+对呼吸的影响　动脉血中H^+浓度降低，呼吸受到抑制；H^+浓度增加，呼吸加深、加快，肺通气增加。H^+也是通过外周化学感受器和中枢化学感受器两条途径实现对呼吸的调节。虽然中枢化学感受器对H^+的敏感性较外周化学感受器高，但血液中H^+通过血-脑屏障的速度很缓慢，限制了它对中枢化学感受器的作用。所以血液中H^+对呼吸的调节主要是通过刺激外周化学感受器发挥作用。

（3）氧分压对呼吸的影响　在一定范围内，吸入气体中氧分压降低时，肺泡气、动脉血氧分压都随之降低，引起呼吸加强，肺通气增加。这是通过氧分压下降直接刺激外周化学感受器，引起延髓呼吸中枢反射性兴奋，导致呼吸加深、加快。缺氧对延髓呼吸中枢的直接作用是抑制效应，所以当严重缺氧时，外周化学感受器反射不足以克服低氧对中枢的抑制效应，将导致呼吸障碍，甚至呼吸停止。

第六章
采食、消化和吸收

畜禽用嘴食入食物，并将食物送入口腔的过程称为采食。食物中的各种营养物质在消化道内被分解为可吸收和利用的小分子物质的过程，称为消化。食物在消化道内的消化有3种方式：机械性消化、化学性消化和微生物消化。食物经过消化后，通过消化道黏膜，进入血液和淋巴循环的过程，称为吸收。

第一节　口腔消化

一、马、牛、羊、猪和犬的采食方式

不同动物的采食方式不同。但唇、舌、齿是各种动物采食的主要器官。

猫和犬用前肢按住食物，依靠头、颈的运动把食物送入口中。马的唇灵活、敏感，是采食的主要器官，放牧时，上唇将草送至门齿间切断，并依靠头部的牵引动作，把不能咬断的草茎扯断。牛的舌很长，舌面粗糙，灵活而坚强有力，能伸出口外，卷草入口，送至下切齿和上齿垫间锉断，或借头部的运动扯断，散落的饲料用舌舔取。绵羊和山羊则靠舌和切齿采食，绵羊的上唇有裂隙，能啃牧地上的短草。猪用鼻突掘地寻找食物，并靠尖形的上唇和舌将食物送入口内，饲喂时则靠齿、舌和头部运动来采食。

饮水时，猫和犬把舌头浸入水中，卷成匙状，将水送入口。其他家畜一般先把上下唇合拢，中间留一小缝，伸入水中，然后下颌下降，舌向咽部后撤，使口内形成负压，把水吸入口腔。仔畜吮乳也是靠口腔壁肌肉和舌肌收缩，使口腔形成负压来完成的。

二、唾液的组成和功能

消化过程从口腔开始。食物在口腔经过咀嚼并与唾液混合后形成食团，唾液中的消化酶对食物有较弱的化学消化作用。

1. 唾液的组成

唾液是三对大唾液腺（腮腺、颌下腺和舌下腺）和口腔黏膜中许多小腺体的混合分泌物。

唾液为无色透明的弱碱性黏稠液体，由水、无机物和有机物组成，水约占98.92%。无机物有钾、钠、镁、氯化物、磷酸盐和碳酸盐等。不同种属的动物，唾液中无机物差别很大。反刍动物的唾液含有较多的碳酸氢钠和磷酸钠，pH较高，这种大量分泌的强缓冲溶液对中和瘤胃内发酵形成的酸是很必要的。

唾液的蛋白性分泌物有两种，一种为浆液性分泌物，富含唾液淀粉酶；另一种是黏液性分泌物，富含黏液，具有润滑和保护作用。猪和大鼠的唾液含α淀粉酶，能水解淀粉主链中的α-1,4糖苷键。食肉动物和牛唾液中一般不含淀粉酶。在犬、猫等动物唾液内还含有微量溶菌酶。此外，某些以乳为食的幼畜如犊牛，唾液中还含有消化脂肪的舌脂酶，此酶主要是由舌背侧浆液腺细胞分泌的。已知舌脂酶的最适pH为4~6.5，表明它在胃内酸性环境中以及到十二指肠后一定时间内仍具有活性，舌脂酶能迅速水解长链甘油三酯。但在反刍动物中，舌脂酶则对短链的乳脂水解较快。舌脂酶在反刍动物的哺乳期活性很高，断奶后活性急剧下降，随着动物的发育逐渐消失。

各种动物唾液一般均呈弱碱性，平均pH为猪7.32、犬和马7.56、反刍动物8.2。唾液分

泌量较大，猪一昼夜分泌量为 15~18L、羊约 10L、马约 40L、牛 100~200L（约相当于牛体液中细胞外液的量）。

2. 唾液的生理功能

唾液的生理功能表现在以下几个方面：①润湿口腔和饲料，有利于咀嚼和吞咽。食物溶解才能刺激味觉产生并引起各种反射活动。②唾液淀粉酶在接近中性环境中催化淀粉水解为麦芽糖。入胃后在胃液 pH 尚未降到 4.5 之前，唾液淀粉酶仍能发挥作用。③某些以乳为食的幼畜唾液中的舌脂酶可以水解脂肪成为游离脂肪酸。④清洁和保护作用。分泌的唾液可经常冲洗口腔中饲料残渣和异物，其中的溶菌酶有杀菌作用。⑤维持口腔的碱性环境，使饲料中的碱性酶免于破坏，在其进入胃（单胃）的初期仍能发挥消化作用。在反刍动物中，碱性较强的唾液咽入瘤胃后，能中和瘤胃发酵产生的酸，调节瘤胃 pH，利于微生物对饲料的发酵作用。⑥某些动物，如牛、猫和犬的汗腺不发达，可借助唾液中水分的蒸发来调节体温。有些异物（如汞、铅）、药物（如碘化钾）和病毒（如狂犬病毒）等常可随唾液排出。⑦反刍动物有大量尿素经唾液进入瘤胃，参与机体的尿素再循环。

第二节　胃的消化功能

胃具有暂时储存食物和初步消化食物的功能。食物在胃内经过机械性和化学性消化，形成食糜，然后被逐渐排入十二指肠。

一、胃运动的主要方式

胃运动的主要功能有 3 个方面：①容纳进食时大量摄入的食物；②对食物进行机械性消化；③以适当的速率向小肠排出食糜。

胃运动的方式主要有以下几种：

（1）容受性舒张　当动物咀嚼和吞咽时，食物刺激咽和食管等处的感受器，通过迷走神经反射性地引起胃的近侧区肌肉舒张，称为胃的容受性舒张。其功能是使胃更好地完成容受贮存食物的机能。

（2）蠕动　胃的蠕动是指胃壁肌肉呈波浪形向幽门推进的舒缩运动。强烈的蠕动波起始于胃中部，有节律地向幽门方向移行，当蠕动波到达幽门附近时，幽门收缩，只将一些小颗粒物质排入十二指肠，阻断了胃的通路。在消化活动期间离开胃的颗粒直径小于 2mm，不能通过幽门的大颗粒物质被蠕动波挤压，返回胃窦。因此，远侧区蠕动的意义不仅仅在于推进食糜，更重要的是研磨和混合食糜。

（3）紧张性收缩　紧张性收缩是以平滑肌长时间收缩为特征的运动。这种收缩缓慢而有力，可使胃内压升高，压迫食糜向幽门部移动，并可使食物紧贴胃壁，促进胃液渗进食物。另外，紧张性收缩有维持胃腔内压和保持胃的正常形态和位置的作用。

（4）胃排空　胃排空指胃内容物分批进入十二指肠的过程。动力来源于胃收缩运动，排空的发生是胃和十二指肠连接处一系列运动协调的结果，主要取决于胃和十二指肠之间的压力差，当蠕动波将食糜推送至胃尾区时，胃窦、幽门和十二指肠起始部均处于舒张状态，食糜进入十二指肠。

二、胃液的主要成分和功能

（1）胃液的分泌　单胃动物的胃黏膜贲门腺区的腺细胞分泌碱性黏液，保护近食管处的黏膜免受胃酸的损伤。胃底腺区位于胃底部，由主细胞、壁细胞和黏液细胞组成。主细胞分泌胃蛋白酶原，壁细胞分泌盐酸，黏液细胞分泌黏液。此外，壁细胞还分泌内因子。幽门腺区的腺细胞分泌碱性黏液，还有散在的 G 细胞分泌促胃液素（胃泌素）。

（2）胃液的主要成分和作用　纯净胃液为无色、透明、强酸性（pH 为 0.9~1.5）的液体。除水外，主要成分为盐酸、胃蛋白酶、黏液和电解质（H^+、Cl^-、HCO_3^-、Na^+、K^+ 等）。

1）胃蛋白酶：胃液中主要的消化酶。刚分泌出来时以无活性的酶原形式存在，经盐酸激活后成为有活性的蛋白酶。后者又可激活胃蛋白酶原，称为自身激活作用。胃蛋白酶是一组蛋白水解酶。胃蛋白酶最适 pH 为 1.5~2.5，主要水解芳香族氨基酸、蛋氨酸或亮氨酸等残基组成的肽键。蛋白质经胃蛋白酶作用后，主要分解成为䏡和胨，很少产生小分子肽和氨基酸。此外，胃蛋白酶对乳中的酪蛋白有凝固作用。

2）盐酸：通常所说的胃酸即指盐酸。盐酸的主要生理作用有 4 个：①有利于蛋白质消化，激活胃蛋白酶原使其变成有活性的胃蛋白酶，为胃蛋白酶提供适宜的酸性环境，还能使蛋白质变性而易于消化；②具有一定的杀菌作用，可杀死随食物进入胃内的微生物；③盐酸进入小肠后，能促进胰液、肠液和胆汁分泌，并刺激小肠运动；④使食物中的 Fe^{3+} 还原为 Fe^{2+}，可与铁和钙结合形成可溶性盐，有利于吸收。

3）黏液和碳酸氢盐：黏液是胃黏膜表面上皮细胞、胃腺的主细胞及颈黏液细胞、贲门腺和幽门腺共同分泌的，其主要成分为糖蛋白。有不溶性黏液与可溶性黏液之分。可溶性黏液较稀薄，由胃腺的主细胞及颈黏液细胞分泌。胃运动时，它与胃内容物混合，起润滑食物及保护黏膜免受食物机械损伤的作用。不溶性黏液具有较高的黏滞性和形成凝胶的特征，内衬于胃腔表面成为厚约 1mm 的黏液层，与胃黏膜分泌的 HCO_3^- 一起构成了黏液-碳酸氢盐屏障。当胃腔中的 H^+ 向胃壁扩散时与胃黏膜上皮细胞分泌的 HCO_3^- 在黏膜中相遇，发生表面中和作用，即使腔侧面 pH 低，黏膜仍处于中性或偏碱性状态，阻止了胃酸和胃蛋白酶对黏膜的侵蚀。

4）内因子：壁细胞分泌的一种糖蛋白。它能与维生素 B_{12} 结合成不能透析的复合体，使维生素 B_{12} 在转运到回肠途中不被消化液中的水解酶破坏，促进维生素 B_{12} 吸收入血。

三、反刍与嗳气

1. 反刍

反刍是指反刍动物将饲料不经咀嚼而吞进瘤胃，在瘤胃经浸泡软化和一定时间的发酵后，再返回到口腔仔细咀嚼的特殊消化活动。反刍包括逆呕、再咀嚼、再混唾液和再吞咽 4 个阶段。经过反刍可将饲料嚼细并混入大量唾液，以便更好地消化。

个体发育过程中，反刍动作的出现与摄取粗饲料有关。犊牛从出生后的 20~30d 开始采食饲草，这时开始出现反刍。成年动物反刍发生在非主动性进食时，多在采食后 0.5~1h 开始。一次反刍通常可持续 40~50min。成年牛一昼夜进行 6~8 次反刍，幼畜次数更多。反刍时间也与饲料的种类有关，采食谷物饲料反刍时间最短；采食秸秆饲料时每天反刍时间可长达 10h。反刍易受环境因素的影响，惊恐、疼痛等因素会干扰反刍，使反刍受到抑制；发情期、热性病和消化异常时反刍减少。所以，反刍是反刍动物健康的标志之一。

2. 瘤胃气体的产生与嗳气

（1）瘤胃气体的产生　瘤胃微生物在发酵过程中不断产生大量气体。牛一昼夜产生气体 600~1300L，主要是二氧化碳（50%~70%）和甲烷（30%~40%），还含有少量的氮和微量的氢、氧和硫化氢。二氧化碳主要是由糖类发酵和氨基酸脱羧产生的，小部分是由唾液内碳酸氢盐中和脂肪酸时产生的，或脂肪酸吸收时通过瘤胃上皮交换的结果。瘤胃中的甲烷主要是在甲烷细菌的作用下还原二氧化碳而生成的。此外，瘤胃中的乙酸的甲基化产生甲烷。犊牛出生后几个月内，瘤胃内的气体以甲烷为多；随日粮中纤维素增加，二氧化碳的量也增加，到6月龄时，达到成年牛的水平。正常动物瘤胃内二氧化碳的量比甲烷多，但饥饿或气胀时，则甲烷的量大大超过二氧化碳的量。

（2）嗳气 瘤胃中的气体约1/4通过瘤胃壁吸收入血后经肺排出；一部分被瘤胃内微生物利用；一小部分随饲料残渣经胃肠道排出；但大部分是靠嗳气排出。

牛每小时嗳气17~20次。嗳气的次数决定于气体产生的速度。正常情况下，瘤胃内产生的气体和通过嗳气等排出的气体之间维持相对平衡。如果产生的气体多，不能及时排出，可形成瘤胃急性臌气。

嗳气是一种反射动作。瘤胃内气体增多，对瘤胃背壁的压力增大时，瘤胃背囊和贲门括约肌处的牵张感受器兴奋，经迷走神经的纤维，传到延髓嗳气中枢。中枢经迷走神经传出兴奋，引起背囊收缩，压迫气体进入瘤胃房，同时前肉柱与瘤胃肉褶收缩，阻挡液状食糜前涌，贲门区的液面下降，贲门口舒张，气体向前和向腹面流动而进入食管。然后，贲门口关闭，食管肌几乎同时收缩，迫使食管内气体进入咽部。这时因鼻括约肌闭锁，驱使大部分气体经口腔逸出。也有一小部分气体通过开放的声门进入气管和肺，并经过肺毛细血管吸收入血。

四、反刍动物前胃的消化

反刍动物的复胃由瘤胃、网胃、瓣胃和皱胃4个室构成，前3个胃合称前胃，其黏膜无腺体，不分泌胃液；只有皱胃衬以腺上皮，是真正有胃腺的胃。反刍动物与单胃动物的主要区别在于前胃，它具有独特的微生物发酵、反刍、嗳气、食管沟作用等特点。瘤胃和网胃在反刍动物的消化过程中占重要地位，饲料内可消化的干物质有70%~85%在此被微生物消化。

1. 瘤胃内环境和瘤胃微生物

瘤胃内具有微生物所需的营养物质，渗透压与血浆渗透压相近，温度通常为38~41℃，pH维持在6~7。此外，瘤胃背囊的气体多为二氧化碳、甲烷及少量氮气、氢气等，随饲料进入的少量氧气很快会被微生物利用，从而形成厌氧环境。在一般饲养条件下瘤胃中的微生物主要是厌氧细菌、纤毛虫和厌氧真菌，据测定，1g瘤胃内容物中，细菌数量为$1\times(10^{10}~10^{11})$个，纤毛虫为$1\times(10^5~10^6)$个，真菌为$1\times(10^6~10^7)$个。微生物种群和数量随饲料性质、饲喂制度和动物年龄而变化。

（1）细菌 按照功能划分，瘤胃细菌主要有纤维素分解菌、蛋白质分解菌、蛋白质合成菌和维生素合成菌等。纤维素分解菌总量大，约占瘤胃活菌的1/4，以厌氧杆菌为主。这类细菌能产生纤维素酶，纤维素酶是一类复合酶，能分解纤维素、纤维二糖等。已知的蛋白质分解菌有3种，它们分泌蛋白酶，分解产物为肽和氨基酸。在产氨菌的作用下，氨基酸被进一步分解产生氨，为合成细菌蛋白提供必需的氮源。

（2）原虫 瘤胃中的原虫主要是纤毛虫。瘤胃中的纤毛虫可分为全毛虫和贫毛虫两大类。瘤胃中的纤毛虫可产生多种酶，有分解糖类的酶（α-淀粉酶、蔗糖酶、呋喃果聚糖酶等）、蛋白分解酶（蛋白酶、脱氨基酶）以及纤维素分解酶（纤维素酶、半纤维素酶）。它们能发酵糖、果胶、纤维素和半纤维素，产生乙酸、丙酸、乳酸、二氧化碳和氢等；也能降解蛋白质、水解脂类、氢化不饱和脂肪酸或使饱和脂肪酸脱氢。

（3）真菌 瘤胃中的厌氧真菌产生的酶种类较多，其中许多是胞外酶。除了降解细胞壁聚合物所需的纤维素酶外，还有与降解木质素中阿魏酸和P-香豆酸有关的酶类。瘤胃真菌还产生蛋白酶，可以消化植物细胞壁多聚糖、植物蛋白质以及植物中的碳水化合物。此外，真菌还可利用饲料中的碳源、氮源合成胆碱和蛋白质等，进入后段消化道后被利用。

2. 瘤胃内消化

（1）瘤胃消化的特点　①瘤胃消化的主要方式是微生物发酵，主要发酵产物是乙酸、丙酸和丁酸，还有一些数量较少而有重要代谢作用的戊酸、异戊酸、异丁酸和2-甲基丁酸等，这些通称为挥发性脂肪酸（VFA），挥发性脂肪酸是反刍动物主要的能量来源。②瘤胃微生物能合成并分泌动物不具备的纤维素酶，降解饲料中的纤维素。③某些微生物能利用瘤胃中的无机氮源合成微生物蛋白质，瘤胃中的氨可进入微生物细胞直接用于菌体蛋白合成，也可被吸收并进入肝脏，经过尿素循环再回到瘤胃提供氨，从而将宿主动物不能直接利用的无机氮转化为优质蛋白质。

（2）糖类的分解和利用　瘤胃微生物利用饲料中的纤维素、果聚糖、淀粉、果胶物质、蔗糖、葡萄糖以及其他多糖醛苷等糖类物质进行发酵，但发酵的速度因底物的可降解性而不同，可降解性从大到小为：可溶性糖、淀粉、纤维素、半纤维素。糖类在瘤胃中的代谢途径见图3-6-1。纤维素经细菌或纤毛虫的协同或相继作用首先分解成纤维二糖，再变成己糖（如葡萄糖），然后经丙酮酸和乳酸阶段，最终生成挥发性脂肪酸、甲烷和二氧化碳。其他糖类发酵遵循类似途径，最终产生挥发性脂肪酸、甲烷和二氧化碳。

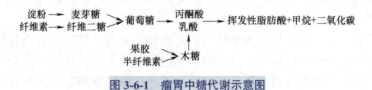

图3-6-1　瘤胃中糖代谢示意图

瘤胃挥发性脂肪酸的浓度随日粮组分、喂食时间等因素而变动，一般为60~150mmol/L。瘤胃中乙酸、丙酸、丁酸浓度的比例一般是70:20:10，但随饲料种类的不同而变化。当日粮中粗饲料较多，乙酸/丙酸比率升高，丁酸比例降低；日粮中富含蛋白质和碳水化合物时，乙酸比例下降，丙酸和丁酸比例上升，乙酸/丙酸比率下降。

（3）瘤胃氮代谢　瘤胃中含氮化合物包括蛋白质、肽、氨基酸、黏蛋白等有机氮和氨、尿素等无机氮。其来源除饲料提供的蛋白质及少量肽和氨基酸，瘤胃蛋白质还来源于降解的瘤胃微生物和脱落的上皮细胞。此外，唾液和血液中的某些含氮物如尿素、黏蛋白、小肽及一些氨基酸，通过唾液分泌和（或）瘤胃壁的渗透作用，也可以进入瘤胃。

1）蛋白质的分解：饲料蛋白质进入瘤胃后，50%~70%被微生物的蛋白酶水解为肽，继而分解为氨基酸。大部分氨基酸在微生物脱氨基酶的作用下，生成氨、二氧化碳、挥发性脂肪酸和其他酸类；其他来源的蛋白质也遵循相同分解途径。瘤胃中有适量的肽，但氨基酸浓度较低。氨是瘤胃蛋白质代谢的重要中间产物，除了一部分被瘤胃壁吸收外，大部分被微生物用来合成蛋白质，还有一部分进入瓣胃被进一步吸收。瘤胃中氨浓度随着饲料性质而有较大变动，瘤胃液氨浓度一般为20~500mg/L。

2）微生物蛋白质合成：瘤胃微生物蛋白质合成时需要充足的氮源，瘤胃氮代谢产生的氨基酸、肽、氨以及饲料中的蛋白质、肽和氨基酸等都是蛋白质合成的氮源，一定数量的肽和氨基酸可直接进入微生物细胞内合成菌体蛋白。此外，微生物蛋白质合成还需要一定数量的碳链和能量，糖、挥发性脂肪酸、二氧化碳是蛋白质合成的主要碳链来源。一些支链脂肪酸如异丁酸、异戊酸和2-甲基丁酸，在蛋白质合成过程中具有特殊作用。能量是微生物蛋白质合成的重要限制因素，易发酵糖类如可溶性糖、淀粉等，可提供微生物蛋白质合成所需的能量。由此可见，在瘤胃微生物合成蛋白质的过程中，氮代谢和糖代谢是密切相关的。

在可利用糖充足的情况下，氨可被瘤胃微生物作为无机氮源合成蛋白质，尤其在饲料蛋白质不充足的情况下，氨成为合成微生物蛋白质的重要氮源。瘤胃中的非蛋白氮，如尿素、铵盐和酰胺等被微生物分解所产生的氨，也用于合成微生物蛋白质。用非蛋白氮替代部分饲料蛋白质以节约饲料蛋白质的技术即基于这个道理。

3）尿素再循环：瘤胃中的氨除了被微生物用来合成蛋白质，还有相当一部分经瘤胃壁和后段胃肠道吸收。被吸收的氨经门静脉进入肝脏，通过鸟氨酸循环转变成尿素。肝脏内形成的尿素，一部分经唾液重新进入瘤胃，一部分则经瘤胃壁扩散进入瘤胃，其余则经尿排出。进入瘤胃的尿素，经微生物脲酶作用，被降解成氨，再次被微生物利用，这一过程称为尿素再循环。尿素再循环的强度与日粮的含氮物水平有关，日粮的含氮水平越低，进入瘤胃的尿素越多。因此，在低蛋白质日粮条件下，反刍动物可通过尿素再循环保证微生物有充足的氮源。

4）脂肪的消化和代谢：瘤胃中脂肪的消化代谢主要包括3个方面：①饲料中的脂肪大部分被瘤胃微生物彻底水解，生成甘油和脂肪酸等物质，这是瘤胃微生物脂肪酶和植物来源脂肪酶作用的结果。②脂类的氢化作用。进入瘤胃的不饱和脂肪酸在微生物作用下转变成饱和脂肪酸。③脂肪酸的合成。瘤胃微生物可以利用挥发性脂肪酸合成脂肪酸。

3. 前胃运动

（1）瘤网胃的运动　整个前胃运动从网胃两相收缩开始。第一相收缩使漂浮在网胃上部的粗糙饲料压向瘤胃。第二相收缩十分强烈，其内腔几乎消失，此时如果网胃中有铁钉等异物存在，易造成创伤性网胃炎和心包炎。当反刍时，在两相收缩之前再出现一次额外的附加收缩，它使食物在瘤胃内顺着收缩的次序和方向移动和混合。

一般来说，瘤网胃收缩的频率是1~3次/min。进食时收缩频率和强度明显增大，熟睡时收缩全部消失。收缩的强度和速度还与食物的性状有关，粗糙、纤维多的饲料刺激产生高频率和高强度收缩。瘤胃运动检查是兽医临床诊断的重要指标。通常可在左侧肷部听诊或触摸，一般情况下休息时瘤胃运动频率平均为1.8次/min；进食时增加，平均可达2.8次/min；反刍时约为2.3次/min。每次瘤胃运动持续15~25s。

反刍动物采食时，进入网胃的食团饲料颗粒内部之间存在空气，因重力较小而漂浮，直到网胃收缩才把食团送到瘤胃背囊的固体层。在背囊中细菌发酵饲料颗粒形成一些小气泡，降低颗粒重量。随着发酵进行，糖类分解，饲料颗粒体积变小，气体逸出，发酵气体生成速度减慢，饲料颗粒重力增加趋于下沉，进入瘤胃腹囊。在腹囊中当流动的食糜向瘤胃前肉柱相反的方向流动时，重力较小的食糜悬浮，继续保留在腹囊循环中。而较重的食糜颗粒就落入前肌柱和头囊，在头囊收缩时，经网瓣胃口离开瘤胃。微生物发酵和胃蠕动对食糜颗粒变小有着重要作用。

（2）瓣胃运动　瓣胃运动迫使新进来的食糜先进入瓣胃叶片之间，再迫使瓣胃体的食糜进入瓣胃沟，继而通过开放的瓣皱口进入皱胃。瓣胃和叶片的收缩对食糜起研磨作用，进一步改变食糜颗粒的大小。

第三节　小肠的消化与吸收

一、小肠运动的基本方式

小肠的运动可以分为两个时期：一是发生在进食后的消化期，有两种主要的运动形式，即分节运动和蠕动,它们都是发生在紧张性收缩基础上的;二是发生在消化间期的周期性的移行性复合运动(MMC)。

(1) **紧张性收缩** 小肠平滑肌经常处于紧张状态,这种紧张性是小肠运动的基础。如果紧张性低,肠壁对食糜扩张的抵抗力小,混合食糜无力,推送食糜也慢;反之,紧张性高,推送和混合食糜就加快。

(2) **分节运动** 分节运动主要由肠壁环行肌的收缩和舒张所形成。当小肠被食糜充盈时,肠壁的牵张刺激可引起所在肠管一定间隔距离的环行肌同时收缩,把食糜分割成许多邻接的小节段。随后,原先收缩部位发生舒张,而原先舒张部位发生收缩,使原来的小节段分为两部分,而来源于相邻的两个小节段部位的各一半则合拢以形成一个新的节段。如此反复进行,使小肠内食糜得以不断地被分割,又不断地混合。分节运动的主要作用有:一是使食糜与消化液充分混合,便于进行化学性消化;二是使食糜与肠壁紧密接触,有利于吸收。分节运动还能挤压肠壁,有助于血液和淋巴的回流。

(3) **蠕动** 蠕动是环行肌和纵行肌协同作用的结果。食糜前面的纵行肌收缩、环行肌舒张,而食糜后面的环行肌收缩、纵行肌舒张,从而将食糜在消化道中向前推进,这是一种速度缓慢的波浪式推进运动,即蠕动。还有一种进行速度很快、传播较远的蠕动,称为蠕动冲,可将食糜从小肠起始端一直推送到小肠末端。在十二指肠和回肠末端有时还会出现与蠕动方向相反的蠕动,叫逆蠕动。蠕动和逆蠕动可使食糜在两段肠管内来回移动,有利于食糜的充分消化和吸收。

(4) **周期性的移行性复合运动** 这是发生在消化间期的一种强有力的蠕动性收缩,这种运动以慢波簇形式起始于胃体,由胃体移行至胃窦、十二指肠和空肠,也有些能传播整个小肠。移行性复合运动的作用是推送未消化的物质、脱落的上皮细胞、细菌等离开小肠,还可阻止结肠内细菌向终末回肠移行。

二、胰液和胆汁的性质、主要成分和作用

1. 胰液的性质、主要成分和作用

胰液是由胰的外分泌部的腺泡细胞和小导管细胞所分泌的无色、无味的弱碱性液体,pH 为 7.2~8.4。胰液中的成分包括无机物和有机物。无机物中以碳酸氢盐含量最高,由胰内小导管细胞分泌。其主要作用是中和十二指肠内的胃酸,使肠黏膜免受胃酸侵蚀,同时也为小肠内各种消化酶提供适宜的弱碱性环境。胰液中的有机物为多种消化酶,主要有以下几种:

(1) **胰淀粉酶** 一种 α 淀粉酶,可将淀粉、糖原及其他碳水化合物分解为麦芽糖及少量三糖,最适 pH 为 6.7~7.0。

(2) **胰脂肪酶** 可分解脂肪为甘油、甘油一酯和脂肪酸,最适 pH 为 7.5~8.5。

(3) **胰蛋白分解酶** 主要包括胰蛋白酶、糜蛋白酶、弹性蛋白酶。这些酶最初分泌出来时均以无活性的酶原形式存在。胰蛋白酶原分泌到十二指肠后迅速被肠激酶激活,胰蛋白酶被激活后,能迅速将糜蛋白酶原及弹性蛋白酶原等激活。胰蛋白酶也有较弱的自身激活作用。糜蛋白酶和胰蛋白酶的作用很相似,都能分解蛋白质为胨和胨。当两者同时作用时,可进一步使胨和胨分解为小分子多肽和少量氨基酸。糜蛋白酶还有较强的凝乳作用。

胰液中还含有水解多肽的羧肽酶、核糖核酸酶和脱氧核糖核酸酶等,它们分别水解多肽为氨基酸,部分水解相应核酸为单核苷酸。

2. 胆汁的性质、主要成分和作用

胆汁是一种具有苦味的黏滞性有色液体,可分为肝胆汁和胆囊胆汁。肝胆汁的含水量为

96%~99%，较稀薄，呈弱碱性；胆囊胆汁的含水量为80%~86%，较黏稠，呈弱酸性。胆汁的成分除水外，主要是胆汁酸、胆盐和胆色素，此外还有少量胆固醇、脂肪酸、卵磷脂、电解质和蛋白质等。除胆汁酸、胆盐，以及电解质中 Na^+ 和 HCO_3^- 形成的碳酸氢钠与消化作用有关外，胆汁中的其他成分都可看作是排泄物。

食草动物的胆汁呈暗绿色，食肉动物的胆汁呈赤褐色。胆汁的颜色取决于胆色素的种类和浓度。胆色素主要是血红蛋白的分解产物，包括胆绿素及其还原产物胆红素、胆素原等。胆盐主要是胆汁酸的钠盐，包括由胆汁酸与甘氨酸结合的甘氨胆酸钠和由胆汁酸与牛磺酸结合的牛磺胆酸钠等。

胆汁的生理作用主要是胆盐或胆汁酸的作用。胆盐的作用有以下几点：①降低脂肪的表面张力，使脂肪乳化成极细小（直径3000~10000nm）的微粒，增加脂肪与酶的接触面积，加速其水解；②增强脂肪酶的活性，起激活剂作用；③胆盐与脂肪分解产物脂肪酸和甘油酯结合，形成水溶性复合物（混合微胶粒，直径4~6nm），促进吸收；④有促进脂溶性维生素（维生素A、维生素D、维生素E、维生素K）吸收的作用；⑤胆盐可刺激小肠运动。

三、主要营养物质在小肠的吸收

1. 主要营养物质在小肠的吸收部位

小肠是吸收营养物质的主要部位。一般认为糖类、蛋白质和脂肪的消化产物大部分在十二指肠和空肠被吸收，离子（钙、铁、氯等）也都在小肠前段被吸收。因此，大部分营养成分到达回肠时，已被吸收完毕。回肠有其独特的功能，即主动吸收胆盐和维生素 B_{12}。

2. 主要营养物质在小肠的吸收机制

小肠吸收的主要机制可分为被动吸收和主动吸收两大类。被动吸收包括简单扩散、易化扩散和渗透。简单扩散是一种非耗能过程，它的发生主要由物理学驱动力（如渗透压、流体静力压等）引起物质由高浓度一侧向低浓度一侧转运。易化扩散也是一种非耗能的顺浓度梯度进行的转运过程，但需要有特异性载体参与。主动转运则是一种逆浓度梯度、耗能的物质转运过程。它有两个必需的条件：①细胞膜上必须有特异性载体。②膜上有具有转运功能的ATP酶。由于提供能量的方式不同，主动转运可分为原发性主动转运和继发性主动转运两大类。

（1）**糖的吸收** 小肠腔中的葡萄糖、半乳糖通过同向转运机制吸收。这是因为 Na^+ 在细胞的分布具有细胞外浓度高而细胞内浓度低的特点，因此，肠腔中的 Na^+ 顺着浓度差扩散进入细胞；肠绒毛上皮基底部有 Na^+ 泵，通过消耗能量的主动运输机制将细胞内的 Na^+ 泵入细胞间液，维持细胞内外 Na^+ 浓度差。小肠黏膜上皮细胞的刷状缘上存在着 Na^+-葡萄糖和 Na^+-半乳糖同向转运载体，它们有特定的与糖和钠结合的位点，形成 Na^+-载体-葡萄糖复合体和 Na^+-载体-半乳糖复合体，通过转运载体的变构转位，使复合体上的结合位点从肠腔面转向细胞质面，释放出糖分子和 Na^+。载体蛋白重新回到细胞膜的外表面，重新转运。细胞内的 Na^+ 在 Na^+ 泵的作用下转运至细胞间隙进入血液，细胞内的葡萄糖通过扩散进入组织液，然后转入血液。此过程反复进行，把肠腔中的葡萄糖转运入血液，完成葡萄糖的吸收过程。

（2）**蛋白质的吸收** 小肠内蛋白质降解产生的二肽、三肽和氨基酸，其吸收机制与葡萄糖、半乳糖相似，即通过与 Na^+ 吸收相偶联的继发性主动转运机制。在小肠上皮顶膜上已确定出转运 Na^+-氨基酸和 Na^+-肽的同向转运载体，分别转运中性、酸性、碱性氨基酸和亚氨基酸以及二肽、三肽进入细胞，再经过基底膜上氨基酸或肽转运体以易化扩散的方式进入组织液，然后进入血液。

在某些情况下，饲料中的蛋白质可以直接被吸收。例如，新出生的羊羔、仔猪、牛犊、犬崽，借着肠黏膜上皮的胞吞作用可完整地吸收初乳中的免疫球蛋白，从而获得被动免疫能力。

（3）**脂类的吸收** 脂类的吸收开始于十二指肠远端，在空肠近端结束。脂肪被脂肪酶分解，产生游离脂肪酸、甘油一酯和胆固醇等，它们与胆盐形成混合微胶粒。它能携带脂肪消化产物，通过覆盖在小肠绒毛表面的静水层到达上皮细胞微绒毛，释放出脂类消化产物（甘油一酯、长链脂肪酸等），后者顺着浓度梯度以简单扩散方式进入上皮细胞。胆盐则留在消化腔形成新的混合微胶粒，反复转运脂类消化产物。

在肠上皮细胞中，脂类消化产物在滑面内质网中再重新合成为甘油三酯、胆固醇酯及卵磷脂，并与细胞中生成的载脂蛋白合成乳糜微粒。这些乳糜微粒以胞吐的方式离开上皮细胞，进入中央乳糜管，再通过淋巴循环进入血液。

（4）**水的吸收** 由于肠内营养物质和电解质的吸收，造成了肠内低渗，水是通过渗透方式被吸收的。

（5）**Na^+的吸收** Na^+的吸收是主动吸收过程。即由于肠上皮细胞基底膜上Na^+-K^+泵的活动造成细胞内Na^+浓度低，肠腔内Na^+借助于刷状缘上的载体，以易化扩散形式进入细胞。由于Na^+往往与单糖或氨基酸共用这类载体，因此，Na^+的主动吸收可为单糖或氨基酸的吸收提供动力。

（6）**维生素的吸收**

1）水溶性维生素的吸收：多数B族维生素和维生素C都依赖于特异性载体的主动转运方式被吸收。维生素B_{12}的吸收比较特殊，它必须与胃腺壁细胞分泌的内因子结合成复合物，到达回肠，与回肠黏膜上皮细胞的特殊受体结合而被吸收。回肠是吸收维生素B_{12}的特异性部位。

2）脂溶性维生素的吸收：脂溶性维生素包括维生素A、维生素D、维生素E和维生素K。维生素D、维生素E和维生素K的吸收机制与脂类相似，需要与胆盐结合才能进入小肠黏膜表面的静水层，然后以扩散的方式进入上皮细胞，而后进入淋巴或血液循环。维生素A则通过载体主动吸收。

第四节 胃肠功能的调节

胃肠道功能受神经调节和体液调节。胃肠道平滑肌受副交感神经和交感神经的双重支配。副交感神经对胃肠的运动和分泌起兴奋作用，交感神经兴奋的效应是抑制胃肠运动和分泌。从食管至肛门的消化道拥有内在的神经系统，也叫壁内神经丛，由位于纵行肌和环行肌之间的肌间神经丛和位于黏膜下的黏膜下神经丛构成。大部分副交感神经和交感神经与壁内神经元形成突触联系。正常情况下，外来神经对壁内神经丛有调节作用。但在实验条件下，切断胃肠的外来神经后，经食糜对消化管的理化刺激，内在神经丛可以单独发挥作用，反射性引起消化管运动和腺体分泌。

胃肠道具有大量多种类型的内分泌细胞，分泌胃肠激素，包括促胃液素族、促胰液素族和P物质族等。促胃液素族包括促胃液素（胃泌素）、缩胆囊素；促胰液素族包括促胰液素、胰高血糖素、血管活性肠肽和糖依赖性胰岛素释放肽等；P物质族包括P物质、神经降压素等。胃肠激素与神经系统一起，共同调节消化器官的运动、分泌和吸收。

一、胃液分泌的体液调节

1. 胃酸和胃蛋白酶原分泌的体液调节

（1）胃酸分泌的体液调节　胃酸分泌受体液因素（组胺、促胃液素等）的调节。胃黏膜固有层的肠嗜铬样细胞（ECL细胞）释放组胺，组胺经扩散作用于壁细胞膜的受体，刺激壁细胞分泌盐酸。胃窦及小肠上段黏膜的G细胞分泌促胃液素，通过血液循环与壁细胞膜促胃液素受体结合，而后促进盐酸分泌。另外，迷走神经末梢释放的乙酰胆碱以及胃壁内神经丛分泌的其他神经递质，也通过神经调节途径刺激胃酸分泌。

（2）胃蛋白酶原分泌的体液调节　引起壁细胞分泌胃酸的大多数刺激物，也能刺激主细胞分泌。如乙酰胆碱和促胃液素均作用于主细胞，促进胃蛋白酶原分泌。盐酸可通过胃壁内神经丛的反射途径为主细胞提供信号，释放胃蛋白酶原。

2. 消化期胃液分泌的调节

采食是胃液分泌最主要的刺激因子，它通过神经和体液途径调节胃液分泌。进食后，可按食物及有关感受器所在部位将胃液分泌的调节划分为三期：头期、胃期及肠期。

（1）头期　头期分泌发生在食物进入胃之前。食物的形状、气味、口味以及食欲等是引起头期反射活动、刺激胃液分泌的主要因子。头期反射中枢位于延髓、下丘脑、边缘系统和大脑皮层，传出神经是迷走神经。迷走神经兴奋通过两种作用机制：一是迷走神经直接刺激壁细胞分泌盐酸；二是迷走神经刺激G细胞和肠嗜铬样细胞（ECL细胞）分别释放促胃液素和组胺，间接地促进胃液分泌。头期胃液分泌的特点是持续时间长、分泌量大、酸度高、胃蛋白酶含量高、消化力强。

（2）胃期　食物进入胃，所产生的机械性扩张刺激引起神经反射，使促胃液素释放，促进胃液分泌；蛋白质的消化产物（肽和氨基酸）直接刺激G细胞释放促胃液素引起胃液分泌。随着胃液分泌和消化的进行，胃内pH将下降，当pH降到2时，促胃液素的分泌受到抑制，而当pH降到1时，促胃液素分泌会完全消失。这样，胃酸的分泌逐渐减少。胃期分泌的胃液酸度较高，但含酶量较头期少，消化力较弱。

（3）肠期　食糜进入小肠前部可继续引起胃液的分泌，但数量较少。肠期胃液分泌的主要机制是食物的机械扩张刺激和化学刺激作用于十二指肠黏膜，后者释放促胃液素促进胃液分泌。小肠内也存在着胃液分泌的负反馈调节机制。当胃的酸性食糜进入十二指肠后，十二指肠内的pH降低，胃酸的产生受到抑制。脂肪及其消化产物进入十二指肠，以及十二指肠内高渗溶液等，都是胃液分泌的抑制因素。

3. 消化间期胃液分泌

在这种生理状态下，胃每小时仅分泌数毫升胃液，这时分泌物中的酶很少，几乎没有盐酸，主要是黏液。

二、交感神经和副交感神经对消化活动的主要调节作用

（1）内在神经丛的作用　位于纵行肌和环行肌之间的肌间神经丛对小肠运动起主要调节作用。当食糜对肠壁的机械和化学刺激作用于肠壁感受器时，通过局部反射引起平滑肌的运动。

（2）外来神经的作用　迷走神经兴奋加强小肠运动，而交感神经兴奋则抑制小肠运动。外来神经的作用一般是通过小肠的壁内神经丛实现的。小肠运动还受高级神经系统影响，例如，情绪可改变空肠的运动。

第五节 家禽消化的特点

家禽的消化包括三种方式：物理性消化、化学性消化和微生物性消化。由于家禽的消化系统较特殊，饲料入口不经咀嚼，借助吞咽经食管入嗉囊。嗉囊可贮存、湿润和软化饲料，利于胃肠进一步的消化，本身的微生物消化作用微弱。腺胃分泌胃液，可进行初步的化学性消化。肌胃的肌层发达，胃内壁坚韧的类角质膜及肌胃内有砂粒，对食物起着很好的机械研磨作用。家禽的肠较短。小肠的十二指肠汇聚了各种消化液，有效提供了化学性消化的环境条件，空肠较长，解剖和组织结构使空肠具备了化学性消化的一切条件，充分发挥了化学性和物理性消化的作用，消化机理类似猪的消化。

一、淀粉化学性消化

饲料中的淀粉是家禽饲料中重要的能量来源，其在家禽胃肠道中的化学性消化主要包括以下几个阶段：

(1) 口腔　虽然家禽缺乏唾液淀粉酶，但在这个阶段对食物进行初步的机械性处理。

(2) 嗉囊　微生物发酵作用开始分解部分淀粉。

(3) 胃　盐酸和胃蛋白酶开始作用，但对淀粉的直接消化作用有限。

(4) 小肠　淀粉消化的主要阶段，淀粉在消化道 α-淀粉酶作用下，直链淀粉被逐渐分解为麦芽糖、麦芽三糖，支链淀粉被逐渐分解为麦芽糖、麦芽三糖和 α-糊精。支链淀粉不能被淀粉酶完全水解，因此，需通过小肠表面刷状缘膜释放的异麦芽糖酶进行进一步降解，最终经寡糖酶彻底分解为葡萄糖。大约有 65% 淀粉在到达十二指肠前已被消化，空肠的消化率为 85%，而在回肠末端的淀粉消化率可达 97%。

(5) 大肠　未消化的淀粉可被微生物发酵，产生短链脂肪酸。

二、蛋白质化学性消化

饲料蛋白质在家禽胃肠道中的化学性消化是一个复杂而重要的过程，涉及多个器官和酶的参与。

(1) 嗉囊　虽然嗉囊主要功能是储存食物，但也有少量蛋白酶开始初步消化。

(2) 腺胃　分泌盐酸，降低 pH；分泌胃蛋白酶原，在酸性环境下活化为胃蛋白酶；胃蛋白酶开始水解蛋白质，主要断裂肽链中的芳香族氨基酸。

(3) 肌胃　虽然主要功能是机械性研磨，但继续进行腺胃开始的化学消化。

(4) 小肠　胰液中的胰蛋白酶、糜蛋白酶等继续水解多肽；肠黏膜分泌的肽酶进一步分解小分子肽；最终将蛋白质分解为氨基酸和小肽，以便吸收。

(5) 大肠　虽然主要功能是水分吸收，但肠道微生物也参与一些剩余蛋白质的发酵分解。

第七章
能量代谢与体温调节

动物从周围环境摄取营养用于合成体内新的物质，同时将摄入的能量经过转化贮存在体内。另外，动物不断分解饲料营养或自身原有物质，释放能量以供给各种生命活动的需要。

动物体内伴随物质代谢而发生的能量的释放、转移、贮存和利用的过程，称为能量代谢。动物的一切生命活动都需要能量。饲料营养物质中蕴藏的化学能经过一系列的化学反应，转化为可以利用的能量形式，供给生长发育、肌肉和神经内分泌免疫活动，维持氧化还原平衡和体温等生理活动所需的能量。饲料中碳水化合物、脂肪和蛋白质均是动物的主要能量来源。能量代谢速度过慢不能满足基本生理活动需求，但代谢速度过快也会导致氧化损伤和体重损失。

第一节　基础代谢和静止能量代谢及其在实践中的应用

动物各项生命活动均需要消耗能量，用于维持基本生命活动的最低能量消耗可以用基础代谢和静止能量代谢来表示。

一、基础代谢

动物在维持基本生命活动条件下的能量代谢水平，称为基础代谢。所谓基本生命活动条件包括①清醒；②肌肉处于安静状态；③最适宜该动物的外界环境温度；④消化道内空虚，即要经过一段时间的饥饿。基础代谢是在动物清醒、静卧、空腹12h以上、室温保持在20~25℃的条件下测定的。由于此时排除了肌肉活动、精神活动、食物的特殊动力效应及环境温度等因素对能量代谢的影响，体内能量的消耗只用于维持一些基本的生命活动（如心跳、呼吸、泌尿、兴奋传导、腺体分泌等），能量代谢比较稳定。基础代谢的高低通常用基础代谢率来表示。基础代谢率是指动物在基本生命活动条件下，单位时间内每平方米体表面积的能量代谢。人通常以每平方米体表面积 1h 内所产生或散发的热量计算，单位为 $kJ/(m^2·h)$；动物常以代谢体重计算，单位为 $kJ/(W^{0.75}·h)$。

二、静止能量代谢

对家畜基础代谢的测定有很大困难，这是由于不易达到和掌握测定基础代谢的条件。如很难达到肌肉完全处于安静状态，反刍动物即使饥饿 2~3 d 或更长时间也不出现消化道空虚。因此，在实践中通常以测定静止能量代谢来代替基础代谢。动物在一般的畜舍或实验室条件下，早晨饲喂前休息时（以卧下为宜）的能量代谢水平称为静止能量代谢。这时，许多家畜的消化道并不处于空虚和吸收后的状态，环境温度也不一定适中。静止能量代谢与基础代谢的不同之处在于静止能量代谢还包括数量不定的特殊动力效应的能量、用于生产的能量以及可能用于调节体温的能量消耗。

通常个体大小、年龄、性别、品种和生理状况均能影响动物的基础代谢和静止能量代谢水平。而动物整体代谢水平则主要受到运动与使役、饲料营养和环境因素的影响。

第二节　体温调节

畜禽属于恒温动物。它们在新陈代谢过程中不断地产生热量，安静时以肝代谢产热最多，运动时骨骼肌则是主要的产热器官，寒冷时机体还会通过战栗产热和非战栗产热（代谢产热）进一步增加产热量。同时，体内热量又由血液带到体表，通过辐射、传导、对流和蒸发等方式不断地向外界放散。当产热量和散热量达到平衡，体温即可维持在一定水平。各种感染和疾病也会造成产热与散热失衡，导致体温变化。

一、动物散热的主要方式

机体的主要散热器官是皮肤，其次是通过呼吸、排粪和排尿散失一部分热量。当外界环境温度低于体表温度时，通过皮肤以辐射、对流、传导和蒸发的方式进行散热；当环境温度接近或高于皮肤温度时，则只能以蒸发方式散热。皮肤是机体热量散失的重要途径，可占全散失热量的 75%~85%。

1. 辐射散热

动物以红外线的形式将体热传给外界温度较低的物体，称为辐射散热。辐射散热量取决于皮肤和环境之间的温度差，以及机体辐射面积等因素。当皮肤与环境间的温差增大或有效辐射面积增加时，辐射散热增多。如环境温度高于体表温度时，机体不但不能通过辐射散热，而且还要接收环境中的辐射热。寒冷天气受到阳光照射或靠近红外线灯及其他热源，均有利于机体保温，而炎热季节的烈日照射，可使动物体温升高，发生热应激。

2. 对流散热

机体通过与体表接触的气体或液体流动来交换和散发热量的方式，称为对流散热。动物体周围有一层同体表接触的空气层，当空气层温度比体温低时，则体热可传给这一层空气。热空气趋于向上流动，温度较低的空气就流动填补，这样体热即通过对流向外界散发。对流散热多少受体表和空气之间温差的影响，即空气越冷、对流越强，带走的热量就越多。另外还受风速的影响。因此，在实际工作中，冬季应减少畜舍空气的对流，夏季则应加强通风。

3. 传导散热

传导散热是指机体的热量直接传给同它接触的较冷物体的一种散热方式。机体深部的热最主要由血液流动将其带到皮肤，再由皮肤直接传给和它相接触的物体。由于动物平时躺卧在冷凉地面上的时间不多，传导不是热量丢失的主要形式。但长时间躺卧在湿冷的地板上或将动物保定在金属手术台上麻醉，均可导致大量热能散失。

4. 蒸发散热

水分蒸发是吸热过程，蒸发 1g 水可带走 2.43kJ 热量，所以体表水分蒸发是一种很有效的散热途径。在常规温湿度环境下，安静的哺乳动物约有 25% 的热量是由皮肤和呼吸道通过水分蒸发而散失的。此时，机体的水分可通过皮肤角质层以及呼吸道黏膜不断蒸发带走热量。在气温接近或超过体温时，辐射、传导和对流方式的热交换已基本停止，汗腺分泌加强，体表蒸发的水分主要来自汗液，蒸发散热成为唯一有效的散热方式。蒸发散热具有明显的种属特异性，其中马属动物出汗量大，其汗腺受交感肾上腺素能纤维支配。

汗腺不发达的动物则依靠热喘呼吸实现散热。热喘呼吸是指呼吸频率升高到 200~400 次/min 的张口呼吸，是炎热条件下增加蒸发散热的一种形式。家禽和犬几乎全部依靠热喘呼吸散热，此时呼吸深度减小，因而潮气量减少，气体在无效腔中快速流动，唾液分泌量明显增加。但热喘呼吸过度也会导致碱储丢失和呼吸性碱中毒，影响动物对营养物质的消化吸收和生长发育。啮齿动物既不热喘呼吸，也不发汗，它们依赖向毛发涂抹唾液或水来进行蒸发散热。水牛汗腺不发达，天气炎热时依靠浸水后的体表蒸发散热。

二、动物维持体温相对恒定的基本调节方式

在环境温度改变的情况下，动物通过温度感受器、下丘脑的体温调节中枢和产热与散热有关的效应器等所构成的神经反射机制，调节机体的产热和散热过程，使之达到动态平衡，从而维持体温恒定。

1. 温度感受器

温度感受器是感受机体各个部位温度变化的特殊结构装置。按其感受的刺激可分为冷感受器和热感受器，按其分布的部位又可分为外周温度感受器和中枢温度感受器。

（1）外周温度感受器　外周温度感受器是对温度敏感的游离神经末梢，广泛分布在皮肤、黏膜和内脏中，包括冷感受器和热感受器。这两种感受器各自对一定范围的温度敏感。当局部温度升高时，热感受器兴奋；反之，冷感受器兴奋。

（2）中枢温度感受器　中枢温度感受器指分布于脊髓、延髓、脑干网状结构以及下丘脑等处对温度变化敏感的神经元。在局部组织温度升高时冲动发放频率增加的神经元，称为热敏神经元；在局部组织温度降低时冲动发放频率增加的神经元，称为冷敏神经元。

2. 效应器

参与体温调节的效应器包括汗腺、皮肤血管、骨骼肌、甲状腺、肾上腺等，这些组织的活动分别通过代谢产热、战栗产热、血流量控制和蒸发散热等方式调节产热和散热的平衡。

3. 体温调节中枢

调节体温的基本中枢位于下丘脑视前区-下丘脑前部（PO/AH）核团，该核团20%~40%是热敏感神经元，5%~20%是冷敏感神经元。热敏感神经元对温度的感应存在一定的阈值，这个阈值称为体温的调定点。细菌、病毒感染和炎症能够释放大量致热原，通过调节发热中枢介质，上调体温调定点，引起发热反应。

4. 维持体温稳定的基本调节方式

当外界温度变化时，皮肤温度感受器受到刺激，温度变化的信息沿躯体传入神经，经脊髓到达下丘脑的体温调节中枢。另外，体表温度的变化通过血液引起机体深部组织温度改变，中枢温度感受器感受到体核温度的改变，也将温度变化信息传递到下丘脑。下丘脑PO/AH核团对信息进行整合，发出传出指令，①通过交感神经系统调节皮肤血管舒缩反应和汗腺分泌；②通过躯体运动神经改变骨骼肌的活动，如战栗等；③通过甲状腺激素、肾上腺激素、去甲肾上腺激素等分泌，改变机体的代谢速率。通过上述过程维持机体体温的相对稳定。

第八章　尿的生成和排出

动物将体内新陈代谢终产物、多余物质或进入体内的异物排出体外的过程称为排泄。陆栖脊椎动物排泄的途径有4条：①呼吸系统；②皮肤；③消化系统；④泌尿系统。其中，经由肾脏排泄的物质数量大，种类多，是最重要的排泄器官。肾脏具有泌尿、维持内环境相对稳定及内分泌等功能。

肾单位是肾脏的基本功能单位，其与集合管共同完成泌尿功能。肾单位由肾小体和肾小管构成，肾小体包括肾小球和肾小囊两部分。肾小管由近球小管、髓袢、远球小管组成。近球小管包括近曲小管、髓袢降支粗段；远球小管包括髓袢升支粗段和远曲小管。远曲小管和集合管末端相连。

第一节　尿 的 生 成

尿的生成过程分为3个环节：①肾小球的滤过作用，产生原尿；②肾小管和集合管的重吸收作用；③肾小管和集合管的分泌和排泄作用，形成终尿。

一、肾小球的滤过功能

血液流经肾小球毛细血管时,血浆中的水和小分子溶质,包括少量分子量较小的血浆蛋白,经滤过膜滤入肾小囊的囊腔形成原尿,此过程称为肾小球的滤过作用。原尿中除不含血细胞和大分子蛋白质之外,其他成分与血浆基本相同。每分钟两肾生成的原尿量称为肾小球滤过率;每分钟两肾的血浆流量称肾血浆流量。肾小球滤过率与肾血浆流量的百分比称为滤过分数。据测定,体重50kg的猪,肾小球滤过率约为100mL/min,24 h大约可产生144L原尿,肾血浆流量约为420mL/min;肾小球滤过分数约为24%,说明流经肾脏的血浆约有1/4由肾小球滤过到肾小囊囊腔中。肾小球滤过率和滤过分数是衡量肾功能的重要指标。

二、有效滤过压

肾小球的滤过作用的发生主要取决于两个因素:一是肾小球滤过膜的通透性;二是肾小球的有效滤过压。

1. 滤过膜的通透性

肾小球滤过膜由3层结构构成:毛细血管内皮细胞、基膜和肾小囊上皮细胞。这三层结构形成滤过原尿的主要机械屏障。滤过膜各层含有许多带负电荷的物质,主要是糖蛋白,可对带负电荷的血浆蛋白等大分子产生静电屏障作用,限制其滤过,这些带负电荷的物质构成了滤过膜的电学屏障。病理情况下,滤过膜带负电荷的糖蛋白减少或消失,可出现蛋白尿。

2. 有效滤过压

肾小球滤过的动力是有效滤过压。原尿的生成取决于肾小球毛细血管血压、囊内原尿的胶体渗透压、血浆胶体渗透压、囊内压4种力量之和。其中前两种为滤过的动力,后两种为滤过的阻力。由于肾小囊滤过液中蛋白质浓度极低,囊内原尿的胶体渗透压可忽略不计。因此,有效滤过压=肾小球毛细血管血压-(血浆胶体渗透压+囊内压)。在入球端,有效滤过压为正值,可以不断地生成原尿。由于血浆胶体渗透压从入球端到出球端不断升高,导致有效滤过压不断降低;在出球端,有效滤过压为零,滤过作用停止。

三、肾小管和集合管的重吸收和分泌功能

重吸收是指肾小管和集合管上皮细胞将管腔中的物质重新吸收进入细胞,再通过细胞外的组织液进入毛细血管,重新回到血液中。原尿生成之后进入肾小管中,称为小管液。小管液经过肾小管和集合管的重吸收和分泌作用后,即生成终尿。终尿量一般只有原尿量的1%左右。

1. 肾小管和集合管的重吸收

肾小管和集合管对不同物质的重吸收具有选择性。小管液中的微量蛋白质和葡萄糖可全部被重吸收;Na^+、Cl^-和K^+等被部分重吸收;尿素和尿酸等在终尿中仍大量存在,而肌酐则完全不被重吸收。

(1)重吸收的方式　肾小管和集合管的重吸收方式可分为主动重吸收(主动转运)和被动重吸收(被动转运),重吸收的途径包括跨细胞途径和旁细胞途径。根据转运过程中能量来源的不同,主动转运还可分为原发性主动转运和继发性主动转运。

(2)几种重要物质的重吸收　小管液中物质的重吸收主要在近球小管进行。其中,67%的Na^+、Cl^-、K^+和水,85%的HCO_3^-,全部的磷酸盐、葡萄糖、氨基酸,以及滤过的少量蛋白质均在近球小管被重吸收,H^+在近球小管被分泌入小管液。髓袢细段、近球小管和集合管仅能吸收少量溶质,同时向管腔分泌NH_3、K^+和其他代谢产物。

1）Na^+的重吸收：原尿中的Na^+约99%被重吸收。肾小管和集合管各段均可重吸收Na^+，近曲小管是Na^+重吸收的主要部位，吸收量为65%以上，远曲小管约占10%，其余的Na^+分别在髓袢升支细段、升支粗段和集合管被重吸收，Na^+的重吸收除在髓袢升支细段是顺浓度差、以被动扩散方式进行外，在其他各段均为主动重吸收。

在近球小管前半段，Na^+的主动重吸收原理为：①大部分的Na^+与葡萄糖、氨基酸同向转运（与肠黏膜上皮对葡萄糖和氨基酸的吸收相同）；②另一部分Na^+与H^+逆向转运（Na^+-H^+交换），使小管液中的Na^+进入细胞，而细胞中的H^+则被分泌到小管液中。在近球小管后半段，Na^+与Cl^-为被动重吸收，主要通过细胞旁路而进行。

远曲小管与集合管对Na^+的重吸收量可以根据机体的水盐平衡状态进行调节。对水的重吸收在不同生理状态下变化较大，并且主要受到抗利尿激素的调节，集合管对Na^+的重吸收也为主动转运，而且常同H^+或K^+的分泌联系在一起。对Na^+的转运主要受醛固酮的调节。

2）Cl^-的重吸收：小管液中的Cl^-大部分是伴随Na^+而被重吸收的。在近球小管、远曲小管和集合管，Na^+主动重吸收所形成的小管壁内外两侧的电位差，使小管液中的负离子（如Cl^-和HCO_3^-等）被重吸收。在髓袢升支粗段存在一种转运载体，可将Na^+、Cl^-、K^+按一定比例（1:2:1）进行协同转运。进入细胞后，Na^+被泵入组织液；Cl^-顺浓度差扩散入组织液，K^+则顺浓度差扩散返回管腔。髓袢升支粗段对Cl^-的重吸收属于继发性主动转运。

3）K^+的重吸收：小管液中的K^+绝大部分被重吸收回血液，吸收部位主要在近球小管，K^+的重吸收是逆电化学梯度的主动转运过程。终尿中的K^+主要由远曲小管和集合管所分泌。

4）HCO_3^-的重吸收：HCO_3^-的重吸收主要在近球小管进行。HCO_3^-的重吸收依赖小管上皮细胞管腔膜上的Na^+-H^+交换。由于HCO_3^-不易通过细胞膜，它与小管上皮细胞分泌的H^+结合，生成H_2CO_3，再分解成CO_2和H_2O。CO_2可快速通过上皮细胞的管腔膜进入细胞，并在碳酸酐酶的催化下与H_2O结合生成H_2CO_3，再解离成HCO_3^-和H^+。细胞内的H^+通过Na^+-H^+交换再分泌入小管液中，HCO_3^-则与Na^+一起转运入血。因此，小管液中的HCO_3^-是以CO_2的形式被重吸收的。如果小管液中HCO_3^-的量超过分泌的H^+量，则HCO_3^-不能被全部重吸收，多余的HCO_3^-随尿排出。

5）水的重吸收：小管液中的水99%被重吸收，终尿排出量只有原尿量的1%。肾小管各段和集合管均能重吸收水，但由于各段小管上皮细胞对水的通透性不同，重吸收水的比例分别为近球小管65%~70%、髓袢10%、远曲小管10%、集合管10%~20%。水在以上各段都按渗透原理以被动转运的方式重吸收。由于Na^+、HCO_3^-、Cl^-、葡萄糖和氨基酸等溶质被吸收后降低了小管液的渗透压，小管液中的水通过细胞之间的紧密连接及跨细胞途径进入细胞间隙，再进入毛细血管。在近端小管水的重吸收主要靠渗透作用，远曲小管和集合管对水的重吸收受垂体后叶分泌的抗利尿激素的调节。

肾小管和集合管对水重吸收的微小变化，都会明显影响终尿的生成量。如果水的重吸收率减少1%，尿量即可增加一倍。

6）葡萄糖的重吸收：正常情况下，原尿中的葡萄糖被全部重吸收，终尿中不含葡萄糖。葡萄糖的重吸收部位仅限于近球小管，其机理是小管上皮细胞管腔膜上的载体蛋白能同时结合葡萄糖和Na^+，并进行协同转运。进入细胞后，Na^+被Na^+泵泵入管周组织液，葡萄糖则顺浓度差以易化扩散方式转运到管周的组织液，进而回到血液中。因此，葡萄糖的重吸收属于继发性主动转运。

近球小管对葡萄糖的重吸收有一定的限度，其原因是小管上皮细胞管腔膜上协同转运葡萄糖、Na^+的载体数量有限。当血糖浓度超过 160mg/100 mL 时，尿中就可出现葡萄糖，在临床上称为糖尿病。通常把尿中刚出现葡萄糖时的血糖浓度值称为肾糖阈。

7）氨基酸的重吸收：小管液中氨基酸的重吸收与葡萄糖的重吸收机制相似，也属于继发性主动转运，但不同氨基酸的转运载体有所不同。

2. 肾小管和集合管的分泌和排泄作用

肾小管和集合管主要分泌 H^+、NH_3 和 K^+，对维持体内酸碱平衡和电解质平衡具有重要意义。

（1）H^+ 的分泌　H^+ 主要在近球小管被分泌到小管液中，其机制是 Na^+-H^+ 交换，并且与 HCO_3^- 的重吸收联系在一起。当 HCO_3^- 以 CO_2 的形式扩散入上皮细胞后，CO_2 和 H_2O 在细胞内碳酸酐酶的催化下生成 H_2CO_3，进而解离成 H^+ 和 HCO_3^-。通过 Na^+-H^+ 交换，细胞内的 H^+ 分泌入小管液，小管液中的 Na^+ 则进入细胞，并与 HCO_3^- 一起被转运回血液。

肾小管和集合管上皮细胞分泌 H^+ 的生理意义是排出酸性产物，促进 $NaHCO_3$ 的重吸收，维持血浆中碱储量的相对稳定，调节机体的酸碱平衡。

（2）NH_3 的分泌　远曲小管和集合管上皮细胞在代谢过程中能产生 NH_3。NH_3 具有脂溶性，可自由通过细胞膜，并易向 H^+ 浓度高的方向扩散。由于小管液中 H^+ 浓度比组织液高，所以小管上皮细胞内的 NH_3 向小管液中扩散，并与 H^+ 结合生成 NH_4^+，这样使小管液中的 NH_3 浓度下降，在上皮细胞管腔膜两侧形成 NH_3 的浓度差，进而加速 NH_3 向小管液中扩散。由此可见，NH_3 的分泌与 H^+ 的分泌关系密切，H^+ 的分泌增加可促进 NH_3 的分泌增加，因此，血 NH_3 过高时可通过酸化尿来促进 NH_3 的分泌，从而降低血 NH_3 含量。

（3）K^+ 的分泌　终尿中的 K^+ 主要由远曲小管和集合管上皮细胞分泌。K^+ 的分泌是一种顺电化学梯度进行的被动转运过程，并且与 Na^+ 的主动重吸收密切相关。由于小管上皮细胞内 K^+ 浓度高于小管液中 K^+ 浓度，Na^+ 主动重吸收又造成管腔内电位降低，因此，小管上皮细胞内和小管液之间 K^+ 的浓度差和电位差，就成为小管上皮细胞向小管液中分泌 K^+ 的动力。

第二节　影响尿生成的因素

尿的生成包括肾小球的滤过作用，肾小管和集合管的重吸收、分泌与排泄作用，影响上述过程的因素均能影响尿的生成。

一、影响肾小球滤过作用的因素

影响肾小球滤过作用的因素主要有滤过膜的通透性、有效滤过面积、有效滤过压和肾血浆流量。

1. 滤过膜的通透性和有效滤过面积

正常情况下，滤过膜的通透性和滤过面积相对稳定，对滤过影响不大。在病理情况下，如发生急性肾小球肾炎时，肾小球毛细血管管腔变窄或阻塞，滤过膜增厚，滤过面积减小，滤过率降低，出现少尿或无尿现象；在机体缺氧或中毒时，滤过膜基层损伤、破裂，上皮细胞的负电荷基团减少，滤过膜通透性增加，会出现蛋白尿或血尿。

2. 有效滤过压

有效滤过压是肾小球滤过作用的动力，它等于肾小球毛细血管压减去血浆胶体渗透压和囊内压。三者中任何一种发生改变，均引起有效滤过压发生相应变化，从而使肾小球滤过率也发生改变。

(1) **肾小球毛细血管压** 动脉血压正常时，肾血流量相对稳定，毛细血管血压也维持相对稳定。但在大失血时，动脉血压明显下降，超出了肾脏自身调节范围，肾小球毛细血管血压随之下降，终尿量减少。

(2) **血浆胶体渗透压** 正常情况下，血浆胶体渗透压变化不大。但静脉输入大量生理盐水或肝功能受损时，血浆蛋白浓度明显降低，血浆胶体渗透压降低，肾小球滤过率升高，原尿生成增多。

(3) **囊内压** 囊内压通常比较稳定。如果肾盂和输尿管发生结石、肿瘤或其他异物阻塞，导致尿积聚时，可引起囊内压升高，从而使有效滤过压降低、肾小球滤过率减少，导致尿量减少。某些疾病导致溶血过多时，血红蛋白可堵塞肾小管，也会引起囊内压升高，使肾小球滤过减少。

3. 肾血浆流量

肾血浆流量主要影响滤过平衡，肾血浆流量大，滤过平衡靠近出球小动脉，有效滤过压和滤过面积增加，肾小球滤过率随之增加。

二、影响肾小管重吸收的因素

1. 小管液中溶质的浓度

小管液中溶质形成的渗透压，是阻碍肾小管重吸收水的力量。如果小管液中溶质浓度升高，渗透压增大，可导致肾小管（特别是近球小管）对水的重吸收减少，从而使尿量增多，这种现象也称为渗透性利尿。例如，给实验动物静脉注射大量的高渗葡萄糖，使血糖浓度超过肾糖阈，未被重吸收的多余葡萄糖就留在小管液中，使小管液的渗透压升高，引起尿量增多。糖尿病患者出现多尿，其原理与此相同。

2. 球管平衡

近端小管对水和溶质的重吸收量能够随着肾小球滤过率的变化而相应变化。当肾小球滤过率增加时，近端小管的重吸收也相应增加；反之亦然。不论肾小球滤过率或增或减，近端小管对滤液的重吸收率始终占肾小球滤过率的65%~70%，这种现象称为球管平衡。球管平衡的生理意义在于使经尿排出的溶质和水的量不会因为肾小球滤过率的增减而出现大幅度的变动。

三、抗利尿激素对尿生成的调节

抗利尿激素（ADH）也称血管加压素、血管升压素，由下丘脑视上核和室旁核的神经元所合成，经下丘脑-垂体束被运送到神经垂体而释放。其主要作用是提高远曲小管和集合管上皮细胞对水的通透性，促进水的重吸收。

调节抗利尿激素分泌的主要因素是血浆晶体渗透压和循环血量的变化。如果动物大量出汗、严重呕吐或腹泻，使机体大量失水，血浆晶体渗透压升高，就会刺激下丘脑的渗透压感受器，引起抗利尿激素释放增加，使远曲小管和集合管上皮细胞对水的通透性增强，增加水的重吸收量，减少尿量。当动物大量饮用清水后，体内水分过多，血浆晶体渗透压降低，使抗利尿激素释放减少，远曲小管和集合管上皮细胞对水的通透性降低，减少水的重吸收量，使体内多余的水随尿排出。这种因大量饮用清水而引起的尿量增加称为水利尿。临床上，抗利尿激素分泌不足会导致尿崩症。

循环血量的改变，能反射性地影响抗利尿激素的释放。循环血量增多时，刺激左心房的容量感受器，信号经迷走神经传入中枢，抑制抗利尿激素的释放，从而引起利尿，以排出过多的水，维持正常的血量。反之，则发生相反的变化。

四、肾素-血管紧张素-醛固酮系统对尿生成的调节

醛固酮是由肾上腺皮质球状带细胞所分泌的一种类固醇激素，其主要作用是促进远曲小管和集合管对 Na^+ 的主动重吸收，同时促进 K^+ 的排出，此即醛固酮的"保钠排钾"作用。醛固酮在促进远曲小管和集合管上皮细胞对 Na^+ 重吸收的同时，对 Cl^- 和水的重吸收也相应增加。这些作用反映出在醛固酮的作用下，肾脏对机体内水和电解质平衡具有重要的调节作用。

肾素-血管紧张素-醛固酮系统可刺激醛固酮分泌。肾素是由肾小球旁器的球旁细胞分泌的一种酸性蛋白酶，进入血液后可将血浆中的血管紧张素原水解为血管紧张素Ⅰ（10肽），血管紧张素Ⅰ在肺转换酶的作用下成为血管紧张素Ⅱ（8肽），血管紧张素Ⅱ在氨基肽酶的作用下生成血管紧张素Ⅲ（7肽）。血管紧张素Ⅱ具有强烈的缩血管活性，可使小动脉平滑肌收缩，血压升高，并促进醛固酮分泌。血管紧张素Ⅲ的缩血管效应弱于血管紧张素Ⅱ，但刺激肾上腺皮质球状带细胞分泌醛固酮的作用更强。

当循环血量减少或血钠降低时，可刺激肾小球旁细胞分泌肾素，再通过肾素-血管紧张素系统的活动，刺激醛固酮的分泌，从而促进 Na^+ 和水的重吸收，使血钠和循环血量恢复到正常水平。心房钠尿肽可抑制醛固酮的分泌。另外，血钾浓度升高时，能强烈刺激醛固酮的分泌，通过保钠排钾，维持血钾的稳定。

第三节 尿的排出

一、尿的浓缩与稀释

尿的渗透压可随机体的水代谢状况而出现变动。当机体缺水时，排出的水量减少，尿被浓缩，渗透压升高。渗透压高于血浆渗透压的尿称为高渗尿。当体内水过多时，排出的水量增加，尿被稀释，渗透压降低。渗透压低于血浆渗透压的尿称为低渗尿。因此，尿渗透压的调节也称为尿的浓缩与稀释，其生理意义在于维持体内的液体平衡和渗透压稳定。

1. 尿的浓缩

尿的浓缩是由于小管液中的水被重吸收而溶质仍留在小管液中造成的。水重吸收的动力来自肾髓质渗透梯度，在机体缺水而抗利尿激素分泌增加时，远曲小管和集合管对水的通透性增加，小管液从外髓集合管向内髓集合管流动时，由于髓质集合管周围组织的渗透梯度所引起的渗透作用，水便不断进入高渗的组织液，使小管液不断被浓缩而变成高渗液，形成浓缩尿。动物形成高渗尿的能力与髓袢长度有关，髓袢越长，浓缩能力越强。

2. 尿的稀释

尿的稀释是由于小管液的溶质被重吸收而水不易被重吸收造成的。这种情况主要发在髓袢升支粗段。髓袢升支粗段能主动重吸收 Na^+ 和 Cl^-，而对水不通透，故水不被重吸收，造成髓袢升支粗段小管液处于低渗状态。当体内水过剩而抗利尿激素释放被抑制时，集合管对水的通透性非常低。因此，髓袢升支的小管液流经远曲小管和集合管时，NaCl 继续被重吸收，使小管液渗透浓度进一步下降，形成低渗小管液，造成尿的稀释。上述情况表明，髓质的渗透梯度是浓缩尿的动力，而抗利尿激素的存在与否是浓缩尿的条件。

正常情况下，尿被浓缩和稀释的程度取决于机体的水盐代谢状况，并通过抗利尿激素的分泌调节远曲小管和集合管对水的通透性，最终实现机体对尿量和尿渗透压的调节。

二、排尿反射

尿的生成是连续发生的过程。集合管流出的尿汇入乳头管再进入肾盂。由于压力差和肾盂的收缩，尿送至输尿管，输尿管的周期性蠕动将其送至膀胱。膀胱内贮存的尿达一定的量时，引起排尿反射，尿经尿道排出体外。生理性排尿是间歇性的。

排尿受大脑皮层的控制，容易建立条件反射。因此，通过对动物进行合理调教，可以养成动物定时、定点排尿的习惯，有利于保持舍内卫生。

第九章 神经系统

第一节 神经元的活动

神经元是神经系统的基本结构单元。神经元的结构可分为胞体和突起两部分，突起又分为轴突和树突，轴突较长，一般一个神经元只有一个轴突，而树突较短且数量较多。通常所说的神经纤维指的就是树突，根据其有无髓鞘，习惯上将其分为有髓神经纤维和无髓神经纤维。

一、神经纤维传导兴奋的特征

神经纤维的功能是传导动作电位，即传导神经冲动，又称兴奋。神经纤维传导兴奋具有5个特征，即完整性、绝缘性、双向性、不衰减性与相对不疲劳性。神经纤维传导速度受纤维直径、有无髓鞘和温度影响。

二、突触的种类、突触传递的基本特征

一个神经元（突触前神经元）的轴突末梢与另一个神经元（突触后神经元）的胞体或突起相接触的部位称为突触。

1. 突触的种类

通常按照突触接触部位可分为轴突 - 树突、轴突 - 轴突、轴突 - 胞体 3 种类型。按突触性质可分为化学性突触和电突触。化学性突触依靠突触前神经元的纤维末梢释放特殊化学物质作为信息传递媒介，对突触后神经元产生影响，进一步按照突触功能可分为兴奋性突触和抑制性突触；电突触是两个神经元的膜紧贴在一起形成的缝隙连接，依靠突触前神经元的生物电与离子交换来传递信息，对突触后神经元产生影响。

2. 突触传递的基本特征

突触传递是指神经冲动从一个神经元经由突触传递到另一个神经元的过程。

（1）化学性突触 化学性突触由突触前膜、突触间隙和突触后膜3部分组成。突触前神经元的轴突末梢形成突触小体，突触小体内含有较多的突触小泡，小泡内存大量的兴奋性或抑制性神经递质。化学性突触传递是电—化学—电的过程，即突触前神经元的生物电变化引起突触轴突末梢的神经递质释放，最终导致突触后神经元的生物电改变。

与神经纤维传导冲动相比，突触传递具有单向传递、突触延搁、总和作用、兴奋节律改变、易疲劳和对内环境变化敏感的特点。

（2）**电突触** 电突触突触间隙仅有 2~3 nm，传递一般为双向，速度较快，几乎不存在潜伏期。电突触一般存在于哺乳动物的大脑皮层、小脑皮层等部位，多存在于低等脊椎动物和无脊椎动物体内。

三、神经递质、肾上腺素能受体、胆碱能受体的功能、种类及其分布

1. 神经递质的功能、种类及其分布

由突触前神经元合成并在末梢处释放，经突触间隙扩散，特异性地作用于突触后神经元或效应细胞上的受体，导致信息从突触前传递到突触后的一类化学物质称为**神经递质**。根据其化学结构可将神经递质分为七大家族：胆碱类（乙酰胆碱）、胺类（多巴胺、去甲肾上腺素、肾上腺素、5-羟色胺、组胺）、气体（NO、CO）、氨基酸类（谷氨酸、天冬氨酸、甘氨酸、γ-氨基丁酸）、脂类（花生四烯酸及其衍生物）、嘌呤类（腺苷、ATP）、肽类（下丘脑调节肽、抗利尿激素、催产素、阿片肽、脑-肠肽、血管紧张素Ⅱ、心房钠尿肽）。

根据其存在部分可分为外周神经递质和中枢神经递质。外周神经递质包括乙酰胆碱、去甲肾上腺素、嘌呤类或肽类，由自主神经（交感和副交感神经）和躯体运动神经末梢释放；中枢神经递质几乎包括上述七大家族全部的神经递质。

2. 肾上腺素能受体的功能、种类及其分布

凡是能与儿茶酚胺（包括去甲肾上腺素、肾上腺素等）结合的受体称为肾上腺素能受体（肾上腺素受体），其对效应器既有兴奋效应，也有抑制效应。在外周神经系统中，多数受交感神经节后纤维末梢支配的效应细胞膜上都存在肾上腺素能受体。肾上腺素能受体分为 α 和 β 两类。α 受体与儿茶酚胺类物质结合后，主要是兴奋平滑肌，如使血管平滑肌收缩、子宫平滑肌收缩和瞳孔开大肌收缩等；但也有抑制作用，如使小肠平滑肌舒张。β 受体又可分为 $β_1$ 和 $β_2$ 两个亚型。$β_1$ 受体主要分布在心肌，它与儿茶酚胺类物质结合后，对心肌产生兴奋效应。$β_2$ 受体分布比较广泛，它与儿茶酚胺类物质结合后，抑制平滑肌的活动，如使血管平滑肌舒张、子宫平滑肌收缩减弱、小肠及支气管平滑肌舒张等。

有些组织器官只有 α 受体或 β 受体，有些则既有 α 受体又有 β 受体。α 受体和 β 受体不仅对交感神经末梢释放的递质起反应，而且对血液中存在的儿茶酚胺类物质也起反应。去甲肾上腺素对 α 受体的作用强，而对 β 受体的作用弱；肾上腺素对 α 受体和 β 受体都有作用；异丙肾上腺素主要对 β 受体起作用。动物试验结果表明，给动物注射去甲肾上腺素使血压升高是由于 α 受体被作用而引起广泛的血管收缩；注射异丙肾上腺素使血压下降主要是因为 β 受体引起的血管广泛舒张所致。注射肾上腺素，则血压先升高、后降低，这是 α 受体和 β 受体均被作用，致使血管先收缩、后舒张的结果。酚妥拉明是 α 受体的阻断药，可消除去甲肾上腺素和肾上腺素的升压效应；普萘洛尔（心得安）是 β 受体的阻断药，可消除肾上腺素和异丙肾上腺素的降压效应。

3. 胆碱能受体的功能、种类及其分布

以乙酰胆碱为配体的受体称为胆碱能受体。根据其药理特性分为两大类：烟碱受体（N 受体）和毒蕈碱受体（M 受体）。

N 受体存在于中枢神经系统内和所有自主神经节神经元突触后膜上（N_1 型），以及神经-肌肉接头终板膜上（N_2 型）。它与乙酰胆碱结合后，产生与烟碱相似的作用，引起节后神经元或骨骼肌兴奋。箭毒可与神经肌肉接头处的 N_1 受体结合而起阻断药的作用；六烃季铵可与交感、副交感神经节突触后膜上的 N_2 受体结合而起阻断药的作用。

第二节　脑的高级功能

非条件反射与条件反射的区别及其意义如下：

反射是指在中枢神经系统的参与下，机体对内、外环境变化所做出的规律性应答。

非条件反射是动物与生俱来的，具有固定的反射途径，是动物在种族进化过程中适应内外界环境，通过遗传而获得的先天性反射。非条件反射一般不受外界环境影响而改变，其反射中枢大多数在皮质下部。非条件反射的数量有限，对保证动物各种基本生命活动的正常进行非常重要，但很难适应复杂的环境变化。

条件反射的建立要求无关刺激与非条件刺激在时间上的多次结合，一般无关刺激要比非条件刺激先出现。条件反射的建立与动物机体的状态和周围环境有密切的关系。动物要健康、清醒、食欲旺盛，环境要避免嘈杂干扰。处于饱食状态的动物很难建立食物性条件反射，动物处于困倦状态时也很难建立条件反射。可形成的条件反射的数量几乎是无限的且具有很大的可塑性，既可以建立，也可以消退。因此条件反射具有较广泛、精确而完善的适应性。此外，条件反射使动物具有预见性，能更有效地适应环境。

第三节　神经系统的感觉功能

动物机体的感觉功能对于外环境变化的适应和内环境稳态的维持是十分重要的。感觉是由感受器、传入系统和大脑皮层感觉中枢 3 部分共同活动而产生的。先由体内外的感受器或感觉器官感受刺激，并将各种各样的刺激转换成动作电位，通过各自的传入神经通路传向中枢，经中枢分析综合后，最后在大脑皮层的特定区域形成感觉。

一、感受器的功能

感受器是指分布在体表或组织内部，感受机体内、外环境变化的结构或装置。感受器能接受内、外环境的刺激，并将其转化为神经冲动。最简单的感受器只是一种游离的传入神经末梢（痛觉感受器）；有些复杂的感受器在裸露的神经末梢外有结缔组织包囊（触觉、压觉和冷热觉感受器等）；有些更为复杂的感受器由特殊的感觉上皮和各种附属装置构成特殊感觉器官（视觉、听觉、平衡觉感受器）。

二、脊髓、丘脑与大脑皮层在感觉形成过程中的作用

来自全身各种感受器的神经冲动，除一部分通过脑神经直接传入大脑外，大部分经脊神经背根进入脊髓，然后分别经各自的传导路径传至大脑皮层。其感觉传导通路一般可分为两大类：浅感觉传导通路（传导痛觉、温觉与轻触觉）和深感觉传导通路（传导肌肉本体感觉和深部压觉）。丘脑是感觉传导的接替站，也是感觉的最高级中枢。除嗅觉外的所有感觉传导通路均在丘脑内更换神经元，然后投射到大脑皮层。根据丘脑各核团向大脑皮层投射纤维特征的不同，丘脑的感觉投射系统可分为特异投射系统和非特异投射系统。大脑皮层是感觉分析的最高级中枢，大脑皮层不同区对应不同的感觉。躯体感觉区位于大脑皮层的顶叶，视觉区位于大脑皮层的枕叶，听觉区位于皮层的颞叶。

三、视觉、听觉、味觉、嗅觉的形成

1. 视觉的形成

视觉的形成有赖于视觉器官与视觉中枢。视觉器官能够感受环境中的光信息，通过视神经传递到视觉中枢，通过对光信息的分析与综合，形成视觉。视觉器官包括眼球与眼的辅助

装置。眼球是接受光信息的器官；眼的辅助装置是指支持和保护眼球以及支配眼球运动的结构，包括眼睑、结膜、泪器和眼外肌等。

眼球壁的内膜为视网膜，由多层细胞构成，其中最主要的是感光细胞。感光细胞对光线刺激很敏感，人及大多数高等动物的视网膜上有2种感光细胞，即视杆细胞与视锥细胞，视杆细胞的数量多达上亿个，视锥细胞也有几百万个。视杆细胞与视锥细胞中均含有不同的光敏色素（感光色素），能接受红、绿、蓝3种不同的光波刺激，是色觉形成的基础。除感光细胞外，视网膜上还有大量的神经元，如双极细胞、水平细胞、无长突细胞核神经节细胞等，上述神经元之间形成复杂的突触联系，然后通过神经节细胞的轴突汇集成视神经。眼球的折光物质包括角膜、房水、晶状体和玻璃体。光线从角膜和瞳孔进入眼球后，通过房水、晶状体和玻璃体的折射，最终使不同距离的光源都能聚焦在视网膜上。视网膜上的感光细胞接受光刺激后，光敏色素发生光化学反应，引起膜电位变化。这种膜电位变化作为视觉信息在视网膜的神经元间传递并进行初加工，最后通过视神经将信息传进大脑皮层视觉区（枕叶），形成视觉。

2. 听觉的形成

耳是形成听觉的最重要器官，分为外耳、中耳和内耳3部分。外耳包括耳郭、外耳道和鼓膜。大多数动物的耳郭较发达，并可以运动，有助于收集外界的声波，并辨别声音的来源。外耳道是声波在外耳内传递的通道，经外耳道传来的声波，可引起鼓膜振动。中耳包括鼓室和咽鼓管。鼓室是颞骨中的一个小腔，鼓室内的3块听小骨（锤骨、砧骨与镫骨）相继构成一串关节链，两端分别连接外耳的鼓膜与内耳的前庭窗，负责将鼓膜的振动信号传递进内耳。咽鼓管是一条连接鼓室和鼻咽部的通道，其在咽部的开口平时关闭，在吞咽、打呵欠、打喷嚏时开放，空气由此进入鼓室，使鼓室内气压与外界一致。内耳在颞骨内，因其结构复杂，也称内耳迷路，包括骨迷路和膜迷路。骨迷路由致密的骨组织构成，包括前庭、骨半规管和耳蜗3部分。膜迷路是指套在骨迷路内的膜质管和囊，包括椭圆囊、球囊、膜半规管和蜗管。在骨迷路和膜迷路之间有外淋巴液，在膜迷路内有内淋巴液。内耳的前庭和半规管是位置和平衡感受器，耳蜗中的螺旋器（也称柯蒂氏器）则是感受声波刺激的听觉感受器。螺旋器由支持细胞和毛细胞组成，毛细胞能感受声波刺激，并与耳蜗神经（属听神经干的一部分）末梢有突触联系。

当鼓膜随外耳道传来的声波发生振动时，鼓室内的3块听小骨相继运动，使镫骨底板在内耳外侧壁的前庭窗上来回振动，推动内耳的外淋巴液也发生振动，从而将声波传进内耳。内耳的淋巴液振动能引起毛细胞发生膜电位变化，从而使耳蜗神经纤维产生动作电位，并传递至大脑皮层听觉区（颞叶），形成听觉。

3. 味觉的形成

味蕾是由上皮细胞分化而成的卵圆形小体，由味细胞、支持细胞和基底细胞组成，主要分布于舌背部表面和舌缘、口腔和咽部黏膜表面。味细胞的顶部有纤毛，称味毛，是味觉感受的关键部位，平均约10 d更换一次。一般来说，舌尖部对甜味比较敏感，舌两侧对酸味比较敏感，而舌两侧的前部则对咸味比较敏感，软腭和舌根部对苦味比较敏感。目前已知人有4种基本味觉：酸、甜、苦、咸，其他味道都是由这4种基本味觉组合而成的。咸味物质（如氯化钠）主要通过微绒毛上的离子通道改变细胞的膜电位；酸味物质主要通过氢离子发挥作用；甜、苦及咸3种呈味物质并不进入细胞，而是与味细胞表面的G蛋白偶联受体（简称味受体）结合，引起细胞膜去极化，最终导致神经递质的释放。

4. 嗅觉的形成

嗅觉的形成依赖位于上鼻道及鼻中隔后上部的嗅上皮中的嗅觉感受器（嗅细胞）。不同动物嗅觉发达程度有很大差异，分为敏嗅觉类（牛、猪、马、羊、犬等大多数家畜）、钝嗅觉类（鸟类，包括家禽）和无嗅觉类（水栖哺乳动物，如鲸、海豚）。嗅细胞是双极细胞，它的轴突穿过筛板，进入嗅球与嗅球内的第二级感觉细胞发生突触联系。后者的轴突组成嗅神经，在杏仁核及梨状区等部位换元后，再传到边缘系统的一些部位，产生嗅觉。

当嗅细胞受到气味物质刺激时，产生电位变化，神经冲动沿嗅神经传递至嗅球，嗅球内的僧帽细胞接受嗅觉信息并经过初步加工后，将信息传递至大脑皮层嗅觉区（额叶），形成嗅觉。

嗅觉对动物觅食及个体识别均具有重要作用。适宜的气味刺激有助于提高动物的食欲。不同物种及同一物种的不同个体，其体内及体表的分泌物和排泄物带有不同的气味，在动物择偶、领域显示、母子及同伴识别等个体交往活动中具有极其重要的作用。

第四节　神经系统对躯体运动的调节

躯体运动是动物能够在自然界生存的重要条件之一，是以骨骼肌的收缩和舒张为基础的机体运动形式。骨骼肌的收缩和舒张有赖于神经的支配，神经系统不同部位对躯体运动有不同的调节作用。

一、脊髓反射

脊髓水平能够完成许多反射，生理学上常通过脊休克来研究脊髓对骨骼肌活动的调节功能。在脊髓水平能够完成的躯体运动反射有牵张反射、屈肌反射、对侧伸肌反射以及节间反射。

二、肌紧张、腱反射和骨骼肌的牵张反射

牵张反射是指有神经支配的骨骼肌在受到外力牵拉而伸长时，能引起收缩的反射活动。牵张反射的感受器和效应器都存在于骨骼肌内，是维持动物姿势最基本的反射。牵张反射有2种类型，即肌紧张和腱反射。

1. 肌紧张

肌紧张是指骨骼肌受到缓慢而持续的牵拉时，被牵拉的肌肉发生缓慢而持久的收缩，以阻止被拉长，又称紧张性牵张反射。肌紧张是通过同一肌肉内不同运动单位进行交替性收缩来维持的，故肌紧张活动能持久且不易疲劳。肌紧张反射弧的中枢为多突触接替，属于多突触反射。例如，在动物站立时，由于重力影响，支持体重的关节趋向于被重力弯曲，关节弯曲势必使伸肌肌腱受到持续牵拉，发生持续的牵张反射，引起该肌收缩以对抗关节弯曲，从而维持站立姿势。

2. 腱反射

腱反射是指快速牵拉肌腱时发生的牵张反射。腱反射的传入纤维较粗，传导速度较快；反射的潜伏期很短，其中枢延搁时间只相当于一个突触的传递时间，故认为腱反射是单突触反射。例如，敲击股四头肌腱时，股四头肌发生收缩，膝关节伸直，称为膝反射；敲击跟腱时，引起腓肠肌收缩，关节伸直，称为跟腱反射。

三、大脑皮层运动区的特点

大脑皮层通过锥体系统和锥体外系统实现对躯体运动的调节，是中枢神经系统控制和调

节躯体运动的最高级中枢。大脑皮层中与躯体运动相关的区域称为大脑皮层运动区，包括主要运动区、辅助运动区和第二运动区。主要运动区对躯体运动的调节具有三大特点：①呈交叉支配关系，即一侧皮质支配对侧躯体的骨骼肌。但对头面部肌肉的支配大部分是双侧性的。②具有精细的功能定位，即刺激一定部位的皮质会引起一定部位的肌肉收缩。③支配不同部位肌肉的运动区，可占有大小不同的定位区。运动较精细而复杂的肌群（如头部），占有较广泛的定位区；而运动较简单且粗糙的肌群（如躯干、四肢），只有较小的定位区。

第五节　神经系统对内脏功能的调节

交感神经和副交感神经调节内脏功能。

内脏活动调节实现有赖于自主神经系统（植物性神经系统）。自主神经系统包括交感神经和副交感神经。

1. 交感神经

交感神经起自脊髓胸腰段（从胸部第 1 至腰部第 2 或第 3 节段，T_1~L_3）灰质侧角细胞，经相应的腹根传出，通过白交通支进入交感神经节。交感神经的节前神经纤维较短，节后神经纤维较长。并且，一根交感神经节前纤维常和交感神经节内的多个节后神经纤维发成突触联系，交感神经兴奋时，作用范围较为广泛。刺激交感神经节前纤维时，效应器发生反应的潜伏期长，刺激停止后，其作用仍可持续几秒或几分钟。

交感神经节前神经元释放乙酰胆碱作为递质，其作用与烟碱的药理作用相同，称为烟碱样作用（N 样作用）。除支配汗腺的交感神经和支配骨骼及血管的交感舒血管神经外，其他交感神经节后纤维末梢释放的递质均为去甲肾上腺素。

2. 副交感神经

副交感神经的起源比较分散，其中一部分起自脑干有关的副交感神经核（动眼神经中的副交感神经纤维起自中脑缩瞳核，面神经和舌咽神经中的副交感神经纤维分别起自延髓上唾液核和下唾液核，迷走神经中的副交感神经纤维起自延髓迷走背核和疑核），另一部分起自脊髓荐部相当于侧角的部位。副交感神经节都位于所支配器官的附近或内部，其节前纤维较长而节后纤维短。副交感神经一条节前纤维常与神经节内 1~2 个节后神经纤维发生突触联系。因此，副交感神经兴奋时，作用的范围比较局限。刺激副交感神经节前纤维引起效应器活动时，其潜伏期短，刺激停止后，作用持续时间也短。

副交感神经节前神经元释放乙酰胆碱作为递质，其作用与烟碱的药理作用相同，称为烟碱样作用（N 样作用）。副交感神经节后神经元同样释放乙酰胆碱作为递质，但其作用与毒蕈碱的药理作用相同，称为毒蕈碱样作用（M 样作用）。

3. 交感神经和副交感神经的功能

自主神经系统的功能在于调节心肌、平滑肌和腺体的活动，具有双重支配的特点，且交感神经和副交感神经的作用通常是相互拮抗的。自主神经对器官的支配通常伴随持久的紧张性作用，如切断支配心脏的迷走神经后心率加快，说明迷走神经对心脏的紧张性作用是抑制性的，而切断心交感神经时心率即减慢，说明交感神经对心脏的紧张性作用是兴奋性的。

由于交感神经系统活动常伴随肾上腺素分泌增加，因此该活动系统被称为"交感 - 肾上腺"系统。同时，副交感神经系统活动常伴随胰岛素的分泌，故称为"迷走 - 胰岛素"系统。

第十章 内分泌

第一节 概述

一、激素及激素的分类

激素是指由内分泌腺或散在的内分泌细胞分泌的高效能生物活性物质。激素的种类很多，根据其化学结构可分为含氮激素、类固醇激素和不饱和脂肪酸衍生物三大类，其中含氮激素又可分为多肽和蛋白质类激素（下丘脑、垂体、甲状旁腺、胰岛和胃肠道等部位分泌的激素大多属于此类）、胺类激素（甲状腺激素、儿茶酚胺类激素和褪黑素等）。类固醇激素主要包括肾上腺皮质分泌的皮质激素和性腺分泌的性激素等。脂肪酸衍生物类激素包括前列腺素。

二、内分泌、旁分泌、自分泌与神经内分泌的概念及其对生理功能的调节

与外分泌不同，内分泌没有固定的分泌管，所以内分泌腺也称为无管腺。激素向相应靶细胞传递信息的方式有下列几种：①从内分泌腺分泌的激素需经血液循环输送到远处的靶组织或靶细胞，并调节其功能，从而完成细胞之间的长距离通信，因此这种调节方式是传统的内分泌，也称为远距分泌。②在激素的分泌源与靶细胞之间还存在短距离分泌模式。有些激素不经血液运输，仅通过组织液扩散而作用于邻近细胞，这种方式称为旁分泌。③下丘脑的一些神经元能通过轴突末梢将所产生的神经激素直接释放到血液中再发挥调节作用，称为神经内分泌，具有内分泌功能的神经元称为神经内分泌细胞。④有些内分泌细胞分泌的激素在局部扩散后又返回而作用于自身，这种方式称为自分泌。⑤有些激素由动物分泌到体外，调节其他个体的行为和生理功能特异性反应，这类物质称为外激素，又称为信息素。

第二节 下丘脑的内分泌功能

下丘脑激素的种类及其主要功能

下丘脑促垂体区肽能神经元分泌的肽类激素，能调节腺垂体的活动，被称为下丘脑调节肽。下丘脑调节肽分为释放激素（因子）和抑制激素（因子）两大类（表3-10-1）。

表3-10-1 下丘脑激素的种类与主要作用

	种类	英文缩写	主要作用
释放激素（因子）	促甲状腺激素释放激素	TRH	促进促甲状腺激素和催乳素释放
	促性腺激素释放激素	GnRH	促进促黄体素与促卵泡素释放（以促黄体素为主）
	生长激素释放激素	GHRH	促进生长激素释放
	促肾上腺皮质激素释放激素	CRH	促进促肾上腺皮质激素释放
	催乳素释放因子	PRF	促进催乳素释放
	促黑（素细胞）激素释放因子	MRF	促进促黑素细胞激素释放
抑制激素（因子）	生长激素释放抑制激素/生长抑素	GHRIH	抑制生长激素释放
	催乳素释放抑制因子	PIH	抑制催乳素释放
	促黑（素细胞）激素释放抑制因子	MIF	抑制促黑素细胞激素释放

第三节　垂体的内分泌功能

垂体分为腺垂体和神经垂体两部分，二者功能相差较大。

一、腺垂体激素的种类及其生理功能

1. 生长激素

生长激素（GH）是一类具有种属特异性的单链蛋白质激素。其生理功能主要为：①促进生长作用。它是调节机体生长发育的重要激素，作用在骨骼、肌肉及内脏器官上尤其显著，故又称为躯体刺激素。生长激素促进骨、软骨、肌肉及其他组织细胞分裂增殖，促进蛋白质合成。②促进代谢。它对物质代谢具有广泛的调节作用，促进蛋白质代谢，总效是合成大于分解，特别是促进肝外组织中蛋白质的合成；可促进氨基酸进入细胞，加强RNA的合成进而促进蛋白质合成，减少尿氮排出，使机体呈正氮平衡状态；同时，抑制糖的消耗，使机体的能量来源由糖转向脂肪；可激活激素敏感脂肪酶，促进脂肪分解，增强脂肪酸的氧化分解，特别是使肢体组织脂肪含量减少；还可抑制外周组织摄取和利用葡萄糖，减少葡萄糖的消耗，升高血糖水平。

人幼年时缺乏生长激素会导致生长停滞，身材矮小，即侏儒症；幼年时生长激素过度分泌也会引起侏儒症；若成年后生长激素分泌过度会出现肢端肥大症。

生长激素分泌过多时，可造成血糖过高，出现垂体性糖尿。生长激素可增强钠、钾、钙、磷、硫等重要元素的摄取和利用，此外，生长激素促进胸腺基质细胞分泌胸腺素，参与机体免疫功能的调节。

2. 促甲状腺激素

促甲状腺激素（TSH）能促进甲状腺细胞增生及其活动，使甲状腺激素合成和分泌。

3. 催乳素

催乳素（PRL）是一种作用广泛的单链蛋白质激素，结构上与生长激素相似。哺乳动物，催乳素的主要作用是促进乳腺的发育和乳汁的生成，也可促进生长、参与水盐代谢和性腺功能的调节。在大鼠和小鼠，催乳素能促进黄体分泌孕酮（黄体酮）。催乳素能促进雄性哺乳类前列腺及精囊的生长，增强促黄体素（LH）对间质细胞的敏感性，使睾酮的合成增加，促进雄性性成熟。在应激状态下，血中催乳素与促肾上腺皮质激素、生长激素共同参与应激反应。此外，催乳素可协同一些细胞因子共同促进淋巴细胞增殖，直接或间接促进B淋巴细胞分泌IgM和IgG，从而发挥其免疫调节作用。在其他动物，催乳素可促进禽类嗉囊的生长和分泌，诱发具有就巢习性的禽类发生抱窝行为，抑制卵泡发育；还可刺激蝾螈的趋水效应，降低硬骨鱼鳃对离子的通透性。

4. 促性腺激素

促性腺激素（GTH）包括促卵泡素（FSH，又称促卵泡激素、卵泡刺激素）和促黄体素（LH，又称促黄体生成素、黄体生成素）。促卵泡素通过促进雌性动物卵泡细胞增殖从而促进卵泡生长发育，同时引起卵泡液分泌；促卵泡素还能促进生精上皮的发育、精子的生成和成熟。促黄体生成素可与促卵泡素协同作用促进卵巢合成雌激素、卵泡发育成熟并排卵以及排卵后的卵泡转变成黄体。促黄体素可促进睾丸间质细胞增殖并合成雄激素。

5. 促肾上腺皮质激素

促肾上腺皮质激素（ACTH）能够促进肾上腺皮质增生和肾上腺皮质激素的合成与释放。

6. 促黑素细胞激素

促黑素细胞激素（MSH）又称促黑激素，是低等脊椎动物（鱼类、爬行类和两栖类）垂体中间部产生的一种肽类激素。它的主要生理作用是促使黑素细胞生成黑色素以及黑色素颗粒的分散。

二、神经垂体激素的种类及其生理功能

神经垂体不含腺体细胞，自身不能合成激素。实际上神经垂体激素由下丘脑视上核和室旁核神经元产生，与同时合成的神经垂体激素运载蛋白形成复合物，以轴浆运输的方式运送至神经垂体贮存，在机体受到刺激后释放入血。神经垂体激素包括抗利尿激素（血管加压素）和催产素。

1. 抗利尿激素（血管加压素）

抗利尿激素（ADH）具有抗利尿作用，促进肾远曲小管和集合管对水的重吸收，使尿量减少。它具有升血压作用，使小动脉的平滑肌收缩，引起血压升高。生理状态下，血中抗利尿激素浓度很低，不能引起血管收缩而使血压升高。在机体脱水或失血时，抗利尿激素对血压的升高和维持起一定的调节作用。

2. 催产素

催产素（OXT）的主要作用是促进子宫收缩，促使胎儿排出，同时还能够促进乳汁排出。催产素通过神经-体液途径参与排乳反射。哺乳或挤乳时对乳头的刺激通过乳头和皮肤感受器将信息传至下丘脑，增加催产素的合成和释放，引起乳腺腺泡肌上皮细胞收缩，促使乳汁排出，同时还对乳腺有营养作用。此外，催产素对神经内分泌、学习记忆、痛觉调制、体温调节等生理功能也有一定的作用。在卵巢内也存在高浓度的催产素，由颗粒细胞与黄体细胞合成，参与卵泡生长、成熟、排卵和黄体功能的调节。

第四节　甲状腺激素

甲状腺激素是酪氨酸的碘化物，包括四碘甲状腺原氨酸（甲状腺素，T_4）和三碘甲状腺原氨酸（T_3）。

一、甲状腺激素的主要生理功能

1. 对代谢的影响

（1）蛋白质代谢　甲状腺激素促进蛋白质的合成和多种酶的生成。但超生理浓度的甲状腺素可加强蛋白质分解，使尿氮排出增多。

（2）糖代谢　甲状腺激素能够促进小肠黏膜对糖的吸收和肝糖原分解，抑制糖原合成，升高血糖浓度。

（3）脂肪代谢　甲状腺激素促进脂肪酸氧化，对胆固醇的分解作用强于合成作用。

（4）水和电解质　甲状腺激素对毛细血管正常通透性的维持和细胞内液的更新有重要作用。

（5）产热效应　甲状腺激素可促进糖和脂类的分解代谢，提高基础代谢率，使大多数组织如肝脏、肾脏、心脏和骨骼的耗氧量和产热量增加，但对大脑、性腺、脾脏和子宫等组织无此作用。

2. 对生长发育的影响

甲状腺激素是机体生长、发育和成熟的重要因素，特别是对脑和骨的发育尤为重要。在

胚胎期或幼年期四碘甲状腺原氨酸和三碘甲状腺原氨酸缺乏，可导致大脑生长和髓鞘生长迟缓，脑细胞体积减小，轴突、树突数量减少，往往还伴随着智力迟钝、身材矮小为特征的克汀病（呆小症）。

3. 对神经系统的影响

甲状腺功能亢进时，中枢神经系统兴奋性增强，动物表现不安、过敏、易激动、失眠多梦及肌肉颤动等；功能低下时，中枢神经系统兴奋性降低，动物表现记忆力减退、行动迟缓、嗜睡等症状。

二、甲状腺激素分泌的调节

1. 下丘脑 - 腺垂体对甲状腺的调节

下丘脑促甲状腺激素释放激素神经元释放促甲状腺激素释放激素，经垂体门脉系统作用于腺垂体，促进促甲状腺激素的合成和释放。促甲状腺激素对甲状腺功能活动的调节包括促进甲状腺细胞增生、腺体肥大和甲状腺激素的合成与释放。环境因素的刺激可通过神经系统向下丘脑促甲状腺激素释放激素神经元传递信息，进而调节促甲状腺激素和甲状腺激素的合成和释放。

2. 甲状腺激素的反馈调节

四碘甲状腺原氨酸和三碘甲状腺原氨酸浓度升高可刺激腺垂体促甲状腺激素细胞产生一种抑制性蛋白，使促甲状腺激素的合成与分泌减少，并降低腺垂体对促甲状腺激素释放激素的敏感性。三碘甲状腺原氨酸对腺垂体促甲状腺激素分泌的抑制作用比四碘甲状腺原氨酸更强。

3. 自身调节

甲状腺自身具有因碘供应变化而调节对碘的摄取与合成甲状腺激素的能力，称为甲状腺激素的自身调节。碘的这种调节作用，可以缓解动物由于从食物中摄入的碘量的差异而带给甲状腺合成和分泌激素的影响。

第五节　甲状旁腺激素和降钙素

甲状旁腺由主细胞和嗜酸细胞组成。主细胞合成和分泌甲状旁腺激素（PTH），嗜酸细胞的功能尚不清楚。某些动物如鼠、鸡和低等动物的甲状旁腺只有主细胞，没有嗜酸细胞。甲状腺滤泡旁细胞（C 细胞）分泌降钙素（CT）。

一、甲状旁腺激素的作用及其分泌的调节

1. 甲状旁腺激素的生理作用

甲状旁腺激素（甲状旁腺素）是调节血钙和血磷水平最重要的激素，可使血钙浓度升高，血磷浓度降低。甲状旁腺激素可使骨钙溶解进入血液，使血钙浓度升高，促进破骨细胞的生成并加强其活性，并抑制成骨细胞的活动，使钙、磷大量入血，引起升血钙作用的延迟效应；能促进肾小管的远球小管和髓袢细段对钙的重吸收，使尿钙减少，抑制近球小管对磷的重吸收，使尿中磷酸盐增加，血磷浓度降低；激活肾 1α-羟化酶，促进 25-羟维生素 D_3（25-$(OH)D_3$）转变为活性更高的 1,25-二羟维生素 D_3（1,25-$(OH)_2D_3$），进而促进小肠对钙和磷的吸收，使血钙浓度升高。

2. 甲状旁腺激素分泌的调节

甲状旁腺激素的分泌主要受血钙浓度变化的调节。甲状旁腺细胞膜上存在钙离子敏感受体，当血钙浓度轻微下降时，甲状旁腺激素的分泌即可在 1min 内迅速增加，使骨钙释放，肾

小管重吸收钙活动增强，血钙浓度迅速回升。相反，血钙浓度升高时，甲状旁腺激素分泌减少。此外，血磷浓度升高使血钙浓度降低，从而间接促进甲状旁腺激素的分泌。

二、降钙素的作用及其分泌的调节

1. 降钙素的生理作用

降钙素的生理作用与甲状旁腺激素相反。降钙素可抑制破骨细胞的活动、分化和成熟，从而抑制骨钙的溶解，导致骨组织钙、磷沉积增加、释放减少，血钙、血磷降低；能短暂促进肾小管对钙磷清除，增加其排出；能通过抑制肾 1α-羟化酶活性，减少 25-羟维生素 D_3 转变为 1,25-二羟维生素 D_3，间接抑制小肠对钙的吸收，使血钙水平降低。

2. 降钙素分泌的调节

降钙素的分泌主要受血钙浓度的调节。血钙浓度升高时，降钙素的分泌增加；血钙浓度降低时，降钙素的分泌减少。降钙素与甲状旁腺激素共同调节血钙浓度的相对稳定。另外，促胃液素、促胰液素、缩胆囊素等胃肠道激素和胰高血糖素都可促进降钙素的分泌。

第六节　肾上腺激素

哺乳动物的肾上腺位于肾的前缘，左右各有 1 个，由 2 层不相关的腺体组织构成，外层是皮质，内层是髓质。肾上腺皮质和髓质在胚胎发生、形态结构、分泌的激素种类、生理作用及其分泌的调节等各方面均不相同。肾上腺皮质激素主要包括糖皮质激素、盐皮质激素和性激素。

一、糖皮质激素的主要功能及其分泌的调节

糖皮质激素主要为皮质醇和皮质酮。糖皮质激素的作用非常广泛，体内大多数组织存在糖皮质激素受体，糖皮质激素在物质代谢、免疫反应和应激反应中起到非常重要的作用。

1. 糖皮质激素的主要功能

（1）对物质代谢的影响　糖皮质激素对糖、蛋白质、水盐和脂肪代谢均有一定作用。糖皮质激素是调节体内糖代谢的重要激素之一。糖皮质激素可促进糖原异生，减少对葡萄糖的利用，有显著的升血糖作用；促进肝外组织特别是肌肉的蛋白分解，抑制其合成；可增加肾小球血流量，使肾小球滤过率增加，促进水排出；促进脂肪分解和脂肪酸在肝内氧化。另外，糖皮质激素能在一定程度上增加骨钙溶解，减少骨钙沉积。

（2）参与免疫反应　糖皮质激素通过增强白细胞溶酶体膜的稳定性，可减少溶酶体蛋白水解酶进入组织液，减轻组织损伤和炎症部位的渗出；能抑制结缔组织成纤维细胞的增生，从而减轻炎症部位的增生性反应；还能抑制浆细胞中抗体的生成和组织中组胺的生成，因而具有抗过敏作用。在临床上，大剂量的糖皮质激素及其类似物可用于抑制免疫、抗炎、抗过敏、抗中毒和抗休克等。

（3）参与应激反应　应激反应是以促肾上腺皮质激素和糖皮质激素分泌增加为主，多种激素参与的使机体抵抗力增强的非特异性反应。

（4）允许作用　一些激素只有在少量糖皮质激素存在的条件下才能发生作用，而糖皮质激素本身并不具有这些作用。糖皮质激素的这种作用称为允许作用。例如，胰高血糖素和儿茶酚胺类物质只有糖皮质激素存在时才能影响能量代谢。

2. 糖皮质激素分泌的调节

糖皮质激素的分泌主要受下丘脑-垂体-肾上腺皮质轴功能活动的影响。各种应激刺激作

用于神经系统，通过神经递质将信息汇聚于下丘脑促肾上腺皮质激素释放激素神经元，合成并释放促肾上腺皮质激素释放激素，作用于腺垂体促肾上腺皮质激素细胞，促进其合成和释放促肾上腺皮质激素，进而促进肾上腺皮质合成并释放糖皮质激素。在下丘脑-垂体-肾上腺皮质轴中，糖皮质激素有负反馈调节作用。皮质醇在血中的浓度升高时，可反馈性作用于下丘脑促肾上腺皮质激素释放激素神经元和腺垂体促肾上腺皮质激素细胞，减少促肾上腺皮质激素释放激素和促肾上腺皮质激素的合成。促肾上腺皮质激素也可反馈性地抑制促肾上腺皮质激素释放激素神经元的活动。

二、盐皮质激素的主要功能及其分泌的调节

1. 盐皮质激素的主要功能

盐皮质激素是调节机体水盐代谢的重要激素，以醛固酮的生物活性最高。盐皮质激素的主要功能是对肾有保钠、保水和排钾作用，进而调节细胞外液和循环血量的相对稳定。此外，盐皮质激素能增强血管平滑肌对儿茶酚胺类物质的敏感性。

2. 盐皮质激素分泌的调节

醛固酮的分泌主要受肾素-血管紧张素系统的调节。在应激反应时，促肾上腺皮质激素对醛固酮的分泌也有一定的调节作用。

第七节　胰岛激素

胰是一个兼具有外分泌和内分泌功能的内分泌器官。胰岛细胞依其形态、染色特点和功能的不同，可分为A、B、D、F等细胞类型。其中A细胞（约占20%）分泌胰高血糖素，B细胞（占65%~70%）分泌胰岛素；D细胞分泌生长抑素（SS）；F细胞（PP细胞）分泌胰多肽（PP）。

一、胰岛素的作用及其分泌的调节

胰岛素在血液内运输既可与血浆蛋白结合，也可以游离形式存在，但只有游离的胰岛素具有生物活性。胰岛素是促进合成代谢、维持血糖相对稳定的重要激素。

1. 胰岛素的生理作用

（1）对糖代谢的影响　胰岛素具有降低血糖浓度的作用。其促进全身组织对葡萄糖的摄取和利用，促进肝糖原和肌糖原的合成，并能抑制糖原分解和糖的异生，还可促进葡萄糖转变为脂肪酸。

（2）对脂肪代谢的影响　胰岛素能促进脂肪的合成与贮存。它使血中游离脂肪酸减少，同时抑制脂肪的分解氧化。

（3）对蛋白质代谢的影响　胰岛素既促进蛋白质合成，又抑制蛋白质分解。它促进氨基酸通过膜的转运进入细胞，增加核内RNA转录和蛋白质合成，抑制蛋白质分解。

2. 胰岛素分泌的调节

（1）血中代谢物质的调节　血糖是调节胰岛素分泌的最重要因素。血糖升高可直接作用于胰岛B细胞，刺激胰岛素的分泌；同时，也作用于下丘脑，通过迷走神经引起胰岛素的分泌增加。许多氨基酸都有刺激胰岛素分泌的作用，精氨酸和赖氨酸的作用最强。血中酮体增多也可促进胰岛素的分泌。

（2）激素的调节　胃肠激素，如促胃液素、促胰液素、胆囊收缩素、抑胃肽和胰高血糖样肽等，均可促进胰岛素的分泌，其中以抑胃肽和胰高血糖样肽的作用最强。生长激素、甲

状腺激素、糖皮质激素等，可通过升高血糖浓度间接引起胰岛素的分泌；胰岛 A 细胞分泌的高血糖素和 D 细胞分泌的生长抑素均可通过旁分泌作用于 B 细胞，分别促进和抑制胰岛素分泌；肾上腺素和去甲肾上腺素也有抑制分泌作用。

（3）神经调节　胰岛受交感神经与迷走神经的双重支配。当迷走神经兴奋时，既可通过乙酰胆碱作用于胰岛 B 细胞的 M 受体，促进胰岛素的分泌，也可通过刺激胃肠激素分泌，间接促进胰岛素分泌。交感神经兴奋时，通过释放去甲肾上腺素抑制胰岛素的分泌。

二、胰高血糖素的作用及其分泌的调节

1. 胰高血糖素的生理作用

胰高血糖素是促进分解代谢的激素，其作用与胰岛素相反。其具有促进肝糖原分解和糖异生作用，有显著的升血糖效应；促进脂肪和蛋白质的分解，使血液酮体增多，增强心肌收缩力，抑制胃肠道平滑肌的运动；促进胰岛素和胰岛生长抑素的分泌。

2. 胰高血糖素分泌的调节

（1）血中代谢物质的调节　血糖同样是调节胰高血糖素分泌的重要因素。当血糖水平降低时，可促进胰高血糖素的分泌。血液中精氨酸和丙氨酸浓度升高能够促进其分泌增加。

（2）激素的调节　胰岛素可通过降低血糖间接引起胰高血糖素的分泌。胰岛素和 D 细胞分泌的生长抑素也可通过旁分泌直接作用于邻近的 A 细胞，抑制胰高血糖素的分泌。胃肠道激素中，胆囊收缩素和促胃液素可刺激胰高血糖素分泌，促胰液素则有抑制分泌作用。

（3）神经调节　迷走神经兴奋抑制胰高血糖素的分泌，交感神经兴奋促进其分泌。

第八节　松果腺激素与前列腺素

一、松果腺分泌的激素及其主要功能

松果体是一种神经内分泌的换能器，可将神经冲动的电信号转变为激素的化学信号。松果体生理活动的主要特点是有明显的昼夜节律，白天光照期间分泌量减少，夜间黑暗时分泌量增加，但光并不是直接作用于松果体，而是通过视网膜和神经系统传到松果体细胞的。哺乳动物的松果体已基本丧失协调昼夜节律的功能，而由下丘脑的视交叉上核取代成为主要的节律调定器。松果体细胞分泌的激素总称为松果体激素，包括褪黑素（MT）和肽类激素。

褪黑素的分泌受视交叉上核昼夜节律中枢的调节，有明显的昼夜节律变化，白天分泌减少，夜间分泌增多。褪黑素对神经系统影响广泛，主要有镇静、催眠、镇痛、抗惊厥、抗抑郁等作用，可抑制垂体促性腺激素影响生殖系统，表现为抑制性腺和副性腺的发育，延缓性成熟。鱼类和两栖类动物的褪黑素可使皮肤色素细胞内的色素颗粒聚集，颜色变浅，以适应外界环境的色彩变化。

松果体能合成促性腺激素释放激素、促甲状腺激素释放激素及 8- 精（氨酸）催产素等肽类激素。牛、羊、猪、鼠等哺乳动物的松果体内的促性腺激素释放激素含量比下丘脑高 4~10 倍。8- 精（氨酸）催产素对生殖系统的发育和功能起抑制作用。

二、前列腺素的分类及其主要功能

前列腺素（PG）广泛存在于人和动物的各种组织中。它最早被发现存在于人的精液中，当时以为这一物质是由前列腺释放的，因而定名为前列腺素。现已证明精液中的前列腺素主要来自精囊。前列腺素在体内由花生四烯酸合成，结构为含有五元环和 2 条脂肪酸侧链的二十碳多不饱和脂肪酸，分为前列腺素 A~I 九类。前列腺素的生理功能有以下几个方面：

（1）对生殖系统作用 刺激下丘脑促性腺激素释放激素和垂体促黄体素的合成与释放，促进性激素的分泌和生殖细胞的成熟；通过调节子宫颈平滑肌的紧张性，影响精子在雌性动物生殖道中运行、受精、胚胎着床和分娩等生殖过程。在畜牧兽医生产实践中，尤其是在生殖生物技术应用中，前列腺素有着重要作用。因前列腺素 E 和前列腺素 F 可溶解黄体而被用于控制雌性动物发情或引起同期发情，也可用于刺激子宫肌的收缩、催产和子宫复原。前列腺素可用于治疗卵巢囊肿、子宫内膜炎、子宫积水和积脓等病症。

（2）对血管和支气管平滑肌的作用 不同的前列腺素对血管平滑肌和支气管平滑肌的作用效应不同。前列腺素 E 和前列腺素 F 能使血管平滑肌松弛，从而减少血流的外周阻力，降低血压。

（3）对胃肠道的作用 可引起平滑肌收缩，抑制胃酸分泌，防止强酸、强碱、无水乙醇等对胃黏膜侵蚀，具细胞保护作用；对小肠、结肠、胰等也具保护作用；还可刺激肠液分泌、胆汁分泌，以及胆囊肌收缩等。

（4）对神经系统作用 广泛分布于神经系统，对神经递质的释放和活动起调节作用。也有人认为，前列腺素本身即有神经递质作用。

（5）对呼吸系统作用 前列腺素 E 有松弛支气管平滑肌的作用；而前列腺素 F 相反，是支气管收缩剂。

第九节 胸 腺 激 素

胸腺在动物出生后继续发育至性成熟，随后逐渐萎缩。胸腺激素主要有 3 类，多为多肽类或蛋白质。其生理功能主要为：①参与机体的免疫功能的调节，促进细胞免疫应答，包括胸腺素、胸腺刺激素和胸腺生长素；②抑制自身免疫功能，包括抑制素；③分泌与免疫无关的因子，包括低血糖因子、低血钙因子等。

第十节 瘦 素

瘦素是一种由肥胖基因编码的蛋白质，分泌受昼夜节律的调控。体内脂肪储量是影响瘦素分泌的主要因素。瘦素的作用广泛，可参与机体摄食行为、能量平衡、生长发育、生殖、内分泌和免疫等机能的调节，其主要作用是调节体内的脂肪储存量并维持机体的能量平衡。瘦素可直接作用于脂肪细胞，抑制脂肪的合成，并动员脂肪，使脂肪储存的能量转化、释放、降低体内脂肪的储存量，避免发生肥胖。瘦素还可影响下丘脑-垂体-性腺轴、下丘脑-垂体-甲状腺轴和下丘脑-垂体-肾上腺轴的活动，影响轴内激素的分泌。

第十一节 胎 盘 激 素

胎盘是母体子宫和胎儿之间进行物质交换的器官，同时也是一种暂时性内分泌器官。胎盘分泌大量的蛋白质、肽类和类固醇激素，确保胎儿从母体获得营养，为胎儿发育建立一个稳定的环境，保证胎儿发育和顺利分娩。

1. 绒毛膜促性腺激素

绒毛膜促性腺激素（CG）是胎盘滋养层细胞产生的一种糖蛋白激素。人类和不同属种动物的绒毛膜促性腺激素在结构和功能方面与垂体产生的促性腺激素相似。人绒毛膜促性腺激素（hCG）可促进雌性动物卵泡成熟、排卵，对雄性动物可刺激睾丸间质分泌睾酮。孕马血清促性腺激素（PMSG）可促进雌性动物卵泡成熟、排卵。绒毛膜促性腺激素广泛应用于动物繁殖或生殖生物学的研究中，如作为诱发排卵或治疗某些不育症的制剂，或作为妊娠及妊娠相关疾病的诊断指标等。另外，妊娠过程中胎盘产生的激素，具有促进胚胎发育以及性腺发育等功能。

2. 胎盘催乳素

胎盘催乳素是由胎盘分泌的一种蛋白质激素，妊娠期间与催乳素共同作用刺激乳腺发育和乳汁形成。

第十一章 生殖和泌乳

动物发育到一定阶段能产生与自身相似的子代个体的生命活动称为生殖。哺乳动物的生殖活动是两性生殖器官活动的结果，其过程包括生殖细胞的形成与成熟、交配、受精、胚胎发育、妊娠、分娩和哺乳等环节。

第一节 雄性生殖

雄性动物的生殖系统包括睾丸和附睾、输精管、精囊腺、尿道球腺、前列腺及阴茎等。睾丸主要由生精小管与睾丸间质细胞组成。生精小管的主要作用是生成精子，完成睾丸的生精过程；间质细胞的作用是分泌雄激素，实现睾丸的内分泌功能。

一、睾丸的生精作用

生精作用是指从精原细胞发育为精子的过程。生精小管是生成精子的部位，由支持细胞和生精细胞构成。精子发生的基本过程分为精原细胞、初级精母细胞、次级精母细胞、精子细胞、精子。成熟的精子脱离支持细胞后进入管腔。支持细胞在此过程中起支持、营养、保护生精细胞的作用，同时参与睾丸功能的调节。此外，相邻的支持细胞在靠近基部的侧面上形成血-睾屏障，阻止大分子物质进入生精小管内，维持有利于精子发生的微环境，还可防止生精细胞的抗原物质逸出到生精小管外而发生自体免疫反应。

二、睾丸的内分泌功能

睾丸分泌的激素包括雄激素和抑制素。

1. 雄激素

雄激素由睾丸间质细胞合成，包括睾酮、双氢睾酮、脱氢异雄酮和雄烯二酮。雄激素的生理作用包括：①刺激雄性生殖器官的发育与成熟，维持精子生成和雄性特征。②刺激前列腺、阴茎、阴囊和尿道等器官的发育。③促进机体蛋白质的合成代谢，促进骨骼的生长和钙、磷沉积，以及红细胞生成。④刺激和维持雄性副性征的出现。⑤影响性欲和性行为。⑥对下丘脑促性腺激素释放激素和腺垂体促性腺激素的分泌有反馈抑制作用。

2. 抑制素

抑制素是一种由支持细胞分泌的多肽激素，其对腺垂体促卵泡素的分泌有很强的抑制作用,而生理剂量的抑制素对促黄体素的分泌却无明显影响。

三、睾丸功能的调节

1. 神经内分泌调节

睾丸的生精与内分泌功能受下丘脑和腺垂体的调节,下丘脑分泌的促性腺激素释放激素经垂体门脉系统作用于腺垂体,促进促卵泡素和促黄体素的合成和分泌。促卵泡素到达睾丸后,主要启动精子发生,促进精子成熟,维持生精过程。而促黄体素到达睾丸后,可促进间质细胞分泌大量的睾酮,并扩散至生精小管以促进精子生成。相反,下丘脑和腺垂体的活动又受到雄激素和抑制素的负反馈调节,从而构成了下丘脑-腺垂体-睾丸轴。

2. 睾丸内的局部调节

支持细胞与生精细胞、间质细胞之间存在着错综复杂的局部调节机制。如支持细胞具有睾酮受体和细胞色素 P450 超家族的芳香化酶,能将间质细胞产生的睾酮转化为雌二醇,它既可对下丘脑-垂体进行反馈调节,又可直接抑制间质细胞合成睾酮。另外,睾丸内存在阿片类物质、促性腺激素释放激素样肽、血管紧张素、催产素、某些生长因子和神经递质等,可能通过自分泌或旁分泌方式局部调节睾丸的功能。

第二节 雌 性 生 殖

雌性动物的生殖功能主要包括卵巢的生卵作用、内分泌功能,以及妊娠、分娩等生殖活动。

一、卵的生成

卵巢内卵泡的发育和卵子的生成是同时发生的。将发育的卵泡分为原始卵泡、生长卵泡和成熟卵泡 3 个阶段。卵子从成熟卵泡中排出的过程称为排卵。哺乳动物的排卵可分为自发排卵和诱发排卵 2 种类型。

1. 自发排卵

自发排卵是指卵泡发育成熟后,不需要施加另外的促排卵刺激即自行排卵。排卵后形成的黄体有以下 2 种情况:一种是自发性排卵后形成功能性黄体。这类动物包括猪、马、牛、羊等,其发情周期较长。另一种是自发性排卵后,通过交配才能形成功能性黄体,鼠类属于这一类型。

2. 诱发排卵

诱发排卵是指动物经过交配或人为地进行物理性(刺激子宫颈)或化学性(如注射促卵泡素或人绒毛膜促性腺激素)刺激才能引起排卵。猫、兔、骆驼(包括羊驼)、水貂等动物排卵属于此类。

二、卵巢的内分泌功能

卵巢主要分泌雌激素、孕激素,以及少量的雄激素、松弛素和抑制素。

1. 雌激素

雌激素属类固醇激素,主要由成熟卵泡的颗粒细胞、内膜细胞及黄体等合成和分泌。卵巢分泌的雌激素主要是雌二醇。雌激素具有以下生理作用:①促进生殖器官的发育和功能。刺激并维持雌性生殖道的发育、协同促卵泡素促进卵泡发育、诱导排卵前促黄体素峰值的出现以促进排卵;促进输卵管上皮细胞增生,增强输卵管的分泌和运动,利于精子和卵子的运行;促进子宫内膜增生、子宫肌增厚、阴道上皮角质化。在分娩前,雌激素能提高子宫平滑肌对催产素的敏感性，使子宫收缩，利于分娩。雌激素还可刺激雌性性行为的出现。②对乳腺和副性征的作用。雌激素刺激乳腺导管和结缔组织增生，促进乳腺发育；刺激并维持第二性征。③对代谢的作用。雌激素可促进蛋白质合成，尤其是促进生殖器官的发育；刺激成骨细胞的活动，抑制破骨细胞的活动，加速骨的生长，促进骨骺愈合；提高血中载脂蛋白含量，并可降低血液中胆固醇浓度；增加体内水、钠、钙、氯和磷的潴留。

2. 孕激素

孕激素属于类固醇激素，主要由卵巢的黄体细胞和胎盘分泌，以孕酮为主。孕激素的生理作用包括以下几个方面：①对子宫的作用。刺激子宫内膜增厚、腺体分泌、抑制子宫肌的自发性收缩，促进胚胎着床并维持妊娠；使宫颈黏液变稠，精子难以通过。②对乳腺的作用。在雌激素作用的基础上，孕酮促进乳腺腺泡的发育，为妊娠后的泌乳做好准备。③对卵巢的作用。小剂量孕酮可刺激排卵，大剂量的孕酮则反馈性地抑制促黄体素的分泌，从而抑制发情和排卵。

三、卵巢功能的调节

卵巢的功能受下丘脑-腺垂体-卵巢轴的调节，卵巢分泌的性激素对下丘脑和腺垂体的分泌具有反馈调节作用。

1. 下丘脑-腺垂体对卵巢激素分泌的调节

下丘脑产生的促性腺激素释放激素能促进腺垂体分泌促卵泡素与促黄体素，二者控制卵巢的周期性变化。在卵泡期开始时，促卵泡素和促黄体素释放增加，促卵泡素在刺激卵泡发育的同时，也促进颗粒细胞的分化和增殖，使芳香化酶的活性升高，促使雄激素向雌激素转化。促卵泡素在促黄体素的联合作用下，刺激雌激素的合成。排卵前，血中雌激素浓度达峰值，下丘脑促性腺激素释放激素分泌正反馈作用促进促卵泡素和促黄体素的释放，使促黄体素出现排卵峰，从而诱发排卵。黄体期血中雌激素水平逐渐升高，使黄体细胞上促黄体素受体数量增加，能促进促黄体素作用于黄体细胞，促进孕激素的分泌。

2. 卵巢激素对下丘脑和腺垂体的反馈调节

性腺分泌的性激素对下丘脑和腺垂体的分泌具有反馈调节作用。此外，抑制素能协同雌激素共同对下丘脑和腺垂体发挥负反馈调节，进而降低血液中促卵泡素和促黄体素的浓度。

第三节 泌 乳

一、乳的生成过程及乳分泌的调节

1. 乳的生成过程

乳的分泌是指乳腺上皮细胞从血液中摄取营养物质，生成乳汁并分泌入腺泡腔的过程。乳的分泌过程包括乳前体的获得、乳的合成和乳腺分泌物的转运3个基本环节。

（1）乳前体的获得　生成乳汁的各种原料都来自血液，其中球蛋白、酶、激素、维生素和无机盐等均由血液进入乳，是乳腺分泌上皮对血浆选择性吸收和浓缩的结果；而乳中的乳蛋白、乳脂和乳糖等则是上皮细胞利用血液中的原料，经过复杂的生物合成而来的。

（2）乳的合成　乳腺分泌细胞从血液摄取营养物质合成以下乳成分。

1）乳蛋白：乳中的酪蛋白、β-乳球蛋白和α-乳清蛋白的合成原料来自血液中的氨基酸。仅有少量乳蛋白，如免疫球蛋白和血清白蛋白可从血液中直接摄取。

2）乳糖：乳中主要的糖类是乳糖。血液中的葡萄糖是乳糖合成的唯一前体物质。反刍动物瘤胃发酵所产生的挥发性脂肪酸中，丙酸可被用于合成乳糖。

3）乳脂：乳脂主要是由三酰甘油和一定比例的脂肪酸混合构成。乳脂主要来源于乙酸盐和 β-羟丁酸、三酰甘油、葡萄糖 3 种途径。

4）免疫球蛋白：反刍动物初乳中的免疫球蛋白是 IgG，其源于血液，由腺泡上皮选择性地转运至乳中。人和家兔初乳中的免疫球蛋白主要是 IgA，反刍动物的初乳中也有微量 IgA。

5）其他成分：钠、钾、钙、镁、氯和磷是乳中的主要矿物质，均来源于血液。乳中的乳糖、钠离子、钾离子和氯离子对维持乳的渗透压至关重要，决定了乳汁量的多少。维生素不能由乳腺合成，主要以饲料获得或由瘤胃微生物合成。

2. 乳分泌的调节

乳的分泌包括发动泌乳和维持泌乳两个过程。泌乳的发动和维持受多种激素、因子和神经系统的调节。

（1）乳分泌的发动及其调节　发动泌乳是指分娩前后乳腺由非泌乳状态向开始分泌乳汁状态转变的过程。发动泌乳受神经和体液的调节，其中激素起主导调节作用。

1）激素调节：在妊娠期间胎盘和卵巢分泌大量的雌激素和孕激素，抑制腺垂体释放催乳素，从而抑制泌乳的发动。分娩前后孕激素和雌激素水平明显下降并维持在较低的水平，解除了对下丘脑和腺垂体的抑制作用，引起催乳素迅速释放，以促进乳的生成和发动泌乳。同时，促肾上腺皮质激素、糖皮质激素（皮质醇）可与催乳素协同作用发动泌乳。

2）神经调节：泌乳发动的神经调节通常与激素协同作用。临产前挤乳，乳头可将收到的刺激信息传至下丘脑，抑制催乳素释放抑制激素的分泌，促进促肾上腺皮质激素释放激素的分泌，从而使催乳素、促肾上腺皮质激素和肾上腺皮质激素释放，进一步诱导乳的分泌。

（2）乳分泌的维持及其调节　发动泌乳后，乳腺能在相当长的一段时间内持续进行泌乳活动，称为乳分泌的维持。乳汁分泌的维持，必须依靠下丘脑的调控及多种激素的协同作用。

1）激素调节：一定水平的催乳素、肾上腺皮质激素、生长激素、甲状腺激素是维持泌乳所必需的。此外，乳腺导管系统内压也是重要的影响因素。不同动物泌乳维持的激素调节存在较大差异。人、兔及大鼠的泌乳维持属于催乳素依赖型，而牛、羊等反刍动物属于非催乳素依赖型，给泌乳牛注射生长激素，可使泌乳牛总产乳量增加 25%，而催乳素作用不大。

2）神经调节：泌乳发动后，哺乳或挤乳对乳房感受器的刺激，催乳素释放的神经体液调节，可经常性维持血液中存在一定浓度的催乳素，从而持续泌乳。

二、排乳及其调节

1. 排乳过程

哺乳或挤乳时，引起乳房容纳系统紧张度改变，使蓄积在腺泡和乳导管系统内的乳汁迅速流向乳池而排出，这一过程称为排乳。

排乳时，最先排出乳池乳，当乳头括约肌开放时，乳池乳依靠本身重力即可排出；腺泡和乳导管内的乳必须依靠排乳反射才能排出，这部分乳称为反射乳。泌乳牛的乳池乳一般约占总产乳量的 30%，反射乳约占总产乳量的 70%。我国黄牛和水牛几乎没有乳池，猪、马的乳池也不发达。挤乳或哺乳后，乳房内总有一部分残留乳，它将与新生成的乳汁混合再排出体外。

2. 排乳反射

排乳反射是复杂的反射活动，受神经和激素的共同调节。

感受器主要分布在乳头和乳房皮肤。挤压乳头或吮吸乳头时对乳房感受器的刺激，是引起排乳反射的主要非条件刺激。此外，温热刺激、生殖道刺激、仔畜对乳房的冲撞都可引起排乳反射。传入冲动经精索外神经传入脊髓后，通过脊髓丘脑束传到丘脑，最后到达下丘脑。下丘脑室旁核和视上核是排乳反射的基本中枢。丘脑还可发出传入纤维，将冲动传到大脑皮层，再由此发出冲动，控制下丘脑的活动。排乳反射的传出途径有神经途径和体液途径。神经途径主要是支配乳腺的交感神经通过精索外神经进入乳腺，直接支配乳腺大导管周围的平滑肌的活动。体液途径主要是通过神经垂体释放催产素，其到达乳腺后作用于腺泡和终末乳导管周围的肌上皮细胞引起收缩。

除上述非条件刺激外，外界环境的各种刺激经常通过视觉、听觉、嗅觉和触觉等形成大量促进或抑制排乳的条件反射。

3. 排乳抑制

疼痛、不安、恐惧和其他不良情绪常抑制动物排乳，造成泌乳减少。

（1）中枢抑制　中枢的抑制性影响常起源于脑的高级部位，阻止神经垂体释放催产素。

（2）外周抑制　常由于交感神经系统兴奋和肾上腺髓质释放肾上腺素，导致乳房内外小动脉收缩，结果使乳房循环血量下降，不能输送足够量的催产素到达肌上皮，导致排乳抑制。

第四篇

动物生物化学

第一章
蛋白质化学及其功能

第一节 蛋白质的功能与化学组成

一、蛋白质的生物学功能

蛋白质是生物体最重要的组成成分，具有广泛而又重要的功能。

（1）催化功能 生物体内几乎所有的化学反应都需要生物催化剂——酶来催化，而绝大多数酶的化学本质也是蛋白质。如动物消化道中的蛋白酶可以帮助消化食物中的蛋白质。

（2）贮存与运输功能 有些蛋白质能够结合其他分子，以实现对这些物质的贮存或运输。如红细胞中的血红蛋白能结合氧并将其运输到组织中。

（3）调节作用 有些蛋白质可以作为激素。如生长激素参与调节动物肌肉与骨骼的生长发育，胰岛素参与对血糖的调节。

（4）运动功能 如肌球蛋白和肌动蛋白是参与肌肉收缩的主要成分。

（5）防御功能 脊椎动物中的免疫球蛋白能与细菌和病毒结合，发挥免疫保护作用；鸡蛋清、人乳、眼泪中的溶菌酶能破坏细菌的多糖细胞壁。

（6）营养功能 有些蛋白质可作为人和动物的营养物，为胚胎发育和幼年动物生长提供营养，如卵白中的卵清蛋白、乳中的酪蛋白。

（7）结构成分 机体中不溶性的结构蛋白，如胶原蛋白、弹性蛋白等能提供机械保护，并赋予机体一定的形态。

（8）膜的组成成分 细胞膜上的受体、载体、离子通道等蛋白质，直接参与细胞识别、物质过膜转运、信息传递等重要生理过程。

（9）参与遗传活动 遗传信息的传递、基因表达的调控都需要多种蛋白质参与。

二、蛋白质的基本结构单位

蛋白质的基本结构单位为氨基酸。

1. 氨基酸的种类和结构特点

蛋白质是动物体内重要的生物大分子之一，酸、碱或者蛋白酶可将其彻底水解，产物为20种氨基酸，称为标准氨基酸、编码氨基酸。这些氨基酸包括丙氨酸、缬氨酸、亮氨酸、异亮氨酸、苯丙氨酸、色氨酸、甲硫氨酸（又称为蛋氨酸）、脯氨酸、甘氨酸、丝氨酸、苏氨酸、半胱氨酸、酪氨酸、天冬酰胺、谷氨酰胺、组氨酸、赖氨酸、精氨酸、天冬氨酸和谷氨酸。除甘氨酸外，其余19种氨基酸都含有不对称碳原子，为L型氨基酸。动物至少有8种在体内不能合成或合成量不足，必须由饲料供给的氨基酸，称为必需氨基酸，包括赖氨酸、甲硫氨酸、色氨酸、苯丙氨酸、亮氨酸、异亮氨酸、缬氨酸和苏氨酸。

尽管蛋白质中的氨基酸只有20种，但因这些氨基酸的数量、排列顺序的变化而形成无数种蛋白质。氨基酸通常用其英文名称前3个字母或以单个大写英文字母来表示。目前，在原核和真核生物的少数蛋白质中发现了第21种编码氨基酸——硒代半胱氨酸，在一些微生物中发现了第22种编码氨基酸——吡咯赖氨酸。

20种氨基酸之间的区别在于它们分子中的侧链基团（R）在大小、形状、电荷、氢键形成能力和化学反应等方面不同,并因此导致各种氨基酸表现出不同的理化特性。有些氨基酸是酸性的,有些是碱性的;有些侧链小,有些侧链大;有些带芳香环,有些则为极性的。根据中性条件下侧链基团的极性和电荷的不同,将氨基酸分成4类:非极性氨基酸、不带电荷极性氨基酸、带负电荷(酸性)氨基酸和带正电荷(碱性)氨基酸。

氨基酸在一些蛋白质中可以被修饰,包括羟化、羧化、磷酸化和乙酰化等。蛋白质中的两个半胱氨酸可形成胱氨酸。

2. 氨基酸的性质

(1)光吸收特性 含有苯环的芳香族氨基酸,如色氨酸、酪氨酸和苯丙氨酸在约280nm紫外线波长有最大的吸收值。许多蛋白质中色氨酸和酪氨酸的总量大体相近,因此,利用这个性质可以方便、快速地估测溶液中的蛋白质含量。

(2)两性解离 氨基酸分子既含有酸性的羧基(—COOH),又含有碱性的氨基(—NH₂)。前者能提供质子变成—COO⁻;后者能接受质子变成—NH₃⁺。有的氨基酸还有可解离的侧链基团,其解离状态与溶液的pH有直接关系,表现不同的电泳行为。因此,氨基酸是两性电解质,带有数量相等的正负两种电荷的离子,称为两性离子或兼性离子。

(3)氨基酸的等电点 当氨基酸在溶液中所带正负电荷数相等(即净电荷为零)时,溶液的pH称为该氨基酸的等电点(pI)。不同氨基酸有不同的等电点。例如,pH为5.97时,甘氨酸在水溶液中主要是两性离子,这个pH就是它的等电点。

氨基酸能与某些化学试剂发生反应。例如,氨基酸与茚三酮反应生成蓝紫色物质,可用于氨基酸的定性和定量分析;氨基酸的α-氨基与2,4-二硝基氟苯反应生成黄色化合物,可用于蛋白质末端氨基酸分析;半胱氨酸的巯基十分活泼,能与Hg^{2+}、Ag^+等金属离子结合,还能氧化形成二硫键。

第二节 蛋白质的结构

一、肽与肽键

蛋白质分子中氨基酸的连接方式是:前一个氨基酸分子的羧基与下一个氨基酸分子的氨基缩合,脱去1个水分子并形成肽键。由2个氨基酸分子缩合而成的肽称为二肽,含3个氨基酸的肽称为三肽,以此类推,含20个以上的称为多肽。多肽与蛋白质之间无明显界限,50个以上氨基酸构成的肽一般称为蛋白质。有些蛋白质由几百甚至上千个氨基酸组成。蛋白质中的氨基酸不再是完整的氨基酸分子,称为氨基酸残基。除肽键外,蛋白质中还含有其他类型的共价键,如蛋白质分子中的2个半胱氨酸可通过其巯基形成二硫键(—S—S—,又称二硫桥)。

氨基酸之间通过肽键连接而形成的链状结构称为多肽链。1条多肽链只有1个游离的氨基末端(N端,又称N-末端)和1个游离的羧基末端(C端,又称C-末端),有时在侧链会存在游离的氨基或羧基。肽键中的基团不带电荷,因此,蛋白质所带电荷主要是由氨基酸残基的侧链决定的。蛋白质的解离、溶解度等性质与其氨基酸的组成有很大关系。在书写多肽结构时,总是把含有α—NH₂的氨基酸残基写在多肽链的左边,称为氨基端,把含有α—COOH的氨基酸残基写在多肽的右边,称为羧基端。

二、蛋白质的一级结构

蛋白质的结构可分为一级结构和高级结构。一级结构是指多肽链上各种氨基酸残基的组成及排列顺序。它由遗传信息，即编码蛋白质的基因决定。不同蛋白质有不同的一级结构。一级结构的主价键是肽键，有时有二硫键。

三、蛋白质的高级结构

蛋白质的高级结构即空间结构。蛋白质具有复杂的空间结构，又称构象。通常将其空间结构划分为几个层次。

1. 蛋白质的二级结构

蛋白质的二级结构是指多肽链主链的肽键之间借助氢键形成的有规则的构象，有 α 螺旋、β 折叠和 β 转角等。二级结构不包括 R 侧链的构象。维持其结构稳定的主要是氢键。

α 螺旋是指多肽链主链骨架围绕同一中心轴呈螺旋式上升，形成棒状的螺旋结构。每圈包含 3.6 个氨基酸残基（1 个羰基、3 个 N—C—C 单位、1 个 N，共 13 个原子），也称 3.6_{13} 螺旋。典型 α 螺旋的螺距为 0.54nm，因此，每个氨基酸残基围绕螺旋中心轴旋转 100°，上升 0.15nm。

β 折叠是蛋白质中常见的一种主链构象，是指蛋白质分子中两条平行或反平行的主链中伸展的、周期性折叠的构象，很像 α 螺旋适当伸展形成的锯齿状肽链结构。某些情况下 α 螺旋与 β 折叠间发生的结构转换会导致疾病发生。如疯牛病的病因就可能与这种转换有直接的关系。

在蛋白质中经常存在由若干相邻的二级结构单元按一定规律组合在一起，形成有规则的二级结构集合体，称为超二级结构，又称模体或基序。

在比较大的球蛋白分子中还常存在一些紧密的、相对独立的具有一定功能的结构单位，称为结构域。它们是在超二级结构的基础上形成的。

2. 蛋白质的三级结构

蛋白质的三级结构是指多肽链中所有原子和基团在三维空间上的排布，是在二级结构基础上形成的有生物活性的构象。通过肽链折叠使在一级结构上相距很远的氨基酸残基彼此靠近，导致其侧链相互作用，形成紧密的球状结构（如肌红蛋白），这是蛋白质发挥生物学功能所必需的。它们的一个共同特征是有表面和内部之分，疏水氨基酸多分布于分子内部，亲水氨基酸多分布于分子表面。三级结构的稳定主要靠非共价键，其中氨基酸残基侧链的疏水作用力有重要作用，此外还有离子键、二硫键等。

3. 蛋白质的四级结构

较大的球蛋白分子往往由两条或多条肽链组成。这些多肽链本身都具有特定的三级结构，称为亚基。亚基之间以非共价键相连。亚基的种类、数目、空间排布及相互作用称为蛋白质的四级结构。例如，血红蛋白是由两种亚基聚合而成的四聚体（$\alpha_2\beta_2$）。

第三节 蛋白质结构与功能的关系

蛋白质的功能不仅与其一级结构有关，而且还与其空间结构有直接联系。研究多肽、蛋白质的结构与功能的关系，对于阐明生命的起源、生命现象的本质，以及分子病的机理等具有十分重要的意义。

一、蛋白质的变性

在某些理化因素作用下，蛋白质由天然的、有序的状态转变成伸展的、无序的状态，并引起生物学功能的丧失及理化性质的改变，称为蛋白质的变性。引起天然蛋白质变性的物理因素有加热、辐射、紫外线、X线、超声波、高压、表面张力，以及剧烈的振荡、研磨和搅拌等；化学因素有酸、碱、有机溶剂（如乙醇、丙酮等）、尿素、盐酸胍、重金属盐、三氯醋酸、苦味酸、磷钨酸和去污剂等。对于含有二硫键的蛋白质，加入巯基试剂会通过还原作用破坏二硫键。蛋白质变性的结果是生物活性丧失、理化及免疫学性质改变，其实质是维持高级结构的次级键及空间结构的破坏。

有些分子量不大的蛋白质变性后在适当条件下可以恢复折叠状态，并恢复全部或部分生物活性，这种现象称为复性。

二、蛋白质的变（别）构与血红蛋白运输氧的功能

1. 变构作用

对许多具有四级结构的寡聚蛋白，当其中一个亚基与调节物分子结合后，其构象发生变化，这种变化又引起相邻其他亚基的构象发生变化，从而影响其功能，这种作用称为变构（别构）。这类调节物分子称为变构剂，变构剂可增加或降低变构蛋白的生物活性。变构抑制剂能使变构蛋白迅速从活性状态变为非活性状态，而变构激活剂则相反。变构蛋白（或酶）与变构剂之间的动力学关系为典型的S形曲线。

2. 血红蛋白的输氧功能及其生理意义

氧对于生命活动至关重要。哺乳类、鸟类借助红细胞中的血红蛋白运输氧。血红蛋白分子是由2个α-亚基和2个β-亚基构成的四聚体（$\alpha_2\beta_2$）。每个亚基都包括1条肽链和1个血红素，与肌红蛋白（只有三级结构）很相似。血红素位于每个亚基的空穴中，血红素中央的Fe^{2+}是氧结合部位，可以结合1个氧分子（O_2）。每个血红蛋白分子能与4个氧分子进行可逆结合。

血红蛋白的氧结合曲线是S形曲线。S形曲线说明在血红蛋白分子与氧分子结合的过程中，其亚基之间存在变构作用。血红蛋白四聚体在开始与氧结合时，其氧亲和力很低，即与氧结合的能力很小。一旦其中一个亚基与氧结合，亚基的三级结构就发生变化，并逐步引起其余亚基构象的改变，从而提高其余亚基与氧的亲和力；同理，当一个氧分子与血红蛋白亚基分离后，能降低其余亚基与氧的亲和力，有助于氧的释放。

在肺部由于氧分压高，血红蛋白与氧的结合接近饱和；在肌肉中氧分压低，血红蛋白与肌红蛋白相比能释放更多的氧，以满足肌肉运动和代谢对氧的需求。因此，血红蛋白比肌红蛋白更适合运输氧。由于肌红蛋白与氧的亲和力总是高于血红蛋白，它可接受氧合血红蛋白中的氧，贮存在肌肉中供利用。另外，血红蛋白与一氧化碳有很高的亲和力，结合后无法运输氧而导致人或动物中毒。

三、一级结构变异与分子病

蛋白质的一级结构与功能密切相关。基因突变导致蛋白质一级结构发生改变，如果这种突变导致蛋白质生物学功能下降或丧失，可引起疾病，称为分子病。人的镰刀形红细胞贫血病是第一个被证实的分子病。

第四节　蛋白质的理化性质与分析分离技术

一、蛋白质的理化性质

1. 蛋白质的两性解离及等电点

蛋白质是两性电解质。蛋白质的解离取决于溶液的pH。在酸性溶液中，各种碱性基团与

质子结合，使蛋白质分子带正电荷，在电场中向阴极移动；在碱性溶液中，各种酸性基团释放质子，使蛋白质分子带负电荷，在电场中向阳极移动。因此，蛋白质与氨基酸一样也有等电点，等电点大小由蛋白质分子中可解离基团的种类和数量决定。利用蛋白质的这个性质可以通过电泳的方法对蛋白质进行分离。

2. 蛋白质的胶体性质

蛋白质是大分子，其大小在胶体溶液的颗粒直径范围之内。在水溶液中，水分子在球蛋白分子的周围形成一层水化层（水膜）。由于水化层的分隔作用，许多球蛋白分子不能互相结合，而是均匀地分散在水溶液中，形成亲水性胶体溶液。蛋白质胶体溶液稳定的原因是：球状大分子表面的水膜将各个大分子分隔开来，并且各个球状大分子带有相同的电荷，由于同性电荷相互排斥，大分子不能互相聚集成较大的颗粒。

在蛋白质水溶液中，加入少量的中性盐，会增加蛋白质分子表面的电荷，增强蛋白质分子与水分子的作用，从而使蛋白质在水溶液中的溶解度增大，这种现象称为盐溶。但在高浓度的盐溶液中，无机盐离子从蛋白质分子的水膜中夺取水分子，破坏水膜，使蛋白质分子相互结合而发生沉淀，这种现象称为盐析。

蛋白质分子不能通过半透膜，而无机盐等小分子化合物能自由通过半透膜。利用这一特性，将蛋白质与小分子化合物的溶液装入用半透膜制成的透析袋并密封，然后将透析袋放在流水或缓冲液中，小分子化合物能通过半透膜，而蛋白质仍留在透析袋里。这就是实验室最常用的透析法，可用于蛋白质溶液的脱盐。

3. 蛋白质的沉淀

除盐析外，高浓度的乙醇、丙酮等有机溶剂能够脱去蛋白质分子的水膜，同时降低溶液的介电常数，使蛋白质从溶液中沉淀。在碱性溶液中，蛋白质分子中的负离子基团（如—COO⁻）可以与重金属盐（如醋酸铅、氯化汞和硫酸铜等）的正离子结合成难溶的蛋白质重金属盐，从溶液中沉淀下来。临床上可利用这种特性抢救重金属盐中毒的病人和动物。生物碱试剂（如苦味酸、单宁酸、三氯醋酸和钨酸等）在 pH 小于蛋白质等电点时，其酸根负离子能与蛋白质分子上的正离子相结合，成为溶解度很小的蛋白盐，从溶液中沉淀下来。临床化验时，常用上述生物碱试剂除去血浆中的蛋白质，以减少干扰。

4. 蛋白质的呈色反应

蛋白质分子中游离的氨基和羧基、肽键，以及某些氨基酸的侧链基团，能与某些化学试剂发生反应，产生有色物质，可用于蛋白质的定性或定量分析。例如，肽键与双缩脲试剂反应生成紫红色物质，游离的 α- 氨基与茚三酮反应生成蓝紫色物质。

蛋白质与酚试剂反应生成蓝色物质，可用于蛋白质定量。该法称福林 - 酚法，又称 Lowry 法，是蛋白质定量检测的经典方法。蛋白质还能与染料考马斯亮蓝 G250 结合生成蓝色物质。

5. 蛋白质的紫外线吸收特性

蛋白质分子中的芳香族氨基酸在 280nm 波长的紫外线范围内有特异的吸收光谱，利用这一性质，可以利用紫外分光光度计测定溶液中蛋白质的浓度。

二、蛋白质的定性分析和定量检测方法

（1）透析 利用蛋白质不能通过半透膜的性质，用透析袋分离大分子蛋白质和小分子化合物，如透析脱盐。

（2）超滤 应用正压或离心力使蛋白质溶液通过有一定截留分子量的超滤膜，达到浓缩蛋白质溶液的目的，是蛋白质浓缩的常用方法。

（3）盐析　高浓度中性盐（硫酸铵、硫酸钠或氯化钠）使蛋白质表面电荷中和并破坏水膜，使蛋白质因在水溶液中稳定性被破坏而沉淀，属于可逆性沉淀。

（4）电泳　电泳是指带电颗粒在电场的作用下发生迁移的过程，是蛋白质分离的有效方法。电泳技术就是利用在电场的作用下待分离样品中各种分子带电性质，以及分子本身大小、形状等性质的差异，使带电分子产生不同的迁移速度，从而对样品进行分离、鉴定或提纯的技术。

在溶液中的电泳称界面电泳或自由电泳；而在孔性介质中的电泳称区带电泳。常见的电泳法包括醋酸纤维薄膜电泳、聚丙烯酰胺凝胶电泳（PAGE）和等电聚焦电泳（IEF）等。

（5）层析　层析又称色谱法，是将待分离混合物经过互不相溶的两个相（流动相和固定相），按照被分离物质物理、化学及生物学特性的不同进行分离纯化的一种方法，如离子交换层析、凝胶过滤层析及亲和层析等。

（6）超速离心　这是利用超速离心机测定蛋白质分子量的一种方法。将蛋白质溶液放在超速离心机的离心管中，在约 10^5 r/min 速度下离心，使蛋白质分子沉降。利用光学系统可以检测蛋白质分子的沉降，测出蛋白质的沉降速度。一种蛋白质分子在单位离心力场里的沉降速度为恒定值，被称为沉降系数，常用 S（Svedberg）表示。已测得许多蛋白质的 S 值都在 $(1\times 10^{-13}) \sim (200\times 10^{-13})$ s 之间，因此，采用 1×10^{-13} s 作为沉降系数的一个单位，用 S 表示。

第二章 生物膜与物质的过膜运输

第一节　生物膜的化学组成

一、膜脂

1. 膜脂的种类

膜脂包括磷脂、糖脂和胆固醇。磷脂中以甘油磷脂为主，其次是鞘磷脂。动物细胞膜中的糖脂以鞘糖脂为主。此外，膜上含有游离的胆固醇，但只限于真核细胞的质膜。

2. 膜脂的双亲性

生物膜中所含的磷脂、糖脂和胆固醇，都有共同的特点，即它们都是双亲分子，即分子中既有亲水的头部，又有疏水的尾部。膜脂分子的双亲性，赋予了它们一些特殊的性质。在水溶液中，膜脂极性的头部可通过氢键与水分子相互作用而朝向水相，其非极性的尾部会依赖疏水力的作用而相互聚拢，以避开水，结果形成脂质的双分子层。膜脂质分子的双亲性是形成脂双层结构的分子基础。

二、膜蛋白

膜蛋白是膜的生物学功能的主要体现者。目前所知道的膜蛋白有酶、受体、转运蛋白、抗原和结构蛋白等。根据蛋白质在膜中的位置和与膜结合的紧密程度，通常把膜上的蛋白质分为外在蛋白和内在蛋白两类。外在蛋白比较亲水，可通过离子键等非共价相互作用与膜的内外表面上的膜脂质分子或其他蛋白质的亲水部分结合。内在蛋白又通常半埋在或者贯穿于膜。蛋白质分子中亲水的部分位于膜的两侧，即面向水相，而疏水的部分在膜的中央，常以

α 螺旋形式镶嵌入膜的内部，与脂双层的疏水区域相结合。

三、膜糖

膜上含有少量与蛋白质或脂质相结合的寡糖，形成糖蛋白或糖脂。在糖蛋白中，糖基可借助于 N- 糖苷键或者 O- 糖苷键与蛋白质分子相连接。膜上的寡糖链都暴露在质膜的外表面上（朝向细胞外）。它们与细胞的一些重要生理活动有关联，如分子识别和通信。

第二节 生物膜的特点

一、膜的运动性

膜脂分子在脂双层中处于不停的运动中。其运动方式有：分子摆动（尤其是磷脂分子的烃链尾部的摆动）、围绕自身轴线的旋转、侧向的扩散运动及在脂双层之间的跨膜翻转等。膜脂质的这些运动特点，是生物膜表现生物学功能时所必需的。

膜蛋白与膜脂一样，也处在不断的运动之中。一方面膜蛋白有其自身的运动，另一方面由于它镶嵌在膜的脂质之中，脂质分子的运动对它也有影响。膜蛋白的运动有两种形式，一种是在膜的平面做侧向的扩散运动，另一种是绕着垂直轴做旋转运动。

二、膜脂的流动性与相变

膜脂双层中的脂质分子在一定的温度范围里可以呈现有规律的凝固态或可流动的液态（实际是液晶态）。两种状态的转变温度称为相变温度（Tc）。磷脂分子赋予了生物膜可以在凝固态和液态两相之间互变的特性。磷脂分子中所含的脂肪酸的烃链，其性质与膜脂的相变密切有关。一般来说，脂质分子中所含的脂肪酸的烃链的不饱和程度越高，或者脂肪酸的烃链越短，其相变温度也相应越低。较低的相变温度使脂双层具有较好的流动性。膜上的胆固醇对膜的流动性和相变温度有调节功能，可降低流动性。

第三节 物质的过膜运输

一、小分子与离子的过膜转运

（1）简单扩散　简单扩散是小分子、离子由高浓度向低浓度穿越细胞膜的自由扩散过程。其转移方向依赖于它们在膜两侧的浓度差。这是物质由高浓度向低浓度的扩散，所以不需要提供能量，也不需要任何形式的转运载体帮助。但是脂溶性小分子的透过性较好，而带电荷的离子和多数的极性分子透过性较差。

（2）促进扩散　促进扩散又称易化扩散。与简单扩散相似，它也是物质由高浓度向低浓度的转运过程，也不需要提供能量。但不同的是，这种物质的过膜转运需要膜上特异转运载体的参与。这些转运载体通常称为通道或载体，有的是肽类抗菌素，有的是蛋白质。

（3）主动转运　主动转运是物质依赖转运载体，消耗能量逆浓度梯度进行的过膜转运方式。其所需的能量来自 ATP 的水解。例如，细胞膜的 Na^+-K^+ 泵（钠钾泵），又称 Na^+-K^+ ATP 酶，其功能是保持细胞内的高 K^+ 和低 Na^+、细胞外的高 Na^+ 和低 K^+ 状态。Na^+-K^+ ATP 酶有两种不同的构象（E1 和 E2）。通过它们之间的交替互变，把 K^+ 从胞外转入胞内，把 Na^+ 从胞内转到胞外。这种反向的协同转运可以逆浓度梯度进行，并消耗 ATP。据计算，每次消耗 1 分子的 ATP，可以将 3 个 Na^+ 从胞内泵到胞外，同时将 2 个 K^+ 从胞外泵入胞内，以维持细胞内外 Na^+ 和 K^+ 的浓度差。Na^+-K^+ ATP 酶广泛分布于动物组织中，其活性直接影响细胞的代谢活动。除了维持细胞中电解质的浓度和膜电位以外，相对高的 K^+ 浓度对细胞内糖代谢的关键酶——丙酮酸激酶的活性也是必需的。此外，小肠黏膜细胞等吸收葡萄糖和氨基酸进入胞内时，还伴随着 Na^+ 的同向转运进入细胞。因此，质膜上的 Na^+-K^+ 泵必须把在胞内累积的 Na^+ 不断地排出去，才能使葡萄糖和氨基酸的转运吸收得以持续进行。

二、大分子物质的过膜转运

蛋白质、核酸、多糖、病毒和细菌等进出细胞是通过与细胞膜的变化实现的，如通过内吞和外排作用。有些蛋白质在细胞内合成后要分泌到胞外，或者要在细胞中定位到不同的细胞器中，因此还涉及跨越内质网膜、线粒体膜等的转运过程。

第三章 酶

第一节 酶分子结构

一、酶的化学本质

酶是活细胞产生的具有催化功能的生物大分子，又称生物催化剂。1982 年，Cech 和 Altman 发现某些 RNA 也具有自我催化作用，于是提出了核酶的概念。酶的化学本质绝大多数是蛋白质，少量是 RNA。

二、酶的化学组成

根据酶的组成成分，可分为单纯酶和结合酶两类。

（1）单纯酶　基本组成成分仅为氨基酸的一类酶。其催化活性仅仅取决于它的蛋白质结构。如消化道内催化水解反应的蛋白酶、淀粉酶、酯酶和核糖核酸酶等。

（2）结合酶　基本组成成分除蛋白质部分外，还含有非蛋白质成分的一类酶。蛋白质部分称为酶蛋白；非蛋白质成分称为辅助因子。如各种脱氢酶、脱羧酶等。酶蛋白与辅助因子单独存在时，都没有催化活性，只有两者结合成完整的分子时，才具有活性。这种完整的酶分子称为全酶，即全酶=酶蛋白+辅助因子。

三、酶的辅助因子

酶的辅助因子多是一些对热稳定的非蛋白质有机小分子及金属离子。

1. 辅酶和辅基

大部分辅助因子是耐热的有机小分子，通常可按其与酶蛋白结合的紧密程度分成辅酶和辅基两大类。辅酶与酶蛋白结合疏松，可以用透析或超滤等物理方法除去，重要的辅酶有 NAD^+、$NADP^+$ 和 CoA（辅酶 A）等；辅基与酶蛋白结合紧密，不易用透析或超滤方法除去，重要的辅基有 FAD（黄素腺嘌呤二核苷酸）、FMN（黄素单核苷酸）和生物素等。辅酶和辅基的差别，仅仅在于它们与酶蛋白结合的紧密程度不同，并无严格的界限。现已知大多数维生素（特别是 B 族维生素）是许多酶的辅酶或辅基的组成成分。由于维生素对酶的作用十分重要，所以缺乏时会出现各种病症。

酶分子中常见的金属离子有 K^+、Na^+、Mg^{2+}、Cu^{2+}、Zn^{2+} 和 Fe^{2+} 等。它们或者是酶活性中心的组成部分，或者是连接底物与酶分子的桥梁，或者是稳定酶蛋白分子构象所必需的。

2. 辅助因子的作用

酶的种类很多，但辅酶和辅基的种类却较少，其主要作用是在反应中传递电子、氢原子或一些基团。通常一种酶蛋白只能与一种辅酶结合，但一种辅酶往往能与不同的酶蛋白结合。酶蛋白在酶促反应中主要起识别、结合底物的作用，决定酶促反应的专一性；而辅助因子则决定反应的种类和性质。

四、酶的分子结构

根据酶蛋白分子的结构特点，将其分为单体酶、寡聚酶及多酶复合体3类。

（1）单体酶　只有一条多肽链组成，这类酶为数不多，多属于水解酶，如胃蛋白酶、胰蛋白酶等。

（2）寡聚酶　由几个至几十个亚基组成。亚基可以相同，也可以不同，亚基之间为非共价结合，如乳酸脱氢酶等。这类酶多属于调节酶类。

（3）多酶复合体　由多个功能上相关的酶彼此嵌合而形成的复合体，分子量一般在几百万以上，如丙酮酸脱氢酶系、脂肪酸合成酶系等。它可以催化某个阶段的代谢反应高效、定向和有序地进行。

第二节　酶的结构与功能的关系

一、酶的活性中心与必需基团

在酶分子上，并不是所有氨基酸残基，而只是少数氨基酸残基与酶的催化活性直接有关。这些氨基酸残基的侧链基团虽然在一级结构上可能相距很远，但在空间结构上彼此靠近，形成具有一定空间结构的区域。该区域与底物相结合并催化底物转化为产物，这一区域称为酶的活性中心或活性部位。酶活性中心内的一些化学基团，是酶发挥催化作用及与底物直接接触的基团，称为活性中心内的必需基团（活性中心外也可存在必需基团）。就功能而言，活性中心内的必需基团又可分为两种，与底物结合的必需基团称为结合基团，催化底物发生化学反应的基团称为催化基团。结合基团和催化基团并不是各自独立的，而是相互联系的整体。活性中心内有的必需基团可同时具有这两方面的功能。

二、酶原及酶原的激活

有些酶在细胞内最初合成或分泌时是没有催化活性的前体，称为酶原。在一定条件下，切除该酶的一些肽段后，可使其活性中心形成或暴露，于是转变成有活性的酶。这种由无活性的酶原转变成有活性的酶的过程称为酶原的激活。如胃蛋白酶、胰蛋白酶和胰凝乳蛋白酶等，都是通过这种方式激活的。

第三节　酶的催化作用

一、酶的催化特点

（1）极高的催化效率　一般而言，酶促反应速度比非催化反应高 10^8~10^{20} 倍，比其他催化反应高 10^7~10^{13} 倍。

（2）高度的专一性或特异性　一种酶只作用于一类化合物或一定的化学键，催化一定类型的化学反应，并生成一定的产物，这种现象称为酶的专一性或特异性。又可分为以下几种：

1）绝对专一性：一种酶只作用于一种底物，发生一定的反应，并产生特定的产物。

2）相对专一性：一种酶可作用于一类化合物或一种化学键，这种不太严格的专一性称为相对专一性。如脂肪酶不仅水解脂肪，也能水解简单的酯类。

3）立体异构专一性：酶对底物的立体构型的特异要求，称为立体异构专一性。如L-乳酸脱氢酶的底物只能是L-型乳酸，而不能是D-型乳酸。

（3）活性的可调节性　酶的催化活性和含量受多种因素的调控，因此细胞内酶的活性可以调节。

（4）不稳定性　酶促反应要求一定的pH、温度等较温和的条件。因此，强酸、强碱、有机溶剂、重金属盐、高温和紫外线等任何使蛋白质变性的理化因素，通常都可使酶的活性降低或丧失。

二、酶的催化机理

1. 活化能

在任何化学反应中，反应物分子必须超过一定的能阈，成为活化的状态，才能发生变化，形成产物。这种从初始反应物（初态）转化成活化状态（过渡态）所需的能量，称为活化能。催化剂的作用，主要是降低反应所需的活化能，使更多的分子活化，从而加速反应的进行。酶是生物催化剂，同样能显著地降低反应的活化能，因而表现出很高的催化效率。

2. 中间产物学说

一般认为，酶（E）催化某一反应时，首先与底物（S）结合，生成酶-底物复合物（ES），此复合物再进行分解，释放出酶和形成产物（P）。酶又可再与底物结合，继续发挥其催化功能。这就是所谓的中间产物学说，其反应过程可用下式表示：

$$E+S \rightleftharpoons ES \rightarrow E+P$$

由于E与S结合生成了ES，致使S分子内部某些化学键发生变化，呈不稳定状态或称过渡态，这就大大降低了反应的活化能，使反应加速进行。

三、酶活性及其测定

酶的催化活性（称为酶活性、酶活力）是指酶催化化学反应的能力，可用酶催化某一化学反应的反应速度来衡量，即在特定的条件下，酶促反应在单位时间内生成产物或消耗底物的速度。

每克或每毫升酶制剂所含有活力数值称为酶的比活力，用于反映酶的纯度。对同一种酶来说，其比活力越大，纯度越高。

第四节　影响酶促反应的因素

一、底物浓度和酶浓度的影响

1. 底物浓度的影响

在其他因素，如酶浓度、pH、温度等不变的情况下，底物浓度的变化与酶促反应速度之间的关系呈矩形双曲线，称为米氏曲线。其数学关系式为米氏方程：

$$v = \frac{V_{max}[S]}{K_m+[S]}$$

式中，v是在不同底物浓度时的反应速度，V_{max}为最大反应速度，$[S]$为底物浓度，K_m为米氏常数。当反应速度为最大反应速度的一半时，所对应的底物浓度即是K_m，单位是浓度的单位。K_m是酶的特征性常数之一，在酶学研究中是重要的特征数据。

K_m 的大小，近似地表示酶与底物的亲和力。K_m 大，意味着酶与底物的亲和力小，反之则大。对于某些专一性较低的酶，当作用于多个底物时，不同的底物有不同的 K_m，具有最小的 K_m 或最大的 V_{max}/K_m 比值的底物就是该酶的最适底物或称天然底物。

2. 酶浓度的影响

在一定的温度和 pH 条件下，当底物浓度大大超过酶的浓度时，即有足够的底物，酶的浓度与反应速度呈正比关系。

二、pH 和温度的影响

1. 温度的影响

酶促反应速度最大的温度，称为酶的最适温度。温度过低，反应速度小；温度过高，则酶蛋白可能发生变性。从动物组织提取的酶，其最适温度多在 35~40℃之间，温度升高到 60℃以上时，大多数酶开始变性，80℃以上，多数酶发生变性且不可逆。酶的最适温度不是酶的特征性常数。

2. pH 的影响

酶反应介质的 pH 可影响酶分子的结构，特别是活性中心内必需基团的解离程度和催化基团中质子供体或质子受体所需的离子化状态，也可影响底物和辅酶的解离程度，从而影响酶与底物的结合。只有在特定的 pH 条件下，酶、底物和辅酶的解离状态，最适宜它们相互结合，并发生催化作用，使酶促反应速度达到最大值，这时的 pH 称为酶的最适 pH。

动物体内多数酶的最适 pH 接近中性，但也有例外，如胃蛋白酶的最适 pH 约为 1.8，胰蛋白酶的约为 8.0，而肝精氨酸酶的则约为 9.8。

三、抑制剂的影响

凡能使酶的催化活性下降或丧失的物质，通称为抑制剂。抑制剂对酶的作用有不可逆抑制和可逆抑制之分。

1. 不可逆抑制作用

不可逆抑制剂通常以共价键方式与酶的必需基团结合，一经结合就很难自发解离，不能用透析或超滤等物理方法解除抑制。例如，有机磷杀虫剂能专一地作用于胆碱酯酶活性中心的丝氨酸残基，使其磷酰化而破坏酶的活性中心，导致酶的活性丧失，导致胆碱能神经末梢分泌的乙酰胆碱不能被及时分解，过多的乙酰胆碱会导致胆碱能神经过度兴奋，使昆虫肌肉失去协调并最终导致昆虫死亡，也会使人和家畜产生多种严重中毒症状，甚至死亡。

2. 可逆抑制作用

可逆抑制剂与酶的结合属非共价结合，用超滤、透析等物理方法除去抑制剂后，酶的活性能恢复。其中又有竞争性抑制、非竞争性抑制、反竞争性抑制等不同类型。

1）竞争性抑制剂一般与酶的天然底物结构相似，可与底物竞争酶的活性中心，从而降低酶与底物的结合效率，抑制酶的活性。磺胺类药物是典型的例子。某些细菌中的二氢叶酸合成酶用对氨基苯甲酸、二氢蝶呤啶及谷氨酸为原料合成叶酸，而叶酸是细菌合成核酸不可缺少的辅酶，由于磺胺药与对氨基苯甲酸具有十分类似的结构，于是成为这个酶的竞争性抑制剂。它通过降低菌体内叶酸的合成能力，使核酸代谢发生障碍，从而达到抑菌的作用。

2）非竞争性抑制剂则与酶活性中心以外的必需基团结合，并不影响酶与底物的结合。通过形成酶 - 底物 - 抑制剂复合物，导致酶活性降低。

四、激活剂的影响

凡能使酶由无活性变为有活性或使酶活性提高的物质，统称为激活剂。大部分激活剂是无机离子或有机小分子。如 Mg^{2+} 是多种激酶和合成酶的激活剂，Cl^- 是唾液淀粉酶的激活剂，抗坏血酸、半胱氨酸和还原型谷胱甘肽等则对某些巯基酶具有激活作用。

第五节 酶活性的调节

一、反馈调节

由代谢途径的终产物或中间产物对催化途径起始阶段的反应或途径分支点上反应的关键酶进行的调节（激活或抑制），称为反馈调节。这是物质代谢中普遍存在的一种调节方式，包括正反馈（激活）和负反馈（抑制）。生物体内以负反馈较多。

二、同工酶

同工酶是指催化相同的化学反应，但酶蛋白的分子结构、理化性质和免疫学性质不同的一组酶。这类酶有数百种，它们通过在物种、组织之间，甚至在个体发育的不同阶段的表达差异调节机体的代谢。乳酸脱氢酶是典型的同工酶，通常包括多种不同类型的同工酶，而且不同类型的同工酶表现为不同的催化特点。

三、变（别）构调节

变构调节也称别构调节，通过变构酶发挥作用。变构酶（又称别构酶）的分子组成一般是多亚基的。酶分子中与底物分子相结合的部位称为催化部位，与变构剂结合的部位称为调节部位。这两个部位可以在不同的亚基上，也可以位于同一亚基。变构剂可以与酶分子的调节部位进行非共价、可逆地结合，改变酶分子构象，进而改变酶的活性。变构酶具有 S 形动力学特征。

四、共价修饰调节

共价修饰是机体内调节酶活性的又一重要方式。有些酶分子上的某些氨基酸基团，在其他酶的催化下发生可逆的共价修饰，从而引起酶活性的改变，这种调节称为共价修饰调节。这类酶称为共价修饰酶，酶的共价修饰包括磷酸化/去（脱）磷酸化，乙酰化/去（脱）乙酰化，甲基化/去（脱）甲基化，腺苷化/去（脱）腺苷化，以及—SH 与—S—S—互变等。

五、其他方式

前文介绍的多酶复合体、酶原激活、激活剂和抑制剂对酶活性的影响等，也是机体调节酶活性的重要方式。

第六节 酶的实际应用

一、酶与动物健康的关系

酶的催化作用是机体实现物质代谢以维持生命活动的必要条件。酶的质或量的异常引起酶活性的改变是某些疾病的病因。例如，先天性酪氨酸酶缺乏使黑色素不能形成，引起白化病；苯丙氨酸羟化酶缺乏使苯丙氨酸和苯丙酮酸在体内堆积，导致精神幼稚化；有些疾病的发生是由于酶的活性受到抑制，如一氧化碳中毒是由于抑制了呼吸链中的细胞色素氧化酶的活性，重金属盐中毒是由于抑制了巯基酶的活性。

血清（或血浆）、尿液等体液中酶活力测定是疾病诊断常用的方法。某些组织器官受损伤时，细胞内的一些酶可大量释放进入血液中，如急性胰腺炎时血清淀粉酶活性升高，急性肝炎或心肌炎时血清转氨酶活性升高等。由于许多酶在肝脏内合成，肝功能严重障碍时，可使血清中酶含量下降，如患肝病时血液中凝血酶原、因子Ⅶ等含量下降。血清同工酶的测定对于疾病的器官定位则很有意义。

酶制剂用于疾病的治疗已有多年的历史，如胃蛋白酶、胰蛋白酶和淀粉酶用于消化不良的治疗，尿激酶、链激酶和蚓激酶用于血管栓塞的治疗。酶的抑制作用原理是许多药物设计的前提，如前面提到的磺胺类药物是细菌二氢叶酸合成酶的竞争性抑制剂，氯霉素通过抑制细菌转肽酶的活性而发挥抑菌作用等。

二、酶与动物生产的关系

动物营养离不开各种营养物质在体内的代谢，而代谢离不开酶。例如，酶制剂用于动物饲养可改善动物的消化或吸收，有利于动物生长、繁殖、发育都离不开基因复制、转录和翻译等，而这些过程都离不开酶的作用。

第一节　糖的生理功能及在体内的运转

一、糖的生理功能

糖是动物机体的主要能源物质，动物所需能量的70%来自葡萄糖的分解代谢。糖原是动物体内糖的贮存形式，贮存于肌肉和肝脏中，分别称为肌糖原和肝糖原。1mol葡萄糖完全氧化成为二氧化碳和水可释放2840kJ能量，其中约40%转化成ATP以满足动物生理活动的需要。大脑、心脏、胎儿及泌乳的动物都需要葡萄糖的稳定供给。

此外，糖也是动物组织结构的组成成分。糖蛋白和糖脂都是生物膜的组成成分，核糖与脱氧核糖是组成核酸的成分。一些血浆蛋白、抗体、有些酶和激素、细胞表面的一些受体等也含有糖。蛋白聚糖构成结缔组织和细胞基质，具有保持组织间水分、防止振动和维系细胞间黏合等作用。糖还参与细胞间的信息传递，与细胞免疫和细胞间的识别有关，也与血液凝固及神经冲动传导等功能有关。

二、动物机体糖的来源与去路

1. 来源

动物体内糖的来源主要是消化道吸收，其次是通过糖异生，即将非糖物质如甘油、乳酸、丙酸和生糖氨基酸等在肝脏和肾脏中转变成糖。对于非反刍动物，糖的主要来源是淀粉在消化道中被酶水解转变成葡萄糖，然后通过小肠吸收。对于反刍动物，从饲料中摄入的糖主要是纤维素，在瘤胃中经微生物发酵转变成乙酸、丙酸和丁酸等低级脂肪酸，其中丙酸是异生成葡萄糖的主要前体。家禽对糖的消化吸收主要在小肠进行，其盲肠是消化纤维素的场所。

2. 去路

葡萄糖的代谢去路主要是分解供能，也可以以肝糖原和肌糖原的形式暂时贮存于肝脏和肌肉中。当有过多的糖摄入，能源物质过剩时，糖可以转变为脂肪。糖分解过程中的中间物可以通过提供"碳骨架"参与非必需氨基酸的合成。

三、血糖

1. 血糖的生理功能

血糖主要是指血液中所含的葡萄糖及少量的葡萄糖磷酸酯。此外，血液中还有微量的半乳糖、果糖及其磷酸酯。

血糖的浓度受进食的影响，但短时间不进食也能维持正常水平。血糖浓度的相对恒定，是保证细胞正常代谢和维持组织器官正常机能的重要条件之一。血糖浓度过低时会引起葡萄糖进入各组织的量不足，造成各组织（首先是神经组织）机能障碍，出现低血糖症。动物处在疾病状态下或不合理的饲养及使役中，都能造成血糖供应不足，在这种情况下应该饲喂含糖丰富的饲料，在临床上还应注射葡萄糖。

2. 血糖恒定的生理意义

动物血糖水平保持恒定是糖、脂肪、氨基酸代谢途径之间，肝脏、肌肉、脂肪组织之间相互协调的结果。动物在采食后的消化吸收期间，肝糖原和肌糖原合成加强而分解减弱，氨基酸的糖异生减弱，脂肪组织加速将糖转变为脂肪，使血糖在暂时上升之后很快恢复正常。动物持续饥饿时，血糖浓度下降，但仍会保持一定的水平。此时血糖的来源主要靠糖异生，以保证动物脑组织对能量的需求。调节血糖浓度的主要激素有胰岛素、胰高血糖素、肾上腺素和糖皮质激素等，除胰岛素可降低血糖外，其他激素均可使血糖浓度升高。

血糖浓度低于下限，称为低血糖，由饥饿、营养不良等因素造成。低血糖时，会出现心慌、眩晕和肌无力等症状。

因为胰岛素分泌缺陷或其生物作用受损，或两者兼有，导致血糖高于上限，糖随尿中排出体外，而且长时间持续，就形成了糖尿病，这是一种以高血糖为特征的代谢性疾病。糖尿病长期存在的高血糖，会导致各种组织，特别是眼睛、肾、心脏、血管及神经的慢性损害和功能障碍。

第二节 葡萄糖的分解代谢

一、糖酵解途径及其生理意义

1. 糖酵解途径

糖酵解是指在无氧情况下，葡萄糖生成乳酸并释放能量的过程，也称为糖的无氧分解或无氧氧化。糖的无氧分解在细胞液中进行，可分为 2 个阶段：

第一阶段由葡萄糖分解成丙酮酸。从葡萄糖开始进行的糖无氧分解，先由 1mol 葡萄糖（6C）消耗 2 mol ATP 先后生成葡萄糖 -6- 磷酸和果糖 -1,6- 二磷酸，果糖 -1,6- 二磷酸分子再断裂成 2mol 磷酸丙糖（3- 磷酸甘油醛和磷酸二羟丙酮，两者是可以互变的异构体）。接着 2mol 3- 磷酸甘油醛经过氧化脱氢和磷酸化转变成 2mol 丙酮酸（3C），并生成 2mol NADH+H$^+$ 和 4mol ATP。减去反应开始时形成己糖磷酸酯所消耗的 2mol ATP，净生成 2mol ATP。若酵解由糖原开始，由于少消耗 1mol ATP，糖原分子中的 1mol 葡萄糖残基转变为 2mol 丙酮酸，可以生成 3mol ATP。

第二阶段是丙酮酸（3C）还原成乳酸（3C）。反应由乳酸脱氢酶催化，由第一阶段生成的 2mol NADH+H$^+$ 将丙酮酸还原成 2mol 乳酸。

整个途径涉及 3 个关键酶，它们是己糖激酶（或葡萄糖激酶）、磷酸果糖激酶和丙酮酸激酶。

葡萄糖无氧分解的总反应为：

$$C_6H_{12}O_6+2Pi+2ADP \longrightarrow 2CH_3CH(OH)COO^-+2ATP$$

2. 糖酵解途径的生理意义

糖的无氧分解最主要的生理意义在于能为动物机体迅速提供生理活动所需的能量。当动物在缺氧或剧烈运动时，氧的供应不能满足肌肉将葡萄糖完全氧化的需求。这时肌肉处于相对缺氧状态，糖的无氧分解过程随之加强，以补充运动所需的能量。但是，从葡萄糖无氧分解途径获得的能量有限。

即使在有氧情况下，少数组织如表皮、视网膜、神经、睾丸、肾髓质和血细胞等，也从无氧分解获得能量。成熟的红细胞由于没有线粒体则完全依赖糖的无氧分解供能。

在某些病理情况下，如严重贫血、大量失血、呼吸障碍和肿瘤组织也会因组织供氧不足而加强糖的无氧分解以获取更多能量，当产生的乳酸过多时还会引起酸中毒。在一般情况下，动物机体大多数组织供氧充足，主要由葡萄糖的有氧分解途径供能。

二、有氧氧化途径及其生理意义

1. 有氧氧化途径

有氧氧化指葡萄糖在有氧条件下彻底氧化生成水和二氧化碳的过程，也称为糖的有氧分解。有氧分解是糖分解的主要方式，绝大多数细胞都通过它获得能量。其主要过程如下：

第一阶段由 1mol 葡萄糖（6C）转变为 2mol 丙酮酸（3C），净生成 2mol ATP 和 2mol NADH+H^+。此阶段与葡萄糖的无氧分解途径一致，在细胞液中进行。

第二阶段是 2mol 丙酮酸（3C）进入线粒体，氧化脱羧生成 2mol 乙酰 CoA（2C）、2mol NADH+H^+ 和 2mol CO_2。此反应由丙酮酸脱氢酶复合体催化，该复合体由丙酮酸脱氢酶、二氢硫辛酸转乙酰基酶和二氢硫辛酸脱氢酶 3 种酶和硫胺素焦磷酸（TPP^+）、硫辛酸、FAD、NAD^+、CoA 及 Mg^{2+} 6 种辅助因子组成。

第三阶段是在线粒体中，乙酰 CoA（以 1mol 计，以下反应物和产物都要乘2）通过三羧酸循环（又称柠檬酸循环或 Krebs 循环）彻底氧化分解成 CO_2 和 H_2O，并有 NADH+H^+、$FADH_2$ 和 ATP 生成。其反应过程为：乙酰 CoA 与草酰乙酸缩合生成柠檬酸，柠檬酸转变成异柠檬酸，后者经过第一次脱氢（产生 NADH+H^+）和脱羧转变成 α-酮戊二酸。α-酮戊二酸在 α-酮戊二酸脱氢酶复合体（与丙酮酸脱氢酶复合体作用相似）的催化下经第二次脱氢（产生 NADH+H^+）和脱羧生成琥珀酰 CoA，接着在经过一次底物水平磷酸化（生成 ATP）后，琥珀酸再脱氢（第三次脱氢，产生 $FADH_2$）生成延胡索酸，后者再加水转变成苹果酸，苹果酸脱氢（第四次脱氢，产生 NADH+H^+）再生成草酰乙酸，至此完成一次循环。整个循环是不可逆的，每运转 1 周，经过 2 次脱羧、4 次脱氢，1mol 的乙酰 CoA 被彻底氧化分解。循环中有 3 个关键酶：柠檬酸合酶、异柠檬酸脱氢酶和 α-酮戊二酸脱氢酶复合体。整个途径中产生的 NADH+H^+ 和 $FADH_2$ 经过呼吸链最终分别可以生成 2.5mol 和 1.5mol 的 ATP，因此 1mol 的乙酰 CoA 经过 1 次循环可以生成 10mol ATP（由 3mol NADH+H^+、1mol $FADH_2$ 经呼吸链生成的 9mol ATP 和 1mol 底物磷酸化生成的 ATP）。

2. 有氧氧化途径的生理意义

1）糖的有氧分解是动物机体获得生理活动所需能量的主要来源。1mol 葡萄糖在有氧氧化的第一个阶段生成 2mol ATP 和 2mol NADH+H^+，在第二阶段生成 2mol NADH+H^+，在第三阶段生成 6mol NADH+H^+、2mol $FADH_2$ 和 2mol ATP。这些还原辅酶和辅基经过呼吸链氧化，并通过 ADP 的磷酸化合成 ATP。最终合计能得到 32（或 30）mol ATP。

2）三羧酸循环是糖、脂肪、氨基酸及其他有机物质代谢的联系枢纽。糖有氧分解过程中产生的丙酮酸、α-酮戊二酸和草酰乙酸可以氨基化转变为丙氨酸、谷氨酸和天冬氨酸，反之这些氨基酸脱去氨基又可转变成相应的酮酸进入糖的有氧分解途径。此外，丙酸等低级脂肪酸可经琥珀酰 CoA、草酰乙酸等异生成糖。因而，三羧酸循环将各种营养物质的相互转变联系在了一起。

3）三羧酸循环是糖、脂肪、氨基酸及其他有机物质分解代谢的共同归宿。乙酰 CoA 不仅是糖有氧分解的产物，同时也是脂肪酸和氨基酸代谢的产物。因此，三羧酸循环是三大营养物质的最终代谢通路。据估计，动物体内 2/3 的有机物质通过三羧酸循环被完全分解，三羧酸循环成为各种营养物质分解代谢的共同归宿。

三、磷酸戊糖途径及其生理意义

1. 磷酸戊糖途径

磷酸戊糖途径的代谢反应在细胞质中进行，其过程可分为两个阶段：第一阶段是氧化反应，包括葡萄糖-6-磷酸经 2 次脱氢、1 次脱羧形成五碳糖（核酮糖-5-磷酸），生成 CO_2 和 $NADPH+H^+$。第二阶段是非氧化反应，包括核酮糖-5-磷酸异构化为核糖-5-磷酸，核酮糖-5-磷酸还通过差向异构形成木酮糖-5-磷酸，再通过转酮基反应和转醛基反应，将磷酸戊糖途径与糖无氧分解途径联系起来。

磷酸戊糖途径的总反应：

$$6G\text{-}6\text{-}P+12NADP^++7H_2O \rightarrow 5G\text{-}6\text{-}P+6CO_2+12NADPH+12H^++Pi$$

2. 磷酸戊糖途径的生理意义

1）磷酸戊糖途径中产生的 $NADPH+H^+$ 为生物合成反应提供还原当量。合成脂肪、胆固醇和类固醇激素都需要大量的 $NADPH+H^+$ 提供氢，所以在脂类合成旺盛的脂肪组织、哺乳期乳腺、肾上腺皮质和睾丸等组织中磷酸戊糖途径比较活跃。$NADPH+H^+$ 对维持还原型谷胱甘肽（GSH）的正常含量，保护巯基酶活性，维持红细胞的完整性也很重要。

2）磷酸戊糖途径生成的核糖-5-磷酸是合成核苷酸的原料。

3）磷酸戊糖途径与糖的有氧氧化途径及糖酵解途径相互联系，因此成为不同碳原子数的单糖互相转变和氧化分解的共同途径。

第三节　糖异生作用

一、糖异生的反应过程

非糖物质（生糖氨基酸、乳酸、丙酸、甘油和三羧酸循环中各种羧酸等）转变成葡萄糖或糖原的过程称为糖异生。该过程不能完全按糖无氧分解途径的逆过程进行，因为由己糖激酶、磷酸果糖激酶和丙酮酸激酶催化的 3 个反应是不可逆的，构成了糖异生过程的"能障"。要完成这 3 个不可逆反应的逆向反应，需要通过另外的催化过程克服这种障碍才能实现，即分别通过葡萄糖-6-磷酸酶（肝脏）、果糖-1,6-二磷酸酶，以及由丙酮酸羧化酶与磷酸烯醇式丙酮酸羧激酶组成的"丙酮酸羧化支路"实现。这个过程主要在肝脏和肾脏中进行。

二、糖异生的生理意义

糖异生有利于保持血糖浓度的相对恒定。当动物处在空腹或饥饿情况下，依靠糖异生生成葡萄糖以维持血糖浓度的正常水平，保证动物机体的细胞从血液中取得必要的糖。草食动物体内的糖主要依靠糖异生而来（特别是丙酸的生糖作用）。如果用质量低下的饲料喂养奶牛，由于糖异生前体物质匮乏，糖异生作用将被削弱，不但影响乳的产量，还可能引起酮病。

三、乳酸循环

糖异生有利于乳酸的利用。在某些生理或病理情况下，如家畜在重役（或剧烈运动）时，肌肉中糖的无氧分解加剧，引起大量肌糖原分解为乳酸。乳酸在肌肉组织中不能被继续利用，而是通过血液循环到达肝脏，经糖异生转变成糖原和葡萄糖，生成的葡萄糖又可进入血液以补充血糖，这一过程称为乳酸循环或 Cori 循环。可见糖异生对于清除体内多余的乳酸，使其被再利用，防止发生由乳酸引起的酸中毒，保证肝糖原生成，补充肌肉消耗的糖都有特殊的生理意义。动物在安静状态或产生乳酸甚少时，这种作用表现不明显。

第四节　糖原的分解与合成

一、糖原的分解

糖原在糖原磷酸化酶的催化下进行磷酸解反应，从糖原分子的非还原性末端逐个移去以 α-1,4-糖苷键相连的葡萄糖残基，生成葡萄糖-1-磷酸，这是糖原分解的主要产物。而在分支点上的以 α-1,6-糖苷键相连的葡萄糖残基则在 α-1,6-糖苷酶的作用下水解产生游离的葡萄糖。糖原分解过程的关键酶是磷酸化酶。

二、糖原的合成

首先由葡萄糖-1-磷酸在 UDP-葡萄糖焦磷酸化酶的催化下与尿苷三磷酸（UTP）作用，生成尿苷二磷酸葡萄糖（UDPG），形成的 UDPG 可看作是"活性葡萄糖"，在体内作为糖原合成的葡萄糖供体。然后在糖原合酶作用下，UDPG 上的葡萄糖基转移到糖原引物上，形成 α-1,4-糖苷键，使糖原延长1个葡萄糖残基。上述反应重复进行，可使糖链不断延长。糖原的支链由分支酶催化形成。糖原合成过程的关键酶是糖原合酶。

第五章 生物氧化

第一节　生物氧化的概念

营养物质，如糖、脂肪和蛋白质在细胞内氧化分解生成 CO_2 和 H_2O 并释放能量的过程称为生物氧化。生物氧化并不是某一物质单独的代谢途径，而是营养物质分解氧化的共同代谢过程。生物氧化也包括机体对药物和毒物的氧化分解过程。

从最简单的细胞变形运动到高级神经活动，一切生命活动都需要能量。生物氧化在细胞内并且有水存在的环境中进行，营养物质主要以脱氢、脱羧、水化、加成和化学键的断裂等方式分解，而有机物在体外的燃烧则需要干燥的环境；生物氧化的反应介质是细胞液，其 pH 接近中性；生物氧化过程中能量逐步释放，并且可以转变成为可以利用的化学能（ATP）。

真核生物的生物氧化发生在线粒体，而原核生物则在细胞膜。线粒体的特殊结构及其特殊的酶系统，为生物氧化提供了便利的条件。线粒体中氧化生成的 $NADH+H^+$ 和 $FADH_2$ 可以

直接进入呼吸链与 O_2 反应生成 H_2O，同时伴有 ATP 的合成。由于线粒体是生产 ATP 的主要场所，所以它被称为细胞内的"发电站"。而营养物质在线粒体外分解生成的 $NADH+H^+$，必须通过磷酸甘油穿梭作用或苹果酸穿梭作用，从细胞液中转入线粒体参加生物氧化过程。

一、生物氧化的酶类

1. 不需氧脱氢酶

不需氧脱氢酶可催化底物脱氢而氧化，但脱下的氢并不直接与氧反应，而是通过呼吸链传递，最终与 O_2 结合生成 H_2O。这些酶的辅酶包括 NAD^+、$NADP^+$ 和 FAD 等。例如，在葡萄糖分解代谢中的 3-磷酸甘油醛脱氢酶、丙酮酸脱氢酶、α-酮戊二酸脱氢酶、异柠檬酸脱氢酶和琥珀酸脱氢酶等都属于不需氧脱氢酶。

2. 氧化酶

主要的氧化酶是处于呼吸链末端的细胞色素氧化酶或细胞色素 c 氧化酶，又称为细胞色素 aa_3（$Cytaa_3$），可以催化细胞色素 c 的氧化，将电子直接传递给氧而使氧激活（O^{2-}），然后再接受 H^+ 生成水。细胞色素氧化酶可被氰化物（CN^-）和 CO 抑制，需要 Fe^{2+}、Cu^{2+} 等金属离子。

二、生物氧化中 CO_2 和 H_2O 的生成

1. 生物氧化中 CO_2 的生成

糖、脂肪和蛋白质等营养物质在生物体内氧化分解释放的 CO_2 大多是以脱羧反应的形式进行的。大致有 4 种脱羧方式：

（1）α-单纯脱羧　脱羧发生在 α-碳原子上，无伴随的氧化反应发生。例如，氨基酸脱羧酶催化的氨基酸脱羧反应，生成相应的胺。

$$R-\underset{\underset{H}{|}}{\overset{\overset{NH_2}{|}}{C_\alpha}}-COOH \xrightarrow[\text{(磷酸吡哆醛)}]{\text{氨基酸脱羧酶}} R-CH_2-NH_2 + CO_2$$

氨基酸　　　　　　　　　　　　　胺

（2）α-氧化脱羧　脱羧发生在 α-碳原子上，并且伴随有脱氢形式的氧化反应发生。例如，丙酮酸脱氢酶多酶复合体催化的丙酮酸既脱氢又脱羧反应，除产生 CO_2 外，还有 $NADH+H^+$ 生成。

（3）β-单纯脱羧　脱羧发生在 β-碳原子上，无伴随的氧化反应发生。例如，磷酸烯醇式丙酮酸羧激酶催化的反应。

（4）β-氧化脱羧　脱羧发生在 β-碳原子上，并且伴随有脱氢形式的氧化反应发生。例如，异柠檬酸脱氢酶催化的异柠檬酸既脱氢又脱羧反应。

2. 生物氧化中 H_2O 的生成

除了 CO_2 以外，生物氧化中另一个产物就是 H_2O。H_2O 的生成方式大致可分为两种：一种是直接由底物脱水，另一种是通过呼吸链生成。后者是动物机体生成水的主要方式。

（1）底物脱水　营养物质在代谢过程中从底物直接脱水的只是少数。例如，在葡萄糖的无氧酵解中，烯醇化酶可催化 2-磷酸甘油酸脱水生成磷酸烯醇式丙酮酸；在脂肪酸的生物合成中，β-羟脂酰-ACP 脱水酶催化 β-羟脂酰-ACP 脱水生成 α,β-烯脂酰-ACP。

（2）由呼吸链生成水　生物氧化中大部分 H_2O 是通过呼吸链生成的。呼吸链是指排列在线粒体内膜上的一个由多种脱氢酶以及氢和电子传递体组成的氧化还原系统。在生物氧化过程中，底物脱下的氢（可以表示为 H^++e^-）通过一系列递氢体和电子传递体的顺次传递，最终

与 O_2 结合生成 H_2O，并释放能量。在这个过程消耗了氧，所以称为呼吸链。

第二节 呼 吸 链

一、呼吸链的组成

除前面提到的不需氧脱氢酶外，组成呼吸链的氢和电子传递体主要有 NADH 脱氢酶（以 FMN 为辅基，又称黄素蛋白）、铁硫中心（FeS）、辅酶 Q、各种细胞色素及细胞色素氧化酶等。

二、NADH 呼吸链和 $FADH_2$ 呼吸链

分布在线粒体内膜上的不需氧脱氢酶、递氢体和电子传递体组成 4 种复合体，形成两条既有联系又相对独立的呼吸链，即 NADH 呼吸链和 $FADH_2$ 呼吸链。

由复合体 Ⅰ、Ⅲ、Ⅳ 组成以 NADH 为首的电子传递链，称为 NADH 呼吸链。它们的排列顺序如下：

$$\underbrace{NADH \to FMN \to (FeS)}_{Ⅰ} \to CoQ \to \underbrace{Cytb \to (FeS) \to Cytc_1}_{Ⅲ} \to Cytc \to \underbrace{Cytaa_3}_{Ⅳ} \to O_2$$

以复合体 Ⅱ、Ⅲ、Ⅳ 组合组成以琥珀酸脱氢酶为首的传递链，称为 $FADH_2$ 呼吸链（也称琥珀酸呼吸链或短呼吸链）。它们的排列顺序如下：

$$琥珀酸 \to \underbrace{FADH_2 \to (FeS)}_{Ⅱ} \to CoQ \to \underbrace{Cytb \to (FeS) \to Cytc_1}_{Ⅲ} \to Cytc \to \underbrace{Cytaa_3}_{Ⅳ} \to O_2$$

呼吸链中各个递氢体与电子传递体的位置是根据各个氧化还原对的标准氧化还原电位从低到高排列的，也就是电子传递的方向。

三、呼吸链的抑制作用

呼吸链是由各种氢和电子传递体按一定顺序组成的电子传递链，因此只要其中某一个传递体受到抑制，就会阻断整个传递链，这就是呼吸链的抑制作用。能够阻断呼吸链中某些电子传递部位的物质称为电子传递抑制剂。常见的电子传递抑制剂有：

1）阻断 $NADH \to CoQ$ 氢和电子传递的有鱼藤酮、安密妥和杀粉蝶菌素。
2）阻断 $CoQ \to Cytc_1$ 电子传递的有抗霉素 A，它可干扰细胞色素还原酶的作用。
3）阻断 $Cytaa_3 \to O_2$ 电子传递的有氰化物（如氰化钾、氰化钠）、叠氮化物和一氧化碳。

第三节 ATP 的生成

一、高能磷酸化合物和 ATP

生物体内营养物质氧化分解产生的一部分能量可转变成化学能，并以各种高能化合物的形式贮存起来，需要时再释放出来。在高能化合物中，高磷酸化合物是最常见的。它们的高能磷酸键断裂时，可释放出大量的自由能（20.92kJ/mol 以上），这类化合物称为高能磷酸化合物。从化学结构上看，含高能磷酸键的化合物分为：①磷酸酐，如焦磷酸、核苷酸；②羧酸和磷酸合成的混合酸酐，如乙酰磷酸、1,3-二磷酸甘油酸；③烯醇磷酸，如磷酸烯醇式丙酮酸；④磷氨酸衍生物（$R-NH-PO_3H_2$），如肌酸磷酸。

在这些高能化合物中，ATP 的作用最重要。因为 ATP 水解生成 ADP 及无机磷酸时，可释放 30.52kJ/mol 自由能，其水解自由能的水平在所有磷酸化合物中处于中间位置，因此它既容易从自由能水平较高的化合物获得能量，也容易向自由能水平较低的化合物传递能量。ATP 还可以通过各种核苷酸激酶的催化，将能量转移给其他的核苷酸，生成如 GTP、UTP 和 CTP 等。ATP 的生成有底物水平磷酸化和氧化磷酸化两种方式。

二、底物水平磷酸化

营养物质在代谢过程中经过脱氢、脱羧、分子重排和烯醇化反应，产生高能磷酸基团或高能键，随后直接将高能磷酸基团转移给 ADP 生成 ATP；或将水解高能键释放的自由能用于 ADP 与无机磷酸反应（ADP+Pi）生成 ATP，以这样的方式生成 ATP 的过程称为底物水平磷酸化。在糖的无氧分解过程中就有两处反应以底物水平磷酸化的方式产生 ATP。

三、氧化磷酸化

氧化磷酸化是指底物的氧化作用与 ADP 的磷酸化作用通过能量相偶联生成 ATP 的方式。底物脱下的氢经过呼吸链的依次传递，最终与 O_2 结合生成 H_2O，这个过程所释放的能量用于 ADP 的磷酸化反应（ADP+Pi）生成 ATP。氧化磷酸化是产生 ATP 的主要方式。在呼吸链中 ATP 生成的偶联部位分别位于传递体复合体Ⅰ、Ⅲ和Ⅳ。1mol NADH 通过 NADH 呼吸链最终与 O_2 化合生成 H_2O，伴随有 2.5mol ATP 生成；而 1mol $FADH_2$ 通过 $FADH_2$ 呼吸链最终与 O_2 化合生成 H_2O，伴随有 1.5mol ATP 生成。

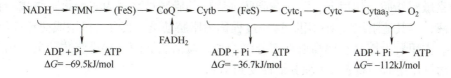

第六章 脂类代谢

第一节 脂类及其生理功能

一、脂类的分类

脂类是脂肪和类脂的总称。脂肪又称三酰甘油或甘油三酯，由甘油的 3 个羟基与 3 个脂肪酸缩合而成；类脂则包括磷脂、糖脂、胆固醇及其酯。

根据脂类在动物体内的分布，又可将其分为贮存脂和组织脂。贮存脂主要为中性脂肪，分布在动物皮下结缔组织、大网膜、肠系膜和肾周围等组织中，这些贮存脂肪的组织又称为脂库。贮存脂的含量随机体营养状况而变动。组织脂主要由类脂组成，分布于动物体所有的细胞中，是构成细胞膜系统（质膜和细胞器膜）的成分，含量稳定，不受营养等因素的影响。

二、脂类的生理功能

脂肪是动物机体贮存能量的主要形式。每克脂肪彻底氧化分解释放出的能量是同样重量的葡萄糖所能产生的能量的 2 倍多。而脂肪是疏水的，贮存脂肪并不伴有水的贮存，1g 脂肪只占 1.2mL 的体积，贮存 1g 糖原所占体积约是贮存 1g 脂肪的 4 倍，即贮存脂肪的效率远比贮存糖原大。

皮下脂肪可以保持体温，内脏周围的脂肪组织有固定内脏器官和缓冲外部冲击的作用。磷脂、糖脂和胆固醇等类脂分子由于其特殊的理化性质使它们可以形成双分子层的细胞膜结构，成为半透性的屏障。

此外，由胆固醇可以衍生出性激素、维生素 D_3 和促进脂类消化吸收的胆汁酸。磷脂的代谢中间物，如肌醇三磷酸（IP3）可作为信号分子参与细胞代谢的调节过程。

还有一类多不饱和脂肪酸，即含有 2 个及以上双键的脂肪酸，如亚油酸（18∶2，$\Delta^{9,12}$）、亚麻酸（18∶3，$\Delta^{9,12,15}$）和花生四烯酸（20∶4，$\Delta^{5,8,11,14}$）等，它们在动物体内不能合成，而又具有十分重要的生理功能，必须从饲料中摄取（植物和微生物可以合成），这类多不饱和脂肪酸称为必需脂肪酸。它们不仅是组成细胞膜的重要成分，也是前列腺素、血栓素和白三烯等的前体。二十二碳六烯酸（DHA）和二十碳五烯酸（EPA）等 n-3（或 ω-3）系列的多不饱和脂肪酸也参与了多种生理过程，与炎症、过敏反应、免疫系统和心血管系统疾病、皮肤疾病、脱毛和生长停止等的病理过程有关。

第二节　脂肪的分解代谢

一、脂肪的动员

在激素敏感脂肪酶作用下，贮存在脂肪细胞中的脂肪被水解为非酯化脂肪酸和甘油并释放进入血液，被其他组织氧化利用，这一过程称为脂肪动员。禁食、饥饿或交感神经兴奋时，肾上腺素、去甲肾上腺素和胰高血糖素分泌增加，激活脂肪酶，促进脂肪动员。相反，具有对抗脂肪动员作用的胰岛素等则使其活性受到抑制。

二、甘油的分解代谢

脂肪组织分解释放的甘油运送至肝脏，在磷酸甘油激酶催化下，使甘油磷酸化生成甘油-3-磷酸，然后脱氢转变成磷酸二羟丙酮，后者进入糖代谢途径分解或转变。

三、长链脂肪酸的 β-氧化过程

脂肪酸的 β-氧化是脂肪酸分解的主要方式。下面以饱和脂肪酸（16C 的棕榈酸，又称软脂酸、十六烷酸）为例予以简单说明。首先是脂肪酸的活化。脂肪酸须在细胞液中消耗 ATP 的 2 个高能磷酸键活化为脂酰 CoA（棕榈酰~SCoA），接着借助脂酰肉碱转移系统从细胞液转移至线粒体内。然后脂酰 CoA 在线粒体内，经过脱氢（辅基 FAD）、加水、再脱氢（辅酶 NAD^+）和硫解 4 步反应，生成 1mol 乙酰 CoA（2C）和比原来少 2 个碳原子的脂酰 CoA（14C 的脂酰 CoA）。这个过程称为 1 次 β-氧化过程。

上述脱氢、加水、再脱氢和硫解 4 步反应可以反复进行，每进行 1 次 β-氧化可生成乙酰 CoA、$FADH_2$ 和 $NADH+H^+$ 各 1mol，最终脂酰 CoA 全部分解为乙酰 CoA，进入三羧酸循环进一步氧化分解。对 1 mol 棕榈酸而言，经过 β-氧化分解的总反应如下：

棕榈酰 ~SCoA+7HSCoA+7FAD+7NAD^++7H_2O → 8 乙酰 CoA+7$FADH_2$+7NADH+7H^+

以上 1mol 棕榈酸氧化分解最终能产生 108mol ATP。因在脂肪酸活化时要消耗 2 个高能键，故彻底氧化 1mol 棕榈酸净生成 106mol ATP。

四、酮体的生成与利用

酮体包括乙酰乙酸、β-羟丁酸和丙酮 3 种小分子，是脂肪酸分解的特殊中间产物。

1. 酮体的生成

酮体是在肝细胞线粒体中由乙酰 CoA 缩合而成，酮体生成的全套酶系位于肝细胞线粒体的内膜或基质中，其中 HMGCoA 合成酶是此途径的限速酶。除肝脏外，肾脏也能生成少量酮体。

2. 酮体的利用

肝脏中由于没有用于分解酮体的酶，所以只能产生酮体，而不能利用酮体。酮体随血液送到肝外组织。由于在肝外组织（骨骼肌、心肌、肾和脑等）中存在乙酰乙酸-琥珀酰 CoA 转移酶和硫解酶，可以将酮体再分解成乙酰 CoA，然后进入三羧酸循环彻底氧化供能。

3. 酮体的生理意义

酮体是脂肪酸在肝中氧化分解时产生的正常中间代谢物，是肝脏输出能源的一种形式。酮体溶于水，分子小，能通过肌肉毛细血管壁和血-脑屏障，可以成为适合肌肉和脑组织利用的能源物质。初生动物脑部迅速发育，需要合成大量类脂用于生成髓鞘，而脑中利用酮体的酶系比成年动物的活性高得多，酮体就成为初生动物合成类脂的重要原料。

4. 酮病

在正常情况下，肝脏中产生酮体的速度和肝外组织分解酮体的速度处于动态平衡中，因此血液中酮体含量很少。但在有些情况下，肝脏中产生的酮体多于肝外组织的消耗量，超过了肝外组织所能利用的限度，故在体内积存而引起酮病。此时，不仅血液中酮体含量升高，酮体还可随乳、尿排出体外，常导致动物体液酸碱平衡失调，引起酸中毒。

引起动物发生酮病的原因很复杂，其基本的生化机制可归结为糖和脂类代谢的紊乱所致。持续的低血糖（饥饿或废食）导致脂肪大量动员，脂肪酸在肝脏中经过 β-氧化产生的乙酰 CoA 缩合形成过量的酮体，于是血液中的酮体增加，临床上常见的酮病病例大多为泌乳初期的高产奶牛和妊娠后期的绵羊，由于泌乳和胎儿生长对葡萄糖的需要量急剧增加，容易因为缺糖而引起酮病。从重症病畜的呼出气中可嗅到烂苹果味（丙酮味）。

五、丙酸的代谢

奇数短链脂肪酸对于反刍动物有重要生理意义，它是瘤胃细菌发酵纤维素的产物之一。反刍动物体内的葡萄糖，约有 50% 来自丙酸的异生作用。游离的丙酸在硫激酶的催化下生成丙酰 CoA，然后在丙酰 CoA 羧化酶的催化下羧化（加 CO_2）生成甲基丙二酸单酰 CoA，此反应消耗 ATP，需要生物素。甲基丙二酸单酰 CoA 在变位酶的催化下，转变为琥珀酰 CoA，此酶需要辅酶维生素 B_{12}。琥珀酰 CoA 可以通过草酰乙酸转变为磷酸烯醇式丙酮酸，进入糖异生途径合成葡萄糖或糖原，也可以彻底氧化成 CO_2 和 H_2O 并提供能量。

第三节 脂肪的合成代谢

动物体内合成脂肪的主要器官是肝脏、脂肪组织和小肠黏膜上皮。家畜主要在脂肪组织中合成三酰甘油；家禽主要在肝脏中合成。小肠黏膜会对饲料中的脂类消化产物进行再合成，然后组成乳糜微粒进入体液转运。肝脏中合成的三酰甘油绝大部分以极低密度脂蛋白的形式通过血液转运到脂肪组织中贮存。畜禽合成三酰甘油都以脂酰 CoA 和甘油-3-磷酸（或一酰甘油）为原料。甘油-3-磷酸来自糖代谢或某些氨基酸代谢的中间产物，如磷酸丙糖。长链脂酰 CoA 则主要以乙酰 CoA 为原料从头合成。

一、脂肪酸的合成

脂肪酸的合成主要在细胞液中进行。合成脂肪酸的直接原料是乙酰 CoA，主要来自葡萄糖的分解。反刍动物可以利用瘤胃生成的乙酸和丁酸，使其分别转变为乙酰CoA及丁酰CoA。对于非反刍动物，乙酰CoA须从线粒体内转移到细胞液后才能被利用，这要借助于柠檬酸-丙酮酸循环来实现。

乙酰CoA原料分子转入细胞液中后，首先须在乙酰CoA羧化酶的催化下，利用ATP和CO_2合成丙二酸单酰CoA。乙酰CoA羧化酶是脂肪酸合成的限速酶，以生物素为辅酶，柠檬酸是其激活剂，长链脂酰CoA是其抑制剂。脂肪酸的合成在多酶复合体脂肪酸合成酶系催化下完成的，主要产物是16C的饱和脂肪酸棕榈酸。脂肪酸合成酶系以丙二酸单酰CoA为2C的供体，经过缩合（释放CO_2）、还原（辅酶$NADPH+H^+$）、脱水、再还原（辅酶$NADPH+H^+$）和转移的循环反应，在乙酰CoA的基础上以每次延长2个碳原子的方式延长脂酰基的烃链。这个多酶复合体包含了7个酶和1个脂酰基载体蛋白（ACP）。它们是乙酰CoA-ACP酰基转移酶、丙二酸单酰CoA-ACP酰基转移酶、β-酮脂酰-ACP缩合酶、β-酮脂酰-ACP还原酶、β-羟脂酰-ACP脱水酶、烯脂酰-ACP还原酶、硫酯酶及ACP。ACP的巯基在反应过程中参与脂酰基的传递。脂酰CoA的合成所需的$NADPH+H^+$来自磷酸戊糖途径和柠檬酸-丙酮酸循环中的转氢反应。

在肝细胞的线粒体和微粒体系统（内质网）中有催化脂肪酸碳链延长的酶系，可以得到更长碳链的脂肪酸。微粒体系统还有脂肪酸的脱饱和酶，催化饱和脂肪酸脱氢产生不饱和脂肪酸，但缺乏Δ^9以上的脱饱和酶（不包括Δ^9），因此动物必须从饲料中摄取必需脂肪酸以满足其需要。

二、三酰甘油（甘油三酯）的合成

1. 二酰甘油途径

二酰甘油途径主要存在于哺乳动物的肝脏和脂肪组织。以甘油-3-磷酸为基础，在转脂酰基酶作用下，依次加上2分子脂酰CoA转变成磷脂酸，后者再水解脱去磷酸生成1,2-二酰甘油，然后在转脂酰基酶催化下，再加上1分子脂酰基即生成三酰甘油。

2. 一酰甘油途径

一酰甘油途径主要存在于小肠黏膜上皮内。小肠消化吸收的一酰甘油可作为合成三酰甘油的前体，再与2分子脂酰CoA经转酰基酶催化生成三酰甘油。

第四节　类脂的代谢

一、磷脂的代谢

含磷酸的类脂称为磷脂。动物体内有甘油磷脂和鞘磷脂两类，其中甘油磷脂较多，如卵磷脂、脑磷脂、丝氨酸磷脂和肌醇磷脂等。

1. 磷脂的合成

磷脂在细胞的内质网合成。以甘油磷脂为例，首先需2分子脂酰CoA转移到甘油-3-磷酸分子上生成磷脂酸，接着由磷脂酸磷酸酶水解脱去磷酸生成二酰甘油。而合成脑磷脂和卵磷脂所必需的胆胺（又称乙醇胺）和胆碱都须由CTP参与并经过转胞苷反应分别转变为CDP-胆胺或CDP-胆碱而活化。然后再将磷酸胆胺或磷酸胆碱转到上述的二酰甘油分子上，同时释放CMP，生成脑磷脂或卵磷脂。丝氨酸、甲硫氨酸是动物合成胆胺或胆碱的前体。

2. 磷脂的分解

甘油磷脂由磷脂酶催化水解。磷脂酶作用于甘油磷脂分子中不同的酯键，磷脂酶A_1、A_2

分别作用于甘油磷脂的第 1 位和第 2 位酯键,产生溶血磷脂 2 和溶血磷脂 1。溶血磷脂 2 和溶血磷脂 1 又可分别在磷脂酶 B_2 和磷脂酶 B_1 的作用下水解脱去脂酰基。磷脂酶 C 的作用产物是二酰甘油、磷酸胆胺或磷酸胆碱。

二、胆固醇的合成代谢及转变

1. 胆固醇的合成

胆固醇是动物机体中最重要的一种以环戊烷多氢菲为母核的固醇类化合物。动物机体的几乎所有组织都可以合成胆固醇,其中肝脏是合成胆固醇的主要场所,其次是小肠。其合成原料是乙酰 CoA。合成 1 mol 27C 的胆固醇分子需利用 18mol 乙酰 CoA,此外还需要 10mol NADPH+H^+ 为合成过程提供还原氢和消耗 36mol ATP。HMGCoA 还原酶是胆固醇生物合成的限速酶,其活性和合成受到多种因子的严格调控。

2. 胆固醇的生物转变

血液中的一部分胆固醇被运送到组织,作为细胞膜的组成成分。胆固醇可以经修饰后转变为 7-脱氢胆固醇,后者在紫外线照射下,在动物皮下转变为维生素 D_3。胆固醇在肝细胞中经羟化酶作用转化为胆汁酸,如胆酸和脱氧胆酸等。它们以胆酸盐的形式,促进脂类在水相中乳化和在消化道中的吸收。胆固醇也是体内合成雌二醇、孕酮和睾酮等性激素的前体,还可以转变为醛固酮激素,调节水盐代谢,转变成皮质醇调节糖、脂类和蛋白质代谢。

第五节 血 脂

一、血脂及其运输方式

血脂是指血浆中所含的脂质,包括三酰甘油、磷脂、胆固醇及其酯和非酯化脂肪酸。脂类不溶于水,不能以游离的形式运输,而必须以某种方式与蛋白质结合才能在血浆中运转。非酯化脂肪酸和血浆白蛋白结合形成可溶性复合体运输,其余的脂类都是以血浆脂蛋白的形式运输。

二、血浆脂蛋白的分类与功能

血浆脂蛋白是脂类在血浆中的运输形式,它是由载脂蛋白(Apo)、三酰甘油、磷脂、胆固醇及其酯等成分结合而成。不同种类的血浆脂蛋白具有大致相似的球状结构。疏水的三酰甘油和胆固醇酯常处于球的内核中,而兼有极性与非极性基团的载脂蛋白、磷脂和胆固醇则以单分子层覆盖于脂蛋白的球状分子的表面,其非极性基团朝向疏水的内核,而极性的基团则朝向外侧。根据密度由小到大,可将血浆脂蛋白分为乳糜微粒(CM)、极低密度脂蛋白(VLDL)、低密度脂蛋白(LDL)和高密度脂蛋白(HDL)4 种类型。

1. 乳糜微粒

乳糜微粒(CM)是运输外源三酰甘油和胆固醇酯的脂蛋白形式。新生 CM 通过淋巴管道进入血液。当 CM 到达脂肪、骨骼肌、心脏和乳腺等组织后,黏附在微血管的内皮细胞表面,并由脂蛋白脂肪酶水解释出的脂肪酸,可被肌肉、心脏和脂肪组织摄取利用。

2. 极低密度脂蛋白

极低密度脂蛋白(VLDL)的功能与 CM 相似,其不同之处是把内源的,即肝内合成的三酰甘油、磷脂、胆固醇与载脂蛋白结合形成脂蛋白,运到肝外组织去贮存或利用。

3. 低密度脂蛋白

低密度脂蛋白(LDL)是由 VLDL 在血液中的代谢产物形成的,富含胆固醇及其酯和

ApoB100，因此它是向组织转运肝内合成的内源胆固醇的主要形式。当血浆中的 LDL 与组织细胞表面的 LDL 受体结合后，形成 LDL- 受体复合物，通过内吞作用将此复合物摄入胞内，由溶酶体中的水解酶将 LDL 降解。释放的胆固醇在细胞中进行生物转化，同时反馈调节胆固醇的合成。

4. 高密度脂蛋白

高密度脂蛋白（HDL）主要在肝脏和小肠内合成，其作用与 LDL 基本相反。它是机体胆固醇的"清扫机"，通过胆固醇的逆向转运，把外周组织中衰老细胞膜上及血浆中的胆固醇运回肝代谢。

第七章 含氮小分子的代谢

第一节　动物体内氨基酸的来源与去路

一、氨基酸的来源

动物体内的氨基酸有 2 个来源：一是饲料蛋白质在消化道中被蛋白酶水解后吸收的，称为外源氨基酸，二是体蛋白被组织蛋白酶水解产生的和由其他物质合成的，称为内源氨基酸。两者混在一起，分布于体内各处，参与代谢，共同组成了氨基酸代谢库。

二、氨基酸的主要代谢去路

体内氨基酸的主要去向是合成蛋白质和多肽。另外，可转变成嘌呤、嘧啶、卟啉和儿茶酚胺类激素等多种含氮生理活性物质。多余的氨基酸通常用于分解供能。虽然不同的氨基酸由于结构的不同，各有其自己的分解方式，但它们都有 α- 氨基和 α- 羧基，因此，有共同的代谢途径——脱氨基和脱羧基，构成了氨基酸的一般分解代谢。

第二节　氨基酸的一般分解代谢

在大多数情况下，氨基酸分解时首先脱去氨基生成氨和 α- 酮酸。氨可转变成尿素、尿酸等排出体外，而 α- 酮酸则可以再转变为氨基酸，或彻底分解为 CO_2 和 H_2O 并释放出能量，或转变为糖或脂肪作为能量的储备。脱氨基作用是氨基酸分解的主要途径。在少数情况下，氨基酸可经脱羧基作用生成 CO_2 和胺，这是氨基酸分解代谢的次要途径。

一、脱氨基作用

1. 氧化脱氨

氧化脱氨是氨基酸脱氨基的重要方式。在酶的作用下，氨基酸可以经各种氨基酸氧化酶作用先脱氢（其辅基是 FAD 或 FMN）形成亚氨基酸，进而与 H_2O 作用生成 α- 酮酸和氨。在动物体内最重要的脱氨酶是 L- 谷氨酸脱氢酶，它广泛存在于肝脏、肾脏和脑等组织中，是一种不需氧脱氢酶，其辅酶是 NAD^+ 或 $NADP^+$，有较强的活性，催化 L- 谷氨酸氧化脱氨生成 α- 酮戊二酸。

2. 转氨作用

在氨基转移酶（转氨酶）的催化下，某一种氨基酸的 α- 氨基转移到另一种 α- 酮酸的酮基上，生成相应的氨基酸和 α-酮酸，这种作用称为转氨基作用。体内大多数氨基酸都参与转氨基过程，并存在多种转氨酶。转氨酶的辅酶是磷酸吡哆醛。在各种转氨酶中，谷草转氨酶和谷丙转氨酶最为重要。在正常情况下，以心脏和肝脏中的活性为最高，血清中的活性较低。因此，当这些组织细胞受损时，会有大量的转氨酶逸入血液，造成血清中的转氨酶活性明显升高。例如，急性肝炎患者血清中谷丙转氨酶活性显著升高；心肌梗死患者血清中谷草转氨酶活性明显上升。临床上可以此作为疾病诊断和预后的指标之一。

3. 联合脱氨基作用

体内大多数的氨基酸脱去氨基是通过转氨基作用和氧化脱氨基作用两种方式联合起来进行的，这种作用方式称为联合脱氨基作用。例如，各种氨基酸先与 α-酮戊二酸进行转氨基反应，生成相应的 α-酮酸和 L-谷氨酸，然后 L-谷氨酸再经 L-谷氨酸脱氢酶作用进行氧化脱氨基作用，生成氨和 α-酮戊二酸。联合脱氨基作用主要在肝脏、肾脏等组织中进行，全部过程是可逆的。

骨骼肌和心肌中 L-谷氨酸脱氢酶的活性弱，难以进行以上方式的联合脱氨基作用。肌肉中存在另一种氨基酸脱氨基反应，即通过嘌呤核苷酸循环脱去氨基。在此过程中，氨基酸可以通过连续的转氨基作用将氨基转移给草酰乙酸，生成天冬氨酸；天冬氨酸与次黄嘌呤核苷酸（IMP）反应生成腺苷酸代琥珀酸，后者经过裂解释放出延胡索酸并生成腺嘌呤核苷酸（AMP）。AMP 在腺苷酸脱氨酶（在肌肉组织中活性较强）催化下水解再转变为次黄嘌呤核苷酸（IMP）并脱去氨。

转氨酶的种类虽然很多，但辅酶只有一种，即磷酸吡哆醛。它是维生素 B_6 的磷酸酯，结合于转氨酶活性部位赖氨酸残基的 ε-氨基上，其功能是传递氨基。在转氨基过程中，磷酸吡哆醛先从一个氨基酸接受氨基转变成磷酸吡哆胺，同时氨基酸转变成 α-酮酸。磷酸吡哆胺再进一步将氨基转给另一个 α-酮酸而生成相应的氨基酸，其本身又转变为磷酸吡哆醛。在转氨酶的催化下，磷酸吡哆醛和磷酸吡哆胺二者相互转变，起着传递氨基的作用。

二、脱羧基作用

在畜禽体内只有少量的氨基酸首先通过脱羧作用进行代谢，氨基酸的脱羧基作用是由其各自特异的脱羧酶催化的，肝脏、肾脏、脑和肠的细胞中都有这类酶。氨基酸在脱羧酶的催化下脱去羧基，产生 CO_2 和相应的胺。氨基酸脱羧酶的辅酶也是磷酸吡哆醛。氨基酸脱羧作用产生的胺类大多具有特殊的生理功能，如谷氨酸脱羧生成的 γ-氨基丁酸、组氨酸脱羧生成的组胺和色氨酸羟化脱羧生成的 5-羟色胺等。这些胺在体内积蓄过多，可引起神经系统及心血管系统等的功能紊乱，但体内广泛存在胺氧化酶，特别是肝脏中此酶活性较高，可催化胺类的氧化，以消除其生理活性。动物体内正常情况下只有少量氨基酸经由脱羧作用产生胺类。大多数胺类具有特殊的生理功能或对动物是有毒性的。体内广泛存在的胺氧化酶能将这些胺类氧化成为相应的醛类，再进一步氧化成羧酸，从而避免胺类在体内蓄积。

三、α-酮酸的代谢

氨基酸经脱氨基作用之后，大部分生成相应的 α-酮酸。每个 α-酮酸的具体代谢途径虽然各不相同，但都有以下 3 条去路：一是氨基化。所有的 α-酮酸也都可以通过脱氨基作用的逆反应而氨基化，生成其相应的氨基酸。二是转变成糖和脂类。在动物体内可以转变成葡萄糖的氨基酸称为生糖氨基酸，有丙氨酸、半胱氨酸、甘氨酸、丝氨酸、苏氨酸、天冬氨酸、天冬酰胺、甲硫氨酸、缬氨酸、精氨酸、谷氨酸、谷氨酰胺、脯氨酸和组氨酸；能转变成酮的氨基酸称为生酮氨基酸，有亮氨酸和赖氨酸；既能生糖又能生酮的氨基酸称为兼性氨基酸或生糖兼生酮氨基酸，包括色氨酸、苯丙氨酸、酪氨酸和异亮氨酸。此外，α-酮酸最终都能通过三羧酸循环彻底氧化分解成 CO_2 和 H_2O，同时释放能量供生理活动需要。三是氧化供能。氨基酸脱氨基后产生的 α-酮酸是氨基酸分解供能的主要部分。其中有的可以直接生成乙酰 CoA，有的先转变成丙酮酸后再形成乙酰 CoA，有的则是三羧酸循环的中间产物，因此都能通过三羧酸循环最终彻底氧化分解成 CO_2 和 H_2O，同时释放能量供生理活动需要。

第三节 氨的代谢

一、氨的来源与去路

1. 来源

畜禽体内氨的主要来源是氨基酸的脱氨基作用。胺类、嘌呤和嘧啶的分解也能产生少量氨。另外，还有从消化道吸收的氨，其中有的是未被吸收的氨基酸在细菌作用下脱氨基产生的，有的来源于饲料，如氨化秸秆和尿素。

2. 去路

氨进入血液形成血氨。它可以通过脱氨基过程的逆反应与 α-酮酸再形成氨基酸，还可以参与嘌呤、嘧啶等重要含氮化合物的合成。但氨在体内又具有毒性。血液中过多的氨会引起动物中毒。因此，氨的排泄是动物维持正常生命活动所必需的。氨排出体外有3种形式：许多水生动物借助于水直接排氨；绝大多数陆生脊椎动物以排尿素的方式排氨；鸟类和陆生爬行动物则排尿酸。

二、氨的转运

过量的氨对机体是有毒的，尤其对大脑，因此必须尽快转运出去，清除并解除其毒性。

（1）通过谷氨酰胺从脑、肌肉等组织向肝脏或肾脏转运氨　组织中的氨首先与谷氨酸在谷氨酰胺合成酶的催化下生成中性无毒的谷氨酰胺，并由血液运送到肝脏和肾脏，再经谷氨酰胺酶水解成谷氨酸并释出氨，后者用于合成尿素。谷氨酰胺运至肾脏中后，同样分解并将氨释出，直接随尿排出。当体内酸过多时，肾小管的谷氨酰胺酶活性升高，谷氨酰胺分解加快，氨的生成与释出增多，可与尿液中的 H^+ 中和生成 NH_4^+，以降低尿中的 H^+ 浓度，使 H^+ 不断从肾小管细胞排出，从而有利于维持动物机体的酸碱平衡。谷氨酰胺是中性无毒物质，易通过细胞膜，是体内迅速解除氨毒的一种方式，也是氨的贮存及运输形式。有些组织（如大脑等）所产生的氨，首先是形成谷氨酰胺以解毒，然后随血液运至其他组织中进一步代谢。如运至肝脏中的谷氨酰胺，可将氨释出以合成尿素；运至肾中的谷氨酰胺在肾中将氨释出，直接随尿排出；运至各种组织中则把氨用于合成氨基酸和嘌呤、嘧啶等含氮物质。

（2）通过丙氨酸-葡萄糖循环转运氨　肌肉可利用丙氨酸将氨运送到肝脏。肌肉中的氨基酸经转氨基作用将氨基转给丙酮酸生成丙氨酸，生成的丙氨酸经血液运到肝脏，在肝脏中通过联合脱氨基作用释放出氨，用于尿素的形成。经转氨基作用产生的丙酮酸通过糖异生途径生成葡萄糖，形成的葡萄糖由血液回到肌肉，又沿糖分解途径转变成丙酮酸，后者再接受氨基生成丙氨酸。丙氨酸和葡萄糖反复地在肌肉和肝脏之间进行氨的转运，称为丙氨酸-葡萄糖循环（葡萄糖-丙氨酸循环）。

三、尿素的合成——尿素循环及其意义

哺乳动物体内氨的主要去路是合成尿素排出体外。肝脏是合成尿素的主要器官，肾脏、

脑等其他组织虽然也能合成尿素，但合成量甚微。

氨转变为尿素是一个循环反应过程，称为尿素循环，也称鸟氨酸-精氨酸循环，由一系列酶催化这个过程。首先，游离的氨、CO_2 和 ATP 在氨甲酰磷酸合成酶 I 的催化下，在线粒体内合成氨甲酰磷酸。然后，氨甲酰磷酸将其氨甲酰基转移给鸟氨酸，释放出磷酸，生成瓜氨酸。瓜氨酸随即离开线粒体转入细胞液中，瓜氨酸由精氨酸代琥珀酸合成酶催化与天冬氨酸结合形成精氨酸代琥珀酸。该酶需要 ATP 提供能量（消耗 2 个高能磷酸键）及 Mg^{2+} 的参与。接着，精氨酸代琥珀酸在精氨酸代琥珀酸裂解酶的催化下分解为精氨酸及延胡索酸。精氨酸由精氨酸酶催化水解生成尿素和鸟氨酸。尿素是无毒的，可以经过血液运送至肾，再随尿排出体外，而鸟氨酸可通过特异的转运载体再进入线粒体与氨甲酰磷酸反应，进入第二轮循环过程。

尿素合成的总反应为：

$$CO_2 + NH_3 + 3ATP + 天冬氨酸 + 2H_2O \longrightarrow H_2N-\overset{O}{\overset{\|}{C}}-NH_2 + 延胡索酸 + 2ADP + AMP + PPi + 2Pi$$

尿素合成是一个消耗能量的过程，每生成 1mol 尿素，需水解 3mol ATP 中的 4 个高能磷酸键。形成 1mol 尿素，可以清除 2mol 氨和 1mol CO_2。这样不仅解除了氨对动物机体的毒性，也降低了动物体内由于 CO_2 溶于血液所产生的酸性。

四、尿酸

氨在禽类体内也可以合成谷氨酰胺，以及用于其他一些氨基酸和含氮分子的合成，但不能合成尿素，而是把体内大部分的氨合成尿酸排出体外。其过程是：先利用氨基酸提供的氨基合成嘌呤，再由嘌呤分解产生出尿酸。尿酸在水溶液中溶解度很低，会以白色粉状的尿酸盐从尿中析出。

第四节　非必需氨基酸的合成与个别氨基酸的代谢转变

一、非必需氨基酸的合成

只要有氨基供应，由糖的分解代谢生成的 α-酮酸就可以作为"碳骨架"，通过氨基化反应合成非必需氨基酸。有时必需氨基酸也参与非必需氨基酸的合成。动物体内合成的非必需氨基酸可以通过 α-酮酸氨基化和非必需氨基酸之间的相互转变两种方式生成。

二、个别氨基酸的代谢转变

苯丙氨酸、酪氨酸等芳香族氨基酸是甲状腺激素、肾上腺素和去甲肾上腺素等激素的前体。甘氨酸、精氨酸和甲硫氨酸参与肌酸、肌酐等的生物合成。丝氨酸、色氨酸、甘氨酸、组氨酸和甲硫氨酸是甲基的供体。半胱氨酸、甘氨酸和谷氨酸通过"γ-谷氨酰基循环"合成谷胱甘肽，而还原型谷胱甘肽的主要功能是保护含有功能巯基的酶和使蛋白质不易被氧化，保持红细胞膜的完整性，防止亚铁血红蛋白氧化成高铁血红蛋白，还可以结合药物、毒物，促进它们的生物转化，消除过氧化物和自由基对细胞的损害作用；此外，还原型谷胱甘肽与过氧化氢或其他有机氧化物反应还可起到解毒作用。某些氨基酸在分解代谢过程中可以产生含有 1 个碳原子的基团，称为一碳单位或一碳基团，一碳基团不仅与氨基酸代谢密切相关，还参与嘌呤和嘧啶的生物合成及 S-腺苷甲硫氨酸的生物合成，是生物体内各种化合物甲基化的甲基来源。芳香族氨基酸如苯丙氨酸的主要代谢是经羟化作用生成酪氨酸；酪氨酸可在酪氨酸羟化酶催化下转变成3,4-二羟苯丙氨酸，又称多巴（DOPA）。多巴可以脱羧转变成多巴胺，进而转变为去甲肾上腺素和肾上腺素。酪氨酸也可羟化生成多巴，经氧化、脱羧等反应转变成吲哚醌，合成黑色素。色氨酸除了可以脱羧转变为5-羟色胺外，还可以通过色氨酸加氧酶作用，生成一碳单位。色氨酸还是动物体内少量合成维生素B_5的原料，色氨酸分解可转变为丙酮酸与乙酰乙酸。甲硫氨酸可以转变成半胱氨酸和胱氨酸，半胱氨酸和胱氨酸也可以互变，但后两者不能转变为甲硫氨酸。

第五节 核苷酸代谢

一、嘌呤核苷酸和嘧啶核苷酸的合成

1. 嘌呤核苷酸的合成

体内嘌呤核苷酸的合成有两条途径：一是在磷酸核糖的基础上，利用氨基酸、一碳单位及二氧化碳等小分子物质为原料，经过一系列酶促反应合成，称为从头合成途径。嘌呤环的合成需要氨基酸提供原料（图4-7-1）和一碳单位。二是利用体内游离的嘌呤或嘌呤核苷，经过简单的反应过程合成，称为补救合成途径。一般情况下从头合成途径是合成的主要途径。

2. 嘧啶核苷酸的合成

与嘌呤核苷酸从头合成途径不同，嘧啶核苷酸的合成是首先形成嘧啶环，然后再与磷酸核糖相连而成。嘧啶环的合成原料来自谷氨酰胺、二氧化碳和天冬氨酸（图4-7-2）。

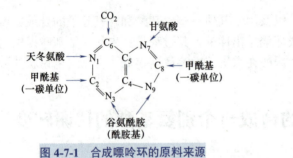

图 4-7-1 合成嘌呤环的原料来源　　　　图 4-7-2 合成嘧啶环的原料来源

3. 脱氧核苷酸的合成

脱氧核苷酸包括嘌呤脱氧核苷酸和嘧啶脱氧核苷酸。其所含的脱氧核糖并非先形成后再结合到脱氧核苷酸分子上，而是通过相应的核糖核苷酸直接还原形成，这种还原作用是在二磷酸核苷（NDP）水平上进行的（在这里N代表A、G、U、C等碱基）。

脱氧胸腺嘧啶核苷酸的生成是个例外。脱氧胸腺嘧啶核苷酸不能由二磷酸胸腺嘧啶核糖核苷还原生成，它只能由脱氧尿嘧啶核糖核苷酸（dUMP）甲基化产生。

二、嘌呤核苷酸和嘧啶核苷酸的分解

核酸在一系列酶的作用下进行分解，生成其基本的结构单位——单核苷酸，包括嘌呤单核苷酸与嘧啶单核苷酸。单核苷酸及其水解产物均可被细胞吸收。其中绝大部分在肠黏膜细胞中被进一步分解，分解产生的戊糖被吸收后可经磷酸戊糖途径进一步代谢；嘌呤和嘧啶碱基则可以经补救途径再利用或者进一步分解并排出体外。

1. 嘌呤核苷酸的分解

在许多动物体内含有腺嘌呤酶和鸟嘌呤酶，它们分别催化腺嘌呤和鸟嘌呤水解、脱氨生

成次黄嘌呤和黄嘌呤，在黄嘌呤氧化酶的作用下，最后生成尿酸。嘌呤在不同种类动物中代谢的最终产物不同。在人、灵长类、鸟类、爬行类及大部分昆虫中，嘌呤分解的最终产物是尿酸，尿酸也是鸟类和爬虫类排除多余氨的主要形式。但除灵长类外的大多数哺乳动物则是排尿囊素；某些硬骨鱼类排出尿囊酸；两栖类和大多数鱼类可将尿囊酸进一步分解成乙醛酸和尿素；某些海生无脊椎动物可把尿素再分解为氨和二氧化碳。

2. 嘧啶核苷酸的分解

胞嘧啶经水解、脱氨转化为尿嘧啶，尿嘧啶和胸腺嘧啶按相似的方式分解。它们首先被还原成相应的二氢尿嘧啶或二氢胸腺嘧啶，然后开环，生成 β-氨基酸、氨和二氧化碳。胞嘧啶和尿嘧啶生成的是 β-丙氨酸，而胸腺嘧啶生成的则是 β-氨基异丁酸。β-氨基酸可以进一步代谢，也有小部分直接随尿排出体外。

第八章 物质代谢的相互联系和调节

第一节 物质代谢的相互联系

动物机体中各种物质的代谢活动是高度协调的，物质代谢的各条途径不是孤立和分隔的，而是互相联系的。一些共同的代谢中间物通过分支点把许多途径连接起来，形成一个复杂的代谢网络并交织在一起。在代谢网络中，三羧酸循环处于中心的位置，它不仅是糖、脂类、氨基酸和核苷酸等各种物质分解代谢的共同归宿，而且是这些物质之间相互联系和转变的共同枢纽。

一、糖代谢与脂类代谢的联系

糖与脂类的联系最为密切，糖可以转变成脂类。葡萄糖经氧化分解，生成磷酸二羟丙酮及丙酮酸等中间产物。磷酸二羟丙酮可以还原成 α-磷酸甘油；而丙酮酸氧化脱羧转变为乙酰 CoA，并由线粒体转入细胞液，再由脂肪酸合成酶系催化合成脂酰 CoA。α-磷酸甘油与脂酰 CoA 能用来合成三酰甘油（甘油三酯）。此外，乙酰 CoA 也是合成胆固醇及其衍生物的原料。在糖转变成脂类的过程中，磷酸戊糖途径还为脂肪酸、胆固醇合成提供了大量所需的还原辅酶 $NADPH+H^+$。

在动物体内，脂肪转变成葡萄糖是有限度的。脂肪的分解产物包括甘油和脂肪酸。其中，甘油可由肝脏中的甘油激酶催化转变为 α-磷酸甘油，再脱氢生成磷酸二羟丙酮，然后沿糖异生途径转变为葡萄糖或糖原。因此，甘油是一种生糖物质。奇数碳原子脂肪酸经 β-氧化之后，产生丙酰 CoA。丙酸是反刍动物瘤胃微生物消化纤维素的产物，也可以转变成丙酰 CoA。丙酰 CoA 经甲基丙二酸单酰 CoA 途径转变成琥珀酸，然后进入糖异生过程生成葡萄糖。然而，偶数碳原子脂肪酸 β-氧化产生的乙酰 CoA 在动物体内不能净合成糖。因为丙酮酸脱氢复合体催化产生乙酰 CoA 的反应是不可逆的，乙酰 CoA 需要在有其他来源的中间代谢物回补时才可转变为草酰乙酸，再经异生作用转变为糖。因此，脂肪酸不能净生成糖。

二、糖代谢与氨基酸代谢的联系

糖代谢的分解产物，特别是 α-酮酸可以作为"碳骨架"通过转氨基或氨基化作用进而转变成组成蛋白质的非必需氨基酸。而大部分的氨基酸（生糖或兼性氨基酸）又可以通过脱氨基作用直接地或间接地转变成糖异生途径中的某种中间产物，再沿异生途径合成糖和糖原。糖的供应不足，不仅非必需氨基酸合成减少，而且由于细胞的能量水平下降，会使需要消耗大量高能磷酸化合物（ATP和GTP）的蛋白质的合成速率受到明显抑制。

三、脂类代谢与氨基酸代谢的联系

所有的氨基酸，无论是生糖的、生酮的、还是兼性氨基酸都可以在动物体内转变成脂肪。生酮氨基酸可以通过解酮作用转变成乙酰CoA之后用于合成脂肪酸，生糖氨基酸也能通过异生作用生成糖，之后再由糖转变成脂肪。此外，某些氨基酸如丝氨酸、甲硫氨酸是合成磷脂的原料。丝氨酸脱去羧基之后形成的胆胺是脑磷脂的组成成分，胆胺在接受由甲硫氨酸（以S-腺苷甲硫氨酸，SAM形式）给出的甲基之后，形成胆碱，而胆碱是卵磷脂的组成成分。

脂肪分解产生的甘油可以转变成用以合成非必需氨基酸的"碳骨架"，如羟基丙酮酸，由此再直接合成丝氨酸等。但是在动物体内难以利用脂肪酸合成氨基酸，因为当乙酰CoA进入三羧酸循环，再由循环中的中间产物形成氨基酸时，消耗了循环中的有机酸，如果无其他来源得以补充，反应则不能进行下去。

四、核苷酸在物质代谢中的作用

许多核苷酸在调节代谢中起着重要作用。例如，ATP是"能量通用货币"和转移磷酸基团的主要分子，UTP参与单糖的转变和糖原的合成，CTP参与磷脂的合成，而GTP为蛋白质多肽链的生物合成所必需。此外，许多重要的辅酶和辅基如CoA、烟酰胺核苷酸（NAD和NADP）和黄素核苷酸（FMN和FAD），都是腺嘌呤核苷酸衍生物，参与酶的催化作用。环核苷酸如cAMP、cGMP，作为胞内信号分子（第二信使）参与细胞信号的传导（转导）。

而核酸本身的合成也与糖、脂类和蛋白质的代谢密切相关，糖代谢为核酸合成提供了磷酸核糖（及脱氧核糖）和还原辅酶$NADPH+H^+$。甘氨酸、天冬氨酸和谷氨酰胺等作为原料参与嘌呤环和嘧啶环的合成。多种酶和蛋白因子参与了核酸的生物合成（复制和转录），糖、脂类等燃料分子为核酸生物学功能的实现提供了能量保证。

第二节 细胞调节代谢的信号传导方式

一、信号分子、受体与信号传导分子

动物机体对代谢过程的调节可以在不同的层次上进行，而细胞水平的调节是其他水平代谢调节的基础。细胞代谢的调节依赖许多化学分子传递代谢调节的信息。激素、神经递质是多细胞的高等动物用以调节细胞代谢活动的重要信号分子。例如，胰岛素、胰高血糖素和促肾上腺皮质激素等蛋白类激素；肾上腺素、去甲肾上腺素和甲状腺激素等氨基酸类小分子激素；睾酮、雌二醇等类固醇性激素；前列腺素激素等脂肪酸衍生物；乙酰胆碱、γ-氨基丁酸和5-羟色胺等神经递质；还有各种生长因子，包括类胰岛素生长因子、上皮生长因子，以及各种细胞因子如白细胞介素、干扰素和肿瘤坏死因子等。近年来还发现有的气体分子如一氧化氮（NO）是调节平滑肌松弛和细胞免疫的信号分子。

受体是指细胞膜上或细胞内能识别信号分子并与之结合的生物大分子。绝大部分受体是蛋白质，少数是糖脂。与受体相对应，信号分子通常被称为配体。受体与配体结合后可以通

过一系列信号传导分子引发细胞内的生理效应。目前所知道的主要信号传导分子有 G 蛋白、第二信使分子及多种信号传递蛋白因子。例如，环腺苷酸（cAMP）、环鸟苷酸（cGMP）、肌醇三磷酸（IP_3）、甘油二酯、Ca^{2+} 等第二信使，以及细胞内的各种蛋白激酶等。

根据受体在细胞信号传导中所起作用，可将细胞信号传导的通路分为两大类：与细胞膜上受体（膜受体）相联系的细胞信号通路和与细胞内受体（胞内受体）相联系的细胞信号通路。

二、与膜受体相联系的细胞信号通路

（1）cAMP-蛋白激酶 A 途径（PKA）或称腺苷酸环化酶系统　这是激素调节物质代谢的主要途径之一。胰高血糖素、肾上腺素和促肾上腺皮质激素等与靶细胞质膜上的特异性受体结合而激活受体。活化的受体催化 G 蛋白活化，后者激活腺苷酸环化酶，催化 ATP 转化成 cAMP，使细胞内 cAMP 浓度升高，作为第二信使的 cAMP 能进一步激活细胞内的蛋白激酶 A（PKA），PKA 再通过一系列化学反应（如磷酸化细胞内的其他蛋白质的丝/苏氨酸）将信号进一步传递，进而改变细胞的代谢。典型的例子是在应激情况下，肾上腺素通过上述机制引起肌肉糖原的快速分解，为动物机体提供急需的能量。

（2）蛋白激酶 C 途径（PKC）　当促甲状腺素释放激素、去甲肾上腺素和抗利尿激素等与靶细胞膜上特异性受体结合后，经活化的 G 蛋白介导，激活磷脂酶 C，由磷脂酶 C 将质膜上的磷脂酰肌醇二磷酸（PIP_2）水解成肌醇三磷酸（IP_3）和二酰甘油（DG），后两者都可以作为第二信使发挥作用。DG 生成后仍留在质膜上，在磷脂酰丝氨酸和 Ca^{2+} 的配合下激活蛋白激酶 C，蛋白激酶 C 也能通过磷酸化一系列靶蛋白的丝/苏氨酸残基来达到进一步传导代谢信息的作用。而 IP_3 可以进入细胞内与内质网上的 Ca^{2+} 门控通道结合，促使内质网中的 Ca^{2+} 释放到细胞液中，胞内 Ca^{2+} 水平升高，同样作为第二信使既可以与 DG 共同激活蛋白激酶 C，又能通过 Ca^{2+}/钙调蛋白依赖性蛋白激酶（CaM 酶）激活其他信号传导蛋白，从而改变细胞的代谢。

三、与胞内受体相联系的细胞信号通路

胞内受体一般有两个结构域，一个是结合相应配体的结构域，另一个是结合特定基因调节序列的结构域。进入细胞内的信号分子与细胞内或细胞核内的相应受体结合后活化，再结合到核内染色体特定的调节基因上，促进相关基因的表达。能与细胞内或细胞核内受体结合的信号分子通常比较小且有亲脂的性质，因此可以穿越细胞质膜进入细胞内和细胞核内，如性激素等类固醇激素，以及甲状腺激素和维 A 酸（维甲酸）等。

第九章
核酸的功能与研究技术

第一节　核 酸 化 学

一、核酸的种类与分布

核酸是遗传信息的载体，可分为脱氧核糖核酸（DNA）和核糖核酸（RNA）两大类。核酸在生物的生长、发育、繁殖、遗传和变异等生命活动过程中都具有极其重要的作用，其中

生物遗传作用最为重要。已经证明，DNA 是主要的遗传物质，生物的遗传信息贮存于 DNA 的核苷酸序列之中，即基因中。生物体通过 DNA 的复制、转录和翻译，把 DNA 上的遗传信息经 RNA 传递到蛋白质结构上，使遗传信息通过蛋白质得以表达。

所有的细胞都同时含有上述两类核酸。在真核细胞中，DNA 主要存在于细胞核内的染色体上，并与组蛋白等结合，是染色体的主要成分，只有少量的 DNA 存在于线粒体中。RNA 主要存在于细胞质中，微粒体中含量最多，线粒体中含有少量，细胞核中也含有少量的 RNA，集中于核仁。原核细胞（如细菌）没有明确的细胞核，DNA 存在于核质部分，缺少结合的蛋白质，RNA 则分布在细胞液。病毒一般含有 DNA 或 RNA 中的一种，因而分为 DNA 病毒和 RNA 病毒。RNA 依据其功能主要有 3 类：信使 RNA（mRNA）、转运 RNA（tRNA）和核糖体 RNA（rRNA）。生物个体的任何一个体细胞都含有同样数量和质量的 DNA，而 RNA 的含量通常是变动的。

二、核酸的化学组成

核酸（DNA 或 RNA）是由几十个至几千个单核苷酸聚合而成的大小不等的多聚核苷酸链。若将核酸逐步水解，核酸的化学组成如图 4-9-1 所示。

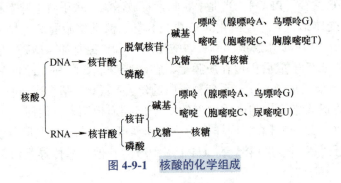

图 4-9-1　核酸的化学组成

1. 碱基

核酸中的碱基主要是嘧啶碱基和嘌呤碱基两类。DNA 中含有胸腺嘧啶（T）和胞嘧啶（C），以及腺嘌呤（A）和鸟嘌呤（G）；而 RNA 中由尿嘧啶（U）代替胸腺嘧啶（T），所含嘌呤种类与 DNA 一样。核酸中还有一些含量甚少的稀有碱基（或修饰碱基）。常见的稀有嘧啶碱基有 5-甲基胞嘧啶、5,6-二氢尿嘧啶等；常见的稀有嘌呤碱基有 7-甲基鸟嘌呤、N^6-甲基腺嘌呤等。

2. 核糖

核糖属于戊糖，RNA 与 DNA 有所不同，RNA 中含的糖是核糖，DNA 中含的是 2′-脱氧核糖。

3. 核苷

核苷由 1 个戊糖（核糖或脱氧核糖）和 1 个碱基（嘌呤碱基或嘧啶碱基）缩合而成。RNA 中的核苷称核糖核苷（或称核苷），共有 4 种，根据其 4 种碱基的不同，分别以符号 A、G、C 和 U 表示。DNA 中的核苷称为脱氧核糖核苷，也有 4 种，分别以符号 dA、dG、dC 和 dT 表示，"d" 表示脱氧。

4. 核苷酸

核苷酸是由核苷中戊糖的 5′-OH 与磷酸缩合而成的磷酸酯，它们是构成核酸的基本单位。根据核苷酸中戊糖的不同将核苷酸分成两大类,即核糖核苷酸和脱氧核糖核苷酸,前者是构成 RNA 的基本单位,后者是构成 DNA 的基本单位。核苷酸分子中核糖 5′ 位含有 1 个磷酸基的称为核苷一磷酸,如腺苷一磷酸(AMP),它可进一步磷酸化形成相应的腺苷二磷酸(ADP)和腺苷三磷酸(ATP)。ADP 和 ATP 都是高能磷酸化合物。

核苷酸除了作为核酸的基本结构单位外,还参与能量代谢,或作为辅酶的成分,或参与细胞信息传递(如 cAMP)。

三、核酸的结构

1. 核酸的一级结构

核酸是线性的生物大分子,分子量一般在 $(1 \times 10^6) \sim (1 \times 10^{10})$。DNA 有的是双链线形分子,有的为环状,也有少量呈单链环状或线状。

(1)核苷酸之间的连接方式　核酸(DNA 和 RNA)都是单核苷酸的多聚体。核苷酸之间是以磷酸二酯键连接起来的,即在 2 个核苷酸之间的磷酸基,既与前一个核苷的脱氧核糖的 3′-OH 以酯键相连,又与后一个核苷的脱氧核糖的 5′-OH 以酯键相连,形成 2 个酯键,鱼贯相连,成为一个长的多核苷酸链。在形成的多核苷酸链上,具有游离 5′-磷酸基的一端称为 5′-末端(5′端),具有游离 3′-OH 的一端称为 3′-末端(3′端)。

(2)DNA 的碱基组成特点　研究发现,在同一种 DNA 中,其碱基组成具有某种特点:腺嘌呤与胸腺嘧啶的摩尔数大致相等,即 A/T 大约等于 1;鸟嘌呤与胞嘧啶的摩尔数大致相等,即 G/C 也大约等于 1。因此,嘌呤碱基的总摩尔数约等于嘧啶碱基的总摩尔数,即(A+G)/(T+C)约等于 1。这个 DNA 碱基组成的规律称为 DNA 的碱基当量定律,是提出 DNA 分子双螺旋结构模型的基础。

2. DNA 的高级结构

(1)DNA 的双螺旋模型　以碱基当量定律为基础,1953 年 Watson 和 Crick 提出了 DNA 的双螺旋结构模型,即 DNA 的二级结构。其要点是:DNA 分子是一个右手双螺旋结构,具有以下特征:

① 2 条平行的多核苷酸链,以相反的方向(即一条由 5′→3′,另一条由 3′→5′)围绕着同一个中心轴,以右手旋转方式构成 1 个双螺旋。

② 疏水的嘌呤和嘧啶碱基平面层叠于螺旋的内侧,亲水的磷酸基和脱氧核糖以磷酸二酯键相连形成的骨架位于螺旋的外侧。

③ 内侧碱基呈平面状,碱基平面与中心轴相垂直,脱氧核糖的平面与碱基平面几乎成直角。每个平面上有 2 个碱基(每条链各 1 个)形成碱基对。相邻碱基平面在螺旋轴之间的距离为 0.34nm,旋转夹角为 36°。因此,每 10 对核苷酸绕中心轴旋转 1 圈,螺旋的螺距为 3.4nm。

④ 双螺旋的直径为 2nm。沿螺旋的中心轴形成的大沟和小沟交替出现。DNA 双螺旋之间形成的沟称为大沟,而 2 条 DNA 单链之间形成的沟称为小沟。

⑤ 2 条链被碱基对之间形成的氢键稳定地维系在一起。在双螺旋中,碱基总是腺嘌呤与胸腺嘧啶配对,用 A=T 表示;鸟嘌呤与胞嘧啶配对,用 G≡C 表示。

(2)DNA 超螺旋　DNA 在双螺旋基础上再通过弯曲和扭转所形成的特定构象,称为 DNA 的三级结构,即 DNA 超螺旋。在原核生物和病毒中发现的超螺旋共有的特征是呈环状或线状。真核生物的 DNA 超螺旋与组蛋白等结合,并且紧密压缩包裹成为染色质或染色体。

3. RNA 的结构

RNA 主要包括 3 类：信使 RNA（mRNA）、核糖体 RNA（rRNA）和转运 RNA（tRNA）。它们都参与蛋白质的生物合成。生物体内绝大多数天然 RNA 分子呈线状的多核苷酸单链。然而，有些 RNA 分子能自身回折，使一些碱基彼此靠近，于是在折叠区域中按碱基配对原则，A 与 U、G 与 C 之间通过氢键互补结合，从而使回折部位构成所谓的"发卡"结构，进而再扭曲形成局部的双螺旋区，未能配对的碱基区可形成突环，被排斥在双螺旋区之外。RNA 分子中的螺旋区可以达到 70% 左右。

四、核酸的主要理化性质

1. 核酸的一般性质

DNA 具有以下性质：

1) DNA 微溶于水，呈酸性，加碱能促进其溶解，但不溶于有机溶剂。因此，常用有机溶剂（如乙醇）来沉淀 DNA。

2) DNA 分子很长，在溶液中呈现黏稠状，故 DNA 分子越大，黏稠度越高。在溶液中加入乙醇后，可用玻璃棒将黏稠的 DNA 搅缠起来。

3) DNA 的双螺旋结构实际上显得僵直且具有刚性，受剪切力的作用，易断裂成碎片。这也是难以获得完整大分子 DNA 的原因之一。

4) 溶液状态的 DNA 易受 DNA 酶的作用而降解。脱去水分的 DNA 性质十分稳定。

5) 嘌呤环和嘧啶环具有紫外线吸收特性，在 260nm 处有最大吸收值。因此，利用这一特性可以定性、定量分析测定核酸。

2. 核酸的变性

核酸的变性是指碱基对之间的氢键断裂，如 DNA 的双螺旋结构分开，成为 2 条单链的 DNA 分子。变性后的 DNA 生物学活性丧失，并且由于螺旋内部碱基的暴露使其在 260nm 处的紫外线吸收值升高，称为增色效应。结果是 DNA 溶液的黏度下降，沉降系数增加，比旋下降。

DNA 加热变性过程是在一个狭窄的温度范围内迅速发展的，它有点像晶体的熔融。通常将 50% 的 DNA 分子发生变性时的温度称为解链温度或熔点温度（Tm）。

影响 Tm 值的因素主要有：① DNA 的性质和组成。均一的 DNA，Tm 值范围较窄；非均一的 DNA，Tm 值范围较宽。G—C 碱基对含量越高的 DNA 分子则越不易变性，Tm 值也大。②溶液的性质。DNA 在离子强度低的溶液中，Tm 值较低，转变的温度范围也较宽；反之，离子强度较高时，Tm 值较高，转变的温度范围也较窄。

3. 核酸的复性

DNA 的变性是可逆过程。在适当的条件下，变性 DNA 分开的 2 条链又重新缔合而恢复成双螺旋结构，这个过程称为复性。复性速度受很多因素的影响：顺序简单的 DNA 分子比复杂的分子复性要快；DNA 浓度越高，越易复性；此外，DNA 片段的大小、溶液的离子强度等对复性速度都有影响。复性后 DNA 的一系列物理化学性质和生物活性得到恢复。

4. 分子杂交

DNA 的变性和复性是以碱基互补为基础的，由此可以进行核酸的分子杂交。当不同来源的单链 DNA 或 RNA，经复性处理时，它们之间互补的或部分互补的碱基序列可以配对，形成 DNA/DNA 或 DNA/RNA 的杂合体，从而形成杂交分子。许多分子生物学技术正是利用核酸片段之间可以通过碱基的互补进行分子杂交的重要性质而建立起来的。

第二节 DNA 的复制

一、中心法则

以亲代 DNA 分子为模板合成 2 个完全相同的子代 DNA 分子的过程称为复制。而以 DNA 为模板合成 RNA 的过程称为转录，以 RNA 为模板指导合成蛋白质的过程称为翻译。遗传信息按 DNA→RNA→蛋白质的方向传递，这就是经典的分子遗传学的中心法则。后来发现，某些病毒的遗传物质是 RNA（RNA 病毒），它们的 RNA 也通过复制传递给下一代；某些 RNA 病毒有逆转录酶，能够催化 RNA 指导下的 DNA 合成，即遗传信息也可以从 RNA 传递给 DNA。这些都是对经典中心法则理论的发展和补充。中心法则示意图见图 4-9-2。

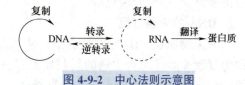

图 4-9-2 中心法则示意图

二、复制的半保留性

DNA 的复制是一个由酶催化的复杂的生物合成过程。在复制开始时，亲代 DNA 双链间的氢键断裂，双链分开，然后以每条链为模板，根据碱基互补配对的原则，分别复制出与其互补的子代链，从而使 1 个 DNA 分子转变成与之完全相同的 2 个 DNA 分子。2 个新的子代 DNA 分子中除了一条新合成的 DNA 链外，都保留了一条来自亲代的旧链，因此，把这种复制方式称为半保留复制。半保留复制确保了遗传信息完整地、忠实地从亲代传递给子代。

三、参与 DNA 复制的主要酶类和蛋白因子

1. 复制需要的酶和蛋白因子

（1）拓扑异构酶　一类可以改变 DNA 拓扑性质的酶，有 Ⅰ 和 Ⅱ 两种类型。Ⅰ 型可使 DNA 的一条链发生断裂和再连接，反应无须供给能量。Ⅱ 型又称为旋转酶，能使 DNA 的 2 条链同时发生断裂和再连接，需要由 ATP 提供能量。2 种拓扑异构酶在 DNA 复制、转录和重组中都发挥着重要作用。

（2）解旋酶　复制需要解开 DNA 双链，主要依赖于 DNA 解旋酶（也称为解链酶），还需要参与起始反应的多种蛋白因子，如 DnaA 和 ATP。在转录、DNA 修复、DNA 重组中也需要解旋酶。

（3）单链 DNA 结合蛋白　被解旋酶解开的 2 条单链被单链 DNA 结合蛋白所覆盖，以稳定解开的 DNA 维持单链状态，同时防止其被核酸酶降解。

（4）引发酶　引发酶又称引物酶，催化合成复制过程中所需的小片段 RNA 引物，DNA 新链在 DNA 聚合酶的催化下在 RNA 引物的 3′-OH 上延伸。

（5）DNA 聚合酶　DNA 聚合酶以 DNA 为模板，催化底物（dNTP）合成 DNA。原核生物的 DNA 聚合酶有 Ⅰ、Ⅱ 和 Ⅲ 三型。它们的共同点是，都需要以 DNA 为模板，以 RNA 为引物，以 dNTP 为底物，在 Mg^{2+} 参与下，根据碱基互补配对的原则，催化底物加到 RNA 引物的 3′-OH 上，形成 3′,5′-磷酸二酯键，由 5′→3′ 方向延长 DNA 链；它们还都有 3′→5′ 外切酶活性。因此，在 DNA 新链的延伸过程中，DNA 聚合酶具有校对和纠错的功能，保证复制的忠实性和准确性。DNA 聚合酶Ⅲ被认为是真正的 DNA 复制酶。此外，DNA 聚合酶Ⅰ还有 5′→3′ 外切酶活性，用以切除 RNA 引物和修复 DNA 的损伤。

从哺乳动物细胞（真核）中分离出 5 种 DNA 聚合酶，有 α、β、γ、δ、ε。它们与

大肠杆菌 DNA 聚合酶的基本性质相同，但有不同的分工，用于指导合成染色体 DNA 或线粒体 DNA，或修复的 DNA 损伤。

（6）连接酶　它催化双链 DNA 缺口处的 5′- 磷酸基和 3′- 羟基之间生成磷酸二酯键。在原核生物中，反应需要 NAD 提供能量；在真核生物中，则需要 ATP 提供能量。

（7）端粒和端粒酶　在真核生物的线性染色体 DNA 末端有一个特殊结构，称为端粒。它可以防止染色体间末端连接，并用以补偿滞后链 5′- 末端在消除 RNA 引物后造成的空缺。复制可使端粒 5′- 末端缩短，而端粒酶可外加重复单位到 5′- 末端上，结果使端粒维持一定的长度。真核生物的端粒酶是一种含有 RNA 链的逆转录酶，在酶分子内，它以自身所含的 RNA 为模板来合成 DNA 的端粒结构。

2. DNA 的复制过程

（1）复制原点　DNA 的复制都是从基因组 DNA 的特定部位开始的，DNA 复制开始的部位称为复制原点。原核生物的复制原点只有 1 个，真核生物有许多复制原点。复制大多是双向的，在复制原点的两侧形成 2 个复制叉。

（2）复制的过程

1）解链解旋：解链酶在 DnaA 等协助下解开亲代双螺旋形成复制叉，单链结合蛋白（SSB）阻止分开的 2 条链在链内复性。拓扑异构酶参与解链解旋。局部解开的 2 条单链分别作为复制模板。

2）合成引物：引发酶催化合成引物 RNA，其末端有 1 个游离的 3′-OH，新的子代 DNA 链在其 3′- 末端延伸。

3）链的延伸：解开的 2 条单链 DNA 是反平行的，一条为 5′→3′，另一条为 3′→5′。以它们为模板合成的 2 条子代新链，一条是连续合成的，与解链方向即复制叉移动的方向一致，称为前导链；另一条是不连续合成的，称滞后链，不连续合成的 DNA 片段称为冈崎片段。新生 DNA 子链的延伸由 DNA 聚合酶Ⅲ催化。DNA 双链的复制是半不连续的。

4）切除引物和填补空隙：DNA 聚合酶Ⅰ利用其 5′→3′ 外切酶活性将 RNA 引物切除，并由其 5′→3′ 聚合活性填补引物切除后留下的空隙，再由 DNA 连接酶将冈崎片段连接成完整的子代 DNA 链。

四、DNA 的损伤与修复方式

造成 DNA 损伤的原因很多，可能是生物因素，如 DNA 的重组、病毒的整合；某些物理化学因子（如紫外线、电离辐射和化学诱变剂）也会造成 DNA 局部结构和功能的破坏，受到破坏的可能是 DNA 的碱基、核糖或是磷酸二酯键；DNA 在复制过程中仍然可能产生错配。个别脱氧核糖核苷酸残基甚至片段 DNA 在构成、复制或表型功能上的异常变化，称为突变（Mutation），也称为 DNA 损伤。造成 DNA 损伤的因素可能来自细胞内部，也可能来自细胞外部，损伤的结果是引起生物突变，甚至导致死亡。

保证 DNA 分子的完整性对于生物是至关重要的。在长期的进化过程中，生物体获得了复杂的 DNA 损伤修复系统，可以通过不同的途径对 DNA 的损伤进行修复。修复是指针对已发生了的缺陷而施行的补救机制。这些途径可分成光修复和暗修复两类，暗修复又以切除修复和重组修复最重要。

1. 光修复

在可见光的作用下，激活光复活酶，使受紫外线照射而形成的嘧啶二聚体分解，从而使损伤部位得以修复，DNA 的这种修复称为光复活。

2. 切除修复

在核酸内切酶、DNA 聚合酶 I 和连接酶等的作用下，将 DNA 分子一条链上受到损伤的部分切除，并以完整的另一条链为模板，合成切去的部分，使 DNA 恢复正常的结构。

3. 重组修复

有缺损的子代 DNA 分子还可通过分子内重组加以弥补，即从 DNA 的母链上将相应的 DNA 片段移至子链缺口处，然后利用再合成的序列来补上母链的空缺。

第三节　RNA 的转录

一、转录的共同特点

转录是以 DNA 为模板合成 RNA 的过程，具有以下特点：

1）以 DNA 的一条链为模板。双链 DNA 中只以一条链中的一个片段作为模板转录合成 RNA，因此，RNA 转录是不对称的。在 DNA 双链中，负责转录合成 RNA 的 DNA 链称模板链，另一条链称编码链。模板链与编码链互补，模板链转录合成的 RNA 的碱基顺序与编码链的碱基顺序完全一致，只是其中的 T 被 U 取代而已。

2）转录起始于 DNA 模板上的特定部位，该部位称为转录起始位点或启动子。被转录成单个 RNA 分子的一段 DNA 序列，称为一个转录单位。DNA 模板上转录终止的特殊顺序，称为终止位点或终止子。将负责编码蛋白质多肽链的 DNA 片段称为结构基因。一个转录单位可以包含一个基因——单顺反子，也可以包括多个基因——多顺反子。

3）RNA 链延伸的方向为 $5' \rightarrow 3'$。

4）RNA 转录不需要引物。

5）转录的忠实性较弱。

二、原核与真核基因转录过程的比较

（1）模板的识别和转录的起始　原核生物中，σ 亚基识别 –35 序列并与核心酶一起结合在启动子上，促使 DNA 双链解开并以其中的一条链作为模板进行转录。当新生的 RNA 链形成第一个磷酸二酯键后，σ 亚基即由全酶中解离出来，由核心酶继续进行转录。

（2）RNA 链的延伸　在核心酶催化下，按碱基互补配对的原则依次连接核苷酸，使 RNA 链按照 $5' \rightarrow 3'$ 方向延伸。由于 RNA 聚合酶没有核酸外切酶活性，不能校对新合成的 RNA 链，因而转录的误差比复制的大很多。

（3）转录的终止　终止的主要过程包括：停止 RNA 链延长，新生 RNA 链释放，RNA 聚合酶从 DNA 上释放。转录终止有两种方式：

1）依赖于 ρ 因子的终止：ρ 因子又称为终止因子，是从大肠杆菌中分离出来的一种六聚体蛋白质。它具有两种活性：促进转录终止的活性和 ATPase（腺苷三磷酸酶，可水解 ATP）活性。需要 ATP 提供能量。

2）不依赖于 ρ 因子的终止：依赖于转录终止区特异的序列，它们的共同特点是都有一段富含 GC 的序列，此 GC 区呈双折叠对称，即回文结构。由 GC 区转录出来的 RNA 自身互补而形成茎 - 环结构（发夹结构）。终止子的末尾还富含 AT，此区的模板链有连续的碱基 A，因此，转录出的 RNA 链的末尾为连续的碱基 U。当 RNA 聚合酶遇到此信号时便停止转录。

（4）转录后的加工　无论原核生物还是真核生物，所有的 RNA（tRNA、mRNA 和

rRNA）转录后首先得到的是其较大的前体分子，都要经过剪接和修饰才能转变为成熟的有功能的 RNA。

真核细胞的基因组基因绝大多数是不连续的，称为断裂基因。编码序列与间隔序列相间排列，前者称为外显子，后者称为内含子。转录产生的初始产物中包括了外显子和内含子，称为核不均一 RNA，即 hnRNA。它比加工后成熟的 mRNA 大好几倍。

真核生物转录的 mRNA 初始产物必须经过一系列加工，才能形成有功能的 mRNA 分子。其加工过程包括：对其首尾进行修饰，即在其 5'- 末端加 "帽" ［mG（5）pppNmpN-］结构，在其 3'- 末端加一个有 50~200 个 A 的多聚腺苷酸的 "尾"；将内含子切除掉，同时将外显子按顺序连接起来，这一过程称为剪接；还存在个别碱基的甲基化等修饰过程。

三、转录后加工

（1）启动子　在转录起始位点的附近有能够被 RNA 聚合酶识别并与之结合，并决定基因的转录与否及转录强度的一段大小为 20~200bp 的 DNA 序列，称为启动子。

原核生物基因的启动子具有明显的共同特征：①在基因的 5'- 末端，直接与 RNA 聚合酶结合，控制转录的起始和方向。②都含有 RNA 聚合酶的识别位点、结合位点和起始位点。③都含有保守序列，而且这些序列的位置是固定的，如 -35 序列（即识别位点）的 TTGACA、-10 序列（结合位点）的 TATAAT 等。前者供 RNA 聚合酶的 σ 亚基识别并使核心酶与启动子结合，后者为 RNA 聚合酶与之牢固结合并将 DNA 双链解开的部位。根据启动子的启动效率，启动子的活性有强有弱。真核生物基因的启动子在 -30 序列附近常含有 TATA 框结构。

（2）RNA 聚合酶　转录过程由 RNA 聚合酶催化。RNA 聚合酶识别启动子并与之结合，起始并完成基因的转录。原核生物的 RNA 聚合酶只有 1 种，包含 5 个亚基。这 5 个亚基的聚合体（$\alpha_2\beta\beta'\sigma$）称为全酶。σ 亚基以外的部分称为核心酶。σ 亚基的作用是帮助核心酶识别并结合启动子，保证转录的准确起始。转录起始后，σ 亚基迅速与核心酶脱离，核心酶继续与模板结合，并依据碱基互补的方式催化 NTP 原料形成 3', 5'- 磷酸二酯键，以 5'→3' 方向延伸多核苷酸链。

真核生物有 Ⅰ、Ⅱ 和 Ⅲ 3 种 RNA 聚合酶。RNA 聚合酶 Ⅰ 负责转录 5.8S、18S、28S rRNA 基因，RNA 聚合酶 Ⅱ 负责转录 mRNA 基因，RNA 聚合酶 Ⅲ 负责转录 5SrRNA 和 tRNA 基因。细胞器还有自己的 RNA 聚合酶。真核生物的 3 种 RNA 聚合酶各有其自己的启动子。

四、逆转录作用

以 RNA 为模板合成 DNA 称为逆转录（反转录）作用，这个过程由逆转录酶（反转录酶）催化。一些动物的 RNA 病毒在逆转录酶催化下以其 RNA 为模板，以 dNTP 为底物，催化合成一条与模板 RNA 互补的 DNA 链，此 DNA 链称为互补 DNA 链（cDNA）。然后，再将模板 RNA 降解，以单链的 cDNA 为模板合成双链互补 DNA，整合到宿主细胞染色体 DNA 中去。逆转录酶也是分子生物学技术中常用的重要工具酶。

第四节　蛋白质的翻译

一、翻译系统

蛋白质的翻译是指在细胞质中以 mRNA 为模板，在核糖体、tRNA 和多种蛋白因子与酶的共同参与下，将 mRNA 中由核苷酸顺序决定的遗传信息转变成由 20 种氨基酸组成的蛋白质的过程。

一种 mRNA 特异地指导合成一种蛋白质，不同 mRNA 指导合成不同的蛋白质。mRNA 的核苷酸排列顺序决定着由它指导合成的蛋白质多肽链中氨基酸的排列顺序。因此，mRNA 是翻译的模板或蛋白质生物合成的"蓝图"。

20 种氨基酸是合成蛋白质的原料，tRNA 是氨基酸的"搬运工"，有数十种蛋白因子和酶与 rRNA 形成的复合体——核糖体是合成蛋白质的"装配机"。所有这些构成了蛋白质的翻译系统。

二、mRNA 与遗传密码

mRNA 由 DNA 转录产生，包含了指导合成蛋白质的遗传信息，通过遗传密码的形式在蛋白质翻译过程中起模板的作用。

遗传密码是指 DNA 或由其转录的 mRNA 中的核苷酸（碱基）顺序与其编码的蛋白质多肽链中氨基酸顺序之间的对应关系。由每 3 个相邻的碱基组成 1 个密码子，共有 64 个密码子。AUG 除了作为蛋白质合成起始密码外，还代表肽链内部的甲硫氨酸。UAA、UAG、UGA 不编码任何氨基酸，表示肽链合成的终止信号，称为终止密码。其余 61 个密码子分别代表不同的氨基酸。

密码子具有以下共同特性：①通用性。从病毒、细菌到高等动植物都共同使用一套密码子，但在低等生物和高等生物线粒体 DNA 中，存在例外的使用情况。②简并性，即多种密码子编码一种氨基酸的现象。除 UAA、UAG 和 UGA 不编码任何氨基酸外，其余 61 个密码子负责编码 20 种氨基酸。③不重叠，即连续性。绝大多数生物中的密码子是不重叠而连续阅读的，即同一个密码子中的核苷酸不会被重复阅读。在翻译过程中，由 tRNA 分子来"解读"这些密码子。④方向性。起始密码子总是位于 mRNA 的 5'-末端，终止密码子总是位于 3'-末端，而且总是从 5'→3' 方向进行阅读。⑤摆动性。密码子与反密码子配对，有时会出现不遵从碱基配对规律的情况，称为遗传密码的摆动现象。

三、tRNA 的功能

tRNA 是氨基酸的"搬运工"。细胞中有 40~60 种不同的 tRNA，所有 tRNA 都是单链分子，长度为 70~90 个核苷酸残基。其二级结构呈三叶草形，三级结构呈紧密的倒 L 形状。tRNA 由 4 个茎-环和 1 个臂组成。4 个茎-环分别为二氢尿嘧啶茎-环、反密码子茎-环、可变茎-环及假尿嘧啶茎-环，而 3'-CCA 是氨基酸接受臂，氨基酸的 α-羧基与相应的 tRNA 末端 A 的 3'-OH 以酯键相连。每种 tRNA 都能特异地携带一种氨基酸，并利用其反密码子，根据碱基配对的原则识别 mRNA 上的密码子。通过这种方式，tRNA 能将其携带的氨基酸在该氨基酸 mRNA 中所对应的遗传密码位置上"对号入座"。

四、rRNA 与核糖体

1. 核糖体的结构组成

核糖体都由大、小两个亚基组成。原核生物核糖体的大亚基（50S）由 34 种蛋白质和 23S 与 5S rRNA 组成；小亚基（30S）由 21 种蛋白质和 16S rRNA 组成，大、小两个亚基结合形成 70S 核糖体。真核生物核糖体的大亚基（60S）由 49 种蛋白质和 28S、5.8S 与 5S rRNA 组成；小亚基（40S）由 33 种蛋白质和 18S rRNA 组成，大、小两个亚基结合形成 80S 核糖体。

这些蛋白因子是翻译过程所必需的起始因子、延伸因子、终止因子及肽酰转移酶等。

2. 核糖体的功能

核糖体上至少有 3 个功能部位是必需的：① P 位，起始氨酰 tRNA（氨酰 tRNA）或肽酰

tRNA 结合的部位。②A 位，内部氨酰 tRNA 结合的部位。③E 位，P 位上空载的 tRNA 分子释放的部位。

五、翻译过程

（1）氨基酸的活化　所有的氨基酸必须活化以后才能彼此之间形成肽键连接起来。活化的过程是使氨基酸的羧基与 tRNA 的 CCA 3′- 末端核糖上的 3′-OH 形成酯键，生成氨酰 tRNA。

催化氨基酸活化反应的酶称为氨酰 tRNA 合成酶。不同的氨基酸在不同的酶催化下与相应的 tRNA 相连而活化。该反应消耗 ATP。

翻译起始的氨基酸在原核生物是甲酰甲硫氨酸（fMet）。

（2）肽链合成的起始　蛋白质的合成起始包括 mRNA 模板、核糖体的 30S 亚基和甲酰甲硫氨酰 tRNA^{fMet}（fMet-tRNA^{fMet}）结合（P 位）。首先形成 30S 起始复合体，接着进一步形成 70S 起始复合体。3 个起始因子 IF-1、IF-2、IF-3 与 GTP 参与这个过程。mRNA5′- 末端的 SD 序列与 30S 小亚基上的 16S rRNA 的 3′- 末端结合，保证了翻译起始的准确性。

（3）肽链合成的延长　肽链延长包括进位、转肽和移位 3 个过程。延长阶段的第一步是携带有氨基酸的氨酰 tRNA 进入 A 位，需要延伸因子 EF-Tu、EF-Ts 和 GTP 协助。当氨酰 tRNA 占据 A 位后，原来结合在 P 位的甲酰甲硫氨酰 tRNA^{fMet} 便将其活化的甲酰甲硫氨酸部分转移到 A 位的氨酰 tRNA 的氨基上，形成肽键，催化此反应的酶是肽酰转移酶。接着，无负荷的 tRNA 由 E 位释出；肽酰 tRNA 从 A 位移到 P 位，移位过程需要延伸因子 EF-G 和 GTP 的推动。移位后 A 位被空出，于是再结合一个氨酰 tRNA，并重复以上过程，使肽链不断延长。

（4）肽链合成的终止　当 mRNA 的终止密码子（UAA、UAG 或 UGA）进入核糖体的 A 位时，在释放因子（RF）帮助下，肽链的合成终止，并从核糖体上释放出来。

（5）翻译后加工　包括折叠和修饰。新生的多肽链多数是没有生物活性的初级产物，必须经过 N 端甲酰甲硫氨酸的脱甲酰或切除甲硫氨酸、氨基酸侧链的磷酸化、糖基化修饰、多肽链的水解断裂、二硫键的形成及肽链的正确折叠等，才能转变成有功能的蛋白质。蛋白质翻译的加工过程实际上在翻译完成之前就开始了，即边翻译边加工。

第五节　核酸研究技术

一、核酸工具酶

目前，在临床分子诊断中广泛应用的核酸工具酶主要有限制性核酸内切酶、DNA 聚合酶、DNA 连接酶、碱性磷酸酶及逆转录酶等。本部分内容主要介绍限制性核酸内切酶。

限制性核酸内切酶，又称限制性内切酶、限制酶，是一类能识别双链 DNA 分子中某种特定核苷酸序列，并由此切割 DNA 双链结构的核酸内切酶，此类酶主要是从原核生物中分离纯化得到的。限制性核酸内切酶的发现和应用，使 DNA 分子能很容易地在体外被切割和连接，因此，被称为 DNA 重组技术中一把神奇的"手术刀"。

限制性核酸内切酶的识别序列大部分具有纵轴对称结构，或称回文序列。识别序列的长度多为 4 对或 6 对核苷酸。限制性核酸内切酶在其识别序列内有特定的识别位点，切割 DNA 分子时能形成两种形式的末端，即平齐末端和黏性末端。平齐末端是限制性核酸内切酶在识别序列的对称轴上切断；黏性末端是限制性核酸内切酶在识别序列对称轴左右的对称点上交错切割，产生的末端存在短的互补序列。被同一种限制性核酸内切酶切割的不同来源的DNA，由于其切口处具有互补的碱基序列，很容易互相黏合在一起，这个性质为不同来源的基因重组提供了极大的便利。

二、分子杂交技术

带有互补的特定核苷酸序列的单链DNA或RNA，当它们混合在一起时，其具有互补或部分互补的碱基对将会形成双链结构。如果互补的核苷酸片段来自不同的生物有机体，如此形成的双链分子就是杂交核酸分子。能够杂交形成杂交分子的不同来源的DNA分子，其亲缘关系较为密切；反之，其亲缘关系则比较疏远。因此，DNA/DNA的杂交作用，可以用来检测特定生物有机体之间是否存在着亲缘关系，而形成DNA/DNA或DNA/RNA杂交分子的这种能力，可以用来揭示核酸片段中某一特定基因的位置。

目前，根据分子杂交原理，建立起来的常用技术有：

（1）Southern-印迹　其原理是将在电泳凝胶中分离的DNA片段转移并结合在适当的滤膜上，变性后，通过与标记的单链DNA或RNA探针杂交，以检测被转移DNA片段中特异的基因。

（2）Northern-印迹　是将RNA分子从电泳凝胶转移并结合到适当的滤膜上，通过与标记的单链DNA或RNA探针杂交，以检测特异RNA的表达。

（3）斑点印迹杂交（dot-印迹）和狭线印迹杂交（slot-印迹）　在Southern印迹杂交的基础上发展的两种类似的快速检测特异核酸（DNA或RNA）分子的核酸杂交技术。在实验的加样过程中，使用了特殊设计的加样装置，使众多待测的核酸样品能一次同步转移到杂交滤膜上，并有规律地排列成点阵或线阵，因此，将这两种方法称为斑点印迹杂交和狭线印迹杂交，适用于核酸样品的定量检测。

（4）原位杂交　将菌落或噬菌斑转移到硝酸纤维素滤膜上，使溶菌变性的DNA与滤膜原位结合，再与标记的DNA或RNA探针杂交，然后显示与探针序列具有同源性的DNA印迹位置，与原来的平板对照，便可以从中挑选出含有插入序列的菌落或噬菌斑。该技术也称为菌落（或噬菌斑）原位杂交。

三、聚合酶链式反应

聚合酶链式反应（PCR）也称为聚合酶链反应，即PCR技术，是一种在体外快速扩增特定基因或DNA序列的方法，又称为基因的体外扩增。它可以在试管中建立反应，经过数小时就能将极微量的目的基因或某一特定的DNA片段扩增数十万倍乃至千百万倍，无须通过烦琐费时的基因克隆程序，便可获得足够数量的精确DNA拷贝。

PCR技术的原理与细胞内发生的DNA复制过程十分类似。首先，双链DNA分子在临近沸点的温度下加热时，会变性分离成两条单链的DNA。然后，耐热的DNA聚合酶以单链DNA为模板，并利用反应混合物中4种脱氧核苷三磷酸（dNTPs）合成新生的DNA互补链，在每一条新合成的DNA链上都具有引物结合位点。最后，反应混合物经再次加热使新、旧两条链分开，进入下一轮反应循环，即与引物杂交、DNA合成和链的分离。经多次循环，反应混合物中所含有的双链DNA分子数，即两条引物结合位点之间的DNA区段的拷贝数可以得到大规模地扩增。PCR技术是DNA分子在体外克隆的重要方法，在分子生物学研究和临床诊断中广泛应用，它不仅可用来扩增、分离目的基因，而且在临床医疗诊断、胎儿性别鉴定、癌症治疗的监控、基因突变与检测、分子进化研究及法医学等诸多领域都有着重要的用途。

四、动物转基因技术

将人工分离和修饰过的基因导入生物体（包括动物）基因组中，由于导入基因的表达，引起生物体的性状发生可遗传的修饰，这一技术称为转基因技术。转基因的基本方法有：①显微注射法，即将 DNA 注射到胚胎的细胞核内，再把注射过 DNA 的胚胎移植到动物体内，使之发育成正常的幼仔。②体细胞核移植法，即先在体外培养的体细胞中进行基因导入并筛选，然后将转基因体细胞核移植到去掉细胞核的卵细胞中，形成重构胚胎。

转基因动物是对多种生命现象本质进行深入了解的工具，如用于研究基因的结构与功能的关系，还可以用来建立多种疾病的动物模型，进而研究这些疾病的发病机理及治疗方法；转基因动物技术能使家畜、家禽的经济性状改良更加有效，如使生长速度加快、瘦肉率提高、肉质改善、饲料利用率提高和抗病力加强等；转基因动物也可作为医用或食用蛋白的生物反应器，如通过转基因动物的乳腺、蛋合成大量安全、高效、廉价的药用蛋白。

关于转基因动物，除了技术问题，还有涉及伦理、法律、安全性及产品如何被消费者接受等问题尚待解决。但是转基因技术正在领导一场新的农业科技革命，其巨大的发展前景是毋庸置疑的。

第十章 水、无机盐代谢与酸碱平衡

第一节 体 液

体液是指存在于动物体内的水和溶解于水中的各种物质，包括有机物和无机物所组成的液体。

一、体液的容量与分布

正常成年动物体内所含的水量是相当恒定的，但可因品种、性别、年龄和个体的营养状况差异而有所不同。动物机体的含水量一般随年龄和体重的增加而减少。肥胖的动物由于脂肪含量较多，其含水量比瘦的动物要少。

体液分布于机体各部分，在体内可划分为两个分区：

（1）细胞内液　存在于细胞内的液体，约占体重的50%。

（2）细胞外液　存在于细胞外的液体，约占体重的20%，又可分为存在于血管内的血浆和血管外的组织液（又称组织间液），两者被血管壁分开。血浆约占体重的5%，组织液约占体重的15%。此外，消化道、尿道等中的液体也都属于细胞外液。

二、体液的电解质组成

体液中除了作为重要溶剂的水之外，还含有葡萄糖、尿素等非电解质和多种电解质。细胞内液和细胞外液电解质的组成差异极大，而在细胞外液的两大部分（血浆与组织液）之间，电解质组成只有很小的差别。一般以血清作为样品分析细胞外液的组成。

1. 细胞外液的组成

血浆和组织液的无机盐含量基本相同，但血浆中的蛋白质含量比组织液中的高很多。说明蛋白质不易通过毛细血管壁，而其他电解质和较小的非电解质可自由通过。

在细胞外液中含量最多的阳离子是Na^+，阴离子则以Cl^-和HCO_3^-为主要成分，且阳离子和阴离子总量相等，细胞外液为电中性。

2. 细胞内液的组成

细胞内液的化学成分与细胞外液比较有很大不同。最显著的区别是细胞内液的蛋白质含量很高。另外，细胞内液的主要阳离子是K^+，其次是Mg^{2+}，而Na^+则很少；细胞内液的主要阴离子是蛋白质和磷酸根。Cl^-虽然是细胞外液中的主要阴离子，但在细胞内液中几乎不存在。

细胞内液和细胞外液在阳离子方面的突出差异是Na^+、K^+浓度悬殊，且这种差异是许多生理现象所必需的，因而必须维持。

三、体液渗透压

体液渗透压在体液平衡中具有重要的作用，其大小是由单位容积中溶质有效粒子的数目决定的，而与溶质粒子（分子、离子）的大小和价数等性质无关。

体液中小分子晶体物质产生的渗透压称为晶体渗透压。这些晶体物质多为电解质，电离后其质点数较多，故渗透压作用也大；由蛋白质等大分子胶态物质产生的渗透压称为胶体渗透压。体液中蛋白质的浓度虽然高，但分子大，其质点数较少，故渗透压作用也相对较小。因此，正常情况下体液中起渗透功能的溶质主要是电解质。

体液中的水可在渗透压的作用下被动地自由通过细胞膜，而Na^+、K^+等离子则不易自由通过，所以水在细胞内外的流通主要受到无机盐产生的晶体渗透压的影响。毛细血管壁的通透性则不同，除大分子蛋白质不允许自由通过外，水及Na^+、K^+等无机离子均可自由扩散，因此晶体渗透压在维持血浆与组织液之间水平衡中的作用不大；而胶体渗透压虽较小，但在维持这两部分体液之间水、盐的相对平衡中起着重要作用。

四、体液间的交流

1. 血浆和组织液的交流

物质在血浆和组织液之间的交流需要通过毛细血管壁。毛细血管壁不允许蛋白质自由通过，但水和其他溶质则可自由通过。因此水和其他溶质在这两部分之间的交流主要靠自由扩散，即各种溶质由高浓度一方向低浓度一方扩散，水则由低渗一方向高渗一方扩散，直至平衡为止。由于血浆中蛋白质的浓度高于组织液，所以血浆的渗透压大于组织液，成为组织液流向血管内的力量。另外，还有一种力量是血管内的静水压，在毛细血管的动脉端，静水压大于血浆的胶体渗透压，使体液向血管外流动；在毛细血管的静脉端，静水压小于血浆的胶体渗透压，于是体液向血管内流动，这是血浆和组织液交流的另一个方式。此外，淋巴循环也有一定的作用。

2. 组织液和细胞内液的交流

物质在组织液和细胞内液的交流需要通过细胞膜。细胞膜只允许水、气体和某些不带电荷的小分子自由通过；而蛋白质则只能少量通过，有时甚至完全不能通过；无机离子，尤其是阳离子一般不能自由通过，这是造成细胞内液和细胞外液中成分差异很大的原因。但在生命活动过程中，需要各种物质不断地在这两个分区之间进行交流。已知细胞膜有主动转运物质的机能，它能使一些物质由低浓度向高浓度方向转运。如细胞膜上的Na^+-K^+泵就是在消耗能量的基础上把K^+摄入细胞内，把Na^+排出细胞外，以保持细胞内外Na^+、K^+浓度的巨大差异。另外，在细胞膜上还有转运各种离子的穿膜孔道，这些孔道随着生理条件的不同而时开时闭，开时则离子可顺浓度梯度转运，闭时则不能转运。关于水的转移主要取决于细胞内外的渗透压。由于细胞外液的渗透压主要取决于其中钠盐的浓度，所以水在细胞内外的转移主要取决于细胞内外K^+、Na^+的浓度。当饮水后，水首先进入细胞外液，使细胞外液Na^+的浓度降低，从而降低了细胞外液的渗透压，于是水进入细胞，至细胞内外的渗透压相等为止。反之，当细胞外液的水减少或Na^+增多时，细胞外液的渗透压升高，于是水由细胞内转向细胞外。

第二节 水的代谢

一、水的生理作用

水是机体含量最多的成分，也是维持机体正常生理活动的必需物质，动物生命活动过程中许多特殊生理功能都有赖于水的存在。

1）水是机体代谢反应的介质，机体要求水的含量适当，才能促进和加速化学反应的进行，而水本身也参与许多代谢反应。

2）营养物质进入细胞及细胞代谢产物运至其他组织或排出体外，需要有足够的水才能进行。

3）水的比热值大，流动性也大，所以水能起到调节体温的作用。

4）水具有润滑作用。

二、水平衡

正常成年动物每天摄入的水量和排出的水量相等，保持动态平衡，称为水平衡。水平衡的维持主要通过控制饮水量和尿量实现。正常生理状况下，动物体内的含水总量保持相对恒定，这种恒定依赖于体内水分的来源和去路之间的动态平衡。

1. 动物体内水的来源

动物体内水的来源有3条途径：即饮水、饲料中的水和代谢水。饮水和饲料中的水是体内水的主要来源，其次是营养物质在体内氧化所产生的水（即代谢水）。在一般情况下，动物从饲料摄入的水和代谢产生的水可不受体内含水量多少的影响。但是饮水的摄入量与前两种水不同，一方面饮水量比其他水的来源量大，更重要的是饮水量的多少受下丘脑渴中枢的调节。因此，饮水在动物体内水的来源中占有极重要的地位。

2. 水的排出途径

1）从体表蒸发及流失：该途径排出的水包括从皮肤蒸发的水及随呼气排出的水。

2）随粪排出：动物种类不同，由该途径排出的水量是不同的。

3）随尿排出：肾是排出体内水分的重要器官，排尿量受抗利尿激素的控制，而抗利尿激素的分泌又受血浆渗透压所控制。虽然动物的排尿量没有高限，但都有一个最低排尿量。这是因为代谢废物（主要是尿素）必须呈溶解状态才能排出体外。

4）泌乳动物由乳中排出水。

第三节 钠、钾的代谢

一、钠、钾的分布与生理功能

1. 钠

体内的钠有一半左右存在于细胞外液中，其余大部分存在于骨骼中，可认为骨钠是钠的贮存形式。当体内缺钠时，一部分骨钠可被动员出来以维持细胞外液中钠含量的恒定。

由于细胞外液中的 Na^+ 占阳离子总量的 90% 左右，Cl^- 的含量与 Na^+ 有平行关系，所以 Na^+ 和 Cl^- 所引起的渗透压作用占细胞外液总渗透压的 90% 左右。这说明 Na^+ 是维持细胞外液渗透压及其容量的决定因素。此外，Na^+ 的正常浓度对维持神经肌肉正常兴奋性也有重要作用。

2. 钾

钾的分布与钠相反，主要存在于细胞内液，约占体钾总量的 98%。其生理功能如下：

1）K^+ 是细胞内液的主要阳离子，故 K^+ 的浓度对维持细胞内液的渗透压及细胞容积十分重要。

2）体内 K^+ 的动向和水、Na^+ 及 H^+ 的转移密切相关，故与维持体内酸碱平衡有关。

3）细胞内外一定浓度的 K^+ 是维持神经肌肉正常兴奋性的必要条件。血浆 K^+ 浓度与心肌的收缩运动也有密切的关系，血浆 K^+ 浓度高时对心肌收缩有抑制作用，当血浆 K^+ 浓度高到一定程度时，可使心脏停搏在舒张期；相反，当血浆 K^+ 浓度过低时，可使心脏停搏在收缩期。

4）K^+ 在维持细胞的正常代谢与功能中也起到重要作用。

二、水和钠、钾的代谢及调节

1. 水与钠、钾的代谢

饲料中的钠易被动物吸收，是体内钠的主要来源。因植物中含钠很少，因此在饲喂家畜时，一般要在饲料中添加食盐（NaCl）。正常情况下，尿中钠的排泄与其摄入量大致相等。当血浆中的钠浓度低于阈值时，尿中不再排钠。

体内的钾主要来自饲料，和钠一样也是易被动物吸收的。正常饲料中的钾含量很丰富，因此只要正常饲喂，任何动物都很少缺钾。肾是排钾和调节钾平衡的主要器官。肾的排钾能力很强，但保钾能力却比保钠能力小得多。

2. 水与钠、钾动态平衡的调节

由于水和 Na^+、K^+ 代谢过程与体液组分及容量密切相关，因此机体通过各种途径对水和 Na^+、K^+ 在各部分体液中的分布进行调节。水和 Na^+、K^+ 动态平衡的调节是在中枢神经系统的控制下，通过神经-体液调节途径实现的。神经-体液调节系统对水和 Na^+、K^+ 的调节中，主要的调节因素有抗利尿激素、盐皮质激素、肾素-血管紧张素-醛固酮系统、心钠素和其他多种利尿因子。各种体液调节因素作用的主要靶器官为肾。

第四节　体液的酸碱平衡

一、体液的酸碱度及酸碱平衡

体液的酸碱平衡是指体液（特别是血液）能经常保持 pH 的相对恒定。动物细胞外液（以血浆为代表）的 pH，一般在 7.24~7.54 之间。动物在正常的生命活动中，不断地通过肠道吸收和物质代谢产生一些不同的酸性和碱性物质，这些物质进入血液后，使体液的酸碱度发生改变。但在正常生理条件下，动物并不发生酸或碱中毒现象，这表明在机体内具有完备而有效的调节体液酸碱平衡的机制。

二、体液酸碱平衡的调节

机体通过体液的缓冲体系，由肺呼出二氧化碳和由肾排出酸性或碱性物质来调节体液的酸碱平衡。

1. 血液的缓冲体系

动物体液中的缓冲体系是由一种弱酸及其盐构成的。血液中主要的缓冲体系有3种：碳酸氢盐缓冲体系、磷酸盐缓冲体系、血浆蛋白体系及血红蛋白体系。在血液的各种缓冲体系中，以碳酸-碳酸氢盐的缓冲能力最大。肺和肾调节酸碱平衡的作用，也主要是通过调节血浆中碳酸和碳酸氢盐的浓度实现。

由于动物在正常代谢过程中产生的酸（其中包括蛋白质分解代谢产生的硫酸和磷酸）较多，体液受到酸的影响较大。血浆缓冲酸的能力下降到一定程度时，血浆就会失去了缓冲能力。因此，机体为了维持体液pH的正常恒定，必须有随时调整血浆中[HCO_3^-]/[H_2CO_3]的比值以及维持二者的绝对浓度的机制，即必须经常保持一定量的HCO_3^-以便随时中和进入的酸。我们把血浆中所含HCO_3^-的量称为碱储，意即中和酸的碱储备，通常以mmol/L来表示。

2. 肺呼吸对血浆中碳酸浓度的调节

肺对血浆pH的调节机制在于加强或减弱CO_2的呼出，从而调节血浆和体液中H_2CO_3的浓度，使血浆中[HCO_3^-]/[H_2CO_3]的比值趋于正常，从而使血浆的pH趋于正常。

3. 肾的调节作用

肾通过肾小管的重吸收作用和分泌作用排出酸性或碱性物质，以维持血浆的碱储和pH的恒定。

（1）**肾对血浆中碳酸氢钠浓度的调节** 肾可通过多排出或少排出HCO_3^-，以维持血浆中HCO_3^-的浓度恒定，并在肺机能的配合下，使血浆中HCO_3^-和H_2CO_3的浓度保持恒定，从而使其pH趋于正常恒定。

（2）**肾小管的泌氨作用** 肾小管管腔内的尿液流经远曲小管时，尿中氨的含量逐渐增加，排出的NH_3与H^+结合生成NH_4^+，使尿的pH升高，这种泌氨作用有助于体内强酸的排出。

第五节 钙、磷的代谢

一、钙、磷的分布与生理功能

1. 钙、磷的分布

体内的无机盐以钙、磷含量最多，它们占机体总灰分的70%以上。体内99%以上的钙及80%~85%的磷以羟磷灰石[$3Ca_3(PO_4)_2·Ca(OH)_2$]的形式构成骨盐，分布在骨骼和牙齿中。其余的钙主要分布在细胞外液中，细胞内液中钙的含量很少。而磷则在细胞外液和细胞内液中分布。

2. 钙的生理功能

① 参与调节神经、肌肉的兴奋性，并介导和调节肌肉及细胞内微丝、微管等的收缩。
② 影响毛细血管壁通透性，并参与调节生物膜的完整性和质膜的通透性及其转运过程。
③ 参与血液凝固过程和某些腺体的分泌；还是许多酶的激活剂（如脂肪酶、ATP酶等）。
④ 作为细胞内第二信使，介导激素的调节作用。

3. 磷的生理功能

① 骨骼外的磷主要以磷酸根的形式参与糖、脂类、蛋白质等物质的代谢过程及氧化磷酸化作用。
② 磷是DNA、RNA和磷脂的重要组成成分；参与酶的组成和酶活性的调节；此外，磷

酸盐在调节体液平衡方面也具有重要的作用。

二、血钙与血磷

血浆中的钙称为血钙，主要以离子钙和结合钙两种形式存在。动物血钙的浓度平均约为 10mg/100mL。结合钙绝大部分与血浆蛋白质（主要是白蛋白，又称清蛋白）结合，少部分与柠檬酸、HPO_4^{2-} 结合。蛋白质结合钙不易通过毛细血管壁，可称为非扩散性钙；离子钙和柠檬酸钙均可通过毛细血管壁，称为扩散性钙。血浆中扩散性钙与非扩散性钙的含量各占一半。

血浆中的无机磷称为血磷。血液中的磷主要以无机磷酸盐、有机磷酸酯和磷脂 3 种形式存在，其中无机磷酸盐主要存在于血浆中，后两种形式的磷主要存在于红细胞内。成年动物的血磷含量为 4~7mg/100mL 血浆，幼年动物血磷含量稍高。在正常情况下，血浆中的钙与磷含量有一定比例，其比值为（2.5~3.0）:1。

三、钙、磷在骨中的沉积与动员

骨虽然是一种坚硬的固体组织，但它仍然与其他组织保持着活跃的物质交换。当骨溶解时，钙、磷由骨中动员出来，使血中钙和磷的浓度升高；相反，在骨生成时，钙、磷在骨中沉积，引起血中钙和磷的含量降低。

骨的代谢不是单纯的化学过程，须依赖于骨组织中 3 种细胞：成骨细胞（负责骨的生成）、骨细胞和破骨细胞（负责骨的降解）。甲状旁腺素、降钙素和 1,25-二羟维生素 D 参与骨细胞的转化调节，影响骨钙和血钙的平衡。

1. 钙、磷在骨中的沉积——骨的生成

骨的生成有 2 种基本方式：软骨成骨（如四肢骨的生成）和膜性成骨（如颅顶骨的生成）。2 种方式成骨的原理基本相同。骨的生成包括 2 个基本过程：有机骨母组织的生成和骨盐（骨中的无机盐）在其中的沉积。前者主要成分是胶原和基质物质，后者成分以钙盐和磷酸盐为主。

2. 钙、磷在骨中的动员——骨的吸收

骨溶解而消失的过程称为骨的吸收，包括骨母细胞的破坏和骨盐的溶解。骨吸收时，骨细胞和破骨细胞在甲状旁腺素作用下，产生组织蛋白酶、胶原酶和糖苷酶等，使胶原和黏多糖降解，从而使骨母细胞降解。同时，由于甲状旁腺素的作用改变了骨组织的代谢，使其释放柠檬酸和乳酸，一方面使吸收部位的 pH 降低，另一方面柠檬酸可以与 Ca^{2+} 结合形成可溶解而不解离的化合物，2 种作用均有利于骨盐的溶解，使骨组织被溶解吸收。

第十一章 器官和组织的生物化学

第一节 红细胞的代谢

一、血红蛋白的代谢

1. 血红蛋白的功能

（1）血红蛋白与氧结合　血红蛋白（Hb）分子是由 2 个 α-亚基和 2 个 β-亚基构成的四聚体。每个亚基都包括 1 条肽链和 1 个血红素。血红素位于每个亚基的空穴中，血红素中央的 Fe^{2+} 是氧结合部位，通过配位键可以结合 1 个 O_2。每个血红蛋白分子能与 4 个 O_2 进行可逆结合。称为氧合血红蛋白（HbO_2）。

（2）血红蛋白与二氧化碳结合　血红蛋白蛋白质部分的游离氨基与CO_2结合成为碳酸血红蛋白（$HbCO_2$）。体内产生的CO_2，约18%是通过这种形式运至肺部排出体外的，约74%以碳酸氢盐形式运输。

（3）血红蛋白与一氧化碳结合　血红蛋白与CO作用形成碳氧血红蛋白（HbCO），CO与Fe^{2+}通过配位键结合，其结合亲和力是与O_2结合的200~300倍。

2. 血红蛋白的氧化及其恢复

血红蛋白可被铁氰化钾、亚硝酸盐、盐酸盐、大剂量的亚甲蓝及过氧化氢等氧化剂氧化为高铁血红蛋白（MHb）。在高铁血红蛋白中，二价铁（Fe^{2+}）被氧化为三价铁（Fe^{3+}），失去了运输氧的能力。正常的红细胞中也有少量氧化剂能把血红蛋白氧化为高铁血红蛋白。但红细胞有使高铁血红蛋白缓慢地还原为亚铁血红蛋白的能力，所以正常血中只有少量的高铁血红蛋白。正常的红细胞把高铁血红蛋白还原为血红蛋白的方式有酶促反应及非酶促反应两种。酶促反应由两类高铁血红蛋白还原酶催化。维生素C及还原型谷胱甘肽还原高铁血红蛋白为非酶促反应。

二、红细胞中的糖代谢

哺乳动物成熟的红细胞中没有糖原的贮存。红细胞膜上含有运载葡萄糖的载体，使葡萄糖很容易通过细胞膜，故葡萄糖的浓度在红细胞内与血浆中几乎相等。葡萄糖的代谢绝大部分通过糖酵解途径，还有小部分通过磷酸戊糖途径、糖醛酸循环及2,3-二磷酸甘油酸支路。

1. 糖酵解生成ATP

葡萄糖主要通过红细胞中的糖酵解途径代谢。由于红细胞缺乏线粒体，糖酵解的最终产物是乳酸，通过葡萄糖转运蛋白1（GLUT 1）催化下的质膜转运释放到血液中。这个途径产生的ATP，主要执行以下功能：①维持红细胞膜上钠钾泵（Na^+-K^+-ATPase）的正常运转。②维持红细胞膜上钙泵（Ca^{2+}-ATPase）的正常运转。③维持红细胞膜上脂质与血浆脂蛋白中脂质的交换。④少量ATP用于谷胱甘肽、NAD^+的生物合成。⑤用于葡萄糖的活化，启动糖酵解过程。

禽类的红细胞有细胞核，主要通过有氧氧化供能。

2. 磷酸戊糖途径

在成熟的红细胞内经磷酸戊糖途径产生的还原型辅酶$NADPH+H^+$，不像其他细胞那样可将其作为能量的来源或用于合成脂肪酸，而是用于保护细胞及血红蛋白不受各种氧化剂的氧化。在生理条件下，葡萄糖代谢通过磷酸戊糖途径的占3‰~11%。当红细胞内代谢不正常时，氧化型谷胱甘肽（GSSG）与还原型谷胱甘肽（GSH）的比值增大，或过氧化氢酶失活（Fe^{2+}被氧化成Fe^{3+}），致使过氧化氢在红细胞内积聚，可促进磷酸戊糖途径产生$NADPH+H^+$，来维持红细胞内这些物质的还原状态。

3. 糖醛酸循环

通过糖醛酸循环途径可间接地使$NADPH+H^+$的氢转给NAD^+生成$NADH+H^+$，它对于维持红细胞中血红蛋白的还原状态［高铁血红蛋白（MHb）的还原］有重要意义。

4. 2,3-二磷酸甘油酸支路

在糖酵解途径中，1,3-二磷酸甘油酸（1,3-BPG）有15%~50%在二磷酸甘油酸变位酶催化下生成2,3-二磷酸甘油酸（2,3-BPG），后者再经2,3-二磷酸甘油酸磷酸酶（活性低）催化生成3-磷酸甘油酸。经此2,3-二磷酸甘油酸的侧支循环称2,3-二磷酸甘油酸支路。

2,3-二磷酸甘油酸作为变构剂，调节血红蛋白的运氧能力，有利于氧的释放。

三、血红素的代谢

1. 血红素的合成

食物中的血红素并不是体内血红素的主要来源。琥珀酰CoA、甘氨酸和Fe^{2+}是血红素合成的原料。合成的起始和终末阶段在线粒体，中间过程则在细胞液中进行。先合成吡咯环，再螯合Fe^{2+}。ALA合酶（δ-氨基-γ-酮戊酸合酶）是血红素合成途径的关键酶。

血红素在体内可被氧化成高铁血红素，高铁血红素是ALA合酶的强烈抑制剂，也有利于珠蛋白的合成，促进血红蛋白的生成。当机体缺氧时，肾分泌促红细胞生成素（EPO）增加，释放入血液并运至骨髓，可诱导ALA合酶的合成，从而促进血红素和血红蛋白的生成。促红细胞生成素是红细胞生成的主要调节剂。

2. 血红素代谢生成胆红素

动物体内每天有0.6%~3.0%的红细胞被破坏。衰老的红细胞主要在脾、肝和骨髓的单核吞噬细胞系统中被破坏，释放出血红蛋白分解为珠蛋白和血红素，血红素代谢生成胆红素。

红细胞在破裂后，血红蛋白的辅基血红素被氧化，由微粒体血红素加氧酶（胆红素生成关键酶，需要O_2和NADPH参与）催化分解为铁及胆绿素。脱下的铁几乎都变为铁蛋白被贮存，可重新利用。胆绿素进一步在细胞质胆绿素还原酶催化下，由NADPH供氢，被还原成胆红素。胆红素进入血液后，即与血浆白蛋白或$α_1$球蛋白结合成溶解度较大的复合体（临床上称为间接胆红素，也称为游离胆红素）而被运输。这种间接胆红素不能通过肾脏随尿排出。

胆红素有毒性，特别对神经系统的毒性较大，在与蛋白质结合后，可限制胆红素自由地通过各种生物膜，减少游离胆红素进入组织细胞产生毒性作用。

3. 胆红素在肝、肠中的转变

间接胆红素随血液运到肝时，胆红素即与白蛋白分离而进入肝细胞，主要与UDP-葡萄糖醛酸反应生成葡萄糖醛酸胆红素（临床上称为直接胆红素，也称为结合胆红素），此为肝解毒作用的一种方式，它的溶解度较大。肝细胞产生的葡萄糖醛酸胆红素从肝细胞排入毛细胆管随胆汁排出。

随胆汁进入小肠的葡萄糖醛酸胆红素在回肠末端及大肠内经肠道细菌的作用，先脱去葡萄糖醛酸，再经过逐步的还原过程转变为无色的尿胆素原及粪胆素原，它们结构相似又常同时存在，统称为胆素原。它们在大肠下部及排出体外时，均可被氧化成尿胆素及粪胆素，此即粪便颜色的一种重要来源。

在肠内，一部分尿胆素原可被吸收进入血液，经门静脉进入肝。这种被吸收的尿胆素原大部分可被肝细胞吸收，再随胆汁排入小肠，此即称为尿胆素原的肝肠循环。从门静脉进入肝的尿胆素原还有一小部分未被肝细胞吸取而从肝静脉流出，随血液循环至肾而排出，此即尿中含有少量尿胆素原的来源。尿中少量的尿胆素原在空气中可被氧化而变成尿胆素使尿色变深。

第二节 肝 的 代 谢

一、肝在物质代谢中的作用

1. 肝在糖代谢中的作用

肝在糖代谢中的主要作用是维持血糖浓度恒定，其次是保障全身各组织（大脑和红细胞的能量供应。肝不仅有非常活跃的糖的有氧及无氧分解代谢，而且也是进行糖异生，维持血糖稳定的主要器官。在饱食状态下，肝很少将所摄取的葡萄糖氧化为二氧化碳和水，大量的葡萄糖被合成为糖原贮存起来。在空腹状态下，肝糖原分解释放出血糖。饥饿时，肝糖原几乎耗竭，糖原含量急剧下降到1%以下，供中枢神经系统和红细胞等利用。糖异生便成为肝供应血糖的主要途径。

2. 肝在脂类代谢中的作用

① 肝是脂肪酸 β-氧化的主要场所。不完全 β-氧化产生的酮体，可以为肝外组织提供容易利用的能源。对于禽类，肝是合成脂肪的主要场所。

② 肝也是改造脂肪的主要器官，能调整外源性脂肪酸的碳链长短及饱和程度。

③ 血浆中的磷脂主要是在肝合成的，并且也主要回到肝中进行进一步的代谢变化。

④ 肝也是胆固醇代谢转变的重要场所，肝内胆固醇大部分转变为胆汁酸盐，进入小肠，促进脂类的消化吸收，一部分则随胆汁排出，这也是粪便中胆固醇的主要来源。

3. 肝在蛋白质合成中的作用

① 肝不但合成蛋白质本身，还合成大量血浆蛋白质，血浆中的全部白蛋白、部分球蛋白和包括纤维蛋白原在内的多种凝血因子也都在肝中合成。

② 蛋白质代谢的许多重要反应在肝中进行，如氨基酸的合成与分解，而尿素的合成几乎都在肝中进行。

③ 肝是快速清除血浆蛋白质（白蛋白除外）的重要器官。含有糖基的血浆蛋白质在肝细胞膜唾液酸酶催化下脱去其糖基末端的唾液酸，并被肝细胞膜上特异的受体——肝糖结合蛋白所识别，经胞吞作用进入肝细胞后被降解。

④ 肝的蛋白质中含有较多的铁蛋白。铁蛋白含铁量达17%~23%，是体内贮存铁的特殊形式，因此肝是机体内贮存铁最多的器官。

4. 肝在维生素代谢中的作用

肝在维生素吸收、贮存、运输及代谢方面起重要作用。肝是多种维生素（维生素A、维生素D、维生素E、维生素K、维生素B_{12}）的贮存场所，是人体内含维生素A、维生素K、维生素B_1、维生素B_2、维生素B_6、维生素B_{12}、泛酸和叶酸最多的器官。胡萝卜素可在肝内（还有部分在肠上皮细胞）转变为维生素A。肝合成的胆汁酸经胆管进入消化道，参与多种脂溶性维生素的吸收。

5. 肝在激素代谢中的作用

多种激素在发挥其调节作用后，主要在肝中转化、降解或失去活性，这一过程称为激素的灭活。某些激素（如儿茶酚胺类、胰岛素、氢化可的松、醛固酮、抗利尿激素、雌激素和雄激素等）在肝中不断被灭活，使这些激素在血液中维持在一定的浓度范围。一些类固醇激素可在肝内与葡萄糖醛酸或活性硫酸等结合后被灭活。

一些药物或毒物等也需要在肝内进行生物转化，使之极性增强而易于排出体外。

二、肝的生物转化作用

在日常生活中，常常有许多非营养物质进入动物体内，如饲料中的色素、生物碱、农药和毒物，饮水中的化学性杂质，从肠道吸收的腐败产物，以及为治疗目的给予的药物等。机体内部也常常产生各种不能再被机体利用的物质，如物质代谢中产生的各种代谢终产物，完成了调控作用的各种生物活性物质等。这些物质绝大部分既不能被转化为构成组织细胞的原料，也不能被彻底氧化以供给能量，而必须由机体把它们排出体外。在排出以前，这些物质需要经过一定的代谢转变，使它们增强极性或水溶性，转变成比较容易排出的形式，然后再随尿或胆汁排出。这些物质排出前在体内所经历的代谢转变过程，称为生物转化作用。

肝脏是生物转化的主要场所，肝脏中的生物转化作用有结合、氧化、还原和水解等方式，其中以氧化及结合的方式最为重要。

生物转化的对象包括内源性非营养物质（如激素、胺类和肠道腐败物等）和外源性非营养物质。

三、肝的排泄功能

肝脏有一定的排泄功能，如胆色素、胆固醇、碱性磷酸酶、钙和铁等正常成分，可随胆汁排出体外。肝生物转化的产物，大部分随血液运至肾脏并随尿排出，也有一小部分随胆汁排出。汞、砷等毒物进入体内后，一般先被保留在肝脏内，以防止其向全身扩散，然后缓慢地随胆汁排出。

第三节　肌肉收缩的生化机制

一、肌纤维与肌原纤维

骨骼肌的每条肌纤维呈圆柱形，直径为 10~100μm，但长度为几毫米到几百毫米。包裹肌纤维的膜称为肌纤维膜。肌纤维的大部分空间充满了许多纵向排列的肌原纤维，其直径约为 1μm，这是肌肉收缩的装置。肌原纤维浸浴在肌质中，肌质中含有糖原、ATP、肌酸磷酸及酵解酶类。每条肌原纤维都被肌质网（肌浆网）包围，肌质网是极细的管道形的网状物，其中贮存着 Ca^{2+}。肌质网与横向微管系统（T 系统）紧靠在一起。不同类型的肌肉有不同数目的线粒体。

每条肌原纤维由一系列的重复单位——肌小节组成。肌小节是肌原纤维的基本收缩单位，每个肌小节由许多粗丝和细丝重叠排列组成。

二、肌球蛋白和粗丝

粗丝的主要成分是肌球蛋白。肌球蛋白的分子量为 500000，由 2 条相同的重链和 4 条轻链组成。电子显微镜观察表明，它具有一个很长的尾部，尾部的一端连有 2 个球形的头。其尾部由 2 条重链的一部分组成，每条链各自形成 α 螺旋，2 条链又共同形成螺旋。2 条重链的其余部分则各自形成球形的头，轻链则形成 2 个头的一部分。

肌球蛋白有 3 个重要的性质：①肌球蛋白分子能自动聚合形成丝。②有 ATP 酶活性。③能与细丝联结。把细丝由两侧拉向中央，使肌小节缩短，肌肉收缩。

三、肌动蛋白和细丝

细丝的主要成分是肌动蛋白。单个肌动蛋白的分子量为 42000，呈球形，称为 G-肌动蛋白。许多肌动蛋白分子聚合起来形成纤维状，称为 F-肌动蛋白，即细丝的基本结构。在细丝中，有 2 条肌动蛋白单体聚合形成的丝互相盘绕形成螺旋形。

在肌球蛋白的溶液中加入肌动蛋白则形成二者的复合体，称为肌动球蛋白。肌肉收缩的力量来自肌球蛋白、肌动蛋白和 ATP 之间的相互作用。

四、肌肉收缩与 ATP 的供应

肌肉收缩时必须有 ATP 的充分供应。肌肉中 ATP 的根本来源是酵解作用、三羧酸循环和氧化磷酸化过程。由于肌肉对能量的需求是不可预知的，有时会发生突然的大量需求，因而必须有一个能即刻利用的能量储备，以缓冲即刻的供应紧张。在哺乳动物肌肉中，这种能量储备物质是高能磷酸化合物肌酸磷酸。当肌肉收缩时，在肌酸磷酸激酶的催化下，肌酸磷酸能把其磷酸基转给 ADP，产生 ATP。这是一个可逆反应，在肌肉休止时，ATP 可将其磷酸基转给肌酸，生成肌酸磷酸储备起来。

第四节　大脑和神经组织的生化

一、大脑的能量需求

动物的大脑组织可接受心排血量的 15% 左右，占休止时全身耗氧量的 20% 左右，可见大脑代谢非常活跃。在正常营养状况下，大脑的呼吸商（单位时间内物质氧化过程中生成二氧化碳的量和耗氧量的比值）为 1，说明它是以糖氧化进行呼吸的。但大脑中贮存的葡萄糖和糖原，仅够其几分钟的正常活动，可见大脑主要是利用血液提供的葡萄糖供能，因此大脑对血糖浓度的降低最敏感。在成年动物的大脑中可通过一些酶的作用由酮体提供三羧酸循环所需的全部乙酰 CoA 氧化供能。在正常情况下，血液中酮体的浓度太低，不能在大脑的能量供应中起明显的作用。但在较长时期的饥饿情况下，血液中酮体含量上升而血糖浓度降低，则酮体的氧化可达大脑总耗氧量的 60% 左右。此时葡萄糖的耗氧量仅为 30% 左右。

哺乳期幼畜把酮体转变为乙酰 CoA 的酶活性比成年动物的高，因而在大脑的氧化底物中酮体占相当显著的部分。在出生时，幼畜的血糖和血液中酮体都暂时降低。但开始授乳后，由于乳是高脂肪饲料，幼畜血液中酮体的浓度显著上升，以致酮体可以作为其大脑的能源之一。

二、大脑中氨和谷氨酸的代谢

在神经组织中，一些酶催化的反应能以高速度产生氨。但氨是有毒的，其在大脑内的恒态浓度必须维持在 0.3mmol/L 左右，多余的氨则形成谷氨酰胺运出脑外。谷氨酰胺由谷氨酸与游离氨缩合而来的，所以经谷氨酰胺将大脑产生的氨运至肝脏生成尿素，可使大脑经常发生谷氨酸的净丢失。这种丢失的 63% 左右由血液中的谷氨酸补充，其余的则靠葡萄糖转化而来。

大脑中还有一个涉及谷氨酸代谢的反应是三羧酸循环的一个旁路——γ-氨基丁酸循环。三羧酸循环中的 α-酮戊二酸经转氨反应产生谷氨酸，谷氨酸脱羧基产生 γ-氨基丁酸。它是脑组织中一种重要的，也是含量最高的抑制性中枢神经递质。大脑中葡萄糖总转换量的 10% 左右可能是被这个旁路代谢的，循环需要磷酸吡哆醛作为辅酶。

第五节　结缔组织的生化

结缔组织种类多，但只含有 3 种基本成分，即细胞、纤维及无定形的基质。在不同的结缔组织中，细胞组成种类各有差别，基质和纤维的性质及它们之间的比例也相差甚大。基质和纤维是结缔组织中数量最多的成分。

一、纤维与胶原蛋白

1. 纤维

纤维是结缔组织的重要部分，肌腱、韧带等致密结缔组织中含纤维较多。而皮下器官的疏松结缔组织，不仅含纤维少，而且纤维的性质也有所不同。纤维是一种线状结构，由原纤维组成，按其性质可分为 3 类：

（1）胶原纤维　胶原纤维也称为白色纤维，具有韧性，由胶原蛋白组成。

（2）弹性纤维　弹性纤维也称为黄色纤维，具有弹性，主要由弹性蛋白组成。

（3）网状纤维　内脏的结缔组织中往往以这种纤维为主，其主要化学成分为胶原蛋白。

2. 胶原蛋白

胶原蛋白是结缔组织中主要的蛋白质，约占体内总蛋白质的 1/3，体内的胶原蛋白都以胶原纤维的形式存在。胶原蛋白很有规律地聚合并共价交联成胶原微纤维，胶原微纤维再进一步共价交联成胶原纤维。

胶原蛋白含有大量甘氨酸、脯氨酸、羟脯氨酸及少量羟赖氨酸。羟脯氨酸及羟赖氨酸为胶原蛋白所特有，体内其他蛋白质不含或含量甚微。胶原蛋白中含硫氨基酸及酪氨酸的含量甚少。

胶原蛋白分子是由 3 条 α-肽链互作螺旋缠绕而成的 3 股绳索状结构，分子量为 300000，直径约为 1.5nm，长约 300nm。在胶原蛋白分子聚合及交联成胶原微纤维时，是很有规律地依次头尾直线聚合。这种大量的直线聚合物又呈阶梯式很有规律地定向平行排列，故染色的胶原微纤维可观察到有规则的横纹。

胶原蛋白不仅由成纤维细胞合成，其他如成软骨细胞、成骨细胞、某些上皮细胞、平滑肌细胞和神经组织的神经膜细胞（雪旺氏细胞）等也能合成。胶原蛋白，是先在细胞内合成前胶原，然后分泌到细胞外，经酶的作用转变为胶原蛋白分子，胶原蛋白分子再进一步有规律地聚合成胶原微纤维。

二、基质与糖胺聚糖

1. 基质

基质是无定形的胶态物质，填充在结缔组织的细胞和纤维之间，是略带胶黏性的液质。纤维和基质又合称间质。基质的化学成分有水、非胶原蛋白、糖胺聚糖（或称黏多糖）及无机盐等。非胶原蛋白属于球蛋白，并含有较多的含硫氨基酸。非胶原蛋白通过分子中丝氨酸或苏氨酸残基上的羟基与糖胺聚糖以糖苷键结合成蛋白聚糖。

2. 糖胺聚糖

糖胺聚糖又称为氨基多糖或黏多糖，是一类含氮的链长而不分支的杂多糖，由氨基己糖、己糖醛酸等己糖衍生物与乙酸、硫酸等缩合而成的一种高分子化合物。糖胺聚糖在体内分布很广，是结缔组织基质中的主要成分。由于它含有许多糖醛酸及硫酸基团，因而具有酸性，故有时称为酸性黏多糖。常见的糖胺聚糖有透明质酸、硫酸软骨素、硫酸皮肤素、硫酸角质素和肝素等。

（1）糖胺聚糖的生理作用　①糖胺聚糖是基质的主要成分，结合水的能力很强，使皮肤及其他组织保持足够的水分，以维持丰满状态。②糖胺聚糖分子中含有较多的酸性基团，对细胞外液中的 Ca^{2+}、Mg^{2+}、Na^+ 和 K^+ 等离子有较大的亲和力，因此也能调节这些阳离子在组织中的分布。③有促进创伤愈合的作用。在皮肤创伤后形成肉芽的过程中，通常都先有糖胺聚糖增生的现象。这种增生能进一步促进基质中纤维的增生。④糖胺聚糖具有较大的黏滞性。在关节液中，它们（主要是透明质酸）附着于关节面上，能减少关节面的摩擦，具有润滑、保护作用。⑤糖胺聚糖可以形成凝胶，对于维持组织形态，阻止病菌或病毒侵入细胞有一定的作用。

（2）糖胺聚糖的合成　合成糖胺聚糖的基本原料是葡萄糖，氨基部分来自谷氨酰胺，乙酰基部分来自乙酰 CoA，硫酸部分来自"活性硫酸"。

（3）糖胺聚糖的分解代谢　基质中的蛋白聚糖主要由细胞释放出来的组织蛋白酶 D 将部分肽链水解，所产生的带有糖胺聚糖的片段可被细胞内吞，然后在溶酶体内进一步彻底分解。

第五篇

动物病理学

第一章 动物疾病

第一节 概述

一、动物疾病的概念及特点

动物病理学是以解剖学、组织学、生理学、生物化学、微生物学及免疫学等为基础，运用各种方法和技术研究疾病的发生原因（病因学），在病因作用下疾病的发生发展过程（发病学/发病机制）以及机体在疾病过程中的功能、代谢和形态结构的改变（病理变化，简称病变），从而揭示患病机体的生命活动规律的一门学科。从广义来讲，作为一门学科，它囊括了机体的各种结构和功能的异常，其研究涉及细胞、组织、器官和体液。病理学是连接兽医基础科学和临床科学的桥梁。从本质上来讲，病理学是研究组织和细胞对损伤的应答。

1. 疾病的概念

疾病是相对于健康而言的。所谓健康是指动物机体对其环境有良好的适应性，两者保持正常的动态平衡。反之，疾病则是指机体与环境之间的正常平衡被打破。现代医学认为，疾病是机体与外界环境间的协调发生障碍的异常生命活动。疾病是机体在一定条件下与病因相互作用而产生的一个损伤与抗损伤的复杂斗争过程，疾病过程中出现各种机能、代谢和形态结构的异常变化，以及各种相应的症状、体征和行为异常。当患疾病时，机体各器官系统之间及机体与外环境之间的协调平衡关系发生改变，动物的生命活动能力、生产性能和经济价值均降低。

2. 动物疾病的特点

疾病是完整机体的复杂反应，其发生、发展和转归有一定的规律性。动物疾病包括以下基本特点：

1）疾病是在正常生命活动基础上产生的一个新过程，与健康有质的区别。
2）任何疾病的发生都是由一定原因引起的，没有原因的疾病是不存在的。
3）任何疾病都是完整统一机体的反应，呈现一定的机能、代谢和形态结构的变化，这是发生疾病时产生各种症状和体征的内在基础。
4）任何疾病都包括损伤与抗损伤的斗争和转化。
5）疾病是一个有规律的发展过程，在发展的不同阶段，有其不同的变化和一定的因果转化关系。
6）发生疾病时不仅动物的生命活动能力减弱，而且其生产性能，特别是经济价值降低，这是动物疾病的重要特点。

二、动物疾病的经过、分期及特点

疾病从发生、发展到结局的过程，称为病程。在这个过程中，具有一定的阶段性，通常可分为以下4个基本阶段：

1. 潜伏期

潜伏期又称隐蔽期，是从病因作用于机体开始，到疾病的第一批症状出现时为止的这一段时期。潜伏期的长短根据病因的特点和机体本身状况表现得并不一致，有的较长，有的较短。例如，狂犬病的潜伏期最长可达 1 年以上，而炭疽病多为 1~3d。普通疾病中的电击或刀伤的潜伏期，却往往短到难以计算。

在潜伏期中，机体动员各种防御机能与致病因素进行斗争，如果防御机能能克服致病因素的损害，则在出现症状之前疾病就停止进一步发展。

2. 前驱期

从疾病出现最初症状，到主要症状开始暴露这一时期称前驱期或先兆期。在这一阶段，机体的功能活动和反应性均有所改变，一般只出现某些非特异性症状，称为前驱症状。如精神沉郁、食欲减退、心脏活动及呼吸机能发生改变、体温升高或生产力降低等。

3. 临床经过期

临床经过期又称症状明显期。这是指紧接前驱期之后，疾病的主要或典型症状已充分表现出来的阶段。由于疾病不同，所表现症状的特征和持续的时间也有所不同。在这一阶段，患病动物抵抗疾病的防御机能已有了进一步的发展，同时，致病因素造成的损伤也表现得相当明显，对诊断所患疾病很有价值。

4. 终结期

终结期又称转归期，是指疾病的结束阶段。在此阶段，有时疾病结束得很快，症状在几小时到一昼夜之内迅速消失，称为骤退；有时则在较长的时间内逐渐消失，称为缓退。

在疾病经过中，有时可因抵抗力下降使症状和机能障碍加剧，称为疾病的恶化。若疾病症状在一定时间内暂时减弱或消失，称为减轻。此外，在某些疾病经过中，有时还可能发生并发症，例如幼畜患副伤寒时可以并发肺炎。

三、动物疾病的转归

疾病的转归是指疾病过程的发展趋向和结局。它主要取决于致病因素作用于机体后发生的损伤与抗损伤反应的力量对比和正确及时的有效治疗。疾病的转归一般可分为完全康复（痊愈）、不完全康复和死亡 3 种形式。

1. 完全康复（痊愈）

当致病因素作用停止或消失后，机体的机能恢复正常，损伤的组织也完全修补，疾病症状全部消除，病理性调节被生理性调节所取代，畜禽的生产能力也恢复正常，称为完全康复（痊愈）。

2. 不完全康复

患病动物的主要症状虽然消除，但受损器官的机能和形态结构未完全恢复，而是通过其他器官的代偿来维持生命活动。甚至遗留有疾病的某些残迹或持久性的变化（后遗症），称为不完全康复。例如，关节炎转为慢性而形成关节周围结缔组织增生，关节肿大、粘连、变形并成为永久性病变；烧伤后形成的瘢痕；乳腺炎后造成的结缔组织增生，使乳房的泌乳机能降低；心内膜炎痊愈后遗留的瓣膜孔狭窄或闭锁不全等。这种在疾病之后遗留下的比较稳定的或发展极不明显的形态结构与机能的变化，称为病理状态。在有些情况下，有些疾病在恢复健康后经过一定时间，由于机体状态的改变，又使同样的疾病重新发作，称为再发。

3. 死亡

死亡是指机体作为一个整体的功能永久性停止，即生命的终结或生命有机体完整性的解体。在疾病过程中，由于损伤作用过强，机体的调节机能不能适应生存条件的要求，其抵抗能力已告耗竭，动物不能继续生存，便会死亡。

(1)死亡的分类　根据死亡的原因不同，死亡可以分为两类：自然死亡和病理死亡。

1）自然死亡：由于机体衰老所致的死亡。

2）病理死亡：因疾病或暴力引起的死亡，它可发生于任何年龄的动物。病理死亡的原因可以是重要生命器官（脑、心脏、肝脏、肺）的严重而且不可恢复性损害，慢性消耗性疾病（结核、恶性肿瘤等）引起机体极度衰竭（称为恶病质），或由于失血、休克、窒息、中毒引起器官组织功能失调所致。

(2)死亡的进程　根据死亡的进程不同，动物机体的死亡过程可分为濒死期、临床死亡期和生物学死亡期（真死）3个阶段。

1）濒死期：此期的重要特征是脑干以上的神经中枢功能丧失或出现明显的抑制现象，各组织器官相应的功能均明显减弱。其特征是：机体的一切重要机能活动失调，如呼吸时断时续，或出现病理性呼吸，心脏活动障碍，中枢神经系统机能紊乱，反应迟钝，意识模糊，感觉消失，括约肌弛缓致使大小便失禁，血压下降，体温下降等。一般情况下，机体在死亡前有一个濒死阶段（期），此时患病动物只是垂死，并未死亡，故称为临终状态。临终状态的持续时间因病而异。凡是事先没有任何症状或先兆突然发生的死亡，即无明显的濒死期，称为急死或骤死、猝死。一般慢性疾病的死亡多是逐渐发生的，称为渐死，其临终状态或濒死期较长。可持续数小时至十余小时，甚至2~3d。

2）临床死亡期：临床死亡的特征是呼吸和心跳停止，反射活动消失以及中枢神经系统高度抑制。临床死亡是可逆的，在它发生之后的一个极短暂时间内，脑组织尚未遭受到不可逆的破坏，组织细胞还保持着最低水平的代谢，此时，若采取急救方法（如从动脉内向心脏方向注入血液或营养液，进行人工呼吸，或者将药物直接注入心脏等），有复活的可能。过去认为此期只有6~8min。

3）生物学死亡期：此期是死亡的不可逆阶段。此时大脑皮层、各系统、器官的组织细胞功能和代谢均完全停止，并发生了不可逆的形态和功能的改变。但是，对缺氧耐受性强的组织、器官如皮肤、结缔组织等，在一定时间内仍维持较低水平的代谢过程。随着生物学死亡期的发展，代谢的完全终止，则逐渐表现出死后变化，即尸冷、尸僵、尸斑，最终尸体腐烂并分解。

第二节　病因学概论

病因是引起某一疾病必不可少的并决定疾病特异性的特定因素。没有原因的疾病是不存在的。引起疾病的原因种类很多，大致可分为外因和内因两大类。

一、疾病发生的外因

1. 生物性因素

生物性因素包括各种病原微生物（如细菌、病毒、支原体、衣原体、螺旋体、霉菌）和寄生虫（如原虫、蠕虫等）。生物性致病因素是人及动物疾病病因谱中的一大类主要病因。

2. 化学性因素

化学性因素包括强酸、碱等可引起接触性损伤的化学物质，有机毒物（如氯仿、乙醚、氰化物、有机磷、有机氯等），生物性毒物（如蛇毒、尸毒等），军用毒物（如双光气、芥子气等）。一定剂量的毒物被摄入机体后即可引起中毒和死亡。毒性极强的毒物如有机磷、氰化物等，即使剂量很小，也可导致严重的损伤和死亡。

3. 物理性因素

物理性因素包括高温（引起烧伤）、低温（引起冻伤）、电流（电击伤）、光、电离辐射（引起放射病）、噪声、紫外线、大气压等，还有来自体内外的一切机械性因素，如暴力可引起创伤、震荡、骨折、脱臼，锐器或钝器撞击，爆炸波的冲击，体内的肿瘤、异物、结石、脓肿等。

4. 营养性因素

机体的正常生命活动需要有充足的、合理的营养物质来保障。机体必需营养物质的缺乏或过剩，包括维持生命活动的一些基本物质（如氧、水等）、各种营养物质（如糖、脂肪、蛋白质、维生素、无机盐等）和矿物质（包括微量元素）等缺乏时，可引起各种营养缺乏症，多由营养物质摄入不足或消化吸收不良引起。另外，氧是机体不可缺少的物质，机体如果缺氧可引起极严重的后果，严重的缺氧可在短时间内引起机体死亡。

二、疾病发生的内因

疾病发生的内因一般是指机体防御机能的降低，遗传特性和免疫特性的改变以及机体对致病因素的易感性等。

1. 机体防御机能

（1）屏障机能　皮肤、黏膜、骨骼、肌肉等均有阻挡或缓和外界致病因素的作用。若其机能受损或削弱，则容易发生某些疾病。

（2）吞噬及杀菌作用　机体内的单核巨噬细胞系统［如结缔组织的组织细胞、肝脏的枯否氏细胞（库普弗细胞）、肺泡壁的尘细胞（肺泡巨噬细胞）、中枢神经的小胶质细胞等］具有吞噬病原菌、通过其所含的各种水解酶分解和杀死吞噬的细菌的作用。当机体吞噬作用和杀菌能力减弱时，则容易发生感染性疾病。

（3）解毒机能　肝脏是机体的重要解毒器官，其能通过生物转化过程（氧化、还原等）将毒性物质转变为无毒或低毒的物质，再经肾脏排出体外。另外，肾脏也可通过脱氨基等方式对毒物进行解毒。当解毒机能障碍时，机体容易发生中毒。

（4）排除机能　呼吸道黏膜上皮的纤毛、胃肠道和肾脏等均有排出各种异物及有害物质的作用。因此，当这些排除机能受损时，可促进相应疾病的发生。

2. 机体的反应性

机体反应性不同，其对外界致病因素的抵抗力和感受性不尽相同。影响机体反应性的因素主要包括以下几个方面：

（1）种属　动物种属不同对同一致病因素的反应性也不同，如马可患传染性贫血，而牛不患病；猪瘟病毒只引起猪发病，而不引起其他种属的动物发病。

（2）品种或品系　同类动物的不同品种或不同品系，对同一致病因素的反应性可能不同。如鸡腹水症主要侵害肉鸡，而很少侵害蛋鸡。

（3）个体　同种动物的不同个体对同一致病因素的反应性不同。

（4）年龄　同种动物的不同年龄对同一致病因素的反应性不同。幼龄动物易患消化道和呼吸道疾病；老龄动物易患肿瘤性疾病；有的疾病对成年动物易感，而对幼龄动物则不易感，如兔病毒性出血热主要感染成年家兔，而不易感染 2 月龄以内的幼兔。

（5）性别　性别不同，感染某些疾病情况也不尽相同。如牛、犬的白血病，雌性发病高于雄性。

3. 机体的免疫特性

机体的免疫特性包括免疫机能障碍（如抗体生成不足、细胞免疫缺陷等）和免疫反应异常。

4. 机体的遗传特性

遗传物质的改变可以直接引起遗传性疾病，如遗传性代谢病、遗传性畸形等。遗传因素的改变可使机体获得对疾病的遗传易感性，在一定的环境因素的作用下使机体发生相应的疾病。

三、影响疾病发生的因素

1. 自然环境

自然环境包括季节、气候、温度、地理位置等，虽不能直接引发疾病，但影响疾病的发生。如一般情况下，夏季多发消化系统疾病，而冬季多发呼吸系统疾病。

2. 社会环境

社会环境包括社会制度、政策管理、科技和生产水平、经济水平、生活水平等，对人及动物健康和疫病流行均具有重要影响。

四、疾病发生的一般机制

疾病的发生发展不仅受到致病原因、环境条件的影响，还受到体内调节功能的影响。疾病状态下，动物机体内各系统、器官、组织、细胞的功能发生变化，体内原有的正常稳态被破坏，机体通过各种复杂的机制进行调节，以建立疾病状态下的新稳态。在这些复杂的机制中，神经、体液、细胞以及分子水平的调节是所有疾病发生发展过程中的共同机制。

1. 神经机制

神经系统在人体生命活动的维持和调控中起主导作用，因此，许多致病因子可通过改变神经系统的结构、功能而影响疾病的发生发展。有些致病因子可直接破坏神经系统，如狂犬病病毒、细小病毒等嗜神经病毒，可直接导致神经元变性、坏死，引起感染动物出现发热、狂躁等症状。有些致病因子可改变神经系统的功能，如有机磷农药中毒可致神经系统中乙酰胆碱酯酶失活，使大量乙酰胆碱在神经-肌肉接头处堆积，引起肌肉痉挛、流涎等胆碱能神经过度兴奋的表现。有些致病因子可通过神经反射引起相应器官系统的功能变化，如动物在应激状态下，神经系统过度反应，引起神经内分泌反应，动物出现消化道溃疡、肾上腺出血、抵抗力下降等变化。

2. 体液机制

体液是维持机体内环境稳定的重要因素。疾病中的体液机制主要是指致病因子引起体液的质和量的变化，继而导致机体稳态破坏，引发疾病。体液因子种类繁多，包括存在于循环血液或其他体液（组织液、淋巴液）的内分泌激素（如肾上腺皮质激素、性激素等）、化学介质（如组胺、补体、凝血因子等）、细胞因子（如 TNF、IL 等）。当致病因子作用于动物机体后，可引起上述体液因子发生量的改变或者是体液发生量的改变，推动疾病发生发展。如某些致病因子所致的动物腹泻，大量体液丢失，动物可出现脱水、酸中毒等。此外，在疾病发生发展过程中，体液机制与神经机制常常同时或先后起作用，共同参与，被称为神经体液机制。

3. 细胞机制

细胞是动物机体的基本结构和功能单位。致病因子可直接或间接作用于组织、细胞，造成细胞的形态、结构、功能和代谢的变化，引起一系列的病理变化。例如，高温、强酸、强碱等致病因子可无选择性地直接作用于细胞，引起组织细胞的损伤。而另一些致病因子则可有选择性地直接损伤组织细胞，如巴贝斯虫可直接寄生于红细胞内，引起红细胞功能障碍、结构破坏，造成溶血。

4. 分子机制

分子是动物细胞重要的组成成分，也是细胞功能的主要执行者，任何致病因子所致的组织细胞损伤，均离不开分子的参与。随着分子生物学的发展，从分子水平研究机体生命活动和揭示疾病机制成为可能，也产生了分子医学、分子病理学等学科，还产生了分子病的概念。分子病是指由于DNA遗传性变异引起的一类以蛋白质异常为特征的疾病。目前已经发现的分子病主要有以下几类：

（1）酶缺陷引起的分子病　如犬糖原贮积病是一组由先天性酶缺陷所致的糖代谢障碍（Ⅰ型糖原贮积病为葡萄糖-6-磷酸酶缺陷；Ⅱ型糖原贮积病为葡萄糖苷酶缺陷；Ⅲ型糖原贮积病为脱支酶缺陷）。

（2）血浆蛋白和细胞蛋白缺陷引起的疾病　如镰刀型细胞贫血是由血红蛋白的珠蛋白分子变异所致。

（3）受体病　受体病是指由受体基因突变使受体缺失、减少或结构异常而致的疾病。如人类的家族性高胆固醇血症是由低密度脂蛋白（LDL）受体基因突变而不能合成正常的受体蛋白所致。

（4）膜转运障碍所致疾病　如胱氨酸尿症是由遗传性缺陷导致肾小管上皮细胞对胱氨酸、精氨酸、鸟氨酸与赖氨酸转运障碍，这些氨基酸不能被肾小管重吸收所致。在动物疾病中，某些致癌病毒可通过转导或插入突变等机制将其遗传物质整合到宿主细胞DNA中，并使宿主细胞分生转化。

第二章
组织与细胞损伤

第一节　变　　性

变性是指由于物质代谢障碍在细胞或细胞间质内出现某些异常物质或正常物质蓄积过多的病理现象（图5-2-1）。

一、细胞肿胀

1. 概念

细胞肿胀是指细胞内水分增多，胞体增大，细胞质内出现微细的嗜伊红蛋白颗粒或大小不等的水泡。根据显微镜下的病变特点不同，细胞肿胀可分为颗粒变性和空泡变性（水泡变性，水样变性）。

- 变性
  - 细胞变性
    - 细胞肿胀（颗粒变性、水泡变性）
    - 脂肪变性
    - 玻璃样变性
  - 细胞间质变性
    - 玻璃样变性
    - 淀粉样变性
    - 黏液样变性
    - 纤维素样变性

图 5-2-1　变性的分类

2. 原因

引起细胞肿胀的原因有机械性损伤、缺氧、缺血、电离辐射、中毒、脂质过氧化、细菌及病毒感染、免疫反应等，只要能改变细胞的离子含量和水的平衡，都能导致细胞肿胀。

3. 发病机理

（1）细胞膜的损伤　由于细胞受致病因子的作用，造成细胞膜损伤，钠泵功能障碍，细

胞内 Na^+ 不能被泵出细胞外，细胞内 Cl^-、Na^+ 浓度升高，细胞内渗透压升高，致使细胞内水分增多，最后引起细胞肿胀。

（2）线粒体的损伤　致病因子引起线粒体酶系统代谢障碍，造成细胞内中间代谢产物增多。由于细胞线粒体内生物氧化酶系统被破坏，三羧酸循环不能顺利进行，ATP 生成减少，以致细胞能量供应不足，造成中间产物如脂肪酸、乳酸及各种氨基酸等酸性产物在细胞内蓄积，导致线粒体肿胀变性、空泡化。

4. 病理变化

细胞肿胀的病理变化见表 5-2-1。

表 5-2-1　细胞肿胀的病理变化

项目	颗粒变性	空泡变性
病变部位	最轻微的一种细胞变性，常发生于肝脏、肾脏、心脏等实质器官的实质细胞，故又有实质变性之称	多发生于烧伤、冻伤，以及口蹄疫、痘症等传染病，常见于表皮和黏膜，也见于肝细胞、肾小管上皮细胞等
眼观病变	轻微时，眼观变化不明显；严重时，可见器官肿大，重量增加，苍白混浊，故又称"浊肿"	轻微时，肉眼不易辨认。当皮肤发生严重空泡变性时，由于细胞极度肿大、破裂，细胞质内的水滴积聚于表皮角质层下，形成肉眼可见的水泡
显微病变	光镜下，细胞肿大，细胞质内出现大量微细颗粒，HE 染色（苏木精-伊红染色）呈浅红色	光镜下，细胞肿大，内含大小不一的水泡，使整个细胞呈蜂窝状或网状。以后小水泡互相融合成大水泡，细胞质原有结构破坏而呈空泡状，形如气球，故又称"气球样变"。细胞核悬浮于中央或被挤压于一侧
超微病变	电镜下，细胞肿大，线粒体肿胀，内质网和高尔基体扩张，充满细小的沉淀物；粗面内质网上的核糖体脱失；糖原减少，脂类增加，自噬体增多	电镜下，细胞肿大，内含大小不一的水泡，细胞质结构被破坏，呈空泡状

5. 结局

1）细胞肿胀是可复性过程。
2）当病因消除后一般可恢复正常，但病因持续作用，肿胀的细胞可发展成坏死。
3）发生细胞肿胀的器官的功能降低。

二、脂肪变性和脂肪浸润

1. 概念

（1）脂肪变性　脂肪变性指变性细胞的细胞质内有大小不等的游离脂肪滴（脂滴）蓄积，简称脂变。在正常细胞结构中，脂滴是重要的细胞质内含物之一，同时，还有一些脂类与蛋白质结合成脂蛋白而存在于细胞质中。脂滴以极小的微粒散布于细胞质中，光镜下看不见，只有在电镜下方可见到（特别是在肝细胞中）。在病理情况下，细胞受病因作用导致脂肪代谢障碍，进而引起细胞质内脂类积聚。由于积聚的脂类量大，用特殊方法染色后即可在光镜下观察到。脂滴的主要成分是中性脂肪（甘油三酯，又称三酰甘油）及脂质（胆固醇之类）。在常规石蜡切片中由于脂滴被脂溶剂（乙醇、二甲苯等）溶解而呈圆形空泡状，有时不易与空泡变性相区别，可做冰冻切片用脂肪染色显示，即用能溶于脂肪的染料染色，如苏丹 Ⅱ 或油红将脂肪染成橘红色，苏丹 Ⅳ 将脂肪染成红色，苏丹黑 B 及锇酸将脂肪染成黑色。

（2）脂肪浸润　脂肪浸润指脂肪细胞出现在正常不含脂肪细胞的器官间质内，主要发生于心脏、胰脏、骨骼肌等组织内。严重的脂肪浸润可继发实质细胞萎缩、功能障碍。

2. 原因

（1）脂肪变性　脂肪变性是一种常见于急性病理过程的细胞变性。产生脂肪变性的常见原因有急性热性传染病、中毒（磷、砷、四氯化碳、氯仿、真菌毒素等）、败血症、缺氧（贫血、瘀血）、饥饿、缺乏必需的营养物质。

(2) 脂肪浸润　脂肪浸润常见于老龄和肥胖动物，可能是老龄动物的间质细胞处理循环脂肪功能降低的一种表现。

3. 发病机理

(1) 脂肪变性　发生机理归纳起来主要有以下4个方面：

1) 中性脂肪（甘油三酯）合成过多：常常见于饥饿或某些疾病造成的饥饿状态，食物中脂肪过多也可引起肝脏脂肪变性。

2) 脂蛋白合成障碍：脂蛋白合成障碍，使肝细胞无法将脂肪输出。

3) 脂肪酸氧化障碍：细胞对脂肪的利用率下降，引起脂肪在肝脏内积聚。

4) 结构脂肪被破坏：常见于感染、中毒和缺氧。

(2) 脂肪浸润　可能是老龄动物的间质细胞处理循环脂肪功能降低的缘故。

4. 病理变化

(1) 脂肪变性的病理变化　脂肪变性的病理变化见表5-2-2。

表5-2-2　脂肪变性的病理变化

项目	肝脏病变	肾脏病变	心肌病变
眼观病变	轻微时，眼观无明显异常。病变严重时，体积增大，松软易脆，呈土黄色，切面上肝小叶结构模糊，有油腻感。如果同时伴有瘀血，则切面由暗红色的瘀血部分和黄褐色的脂变部分相互交织，类似槟榔切面，故称"槟榔肝"	肾脏稍肿大，呈浅黄色或泥土色，切面常见黄色条纹或斑点	可见灰黄色的条纹或斑点分布在红色的正常心肌之间，外观上呈黄红相间的虎皮状，故称"虎斑心"
显微病变	光镜下，肝细胞内出现大小不等的脂滴。小的脂滴互相融合成大脂滴，细胞核常被挤于一侧，以至整个细胞变成充满脂滴的大空泡	光镜下，肾小管上皮细胞显著肿大，脂滴集中于细胞基部或弥散于整个细胞内；细胞核呈退行性变化	光镜下，变性的心肌细胞内可见细小的脂滴成串排列于肌原纤维之间
超微病变	电镜下，可见脂滴聚集在内质网内，严重时脂滴进入细胞核内；粗面内质网脱粒，线粒体肿胀变形，糖原消失，出现吞噬脂滴的溶酶体等	—	电镜下，可见脂滴主要位于肌原纤维附近和线粒体分布区；细胞核呈退行性变化

(2) 脂肪浸润的病理变化　主要发生于心脏、胰脏、骨骼肌等组织内。例如，心肌发生脂肪浸润时，肉眼可见心内膜下方有脂肪沉着区，在外观上则出现假性肥大。镜检可见脂肪细胞排列于心肌细胞之间，成片状或条状分布，心肌纤维可因受压迫而发生萎缩。

5. 结局

1) 脂肪变性是一种可复性病理过程，其损伤虽较颗粒变性重，但在病因消除后，细胞的功能和结构通常仍可恢复正常，严重的脂肪变性可导致细胞坏死。

2) 发生脂变的器官，生理功能降低，如肝脏脂肪变性可导致肝糖原合成和解毒能力降低；严重的心肌脂肪变性，可使心肌收缩力减退，引起心力衰竭。

3) 一般器官的脂肪浸润对机能影响不明显，但生命重要器官的脂肪浸润，即使程度较轻，也会累及该器官机能的正常发挥，甚至容易引起器官的机能衰竭，如心肌的脂肪浸润。

三、玻璃样变性

1. 概念

玻璃样变性又称透明变性或透明化，是指在细胞间质或细胞内出现一种光镜下呈均质、无结构、半透明的玻璃样物质的现象。玻璃样物质即透明蛋白或透明素，可被伊红或酸性复红染成鲜红色。透明蛋白描述的是外观（均质透明的玻璃样物质），并不是某一专门的化学物质。而透明变性是一个病理形态的概念。

2. 原因及发病机理

根据病因及发生部位不同，透明变性可分为下列3种类型：

（1）细胞内玻璃样变性（透明滴样变）　细胞内透明滴样变指在变性的细胞内（细胞质中）出现大小不一的嗜伊红圆形小滴。

（2）血管壁玻璃样变性　即小动脉管壁的透明变性，常发生于脾脏、心脏、肾脏等器官的小动脉管壁。血管壁玻璃样变性包括急性和慢性变化两个过程。急性变化的特征是管壁坏死和血浆蛋白渗出，浸润在血管壁内。慢性变化为急性变化的修复过程，最后导致动脉硬化。

（3）纤维结缔组织玻璃样变性　有人认为在纤维瘢痕化过程中，胶原蛋白分子间交联增多，胶原纤维融合，其间夹杂积聚较多的糖蛋白，形成所谓玻璃样物质；也有人认为可能由于缺氧、炎症等原因，造成组织营养障碍，使纤维组织中的胶原蛋白发生变性沉淀，致使胶原纤维肿胀、变粗，相互融合，成为均匀一致、无结构的半透明状态。

3. 病理变化

玻璃样变性的病理变化见表5-2-3。

表 5-2-3　玻璃样变性的病理变化

项目	细胞内玻璃样变性（透明滴样变）	血管壁玻璃样变性	纤维结缔组织玻璃样变性
常见病变部位	在肾小球肾炎或其他疾病伴有明显蛋白尿时，肾小管上皮细胞常发生这种变化	常发于心脏、脾脏、肾脏等器官的小动脉	常见于瘢痕组织、肾小球纤维化、动脉粥样硬化等
眼观病变	—	—	呈灰白色半透明状，质地坚硬，缺乏弹性
显微病变	光镜下，细胞肿胀，细胞质内充满大小不一的鲜红色圆形颗粒，颗粒边缘整齐光滑，似水滴，有透明感	血管中膜结构破坏，平滑肌纤维变性溶解，成为致密的无定形的透明蛋白，同时有血浆蛋白渗透浸润，呈伊红深染，PAS染色（过碘酸希夫染色）阳性	光镜下，可见成纤维细胞明显减少，胶原纤维增粗并互相融合成带状或片状的均质半透明状

4. 结局

1）轻度的透明变性可以被吸收，组织可恢复正常；但变性严重时，不能完全被吸收，易发生钙盐沉积，引起组织硬化。

2）血管硬化如果发生在一些生命重要器官（如脑和心脏），则可造成严重的后果。

四、淀粉样变性

1. 概念

淀粉样变性是指淀粉样物质在某些器官（如肝脏、脾脏、肾脏、淋巴结等）的网状纤维、血管壁或组织间沉着的一种病理过程。

2. 原因

淀粉样变性多发于长期伴有组织破坏的慢性消耗性疾病和慢性抗原性刺激的病理过程。如慢性化脓性炎症、骨髓瘤、结核、鼻疽，以及制造免疫血清的动物等。

3. 发病机理

淀粉样变性的发生机理尚不完全清楚。一般认为与全身免疫反应有关，是机体免疫系统功能障碍的表现。

4. 病理变化

淀粉样变性的病理变化见表 5-2-4。

表 5-2-4 淀粉样变性的病理变化

项目	肝脏	脾脏	肾脏	淋巴结
眼观病变	肝脏肿大，呈灰黄色或棕黄色，质软易碎，切面结构模糊，似脂肪变性	脾脏肿大，质地稍硬，切面干燥	肾脏体积增大，色泽变黄，表面光滑，被膜易剥离，质脆	淋巴结肿大，呈灰黄色，质地较坚实，易碎裂，切面呈油脂样
显微病变	可见淀粉样物质主要沉着于肝细胞索和肝窦的网状纤维上，形成粗细不等的条纹或呈毛刷状，HE 染色呈粉红色	可见淀粉样物质沉着于淋巴滤泡周边、中央动脉的中膜与外膜之间以及红髓中，如"西米脾""火腿脾"	可见肾小球毛细血管的管壁间出现粉红色的团块状物质，有时也可见于肾球囊壁的基膜和肾小管的基底膜上。严重时，整个肾小球可以完全被淀粉样物质取代	淀粉样物质沉着在淋巴窦和淋巴滤泡的网状纤维上。严重时，整个淋巴结沉积大小不等的粉红染淀粉样物质团块，淋巴实质萎缩消失

5. 结局

1）初期轻症病变可恢复。

2）淀粉样物质分子很大，对于吞噬和蛋白分解有很强的抵抗力，网状内皮系统不能有效地将其清除掉。

3）当肾小球淀粉样变性时，可使血浆蛋白大量外漏，最终造成肾小球闭塞而滤过减少，引起尿毒症。

4）肝脏发生淀粉样变性时，可引起肝功能下降，严重时可引起肝破裂。

第二节 细胞死亡

一、细胞死亡的类型及其概念

细胞受到严重损伤累及细胞核时，则呈现代谢停止、结构破坏和功能丧失等不可逆性变化，即细胞死亡。细胞死亡包括细胞坏死和细胞凋亡两种类型。

1. 细胞坏死

1）细胞坏死指活体内局部组织、细胞的病理性死亡。坏死组织、细胞的物质代谢停止，功能丧失，是一种不可逆的病理变化。

2）大多数坏死是由变性逐渐发展而来的，是一个由量变到质变的渐进过程，称为渐进性坏死。

2. 细胞凋亡

细胞凋亡指为维持内环境稳定，由基因控制的细胞自主而有序的死亡过程，是一种主动的由基因决定的细胞自我破坏的过程，又称为程序性细胞死亡（PCD）。

二、细胞坏死与细胞凋亡的区别

细胞坏死与细胞凋亡是两种截然不同的细胞学现象。

1）细胞坏死是指活动物机体内局部组织细胞的病理性死亡，它是极端的物理、化学因素或严重的病理性刺激引起的细胞损伤和死亡。

2）细胞坏死时，细胞膜发生渗漏，细胞内容物释放到细胞外，导致炎症反应。

3）细胞凋亡是一种主动的细胞自我破坏的过程，涉及一系列基因的激活、表达以及调控等的作用，它并不是病理条件下自体损伤的一种现象，而是为更好地适应生存环境而主动采取的一种死亡过程。

4）细胞凋亡过程中，细胞膜反折，包裹断裂的染色质片段或细胞器，然后逐渐分离形成众多的凋亡小体，被邻近的细胞吞噬，整个过程中细胞膜的完整性保持良好，而不引发炎症反应。细胞凋亡与细胞坏死的区别见表 5-2-5。

表 5-2-5　细胞凋亡与细胞坏死的区别

	项目	细胞凋亡	细胞坏死
形态特征	分布特点	多为单个散在性细胞	多为连续性大片细胞和组织
	细胞膜	保持完整性	完整性受破坏
	细胞体积	固缩变小	肿胀变大
	细胞器	保持完整，内容物无外漏	肿胀、破裂，酶等外漏
	核染色质	边集于核膜下，呈半月形	分散凝集，呈絮状
	凋亡小体	有	无（细胞破裂、溶解）
	炎症反应	无	有
机制特征	诱导因素	生理、病理性因素均可	病理性因素
	死亡过程	主动由级联性基因表达调控进行	被动地呈无序状态的发展
	蛋白合成	有 RNA 和蛋白质合成	无
	DNA 降解	有规则，为 180~200bp 整数倍的片段，电泳上呈特征性阶梯状谱带	无规律，一般片段较大，电泳上不见阶梯状谱带特征，多呈涂抹状

三、细胞坏死的基本病理变化

1. 细胞核的变化

细胞核的变化是细胞坏死的主要形态学标志，镜检细胞核变化的特征表现有 3 种。

（1）核浓缩　核体积缩小，染色加深，呈深蓝染，提示 DNA 停止转录。

（2）核碎裂　核染色质崩解为小块，先积聚于核膜下，以后核膜破裂，核染色质呈许多大小不等、深蓝染的碎片散在于细胞质中。

（3）核溶解　染色质中的 DNA 和核蛋白被 DNA 酶和蛋白酶分解，染色变浅，或只见核的轮廓或残存的核影。当染色质中的蛋白质全部被溶解时，核便完全消失。

2. 细胞质的变化

1）坏死细胞的细胞质内常可见蛋白颗粒、脂滴和空泡；当含水量高时，细胞质液化和空泡化，以至溶解。

2）坏死细胞的细胞质内嗜酸性物质（核蛋白体）解体而减少或丧失，细胞质吸附酸性染料伊红增多，故细胞质红染，即嗜酸性增强。有时细胞质水分脱失而固缩为圆形小体，呈强嗜酸性染色，此时核也浓缩而后消失，形成所谓的嗜酸性小体，称为嗜酸性坏死（常见于病毒性肝炎）。

3）电镜下，坏死的细胞膜突起或塌陷，细胞质浓缩、空泡化，细胞器减少或消失，自噬体和自噬溶酶体增加，线粒体溶解或浓缩，内腔出现绒毛或钙盐沉着。细胞核染色质浓缩、碎裂或溶解消失，严重时细胞核、细胞质完全消失。

3. 间质的变化

细胞坏死时细胞间质的基质发生解聚，纤维成分（胶原纤维、弹性纤维和网状纤维）肿胀、崩解、断裂和液化，失去纤维结构。于是，坏死的细胞和崩解的间质融合成一片颗粒状、无结构的红染物质。

四、细胞坏死的类型及其特点

根据坏死组织的病变特点和机制，坏死可分为以下几种类型：

1. 凝固性坏死（干性坏死）

坏死组织由于水分减少和蛋白质凝固而变成灰白色或黄白色、干燥无光泽的凝固状，故称凝固性坏死。肉眼观察凝固性坏死组织肿胀，质地坚实干燥而无光泽，坏死区界线清晰，呈灰白色或黄白色，周围常有暗红色的充血和出血带。光镜下，坏死组织仍保持原来的轮廓，但实质细胞的精细结构已消失，细胞核完全崩解消失，或有部分细胞核碎片残留，细胞质崩解融合为一片浅红色、均质无结构的颗粒状物质。属于常见的凝固性坏死有以下几种：

（1）贫血性梗死　常见于肾脏、心脏、脾脏等器官，坏死区呈灰白色、干燥，早期肿胀，稍突出于脏器的表面，切面坏死区呈楔形，周界清楚。

（2）干酪样坏死　见于结核分枝杆菌和鼻疽杆菌等引起的感染性炎症。干酪样坏死灶局部除了凝固的蛋白质外，还含有大量的由结核分枝杆菌产生的脂类物质，使坏死灶外观呈灰白色或黄白色，松软无结构，似干酪（奶酪）样或豆腐渣样，故称为干酪样坏死。组织病理学观察可见，坏死组织的固有结构完全被破坏而消失，融合成均质、红染的无定型结构。病程较长时，坏死灶内可见蓝染的颗粒状的钙盐沉着。

（3）蜡样坏死　多见于动物的白肌病。可见肌肉肿胀，无光泽、混浊，干燥坚实，呈灰红色或灰白色，如蜡样，故称蜡样坏死。

（4）脂肪坏死　脂肪组织的一种分解变质性变化。常见的有胰性脂肪坏死和营养性脂肪坏死。胰性脂肪坏死又称酶解性脂肪坏死，是胰酶外溢并被激活而引起的脂肪组织坏死，常见于胰腺炎或胰腺导管损伤。此时，脂肪被胰脂肪酶分解为甘油和脂肪酸，前者可被吸收，后者与组织中的钙结合形成不溶性的钙皂。眼观可见脂肪坏死部为不透明的白色斑块或结节。光镜下，脂肪细胞只留下模糊的轮廓，内含粉红色颗粒状物质，并见脂肪酸与钙结合形成深蓝色的小球。营养性脂肪坏死多见于患慢性消耗性疾病而呈恶病质状态的动物，全身各处脂肪，尤其是腹部脂肪（肠系膜、网膜和肾周围脂肪）发生坏死。眼观可见脂肪坏死部初期为散在的白色细小病灶，以后逐渐增大为白色坚硬的结节或斑块，并可互相融合。陈旧的坏死灶周围有结缔组织包囊形成。

2. 液化性坏死（湿性坏死）

坏死组织因蛋白水解酶的作用而分解变为液态，称液化性坏死。常见于富含水分和脂质的组织（如脑组织），或含蛋白分解酶丰富的组织（如胰脏）。

（1）脑软化　脑组织中蛋白质含量较少，水分与磷脂类物质含量多，而磷脂对凝固酶有一定的抑制作用，所以脑组织坏死后会很快液化，呈半流体状，常称脑软化。如马霉玉米中毒引起的大脑软化、鸡硒-维生素E缺乏引起的小脑软化均属于液化性坏死。

（2）化脓性炎症　在化脓性炎灶或脓肿局部，由于大量中性粒细胞的渗出、崩解，释放出大量蛋白水解酶，使坏死组织溶解液化，如胰脏坏死。

3. 坏疽

继发腐败菌感染和其他因素影响的大块坏死而呈现灰褐色或黑色等特殊形态改变，称为坏疽。根据坏疽的形态特征和发生部位可分为3种类型：

（1）干性坏疽　常见于缺血性坏死、冻伤等，多继发于肢体、耳壳、尾尖等水分容易蒸发的体表部位。坏疽组织干燥、皱缩，质硬，呈灰黑色，腐败菌感染一般轻，坏疽区与周围健康组织间有一条较为明显的炎性反应带分隔，所以边界清楚。如慢性猪丹毒、牛慢性锥虫病都是典型的干性坏疽。

（2）湿性坏疽　多发生于与外界相通的内脏（肠、子宫、肺等），由于坏死组织含水较多，故腐败感染严重。由于病变发展较快，炎症弥漫，故坏疽组与健康组织间无明显的分界线。如牛、马的肠变位，马的异物性肺炎及母牛产后坏疽性子宫内膜炎等均属于湿性坏疽。

（3）气性坏疽　常发生于深层的开放性创伤（如去势等）合并产气菌等厌氧菌感染，细菌分解坏死组织时产生大量气体（H_2S、CO_2、N_2），使坏死组织内含气泡，用手按之有捻发音。牛气肿疽是常见的气性坏疽。

五、细胞坏死的结局

细胞坏死的结局取决于坏死的原因、坏死的局部状态和机体的全身情况。坏死组织作为机体内的异物，与其他异物一样刺激机体发生防御性反应，机体通过多种方式对坏死组织加以处理和消除。

（1）溶解吸收　较小的坏死灶可崩解或经白细胞的蛋白溶解酶分解为小的碎片或完全液化，由巨噬细胞吞噬消化，或由淋巴管、小血管吸收，缺损的组织由周围健康细胞再生予以修复，不留明显痕迹，功能也得到恢复。例如，一般黏膜上皮的坏死，即可以完全吸收、再生。

（2）腐离脱落　因坏死组织分解产物的刺激作用，在坏死区与周围活组织之间发生反应性炎症，表现为血管充血、浆液渗出和白细胞游出。渗出的大量白细胞可吞噬坏死组织碎片，并释放蛋白溶解酶，使坏死区周围发生脓性溶解，造成坏死物和周围组织分离，称为腐离。例如，皮肤或黏膜发生坏死，坏死组织腐离后在该处留下组织缺损，浅的缺损称为糜烂，深层缺损称为溃疡；肺的坏死组织液化后可经气管排出，在局部形成空洞。最后，这些变化均可通过周围健康组织的再生而修复。

（3）机化和包囊形成　当坏死组织范围较大，不能完全吸收、再生或腐离脱落时，由坏死灶周围新生的毛细血管和成纤维细胞形成的肉芽组织逐渐生长，将坏死组织溶解和替代，最后形成瘢痕，这个过程称为机化。如果坏死组织不能被结缔组织完全替代机化时，则可以由周围的新生肉芽组织将坏死组织包裹起来，称为包囊形成。

（4）钙化　凝固性坏死物很容易发生钙盐沉着，即钙化。如结核、鼻疽病的坏死灶、寄生虫的寄生灶均易钙化。

因坏死组织的机能完全丧失，所以坏死的范围大小和发生部位不同，对机体的影响也不同。脑和心脏等重要器官的坏死往往由于其功能障碍而威胁病畜的生命，一般器官的小范围坏死通常可由相应健康组织的机能代偿而不致产生严重影响。坏死组织中有毒分解产物大量吸收可以引起全身中毒。

六、细胞自噬

细胞自噬是一种真核生物进化中高度保守的重要过程，它指的是细胞通过自我吞噬的方式，将细胞内受损、变性或衰老的蛋白质和细胞器等物质包裹进自噬体（也称为自噬小泡），随后送入溶酶体（在动物细胞中）或液泡（在酵母和植物细胞中）中进行降解，并将降解产物循环利用的过程。

1. 细胞自噬的过程

细胞自噬的过程可以概括为以下几个步骤：

（1）**自噬体（自噬小泡）的形成** 细胞内的受损物质被双层膜结构包裹，形成自噬体。

（2）**自噬体与溶酶体（或液泡）的融合** 自噬体随后与溶酶体或液泡融合，形成自噬溶酶体。

（3）**降解与循环利用** 在自噬溶酶体内，包裹的物质被降解成小分子物质，如氨基酸、脂肪酸等，这些降解产物随后被细胞重新利用，成为细胞提供能量和构建新物质的原料。

2. 细胞自噬的生理功能

细胞自噬具有多种重要的生理功能。

（1）**耐受饥饿** 在营养不足的情况下，细胞自噬可以降解细胞内储存的物质，为细胞提供能量和必需的营养物质。

（2）**清除废物** 细胞自噬可以清除细胞内折叠异常的蛋白质、受损或多余的细胞器等废物，维持细胞的正常生理功能。

（3）**促进发育和分化** 细胞自噬在细胞的发育和分化过程中发挥重要作用，通过降解不需要的物质，为细胞的生长和分化提供必要的空间和环境。

（4）**延长寿命** 一些研究表明，细胞自噬与细胞的寿命密切相关，通过促进细胞内的废物清除和能量供应，可以延长细胞的寿命。

细胞自噬与人类多种疾病的发生发展存在着密切的关系。例如，自噬活性的降低与肿瘤、衰老、神经退行性疾病、心血管疾病和自身免疫性疾病等相关。在肿瘤的发生发展过程中，细胞自噬具有"双刃剑"作用：一方面，自噬可以通过清除受损的蛋白质和细胞器，抑制肿瘤的发生；另一方面，自噬也可以增强肿瘤细胞的存活率，促进肿瘤的生长和扩散。因此，研究细胞自噬的机理和调控机制，对于预防和治疗相关疾病具有重要意义。

第三章 病理性物质沉着

第一节 钙 化

一、概念

血液和组织内的钙以两种形式存在，一部分为钙离子，另一部分是和蛋白质结合的结合钙。在正常动物体内，只有骨和牙齿内的钙盐呈固体状态存在，称为钙化，而在其他细胞、组织中，钙一般均以离子状态出现。在病理情况下，钙盐析出呈固体状态，沉积于除骨和牙齿外的其他组织内，称为钙盐沉着或病理性钙化。沉着的钙盐主要是磷酸钙，其次是碳酸钙，还有少量其他钙盐。

二、类型、原因及病理变化

病理性钙化可分为营养不良性钙化和转移性钙化2种类型。

（1）**营养不良性钙化** 营养不良性钙化简称为钙化，是指变性、坏死组织或病理性产物中的异常钙盐沉积，包括：①各种类型的坏死组织，如结核病干酪样坏死灶、脂肪坏死灶、梗死灶、干涸的脓液等；②玻璃样变性或黏液样变的组织，如玻璃样变性或黏液样变的结缔组织、白肌病时坏死的肌纤维；③血栓；④死亡的寄生虫（虫体、虫卵）、死亡的细菌团块；

⑤其他异物等。这种钙化并无全身性钙、磷代谢障碍，机体的血钙并不升高，而仅是钙盐在局部组织的析出和沉积。

营养不良性钙化的机制尚未完全清楚，一般认为，钙化的发生与局部的碱性磷酸酶升高有关。磷酸酶能水解有机磷酸酯，使局部磷酸根离子增多，进而使钙离子和磷酸根离子浓度的乘积超过其溶解度乘积常数，于是形成磷酸钙沉淀。磷酸酶的来源有2个途径：一是从坏死细胞的溶酶体释放出来，二是吸收了周围组织液中的磷酸酶。此外，这种钙化可能与局部pH的变动有关。即变性、坏死组织的酸性环境先使局部钙盐溶解，钙离子浓度升高，而后由于组织液的缓冲作用，病灶碱性化，使钙盐从组织液中析出并沉积于局部。还有人认为，某些坏死组织对钙盐具有吸附性或亲和力。有资料表明，凡组织或其分泌物的质地均匀而呈玻璃样的（如玻璃样变性的组织），钙盐均易沉着，如白肌病时的变性肌纤维。在脂肪组织坏死后发生的钙化是由于脂肪分解产生甘油和脂肪酸，后者与组织液中的钙离子结合，形成钙皂，以后钙皂中的脂肪酸又被磷酸根或碳酸根所替代，最后形成磷酸钙和碳酸钙而沉淀下来。

（2）转移性钙化　转移性钙化比较少见，是指由于血钙浓度升高，及钙、磷代谢紊乱或局部组织pH改变，使钙在未损组织（健康组织）中沉着的病理过程。钙盐沉着的部位多见于肺、肾、胃肠黏膜和动脉管壁。

血钙升高常见的原因有：①甲状旁腺机能亢进（当甲状旁腺瘤或代偿性增生时），甲状旁腺激素（PTH）分泌增多，PTH可快速直接作用于骨细胞激活腺苷环化酶，使环磷酸腺苷（cAMP）增多，促使线粒体等细胞内钙库释放钙离子进入血液。PTH的持续作用，一方面能抑制新骨形成及通过酶系统促使破骨细胞活动加强，使破骨细胞增多，结果造成骨质脱钙疏松，引起血钙升高。另一方面，PTH作用于肾小管，可抑制肾小管对磷酸根离子的重吸收，因此，磷酸根离子从肾排出增多，血液中磷酸根离子浓度降低，这就造成血液中钙离子与磷酸根离子浓度的乘积下降，导致骨内钙盐分解，使血钙升高。血钙升高也和尿中排出的钙减少有关，因为PTH能促进肾小管对钙的重吸收。②骨质大量破坏（常见于骨肉瘤和骨髓瘤），骨内大量钙质进入血液，使血钙浓度升高。③接受维生素D治疗或维生素D摄入量过多，可促进钙从肠道吸收和磷酸盐从肾排出，使血钙增加，PTH也具有同样的作用。

转移性钙化常发生的部位有明显的选择性，说明转移性钙化除全身性因素，即血钙升高等原因外，可能还与局部因素有关。如转移性钙化易发生于肺、肾、胃黏膜和动脉管壁等处，可能与这些器官组织排酸（肺排碳酸、肾排氢离子、胃黏膜排盐酸）后使其本身呈碱性状态，而有利于钙盐沉着有关。例如，胃黏膜壁细胞代谢过程中产生的二氧化碳和水在碳酸酐酶的作用下形成碳酸，后者又解离为氢离子和碳酸氢根，氢与氯离子合成盐酸被排出，而碳酸氢根与钠结合为碳酸氢钠，故胃黏膜呈现碱性。肾小管的钙化，还与局部钙、磷离子浓度升高有关。广泛的转移性钙化称为钙化病。转移性钙化也可发生于肌肉和肠等处。软组织发生广泛性钙化的机理还不是很清楚，一般认为是由于饲料中镁缺乏、慢性肾病和植物中毒等。某些植物毒素有生钙作用，如动物采食茄属、夜香树和三毛草属植物时，出现高血钙、高磷酸盐血和广泛的钙化。这些植物毒素有维生素D样作用，可以使软组织钙化和进行性衰弱。这些植物的叶中含有一种类似1,25-二羟胆钙化醇（维生素D的活性代谢产物）的类固醇糖苷轭合物，可刺激钙结合性蛋白质的合成，并增强肠对钙的吸收。

（3）病理变化　无论营养不良性钙化还是转移性钙化，其病理变化基本相同。病理性钙化表现程度与钙盐沉着量多少有关。

病理性钙化是由钙盐逐渐积聚而成的，因此，它是一种慢性病理过程。早期或钙盐沉着很少时肉眼很难辨认，在光镜下才能识别。若钙盐沉着较多、范围较大时，则肉眼可以看到。眼观钙化组织呈白色石灰样的坚硬颗粒或团块，触之有沙粒感，刀切时发出磨砂声，甚至不易切开，或使刀口转锉、缺裂。如宰后的牛和马的肝脏表面形成大量钙化的寄生虫小节结，此类病变常称为沙粒肝。光镜下，在 HE 染色的切片时，钙盐呈蓝色颗粒状，严重时呈不规则的粗颗粒状或块状，如结核坏死灶后期的钙化。如果沉着的钙盐很少，有时易与细菌混淆，但细心观察会发现钙盐颗粒粗细不一。如果做进一步鉴别，可采取硝酸银染色法（Von kossa 反应），钙盐所在部位呈棕黑色。

转移性钙化的钙盐常沉着在某些健康器官，尤其是肺泡壁、肾小管、胃黏膜的基膜和弹性纤维上。沉着的钙盐均匀或不均匀地分布。细胞内钙化时，钙盐往往沉着在细胞器，特别是线粒体上。

三、对机体的影响

钙化的结局和对机体的影响视具体情况而定。少量的钙化物有时可被溶解吸收，如小鼻疽结节和寄生虫结节的钙化。若钙化灶较大或钙化物较稳定时，则难以完全溶解、吸收，会使组织器官的机能降低，这种病理性钙化灶对机体来说是一种异物，能刺激周围的结缔组织增生，并将其包裹起来。

一般来说，营养不良性钙化是机体的一种防御适应性反应。通过钙化及钙化后引起纤维结缔组织增生和包囊形成，可以减少或消除钙化灶中病原和坏死组织对机体的继续损害，使坏死组织或病理产物在不能完全被吸收时变成稳定的固体物质。如结核结节的钙化可使结核菌固定并逐渐失去活力，但该菌在钙化灶中可存活很长时间，一旦机体抵抗能力下降，则可能再度繁殖而复发。钙化严重时，易造成组织器官钙化，机能降低，并可以导致其他病变的发生。

转移性钙化的危害性取决于原发病，常给机体带来不良影响，其影响程度取决于钙化发生的部位和范围。如血管壁发生钙化，可导致管壁弹性减弱、变脆，影响血流，甚至出现血管破裂而出血；脑动脉壁发生钙化时血管则变硬、变脆、失去弹性，易发生破裂，引起脑出血。

第二节 黄 疸

一、概念

胆红素主要是红细胞破坏后的代谢产物，如果胆红素代谢障碍，血液中胆红素含量过高，可使全身的各组织器官呈黄色，如可视黏膜、皮肤等。这种病理状态称为黄疸。

二、类型、原因及发病机理

黄疸分为以下 3 种类型：

（1）溶血性黄疸 血液中红细胞大量破坏，生成过多的间接胆红素，虽然肝脏处理胆红素的能力也相应地提高，但仍不能把全部间接胆红素转化为直接胆红素，因而血液中间接胆红素含量升高，造成黄疸，又称肝前性黄疸。溶血性黄疸主要见于中毒、血液寄生虫病、溶血性传染病、新生仔畜溶血病和腹腔大量出血后腹膜吸收胆红素等。发生溶血性黄疸时，血液中蓄积的是间接胆红素，范登贝赫（范登白）间接反应呈阳性。间接胆红素不能通过肾脏排出，因而尿中不含间接胆红素。

（2）肝性黄疸 肝性黄疸又称实质性黄疸，主要是毒性物质和病毒作用于肝脏，造成肝细胞物质代谢障碍和肝细胞的退行性变化所致。一方面，肝脏处理血液中间接胆红素的能力降低，血液中间接胆红素含量升高；另一方面，肝细胞肿胀，毛细胆管受压迫变狭窄，胆汁排出障碍，肝脏中直接胆红素蓄积并进入血液。一般都是上述两种情况同时发生，所以，血液中直接胆红素和间接胆红素含量都升高。范登贝赫直接反应和间接反应均呈阳性。直接胆红素可通过肾排出，因而尿中含有直接胆红素。

（3）阻塞性黄疸　阻塞性黄疸又称肝后性黄疸，是由于胆管系统的闭塞，使胆汁排泄障碍，直接胆红素进入血液所致。引起胆管系统闭塞的原因很多，如肝细胞肿胀使毛细胆管狭窄或闭塞、胆结石或寄生虫性胆管阻塞、肝硬化性和肿瘤压迫性阻塞等。发生阻塞性黄疸时，范登贝赫直接反应呈阳性。由于胆红素向肠道排泄障碍，粪便色泽变浅，呈脂肪便。直接胆红素可通过肾脏排泄，因而尿中含有直接胆红素，尿的颜色加深。

三、对机体的影响

各类黄疸不是一成不变的，在一定条件下可相互转变，导致病情复杂。例如，溶血性黄疸可因缺氧等原因致肝细胞受损，诱发肝性黄疸；阻塞性黄疸可因胆道内压过高压迫肝细胞，胆汁逆流损伤肝细胞，致使肝细胞功能异常，也可诱发肝性黄疸；溶血性黄疸时胆红素产生增多，容易形成胆红素结石而造成胆道阻塞等，诱发阻塞性黄疸。

第三节　含铁血黄素沉着

一、概念

含铁血黄素是一种血红蛋白源性色素，为金黄色或黄棕色且具有折光性的大小不等、形状不一的颗粒。因其含铁，所以称为含铁血黄素。它是网状内皮系统的巨噬细胞吞噬红细胞后，由血红蛋白衍生的，所以正常机体含铁血黄素在肝脏、脾脏和骨髓内有少量存在，但如果大量沉着，则属病理现象。

二、原因、分类及发病机理

含铁血黄素沉着可以是全身性的，也可以是局部性的。

1. 全身性含铁血黄素沉着

全身性的含铁血黄素沉着称为含铁血黄素沉着病，常见于各种原因引起的大量红细胞破坏性疾病。红细胞可能在血管内受到破坏，也可能在肝脏、脾脏、淋巴结、骨髓、肾脏等器官内被巨噬细胞吞噬而受到破坏。在细胞酶的作用下，血红蛋白分解为不含铁的橙色胆红素和含铁血黄素，在组织内沉积。

2. 局部含铁血黄素沉着

局部含铁血黄素沉积可出现在出血部位和出血性炎灶。在慢性心力衰竭的情况下，由于肺瘀血，红细胞会进入肺泡并被尘细胞摄取，形成含铁血黄素，导致肺和支气管分泌物呈浅棕色或铁锈色。这种在心力衰竭病畜肺部和痰中出现的含铁血黄素巨噬细胞被称为心力衰竭细胞或心衰细胞。除了心力衰竭病畜外，在肺部出血的动物中也可以观察到这些细胞，但这时不能称为心力衰竭细胞。由于含铁血黄素中含有铁，因此无论是全身性还是局部性沉积，均会表现出普鲁士蓝反应（亚铁氰化钾法）阳性。

三、病理变化

1. 眼观病变

含铁血黄素是一种黄棕色的色素，所以，有此色素沉着的器官或组织都呈不同程度的黄棕色或金黄色。因为含铁血黄素沉着既有全身性的，也有局部性的，因此，该色素沉着的器官是很广泛的，但较常见于富含巨噬细胞的器官或组织，如脾脏、肝脏、淋巴结和骨髓等。

含铁血黄素沉着的器官或组织，除颜色变黄外，还常出现结节和硬化等病变。

2. 镜下病变

HE 染色，可见病变组织及细胞内有黄棕色或金黄色色素颗粒沉着；若用特殊染色法，如普鲁士蓝反应，可见吞噬含铁血黄素的巨噬细胞的细胞质内有蓝色颗粒，而细胞核呈红色，当巨噬细胞破裂后，此色素颗粒也可在组织间质中出现，但一般很少。

第四节　尿酸盐沉着

一、概念

尿酸盐沉着即痛风，是由于体内嘌呤代谢障碍，血液中尿酸浓度升高，并伴有尿酸盐（钠）结晶沉着在体内一些器官组织而引起的疾病。痛风可发生于人类及多种动物，但以家禽尤其是鸡最为常见。尿酸盐结晶常沉着于肾脏、输尿管、关节间隙、腱鞘、软骨及内脏器官的浆膜上。

二、原因及发病机理

痛风发生的原因和机理都比较复杂，现仍不完全清楚。一般认为与饲料中核蛋白含量过多、饲养管理不良、药物中毒以及病原体感染有密切关系，其中一种或多种因素综合作用均可引起该病的发生。正常时，循环血液中的尿酸绝大部分以尿酸钠盐的形式存在，它的生成与排出是平衡的，在血液中的含量始终保持一定水平，当这种平衡失调时，如尿酸在体内生成过多或排出过少，都会使血中尿酸及其盐类的含量增加，超出正常范围而造成尿酸血症，进一步导致痛风的发生。尿酸血症的发生，除了因摄入过多的核蛋白外，还可能是组织细胞严重破坏致使核蛋白大量分解而造成。此外，肾脏的排泄功能障碍也是一个十分重要的因素。而肾的功能障碍可由其原发病变和持续排泄尿酸引起的肾损害所致。

1. 蛋白质特别是核蛋白的摄入量过多

痛风的发病与过多摄入高蛋白饲料密切相关，尤其是包括鱼粉、肉粉和动物内脏器官在内的动物源性饲料。这些动物源性饲料中核蛋白含量较高，核蛋白是由核酸和蛋白质构成的一种结合蛋白，水解时会产生蛋白质和核酸物质。核酸可以分解为磷酸和核苷酸，而核苷酸会进一步分解为戊糖、嘌呤和嘧啶类碱性化合物。嘌呤类化合物在体内氧化生成次黄嘌呤和黄嘌呤，后者再转化为尿酸。禽类在代谢过程中，除了将嘌呤分解为尿酸外，还可以利用产生的氨与蛋白质合成尿酸。不同于其他动物，禽类的肝脏缺乏精氨酸酶，无法通过鸟氨酸循环合成尿素排泄，而只能生成尿酸，导致更容易在内脏器官或关节中沉积尿酸结晶引发痛风。正常情况下，机体血液中的尿酸和尿酸盐含量受到一定限度的控制，过多积聚且无法顺利排出体外时，就会在内脏器官或关节中沉积，引发痛风症状。

2. 维生素 A 缺乏

当饲料中缺乏维生素 A 时，可导致食管和眼睑黏膜上皮发生角化、脱落，同时肾小管和输尿管上皮也可能出现病变，进而引起尿路受阻的情况发生。在维生素 A 缺乏的情况下，一方面可能导致尿酸和尿酸盐排出障碍，另一方面由于肾组织细胞的坏死，核蛋白大量分解并产生大量尿酸，从而使血液中尿酸的浓度升高。因此，鸡尤其是雏鸡在维生素 A 缺乏时，容易出现肾小管和输尿管中尿酸盐的沉积。在病情严重的个案中，心脏、肝脏、肺等器官的表面也可能出现类似的病变。维生素 A 对于维持鸡的正常生理功能和健康非常重要，缺乏会导致多种组织和器官的异常病变。

3. 传染性疾病

许多传染病可以引起家禽肾的损害，包括肾型传染性支气管炎、传染性喉气管炎、传染性法氏囊病、包涵体肝炎、盲肠肝炎、鸡白痢、单核细胞增多症、大肠杆菌病、减蛋综合征和淋巴细胞性白血病等疾病。这些疾病会导致尿酸排出障碍和肾组织细胞的坏死，并会产生大量的核蛋白，进而引起尿酸生成增多。过多的尿酸在体内积聚，不能有效排出，会导致痛风。

4. 中毒

中毒主要由于乱投药物所致。从生产实践和临床病例来看，药物使用不当易造成肾的损害，如长期大量服用磺胺类药物、抗菌素药物以及食盐、硫酸钠、碳酸氢钠等。肾损伤后，尿酸排出障碍以及肾组织细胞破坏，尿酸生成增多，导致血中尿酸盐的浓度增加进而引起痛风。

三、病理变化

痛风可分为内脏型和关节型，有时这两种类型也可同时发生。

1. 眼观病变

（1）内脏型　肾脏肿大，色泽变浅，表面呈白褐色花纹状，切面可见因尿酸盐沉着而形成的散在白色小点。输尿管扩张，管腔内充满白色石灰样沉淀物。有时尿酸盐变得很坚固，呈结石状；有时尿酸盐沉着如同撒粉样，被覆于器官的表面。严重的病例，体腔浆膜面及心脏、肝脏、脾脏、肠系膜表面出现灰白色粉末状尿酸盐沉着，量大时形成一层白色薄膜覆盖在器官表面。此型痛风多见于鸡。

（2）关节型　特征是脚趾和腿部关节肿胀，关节软骨、关节周围结缔组织、滑膜、腱鞘、韧带及骨骺等部位，均可见白色尿酸盐沉着。随着病情的发展，病变部位周围结缔组织增生，并形成致密坚硬的痛风结节。痛风结节多发生于趾关节。尿酸盐大量沉着可使关节变形，并可形成痛风石。

2. 镜下病变

在经乙醇固定的痛风组织切片上，可见针状或菱形尿酸盐结晶，局部组织细胞变性、坏死，其周围有巨噬细胞和炎性细胞浸润，病程长的还可见有结缔组织增生。在HE染色的组织切片上，可见均质、粉红色、大小不等的痛风结节。

四、对机体的影响

尿酸盐沉积轻度时可能会因原发病好转或饲料变更而逐渐消退，但若尿酸盐沉积量大且持续，会导致永久性病变，并可能引起严重后果。例如，关节痛风可能会导致运动障碍，而肾中的尿酸盐沉积可能进一步引发慢性肾炎，或因急性肾功能衰竭而危及生命。

第五节　糖原沉着

一、概念

糖原沉着指细胞质内有大量糖原蓄积。

二、原因、分类及发病机理

糖原沉着在兽医临床并不多见，根据发生原因分为糖原浸润和糖原贮积症。

（1）糖原浸润　主要见于任何原因引起的高血糖症，尤其是糖尿病的早期；药物引起的碳水化合物代谢障碍的代谢病。

（2）糖原贮积症　有关酶的遗传性缺乏引起的糖原贮积症，如牛、犬、绵羊的Pompe病（酸性α-葡萄糖苷酶缺乏），犬、猫和绵羊的Gauche病（β-葡萄糖苷酶缺乏）等。此外，也可因某些激素引起，如大剂量应用肾上腺皮质类固醇会在肝细胞中出现糖原沉着。

三、病理变化

一般无眼观病变。由于糖原为水溶性的，在经福尔马林固定的 HE 染色切片上，因糖原溶解而呈空泡状，应与空泡变性和脂肪变性相区别。如需确证为糖原沉着，可将组织块用纯乙醇固定，胭脂红或 PAS 染色，糖原颗粒呈亮红色或深红色。糖尿病时肝细胞内糖原明显增多。

第六节　外源性色素沉着

外源性色素沉着常由吸入了矿物或有机粉尘里的化合物造成。这些外源性色素可沉着于呼吸器官及其局部的淋巴结，引起呼吸障碍。在人类，这类色素沉着主要见于许多职业病，如矽肺、炭末沉着病、铁末沉着病、石末沉着病及石棉沉着病等。这些物质长期滞留在肺内可使肺的功能发生障碍，甚至诱发肿瘤。

一、炭末沉着

炭末沉着是一种常见的外源性色素沉着，多见于长期生活在空气被粉尘污染的环境中的动物，如城市的犬和工矿区的牛。炭末常沉着于肺和有关的淋巴结。空气中的炭末或尘埃，通过呼吸进入肺内，由于上呼吸道具有防御屏障作用，有些粉尘可被黏附在黏膜上然后随黏液排出，或经咽进入胃内，只有直径小于 5μm 的尘粒才能到达肺泡。进入肺泡的尘粒可被巨噬细胞（尘细胞）吞噬，并到达肺组织中，尤其是细支气管周围和肺泡隔，有些还可以通过淋巴管进入局部淋巴结。

炭末沉着轻微时，肺呈黑褐色斑驳状条纹；严重时，肺的大片区域或全部均呈黑色。支气管淋巴结或纵隔淋巴结有炭末沉着时，切面呈黑色小点或条纹，大片区域呈黑色，偶见伴发肺硬化。光镜下，细支气管周围和肺泡隔中有大量黑色颗粒集聚，这些颗粒可能在巨噬细胞内或游离在组织中。在淋巴结，炭末常位于髓质和皮质淋巴窦的巨噬细胞内，严重病例的淋巴组织几乎被内含炭末的大量巨噬细胞所取代，有时淋巴组织发生纤维化。炭末沉着对机体的影响，取决于其沉着量的多少和沉着范围的大小。如果炭末沉着较少，一般对机体影响不大，但炭末在组织中终生保留；如果沉着的炭末量多，可能引起肺纤维化或继发感染，导致呼吸功能障碍。

二、粉末沉着

粉尘病是指吸入任何灰尘并在肺内潴留而引起疾病的总称。煤肺病吸入的是炭，是尘肺病的一种类型。吸入大量含结晶型游离二氧化硅的岩尘引起的尘肺病称为硅肺病。这些微小粒子逃避鼻和上呼吸系统黏膜纤毛的防御机制，进入肺并沉积在肺泡，可能会被巨噬细胞吞噬并运送到支气管周围。二氧化硅的某些类型能引起纤维反应，最终可能会形成结节。偏振光显微镜下能看到呈双折射晶体的矿物。

三、纹身色素

在实际工作中经常采用纹身的方法做标识，用于区别动物个体。纹身的色素（色素成分含碳）可进入真皮，一些色素被巨噬细胞吞噬，而其余的色素可留在真皮内，起到标记动物的作用，不会引起任何炎症反应。

四、四环素沉着

牙齿发育过程中服用的四环素类抗生素会沉积在矿化的牙本质、牙釉质、牙骨质中，将全部或部分牙齿染成黄色或棕色。因此，妊娠动物服用四环素会影响幼仔乳牙的牙色。四环素还可储存于骨骼中，对其着色，在实验中可用来标记骨骼。

五、福尔马林色素沉着

福尔马林色素沉着是在组织固定过程中造成的。含血液丰富的组织接触福尔马林酸性溶液时可产生一种可在显微镜下观察到的福尔马林色素，也称为酸性福尔马林血色素。特别是动物死亡后，如果没有及时固定，随着时间延迟，红细胞溶解并释放出血红蛋白，更易与福尔马林反应。

福尔马林色素眼观不可见，因为福尔马林色素是在固定后形成的。福尔马林色素在显微镜下呈棕色甚至黑色、细小、颗粒状，并且具有双折射的针状结构。福尔马林色素常见于血管内，也可出现于含大量红细胞的其他组织中，福尔马林色素位于红细胞间或红细胞中，普鲁士蓝反应呈阴性。福尔马林色素仅在固定过程中形成，因此，它在病理学上没有意义。但是福尔马林色素会干扰对组织切片的观察和理解。

由于福尔马林色素在酸性固定液中形成，在 pH6 以上的固定液中不能形成，所以，采用合适的固定方法很容易防止福尔马林色素形成。无缓冲液的福尔马林水溶液呈强酸性，所以不能用于固定。采用 pH 6.5 以上的磷酸缓冲液配制 10% 中性福尔马林用于固定，就可避免福尔马林色素的沉积。另外，戊二醛 - 多聚甲醛混合固定液的平均 pH 在 7 以上，既可用于光学组织切片的固定，还可用于电子显微镜样品的双重固定。如果组织切片中出现了福尔马林色素，可采用多种方法清除，常用的方法是在 HE 染色前将脱蜡的组织切片浸在饱和的苦味酸乙醇溶液中。

第四章
血液循环障碍

在某些致病因子的作用下，心脏或血管系统受到损伤，导致血容量或血液特性发生改变，从而引起血液运行异常，进而引发一系列机体的病理变化，称为血液循环障碍。

根据血液循环障碍发生的原因及其影响范围，可分为全身性和局部性两种类型。全身性血液循环障碍主要见于心血管系统的损伤以及血容量和血液特性的改变，影响全身各个器官和组织。局部性血液循环障碍则主要发生在某个特定部位或单个器官。尽管两者在表现形式及对机体的影响上有所不同，但它们关系密切，互相影响。例如，局部的损伤或循环障碍可能引起全身性血液循环障碍。当局部损伤较严重时，可能会发生大量出血，导致循环血量减少，进而引起全身性血液循环障碍。而全身性血液循环障碍往往通过局部表现出来，如心力衰竭时，由于心肌收缩力下降，会导致各组织和器官缺血或瘀血。

局部性血液循环障碍的表现形式多样，可以表现为局部血量的改变（如局部缺血、充血）、血液特性的改变（如血栓形成、栓塞）或血管壁完整性和通透性的改变（如出血）等。

第一节 充 血

一、概念和类型

局部器官或组织内血液含量增多的现象，称为充血。依据发生原因和机制不同，可分为动脉性充血和静脉性充血两类。

1. 动脉性充血

动脉性充血是指由于动脉血流量增加而导致某一组织或器官内血液供应过多的现象也称主动性充血（简称充血）。这种情况通常是由动脉扩张引起的，可以是生理性的，也可以是病理性的。生理性的动脉性充血通常发生在需要增加血液供应以满足代谢需求的情况下，如运动时肌肉的充血。而病理性的动脉性充血则可能由炎症、神经反射或药物作用引起，导致局部组织或器官的血流量异常增加，伴随红肿、温度升高等症状。

2. 静脉性充血

静脉性充血是指由于静脉血液回流受阻，导致某一组织或器官内血液积聚的现象，简称瘀血。这种情况通常是由静脉系统的障碍引起的，如静脉压迫、血栓形成或心力衰竭等。静脉性充血会导致局部组织或器官血液流出受阻，造成血液淤积，从而引发肿胀、蓝紫色皮肤、温度降低等症状。如果静脉性充血持续存在，还可能导致组织缺氧、代谢产物堆积，进而引起细胞损伤和功能障碍。

二、肝瘀血的原因、发生机理、病理变化及结局

肝瘀血多见于右心衰竭时，因肝静脉血液回流受阻而发生。急性肝瘀血时，肝脏体积增大，质地变软，呈暗红紫色，切面流出大量暗红色液体。

镜下变化，可见肝小叶中央静脉、窦状隙以及叶下静脉扩张，充满红细胞。慢性肝瘀血时，在肝小叶中央静脉和窦状隙发生瘀血的同时，肝小叶周边区肝细胞因瘀血性缺氧而发生脂肪变性，呈灰黄色，因此肉眼观察时，肝脏切面呈现暗红色（瘀血区）和灰黄色（脂变区）相间的条纹，类似槟榔切面的纹理，故称为槟榔肝。长期肝瘀血可导致肝细胞萎缩、变性、坏死或消失，网状纤维胶原化和间质结缔组织增生，严重时发生瘀血性肝硬化。

长期瘀血的肝脏，其机能显著下降，表现为糖、蛋白质和脂肪代谢障碍，解毒能力降低，可导致自体中毒。

三、肺瘀血的原因、发生机理、病理变化及结局

肺瘀血多见于左心衰竭和二尖瓣狭窄或关闭不全时，因为此时左心腔内压力升高，肺静脉回流受阻，大量血液淤积在肺组织内造成肺瘀血。急性肺瘀血时，肺体积膨大，被膜紧张，呈暗红色或紫红色，在水中呈半沉浮状态。切面常有暗红色不易凝固的血液流出，支气管内流出灰白色或浅红色泡沫样液体。若伴发肺水肿，可见肺表面湿润光滑，小叶间间质增宽明显，呈龟背样外观。

镜下变化，可见肺内小静脉及肺泡壁毛细血管扩张，充满大量红细胞，肺泡腔内有均质嗜伊红物质和数量不等的红细胞，肺泡壁增厚。慢性肺瘀血时，肺泡腔中见到吞噬有红细胞或含铁血黄素的巨噬细胞，因为慢性肺瘀血常发生于心力衰竭时，因此这种巨噬细胞被称为心力衰竭细胞。长期慢性肺瘀血可致肺间质结缔组织增生而硬化，如果此时伴有大量含铁血黄素沉积，使硬化的肺组织呈棕褐色，称为肺褐色硬化。

长期肺瘀血，可使肺呼吸膜面积减少，气体交换困难，同时血液中含氧量下降，还原型血红蛋白增多，故临床上患肺瘀血的动物可出现呼吸困难、可视黏膜发绀以及听诊有湿性啰音等症状。

四、肾瘀血的原因、发生机理、病理变化及结局

肾瘀血多见于右心衰竭时。肉眼变化，肾脏体积稍增大，呈暗红色，切开时，从切面流出大量暗红色液体，因髓质瘀血比皮质更明显，皮质常呈红黄色，故皮质和髓质分界清晰。

镜下变化，肾间质特别是皮质和髓质交界部的间质中毛细血管扩张明显，内充盈大量红

细胞，肾小管上皮细胞常发生不同程度的变性、坏死、脱落。

长期慢性肾瘀血，可导致肾小球间质水肿，肾小管腔内可出现细胞或蛋白管型。肾瘀血时，由于血流缓慢，单位时间流经肾小球的血流量减少，故临床上患病动物尿量减少。

第二节 出 血

一、概念、类型及原因

血液流出心脏或血管之外的现象称为出血。血液流至体外称为外出血，流入组织间隙或体腔内，则称为内出血。

出血的直接原因是血管壁损伤。根据血管壁的损伤程度不同，可将其分为破裂性出血和渗出性出血两种。

1. 破裂性出血

破裂性出血是由心脏或血管壁破裂而引起的出血。引起破裂性出血的原因有：①机械性损伤，有刺伤、咬伤等外伤时，损伤血管壁，血液流出血管之外；②侵蚀性损伤，在炎症、肿瘤、溃疡、坏死等过程中，血管壁受周围病变的侵蚀作用，以致血管破裂而出血，如肺结核病、脓肿等；③血管壁发生病理变化，在血管发生动脉瘤、动脉硬化、静脉曲张等病变的基础上，当血压突然升高时，常导致血管破裂而出血。

2. 渗出性出血

渗出性出血是由于小血管壁（毛细血管前动脉、毛细血管和毛细血管后静脉）的通透性增加，血液通过扩大的内皮细胞间隙和损伤的血管基底膜缓慢地漏出血管外，也叫漏出性出血。渗出性出血常见于浆膜、黏膜和各实质脏器的被膜。

二、病理变化

出血的病理变化常因出血的原因、受损血管的种类、局部组织特性不同而异。破裂性出血时，如发生的是外出血，容易察觉，如外伤出血。如发生的是内出血，发生出血的部位不同，其名称也有所不同。较多量血液流入组织间隙，形成局限性血液团块，形如球状，称为血肿；血液流入体腔内，称为积血（如胸腔积血、心包积血等），此时可见腔内蓄积有血液或血凝块；脑组织的出血又称为脑溢血；肾脏和泌尿道出血随尿排出，称为尿血；消化道出血经口排出体外称为吐血或呕血，经肛门排出称为便血；肺和呼吸道出血排出体外称为咳血；鼻出血称为衄血。

渗出性出血的病理变化常见有点状出血、斑状出血和出血性浸润。点状出血又称瘀点，其出血量少，多呈针尖大至高粱米粒大不等，散在或弥漫性分布，常见于皮肤、黏膜、浆膜以及肝脏、肾脏等器官表面。斑状出血又称瘀斑，其出血量较多，常形成绿豆大、黄豆大或更大的血斑，呈散在或密集分布。出血性浸润是指血液弥漫地分布于组织间隙，使出血的局部呈大片暗红色。当机体有全身性出血倾向时，称为出血性素质，表现为全身各器官组织出血。

镜下变化，红细胞在血管外的组织中清晰可见，且可保留其完整性达数天之久。若出血较久，有时可见组织中巨噬细胞内有含铁血黄素。

三、对机体的影响

出血对机体的影响，可因出血发生的原因、出血量、时间、部位不同而异。一般非生命重要器官小血管的破裂性出血，可因破裂处血管收缩和血小板聚集，形成血凝块而止血。大血管的破裂性出血，常在短时间内造成大失血，若抢救不及时，动物可因失血性休克而死亡，如出血发生在脑或心脏,即使是少量的出血,也会导致严重后果,甚至死亡。流入体腔或组织间隙的血液,出血量少时,可随时间的延长而被吸收;量多时可被机化或形成结缔组织包囊。而渗出性出血常因出血量较少,发展较为缓慢,一般不会引起严重的后果。但长期慢性或大范围的渗出性出血,可致全身性贫血。

第三节 血栓形成

一、血栓形成的概念和血栓的类型

在活体的心脏或血管内血液发生凝固,或某些有形成分析出而形成固体物质的过程,称为血栓形成。所形成的固体物质称为血栓。

血液中存在着相互拮抗的凝血系统和抗凝血系统。在生理状态下,凝血系统和抗凝血系统处于动态平衡状态,保证了血液的流体状态和物质运输的畅通。一旦该动态平衡被打破,且凝血系统的活性占主导地位时,血液就会在血管内凝固,形成血栓。

根据血栓的形成过程和形态特点,可将血栓分为白色血栓、混合血栓、红色血栓及透明血栓4种类型。此外,也可以根据血栓所在的脉管,将其分为动脉性血栓、静脉性血栓、毛细血管性血栓及淋巴管性血栓。

二、血栓形成的条件

血栓形成的条件大致可归纳为3个,即心血管内膜损伤、血流状态的改变及血液凝固性升高。

1. 心血管内膜损伤

这是血栓形成最重要和最常见的原因。正常情况下,心脏、血管的内膜是较为光滑的表面,血液流过是不会发生凝固的。在某些致病因子的作用下,如细菌、病毒感染等引起的血管炎症、缝合结扎等机械性刺激、内毒素、酸中毒、免疫复合物以及理化因素等,可造成心血管内膜发生损伤,内皮细胞合成的抗凝血物质减少,内皮下细胞外基质(主要是胶原纤维)裸露,血小板与其接触而被激活,激活的血小板释放Ca^{2+}、血栓素A_2、纤维蛋白原、ADP等物质。其中血栓素A_2和ADP可使血小板发生黏附,而黏附的血小板又不断释放血栓素A_2和ADP等物质,加剧血小板的黏附。同时,裸露的胶原纤维与血浆接触,激活因子Ⅻ,从而启动内源性凝血系统;损伤的内皮细胞释出因子Ⅲ(组织因子),启动外源性凝血系统,引起纤维蛋白析出、血小板凝集黏附,导致血液凝固、血栓形成。

2. 血流状态的改变

血流状态的改变主要指血流缓慢、停滞或形成涡流等,这是临床上静脉血栓形成的最常见原因。正常血流中,红细胞、白细胞和血小板在血管的中轴流动(轴流),而血浆在周边流动(边流),血小板等有形成分不易与血管内膜接触。当血流缓慢(如瘀血)或出现涡流(如血管内膜不平滑或静脉瓣未完全开放)时,轴流和边流的界限消失,血小板进入边流,增加了与血管内膜细胞接触和黏附的机会,同时凝血因子也容易在局部活化和堆积,易达到凝血所需的浓度。

3. 血液凝固性升高

血液凝固性升高指血液中凝固系统活性高于抗凝血系统活性,导致血液易发生凝固的状态。在大面积创伤、失水过多引起的血液浓缩、大手术或产后等大失血时,促凝物质进入血液,血液中新生的幼稚血小板数量增多、黏滞度增加,凝血酶原和纤维蛋白原也增多,这些血液成分的改变都可促使血液凝固性升高，利于血栓形成。

在血栓形成过程中，上述3个条件往往同时或先后存在并相互影响。血栓形成主要包括血小板的黏附凝集和血液凝固2个过程。首先血小板由轴流变为边流，析出黏附于受伤的血管壁。随着血小板不断地析出和黏附，血小板堆不断增大呈小丘状，并混入少量白细胞和纤维蛋白，这种由血小板、纤维蛋白、少量白细胞组成的血栓称为析出性血栓。因其眼观呈灰白色，故又称为白色血栓。该血栓外观呈小丘状，表面粗糙，质硬，与血管壁紧密贴附，不易剥离；光镜下呈无结构、均匀一致的血小板团块，通常见于心脏和动脉系统内，如心瓣膜上。在静脉血流缓慢处，常构成血栓的头部。

小丘状突入血管腔的白色血栓形成后，该处血流减慢，产生涡流，促使大量血小板不断地析出、黏附和活化，在血管内形成许多分支和血小板梁，呈珊瑚状，表面黏附数量不等的白细胞。此时，小梁间的血流逐渐变慢，局部凝血因子浓度升高，激活凝血系统，形成纤维蛋白，并在小梁之间形成网状结构，网罗大量红细胞和少量白细胞（凝固过程），形成红白相间的血凝块，称为混合血栓。该血栓多见于静脉，主要由血小板、纤维蛋白和大量红细胞组成，构成了血栓的体部。眼观可见血栓红白相间，表面干燥，呈波纹状。

血栓的头部、体部进一步增大并顺血流方向延伸，直至血管腔被完全阻塞，则局部血流停止，后部血液迅速发生凝固，形成红色血栓。该血栓主要由红细胞和纤维蛋白组成，也多见于静脉，构成了血栓的尾部。红色血栓刚形成时，呈红色血凝块样，表面光滑、湿润、有弹性。时间较久的红色血栓，因水分被吸收而失去弹性、干燥易碎，易脱落形成血栓栓塞。

透明血栓是指在微循环内形成的血栓，主要由纤维蛋白凝集而成。这种血栓只能在显微镜下观察到，在石蜡切片HE染色中，往往为呈红染、均质、无结构的透明物质。该血栓主要见于某些败血性传染病、中毒、药物过敏、休克等致弥散性血管内凝血的过程中。

此外，动物死后可在心脏、较大血管内出现血凝块，这种血凝块易与血栓相混淆。血栓和死后血凝块的区别见表5-4-1。

表5-4-1 血栓和死后血凝块的区别

项目	血栓	死后血凝块
表面	粗糙不平、干燥	光滑、湿润
质地	硬而脆弱	柔软、有弹性
颜色	白色、红白相间及红色	暗红色、上层呈鸡脂样
与血管的关系	附着于血管、不易剥离	易与血管分离
组织结构	有特殊结构	无特殊结构

三、对机体的影响

血管中形成的血栓，一般可被白细胞释放的蛋白分解酶以及血液内的纤溶酶溶解，称为血栓的软化。较小的血栓可被完全溶解吸收，较大的血栓在软化过程中可部分脱落形成栓子，阻塞血管造成栓塞。不易被溶解吸收的血栓，可由血管壁内结缔组织和内皮细胞向血栓内生长，形成肉芽组织。这种被肉芽组织吸收替代的过程，称为血栓的机化。血栓机化后可致血管腔狭窄或阻塞，有时也可以在已经机化的血栓中形成新的血管，使血流得到部分或完全恢复，称为血栓的再通。少数没有机化的血栓，也可能有钙盐沉着而发生钙化，在血管内形成结石，称为动脉石或静脉石。

动物器官组织出血时，在血管破裂处形成血栓，可使出血停止；炎灶周围小血管内的血栓形成，可起到防止病原菌蔓延扩散的作用，这些均是血栓对机体有利的一面。但在大多数情况下，血栓形成对机体不利。如动脉血栓形成可阻塞血管，引起组织器官缺血、梗死；静脉血栓形成后，若未建立有效的侧支循环，可引起局部组织瘀血、水肿、出血，甚至坏死；血栓在软化中或血栓与血管壁粘连不太牢固时，整个血栓或血栓的一部分可以脱落，成为栓子，而引起栓塞；心瓣膜上的血栓机化后，可引起瓣膜增厚、粘连、卷曲或皱缩，导致瓣膜口狭窄或瓣膜关闭不全，引起心瓣膜病，严重时发生心功能不全；微循环血管中的血栓形成可致凝血因子和血小板大量消耗，从而引起全身广泛性出血、休克，甚至死亡。

第四节 栓 塞

一、栓塞与栓子的概念

血液循环中出现不溶性的异常物质随血流运行并阻塞血管腔的过程，称为栓塞。阻塞血管的异常物质称为栓子。

二、栓子运行途径

栓子运行的途径与血流的方向一致，其来源、运行方向和所阻塞部位均存在一定的规律性。来自大循环静脉系统的栓子，随静脉血回流到达右心，再通过肺动脉进入肺内，最后在肺内小动脉分支或毛细血管内形成栓塞。来自右心的栓子也通过肺动脉进入肺内，栓塞肺内小动脉分支或毛细血管。来自门静脉系统的栓子，大多随血流进入肝脏，引起栓塞。

在左心、大循环动脉以及肺静脉的栓子，随着血流运行，最后到达全身各器官的小动脉、毛细血管内形成栓塞。

三、栓塞的类型及对机体的影响

根据栓塞的原因以及栓子的性质，将栓塞分为血栓性栓塞、空气性栓塞、脂肪性栓塞、组织性栓塞、细菌性栓塞以及寄生虫性栓塞等。

1. 血栓性栓塞

血栓性栓塞指由脱落的血栓引起的栓塞，是栓塞中最常见的一种。血栓性栓塞对机体的影响主要取决于栓子的大小、栓塞的部位、栓塞持续的时间以及能否建立有效的侧支循环。若血栓性栓塞发生在肺动脉小分支，因肺具有肺动脉和支气管动脉双重血液供应，一般不会有严重影响，如果栓塞前已发生左心衰竭和肺瘀血，此时肺静脉压明显升高，侧支循环又不能有效代偿，可导致局部肺组织发生出血性梗死。若栓子数量多，可致肺动脉分支广泛性栓塞；当栓子较大时，可栓塞肺动脉主干或大分支，动物会突然发生呼吸困难、发绀、休克，甚至突然死亡。大循环动脉中的血栓性栓子主要来源于左心内膜的血栓，可致全身各器官动脉栓塞。这种栓塞多发生于脾脏、肾脏、脑和心脏的冠状动脉等处，多因血管的吻合支少而容易发生梗死。如果栓塞发生在肝脏和肠管等器官，因其血管吻合支较多故很少发生梗死。心脏和脑等重要器官发生血栓性栓塞，即使栓子较小，也会导致严重后果。

2. 空气性栓塞

空气性栓塞指空气和其他气体由外界进入血液，形成气泡，随血流运行而阻塞血管的一种栓塞。空气性栓塞多见于静脉破裂后，由于负压关系，空气进入，或由于静脉注射、胸腔穿刺等手术操作不慎，注入空气。少量气体进入血液后会溶解，一般不会产生严重后果；若大量气体进入右心，随心脏搏动，搅拌空气和心腔内血液形成大量泡沫，占据心腔且不易排出，阻碍大循环静脉血回流，可致严重的循环障碍使动物死亡。

3. 脂肪性栓塞

脂肪性栓塞指脂肪滴进入血液并阻塞血管的一种栓塞。这种栓塞多见于长骨骨折、手术、脂肪组织挫伤或脂肪肝挤压伤时，脂肪细胞破裂，游离出脂肪滴，通过破裂的血管进入血流。脂肪性栓塞主要影响肺和神经系统。如果进入肺的脂肪滴较多，可致广泛性肺血管栓塞、肺水肿和出血，甚至发生急性右心衰竭。因此在移动或处理动物骨折时，要保持骨折部分相对固定，预防挫伤血管而发生脂肪性栓塞。

4. 组织性栓塞

组织性栓塞指组织、细胞碎片或细胞团块进入血液而引起的栓塞。这种栓塞多见于组织外伤、坏死和恶性肿瘤，其影响可致器官组织梗死。恶性肿瘤细胞侵入血管或淋巴管成为肿瘤细胞栓子，随血液或淋巴液流动，到达邻近的淋巴结或肺、肝脏、脑等器官，继续生长形成转移性肿瘤，这是恶性肿瘤转移的主要方式之一。

5. 细菌性栓塞

细菌性栓塞指感染组织中的细菌集落或含细菌的血栓、赘生物脱落进入血液而引起的栓塞，多见于细菌感染性病变。除造成血管栓塞、组织梗死外，还可导致细菌感染的扩散，是病原微生物播散的一种重要方式。如在左心瓣膜上的细菌性栓子，可向全身各组织器官播散大量细菌；在右心瓣膜上的细菌性栓子，可向肺里传入大量细菌，严重时可引起败血症，故又称为败血性栓塞。

6. 寄生虫性栓塞

寄生虫性栓塞指某些寄生虫或虫卵进入血流引起的栓塞。如旋毛虫侵入肠壁淋巴管，经胸导管而进入血流，引起栓塞；单蹄兽体内的圆虫幼虫可经肝门静脉进入肝脏，引起门脉性栓塞。牛、羊等动物体内的血吸虫成虫可经后腔静脉进入肺动脉，造成肺动脉小分支栓塞；血吸虫卵常可引起肝脏、肠等部位的血管栓塞。

第五节 梗 死

一、概念

因动脉血流断绝而引起局部组织或器官发生坏死，称为梗死。形成梗死的过程称为梗死形成。凡能引起动脉血流阻断，同时又不能及时建立有效侧支循环的因素，均是梗死的原因。引起动脉血流阻断的因素主要有血栓形成、各种动脉性栓塞、血管受压以及动脉持久而剧烈的痉挛等。

二、类型及病理变化

依据梗死灶眼观的颜色及有无细菌感染，可将梗死分为贫血性梗死、出血性梗死和败血性梗死。

1. 贫血性梗死

因梗死灶的颜色呈灰白色或黄白色，故又称为白色梗死。这种梗死常发生于心脏、脑、肾脏等组织结构较致密、侧支循环不丰富的器官组织。梗死灶的形状与阻塞动脉的分布区域相一致。如肾梗死灶呈锥体状，锥尖指向阻塞血管部位，锥底为肾脏的表面；心脏的梗死灶呈不规则地图状。贫血性梗死灶的病变主要表现为病灶稍隆起，略干燥、硬固、呈灰白色，与周围的健康组织分界明显，分界处的血管发生扩张充血、出血和白细胞渗出等，形成炎性反应带。因脑组织含有大量脂质和水分，故脑组织梗死后，多发生软化（液化性坏死）而形成软化灶或囊腔。镜下变化，梗死组织结构轮廓可辨认，但实质细胞的微细结构消失。

2. 出血性梗死

因梗死灶的颜色呈暗红色，又称为红色梗死。这种梗死多见于肺、肠等组织结构疏松、血管吻合支较丰富的器官。在发生梗死之前这些器官已处于高度瘀血状态，梗死发生后，大量红细胞进入梗死区，使梗死区呈暗红色或紫色。眼观可见梗死灶内出血而呈暗红色，梗死灶肿大、硬固，切面湿润，与周边分界清晰。镜下变化，梗死组织结构模糊，细胞坏死，血管扩张，充满红细胞。

3. 败血性梗死

梗血灶如果同时伴有细菌性感染，则称为败血性梗死。此类梗死多由细菌性栓塞血管所致，常发生于肺，并常发展成为多发性化脓灶。

第六节 弥散性血管内凝血

一、概念

弥散性血管内凝血（DIC）是指机体在某些致病因子作用下，血液凝固性升高，微循环内有广泛的微血栓形成的病理过程。

1. DIC 的类型

依据凝血发生的快慢和病程长短，可将 DIC 分为急性型、亚急性型和慢性型 3 种。

（1）急性型　其特点为：①突发性起病，一般持续数小时或数天；②病情凶险，可呈暴发型；③出血倾向严重；④常伴有休克；⑤常见于暴发型流脑、流行型出血热、败血症等。

（2）亚急性型　其特点为：①急性起病，在数天或数周内发病；②进展较缓慢，常见于恶性疾病，如急性白血病（特别是早幼粒细胞性白血病）、肿瘤转移、死胎滞留及局部血栓形成。

（3）慢性型　临床上少见，其特点为：①起病缓慢；②病程可达数月或数年；③高凝期明显，出血不严重，仅有瘀点或瘀斑。

依据机体的代偿情况，DIC 可分为代偿型、失代偿型和过度代偿型。

2. DIC 的分期

DIC 的发生、发展、根据其病理特点，可分为 3 期，见表 5-4-2。

表 5-4-2 DIC 分期

分期	基本特点	临床症状	实验室检查特点
高凝期	凝血系统被激活，凝血酶生成增多，机体的凝血活性升高，微血栓大量形成，血液处于高凝状态	部分病畜可无明显临床症状，尤其急性 DIC 中，此期极短，不易发现	凝血时间和复钙时间缩短，血小板的黏附性增强
消耗性低凝期	凝血酶和微血栓的形成使凝血因子和血小板因大量消耗而减少，同时因继发性纤溶系统功能增强，血液处于低凝状态	不同程度出血，也可能有休克或某脏器功能障碍	血小板明显减少，血浆中因子Ⅰ（纤维蛋白原）含量明显减少，凝血和复钙时间明显延长
继发性纤溶功能亢进期	凝血酶及因子Ⅻa 等激活了纤溶系统，使大量的纤溶酶原变成纤溶酶，加上纤维蛋白降解产物（FDP）形成增多，使纤溶和抗凝作用大大增强，出现纤维蛋白溶解	出血，严重病畜有休克及多系统器官功能衰竭（MSOF）	包括消耗性低凝期的特点，且继发性纤溶功能亢进相关指标的变化十分明显

二、发生原因及机理

正常机体的血液呈液体状态，存在着凝血、抗凝血和纤溶系统，它们处于动态平衡状态。其中以凝血过程和纤溶过程最为重要，二者保持着极为密切的关系。

1. 血管内皮细胞损伤，启动内源性凝血系统

细菌、病毒、缺氧、酸中毒和抗原-抗体复合物等均可造成血管内皮的广泛损伤，导致内皮下胶原暴露。由于胶原表面带负电荷，当它与血液中无活性的因子Ⅻ接触后，可使精氨酸残基上的胍基在负电荷影响下发生分子构型的改变，暴露丝氨酸残基，把因子Ⅻ激活成因子Ⅻa，进而启动内源性凝血过程，使血液处于高凝状态，产生DIC。

2. 组织损伤，启动外源性凝血系统

大面积烧伤、严重创伤、外科大手术、恶性肿瘤或实质器官的坏死等均可引起组织损伤，释放大量凝血因子Ⅲ（即组织凝血活酶或称组织因子）入血，启动外源性凝血系统，引起DIC的发生。

3. 血细胞大量破坏

（1）红细胞　在各种急性溶血病、异型输血、新生仔畜溶血病时，由于红细胞大量破坏而释放出具有类似因子Ⅲ和磷脂样作用物质（即血小板因子Ⅲ或称血小板磷脂）的作用，可启动外源性凝血过程，从而促进DIC的发生。同时，红细胞大量破坏释放出的腺苷二磷酸（ADP）又可加重血小板的聚集，促进DIC的发生。

（2）中性粒细胞　免疫反应和内毒素作用于中性粒细胞后，可使中性粒细胞合成并释放因子Ⅲ样活性物质。目前认为，除中性粒细胞外，在单核细胞中也含有丰富的因子Ⅲ样活性物质。所以，当它们被大量破坏时，即可通过外源性凝血系统的启动而促进DIC的发生。

（3）血小板　内毒素、免疫复合物、颗粒物质、凝血酶等都可直接损伤血小板，促进它的聚集。微血管内皮细胞的损伤，内皮下胶原的暴露是引起局部血小板黏附、聚集、释放反应的主要原因。这是因为在构成胶原的肽链中，存在着一个与血小板黏附有关的活性多肽。血小板表面的糖蛋白Ⅰb（GPⅠb）对血小板黏附起重要作用，GPⅠb通过某些血浆因子能使血小板与内皮下的胶原等组织粘连，激活血小板的凝血活性，促进DIC的形成。

4. 其他促凝物质

有些引起DIC的病因不必通过以上环节，在启动内源性凝血系统或外源性凝血系统后才引起凝血。它们可直接作为一种凝血反应激活剂，作用于血液中的凝血因子，引起微血栓形成。例如，胰蛋白酶、脂肪酸、高分子右旋糖酐及其他异物颗粒等可直接激活内源性凝血系统，蛇毒、羊水等又可直接激活外源性凝血系统。

三、对机体的影响

微血栓形成DIC，以微循环血管内微血栓形成为其主要病理特征。发生DIC时由于凝血系统被激活，血液中凝血酶含量增多，导致微血管内微血栓形成。镜检可见毛细血管、微静脉内充满网状的纤维蛋白或均质、红染、无结构的团块。

（1）出血　出血是发生DIC时的一个重要而突出的表现。轻者仅见皮肤和黏膜有小出血点，重者在临床上表现为多部位严重的出血倾向，皮肤、黏膜、消化道、呼吸道、泌尿道、肺、实质器官有点状或片状出血。脑和肺出血常是导致动物死亡的主要原因。

（2）休克DIC　急性DIC常伴有休克。重度休克及休克晚期又可促进DIC的形成，二者互为因果，形成恶性循环。

（3）器官功能障碍　由于DIC发生时微血管内有广泛的微血栓形成，引起微循环障碍，受累器官功能不全。微血栓分布广泛，多发生在肾脏、肺、心脏、肝脏、脾脏、胃肠道、脑、胰脏、肾上腺、脑垂体等器官。这些器官可因缺血、缺氧程度不同，而发生不同程度的缺血性损伤和机能障碍，严重或持久者可导致受累器官坏死或功能衰竭。

（4）贫血DIC　贫血DIC可伴发一种特殊类型的贫血，即微血管性溶血性贫血（MHA）。MHA除具备溶血性贫血的一般特征外，外周血涂片检查可见各种形态（盔甲形、星形、新月形等）的红细胞碎片，这些红细胞碎片脆性高，故容易发生溶血。同时，涂片检查还可见网织红细胞增多。

第七节　休　克

一、概念

休克是指由于微循环有效灌流量不足而引起的各组织器官缺血、缺氧、代谢紊乱、细胞损伤以致严重危及生命活动的病理过程。其临床主要表现为：病畜体温突然降低，血压下降，心跳加快，脉搏细弱，皮肤湿冷，可视黏膜苍白或发绀，耳、鼻及四肢末端发凉，静脉萎陷，尿量减少或无尿，反应迟钝，精神高度沉郁，甚至昏迷和死亡。

二、原因、分类及发生机理

1. 原因

引起休克的原因很多，临床常见的有以下几种：

（1）失血　引起血液总量明显减少的各种原因均能引起失血性休克。失血性休克主要见于各种大失血，如外伤性出血、胃溃疡性大出血、产科疾病所致的大失血等。一般是在快速、大量（超过总血量1/3以上）失血而又得不到及时补充的情况下易发生休克。

（2）创伤　创伤严重或面积较大时往往伴发休克，特别是当合并一定量失血或伤及生命重要器官时更易引起休克。

（3）烧伤　严重的大面积烧伤，因血浆大量渗出，易合并休克发生。

（4）感染　各种致病微生物，如细菌、病毒、霉菌等引起的严重感染易引起休克。特别是革兰氏阴性菌感染时易伴发休克，占感染性休克病因的70%~80%。

（5）心脏疾病　大面积急性心肌梗死、急性心肌炎、严重的心律失常、心包压塞等均可引起心输出量急剧减少而导致休克。

（6）过敏　某些变应原（如药物、血清制剂或疫苗等）可引起以小动脉和小静脉扩张、毛细血管通透性增加为主要特征的过敏性休克。

（7）神经因素　如剧烈疼痛、高位脊髓麻醉或损伤等均可引起神经源性休克。

2. 分类

由于休克的种类较多，其分类方法也不统一，较常用的分类方法有以下几种：

（1）按休克发生的原因分类　可分为失血性休克、创伤性休克、感染性休克、心源性休克、过敏性休克、烧伤性休克和神经源性休克。

（2）按休克发生的始动环节分类　按休克发生的始动环节分类见表5-4-3。

（3）按休克时血液动力学变化的特点分类　按休克时血液动力学变化的特点分类见表5-4-4。

表 5-4-3　休克分类表（按发生的始动环节）

分类	特点	常见病因
低血容量性休克	始动发病环节是血液总量减少，大量体液丧失导致血容量急剧减少	常见于各种大失血及大量体液丧失，如大面积烧伤所致的血浆大量丧失、大量出汗及严重腹泻或呕吐等
心源性休克	始动发病环节是心输出量的急剧减少	常见于急性心肌梗死、弥漫性心肌炎、严重的心律失常，尤其是过度的心动过速等
血管源性休克	始动环节是外周血管（主要是微血管）扩张而致的血管容量扩大。血容量和心脏泵功能可能正常，但由于外周广泛的小血管扩张和血管床扩大，大量血液淤积在微血管中而导致回心血量明显减少	过敏性休克和神经源性休克

表 5-4-4　休克分类表（按血液动力学变化的特点）

分类	特点	主要临床表现	其他
低动力型休克	心输出量减少，而总外周血管阻力增加，所以又称低排高阻型休克；皮肤血管收缩，温度降低，所以又称冷型休克或冷休克	血压降低，皮肤湿冷，可视黏膜苍白，尿量减少	临床上最为常见，包括低血容量性休克、心源性休克、创伤性休克及大多数感染性休克
高动力型休克	心输出量增多，而总外周阻力降低，所以又称高排低阻型休克；皮肤血管扩张而温暖，所以又称暖型休克或温休克	血压降低，皮肤温暖，可视黏膜潮红，动静脉血氧差缩小，血中乳酸/丙酮酸比率增大	主要见于某些感染性休克、高位脊髓麻醉及应用血管扩张药等情况

3. 发生机理

根据当前对休克发生机理的研究，认为微循环灌流量急剧减少，是各型休克发生发展的基本环节。

（1）微循环灌流压降低　微循环灌流压取决于有效循环血量和外周血管阻力。而有效循环血量与血液总量和心输出量有关。因此，血液总量急剧减少、心输出量明显降低、血管容量突然增大，均可引起微循环灌流量减少。

1）血液总量急剧减少：大量失血或体液大量丧失时，由于血液总量急剧减少，有效循环血量减少，微循环灌流压降低，致使微循环灌流量减少，从而导致休克。这是失血性休克、烧伤性休克等低血容量性休克发生的始动环节。

2）心输出量明显降低：心功能不全时，心肌收缩障碍，心输出量急剧下降，有效循环血量减少，致使微循环灌流压降低。这是心源性休克发生的始动环节。又如心包大量积液或严重心动过速时，由于心腔舒张受到限制或心舒张期缩短，心输出量急剧降低，也可引起有效循环血量减少，导致休克发生。

3）血管容量突然增大：这是过敏性、神经性及某些感染性休克发生的始动环节，也可为其他类型休克发展过程中的一个重要环节。例如，过敏或感染时，由于扩血管物质（组胺、激肽等）增多，或因血管运动中枢抑制，血管舒张或紧张性降低，血管容量增大，血量与血管容量比例失常，血管阻力降低，有效循环血量减少而发生休克。

（2）微循环血流阻力增加　微循环灌流量与血流阻力成反比，微循环血流阻力越大，通过微循环的血量就越少。微循环阻力分毛细血管前阻力和毛细血管后阻力。前者直接影响"灌"，而后者则影响"流"，只有"灌"与"流"协调一致，才能保证微循环的灌流量和静脉回心血量。当毛细血管前阻力和毛细血管后阻力增加以及血液流变性质改变时，均可引起微循环灌流量减少。

1）毛细血管前阻力增加：毛细血管前阻力由小动脉、微动脉、后微动脉和毛细血管前括约肌的紧张性构成。当血液总量减少和心泵功能障碍时，不仅使微循环灌流压降低，而且可引起交感-肾上腺髓质系统兴奋，释放大量儿茶酚胺（CA）。由于皮肤和腹腔脏器的血管具有丰富的交感缩血管纤维支配且α受体占优势，因而在交感神经兴奋、儿茶酚胺增多时，其小动脉、微动脉、毛细血管前括约肌、微静脉和小静脉都发生收缩，其中尤以微动脉（交感缩血管纤维分布最密）和毛细血管前括约肌（对儿茶酚胺的反应性最强）的收缩最强烈，致使毛细血管前阻力增加，微循环灌流量减少。

2）毛细血管后阻力增加：毛细血管后阻力由微静脉和小静脉（统称为后阻力血管）的紧张性所构成。交感神经兴奋和肾上腺髓质分泌，释放儿茶酚胺增多，可使后阻力血管收缩，后阻力增加，致使血液淤积在微循环内，静脉回流量减少。此外，发生弥散性血管内凝血时，在微静脉和小静脉内形成微血栓，也可导致毛细血管后阻力增加。

（3）微循环血液流变学改变　血液流变学是研究血液成分在血管内流动和变形规律的科学。休克时微循环灌流量不足与血液流变学改变密切相关，其主要表现有血细胞比容升高、红细胞变形能力降低和聚集、白细胞附壁和嵌塞、血小板黏附、聚集及微血栓形成。

三、休克的分期及特点

1. 休克Ⅰ期

此期为休克发展的早期阶段。此期以微循环血液灌流减少，组织缺血、缺氧为特征，也称微循环缺血期或休克代偿期。

全身小血管，包括小动脉、微动脉、后微动脉、毛细血管前括约肌和微静脉、小静脉都持续收缩痉挛，血管口径明显变小，尤其是毛细血管前阻力血管（微动脉、后微动脉和毛细血管前括约肌）收缩更明显，前阻力增加，微血管自律运动增强，而大量真毛细血管网关闭，此时微循环内血液流速减慢，轴流消失，可见血细胞出现齿轮状运动。因开放的毛细血管数减少，血流主要通过直捷通路或动静脉短路回流，组织灌流明显减少。此期微循环灌流特点是：少灌少流、灌少于流，组织呈缺血、缺氧状态。

休克Ⅰ期易引起细胞膜损伤，继而发生线粒体肿胀、嵴断裂、溶酶体肿胀、溶酶体膜通透性升高，导致细胞变性坏死。

2. 休克Ⅱ期

如果休克的原始病因不能及时清除，组织缺血、缺氧持续存在，休克将继续发展进入休克Ⅱ期。此期为休克的中期阶段，也称微循环瘀血期、瘀血性缺氧期、休克期、休克失代偿期或病情进展期。

此期微循环血液流变学发生了明显改变：血液流速显著减慢，红细胞和血小板聚集，白细胞滚动、贴壁、嵌塞、血液黏度增加，血液"泥化"瘀滞，微循环瘀血，组织灌流量进一步减少，缺氧更为严重。这是因为进入此期后，内脏微循环中的血管自律运动消失，微动脉、后微动脉和毛细血管前括约肌收缩性减弱甚至扩张，大量血液涌入真毛细血管网。微静脉虽也表现为扩张，但因血流缓慢，细胞嵌塞，使微循环流出阻力增加，毛细血管后阻力大于前阻力。所以，此期微循环灌流特点是多灌少流，灌大于流，组织呈瘀血性缺氧状态。

3. 休克Ⅲ期

休克Ⅲ期也称微循环凝血期、休克晚期、DIC期、凝血性缺氧期或微循环衰竭期，此期为休克的后期阶段。

此期微血管发生麻痹性扩张，毛细血管大量开放，微循环中可有微血栓形成，血流停止，出现不灌不流状态，组织几乎完全不能进行物质交换，得不到氧气和营养物质供应，甚至可出现毛细血管无复流现象。毛细血管无复流现象即指在输血补液治疗后，虽血压可一度回升，但微循环灌流量无明显改善，毛细血管中瘀滞停止的血流仍不能恢复的现象。

休克Ⅰ、Ⅱ、Ⅲ期的特点见表5-4-5。

表5-4-5 休克各期特点

分期	特点
休克Ⅰ期	少灌少流，灌少于流
休克Ⅱ期	多灌少流，灌大于流
休克Ⅲ期	不灌不流

第五章
细胞、组织的适应与修复

第一节 适 应

适应是指机体对体内外环境变化所产生的各种积极有效的反应。在生理情况下，动物机体会出现一定程度的适应性反应，如饥饿时动用机体储备，寒冷时动物表现出寒战等。在致病因素的作用下，机体所出现的适应性反应主要包括增生、萎缩、肥大和化生等。

一、增生的概念

增生是指组织损伤后由周围健康细胞分裂增殖，数量增多而体积增大，从而完成修复的过程。根据增生发生的原因不同，可分为生理性增生和病理性增生。

1. 生理性增生

在正常生理条件下，组织器官由于生理机能增强而发生的增生，如妊娠后期及泌乳期乳腺的增生。

2. 病理性增生

致病因素作用下引起的组织或器官的增生，称为病理性增生。常见于慢性刺激引起的过度增生，激素刺激及营养缺乏等情况。例如，慢性反复性组织损伤，组织反复修复而出现过度增生；雌激素分泌紊乱引起的子宫内膜增生；碘缺乏、甲状腺素分泌减少引起的甲状腺上皮细胞增生等。

二、萎缩的概念、分类及结局

萎缩是指已经发育成熟的器官或组织由于物质代谢障碍使其实质细胞体积缩小、数量减少，最终导致器官或组织体积缩小和功能减退的病理过程。

根据发生的原因，萎缩可分为生理性萎缩和病理性萎缩两类。在生理情况下，动物体的某些组织器官随着机体生长发育到一定阶段时发生的萎缩现象，称为生理性萎缩。例如，幼龄动物的动脉导管及脐带血管的萎缩退化、动物性成熟后胸腺的逐步退化等。由于某些致病因素的作用而引起的相应组织和器官的萎缩，称为病理性萎缩。

根据引起萎缩的原因和波及的范围，病理性萎缩可分为全身性萎缩和局部性萎缩。

1. 全身性萎缩

全身性萎缩是指在全身物质代谢障碍基础上发生的全身组织和器官普遍萎缩。多见于长期营养不良，维生素缺乏，某些慢性消化道疾病所致的营养物质吸收障碍，长期饲料不足，消化道梗阻以及严重的消耗性疾病，如恶性肿瘤、鼻疽、结核、伪结核、寄生虫病及造血器官疾病等。

2. 局部性萎缩

局部性萎缩指在某些局部性因素影响下发生的局部组织和器官的萎缩。按发生原因可分为以下几种类型：

（1）废用性萎缩　器官或组织由于发生功能障碍，长期停止功能活动而发生的萎缩。例如，某肢体因骨折或关节性疾病长期不能活动或限制活动，引起相关的肌肉和关节软骨发生萎缩。

（2）压迫性萎缩　这是一种较常见的局部性萎缩，是由器官或组织受到缓慢的机械性压迫而引起的萎缩。如输尿管梗阻造成排尿困难时肾实质发生萎缩；患肾盂乳头状瘤，引起肾盂和肾盏积水扩张，进而压迫肾实质引起萎缩；受肿瘤、寄生虫包囊（如囊尾蚴、棘球蚴等）等压迫的器官和组织也可发生萎缩。

（3）神经性萎缩　中枢或外周神经发炎或受损时，功能发生障碍，受其支配的肌肉因神经支配丧失而发生萎缩。如鸡患马立克病，当肿瘤侵害坐骨神经和臂神经时，可以造成相应部位的肢体瘫痪和肌肉萎缩。

（4）缺血性萎缩　局部动脉血管发生不全阻塞时，所支配的血管发生供血不足导致的萎缩，即缺血性或血管性萎缩。常见于动脉硬化或其他导致动脉内腔狭窄的各种原因，如肾动脉硬化可导致肾实质萎缩。

（5）内分泌性萎缩　由于内分泌功能低下所引起的相应组织器官的萎缩，如去势动物的生殖器官可发生萎缩。

萎缩是具有一定适应意义的可复性过程，当病因消除后，萎缩的组织和细胞可逐渐恢复其正常形态和功能。但若病因持续存在，病变继续发展，萎缩的细胞最后会消失。

三、肥大的概念、分类

肥大是指组织或器官因其实质细胞体积增大而使整个组织或器官体积增大的现象。肥大在生理及病理情况下均可发生，故分为生理性肥大和病理性肥大两种类型。

1. 生理性肥大

激素的刺激或生理机能需求均可引起生理性肥大。如动物妊娠期的子宫，由于雌激素刺激平滑肌受体，从而导致平滑肌蛋白合成增多，细胞体积增大，使子宫发生生理性肥大。

2. 病理性肥大

在疾病过程中，为实现某种功能代偿而引起相应组织或器官的肥大称为病理性肥大（或代偿性肥大）。病理性肥大常见的有以下几种类型：

（1）心脏肥大　心脏主动脉瓣闭锁不全时，由于左心室不能完全排空，故舒张期左心室血容量增多，可反射性地引起心脏收缩机能增强，同时心肌的血液循环和物质代谢也增强，心肌纤维中的核糖核酸和蛋白质等的合成增强，形成较多的细胞器，如线粒体、肌质网，特别是肌丝，从而使心肌细胞体积增大，心脏表现肥大。

（2）平滑肌肥大　腔性器官内容物排出发生障碍时，如肠道或食管某段狭窄等，为了促进内容物通过狭窄部，狭窄部前段的管壁肌层便加强收缩而发生肥大增厚。

（3）其他器官的肥大　一侧肾脏因发育不全、手术摘除或萎缩时，为了代偿其泌尿功能，另一侧肾脏则发生肥大。肝脏一部分实质细胞发生萎缩或坏死时，其余部分的健康肝细胞发生肥大。

四、化生的概念、原因及结局

化生是指已经发育成熟的组织转变为另一种形态结构的组织的过程。其发生的原因较为复杂，主要有以下7类：

（1）维生素 A 缺乏　可引起气管、支气管和泌尿生殖道黏膜等上皮发生鳞状化生。

（2）激素作用　给鼠注射雌激素，可引起子宫黏膜上皮鳞状化生。

（3）化学物质的作用　博来霉素引起肺泡上皮细胞化生为纤维细胞，导致肺组织纤维化。

（4）机械刺激作用　膀胱和肾盂在结石的机械刺激作用下，可以引起其变移上皮发生鳞状化生。

（5）慢性炎症刺激　慢性支气管炎和慢性胆囊炎可引起支气管的纤毛柱状上皮和胆囊黏膜柱状上皮发生鳞状化生。

（6）组织内代谢障碍　软组织发生出血、变性、坏死及形成瘢痕等后，常出现结缔组织修补，形成瘢痕之后结缔组织可形成骨组织和骨样组织，有时也可形成软骨组织，发生骨化生。

（7）机体适应代偿作用　长期慢性出血或溶血，代偿性引起黄骨髓化生为红骨髓，发生髓外造血。

化生的结局虽然可使局部对刺激的抵抗力增强，有积极的适应作用，但是也常常引起局部组织、器官的功能发生障碍。例如，呼吸道黏膜上皮化生为鳞状上皮后，失去黏液分泌和黏膜纤毛清除作用，易继发感染。

第二节　修　复

修复是指机体的细胞、组织或器官受损伤而缺损时，由周围健康组织细胞分裂增生来加以修补恢复的过程。修复的形式有多种，主要包括再生和纤维性修复。

一、再生的概念及影响因素

再生是指组织损伤后由邻近健康细胞分裂增殖来完成的修复过程。例如，伤口的修复可通过血管、结缔组织和上皮组织的再生来完成。

细胞、组织再生的速度和完善程度受全身因素和局部因素的影响。

1. 全身因素

（1）年龄　幼龄动物比老龄动物细胞和组织的再生能力强。

（2）营养　当动物长期缺乏蛋白质，特别是缺乏含硫氨基酸，可导致肉芽组织生长和胶原蛋白的合成被抑制，组织再生缓慢。当缺乏维生素C时，成纤维细胞合成胶原障碍，可导致创面愈合速度减慢。

（3）激素　激素对再生有很大的影响。例如，肾上腺皮质激素能抑制创口收缩和蛋白质、多糖合成，从而影响肉芽组织形成。

（4）神经系统的状态　当神经系统受损时，由于神经营养机能失调，使组织的再生受到抑制。

2. 局部因素

（1）伤口感染　伤口感染不利于再生。局部感染时许多化脓菌产生一些毒素和酶，引起组织坏死或胶原纤维溶解，进一步加重局部组织损伤。此外，坏死组织及其他异物在创腔内聚集，也影响组织再生。

（2）局部血液循环　局部血液循环良好，有利于坏死物质的吸收和组织再生，而血液供应不足则延缓创伤愈合。

（3）神经支配　完整的神经支配对组织再生有一定的积极作用。当局部神经受损后，它所支配的组织再生过程常不发生或不完善，因为再生依赖于完整的神经支配。

（4）电离辐射　电离辐射会破坏细胞，损伤小血管，抑制组织再生，阻止瘢痕形成。如X线照射局部损伤可影响肉芽组织的形成，而紫外线照射则加快创伤愈合。

二、各种组织的再生

1. 上皮组织再生

上皮组织再生能力很强，尤其是皮肤和黏膜等被覆上皮。

（1）被覆上皮再生

1）皮肤和皮肤型黏膜再生。皮肤鳞状上皮和皮肤型黏膜上皮损伤后，由创缘或基底部残存的基底细胞分裂增殖，向缺损中心覆盖，损伤的腺上皮由残留的腺上皮细胞增殖、补充。

2）黏膜再生。黏膜表面的柱状上皮细胞损伤以后，主要由邻近的健康上皮细胞开始形成立方上皮，然后增高形成柱状上皮。

（2）腺上皮再生　腺上皮的再生能力比被覆上皮弱。如果只有腺上皮细胞坏死，而基底膜或腺体支架结构未破坏，可以完全再生；如果损伤严重，基底膜或间质网状支架被破坏，则由纤维结缔组织增生修补，发生不完全再生。

2. 纤维结缔组织再生

纤维结缔组织再生能力特别强，不仅见于纤维结缔组织损伤之后，还见于其他组织损伤之后的修复过程。如在炎灶及坏死灶的修复、创伤愈合、机化和包囊形成等病理过程中都是不可缺少的。在损伤刺激下，这种再生由纤维细胞转变为成纤维细胞，或原始间叶细胞分化为成纤维细胞，成纤维细胞进一步分裂、增生，形成胶原纤维，以后细胞逐渐成熟为纤维细胞。

3. 血管再生

（1）毛细血管再生　毛细血管的再生能力很强，有以下两种方式：①芽生性再生，即由原有毛细血管的内皮细胞肥大并分裂增殖,形成向外突起的幼芽,以后分裂增殖继续进行,幼芽逐渐增长而形成实心的内皮细胞条索,随着血流冲击,条索构成管腔,形成新生的毛细血管。许多这样的再生毛细血管芽互相连接构成新的毛细血管网。②自主性生长,即在组织内直接形成新的毛细血管。最初幼稚成纤维细胞平行排列,以后在细胞间形成小裂隙,并与邻近的毛细血管相连通,被覆于裂隙内的细胞转化为内皮细胞,即形成新的毛细血管。

(2) 大血管修复　大血管断离后,断裂处需要手术吻合,吻合处两侧的内皮细胞分裂增殖,互相连接并恢复至血管的原有结构。血管周围断离的肌肉不易再生,由肉芽组织增生、修补予以连接,发生纤维性修复。

4. 肌组织再生

(1) 骨骼肌再生　骨骼肌的再生因肌膜是否完整及肌纤维是否完全断裂而有所不同。

1) 骨骼肌的肌膜未被破坏时,肌细胞仅部分坏死,此时中性粒细胞及巨噬细胞进入损伤部位清除坏死组织。残存的肌细胞分裂,产生肌质,分化出肌原纤维,从而恢复骨骼肌的结构和功能。

2) 当肌纤维完全断裂时,两断端肌质增多,也可有肌原纤维的新生,使断端膨大如花蕾样,肌质中出现横纹,但这时肌纤维断端不能直接连接,而靠纤维瘢痕愈合。愈合后的肌纤维仍可以收缩,加强锻炼后可以恢复功能。

3) 如果肌纤维完全断裂,肌膜完全破坏,则难以再生,而通过瘢痕修复。

(2) 平滑肌再生　平滑肌的再生能力有限。损伤不严重时,可由残存的平滑肌细胞再生修复;损伤严重时,由肉芽组织修补。

(3) 心肌再生　心肌细胞不能再生,损伤或死亡后由肉芽组织修补。

5. 软骨和骨组织再生

(1) 软骨组织的再生　软骨组织的再生能力很弱。当软骨轻度损伤时,软骨膜增生,然后逐渐变为软骨母细胞,并形成软骨基质,细胞被埋在软骨陷窝内变为静止的软骨细胞。当软骨严重损伤时,则由纤维结缔组织增生修补,最后常形成瘢痕。

(2) 骨组织再生　骨组织的再生能力很强。骨折后骨折部位发生急性炎症反应,巨噬细胞逐步清除纤维素、红细胞、炎性渗出物与组织碎屑。骨外膜和骨内膜的间充质细胞和毛细血管增殖(纤维性骨痂形成),形成新的成骨性肉芽组织,长入血凝块中(骨性骨痂形成)。最后,在破骨细胞和成骨细胞的共同作用下,进行骨痂改建。

6. 神经组织再生

中枢神经元和周围神经节内的神经元死亡后不能再生,只能由胶质细胞增生进行修补,形成胶质瘢痕。外周神经受损时,如与其相连的神经元仍存活,则可完全再生。

三、肉芽组织的概念、形态结构和功能

肉芽组织是指富有新生毛细血管、成纤维细胞和炎性细胞的新生结缔组织。

肉芽组织主要包括丰富的新生的毛细血管、幼稚的成纤维细胞、少量的胶原纤维和数量不等的炎性细胞。其形态特点如下:

(1) 肉眼观察　眼观呈鲜红色、颗粒状,质地柔软、湿润,形似鲜嫩的肉芽。

(2) 镜下观察　镜检可见大量由内皮细胞增生形成的实心细胞索及扩张的毛细血管,向创面垂直生长,并以小动脉为轴心,在周围形成袢状弯曲的毛细血管网。在毛细血管周围有许多新生的成纤维细胞,并伴有大量渗出液及炎性细胞。炎性细胞中常以巨噬细胞为主,也有数量不等的中性粒细胞及淋巴细胞。

肉芽组织的功能主要有：①抗感染及保护创面；②机化或包裹坏死组织、血凝块、血栓及异物；③填补创伤的缺口。

第六章 水盐代谢及酸碱平衡紊乱

第一节　水、钠正常代谢

一、体液的容量和分布

成年动物体液约占体重的60%，其中细胞内液约占体重的40%；细胞外液约占体重的20%，包括分布在细胞周围的组织液（约占体重的15%）和血浆（约占体重的5%）。组织液中有一部分比较特殊，是由上皮细胞分泌的，分布在一些密闭的腔隙（如颅腔、胸膜腔、腹膜腔、关节囊）中，称为第三间隙液或跨细胞液。

二、体液的电解质成分

体液中的溶质包括电解质和非电解质两大类。后者在溶液中不解离，因而不带电荷，包括大多数蛋白质、尿素、葡萄糖、氧、二氧化碳和部分有机酸等。各种盐在水中解离为带电的离子，称为电解质。细胞内、外液总电解质浓度相等，但在组成上由于有细胞膜的屏障用，故有很大差异。细胞外液的主要阳离子为Na^+（142mmol/L），其次为K^+（4mmol/L）；主要的阴离子为Cl^-（103mmol/L）和HCO_3^-（27mmol/L）。细胞内液中，K^+是主要的阳离子，其次是Na^+、Ca^{2+}、Mg^{2+}，Na^+的浓度远低于细胞外液；主要阴离子是HPO_4^{2-}和蛋白质，其次是HCO_3^-、Cl^-、SO_4^{2-}等。各部分体液中所含阴、阳离子数的总和是相等的，并保持电中性。

三、体液中水与电解质的交换

（1）电解质在各部位体液之间的交换　血液与组织液之间隔着毛细血管壁，除蛋白质外，水和小分子溶质均可自由通过，其浓度基本相同，因此通常以血浆电解质代表细胞外液电解质。

溶质在细胞内外交换的主要屏障是细胞膜。细胞膜允许脂溶性物质自由通过，而许多电解质则需经过"通道"进出，这种运动涉及主动转运和被动转运两种不同的机制。前者逆浓度或电荷梯度转运，需要消耗能量；后者则以弥散和渗透等形式顺浓度或电荷、压力梯度进行。

（2）水在各部位体液之间的交换　水可以自由通过体内所有的膜，其运动主要由渗透压和静水压控制。溶液的渗透压取决于溶质的分子或离子的数目。体液内起渗透作用的溶质主要是电解质。细胞外液渗透压的90%~95%来源于单价离子（Na^+、Cl^-和HCO_3^-），剩余的由其他离子、葡萄糖、氨基酸、尿素及蛋白质等构成。血浆蛋白质所产生的渗透压极小，但由于其不能自由通过毛细血管壁，因此对于维持血管内外液体的交换和血容量有十分重要的作用。通常血浆渗透压在280~310mmol/L（280~310mOsm/L）之间，在此范围的称为等渗，低于此范围的称为低渗，高于此范围的称为高渗。维持细胞内渗透压的离子主要是K^+，其次是HPO_4^{2-}。

(3) 水、钠与外环境的交换

1) 水的摄入与排出：体内水的来源有3种。①饮水；②食物中的水；③代谢产生的内生性水。

水的排出途径主要有4条。①经肾脏随尿排出；②经胃肠道随粪排出；③经肺由呼出气排出；④经皮肤由汗排出。

2) 钠的平衡：动物体内钠总量的40%与骨骼的基质结合，是不可交换的；另外50%在细胞外液，10%在细胞内液，是可以交换的。动物体内的钠主要来自食物，排出主要通过肾脏，摄入多，排出也多；摄入少，排出也少。此外，汗液虽为低渗液，但也含少量钠，如大量出汗，也可丢失较多的钠。

四、体液平衡的调节

体液容量及渗透压的相对稳定是通过神经内分泌系统的调节实现的，主要有渗透压调节和容量性调节两方面。

(1) 体液平衡的渗透压调节　血浆渗透压变化主要由渴感及抗利尿激素（ADH）调节，通过下丘脑-垂体-肾小管进行。渗透压感受器主要分布在下丘脑视上核和室旁核。正常渗透压感受器的阈值为280mmol/L（约280mOsm/L），当细胞外液渗透压有1%~2%的变动（如食入盐太多）时，即可刺激渗透压感受器和其侧面的渴觉中枢，影响ADH的释放，并反射性引起渴感，渴感导致饮水以补充水分。而ADH分泌增多可与肾远曲小管、集合上皮细胞管周膜上的V2受体结合，激活细胞内的腺苷酸环化酶，促使cAMP浓度升高，并进一步激活蛋白激酶。蛋白激酶的激活使靠近管腔膜含有水通道的小泡镶嵌在管腔膜上，增加了管腔膜上水通道对水的通透性，从而加强远曲小管和集合管对水的重吸收，减少水的排出。结果使体液容量增加，血浆渗透压趋于正常。反之，若血浆渗透压降低则引起相反的反应，抑制渴感和ADH的释放。非渗透性刺激，即血容量和血压的变化也可通过左心房和胸腔大静脉处的容量感受器及颈动脉窦和主动脉弓的压力感受器影响ADH的分泌，但相比之下，细胞外液容量要有较大幅度的变化才能刺激ADH释放。

(2) 体液平衡的容量性调节　细胞外液容量的变化主要由肾素-血管紧张素-醛固酮系统调节，通过肾对钠、水的重吸收增加，从而使已经减少的体液容量得以恢复。

实验证明，细胞外液容量的变化可以影响机体对渗透压变化的敏感性。许多血容量减少的疾病，其促使ADH分泌的作用远超过血浆晶体渗透压降低对ADH分泌的抑制，说明机体优先维持正常的血容量。

研究表明，心房肽和水通道蛋白也是影响水、钠代谢的重要因素。心房肽或称心房钠尿肽、心房利尿钠肽（ANP），是一组由心房肌细胞产生的多肽，由21~33个氨基酸组成。心房扩张、血容量增加，血钠升高或血管紧张素增多可刺激心房肌细胞合成和释放ANP。ANP对水、钠代谢的主要作用是：①减少肾素的分泌；②抑制醛固酮的分泌；③对抗血管紧张素的缩血管反应；④拮抗醛固酮的保钠作用。因此，体内的ANP系统和肾素-血管紧张素-醛固酮系统从正、反两方面共同调节着水、钠代谢。

水通道蛋白（AQP）是一组构成水通道、与水通透有关的细胞膜转运蛋白，广泛存在于动物、植物及微生物界。目前发现有200余种AQP存在于不同的动物中，其中至少有13个亚型（AQP 0~12）存在于哺乳动物体内，每种AQP都有其特异性的组织分布。AQP1位于红细胞膜上，生理状态下有利于红细胞在渗透压变化的情况下生存，AQP1也位于肾近曲小管亨氏袢降支管腔膜与基膜以及降支直小血管管腔与基膜、对水的运输和通透发挥调节作用。

AQP2 和 AQP3 位于集合管、在肾浓缩尿的机制中起重要作用。当 AQP2 发生缺陷时，将导致尿崩症。拮抗 AQP3 可产生利尿反应。AQP4 位于集合管主细胞基质侧，可能提供水流出通道。目前发现，脑内也有 AQP4 的存在，散 AQP4 基因的小鼠很难发生脑水肿，说明 AQP4 与脑水肿的发生有关。AQP5 主要分布于腺和颌下腺，可能的作用是提供分泌通道。肺泡上皮Ⅰ型细胞上也有 AQP5 的分布，其对肺水肿的发生有一定作用。AQP0 是眼晶状体纤维蛋白的主要成分（占 60%），现认为其水通透的特性是维持晶状体水平衡的机制，改变 AQP0 功能可能会导致晶状体水肿和白内障。AQP6 可能是一种离子通道，除水外，尚可通过 CO、NH_3、NO 等气体。AQP7 位于肾脏和脂肪细胞上，与水和脂肪代谢有关，其表达受肾上腺素的调节。AQP8 主要分布于胰脏和结肠等组织，可能参与胰液的分泌和结肠水的吸收。AQP9 在肝脏和白细胞表达，参与嘌呤的转运。AQP10 分布于小肠。AQP11 分布于睾丸、肾脏和肝脏。AQP12 分布于胰脏。

近年研究认为，ADH 调节集合管重吸收水而浓缩尿的过程与 V2 受体（ADH 的受体）和 AQP2 关系密切。当 ADH 释放入血后，与集合管主细胞管周膜上的 V2 受体结合并通过偶联的 G 蛋白激活腺苷酸环化酶，使细胞内 cAMP 升高，再依次激活 cAMP 依赖的蛋白激酶 A（PKA）。PKA 使主细胞管腔膜下的细胞囊泡中的 AQP2 发生磷酸化，触发含 AQP2 的细胞囊泡向管腔膜转移并融合嵌入管腔膜，导致管腔膜上 AQP2 的密度增加，对水的通透性提高，继而通过胞饮作用将水摄入细胞质，由管周膜上持续活化的 AQP3 或 AQP4 在髓质渗透压梯度的驱使下将水转运到间质，再由直小血管带走，ADH 与 V2 受体解离后，管腔膜上的 AQP2 重新回到细胞囊泡。如果 ADH 水平持续升高，可使 AQP2 基因活化，转录及合成增加，从而提高集合管 AQP2 的绝对数量，有利于水的重吸收。

第二节 水　肿

一、概念

水肿是指等渗性体液在细胞间隙或体腔内积聚过多的病理现象。当大量液体在体腔内积聚时称为积水。积水是水肿的一种特殊表现形式。水肿液主要来自血浆，其相对密度取决于其中蛋白质的含量。相对密度低于 1.018 的水肿液通常称为漏出液；相对密度高于 1.018 时则称为渗出液，常见于局部炎症。漏出液和渗出液均能引起水肿和积水。

二、水肿的基本发生机理及其病理变化

1. 水肿的基本发生机理

正常动物的组织液总量相对恒定，有赖于血管内外液体交换的平衡和体内外液体交换的平衡这两大因素的调节。不管是哪种类型的水肿，其基本发生机理都可归类为这两大因素的失衡。

（1）血管内外液体交换失衡导致组织液的生成多于回流　正常动物组织液是血浆滤过毛细血管壁而形成的。在毛细血管动脉端不断有组织液生成，在静脉端又不断回流，不能回流的部分则由毛细淋巴管汇集，再进入血液循环。毛细血管有效滤过压 =（毛细血管血压 + 组织液胶体渗透压）－（血浆胶体渗透压 + 组织静水压）。毛细血管血压、组织液胶体渗透压是促使液体由毛细血管内向血管外滤过（即生成组织液）的力量，而血浆胶体渗透压、组织液静水压是将液体从血管外重吸收入毛细血管内（即重吸收）的力量。有效滤过压 = 滤过的力量 - 重吸收的力量。其差值为正，则促进液体滤出；差值为负，促进液体进入血液。引起组织液生

成增多的原因有毛细血管流体静压升高、有效胶体渗透压降低、微血管壁通透性增大和局部淋巴回流受阻。

1）毛细血管流体静压升高：见于毛细血管动脉端血压升高（充血、炎症）和静脉回流受阻（静脉血栓、栓塞、静脉炎、心功能不全、肿瘤压迫静脉等）。

2）有效胶体渗透压降低：有效胶体渗透压＝血浆胶体渗透压－组织液胶体渗透压，是促进组织液回流的力量。血浆胶体渗透压取决于血浆蛋白的含量，在严重营养不良（低蛋白血症）、肝功能不全（白蛋白合成减少）、肾功能不全（白蛋白随尿丢失）时，血浆蛋白含量降低，可使血浆胶体渗透压降低。组织液胶体渗透压升高的因素有微血管壁通透性升高、组织分解加剧等。

3）微血管壁通透性增大：可见于缺氧、酸中毒、炎症、变态反应时。

4）局部淋巴回流受阻：见于淋巴管狭窄、阻塞（如马鼻疽致淋巴管炎）、淋巴管痉挛和淋巴泵丧失功能。

（2）体内外液体交换平衡失调——水钠潴留　正常情况下肾小球的滤过功能与近曲小管的重吸收功能是保持平衡的。当肾小球滤过率下降和（或）肾小管吸收水钠增多，可导致水钠潴留和细胞外液增加，这种现象称为球－管失衡。通常表现为肾小球滤过率降低，肾小管重吸收不变；肾小球滤过率正常，肾小管重吸收增多；肾小球滤过率减少，同时伴有肾小管重吸收增多。

2. 水肿的病理变化

（1）皮下水肿　初期，水肿液与皮下疏松结缔组织中的胶体网状物结合而呈隐性水肿。随后，产生自由液体，显现于组织细胞之间，指压时自由液体向周围扩散并遗留压痕，称为凹陷性水肿。指压外力解除，外观皮肤肿胀，色彩变浅，失去弹性，触之质如面团。切开皮肤有大量浅黄色液体流出，皮下组织呈浅黄色胶冻状。镜检，皮下组织的细胞和纤维间距增大，排列混乱，并呈现各种变性和坏死性变化，如胶原纤维肿胀，甚至崩解、断裂、液化；HE 染色水肿液呈浅红色，均质无结构，有时因蛋白质含量较高而呈细颗粒状的深红色。

（2）肺水肿　外观体积增大，重量增加，质地稍变实，肺胸膜紧张而富有光泽，瘀血区域呈暗红色而使肺表面的色彩不一致，肺间质增宽，肺切面呈暗紫红色，从支气管和细支气管断端流出大量白色或粉红色（伴发出血）的泡沫状液体。镜检，肺泡壁毛细血管扩张，肺泡腔内有大量粉红色的浆液、白细胞，以及少量脱落的肺泡上皮，蛋白质含量也增多，肺间质增宽，结缔组织疏松呈网状，淋巴管扩张。慢性肺水肿，肺泡壁结缔组织增生，甚至发生纤维化。

（3）脑水肿　外观可见软脑膜充血，脑回变宽而扁平，脑沟变浅。脉络丛血管瘀血，脑室扩张，脑脊髓液增多。镜检，软脑膜和脑实质内毛细血管充血，血管周围淋巴间隙扩张，充满水肿液。神经元肿胀，体积变大，细胞质内出现大小不等的水泡，核偏位，严重时可见核浓缩、核溶解甚至核消失，神经元内尼氏体数量明显减少。脑组织疏松，神经元和血管周围因水肿液积聚而使间隙加宽。

（4）浆膜腔积水　胸腔、腹腔、心包腔等发生积水时，水肿液一般为浅黄色透明液体，浆膜小血管和毛细血管扩张充血，浆膜面湿润、有光泽。如果为炎症引起（炎性水肿），水肿液内含有较多蛋白质，并因混有渗出的炎性细胞、纤维蛋白和脱落的间皮细胞而混浊。此时浆膜肿胀、充血或出血，表面常被覆薄层或厚层浅黄色交织呈网状的纤维素。

（5）实质器官水肿　肝脏、心脏、肾脏等实质性器官发生水肿时，器官自身的肿胀比较轻微，眼观病变不明显。镜检，肝脏水肿时，水肿液蓄积在狄氏腔内，肝细胞萎缩与窦状隙缺血；心脏水肿时，水肿液出现于心肌纤维之间，心肌纤维分离，并进一步发生萎缩或变性；肾水肿时，水肿液蓄积在肾小管之间，间隙增大，压迫肾小管，导致肾小管上皮细胞变性并与基底膜分离。

三、对机体的影响

水肿对机体的影响具有两面性。

1. 有利方面

如炎性水肿液可稀释毒素，运送抗体、药物和营养物质到达炎症部位，因而具有一定的抗损伤作用。

2. 不利方面

（1）器官功能障碍　急性发展的重度水肿可引起比慢性水肿严重的功能障碍，如肺水肿、脑水肿、心包积液等。

（2）组织营养障碍　由于水肿组织缺血、缺氧、物质代谢功能发生障碍，可引起组织细胞再生能力减弱，水肿部位的外伤或溃疡往往不易愈合。

第三节　脱　水

一、概念

脱水是指细胞外液容量减少，并出现一系列功能、代谢紊乱的病理过程。

二、类型、原因及特点

根据水和钠丢失的比例和体液渗透压的改变，脱水可分为高渗性脱水、低渗性脱水和等渗性脱水。

1. 高渗性脱水

高渗性脱水指失水多于失钠，细胞外液容量减少，渗透压升高，又称为低血容量性高钠血症。主要由于饮水不足和低渗性体液丢失过多所致。如发生口炎、食管阻塞、破伤风等疾病时，不能饮水或拒绝饮水；动物呕吐、腹泻等疾病可引起大量低渗性消化液丢失，引起高渗性脱水。其主要特征是血浆钠浓度和血浆渗透压均超过正常值的上限，病畜表现口渴、少尿、尿体积质量增加、细胞脱水和皮肤皱缩等。

2. 低渗性脱水

低渗性脱水指失钠多于失水，细胞外液容量和渗透压均降低，又称为低血容量性低钠血症。主要由体液丧失后补液不合理，即单纯补充过量水分引起。如大量出汗、呕吐、腹泻之后，只补充水分或输入葡萄糖溶液，未补充氯化钠。另外，大量钠离子随尿丢失，如长期使用排钠性利尿药物，由于肾单位稀释段对钠的重吸收被抑制，导致钠离子大量随尿丢失。上述情况均可引起低渗性脱水。其主要特征是血清钠浓度及血浆渗透压均低于正常值的下限，病畜无渴感，早期出现多尿和低渗尿，后期发生低血容量休克。

3. 等渗性脱水

等渗性脱水指等比例失水与失钠，细胞外液容量减少，渗透压不变，又称为低容量血症。此型脱水是大量等渗体液丧失所致。如大面积烧伤时，大量血浆成分从创面渗出；大量胸水和腹水形成也可能导致等渗体液丢失；呕吐、腹泻、肠扭转等疾病或病理过程的初期，虽造成低渗性消化液丢失，但通过机体调节也可能引起等渗性脱水。在等渗性脱水的初期，如果处理不当，病畜不断蒸发水分，从而转变为高渗性脱水，机体可出现与高渗性脱水相似的变化；而如果对等渗性脱水的病畜治疗不当，大量补水或输注葡萄糖溶液，则可由等渗性脱水转变为低渗性脱水，甚至发生水中毒。

第四节 水 中 毒

一、概念、原因和机制

1. 概念

水中毒是指低渗性体液在细胞间隙积聚过多，导致稀释性低钠血症，出现脑水肿，并由此产生一系列症状，这个病理过程又称为高容量性低钠血症。其特点是细胞外液容量增多，血钠浓度降低，细胞外液低渗。

2. 原因和机制

引起水中毒的主要原因是机体水排出障碍、水重吸收过多以及补水过多等。水中毒发生的主要环节是组织液容量扩大和渗透压降低。

水中毒多见于抗利尿激素分泌异常增多或肾排水功能降低的病畜摄入过多的水。

（1）肾功能不全 见于急慢性肾功能不全少尿期和严重心力衰竭或肝硬化等。由于肾脏排水功能急剧降低或有效循环血量和肾血流量减少，肾脏排水明显减少，若增加水负荷易引起水中毒。

（2）抗利尿激素分泌异常增多 常见于以下情况：①肾上腺皮质功能低下。由于肾上腺皮质激素分泌减少，对下丘脑分泌抗利尿激素的抑制作用减弱，因而抗利尿激素分泌增多。②抗利尿激素分泌异常增多综合征，包括下丘脑源性抗利尿激素分泌增多（如脑部病变）、非丘脑源性抗利尿激素分泌增多（如恶性肿瘤）。

（3）低渗性脱水后期 由于细胞外液向细胞内转移，可造成细胞内水肿，如果此时输入大量水分就可引起水中毒。

二、对动物机体的影响

发生水中毒时，细胞外液因水过多而被稀释，故血钠浓度降低，渗透压下降，加之肾不能将过多的水及时排出，水向渗透压相对高的细胞内转移而引起细胞水肿。由于细胞内液的容量大于细胞外液的容量，所以潴留的水大部分积聚在细胞内，组织间隙中水潴留不明显，故临床上水肿的症状常不明显。

急性水中毒时，由于脑神经元水肿和颅内压升高，故神经症状出现最早而且突出，如定向失常、嗜睡等；严重者可因发生脑疝而致呼吸、心搏骤停。轻度或慢性水中毒发病缓慢，会出现嗜睡、呕吐及肌肉痉挛等症状。

第五节 钾代谢障碍

一、概念

钾代谢障碍主要是指细胞外液中 K^+ 浓度的异常变化，尤其是血清 K^+ 浓度的变化，包括低钾血症和高钾血症。

二、分类、原因及发病机理

1. 低钾血症

低钾血症是指血清钾浓度低于正常范围。各种动物的正常血钾浓度略有不同；缺钾则是指体内钾总量不足,二者是不同的概念。低钾血症和缺钾可同时发生,也可分别发生。

(1) 钾摄入不足　当动物吞咽困难、长期饥饿、消化吸收障碍等情况下,可引起缺钾。

(2) 钾丢失过多　这是造成动物机体缺钾和低钾血症的主要病因。

1) 经消化道丢失:消化液中富含钾,当因严重的呕吐、腹泻、真胃停滞、肠阻塞等丢失大量消化液时,可发生缺钾。另外,大量消化液丢失引起体液容量减少,还可导致继发性醛固酮分泌增多,促进肾排钾。

2) 经肾丢失:肾脏是排钾的主要器官。肾远曲小管和集合管的上皮细胞一方面可主动分泌钾进入小管液中,另一方面可以通过 Na^+-K^+(或 Na^+-H^+)交换的形式,将 K^+ 交换入管腔中。在醛固酮原发性或继发性分泌增加时(如心力衰竭、肝硬化等),Na^+-K^+ 交换增加,导致肾排钾增加;长期使用利尿剂、渗透性利尿(如输入高渗葡萄糖溶液),随着远曲小管内尿流速加快,导致尿钾增多;镁缺乏常引起低钾血症,这和 Na^+-K^+ATP 酶的功能障碍有关,因 Mg^{2+} 是该酶的激活剂,缺镁时,细胞内 Mg^{2+} 不足而使此酶失活,导致钾重吸收障碍,尿钾增加。

3) 经汗液丢失:汗液中的钾含量为 5~10mmol/L。一些汗腺发达的动物在高温环境中进行重役,可因大量出汗丢失较多的钾,若没有及时补充,可造成低钾血症。

(3) 钾在细胞内外分布异常　钾在细胞内外分布异常指某些原因引起低钾血症,但不引起缺钾,常见的有以下几个方面:

1) 碱中毒:碱中毒时,一方面 H^+ 从细胞内外溢,为维持电荷平衡,伴有细胞外 K^+、Na^+ 进入细胞内,引起血钾浓度降低;另一方面,肾小管上皮细胞 H^+-Na^+ 交换减弱,而 K^+-Na^+ 交换增强,尿钠排出增多。

2) 细胞内合成代谢增强:细胞内糖原和蛋白质合成加强时,K^+ 从细胞外转移进细胞内,从而引起低钾血症。

3) 某些毒物(如棉酚、钡)中毒,可特异性地阻断钾通道,使 K^+ 细胞内外流受阻。

2. 高钾血症

高钾血症是指血清 K^+ 浓度高于正常范围。诊断时应注意排除假性高钾血症。假性高钾血症是因为全血标本处理不当,引起了大量血细胞破坏,细胞内的 K^+ 大量释放入血清而造成的。虽然血样中 K^+ 含量升高,但受测动物血 K^+ 浓度并未真正升高。

(1) 肾脏排钾障碍　肾脏排钾减少是高钾血症的主要原因。

1) 肾衰竭:在急性肾衰竭少尿期和无尿期,或慢性肾功能不全的后期,因肾小球滤过减少或肾小管排钾功能障碍而导致血钾升高。

2) 醛固酮分泌减少:各种遗传性或获得性醛固酮分泌不足均可导致肾远曲小管保钠排钾功能减退,导致钾滞留。

(2) 细胞内 K^+ 外移

1) 溶血和组织坏死:严重创伤、烧伤、挤压综合征、溶血反应时,K^+ 从细胞内释出,超过肾的代偿能力,血钾浓度升高。

2) 组织缺氧:组织缺氧可使 ATP 生成减少,细胞膜 Na^+-K^+ATP 酶功能障碍,不但导致细胞外的 K^+ 不能泵入细胞内,而且可引起细胞内 K^+ 大量外流,引起高钾血症。

3) 酸中毒:酸中毒时可引起细胞外的 H^+ 流入细胞内,使细胞内的 Na^+ 和 K^+ 外移。另一方面,由于肾小管上皮细胞 H^+-Na^+ 交换加强,K^+-Na^+ 交换减少,导致 K^+ 排出减少。

第六节 酸碱平衡紊乱

一、酸中毒的概念、分类、特点及结局

1. 概念

酸中毒可简单地概括为：由于 HCO_3^- 浓度降低或（和）H_2CO_3 浓度升高所引起的酸碱平衡障碍，伴有或不伴有血液 pH 的降低。

2. 分类

酸中毒可分为两类，即代谢性酸中毒和呼吸性酸中毒。

（1）**代谢性酸中毒** 是以血浆 HCO_3^- 浓度原发性减少为特征的病理过程。其在兽医临床上最为常见和重要，主要见于体内固定酸产生过多（如反刍动物瘤胃酸中毒、酮病等）或酸性物质（如大量用氯化铵、水杨酸等）摄入太多、碱性物质丧失过多（如肠液丢失等）或酸性物质排出减少（如急、慢性肾功能不全等）。

（2）**呼吸性酸中毒** 是以血浆 H_2CO_3 浓度原发性升高为特征的病理过程。其在兽医临床上也比较多见，主要见于 CO_2 排出障碍（如肺病变、呼吸肌麻痹等）和 CO_2 吸入过多。

3. 特点

（1）**代谢性酸中毒的特点** 血浆 $NaHCO_3$ 含量原发性减少，二氧化碳结合力（血浆中呈化学结合状态的 CO_2 的量，即血浆 $NaHCO_3$ 中的 CO_2 含量，CO_2 C.P.）降低；动脉血二氧化碳分压（动脉血血浆中溶解的 CO_2 分子所产生的压力，P_{CO_2}）代偿性降低，H_2CO_3 含量代偿性减少；能充分代偿时，pH 可在正常范围内，失代偿后，pH 则低于正常值的下限。

（2）**呼吸性酸中毒的特点** 血浆 H_2CO_3 含量原发性增加，P_{CO_2} 升高；$NaHCO_3$ 含量代偿性增多，CO_2 C.P. 代偿性升高；能充分代偿时，pH 可在正常范围内，失代偿后，pH 则低于正常值的下限。

4. 结局

（1）代谢性酸中毒

1）对中枢神经系统的影响：酸中毒尤其是发生失代偿性酸中毒时，由于神经元能量代谢障碍和抑制性神经介质 γ-氨基丁酸含量增多，可使中枢神经系统功能抑制，动物表现为精神沉郁、感觉迟钝，甚至昏迷。

2）对心血管系统功能的影响：

① 酸中毒产生的大量 H^+ 可竞争性地抑制 Ca^{2+} 与肌钙蛋白结合，同时也影响 Ca^{2+} 内流和心肌细胞内肌质网释放 Ca^{2+}，抑制心肌兴奋-收缩偶联，使心肌收缩力降低，心输出量减少，容易引起急性心功能不全。

② 酸中毒常伴发高钾血症。血清 K^+ 浓度升高可使心脏传导阻滞，引起心室颤动、心律失常，发生急性心功能不全。

③ 血浆 H^+ 浓度升高，可使小动脉、微动脉、后微动脉、毛细血管前括约肌对儿茶酚胺的敏感性降低，而微静脉、小静脉仍保持对儿茶酚胺的反应性（可能与微静脉、小静脉正常时即处于一种微酸环境中有关），故毛细血管"前门开放、后门关闭"，血容量扩大，而回心血量显著减少，严重时可引发低血容量性休克。

3）对骨骼系统的影响：慢性肾功能不全时可伴发慢性代谢性酸中毒。由于骨内磷酸钙不断释放入血以缓冲 H^+，故对骨骼系统的正常发育和机能都造成严重影响，可引起幼年动物生

长迟缓和佝偻病，可导致成年动物患骨软化症。

(2) 呼吸性酸中毒

1) 对中枢神经系统的影响：呼吸性酸中毒时高浓度的 CO_2 能直接引起脑血管扩张、颅腔内压升高。此外，CO_2 分子为脂溶性的，能自由通过血-脑屏障；而 $NaHCO_3$ 是水溶性的，不容易通过血-脑屏障，故脑脊髓液 pH 降低较之血浆更加明显。因此，呼吸性酸中毒引起的脑功能紊乱比代谢性酸中毒时更为严重，有时可因呼吸中枢、心血管运动中枢麻痹而使动物死亡。

2) 对心血管系统的影响：由于 H^+ 浓度升高和高钾血症，可引起心肌收缩力减弱、末梢血管扩张、血压下降以及心律失常。

二、碱中毒的概念、分类、特点及结局

1. 概念

碱中毒可简单概况为：由于 HCO_3^- 浓度升高或（和）H_2CO_3 浓度降低所引起的酸碱平衡障碍，伴有或不伴有血液 pH 的升高。

2. 分类

碱中毒可分为两类，即代谢性碱中毒和呼吸性碱中毒。

（1）代谢性碱中毒 是以血浆 HCO_3^- 浓度原发性升高为特征的病理过程。主要见于严重呕吐、高位肠梗阻、低钾血症等情况。

（2）呼吸性碱中毒 是以血浆 H_2CO_3 浓度原发性降低为特征的病理过程。主要见于呼吸中枢受刺激、环境缺氧（如高原地区）等情况，可因通气过度而发生。

3. 特点

（1）代谢性碱中毒的主要特点 血浆中 $NaHCO_3$ 含量原发性增多，$CO_2C.P.$ 升高；P_{CO_2} 代偿性升高，H_2CO_3 含量代偿性增多；能充分代偿时，pH 可在正常范围内，失代偿后，pH 则高于正常值的上限。

（2）呼吸性碱中毒的主要特点 血浆中 H_2CO_3 含量原发性减少，P_{CO_2} 降低；$NaHCO_3$ 含量代偿性减少，$CO_2C.P.$ 代偿性降低；能充分代偿时，pH 可在正常范围内，失代偿后，pH 则高于正常值的上限。

4. 碱中毒对机体的影响及结局

（1）代谢性碱中毒

1) 对中枢神经系统的影响：碱中毒尤其是失代偿性碱中毒时，由于血浆 pH 升高，引起脑组织中 γ-氨基丁酸转氨酶的活性升高，具有抑制性作用的 γ-氨基丁酸分解代谢加强、脑内含量减少，故对中枢神经系统的抑制性作用减弱，病畜呈现骚动、兴奋等症状。

2) 对血液离子的影响：代谢性碱中毒时，血浆 K^+、Cl^-、Ca^{2+} 浓度降低，可引起神经肌肉组织的兴奋性升高，病畜出现肢体肌肉抽搐、反射活动亢进，甚至发生痉挛。

（2）呼吸性碱中毒 严重的 P_{CO_2} 降低可引起脑血管收缩和脑血流量减少，因此重症中毒可引起脑组织缺氧，病畜可由兴奋状态转化为萎靡不振、精神沉郁，甚至昏迷。

三、混合性酸碱平衡紊乱的概念及特点

在兽医临床中，除了上述 4 种单纯性的酸碱平衡紊乱外，有时两种以上的酸碱中毒可能在一个动物个体上同时并存或相继发生，称为混合型酸碱平衡紊乱。

混合型酸碱平衡紊乱可分为两类，即酸碱一致型和酸碱混合型。

（1）酸碱一致型 酸中毒、碱中毒在同一动物个体上不交叉发生。

1）呼吸性酸中毒合并代谢性酸中毒：常见于通气障碍引起的呼吸机能不全时。如脑炎、延脑损伤等，CO_2 在体内滞留导致呼吸性酸中毒，而缺氧又可引起代谢性酸中毒。除具有单纯性呼吸性酸中毒或单纯性代谢性酸中毒的特点外，其最显著的特点是动物血浆 pH 明显下降。

2）呼吸性碱中毒合并代谢性碱中毒：主要见于带有呕吐的热性传染病。如犬瘟热，部分病犬剧烈呕吐并伴有高热，高热造成过度通气引起呼吸性碱中毒，呕吐导致胃酸丢失引起代谢性碱中毒。其最明显的特点是血浆 pH 显著升高，另伴有单纯性呼吸性碱中毒或单纯性代谢性碱中毒的特点。

（2）酸碱混合型　酸中毒、碱中毒在同一动物个体上交叉发生。

1）代谢性酸中毒合并呼吸性碱中毒：见于动物发生高热、通气过度又合并发生肾病或腹泻。如严重肾功能不全又伴发高热时，可在原代谢性酸中毒的基础上因过度通气而合并发生呼吸性碱中毒。其显著特点是血浆 pH 变化不大。

2）代谢性酸中毒合并代谢性碱中毒：见于动物发生肾炎、尿毒症又伴发呕吐时。如尿毒症又有呕吐，在原代谢性酸中毒基础上因胃酸大量丧失而引发代谢性碱中毒。其显著点是血浆 pH 改变不明显。

此外，尚有三重性、四重性酸碱障碍等。

第七章 缺氧

第一节　概　述

一、缺氧的概念

缺氧指动物机体组织细胞由于供氧不足或用氧发生障碍，导致机体相应的功能、代谢和形态结构改变的一系列病理过程。缺氧是许多疾病中引起动物死亡的直接原因。

二、缺氧的类型、原因及主要特点

根据缺氧的原因，可分为低张性缺氧、血液性缺氧、循环性缺氧、组织性缺氧，它们的血气变化特点见表 5-7-1。

表 5-7-1　各型缺氧的血气变化特点

项目	低张性缺氧	血液性缺氧	循环性缺氧	组织性缺氧
血氧分压	↓	→	→	→
血氧含量	↓	↓	→	→
血氧容量	→或↑	↓	→	→
血氧饱和度	↓	→	→	→
动静脉血氧差	↓或→	↓	↑	↓

注：↓代表降低；↑代表升高；→代表正常。

1. 低张性缺氧

由于肺泡血氧分压（P_{O_2}）降低，或静脉血分流入动脉，血液从肺摄取的氧减少，导致动脉血氧含量减少，血氧分压降低，最终引起缺氧。其原因主要有：①空气中氧分压降低，如畜舍饲养密度过大或通风不良时可能发生；②通气或换气障碍，如呼吸中枢抑制、呼吸肌麻痹、呼吸道阻塞、肺部疾患、胸腔疾患等导致缺氧；③静脉血分流入动脉，如先天性心脏病卵圆孔闭锁不全、室间隔缺损等，可导致心动脉血分压降低，引起缺氧。

其血气变化的特点为动脉血的血氧分压、血氧饱和度及血氧含量降低。血氧容量可表现为正常或升高，急性低张性缺氧时，血红蛋白（Hb）无明显变化，血氧容量一般正常；如果由于慢性缺氧，使单位容积血液内红细胞数和血红蛋白量增多，血氧容量增加。动静脉血氧差（动脉血氧含量与静脉血氧含量之差）降低，也可能正常。

2. 血液性缺氧

血液中血红蛋白量减少，或血红蛋白变性，携氧能力降低，使动脉血氧含量低于正常或血红蛋白结合的氧不易释出引起组织缺氧。其原因主要有以下几种：

（1）贫血 如大失血或各型贫血，单位容积血液中红细胞及血红蛋白含量降低，虽然血氧分压和血氧饱和度正常，但血氧容量降低，使血氧含量低于正常，导致组织缺氧。

（2）一氧化碳中毒 当一氧化碳在血液中与血红蛋白结合成碳氧血红蛋白（HbCO）时（呈现樱桃红色），血红蛋白丧失了携带氧的功能，从而导致缺氧的发生。

（3）高铁血红蛋白血症 血红蛋白含有的二价铁（Fe^{2+}）变为三价铁（Fe^{3+}），失去了携氧能力，导致组织缺氧，如亚硝酸盐、过氯酸盐、苯胺、磺胺类中毒等。

其血气变化的特点为血氧分压、血氧饱和度正常；血氧含量、血氧容量和动静脉血氧差均降低。

3. 循环性缺氧

由于循环障碍、动脉血供应不足或静脉血液回流障碍使组织血流量减少而引起缺氧，又称低动力性缺氧、低血流性缺氧、缺血性缺氧、瘀血性缺氧。循环性缺氧可以是全身性的，如休克、心功能不全时的全身缺氧；也可以是局部的，如局部血管痉挛、瘀血、血栓形成、栓塞等引起的局部缺氧。其原因主要有以下几种：

（1）血管狭窄或阻塞 可见于血管栓塞、受压、血管病变，如动脉粥样硬化或脉管炎与血栓形成等。

（2）心力衰竭 由于心输出量减少和静脉血回流受阻，引起组织瘀血和缺氧。

（3）休克 由于微循环缺血、瘀血和微血栓形成，动脉血灌流急剧减少，而引起缺氧。

其血气变化的特点为：当循环性缺氧时，如果未累及肺血流，动脉血氧分压、血氧饱和度、血氧含量和血氧容量均正常；动静脉血氧差升高。

4. 组织性缺氧

在组织供氧正常的情况下，因组织细胞利用氧异常所引起的缺氧称为组织性缺氧。其主要原因有以下几种：

（1）组织中毒和某些维生素缺乏 如氰化物、硫化氢、磷等引起的组织中毒性缺氧。

（2）组织水肿 组织液和细胞内液异常增多，使气体弥散距离增大，引起内呼吸障碍。

（3）线粒体损伤 组织细胞被大量放射线照射、细菌毒素、严重缺氧、热射病、钙超载、尿毒症等许多因素都可损伤线粒体，使细胞生物氧化发生严重障碍。

单纯组织性缺氧时，其血气变化的特点为动脉血氧分压、血氧含量、血氧容量和血氧饱和度均正常；由于组织利用氧障碍，静脉血氧含量和血氧分压高于正常，所以动静脉血氧差降低。

第二节 缺氧的病理变化

一、细胞和组织的变化

缺氧时，细胞的反应是机体功能、代谢变化的基础。细胞对缺氧的反应包括适应性反应和损伤性反应。在轻、中度慢性缺氧时，细胞内线粒体数量增加，其中的氧化还原酶活性增强，可增加组织利用氧的能力。慢性缺氧会造成肌肉中肌红蛋白的含量增加，可使肌肉贮存较多的氧，以补偿组织中氧含量的不足。严重缺氧时，促使糖酵解过程加强，弥补能量的不足。

而细胞损伤性变化主要表现在几个方面：①细胞膜损伤。缺氧时 ATP 减少，细胞膜对离子通透性增加，使得膜电位下降。②线粒体损伤。当重度缺氧时，线粒体内氧化过程出现障碍，线粒体变性、肿胀、嵴断裂崩解等，使得细胞代谢紊乱。③溶菌酶损伤。严重缺氧时细胞酸中毒可使得溶酶体膜通透性增强，释放出大量水解酶破坏细胞，导致细胞变性坏死。

二、呼吸系统的变化

（1）急性低张性缺氧　氧分压下降，呼吸中枢兴奋性增强，呼吸加深加快，从而使肺泡通气量增加，肺泡气氧分压升高，氧分压，也随之升高。胸廓运动的增强使胸腔负压增强，促进静脉血回流，回心血量增多，从而有利于氧的摄取和运输。

（2）血液性缺氧和组织性缺氧　因氧分压不降低，故呼吸运动一般不增强；循环性缺氧若累及肺循环（如心力衰竭引起肺瘀血和肺水肿时），可使呼吸加快。

（3）低张性缺氧　如氧分压显著下降（降到 3.90kPa 以下），对呼吸中枢产生显著的抑制和损害作用，此时病畜表现为呼吸减慢、变浅，节律异常，可出现周期性呼吸甚至呼吸停止。

三、循环系统的变化

1. 一般性缺氧对循环系统的影响

1）心输出量增加：缺氧作为一种应激原，可引起交感神经兴奋，致使心率加快、心肌收缩力增强以及静脉回流量增加，导致回心血量增加和心输出量增多。

2）血流量分布改变：缺氧时各器官血流量发生重新分布，其中心脏、脑血流量增加，而皮肤及腹腔内脏的血流量减少，这种变化具有重要的代偿意义。其发生机理主要与不同器官血管平滑肌上的受体分布及血管活性物质有关。例如，皮肤、腹腔内脏的血管平滑肌含丰富的 α 受体，交感神经兴奋时可引起强烈的血管收缩、血流减少；而脑血管含 α 受体少；心脏的冠状动脉同时含有 α 受体和 β 受体，但缺氧产生的腺苷、乳酸等具有显著的扩血管效应。因此，缺氧时冠状动脉和脑血管扩张，血流量增加。

3）肺血管收缩：肺血管在缺氧部位出现明显的收缩反应，其他部位的血流量代偿性升高。这有利于维持全肺泡通气量与血流量的正常比值。故肺血管收缩在缺氧时有一定的代偿意义。其发生机理尚不完全清楚。

4）毛细血管增生：长期缺氧可诱导血管内皮生长因子基因的表达，促使毛细血管增生，尤其是心脏、脑和骨骼肌的毛细血管增生更明显，以增加对细胞的供氧量，具有一定的代偿意义。

2. 严重缺氧时对循环系统的影响

严重缺氧可引起循环系统的损伤，表现为心脏功能紊乱、肺动脉高压、静脉回心血量减少等。

1）心脏功能紊乱：严重的缺氧可直接抑制心血管运动中枢，引起心肌能量代谢障碍，心肌发生变性、坏死，使心肌收缩力减弱，心率减慢，进而导致心输出量降低。

2）肺动脉高压：严重的缺氧引起肺血管收缩、肺动脉高压。肺动脉高压增加了右心室射血阻力，导致右心室扩张、肥大，甚至发生心力衰竭。

3）静脉回心血量减少：脑严重缺氧时，呼吸中枢的抑制使胸廓运动减弱，导致静脉血回流受阻。严重而持久的缺氧，体内乳酸、腺苷等代谢产物增多，可直接刺激外周血管发生舒张，大量血液淤积在外周血管内，造成回心血量减少、心输出量降低。

四、中枢神经系统的变化

脑是机体对氧依赖性最强的器官之一，其耗氧量占机体总耗氧量的 20%~30%。脑组织的能量主要来源于葡萄糖的有氧氧化，因此脑对缺氧极为敏感。比较严重的缺氧都会造成脑组织不同程度的功能和结构的损伤，形态学变化主要是脑细胞水肿、坏死及脑间质水肿。

五、缺血后再灌注损伤

遭受一定时间缺血的组织细胞再灌注后，组织损伤程度迅速增加。此时，再灌注血液后有大量 Ca^{2+} 内流，并生成大量氧自由基，导致广泛组织细胞损伤。临床上多种疾病，如迟发性神经元坏死、不可逆性休克、心肌梗死、急性脏器功能衰竭及器官移植排斥反应等的发生、发展都与缺血后再灌注有关。

第八章 发热

第一节　概　述

一、发热的概念和原因

1. 概念

发热是指恒温动物在致热原的作用下，体温调节中枢的调定点上移，机体产热增加，散热减少，而引起的调节性体温升高（高于正常值 0.5℃），并伴有机体各系统器官功能和代谢的改变。

2. 原因

发热激活物的存在是引起发热的原因。发热激活物是指能刺激机体产生和释放内生性致热原的物质。根据激活物的来源可将其分为两类。

（1）传染性发热激活物　各种病原微生物侵入机体后，在引起相应病变的同时所伴随的发热称为传染性发热。引起传染性发热的激活物有以下几种：

1）革兰氏阴性菌及其内毒素：革兰氏阴性菌包括大肠杆菌（大肠埃希菌）、沙门菌、耶尔森菌、巴氏杆菌等。其细胞壁含有内毒素，活性成分为脂多糖，是具有代表性的细菌致热原。

临床上输液或输血引起的发热反应，多因污染内毒素所致。

2）革兰氏阳性菌及其外毒素：革兰氏阳性菌包括链球菌、葡萄球菌、猪丹毒杆菌、结核分枝杆菌等。这类细菌除了全菌体具有致热作用外，有些代谢产物（如外毒素）也是重要的致热物质，如 A 群溶血性链球菌产生的致热外毒素等。

3）病毒：常见的有流感病毒、猪瘟病毒、猪传染性胃肠炎病毒、犬细小病病毒等，其发热激活作用可能与全病毒以及病毒的血凝素等有关。

4）其他：螺旋体（如疏螺旋体、钩端螺旋体的全菌体及菌体所含的溶血素等）、真菌（如白色念珠菌的全菌体及菌体所含的荚膜多糖等）、原虫（如球虫、弓形虫的代谢细胞及红细胞裂解产物等）也能引起机体发热。

（2）非传染性发热激活物　由病原微生物以外的各种致热物质引起的发热，均属于非传染性发热。引起非传染性发热的激活物有以下几种：

1）无菌性炎症：非传染性致炎刺激物如尿酸盐结晶、硅酸盐结晶，以及其他物理学或机械性刺激引起组织坏死产生的组织蛋白的分解产物，均可引起发热。

2）抗原-抗体复合物：超敏反应和自身免疫反应过程中形成的抗原-抗体复合物，或其引起的组织细胞坏死和炎症产物，也可引起发热。

3）肿瘤：某些恶性肿瘤，如恶性淋巴瘤、肉瘤等常伴有发热，主要因为肿瘤细胞可产生和释放内生性致热原。

二、致热原的概念及分类

致热原是指引起发热的物质。致热原有外生性和内生性两类。外生性致热原包括细菌的毒素，以及病毒、立克次体和疟原虫等产生的致热原。内生性致热原是由中性粒细胞、单核巨噬细胞和嗜酸性粒细胞释放的致热原。以下重点介绍内生性致热原。

1. 内生性致热原

各种发热激活物作用于机体的产致热原细胞（如单核细胞、巨噬细胞、血管内皮细胞、免疫细胞等），使其产生和释放的能引起恒温动物体温升高的物质，称为内生性致热原（EP）。EP 在细胞内合成后，随即释放入血，并通过血液循环进入体温调节中枢，引起发热。

2. 内生性致热原的分类

EP 都属于细胞因子，包括白细胞介素 1（IL-1）、白细胞介素 6（IL-6）、干扰素、肿瘤坏死因子等。随着研究工作的不断深入，新的 EP 还在不断被发现。

（1）IL-1　IL-1 是由单核巨噬细胞系统的细胞和树突状细胞、成纤维细胞、血管内皮细胞等产生的多肽。

（2）肿瘤坏死因子（TNF）　包括由单核巨噬细胞产生的 TNF-α，以及由抗原或有丝分裂原激活的 T 淋巴细胞产生的 TNF-β。TNF 还能诱导单核细胞产生 IL-1。

（3）干扰素（IFN）　包括由白细胞、成纤维细胞、病毒感染的细胞产生的 IFN-α/β（也称Ⅰ型 IFN），以及由活化的 T 淋巴细胞、NK 细胞产生的 IFN-γ（也称Ⅱ型 IFN）。

（4）IL-6　由 T 淋巴细胞和巨噬细胞、成纤维细胞等产生。

（5）巨噬细胞炎症蛋白 1（MIP-1）　淋巴细胞、单核细胞、成纤维细胞、平滑肌细胞、内皮细胞等受细菌脂多糖、IL-1 和 TNF 诱导后产生。

此外，白细胞介素 2（IL-2）、白细胞介素 8（IL-8）、白细胞介素 11（IL-11）、内皮素等也与发热有关。

第二节 发热的经过

一、发热的分期及其特点

发热过程可分为 3 个阶段，即体温上升期、高温持续期和体温下降期。

1. 体温上升期

体温上升期是发热的初期。特点是产热大于散热，热量在体内蓄积，体温上升。体温上升的速度与疾病性质、致热原数量及机体的功能状态等有关。如患高致病性禽流感、猪瘟、猪丹毒等疾病时动物体温升高较快，而患马鼻疽、结核病、布鲁氏菌病时体温上升较慢。临床表现为患病动物呈现兴奋不安、食欲减退、脉搏加快、皮温降低、畏寒战栗、被毛竖立等。

2. 高温持续期

特点是产热与散热在新的高水平上保持相对平衡。病情不同，高温持续时间长短不一，如患流行性感冒、牛传染性胸膜肺炎时，高热期可持续数天；而猫泛白细胞减少征的高热期可能仅为数小时。

临床表现为患病动物呼吸、脉搏加快，可视黏膜充血、潮红，皮肤温度升高，尿量减少，有时开始排汗（犬、猫和禽类不出汗）。

3. 体温下降期

此时发热激活物、EP、正调节介质被机体消除，加之负调节介质的作用，使体温调节中枢的调节点逐渐恢复。特点是散热大于产热，体温下降。体温下降的速度可因病情不同而异。体温迅速下降为骤退，体温缓慢下降为渐退。体温下降过快，有时可引起急性循环衰竭而造成严重后果，往往是预后不良的先兆。

临床表现为患病动物体表血管舒张，排汗显著增多，尿量也增加。

二、热型

热型是指疾病过程中将不同时间测得的体温值标在体温单上，所连接起来的具特征性的体温动态变化曲线。

临床上根据动物体温的升降程度、速度和持续时间，可将热型分为以下几种：

1. 稽留热

此型的特点：高热持续数天不退，其昼夜温差不超过 1℃，见于急性型猪瘟、急性型猪丹毒、急性型猪附红细胞体病、急性型羊支原体性肺炎、犊牛副伤寒、牛恶性卡他热、马传染性胸膜肺炎、犬瘟热等。

2. 弛张热

此型的特点：体温升高后，其昼夜温差超过 1℃ 以上，但体温不降至正常，见于牛结核病、支气管炎、败血症等。

3. 间歇热

此型的特点：发热期与无热期有规律地交替，即高热持续一定时间后，体温降至常温，间歇较短时间而后再升高，如此有规律地交替出现，见于猫淋巴白血病、牛焦虫（梨形虫）病、马传染性贫血等。

4. 回归热

此型的特点与间歇热相似，但无热期的间歇较长，其持续时间与发热时间大致相等，见于亚急性和慢性马传染性贫血。

5. 消耗热

消耗热又称衰竭热，此型的特点：长期发热，昼夜温差变动较大，可达 3~5℃，见于慢性或严重的消耗性疾病，如重症结核、脓毒症等。

6. 短时热

此型的特点：短时间发热，可持续 1~2h 或 1~2d，见于分娩后、牛轻度消化障碍、鼻疽菌素及结核菌素反应等。

7. 波状热

此型的特点是动物体温上升到一定高度，数天后又逐渐下降到正常水平，持续数天后又逐渐升高，如此反复发作。可见于布鲁氏菌病等。

8. 不规则热

此型特点是发热曲线无规律。可见于牛结核、支气管肺炎、仔猪副伤寒、渗出性胸膜炎等。

三、发热对机体的影响

1. 发热对代谢的影响

发热常伴有物质代谢加快、基础代谢率提高，一般体温每升高 1℃，基础代谢率提高 13%，所以发热时物质代谢加快，物质消耗明显增多。发热时机体物质代谢的变化特点是通过寒战和代谢率的提高使三大营养素分解加强，这是体温升高的物质基础。临床上如果动物持久发热，营养物质得不到相应的补充，一方面由于物质代谢加快，消耗增多；另一方面发热时消化吸收功能障碍，机体营养物质摄入不足，都会导致动物消瘦和体重下降。

（1）糖代谢　发热时交感神经兴奋，甲状腺素和肾上腺素分泌增多，使肝糖原和肌糖原分解加强，血糖升高（体温急剧上升时明显），糖原储备减少。发热时由于产热的需要，能量消耗大大增加，因而对糖的需求增多，糖的分解代谢加强，尤其在寒战期糖的消耗更大。发热时由于糖的分解代谢加强和耗氧量增加，会造成机体氧供给相对不足，有氧氧化障碍，而糖无氧酵解过程加强，结果是血液和组织内乳酸增多。

（2）脂肪代谢　发热时由于糖原储备减少或耗尽，再加上交感-肾上腺髓质系统兴奋性升高，脂解激素分泌增加，脂肪分解代谢明显加强，脂库中的脂肪大量消耗，机体消瘦，血液中脂肪及脂肪酸含量增加（脂血症），如果脂肪分解加强伴有氧化不全，酮体生成增多，则出现酮血症及酮尿症。

（3）蛋白质代谢　发热时，随着糖和脂肪的分解加强，蛋白质分解也增强，感染性发热时尤为显著。发热时，首先肝脏和其他实质器官的组织蛋白分解加强，其次肌蛋白分解，血浆蛋白也减少。由于蛋白质分解加强，血中非蛋白氮增多，并随尿排出增多；加之动物消化机能紊乱，蛋白质的消化和吸收减少，导致负氮平衡。长期或反复发热，由于蛋白质消耗过多和摄入不足，可致蛋白质性营养不良，实质器官及肌肉出现萎缩、变性，以至机体衰竭。

（4）水盐代谢　高热持续期，皮肤和呼吸道水分蒸发增加，体温下降期尿增多和大量出汗，体内潴留的水和钠大量排出，严重时可导致动物脱水。此外，发热时，因组织分解加强，血液和尿中钾含量增多，磷酸盐的生成和排出增多，长期发热可导致缺钾。发热时由于氧化不全产物如乳酸、脂肪酸和酮体等增多，可引起代谢性酸中毒。

（5）维生素代谢　长期发热时，由于参与酶系统组成的维生素消耗过多，加之摄入不足，故常发生维生素缺乏，特别是 B 族维生素及维生素 C。

2. 发热对机体功能的影响

（1）中枢神经系统功能变化　发热初期，中枢神经系统兴奋性增强，动物出现兴奋不安的临床症状。高热持续期，由于高温血液及有毒产物的作用，中枢神经系统呈现抑制状态。体温上升期和高热持续期，交感神经系统兴奋性增强；退热期，副交感神经系统兴奋性相对增强。

（2）循环系统功能变化　在体温上升期和高热持续期，由于交感肾上腺髓质系统活动增强及高温血液作用于心血管中枢和心脏的窦房结，引起心率加快（体温每上升1℃，心率约增加18次，幼年动物增加得更快），心肌收缩力加强，心输出量增多，血液循环加速，血压略升高；但在严重中毒、心肌及其传导系统受损、迷走神经中枢受到刺激或脑干发生损伤时，体温升高不仅不伴有心率加快，反而心率变慢。体温下降期，因副交感神经系统兴奋性相对增强，随着体温下降，心率逐渐减慢、减弱；加之外周血管舒张及大量排汗和排尿，可引起循环血量减少和血压略降。如果血管过度舒张和循环血量明显减少，会引起血压明显下降，可导致休克，多预后不良。

（3）呼吸系统功能变化　发热时，由于高温血液和酸性代谢产物蓄积，刺激呼吸中枢，引起呼吸加深加快。这不但有利于散热，而且可增加氧的吸入，但随着时间的延长，可能导致呼吸性碱中毒。持续的体温升高可因大脑皮层和呼吸中枢的抑制，出现呼吸浅表甚至周期性呼吸。

（4）消化系统功能变化　发热时，交感神经系统兴奋性增强，消化液分泌减少，胃肠蠕动减慢，消化吸收功能降低，肠内容物发酵和腐败，引起食欲减退或废绝，胃肠臌气，甚至自体中毒。胰液及胆汁合成和分泌不足，导致蛋白质和脂类消化不良。

（5）泌尿系统功能变化　在体温上升期和高热持续期，由于交感神经系统兴奋，肾小球入球动脉收缩，肾小球的血流量减少，尿量减少。长期发热，由于肾小管上皮细胞受到损伤，使得水、钠和毒性代谢产物在体内潴留，引起机体中毒，同时出现蛋白尿。在体温下降期，肾小球血管扩张，肾小球血流量增加，尿量增加。

（6）免疫系统功能变化　发热时动物的免疫系统功能增强。因为内生性致热原本身是一些免疫调控因子，如IL-1、IL-6可刺激淋巴细胞分化增殖；IFN能增强NK细胞与吞噬细胞的活性；TNF可增强吞噬细胞的活性，促进B淋巴细胞的分化。此外，发热还可促进白细胞向感染局部趋化和浸润。因此，发热可提高动物的抗感染能力，如蜥蜴或金鱼感染嗜水性产气单胞菌，体温升高者生存率较高。但持续高热也可能造成免疫系统的功能紊乱，发热过程中产生的各种细胞因子具有复杂的网络关系，过度激活这些细胞因子将使其平衡关系紊乱。

四、发热的生物学意义

发热具有双重性，在某些病理过程中，发热使机体单核巨噬细胞系统的吞噬功能增强、淋巴细胞转化率提高、抗体生成加快、肝脏解毒功能增强等，有助于机体对致病因素（特别是病原微生物）的抵抗。发热还可使血流加速，使白细胞快速到达感染部位，加快机体内毒素的排出。因此，发热可视为机体对致病因素的一种防御适应性反应。

但在某些病理情况下，当体温过高或持续发热时，由于体内物质分解代谢增强，营养物质消耗过多，加之摄入不足及酸性代谢产物蓄积或酸中毒，各器官系统功能障碍，特别是各实质器官呈现营养不良性变化，可使机体消瘦和抗病能力降低，甚至威胁生命，因此必须及时处理。

第九章 应激与疾病

第一节 概述

一、应激的概念

应激又称应激反应，指机体在受到足够强烈的内外环境因素刺激时产生的非特异性全身性反应。该反应除了表现与刺激因素（如温度、毒物等）相一致的特异性变化（如冻伤、烫伤及中毒等）外，还突出表现一系列与刺激因素本身无直接关系的非特异性全身反应，即以蓝斑-交感-肾上腺髓质系统和下丘脑-垂体-肾上腺皮质系统兴奋为主的神经体液反应及一系列相关蛋白（如热休克蛋白）表达上调的细胞分子反应，由此导致机体的功能及代谢的改变（如心跳加快、血压及血糖升高等）。

二、应激原

能够引起应激反应的刺激因素统称为应激原。应激原种类繁多，来源广泛，既包括各种内外环境的客观因素，也涉及精神、情绪和社会层面的心理因素。

1. 客观因素

来源于内外环境的多种刺激因素是引发动物应激的重要原因，又可以分为外环境因素和内环境因素。

（1）外环境因素　常见外环境因素包括各种物理、化学性因素，如过冷、过热、噪声、射线、强酸、强碱、化学毒物等；生物性因素，如细菌、病毒、真菌等各种病原微生物及寄生虫等；机械性因素，如各种外力造成的机械性损伤，如骨折、挤压等；各种不科学的饲养管理或屠宰运输等其他因素，如饲养密度过大引起拥挤、长途运输、免疫接种、断角、去势、饲料更换等。

（2）内环境因素　主要指机体稳态（包括生理功能及状态）失衡，如贫血、失血、脱水、缺氧、休克和器官功能衰竭等。

内外环境刺激因素都是客观存在的作用于动物机体的应激原，因此也称为躯体性应激原。

2. 心理因素

随着时代的发展和社会节奏的加快，各种心理、社会因素也成为当今人类及动物应激的一类不可忽视的重要因素。这类因素来自大脑主观的思维和情绪（如警觉、紧张、恐惧和焦虑等），又称为心理性应激原。

心理因素引发应激，常受到客观因素的影响，与外界刺激因素联系紧密。例如，动物在混群、长途运输、去势及疫苗接种中容易出现精神紧张、恐惧等心理性应激。

第二节 应激反应的基本表现

一、应激的分期

1. 警觉期

此期又称紧急动员期，是机体对应激原刺激的快速反应阶段，可快速动员机体的防御保护能力，以利于战斗或逃避。此期的特点是：以交感-肾上腺髓质系统兴奋为主，也伴有肾上腺皮质中糖皮质激素（GC）的分泌增多。此期维持时间较短，如果应激原仍持续存在，则机体会很快进入下一期。

2. 抵抗期

此期又称适应期，是机体对应激原的适应反应阶段，是各种适应能力的延续。此期的特点是：以肾上腺皮质激素分泌增多、GC分泌增多为主，机体代谢率升高，炎症、免疫反应减弱。机体出现交叉抵抗力和反交叉致敏等情况，其中前者为机体对应激原表现出适应性抵抗力增强的现象；后者则因为机体防御储备能力的消耗，出现抵抗力下降的现象。如果机体通过一系列的适应性调整，防御能力得以恢复，应激时出现的病变减轻或消失，则动物趋于正常。反之，如应激原仍存在且持续作用，则进一步发展到衰竭期。

3. 衰竭期

此阶段因有害应激原的持续强烈刺激，机体抵抗力和适应性被最后耗竭。特点：肾上腺皮质激素分泌持续增多，大大降低了GC受体的数量和亲和力，肾上腺功能减低，甚至变性、坏死。该阶段机体内环境严重紊乱，应激相关疾病、器官功能障碍甚至死亡均可能发生。

二、应激时机体的神经内分泌反应

应激原刺激机体后，可以启动中枢和外周神经系统兴奋引发一系列神经内分泌反应，主要包括蓝斑-交感-肾上腺髓质系统（LSAM）和下丘脑-垂体-肾上腺皮质系统（HPA）。

1. 蓝斑-交感-肾上腺髓质系统（LSAM）

LSAM系统中脑桥的蓝斑对应激最敏感，是该系统的主要中枢整合部位，富含有上行纤维和下行纤维的去甲肾上腺素能神经元。应激原作用于机体后，蓝斑整合信息通过上行纤维投射至杏仁体、海马和新皮质等，产生与警觉、兴奋等有关的情绪变化；通过下行纤维主要作用于脊髓侧角、兴奋交感神经和肾上腺髓质，促进肾上腺素和去甲肾上腺素（属于儿茶酚胺，CAs）释放入血，发挥生物学活性。

（1）中枢效应　适度应激时，动物主要表现为兴奋、警觉，有利于机体逃避或战斗，以趋利避害。过度或过强应激则会引起动物紧张、焦虑、烦躁，甚至抑郁，对健康有害。

（2）外周效应　适度应激时，血浆中快速升高的儿茶酚胺通过对血液循环、呼吸及代谢等多个环节进行综合调节，使机体紧急动员，应对应激原的刺激，发挥抗损伤效应。具体表现为：①增强心泵功能：心率加快、心肌收缩力增强、心输出量增大；②调整血液分布：皮肤及腹腔内脏血管收缩，心脏、脑及骨骼肌血管扩张，保障生命攸关器官的血液供应；③改善呼吸功能：支气管扩张、肺通气增强；④增加能源供应：抑制胰岛素分泌、提高胰高血糖素的分泌，升高血糖。此外，适度应激可促进脂肪分解，提高血浆中游离脂肪酸，以满足机体的能量需求。

过强或持久应激导致该系统强烈或持续的兴奋，会对机体造成明显的损伤。具体表现为：心脏损伤，如心肌缺血、心律失常、心功能衰竭等；血液重新分布导致外周器官缺血、缺氧，如胃溃疡；血小板数目增加、黏附聚集性增加，导致血液黏滞度增加，引起血栓形成等。

2. 下丘脑-垂体-肾上腺皮质系统（HPA）

HPA系统的中枢位点位于下丘脑的室旁核（PVN），其上行纤维与杏仁体、海马和边缘皮质具有往返联系，产生与LSAM系统相似的情绪反应，即中枢效应；下行纤维可促进促肾上腺皮质激素释放激素（CRH）分泌增多。CRH是该系统激活的关键环节，可调控腺垂体释放促肾上腺皮质激素（ACTH），最终促进糖皮质激素（GC）的分泌，产生外周效应。

（1）中枢效应　适度应激时，HPA 系统兴奋导致 CRH 分泌增多，可促进机体产生兴奋、愉快的情绪反应，有利于机体对环境的适应。而过强或持久应激导致 CRH 分泌过多或持续增加，则倾向于焦虑、抑郁等不利反应。

（2）外周效应　GC 分泌增多发挥的生物学效应，是应激最重要的反应之一。以往研究已证实，切除双侧肾上腺的动物几乎不能应对任何应激原的刺激，而若保留肾上腺皮质，则动物可以存活较长时间。

1）GC 的生物学效应。①维持血压：通过 GC 的允许作用，维持循环系统对 CAs 的正常反应，即 CAs 对心血管系统的调节作用需要 GC 的存在（而 GC 本身对心血管并无直接作用）；②升高血糖：促进糖原异生和蛋白质及脂肪的分解，对 CAs、胰高血糖素等的脂肪动员也具有允许作用；③稳定溶酶体膜：减少溶酶体酶的释放，保护细胞；④抑制炎症：抑制细胞因子、炎症介质的释放和激活。

2）过强或持久应激导致 GC 的持续增多，则会对机体产生损伤。①抑制免疫、炎症反应，导致免疫防御能力下降。②导致靶细胞对激素产生抵抗，影响动物生长、繁殖性能。例如，GC 能使靶细胞与胰岛素生长因子 I 产生抵抗，影响动物生长。GC 使性腺细胞对促性腺激素释放激素、黄体激素等产生抵抗，影响动物性功能。

此外，两大系统之间也有着丰富的交互联络，LSAM 系统中蓝斑神经元释放的去甲肾上腺素对 CRH 的分泌具有调控作用，因此 LSAM 系统兴奋也可以进一步激活 HPA 系统。

3. 应激时其他激素参与的神经内分泌调节

应激原还会影响其他多种激素分泌，参与调节应激时的神经内分泌反应。

（1）胰岛素与胰高血糖素　应激初期，交感神经兴奋使胰岛素分泌减少、胰高血糖素分泌增多，有利于升高血糖、糖异生及脂肪的动员分解；血糖升高后，又可促进胰岛素的分泌。二者相互作用，维持能量需求和平衡。

（2）抗利尿激素与醛固酮　应激时，抗利尿激素（ADH）的分泌增加，可进一步激活肾素 - 血管紧张素 - 醛固酮系统，促使醛固酮分泌增多，发挥保钠、保水作用，减少尿量，有利于维持机体正常血容量。

（3）β- 内啡肽　应激时，β- 内啡肽分泌增多对应激反应具有重要的负反馈调控作用。β- 内啡肽可抑制 ACTH 和 GC 的分泌，对 HPA 和 LSAM 系统过度兴奋具有抑制作用。此外，感染、创伤等多种应激原刺激机体后，β- 内啡肽还具有镇痛作用。

（4）其他激素　应激时生长激素、促黄体素、甲状腺素和促性腺激素释放激素等也发生不同程度的改变（表 5-9-1）。

表 5-9-1　应激时其他内分泌变化

名称	变化	分泌部位
胰高血糖素	升高	胰岛 α 细胞
胰岛素	降低	胰岛 β 细胞
抗利尿激素（ADH）	升高	下丘脑
醛固酮	升高	交感 - 肾上腺髓质系统
β- 内啡肽	升高	腺垂体
催乳素（PRL）	升高	腺垂体

(续)

名称	变化	分泌部位
促卵泡素（FSH）	降低	腺垂体
促黄体素（LH）	降低	腺垂体
甲状腺素（T_3、T_4）	降低	甲状腺
促甲状腺素（TSH）	降低	腺垂体
促甲状腺激素释放激素（TRH）	降低	下丘脑
促性腺激素释放激素（GnRH）	降低	下丘脑
生长激素（GH）	急性应激时升高，慢性应激时降低	腺垂体

三、应激时的细胞反应

多种应激原作用于机体后，会激活一系列细胞内信号转导和相关基因的转录，进而表达具有保护作用的蛋白质，发挥适应性代偿调节，其中最为经典的就是热休克蛋白（HSP）。

1. HSP 的概念与分类

（1）概念　生物机体在热环境下表现的以基因表达变化为特征的反应，称为热休克反应（HSR）或热激反应。热激反应会诱导一些蛋白质的合成，这些新合成的蛋白质称为 HSP。研究进一步证实并发现除了热应激外，其他的理化、生物性及内环境因素（如放射性、重金属、寒冷、感染、创伤、贫血、缺氧等）也可以诱导机体产生 HSP，因此也称其为应激蛋白（SP）。

（2）分类　HSP 种类繁多，目前主要根据分子量大小进行分类，包括如 HSP110、HSP90、HSP70、HSP60、HSP40 和小分子量 HSP 等多个亚家族。此外，按照 HSP 的产生方式，也可分为组成型和诱导型。如 HSP70 家族就包括组成型和诱导型，并且 HSP70 在正常细胞中表达量低、高度保守、应激状态下升高显著，常被作为应激反应的标志分子。

（3）特点　HSP 是生物体长期进化的结果，具有普遍的生物学意义，其特点包括以下 3 个方面：

1）诱导的非特异性：HSP 可被多种不同性质的应激原诱导产生。

2）存在的广泛性：整个生物界，小到单细胞生物（如细菌、真菌），大到哺乳动物、植物等均有 HSP 存在。

3）高度的保守性：果蝇的 *HSP* 基因与大肠杆菌的 *Dnak* 基因（*HSP*70 基因家族）的核苷酸序列同源性在 50% 以上。白色念珠菌与其他真菌、脊椎动物和植物的 *HSP*90 基因相比，同源性可达 61%~79%。

2. HSP 的功能

HSP 的基本功能是帮助蛋白质正确折叠、转位，帮助受损蛋白质复性、移除和降解等，被形象地称为"分子伴侣"，其功能涉及细胞的结构维持、更新、修复和免疫等诸多方面（表5-9-2）。应激时，应激原的作用导致蛋白质变性，HSP 通过 C- 末末端与新合成或变性蛋白质分子表面的疏水区结合，防止其聚集而失去活性；通过 N- 末端的 ATP 酶活性，帮助蛋白质正确折叠，促进变性蛋白复性，阻止蛋白质聚集；对于损伤严重或无法修复的蛋白质，HSP 家族成员泛素将与其共价结合，通过协助蛋白酶体系统进行降解。细胞处于应激状态下，HSP 的诱导是对生物体生命维持的重要保障，是机体在细胞分子层面上产生的非特异性防御反应。

表 5-9-2　HSP 的分类及可能的生物学功能

亚家族	主要成员	生物学功能	定位
HSP110 家族	HSP110	热耐受，交叉耐受	核仁、细胞质
	HSP105	蛋白质折叠	细胞质
HSP90 家族	HSP86（HSP90α）	与类固醇激素受体结合，热耐受	细胞质
	HSP84（HSP90β）	与类固醇激素受体结合，热耐受	细胞质
	GRP94	分泌蛋白质的折叠	内质网
HSP70 家族	HSP70（组成型）	蛋白质折叠及移位	细胞质
	HSP70（诱导型）	蛋白质折叠，细胞保护作用	细胞质
	HSP75	蛋白质折叠及移位	线粒体
	GRP78	新生蛋白质折叠	内质网
HSP60 家族	HSP60	蛋白质的折叠	线粒体
	TriC	蛋白质的折叠	细胞质
HSP40 家族	HSP47	胶原合成的质量控制	内质网
	HSP40	蛋白质的折叠	细胞质
小分子 HSP 家族	HSP32	抗氧化	细胞质
	HSP27	肌动蛋白的动力学变化	细胞质、细胞核
	AB-晶状体蛋白	细胞骨架的稳定	细胞质
HSP10 家族	HSP10	HSP60 的辅因子	内质网
泛素	泛素	蛋白质的非溶酶体降解	细胞质、细胞核

注：其中 GRP 为葡萄糖调节蛋白；TriC 为 TCP-1 环形复合物。

3. HSP 表达的调控

机体在正常情况下，细胞内 HSP 与热休克因子 1（HSF1）相结合。而应激时，因应激原作用使蛋白质变性，变性的蛋白质暴露出分子内部的疏水区域（HSP 的结合部位），与 HSF1 竞争结合 HSP，导致释放出游离的 HSF1 单体。HSF1 单体再聚合成三聚体，经磷酸化修饰后，转移至核内并与 HSP 基因启动区的热休克元件（HSE）结合，从而启动 HSP 基因的转录，使 HSP 合成增多。增多的 HSP 一方面发挥"分子伴侣"作用，增强细胞抗损伤能力；另一方面又可与 HSF1 结合，抑制其过度活化，对细胞应激发挥负反馈调控作用。

第三节　应激时机体的代谢和功能变化

一、物质代谢改变

应激时，三大营养物质（糖、蛋白质和脂肪）均表现为分解增强，合成减弱。蛋白质分解代谢增强，尿氮排出增多，出现负氮平衡；脂肪分解增加，血浆中游离脂肪酸和酮体增多，严重时还可引起机体酸碱平衡紊乱；糖原分解增强、贮备减少，血糖升高，严重时伴有糖尿和高乳酸血症，会进一步引起酸碱平衡紊乱。

物质代谢的变化是机体应对不良刺激的代偿性调节，是机体产生的抗损伤反应。然而该变化如果持续过久，则机体的营养物质会被过度消耗，动物机体表现为消瘦、贫血、免疫抵抗力下降等，严重时可能引起应激性高血糖及高乳酸血症等。

二、心血管功能变化

应激时的血液重新分配是循环系统功能改变的重要基础。应激时，由于交感神经兴奋，儿茶酚胺分泌增加，从而使血液重新分配，外周小血管收缩而脑和冠状动脉血管扩张，保证心脏、脑等生命攸关器官的血液供应。此外，由于肾素-血管紧张素-醛固酮系统的激活及抗利尿激素分泌增多，可以减少水和钠的排出。上述调节对维持血压和循环血量均具有重要意义。然而，如果这些反应过于强烈或持续时间过长，也会引起心律失常、心肌损伤，导致出现应激性心脏病。微循环持续缺血，还会引起外周循环衰竭和重要器官损伤甚至坏死。

三、消化系统结构及功能改变

应激时的交感神经兴奋，引起胃肠消化液分泌及蠕动紊乱，导致消化吸收功能障碍。此外，血液重新分布，也会引起外周腹腔器官缺血，导致胃黏膜受损，加重消化系统的损伤。

四、免疫功能改变

免疫系统是维护机体健康的重要保障，应激时的神经内分泌反应对免疫系统具有重要的调控作用，同时免疫系统也能反馈调节机体的神经内分泌反应。

1. 神经内分泌反应对免疫功能的调节

急性应激时，机体免疫抵抗力增强，表现为吞噬细胞数目及活性增强，急性期蛋白升高，进而激活补体等非特异性抗感染能力。而持续过强的应激，则因儿茶酚胺和糖皮质激素的持续升高，细胞因子或炎症介质等的释放受到抑制，造成了免疫机能减弱，机体抵抗力下降，容易诱发感染或自身免疫性疾病。

2. 免疫系统参与调节神经内分泌反应

免疫系统也可参与应激的神经内分泌反应调控。该调控主要依赖于免疫系统对如细菌、病毒等生物性应激原的高敏感性。免疫系统接受其刺激后，一方面迅速产生抗体、细胞因子等发挥免疫防御作用；另一方面还可刺激免疫细胞产生分泌激素（如促肾上腺皮质激素、促肾上腺皮质激素释放激素、β-内啡肽等），参与调节神经内分泌反应。

第十章 炎症

第一节 概 述

一、概念

炎症是机体对各种致炎因子的刺激及损害所产生的一种以防御适应为主的反应，这种反应属于机体的非特异性免疫反应。机体通过炎症反应清除病原刺激物、清除和限制病理产物对机体的进一步损伤、修复损伤组织，使机体在疾病过程中获得新的平衡。所以，炎症反应在总的意义上是抗损伤的。但过度的炎症反应（如变态反应性炎）常给机体造成更严重的损伤，因此，在临床上必须一分为二地对待炎症反应及炎症病变。

二、炎症局部的基本表现

致炎因子作用于机体后，首先引起局部的炎症表现。炎症局部的临床表现是红、肿、热、痛和机能障碍，其发生机理如下：

1. 红

红是炎灶局部充血所致。初期是动脉性充血，局部血液氧合血红蛋白增多，颜色鲜红。随着炎症的发展，血流缓慢，静脉回流受阻，发生静脉性充血（瘀血），局部血液中氧合血红蛋白减少，去氧血红蛋白增多，局部颜色变为暗红色，若发生在局部皮肤和黏膜，则称为发绀。

2. 肿

肿是局部充血和渗出（炎性水肿）所致，特别是渗出。炎症的后期和慢性炎症，由于局部组织增生而引起局部肿胀。

3. 热

热是炎症局部动脉性充血，血流加速，血量增多，物质代谢增强，产热增加所致。内脏组织发炎时温度无明显变化。

4. 痛

痛与多种因素有关。局部肿胀，张力升高，压迫或牵引神经末梢引起疼痛；炎症局部分解代谢加强，氢离子、钾离子积聚，刺激神经末梢引起疼痛；炎症介质如5-羟色胺、前列腺素、缓激肽、白三烯（白细胞三烯）等刺激神经末梢引起疼痛。

5. 机能障碍

机能障碍也是多方面的。疼痛能引起机体功能障碍；局部组织的变性、坏死，组织结构改变，代谢功能异常，炎性渗出物造成的压迫或机械阻塞等都可以引起发炎器官的机能障碍。

第二节　炎症局部的基本病理变化

一、变质

变质是指炎区局部细胞、组织发生变性、坏死等损伤性病变。其常常是炎症发生的始动环节，它的发生一方面是致炎因子对组织细胞的直接损伤，另一方面也可能是因致炎因子造成局部组织循环障碍、代谢紊乱及理化性质改变或阻碍局部组织神经营养功能的结果。而损伤组织细胞释放溶酶体酶类、钾离子等各种生物活性物质，又可促进炎区组织溶解坏死，从而造成恶性循环，使炎区组织细胞的损伤不断扩展。变质组织的主要特征有以下几点：

1. 变质组织物质代谢及理化性质特征

（1）炎区组织的分解代谢旺盛，氧化不全产物堆积　由于炎区组织内糖、脂肪、蛋白质的分解代谢加强，使乳酸、丙酮酸、脂肪酸和酮体、游离氨基酸、核苷酸及腺苷等酸性代谢产物在炎区内堆积，故炎区局部发生酸中毒。炎症越急剧，炎区pH下降越明显。例如，急性化脓性炎症时，炎区中心pH可降至5.6左右。但在某些渗出性炎症过程中，由于组织自溶及蛋白质碱性分解产物（如NH_4^+）在炎区内堆积，炎区也可能发生碱中毒。

（2）炎区组织的渗透压升高　炎区内氢离子浓度升高，盐类解离加强；组织细胞崩解，细胞内K^+和蛋白质释放；炎区内分解代谢亢进，糖、蛋白质、脂肪分解成小分子微粒；加之血管通透性升高，血浆蛋白渗出等，这些因素都能使炎区组织渗透压显著升高，从而使血管内血浆成分大量渗出，引起炎性水肿。

2. 形态学特征

变质组织细胞呈现颗粒变性、脂肪变性、空泡变性和细胞崩解坏死等变化，间质常呈现水肿、黏液样变、纤维素样坏死等。

二、渗出

渗出是指炎区局部炎性充血、血浆成分渗出及白细胞游出。

1. 炎性充血

在致炎因子刺激下，炎区组织首先出现短暂的（数秒至数分钟）微动脉挛缩，致使局部组织缺血，外观苍白。在短暂的血管收缩之后，炎区毛细血管发生扩张，血流量增加，流速加快，呈现动脉性充血，即炎性充血，局部组织变红、发热。由于致炎刺激物的持续作用，炎区毛细血管出现瘀血，局部缺氧，酸性产物堆积，使毛细血管内皮细胞肿胀，以及血管壁通透性升高，血浆外渗。

2. 血浆成分渗出

渗出是炎症的主要变化，也是炎区局部肿胀的主要原因。血浆成分渗出与微静脉和毛细血管通透性升高、微血管瘀血、血管内流体静压升高及炎区组织渗透压升高有关。

（1）微血管通透性升高　各种致炎因子作用于血管内皮细胞使其变性、肿胀、坏死、脱落，或基膜纤维液化、断裂等。例如，链球菌毒素、蛇毒等含透明质酸酶，能分解血管基膜及内皮细胞连接处的透明质酸，使血管通透性升高。电镜观察可见：①血管内皮裂隙形成；②基底膜受损；③内皮细胞吞饮活跃：内皮细胞细胞质中吞饮小泡增多、变大，甚至多数小泡融合，形成贯穿细胞质的孔道，大分子物质即可通过此孔道渗出至血管外。

（2）血管内流体静压升高　由于致炎物质引起微血管括约肌麻痹，血管扩张瘀血所致。

（3）炎区组织渗透压升高　炎区组织细胞崩解，组织蛋白释放及血浆蛋白渗出使炎区胶体渗透压升高；细胞内钾、钠离子释放和血浆各种离子渗出，所以炎区离子渗透压也升高。

血浆液体成分渗出主要引起炎性水肿，表现为皮下浮肿，各体腔积水。其水肿液含蛋白质成分高，混浊不清，在体外易凝固。血浆成分渗出后，导致血液浓缩、黏稠，红细胞聚集，进而出现白细胞边集、黏附和血栓形成。

3. 白细胞游出

大量白细胞穿过血管壁，向炎区移行并聚集，此过程称为白细胞游出。在血浆液体成分渗出的同时，白细胞游出已经开始，随着炎症发展，白细胞游出增多。游出细胞的类型随致炎因子的不同而异。例如，急性化脓性炎症以中性粒细胞游出为主，变态反应性炎则以单核细胞或嗜酸性粒细胞游出为主。

（1）白细胞游出的过程　在炎症局部血管扩张、瘀血、血流变慢的同时，微静脉内的白细胞开始从轴流转入边流，贴近血管壁滚动，并不时地靠自身的阿米巴运动向血管壁黏附，由于黏附不牢，故仅停留数秒钟后又被血流冲走，加之炎症介质的存在，逐渐使白细胞与血管内皮细胞紧密连接，称为白细胞贴壁。贴壁的白细胞，将胞体的一部分（伪足）伸向血管内皮细胞的紧密连接部，继之穿出血管内皮，越过周细胞和基底膜而离开血管，即白细胞穿壁。白细胞穿出血管后，血管内皮间隙闭合，紧密连接部及基底膜也随之复原，不残留任何痕迹。几乎所有具有游走功能的白细胞均以同一种方式向血管外游出，游出的白细胞进一步向炎区中心集聚，并执行各种功能，称为炎症细胞浸润。

（2）白细胞游出的机制　白细胞游出并向炎区中心浸润，主要是化学激动作用和趋化性两种功能的结果。化学激动作用是指白细胞在化学激动因子作用下，产生一种无一定方向的随机运动性增强。趋化性是指白细胞能够向着趋化因子浓度逐渐升高的方向前进的特性。使白细胞发生趋化的因子称为趋化因子。趋化因子分内源性和外源性两种。细菌性趋化因子属于外源性趋化因子，其对中性粒细胞和单核细胞具有较强的趋化活性和化学激动作用。

三、增生

增生是炎症后期的主要变化，是通过巨噬细胞、血管内皮及外膜细胞，以及炎区周围成纤维细胞的增殖，使炎症局限化，并使损伤组织得到修复的过程。

在炎症过程中，最早参与增生的细胞有血管外膜细胞、血窦和淋巴窦内皮细胞、神经胶质细胞等，这些细胞在致炎因子刺激下，肿大变圆，并与血液单核细胞一起参加吞噬活动。而在炎症晚期，增生细胞以成纤维细胞为主，与毛细血管内皮增生一起，形成肉芽组织，最后转变成瘢痕组织。

炎症过程中，细胞增生的机制十分复杂。一般认为，在炎症早期许多组织崩解产物及某些炎症介质，具有刺激细胞增殖的作用。例如，细胞崩解释放的腺嘌呤核苷、钾离子、氢离子、白细胞释放的白细胞介素，都有刺激各种细胞增殖的作用。炎症后期，有许多白细胞因子具有促进成纤维细胞分裂增殖的作用，如中性粒细胞溶菌酶分解的组织细胞产物、淋巴细胞释放的促分裂因子等，都能促进血管内皮细胞的增殖及肉芽组织的生成。

四、炎性细胞的种类及其主要功能

（1）中性粒细胞　这种细胞来自血液，细胞质中含有丰富的嗜天青颗粒和特殊颗粒，细胞核呈分叶状。该细胞具有活跃的运动能力和较强的吞噬作用，最常见于急性炎症的早期和化脓性炎症，主要吞噬细菌、坏死组织碎片和抗原 - 抗体复合物等较小的物质，故又称小吞噬细胞。

中性粒细胞的细胞质内的嗜天青颗粒和特殊颗粒实质上是溶酶体，含有多种酶类，其中最主要的是碱性磷酸酶、胰蛋白酶、组织蛋白酶、脱氧核糖核酸酶、脂酶、过氧化酶和溶菌酶等，能消化吞噬细菌和异物。

（2）嗜酸性粒细胞　这种细胞来自血液，细胞质内含有许多较大的球形嗜酸性颗粒，颗粒本质为溶酶体，内含蛋白酶、过氧化酶，但不含溶菌酶。嗜酸性粒细胞的运动能力较弱，能吞噬抗原 - 抗体复合物。抗原 - 抗体复合物、补体成分、过敏反应性嗜酸性粒细胞趋化因子（ECF-A）以及组胺（组织胺）等对嗜酸性粒细胞都有趋化作用。嗜酸性粒细胞能够释放 5- 羟色胺、缓激肽、组胺等物质。

嗜酸性粒细胞增多主要见于寄生虫病和某些变态反应性疾病。此外，在一般非特异性的炎灶内，嗜酸性粒细胞的出现较中性粒细胞晚，在炎灶内出现嗜酸性粒细胞一般是炎症消退和病灶痊愈的标志。肾上腺皮质激素能阻止骨髓释放嗜酸性粒细胞入血，并加速其在末梢血液中消失，说明炎症时嗜酸性粒细胞渗出还与激素有关。

（3）嗜碱性粒细胞和肥大细胞　这两种细胞的形态与功能很相似，其细胞质中均含嗜碱性的较大颗粒，颗粒内含有肝素、组胺和 5- 羟色胺。嗜碱性粒细胞来自血液，其细胞核常不规则，有的呈 2 叶或 3 叶；肥大细胞主要分布在全身结缔组织和血管周围，细胞呈"煎荷包蛋"样外观。

这两种细胞在某些类型的变态反应中起重要作用。例如，人和动物初次接触某种抗原物质（如青霉素、花粉、皮毛等）后，浆细胞产生相应的 IgE 抗体，IgE 抗体与嗜碱性粒细胞膜表面的特异受体结合,使机体处于过敏状态。当同类抗原第二次进入机体时,此抗原即与嗜碱性粒细胞表面的 IgE 结合,激起细胞脱颗粒而释放出组胺、5-羟色胺等活性物质而使机体发生变态反应。

(4)单核细胞 单核细胞体积大,细胞质丰富,并含有微细颗粒;细胞核呈肾形或椭圆形。炎灶内的单核细胞主要由血管渗出,但也可以由局部结缔组织中的组织细胞、库普弗细胞、尘细胞、淋巴样组织中游离的和固定的网状细胞或浆膜的巨噬细胞增生而来。单核细胞常出现于急性炎症的后期、慢性炎症、非化脓性炎症(如结核)、病毒性疾病(如马传染性贫血)、原虫感染(如弓形虫病)等,能吞噬非化脓菌、原虫、异物、组织碎片等较大的异物,故又称大吞噬细胞。

单核细胞含有较多的脂酶,当吞噬、消化含蜡质膜的细菌(如结核分枝杆菌)时,其细胞质增多,染色变浅,整个细胞变得大而扁平,与上皮细胞相似,故称为"上皮样细胞"。单核细胞吞噬含脂质较为丰富的坏死组织碎片后,其细胞质内因含许多小的脂滴,细胞质呈空泡状,称为"泡沫细胞"。

单核细胞在对较大的异物进行吞噬时,常能形成多核巨细胞。多核巨细胞可由几个单核细胞互相融合而成,也可由一个单核细胞经反复核分裂但细胞质不分裂而形成。这种多核巨细胞主要有两型,即异物巨细胞(FBGC)和朗格汉斯细胞(郎格罕细胞、郎罕氏巨细胞,LGC)。异物巨细胞的核不规则地散在于细胞质中;而朗格汉斯细胞的核一般分布在细胞质的周边部,呈环形或马蹄形,或密集在细胞的一端。异物巨细胞则主要出现在残留于体内的外科缝线、寄生虫或虫卵、化学物质的结晶等异物引起的异物性肉芽肿中;朗格汉斯细胞主要出现在结核、鼻疽等感染性肉芽肿中。

单核细胞还参与特异性免疫反应。当病原进入机体后,单核细胞对之进行吞噬和处理,在消化过程中分离出病原体化学结构中的抗原决定簇,这种抗原部分与巨噬细胞细胞质内的核糖核酸结合,形成抗原信息,通过巨噬细胞突起传递给免疫活性细胞(受抗原刺激后能参与免疫反应的 T 淋巴细胞和 B 淋巴细胞),后者在抗原信息的刺激下进行分化和繁殖,当再遇到相应的抗原时,则产生淋巴因子和抗体,而呈特异的免疫作用。

(5)淋巴细胞 体积小,核呈圆形,深染,细胞质较少。淋巴细胞分 T 淋巴细胞(T 细胞)和 B 淋巴细胞(B 细胞)两大类。被抗原致敏的 T 淋巴细胞再次与相应的抗原接触时,可释放多种淋巴因子,发挥特异的免疫作用。B 淋巴细胞在抗原的刺激下,能分化繁殖成浆细胞,产生各种类型的免疫球蛋白。

(6)浆细胞 主要来自 B 淋巴细胞,其形状特殊,细胞核呈圆形位于细胞的一端,染色质呈车轮状排列,细胞质丰富,略带嗜碱性。浆细胞的细胞质内含有发育良好的粗面内质网,具有制造和分泌蛋白质的能力。浆细胞是产生抗体的重要场所。浆细胞和淋巴细胞多见于慢性炎症,两者均无吞噬作用,运动能力微弱,主要参与细胞免疫和体液免疫过程。

五、炎症介质

炎症介质是指一组在致炎因子作用下,由局部组织或血浆产生和释放的、参与炎症反应并具有致炎作用的化学活性物质,故也称化学介质。一般来说,炎症介质应具有下列特征:①存在于炎症组织或渗出液中,在炎症发展过程中,其浓度(或活性)的变化与炎症的消长趋势一致;②将其分离纯化后,注入健康组织,能诱发炎症反应;③应用具有针对性的特异拮抗剂,可以减轻炎症反应,或抑制炎症的发展;④清除组织内的炎症介质后,再给予致炎刺激,炎症反应则减轻。

按炎症介质的来源不同将炎症介质分为细胞来源和血浆来源两大类（表 5-10-1）。

表 5-10-1 各种炎症介质的来源和致炎作用

来源		炎症介质	致炎作用				
			舒张小血管	增强血管通透性	白细胞趋化游走、吞噬	组织坏死	致痛
细胞来源	肥大细胞	组胺	+	+			
	嗜碱性粒细胞	5-羟色胺		+			+
	血小板	5-羟色胺		+			+
	体内大多数细胞	前列腺素	+	+	+		+
	巨噬细胞	白三烯		+	+		
		溶酶体成分	+	+	+	+	
	淋巴细胞	淋巴因子		+	+	+	
血浆来源	凝血系统	纤维蛋白肽 A、B		+	+		
	纤溶系统	纤维蛋白（原）及其降解产物		+			
	激肽系统	激肽	+	+			+
	补体系统	活化补体成分	+	+	+		

注："+" 代表对应炎症介质所具有的作用。

六、炎症小体及其生物学意义

炎症小体是由细胞质内模式识别受体（PRR）参与组装的多蛋白复合物，能够识别病原相关分子模式（PAMP）或损伤相关分子模式（DAPMs），募集并激活促炎蛋白 caspase-1（胱天蛋白酶 1）。炎症小体可根据是否依赖于 caspase-1 的激活分为经典型炎症小体和非经典型炎症小体。经典型炎症小体的组装主要依赖两种炎症信号识别分子，即核苷酸结合寡聚结构域（NOD）样受体和黑色素瘤缺乏因子 2（AIM2）样受体。激活的 caspase-1 作为炎症小体活化的效应蛋白，能够将无活性的促炎细胞因子 pro-IL-1β 和 pro-IL-18 剪切为成熟的 IL-1β 和 IL-18，使其分泌，由此进一步诱发一系列免疫反应。若炎症小体参与过度的炎症反应，也可导致宿主细胞发生炎性坏死，即细胞焦亡。

第三节 炎症的类型

一、变质性炎

变质性炎是组织器官的实质细胞呈明显的变性、坏死，而渗出和增生变化较轻微的一种炎症。它多发生于实质器官，故又称为实质性炎。

1. 病因

变质性炎常由各种毒物中毒、重症感染或过敏反应等所引起。

2. 病理变化

变质性炎多发生于心脏、肝脏、肾脏、脑和脊髓等实质器官。

（1）心脏的变质性炎　主要表现心肌纤维呈颗粒变性和脂肪变性，有时发生坏死；肌间毛细血管扩张充血和水肿，有少量炎性细胞浸润。呈慢性经过时，可导致间质结缔组织增生。

（2）**肝脏的变质性炎** 肝脏呈急性肿胀，质地脆弱，表面和切面均呈浅黄褐色。多发生于急性中毒性疾病、急性病毒感染性肝炎（犬传染性肝炎等）等情况下。主要病变为肝细胞呈不同程度的变性及坏死（灶状乃至广泛性坏死），同时在汇管区有轻度的炎性细胞浸润和库普弗细胞轻度增生。

（3）**肾脏的变质性炎** 肾脏肿大，肾表面呈灰黄褐色，实质脆弱。组织学观察见肾小管上皮细胞呈现颗粒变性、脂肪变性或坏死，肾小管上皮从基底膜上脱落。肾间质毛细血管轻度充血，间质有轻微的水肿和炎性细胞浸润。肾小球毛细血管内皮细胞及间质细胞轻度增生。

（4）**脑、脊髓等神经组织的变质性炎** 神经元变性，血管充血，有时可见胶质细胞轻度增生。外周神经发炎时，常见轴突与髓鞘崩解。渗出性变化见于神经内膜与神经束膜，有时可见神经膜细胞（施旺细胞）增生。

3. 结局

变质性炎在临床上常呈急性经过，但有时也可长期迁延，经久不愈。其结局视不同情况而异。轻者转向痊愈，损伤的组织细胞可经再生而修复。损伤严重时可造成不良后果，甚至威胁病畜生命（如中毒性肝营养不良）。

二、渗出性炎

渗出性炎是以渗出性变化占优势，并在炎灶内形成大量渗出液为特征，而组织细胞的变性、坏死及增生性变化较轻微的炎症过程。

由于致炎因子和机体组织反应性不同，血管壁的受损程度也不一样，因而炎性渗出液的成分和性状也各异。根据渗出液和病变的特点，可将渗出性炎分为浆液性炎、纤维素性炎、卡他性炎、化脓性炎、非化脓性炎、出血性炎和坏疽性炎等。

1. 浆液性炎

浆液性炎是以渗出浆液为主的炎症。渗出液中含一定量的蛋白质（主要为白蛋白和少量的纤维蛋白）、白细胞和脱落的上皮细胞或间皮细胞。

（1）**病因** 浆液性炎除有原发者外，还常常是纤维素性炎和化脓性炎的初期变化。

（2）**病理变化** 这种炎症常发生于皮下疏松结缔组织、黏膜、浆膜和肺等处。

1）胸腔、腹腔、心包腔、黏液囊以及睾丸的鞘膜腔发生浆液性炎。发炎部位的浆膜血管充血、粗糙，失去固有光泽，在浆膜腔内积留大量浅黄色透明或稍混浊的液体。

2）皮肤发生浆液性炎：如浆液蓄积于表皮棘细胞之间或真皮的乳头层，则于皮肤局部形成丘疹样结节或水疱，隆突于皮肤表面，多见于口蹄疫、猪水疱病、痘症、烧伤、冻伤及湿疹等。

3）黏膜表层发生浆液性炎：表现为黏膜充血、肿胀，渗出的浆液常混同黏液从黏膜表面流出，如禽流感时流鼻液。

4）皮下、肌间及黏膜下层等疏松结缔组织发生浆液性炎：表现为炎性水肿。发炎部位肿胀，切开流出大量浅黄色液体，剥去发炎部位皮肤，见皮下结缔组织呈浅黄色胶冻样，又称"胶样浸润"。

5）肺发生浆液性炎：眼观肺膨大，回缩不良，表面和切面湿润，切面有液体流出。镜下可见肺泡壁毛细血管扩张、充血，肺泡腔内有红染的浆液、少量中性粒细胞和脱落的上皮细胞。肺的浆液性炎有时是小叶性的，有时是支气管性的。

（3）**结局** 浆液性炎多为急性经过，随着致炎因素的消除，浆液性渗出物可被吸收消散，局部变性、坏死组织可通过再生完全修复。若病程持久，常引起结缔组织增生，器官和组织发生纤维化，导致机能障碍。

2. 纤维素性炎

纤维素性炎是以渗出物中含有大量纤维蛋白为特征的渗出性炎症。纤维蛋白来自于血浆中纤维蛋白原，当血管壁发生损伤时纤维蛋白原从血管中渗出，在酶的作用下转变为不溶性的纤维蛋白，纤维蛋白呈细网状交织缠绕，网眼内常有较多的炎性细胞和红细胞。

（1）病因　多见于一些传染性疾病，如猪瘟、猪副伤寒和鸡新城疫等。

（2）病理变化　纤维素性炎常发生于浆膜（胸膜、腹膜和心包膜）、黏膜（喉、气管、胃肠）和肺等部位。

1）浆膜发生纤维素性炎：浆膜上被覆一层灰白色或灰黄色的纤维蛋白膜样物，剥离膜样物后见浆膜肿胀、粗糙、充血和出血。浆膜腔内积有大量混有浅黄色网状的纤维蛋白凝块和渗出液。心外膜发生纤维素性炎时，由于心脏搏动，渗出在心外膜的纤维蛋白形成无数绒毛样物，故有"绒毛心"之称。

2）黏膜发生纤维素性炎：渗出的纤维蛋白与白细胞、坏死的黏膜上皮混在一起，形成一种灰白色的膜样物，称为假膜（又称伪膜）。由于各黏膜组织的结构特点不同，有的假膜固着于黏膜而不易剥离，强行剥离时黏膜上残留糜烂和溃疡（如猪瘟、猪副伤寒和鸡新城疫等的肠黏膜），又称固膜性炎（纤维毒性坏死性炎）；有的假膜则附于黏膜表面，容易脱落，脱落的假膜常随粪便排出（如急性纤维素性胃肠炎）或堵塞于支气管而引起窒息（如鸡传染性喉气管炎、鸡痘），又称浮膜性炎（假膜性炎）。

（3）结局　纤维素性炎时的纤维蛋白渗出物，可以通过变性、坏死的白细胞释放出蛋白酶将其分解液化。例如，纤维素性肺炎时，堵塞于肺泡内的纤维蛋白可发生液化而变为液状物，进而被咳出或经淋巴管吸收消散。浆膜发生纤维素性炎时，由于浆膜存有抗蛋白酶，故在一定程度上起着拮抗中性粒细胞释放蛋白酶的作用，所以其纤维蛋白常通过肉芽组织的长入而机化，结果可能引起浆膜腔的粘连。

3. 卡他性炎

卡他性炎是黏膜的一种渗出性炎症。由于渗出物性质不同，卡他性炎又分浆液性卡他、黏液性卡他和脓性卡他等多种类型。

浆液性卡他即黏膜的浆液性炎，如禽流感早期的鼻黏膜浆液性炎。黏液性卡他是黏膜的黏液分泌亢进的炎症，如支气管卡他和胃肠卡他等。脓性卡他是黏膜的化脓性炎，如化脓性颌窦炎和化脓性尿道炎等。

卡他性炎的分类是相对的，实际上往往是同一炎症过程的不同发展阶段，有时也可几种类型同时混合发生，如浆液黏液性卡他。

4. 化脓性炎

化脓性炎是以渗出液中含有大量中性粒细胞，并伴有不同程度的组织坏死和脓液形成的炎症。它是渗出性炎中较为常见的一种，全身各处都可发生。

化脓性炎病灶中的坏死组织被中性粒细胞或坏死组织产生的蛋白酶液化的过程称为化脓，所形成的液体称为脓液。脓液内含大量白细胞、溶解的坏死组织和少量浆液。在白细胞中，多数为中性粒细胞，其次为淋巴细胞和单核细胞。在慢性化脓性炎症过程中，脓液内的淋巴细胞和单核细胞增多。在脓液中，除少数白细胞还保有吞噬能力外，其余大多数细胞均呈脂肪变性、空泡变性、核固缩并进而细胞崩解。通常把脓液中变性和坏死的中性粒细胞称为脓细胞。

(1) 病因　化脓性炎通常由葡萄球菌、链球菌、大肠杆菌、棒状杆菌和绿脓杆菌等引起。

(2) 病理变化　由于炎性渗出物中的纤维蛋白原被白细胞产生的蛋白酶降解，所以脓液不会凝固。脓液的性状通常因化脓菌的种类不同而不一样，一般为黄白色或黄绿色的混浊乳状液；如果脓汁中混有腐败菌，则带有恶臭。化脓不同于急性炎症组织内的白细胞浸润，因为后者仅有白细胞浸润，没有脓液形成，也没有组织坏死和溶解。

化脓性炎因发生部位的不同，表现为以下几种形式：

1) 脓性卡他：即为黏膜的化脓性炎，多发生于鼻腔、鼻旁窦和子宫内膜等部位。其多半是由急性卡他性炎发展而来的。其病变特点是发炎黏膜充血、出血和肿胀，并被覆大量黄白色脓性分泌物。

2) 蓄脓：在浆膜腔或黏膜腔内发生化脓性炎时，腔内蓄积大量脓汁，称为蓄脓或积脓，如鼻旁窦蓄脓、喉囊蓄脓和胸腔积脓等。

3) 脓肿：指在组织内发生的局限性化脓性炎症，主要表现为组织溶解液化，形成充满脓液的腔。脓肿主要由金黄色葡萄球菌引起，多发生于皮肤和内脏，如肺、肝脏、肾脏、心壁和脑等。由于葡萄球菌毒力强，组织坏死明显，同时又能产生血浆凝固酶，使渗出的纤维蛋白原转变为纤维蛋白，能阻止病原菌的蔓延，故脓肿灶较为局限。

脓肿的形成过程：首先，局部组织内有大量中性粒细胞浸润，以后浸润的白细胞及该处的组织发生坏死、溶解和液化，形成一个含脓的囊腔，如肺脓肿、肝脓肿、皮肤脓肿和心壁脓肿等。在脓肿急性期，其周围组织有明显充血、水肿和大量炎性细胞浸润，故临床上表现剧烈的红、肿、热、痛，并常有波动感。经过一段时间后，脓肿周围有肉芽组织形成，包围脓肿，此即脓肿膜。脓肿转为慢性时，脓肿膜增生大量结缔组织。脓肿膜具有吸收脓液、限制炎症扩散的作用。如果病原体被消灭，则渗出停止，脓肿内容物逐渐被吸收而愈合；若不能被完全吸收，则内容物干固，并常有钙盐沉着。反之，如果病原体继续存在，病变发展，则可从脓肿膜不断地有白细胞渗入脓腔内，使组织进一步坏死，脓汁增多，脓肿则逐渐扩大。

在化脓性炎的发展过程中，脓肿可穿破皮肤、黏膜表面而形成缺损。如果机体深部脓肿向体表穿破，这个穿破组织流至体外所经过的通道称为窦道。如果排脓的通道由增生的肉芽组织形成细小管道，它既通体表不断排脓，又通组织深部或体腔，则称为瘘管。例如，马鬐甲部脓肿，它既向体表穿破，又向鬐甲深部组织发展而形成鬐甲瘘。

4) 蜂窝织炎：指皮下和肌间等处的疏松结缔组织发生的一种弥漫性化脓性炎症。发炎组织内有大量中性粒细胞弥漫性地浸润，含有大量浆液，使结缔组织坏死溶解。蜂窝织炎发展迅速，与周围正常组织无明显界限。临床上表现剧烈的红、肿、热、痛。蜂窝织炎的这些特点与结缔组织疏松和病原菌特性有关，因引起蜂窝织炎的病原菌主要是溶血性链球菌，它能产生透明质酸酶和链激酶，前者能降解结缔组织基质的黏多糖（糖胺聚糖）和透明质酸；后者能激活从血管中渗出的不活动的纤溶酶原，使之转变为纤溶酶，此酶能溶解纤维蛋白，从而有利于细菌通过组织间隙和淋巴管蔓延。严重时可引起脓毒败血症。

(3) 结局　化脓性炎多为急性经过。轻症时，随着病原的清除，及时清除脓液，可以逐渐痊愈；重症时，需通过自然破溃或外科手术干预使脓液排出，较大的组织缺损常由新生肉芽组织填充并导致瘢痕形成。若机体抵抗力降低，化脓菌侵入血液或淋巴液，并向全身播散，导致脓毒败血症。

5. 非化脓性炎

非化脓性炎是指炎性渗出物以大量淋巴细胞为主，很少或几乎没有中性粒细胞的一类炎症。

（1）病因　主要由病毒感染引起，如狂犬病病毒、乙型脑炎病毒、猪瘟病毒、鸡新城疫病毒等。

（2）病理变化　血管周围出现大量淋巴细胞及少量单核细胞，实质细胞有不同程度的变性、坏死。

（3）结局　非化脓性炎一般呈亚急性或慢性经过，轻症可随病原的清除而痊愈，重症特别是非化脓性脑炎常导致动物死亡。

6. 出血性炎

出血性炎是以炎灶渗出物中含有大量红细胞为特征的一种炎症，它大部分与其他类型炎症混合存在，如浆液性出血性炎、纤维素性出血性炎、化脓性出血性炎等。

（1）病因　出血的原因是炎灶内的血管壁受损伤，多见于犬瘟热、出血性败血症、饲料中毒和猪瘟等急性疾病。

（2）病理变化　大量红细胞出现在渗出液内，使渗出液和发炎组织呈红色。例如，胃肠道的出血性炎，眼观黏膜显著充血、出血，呈暗红色，胃肠内容物混杂血液。镜下可见炎性渗出物中有大量红细胞和一定数量的中性粒细胞，黏膜上皮细胞变性、坏死及脱落，固有层及黏膜下层充血、出血及白细胞浸润。

（3）结局　出血性炎一般呈急性经过，其结局取决于原发性疾病和出血的严重程度。

7. 坏疽性炎

坏疽性炎又称腐败性炎，指炎组织感染腐败菌后，引起的以炎灶组织和炎性渗出物腐败分解为特征的炎症。

（1）病因　坏疽性炎可能一开始即由腐败菌所引起，但也常并发于卡他性炎、纤维素性炎和化脓性炎，多发生于肺、肠管和子宫。

（2）病理变化　发炎组织坏死、溶解和腐败，呈灰绿色、恶臭。

上述各种类型的渗出性炎是根据病变特点和炎性渗出物的性质划分的。但从各型渗出性炎的发生、发展来看，它们之间既有区别，又有联系，并且大部分是同一炎症过程的不同发展阶段。例如，浆液性炎常常是卡他性炎、纤维素性炎和化脓性炎的初期变化，出血性炎常伴发于各型渗出性炎的经过中。另外，即使是同一个炎症病灶，往往病灶中心为化脓或坏死性炎，其外周为纤维素性炎，再外围为浆液性炎。因此，在剖检时应特别注意观察，才能做出正确的病理学诊断。

三、增生性炎

增生性炎是以细胞或结缔组织大量增生为特征，而变质和渗出变化表现轻微的一种炎症。根据增生的病变特征，可分为非特异性增生性炎和特异性增生性炎两种：

1. 非特异性增生性炎

非特异性增生性炎是无特异病原而引起相同组织增生的一种病变。根据增生组织的成分，分为急性和慢性两种。

（1）急性增生性炎　以细胞增生为主、渗出和变质变化为次的炎症。例如，急性和亚急性肾小球肾炎时，肾小球毛细血管内皮细胞与球囊上皮细胞显著增生，肾小球体积增大；猪副伤寒时，肝小叶内因网状细胞大量增生，形成灰白色针尖大的细胞性结节。

（2）慢性增生性炎 以结缔组织的成纤维细胞、血管内皮细胞和组织细胞增生形成非特异性肉芽组织为特征的炎症。这些特征是一般增生性炎的共同表现。慢性增生性炎多半从间质开始，故又称间质性炎，如慢性间质性肾炎、慢性间质性肝炎等。外科临床上多见的慢性关节周围炎，也属于慢性增生性炎。发生慢性增生性炎的器官多半体积缩小，质地变硬，表面因增生的结缔组织衰老、收缩而凹凸不平。

2. 特异性增生性炎

特异性增生性炎指由某些特异病原微生物感染或异物刺激引起的特异性肉芽组织增生，又称肉芽肿性炎，形成的增生物称为肉芽肿。根据致炎因子不同，可将肉芽肿分为感染性肉芽肿和异物性肉芽肿。

（1）感染性肉芽肿 由病原微生物引起的肉芽肿。常见的有结核性肉芽肿（结核结节）、鼻疽性肉芽肿和放线菌性肉芽肿。布鲁氏菌、大肠杆菌以及曲霉菌等也可引起类似的病理变化。

1) 剖检：特异性增生性炎形成的肉芽肿结节可见于淋巴结、脾脏、肝脏、肾脏、心脏、肺等器官。结节呈粟粒大至豌豆大、灰白色半透明状。如果结节中心发生干酪样坏死或钙化，结节颜色由灰白色变为混浊的灰黄色，质地坚实。有的结节孤立散在；有的密发；也有的几个结节相互融合，形成比较大的集合性结节。

2) 镜检：结节的中心有中性粒细胞聚集，同时有病原菌、局部组织的实质细胞变性和坏死，时间较久者发生干酪样坏死或钙化；周围有单核巨噬细胞增生，这些细胞一部分来自血液，更主要的是由局部组织的间叶细胞（如网状细胞、成纤维细胞、血管外膜细胞和血管内皮细胞）增生而来。随着炎症的持续，增生的单核巨噬细胞转变为胞体大、细胞质浅染、较透明、细胞之间分界不清而细胞核呈近似椭圆形的上皮样细胞，有些上皮样细胞分裂增生或融合为多核巨细胞。多核巨细胞的胞体特别大，常在细胞内有几个或几十个细胞核，具有强大的吞噬力。在结核结节中的多核巨细胞又称为朗格汉斯细胞，其细胞核呈马蹄铁形或环形排列在细胞质周边，细胞质丰富。周边由结缔组织增生和淋巴细胞浸润形成包膜。因此，典型的感染性肉芽肿结节在镜下有 3 层结构，中心为干酪样坏死与钙化，中间层为上皮样细胞和多核巨细胞构成的特异性肉芽组织，外层为由成纤维细胞和淋巴细胞等构成的普通肉芽组织。

（2）异物性肉芽肿 由进入组织内不易被消化的异物引起的肉芽肿。常见的异物有外科手术缝线、木片、石棉、植物芒刺及难溶解的代谢产物（如尿酸盐结晶）等。

病理变化：异物性肉芽肿的中心为异物成分，周围有上皮样细胞和多核巨细胞构成的特异性肉芽组织，最外围由成纤维细胞增生形成包囊，很少有淋巴细胞浸润。与感染性肉芽肿不同的是，此处的多核巨细胞称为异物巨细胞，其细胞质内有几个或几十个细胞核杂乱无章地聚集于细胞的中央区。

第四节　炎症时机体的变化及结局

一、炎症时机体的变化

炎症的病变虽然主要表现在炎灶局部，但作为一个完整的机体，局部的变化往往是整个机体反应的集中体现，它既受整体的影响，又影响整体。因此，在炎灶局部出现病理变化的同时，全身也会表现相应变化。比较严重的炎性疾病，特别是病原微生物在体内蔓延、扩散时，常可出现明显的全身性反应。

1. 发热

炎性疾病常伴有发热。病原微生物是引起发热最常见的原因。细菌、病毒、立克次体、原虫等生物性因素是引起发热常见的外源性致热原；中性粒细胞、嗜酸性粒细胞、单核巨噬细胞等释放一些内生性致热原。此外，干扰素、肿瘤坏死因子、单核因子、前列腺素等也能引起机体发热。致热原作用于下丘脑的体温调节中枢，反射性引起机体产热增强、散热减弱、从而导致体温升高。短期、轻微的体温升高，机体的代谢增强，可促进抗体的形成，增强吞噬细胞的吞噬功能、肝脏的解毒功能以及肾对有毒物质的排泄功能，提高机体的防御能力。但高热和长期持续发热，常常由于中枢神经系统、血液循环系统以及其他各器官系统的代谢和功能的严重障碍而给机体带来危害，甚至危及生命。

2. 血液中白细胞的变化

发生炎症时，由于内毒素、补体C_3片段、白细胞崩解产物等可促进骨髓干细胞增殖，生成和释放白细胞入血，使外周血中白细胞总数明显增多。增多的白细胞类型因病原体和病程不同而有差别。急性炎症的早期和化脓性炎症，以中性粒细胞增多为主；慢性炎症或病毒感染时，淋巴细胞增多明显；过敏反应或寄生虫感染时，嗜酸性粒细胞显著增多。外周血中白细胞数量和质量能在一定程度上反映出机体的抵抗力和感染的程度。严重感染时，外周血中出现大量幼稚型中性粒细胞，如果杆状核的幼稚型中性粒细胞超过5%，称为核左移。若感染严重，机体抵抗力低下，机体衰竭时白细胞数目无明显增加，甚至减少，则表明病情严重和骨髓造血功能衰竭，预后不良。

3. 单核巨噬细胞系统变化

炎症过程中，特别是生物性因素引起的炎症，常见单核巨噬细胞系统机能增强，主要表现为骨髓、肝脏、脾脏、淋巴结中的单核巨噬细胞增多，吞噬功能增强，局部淋巴结、肝脏、脾脏肿大。单核巨噬细胞系统和淋巴组织的细胞增生是机体防御反应的表现。

4. 实质器官的变化

炎症过程中，血液循环障碍、发热、炎症细胞的分解产物与一些炎症介质的作用，均可导致一些实质器官（心脏、肝脏、肾脏等）发生变性、坏死、功能障碍等相应的损伤性变化。

二、炎症的结局

1. 痊愈

痊愈包括完全痊愈和不完全痊愈两种情况。

（1）完全痊愈（完全愈合）　在炎症过程中组织损伤较轻，机体抵抗力较强，治疗又及时、恰当，故致病因素被迅速消灭，炎性渗出物被溶解、吸收，发炎组织可恢复原有的结构和功能，这是炎症最好而又最常见的结局。

（2）不完全痊愈（不完全愈合）　炎症病灶较大，组织损伤较严重，或渗出物过多而不能被完全溶解、吸收，此时由炎灶周围增生成纤维细胞和毛细血管形成肉芽组织，后者长入坏死灶内。溶解、吸收坏死物质以后，肉芽组织逐渐变为纤维组织，最后坏死的组织被新生的纤维组织取代而得到修复，这个过程称为纤维化或机化。在浆膜发生纤维素性炎时，也可由肉芽组织长入炎性渗出物中而引起浆膜纤维化，形成肺、肋胸膜粘连和心包粘连等永久性病变，造成长期机能障碍。

2. 迁延不愈

如果机体抵抗力低下或治疗不彻底，致炎因子持续存在，则急性炎症可转变为慢性炎症，如慢性关节炎、慢性心肌炎等。此时，机体的损伤与抗损伤斗争此起彼伏，持续不断，以致炎症反应时轻时重，长期迁延，甚至多年不愈。

3. 蔓延播散

病畜抵抗力下降、病原微生物大量繁殖而体内炎灶损伤过程占优势的情况下，炎症可向周围扩散，病原微生物可经血管、淋巴管播散到全身。播散的形式有以下几种：

（1）局部蔓延　炎灶内的病原微生物可经组织间隙或器官的自然管道向周围组织、器官扩散。例如，化脓性尿道炎时，病原微生物可向肾扩散而引起肾盂肾炎。

（2）淋巴管播散　病原微生物进入淋巴管内，随淋巴流到达局部淋巴结，引起局部淋巴结炎，严重时可扩散到全身。

（3）血管播散　炎灶内的病原微生物或某些毒性产物，引起机体菌血症、毒血症、败血症和脓毒败血症等全身性扩散，严重时可导致机体死亡。

三、多器官功能障碍综合征（全身炎症反应综合征）

1. 概念

多器官功能障碍综合征（MODS），也称多器官功能不全综合征，是指机体遭受严重创伤、休克、感染及外科大手术等急性损害24h后，同时或序贯性出现两个以上的系统或器官功能障碍或衰竭，即多个器官功能改变不能维持内环境稳定的临床综合征。

2. 多器官功能障碍综合征的原因

在MODS的发生、发展过程中，原因比较复杂，通常由多个因素同时或相继发挥作用，主要分为感染性因素与非感染性因素两大类。

（1）感染性因素　细菌、病毒、寄生虫、真菌等严重感染及其引起的败血症是MODS的主要原因，如急性梗阻性化脓性胆管炎、严重腹腔感染、继发于创伤后的感染等。

（2）非感染性因素　外伤、烧伤、大手术、休克等因素都可以使机体出现MODS。

第十一章 败血症

第一节　概　念

败血症是指病原体侵入机体后，机体抵抗力降低，不能抑制或清除入侵的病原体，使病原体迅速突破机体的防御机构而进入血液，并在血液内大量繁殖增生和产生毒素，造成机体严重的全身性中毒并产生一系列病理变化的过程。许多病原体都可能引起受感染动物的败血症，败血症也常常是引起动物死亡的一个重要原因。

败血症不是一种独立的疾病类型，而是各种病原微生物从机体局部或多种组织的感染灶侵入血液循环，引起病原微生物全身扩散，并出现病情恶化的危险现象。

第二节　原因和发病机理

根据败血症的发生发展，常见以下两种类型：

一、感染创型败血症

感染创型败血症是在局部炎症的基础上发展而来的败血症，其特点是不传染其他动物。

例如，机体的局部发生创伤，继发感染了葡萄球菌、链球菌、铜绿假单胞菌或腐败梭菌等非特异性传染病的病原菌，在机体抵抗力降低又未得到合理医治的情况下，局部病原菌得以大量繁殖并侵入血液而引起败血症。这种败血症的发生，实际上是由局部病灶转化为全身化的过程。

这种败血症多见于动物免疫功能降低，加上局部病灶得不到及时正确处理（如脓肿未及时切开、引流不畅、过度挤压排脓、扩创不彻底等），使细菌容易繁殖并乘虚进入血液。所以，临床上对任何外科疾病或内脏炎症，都应采取积极而又合理的治疗措施，切不可疏忽大意。

二、传染病型败血症

传染病型败血症是由一些特异传染性病原体引起的败血症。例如，某些细菌性传染病（如炭疽、巴氏杆菌病、猪丹毒等）经常以败血症的形式表现出来，所以常称其为败血性传染病。这类传染病的病原菌在侵入机体之后，往往无局部炎症经过，而是直接表现为全身性败血症过程。其与各种典型传染病的不同之处是其经过特别迅速，当机体尚未形成这种传染病的特异性病变时，动物已呈败血症而死亡。

严格来讲，败血症专门指由细菌引起的全身性疾病。但是有一些急性病毒性传染病（如马传染性贫血、非洲猪瘟、猪瘟、鸡新城疫、牛瘟、鸭瘟等）及少数原虫性疾病（如牛泰勒虫病和弓形虫病等），由于它们的表现形式也具有一般败血症的共同特点，所以临床上也习惯地把它们归属于败血性疾病。

此外，一些慢性细菌性传染病，如鼻疽和结核，虽然通常以慢性局部性炎症为主要表现形式，但当机体抵抗力降低时，可以引起急性化，病原菌从局部病灶大量进入血液，并在机体全身各个器官内形成大量转移病灶（全身化），这种病理过程的本质也是败血症。

败血症易与菌血症、病毒血症和毒血症的概念混淆。

（1）菌血症　菌血症是病原体不断从感染灶或创伤病灶进入血液，当机体抵抗力较强，出现于血液内的细菌能被网状内皮细胞不断吞噬，而不能在血液中大量增生繁殖，临床上也不出现明显症状的病理过程。一些传染病的初期阶段多半有菌血症，一旦机体抵抗力下降，侵入血液的细菌大量增生繁殖并产生毒素，即发生败血症。所以菌血症和败血症既有区别，又有联系。

（2）病毒血症　病毒血症指病毒粒子在血液中持续存在的现象。病毒性败血症指病毒大量复制释放入血，同时伴有明显的全身性病理过程。

（3）毒血症　毒血症是病原微生物侵入机体后在局部增殖，并不断产生毒素（特别是外毒素）和形成大量组织崩解产物，两者均被吸收入血液而导致机体出现中毒性病理变化的过程。在败血症时，常有毒血症病变。

第三节　病理变化

死于败血症的动物，由于机体的防御机构严重破坏，并伴有毒血症，因而常出现严重的全身中毒、缺氧以及各组织器官发生严重变性、坏死和炎症（特别是脾和全身淋巴结）等病理变化。主要可见病变有以下几个方面：

1. 尸体极易腐败，尸僵不全

发生败血症的动物由于体内存在大量病原微生物和毒素，尸体易发生腐败和肌肉变性，导致尸僵不全，严重者不出现尸僵现象。

2. 血液凝固不良

全身血液凝固不良，常呈紫黑色黏稠状态。大血管内膜、心内膜和气管黏膜等，常由于溶血而被血红蛋白染成污红色，可视黏膜和皮下组织黄染。

3. 出血和渗出

在四肢、背腰和腹部皮下，以及浆膜和黏膜下结缔组织，常呈出血性胶样浸润。在心包、心外膜、胸膜、腹膜、肠浆膜，以及一些实质器官的被膜上见有散在性的出血斑点。在胸腔、腹腔和心包腔内有数量不等的积水，其中常混有纤维素凝块；严重时，可见浆液性纤维素性心包炎、胸膜炎及腹膜炎。

4. 急性炎性脾肿

脾脏急性肿大，有时达正常的2~3倍。脾脏肿大特别严重时，往往发生脾破裂而引起急性内出血。脾脏的肿大和软化，是由于脾髓的轻度增生，但更主要的是由于脾小梁和被膜内的平滑肌发生变性，收缩力减退，因而脾脏呈现高度瘀血，脾脏的这种变化常称为急性炎性脾肿。

（1）剖检　脾脏表面呈青紫褐色，因脾髓极度软化，故有波动感；脾脏切面隆突，呈紫红色或黑紫色，脾小体和脾小梁不明显，切面附有大量黑紫色的血粥样物，有时因脾髓高度软化而从切面自动流出。

（2）镜检　镜下可见脾静脉窦高度充血和出血，有时脾组织呈一片血海，脾髓组织被血液压挤而呈稀疏的岛屿状散在。在破坏的脾髓组织内有大量白细胞浸润和网状内皮细胞增生，脾小体（白髓）受压挤而萎缩。脾小梁和被膜内的平滑肌变性，常有浆液和白细胞浸润。在脾髓内常常发现有病原微生物。

脾脏肿大是败血症最常出现的特征变化，但对于一些经过特别急速的病例（如牛炭疽、羊炭疽、猪瘟和巴氏杆菌病等）和极度衰弱的病畜，脾脏肿大往往不显著。

5. 全身淋巴结炎

（1）剖检　全身淋巴结肿大，呈急性浆液性和出血性淋巴结炎变化。

（2）镜检　镜下见淋巴组织充血、出血和坏死，窦腔和小梁被渗出的浆液浸润，呈严重的充血和水肿状态，并有大量白细胞浸润且往往见有病原微生物。

6. 全身各实质器官细胞变性

心肌因发生变性而呈浅黄色或灰黄色，心室腔（特别是右心室）显著扩张，心腔内积留大量暗紫色而凝固不良的血液，这是病畜发生急性心脏衰弱的表现。肝脏肿大，实质脆弱而呈浅黄红色；切面多血，并呈现槟榔样花纹。肾脏肿大，包膜易剥离，肾脏表面呈灰黄色；切面皮层增厚，呈浅红黄色，皮层和髓层交界处因严重瘀血而呈紫红褐色。

7. 其他组织器官的变化

肺瘀血、水肿，有时伴发出血性支气管炎。软脑膜充血，镜下可见软脑膜和脑实质充血、水肿，毛细血管透明血栓形成，神经元不同程度变性等。

第四节　结局及对机体的影响

发生败血症时，由于机体抵抗力降低，病原体在体内大量繁殖及其毒素的作用会损害机体的各个组织器官，造成生命重要器官机能不全，往往引起休克导致动物死亡。败血症是病原微生物感染造成动物死亡的一个主要原因，发生败血症后，如果能够及时抢救，积极治疗，有治愈的可能。

第十二章 肿瘤

第一节 概述

一、概念

肿瘤是在各种致瘤因素作用下，机体局部的正常组织细胞异常分裂增生而形成的新生物。

二、肿瘤的一般形态与结构

（1）外形　肿瘤的外形取决于肿瘤的性质、发生部位和生长方式。

1）良性肿瘤：息肉状（肠息肉）、乳头状、结节状、分叶状（脂肪瘤）、囊状（黏液性囊腺瘤）。

2）恶性肿瘤：肥厚状、溃疡状（胃肠道癌）和浸润状（乳腺癌、肺癌）。

（2）大小　肿瘤的大小由肿瘤的性质和生长部位决定。良性肿瘤一般相对较大，恶性肿瘤一般相对较小。

（3）颜色　肿瘤的颜色与肿瘤的来源、含血量及有无色素有关。纤维瘤呈灰白色，血管瘤呈不同程度红色，黑色素瘤呈黑色或棕褐色。

（4）硬度　肿瘤的硬度由肿瘤的来源、实质与间质的比例决定。如来自于骨组织的骨瘤最硬，来源于纤维结缔组织的纤维瘤较硬，来源于黏液腺的黏液瘤则很软。实质多则软，间质多则硬。

（5）数量　多数肿瘤为单发瘤，也可见多发瘤。

三、肿瘤的异型性

肿瘤的组织结构和肿瘤细胞的形态与其来源的正常组织之间的差异，称为肿瘤的异型性。

1. 肿瘤组织结构的异型性

（1）良性肿瘤　异型性小，肿瘤的组织结构与来源组织差异小。

（2）恶性肿瘤　异型性明显，与来源组织结构差异明显。表现在肿瘤细胞排列混乱，层次增多，极向消失。

2. 肿瘤细胞的异型性

（1）良性肿瘤　异型性小，与来源组织细胞相似。

（2）恶性肿瘤　肿瘤细胞异型性明显，与来源组织细胞差异明显。具体异型性表现如下：

1）肿瘤细胞的多形性：肿瘤细胞大小不等，形态不一，可见瘤巨细胞。肿瘤细胞的体积多数比来源的细胞大。

2）细胞核的多形性：细胞核体积增大，核质比增加；核大小、形状不一，见双核、多核、巨核或畸形核；核染色加深（核内 DNA 增多），核膜增厚；核仁明显，数量增多；肿瘤细胞核分裂象增多，甚至出现病理核分裂象（因染色体呈多倍体或非整倍体，出现不对称性、多极性等有丝核分裂象，对诊断恶性肿瘤有重要意义）。

3）细胞质变化：细胞质多呈嗜碱性（线粒体明显减少，核糖体增多）。

4）肿瘤细胞超微结构的改变：肿瘤细胞的细胞核核形不规则，核膜内陷或外突；核染色质增多、边集；细胞器减少，发育不良或形态异常，但溶酶体增多；肿瘤细胞间连接减少，黏着松散。

四、肿瘤的生长

1. 生长速度

生长速度与肿瘤的性质有关。

（1）良性肿瘤 因分化程度高、异型性小，生长缓慢。

（2）恶性肿瘤 因分化程度低、异型性明显，生长迅速。

2. 生长方式

（1）膨胀性生长 此为良性肿瘤生长方式。在组织深部，肿瘤将周围健康组织推开和压挤，形成结节状，有完整包膜，与周围组织分界清楚。此类肿瘤手术易切除，不易复发，如多发性子宫平滑肌瘤和纤维瘤。

（2）外生性生长 生长于体表、体腔内表面或管道器官黏膜面。肿瘤组织呈乳头状、息肉状或菜花状。外生性生长多为良性肿瘤的生长方式。若肿瘤组织在外生性生长的同时又呈浸润性生长，则为恶性肿瘤。

（3）浸润性生长 此为恶性肿瘤的生长方式，肿瘤组织像树根扎入泥土一样向周围组织浸润生长，原有组织被破坏、萎缩、消失。肿瘤组织与正常组织之间无明显界线。此类肿瘤手术不易清除完全，术后易复发，如肺癌、鳞状细胞癌等。

五、肿瘤的扩散

1. 直接蔓延

肿瘤组织沿组织间隙侵入并继续生长，破坏周围正常的组织器官。

2. 转移

肿瘤细胞从原发部位侵入淋巴管、血管或体腔，到身体其他部位继续生长，形成相同的肿瘤的过程，称转移。形成的新肿瘤称转移瘤，原发部位的肿瘤称原发瘤。

（1）淋巴道转移 肿瘤细胞侵入输入淋巴管，进入淋巴结形成转移瘤。部分肿瘤细胞通过输出淋巴管最后经胸导管进入血流，再引起血道转移。癌多经淋巴道转移。

（2）血道转移 肉瘤通常经血道转移，少数癌的晚期也发生血道转移。转移途径与栓子运行途径相同。如肝癌癌细胞血道转移可最先在肺组织形成转移癌。肺和肝脏常见血道转移瘤。

（3）种植性转移 恶性肿瘤的肿瘤细胞从原发部位脱落，像种子一样落在体腔浆膜或其他器官表面继续生长，形成新的转移瘤。种植性转移多见于癌。如胃肠癌或卵巢癌癌细胞脱落，附着在腹膜面继续生长，形成多发性转移癌。

第二节 肿瘤的命名与分类

一、肿瘤的命名原则

肿瘤的命名既要反映组织来源，又要反映肿瘤的性质（良性和恶性）。

（1）良性肿瘤 命名原则为来源组织＋"瘤"，如纤维瘤、脂肪瘤；或器官＋形状＋"瘤"，如皮肤乳头状瘤和膀胱黏膜乳头瘤。

(2) 恶性肿瘤

1) 来源于上皮组织的恶性肿瘤称为癌。命名原则为来源组织+"癌",如鳞状细胞癌、乳腺癌、肝癌和肺癌等。

2) 来源于间叶组织(包括结缔组织、脂肪、肌肉、软骨组织)的恶性肿瘤称为肉瘤。命名原则为来源组织+"肉瘤",如纤维肉瘤、平滑肌肉瘤。

3) 来源于神经组织或未分化胚胎组织的恶性肿瘤,命名原则为"成"+组织+"瘤",如成肾细胞瘤;或来源组织+"母细胞瘤",如神经母细胞瘤、肾母细胞瘤等。

4) 恶性肿瘤成分复杂、组织来源尚有争议的在肿瘤前加"恶性"二字,如恶性黑色素瘤、恶性畸胎瘤。

5) 还有以人名命名的恶性肿瘤,如马立克病、霍奇金淋巴瘤和劳斯氏肉瘤等。

二、肿瘤的分类

肿瘤的分类通常以其组织来源和肿瘤性质进行分类。常见的肿瘤来源及分类见表 5-12-1。

表 5-12-1 常见的肿瘤来源及分类

组织类别	组织来源	良性肿瘤	恶性肿瘤
上皮组织	被覆上皮	乳头状瘤	鳞状细胞癌、基底细胞癌、移行细胞癌
	腺上皮	腺瘤	腺癌
间叶组织	纤维结缔组织	纤维瘤	纤维肉瘤
	脂肪组织	脂肪瘤	脂肪肉瘤
	黏液组织	黏液瘤	黏液肉瘤
	软骨组织	软骨瘤	软骨肉瘤
	骨组织	骨瘤	骨肉瘤
	淋巴组织	淋巴瘤	淋巴肉瘤
	血管	血管瘤	血管肉瘤
	淋巴管	淋巴管瘤	淋巴管肉瘤
	平滑肌	平滑肌瘤	平滑肌肉瘤
	横纹肌	横纹肌瘤	横纹肌肉瘤
神经组织	神经上皮	室管膜瘤	室管膜母细胞瘤
	交感神经节	神经节细胞瘤	神经母细胞瘤
	胶质细胞	胶质细胞瘤	胶质母细胞瘤
	神经纤维	神经纤维瘤	神经纤维肉瘤
其他组织	3个胚叶组织	畸胎瘤	恶性畸胎瘤
	黑素细胞	黑色素瘤	恶性黑色素瘤
	生殖细胞		精原细胞瘤、胚胎性癌
	多种组织	混合瘤	恶性混合瘤、癌肉瘤

三、良性肿瘤与恶性肿瘤的区别

良性肿瘤与恶性肿瘤的区别见表 5-12-2。

表 5-12-2　良性肿瘤与恶性肿瘤的区别

区别要点	良性肿瘤	恶性肿瘤
组织分化程度与核分裂象	分化程度高，异型性小，无核分裂象或少见	分化程度低，异型性明显；核分裂象多见，甚至有病理核分裂象
生长速度和方式	缓慢，膨胀性生长和外生性生长	迅速，浸润性生长或外生性生长
有无包膜	常有包膜，与周围组织有界线	无包膜，与周围组织无界线
转移和术后情况	不转移，术后不易复发	常转移，术后易复发
对机体的影响	不显著，造成局部压迫和阻塞	显著，引发组织坏死、出血、疼痛和恶病质

四、肿瘤对机体的影响

肿瘤性质不同，对机体的影响也有差异。

（1）**良性肿瘤**　总体影响小，肿瘤组织产生局部压迫和阻塞；少部分继发溃疡、出血、感染（如膀胱的乳头状瘤表面易发生溃疡、感染），少部分转变为恶性肿瘤（如纤维瘤转变为纤维肉瘤）。

（2）**恶性肿瘤**　对机体影响大，表现在严重压迫和阻塞局部组织；引起组织坏死、出血、感染、穿孔、骨折，产生毒素引起全身发热、疼痛；最后发展到恶病质状态，即机体营养大量消耗，出现严重消瘦、贫血、全身衰竭等。

第三节　动物常见肿瘤的病变

一、良性肿瘤

（1）**乳头状瘤**　乳头状瘤是由病毒引起的被覆上皮来源的良性肿瘤，易发生于皮肤及胃肠道，尿道和子宫等黏膜表面，如鳞状上皮乳头状瘤、变移上皮乳头状瘤和柱状上皮乳头状瘤。

1）剖检：肿瘤组织向皮肤或黏膜表面生长，呈大小不等、数量不一的乳头状、菜花样突起，质地硬或软。

2）镜检：肿瘤实质为肿瘤化的皮肤表皮或黏膜上皮，呈乳头状；肿瘤细胞异型性小，细胞层次可能增多；间质为结缔组织，位于乳头的轴心，来源于皮肤的真皮或黏膜的固有层。皮肤乳头状瘤缺乏毛发、腺体和色素。

（2）**腺瘤**　腺瘤是由腺上皮转化来的良性肿瘤，可发生于各种腺体，如肠腺瘤、乳腺瘤和唾液腺瘤等。

1）剖检：腺瘤常呈球状或结节状，外有包膜，与周围界线清楚。胃肠道腺瘤多突出于黏膜表面，呈乳头状或息肉状，有明显的根蒂。

2）镜检：腺瘤一般由腺泡和腺管构成，腺泡壁为生长旺盛的大小和形态比较一致的柱状或立方上皮。内分泌腺腺瘤无腺泡结构，肿瘤组织由很多大小较为一致的多角形或球状的细胞团构成。肿瘤组织与周围组织分界明显。

（3）**纤维瘤**　纤维瘤是来源于间叶纤维结缔组织的良性肿瘤，可分为硬性纤维瘤和软性纤维瘤。

1）剖检：肿瘤呈结节状或分叶状，瘤体大小不等，有包膜。硬性纤维瘤致密，呈灰白色或黄白色，白色纤维束排列方向不一并相互交织；软性纤维瘤呈浅红色，切面疏松、柔软、湿润如海绵。

2）镜检：硬性纤维瘤胶原纤维多，肿瘤细胞少，肿瘤细胞分化良好，与纤维细胞和成纤维细胞形态相似，细胞呈梭形、细胞核狭长或呈椭圆形，纤维束粗细不等、走向不一，呈波浪状、编织状或漩涡状纵横交错；软性纤维瘤瘤细胞多，胶原纤维少，排列疏松，血管多，细胞间组织液多，肿瘤细胞生长快，易发生恶变。

（4）脂肪瘤　脂肪瘤是来源于脂肪组织的良性肿瘤，多发于肠系膜、肠浆膜、大网膜、皮下组织等有脂肪组织的部位，多为单发瘤。

1）剖检：瘤体呈不规则球形、半球形或水滴形，有完整的包膜，与周围组织界线明显；肿瘤组织柔软、光滑、呈浅黄色或黄色，切面呈油脂样并有分叶。

2）镜检：肿瘤组织结构和肿瘤细胞的形态异型性小，与正常脂肪组织相似，但肿瘤细胞体积相对增大。结缔组织把肿瘤组织分成不规则的小叶。结缔组织比例大的脂肪瘤称为纤维脂肪瘤。

（5）平滑肌瘤　平滑肌瘤是由平滑肌细胞转化来的良性肿瘤，多见于消化道、支气管和子宫。

1）剖检：平滑肌瘤呈结节状，有包膜，质地较硬，大小形状不一，切面呈浅灰红色。

2）镜检：肿瘤组织的实质为平滑肌瘤细胞，肿瘤细胞为长梭形，细胞质明显，细胞核呈棒状，染色质细而均匀，细胞间有多少不等的结缔组织，肿瘤组织排列不规则。有时，其平滑肌成分几乎被结缔组织取代，而成为纤维平滑肌瘤。

二、恶性肿瘤

（1）鳞状细胞癌（鳞癌）　鳞状细胞癌是由皮肤和皮肤型黏膜上皮细胞发生的一种恶性肿瘤。常发生于皮肤、外生殖器、眼睑、口腔黏膜、喉头、食管、尿道、膀胱、子宫颈等部位。

1）剖检：初期原发部位肥厚或呈菜花状，后期因局部继发感染而出血、坏死和化脓而呈溃疡状，带有恶臭；大小不等的灰白色癌组织向周围和深部组织浸润性生长，使肌肉、骨骼等组织受到侵袭。

2）镜检：

① 角化鳞状细胞癌：癌细胞分化程度较高，向深部组织浸润性生长，形成大小不等的癌巢（实质）。癌巢边缘由多层癌细胞组成，排列紧密，分裂象多见；癌巢中央是均质红染的轮层状角化物，称为癌珠（角化珠），有时可见钙化。癌巢之间为间质，由结缔组织、血管、炎性细胞和残留的肌肉组织等组成。

② 无角化鳞状细胞癌：癌细胞分化程度较低，形态不规则，呈长形或梭形，细胞核深染，失去极性，细胞界线不明显，核分裂象多见；形成癌巢，但无癌珠。

（2）原发性肝癌（PHC）　原发性肝癌是来源于肝细胞或肝内胆管上皮细胞的恶性肿瘤。

1）剖检：原发性肝癌从形态上分为弥漫型肝癌、结节型肝癌和巨块型肝癌。

① 弥漫型肝癌：肝脏弥漫性肿大，表面和切面弥漫分布不规则的灰白色或灰黄色的斑点或斑块，轻症时看不到剖检变化。

② 结节型肝癌：肝脏肿大，表面和切面有大小不等、颜色不一的类球形结节。

③ 巨块型肝癌：在肝组织内形成巨大的灰白色癌块。

2）镜检：原发性肝癌可分为肝细胞型肝癌、胆管细胞型肝癌和混合型肝癌。

① 肝细胞型肝癌（肝细胞癌）：肝小叶构造混乱，汇管区不清晰。高分化肝癌：癌细胞呈圆形或多角形，呈巢状或小梁状排列，或成腺管状，核大深染。低分化肝癌：癌组织和癌

细胞异型性明显，常见瘤巨细胞。

② 胆管细胞型肝癌（胆管细胞癌）：癌细胞（胆管上皮）为立方形、低柱状或高柱状，排列成不规则的腺管状，管腔内常有黏液。

③ 混合型肝癌：肝细胞型肝癌和胆管细胞型肝癌同时存在。

(3) **纤维肉瘤** 纤维肉瘤为来源于间叶纤维结缔组织的恶性肿瘤，多发于皮下、黏膜下、肌间、骨膜等部位。

1) 剖检：肿瘤呈圆形、椭圆形的结节状或分叶状，边缘呈浸润性生长，多数与周围组织分界不清；肿瘤组织质地较软，切面湿润、致密、呈灰红色有光泽的鱼肉样，无明显的纤维束；由于生长较快、供血不足，易继发出血和坏死。

2) 镜检：低分化的肿瘤细胞排列零乱，胶原纤维少；肿瘤细胞异型性明显，大小不等、形状不一，细胞质嗜碱性，有的肿瘤细胞边界不清，分裂象多见，可见瘤巨细胞。分化好的肿瘤细胞异型性不明显，产生的胶原纤维多，肿瘤细胞纵横交错或呈漩涡状排列。

(4) **恶性黑色素瘤** 恶性黑色素瘤为黑素细胞来源的恶性肿瘤。常发于皮肤与黏膜交界处，如皮肤、口角、眼睑、外阴、肛门周围、尾根等部位。

1) 剖检：原发瘤呈大小不等的黑灰色、圆形小结节状或扁平隆起，严重者呈大结节或菜花状。转移瘤呈大小不等的结节状，呈黑灰色、深黑色或灰白色与黑色交错。

2) 镜检：肿瘤细胞异型性明显，大小和形态不一，呈梭形、三角形、不正圆形，排列混乱，核染色深，细胞质内不含或含黑色素颗粒。不含黑色素的肿瘤细胞最幼稚，恶性程度高；含黑色素多的肿瘤细胞相对成熟，恶性程度低。

(5) **淋巴肉瘤** 淋巴肉瘤为淋巴组织来源的恶性肿瘤，最初肿瘤组织多发生在淋巴结、脾、肠壁淋巴组织等部位，以后逐渐向周围组织浸润性生长或转移。

1) 剖检：肿瘤呈结节状，大小不等，切面呈灰白色鱼肉状。

2) 镜检：正常淋巴组织坏死消失，被弥漫性增生的淋巴细胞样瘤细胞所代替，肿瘤细胞似幼稚淋巴细胞或成淋巴细胞，前者细胞呈圆形、细胞质少、核深染；后者细胞体积大，细胞质多，核浅染，核分裂象多见。

(6) **白血病** 白血病是畜禽常见的恶性肿瘤性疾病，其中禽白血病最常见。禽白血病是由禽白血病病毒引起的禽类（鸡）各种良性和恶性肿瘤的统称。它包括淋巴细胞性白血病、骨髓细胞瘤病、血管瘤、成红细胞性白血病、成髓细胞性白血病、内皮瘤、肾母细胞瘤、纤维肉瘤和骨化石病等。

① 淋巴细胞性白血病：剖检在肝脏、脾脏、法氏囊（腔上囊）、肾脏、肺、性腺、心脏、骨髓及肠系膜可见结节状、粟粒状或弥漫性灰白色肿瘤灶。肝脏发生弥散性肿瘤时，肝脏异常肿大，俗称"大肝病"。镜检，肿瘤组织由基本形态一致、大小略有差异的成淋巴细胞样瘤细胞组成，法氏囊部分淋巴滤泡极度增大，充满肿瘤细胞。

② 骨髓细胞瘤病：骨骼上长有暗黄白色、柔软、脆弱或呈干酪状的骨髓细胞瘤，通常发生于肋骨与肋软骨连接处、胸骨后部、腰椎骨、下颌骨和鼻腔软骨处，也见于头骨，常见多个肿瘤，一般两侧对称；肝脏、脾脏、肾脏、肺等组织器官也可见灰白色肿瘤结节。镜检可见细胞质内充满圆形、红色粗大的颗粒的圆形髓样瘤细胞。

③ 血管瘤：见于皮肤或内脏表面，血管腔高度扩大形成血疱，通常单个发生，也可多发。血疱破裂可引起病禽严重失血而死亡。镜检，有的见血管丛状增生，管腔充满红细胞；有的为血管内皮细胞弥漫性增生。

④ 成红细胞性白血病：本病分增生型（胚型）和贫血型。增生型以血流中成红细胞大量增加为特点，特征病变为肝脏、脾脏、肾脏弥散性肿大，呈樱桃红色或暗红色；骨髓增生、软化或呈水样，呈暗红色或樱桃红色。贫血型血液中成红细胞减少，血液呈浅红色，以显著贫血为特点；剖检可见内脏器官（脾脏）萎缩，骨髓色浅呈胶样。

⑤ 成髓细胞性白血病：骨髓质地坚硬，呈灰红色或灰色。实质器官增大而脆，肝脏有灰色弥漫性肿瘤结节。晚期，在肝脏、肾脏、脾脏出现弥漫性灰白色肿瘤浸润，使器官呈斑驳状或颗粒状外观。

（7）鸡马立克病（MD） 这是由马立克病病毒引起的鸡淋巴组织细胞增生性疾病。

① 内脏型：最为常见。剖检，在肝脏、脾脏、性腺、肾脏、心脏、肺、胰脏、腺胃、肌胃、肠道等组织器官出现肿瘤，肿瘤多呈结节状、圆形或近圆形，数量不一，大小不等，略突出于脏器表面，灰白色。腺胃肿大变圆，胃壁明显增厚或薄厚不均，切开后腺乳头消失，黏膜出血、坏死。法氏囊常见萎缩，偶尔可见肿瘤结节。镜检，肿瘤细胞为大小不等、形态不一的多形态淋巴细胞样瘤细胞，核分裂象多见。在肿瘤组织中可见个大、细胞质嗜碱性的马立克病细胞。

② 神经型：剖检，腰荐神经、坐骨神经等呈结节状或弥漫性肿胀而增粗，多侵害一侧神经。镜检，在神经组织内有散在、呈灶状或弥漫性增生的肿瘤细胞，细胞形态同内脏型。

③ 眼型：剖检，瞳孔边缘虹膜不整齐，多呈锯齿状、环状或斑点状；虹膜色素消失，呈灰白色增厚，形如鱼眼样，严重者导致失明。镜检，肿瘤细胞形态同内脏型。

④ 皮肤型：在羽毛毛囊处肉眼可见大小不等或融合成片的肿瘤结节，多见于颈部、翅膀及大腿外侧等部位。镜检，肿瘤细胞形态同内脏型。

第十三章
器官系统病理学概论

第一节　呼吸系统病理

一、气管炎的病变特点

气管黏膜及黏膜下层组织的炎症，称为气管炎。气管炎是各种动物常见的呼吸系统疾病。本病常与喉炎、支气管炎并发，依据并发症临床上称为喉气管炎或气管支气管炎。根据病程常将其分为急性气管炎（急性气管支气管炎）和慢性气管炎（慢性气管支气管炎），依据病变的性质又分为卡他性、化脓性和坏死性等类型。

1. 急性气管炎（急性气管支气管炎）

气管或支气管黏膜肿胀、充血，颜色加深，黏膜表面附着大量渗出物，病初为浆液性，随后渗出物为黏液性或脓性物，黏膜下组织水肿。若发生纤维素性炎症，在黏膜表面可见多少不等的灰白色纤维素性渗出物。镜检，黏膜充血、水肿，部分黏膜上皮细胞变性、坏死和脱落，黏膜层和黏膜下层常有不同程度的充血、出血、坏死及炎性细胞浸润。气管和支气管腔内可见大量黏液、脱落的上皮细胞以及炎性细胞，有时混有数量不等的红细胞。

2. 慢性气管炎（慢性气管支气管炎）

慢性气管炎或慢性气管支气管炎常因急性炎症转变而来。气管、支气管黏膜充血、增厚，表面粗糙，有时见溃疡。黏膜表面黏附少量黏性或黏脓性渗出物。镜检可见黏膜上皮细胞变性、坏死和脱落，支气管黏膜上皮纤毛消失或有不规则上皮细胞增生。气管、支气管固有层结缔组织增生，浆细胞和淋巴细胞浸润，严重时见支气管腔狭窄或变形。

二、小叶性肺炎（支气管肺炎）的发病机制和病变特点

小叶性肺炎是局限于肺小叶范围内的细支气管和肺泡的急性、渗出性炎症，也称支气管肺炎。渗出的炎症产物以浆液为主，又称浆液性支气管性肺炎。小叶性病变可相互融合形成支气管性融合性肺炎。

1. 发病机制

外源性致病菌（多杀性巴氏杆菌、嗜血杆菌、胸膜肺炎放线菌、链球菌、葡萄球菌、猪霍乱沙门菌、大肠杆菌或病毒）入侵支气管或应激反应（密集饲养、寒冷、饥饿、长途运输、过度疲劳、维生素A缺乏）时，上呼吸道的内源性条件致病菌在支气管或肺大量繁殖，引起细支气管黏膜损伤，黏膜免疫防御机能降低，引起炎症，并蔓延至肺泡。

2. 病变特点

（1）剖检 以肺小叶为单位形成暗红色、灰红色的实变区，多个肺小叶炎灶融合而形成支气管性融合性肺炎。炎症区周围常有呈苍白色的肺气肿区。切面以各级细支气管为中心形成红色的炎灶。

（2）镜检 炎灶中央的细支气管管壁充血、水肿及中性粒细胞浸润，管腔内充满细胞碎片、浆液、纤维素、脱落的上皮细胞和大量中性粒细胞；肺泡壁毛细血管充血、扩张，肺泡腔内含有浆液、中性粒细胞及脱落的肺泡壁上皮细胞。病灶周围一些肺泡出现代偿性肺气肿或肺萎陷。

三、大叶性肺炎（纤维素性肺炎）的发病机制和病变特点

大叶性肺炎以几个肺大叶或全部肺叶有大量纤维素性渗出物为特征的肺炎，又称纤维素性肺炎、纤维蛋白性肺炎。

1. 发病机制

外界应激因素使机体抵抗力下降，呼吸道黏膜损伤、免疫防御功能降低，内、外源病原菌可侵入呼吸道，大量繁殖、毒力增强，先引起弥漫性的原发性细支气管炎和细支气管周围炎；随后病原菌进入增宽的间质、淋巴和血液，并迅速扩散，使炎灶不断扩散融合，很快波及整个大叶或全肺，引起大叶性肺炎。

2. 病变特点

根据病变特点可分为充血水肿期、红色肝变期、灰色肝变期和溶解消散期。

（1）充血水肿期 剖检，肺叶膨大，潮红，质地较实，切面流出较多含血的泡沫状样液体，病变组织投入水中呈半沉状态。镜检，肺泡壁毛细血管扩张充血，细支气管腔和肺泡腔内充满大量浆液、少量中性粒细胞，以及红细胞和巨噬细胞。

（2）红色肝变期 剖检，肺明显膨大，肺小叶表面和切面呈红色或暗红色，质地硬实如肝，称红色肝变；肺间质增宽，呈条索状，充满半透明的胶样渗出物，使肺组织切面呈大理石样纹理。肺表面可见大量黄白色膜状、絮状纤维素或结缔组织附着。若有化脓菌继发感染，可引起化脓。将小块组织投入水中，下沉至底。镜检，肺泡壁毛细血管显著充血扩张，间质增宽，淋巴管扩张，在细支气管腔、肺泡腔和间质内充满大量渗出的浆液浆液中。含有纤维

素、中性粒细胞、巨噬细胞、红细胞和脱落的上皮细胞。可见血管周围炎。

（3）灰色肝变期　剖检，肺体积增大，呈灰白色，质地坚实如肝，称为灰色肝变；肺间质增宽，淋巴管扩张，肺表面有结缔组织附着，病变组织投入水中完全下沉。血管内可见血栓，如有化脓菌感染可形成液化性坏死。镜检，肺内渗出物增多，肺泡壁毛细血管充血逐渐消失，肺泡腔内仍有大量的浆液——纤维素性渗出物，红细胞大部溶解消失，而中性粒细胞明显增多。可见血管炎和血管内血栓形成。

（4）溶解消散期　剖检，肺呈灰黄色，质地变软，切面湿润，有灰白色的黏稠液体流出。镜检，肺组织内巨噬细胞增多，肺泡腔内渗出的中性粒细胞崩解，释放的蛋白溶解酶将纤维素分解成颗粒状或液状，由巨噬细胞吞噬或被咳出而清除。

四、间质性肺炎（非典型性肺炎）的发病机制和病变特点

间质性肺炎指肺间质（肺泡间隔、支气管和血管周围、小叶间质）的局灶性或弥漫性增生性炎症。其常以肺泡壁渗出和增生性变化为主，变质性变化轻微，分急性和慢性两种类型。

1. 发病机制

病原通过气源性或血源性途径感染肺，引起肺泡壁毛细血管内皮细胞、Ⅰ型肺泡上皮细胞和基底膜损伤，引起间质和肺泡腔浆液、纤维素和炎性细胞渗出，进一步发生Ⅱ型肺泡上皮细胞增生（修复损伤的上皮）、巨噬细胞浸润和纤维化病变。

2. 病变特点

（1）剖检　炎灶区呈弥漫性或局灶性散在分布，红褐色或灰白色，质地硬实，缺乏弹性，呈肉样，有的形成局灶性结节。病灶周围肺组织气肿，肺间质水肿、增宽。胸膜表面及支气管内一般无渗出物。慢性间质性肺炎的病变部纤维化，体积缩小、变硬。

（2）镜检　急性间质性肺炎的肺泡隔、支气管周围、小叶间质等间质明显增宽，增宽的间质中淋巴细胞、巨噬细胞浸润。肺泡隔、小叶间质血管充血、水肿，肺泡腔内一般无渗出物，或有少量巨噬细胞、脱落的上皮细胞。病变较严重时，肺泡腔内渗出的血浆蛋白浓缩并贴附于肺泡腔内表面，形成薄层均质红染的膜状物，即形成透明膜。支气管上皮、肺泡上皮增生，部分病毒性肺炎上皮细胞的细胞核或细胞质内可见嗜酸性或嗜碱性病毒包涵体。Ⅰ型肺泡上皮坏死后脱落，Ⅱ型肺泡上皮增生并取代坏死的Ⅰ型肺泡上皮。Ⅱ型肺泡上皮呈立方状，被覆于肺泡壁上，使肺泡壁增厚，严重时肺泡呈腺瘤样结构。慢性间质性肺炎的肺泡隔显著增厚，大量淋巴细胞、巨噬细胞浸润及结缔组织增生。Ⅱ型肺泡上皮增生。肺间质纤维化，严重时肺组织发生弥漫性纤维化。

五、胸膜炎

胸膜炎是由致病因素（通常为病毒或细菌）刺激胸膜所致的胸膜炎症，又称肋膜炎。其分类及病理变化根据渗出物的性质可分为以下几种：

（1）浆液性胸膜炎　多见于各种病原引起的肺炎初期。大量浅黄色浆液聚积于胸膜腔，形成胸腔积液，胸膜面充血、水肿，炎性细胞浸润。

（2）纤维素性胸膜炎　多由细菌和支原体感染引起。丝状、膜状的纤维素性渗出物附着于胸膜的腔面，初期易剥离，后期纤维素被机化引起粘连。

（3）化脓性胸膜炎　由化脓菌感染引起，在胸膜表面及胸腔内有脓液，胸膜面充血、水肿和细胞坏死。

（4）肉芽肿性胸膜炎　多见胸膜结核。在肺胸膜和胸壁胸膜表面散在或密布大小不等的圆形、椭圆形或不规则圆形的结节状肉芽肿。

六、肺水肿、肺气肿及肺萎陷

1. 肺水肿

左心衰竭常引起肺水肿，若病原感染则可引起肺的炎性水肿。

（1）剖检　肺体积肿大，重量增加，质地变实，被膜紧张，边缘钝圆，呈深红色、暗红色或紫红色，表面湿润有光泽，切面流出大量浅黄红色、泡沫状液体。

（2）镜检　肺泡壁毛细血管充血扩张，充满红细胞，肺泡腔内含大量均质粉红染的水肿液，水肿液中有脱落的上皮细胞，肺小叶间质因水肿液蓄积而增宽。若病原感染引起肺炎性水肿，在水肿液中还可见炎性细胞。

2. 肺气肿

肺气肿是由于大量气体进入肺组织，使其含气量过多而体积膨大的现象。根据肺气肿发生的部位和发生机理不同，可分为肺泡性肺气肿和间质性肺气肿。

（1）肺泡性肺气肿　肺泡性肺气肿是肺泡管或肺泡异常扩张，气体含量过多，并伴发肺泡管壁和肺泡壁破坏的一种病理过程。

1）发病机理：慢性支气管炎和细支气管炎、肺炎支气管痉挛和肺丝虫病等引起气道阻塞或痉挛时，气体可吸入，但排出不畅或受阻，使肺内气体含量增多，引起局灶性肺泡性肺气肿或弥漫性肺泡性肺气肿。

2）病理变化：剖检，肺体积高度膨胀，肺重量减轻，颜色苍白，边缘钝圆。肺组织柔软而缺乏弹性，有时表面有肋骨压痕。切面干燥，可见大量较大的囊腔，切面呈海绵状或蜂窝状。镜检，肺泡扩张，肺泡隔变薄，部分断裂、消失，相邻肺泡互相融合形成较大囊腔。

（2）间质性肺气肿　强力呼吸行为或持久性深呼吸使肺泡破裂，气体强行进入间质，引起间质性肺气肿。间质性肺气肿伴发肺泡性肺气肿，牛多发，多见于中毒性疾病（毒物和毒素中毒）、马急性胃肠鼓气等疾病。

病理变化：肺局部体积膨大，被膜紧张，在肺泡性肺气肿的基础上肺小叶间质和胸膜下间质明显增宽，呈透明状或透明串珠状。

3. 肺萎陷

肺萎陷是肺泡内空气含量减少甚至消失，以致肺泡塌陷的病理现象；分为先天性肺萎陷和后天性肺萎陷。先天性肺萎陷如肺膨胀不全；后天性肺萎陷是由于支气管阻塞或受压迫而引起的，又分为压迫性肺萎缩和阻塞性肺萎缩。

病理变化：剖检，病变部位体积缩小，表面下陷，胸膜皱缩，肺组织缺乏弹性。切面平滑均匀、致密。压迫性肺萎陷的萎陷区因血管受压迫而呈苍白色，切面干燥，挤压无液体流出。阻塞性肺萎陷的萎陷区因瘀血而呈暗红色或紫红色，切面较湿润，有时有液体排出。镜检，由于肺泡塌陷，可见肺泡隔彼此互相靠近、接触，呈平行排列，肺泡腔呈裂隙状。

七、呼吸机能不全的原因、分类及其引起的各系统变化

1. 原因

呼吸中枢若受损或被抑制、肺部疾病、呼吸道狭窄或阻塞、胸腔积液和气胸、呼吸肌功能障碍和胸廓运动障碍等因素均可引起呼吸机能不全（呼吸功能不全）。

2. 分类

1）根据发生速度不同，分为急性呼吸机能不全和慢性呼吸机能不全。

2）根据原发部位不同，分为中枢性呼吸机能不全和外周性呼吸机能不全。

3）根据发生机理不同，分为通气性呼吸机能不全和换气性呼吸机能不全。

4）根据血液气体变化特点，分为低氧血症型呼吸机能不全和高碳酸血症型呼吸机能不全。

3. 引起的各系统变化

（1）呼吸系统的变化　初期为呼吸加深、加快，随后变浅、变慢，以至呼吸运动变弱、呼吸间隔延长和出现不规则呼吸，严重时可导致呼吸停止。阻塞性通气障碍时，可引起呼吸困难。

（2）中枢神经系统的变化　由于呼吸机能不全引起的脑功能障碍称为肺性脑病。中枢神经系统也会发生抑制作用。

（3）循环系统的变化　一定程度的氧分压降低和二氧化碳分压升高可兴奋心血管运动中枢，使心率加快、心收缩力增强、外周血管收缩，加之呼吸运动增强使静脉回流增加，导致心输出量增加，以改善脑及心脏血量和氧的供应。严重的缺氧和二氧化碳潴留可直接抑制心血管中枢和心脏活动，扩张血管，导致血压下降、心收缩力减弱、心律失常等严重后果。呼吸衰竭可累及心脏，主要引起右心肥大与衰竭，即发生肺源性心脏病。

（4）酸碱平衡紊乱　引起代谢性酸中毒、呼吸性酸中毒和呼吸性碱中毒。

第二节　消化系统病理

一、胃、肠溃疡的病变特点

胃、肠溃疡是指胃、肠黏膜至黏膜下层甚至肌层组织坏死脱落后留下明显的组织缺损病灶。这种缺损将由病灶周围肉芽组织增生来填充，常留下不同程度的瘢痕。

剖检：在胃黏膜面和肠黏膜面见圆形、椭圆形或面积较大、不整形的组织缺损灶（溃疡灶），急性期溃疡呈不同程度红色、黑红色或深褐色，病程较久的溃疡呈灰黄色。溃疡底部粗糙不平，周边稍隆起。严重时，溃疡不断向深部发展，可达胃、肠浆膜层，甚至引起胃、肠穿孔及腹膜炎。断乳幼畜常由于断乳而发生胃蛋白酶性胃溃疡，因胃黏膜局部被胃蛋白酶消化而发生的组织缺损，也称为消化性溃疡。

二、胃、肠炎的类型及其病变特点

肠炎是指肠道的炎症。肠炎伴发胃炎时，称胃肠炎。胃炎与肠炎的类型和病变特点相似，下面以肠炎为主进行介绍。

1. 类型

1）按病程长短：分为急性肠炎和慢性肠炎。

2）按病变特点：分为急性卡他性肠炎、出血性肠炎、纤维素性肠炎和增生性肠炎。

2. 病变特点

（1）急性卡他性肠炎　急性卡他性肠炎是其他类型肠炎的早期。

1）剖检：肠黏膜肿胀、充血，呈弥漫性或斑块状潮红，或沿黏膜皱襞顶端潮红。黏膜表面覆盖半透明浆液或黏稠的灰白色黏液，甚至脓液。

2）镜检：部分黏膜上皮细胞变性、坏死、脱落，黏膜的杯状细胞增多，固有层充血、水肿、炎性细胞浸润。

（2）出血性肠炎　以肠黏膜明显出血为特征，多为急性，常伴随其他类型的肠炎一起发生。

1）剖检：肠壁水肿增厚，肠黏膜呈局限性或弥漫性出血（出血点或出血斑），肠内容物为暗红色或黑红色。严重时浆膜出血，有散在出血点。

2）镜检：肠黏膜上皮细胞变性、坏死和脱落。黏膜层或黏膜下层血管扩张充血、水肿、明显出血和炎性细胞浸润。

（3）**纤维素性肠炎**　以黏膜有大量纤维素渗出为特征，分为浮膜性肠炎和固膜性肠炎，常见于猪瘟、猪副伤寒、小鹅瘟、鹅坏死杆菌病、牛病毒性腹泻、鸡新城疫等传染性疾病。

1）**浮膜性肠炎**：剖检，肠黏膜组织损伤轻，渗出的纤维素呈灰白色或灰黄色絮片状或圆筒状附着在黏膜表面，易脱落，可随粪便排出。镜检，黏膜层充血、水肿、出血和炎性细胞浸润，部分上皮细胞坏死脱落。

2）**固膜性肠炎**：剖检，肠壁损伤严重，渗出的纤维素与坏死肠组织融合凝固形成结痂，不易剥离，剥离后形成溃疡或穿孔。镜检，固膜性炎灶区完全坏死，坏死达整个黏膜层或更深。

（4）增生性肠炎　以淋巴细胞、巨噬细胞或结缔组织增生为主，一般呈慢性过程，又称**慢性增生性肠炎**。该肠炎常见于副结核性肠炎等。

1）剖检：肠管变粗，肠壁增厚，黏膜面高低不平或形成脑回样皱褶，黏膜呈黄白色，表面覆盖灰白色的黏液。

2）镜检：肠黏膜层增厚，部分上皮细胞变性、脱落，固有层、黏膜下层甚至肌层有大量**巨噬细胞（上皮样细胞）增生**，偶见多核巨细胞增生，同时淋巴细胞、成纤维细胞呈不同程度的增生。

三、肝炎的类型及其病变特点（包括肝周炎）

肝炎是指肝在某些致病因素的作用下发生的以肝细胞变性、坏死、炎性细胞浸润或间质增生为主要特征的炎症过程。根据发生的原因及病变特点，将其分为以下几种：

1. 传染性肝炎

（1）**病毒性肝炎**　病毒性肝炎主要由对肝有亲嗜性的病毒引起。常见的病毒有雏鸭肝炎病毒、火鸡包涵体肝炎病毒和犬传染性肝炎病毒等。

1）剖检：肝脏不同程度肿大、边缘钝圆，被膜紧张，切面外翻，呈暗红色与土黄色相间的斑驳色彩，表面和切面可见大小不等的灰黄色、灰白色坏死灶。

2）镜检：肝脏充血，肝细胞散在坏死或形成大小不等的坏死灶，可见淋巴细胞浸润。鸡包涵体肝炎病毒和犬传染性肝炎病毒感染时，可在肝细胞的细胞质内或细胞核内形成特异性病毒包涵体。病程长时肝组织纤维化。

（2）**细菌性肝炎**　这是由各种细菌引起的以肝组织变性、坏死、脓肿或肉芽肿为主要的病理特征的肝炎。常见的细菌有巴氏杆菌、沙门菌、坏死杆菌、钩端螺旋体和各种化脓性细菌等。

1）**变质性肝炎**：

① 剖检：肝脏肿大，呈土黄色或橙黄色，表面散在点状或斑块状出血，有灰黄色及灰白色坏死灶。

② 镜检：中央静脉扩张，肝血窦充血，肝细胞有广泛变性（颗粒变性、脂肪变性或空泡变性）和坏死，中性粒细胞浸润。

2）**坏死性肝炎**：

① 剖检：肝脏肿大，表面及切面散在大小不等、灰白色或灰黄色粟粒大小的病灶（坏死灶）。

② 镜检：肝组织见大小不等的凝固性坏死灶，坏死灶呈局灶性或弥漫性，外周常有中性粒细胞浸润。坏死灶边缘区肝细胞还可能见颗粒变性与脂肪变性。

3）脓肿性肝炎：

① 剖检：肝脏表面或切面可见大小不一的灰白色或黄白色结节状病灶（脓肿）。

② 镜检：肝组织内散在或弥漫分布大小不等的化脓灶，化脓灶内伴有大量中性粒细胞和坏死组织，有时可见蓝染的粉末状的化脓菌团块。病程长者可见化脓灶边缘区结缔组织增生形成脓肿膜。

4）肉芽肿性肝炎：肉芽肿性肝炎常见于慢性传染病，如结核病、马鼻疽、放线菌病。

① 剖检：肝脏表面和切面散在或密布大小不等的灰白色结节状病灶，大结节中央为白色伴有钙化的干酪样坏死组织。

② 镜检：结节病灶为肉芽肿。肉芽肿中心为干酪样坏死，伴有大小不等的蓝染粉末状或颗粒状无结构的钙盐沉积；外周为大量上皮样细胞、多核巨细胞组成的特殊肉芽组织；边缘为伴有淋巴细胞浸润的结缔组织包囊。

（3）寄生虫性肝炎　这是寄生虫在肝内胆管内寄生，虫卵沉积或幼虫移行引起的肝炎。如牛羊肝片吸虫寄生于肝内胆管内引起的以间质结缔组织增生为主要病变的肝炎，肝脏质地变硬，被膜下肝内各级胆管增粗；猪蛔虫幼虫在肝组织内移行导致的坏死性肝炎（初期）至增生性肝炎（后期），肝脏表面和切面散在大小不等、形态不一的出血性坏死灶或乳白色的瘢痕（乳斑肝）；组织滴虫引起的鸡盲肠肝炎，肝脏表面散在或弥漫分布圆形凹陷的坏死灶，可引起坏死性肝炎。寄生虫性肝炎炎灶内初期以嗜酸性粒细胞浸润为主，后期以淋巴细胞浸润为主。

2. 中毒性肝炎

中毒性肝炎是由各种毒性物质引起的肝炎。毒性物质包括化学毒物、植物毒素、细菌毒素、霉菌毒素和机体代谢障碍时产生的大量中间代谢产物。

1）剖检：肝脏肿大，边缘钝圆，呈黄褐色或土黄色，质脆易碎，表面及切面散在大小不一的黄白色坏死灶。

2）镜检：肝组织内散在或弥漫分布凝固性坏死灶，其外围肝细胞严重变性。小叶间质水肿、出血、炎性细胞浸润。慢性病例的汇管区与小叶间质纤维结缔组织增生，导致肝硬化。

3. 肝周炎

肝周炎是肝被膜的炎症，常见于禽大肠杆菌病和鸭疫里氏杆菌病等。肝周炎常伴发于气囊炎、心包炎及腹膜炎。

病变特点为肝脏肿大，表面附着一层或薄或厚的灰白色、黄白色、透明或不透明的胶冻样或膜状的纤维素性渗出物。急性病例的纤维素性渗出物易剥离，慢性病例的纤维素性渗出物被机化，与肝粘连。

四、肝功能不全

某些致病因素（一次或长期反复作用）严重损伤肝细胞和库普弗细胞时，会导致肝脏的形态结构和功能出现异常，进而引起水肿、黄疸、出血、继发性感染、肝性脑病等一系列临床症状，这一病理过程称为肝功能不全。如果引起中枢神经系统功能紊乱，常导致肝性昏迷，此时称为肝功能衰竭，临床的主要表现为肝性脑病与肝肾综合征（功能性肾功能衰竭）。

1. 原因

感染、中毒、饲料中缺乏某些营养物质、免疫功能异常、遗传缺陷、肿瘤、胆道阻塞和血液循环障碍均可引起肝功能不全。

2. 结局和对机体的影响

（1）对物质代谢的影响　　肝脏是机体重要的物质代谢器官，当肝功能不全时，可引起机体的多种物质代谢障碍，影响机体的机能活动，如引起糖代谢改变、脂类代谢障碍、蛋白质代谢改变、酶活性改变、激素代谢障碍、水和电解质代谢障碍。

（2）对机体机能活动的影响　　肝功能不全可引起血液学改变、脾功能改变、胃肠道功能改变、心脏血管系统功能改变、肝防御功能改变、神经系统功能改变。

五、肝性脑病

严重肝功能不全时，从肠道吸收的有毒的蛋白质终末代谢产物（如氨、胺类等毒性物质）不能通过肝脏进行生物氧化作用，因而在体内蓄积，引起中枢神经系统发生严重功能障碍，导致出现以昏迷为主的一系列神经症状，称为肝性脑病或肝性昏迷。临床表现为动物出现行为异常、烦躁不安、抽搐、嗜睡甚至昏迷等症状。

六、肝硬化的发病机理及其病变特点

肝硬化是在肝细胞发生弥漫性坏死的基础上，大量结缔组织增生和肝细胞结节状再生，导致肝变形、变硬的慢性病变，也称肝硬变或肝纤维化。

1. 发病机理

病原微生物、寄生虫、中毒、营养物质缺乏、血液循环障碍、胆汁瘀滞等病因作用于肝组织，引起肝细胞随机性的广泛性坏死，随后坏死的肝细胞不断被巨噬细胞清除，来自于肝组织间质结缔组织内的成纤维细胞增生和毛细血管出芽再生，二者构成的肉芽组织逐渐生长并填充组织缺损，肉芽组织不断成熟，使肝组织结缔组织广泛增生而引起肝硬化。寄生虫性肝硬化较为常见，其病变特点如下：

2. 病变特点

（1）剖检　　①门脉性和坏死后肝硬化：肝脏呈灰白色、灰黄色或黄褐色，被膜增厚，表面高低不平或呈结节状隆起，切面大量增生的结缔组织将肝组织分隔成大小不等的区域，肝脏失去正常结构纹理，质地变硬。②虫体寄生于胆管：胆管增粗，周围白色结缔组织增多，管壁增厚，突出于肝脏表面，管腔内含有污绿色的黏稠胆汁、虫体或钙化物质。③猪蛔虫幼虫在肝内移行：肝组织局灶性坏死，结缔组织增生，形成白色花纹状瘢痕，即"乳斑肝"。

（2）镜检　　①门脉性和坏死后肝硬化：肝内结缔组织广泛增生，取代坏死的肝组织，并把残存的肝组织分隔成大小不等的肝细胞集团——假小叶。假小叶无中央静脉或中央静脉位于边缘。多数肝细胞不同程度变质。少数肝细胞再生，可见核分裂象。在增宽的间质结缔组织中有淋巴细胞浸润和大量胆管增生。②虫体在胆管内寄生：胆管壁增厚，周围结缔组织增生，管腔扩大，上皮变性、坏死或钙化。间质增宽，形成假小叶。间质内有淋巴细胞、浆细胞、巨噬细胞浸润和增生，还有卵圆细胞增生形成的假胆管。③幼虫在肝内移行：坏死区和间质内结缔组织增生，大量嗜酸性粒细胞和淋巴细胞浸润。

七、胰腺炎的发病机理及其病变特点

胰腺炎是在致病因子作用下胰腺发生的炎症，可分为急性和慢性两种类型。

1. 发病机理

蛔虫、肝片吸虫、华支睾吸虫寄生于胆管或引发十二指肠炎时，可引起胰管阻塞，胰液排出障碍，分泌管内压升高、破裂，胰液外溢。胰液中的胰蛋白酶可引起胰腺组织蛋白质水解，导致胰腺组织坏死；胰液中的磷脂酶A和脂肪酶可引起脂肪坏死，导致胰腺及其周围脂肪组织发生自我消化，引起急性胰腺炎。若病程长，坏死的胰组织被肉芽组织机化而发生

纤维化，引起慢性胰腺炎。

2. 病变特点

（1）急性胰腺炎

1）剖检：胰腺肿大，质地变软、湿润，表面和切面见出血斑点以及灰黄色或灰白色坏死灶。大网膜和肠系膜脂肪上散在大小不一的黄白色斑点状或团块状脂肪坏死灶。

2）镜检：胰腺组织内见广泛的充血、出血、水肿和微血栓形成，可见局灶性或弥漫性坏死和溶解。坏死灶周围见中性粒细胞和巨噬细胞浸润。

（2）慢性胰腺炎

1）剖检：胰腺体积缩小，质地较实，表面有纤维性结节而显粗糙，常与周围组织发生粘连。切面可见胰管扩张，充满大量黏稠的炎性渗出物，间质内结缔组织增生。牛慢性胰腺炎常有白色、质硬的胰石形成。猫慢性胰腺炎见胰腺苍白，表面有细颗粒状突起，切面坚实，肠系膜、网膜和肾周脂肪组织常见白色点状病灶。

2）镜检：许多胰腺腺泡和胰岛组织发生坏死，有的坏死灶见钙盐沉积，其周围巨噬细胞、淋巴细胞、浆细胞浸润。间质结缔组织大量增生和纤维化。

第三节　心血管系统病理

一、心包炎的概念及病变特点

心包炎是发生在心包脏层和壁层的炎症。心包脏层即心外膜，因此心包脏层的炎症也称为心外膜炎。根据发生原因不同，心包炎分为传染性心包炎和创伤性心包炎。根据炎症性质不同，心包炎分为浆液性心包炎、纤维素性心包炎、化脓性心包炎和增生性心包炎。下面按炎症性质分类进行介绍。

1. 浆液性心包炎

浆液性心包炎是以浆液渗出为主要特征的急性心包炎，也称为单纯性心包积液。浆液性心包炎是心包炎症的初期变化。

（1）剖检　心包壁层和脏层（心外膜）表面因充血和水肿而潮红，急性败血症病例的心外膜可见出血斑点。心包扩张，心包腔蓄积大量浅黄色透明或半透明的渗出液，若伴有出血或少量纤维素渗出，渗出液呈不同程度的红色或带有少量黄白色丝状渗出物。

（2）镜检　心外膜因充血和水肿而增厚，可见大小不等的出血灶。间皮细胞肿胀、变性，心肌细胞轻度肿胀，发生颗粒变性。心外膜及周围的心肌组织内炎性细胞轻度浸润。

2. 纤维素性心包炎

纤维素性心包炎是以心包腔内大量纤维素渗出为主要病变特征的心包炎。多数由浆液性心包炎发展而来，若浆液和纤维素性渗出物均较多，可称浆液-纤维素性心包炎。纤维素性心包炎也可单独发生。细菌性疾病易引起纤维素性心包炎。

（1）剖检　急性病例的心包轻度扩张，心包腔内渗出纤维素聚集在一起形成灰白色或黄白色丝状、网状或薄层膜状，附着于心包壁层和心外膜表面。随着病程的延长，近心包壁层和心外膜表面的纤维素机化，使心脏表面纤维素渗出物呈绒毛状外观，称为"绒毛心"。慢性病例的心包壁层与心外膜完全粘连。

（2）镜检　心包壁层、心外膜和附近的心肌组织充血、水肿、出血和炎性细胞浸润，间皮变性、坏死和脱落，部分心肌细胞也明显变性和坏死。在心包壁层和心外膜表面附着伴有大量炎性细胞浸润和红细胞渗出的均质红染丝网状的厚层纤维素；慢性病例渗出的纤维素完全机化而形成结缔组织。

3. 化脓性心包炎

化脓性心包炎见于心包腔内化脓菌感染。

（1）剖检　心包扩张，心包腔内有或多或少的稀薄混浊的或奶油状黏稠的脓性心包液，有的病例的脓液中有大小不等的团块状纤维素性渗出物。

（2）镜检　心外膜和邻近的心肌组织严重充血、水肿、出血和大量中性粒细胞浸润，间皮细胞和附近的心肌细胞严重坏死，部分中性粒细胞坏死崩解，可能观察到蓝染细菌团块。

4. 增生性心包炎

增生性心包炎也称缩窄性心包炎，见于慢性疾病，可由纤维素性心包炎发展而来，也可单独发生。

（1）剖检　纤维素性心包炎的纤维素完全被肉芽组织机化，引起粘连，这时整个心脏外形成一层或薄或厚的灰白色硬实结缔组织。牛结核分枝杆菌引起增生性心包炎时，在心包腔内充满大量伴有钙化的结核性肉芽肿和大小不等的干酪样坏死灶，肉芽肿和干酪样坏死灶融合一起，质地硬实。在严重的纤维素心包炎慢性病例和结核分枝杆菌性慢性心包炎中，整个心脏表面附着一层或薄或厚的质地硬实的结缔组织或结核性肉芽肿及干酪样坏死物时，宛如盔甲裹在心脏表面，使心脏不易扩张和充盈，故称"盔甲心"。

（2）镜检　由纤维素性心包炎发展而来的增生性心包炎，在心包壁层和心外膜表面附着伴有淋巴细胞、巨噬细胞和浆细胞浸润的结缔组织。牛结核分枝杆菌引起的增生性心包炎，在心包壁层和心外膜表面附着伴有大量淋巴细胞浸润的典型结核性肉芽肿。

二、心肌炎的概念及病变特点

心肌炎是心肌的炎症，一般呈急性经过。根据病因不同，心肌炎分为病毒性心肌炎、细菌性心肌炎、寄生虫性心肌炎、免疫反应性心肌炎和孤立性心肌炎；根据发生部位和炎症性质，心肌炎分为实质性心肌炎、间质性心肌炎和化脓性心肌炎。

1. 实质性心肌炎

实质性心肌炎呈急性经过，炎灶内以心肌纤维的变质性变化为主，同时有不同程度的渗出和增生性变化，也称变质性心肌炎。

（1）剖检　犊牛、仔猪和羔羊患恶性口蹄疫时可见典型的实质性心肌炎，心脏扩张，心肌变软，心脏表面和切面色彩不均，在深红色或暗红色的心脏表面和切面上散在或弥漫分布大小不等的灰白色或黄白色的点状、条索状或斑纹状的蜡样坏死灶，与相对正常的心肌形成黄（白）、红相间的纹理，好像虎皮的斑纹，这种病变称"虎斑心"。

（2）镜检　心肌纤维呈单个散在性或局灶性坏死，坏死的心肌呈条索状、团块状，有的断裂和溶解，均质红染加深或红染变浅。有的坏死的心肌纤维上散在或弥漫分布细小的蓝色钙盐颗粒，偶见大小不等的钙化灶。心肌间质充血、水肿，常见大量淋巴细胞增生和浸润，还可见少量的浆细胞、巨噬细胞和中性粒细胞浸润。病程长者，心肌间质有数量不等的成纤维细胞增生。

2. 间质性心肌炎

间质性心肌炎是以心肌间质水肿和淋巴细胞浸润占优势，而心肌纤维变质性变化轻微为特征的炎症，多见于病毒性疾病、中毒性疾病和过敏反应。

（1）剖检　急性间质性心肌炎的病变与实质性心肌炎相似。慢性间质性心肌炎严重时使心脏体积缩小，质地变硬，心肌表面机化病灶呈灰白色的斑状凹陷区，冠状动脉增粗。

（2）镜检　心肌间质因水肿而增宽，大量的淋巴细胞和少量的巨噬细胞、浆细胞以及一些嗜酸性粒细胞浸润（见于寄生虫性病和变态反应性疾病）。间质的病变呈弥漫性或局灶性，沿大血管或间质分布，并与正常的心肌纤维相交织。毒力强的病原引起心肌纤维坏死明显。在慢性疾病中，心肌间质还可见明显的成纤维细胞增生，发生纤维化。

3. 化脓性心肌炎

化脓性心肌炎以心壁内形成大小不等的脓肿为特征。

（1）剖检　在心肌组织内有大小不等的灰白色或黄白色脓肿。新形成的脓肿周围可见红色的炎症反应带，陈旧性脓肿边缘有明显的脓肿膜。

（2）镜检　急性病例的心肌组织内可见大小不等的化脓灶（脓肿），化脓灶中央可见有蓝色粉末状细胞团块的细菌性栓子，栓子周围出现充血、出血及大量中性粒细胞浸润的炎性反应区。病程长和脓肿体积较大时，脓肿边缘是或薄或厚的结缔组织包囊。

三、心内膜炎的概念及病变特点

心内膜炎是心脏内膜的炎症。在心内膜炎的类型中瓣膜性心内膜炎（也称血栓性心内膜炎）具有重要意义。根据瓣膜的损伤程度和形成血栓的大小，瓣膜性心内膜炎可分为疣状血栓性心内膜炎和溃疡性心内膜炎两种类型。

1. 疣状血栓性心内膜炎

疣状血栓性心内膜炎的心瓣膜损伤轻微且很少有细菌继发感染，在心瓣膜的迎血流面上形成疣状赘生物，又称单纯性心内膜炎。

（1）剖检　早期，在心瓣膜表面形成数量不等的小溃疡灶的基础之上，逐渐形成微小的、散在或串珠状的、灰黄色或灰红色的易脱落的疣状赘生物（白色血栓）。后期，疣状赘生物完全机化为灰白色结缔组织，与心瓣膜融合，使心瓣膜呈不均匀增厚。

（2）镜检　炎症早期，见心瓣膜内膜的内皮下层结缔组织细胞和胶原纤维肿胀，结缔组织纤维结构消失和纤维素渗出，发生纤维素样坏死。内皮细胞肿胀、变性、坏死和脱落，其表面附着由血小板、纤维素、少量细菌及中性粒细胞组成的细小的白色血栓。病程较久者或炎症的后期，疣状血栓完全机化为结缔组织。内膜的深层组织通常无明显病变。

2. 溃疡性心内膜炎

溃疡性心内膜炎常发生于处于细菌性败血症阶段的动物，常有细菌继发感染，也称败血性心内膜炎。

（1）剖检　在整个心瓣膜的迎血流面覆盖相互融合的、干燥的、表面粗糙的黄白色或黄红色息肉状或菜花样赘生物。菜花样赘生物表层组织质地脆弱，容易脱落形成栓子，随血液运行至其他器官组织引起栓塞、梗死或转移性脓肿。

（2）镜检　从心瓣膜到赘生物表面可观察到4层结构。第一层为血栓基部与心瓣膜连接部位，心瓣膜的溃疡和血栓已被肉芽组织完全机化而形成结缔组织；第二层为伴有大量中性粒细胞和巨噬细胞浸润的肉芽组织；第三层为伴有中性粒细胞浸润的炎性反应带；第四层为由均质红染的同质化血栓、坏死产物和蓝色粉末状的大小不等、形态不一的细菌团块组成的赘生物表层。

四、心肌病

心肌病是一种由于心脏腔室的结构改变和心壁功能受损导致心脏功能进行性障碍的疾病。心肌病可分为原发性（遗传性、混合性或获得性）和继发性两类，其中继发性心肌病多见。心肌病可分成多型，包括扩张型、肥厚型和限制型。扩张型心肌病可能是遗传性的，也可能是后天获得的，通常表现为射血分数降低的典型心力衰竭症状。肥厚型心肌病是最常见的原发性心肌病，可导致劳累性呼吸困难、晕厥、不典型胸痛、心力衰竭和心脏性猝死。限制性心肌病较少见，通常与全身性疾病有关。

1. 扩张型心肌病

（1）剖检　心室及心房极度扩张而呈大球形，乳头肌和室小梁变平、萎缩。二尖瓣瓣膜小叶变短、肥厚，腱索短而粗或长而薄；三尖瓣间隔小叶与室间隔粘连，侧小叶直接插入乳头肌内。

（2）镜检　心肌细胞比正常的细长，常被细胞外水肿基质或结缔组织分离，并常见心肌细胞溶解。

2. 肥厚型心肌病

（1）剖检　左心室游离壁、乳头肌及室间隔肥厚，心腔狭小，心脏重量明显增加。

（2）镜检　心肌细胞肥大，染色质丰富，在肥大的心肌细胞内或其周围出现间质纤维化，个别心肌细胞或心肌细胞群显示肌质凝固、颗粒状、空泡化、断裂或溶解。

3. 限制型心肌病

限制性心肌病又称为缩窄型心肌病，心内膜心肌显著纤维化，心室舒缩受阻。

（1）剖检　心脏重量明显增加，左心房、右心室及右心房极度扩张，左心室中度扩张或正常。左心室流出道、流入道、乳头肌、游离室壁及腱索均常见严重的心内膜纤维化和肥厚，并见附壁血栓或主动脉血栓栓塞。

（2）镜检　左心室游离壁、室间隔等部位心内膜纤维化和心肌纤维化，心内膜极度增厚，偶见软骨样化生，心肌细胞肥大和间质结缔组织增生。

五、心力衰竭（心功能不全）

1. 分类

根据发生部位，心功能不全可分为左心功能不全、右心功能不全和全心功能不全。

2. 病因

心肌损伤、心脏负荷过重（容量负荷过重和压力负荷过重）、心包病变和诱因（全身感染和发热）4个因素均可引起心力衰竭。

3. 发病机理

收缩相关蛋白被破坏、心肌能量代谢紊乱和心肌兴奋-收缩偶联障碍。

4. 机体的适应代偿反应

心率加快、心脏扩张和心肌肥大。

5. 对机体的主要影响

（1）肺循环障碍　左心功能不全时，肺血液进入左心房受阻，引起肺瘀血，进一步引起肺水肿（见水肿发生机制），临床表现呼吸困难，呼吸浅表而快速。

（2）体循环障碍　右心功能不全时，全身血液回流右心房受阻，引起全身性瘀血（体循环瘀血），进一步引起全身性水肿，即心性水肿。

1）体循环瘀血：因右心室搏出障碍，前腔静脉、后腔静脉血液回流入右心房发生障碍，所以引起全身静脉瘀血、静脉压升高。

2）心性水肿：指心功能不全（特别是右心衰竭）时引起的全身性水肿。主要表现为四肢、胸腹部皮下水肿（见水肿发生机制），严重时出现胸腔积液、腹腔积液（腹水）。

六、血管的炎症

血管的炎症又称脉管炎，可分为动脉炎和静脉炎两种类型。

1. 动脉炎

动脉炎是动脉管壁的炎症。根据炎症发生的部位，动脉炎可分为动脉周围炎、动脉中膜炎和动脉内膜炎。若动脉壁各层均发生炎症，则称为全动脉炎。根据病程和病因，动脉炎分为急性动脉炎、慢性动脉炎和结节性动脉周围炎。

（1）急性动脉炎

1）动脉周围炎。

① 剖检：动脉外膜增粗，呈胶冻样，严重时见出血斑点或弥漫性红色。

② 镜检：血管外膜充血、水肿和出血，胶原纤维变质及炎性细胞浸润。

2）动脉中膜炎。

① 剖检：动脉管壁增厚。

② 镜检：中膜平滑肌变性或坏死，炎性细胞浸润。

3）动脉内膜炎。

① 剖检：动脉内膜粗糙，部分内膜坏死脱落，有时见出血斑点。

② 镜检：动脉内膜内皮细胞肿胀、变性或坏死、脱落，管腔内见血栓形成，炎性粒细胞浸润。

4）全动脉炎。

① 剖检：动脉增粗，管壁增厚，管腔变窄，浆膜面出血呈暗红色。

② 镜检：动脉外膜、中膜和内膜水肿，细胞变性或坏死，炎性细胞浸润。

（2）慢性动脉炎　多数由急性动脉炎发展而来，也可由慢性炎症直接发展而来，其病变以血管壁纤维化为主。

1）剖检：血管增粗，管壁增厚、变硬，管腔变窄，内膜粗糙；有时也见管壁扩张，甚至破裂以及血栓形成。

2）镜检：动脉壁结缔组织增生明显，外膜和中膜纤维化最为明显，伴有淋巴细胞、巨噬细胞和浆细胞浸润，管腔中的血栓常被不同程度地机化。

（3）结节性动脉周围炎　结节性动脉周围炎又称结节性全动脉炎，是一种与变态反应有关的病理过程。其特点是许多器官内的中、小动脉发生坏死性全动脉炎。

2. 静脉炎

静脉炎是静脉管壁的炎症，通常分为急性和慢性两种类型。

（1）急性静脉炎　根据炎症发生的部位不同也可分为静脉周围炎、静脉中膜炎、静脉内膜炎和全静脉炎。

1）剖检：静脉不同程度增粗和变硬，管腔扩张，管腔内充满浓稠的黄绿色脓性坏死物和硬固的血栓附着在血管壁上，硬性剥离血栓和坏死物后血管内膜污浊而粗糙。

2）镜检：血管壁明显增厚，血管内膜完全坏死，呈均质红染，部分坏死的内膜脱落，坏死可累及部分血管中膜。血管中膜增厚明显，发生严重的充血、出血和水肿，大量炎性细胞浸润，管腔内可见呈粉红色与红色层状结构的混合血栓，坏死组织和血栓内可能见到蓝色粉末状的细菌团块。

（2）慢性静脉炎　慢性静脉炎常为急性静脉炎的后期变化。

1）剖检：病变静脉呈结节状或条索状增粗，管壁增厚，管腔缩小，管腔内可形成血栓。

2）镜检：静脉管壁炎症区域内肉芽组织大量形成，并不断成熟，中膜与外膜因结缔组织增生而显著肥厚，静脉内血栓不同程度被机化。有的慢性静脉炎中膜肌层肥大明显。

七、淋巴管炎

淋巴管炎是淋巴管管壁的炎症，常伴发于某些传染病，可分为浆液性-纤维素性淋巴管炎和化脓性淋巴管炎。

（1）**浆液性-纤维素性淋巴管炎**　常见于牛传染性胸膜肺炎、急性牛巴氏杆菌病和山羊传染性胸膜肺炎等疾病的肺小叶间质，肺间质淋巴管扩张呈串珠状，有时淋巴管内常有淋巴栓形成。

（2）**化脓性淋巴管炎**　多见于蜂窝织炎、流行性淋巴管炎、马鼻疽等疾病。剖检，淋巴管扩张、变硬呈条索状；镜检，管腔内及其周围有大量中性粒细胞浸润，可见组织细胞崩解和化脓。

第四节　泌尿系统病理

一、肾炎的分类及病变特点

肾炎分为肾小球肾炎、间质性肾炎和化脓性肾炎3种类型。

1. 肾小球肾炎

炎症原发于肾小球的肾炎称为肾小球肾炎。炎症始于肾小球毛细血管基底膜，然后波及其他部位。根据病程和病理变化，肾小球肾炎分为急性、亚急性和慢性3种类型。

（1）**急性肾小球肾炎**　以肾小球渗出或增生性变化为主。

1）剖检：肾脏轻度肿大，充血，潮红，质软，被膜紧张易剥离，有时见出血点称"大红肾""蚤咬肾"；切面见肾小球形象明显。

2）镜检：肾小球体积增大，肾球囊内有浆液-纤维素、白细胞、红细胞渗出；毛细血管内皮细胞、系膜细胞明显增生。肾小管上皮细胞变性、坏死，形成蛋白管型或细胞管型。间质充血、水肿和炎性细胞浸润。

（2）**亚急性肾小球肾炎**　常由急性发展而来，或由较弱的病原引起。

1）剖检：肾脏明显肿大，质软，苍白色，称"大白肾"；表面光滑，常有出血点，切面皮质明显增宽。

2）镜检：肾小球囊壁层上皮细胞增生形成"新月体"，其间常有纤维素、中性粒细胞、红细胞；随后逐渐演变为纤维性"新月体"。肾小管上皮细胞高度肿大变性、坏死，可见蛋白管型或细胞管型。间质水肿、炎性细胞浸润，后期结缔组织增生。

（3）**慢性肾小球肾炎**　多由急性、亚急性演变而来，可单独发生。

1）**慢性膜性肾小球肾炎**：肾小球毛细血管壁基底膜外侧有免疫复合物沉积，管壁呈均匀一致性增厚。

① 剖检：肾脏体积增大，苍白色，后期变小、纤维化。

② 镜检：肾小球毛细血管壁增厚、损伤，通透性升高，大量蛋白成分渗出，结缔组织广泛增生。

2）**膜性增生性肾小球肾炎**：这是以毛细血管系膜细胞增生和基底膜增厚为特征的肾炎。

① 剖检：肾脏早期变化不明显，后期缩小，表面呈颗粒状。

② 镜检：肾小球肥大，呈分叶状，系膜细胞增生，基底膜增厚，结缔组织广泛增生。

3）**慢性硬化性肾小球肾炎**：这是各类肾小球肾炎发展到晚期的一种病理类型。

① 剖检：肾脏体积缩小，色彩变浅，质地变硬，表面呈颗粒状、高低不平，称为"皱缩肾（固缩肾）"。切面皮质变窄，纹理模糊不清。

② 镜检：多数肾小球发生纤维化和玻璃样变性，成为均质红染无结构的团块，也可进一步缩小甚至消失，与其连接的肾小管因缺血而萎缩、消失。间质纤维组织增生，淋巴细胞浸润。后期，肾小球纤维化、血管壁玻璃样变性以及相应肾小管的萎缩、消失更严重，间质的纤维组织增生也更显著。

2. 间质性肾炎

这是以肾间质淋巴细胞、巨噬细胞和结缔组织增生为主要病变的肾炎。

1）剖检：弥漫性间质性肾炎的肾脏肿大，表面和切面广泛分布灰白色斑纹；或质地变硬，体积缩小，呈浅灰色或黄褐色（皱缩肾）。局灶性间质性肾炎的肾脏表面和切面散在灰白色、大小不等的结节或斑纹，呈"白斑肾"形象。

2）镜检：肾间质有不同程度的淋巴细胞、巨噬细胞和成纤维细胞增生。

3. 化脓性肾炎

这是由化脓菌引起的肾盂和肾实质的化脓性炎，包括肾盂肾炎和脓肿性肾炎。

（1）**肾盂肾炎**　这是尿路的化脓菌上行感染引起肾盂和肾实质的化脓性炎。

1）剖检：肾脏肿大，质地变软，肾盂扩张，其内充满脓性渗出物；肾盂黏膜充血、出血、坏死、溃疡等；肾实质因受肾盂渗出物的压迫发生萎缩。

2）镜检：肾盂黏膜充血、出血、水肿和中性粒细胞浸润；黏膜上皮细胞肿胀和坏死，形成溃疡；自肾乳头伸向皮质的各级肾小管内充满中性粒细胞；肾小管上皮细胞坏死脱落，病灶处间质内也有中性粒细胞浸润。

（2）**脓肿性肾炎**　这是细菌性栓子经血源性播散引起肾实质的炎症。

1）剖检：肾脏肿大，在肾脏表面和切面散布大小不一的灰白色或灰黄色结节状脓肿。

2）镜检：肾组织内有大小不等的化脓灶，灶内有大量渗出的中性粒细胞，部分崩解、破碎，肾组织坏死和脓性溶解，有时可见蓝紫色的细菌团块，化脓灶周围有炎性反应带或脓肿膜。

二、肾病的病因及病变特点

肾病是以肾小管上皮细胞变性、坏死为主的病变，是由各种内源性毒素和外源性毒物随血液流入肾脏引起的。

1. 病因

内源性毒素、外源性毒物、有机溶剂和抗生素等毒性物质随血流进入肾脏，被肾小管上皮细胞吸收后引起肾小管损伤；或原尿中的大量水分被重吸收后，尿液浓缩使毒性物质浓度升高，对肾小管上皮细胞产生强烈损伤作用，导致肾小管上皮细胞变性和坏死。

2. 病变特点

（1）**坏死性肾病**　坏死性肾病也称急性肾病，多见于急性传染病和中毒病。

1）剖检：两侧肾脏轻度或中度肿大，质地柔软，颜色苍白，被膜易剥离，切面稍隆起。皮质部略有增厚且色泽不一，常出现暗红色或灰红色纹理；髓质瘀血，呈暗红色。

2）镜检：肾小管上皮细胞变性、坏死、脱落，管腔内出现颗粒管型和透明管型。肾间质充血、水肿，有时可见出血及少量炎性细胞浸润。

（2）**淀粉样肾病**　淀粉样肾病也称慢性肾病，多见于一些慢性消耗性疾病。

1）剖检：肾脏肿大，质地坚实，色泽灰白，切面呈灰黄色半透明的蜡样或油脂状。

2）镜检：肾小球毛细血管、入球动脉和间质小动脉及肾小管的基底膜上有大量淀粉样物质沉着，使肾小球血管和间质小动脉管壁增厚，血管腔狭窄，肾小管基底膜增厚。肾小管上皮细胞也发生脂肪变性、透明滴样变等。病程长者，间质结缔组织广泛增生。

三、肾功能不全和尿毒症

各种原因引起肾功能严重紊乱或缺失，使机体不能维持内环境稳定，从而出现一系列症状和体征的病理过程，称为肾功能不全，又称肾功能衰竭。根据病程分为急性和慢性两种类型。严重阶段的肾功能不全，即为尿毒症。

1. 急性肾功能不全

急性肾功能不全是各种致病因素在短时间内引起肾泌尿功能急剧降低，以致不能维持机体内环境稳定，从而引起水、电解质和酸碱平衡紊乱以及代谢废物蓄积的病理过程。

（1）原因　分为肾前性因素、肾后性因素和肾性因素。肾前性因素指心输出量和有效循环血量急剧减少。肾后性因素主要是肾盂以下尿路发生阻塞。肾性因素包括肾小球、肾间质和肾血管疾病以及急性肾小管坏死。

（2）发病机理　肾小球滤过率下降导致少尿或无尿。肾小球滤过率下降主要与肾血管、肾小球、肾小管等因素有关。

1）肾血管因素：肾血管收缩、肾血管内皮细胞肿胀、肾血管内凝血。

2）肾小球滤过功能障碍：肾血流量减少、肾小球滤过压降低、肾小球滤过面积减少、肾小球滤过膜的通透性改变。

3）肾小管因素：肾小管重吸收功能障碍、尿液浓缩和稀释功能障碍、酸碱平衡紊乱。

4）肾内分泌功能障碍：肾素-血管紧张素-醛固酮系统（RAAS）活性升高、促红细胞生成素（EPO）合成减少、维生素D羟化受阻、肾内前列腺素（PG）合成减少、激肽释放酶-激肽-前列腺素系统（KKPGS）障碍、内皮素（ET）生成增多、甲状旁腺激素（PTH）和胃泌素灭活减少。

（3）机能和代谢变化　急性肾功能不全一般可分为少尿期、多尿期和恢复期。

1）少尿期：开始表现尿量显著减少，代谢产物蓄积、水电解质和酸碱平衡紊乱。因肾小管上皮细胞损伤，对水和钠的重吸收功能障碍，尿钠含量升高。因肾小球滤过功能障碍和肾小管上皮坏死脱落，尿中还含有蛋白质、红细胞、白细胞、上皮细胞碎片及各种管型。还会引起水中毒、高钾低钠血症、高磷低钙血症、高镁低氯血症。代谢性酸中毒、氮质血症和尿毒症。

2）多尿期：肾血流量及肾小球滤过功能逐渐恢复，再生修复的肾小管上皮细胞重吸收功能低下，脱落的肾小管内管型被冲走，间质水肿消退，少尿期滞留在血中的尿素等代谢产物开始经肾小球滤出，引起渗透性利尿。

3）恢复期：恢复期尿量及血液成分逐渐趋于正常。

2. 慢性肾功能不全

肾的各种慢性疾病可引起肾实质的进行性破坏，如果残存的肾单位不足以代偿肾脏的全部功能，就会引起肾泌尿功能障碍，致使机体内环境紊乱，表现为代谢产物、毒性物质在体内潴留以及水、电解质和酸碱平衡紊乱，并伴有贫血、骨质疏松等一系列临床症状。具有上述临床症状的综合征，称为慢性肾功能不全。引起慢性肾实质进行性破坏的疾病可引起慢性肾功能不全。肾功能不全也可继发于急性肾功能不全或慢性尿路阻塞。

（1）发展分期　慢性肾功能不全的病程经过呈现明显的进行性加重，可分为4个时期：代偿期、肾功能不全期、肾功能衰竭期、尿毒症期。

（2）机能和代谢变化

1）尿的变化：早期常见多尿，晚期则发生少尿；早期出现低比重尿或低渗尿；出现尿蛋白和尿沉渣。

2）水、电解质及酸碱平衡紊乱：水代谢紊乱、钠代谢紊乱、钾代谢紊乱、镁代谢紊乱和酸碱平衡紊乱。

3）氮质血症：血液中含氮物质开始大量蓄积。

慢性肾功能不全还可见肾性贫血、出血倾向和肾性骨营养不良。

3. 尿毒症

尿毒症是急性和慢性肾功能不全发展到最严重的阶段，代谢产物和毒性物质在体内潴留，水、电解质和酸碱平衡发生紊乱，以及某些内分泌功能失调所引起的全身性功能和代谢严重障碍，并出现一系列自体中毒症状的综合病理过程。

（1）神经系统功能障碍　引起尿毒症性脑病，动物呈现肢体麻木和运动障碍。

（2）消化道变化　动物表现厌食、呕吐和腹泻症状，剖检见胃肠道黏膜呈现不同程度的充血、水肿、溃疡和出血。

（3）皮肤变化　皮肤出现尿素霜。在高浓度甲状旁腺激素等的作用下，动物常表现明显的皮肤瘙痒症状。

（4）代谢紊乱　蛋白质代谢紊乱、糖代谢紊乱、脂肪代谢紊乱。

尿毒症还可出现心血管系统功能障碍、呼吸系统功能障碍、内分泌系统功能障碍和免疫系统功能障碍。

第五节　神经系统病理

一、神经系统的基本病理变化

1. 神经元的变化（胞体的变化）

（1）染色质溶解　染色质溶解是指神经元细胞质内尼氏体（粗面内质网和多聚核糖体）的溶解。尼氏体溶解是神经元变性的形式之一，包括中央染色质溶解和周边染色质溶解。染色质溶解是可复性损伤，若病因持续存在，可致细胞坏死。

（2）急性肿胀　神经元胞体肿胀而变圆，染色变浅，中央染色质或周边染色质溶解，树突肿胀变粗，核肿大浅染。

（3）神经元凝固　神经元凝固又称缺血性变化，病变细胞细胞质皱缩，嗜酸性增加，均匀红染，在胞体周围出现空隙。细胞核体积缩小，染色加深。

（4）空泡变性　空泡变性指神经元的细胞质内出现小空泡，常见于羊痒病和牛海绵状脑病。主要表现为脑干某些神经核的神经元和神经纤维网中出现大小不等的圆形或卵圆形的空泡。另外，神经元的空泡化也见于溶酶体蓄积病、老龄公牛等。

（5）液化性坏死　液化性坏死是指神经元坏死后进一步溶解液化的过程。病变部位的神经元坏死，随时间的延长，细胞质染色变浅，有空泡形成，并发生溶解，或胞体坏死产物被小胶质细胞吞噬，使坏死细胞完全消失。同时，神经纤维也发生溶解液化，使坏死的神经组织形成软化灶。

（6）包涵体形成　神经元中包涵体形成多见于某些病毒性疾病。在狂犬病时，大脑皮层海马的锥体细胞及小脑的浦肯野细胞细胞质中出现嗜酸性包涵体，也称内氏小体（Negri 小体）。猪伪狂犬病时，在脑神经元核内可见大小不等、形态不一的嗜酸性包涵体。马波那病时，在神经元出现有证病意义的核内嗜酸性包涵体。

2. 神经纤维的变化

当神经纤维损伤时，在距神经元胞体近端和远端的轴突及其所属的髓鞘发生变性、崩解和被吞噬细胞吞噬的过程称为沃勒变性又称华氏变性。相应的神经元胞体发生中央染色质溶解。沃勒变性的过程一般包括轴突变化、髓鞘崩解和细胞反应3个阶段。

（1）轴突变化　轴突出现不规则的肿胀、断裂并收缩成椭圆形小体，或崩解形成串珠状，并逐渐被吞噬细胞吞噬和消化。

（2）髓鞘崩解　髓鞘崩解成单纯的脂质和中性脂肪，称为脱髓鞘现象。组织学上因脂滴被溶解而形成空泡。

（3）细胞反应　在神经纤维损伤处，由血液单核细胞衍生而来的小胶质细胞参与吞噬细胞碎片的过程（吞噬轴突和髓鞘的碎片），并把髓磷脂转化为中性脂肪。通常将含有脂肪滴的小胶质细胞称为格子细胞或泡沫细胞，它们的出现是髓鞘损伤的指征。

3. 胶质细胞的变化

（1）星形胶质细胞的变化

1）转型和肥大：在大脑灰质结构损伤时，星形胶质细胞由原浆型转变为纤维型，在脑组织损伤处积聚形成胶质痂。当脑组织局部损伤，星形胶质细胞可发生肥大，表现为胞体肿大，细胞质增多且嗜伊红深染，核偏位。

2）增生：在脑组织损伤时，星形胶质细胞可出现增生性反应，当大量增生时称为神经胶质增生或神经胶质瘤。按其性质可分为反应性增生和营养不良性增生两类。前者表现为纤维型胶质细胞增生并形成大量胶质纤维，最后成为胶质瘢痕；后者是代谢紊乱的一种表现形式。当神经组织完全丧失时，星形胶质细胞增生围绕在缺损的周围，中间含有透明的液体，即形成囊肿。

（2）小胶质细胞的变化　小胶质细胞对损伤的反应主要表现为肥大、增生和吞噬3个过程。

1）肥大：一般在神经组织损伤的早期，小胶质细胞很快肥大，表现为胞体增大，细胞质和原浆突肿胀，细胞质浅染，核变圆而浅染。

2）增生和吞噬：小胶质细胞的增生呈弥漫型和局灶型。常见于中枢神经组织的各种炎症过程。小胶质细胞具有吞噬作用，可吞噬变性的髓鞘和坏死的神经元。在吞噬过程中，胞体变大变圆，细胞核呈暗紫圆形或杆状，细胞质呈泡沫状或格子状空泡，故称为格子细胞或泡沫细胞。增生的小胶质细胞围绕在变性的神经元周围，称为卫星现象。神经元坏死后，小胶质细胞也可进入细胞内，吞噬神经元残体，称为噬神经元现象。在软化灶处小胶质细胞呈小灶状增生而形成胶质小结，其中常有巨噬细胞浸润。

（3）少突胶质细胞的变化　少突胶质细胞在疾病过程中可发生急性肿胀、增生和类黏液变性。

1）急性肿胀：胞体肿大、细胞质内形成空泡，核浓缩，染色变深。若液体积聚过多，胞体持续肿胀甚至可以破裂崩解，在局部见崩解的细胞碎片。

2）增生：表现为少突胶质细胞数量增多。少突胶质细胞增生与急性肿胀常同时发生，增生的细胞发生急性肿胀并可相互融合，形成细胞质内含有空泡的多核细胞。在慢性增生时，少突胶质细胞也可围绕在神经元胞体周围呈卫星现象，在白质中的神经纤维内形成长条状的细胞索，或聚集于血管周围。

3）类黏液变性：在脑水肿时，少突胶质细胞细胞质出现黏液样物质，呈蓝紫色，黏蛋白卡红染色呈鲜红色，同时胞体肿胀，核偏于一侧。

4. 血液循环障碍

动脉性充血、静脉性充血、缺血、血栓、栓塞、梗死和血管周围有管套（血管套）病变。

5. 脑脊液循环障碍

（1）脑水肿 脑水肿指脑组织水分增加而使脑体积肿大。

（2）脑积水 由于脑脊液流出受阻或重吸收障碍，引起脑脊液在脑室或蛛网膜下腔蓄积形成脑积水。液体聚集于脑室时称为脑内性脑积水；聚集于蛛网膜下腔时称为脑外性脑积水。

病变特点：脑室或蛛网膜下腔扩张，脑脊液增多，脑实质因脑脊液压迫发生萎缩，如在侧脑室内积水并逐渐增多时，大脑半球实质因压迫萎缩而变薄，甚至形成菲薄的包膜。

6. 炎症性病变

炎症的一般规律也适应于脑和脊髓。

二、脑炎的分类及病变特点

根据病因和病变特征，脑炎可分为化脓性脑炎、非化脓性脑炎、嗜酸性粒细胞性脑炎和变态反应性脑炎。

1. 化脓性脑炎

化脓性脑炎是由化脓菌（葡萄球菌、链球菌、李氏杆菌、大肠杆菌、巴氏杆菌、棒状杆菌等）感染引起的以大量中性粒细胞渗出，同时伴有局部组织的液化性坏死和脓汁形成为特征的脑的炎症过程。发生化脓性脑炎时，脑膜也出现相应炎症，则称为化脓性脑膜脑炎；若脊髓、脑膜和脊髓膜也出现化脓性炎，可称为化脓性脑膜脑脊髓炎。

（1）剖检 病变不明显或脑组织有大小不等的灰黄色或灰白色化脓灶，有的病例局部脑膜轻度增厚，呈较污浊的黄绿色。

（2）镜检 脑组织内可见散在或局灶状中性粒细胞浸润，严重病例在脑组织内见面积大的化脓灶，内有大量中性粒细胞浸润，部分坏死和崩解，血管周围出现中性粒细胞（少量淋巴细胞）性管套，同时有小胶质细胞增生。

2. 非化脓性脑炎

非化脓性脑炎主要是指由多种病毒性感染引起的脑炎，又称病毒性脑炎。

（1）剖检 脑水肿，偶见脑组织偏软或散在针尖大的小病灶、小出血点。

（2）镜检

1）神经元变质：神经元变性、坏死、细胞肿胀浅染或皱缩深染，出现中央染色质溶解；严重时出现局灶性的坏死灶（软化灶）。

2）血管反应（渗出）：脑组织充血和水肿，小血管外形成淋巴细胞（少量巨噬细胞）性管套。

3）胶质细胞增生：小胶质细胞增生，形成卫星现象、噬神经元现象和胶质小结。早期，小胶质细胞增生以吞噬坏死的神经组织；后期，主要是星形胶质细胞增生来修复损伤组织。

4）包涵体形成：患猪伪狂犬病和马传染性脑脊髓炎（马流行性脑脊髓炎）时，在病变神经元内出现核内嗜酸性包涵体；狂犬病的脑神经元中见细胞质内嗜酸性包涵体，即内氏小体。

3. 嗜酸性粒细胞性脑炎

嗜酸性粒细胞性脑炎是由食盐中毒或寄生虫寄生引起的以嗜酸性粒细胞渗出为主要病变的脑炎。

（1）剖检　软脑膜充血，脑回变平，有小出血点，其他病变不明显。

（2）镜检　脑组织充血、水肿或出现小出血灶，小血管周围形成嗜酸粒细胞性管套。小胶质细胞增生，出现卫星现象或噬神经元现象。有的病例脑膜下及脑组织中有嗜酸性粒细胞散在或灶状浸润。小胶质细胞呈弥漫性或局灶性增生，并出现卫星现象和噬神经元现象，也可形成胶质小结。

4. 变态反应性脑炎

变态反应性脑炎是动物脑组织在接种疫苗后引起的脑炎。引起炎症的可以是疫苗本身，也可能是佐剂。

（1）剖检　无明显特征性病变。

（2）镜检　见脑充血和水肿，大量淋巴细胞、浆细胞和单核细胞在血管周围浸润形成管套病变，出现胶质细胞增生和髓鞘脱失现象。

三、脑软化的病因及病变特点

脑组织坏死后，分解变软或呈液态，称为脑软化。细菌、病毒等病原微生物感染，维生素 B_1、维生素 E 和硒缺乏，霉玉米镰刀菌毒素中毒和缺氧等因素均可引起脑软化。

1. 牛羊脑灰质软化病

牛羊脑灰质软化病是由维生素 B_1（硫胺素）缺乏引起，也称层状皮层坏死。

（1）剖检　大脑回肿胀变宽，在白质附近的灰质区常有狭窄条状坏死区。严重时大脑半球弥漫性坏死，出现广泛的去皮质区，使脑沟白质中心裸露。坏死区可见其他脑组织蔓延。

（2）镜检　轻症者灰质呈局灶状的层状坏死，神经元坏死并液化，形成大小不等的软化灶。严重时，灰质弥漫性坏死，完全液化到达深层。在病灶周围的血管充血、水肿、小胶质细胞增生，并可见泡沫样细胞。

2. 肉食兽脑软化

肉食兽脑软化由维生素 B_1 缺乏引起。

（1）剖检　脑水肿、充血、出血及坏死液化，易发于脑室周围灰质、下丘脑、中脑前庭核和外侧膝状体核，病灶呈双侧对称性。

（2）镜检　神经元变性坏死并形成软化灶，其周围的小血管扩张充血，有时见出血。如果病程长，见星形胶质细胞增生，形成胶质瘢痕。

3. 羊局灶性对称性脑软化

羊局灶性对称性脑软化多见于羊的肠毒血症。

（1）剖检　病变主要分布于丘脑、中脑、小脑和颈腰部脊髓的白质，病灶直径为1~1.5cm，因伴有出血而呈红色，时间较久时为灰黄色，呈两侧对称性。

（2）镜检　背侧丘脑、脊髓腹角、皮质下白质和小脑脚的神经纤维髓鞘脱失，神经元坏死液化，常有明显的出血。

4. 雏鸡脑软化

雏鸡脑软化是由维生素 E 和微量元素硒缺乏引起的一种代谢病，又称疯狂病。

（1）剖检　初期，小脑脑膜充血和水肿，可见出血点。小脑脑沟变浅，脑实质肿胀柔软。病程稍长者，在小脑见混浊的绿黄色软化灶。

（2）镜检　脑膜充血、水肿，出现小出血灶，毛细血管内形成血栓。小脑白质和脊髓神经束出现局灶性或弥漫性的脱髓鞘现象，严重者见软化灶。

5. 马脑白质软化

马脑白质软化是霉玉米中的镰刀菌毒素引起的马属动物的一种中毒性疾病。

（1）剖检　脑脊液增多，软脑膜充血和出血。在脑组织切面的白质中见大小不一的软化灶，呈黄色或浅黄色糊状，若伴有明显出血则呈灰红色。大软化灶常为单侧性，有波动感。

（2）镜检　脑血管扩张、充血，其周围间隙积聚水肿液和红细胞，附近脑组织因水肿而疏松。脑组织崩解，呈颗粒状，形成软化灶。病灶周围胶质细胞增生，有时可见胶质小结。神经元变性，可见卫星现象与噬神经元现象。

四、脑膜炎

脑膜炎是指发生于软脑膜的炎症。脑膜炎常与脑炎同时发生，称脑膜脑炎。根据病程，分为急性、亚急性及慢性；根据病因，分为化脓性脑膜炎、嗜酸性粒细胞性脑膜炎、非化脓性脑膜炎和肉芽肿性脑膜炎。

1. 病因及其发病机理

细菌（大肠杆菌、链球菌、单核细胞增多性李斯特菌、巴氏杆菌、结核杆菌等）、病毒和寄生虫（羊狂蝇蛆、羊脑包虫、弓形虫）均可引起脑膜炎。病原可通过血液循环或沿着神经轴突逆行（单核细胞增多性李斯特菌）播散到软脑膜和蛛网膜下腔，侵入软脑膜，引起脑膜炎。

2. 病变特点

（1）剖检　脑回变平，脑沟变浅，局部脑膜增厚可呈浅黄绿色。

（2）镜检　蛛网膜下腔充血和水肿。化脓性脑膜炎初期，中性粒细胞大量渗出和浸润；中后期，淋巴细胞、巨噬细胞逐渐占优势，可能见到细菌、细胞碎片。非化脓性脑膜炎以大量淋巴细胞渗出和浸润为主。嗜酸性粒细胞性脑膜炎以嗜酸性粒细胞渗出和浸润为主；肉芽肿性脑膜炎以脑膜出现粟粒状肉芽肿为特征。

五、脑水肿

脑水肿是脑组织水分增加而使脑体积肿大。根据原因和发生机理可将脑水肿分为血管源性脑水肿和细胞毒性脑水肿。

（1）血管源性脑水肿　这是因静脉血液回流障碍而引起的脑水肿。剖检，脑回扁平，脑组织色泽苍白，表面湿润，质地较软；切面稍隆起，脑室变小或闭塞。镜检，脑小血管外周间隙和神经元周围增宽，充满粉红色的水肿液。水肿区着色浅，髓鞘肿胀，轴突不规则增粗或成串珠状变化。

（2）细胞毒性脑水肿　这是水蓄积在神经元细胞质内的病变，即细胞肿胀。内、外源性毒物中毒和低渗性水中毒均可引起细胞毒性脑水肿。剖检，同血源性脑水肿，但病变多见于灰质。镜检，神经元胞体肿大，细胞核大而浅染，染色质溶解，细胞均质化或液化，特别在大型的神经元更多见。

第六节　生殖系统病理

一、繁殖障碍的原因及病变特点

繁殖障碍是指公畜或母畜暂时或永久地不能繁衍后代。一般将母畜的繁殖障碍称为不孕症；公畜达到配种年龄不能正常交配或精液品质不良，不能使母畜受孕称为不育。

繁殖障碍的原因主要包括性器官的先天性缺陷和获得性疾病，以及动物饲养管理不当和人工繁殖技术性错误等。

1. 母畜的繁殖障碍

母畜繁殖障碍表现为不孕、流产、早产,以及产死胎、胎儿木乃伊化、弱仔或少仔等。

(1) 先天性繁殖障碍

① 两性畸形:因性染色体缺失而丧失繁殖能力。

② 幼稚病:母畜达到配种年龄时不发情,有时虽然发情但屡配不孕。表现为生殖器官某些部分发育不全,如子宫角特别细小、卵巢小如豌豆、阴道和阴门特别细小,无法交配。

(2) 疾病性繁殖障碍　疾病性繁殖障碍主要由传染病和产科病引起,繁殖障碍只是这些疾病的症状之一。

① 传染病引起的繁殖障碍:猪细小病毒、伪狂犬病病毒、流行性乙型脑炎病毒,猪繁殖与呼吸综合征病毒、布鲁氏菌、钩端螺旋体、衣原体、胎儿弯杆菌和李氏杆菌感染引起的传染病均可引起繁殖障碍。

② 产科疾病引起的繁殖障碍:牛产科疾病,如牛子宫内膜炎、卵巢囊肿、卵巢机能减退等均可引起繁殖障碍。

(3) 饲养管理性繁殖障碍　饲养性繁殖障碍是指饲料供给不足或过多,使家畜生殖机能衰退,造成暂时性的繁殖障碍,饲养管理改善后家畜可恢复繁殖能力。

(4) 其他原因性繁殖障碍　包括衰老性繁殖障碍、气候性繁殖障碍和繁殖技术性繁殖障碍。

2. 公畜的不育

公畜的不育是指不能授精或者精子不能使卵子受精。常见的公畜不育症由精液品质不良、阳痿、竖阳不射精等原因引起。

二、子宫内膜炎的类型及病变特点

根据病程和炎性渗出物的性质可将子宫内膜炎分为以下4种:

1. 急性卡他性子宫内膜炎

从子宫内排出大量混浊的或含有絮状物的黏液。子宫外形常无明显异常,子宫腔内积有数量不等、混浊、黏稠的灰白色或因混有血液而呈褐红色的渗出物。子宫内膜出血、水肿,呈弥漫性或局灶性潮红肿胀,其中有散在出血斑。

2. 纤维素性或纤维素性坏死性子宫内膜炎

(1) 剖检　子宫角膨大,两侧子宫角大小极不对称;内膜表面附着一层膜状的纤维素性渗出物,严重时伴有内膜坏死,形成溃疡灶。

(2) 镜检　子宫内膜的毛细血管和小动脉扩张充血,常伴有出血,黏膜表层子宫腺周围有白细胞浸润,腺腔内也有炎性细胞浸润,黏膜小血管常有血栓形成,黏膜上皮常见坏死,可见坏死灶。

3. 化脓性子宫内膜炎

(1) 剖检　子宫腔内蓄积大量脓液而使子宫腔扩张,子宫体积增大,触摸有波动感。子宫内膜表面粗糙、污秽、无光泽,多被覆一层坏死组织碎屑,并可见到糜烂或溃疡灶。

(2) 镜检　子宫黏膜固有层和黏膜表面有大量中性粒细胞,子宫腺和黏膜上皮细胞变性、坏死、脱落,与坏死崩解的中性粒细胞形成脓液,有时也可见细菌团块,肌层和外膜充血、水肿,炎性细胞浸润。

4. 慢性子宫内膜炎

病变特点为子宫内膜结缔组织增生,浆细胞浸润,腺腔堵塞而致囊肿形成,息肉样增生,内膜上皮脱落和上皮化生为鳞状上皮等。病初多呈轻微的急性卡他性子宫内膜炎的变化，以后则以淋巴细胞和浆细胞浸润为主，并有成纤维细胞增生，致使内膜肥厚。细胞浸润和成纤维细胞增生以腺管周围最为显著。出现慢性息肉性子宫内膜炎、慢性囊肿性子宫内膜炎、慢性萎缩性子宫内膜炎。

三、乳腺炎的类型及病变特点

乳腺炎指乳腺的炎症。根据炎症的过程、性质和波及的范围，可将乳腺炎分为急性弥漫性乳腺炎、慢性弥漫性乳腺炎、化脓性乳腺炎和肉芽肿性乳腺炎。

1. 急性弥漫性乳腺炎

（1）剖检　乳腺肿大、坚硬，用刀易切开。患浆液性乳腺炎时，乳腺切面湿润，有光泽，颜色稍苍白，乳腺小叶呈灰黄色。

（2）镜检　腺腔内有少量炎性细胞和脱落的腺上皮，小叶及腺泡间结缔组织水肿。患出血性乳腺炎时，乳腺切面光滑，呈暗红色，有的乳管内有白色或黄白色的栓子，乳池的黏膜充血、肿胀、出血，黏膜上皮损伤，并有纤维蛋白及脓汁渗出。

2. 慢性弥漫性乳腺炎

慢性弥漫性乳腺炎多由急性乳腺炎发展而来。

（1）剖检　常侵害后侧乳叶。慢性增生性炎症，间质内结缔组织显著增生，乳腺组织逐渐减少。随纤维化病变加重，乳腺萎缩和硬化。

（2）镜检　乳腺组织萎缩，腺泡缩小，结缔组织广泛增生，淋巴细胞和浆细胞浸润。

3. 化脓性乳腺炎

化脓性乳腺炎多并发或继发于卡他性或纤维素性乳腺炎。

病变特点为乳腺渗出物内含有脓性混合物，或单个脓肿突出于乳房表面。乳腺蜂窝织炎时常伴发脓毒败血症，乳腺肿胀，切开面乳池及输乳管内充满黄白色或黄绿色的脓性渗出物，稀薄或浓稠，黏膜粗糙或形成溃疡，表面覆有坏死组织碎块，乳腺组织化脓坏死。形成瘘管时，脓汁可由皮肤和乳管的穿孔排出。化脓性乳腺炎有时出现乳腺组织大范围坏死、糜烂。

4. 肉芽肿性乳腺炎

肉芽肿性乳腺炎是以肉芽肿形成为主要病理特征的乳腺慢性炎症，主要见于结核性乳腺炎、放线菌性乳腺炎和布鲁氏菌性乳腺炎。乳腺组织内散在或弥漫分布大小不等的结节状肉芽肿。

四、睾丸炎及附睾炎的类型及病变特点

1. 睾丸炎

根据睾丸炎的病程和病变，可将其分为急性睾丸炎、慢性睾丸炎和肉芽肿性睾丸炎。

（1）急性睾丸炎　睾丸充血、肿胀，白膜紧张，切面湿润隆起，常见有大小不等的坏死灶。当炎症波及白膜时，可继发急性鞘膜炎，引起阴囊积水。急性睾丸炎的病原常是化脓菌，睾丸切面常分散有大小不等的灰黄色化脓灶。

（2）慢性睾丸炎　间质结缔组织增生和纤维化，睾丸体积变小，质地变硬，被膜增厚，切面干燥。伴有鞘膜炎时，因机体使鞘膜脏层和壁层粘连，以致睾丸被固定，不能移动。

（3）肉芽肿性睾丸炎　由特定病原菌（如结核分枝杆菌、布鲁氏菌、鼻疽杆菌）引起的以肉芽肿形成为特征的睾丸炎。

2. 附睾炎

附睾炎常与睾丸炎同时发生，可分为急性附睾炎和慢性附睾炎两种。

(1) **急性附睾炎** 为单侧性或两侧性，以变质和渗出变化为主。

1）剖检：病变附睾肿胀，质地柔软，切面湿润，用力挤压时见有黏液样物质从切面流出，白膜有炎性渗出物附着。炎症波及总鞘膜腔时，可见腔内有浆液流出。随着炎症的发展，附睾可出现弥散性坏死或大小不一的坏死灶。

2）镜检：早期附睾内血管扩张充血，血管周围浆液渗出、炎性细胞浸润。部分附睾管上皮细胞水肿或坏死、脱落，管腔内充满渗出的浆液、坏死脱落的上皮细胞、炎性细胞以及变性的精子。布鲁氏菌引起炎症时，附睾内可见精子性肉芽肿形成。

(2) **慢性附睾炎** 多由急性附睾炎转化而来，或一开始就呈慢性经过，以肉芽组织增生和纤维化为特征。

1）剖检：附睾体积缩小，质地坚硬，间质中结缔组织呈局灶性或弥散性增生，白膜和固有鞘膜粘连。附睾内有数量不等的囊肿和大小不一的结缔组织包囊。

2）镜检：附睾管的残存上皮细胞可发生乳头状增生、变性，并伴有小管内囊肿形成。附睾坏死灶周围见大量纤维组织增生和淋巴细胞及巨噬细胞浸润。由于结缔组织增生及上皮细胞增生使附睾管腔变细、变窄，甚至闭合，引起其内容物瘀滞。附睾管上皮细胞变性和坏死，使附睾管破裂，引起精子外渗。外渗的精子可引发精子性肉芽肿。

五、卵巢炎与卵巢硬化

1. 卵巢炎

卵巢炎多由继发感染引起。根据病程长短和病变特征，分为急性卵巢炎和慢性卵巢炎两种。

(1) **急性卵巢炎** 一般呈急性浆液性、纤维素性或化脓性炎症。

1）剖检：卵巢肿大、潮红、质软，表面和切面湿润，有的表面被覆纤维素或分布大小不等的化脓灶。

2）镜检：卵巢血管扩张充血，浆液和纤维素渗出，间质疏松，炎性细胞浸润。化脓性炎症时，中性粒细胞渗出、浸润和崩解，形成脓汁。

(2) **慢性卵巢炎** 常由急性卵巢炎转变而来。

1）剖检：卵巢缩小、变硬，被膜增厚，切面见纤维纹理，即出现卵巢硬化。

2）镜检：大量结缔组织增生，淋巴细胞、巨噬细胞和浆细胞浸润和增生。结核杆菌引起结核性（肉芽肿性）卵巢炎。

2. 卵巢硬化

卵巢发生慢性炎症时，卵巢实质变性，淋巴细胞、浆细胞浸润，结缔组织增生，卵巢白膜增厚，体积变小，质地变硬，称为卵巢硬化。

六、卵巢囊肿

卵巢囊肿是指卵巢的卵泡或黄体内出现液性分泌物积聚，或由其他组织（如子宫内膜）异位性增生而在卵泡中形成的囊泡。

1. 卵泡囊肿

卵泡囊肿是由成熟卵泡不破裂或闭锁卵泡持续生长，卵泡腔内液体蓄积形成的。囊肿呈单发或多发，可见于一侧或两侧卵巢，囊肿大小不等。囊肿壁薄而致密，内含透明液体，其中含有少量白蛋白。

2. 黄体囊肿

正常黄体是囊状结构，若囊状黄体持续存在或生长，或黄体含血量较多，血液被吸收后，均可导致黄体囊肿。

3. 黄体样囊肿

黄体样囊肿实质上是一种卵泡囊肿，是卵泡不破裂、不排卵，直接演变出来的一种囊肿。囊腔为圆形，囊壁光滑，在临近黄体化的卵泡膜细胞区衬有一层纤维组织。

七、输卵管炎

输卵管炎是输卵管最常见的疾病，细菌、支原体等病原微生物是其主要病因。此外，在子宫内使用刺激性药物和进行外科手术时，也可引起输卵管炎。

1. 急性输卵管炎

1）剖检：见黏膜肿胀、潮红，有时有出血点，管腔内充满混浊的炎性渗出物。化脓菌感染时，为稀薄或黏稠的脓性渗出物；当管腔被阻塞后，脓性渗出物聚积使输卵管扩张呈囊状，即输卵管积液。

2）镜检：输卵管黏膜血管扩张充血，固有层水肿疏松，其间有中性粒细胞、淋巴细胞和巨噬细胞浸润，黏膜上皮细胞变性、坏死和脱落，在管腔内见脱落的上皮细胞、中性粒细胞、浆液等炎性渗出物。

2. 慢性输卵管炎

慢性输卵管炎多继发于急性炎症，输卵管壁因结缔组织增生而增厚、变硬，多数黏膜上皮萎缩或消失，皱襞融合，残存上皮发生鳞状上皮化生，甚至黏膜粘连，管腔闭锁。

八、与繁殖障碍有关的其他病症

1. 子宫内膜萎缩与增生

子宫内膜萎缩是卵巢功能丧失的结果，可以发生在间情期、营养缺乏、恶病质以及性别发育紊乱。镜检见萎缩的子宫内膜变薄。母马表现为纵向皱褶不清，母牛表现为肉阜扁平。间情期的子宫内膜中有短而直的腺体，含有立方上皮细胞和腺上皮细胞。子宫内膜局限性或广泛性增生。

2. 子宫内膜异位症

子宫内膜异位症是在子宫肌层内出现子宫内膜，对家畜的影响不大。妊娠和子宫蓄脓的压力，导致子宫内膜进入子宫肌层或上皮细胞发生迁移。剖检见子宫肌层呈局限性增厚。镜检见子宫肌层内有子宫内膜腺体和基质。

3. 精子肉芽肿

精子肉芽肿多见于羊和犬，通常发生在附睾头部，多为单侧性，偶为双侧性。患附睾炎时附睾管可被炎性渗出物阻塞而闭锁，闭锁部位前方管壁由于过度扩张而致破裂，精子外渗进入间质，引起特征性的肉芽肿反应。精子肉芽肿内有黄色干酪样物质，其中混有大量精子和吞噬精子的巨噬细胞，并有较多的淋巴样细胞浸润，陈旧的病灶周围形成纤维结缔组织的包囊。

4. 隐睾

隐睾是指睾丸不完全下降。单侧隐睾比双侧隐睾更常见。

剖检，睾丸明显变小，质地变坚实。镜检，间质胶原纤维沉积，管腔膜透明、增厚，生精上皮细胞变性，仅有少数精原干细胞仍保持与支持细胞（塞托利细胞）的相互辅助作用。

5. 睾丸萎缩与退化

剖检发现发育期后的睾丸体积减小。镜检发现生精小管退化。

睾丸发生严重的退化或者慢性睾丸退化时，睾丸变小、质地坚硬。退化可以是单侧的，也可能是双侧的。

第七节　皮肤及运动系统病理

一、皮炎和皮疹的分类及病变特点

皮炎是皮肤的表皮和真皮发炎的疾病。按病程和病变，分为急性皮炎、亚急性皮炎和慢性皮炎。

1. 急性皮炎

病变特点是表皮的渗出性炎症和水疱形成。炎症初期，真皮乳头层血管和淋巴管扩张、充血，以及淋巴细胞、嗜酸性粒细胞浸润，皮肤因充血而出现红斑，局部炎性渗出液增多，出现表皮棘细胞水疱变性和气球样变，进而棘细胞层水肿（海绵样变）和形成微小的水疱，小水疱相互融合形成剖检可见的水疱，发生多数水疱的皮炎又称为水疱性皮炎。水疱外若无厚的角质层覆盖，则不久即破裂，可露出红色的表皮深层，由此渗出的浆液和纤维素在表面凝结成结痂。

2. 亚急性皮炎

病变特点介于急性皮炎和慢性皮炎之间，表皮有轻度的细胞内及细胞间水肿，有时可形成小水疱，棘细胞层增厚并伴有角化不全或角化过度。真皮以淋巴细胞浸润为主，或有少数中性粒细胞浸润，病变部结缔组织增生，在皮肤的表面形成稍隆起且较硬实的丘疹，又称为丘疹性皮炎。

3. 慢性皮炎

慢性皮炎以增生性变化为主要特征。皮肤充血和渗出轻微，真皮乳头层显著水肿，血管壁增厚，血管周围淋巴细胞、浆细胞和嗜酸性粒细胞浸润，伴有结缔组织增生。

二、毛囊炎的分类及病变特点

毛囊炎是由葡萄球菌引起毛囊及所属皮脂腺的化脓性炎症。毛囊周围及其深部所引起的局灶性化脓性炎称为疖。疖为豌豆至鸡蛋大的脓肿。相邻的多数疖融合为大脓肿时，称为痈。毛囊和皮脂腺的慢性化脓性炎，称为痤疮。镜检，毛囊内大量中性粒细胞渗出、浸润和坏死崩解，使毛囊膨胀。毛囊上覆盖的皮肤发生坏死时可形成溃疡。

三、肌炎的病因及病变特点

肌炎是骨骼肌的炎性过程。

1. 细菌性肌炎

（1）**化脓性肌炎**　由化脓性细菌感染引起，如葡萄球菌、链球菌、化脓棒状杆菌和假结核棒状杆菌等。

病变形式为脓肿。脓肿中心为液化性坏死，周围有脓肿膜。

（2）**出血性坏死性肌炎**　见于牛气肿疽梭菌感染引起的气肿疽。特征性病变为骨骼肌肿胀，呈黑红色至黑色。皮下和肌间结缔组织有黑红色胶冻样物，其内混有气泡。镜检，肌纤维坏死和断裂，呈均质强嗜酸性，间质水肿、溶血和气体蓄积，大量中性粒细胞浸润。

2. 病毒性肌炎

例如，蓝舌病肌肉病变因血管坏死和血栓形成而引起，主要病变有肌肉出血、肌间水肿和肌纤维坏死。恶性口蹄疫引起牛、羊的变质性骨骼肌炎，以骨骼肌变性、坏死为主要病变，同时伴有淋巴细胞、浆细胞和巨噬细胞浸润。

3. 寄生虫性肌炎

例如，肌肉旋毛虫病中，幼虫在肌纤维内生长，引起肌纤维肿胀，周围有大量嗜酸性粒细胞及少量淋巴细胞、浆细胞及巨噬细胞浸润。虫体外形成包囊，包囊可部分或完全钙化，炎性细胞消失，但其内幼虫仍存活。肉眼见钙化包囊为 1~5mm 长的纺锤形灰白色小点。

4. 免疫介导性肌炎

（1）嗜酸性粒细胞性肌炎　本病主要侵害青年犬的咀嚼肌群。病变为两侧性的，且常呈对称性。急性期患病肌肉肿胀，黑红色，面团样或坚实。表面和切面可见出血病灶和黄白色条纹。镜检，肌肉水肿、出血和以嗜酸性粒细胞为主的多灶性炎性细胞浸润，后期以浆细胞、淋巴细胞和组织细胞为主。肌纤维变性和坏死，亚急性和慢性病例见肌纤维萎缩、消失和再生。多次发作后，肌肉萎缩和肌纤维纤维化明显。

（2）家族性犬皮肌炎　本病属常染色体显性遗传病。皮肤病变于 7~11 周龄出现，主要侵害面部、唇、耳郭、尾尖和骨的突起部位的皮肤。在急性期，病变包括红斑、脱毛、鳞屑、溃疡、痂皮和发疱。病犬于 13~19 周龄在皮肤有病变的部位出现双侧对称性肌肉萎缩，尤以头部和末梢部位肌肉病变更为严重。病变肌肉呈苍白的棕黄色，柔软。镜检见肌纤维絮状变性、横纹消失，空泡变性、粗细不一、核内移、核空泡化。于肌内膜、肌束膜和血管周围有淋巴细胞、浆细胞、嗜酸性粒细胞、巨噬细胞和中性粒细胞浸润和成纤维细胞增生。

5. 肌肉骨化

肌肉骨化是肌肉内的异位骨形成，常发生于肌肉慢性炎症或肌肉多次发生创伤的部位，故又称为肌炎性骨化。剖检，新形成的骨组织呈板状，表面有尖锐的突起；陈旧的骨组织常被结缔组织包围。周围的肌肉组织一般发生萎缩。镜检，化生的骨组织与骨痂相似。这种病变可见于臀部、股部和疝囊周围的肌肉中。

四、白肌病的病因及病变特点

白肌病是一种由于微量元素硒和维生素 E，以及其他营养物质的缺乏引的多种畜禽以肌肉（骨骼肌和心肌）病变为主的疾病。特征性病变是肌肉色泽苍白，所以称白肌病。

1. 发病原因

微量元素硒和维生素 E 缺乏，其中缺硒是重要的因素。

2. 病变特点

（1）骨骼肌　以负重较大的肌群（如臀部、股部、肩胛部、胸部、背部等）病变多见，多呈对称性分布。剖检见肌肉肿胀，外观像开水烫过一样，呈灰白色、苍白色或浅黄红色，失去原来肌肉的深红色泽。已发生凝固性坏死的部分呈黄白色、白蜡样的色彩。有的在坏死灶中发生钙化，则呈白色斑纹。

（2）心肌　心肌纤维变性和坏死。剖检见心肌病灶往往沿着左心室从心中隔、心尖伸展到心基部。病灶呈浅黄色或灰白色的条纹或弥漫性斑块，与正常心肌没有明显的界线。由于心肺循环障碍，导致心包积液、肺水肿、胸腔积液和轻度腹水。犊牛和羔羊常在心内膜下方的心肌发生病变，并往往很快钙化。猪常在心外膜下发生病变。

五、佝偻病和骨软症的病因及病变特点

佝偻病和骨软症是钙、磷代谢障碍或维生素 D 缺乏造成的以骨基质钙化不良为特征的一种代谢性骨病。幼龄动物骨基质钙化不良则引起长骨软化、变形、弯曲、骨端膨大等症状，称为佝偻病。成年动物由于钙、磷代谢障碍，使已沉积在骨中的钙盐动员出来，以致钙盐被

吸收，骨质变软，称为骨软症，又称成年佝偻病。佝偻病、骨软症的本质是骨组织内钙盐（碳酸钙、磷酸钙）的含量减少。

1. 病因

饲料中钙、磷不足或比例不当以及由维生素 D 缺乏或不足造成，其中常见原因是维生素 D 缺乏。

2. 病理变化

四肢长管状骨弯曲变形，骨端膨大，关节相应膨大，骨骼硬度下降，容易切割。将长骨纵行切开或锯开，可见骨髓软骨异常增多而使骨端膨大，骨骺线明显增宽。骨干皮质增厚且变软，刀易切开。骨髓腔变狭窄。肋骨和肋软骨结合部呈结节状或半球状隆起，左右两侧成串排列，状如串珠，称串珠胸。这种病灶即使在愈合后也长期存在而不消退，在临床上具有诊断意义。胸廓狭小，脊柱弯曲，向上弓起或向下凹背。颅骨显著增厚、变形、软化，外观明显肿大。出牙不规则，磨损迅速，牙齿排列混乱。

六、关节炎的病因及病变特点

关节炎是关节腔的各组织的炎症。根据炎症性质可分为浆液性关节炎、纤维素性关节炎和化脓性关节炎。

1. 浆液性关节炎

浆液性关节炎是炎性渗出物主要为浆液的关节炎症，不损害关节软骨。无菌性浆液性关节炎主要见于关节扭伤、挫伤和脱位等关节损伤性病变；感染性浆液性关节炎常继发于某些传染病。

（1）急性浆液性关节炎 滑膜及绒毛充血、肿胀，渗出大量浆液引起关节腔内积液，内压增加，关节囊明显肿大。由于滑膜细胞的脱落和大量炎性细胞的浸润，故关节腔内积液呈混浊状态，其内常见纤维素性絮状物或凝块，甚至混有血液而呈浅红色。

（2）慢性浆液性关节炎 关节囊的纤维层与滑膜层均发生纤维性增殖而变得肥厚，滑膜失去光泽，绒毛增生肥大。关节腔有大量积液，其数量可达正常滑液量的15~20倍，积液微黄透明，黏度很小，有时有细丝状纤维素，其中含有少量滑膜细胞与炎性细胞。

2. 纤维素性关节炎

动物的纤维素性关节炎主要由病原微生物经血源感染而引起，猪丹毒、副猪嗜血杆菌、羔羊嗜血杆菌、牛大肠杆菌、支原体、脑炎病毒等可引起关节炎。剖检见关节肿大，关节腔内积有大量浆液和棉絮浆或丝网状的纤维素性渗出物。

3. 化脓性关节炎

化脓性关节炎由化脓菌引起，如葡萄球菌、化脓性链球菌、绿脓杆菌、化脓棒状杆菌、坏死杆菌和大肠杆菌等。

1）剖检：关节肿大，关节腔内积有黄白色或黄绿色乳脂样脓液，滑膜肿胀粗糙，绒毛增生肥厚，滑膜表层增生灰红色肉芽颗粒，关节囊纤维层与关节周围疏松结缔组织出现炎性水肿和脓性浸润；关节软骨表面粗糙。炎症进一步发展，关节软骨变性、坏死和剥离。葡萄球菌感染时，关节软骨破坏进展迅速，骨骺和骨髓也发生化脓性炎，即引起化脓性全关节炎。

2）镜检：化脓性关节炎的脓液内含大量变性、坏死的中性粒细胞、变性的滑膜细胞、黏液和大量化脓菌。

七、蹄叶炎的病因及病变特点

蹄叶炎是蹄壁真皮炎。多数人认为突然改喂高碳水化合物饲料和长期喂给高蛋白质饲料，引起消化紊乱是蹄叶炎的主要原因。

1. 急性蹄叶炎

蹄的切面见蹄真皮小叶充血，偶见出血，蹄冠带皮肤肿胀。镜检见真皮充血、出血、血栓形成及明显水肿。牛患急性蹄叶炎，还可见动脉及小动脉内皮细胞和中膜平滑肌细胞肿胀，小神经的神经束膜水肿，血管周围无炎性细胞浸润（或仅有中等量单核细胞积聚）及少数中性粒细胞浸润。表皮见基底细胞水肿、变性，次级表皮小叶广泛凝固性坏死。

2. 慢性蹄叶炎

慢性蹄叶炎常由急性蹄叶炎转来。蹄踵着地负重，使指（趾）深屈肌腱高度紧张，蹄骨逐渐向后垂直变位，蹄骨尖对蹄底真皮层的强力压迫，使蹄角质细胞代谢发生紊乱，蹄角质变性，出现不规则的蹄轮，最终形成芜蹄。镜检见表皮小叶不规则增生，再生次级小叶常形成不规则、网状的表皮索，初级与次级表皮小叶显著角化。

第十四章 动物病理剖检诊断技术

第一节 概 述

一、病理剖检的意义及病理剖检诊断的依据

病理剖检也称尸体剖检，简称尸检，是指按一定程序（术式）对患病动物尸体进行解剖，运用病理学的相关技术和知识检查尸体的病理变化，来研究疾病发生、发展和转归的规律，为诊断疾病、防治疾病和研究疾病提供科学依据。尸体剖检也可以检验生前对疾病的诊治是否正确，并及时总结经验、积累资料，不断提高诊疗工作的质量。

很多动物疾病具有比较典型的剖检病变，通过尸体剖检和大体病变观察，可对疾病进行初步诊断或确定可能的疾病方向。如牛结核病可在肺部、胸膜、淋巴结等组织器官形成具有特殊形态结构的肉芽肿；患恶性口蹄疫的哺乳仔猪、羔羊和犊牛出现虎斑心病变（实质性心肌炎）。掌握并应用病理学的基本知识和技能，正确识别病理变化是建立病理剖检诊断的重要依据，也是进一步做出病理组织学诊断的基础。

二、动物死后的尸体变化

（1）尸冷 动物死亡后，尸体温度逐渐降至与外界环境温度一致的水平，通常在室温条件下，平均每小时下降1℃。尸温的检查有助于确定死亡时间。

（2）尸僵 动物死亡初期由于神经系统麻痹，肌肉松弛，短时间后肌肉收缩，关节不能伸屈，使尸体固定于一定的姿势的现象，称为尸僵。尸僵发生于大、中动物死后1.5~6h，先从头部开始，10~24h发展完全，24~48h解僵。

（3）尸斑 动物死亡后，由于重力作用，血液沉降到尸体下部血管的现象（沉降性瘀血）称为尸斑。尸斑于死亡后1~1.5h出现，指压消失。尸斑浸润是指尸斑时间长，红细胞崩解，血红蛋白溶解扩散，尸斑部位被染成红色的现象，该现象于死亡后24h出现，指压不消失。

（4）尸体自溶和腐败 尸体自溶是体内组织受到酶（溶酶体酶）的作用而引起的自体消化过程。尸体腐败是尸体组织蛋白由于厌氧菌作用而发生腐败分解的现象。尸体表现为腹围

膨大、尸绿、尸臭等。

（5）死后凝血　死亡快时，心脏和大静脉内血凝块呈均匀一致的暗红色。死亡较慢时，血凝块常分为两层，上层呈黄色鸡脂样，是血浆层；下层是暗红色或黑红色红细胞层，称鸡脂样血凝块。

三、剖检前的准备

（1）剖检场地选择　剖检尸体应在有一定条件的病理剖检室进行。室外剖检时，选择地势较高、环境较干燥、远离水源、道路、房舍和畜禽舍的地点进行，并在养殖场的下风向处。

（2）器械和药品准备　剖检器械包括剖检刀、手术剪、镊子、骨剪、锯、磨刀棍、量尺、量杯、注射器、天平等。剖检常用的消毒液有3%~5%来苏儿、巴氏消毒液、75%乙醇等。常用的固定液是10%福尔马林。

（3）剖检前尸体处理　剖检前应在尸体体表喷洒消毒液，搬运尸体时应先用浸透消毒液的棉花团塞住天然孔，并用消毒液喷洒体表，然后方可运输。

（4）临床病史及症状调查　剖检前，必须先详细了解病死动物生前的病史及症状，包括流行病学、临床症状、体温、饲养管理、免疫疫苗情况、驱虫情况、宠物饲养情况、动物交易情况等。对疾病可能的方向进行初步诊断，确定动物尸体能否进行剖检。怀疑为国家规定的禁止剖检的患病动物尸体，如炭疽，禁止剖检。

四、剖检的注意事项

（1）了解临床病史及症状　剖检前，应先详尽了解动物所在地区的疾病的流行情况、生前病史及症状。

（2）剖检的时间　动物死后尽快进行。一般死后超过24h的尸体，失去剖检意义。

（3）脏器的检查、摘取和取材　在采取某一脏器前，应先检查与该脏器有关的各种联系。已摘下的器官，在未切开之前，先称其重量，然后测其长、宽和厚度。剖检刀和剪应锋利，切开脏器时要由前向后，一刀切开，不要挤压或做拉锯式的切法。用于组织病理切片制备的取材应取病变部位和病变与健康交界部位。

五、剖检的步骤

尸体剖检必须按一定的术式进行。但有时因剖检的目的和具体条件不同，也可有一定的灵活性。通常采用的尸检顺序为：外部检查→剥皮和皮下检查→内部检查→腹腔脏器的取出和检查→盆腔脏器的取出和检查→胸腔脏器的取出和检查→颅腔打开、脑取出和检查→口腔和颈部器官的取出和检查→鼻腔的剖开和检查→脊椎管的剖开和检查→肌肉和关节的检查→骨和骨髓的检查。

六、剖检病变的描述

用通俗易懂的语言文字客观地描述病理变化，不可直接用病理学术语或名词代替病变的描述。

（1）大小、重量和体积　最好用数字表示，一般用cm、g、mL为单位。也可用实物比喻，如针尖大、米粒大、黄豆大、蚕豆大、鸡蛋大等，不宜用"肿大""缩小""增多""减少"等主观判断的术语。

（2）形状　用圆形、椭圆形、菜花形、结节状等描述。

（3）透明度　一般用透明、半透明、混浊等来描述。

（4）切面性状　常用平整或隆起、详细结构不清、血样物流出、呈海绵状等来描述。

(5) 质地和结构 用坚硬、柔软、有弹性、脆弱、胶样、水样、粥样、干酪样、肌肉样、颗粒状、结节状等来描述。

(6) 管状结构 常用扩张、狭窄、闭塞、弯曲等来描述。

(7) 剖检未观察到病变器官的描述 用"无肉眼可见病变"概括。

七、剖检记录的整理分析和病理报告的撰写

病理报告的内容主要包括概述、剖检记录、病理解剖学诊断和结论4部分。

（1）概述 概述部分主要记载动物所属单位及畜主姓名，动物的种类、性别、年龄、毛色、用途、特征等，临床摘要及临床诊断，发病日期，死亡时间，剖检时间，剖检地点和剖检者的姓名等。临床摘要及临床诊断的内容包括简要病史、发病经过、主要症状、临床诊断、治疗情况、流行病学及有关实验室检验的各项结果等。

（2）剖检记录 病理剖检记录是对剖检所见动物呈现的病理变化和其他有关情况所做的客观记载，是病理报告的重要依据，也是综合分析病症、研究疾病的原始资料之一。剖检记录最好在剖检过程中进行，一般由剖检者口述，专人记录；也可系统性拍照，剖检后按照片进行补充记录，避免遗漏。

（3）病理解剖学诊断 根据病死动物各个组织器官所呈现的特征性的剖检病变和组织病理学变化，对疾病进行诊断。

（4）结论 根据病理解剖学诊断结果，再结合发病动物临床病史及症状，需要时结合病原学等检查结果，对疾病进行最终诊断。

八、病理组织学材料的摘取和固定

有病变的组织器官，要取病变典型部位、病变与健康交界部位。剖检无病变的组织器官则随机取材。取材时，切勿挤压或损伤组织，组织块在固定前最好不要用水冲。固定时，取材大小约为 1.5cm × 1cm × 0.5cm 的组织，立即投入 10% 福尔马林（4% 甲醛溶液）中固定，固定 12~24h 即可。盛装容器最好用广口瓶。固定液要充足，要 10 倍以上于所取组织块体积。10% 福尔马林配制的方法为：1 份甲醛原液 +9 份磷酸盐缓冲剂（PBS）或水。

九、病理组织学材料的运送

将固定完全或修整后的组织块，用浸渍固定液的脱脂棉包裹，放置于广口瓶或塑料袋内，并将其口封固，即可运送。同时，应将整理过的剖检记录及有关材料一同送出，并在送检单上说明送检的目的、要求，组织块的名称、数量等。

十、用于病原学检测的病料的采集及运送

1. 细菌学检查病料的采集与运送

采集细菌学检查用的病料，要求无菌操作，以避免污染。不同脏器分别单独放于无菌的自封袋或采样容器中。全血、胸腹水、心包液、关节液及脑脊髓液以无菌注射器吸取。取的病料应立即放于冷藏箱内，多加冰袋，在冷藏状态下运送样品。如果路途较远，可先把病料样品冷冻，再在冷藏条件下运送。

2. 病毒学检查病料的采集与运送

怀疑病毒性疾病时，应考虑到各种病毒的致病特性，选择各种病毒亲嗜的组织。在选取过程中，力求避免细菌的污染。病料置于无菌自封袋内或容器内，在冷藏条件下送检。如果暂时运送不了，应将病料保存于 −80℃或 −20℃冰柜中。

十一、用于毒物检验的材料的采集及运送

用于毒物检验的材料有肝脏、肾脏和血液样品，胃、肠和膀胱等内容物，以及饲料样品。各

种内脏及内容物应分别装于无菌的自封袋内或无化学物质的洁净容器内。直接冷藏运送或冰冻后冷藏运送。

根据剖检结果并参照临床资料及送检样品性状，提出可疑毒物，作为实验室诊断参考，送检时应附有剖检记录。病例需要进行法医检验时，应特别注意在采取标本以后，必须由专人保管送检，以防止中间人传递有误。

十二、剖检后动物尸体的消毒和无害化处理

对剖检后的尸体表面喷洒消毒液，由专业的尸体无害化处理厂进行无害化处理。如果在野外剖检，条件不足时可对尸体表面喷洒消毒液后进行焚烧，再进行深埋，尸体上下撒生石灰。

十三、剖检人员的自身防护

剖检人员要有自我保护意识，尤其在接触怀疑人畜共患病时，要事先采取预防措施，避免被感染。剖检者穿戴防护服、乳胶手套、线手套、工作帽、胶鞋、口罩和护目镜。在剖检过程中，尽可能保持清洁，注意消毒。剖检过程中不能喝水和吃食物，不能触碰口、鼻、眼等。剖检结束后，先用肥皂洗涤双手，再用消毒液和清水冲洗。

第二节　动物病理剖检的方法

一、反刍动物（牛、羊）的病理剖检方法

1. 外部检查

外部检查是在剥皮之前检查尸体的外表状态，判定疾病方向和尸体是否可以剖检。

外部检查内容包括动物种别、品种、性别、年龄、特征、体态等，营养状态，皮肤、天然孔可视黏膜（眼、鼻、口、肛门、外生殖器等）和尸体变化（卧位、尸僵等）。

2. 内部检查

（1）剥皮和皮下检查

1）剥皮：牛的尸体取左侧卧位，羊的尸体取仰卧位（背卧位），采用三线法剥皮。

第一切线（腹正中线）：下颌间正中线经颈部、胸部、沿腹壁白线向后直至脐部切开皮肤，在乳房或阴茎部分为左、右两线，然后又汇合为一线，止于尾根部。尾部一般不剥皮。

第二切线（两侧前肢横切线）：以两侧前肢腕关节环切线为起点，沿前肢内侧至胸骨部腹正中线。

第三切线（两侧后肢横切线）：以两侧后肢跗关节环切线为起点，沿后肢内侧至腹正中线。先从四肢开始，由两侧剥向背正中线，充分剥皮。剥皮过程中或剥皮后采用尸体左侧卧位，将两前肢与肋胸部肌肉、血管和神经等软组织充分切开，放平前肢。两后肢的切离沿腹股沟切断股内侧肌群、髋关节圆韧带，放平后肢。注意不要取下四肢。

2）皮下检查：剥皮过程中对皮下结缔组织、脂肪、腺体（颌下腺、腮腺、甲状腺等）、肌肉、浅表淋巴结（下颌淋巴结、颈浅淋巴结（肩前淋巴结）、乳房淋巴结和腹股沟浅淋巴结）、乳房、雄性外生殖器的表面和切面病变进行仔细检查、拍照和取材，为疾病诊断寻找依据。

（2）腹腔的剖开和检查

1）腹腔的剖开：采用三线法，尸体取左侧卧位。

第一切线：耻骨联合前2cm处用刀尖横切腹壁，左手食指和中指插入腹腔内，手指的背

面向腹内弯曲，将刀尖夹于两指之间，刀刃向上，沿腹白线切开腹壁至胸骨。

第二切线：右肋弓切线，沿右侧肋弓向下切断腹壁至脊柱附近。

第三切线：左肋弓切线，同右肋弓切线。

2）腹腔的检查：剖开腹腔后立即进行检查，检查腹腔液的量和性状，腹腔内有无异常内容物，腹膜的性状、腹腔脏器的位置和外形等。

（3）腹腔脏器的采出和检查　腹腔脏器的采出与检查可同时进行，也可以先后进行。

1）网膜的切除和检查：将大网膜和小网膜分别从与脏器相连处切离，完全露出腹腔脏器。

2）空肠和回肠的采出：先找出盲肠，沿盲肠体向前找到回盲韧带并切断。分离一段回肠，在距盲肠约15cm处将回肠做双重结扎并切断，由此断端向前分离回肠和空肠，直至空肠起始部（即十二指肠空肠曲），再做二重结扎并切断，取出空肠和回肠。

3）大肠的采出：在骨盆腔口找出直肠，将直肠内粪便向前方挤压，在其末端做一次结扎，并在结扎的后方切断直肠。然后握住直肠断端，由后向前把降结肠从背侧脂肪组织中分离出来，并切离肠系膜直至前肠系膜根部。再将横结肠、肠盘与十二指肠回行部之间的联系切断。最后把前系膜根部的血管、神经、结缔组织一同切断，取出大肠。

4）胃、十二指肠、胰脏和脾脏的采出和检查：先分离十二指肠肠系膜，切断胆管、胰管和十二指肠的联系。将瘤胃向后方牵引，露出食管，在其末端结扎并切断。助手用力向后下方牵引瘤胃，术者用刀切离瘤胃与背部相联系的结缔组织，并切断脾膈韧带，即可将胃、十二指肠、胰脏和脾脏同时采出。胃肠最后检查。

① 脾脏的采出和检查：切断瘤胃壁和膈肌上的脾韧带，取下脾脏，进行整体、表面和切面检查。

② 胰脏的采出和检查：取下胰脏并进行整体、表面和切面检查。

③ 肝脏的采出和检查：检查门静脉和后腔静脉。从一个方向依次切断肝脏与周围组织之间的韧带，取出肝脏，进行整体、表面和切面检查。采取肝脏时，切忌切破横膈，以防胸水、腹水交流影响检查。

5）肾脏和肾上腺的采出与检查：切断肾脏周围软组织，依次采出两侧肾脏；肾上腺位于肾脏前方，可与肾同时采出或分别采出。半环切肾包膜并进行剥离，完全露出肾脏。检查包膜剥离情况、肾脏表面和切面性状和病变。必要时还要检查输尿管和膀胱。

（4）胸腔的剖开和检查

1）胸腔的剖开：剔除胸壁外肌肉，用剖检刀依次切断右侧椎肋骨与胸肋骨之间的软骨，左手掀起胸骨右侧切口，露出胸腔，用解剖刀尖分离心包与胸膜连接外，再切开暴露的左侧椎肋骨与胸肋骨间的软骨，取下胸骨。再依次切断右侧肋间肌肉，左手握住分开的肋骨，右手用刀尖划断肋骨小头周围的关节韧带（刀刃与脊柱呈约45°角），左手顺势将肋骨向背侧扭转，依次分离肋骨，露出右侧胸腔。检查胸腔液的量和性状，胸腔内有无异常内容物，胸膜的性状，肺的色彩、体积和萎缩程度。

2）胸腺的采出和检查：对幼龄动物，应检查胸腺，分离胸腺周围软组织，取出胸腺并检查其大小、色泽、质度及有无水肿和出血点等病变。

3）舌、咽、喉、气管、肺和心脏的采出和检查：舌、咽喉、气管、食管和肺一同采出。由两下颌支内侧切断肌肉，将舌从下颌间隙拉出，再分离其周围的联系，切断舌骨支，向后分离至肺。

① 舌、咽、喉、气管和食管的检查：检查舌、咽、喉和扁桃体，食管整体和黏膜性状，剪开喉头和气管，检查咽、喉的黏膜、肌肉和气管黏膜面。

② 肺的检查：检查肺门淋巴结和纵隔淋巴结，检查肺整体、表面、切面的病变范围和性质，切开气管、支气管，剪开肺进行检查，可随机切开肺组织进行切面检查。

③ 心脏的采出和检查：切开心包，注意心包液的量和性状。检查心外膜和心脏的外观。提起心脏，检查心底部各大血管后将各动静脉切断，取出心脏。距左纵沟左、右各 1~2cm 处，用解剖刀切开左、右心室，刀刃朝上，刀尖向上经左房室瓣伸进左心室切开左心房，刀尖向左前方伸进主动脉并切开；经右心房室瓣和肺动脉切开右心。心脏全部剖开，检查心壁和心内膜病变。

（5）胃肠的检查

1）小肠和大肠的检查：检查肠管浆膜面，然后剪开肠管，将小肠、结肠和直肠沿肠系膜附着部位剪开，盲肠沿纵带由盲肠底剪至盲肠尖。在剪开时，随剪随检查，注意肠内容物和肠黏膜。同时，检查肠系膜淋巴结。

2）胃的检查：分离瘤胃、网胃、瓣胃之间的结缔组织，使其血管和淋巴结的一面向上，按皱胃在左、瘤胃在右的位置平放在地上。用剪刀（或解剖刀）沿皱胃小弯部剪开，至皱胃与瓣胃交界处；再沿瓣胃的大弯部剪开，至瓣胃与网胃口处；再沿网胃大弯部剪开；最后沿瘤胃上、下缘剪开。胃的各部位可全部展开。如果网胃有创伤性炎症，可顺食管沟剪开，以保持网胃大弯的完整性，便于检查病变。检查黏膜和胃内容物等。

（6）骨盆腔脏器的采出和检查　不打开骨盆腔，只伸入解剖刀，将骨盆中各器官从各自周壁分离后取出。

1）雌性动物：检查阴道和子宫时，先观察子宫的大小、子宫体和子宫角的形态。然后用肠剪伸入阴道，沿其背中线剪开阴道、子宫颈、子宫体，直至左、右两侧子宫角的顶端。检查阴道、子宫颈、子宫内腔和黏膜面的性状、内容物的性质。

2）雄性动物：检查包皮，然后由尿道口沿阴茎腹侧中线至尿道骨盆部剪开，检查尿道黏膜的状态。再由膀胱顶端沿其腹侧中线向尿道剪开，使其与上剪线相连。检查膀胱黏膜、尿量、色泽。将阴茎横切数段，检查有无病变。检查睾丸和附睾的表面和切面等。

（7）颅腔的剖开和检查

1）头部剥皮：取下头，头部皮肤做 T 形切口，即在鼻与眼眶中间做轮状切线，从鼻框正中央切线处向后到颌间正中切开皮肤，并向两侧充分剥开皮肤，至眼眶以下，然后切离颅顶和枕骨髁部附着的肌肉。

2）颅腔剖开：采用三线法（羊和犊牛）或四线法（成年牛），用锯锯开头骨。

第一切线：在两眼眶后缘 1cm 左右的部位做一条横行锯线。

第二、第三切线：从枕骨大孔沿颅顶两侧，经颞骨鳞部与第一切线相交做左、右两条弧形锯线。取下头骨，露出脑组织，用手术剪或解剖刀依次切断颅腔内的神经、血管，取出整个脑和垂体。

第四切线：若剖检成年牛，需再从枕骨大孔沿枕骨片的中央及顶骨和额骨的中央缝做一条纵锯线，掀去头盖骨，颅腔即可暴露。

3）脑的采出和检查：助手双手握住两侧眼眶，将鼻部朝下斜立放置牛头（去除头盖骨的脑部位于斜面下部），在重力作用下脑组织与颅骨产生一定缝隙。剖检者左手托住脑背部，右手用解剖刀或手术剪由后向前依次切断或剪断脑发出的 12 对神经，取出整个脑组织。检查脑背侧和腹侧脑膜病变，脑回和脑沟的状态。用解剖刀将脑纵切成两半，检查侧脑室、脉络丛、第三脑室和第四脑室。再横切脑组织，切线相距2~3cm，检查切面。脑的病变主要依靠组织学检查，因此，大脑、小脑、海马、丘脑、延脑、脊髓、脑干和垂体均需取材。

（8）口腔的打开和检查　分离下颌骨，完全暴露口腔黏膜并进行检查。

（9）鼻腔的剖开和检查　将头骨于距正中线0.5cm处纵行锯开，把头骨分成两半，其中的一半带有鼻中隔。用刀将鼻中隔沿其附着部切断取下，检查鼻腔黏膜。必要时可在额骨部做横行锯线，以便检查颌窦和鼻甲窦。

（10）肌肉和关节的检查　切开前肢腕关节和后肢跗关节的关节囊，检查关节腔内关节液、渗出物和关节软骨表面的状态。

（11）骨和骨髓的检查　将股骨等长骨沿纵轴锯开，注意骨干和骨端的状态，红骨髓、黄骨髓的性质、分布等。或者在股骨中央部做相距2cm的横行锯线，待深达长骨厚的2/3时，用骨凿除去锯间的游离骨质，露出骨髓，挖取骨髓，进行检查和取材。

（12）脊髓的采出和检查　用解剖刀切断1节腰椎两侧的椎间盘并取下腰椎，用手术剪伸入椎孔内（脊髓周围）剪断与脊髓相联系的神经，从椎孔一侧即可推出脊髓。进行检查和取材。

二、马属动物的病理剖检方法

1. 外部检查

马属动物的外部检查方法同反刍动物的检查方法。

2. 内部检查

（1）剥皮和皮下检查　尸体取右侧卧位，采用三线法剥皮。具体的剥皮和皮下检查方法同反刍动物剖检方法。

（2）切离左前肢和左后肢

1）左前肢切离：完全切开左前肢与机体的肌肉、血管和神经组织，并取下左前肢。

2）左后肢切离：在股骨大转子部切断臀肌及股后肌群，将后肢向背侧牵引，由内侧切断股内侧肌群、髋关节圆韧带和副韧带，取下左后肢。

（3）腹腔的剖开和检查　先从肷窝部沿肋弓至剑状软骨做第一切线，再从髋结节前至耻骨联合处做第二切线，切开腹壁肌层和脂肪层。然后用刀尖将腹膜切一小口，以左手食指和中指插入腹腔内，手指的背部向腹内弯曲，使肠管和腹膜之间有一空隙。最后，将刀尖夹于两指之间，刀刃向上，沿上述切线切开腹壁。切开腹壁后进行检查。

1）小肠的采出：用两手握住大结肠的骨盆曲部，往腹腔外前方引出大结肠。将小肠全部拿到腹腔外的背部，剥离十二指肠结肠韧带，在十二指肠与空肠之间做两道结扎，从中间切断。用左手抓住空肠的断端，向身前牵引，使肠系膜保持紧张，右手用解剖刀从空肠断端开始，靠近肠管切断系膜，直到回盲瓣处做两道结扎，并从中间切断，采出小肠。在采出小肠的同时，要注意做到边切边检查肠系膜和淋巴结等有无变化。

2）大肠的采出：将小结肠拿回腹腔内，再将直肠内的粪球向前方压挤，从直肠的起始部切断。抓住小结肠断端，切断后肠系膜，在十二指肠结肠韧带处结扎小结肠，切断后取出。用手触摸前肠系膜动脉根，检查有无寄生虫性动脉瘤。然后将结肠上的两条动脉和盲肠上的两条动脉从肠壁上剥离，在距前肠系膜动脉根约30cm处切断，并将其断端交给助手牵引。这时剖检者用左手握住小结肠断端，向自身的方向牵引，用右手剥离附在大结肠胃膨大部和盲肠底部的胰脏，然后将胃膨大部、盲肠底部和背部联结的结缔组织充分剥离，即可将大结肠、盲肠全部取出。

3）脾脏、胃和十二指肠的采出和检查：同反刍动物剖检。
4）肝脏和胰脏的采出和检查：同反刍动物剖检。
5）肾脏和肾上腺的采出和检查：同反刍动物剖检。
6）盆腔脏器的采出和检查：同反刍动物剖检。

（4）胸腔的剖开和检查

方法一：将膈的左半部从季肋部切下，用锯把左侧肋骨上端从靠近脊柱处（距脊肋关节约2cm处）和下端与胸骨连接处（距胸骨2~3cm处）锯断，只留第一肋骨，去掉左侧胸壁，这样即可将左胸腔全部暴露。

方法二：用解剖刀切断靠左侧近胸骨的肋软骨，用刀逐一切断肋骨之间的肋间肌，左手握住分开的肋骨，右手用刀尖划断肋骨小头周围的关节韧带（刀刃与脊柱呈约45°角），左手顺势将肋骨向背侧扭转，依次分离和去除肋骨，露出左侧胸腔。打开胸腔后，进行仔细检查。

1）胸腺的采出和检查：同反刍动物剖检。
2）舌、咽、喉、气管、肺和心脏的采出和检查：同反刍动物剖检。
3）胃肠的检查：
① 小肠和大肠的检查：同反刍动物剖检。
② 胃的检查：系统检查胃浆膜面和黏膜面。
4）骨盆腔脏器的采出和检查：同反刍动物剖检。
5）颅腔的剖开和检查：同反刍动物剖检。
6）口腔的打开和检查：同反刍动物剖检。
7）鼻腔的剖开和检查：同反刍动物剖检。
8）肌肉和关节的检查：同反刍动物剖检。
9）骨和骨髓的检查：同反刍动物剖检。
10）脊髓的采出和检查：同反刍动物剖检。

三、单胃动物（猪、犬、猫、兔）的病理剖检方法

猪的剖检法与大动物的剖检法基本相同，下面就不同点进行说明。

1）尸体取仰卧位，在剖开体腔前可不剥皮。皮下检查可在切开体腔过程中进行。
2）腹腔的剖开和腹腔脏器的采出：从剑状软骨后方沿白线由前向后，直至耻骨联合做第一切线。然后再从剑状软骨沿左右两侧肋骨后缘至腰椎横突做第二、第三切线，将腹壁切成两个大小相等的楔形，将其向两侧翻开，即可露出腹腔。

腹腔剖开后，采出脏器时可按脾脏和网膜、空肠和回肠、大肠、胃和十二指肠、肾脏、肾上腺、胰脏和肝脏等的顺序采出。采出和检查同反刍动物剖检。

3）胸腔的剖开：用解剖刀切断两侧椎肋骨与胸肋骨之间的软骨，再切离其他软组织，除去胸骨，露出胸腔。胸腔器官的采出和检查方法均与反刍动物剖检相同。
4）小猪的剖开和检查：可自下颌沿颈部、腹部正中线至肛门切开，暴露胸腹腔，切开耻骨联合，露出骨盆腔。然后将口腔、颈部、胸腔、腹腔和骨盆腔的器官一起采出。
5）颅腔的剖开：头部剥皮、颅腔剖开（三线法）及检查、脑的采出和检查均与反刍动物剖检方法相同。

四、家禽的病理剖检方法

1. 外部检查

（1）天然孔的检查　检查口、鼻、眼、眶下窦（用剪刀在鼻孔前将喙的上颌横向剪断，用手压鼻部）、泄殖孔及其周围的羽色等。

（2）皮肤的检查　检查鸡冠、肉髯，面部和全身皮肤，检查禽的足部和关节。

2. 内部检查

（1）体腔的剖开和检查　用消毒液将羽毛完全浸湿，切开大腿与腹侧连接的皮肤，用力将两大腿向外翻压直至两髋关节脱臼，尸体取仰卧位平放在托盘上。由喙角沿体中线至胸骨前方剪开皮肤，并向两侧分离；再在泄殖孔前的皮肤做一条横切线，由此切线两端沿腹壁两侧做至胸壁的2条垂直切线，从横切线切口处的皮下组织开始分离，同时检查皮下组织和肌肉。再按上述皮肤切线的相应处剪开腹壁肌肉，两侧胸壁可用骨剪自后向前将肋骨、乌喙骨和锁骨剪断。然后握住龙骨突的后缘用力向上前方翻拉，并切断周围的软组织，即可去掉胸骨，露出体腔。剖开体腔后，检查浆膜和各部位的气囊，气囊正常时透明菲薄，有光泽。

（2）脏器的采出和检查

1）脏器的采出：采出体腔内器官时，可先将心脏连心包一起剪离，再采出肝脏和脾脏，然后将肌胃、腺胃、肠、胰脏及输卵管一同采出，再采卵巢或睾丸。陷于肋间隙内及腰荐骨陷凹部的肺和肾脏，可用镊子与手术剪配合，边剥离和剪断边取出。

采出颈部器官时，先用剪刀将下颌骨、食管、嗉囊剪开。注意食管黏膜的变化及嗉囊内容物的重量、性状以及嗉囊内膜的变化。再剪开喉头、气管，检查其黏膜及腔内分泌物。雏鸡还应注意胸腺。组织脏器的采出和检查同时进行。

2）脏器的检查：检查方法同反刍动物剖检方法。下面简要说明禽特征性组织脏器的检查。

① 腺胃和肌胃：先将腺胃、肌胃一同切开，检查腺胃胃壁的厚度、内容物的性状、黏膜及状态。对肌胃的检查要注意角质内膜的色泽、厚度、有无糜烂或溃疡，剥离角质膜，检查下部有无病变及胃壁的性状。

② 卵巢和输卵管：左侧卵巢较发达，右侧常萎缩。输卵管浆膜和黏膜均需要检查。检查卵巢时，注意其形态、色泽。

③ 法氏囊（腔上囊）：未成年鸡的法氏囊体积较大，位于泄殖腔后上方，黏膜皱褶明显。检查浆膜和黏膜。

（3）脑的采出　同反刍动物剖检。

第六篇

兽医药理学

　　兽医药理学是研究药物与动物机体（含病原体）之间相互作用规律的一门学科，既研究机体对药物处置（吸收、分布、生物转化及排泄）的动态变化规律（称为药代动力学，简称药动学），又研究药物对机体的作用及作用机理（称为药效动力学，简称药效学）。

第一章 总论

第一节 基本概念

一、药物与毒物

药物是指用于预防、治疗、诊断疾病，或者有目的地调节生理机能的物质。应用于动物的药物统称为兽药，使用对象为家畜、家禽、宠物、野生动物、水产动物、蜂和蚕等。兽药包括血清制品、疫苗、诊断制品、微生态制剂、中药材、中成药、化学药品、抗生素、生化药品、放射性药品及外用杀虫剂、消毒剂等。

毒物是指能对动物机体产生损害作用的物质。药物与毒物之间并没有绝对的界限，它们的区别仅在于剂量的差别。药物超过一定剂量或用法不当，如长期使用或剂量过大，也有可能对动物产生毒害作用，成为毒物。

二、剂型与制剂

药物原料来自植物、动物、矿物、化学合成和生物合成等，这些药物原料一般均不能直接用于动物疾病的治疗或预防，必须进行加工，制成安全、稳定和便于应用的形式，称为药物剂型。临床常用的剂型一般分为3类：①液体剂型，如溶液剂、注射剂、酊剂等；②半固体剂型，如软膏剂、浸膏剂等；③固体剂型，如片剂、可溶性粉剂、预混剂等。剂型是集体名词；同一剂型中任何一个具体品种，如液体注射剂中的注射用青霉素钠、固体片剂中的恩诺沙星片等则称为制剂。

三、处方药与非处方药

国家实行兽用处方药和非处方药分类管理制度。处方药是指凭兽医的处方才能购买和使用的兽药，未经兽医开具处方，任何人不得销售、购买和使用处方兽药；非处方药是指由国务院兽医行政管理部门公布的、不需要凭兽医处方就可以自行购买并按照说明书使用的兽药。对处方药和非处方药的标签和说明书，管理部门有特殊的要求和规定。

第二节 药代动力学

药代动力学简称药动学，主要是定量研究药物在机体内吸收、分布、代谢和排泄过程，通过借助特定的数学模型及数学表达式，计算药代动力学参数，从速度与量两个方面进行描述、概括并推测药物在体内的动态变化规律，特别是血药浓度随时间变化的规律。

一、药物转运的方式

细胞膜是药物在体内运转的基本屏障，药物在吸收、分布、代谢和排泄过程中，药物分子要通过各种单层（如小肠上皮细胞）或多层（如皮肤）细胞膜完成转运。

1. 药物跨膜转运的方式

（1）简单扩散　大部分药物均通过这种方式转运，属于被动转运。扩散速率主要取决于膜两侧的浓度梯度差和药物的性质。药物分子小、脂溶性大、极性小、非解离型（分子态）的药物易通过生物膜。

分子型（非解离型）药物疏水而亲脂，易通过细胞膜；离子型药物极性高，不易通过细胞膜脂质层，这种现象称为离子障。药物解离程度取决于体液 pH 和药物解离常数（K_a）。解离常数的负对数值为 pK_a，表示药物的解离度，是指药物解离 50% 时所处体液的 pH。非解离型和解离型药物比例可由 Henderson-Hasselbalch 方程计算，酸性药物：pK_a–pH=lg（非解离型浓度 / 解离型浓度）；碱性药物：pK_a–pH=lg（解离型浓度 / 非解离型浓度）。

多数药物为弱酸性或弱碱性药物。弱酸性药物在酸性环境中解离少，非解离型多，易通过生物膜；弱碱性药物则相反。因此，弱酸性药物（如水杨酸盐、青霉素、磺胺类等）在碱性较高的体液中有较高的浓度分布；弱碱性药物（如吩噻嗪类、赛拉嗪、红霉素、土霉素等）则在酸性较强的体液中浓度高。通常选择碱性抗菌药物用于乳腺炎治疗，就是因为乳汁 pH（6.3~6.8）比血浆 pH（7.4）低，碱性药物在乳腺中有较高的分布浓度，利于感染治疗。

（2）滤过　水溶性的极性或非极性药物分子借助于渗透压随体液通过细胞膜的水通道进行跨膜运转的方式称为滤过，又称为水溶性扩散，属于被动转运方式。大多数毛细血管内皮细胞的膜孔较大，故绝大多数药物均可经毛细血管内皮细胞滤过。但脑内除了垂体、松果体、正中隆起、极后区、脉络丛外，大部分毛细血管内皮细胞无孔隙，药物难以通过滤过方式进入脑组织内。滤过对药物从肾脏和脑脊液的排泄以及穿过肝窦膜转运具有重要作用。

（3）载体转运　载体转运是药物转运过程中需要借助细胞膜上的转运载体进行转运的方式。药物与转运体在细胞膜的一侧结合后，载体发生构型改变，在细胞膜的另一侧将结合的药物释出。载体转运的特点是：①对转运物质有选择性；②载体转运能力有限，有饱和性；③结构相似的药物可竞争同一载体而具有竞争性，并可发生竞争性抑制。

载体转运主要发生在肾小管、胆管、血 - 脑屏障和胃肠道，包括主动转运和易化扩散两种方式。

1）主动转运：需要耗能，能量可直接来源于 ATP 的水解，或是间接来源于其他离子（如 Na^+ 的化学梯度）。主动转运可逆浓度差转运药物。这种转运对体内代谢物质和神经递质的转运，以及通过干扰这些物质而产生药理作用的药物，具有重要意义。有的药物通过神经元、脉络丛、肾小管细胞和肝细胞时是以主动转运方式进行的。如大多数无机离子 Na^+、K^+、Cl^- 等，多数药物的代谢产物，以及青霉素、头孢菌素、丙磺舒等从肾脏排泄均以主动转运。

2）易化扩散：该转运方式不需要耗能，不能逆浓度差转运。如维生素 B_{12} 经胃肠道吸收、甲氨蝶呤进入白细胞等均以易化扩散的方式进行。

（4）膜动转运　膜动转运是大分子物质通过膜的运动而转运的方式，包括胞饮和胞吐两种方式。胞饮又称吞饮或入胞，是指某些液态蛋白质或大分子物质通过细胞膜的内陷形成吞饮小泡而进入细胞内，如垂体后叶粉剂可从鼻黏膜给药，以胞饮方式吸收。胞吐又称胞裂外排或出胞，是指细胞质内的大分子物质以外泌囊泡的形式排出细胞的过程，如腺体细胞分泌及神经递质的释放。

（5）离子对转运　有些高解离度的化合物，如磺胺类和某些季铵盐化合物能从胃肠道吸收，很难用上述机制解释。现认为这些高度亲水性的药物，在胃肠道内可与某些内源性化合物结合，如与有机阴离子黏蛋白结合，形成中性离子对复合物，既有亲脂性，又具水溶性，可通过被动扩散穿过脂质膜，这种方式称为离子对转运。

2. 影响药物跨膜转运的因素

（1）药物的解离度和体液的酸碱度　绝大多数药物属于弱酸性或弱碱性有机化合物，在体液中均不同程度地解离。如果体液 pH 改变，则会影响药物的解离度，进而改变跨膜转运的方式。

（2）药物浓度差和细胞膜特性 药物分子跨膜转运的速率（单位时间通过的药物分子数）与膜两侧药物浓度差（C_1-C_2）、膜面积、膜通透系数和膜厚度等因素有关。膜表面积大的器官（如肺、小肠），药物跨膜转运的速率远比膜表面小的器官（如胃）快。这些因素的综合影响符合菲克定律（Fick 定律）：扩散速率 = 膜面积 × 通透系数 / 厚度 × (C_1-C_2)。

（3）血流量 血流量的改变可影响细胞膜两侧药物浓度差，药物被血流带走的速度影响膜一侧的药物浓度，血流量丰富、流速快时，不含药物的血液能迅速取代含有较高浓度药物的血液，从而得以维持很大的浓度差，加快药物跨膜转运速率。

（4）细胞膜转运蛋白的数量和功能 营养状况和蛋白质的摄入影响细胞膜转运蛋白的数量，从而影响药物的跨膜转运。转运蛋白的功能受基因型控制。

二、药物的吸收

吸收是指药物从用药部位进入血液循环的过程。除静脉给药（通称无吸收）外，一般血管外给药途径（如内服给药、舌下给药、直肠给药、呼吸道给药、肌内注射、皮下注射等）均有吸收过程。给药途径、剂型、药物的理化性质对药物吸收过程有明显的影响，不同种属的动物对同一药物的吸收也有差异。血管外给药途径中，药物吸收的快慢顺序为呼吸道给药（吸入给药）、肌内注射、皮下注射、内服给药、直肠给药、经皮给药（皮肤给药）。

1. 内服给药

胃肠道的吸收部位是指胃、小肠和直肠。药物内服给药后，主要吸收部位是小肠。因为小肠绒毛有很大的表面积和丰富的血液供应，弱酸、弱碱或中性化合物均可在小肠吸收。弱酸性药物在犬、猫胃中可呈非解离状态，也能通过胃黏膜吸收。固体剂型（如片剂、丸剂等）的药物需要从固体介质中释放出来方可吸收，溶解度高或液体剂型的药物较易吸收。吸收方式主要是简单扩散。药物的吸收程度、速度既取决于药物的理化性质，也受动物生理因素的影响。影响药物内服吸收的因素有以下几个方面：

（1）排空率 胃的排空率影响药物进入小肠的快慢，不同动物有不同的排空率，如马胃容积小，不停进食，排空时间很短；牛则没有排空。此外，排空率还受胃内容物的容积和组成、其他生理因素等影响。

（2）pH 胃肠液的 pH 能明显影响药物的解离度，是影响药物内服吸收的重要因素。不同动物胃液的 pH 有较大差别，各动物的 pH 为：猪、犬 3~4，鸡嗉囊 3.17、肌胃 1.4，牛前胃 5.5~6.5，真胃 3，马 5.5。酸性药物在胃液中多数不解离，易吸收；碱性药物在胃液中易解离，不易吸收，进入小肠后才能吸收。

（3）胃肠内容物 胃肠内容物能减少药物与胃肠黏膜接触，减缓药物溶解，延缓胃的排空，减少药物吸收。反刍动物瘤胃大，内容物多，药物的吸收速度与程度较单胃动物差。据报道，猪空腹给予土霉素的生物利用度可达 23%，而饲喂后再给予时血药峰度只有空腹时的 10%。

（4）药物间的相互作用 有些金属或矿物质元素（如钙、镁、铁、锌等离子）可与四环素类、氟喹诺酮类等药物在胃肠道发生螯合作用，从而阻碍药物吸收或使药物失活。

（5）首过效应 内服药物从胃肠道吸收入门静脉系统，在到达血液循环前必须先通过肝，在肝药酶（CYP450）、胃肠道上皮酶、肠道菌群和药物转运蛋白（如 P 糖蛋白）的联合作用下进行首次代谢，使进入全身循环的药量减少的现象称为首过效应，又称"第一关卡效应"。不同药物的首过效应强度不同，强首过效应的药物可使生物利用度明显降低，机体可利用的有效药物量少，若治疗全身性疾病，则不宜内服给药。有的药物在被吸收进入肠壁细胞后被代谢一部分也属首过效应。

2. 注射给药

注射给药主要有静脉注射、肌内注射和皮下注射，其他还包括组织浸润及关节内注射、结膜下腔注射和硬膜外注射等。快速静脉注射可立即产生药效，并且可以控制用药剂量，达到稳态浓度的时间取决于药物的消除速率。药物从肌内注射、皮下注射部位吸收，血药浓度达峰值时间一般在30min至2h，吸收速率取决于注射部位的血管分布状态。其他影响因素包括给药浓度、药物解离度、非解离型分子的脂溶性和吸收表面积等。机体不同部位的吸收也有差异，同时使用能影响局部血管通透性的药物，也可影响吸收（如肾上腺素）。缓释剂型的药物能减缓吸收速率，延长药效。

3. 呼吸道给药

气体或挥发性液体麻醉药和其他气雾剂型的药物，可通过呼吸道吸收。肺表面积大（如猪50~80m²、马500m²），血流量大，经肺的血流量为全身的10%~12%，肺泡细胞结构较薄，故药物极易吸收。气雾剂中的药物颗粒很小，可以悬浮于气体中，也可以沉着在支气管树或肺泡内，从肺直接吸收入血。药物经呼吸道吸入的优点是吸收快、无首过效应，特别是呼吸道感染，可直接局部给药，使药物达到感染部位发挥作用；主要缺点是难于掌握剂量，给药方法比较复杂。

4. 经皮给药

角质层是药物穿透皮肤的屏障，多数药物经完整皮肤不易吸收。但是，脂溶性极强的药物，含有二甲基亚砜、氮酮等促皮吸收剂制成的药物制剂（如雌二醇等贴皮剂）也可经皮吸收发挥作用。此外，皮肤受损或发生炎症时，也可促进药物吸收。浇淋剂是兽医临床常用的群体经皮给药制剂，但目前的浇淋剂最好的生物利用度也不足20%。所以，用抗菌药或抗真菌药治疗皮肤较深层的感染，全身治疗常比局部用药效果更好。

三、药物的分布

分布是指药物从血液向器官组织转运的过程。药物通常先向血流量大的器官组织分布，然后再向血流量少的器官组织转移，称为药物的再分布，如硫喷妥钠首先向大脑分布，然后又向脂肪组织转移，故硫喷妥钠的麻醉作用起效迅速但维持时间较短。药物在体内的分布有组织选择性，故在动物体内表现为不均匀分布。药物从血液向组织分布经一定时间后达到平衡，可用血药浓度间接反映靶器官中的药物浓度，预测药效强弱，而药物作用产生的快慢和强弱，主要取决于药物向靶器官分布的速度和浓度。药物的分布可受以下因素的影响：

1. 血浆蛋白结合率

药物在血浆中能与血浆蛋白结合，常以两种形式存在，即游离型与结合型，这两种药物经常处于动态平衡。结合型药物不能跨膜转运，暂时失去药理活性，也不能被代谢和排泄。当血浆中游离药物的浓度随着分布、消除而降低时，结合型药物可释放出游离药物，延缓了药物从血浆中消失的速度，使消除半衰期延长。与血浆蛋白结合实际上是药物的一种贮存形式。药物与血浆蛋白的结合具有饱和性和可逆性，药物剂量过大，超过饱和时，会使游离型药物大量增加，甚至引起中毒。与血浆蛋白有高结合率的两种药物同时使用时，会发生竞争性置换的相互作用。例如，动物使用抗凝血药双香豆素后，几乎全部与血浆蛋白结合（结合率达99%），如果同时合用保泰松，后者可竞争结合血浆蛋白，导致双香豆素被置换出来，使游离药物浓度急剧增加，引起动物出现出血的不良反应。

药物与血浆蛋白结合率的高低主要决定于化学结构，但同类药物中也有很大的差别，如磺胺类的磺胺二甲氧嘧啶（SDM）与犬的血浆蛋白结合率为81%，而磺胺嘧啶（SD）只有17%。另外，动物的种属、生理状态病理状态也可影响血浆蛋白结合率。

2. 器官的血流量以及药物对组织细胞的亲和力

药物由血液向组织器官分布的速度，与组织器官的血流量和细胞膜的通透性有关，单位时间、单位重量的器官血液流量较大，一般药物在该器官的浓度也较大，如肝脏、肾脏、肺等。

由于药物与某些组织细胞成分具有特殊亲和力，故药物的分布具有一定的选择性，这也是药物作用部位具有选择性的重要原因。例如，碘在甲状腺的浓度比在血浆和其他组织的浓度高约1万倍，硫喷妥钠在给药3h后约有70%分布于脂肪组织，四环素可与Ca^{2+}络合贮存于骨组织。

3. 体液的pH和药物的解离度

在正常生理情况下，细胞内液的pH（约为7.0）略低于细胞外液（约为7.4）。通常弱酸性药物在细胞内液中解离较少，因而易从细胞内液扩散到细胞外液；弱碱性药物在细胞外液中解离少，易脂溶扩散至细胞内液。弱酸性药物巴比妥类中毒时，用碳酸氢钠碱化血液可使药物由脑细胞向血浆转运；同时碱化尿液，可减少巴比妥类药物在肾小管的重吸收，促进药物随尿排出。

4. 组织屏障

机体的生理性屏障可明显影响药物由血液向组织器官分布。

1）血-脑屏障：是指由毛细血管壁与神经胶质细胞形成的血浆与脑细胞之间的屏障，以及由脉络丛形成的血浆与脑脊液之间的屏障。这些膜的细胞间连接比较紧密，并比一般的毛细血管壁多一层神经胶质细胞，故通透性较差。药物主要以脂溶扩散方式通过血-脑屏障，故分子质量较大、极性较高的药物越难以进入脑内。初生动物的血-脑屏障发育不全，或患脑膜炎的动物，血-脑屏障的通透性增加，药物进入脑脊液增多，如头孢西丁在实验性脑膜炎犬的脑内药物浓度可达到5~10μg/mL，比健康犬高出5倍。

2）胎盘屏障：是指胎盘绒毛血流与子宫血窦间的屏障，其通透性与一般毛细血管无明显差别。大多数母体所用药物均可进入胎儿，故胎盘屏障并非严格意义的屏障系统。但因胎盘和母体交换的血液量少，故进入胎儿的药物需要较长时间才能和母体达到平衡，如脂溶性很高的硫喷妥钠进入胎儿也需要15min，这样便限制了进入胎儿体内的药物浓度。

四、药物的生物转化

1. 生物转化的方式和时相

药物在体内发生的结构变化称为生物转化，又称为药物代谢。药物代谢的结果是使药物灭活或者活化，大多数药物经代谢后灭活，因此药物在体内的生物转化对保护机体避免蓄积中毒有重要意义。药物主要在肝脏代谢，但血浆、肾脏、肺、脑、胎盘、肠黏膜、肠道微生物、皮肤也能进行部分药物的代谢。

大多数药物代谢是吸收入血后发生的，也有少数药物可在肠腔和肠壁细胞内发生代谢。药物的生物转化通常分为Ⅰ相和Ⅱ相反应。Ⅰ相反应包括氧化、还原和水解反应，通过引入或脱去极性基团（—OH，—NH$_2$，—SH），使原型药生成极性升高的代谢产物；Ⅱ相反应是结合反应，药物原型或Ⅰ相反应产物与内源性物质如葡萄糖醛酸、硫酸、谷胱甘肽等结合，生成极性更高（使水溶性增强）的结合物，然后经肾脏或胆汁排泄。因此，药物经过代谢，一方面药理活性发生改变；另一方面，药物极性增大，易于从机体排泄。

2. 主要的药物代谢酶

参与药物代谢的酶为肝脏的微粒体酶系（肝药酶），主要为细胞色素 P450（CYP450），简称药物代谢酶。CYP450 为一类亚铁血红素-硫醇盐蛋白超家族，它参与内源性物质和包括药物、环境化合物在内的外源性物质的代谢。CYP450 是一个超大家族，目前已发现 200 多种酶，它存在基因多态性，这也是导致药物作用种属和个体差异最重要的原因之一。除肝脏内存在 CYP450 外，哺乳动物的肾上腺、肺、肠、脑、脾脏等组织中也存在 CYP450，只是其活性较低。假设肝脏的 CYP450 活性为 100，则其他组织的 CYP450 的相对活性分别为：肺 10~20、肾脏 8、肠 6、胎盘 5、肾上腺 2、皮肤 1。

药物代谢酶活性可受外源化合物影响，促进其合成增加或活性增强，称为**酶诱导**。现已发现有 200 种以上药物具有诱导 CYP450 的作用，常见 CYP450 诱导剂有苯巴比妥、苯妥英（苯妥因）、水合氯醛、氨基比林、保泰松和苯海拉明等。酶诱导可使药物本身或其他药物的代谢加快，药理效应减弱，这是部分药物产生耐受性的重要原因。相反，某些药物可使 CYP450 的合成减少或酶的活性降低，称为**酶抑制**。常见的酶抑制剂有有机磷杀虫剂、乙酰苯胺、异烟肼和对氨水杨酸等。CYP450 的诱导和抑制均可影响药物代谢的速率，使药物的效应减弱或增强。因此，临床同时使用两种以上药物时，应该注意 CYP450 介导的药物间的相互作用。

五、药物的排泄

排泄是指药物以原型和（或）代谢产物的形式通过排泄器官或分泌器官排出体外的过程。药物的生物转化和排泄过程统称为药物的消除。大多数药物以代谢产物形式进行排泄，少数药物则主要以原型排泄，如青霉素等。药物及其代谢物主要经肾脏排泄，其次是通过胆汁进入肠腔，随粪排出，此外，乳腺、肺、唾液、汗腺也有少部分药物排泄功能。

1. 肾排泄

肾排泄是极性高（离子化）的药物原型或代谢产物的主要排泄途径，包括肾小球滤过、肾小管分泌和肾小管重吸收 3 种排泄机制。

肾小球毛细血管的通透性较大，在血浆中的游离和非结合型药物，可从肾小球基底膜滤过，肾小球滤过药物的数量取决于药物在血浆中的浓度和肾小球的滤过率。

有些药物及其代谢物可在近曲小管分泌（主动转运）排泄，这个过程需要消耗能量。参与转运的载体相对来说是非特异性的，既能转运有机酸也能转运有机碱，同时其转运能力有限，如果同时给予两种利用同一载体转运的药物，则出现竞争性抑制，亲和力较强的药物就会抑制另一种药物的排泄。临床上可利用这种特性延长某些药物的作用，如青霉素和丙磺舒合用时，丙磺舒可抑制青霉素的排泄，使其血液浓度升高约 1 倍，消除半衰期延长约 1 倍。

从肾小球血管排泄进入小管液的药物，若为脂溶性或非解离的弱有机电解质，可在远曲小管发生重吸收。因为重吸收主要是被动扩散，故重吸收的程度取决于药物的浓度和在小管液中的解离程度。重吸收程度受尿液 pH 影响，改变尿液的 pH 可减少肾小管对酸性药物或碱性药物的重吸收；药物本身的 pK_a 对其重吸收也有影响。例如，弱有机酸在碱性溶液中高度解离，重吸收少，排泄快；在酸性溶液中则解离少，重吸收多，排泄慢。对有机碱则相反。一般肉食动物的尿液呈酸性，犬、猫尿液 pH 为 5.5~10；草食动物尿液呈碱性，如马、牛、绵羊尿液 pH 为 7.2~8.0。因此，同一种药物在不同种属动物的排泄速率往往有很大差别，这也是同一种药物在不同动物的药动学特征有差异的原因之一。分子小、极性低、脂溶性高、非解离型药物容易被重吸收，因此排泄减少。临床上可通过调节尿液的 pH 来加速或延缓药物的排泄，用于解毒急救或增强药效。

部分从肾脏排泄的药物原型或代谢产物，由于小管液水分的重吸收，尿液生成时可以达到很高的药物浓度，可产生治疗作用，如青霉素、链霉素大部分以原型随尿液排出，有利于治疗泌尿道感染；但有的可能产生毒副作用，如磺胺代谢产生的乙酰磺胺，由于浓度高可析出结晶，引起结晶尿或血尿，尤其犬、猫尿液呈酸性，更容易出现，故应同时服用碳酸氢钠，提高尿液pH，增加溶解度。

肾功能受损时，以肾排泄为主要消除途径的药物消除速度减慢，因此，给药量应相对减少或延长给药间隔时间，以避免蓄积中毒。

2. 胆汁排泄

有些药物（主要是相对分子质量在300以上并有极性基团的药物）主要从肝脏进入胆汁排泄。药物原型和Ⅰ相反应代谢产物及某些内源性物质可在肝脏与葡萄糖醛酸发生结合，主要从胆汁排泄。极性太强而不能在肠内重吸收的有机阴离子和阳离子的消除机制主要是胆汁排泄。不同种属动物从胆汁排泄药物的能力存在差异，较强的是犬、鸡，中等的是猫、绵羊，较差的是兔和恒河猴。分泌到胆汁内的药物及其代谢物，经胆管及胆总管进入肠腔，随粪排泄。

某些具有脂溶性的药物（如四环素）随胆汁进入小肠，葡萄糖醛酸结合物被肠道微生物的β-葡萄糖苷酸酶水解并释放出原型药物，可被小肠上皮细胞重吸收，经肝脏进入血液循环，这种药物在肝脏、胆汁、小肠间的循环称肝肠循环。肝肠循环会延缓药物的消除，延长药物作用维持时间，如己烯雌酚、吲哚美辛（消炎痛）、红霉素、吗啡、四环素类抗生素等存在肝肠循环现象。

3. 乳腺排泄

大部分药物可通过被动扩散方式从乳汁排泄。由于乳汁的pH（6.5~6.8）较血浆低，故碱性药物在乳汁中的浓度高于血浆，酸性药物则相反。对犬和羊的研究发现，静脉注射碱性药物易从乳汁排泄，如红霉素、甲氧苄啶（TMP）在乳汁中的浓度高于血浆浓度；酸性药物（如青霉素等）则较难从乳汁排泄，在乳汁中的浓度均低于血浆。药物从乳汁排泄与消费者的健康密切相关，尤其对抗菌药物、抗寄生虫药物和毒性作用强的药物要规定奶废弃期。

六、血药浓度 - 时间曲线

在药动学研究中，静脉注射或血管外给药后于不同时间采集血样，测定其药物浓度，常以时间作为横坐标，以血药浓度（或其对数）作为纵坐标，绘出曲线。绘出的曲线称为血药浓度 - 时间曲线，简称药时曲线（图6-1-1）。血药浓度可反映药物在作用部位的浓度和效应强度，通过曲线可定量地分析药物在体内动态变化的规律性和特征。

一般把非静脉注射给药的药时曲线分为潜伏期、持续期和残留期3个期。潜伏期指给药后到开始出现药效的一段时间，快速静脉注射给药一般无潜伏期；持续期是指药物维持有效浓度的时间；残留期是指体内药物已降到有效浓度以下，但尚未完全从体内消除的时间。持续期和残留期的长短，均与消除速率有关。残留期长，反映药物在体内有较多的贮存，一

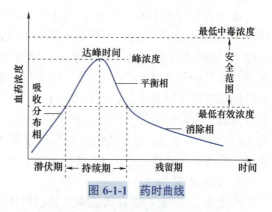

图 6-1-1　药时曲线

方面要注意多次反复用药可引起蓄积作用甚至中毒；另一方面对于食品动物要确定较长的休药期。

药时曲线最高点的浓度叫峰浓度（C_{max}），达到峰浓度的时间叫达峰时间（峰时，t_{max}）。药时曲线下所覆盖的面积称药时曲线下面积（AUC），其大小反映进入血液循环的药量。曲线的升段反映药物吸收和分布过程，曲线的峰值反映给药后达到的最高血药浓度；曲线的降段反映药物的消除过程。当然，药物吸收时消除过程已经开始，达峰时吸收也未完全停止，只是升段吸收大于消除，降段消除大于吸收，达峰浓度时，吸收等于消除。

七、主要药动学参数及其临床意义

1. 消除半衰期（$t_{1/2}$）

$t_{1/2}$指体内血浆中药物量或药物浓度消除一半所需的时间，表示药物在体内的消除速度，是决定药物有效维持时间的主要参数。按一级动力学消除的药物，其$t_{1/2}$为常数，不受药物初始浓度和给药剂量的影响，仅取决于Ke（消除速率常数）值大小。不论何种房室模型，$t_{1/2}$=0.693/Ke。根据$t_{1/2}$可确定给药间隔时间。一般来说，$t_{1/2}$长，给药间隔时间长；$t_{1/2}$短，给药间隔时间短。按一级动力学消除的药物经过5~6个$t_{1/2}$后，可从体内基本（96.88%~98.44%）消除。同样，若按固定剂量及给药间隔时间给药，经5~6个$t_{1/2}$后，血中药物吸收速率与消除速率相等，此浓度称稳态血药浓度（C_{ss}），又称坪值。故根据$t_{1/2}$，可以预测连续给药后达到稳态血药浓度的时间和停药后药物从体内消除所需要的时间。

按零级动力学消除的药物，$t_{1/2}$=0.5C_0/K_0，式中K_0是零级消除速率常数，C_0为初始浓度。从式中可知，$t_{1/2}$与初始浓度有关，即初始浓度越大，消除半衰期越长。

2. 药时曲线下面积（AUC）

AUC指的是药物在t_0~t_∞的血浆浓度与时间之间围成的曲线下面积，反映到达全身循环的药物总量。AUC取决于药物的剂量和清除速率。剂量越大，AUC就越高。药物的清除速率越慢，AUC就越高，因为药物在体内停留的时间更长。AUC主要用于评估药物在体内的吸收、分布、代谢和排泄等过程，以确定药物的动力学特性，指导合理用药和调整剂量。

3. 表观分布容积（Vd）

Vd是指药物在体内的分布达到动态平衡时，药物总量按血浆药物浓度在体内分布时所需的总容积。Vd是体内药量与血浆药物浓度的一个比例常数，即$Vd=D/C$，式中D为给药量。

由于表观分布容积并不代表真正的生理容积，只是一个数学概念，故称表观分布容积。Vd值反映药物在体内的分布情况，如药物在组织中的分布范围是否广泛，结合程度是否高。一般Vd值越大，药物进入组织越多，分布越广，血中药物浓度越低；Vd值越小，血药浓度越高。如果药物在体内均匀分布，则Vd值接近0.8~1.0L/kg。当Vd值大于1.0L/kg时，药物的组织浓度高于血浆浓度，药物在体内分布广泛，或者组织蛋白对药物有高度结合，如吗啡、利多卡因、喹诺酮类等，在体液和组织中有广泛的分布，Vd值均大于1.0L/kg。相反，当药物的Vd值小于1.0L/kg时，药物的组织浓度低于血浆浓度，如水杨酸、保泰松、青霉素等在血浆中常呈离子化状态，所以Vd值很小（小于0.25L/kg）。

4. 体清除率（Cl_B）

体清除率（Cl_B）简称清除率，是指机体消除器官在单位时间内清除药物的血浆容积，即单位时间内有多少毫升血浆中所含药物被机体清除。清除率的单位为mL/min。

体清除率是体内各种清除率的总和，包括肾清除率、肝清除率和其他如肺清除率、乳汁清除率、皮肤清除率等。因为药物的消除主要靠肾脏排泄和肝脏的生物转化，故体清除率可简化为肾清除率与肝清除率之和。

5. 峰浓度（C_{max}）与达峰时间（t_{max}）

C_{max}是指用药后所能达到的最高血药浓度，它与给药剂量、给药途径、给药次数及达到时间有关。达到峰浓度时，药物吸收等于药物消除，这个时间称达峰时间（峰时，t_{max}）。

6. 平均稳态血药浓度（C_{ss}）

在静脉滴注给药或按消除半衰期（$t_{1/2}$）间隔时间多剂量给药的过程中，血药浓度会逐渐升高，经过一段时间后药物吸收速度与消除速度达到近似平衡的状态，此时的血药浓度即为平均稳态血药浓度（C_{ss}）。增加给药的剂量，只能提高血药浓度，不能缩短到达C_{ss}的时间。单位时间内的给药剂量不变，缩短给药的间隔时间，只能减少血药浓度的波动范围（即缩小C_{max}与C_{min}的差值），不能影响C_{ss}和到达C_{ss}的时间。

7. 生物利用度（F）

生物利用度（F）是指一定剂量的药物从给药部位吸收进入全身循环的速率和程度。该参数是决定药物量效关系的首要因素。药物静脉注射给予的生物利用度为100%，血管外给予时生物利用度通常低于100%。

药物血管外给予时相对静脉注射给予的生物利用度称为绝对生物利用度。绝对生物利用度 $=AUC_{血管外给药}/AUC_{静脉注射} \times 100\%$。如果药物的制剂不能进行静脉注射给药，则采用内服参照标准药物的AUC作比较，这时所得的生物利用度称为相对生物利用度。相对生物利用度 $=AUC_{受试制剂}/AUC_{标准制剂} \times 100\%$。

药物颗粒的大小、晶形、赋形剂、制备工艺等因素可影响药物制剂的生物利用度。生物利用度是评价药物制备工艺科学性的重要指标。生物利用度也可因机体的生理或病理状态不同、对药物的吸收及消除的不同而产生明显差异。首过效应可显著影响药物的生物利用度，有显著首过效应的药物如异丙肾上腺素、利多卡因、吗啡等，不宜内服。内服剂型的生物利用度存在相当大的种属差异，尤其在单胃动物与反刍动物之间。

8. 生物等效性（BE）

如果两种药品含有同一种有效成分，而且剂量、剂型和给药途径均相同，则它们在药学方面是等同的。两个药学等同的药品，若它们所含的有效成分的AUC、峰浓度无显著性差别，则称为生物等效性（BE）。

第三节　药效动力学

一、药物作用的基本表现

药物作用是指机体的生理、生化机能在药物的作用下发生的各种变化，可表现为兴奋或抑制。凡能使机体生理和生化反应加强的称为兴奋，主要引起兴奋的药物称为兴奋药；使机能活动减弱的称为抑制，主要引起抑制的药物称为抑制药。

二、药物作用的方式

1. 局部作用和吸收作用

局部作用是指在用药局部发挥作用，如局部麻醉药注入神经末梢产生的局部麻醉作用；吸收作用是指药物吸收入血后分布于全身而发挥作用，如吸入麻醉药或全身麻醉药。

2. 直接作用（原发作用）和间接作用（继发作用）

直接作用或原发作用是指药物吸收后直接到达某一器官产生的作用。如强心苷药物被吸收后，增强心肌收缩力的作用则为其直接作用。

间接作用或继发作用是指药物通过靶器官或靶组织生理、生化功能的改变继而产生的效应。如强心苷药物因增加心脏搏出量而使肾小球的滤过率增加，产生的利尿作用则为其间接作用，又称为继发作用。

三、药物作用的选择性

药物在治疗剂量下，只对少数器官或组织发生明显作用，而对其他器官或组织的作用较小或不发生作用的特性，称为药物作用的选择性。如治疗量的洋地黄对心脏有高度的选择性，使心脏收缩加强，而对其他器官基本没有作用。

药物选择性不同的原因在于：药物分布的差异，机体组织细胞结构和生化功能差异等。药物作用的选择性是治疗作用的基础，选择性高，针对性强，能产生很好的治疗效果，很少或没有不良反应；反之，选择性低，针对性不强，副作用较多。

四、药物的治疗作用与不良反应

药物在防治动物疾病时，产生好的治疗效果，有利于改变患病动物的生理、生化功能或病理过程，使患病动物恢复正常，称为治疗作用。它包括对因治疗和对症治疗，前者针对病因，用药目的在于消除原发致病因子，彻底治愈疾病，如化疗药杀灭病原微生物以控制感染；后者针对症状改善，如解热药可降低发热动物的体温。对因治疗和对症治疗相辅相成。

不良反应是指与用药目的无关，甚至对机体不利的作用。不良反应可分为以下几种：

1. 副作用

副作用是指药物在治疗量时即能出现的与治疗作用无关的不适反应。因药物的选择性低、作用广泛，利用其中一个作用作为治疗目的时，其他作用便成了副作用。由于治疗目的不同，药物的副作用和治疗作用也是相对的，如阿托品作为麻醉前用药时，其治疗作用是抑制腺体分泌和减轻麻醉药对心脏的抑制，但其产生的抑制胃肠平滑肌的作用为副作用；但利用阿托品抑制平滑肌的作用用于马痉挛疝缓解或消除疼痛，其抑制腺体分泌的作用则成了副作用。副作用一般是可预见的，但很难避免，临床用药时可设法纠正。

2. 毒性作用

毒性作用是指因用药剂量过大或用药时间过长，药物在体内蓄积过多所致的机体损害性反应。大多数药物都有一定程度的毒性，但毒性反应的性质和程度不同，可呈现为急性毒性、慢性毒性，甚至致癌、致畸、致突变作用。有些药物在常用剂量时也能产生毒性，如部分氨基糖苷类抗生素在治疗剂量时即可引起肾毒性等。毒性作用一般是可预知的，临床用药时应该设法减轻或防止。

3. 变态反应

变态反应又称过敏反应，其本质是药物产生的病理性免疫反应。部分药物本身或其在体内的代谢产物以及药物制剂中的杂质可作为半抗原，进入机体后可与血浆蛋白或组织蛋白结合形成全抗原，引起机体发生过敏反应。该反应与剂量无关，反应性质也与药物原有效应无关，用药理性拮抗药解救无效。临床用药时也应关注动物的过敏反应。

4. 继发性反应

继发性反应也称治疗矛盾，是药物治疗作用引起的不良效应。如广谱抗生素引起成年草食动物的二重感染，就是因为长期应用广谱抗生素时，动物胃肠道菌群之间维持平衡的共生状态被破坏，一些条件致病菌（如真菌、厌氧菌、耐药菌等）大量繁殖，造成中毒性胃肠炎和全身感染。因此，二重感染是因使用广谱抗生素引起的继发性反应，并非药物的直接作用。

5. 后遗效应

后遗效应是指停药后血药浓度已降至阈值以下时的残存药理效应。后遗效应产生的原因：药物与受体的亲和力较强，不易解离，持续作用于靶器官；或者药物可对组织造成不可逆性损伤。后遗效应不仅能产生不良反应，有些药物也能产生对机体有利的后遗效应。如抗生素后效应，抗生素后白细胞促进效应，可提高吞噬细胞的吞噬能力，使抗生素的给药间隔时间延长。

6. 特异质反应

特异质反应多由先天遗传异常所致，临床可见少数特异质患病动物对某些药物特别敏感，导致产生不同的损害性反应。其反应与药物的固有药理作用基本一致，严重程度与剂量成正比。

五、药物的相互作用

药物的相互作用指同时或相继使用两种以上的药物时，由于药物之间的相互影响，导致其中一种或几种药物作用（强度、时间、性质）发生不同程度改变的现象。药物间相互作用主要体现在以下 3 个方面：

1. 配伍禁忌

配伍禁忌通常是指体外将两种以上药物配伍或混合使用时，可能出现药物中和、水解、破坏失效等理化反应，结果可能是产生混浊、沉淀、产生气体或变色等外观异常的现象，又称为药剂学相互作用。静脉滴注时尤其要注意配伍禁忌，如在静脉滴注酸性药物中加入磺胺嘧啶钠注射液，磺胺嘧啶钠在 pH 降低时可析出磺胺嘧啶结晶，易引起栓塞。

2. 药动学相互作用

药动学相互作用是指一种药物与另一种药物合并应用时，使药物发生药代动力学方面的改变，从而使一种药物的吸收、分布、代谢或者排泄过程受到影响，导致药动学参数发生变化。如青霉素与丙磺舒同时使用，后者可与青霉素竞争转运载体，抑制青霉素的主动分泌，使其排泄过程减慢，延长其半衰期，故临床中青霉素可与丙磺舒联用延长青霉素的药效，但应注意丙磺舒对肾脏有一定毒性。

3. 药效学相互作用

药效学相互作用是指动物同时使用两种以上药物，由于药物效应或作用机理的不同，可使总效应发生改变。两药合用的总效应大于单药效应的代数和，称协同作用；两药合用的总效应等于它们分别单用的代数和，称相加作用；两药合用的总效应小于它们单用效应的代数和，称拮抗作用。除药物的治疗作用存在相互作用外，药物的毒性作用也可出现协同、相加或者拮抗作用。

六、药物的构效关系

药物的构效关系指特异性药物的化学结构与药物效应有密切关系。结构类似的化合物能与同一受体结合产生激动作用。如氨甲酰胆碱的结构与体内神经递质乙酰胆碱相似，因此其就有类似乙酰胆碱的作用，称为拟胆碱药。

七、药物的量效关系

1. 量效关系

量效关系也称为剂量 - 效应（反应）关系，是指在一定范围内，药物效应的强弱与用药剂量或者血中药物浓度间的依赖关系。这种关系定量地分析和阐明了药物效应与剂量之间的变化规律，有助于了解药物作用的性质，并为临床用药提供参考资料。

① 无效量：不产生任何效应的剂量。

② 最小有效量或阈剂量：能引起药物效应的最小剂量。
③ 半数有效量（ED_{50}）：对用药群体中 50% 个体有效的剂量。
④ 最大效能：药物的最大效应，这是量变的过程，出现最大效应的剂量称为极量。
⑤ 最小中毒量：出现中毒的最低剂量。
⑥ 半数致死量（LD_{50}）：引起半数动物死亡的量。

药物的临床常用量或治疗量应比最小有效量大，比极量小。临床用药一定要按规定剂量用药，不能随意增加或减少用药剂量。

2. 量效曲线

量效关系可以用量效曲线表示。量效曲线分为量反应的量效曲线和质反应的量效曲线。

① 量反应的量效曲线：以药物效应强度为纵坐标，剂量为横坐标，可得直方双曲线；若以剂量对数为横坐标，效应强度为纵坐标，则可获得经典的 S 形曲线。量效曲线见图 6-1-2。

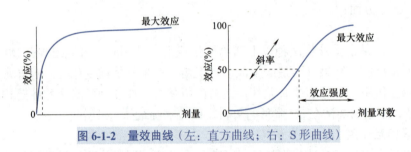

图 6-1-2　量效曲线（左：直方曲线；右：S 形曲线）

② 质反应的量效曲线：以药物某一反应在某一群体中出现阳性反应的百分率为纵坐标，以剂量对数或者浓度为横坐标，可得到呈常态分布曲线（频数分布曲线）；如果按照剂量增加的累计阳性反应百分率为纵坐标，则可获得典型的 S 形曲线（累加量效曲线）。质反应的频数分布曲线和累加量效曲线见图 6-1-3。

3. 药物安全性评价指标

① 治疗指数：药物 CD_{50} 与 ED_{50} 的比值称为治疗指数。该指数越大，药物安全性越高。但是仅靠治疗指数来评价药物的安全性是不够精确的，因为药物的有效剂量与其致死剂量之间可能会有重叠。

② 安全范围：安全范围指 ED_{95} 与 LD_5 之间的距离。该距离越大，药物安全性越高。

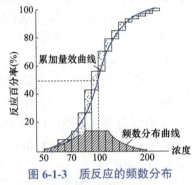

图 6-1-3　质反应的频数分布曲线和累加量效曲线

八、药物的作用机理

药物的作用机制可以分为特异性作用机制和非特异性作用机制。

1）特异性作用机制：大多数药物的作用来自药物与机体生物大分子之间的相互作用，这种相互作用引起机体的生理、生化功能改变。

药物作用机制是研究药物如何与机体细胞结合而发挥作用的，其结合部位就是药物作用的靶点。药物作用的靶点有受体、酶、离子通道、核酸、载体、免疫系统和基因等。

2）非特异性作用机制：也有部分药物是通过理化作用而发挥作用，如抗酸药中和胃酸；还有些药物是补充机体所缺乏的物质，如补充维生素、激素、微量元素等。

第四节　影响药物作用的因素与合理用药

药物作用的强弱，取决于靶组织效应部位游离药物浓度的大小。效应部位的药物浓度，与给药剂量、给药途径和动物的种类、年龄、性别等有关，同时还受其他许多因素的影响。在制订药物的给药方案时，对各种因素都应该全面考虑。

一、影响药物作用的因素

1. 药物方面

（1）剂量　药物的剂量，是决定动物体内血药浓度及药物作用强度的主要因素。药物的常用量（或治疗量）有一个剂量范围，应根据病理情况准确地选择用量，才能获得预期的药效。药物的作用或效应，在一定剂量范围内随着剂量的增加而增强，甚至改变药物效应的性质，如巴比妥类药物随着剂量增加，可依次表现出镇静、催眠、抗惊厥、麻醉直至死亡。剂量过小，疗效差甚至无效；剂量过大药效过于剧烈，甚至发生毒性反应，因此，兽医临床用药时，除根据《中华人民共和国兽药典》和兽药使用说明书等决定用药剂量外，兽医师可以根据兽药的理化性质、毒副作用和病情发展的需要适当调整剂量，更好地发挥药物的治疗作用。

（2）剂型　药物的剂型对药物的吸收影响很大，常用的剂型中，注射剂吸收快，内服剂型（如粉剂、大丸剂、片剂、胶囊剂、煎剂等）吸收较慢，水溶液吸收较快。如内服溶液剂比片剂吸收的速率要快得多，因为片剂在胃肠液中有一个崩解过程，药物的有效成分要从赋形剂中溶解释放出来，受许多因素的影响。剂型的选择，常根据畜禽的疾病种类、病情、治疗方案或用药目的而定。

（3）给药途径　常用的给药途径主要有内服、肌内注射、皮下注射、静脉注射和乳房灌注等。一般来说，给药途径取决于药物的剂型，如注射剂必须注射，片剂必须内服。不同的给药途径，由于药物进入血液的速度和数量均有不同，产生药效的快慢和强度也有很大差别，甚至产生质的差别，如硫酸镁溶液内服起泻下作用，若静脉注射则起中枢抑制作用。另外，内服给药的生物利用度受动物种属影响较大，如单胃动物内服容易吸收，反刍动物则吸收很少，许多药物可在瘤胃被分解破坏。家禽由于集约化饲养，群体给药时，为方便给药多采用混饮或混饲的给药方式，但要根据不同天气、疾病发生过程及动物食入饲料或饮水量的不同，适当调整药物的浓度。

除根据疾病治疗需要选择给药途径外，还应考虑药物的性质，如肾上腺素内服无效，必须注射给药；氨基苷类抗生素内服难以吸收，用作全身治疗时也必须注射给药。有的药物内服时有很强的首过效应，生物利用度很低，全身用药时也应选择肠外给药途径。

（4）疗程　有些药物给药一次即可能奏效，如解热镇痛药。但大多数药物必须按规定的剂量和时间间隔多次给药，才能达到治疗效果。用药持续的时间，称为疗程。抗菌药物更要求有充足的疗程才能保证稳定的疗效，并避免产生耐药性，决不可给药一、二次出现药效就立即停药。例如，抗生素一般要求2~3d为一个疗程，磺胺类药则要求3~5d为一个疗程。

（5）联合用药　为了增强药效或减少药物的不良反应，临床上常采用联合用药。联合用药时，两种以上的药物常产生相互作用。

2. 动物方面

（1）种属差异　畜禽的种属不同，对同一药物的反应有很大差异。如对赛拉嗪，牛最敏感，其达到化学保定作用的剂量仅为马、犬、猫的1/10；而猪最不敏感，临床化学保定使用剂量是牛的20~30倍。有少数动物因缺乏某种药物代谢酶，因而对某些药物特别敏感，如猫缺乏葡萄糖醛酸酶活性，故对水杨酸特别敏感，易产生毒性作用。药物在不同种属动物的作用除表现量的差异外，少数药物还可表现质的差异，如吗啡对人、犬、大鼠、小鼠表现为抑制，但对猫、马和虎则表现兴奋。

（2）生理差异　不同年龄、性别或妊娠动物，对同一药物的反应也有差别。老龄动物肝肾功能减退，对药物较为敏感，幼龄及妊娠动物也较敏感，临床用药时应适当调整剂量。除了作用于生殖系统的某些药物外，一般药物对不同性别动物的作用并无差异，只是妊娠动物对拟胆碱药、泻药或能引起子宫收缩加强的药物比较敏感，可能引起流产，临床用药必须慎重。哺乳动物则因大多数药物可从乳汁排泄，会造成乳中的药物残留，故要按奶废弃期的规定，废弃期内的奶不得供人食用。

（3）病理因素　各种病理因素都能改变药物在健康机体的正常转运与转化，影响血药浓度，从而影响药物效应。如肾功能损害时，药物经肾排出受阻而引起积蓄；肝功能不全时，代谢减少，可引起血药浓度升高或药物半衰期延长，使其作用增强。炎症过程使动物的生物膜通透性增加，影响药物的转运。例如，头孢西丁在实验性脑膜炎犬脑内药物浓度比健康犬增加5倍。患有严重的寄生虫病、失血性疾病或营养不良的动物，由于血浆蛋白减少，可使高血浆蛋白结合率药物的血中游离浓度增加，使药物作用增强，同时也使药物的生物转化和排泄增加，半衰期缩短。

（4）个体差异　同种动物在基本条件相同的情况下，有少数个体对药物特别敏感，称高敏性；另有少数个体则特别不敏感，称耐受性。这种个体之间的差异，在最敏感和最不敏感之间约差10倍。动物对药物作用的个体差异中，还表现为生物转化过程的差异。已发现某些药物如磺胺类等的乙酰化存在多态性，分为快乙酰化型和慢乙酰化型，不同型个体之间存在显著差异。如对磺胺类的乙酰化，人、猴、反刍动物和兔均存在多态性的特征。

产生个体差异的主要原因是动物对药物的吸收、分布、生物转化和排泄的差异，其中生物转化是最重要的因素。研究表明，药物代谢酶类（尤其细胞色素P450）的基因多态性，是影响药物作用个体差异的最重要的因素之一。不同个体之间的酶活性可能存在很大的差异，从而造成药物代谢速率上的差异。

3. 饲养管理和环境因素

（1）饲养管理　饲养管理条件的好坏，日粮配合是否合理，均可影响药物的作用。许多药物的治疗作用，都必须在动物体具有抵抗力的条件下才得以发挥。如磺胺类药物治疗感染性疾病时，病原体的最后消除必须靠机体的防御系统。动物如果营养不良，不同药物的反应也有不同的表现。

（2）环境因素　环境条件、动物饲养密度、通风情况、厩舍温度、光照等，均可影响药物的效应或不良反应的强弱。例如，不同季节、温度和湿度，均可影响消毒药、抗寄生虫药的疗效。若环境存在大量的有机物，可大大减弱消毒药的作用；通风不良、空气污染（如高浓度的氨气），可增加动物的应激反应，加重疾病过程，影响药物疗效。

二、合理用药的基本原则

使用药物治疗动物疾病的目的是使机体的病理学过程恢复到正常状态，或把病原体清除以保护机体的正常功能。为了达到这个目的，做到合理用药，必须对动物、疾病、药物三者有全面系统的知识，因为动物的种属、年龄、性别、疾病的类型和不同病理学过程，药物的剂型、剂量和给药途径，均可影响药动学或药效学发生不同程度的变化。合理用药是指以现代的、系统的医药知识，在了解疾病和药物的基础上，安全、有效、适时、简便、经济地使用药物，以达到最大疗效和最小的不良反应。兽医临床用药时，必须理论联系实际，不断总结临床用药的实际经验，在充分考虑上述影响药物作用各种因素的基础上，正确选择药物，制定对动物和病理过程都合适的给药方案。合理用药的基本原则有以下几个方面：

1. 正确的诊断和明确的用药指征

任何药物合理应用的先决条件是正确诊断，对动物发病的原因、病理学过程要充分了解，才能对因、对症用药，否则非但无益，还可能影响诊断，耽误疾病治疗。每种疾病都有其特定的病理学过程和临床症状，用药必须对症。例如，动物腹泻可由多种原因引起，如细菌、病毒、原虫等病原感染可引起腹泻，饲养管理不当也会引起动物非感染性腹泻，所以不能凡是腹泻都使用抗菌药，首先要做出正确的诊断，要针对具体疾病指征，选用药效可靠、安全、给药方便、价廉易得的药物。反对滥用药物，尤其不能滥用抗菌药物。

2. 熟悉药物在靶动物的药动学特征

药物的作用或效应，取决于作用靶位的浓度，每种药物有其特定的药动学特征，只有熟悉药物在靶动物的药动学特征及其影响因素，才能做到正确选药并制定合理的给药方案，达到预期的治疗效果。例如，阿莫西林与氨苄西林的体外抗菌活性很相似，但前者在犬体内的内服生物利用度比后者高约1倍，血清药物浓度高1.5~3倍。因此，在治疗犬全身性感染时，阿莫西林的疗效比氨苄西林好，如果胃肠道感染时则宜选择后者。因氨苄西林在胃肠道吸收不良，使其在胃肠道有较高的药物浓度。

3. 预期药物的治疗作用与不良反应

临床使用药物防治疾病时，可能产生多种药理效应，大多数药物在发挥治疗作用的同时，都存在不同程度的不良反应，即药物作用的两重性。合理用药必须根据病理过程的需要，结合药物的药动学、药效学特征，发挥药物的最佳疗效。一般药物的疗效是可以预期的。同样，药物的不良反应（如一般的副作用和毒性反应）也是可预期的，在药物发挥治疗作用的同时就会产生，所以应该尽量减少或消除不良反应。例如，反刍动物用赛拉嗪后可产生大量的唾液分泌，因此要做好必要的预防措施，用药时可使用阿托品抑制唾液分泌。但阿托品在发挥抑制唾液分泌的治疗作用时，又可产生抑制胃肠蠕动的副作用，由于胃蠕动停止可引起瘤胃臌气，因此需预先给予制酵药防止发酵。当然，有些不良反应如变态反应、特异质反应等是不可预期的，可根据动物的情况，采取必要的防治措施。

4. 制定合理的给药方案

要针对动物所患疾病的临床症状和病原诊断制定合理的给药方案，包括给药剂量、给药途径、给药频率（间隔时间）和疗程。在确定治疗药物后，首先确定用药剂量，一般按《中华人民共和国兽药典》规定的剂量用药，兽医师可根据患病动物情况在规定范围内做必要的调整。给药频率是由药物的药动学、药效学和经证实的药物维持有效作用的时间决定的，每种药物或制剂有其特定的作用时间，如二氟沙星比恩诺沙星对猪有更长时间的抗菌作用，所以前者的给药间隔较长。药物的给药途径主要决定于制剂。但是，选择给药途径还受疾病类型和用药目的限制，如利多卡因在非静脉注射给药时，对控制室性心律不齐是无效的。多数疾病必须反复多次给药一定时期才能达到治疗效果，不能在动物体温下降或病情好转时就停止给药，这样往往会引起疾病复发或诱导产生耐药性，给后续治疗带来更大的困难，其危害是十分严重的。

5. 合理的联合用药

在确定诊断以后，兽医师的任务就是选择最有效、安全的药物进行治疗。一般情况下应避免同时使用多种药物（尤其抗菌药物），因为多种药物联用极大地增加了药物相互作用的概率，也增加了不良反应的危险。除了具有确实的协同作用的联合用药外，要慎重使用固定剂量的联合用药（如某些复方制剂），因为它使兽医师失去了根据动物病情需要去调整药物剂量的机会。

6. 正确处理对因治疗与对症治疗的关系

一般用药首先要考虑对因治疗，但也要重视对症治疗，两者巧妙地结合才能取得更好的疗效。我国传统中医理论对此有精辟的论述："治病必求其本，急则治其标，缓则治其本"。

7. 避免动物源性食品中的兽药残留

食品动物用药后，药物的原型或其代谢产物和有关杂质可能蓄积、残存在动物的组织、器官或食用产品（如蛋、奶）中，这样便造成了兽药在动物源性食品中的残留（简称兽药残留）。兽药残留对人类的潜在危害作用正在被逐步认识，把兽药残留减到最低限度直至消除，保证动物源性食品的安全，是兽医师用药应该遵循的重要原则。

（1）做好使用兽药的登记工作　避免兽药残留必须从源头抓起，严格执行兽药使用的登记制度，兽医师及养殖人员必须对使用兽药的品种、剂型、剂量、给药途径、疗程或添加时间等进行登记，以备检查。

（2）严格遵守休药期规定　根据调查，兽药残留产生的主要原因是没有遵守休药期的规定，所以，严格执行休药期规定是减少兽药残留的关键措施。使用兽药必须遵守有关规定，严格执行休药期，以保证动物源性产品没有兽药残留超标。

（3）避免标签外用药　药物的标签外应用，是指在标签说明以外的任何应用，包括种属、适应证、给药途径、剂量和疗程。一般情况下，食品动物禁止标签外用药，因为任何标签外用药均可能改变药物在体内的动力学过程，使食品动物出现药物残留。在某些特殊情况下需要标签外用药时，必须采取适当的措施避免动物产品的兽药残留，兽医师应熟悉药物在动物体内的组织分布和消除的资料，采取超长的休药期，以保证消费者的安全。

（4）严禁非法使用违禁药物　为了保证动物源性产品的安全，近年来，各国都对食品动物禁用药物品种作了明确的规定，我国兽药管理部门也规定了禁用药品清单。兽医师和食品动物饲养场均应严格执行这些规定。

第二章 抗菌药

第一节　概　　述

一、常用术语

1. 化疗药与化疗三角

对细菌、真菌、支原体和病毒等病原微生物或者肿瘤具有抑制或杀灭作用的化学物质，对病原微生物、寄生虫以及肿瘤细胞等具有明显的选择性作用，而对动物正常机体没有或仅有轻度的毒性作用，称为化学治疗药，简称化疗药。化疗药包括抗微生物药、抗寄生虫药、抗肿瘤药等。我国兽医常见病和多发病往往由细菌、病毒和寄生虫引起，在使用化疗药防治动物疾病的过程中，药物、机体、病原微生物三者之间存在着复杂的相互作用关系，被称为"化疗三角"，用药时要注意处理好三者的关系。

2. 化疗指数

化疗指数以动物的半数致死量（LD_{50}）与治疗感染动物的半数有效量（ED_{50}）的比值表示，或以动物的5%致死量（LD_5）与治疗感染动物的95%有效量（ED_{95}）的比值来衡量。化疗指数是评价化疗药安全性及治疗价值的标准。化疗指数越大，表明药物的毒性越小、疗效越好，临床应用价值越高。一般认为，抗菌药的化疗指数大于3，才有实际应用价值。但化疗指数高的药物，毒性虽小或无，但非绝对安全。例如，青霉素的化疗指数高达1000以上，但仍可能引起过敏性休克的不良反应。

3. 抗菌谱

抗菌谱是指抗菌药物的抗菌范围，即对一定范围的病原微生物具有抑制或杀灭作用。抗菌药物可分为窄谱抗菌药和广谱抗菌药。抗菌谱是兽医临床选药的基础，仅对革兰氏阳性菌或革兰氏阴性菌有作用的抗生素称窄谱抗生素，如青霉素主要对革兰氏阳性菌有作用，链霉素主要作用于革兰氏阴性菌。除对革兰氏阳性菌、阴性菌有作用外，对支原体、衣原体或立克次体等也有抑制作用的抗生素，称广谱抗生素，如四环素类、酰胺醇类等。

4. 抗菌活性

抗菌活性是指抗菌药抑制或杀灭病原微生物的能力，可用体外抑菌试验和体内试验治疗方法测定。体外抑菌试验对临床用药具有重要参考意义。体外测定抗菌活性或病原菌敏感性的方法主要有试管二倍稀释法和纸片法。试管二倍稀释法可以测定抗菌药的最小抑菌浓度（MIC，即能够抑制培养基内细菌生长的最低浓度）或最小杀菌浓度（MBC，即能够杀灭培养基内细菌生长的最低浓度），是一种比较精确的方法。纸片法操作比较简便，通过测定抑菌圈直径的大小来判定病原菌对药物的敏感性。抗菌药的抑菌作用和杀菌作用是相对的，有些抗菌药在低浓度时呈抑菌作用，而高浓度呈杀菌作用。临床上所指的抑菌药是指仅能抑制病原菌生长繁殖而无杀灭作用的药物，如磺胺类、四环素类、酰胺醇类等。杀菌药是指具有杀灭病原菌作用的药物，如β-内酰胺类、氨基糖苷类、氟诺酮类等。

5. 抗菌药后效应

抗菌药后效应（PAE）是指细菌与抗菌药短暂接触后，当抗菌药物完全除去，细菌的生长仍然受到持续抑制的效应。PAE以时间的长短来表示，它几乎是所有抗菌药的一种特性。由于最初只对抗生素进行研究，故称为抗生素后效应。后来发现人工合成的抗菌药也能产生PAE，称为抗菌药后效应更为准确。此外，处于PAE期的细菌再与亚抑菌浓度的抗菌药接触后，可以进一步被抑制，这种作用称为抗菌药后效应期亚抑菌浓度作用。能产生抗菌药后效应的药物主要有β-内酰胺类、氨基糖苷类、大环内酯类、林可胺类、四环素类、酰胺醇类和氟喹诺酮类等，但其PAE长短有所不同。

6. 耐药性

耐药性又称抗药性，分为天然耐药性和获得耐药性两种。前者属细菌的遗传特征，不可改变，如铜绿假单胞菌对大多数抗生素不敏感。获得耐药性是指病原菌在多次接触抗菌药后，产生了结构、生理及生化功能的改变，而形成具有抗药性的菌株，尤其在药物浓度低于MIC时更易形成耐药菌株，对抗菌药的敏感性下降甚至消失。某种病原菌对一种药物产生耐药性后，往往对同一类的药物也具有耐药性，这种现象称为交叉耐药性。交叉耐药性又存在完全交叉和部分交叉耐药两种情况。完全交叉耐药性是双向的，如多杀性巴氏杆菌对磺胺嘧啶产生耐药后，对其他磺胺类药均产生耐药；部分交叉耐药性是单向的，如氨基糖苷类抗生素之间，如果细菌对链霉素产生耐药，对庆大霉素、卡那霉素等仍敏感，但是如果细菌对庆大霉素、卡那霉素等耐药后，则对链霉素也会产生耐药。所以，在临床轮换使用抗菌药时，应选择不同类型化学结构的药物。病原菌对抗菌药产生耐药性是兽医临床的一个严重问题，不合理使用和滥用抗菌药是耐药性产生的重要原因。

（1）细菌耐药性产生的机制　①作用靶位突变，导致药物与靶位亲和力降低，如对青霉素耐药的革兰氏阳性菌；②产生灭活酶使药物失活，如肠杆菌科细菌可产生β-内酰胺酶水解β-内酰胺类抗生素，导致后者失活，丧失抗菌活性；③改变细胞膜通透性，如部分对四环素或者氨基糖苷类抗生素耐药的革兰氏阴性菌，是因编码膜孔蛋白的基因发生变异，导致膜孔蛋白表达减少或者不表达，导致膜通透性降低，阻碍药物进入；④主动外排作用，部分细菌会编码外排泵，可将抗菌药从细胞内泵出，导致药物在细胞内浓度降低，抗菌活性减弱；⑤产生生物被膜，部分细菌可以产生生物被膜，导致抗菌药的渗透性下降，抗菌活性减弱。

（2）耐药基因的水平传播方式　细菌耐药性产生后，耐药基因可借助一些可移动基因元件进行水平传播。常见的可移动基因元件有质粒、整合性接合元件（ICE）、整合子、插入序列等。耐药基因水平传播的方式有：①接合，即通过耐药菌和敏感菌直接接触，耐药基因可借助可移动基因元件（如质粒、ICE）从耐药菌中转移到敏感菌的过程；②转化，即具有转化能力的敏感菌直接从外界获取耐药基因的过程，如肺炎球菌、空肠弯曲杆菌具有自然转化的能力，可直接从环境中获取耐药基因；③转导，即借助噬菌体将耐药基因由耐药菌转移给敏感菌的过程，如金黄色葡萄球菌可以通过转导方式获得耐药基因。

二、抗菌药的合理使用

抗菌药在控制畜禽的细菌性感染、保证养殖业的持续发展起着重要的作用，但目前不合理使用尤其是滥用不仅造成药品的浪费、增加生产成本，而且导致畜禽不良反应增多、细菌耐药性产生和动物源性食品兽药残留等，给兽医工作、公共卫生及人民健康带来不良后果。耐药菌株增加、药物选用不当、剂量与疗程不足、不恰当的联合用药以及忽视药物的药动学因素对药效学的影响等，是导致抗菌药物临床治疗失败的重要因素。为了充分发挥抗菌药的疗效，降低药物的不良反应，减少细菌耐药性的产生，提高抗菌药物的疗效，必须切实合理使用抗菌药物，并加强对抗菌药的安全使用监管。

1. 严格掌握抗菌谱和适应证

正确诊断是选择药物的前提，只有了解致病菌，才能根据抗菌谱选择对病原菌高度敏感的药物。通过细菌学的分离鉴定和药敏试验来选用抗菌药，尽量选择窄谱、作用强、不良反应少的药物。例如，革兰氏阳性菌感染可选择青霉素类、大环内酯类等，革兰氏阴性菌感染则应选择氨基糖苷类等。

应尽力避免在无临床指征或指征不强时使用抗菌药。例如，各种病毒性感染不宜用抗菌药，对真菌性感染也不宜选用一般的抗菌药，因为目前多数抗菌药对病毒和真菌无作用，但合并细菌性感染者除外。

2. 掌握药代动力学特征及制定合理的给药方案

抗菌药在机体内要发挥杀灭或抑制病原菌的作用，必须在靶组织或器官内达到有效的浓度，并能维持一定的时间。因此，应在考虑各药的药代动力学、药效学特征的基础上，结合动物的病情、体况，制定合理的给药方案，包括药物品种、给药途径、剂量、间隔时间及疗程等。例如，对动物的细菌性或支原体性肺炎的治疗，除选择对致病菌敏感的药物外，还应考虑选择能在肺组织中达到较高浓度的药物，如大环内酯类、氟喹诺酮类和四环素类药物；细菌引起的脑部感染首选在脑脊液中浓度较高的磺胺嘧啶。合适的给药途径是药物取得疗效的保证，通常危重病例应肌内注射或静脉注射给药；消化道感染以内服为主；严重消化道感染与并发败血症、菌血症应内服，并配合注射给药。剂量要准确，疗程应充足，杀菌药以2~3d为一个疗程，抑菌药（如磺胺类药）的疗程要有3~5d，支原体感染一般疗程应更长。切忌病情稍有好转或体温下降就停用抗菌药，导致疾病复发或诱发耐药性。

3. 避免耐药性的产生

随着抗菌药物的广泛应用，细菌耐药性的问题也日益严重，其中以金黄色葡萄球菌、大肠杆菌、胸膜肺炎放线杆菌、铜绿假单胞菌及结核分枝杆菌最易产生耐药性。为了防止耐药菌株的产生，应注意以下几点：①严格掌握适应证，不滥用抗菌药物，不一定要用的尽量不用，单一抗菌药物有效的就不采用联合用药；②严格掌握用药指征，剂量要够，疗程要恰当；③尽可能避免局部用药，并杜绝不必要的预防应用；④病因不明者，不要轻易使用抗菌药；⑤发现耐药菌株感染，应改用对病原菌敏感的药物或采取联合用药；⑥尽量减少长期用药。

4. 防止药物的不良反应和残留

应用抗菌药治疗动物疾病的过程中，除要密切注意药效外，同时要注意可能出现的不良反应。例如，青霉素和头孢菌素容易引起犬、马的过敏反应，四环素类静脉注射常可引起马的严重反应甚至死亡；氨基糖苷类对听神经有严重毒性（耳毒性）等。对肝功能或肾功能不全的患病动物，易引起由肝代谢或肾消除的药物蓄积，产生不良反应。对于这样的患病动物，应调整给药剂量或延长给药间隔时间。此外，随着畜牧业的高度集约化，大量使用抗菌药物防治疾病，随之而来的是动物源性食品（肉、蛋、奶）中抗菌药物的残留给人民健康带来严重的威胁；另一方面，各种饲养场大量粪、尿或排泄物向周围环境排放，抗菌药又成为环境的污染物，给生态环境带来许多不良影响。所以，必须精准用药，防止药物残留。

5. 合理联合用药

联合应用抗菌药的目的主要在于扩大抗菌谱、增强疗效、减少用量、降低或避免毒副作用，减少或延缓耐药菌株的产生。在兽医临床联合应用取得成功的实例很多，如磺胺类药与抗菌增效剂甲氧苄啶或二甲氧苄啶合用，使细菌的叶酸代谢被双重阻断，抗菌作用增强；青霉素与链霉素合用，青霉素使细菌细胞壁合成受阻，使链霉素易于进入细胞而发挥作用，同时扩大了抗菌谱；阿莫西林与克拉维酸合用，能有效地治疗由产生β-内酰胺酶的致病菌引起的感染。

为了获得联合用药的协同作用，必须根据抗菌药的作用特性及机理进行选择和组合，防止盲目联合。目前，一般将抗菌药分为四大类：Ⅰ类为繁殖期或速效杀菌剂，如青霉素类、头孢菌素类；Ⅱ类为静止期或慢效杀菌剂，如氨基糖苷类、多黏菌素类；Ⅲ类为速效抑菌剂，如四环素类、酰胺醇类、大环内酯类；Ⅳ类为慢效抑菌剂，如磺胺类等。Ⅰ类与Ⅱ类合用一般可获得协同作用，如青霉素和链霉素合用。Ⅰ类与Ⅲ类合用常出现拮抗作用，如青霉素与四环素合用出现拮抗，在四环素的作用下，细菌蛋白质合成迅速抑制，细菌停止生长繁殖，青霉素便不能发挥抑制细胞壁合成的作用。Ⅰ类与Ⅳ类合用可能无明显影响，但在治疗脑膜炎时，合用可提高疗效，如青霉素与磺胺嘧啶合用。Ⅱ类与Ⅲ类合用常表现相加或无关作用。

还应注意，作用机理相同的同一类药物合用的疗效并不增强反而可能相互增加毒性，如氨基糖苷类之间合用能增加对第八对脑神经（听神经）的毒性；酰胺醇类、大环内酯类、林可霉素类，因作用机理相似，可竞争细菌核糖体同一靶位，有可能出现拮抗作用。此外，联合用药时应注意药物之间的理化性质、药代学和药效学之间的相互作用与配伍禁忌。

第二节　化学合成抗菌药

一、磺胺类

磺胺类药物具有抗菌谱较广，性质稳定，使用方便，价格低廉等优点。特别是甲氧苄啶和二甲氧苄啶等抗菌增效剂，与磺胺药的联合使用，使抗菌作用大大加强，疗效显著提高。本类药物的缺点是较易产生耐药性，尤其大肠杆菌、金黄色葡萄球菌等。

【分类】磺胺类药物的基本化学结构是对氨基苯磺酰胺。根据内服吸收情况可分为肠道易吸收、肠道难吸收及外用3类。肠道易吸收的磺胺药主要有磺胺嘧啶（SD）、磺胺二甲嘧啶（SM_2）、磺胺甲噁唑（新诺明，SMZ）、磺胺对甲氧嘧啶（磺胺-5-甲氧嘧啶，SMD）、磺胺间甲氧嘧啶（磺胺-6-甲氧嘧啶，SMM）、磺胺喹噁啉（SQ）、磺胺氯吡嗪；肠道难吸收的磺胺药主要有磺胺脒（SG）、酞磺胺噻唑（酞酰磺胺噻唑，PST）、琥珀酰磺胺噻唑（琥磺胺噻唑，SST）；外用磺胺药主要有醋酸磺胺米隆（甲磺灭脓，SML）、磺胺嘧啶银（烧伤宁，SD-Ag）。

【药动学】

（1）吸收　多数磺胺药内服易吸收，但其生物利用度因药物和动物种类不同而有差异。一般而言，肉食动物内服后3~4h血药浓度可达峰值，草食动物为4~6h，反刍动物为12~24h。反刍机能尚不完善的犊牛和羔羊，其生物利用度与肉食、杂食的单胃动物相似。

（2）分布　磺胺类药物吸收后分布于全身各组织和体液中，大部分与血浆蛋白结合率较高。磺胺类中以SD与血浆蛋白的结合率最低，因而进入脑脊液的浓度较高（为血药浓度的50%~80%），故可作为脑部细菌感染的首选药。

（3）代谢　磺胺类药物主要在肝脏代谢，主要是对位氨基发生乙酰化形成乙酰化磺胺。乙酰化物溶解度较原药低，易在肾小管析出结晶，尤其在酸性条件下更易析出。肉食及杂食动物由于尿中酸度比草食动物高，较易引起乙酰化磺胺析出，产生结晶进而损害肾功能。各种磺胺药在同种动物的代谢和消除半衰期不同，同一种药物在不同动物的消除半衰期也有较大差别。肾功能损害时，药物不易排泄，临床使用时应注意。治疗泌尿道感染时宜选用乙酰化率较低的药物，如SMM、SMD。

（4）排泄　易吸收的磺胺药经代谢后产生的代谢物可与葡萄糖醛酸结合，随尿液排出，少数以原型形式随尿液排泄；肠道难吸收的磺胺类药物主要随粪便排出；少量由乳汁、消化液及其他分泌液排出。同服碳酸氢钠碱化尿液可促进磺胺及其代谢物排出。

【抗菌作用】磺胺类属广谱慢效抑菌药，对大多数革兰氏阳性菌和部分革兰氏阴性菌有效，对衣原体和某些原虫也有效。对磺胺类高度敏感的病原菌有链球菌、肺炎球菌、沙门菌、化脓棒状杆菌等；次敏感菌有葡萄球菌、变形杆菌、巴氏杆菌、大肠杆菌、产气荚膜梭菌、炭疽杆菌、李氏杆菌、副鸡嗜血杆菌等。SMM和SMD还对球虫、卡氏白细胞虫、疟原虫、弓形虫等有效。但磺胺类对螺旋体、立克次体、结核分枝杆菌等无作用。磺胺类与抗菌增效剂TMP、DVD合用，可使抗菌活性提高几倍至几十倍，有的可由抑菌作用变为杀菌作用。所以，磺胺类药一般均应与抗菌增效剂合用。

【作用机理】磺胺药是通过干扰敏感菌的叶酸代谢过程而抑制其生长繁殖的。细菌不能直接从生长环境中利用外源叶酸，而是利用对氨基苯甲酸（PABA）、二氢蝶啶和谷氨酸，在二氢叶酸合成酶的催化下合成二氢叶酸，再经二氢叶酸还原酶催化还原为四氢叶酸。四氢叶酸是一碳基团转移酶的辅酶，参与嘌呤、嘧啶等的合成。磺胺类的化学结构与 PABA 的结构相似，能与 PABA 竞争二氢叶酸合成酶，抑制二氢叶酸的合成，或者形成以磺胺代替 PABA 的伪叶酸，最终使核酸合成受阻，进而抑制细菌的生长繁殖。

【耐药性】细菌对磺胺类易产生耐药性，尤以葡萄球菌最易产生，大肠杆菌、链球菌等次之。各磺胺药之间可产生程度不同的交叉耐药性，但与其他抗菌药之间无交叉耐药现象。

【不良反应】

（1）急性中毒　多见于静脉注射磺胺类钠盐速度过快或剂量过大时，且内服剂量过大时也会发生。表现为神经兴奋、共济失调、肌无力、呕吐、昏迷、厌食和腹泻等。雏鸡中毒时会出现大批死亡。

（2）慢性中毒　常见于剂量偏大或连续用药超过 1 周以上的长期用药。主要症状为：出现结晶尿、血尿和蛋白尿等；消化系统障碍和草食动物的多发性肠炎等；家禽慢性中毒时，增重减慢，蛋鸡产蛋率下降，蛋破损率和软蛋率增加。

【应用】

（1）全身感染　常用药有 SD、SM_2、SMZ、SMD、SMM 等，主要用于乳腺炎、子宫内膜炎、腹膜炎、巴氏杆菌病、败血症及其他敏感菌感染等。一般与甲氧苄啶（TMP）合用，可提高疗效，缩短疗程。对于病情严重病例或首次用药，则可以考虑静脉注射或肌内注射给药。

（2）肠道感染　选用肠道难吸收的磺胺类，如 SG、PST、SST 等为宜，可用于仔猪黄痢及白痢、大肠杆菌病等的治疗。常与二甲氧苄啶（DVD）合用以提高疗效。

（3）泌尿道感染　选用抗菌作用强、乙酰化率较低、尿中药物浓度高的磺胺药，如 SMM、SMD、SMZ、SM_2 等，也常与 TMP 合用。

（4）局部软组织和创面感染　选外用磺胺药较合适，如氨苯磺胺（SN）、SD-Ag 等。SN 常用其结晶性粉末，撒于新鲜伤口，以发挥其防腐作用。SD-Ag 对铜绿假单胞菌的作用较强，且有收敛作用，可促进创面干燥结痂。

（5）原虫感染　选用 SQ、磺胺氯吡嗪、SM_2、SMM 等，用于禽、兔球虫病、鸡卡氏白细胞虫病、猪弓形虫病等。

（6）其他　治疗脑部细菌性感染，宜采用 SD；治疗乳腺炎宜采用在乳汁中含量较高的 SM_2。

【注意事项】

1）首次剂量加倍，疗程 3~5d。急性或严重感染时，宜选用本类药物的钠盐注射，但忌与酸性药物（如维生素 C、氯化钙、青霉素等）配伍。

2）用药期间应充足提供饮水，对幼龄动物、杂食或肉食动物宜与等量的碳酸氢钠同服，以碱化尿液，加速排出，避免结晶尿损害肾脏。

3）磺胺类药可引起肠道菌群失调，使 B 族维生素和维生素 K 的合成与吸收减少，此时宜补充相应的维生素。

4）蛋鸡产蛋期禁用。

二、抗菌增效剂

能增强磺胺类药和多种抗菌药物抗菌活性的一类药物，称为抗菌增效剂。它们是人工合成的氨基嘧啶类。国内常用甲氧苄啶和二甲氧苄啶两种，后者为动物专用品种。

1. 甲氧苄啶（三甲氧苄氨嘧啶，TMP）

【抗菌作用】抗菌谱广，与磺胺类相似而活性较强。对多种革兰氏阳性菌及阴性菌均有抗菌作用。

【抗菌机制】本品可抑制二氢叶酸还原酶，使二氢叶酸不能还原成四氢叶酸，阻碍敏感菌的叶酸代谢和利用，进而影响菌体核酸合成。与磺胺类合用时，可从两个不同环节同时阻断叶酸代谢而起双重阻断作用。合用时抗菌作用增强几倍至几十倍，甚至使抑菌作用变为杀菌作用，且可减少耐药菌株的产生。TMP 还可增强四环素、庆大霉素等抗生素的抗菌作用。

【不良反应】毒性低、副作用小，偶尔引起白细胞、血小板减少等。但孕畜和初生仔畜应用时易引起叶酸摄取障碍，宜慎用。

【应用】常以 1:5 的比例与 SMD、SMM、SMZ、SD、SM_2、SQ 等磺胺药合用。内含 TMP 的复方制剂主要用于治疗链球菌、葡萄球菌和革兰氏阴性杆菌引起的呼吸道、泌尿道感染及蜂窝织炎、腹膜炎、乳腺炎、创伤感染等，也可用于治疗幼龄动物肠道感染、猪萎缩性鼻炎、猪传染性胸膜肺炎、猪弓形虫病，以及家禽大肠杆菌病、鸡白痢、鸡传染性鼻炎、禽伤寒、霍乱及鸡卡氏白细胞虫病等。

【注意事项】①本品易产生耐药性，不宜单独应用。②大剂量长期应用可抑制骨髓造血机能。③动物试验有致畸作用，妊娠动物禁用。

2. 二甲氧苄啶（二甲氧苄氨嘧啶，DVD）

【抗菌作用】本品抗菌作用比 TMP 弱，两者作用机理相同。内服吸收很少，其最高血药浓度约为 TMP 的 1/5。与抗球虫的磺胺药合用对球虫的抑制作用比 TMP 强。

【应用】常以 1:5 的比例与 SQ 等合用。DVD 的复方制剂主要用于防治禽、兔球虫病及畜禽肠道感染等。

三、喹诺酮类

喹诺酮类是人工合成的具有 4-喹诺酮环基本结构的抗菌药，因其 6 位被氟取代，称为氟喹诺酮类。其具有下列特点：①抗菌谱广，对革兰氏阳性菌、革兰氏阴性菌、支原体等均有作用。②杀菌力强，体外较低的药物浓度即可显示较强的抗菌活性。③吸收快、体内分布广泛，组织药物浓度高，可治疗各个系统或组织的感染性疾病。④抗菌作用机理独特，与其他抗菌药无交叉耐药性。⑤使用方便，不良反应小。

我国批准的可用于兽医临床的氟喹诺酮类药物有 7 种，即环丙沙星（环丙氟哌酸，人医也批准）、氟甲喹、恩诺沙星、达氟沙星（单诺沙星）、二氟沙星（双氟哌酸）、沙拉沙星、马波沙星，其中后 6 种是动物专用的氟喹诺酮类药物。国外上市的还有奥比沙星、依巴沙星，在研的还有普拉沙星。钙、镁、铁、铝等多价金属离子能与本类药物螯合，内服合用会影响其吸收。氟喹诺酮类药物能抑制咖啡因、茶碱的代谢，可使后者的血药浓度异常升高，甚至出现中毒的症状。

【抗菌作用】氟诺酮类药物为广谱杀菌性抗菌药。对革兰氏阳性菌、革兰氏阴性菌、支原体、某些厌氧菌均有效，常见敏感病原有大肠杆菌、沙门菌、巴氏杆菌、克雷伯菌、变形杆菌、铜绿假单胞菌、嗜血杆菌、波氏菌、丹毒杆菌、金黄色葡萄球菌、链球菌、化脓棒状杆菌、支原体等。此外，对耐甲氧西林的金黄色葡萄球菌、耐复方磺胺药物（磺胺+TMP）的细菌、耐庆大霉素的铜绿假单胞菌、耐泰乐菌素或泰妙菌素的支原体也有效。

【作用机理】细菌的 DNA 回旋酶（又称 DNA 促旋酶，有两个 A 亚基和两个 B 亚基，GyrA 和 GyrB）能将染色体正超螺旋的一条单链切开、移位、封闭，形成松散的负超螺旋结构，利于细菌的 DNA 复制。氟喹诺酮类药物可与 DNA 回旋酶形成复合物，抑制细菌 DNA 回旋酶，使细菌最终不能形成负超螺旋结构，阻断 DNA 复制，导致细菌死亡。在部分革兰氏阳性菌中，如链球菌和葡萄球菌，作用靶点还有拓扑异构酶Ⅳ（两个 C 亚基和两个 E 亚基，ParC 和 ParE）。由于细菌细胞的 DNA 呈裸露状态（原核细胞），而动物细胞的 DNA 呈包被状态（真核细胞），所以这类药物进入菌体易与 DNA 相接触而呈选择性作用。动物细胞内有与细菌 DNA 回旋功能相似的酶，称为拓扑异构酶Ⅱ（DNA 回旋酶）。治疗量的氟喹诺酮类对此酶无显著影响，故对动物毒性小。

【耐药性】随着氟喹诺酮类药物的广泛应用，细菌耐药问题已十分突出，其中大肠杆菌和金黄色葡萄球菌尤为突出。细菌产生耐药性的机理主要有：①靶位突变，*gyrA*/*gyrB* 或者 *parC*/*parE* 发生突变，其编码的靶位不能和药物结合。②细菌膜孔道蛋白改变，阻碍药物进入菌体内。③细菌编码的外排泵系统将药物排出。

【不良反应】①可使幼龄动物软骨发生变性，引起跛行及疼痛。②消化系统反应有呕吐、腹痛、腹胀。③肉食动物高剂量用药偶尔可出现结晶尿，损伤尿道。④皮肤反应有红斑、瘙痒、荨麻疹及光敏反应等。⑤猫使用剂量超过每千克体重 15mg 时会引起中毒，主要表现为瞳孔放大、视网膜变性甚至引起失明。

【注意事项】①禁用于幼龄动物（尤其是马和 8 周龄前的幼犬）、蛋鸡产蛋期和妊娠动物。②对中枢神经系统有潜在兴奋作用，可诱发癫痫，癫痫病犬慎用。③肝肾功能不良动物慎用。

1. 氟甲喹

【药动学】口服吸收好，且于 2~4h 内可使血药浓度达到高峰，在 168h 内 90% 被排泄，约 55% 随尿液排出，35% 随粪便排出，氟甲喹被吸收到体内后，主要代谢产物是氟甲喹，约占 80%，羟基化代谢物 10%~20%。

【抗菌作用】本品为第二代喹诺酮类药物。主要对革兰氏阴性菌有效，敏感菌有大肠杆菌、沙门菌、巴氏杆菌、变形杆菌、克雷伯菌、假单胞菌、鳗弧菌等。对支原体也有一定效果。

【应用】用于畜禽革兰氏阴性菌引起的消化道、呼吸道感染。

2. 恩诺沙星

【药动学】大多数单胃动物内服给药后吸收迅速且较完全。成年反刍动物内服给药的生物利用度很低，须采用注射给药。肌内注射吸收完全，除了中枢神经系统外，几乎所有组织的药物浓度都高于血浆，有利于全身感染和深部组织感染的治疗。通过肾和非肾代谢方式进行消除，15%~50% 药物以原型通过尿液排泄。在动物体内的代谢主要是脱乙基成为环丙沙星，但是不同动物的代谢程度不同，犬、猫、禽和牛的转化率高一些，但是猪、马驹、鱼和爬行动物的转化率较低。

【抗菌作用】本品为广谱杀菌药，对支原体有特效，其抗支原体的效力比泰乐菌素或泰妙菌素强；对耐泰乐菌素或泰妙菌素的支原体也有效；对革兰氏阴性杆菌的作用较强，对革兰氏阳性菌的作用弱于阴性菌。其抗菌作用有明显的浓度依赖性，血药浓度大于 8 倍 MIC 时可发挥最佳治疗效果。

【应用】本品适用于牛、猪、禽、猫、犬和水生动物的敏感菌或支原体所致的消化系统、呼吸系统、泌尿系统及皮肤软组织的各种感染性疾病，主要用于支原体病、巴氏杆菌病、大肠杆菌病、沙门菌病，以及犬的外耳炎、化脓性皮炎等。

3. 环丙沙星

【药动学】内服、肌内注射吸收迅速，生物利用度种属间差异大。内服的生物利用度不完全，比恩诺沙星低。

【抗菌作用】抗菌谱、抗菌活性、抗菌机理等与恩诺沙星相似，对革兰氏阴性菌的体外抗菌活性略强于恩诺沙星。

【应用】适用于敏感细菌及支原体所致畜禽及小动物的各种感染性疾病，主要用于鸡大肠杆菌病、传染性鼻炎、禽霍乱、禽伤寒、败血支原体病、葡萄球菌病、仔猪黄痢与白痢等。

4. 达氟沙星

【药动学】在肺组织的药物浓度可达血浆的5~7倍。内服、肌内和皮下注射的吸收迅速，生物利用度高。

【抗菌作用】抗菌作用与恩诺沙星相似，尤其对畜禽呼吸道致病菌有良好的抗菌活性。

【应用】适用于牛、猪、禽的敏感细菌所致的各种呼吸道感染性疾病，如牛巴氏杆菌病、支原体病，猪传染性胸膜肺炎、喘气病，禽败血支原体病、大肠杆菌病、禽霍乱等。

5. 二氟沙星

【药动学】内服、肌内注射吸收迅速，生物利用度高，猪内服、肌内注射几乎完全吸收。消除半衰期较长。

【抗菌作用】抗菌谱与恩诺沙星相似，抗菌活性略低于恩诺沙星。对畜禽呼吸道致病菌有良好的抗菌活性，尤其对葡萄球菌有较强的作用。

【应用】用于治疗猪、禽的敏感细菌及支原体所致的各种感染性疾病，如猪传染性胸膜肺炎、喘气病、巴氏杆菌病，以及禽霍乱、鸡败血支原体病等。

6. 沙拉沙星

【药动学】内服吸收较缓慢，生物利用度较低，猪内服吸收52%。肌内注射吸收迅速，生物利用度较高。

【抗菌作用】抗菌谱与恩诺沙星相似，抗菌活性略低于恩诺沙星。对鱼的杀鲑气单胞菌、杀鲑弧菌、鳗弧菌等也有效。

【应用】用于猪、鸡的敏感细菌及支原体所致的各种感染性疾病，常用于猪、鸡的大肠杆菌病、沙门菌病、支原体病和葡萄球菌感染等，也用于鱼敏感菌感染性疾病。

7. 马波沙星

【药动学】动物内服马波沙星后，生物利用度高，体内分布广泛，除中枢神经系统外所有组织的药物浓度均高于血浆，主要以原型随尿液排泄。

【抗菌作用】属广谱杀菌药，对革兰氏阳性菌、革兰氏阴性菌和支原体均有较强作用，对厌氧菌作用弱；对溶血性巴氏杆菌、多杀性巴氏杆菌及昏睡嗜血杆菌也有较高活性。

【应用】主要应用于犬、猫的急性上呼吸道感染、尿道感染、深部及浅表皮肤感染和软组织感染，以及母猪产后乳腺炎-子宫炎-无乳综合征。

四、喹噁啉类

喹噁啉类衍生物主要有卡巴多司（卡巴氧）、乙酰甲喹（痢菌净）、喹乙醇和喹烯酮。已发现卡巴多司、喹乙醇具有潜在的致癌作用,目前我国和欧美等许多国家已禁用卡巴多司和喹乙醇。

乙酰甲喹(痢菌净)

【抗菌作用】具有广谱抗菌作用,对革兰氏阴性菌的作用强于革兰氏阳性菌,对猪痢疾密螺旋体(短螺旋体)的作用尤为突出。其抗菌机理为抑制细菌脱氧核糖核酸(DNA)的合成。

【应用】为治疗猪密螺旋体性痢疾(血痢)的首选药。此外,对仔猪黄痢、白痢、犊牛副伤寒、鸡白痢、禽大肠杆菌病等均有效。

【不良反应】使用高剂量或长时间应用可引起不良反应,甚至死亡,家禽较为敏感。

【注意事项】只能用作治疗用药,不能用作促生长剂。

五、硝基咪唑类

硝基咪唑类是一类具有抗原虫和抗菌活性的药物,同时也具有很强的抗厌氧菌作用。兽医临床常用的有甲硝唑和地美硝唑。由于本类药物有潜在致癌作用,许多国家禁止用于食品动物,我国规定不能用作食品动物的促生长剂。

1. 甲硝唑(灭滴灵)

【药动学】内服吸收好,生物利用度较高,尤其在犬的生物利用度高,但是个体差异较大。吸收后血浆蛋白结合率低,能分布全身,可进入血-脑屏障、脓肿和脓胸部位。甲硝唑主要在肝脏发生氧化后与葡萄糖醛酸结合后随尿液排泄,也可见少量随唾液和乳汁排泄。

【药理作用】其硝基可在厌氧环境中转化为氨基发挥抗菌活性,故主要对多数专性厌氧菌作用强,对需氧和兼性厌氧菌无效;对部分原虫(如滴虫和阿米巴原虫)也有作用。

【应用】主要用于治疗外科手术后厌氧菌感染,肠道和全身的厌氧菌感染;也是脑部厌氧菌感染的首选药物;也可治疗牛、鸽毛滴虫病,犬贾第虫病,禽组织滴虫病等。

【不良反应】因本品可抑制神经递质 γ-氨基丁酸(GABA),应用后的主要不良反应为呕吐,剂量过大还可引起中枢神经系统毒性,犬会出现眼球震颤、共济失调、抽搐、惊厥等症状,停药后1~2周,可自行恢复,给予地西泮后可加快恢复。

2. 地美硝唑(二甲硝唑、替硝唑)

本品内服吸收好,在组织中分布广泛,在肝脏发生羟基化后与葡萄糖醛酸结合,随尿液和粪排泄。本品具有抗原虫和广谱抗厌氧菌作用,对组织滴虫、纤毛虫、阿米巴原虫有较好作用,对厌氧菌和密螺旋体也有作用。临床上主要用于禽组织滴虫病、猪密螺旋体性痢疾和厌氧菌感染,以及犬、猫贾第鞭毛虫。

第三节 抗 生 素

一、β-内酰胺类

β-内酰胺类指化学结构中含有β-内酰胺环的一类抗生素。兽医常用的这类药物主要包括青霉素类和头孢菌素类,前者的β-内酰胺环为6-氨基青霉烷酸,后者的为7-氨基头孢烷酸。青霉素类抗生素主要有青霉素、普鲁卡因青霉素、苄星青霉素、氨苄西林、阿莫西林、苯唑西林、氯唑西林等;头孢菌素类(先锋霉素类)主要有头孢洛宁、头孢氨苄、头孢维星、头孢噻呋、头孢喹肟等。因支原体无细胞壁,故本类药物对支原体感染治疗无效。

1. 青霉素（青霉素 G）

【药动学】内服易被消化酶和胃酸破坏，生物利用度极低，不宜内服给药。注射给药后主要以原型形式经肾脏排泄。丙磺舒可抑制青霉素的排泄，延长其半衰期。

【抗菌作用】青霉素属窄谱的繁殖期杀菌剂。革兰氏阳性和阴性球菌、革兰氏阳性杆菌、放线菌和螺旋体等对青霉素高度敏感，常作为首选药。敏感病原主要有葡萄球菌、肺炎球菌、脑膜炎球菌、链球菌、丹毒杆菌、化脓棒状杆菌、炭疽杆菌、破伤风梭菌、李氏杆菌、产气荚膜梭菌、牛放线杆菌和钩端螺旋体等。大多数革兰氏阴性杆菌对青霉素不敏感。哺乳动物的细胞无细胞壁结构，故对动物和人毒性小。

【作用机理】青霉素类能与细菌细胞质膜上的青霉素结合蛋白（PBP）结合，引起转肽酶、羧肽酶、内肽酶活性丢失，抑制敏感菌黏肽的交联，细胞壁合成收到抑制而使细菌死亡。

【应用】主要用于敏感菌导致的各种感染，如革兰氏阳性球菌导致的马腺疫、猪淋巴结脓肿，以及乳腺炎、子宫炎、化脓性腹膜炎和创伤感染等；革兰氏阳性杆菌所致的炭疽、恶性水肿、气肿疽、猪丹毒、放线菌病、气性坏疽，以及肾盂肾炎、膀胱炎等尿路感染；也用于钩端螺旋体病。用于治疗破伤风杆菌引起的感染时，需与破伤风毒素合用。青霉素与氨基糖苷类合用表现为抗菌协同作用，与红霉素、四环素类和酰胺醇类合用表现为拮抗作用。

【不良反应】除局部刺激外，主要是过敏反应，人较为严重，会导致过敏性休克。在兽医临床中，马、骡、牛、猪、犬中报道过有过敏。过敏性休克可选用肾上腺素和糖皮质激素药物治疗。

【注意事项】本品遇酸、碱或氧化剂等迅速失效。本品的水溶液对温度敏感，30℃放置24h，效价降低 50% 以上。注射液应临用前配制。

2. 普鲁卡因青霉素和苄星青霉素

二者均为青霉素的长效制剂，不宜内服，主要肌内注射。

普鲁卡因青霉素肌内注射后，在局部水解释放出青霉素后被缓慢吸收，具缓释长效作用。达峰时间长，血药浓度较低，维持时间比青霉素持久。其仅用于对青霉素高度敏感的病原菌引起的慢性感染或者作为维持剂量用，严重感染需同时注射青霉素钠，大量注射可引起普鲁卡因中毒。

苄星青霉素为长效青霉素，吸收和排泄缓慢，血药浓度较低，只适用于青霉素高度敏感细菌所致的轻度或慢性感染，如牛的肾盂肾炎、子宫蓄脓、复杂骨折等。

3. 氨苄西林（氨苄青霉素）

【药动学】耐酸，可以内服。内服或肌内注射较易吸收，单胃动物内服的生物利用度可达到 30%~50%；反刍动物的生物利用度则极低，绵羊内服的生物利用度只有 2.1%。

【抗菌作用】属半合成广谱抗生素。对大多数革兰氏阳性菌的效力不及青霉素，对革兰氏阴性菌，如大肠杆菌、沙门菌、变形杆菌、嗜血杆菌、布鲁氏菌和巴氏杆菌等均有较强的作用，但不如卡那霉素、庆大霉素和多黏菌素。本品对耐药金黄色葡萄球菌、铜绿假单胞菌无效。本品不耐细菌产生的 β-内酰胺酶，对产生 β-内酰胺酶耐药菌所致感染需与克拉维酸、舒巴坦联合用药。

【应用】适用于敏感菌所致的呼吸系统感染、泌尿道感染和革兰氏阴性杆菌引起的某些感染，如犊、驹肺炎、牛巴氏杆菌病、肺炎、乳腺炎、猪传染性胸膜肺炎、鸡白痢、禽伤寒及大肠杆菌病等；由革兰氏阴性菌引起严重感染时可与氨基糖苷类抗生素合用。

【不良反应】干扰胃肠道正常菌群，成年反刍动物不可内服；马属动物不宜长期服用。

4. 阿莫西林（羟氨苄青霉素）

本品属半合成广谱抗生素，耐酸，可内服，但不耐β-内酰胺酶。其抗菌作用、应用、抗菌谱与氨苄西林基本相似。对肠球菌属和沙门菌的作用较氨苄西林强2倍。细菌对本品和氨苄西林有完全的交叉耐药性。严重感染时，可与氨基糖苷类抗生素（如链霉素、庆大霉素、卡那霉素等）合用以增强疗效。对产β-内酰胺酶耐药菌所致感染需与克拉维酸、舒巴坦联合用药。

5. 苯唑西林（苯唑青霉素）**和氯唑西林**（邻氯青霉素）

苯唑西林和氯唑西林均为半合成的耐酸、耐β-内酰胺酶的青霉素类药物，对耐青霉素的金黄色葡萄球菌有效，但对青霉素敏感菌株的杀菌作用不如青霉素。苯唑西林主要用于耐青霉素的金黄色葡萄球菌感染，如败血症、肺炎、乳腺炎、烧伤创面感染等。与庆大霉素合用能增强对肠球菌的抗菌活性。氯唑西林常用于治疗耐药金黄色葡萄球菌引起的骨骼、皮肤、软组织感染以及奶牛乳腺炎。

6. 头孢洛宁

【药动学】本品是动物专用的第一代头孢菌素类抗生素。奶牛乳房灌注本品后可吸收入血，大部分以原型形式随尿液和乳汁排泄。本品常用制剂为长效制剂，药物经乳房灌注后可缓慢分布进入乳腺组织。

【抗菌作用】对酸和β-内酰胺酶稳定，杀菌力强，抗菌谱广，对大多数革兰氏阴性菌和革兰氏阳性菌均有效，如金黄色葡萄球菌、无乳链球菌、停乳链球菌、乳房链球菌、化脓隐秘杆菌、大肠杆菌和克雷伯菌等。

【应用】主要用于上述病原菌引起的奶牛干乳期乳腺炎的防治，经乳管注入。头孢洛宁眼膏，主要用于敏感菌所致的牛角膜炎、结膜炎感染。

7. 头孢氨苄（先锋霉素Ⅳ）

【抗菌作用】属于第一代头孢菌素类抗生素，具有广谱杀菌作用，对肠球菌外的革兰氏阳性菌有较强抗菌活性，对部分大肠杆菌、奇异变形杆菌、克雷伯菌、沙门菌、志贺氏菌有抗菌作用。

【应用】用于敏感菌所致的呼吸道、泌尿道、皮肤和软组织感染。

【不良反应】①可引起大流涎、呼吸急促和兴奋不安，以及猫呕吐、体温升高。②肾毒性虽小，但患病动物肾功能受损或合用其他对肾有害的药物时易发生。

8. 头孢维星

【药动学】是专用于动物的第三代头孢菌素类抗生素，国外主要批准用于宠物临床。内服不易吸收，犬、猫主要采用皮下注射，吸收入血后与血浆蛋白的结合率较高，分别为98%和99%，半衰期分别为5d和7d。

【抗菌作用】对革兰氏阳性菌及阴性菌均有杀菌作用。

【应用】主要用于犬、猫，治疗皮肤和软组织感染，如治疗犬的脓皮病，创伤和中间葡萄球菌、β-溶血性链球菌、大肠杆菌或巴氏杆菌引起的脓肿；治疗猫的皮肤及软组织脓肿和多杀性巴氏杆菌、梭杆菌属引起的伤口感染。

【不良反应】目前还没有关于头孢维星的副作用报道，但它不能应用于对头孢菌素类敏感的犬、猫。

【注意事项】禁用于8月龄以下和哺乳期的犬、猫；禁用于有严重肾功能障碍的犬、猫；

配种后 12 周内禁用该品；禁用于豚鼠和兔等动物。

9. 头孢噻呋

【抗菌作用】属于动物专用的第三代头孢菌素，具有广谱杀菌作用，对革兰氏阳性菌、革兰氏阴性菌均有效，对阴性菌活性更强。敏感菌主要有多杀性巴氏杆菌、溶血性巴氏杆菌、胸膜肺炎放线杆菌、沙门菌、大肠杆菌、链球菌、葡萄球菌等。本品抗菌活性比氨苄西林强，对链球菌的活性比氟喹诺酮类抗菌药强。

【应用】用于革兰氏阳性菌和革兰氏阴性菌感染。如 1 日龄雏鸡沙门菌感染，猪传染性胸膜肺炎，牛巴氏杆菌性肺炎、乳腺炎。

【不良反应】①可引起胃肠道菌群紊乱或二重感染。②有一定的肾毒性。③在牛可引起特征性的脱毛和瘙痒。

【注意事项】①马在应激条件下应用本品可伴发急性腹泻，导致死亡，若发生应立即停药，并采取相应的治疗措施。②肾功能障碍的动物注意调整剂量。

10. 头孢喹肟

【抗菌作用】属于动物专用的第四代头孢菌素，具有广谱杀菌作用，对部分革兰氏阳性菌、革兰氏阴性菌的抗菌活性较头孢噻呋、阿莫西林强。敏感菌包括耐青霉素的金黄色葡萄球菌和肠球菌、链球菌、大肠杆菌、沙门菌、多杀性巴氏杆菌、溶血性巴氏杆菌、胸膜肺炎放线杆菌、肺炎克雷伯菌、铜绿假单胞菌等。

【应用】主要用于治疗敏感菌引起的牛、猪的呼吸系统感染及奶牛乳腺炎，如牛、猪溶血性巴氏杆菌或多杀性巴氏杆菌引起的支气管肺炎，猪放线杆菌性胸膜肺炎、渗出性皮炎等。

11. β-内酰胺酶抑制剂——克拉维酸

【作用机理】克拉维酸又称棒酸，仅有微弱的抗菌活性，但对细菌产生的 β-内酰胺酶有较强抑制作用（不可逆结合者）。内服吸收效果好，也可注射。

【应用】不单独用于抗菌治疗，兽医临床常将阿莫西林与克拉维酸钾以 4∶1 的比例组成复方制剂，用于治疗产 β-内酰胺酶细菌引起的感染。

【注意事项】本品的钾盐为无色针状结晶，易溶于水，水溶液极不稳定。

二、大环内酯类、林可胺类和截短侧耳素类

（一）大环内酯类

大环内酯类抗生素是由链霉菌产生的一大类弱碱性抗生素。化学结构中含有一个内酯结构的十四碳、十五碳或十六碳大环，故称大环内酯类抗生素。

大环内酯类抗生素的抗菌谱和抗菌活性基本相似，主要对多数革兰氏阳性菌、革兰氏阴性球菌、厌氧菌及军团菌、支原体、衣原体有良好作用。本类药物作用机理是与细菌核糖体的 50S 亚单位可逆性结合，阻断转肽作用和 mRNA 移位而抑制细菌蛋白质的合成。

兽医临床常用的为红霉素、吉他霉素、替米考星、泰万菌素、泰拉霉素、加米霉素等，主要用于控制革兰氏阳性菌和支原体引起的畜禽感染。

1. 红霉素

【抗菌作用】对革兰氏阳性菌的作用与青霉素相似，但其抗菌谱较青霉素广。敏感的革兰氏阳性菌有金黄色葡萄球菌（包括耐青霉素的金黄色葡萄球菌）、肺炎球菌、链球菌、炭疽杆菌、猪丹毒杆菌、李斯特菌、腐败梭菌、气肿疽梭菌等。敏感的革兰氏阴性菌有流感嗜血杆菌、脑膜炎双球菌、布鲁氏菌、巴氏杆菌等。此外，红霉素对弯曲杆菌、支原体、衣原体、立克次体及钩端螺旋体也有良好作用。

【应用】主要用于耐青霉素的金黄色葡萄球菌所致的严重感染和对青霉素过敏的病例。对禽的慢性呼吸道病（败血支原体病）也有较好的疗效。红霉素虽有强大的抗革兰氏阳性菌的作用，但其疗效不如青霉素，因此若病原体对青霉素敏感，宜首选红霉素。

【不良反应】①本品与其他大环内酯类一样，具有刺激性，肌内注射可引起剧烈的疼痛，静脉注射可引起血栓性静脉炎及静脉周围炎，乳房给药可引起炎症反应。②动物内服红霉素后可出现剂量依赖性的胃肠道紊乱，如恶心、呕吐、腹泻、胃肠疼痛等；马属动物的腹泻症状尤其严重。③2~4月龄幼驹使用本品后，可出现体温升高、呼吸困难，尤其在高温环境中易出现。

【注意事项】①忌与酸性物质配伍。②内服易被胃酸破坏，犬、猫可应用肠溶片。③本品是肝微粒体酶抑制剂，可抑制某些药物的体内代谢。

2. 吉他霉素（北里霉素）

本品的抗菌谱近似红霉素，对大多数革兰氏阳性菌的抗菌作用略低于红霉素，对支原体的作用近似泰乐菌素，对耐药金黄色葡萄球菌的作用优于红霉素、氟苯尼考和四环素。

本品主要用于猪、鸡支原体及革兰氏阳性菌等感染，也可用于防治猪的弧菌性痢疾。本品既往主要作为猪、鸡的饲料添加剂以促进动物的生长，提高饲料转化率，该用途现已被禁止。

3. 泰乐菌素

【抗菌作用】为动物专用抗生素，常将泰乐菌素制成酒石酸盐或磷酸盐。欧盟从1999年起禁止磷酸泰乐菌素用作饲料添加促生长剂。本品抗菌谱与红霉素相似。对革兰氏阳性菌、支原体、螺旋体均有抑制作用，对支原体属病原作用较强，是大环内酯类中对支原体作用最强的药物之一。敏感菌对本品可产生耐药性，金黄色葡萄球菌对本品和红霉素有部分交叉耐药现象。

【应用】主要用于防治鸡、火鸡和猪的支原体感染，牛莫拉菌感染，猪的弧菌性痢疾、传染性胸膜肺炎，以及犬的结肠炎等。

【不良反应】①牛静脉注射可引起震颤、呼吸困难和精神沉郁等；马属动物注射本品可致死。②可引起兽医接触性皮炎。

【注意事项】①本品的水溶液遇铁、铜、铝、锡等离子可形成络合物而减效。②细菌对其他大环内酯类耐药后，对本品常不敏感。③蛋鸡产蛋期和泌乳奶牛禁用；禁用于马属动物。

4. 泰万菌素（乙酰异戊酰泰乐菌素）

本品为动物专用抗生素，常将其制成酒石酸盐。本品的抗菌作用与泰乐菌素相似，主要用于治疗猪、鸡支原体感染和猪痢疾密螺旋体引起的血痢，以及其他敏感细菌的感染。

5. 替米考星

【抗菌作用】为动物专用抗生素，其抗菌作用与泰乐菌素相似，主要对革兰氏阳性菌、少数革兰氏阴性菌和支原体等有抑制作用；对胸膜肺炎放线杆菌、巴氏杆菌及畜禽支原体的抗菌活性较泰乐菌素更强。

【应用】主要用于防治家畜肺炎（由胸膜肺炎放线杆菌、巴氏杆菌、支原体等感染引起）、禽支原体病及泌乳动物的乳腺炎。

【不良反应】本品对动物的毒性作用主要在心血管系统，可引起心动过速和收缩力减弱。牛一次静脉注射每千克体重5mg即可致死；皮下注射每千克体重50mg可引起心肌毒性，每千克体重150mg则致死。猪肌内注射每千克体重10mg可引起呼吸急促、呕吐和惊厥，每千克体重20mg可使大部分试验猪死亡。

【注意事项】禁止静脉注射，与肾上腺素合用可增加猪的死亡。

6. 泰拉霉素

【抗菌作用】为动物专用抗生素，对革兰氏阳性菌和部分革兰氏阴性细菌均有抗菌活性，对引起猪、牛呼吸系统疾病的病原菌尤其敏感，如溶血性巴氏杆菌、多杀性巴氏杆菌、睡眠嗜血杆菌、支原体、胸膜肺炎放线杆菌、支气管败血波氏杆菌、副猪嗜血杆菌等，对引起牛传染性角膜结膜炎的牛莫拉菌也具有很好的抗菌活性。

【应用】主要用于治疗溶血性巴氏杆菌、多杀性巴氏杆菌、睡眠嗜血杆菌和支原体引起的牛呼吸道疾病，以及胸膜肺炎放线杆菌、多杀性巴氏杆菌、肺炎支原体引起的猪呼吸道疾病。

【不良反应】牛皮下注射本品时常会引起注射部位出现短暂性的疼痛反应和局部肿胀。

【注意事项】本品不能与其他大环内酯类抗生素或林可霉素同时使用。

7. 加米霉素

【药理作用】加米霉素为15元环的半合成氮杂内酯类，主要通过与细菌核糖体50S亚基结合，阻止多肽链延长，抑制细菌蛋白质的合成。体外试验数据表明，加米霉素以抑菌方式对牛溶血性曼氏杆菌、多杀性巴氏杆菌以及猪胸膜肺炎放线杆菌、多杀性巴氏杆菌和副猪嗜血杆菌起作用。加米霉素在生理pH条件下能快速吸收，在靶动物肺组织中可维持长效作用。

【应用】用于治疗敏感菌（如溶血性巴氏杆菌、多杀性巴氏杆菌和支原体等）引起的牛呼吸道疾病，以及胸膜肺炎放线杆菌、多杀性巴氏杆菌和副猪嗜血杆菌等引起的猪呼吸道疾病。

【不良反应】牛皮下或猪肌内注射本品时，注射部位可能会出现短暂的肿胀，并偶尔伴有轻微疼痛。

【注意事项】①禁用于对大环内酯类抗生素过敏的动物。②禁与其他大环内酯类或林可胺类抗生素同时使用。③禁用于泌乳期奶牛。④禁用于预产期在2个月内的妊娠母牛。⑤本品对妊娠母猪未进行安全性评估，请根据兽医师的风险评估使用。⑥可能对眼睛和皮肤有刺激性，应避免接触皮肤和眼睛。如不慎接触，应立即用水清洗。

（二）林可胺类

林可胺类抗生素内服吸收较好，对细胞屏障穿透力强，在动物体内分布广泛。本类抗生素的抑菌机制主要是与细菌核糖体的50S亚基结合，干扰细菌蛋白质的合成。本类抗生素对革兰氏阳性菌和支原体有较强的抗菌活性，对厌氧菌也有一定作用，但对大多数需氧革兰氏阴性菌无效。

林可霉素（洁霉素）

【抗菌作用】抗菌谱与大环内酯类相似。对革兰氏阳性菌（如溶血性链球菌、葡萄球菌和肺炎球菌等）有较强的抗菌作用，对破伤风梭菌、产气荚膜芽孢杆菌、支原体也有抑制作用，对革兰氏阴性菌无效。

【应用】用于敏感的革兰氏阳性菌，尤其是金黄色葡萄球菌（包括耐药金黄色葡萄球菌）、链球菌、厌氧菌所致的感染，以及猪、鸡的支原体病。本品与大观霉素合用，对鸡支原体病或大肠杆菌病有协同作用。

【不良反应】①本品的主要毒性是能引起马、兔和其他草食动物严重的和致死性的腹泻；马内服或注射可引起出血性结膜炎、腹泻，甚至可能致死；牛内服可引起厌食、腹泻、酮血症、产奶量减少。②本品具有神经肌肉接头的阻断作用。

（三）截短侧耳素类

1. 泰妙菌素（泰妙灵）

【抗菌作用】动物专用抗生素，对革兰氏阳性菌（金黄色葡萄球菌、链球菌）、支原体

（鸡毒支原体、猪肺炎支原体）、猪胸膜肺炎放线杆菌及猪密螺旋体等有较强抗菌作用。

【应用】主要用于防治鸡慢性呼吸道病、猪喘气病、传染性胸膜肺炎、猪密螺旋体性痢疾等。本品与金霉素以1∶4的比例配伍混饲，可增强疗效。

【不良反应】能影响抗球虫药莫能菌素、盐霉素等的代谢，合用时易导致后者引起的中毒，引起鸡生长迟缓、运动失调、麻痹瘫痪，严重者甚至死亡。马应用后会干扰大肠菌群导致结肠炎。

【注意事项】本品禁止与聚醚类抗球虫药合用；禁用于马。

2. 沃尼妙林

【抗菌作用】是新一代截短侧耳素类半合成的动物专用抗生素。抗菌谱广，对革兰氏阳性菌、部分革兰氏阴性菌和支原体均有作用，如对葡萄球菌、链球菌、猪肺炎支原体、猪滑液支原体、猪胸膜肺炎放线杆菌、猪痢疾密螺旋体、结肠菌毛样短螺旋体、细胞内劳森菌等均有较强的抑制作用，特别是对支原体属和螺旋体属高度敏感。

【应用】主要用于治疗由猪肺炎支原体引起的猪地方性肺炎、猪痢疾密螺旋体引起的猪痢疾、猪胸膜肺炎放线杆菌引起的传染性胸膜肺炎、细胞内劳森菌引发的猪增生性肠炎。

【不良反应】猪主要表现为发热，食欲不振，喜卧，浮肿或红斑（主要在臀部），眼睑水肿，严重时共济失调。

三、氨基糖苷类

本类抗生素的化学结构中含有氨基糖分子和非糖部分的糖原结合而成的苷，故称为氨基糖苷类抗生素。常用的有链霉素、庆大霉素、卡那霉素、新霉素、大观霉素及安普霉素等。它们具有下列共同特征：①均为有机碱，能与酸形成盐。常用制剂为硫酸盐，水溶性好，性质稳定。在碱性环境中抗菌作用增强。②作用机理均为抑制细菌蛋白质的合成，对静止期细菌的杀灭作用较强，为静止期杀菌剂。③内服吸收很少，几乎完全从粪便排出，可作为肠道感染治疗药。注射给药后吸收迅速，大部分以原型随尿排出，故适用于全身性感染和泌尿道感染。④抗菌谱较广，对需氧革兰氏阴性杆菌的作用强，对厌氧菌无效。⑤本类药物与β-内酰胺类抗生素配伍应用具有协同杀菌作用。⑥不良反应主要是损害第八对脑神经、肾毒性及对神经肌肉接头的阻断作用（如链霉素）。⑦细菌易产生耐药性，本类药物之间可产生完全的或部分的交叉耐药性。

1. 链霉素

【抗菌作用】对大多数革兰氏阴性菌如大肠杆菌、沙门菌、布鲁氏菌、变形杆菌、痢疾杆菌、鼠疫杆菌、鼻疽杆菌等的抗菌作用较强，抗结核分枝杆菌的作用在氨基糖苷类中最强。对钩端螺旋体、放线菌也有效；对金黄色葡萄球菌等多数革兰氏阳性球菌的作用差；链球菌、铜绿假单胞菌和厌氧菌对本品固有耐药。

【应用】主要用于敏感的革兰氏阴性菌所致的感染，如大肠杆菌所引起的各种腹泻、乳腺炎、子宫炎、败血症、膀胱炎等，巴氏杆菌所引起的牛出血性败血症、犊牛肺炎、猪肺疫、禽霍乱等。本品与青霉素类或头孢菌素类合用有协同作用；与头孢菌素、红霉素合用，可增强本品的耳毒性。

【不良反应】①链霉素剂量依赖性地引起前庭损害，造成耳毒性。②猫对该药较敏感，常用量即可引起恶心、呕吐、流涎及共济失调等。③剂量过大导致神经肌肉阻断作用，全身麻醉剂和肌肉松弛剂可协同链霉素的神经肌肉阻断作用。④长期应用可引起肾损害。

【注意事项】①链霉素与其他氨基糖苷类有交叉过敏现象，对氨基糖苷类过敏的病畜禁用。②病畜出现脱水（可致血药浓度升高）或肾功能损害时慎用。③用本品治疗泌尿道感染时，宜同时内服碳酸氢钠使尿液呈碱性。

2. 庆大霉素

【抗菌作用】在本类抗生素中抗菌谱较广，抗菌活性最强。对革兰氏阴性菌和部分阳性菌均有作用，如对革兰氏阴性菌大肠杆菌、变形杆菌、嗜血杆菌、铜绿假单胞菌、沙门菌和布鲁氏菌等均有较强的作用，特别是对肠道菌及铜绿假单胞菌有高效；对革兰氏阳性菌的耐药金黄色葡萄球菌的作用最强，但对链球菌、结核分枝杆菌、厌氧菌无效。

【应用】主要用于治疗敏感菌引起的呼吸道、肠道、泌尿生殖道感染和败血症等，内服还可用于肠炎和细菌性腹泻。本品对肾脏有较严重的损害作用，临床应用不要随意加大剂量及延长疗程。本品与β-内酰胺类合用有协同作用，与四环素、红霉素、酰胺醇类等合用可能出现拮抗作用。

【不良反应】主要造成前庭功能损害，还可导致可逆性肾毒性，这与其在肾皮质部蓄积有关。与头孢菌素联用可使肾毒性增强，故应避免合用。

3. 卡那霉素

【抗菌作用】抗菌谱与链霉素相似，但抗菌活性稍强。对多数革兰氏阴性杆菌（如大肠杆菌、变形杆菌、沙门菌和巴氏杆菌等）有效，但对铜绿假单胞菌无效；对结核分枝杆菌和耐青霉素的金黄色葡萄球菌也有效。

【应用】内服用于治疗敏感菌所致的肠道感染。肌内注射用于多数革兰氏阴性杆菌和部分耐青霉素的金黄色葡萄球菌所引起的感染，如呼吸道、肠道和泌尿道感染，以及败血症、乳腺炎、鸡霍乱等。此外，也可用于治疗猪萎缩性鼻炎。

4. 新霉素

本品抗菌谱与链霉素相似。在本类药物中，毒性最大，一般禁用于注射给药。内服给药，用于治疗畜禽的肠道细菌感染；子宫或乳管内注入，用于治疗奶牛、母猪的子宫内膜炎和乳腺炎；局部外用（0.5%溶液、软膏或滴眼液），用于治疗皮肤、黏膜化脓性感染和眼部细菌感染。

5. 大观霉素

本品对革兰氏阴性菌（如布鲁氏菌、克雷伯菌、变形杆菌、铜绿假单胞菌、沙门菌、巴氏杆菌等）有较强作用，对革兰氏阳性菌（如葡萄球菌）作用较弱，对支原体也有较好作用。在兽医临床上，多用于防治大肠杆菌病、禽霍乱、禽沙门菌病。本品常与林可霉素合用，可显著增强对支原体的作用并扩大抗菌谱，主要用于防治仔猪腹泻、猪的支原体性肺炎和鸡毒支原体病等。

6. 安普霉素

本品抗菌谱广，对革兰氏阴性菌（大肠杆菌、沙门菌、变形杆菌、克雷伯菌）、革兰氏阳性菌（某些链球菌）、密螺旋体和某些支原体有较好的抗菌作用，主要用于治疗猪大肠杆菌和其他敏感菌感染，以及鸡的大肠杆菌、沙门菌及支原体感染等。猫较敏感，易产生毒性。

四、四环素类及酰胺醇类

（一）四环素类

本类抗生素分为天然的和半合成的四环素类抗生素，为广谱抗生素，对革兰氏阳性菌和阴性菌、螺旋体、立克次体、支原体、衣原体、原虫（球虫、阿米巴原虫）等均可产生抑制作用。本类药物的盐酸盐性质较稳定，易溶于水，但水溶液不稳定，宜现用现配。

四环素类药物的抗菌作用机理主要是抑制细菌蛋白质的合成，其可与细菌核蛋白体30S亚单位氨酰基的A位结合，妨碍氨酰基-tRNA连接，从而阻止肽链延伸而抑制蛋白质的合成。

本类抗生素低浓度抑菌，仅在高浓度时有杀菌作用，故为抑菌剂，且天然的四环素类抗生素存在交叉耐药现象。

兽医临床常用的有土霉素、四环素、多西环素和金霉素，按其抗菌活性大小顺序为多西环素、金霉素、四环素、土霉素。

1. 土霉素

【药动学】内服吸收不规则、不完全，主要在小肠上段被吸收。胃肠道内的镁、钙、铝、铁、锌、锰等多价金属离子能与本品形成难溶的螯合物，而使药物吸收减少，因此不宜与含多价金属离子的药品或饲料、乳制品共服。

【抗菌作用】为广谱抑菌剂，对革兰氏阳性菌（如葡萄球菌、溶血性链球菌、破伤风梭菌、梭状芽孢杆菌等）作用较强，但不如β-内酰胺类抗生素；对革兰氏阴性菌（如大肠杆菌、沙门菌、巴氏杆菌、布鲁氏菌、克雷伯菌等）较敏感，但不如氨基糖苷类和酰胺醇类抗生素。本品对衣原体、支原体、立克次体、螺旋体、放线菌和某些原虫（如无浆体）都有一定的抑制作用。

【耐药性】细菌对本品能产生耐药性，但产生较慢。天然四环素类之间存在交叉耐药性。

【应用】①大肠杆菌或沙门菌引起的下痢，如犊牛白痢、羔羊痢疾、仔猪黄痢和白痢、雏鸡白痢等。②多杀性巴氏杆菌引起的牛出血性败血症、猪肺疫、禽霍乱。③支原体引起的牛肺炎、猪喘气病、鸡慢性呼吸道病等。④局部用于坏死杆菌所致的各种动物组织的坏死、子宫脓肿、子宫内膜炎。⑤放线菌病、钩端螺旋体病等。⑥近年有不少用于治疗猪附红细胞体病的报道。

【不良反应】①二重感染：成年草食动物内服剂量过大或疗程过长时，易引起肠道菌群紊乱，导致消化机能失常，造成肠炎和腹泻，并形成二重感染。②局部刺激：本品盐酸盐水溶液属强酸性，刺激性大，最好不采用肌内注射给药。

【注意事项】①除土霉素外，其他均不宜肌内注射，易导致局部肌肉坏死；静脉注射时勿漏出血管外，注射速度应缓慢。②成年反刍动物、马属动物和兔不宜内服给药。

2. 四环素

本品抗菌谱与土霉素相似。但对革兰氏阴性杆菌的作用较好，对革兰氏阳性球菌（如葡萄球菌）的作用不如金霉素。内服后血药浓度较土霉素或金霉素高。对组织的渗透力较强，易透入胸腹腔、胎盘及乳汁中。本品用于治疗畜禽敏感的革兰氏阳性菌和革兰氏阴性菌、支原体、立克次体、螺旋体、衣原体等所致的感染。

3. 多西环素（强力霉素）

【药动学】内服后吸收迅速，生物利用度较高，对组织渗透力强，分布广泛，易进入细胞内，具有显著的肝肠循环现象，且因其有较强脂溶性，易被肾小管重吸收，故本品半衰期较长。

【抗菌作用】抗菌谱与其他四环素类相似，体内、外抗菌活性较土霉素、四环素强。本品对土霉素、四环素等存在交叉耐药性。

【应用】用于治疗畜禽的支原体病、大肠杆菌病、沙门菌病、巴氏杆菌病和鹦鹉热等。

【不良反应】本品在四环素类中毒性最小，但有报道，给马属动物静脉注射可致心律不齐、虚脱和死亡。

4. 金霉素

本品抗菌谱与土霉素相似。对耐青霉素的金黄色葡萄球菌感染的疗效优于土霉素和四环素，可治防畜禽的支原体感染和肠道感染。

（二）酰胺醇类

酰胺醇类抗生素又称氯霉素类抗生素，属于广谱抑菌性抗生素，对革兰氏阳性菌和阴性菌都有作用，但对阴性菌的作用较阳性菌强。本类抗生素主要包括氯霉素、氟苯尼考及甲砜霉素。氯霉素能抑制人和动物机体的骨髓造血机能，引起可逆性的血细胞减少和不可逆的再生障碍性贫血。目前世界上大多数国家（包括中国）均禁止氯霉素用于所有食品源性动物。氟苯尼考和甲砜霉素不会引起骨髓抑制或再生障碍性贫血。

本类药物的作用机理是与细菌 70S 核蛋白体的 50S 亚基上的 A 位结合，阻碍肽酰基转移酶的转肽反应，使蛋白质肽链不能延伸，从而抑制菌体蛋白的合成。细菌对本类抗生素可产生耐药性，但发展缓慢，氟苯尼考、甲砜霉素之间存在完全交叉耐药性。

1. 氟苯尼考（氟甲砜霉素）

【抗菌作用】为动物专用的广谱抑菌性抗生素，对革兰氏阳性菌和阴性菌都有作用，但对阴性菌的作用较阳性菌强。对其敏感的革兰氏阴性菌有伤寒杆菌、副伤寒杆菌、大肠杆菌、沙门菌、布鲁氏菌及巴氏杆菌等；革兰氏阳性菌有炭疽杆菌、链球菌、棒状杆菌、葡萄球菌等。本品对少数衣原体、立克次体也有一定的疗效，但对铜绿假单胞菌无效。其抗菌活性优于氯霉素和甲砜霉素，对耐氯霉素和甲砜霉素的大肠杆菌、沙门菌、克雷伯菌也有效。

【应用】主要用于牛、猪、鸡、鱼类的细菌性疾病，如牛的呼吸道感染、乳腺炎，猪传染性胸膜肺炎、巴氏杆菌病、黄痢、白痢，鸡大肠杆菌病、禽霍乱等。

【不良反应】有胚胎毒性，妊娠动物禁用；长期内服可引起消化功能紊乱，导致二重感染；有一定的免疫抑制作用。

【注意事项】疫苗接种期或免疫功能严重缺损的动物禁用。

2. 甲砜霉素

【抗菌作用】属广谱抗生素。敏感菌主要有伤寒杆菌、副伤寒杆菌、沙门菌、大肠杆菌、巴氏杆菌、布鲁氏菌等革兰氏阴性菌，以及链球菌、炭疽杆菌、肺炎球菌、棒状杆菌、葡萄球菌等革兰氏阳性菌。

【应用】主要用于畜禽的细菌性疾病，尤其是沙门菌及大肠杆菌感染。

五、多肽类

本类抗生素包括多黏菌素类、杆菌肽、维吉尼亚霉素、恩拉霉素和那西肽等。多黏菌素类抗生素有 A、B、C、D、E 5 种成分。兽医临床应用的有多黏菌素 B、多黏菌素 E（又称黏菌素）和多黏菌素 M 3 种，目前多用黏菌素。本类抗生素既往主要作为饲料药物添加剂用于抗菌促生长，鉴于细菌耐药产生的公共安全风险，我国和其他发达国家已禁止上述药物用作畜禽的饲料药物添加剂。

1. 黏菌素

【抗菌作用】本品又名黏杆菌素、多黏菌素 E、抗敌素，为窄谱杀菌剂，对革兰氏阴性杆菌具有较强的抗菌活性。敏感菌有大肠杆菌、沙门菌、巴氏杆菌、布鲁氏菌、弧菌、痢疾杆菌、铜绿假单胞菌等，尤其对铜绿假单胞菌和弧菌具有强大的杀菌作用。杀菌机理是破坏细菌细胞膜，使菌体内物质外漏，也能影响细菌核质和核糖体的功能，导致细菌死亡。本品与杆菌肽锌（比例为 1:5）合用有协同作用。鉴于细菌耐药产生的公共安全风险，我国已禁止本品用作畜禽的饲料药物添加剂。

【应用】内服不吸收，用于治疗畜禽的大肠杆菌性腹泻和对其他药物耐药的细菌性腹泻。外用用于烧伤和外伤引起的铜绿假单胞菌局部感染。

【不良反应】注射给药可引起肾毒性和神经毒性作用；与其他具有肾毒性的药物合用，可增强其肾毒性。

2. 杆菌肽

本品抗菌谱和抗菌机理与青霉素相似，对革兰氏阳性菌有杀菌作用，包括耐药金黄色葡萄球菌、肠球菌、链球菌，对螺旋体和放线菌也有效，但对革兰氏阴性杆菌无效。临床上局部应用于革兰氏阳性菌所致的皮肤、伤口感染，眼部感染和乳腺炎等。本品的锌盐专门用作饲料添加剂，内服几乎不吸收，既往常用于牛、猪、禽的促生长、可提高饲料转化率。鉴于细菌耐药产生的公共安全风险，我国已禁止本品用作畜禽的饲料药物添加剂。

3. 阿维拉霉素

【药动学】内服吸收在肠道难吸收，畜禽体内残留水平较低。

【抗菌作用】主要对葡萄球菌、链球菌、肠道球菌以及肺炎球菌等革兰氏阳性菌有效。对革兰氏阴性菌的作用较差。通过与细菌核糖体结合而抑制蛋白质合成；对大肠杆菌还可影响其鞭毛及对宿主黏膜细胞表面的黏附，达到抗感染作用。

【应用】用于预防由产气荚膜梭菌引起的肉鸡坏死性肠炎。

第三章 抗真菌药

真菌属于真核生物，结构与细菌不同，它的细胞壁主要由甲壳质和多糖组成，细胞膜含有麦角固醇。真菌所致感染可分为浅表真菌感染和深部真菌感染，前者常为癣菌，主要侵染皮肤、羽毛、趾甲、鸡冠、肉髯等，发病率高，危险性小，有的人、畜之间可以互相传染；后者主要有白色念珠菌、新型隐球菌等，主要侵犯机体的深部组织及内脏器官，引起真菌性肺炎、心内膜炎、胃肠炎、子宫炎等，发病率虽低，但病情危重可导致死亡。动物免疫力低下、广谱抗菌药广泛使用，可加剧深部真菌感染的发生。

抗真菌药目前主要有抗生素类（如两性霉素 B、制霉菌素、灰黄霉素等）、唑类（如酮康唑、克霉唑、氟康唑等）、丙烯胺类（如特比奈芬）、嘧啶类（如氟胞嘧啶）和棘白素类（如卡泊芬净）。水杨酸也有一定的抗真菌作用。兽医临床应用的抗浅表真菌感染药物有制霉菌素、灰黄霉素、克霉唑、酮康唑和水杨酸等，抗深部真菌感染药物有两性霉素 B、氟康唑等。

1. 两性霉素 B

【抗真菌作用】为多烯类广谱抗真菌药，对隐球虫、组织胞浆菌、白色念珠菌、芽生菌等都有抑制作用，是治疗深部真菌感染的首选药物，但对浅表真菌引起的感染无效。一般采用缓慢静脉注射治疗全身性真菌感染

【应用】用于治疗犬组织胞浆菌病、芽生菌病、球孢子菌病，也可用于预防白色念珠菌感染及各种真菌的局部炎症，如甲或爪的真菌感染、雏鸡嗉囊真菌感染等。

【不良反应】本品不良反应大。静脉注射过程中，可引起震颤、高热和呕吐等。在治疗过程中，可引起肝、肾损害，贫血和白细胞减少等。避免与其他药物同时使用，如氨基糖苷类（肾毒性）、洋地黄类（毒性增强）、箭毒（神经肌肉阻断）、噻嗪类利尿药（低钾血症、低血钠症）。

2. 制霉菌素

【抗真菌作用】制霉菌素的抗真菌作用与两性霉素B基本相同，但其毒性更大，不宜用于全身感染的治疗。内服不易吸收，多数随粪便排出。

【应用】内服治疗胃肠道真菌感染，如犊牛真菌性胃炎、禽曲霉菌病；局部应用治疗皮肤黏膜的真菌感染，如念珠菌病和曲霉菌所致的乳腺炎、子宫炎等。

3. 酮康唑

【抗真菌作用】为广谱三唑类抗真菌药，对全身及浅表真菌均有抗菌活性。一般浓度对真菌有抑制作用，高浓度时对敏感真菌有杀灭作用。对芽生菌、球孢子菌、隐球菌、组织胞浆菌、小孢子菌和毛癣菌等真菌有抑制作用，对曲霉菌、孢子丝菌作用弱，对白色念珠菌无效。

【应用】用于治疗球孢子菌病、组织胞浆菌病、隐球菌病、芽生菌病，也可用于防治皮肤真菌病等。

4. 克霉唑

克霉唑对浅表真菌的疗效与灰黄霉素相似，对深部真菌作用比两性霉素B差，主要用于体表真菌病，如耳真菌感染和毛癣。

5. 氟康唑

【抗真菌作用】为三唑类广谱抗真菌药物，对深部和浅表真菌都有较强的抗菌作用。抗菌活性比酮康唑强10~20倍，且毒性低。念珠菌和隐球菌对本品最敏感，对表皮癣菌、皮炎芽生菌和组织胞浆菌也有较强的作用，但对曲霉菌效果差。

【应用】用于浅表、深部敏感菌引起的感染，主要用于犬、猫的念珠菌病和隐球菌病。

6. 水杨酸

【抗真菌作用】中等程度的抗真菌作用。在低浓度（1%~2%）时有角质增生作用，能促进表皮的生长；高浓度（10%~20%）时可溶解角质，对局部有刺激性。在体表真菌感染时，可以软化皮肤角质层，角质层脱落的同时也将菌丝随之脱出，起到一定程度的治疗作用。

【应用】治疗皮肤真菌感染。

第四章
消毒防腐药

消毒防腐药是杀灭病原微生物或抑制其生长繁殖的一类药物。消毒药是指能杀灭病原微生物的药物，主要用于环境、厩舍、动物排泄物、用具和器械等非生物表面的消毒；防腐药是指能抑制病原微生物生长繁殖的药物，主要用于抑制局部皮肤、黏膜和创伤等生物体表的微生物感染，也用于食品及生物制品等的防腐。两者并无绝对的界限，低浓度消毒药具有抑菌作用，而防腐药浓度高时也有杀菌作用。消毒防腐药与抗微生物药的不同之处在于前者无明显的抗菌谱和选择性，有效浓度使用时对机体也会产生损伤作用，一般不作全身用药。消毒药在防控动物传染病中具有重要意义，无疫病发生时需对环境进行预防性消毒，发生传染病时需进行随时消毒和终末消毒。随着畜禽规模化养殖的快速发展及公共卫生事业发展需要，安全、高效、广谱且腐蚀性较小的消毒防腐药正在成为新的需求。

兽医临床将消毒防腐药分为酚类、醛类、醇类、卤素类、季铵盐类（或表面活性剂类）、氧化剂类（或过氧化物类）、酸类、碱类、染料类等。根据用途主要分为环境消毒药和皮肤、黏膜消毒药。环境消毒药主要用于环境、厩舍、动物排泄物、手术器械等的消毒。常用的环境消毒药有苯酚、复合酚、甲醛、戊二醛、氢氧化钠（烧碱、火碱）、氧化钙、含氯石灰、二氯异氰脲酸钠（优氯净）、三氯异氰脲酸、二氧化氯、过氧乙酸等。皮肤、黏膜消毒药主要用于动物体表的抑菌或杀菌，如防治皮肤、黏膜、创面等的微生物感染。常用于皮肤、黏膜的消毒防腐药有乙醇、苯扎溴铵（新洁尔灭）、醋酸氯己定、碘酊、聚维酮碘、过氧化氢、高锰酸钾等。

第一节 概 述

一、消毒防腐药的作用机制

消毒防腐药的作用机制各不相同，可归纳为以下几个方面：

1）使菌体蛋白变性、沉淀。大部分的消毒防腐药是通过此机制起作用的，其作用不具有选择性，可损害一切生物机体物质，称为一般原浆毒（原生质毒），仅适用于环境消毒，如酚类、醛类、醇类、重金属盐类等。

2）改变菌体细胞膜的通透性。季铵盐类等的杀菌作用是通过降低菌体的表面张力，增加菌体细胞膜的通透性，使细胞内酶和营养物质漏失，水向菌体内渗入，使菌体溶解和破裂。

3）干扰或损害细菌生命必需的酶系统。当消毒防腐药的化学结构与菌体内的代谢物相似时，可与酶竞争性或非竞争性地结合，抑制酶的活性，导致菌体的生长抑制或死亡；也可通过氧化、还原等反应损害酶的活性基团，如氧化剂的氧化、卤化物的卤化等。

二、理想消毒防腐药的条件

理想的消毒防腐药需具备以下条件，以确保消毒防腐药在保障安全的同时，能够广泛有效地应用于各种环境和场合，从而有效地控制和预防微生物在养殖场所的传播。

1）抗微生物范围广、活性强，在有机物（如脓血、坏死组织等）存在时仍能有很好地抗微生物活性，受外界因素（如 pH、温度等）影响小。

2）能快速发挥作用，配制的溶液有效期长，便于临床使用。

3）具有较高的脂溶性，以便在目标消毒区域分布均匀，达到较好的消毒效果。

4）对人和动物安全，防腐药不应对组织和伤口有毒，也不应妨碍伤口愈合，消毒药应不具残留表面活性。

5）药物本身应无臭、无色、无着色性，性质稳定，可溶于水，便于使用和储存。

6）应无易燃易爆性，以确保使用安全。

7）对金属、塑料、衣物等无腐蚀作用，便于运输、储存和广泛使用。

8）应价格低廉且易于获得，便于普及使用。

三、影响消毒防腐药作用的因素

消毒防腐药的作用可受很多因素影响，主要包括以下几个方面：

（1）病原微生物种类　不同种类的细菌和处于不同状态的微生物对消毒药的敏感性不同。

（2）消毒药的浓度和作用时间　当其他条件相同时，消毒药的杀菌效力一般随其溶液浓度和作用时间的增加而增强。

（3）温度　消毒药的抗菌效果与环境温度呈正相关，即温度越高，杀菌力越强，一般规律为每升高 10℃消毒效果增加 1~1.5 倍。因此，冬天进行消毒时，应先提高圈舍内的温度。

（4）湿度　湿度直接影响微生物的含水量，对气体消毒剂的作用具有显著影响。

（5）pH　环境或组织的 pH 对有些消毒防腐药作用的影响较大，戊二醛、含氯消毒剂、酚类、苯甲酸、季铵盐类、氯己定等消毒防腐药易受环境 pH 的影响，如含氯消毒剂的最佳作用 pH 为 5~6。

（6）有机物　消毒环境中粪、尿等或创伤部位的脓血、体液等有机物的存在，会影响抗菌效力，因此消毒前务必进行彻底清洁。含氯消毒剂、季铵盐类、氧化剂类消毒剂易受有机物的影响，而烷化剂如戊二醛受有机物影响较小。

（7）水质硬度　硬水中的 Ca^{2+} 和 Mg^{2+} 可与季铵盐类、氯己定或碘附等结合，形成不溶性盐类，从而降低其抗菌效力。

（8）联合应用　两种以上消毒药进行联合使用时，可出现消毒效果增强或下降。因此，临床应用中应进行合理联合用药，以增强消毒效果，降低毒副作用。

四、消毒防腐药的效力测定

目前对于消毒防腐药的效力主要从其对革兰氏阳性菌、革兰氏阴性菌、芽孢、结核分枝杆菌、无囊膜病毒和囊膜病毒的杀灭作用，作用时间长短，是否具有局部毒性或全身毒性，是否易被有机物灭活，是否污染环境以及价格来综合评价其实用性。

第二节　环境消毒药

一、酚类

1. 苯酚

【药理作用】苯酚为一般原浆毒。0.1%~1% 溶液有抑菌作用，1%~2% 溶液有杀灭细菌和真菌作用，5% 溶液可在 48h 内杀死炭疽芽孢。碱性环境、脂类、皂类等能减弱其杀菌作用。

【应用】配成 2%~5% 溶液，用于器具、厩舍消毒，排泄物和污物的处理。

【注意事项】由于苯酚对动物和人有较强的毒性，不能用于创面和皮肤的消毒。

2. 复合酚

复合酚能杀灭多种细菌和病毒，用于厩舍及器具等的消毒。喷洒用配成 0.3%~1% 的水溶液，浸涤用配成 1.6% 的水溶液。本品对皮肤、黏膜有刺激性和腐蚀性。

3. 甲酚

【药理作用】甲酚又称煤酚，是酚类中最常用的消毒药，为一般原浆毒。其使菌体蛋白凝固变性而呈现杀菌作用。抗菌作用比苯酚强 3~10 倍，毒性大致相等，但消毒用药浓度较低，故较苯酚安全。本品可杀灭一般繁殖型病原菌，对芽孢无效，对病毒作用较弱。

【应用】用于器械、厩舍、场地、排泄物的消毒。器械、厩舍或排泄物等消毒时，配成 5%~10% 甲酚皂溶液喷洒或浸泡。

二、醛类

1. 甲醛

【药理作用】甲醛本身为无色气体，易溶于水和乙醇，常温、常压下易挥发，常用 40% 甲醛溶液，即福尔马林。甲醛不仅能杀死细菌的繁殖型，也能杀死芽孢（如炭疽芽孢），以及抵抗力强的结核分枝杆菌、病毒及真菌等，且甲醛对细菌毒素也有破坏作用，5% 甲醛溶液作用 30min 可破坏肉毒梭菌毒素和葡萄球菌肠毒素。甲醛对皮肤和黏膜的刺激性很强，但不损坏金属、皮毛、纺织物和橡胶等。甲醛的穿透力差，不易透入物品深部发挥作用。

【应用】主要用于厩舍、仓库、孵化室、皮毛、衣物、器具等的熏蒸消毒和标本、尸体防腐，消毒温度应在20℃以上。低浓度内服可用于胃肠道制酵，治疗瘤胃臌气。内服：一次量，牛8~25mL，羊1~3mL，内服时用水稀释20~30倍。标本、尸体防腐：配成5%~10%溶液。熏蒸消毒：每立方米15mL。器械消毒：配成2%溶液。

【注意事项】①具滞留性，消毒结束后应立即通风或用水冲洗，甲醛的刺激性气味不易散失，故消毒空间仅需相对密闭；②甲醛对皮肤和黏膜的刺激性较强，使用时应注意。

2. 戊二醛

【药理作用】具有广谱、高效和速效的杀菌作用，对细菌繁殖体、芽孢、病毒、结核分枝杆菌和真菌等均有很好的杀灭作用。在碱性条件下，戊二醛的聚合作用加强，尤其在pH为7.5~8.5时，消毒作用最强，较甲醛强2~10倍。其消毒作用受有机物影响较小。

【应用】主要用于厩舍及器具消毒，也可用于疫苗制备时的鸡胚消毒，还可用于手术器械以及不宜加热处理的医疗器械、橡胶、塑料制品、生物制品器具的浸泡消毒。喷洒、浸泡消毒：配成2%碱性溶液，保持15~20min或放至干燥。密闭空间表面熏蒸消毒：配成10%溶液，每立方米1.06mL，密闭过夜。

【注意事项】避免与皮肤、黏膜接触；碱性溶液可腐蚀金属，不应该接触金属。

三、碱类

氢氧化钠（烧碱、火碱）

【药理作用】属一般原浆毒，对病毒和细菌的杀灭作用均较强，高浓度溶液可杀灭芽孢，OH^-能水解菌体蛋白和核酸，使酶系统和细胞结构受损，并能抑制代谢机能，分解菌体中的糖类，使细菌死亡。

【应用】主要用于污染病毒的场所、器械等消毒。2%溶液用于喷洒厩舍地面、饲槽、车船等，5%溶液用于炭疽芽孢污染的消毒，50%溶液可用于牛、羊新生角的腐蚀。

四、卤素类

1. 二氯异氰尿酸钠（优氯净）

【药理作用】二氯异氰尿酸钠在水中分解为次氯酸和氰脲酸，次氯酸释放出活性氯和新生态氧，对细菌原浆蛋白产生氯化和氧化反应而呈杀菌作用。本品杀菌谱广，溶液pH越低，杀菌作用越强，可杀灭细菌繁殖体、芽孢、病毒、真菌孢子。杀菌作用较大多数氯胺类强，受有机物影响小，主要用于厩舍、鱼塘、排泄物和水的消毒，有腐蚀和漂白作用。

【应用】用于水体及器具、车辆、厩舍、蚕室、鱼塘的消毒。0.5%~1%溶液用于杀灭细菌和病毒；5%~10%溶液用于杀灭细菌芽孢。鱼塘消毒用$0.3g/m^3$，饮水用$0.5g/m^3$，其他消毒用$50~100g/m^3$。也可采用干粉直接处理排泄物或其他污染品。

2. 二氧化氯

【药理作用】二氧化氯为新一代高效、广谱、安全的消毒杀菌剂，是氯制剂最理想的替代品。二氧化氯杀菌作用依赖其氧化作用，其氧化能力较氯强2.5倍，可杀灭细菌的繁殖体及芽孢、病毒、真菌及其孢子，对原虫（隐孢子虫卵囊）也有较强的灭活作用。一般多用于饮水消毒。二氧化氯消毒具有如下优点：①用量小，pH越高杀菌效果越好。②易从水中驱除，不具残留毒性。③兼有除臭、去味作用。

【应用】现场将氯气通入含亚氯酸钠的二氧化氯发生器中，产生的二氧化氯通入饮水系统即可。本品1g加水10mL溶解，加活化剂1.5mL活化后，加水至150mL备用。厩舍、饲喂器具消毒：15~20倍稀释；饮水消毒：200~1700倍稀释，每1000L水不超过10g。

【注意事项】浓度不宜过高，高于10%的二氧化氯气体易发生爆炸。

五、季铵盐类

癸甲溴铵

【药理作用】癸甲溴铵是双链季铵盐消毒剂，溶液状态时可解离出季铵盐阳离子，发挥消毒作用，对多数细菌、真菌和藻类有杀灭作用，对亲脂性病毒也有一定作用，对金属、塑料、橡胶和其他物质均无腐蚀性。

【应用】厩舍、器具消毒，配成0.015%~0.05%溶液；饮水消毒，配成0.0025%~0.005%溶液。

【注意事项】原液对眼睛和皮肤有轻微刺激，应避免直接接触，如有接触立即用大量清水冲洗至少15min；内服有毒性，如误服立即用大量清水或者牛奶洗胃。

六、氧化剂类

1. 过硫酸氢钾

【药理作用】属于无机酸氧化剂，是一种新型的活性氧消毒剂，在水中经过链式反应连续产生次氯酸、新生态氧，氧化和氯化病原体，干扰病原体的DNA和RNA合成，使病原体的蛋白质凝固变性，进而干扰病原体酶系统的活性，影响其代谢，增加细胞膜的通透性，造成酶和营养物质流失、病原体溶解破裂，进而杀灭病原体。

【应用】浸泡或喷雾：①厩舍环境消毒、饮水设备消毒、空气消毒、终末消毒、设备消毒、孵化场消毒、脚踏盆消毒，1：200稀释。②饮用水消毒，1：1000稀释。③对特定病原体消毒，大肠杆菌、金黄色葡萄球菌、猪水疱病病毒、传染性法氏囊病病毒，1：400稀释；链球菌，1：800稀释；禽流感病毒，1：1600稀释；口蹄疫病毒，1：1000稀释。④水产养殖鱼、虾消毒，用水稀释200倍后全池均匀喷洒，每立方米水体使用0.6~1.2g。

【注意事项】不能与氢氧化钠等碱性药物同时使用，受有机物影响较大，圈舍需清洗后再消毒。本品有漂白作用。

2. 过氧乙酸

【药理作用】过氧乙酸是兼具酸和强氧化特性的高效消毒剂，其气体和溶液均具有较强的消毒作用，作用产生快，能杀灭细菌、芽孢、真菌、病毒。0.1%过氧乙酸1min内能杀灭大肠杆菌和皮肤癣菌，0.5%过氧乙酸能杀灭所有芽孢菌，5%以上时会灼伤皮肤。过氧乙酸能分解成乙酸和水，同时释放氧气。这些产物对环境、动物无害。

【应用】主要用于杀灭厩舍、用具、衣物等的细菌、芽孢、真菌和病毒。喷雾消毒：畜禽原舍，1：（200~400）稀释；熏蒸消毒：畜禽厩舍每立方米使用5~15mL；浸泡消毒：畜禽食具、工作人员衣物、手臂等，1：500稀释；饮水消毒，每10L水加本品1mL。

【注意事项】腐蚀性强，有漂白作用。稀溶液对呼吸道和眼结膜有刺激性，高浓度对皮肤有强烈刺激性，有机物可降低其消毒效果。

第三节 皮肤、黏膜消毒药

一、醇类

乙醇

【药理作用】乙醇是临床上使用最广泛，也是较好的一种皮肤消毒药，能杀死繁殖型细菌，对结核分枝杆菌、囊膜病毒也有杀灭作用，但对细菌芽孢无效。乙醇可使细菌细胞质脱水,并进入蛋白肽链的空隙破坏构型,使菌体蛋白变性和沉淀。乙醇可溶解类脂质,不仅易渗入菌体破坏其细胞膜,而且能溶解动物的皮脂分泌物,从而发挥机械性除菌作用。

【应用】75%的水溶液用于手、皮肤、体温计、注射针头和小件医疗器械等消毒。

二、季铵盐类

1. 苯扎溴铵（新洁尔灭）

【药理作用】为阳离子表面活性剂,对细菌（如化脓杆菌、肠道菌等）有较好的杀灭能力,对革兰氏阳性菌的杀灭能力要比对革兰氏阴性菌强。对病毒的作用较弱,对亲脂性病毒（如流感、牛痘、疱疹等）有一定的杀灭作用,对亲水性病毒无效。对结核分枝杆菌与真菌的杀灭效果甚微,对细菌芽孢只能起到抑制作用。

【应用】用于创面、皮肤和手术器械的消毒。创面消毒,用0.01%溶液；皮肤、手术器械消毒,用0.1%溶液。

【注意事项】应用时禁与肥皂及其他阴离子活性剂、盐类消毒剂、碘化物和氧化剂等配伍使用。术者用肥皂洗手后,务必用水冲净后再用本品。

2. 醋酸氯己定

【药理作用】本品又称醋酸洗必泰,为阳离子型双胍化合物,抗菌谱广,对多数革兰氏阳性菌及革兰氏阴性菌都有杀灭作用,对铜绿假单胞菌也有效。抗菌作用强于苯扎溴铵,作用迅速且持久,毒性低,无刺激性。本品不易被有机物灭活,但易被硬水中的阴离子沉淀而失去活性。

【应用】常用于术前手、皮肤及器械等的消毒。

三、卤素类

碘制剂

【药理作用】碘具有强大的杀菌作用,也可杀灭细菌芽孢、真菌、病毒、原虫。碘主要以分子（I_2）形式发挥杀菌作用,其原理可能是碘化和氧化菌体蛋白的活性基因,并与蛋白的氨基结合而导致蛋白质变性和抑制菌体的代谢酶系统。

【应用】2%碘溶液不含酒精,适用于皮肤的浅表破损和创面消毒,以防止细菌感染。在紧急条件下可用于饮水消毒,每升水中加入2%碘酊5~6滴,15min后可供饮用。水无不良气味,且水中各种致病菌、原虫和其他微生物可被杀死。浓碘酊（含碘10%）对皮肤有较强的刺激作用,外用于局部组织作为刺激药。

其他的碘制剂还有以下几种：

（1）碘甘油 刺激性较小,用于黏膜表面消毒,治疗口腔、舌、齿龈、阴道等黏膜炎症与溃疡。

（2）碘附 用于手术部位、奶牛乳房和乳头、手术器械等消毒,配成0.5%~1%溶液（以有效碘计）。

（3）碘酊 碘酊是最有效的常用皮肤消毒药。术前和注射前的皮肤消毒,用2%碘酊；皮肤的浅表破损和创面消毒,用2%碘酊；治疗腱鞘炎、滑膜炎等慢性炎症,用5%碘酊；作为刺激药涂擦于患部皮肤,用10%浓碘酊。

（4）复合碘溶液 畜禽舍、屠宰场地消毒,配成1%~3%溶液；器械消毒,配成0.5%~1%溶液。

（5）聚维酮碘溶液 本品为1-乙烯基-2吡咯烷酮均聚物与碘的复合物,是一种高效低毒的消毒剂,兼有清洁剂作用,对细菌及其芽孢、病毒和真菌均有良好杀灭作用,效果优于碘。本品在酸性条件下杀菌作用会增强,碱性条件下作用会减弱,有机物过多也会影响其消毒效果。常用于手术部位、皮肤和黏膜消毒。皮肤消毒，配成5%溶液；奶牛乳头浸泡，配成0.5%~1%溶液；黏膜及创面冲洗，配成0.1%溶液；1%溶液可用于马角膜真菌感染的治疗。

四、氧化剂类

1. 过氧化氢

【药理作用】过氧化氢有较强的氧化作用，在与组织或血液中的过氧化氢酶接触时，迅速分解，释出新生态氧，对细菌产生氧化作用，干扰其酶系统的功能而发挥抗菌作用，尤其对厌氧菌更有效。此外，本品与创面接触时可快速分解产生大量气泡，可机械地松动脓块、血块、坏死组织剂及组织粘连的敷料，利于清洁创面和去除痂皮。

【应用】用于皮肤、黏膜、创面、瘘管的清洗。

2. 高锰酸钾

【药理作用】为强氧化剂，遇有机物或加热、加酸或加碱等均可释放出新生态氧（非游离态氧，不产生气泡）而呈现杀菌、除臭、氧化作用。

【应用】常用于皮肤创伤及腔道炎症的创面消毒、止血和收敛，也用于有机物中毒的解救。腔道冲洗及洗胃，配成0.05%~0.1%溶液；创伤冲洗，配成0.1%~0.2%溶液。

五、染料类

1. 甲紫溶液

甲紫为碱性染料，对革兰氏阳性菌有强大的选择作用，也有抗真菌作用。对组织无刺激性，有收敛作用。外用：治疗皮肤、黏膜的创面感染和溃疡，配成1%~2%水溶液或醇溶液；治疗烧伤或皮肤表面真菌感染，配成0.1%~1%水溶液。

2. 乳酸依沙吖啶

【药理作用】本品又称雷佛奴尔、利凡诺，是染料中最有效的防腐药。当解离出依沙吖啶后，对革兰氏阳性菌呈现最大的抑菌作用，对各种化脓菌均有较强的作用，最敏感的细菌为产气荚膜梭菌和酿脓链球菌。抗菌活性与其在不同pH溶液中的解离常数有关。

【应用】常以0.1%~0.3%的水溶液冲洗或浸泡纱布湿敷，治疗皮肤和黏膜的创面感染。

六、其他

1. 松馏油

【药理作用】具有防腐、溶解角质、止痒、促进炎性物质吸收和刺激肉芽生长等作用，用于治疗慢性皮肤病，如湿疹、皮癣、过敏性皮炎、脂溢性皮炎和生长迟缓的肉芽创等。

【应用】主要用于治疗蹄病，如蹄叉腐烂等。

2. 鱼石脂软膏

本品作用温和，能消炎、消肿，促进组织肉芽生长，临床可用于慢性关节炎、蜂窝织炎、肌腱炎、慢性睾丸炎、冻伤、溃疡及湿疹等。

第五章
抗寄生虫药

抗寄生虫药是指用于驱除或杀灭体内外寄生虫的药物，分为抗蠕虫药、抗原虫药和杀虫药。

（1）抗寄生虫药应具备的条件　①安全，抗寄生虫药的治疗指数最好大于3。②高效、广谱：应用剂量小、驱杀寄生虫范围广且效果好，且对幼虫、成虫甚至虫卵均有良好驱杀效果。③适于群体给药。④价格低廉，适合规模化养殖应用。⑤无残留：药物不残留或很少残留，或可以通过休药期等措施，能控制药物在动物源性食品中的残留。

（2）抗寄生虫药的作用方式 抗寄生虫药物种类繁多，且化学结构和作用不同，因此作用方式也各不相同。抗寄生虫药的作用机理至今尚未完全阐明，基于现有研究和认识，抗寄生虫药的作用方式主要分为：①干扰虫体内酶活性，如左旋咪唑、硫双二氯酚等通过抑制琥珀酸脱氢酶的活性导致虫体死亡。②干扰虫体代谢，如苯并咪唑类药物可抑制虫体微管蛋白的合成等引起虫体死亡。③作用于神经肌肉系统，如阿维菌素类药物能促进 γ- 氨基丁酸的释放，使虫体麻痹死亡。④干扰虫体离子平衡，如聚醚类抗球虫药能使金属阳离子在虫体细胞内大量蓄积，导致虫体肿胀死亡。

（3）临床应用抗寄生虫药应遵循的原则 ①合理使用抗寄生虫药，处理好药物、寄生虫和宿主三者间的关系。②控制好药物剂量和疗程。③定期更换不同作用机制的抗寄生虫药物，降低虫体耐药性产生的风险。④严格遵守休药期制度，避免动物源性食品中残留抗寄生虫药物。

第一节 抗蠕虫药

抗蠕虫药是指对动物寄生蠕虫具有驱除、杀灭或抑制活性的药物。根据寄生于动物体内的蠕虫类别，抗蠕虫药分为抗线虫药、抗吸虫药、抗绦虫药、抗血吸虫药。有些药物兼有多种作用，如吡喹酮具有抗绦虫和抗吸虫作用，苯并咪唑具有抗线虫、抗吸虫和抗绦虫作用。

一、抗线虫药

1. 哌嗪

【药理作用】哌嗪的各种盐如枸橼酸哌嗪和磷酸哌嗪（性质比哌嗪更稳定）均属低毒药物。哌嗪各种盐类的驱虫作用，取决于制剂中的哌嗪基质，国际上通常均以哌嗪水合物相等值表示，即 100mg 哌嗪水合物相当于 125mg 枸橼酸哌嗪或 104 mg 磷酸哌嗪。哌嗪可发挥抗胆碱样作用，促进抑制性递质 γ- 氨基丁酸释放增强神经突触后膜对 Cl^- 的通透性，并阻断非特异性胆碱能受体，进而阻断蛔虫的神经肌肉接头，抑制神经冲动的传导，同时也可抑制虫体琥珀酸的产生，结果导致虫体麻痹，失去附着宿主肠壁的能力，并借肠蠕动而随粪便排出体外。

哌嗪为有效驱蛔虫药，对马副蛔虫和马尖尾线虫（马蛲虫）、猪蛔虫和食道口线虫、鸡蛔虫均具有较好的驱除效果，对其他线虫效果较差。哌嗪对反刍动物食道口线虫、牛弓首蛔虫作用有限，对皱胃、小肠内寄生线虫基本无效，故无临床应用意义。对犬科、猫科野生动物的驱虫谱和驱虫效果与家养动物相似。

【应用】哌嗪的各种盐类，通常均以混饲或饮水给药法投药，主要用作猪、禽的驱蛔虫药，毒性小，应用安全。

【注意事项】①应用哌嗪时不能合用泻剂，因为会迅速地排除药物，导致驱虫失败。与酚噻嗪类药物合用时，能使药物毒性增强。与噻嘧啶、甲噻嘧啶合用时，有拮抗作用。与氯丙嗪合用可诱发癫痫发作。动物在内服哌嗪和亚硝酸盐后，在胃中，哌嗪可转变成亚硝基化合物，形成 N, N- 硝基哌嗪或 N- 单硝基哌嗪，二者均为动物致癌物质。②未成熟虫体，需重复用药。③哌嗪的各种盐对马的适口性较差，混于饲料中给药时，常因拒食而影响药效，此时以溶液剂灌服为宜。

2. 乙胺嗪

【药理作用】乙胺嗪为哌嗪的衍生物，对网尾线虫、原圆线虫、后圆线虫、犬恶丝虫以及马、羊脑脊髓丝虫均有防治作用。乙胺嗪通过度去极化作用抑制肌肉活动、促进虫体排出，以及改变微丝蚴体表膜，使之更易遭受宿主防御功能的攻击破坏，从而发挥对易感微丝蚴的杀灭作用。乙胺嗪对成虫的杀灭机制还不太清楚。

【应用】乙胺嗪对牛、羊网尾线虫，特别是成虫驱除效果极佳，因此适用于早期感染，但通常必须每天1次，连用3d。对羊原圆线虫和猪后圆线虫也有一定效果。乙胺嗪对马、羊脑脊髓丝虫有良好效果，但必须连用5d。乙胺嗪是传统的犬恶丝虫预防药，虽不能杀死成虫，但对感染性第三期、第四期微丝蚴有一定作用，每天以低剂量（每千克体重6.6mg）连续内服3~5周具有明显预防效果。临床上常用枸橼酸乙胺嗪。

【注意事项】①由于个别微丝蚴阳性犬，应用乙胺嗪后会引起过敏反应，甚至致死，因此微丝蚴阳性犬严禁使用乙胺嗪。②为保证药效，在犬恶丝虫病流行地区，在整个有蚊虫季节以及此后2个月内，实行每天连续不断喂药措施（每千克体重6.6mg），每隔6个月检查1次微丝蚴，若为阳性，则停止预防，重新采取杀成虫、杀微丝蚴措施。③驱蛔虫，大剂量喂服时，常使空腹的犬、猫呕吐，因此，宜喂食后服用。

3. 阿苯达唑（丙硫咪唑）

【药理作用】本品是畜禽常见胃肠道线虫、肺线虫、肝片吸虫和绦虫的有效驱虫药，也是驱除混合感染多种寄生虫的有效药物。对牛、猪囊尾蚴感染有效。对囊尾蚴的作用强、毒副作用小，为治疗囊尾蚴的良好药物，对未成熟虫体和幼虫也有较强作用，还有杀虫卵效能。作用机理主要是与线虫的微管蛋白结合，阻止微管组装的聚合而发挥作用。

【应用】用于畜禽线虫病、绦虫病和吸虫病。阿苯达唑可用于驱除马副蛔虫、马尖尾线虫的成虫和第4期幼虫、马圆线虫、无齿圆线虫、普通圆线虫和安氏网尾线虫等；驱除牛奥斯特线虫、血矛线虫、毛圆线虫、细颈线虫、库珀线虫、牛仰口线虫、食道口线虫、网尾线虫等的成虫及第4期幼虫，肝片吸虫成虫和莫尼茨绦虫；也用于绵羊、山羊和猪的体内寄生虫控制；还可用于犬和猫毛细线虫病、猫肺并殖吸虫病和犬的丝虫感染；可用于禽类鞭毛虫和绦虫病。

【注意事项】①禁用于泌乳期奶牛。②具有致畸作用，牛、羊妊娠前期45d内禁用。③马较敏感，不能连续大剂量使用。

4. 芬苯达唑（硫苯咪唑）

【药理作用】芬苯达唑不仅对胃肠道线虫成虫及幼虫有高度驱虫活性，而且对网尾线虫、片形吸虫和绦虫也有良好效果，还有极强的杀虫卵作用。

【应用】本品主要用于治疗畜禽和野生动物的线虫感染。

【注意事项】①单剂量对于犬、猫一般无效，必须连用3d。②禁用于供食用的马。

5. 奥芬达唑

【药理作用】奥芬达唑为芬苯达唑的衍生物（芬苯达唑亚砜），属广谱、高效、低毒的新型抗蠕虫药，其驱虫谱大致与芬苯达唑相同，但驱虫活性更强。奥芬达唑与阿苯达唑同为苯并咪唑类中内服吸收量较多的驱虫药。反刍动物吸收量明显低于单胃动物，而且反刍动物舍饲时比放牧时吸收量多。

【应用】奥芬达唑对牛奥斯特线虫、血矛线虫、毛圆线虫、古柏线虫、仰口线虫、食道口线虫以及网尾线虫成虫及幼虫、贝氏莫尼茨绦虫均有高效。治疗量对羊奥斯特线虫、毛圆线虫、细颈线虫成虫，以及细颈线虫、血矛线虫、夏伯特线虫、网尾线虫幼虫能全部驱净；对古柏线虫、食道口线虫、血矛线虫、夏伯特线虫、毛首线虫成虫以及莫尼茨绦虫也有良好驱除效果。奥芬达唑对乳突类圆线虫驱除效果较差，对猪蛔虫、有齿食道口线虫、红色猪圆线虫成虫及幼虫均有极佳驱除效果，但对毛首线虫作用有限。奥芬达唑对马也属广谱驱虫药，几乎对胃肠道所有线虫都有效，如对马蛔虫、马副蛔虫、马圆形线虫、三齿属线虫、艾氏毛圆线虫、尖尾线虫、小型圆形线虫成虫有高效，对马尖尾线虫、小型圆形线虫、马普通圆形线虫未成熟体也有良好效果。奥芬达唑对犬蛔虫、钩虫成虫及幼虫也有较好效果。

【注意事项】①本品能诱导产生耐药虫株，甚至产生交叉耐药现象。②本品与芬苯达唑相同，不能与杀片形吸虫药溴胺杀合用，否则会引起绵羊死亡和母牛流产。③奥芬达唑治疗量（甚至2倍量）虽对妊娠母羊无胎毒作用，但在妊娠17d时，每千克体重用量22.5mg对胚胎有致畸影响，因此妊娠早期动物以不用本品为宜。

6. 氟苯达唑

【药理作用】氟苯达唑为甲苯达唑的对位氟同系物。它不仅对胃肠道线虫有效，而且对某些绦虫也有一定效果，主要用于猪、禽的胃肠道蠕虫病。

【应用】以治疗量（每千克体重5mg），连用5d，对猪蛔虫、红色猪圆线虫、有齿食道口线虫、野猪后圆线虫、猪毛首线虫几乎能全部驱净，但对细粒棘球绦虫，必须连用10d，才能控制仔猪病情。氟苯达唑对羊的大多胃肠道线虫有良效，特别对毛首线虫，甚至优于氧苯达唑和奥芬达唑，通常用药一次，即有良好效果。氟苯达唑对鸡蛔虫、鸡毛细线虫、鹅裂口线虫、鹅毛细线虫、微细毛圆线虫和气管比翼线虫也具极佳驱除效果。

7. 噻苯达唑

【药理作用】噻苯达唑对动物多种胃肠道线虫均有驱除效果，对成虫效果好，对未成熟虫体也有一定作用。噻苯达唑可抑制虫体的延胡索酸还原酶，导致虫体糖酵解过程抑制，能量产生受阻，虫体代谢发生障碍。寄生虫糖酵解过程和无氧代谢与其宿主的代谢途径不同，因此噻苯达唑对宿主无害。体外试验证实噻苯达唑可通过寄生虫角质层的类脂质屏障而被吸收。

【应用】对牛、绵羊和山羊的大多数胃肠线虫成虫和幼虫都有良好驱除效果，如对血矛线虫、毛圆线虫、仰口线虫、夏伯特线虫、食道口线虫、类圆线虫成虫，应用低限剂量即有良好效果，而对古柏线虫、细颈线虫（可能还有奥斯特线虫成虫）及敏感虫种的幼虫必须用高限剂量（每千克体重100mg）才能获得满意效果。噻苯达唑对丝状网尾线虫、胎生网尾线虫作用不稳定，对毛首线虫无效。低剂量（每千克体重50mg）对马圆形线虫、小型圆形线虫、艾氏毛圆线虫、韦氏类圆线虫以及马尖尾线虫成虫具有良好驱除效果。对马蛔虫需用高剂量，对幼虫效果极差。猪的红色猪圆线虫、有齿食道口线虫对噻苯达唑最敏感。常用的治疗量对猪蛔虫、毛首线虫无效。噻苯达唑对犬钱癣和皮肤霉菌感染疗效明显，按每天每千克体重100mg混饲，连用8d，钱癣痊愈，连用3周后霉菌症状全部消失。在饲料中添加0.1%噻苯达唑，连喂2~3周，能有效地控制气管比翼线虫，但对鸡蛔虫和鸡异刺线虫无效。噻苯达唑对皮炎芽生菌、白色念珠菌、青霉菌和发癣菌等均有抑制作用，也可减少饲料中黄曲霉毒素的形成。

噻苯达唑对胃肠腔内未成熟虫体有杀灭作用，但对趋组织期幼虫无效；由于噻苯达唑在用药1h后即可抑制虫体产卵，还能杀灭动物排泄物中的虫卵或抑制虫卵发育，加之能驱除寄生幼虫，故在动物转场前给药，能明显减轻对新牧场的污染。

【注意事项】①连续长期应用，能使寄生蠕虫产生耐药性，而且有可能对其他苯并咪唑类驱虫药也产生交叉耐药现象。②由于本品用量较大，对动物的不良反应亦较其他苯并咪唑类驱虫药严重，因此，过度衰弱、贫血及妊娠动物以不用为宜。③由于合用免疫抑制剂有时能诱发内源性感染，因此，在用噻苯达唑驱虫时，禁用免疫抑制剂。

8. 非班太尔

【药理作用】非班太尔本身无驱虫活性，在动物体内转化为芬苯达唑和奥芬达唑而显出驱虫活性。其作用同芬苯达唑。

【应用】用于驱除羊、猪胃肠道线虫及肺线虫。本品还常与吡喹酮等合用，但可增加早期流产频率。

【注意事项】禁止与吡喹酮合用于妊娠动物。

9. 左旋咪唑（左咪唑）

【药理作用】本品对牛和绵羊的皱胃线虫、小肠线虫、大肠线虫（食道口线虫、夏伯特线虫）和肺线虫的成虫期具有良好的活性，对尚未发育成熟的虫体作用差，对类圆线虫、毛首线虫和鞭虫作用差或不确切，对牛的滞留幼虫无效。目前，左旋咪唑耐药虫株问题日趋严重。本品除了具有驱虫活性外，还能明显提高免疫反应。对于其免疫增强作用的机理尚不完全了解，它可恢复外周T淋巴细胞的细胞介导免疫功能，增强巨噬细胞和中性粒细胞的吞噬作用，对免疫功能受损的动物作用更明显。

【应用】主要用于畜禽胃肠道线虫病、肺丝虫病和猪肾虫感染病，对犬、猫心丝虫病应用也有效。对苯并咪唑耐药的捻转血矛线虫和蛇形毛圆线虫，应用左旋咪唑仍高效。本品还可用于免疫功能低下动物的辅助治疗和提高疫苗的免疫效果。

【注意事项】①马和骆驼较敏感，马应慎用，骆驼禁用。②在动物极度衰弱或有明显的肝、肾损害时，以及牛因免疫、去角、去势等发生应激时，应慎用或推迟使用。③泌乳期动物禁用。④本品中毒时可用阿托品解毒和其他对症治疗。

10. 噻嘧啶

【药理作用】噻嘧啶为广谱、高效、低毒的胃肠线虫驱除药。噻嘧啶发挥乙酰胆碱样作用，持续使神经肌肉接头去极化，出现先兴奋后麻痹的作用，进而导致虫体死亡。噻嘧啶所引起的肌肉收缩作用虽比乙酰胆碱慢，但作用强度要比乙酰胆碱强100倍，且噻嘧啶的上述作用是不可逆的，噻嘧啶对宿主也具有乙酰胆碱的生物学特性，与烟碱样作用类似。

【应用】噻嘧啶双羟萘酸盐或酒石酸盐对马副蛔虫、普通圆形线虫、马圆形线虫、胎生普氏线虫有高效，但对无齿圆形线虫、小型圆形线虫、马尖尾线虫效果较差或作用不稳定。双羟萘酸噻嘧啶对回盲肠绦虫必须用双倍治疗剂量才有效。按每天每千克体重 2.64mg 连续饲喂酒石酸噻嘧啶，对马大型圆形线虫、小型圆形线虫、蛔虫、蛲虫成虫和幼虫均有良好效果，可明显减轻牧场的污染，并减轻移行期幼虫对动物肺、肝的损害。噻嘧啶对马胃虫、韦氏类圆线虫、艾氏毛圆线虫作用有限或无效。对马胃蝇蛆，如果不合用其他药物也无效。

酒石酸噻嘧啶对猪蛔虫和食道口线虫很有效。噻嘧啶对猪鞭虫、肺线虫无效。

酒石酸噻嘧啶每千克体重 25mg 对羊捻转血矛线虫（包括对噻苯达唑耐药虫株）、奥氏奥斯特线虫、普通奥斯特线虫、艾氏毛圆线虫、蛇形毛圆线虫、细颈线虫、古柏线虫、仰口线虫的驱虫率均超过 96%。对食道口线虫、夏伯特线虫作用稍差。

对牛的驱虫谱大致与羊相似,即治疗量(每千克体重25mg)酒石酸噻嘧啶对奥斯特线虫、捻转血矛线虫、毛圆线虫、细颈线虫、古柏线虫均有高效。对未成熟虫体驱除效果较羊稍差。

双羟萘酸噻嘧啶一次按每千克体重5mg剂量,对犬普通钩虫、蛔虫有95%疗效。双羟萘酸噻嘧啶对犬鞭虫、绦虫、心丝虫无效。按每千克体重20mg剂量用于猫时,对普通钩虫、蛔虫都极有效。本品对猫比犬安全,4~6周龄幼猫连续用大剂量(每千克体重100mg)3d,均安全无恙。

【注意事项】①由于噻嘧啶具有拟胆碱样作用,妊娠及虚弱动物禁用本品(特别是酒石酸噻嘧啶)。②由于国外有各种动物的专用制剂已经解决酒石酸噻嘧啶的适口性较差问题。因此,用国内产品饲喂时必须注意动物采食量,以免因减少采食量而影响药效。③由于酒石酸噻嘧啶易吸收而安全范围较窄,用于大动物(特别是马)时,必须精确计量。④由于噻嘧啶(包括各种盐)遇光易变质失效,双羟酸盐配制混悬药液后应及时用完,而国外不允许用酒石酸盐配制药液,多作为预混剂,混于饲料中给药。⑤由于噻嘧啶对宿主具有较强的烟碱样作用,因此忌与安定药、肌松药以及其他拟胆碱药、抗胆碱酯酶药(如有机磷杀虫剂)合用;与左旋咪唑、乙胺嗪合用时也能使毒性增强,应慎用。⑥噻嘧啶的驱虫作用能与哌嗪相互拮抗,故不能配伍使用。

11. 精制敌百虫

【药理作用】敌百虫曾广泛用于国内临床,它不仅对消化道线虫有效,而且对姜片吸虫、血吸虫也有一定效果。此外,还可用于防治外寄生虫病。敌百虫的抗虫机理,是能与虫体的胆碱酯酶相结合,使乙酰胆碱大量蓄积,从而使虫体神经肌肉功能失常,先兴奋后麻痹,直至死亡。此外,由于本品对宿主胆碱酯酶的活性也有抑制效应,使胃肠蠕动增强,可加速虫体排出体外。

【应用】敌百虫对马副蛔虫成虫及未成熟虫体、马尖尾线虫成虫和马胃蝇蛆(包括在胃内以及移行期虫体)均有高效,治疗量均能获得100%灭虫效果。

猪内服每千克体重50~80mg敌百虫,对猪蛔虫成虫和未成熟虫体、食道口线虫成虫的灭虫率均接近100%,但对毛首线虫作用不稳定。敌百虫对猪后圆线虫、猪巨吻棘头虫和猪冠尾线虫(肾虫)作用极弱。极大剂量(每千克体重150mg)对猪姜片虫的减虫率为85.2%。

治疗量对牛、羊血矛线虫、辐射食道口线虫、奥氏奥斯特线虫、艾氏毛圆线虫、牛弓首蛔虫、牛皮蝇蛆和羊鼻蝇蛆有高效,但牛必须在灌药前先灌服10%碳酸氢钠溶液或10%硫酸钠溶液60 mL,关闭食道沟,否则效果较差。由于牛、羊对敌百虫反应严重,且投药方法烦琐,除特殊情况外以不用为宜。

对犬弓首蛔虫、大钩口线虫和狐狸毛首线虫以每千克体重75mg用量,连用3次(间隔3~5d)有良好驱虫效果,此外对蠕形螨、蜱、虱、蚤也有杀灭作用。

【注意事项】①敌百虫安全范围较窄,且有明显种属差异。如对马、猪、犬较安全;反刍动物较敏感,常出现明显中毒反应,应慎用;家禽特别是鸡、鹅、鸭最敏感,以不用为宜。②肌内注射时,中毒反应更为严重。③对畜禽的中毒症状,主要为腹痛、流涎、缩瞳、呼吸困难、大小便失禁、肌痉挛、昏迷直至死亡。轻度中毒,通常动物能在数小时内自行耐过;中度中毒应用大剂量阿托品解毒;严重中毒病例,应反复应用阿托品(每千克体重0.5~1mg)和解磷定(每千克体重15mg)解救。④极度衰弱以及妊娠动物应禁用,用药期间应加强动物护理。⑤由于敌百虫对宿主胆碱酯酶也存在抑制效应,因此,在用药前后2周,动物不宜接触其他有机磷杀虫剂、胆碱酯酶抑制剂(毒扁豆碱、新斯的明)和肌松药,否则毒性大为增强。⑥由于碱性物质能使敌百虫迅速分解成毒性更大的敌敌畏，因此忌用碱性水质配制药液，并禁与碱性药物配伍使用。

12. 蝇毒磷

【药理作用】蝇毒磷属于有机磷杀虫剂，对各种螨类、蝇、虱、蜱均有良好的杀灭作用，对鸡蛔虫和盲肠虫（异刺线虫）疗效稍差。其杀虫机理是抑制虫体胆碱酯酶的活性。

【应用】外用 0.05% 蝇毒磷药浴或喷淋，可杀灭畜禽体表的虱、蝇、牛皮蝇蛆和创口蛆等。

【注意事项】①蝇毒磷安全范围较窄，特别是水剂灌服时毒性更大。通常 2 倍治疗量即引起牛、羊中毒，甚至死亡，因此，反刍动物多推荐低剂量连续喂饲法。②禁止与有机磷化合物及其他胆碱酯酶抑制剂合用。③有色品种产蛋鸡群，对蝇毒磷的毒性反应较白色品种鸡更为严重，以不用为宜。④畜禽发生严重蝇毒磷中毒症状时，必须联合和反复使用解磷定和阿托品，因为单用一种药物，解毒效果不佳。

13. 伊维菌素

【药理作用】新型的广谱、高效、低毒大环内酯类半合成的抗寄生虫药，对线虫和节肢动物有极佳疗效，但对吸虫、绦虫及原虫无效。本品抗虫作用机理独特，作用于线虫及节肢动物后，能增加抑制性递质 γ-氨基丁酸的释放，而 γ-氨基丁酸增强突触后膜的 Cl^- 通透性，阻断神经信号的传递从而引起抑制，使虫体麻痹、死亡，吸虫、绦虫没有 γ-氨基丁酸神经递质，因而对绦虫不产生驱虫作用。

【应用】本品于兽医临床应用极广泛。

1）牛、羊内服或皮下注射，对胃肠道内多种线虫，如血矛线虫、毛圆线虫、奥斯特线虫、古柏线虫、圆形线虫、仰口线虫等都有极高的驱杀效力；同样也可用于驱杀多种节肢动物，如蝇蛆（牛皮蝇、羊狂蝇及纹皮蝇）、螨（牛疥螨、羊痒螨）和虱（牛血虱和绵羊颚虱）等。牛、羊内服伊维菌素也能抑制粪便中蝇、蜱的繁殖力，使蝇的幼虫不能发育为成虫。

2）对猪具有广谱驱线虫作用。对猪蛔虫、食道口线虫、后圆线虫等成虫及幼虫有效，对猪血虱和猪疥螨等也有效。

3）对猫、犬蛔虫和犬心丝虫微丝蚴、犬钩口线虫等，以及猫和犬耳螨、疥螨、犬肺刺螨、犬蠕形螨都有疗效。

4）对家禽线虫（如鸡蛔虫）和寄生于家禽的节肢动物（如膝螨）都有效。

【注意事项】①肌内、静脉注射易引起中毒反应，注射剂仅限皮下注射。每个皮下注射点，不宜超过 10 mL。②柯利牧羊犬对本品异常敏感，禁用。③对虾、鱼及水生生物有剧毒，临床用药时不得污染水体。④用于食品动物时，应严格执行休药期。

14. 阿维菌素

阿维菌素对寄生虫的作用与伊维菌素基本相似，用于治疗畜禽的线虫病、螨病及蜱、蝇等寄生性昆虫病。但阿维菌素的毒性较伊维菌素稍强，敏感动物慎用。

15. 赛拉菌素

【药理作用】动物专用的大环内酯类抗寄生虫药。赛拉菌素对犬、猫体内（线虫）和体外（节肢昆虫）寄生虫均有杀灭活性。其作用机理与其他阿维菌素类药物相同。

【应用】赛拉菌素对犬蛔虫、钩虫、疥螨、跳蚤和虱均有很好的效果。无论对动物体表或者是动物垫料中的跳蚤成虫、幼虫甚至卵均有很好的杀灭作用，主要通过阻断跳蚤生活史而发挥作用。本品对心丝虫的成虫无效，但可减少微丝数量。对已经感染心丝虫成虫的动物，使用本品可防止感染的进一步发展。本品对犬耳疥的效果甚佳。赛拉菌素对猫的肠道钩虫（管形线虫）、蛔虫（猫弓首蛔虫）、耳螨有较好的效果。

16. 米尔贝肟（美贝霉素肟）

【药理作用】大环内酯类抗寄生虫药。米尔贝肟对某些节肢动物和线虫具有高度活性，是专用于犬的抗寄生虫药。

【应用】米尔贝肟对体内寄生虫（线虫）和体外寄生虫（蠕形螨）均有高效。对犬恶丝虫发育中的幼虫极敏感。目前本品已在澳大利亚、加拿大、意大利、日本、新西兰和美国上市，主要用于预防微丝蚴和肠道寄生虫（如犬弓首蛔虫、犬鞭虫和钩口线虫等）。本品虽对钩口线虫属钩虫有效，但对弯口属钩虫不理想。米尔贝肟是强有效的杀犬微丝蚴药物，对犬蠕形螨也极有效。

【注意事项】①不能与乙胺嗪合用，必要时至少应间隔30d。②米尔贝肟虽对犬毒性不大，安全范围较广，但长毛牧羊犬对本品仍与伊维菌素同样敏感。③本品治疗微丝蚴时，病犬常出现中枢神经抑制、流涎、咳嗽、呼吸急促和呕吐等症状。

17. 莫昔克丁（莫西菌素）

【药理作用】莫昔克丁是单一成分的大环内酯类抗生素，与其他多组分大环内酯类抗寄生虫药（如伊维菌素、阿维菌素、米尔贝肟）不同，且其维持抗虫活性的时间长于上述药物。莫昔克丁具有广谱驱虫活性，对犬、牛、绵羊、马的线虫和节肢动物寄生虫有高度驱除活性。

【应用】较低剂量的莫昔克丁对内寄生虫（线虫）和外寄生虫（节肢动物）均有高度驱除活性，主要用于反刍动物和马的大多数胃肠线虫和肺线虫，反刍动物的某些节肢动物寄生虫，以及犬恶丝虫发育中的幼虫。

【注意事项】莫昔克丁对动物较安全，尤其对伊维菌素敏感的柯利牧羊犬也较安全，但应用高剂量时，个别犬可能会出现嗜睡、呕吐、共济失调、厌食、腹泻等症状。

18. 多拉菌素

【药理作用】大环内酯类抗体内外寄生虫药，其主要作用和抗虫谱与伊维菌素相似，可用于治疗和控制体内外寄生虫：胃肠道线虫，如奥氏奥斯特线虫、竖琴奥斯特线虫、帕莱斯（氏）血矛线虫；肺线虫，如胎生网尾线虫、眼丝虫和心丝虫感染等；体外寄生虫，如牛皮蝇、蜱、蚤、虱、痒螨、疥螨感染等。其作用机理与伊维菌素相同，但抗虫活性较伊维菌素稍强，毒性较小。

【应用】用于防治牛、猪、犬、猫的体内外寄生虫病。

二、抗绦虫药

氯硝柳胺（灭绦灵）

【药理作用】本品是一种高效、低毒、使用安全的抗绦虫药。氯硝柳胺主要通过抑制虫体线粒体内的氧化磷酸化过程而干扰虫体的三羧酸循环，导致乳酸蓄积而发挥抗绦虫作用。本品抗绦虫谱广，对马的裸头绦虫、叶状裸头绦虫和侏儒副裸头绦虫有良好的驱除作用；对牛、羊的莫尼茨绦虫、无卵黄腺绦虫和条纹绦虫有效，对绦虫头节和体节作用相同；对犬、猫的犬腹孔绦虫、豆状带绦虫、泡状带绦虫和带状带绦虫有效，对犬细粒棘球绦虫作用差；对禽的赖利绦虫、漏斗带绦虫有驱杀作用；还具有杀灭钉螺及血吸虫尾蚴、毛蚴的作用。

【应用】用于畜禽绦虫病、反刍动物同盘吸虫感染，也可用于杀灭日本血吸虫的中间宿主钉螺及其螺卵和尾蚴，预防日本血吸虫的感染和传播。

【注意事项】①犬、猫对本品较敏感，2倍治疗量可使犬、猫出现暂时性下痢，4倍治疗量可使犬肝损害，肾小球出现渗出物。②对鱼类毒性强，易导致中毒致死。

三、抗吸虫药

1. 硝氯酚（拜耳-9015）

【药理作用】本品属高效、低毒的抗吸虫药，通过抑制虫体琥珀酸脱氢酶，从而影响片形吸虫的能量代谢而发挥抗吸虫作用。本品对牛、羊和猪的片形吸虫成虫具有高效杀灭作用，对各种前后盘吸虫移行期幼虫也有较好作用，但对发育未成熟的片形吸虫无治疗意义。

【应用】用于牛、羊肝片吸虫病。

【注意事项】①治疗量对动物比较安全，过量引起的中毒症状（如发热、呼吸困难、窒息）可根据症状选用尼可刹米、毒毛花苷 K、维生素 C 等对症治疗，但禁用钙剂静脉注射。②用药后 9d 内的乳禁止上市。

2. 碘醚柳胺

【药理作用】本品属抗吸虫药，主要对肝片吸虫和大片形吸虫的成虫具有杀灭作用。本品与血浆蛋白有较高的结合率，半衰期较长，故对未成熟虫体（8周龄、10周龄）和胆管内成虫有很高的活性，疗效可达 99% 以上。此外，本品对牛血矛线虫、仰口线虫成虫，羊的成虫和未成熟虫体，以及羊鼻蝇蛆的各期寄生幼虫均有效。

【应用】广泛用于治疗牛、羊的片形吸虫病。

【注意事项】泌乳期禁用。为彻底消除未成熟虫体，用药 3 周后，最好重复用药 1 次。

3. 三氯苯达唑（三氯苯咪唑）

【药理作用】本品为新型苯并咪唑类抗吸虫药，专用于抗片形吸虫，对各种日龄的肝片吸虫均有明显驱杀效果。对牛、绵羊、山羊等反刍动物的肝片吸虫，对牛大片形吸虫、鹿肝片吸虫、鹿大片形吸虫、马肝片吸虫等均有效。本品毒性小，治疗剂量对动物无不良反应，与左旋咪唑、甲噻嘧啶联合应用也安全有效。

【应用】用于治疗牛、羊肝片吸虫病。

4. 硫双二氯酚

【药理作用】本品内服后吸收较少，并由胆汁排泄，故在胆管和肠道有较高浓度，可用于胆管吸虫和肠道绦虫，对吸虫成虫及囊蚴均有明显杀灭作用，能使绦虫头节破坏溶解，但对华支睾吸虫病疗效差。本品对宿主的肠道具有拟胆碱样效应，因此有泻下作用。

【应用】用于治疗家畜肝片吸虫病、同盘吸虫病、姜片吸虫病和畜禽绦虫病。

【不良反应】治疗剂量可使犬呕吐，牛、马发生暂时性腹泻，但 2d 内可自愈。家禽较不敏感（鸭例外）。

【注意事项】①乙醇等能促进硫双二氯酚的吸收，可加强毒性反应，忌同时使用。②衰弱、下痢动物不宜使用。③为减轻不良反应，可减少剂量，连用 2~3 次。

5. 吡喹酮

【药理作用】本品具有广谱抗血吸虫和抗绦虫作用，对各种绦虫的成虫具有极高的活性，对幼虫也具有良好的活性。本品对羊的莫尼茨绦虫、球点斯泰绦虫和无卵黄腺绦虫有驱杀作用，对犬、猫、禽的各种绦虫均有高效。此外，本品对胰阔盘吸虫和矛形歧腔线虫有效，对牛和羊的细颈尾蚴和日本分体血吸虫也有很好的效果，对猪的细颈尾蚴有较好效果。

【应用】主要用于动物血吸虫病，也用于绦虫病和囊尾蚴病。

【不良反应】①高剂量时，牛偶见血清谷丙转氨酶轻度升高，部分牛会出现体温升高、肌肉震颤、臌气等。②犬内服后可引起厌食、呕吐或腹泻，但发生率少于5%；猫的不良反应很少见。③注射用药可使不良反应发生率增加，犬可见注射部位疼痛、嗜睡和步态蹒跚；有些猫可见腹泻、呕吐、衰弱、流涎、嗜睡、暂时厌食和注射部位疼痛。

【注意事项】4周龄以内犬和6周龄以内猫不推荐使用。

6. 硝碘酚腈

【药理作用】硝碘酚腈是国外传统使用的杀片形吸虫药，主要通过阻断虫体的氧化磷酸化作用，降低ATP浓度，减少细胞分裂所需能量而导致虫体死亡。给牛、羊内服硝碘酚腈后，硝碘酚腈可在瘤胃内降解而失去部分活性；注射给药吸收良好，杀虫效果更佳，吸收后药物排泄缓慢，随粪、尿排泄长达31d。

【应用】硝碘酚腈对牛肝片吸虫有良好效果，每千克体重10mg皮下注射，可使粪便虫卵转阴，并显著改善临床症状。本品对大片形吸虫也有100%疗效，但对肝片吸虫未成熟虫体效果较差，硝碘酚腈对羊肝片吸虫作用与牛相似，对猪肝片吸虫也有良好效果。按每千克体重10mg皮下注射，粪便虫卵检出率可全部转阴。

【注意事项】①本品安全范围较窄，过量常引起呼吸急促、体温升高，此时应保持动物安静，并静脉注射葡萄糖生理盐水。②注射液对局部组织有刺激性，犬的反应最为严重，除半数以上出现严重局部反应外，甚至引起肿疡。③本品排泄时，能使乳汁及尿液染黄，应注意垫料的及时更换；此外，药液也能使羊毛、毛发染黄，故注射时应防止药液泄漏。

第二节 抗原虫药

畜禽原虫病是由单细胞原生动物引起的一类寄生虫病。此类疾病以鸡、兔、牛和羊的球虫病危害最大，不仅流行广，而且可以造成大批畜禽死亡。此外，此类疾病还有锥虫病和梨形虫病。抗原虫药可分为抗球虫药、抗锥虫药和抗梨形虫药。

一、抗球虫药

抗球虫药可分为两大类：一类是聚醚类离子载体抗生素，另一类是化学合成抗球虫药。其中，聚醚类离子载体抗生素主要包括莫能菌素、盐霉素、甲基盐霉素（那拉菌素）、马度米星（马杜霉素）、拉沙洛西（拉沙洛菌素）和海南霉素；化学合成抗球虫药主要包括地克珠利、托曲珠利、二硝托胺（球痢灵）、尼卡巴嗪、氨丙啉、乙氧酰胺苯甲酯（乙帕巴酸酯）、盐酸氯苯胍、氯羟吡啶、常山酮、癸氧喹酯、磺胺喹噁啉和磺胺氯吡嗪钠。

临床使用抗球虫药物时，必须考虑如何完善地控制球虫病，将球虫病造成的损失降至最低；如何使用抗球虫药物推迟球虫产生耐药性，尽量延长有效抗球虫药物的临床使用寿命。因此，科学合理使用抗球虫药物需要遵循以下原则：①重视药物的预防作用；②合理选用不同作用峰期的药物；③采用轮换用药、穿梭用药或联合用药；④选择适当的给药方法；⑤使用合理的剂量且疗程充足；⑥注意配伍禁忌；⑦严格遵守休药期规定。

1. 地克珠利

【药理作用】三嗪类新型广谱抗球虫药，具有杀球虫作用，对球虫发育的各个阶段均有作用，是目前混饲浓度最低的一种抗球虫药。对鸡球虫、鸭球虫及兔球虫等均有良好的效果，尤其对鸡艾美耳球虫效果较好。作用峰期是在子孢子和第一代裂殖体的早期阶段。本品的缺点是长期用药易出现耐药性，故应穿梭用药或短期使用。

【应用】用于预防家禽、兔球虫病。

【注意事项】①药效期短，停药1d抗球虫作用明显减弱，停药2d后作用基本消失，因此必须连续用药以防球虫病再度暴发。②混饲浓度极低（1g/t），拌料必须充分混匀。

2. 托曲珠利

【药理作用】托曲珠利属三嗪酮类新型广谱抗球虫药。其杀球虫机理是干扰球虫细胞核分裂和线粒体，影响虫体的呼吸和代谢功能，并能使细胞内质网膨大，发生严重空泡化，从而使球虫死亡。其作用峰期是在球虫裂殖生殖和配子生殖阶段。本品对鸡堆型、布氏、巨型、和缓、毒害、柔嫩等艾美耳球虫、火鸡腺状艾美耳球虫、大艾美耳球虫、小艾美耳球虫均有杀灭作用，对其他抗球虫药耐药的虫株也很敏感。

【应用】用于治疗和预防鸡球虫病。对哺乳动物球虫、肉孢子虫和弓形虫也有效。

3. 莫能菌素

【药理作用】莫能菌素为单价聚醚类离子载体抗球虫药，具有广谱抗球虫作用。其杀球虫作用机理是通过干扰球虫细胞内 K^+、Na^+ 的正常渗透，使大量的 Na^+ 进入细胞内。为了平衡渗透压，大量的水分进入球虫细胞，引起肿胀而死亡。它对鸡的毒害、柔嫩、巨型、变位、堆型、布氏等艾美耳球虫均有很好的杀灭效果。对火鸡腺艾美耳球虫、鹌鹑的分散和莱泰艾美耳球虫、羔羊的雅氏和阿撒地艾美耳球虫也有效。莫能菌素的作用峰期是在球虫生活周期的最初 2d，对子孢子及第一代裂殖体都有抑制作用，在球虫感染后第 2 天用药效果最好。莫能菌素对肠道的产气荚膜梭菌也有较好抑制作用，可预防坏死性肠炎。此外，本品还能促进动物生长，提高饲料转化率，但现已禁止该用途使用。

【应用】用于预防鸡球虫病。

【注意事项】①不可与泰乐菌素、泰妙菌素、竹桃霉素等合用，否则有中毒危险。②10 周龄以上火鸡、珍珠鸡及鸟类对本品敏感，不宜应用。③产蛋鸡禁用；马属动物禁用。④工作人员搅拌饲料时，应防止本品与皮肤和眼睛接触。

4. 盐霉素

【药理作用】聚醚类离子载体抗球虫药，作用机理与莫能菌素相似。对鸡的毒害、柔嫩、巨型、和缓、堆型、布氏等艾美耳球虫均有作用，尤其对巨型及布氏艾美耳球虫效果最强。对鸡球虫的子孢子、第一代、第二代裂殖子均有明显作用。此外，盐霉素能促进动物生长，提高饲料转化率，但现已禁止该用途使用。

【应用】用于预防鸡球虫病。

【注意事项】①安全范围较窄，应严格控制混饲浓度。若浓度过大或使用时间过长，会引起鸡采食量下降、体重减轻、共济失调和腿无力。②禁与泰妙菌素合用，因后者能阻止盐霉素代谢而导致体重减轻，甚至死亡。③对成年火鸡、鸭和马属动物毒性大，禁用。④蛋鸡产蛋期禁用。

5. 甲基盐霉素（那拉菌素）

【药理作用】单价聚醚类离子载体抗球虫药。其抗球虫效应大致与盐霉素相当，对鸡的堆型、布氏、巨型、毒害等艾美耳球虫的抗球虫效果有显著差异。

【应用】用于预防鸡的球虫病。

【注意事项】①毒性较盐霉素更强，对鸡安全范围较窄，使用时必须准确计算用量。②甲基盐霉素对鱼类毒性较大，喂药鸡的粪及残留药物的用具，不可污染水源。③蛋鸡产蛋期禁用，马属动物禁用。④禁止与泰妙菌素、竹桃霉素合用。

6. 马度米星（马杜霉素）

【药理作用】单价聚醚类离子载体抗球虫药，抗球虫谱广，其活性较其他聚醚类抗生素强。本品对鸡的毒害、巨型、柔嫩、堆型、布氏、变位等艾美耳球虫有高效,而且也能有效控制对其他聚醚类抗球虫药具有耐药性的虫株。马度米星能干扰球虫生活史的早期阶段,即球虫发育的子孢子期和第一代裂殖体,不仅能抑制球虫生长,且能杀灭球虫。

【应用】主要用于预防鸡球虫病。

【注意事项】①蛋鸡产蛋期禁用。②毒性较大,仅用于鸡,禁用于其他动物。③高剂量(饲料添加浓度超过7mg/kg)可对鸡产生明显不良影响,甚至引起死亡。因此,勿随意加大使用浓度,且混料时必须充分搅拌均匀。④鸡喂马度米星后的粪便勿用作牛、羊等动物的饲料,否则可能会引起中毒,甚至死亡。⑤不可与泰乐菌素、泰妙菌素、竹桃霉素等合用,否则有中毒危险。

7. 拉沙洛西(拉沙洛菌素)

【药理作用】双价聚醚类离子载体抗生素,除用于鸡球虫病外,还可用于火鸡、羔羊和犊牛球虫病的防治。拉沙洛西的抗球虫机理与莫能菌素相似,通过捕获或释放双价阳离子(莫能菌素为单价阳离子)干扰球虫体内正常离子的平衡和转运。本品对球虫子孢子以及第一代、第二代无性周期的子孢子、裂殖子均有明显抑杀作用。

【应用】广谱高效抗球虫药,除对堆型艾美耳球虫作用稍差外,对鸡柔嫩、毒害、巨型、和缓等艾美耳球虫的抗球虫效应,甚至超过同类的莫能菌素和盐霉素。拉沙洛西在75~110mg/kg拌料浓度下能获得良好的增重率与饲料转化率。拉沙洛西是美国FDA准许用于绵羊球虫病的两种药物之一(另一种药物为磺胺喹噁啉)。绵羊按每天每头15~70mg剂量给药,能有效地预防绵羊艾美耳球虫病、类绵羊艾美耳球虫病、小艾美耳球虫病和错乱艾美耳球虫病。此外,拉沙洛西对水禽、火鸡、犊牛球虫病也有明显效果。与其他聚醚类抗生素的不同之处是,它可与包括泰妙菌素在内的其他促生长剂合用,且其增重效应优于单独用药。

【注意事项】①在应用上比莫能菌素、盐霉素安全,但马属动物仍极敏感,应避免接触。②在实际应用时为获得最佳疗效,应根据球虫的感染严重程度及时调整用药浓度。③拉沙洛西在75mg/kg拌料浓度时,能严重抑制宿主对球虫的免疫力产生,在应用过程中停药易暴发更严重的球虫病。④高剂量下能增加潮湿鸡舍中雏鸡的热应激反应,使死亡率升高。有时能使鸡体内水分的排泄明显增加,从而导致垫料潮湿。

8. 海南霉素

【药理作用】单价糖苷聚醚类离子载体抗生素,为我国独创的一种聚醚类抗球虫药。海南霉素的抗球虫作用机理和抗球虫作用均不太清楚。

【应用】对鸡柔嫩、毒害、巨型、堆型、和缓艾美耳球虫等有一定的抗球虫效果,其卵囊值、血便及病变值均优于盐霉素,但增重率低于盐霉素。单用抗球虫效果不佳,现已少用。

【注意事项】①本品是聚醚类抗生素中毒性最大的一种抗球虫药,治疗浓度即能明显影响增重。估计对人及其他动物的毒性更大(如小鼠LD_{50}仅为1.8mg/kg),在应用时需要加强防护措施,喂药后的鸡的鸡粪不能加工成饲料,更不能污染水源。②仅用于鸡,禁用于蛋鸡产蛋期及其他动物。③禁与其他抗球虫类药物合用。

9. 二硝托胺(球痢灵)

【药理作用】二硝托胺为硝基苯酰胺化合物,在兽医临床上曾广泛用于鸡球虫病的预防与治疗。本品主要作用于第一代裂殖体,同时对卵囊的子孢子形成有抑杀作用,不影响机体产生对球虫的免疫力。二硝托胺经内服吸收后在机体内代谢迅速,停药24h后鸡肉残留量即低于0.1mg/kg。

【应用】二硝托胺对鸡毒害、柔嫩、布氏、巨型艾美耳球虫等均有良好的防治效果，特别是对小肠致病性最强的毒害艾美耳球虫作用最佳，但本品对堆型艾美耳球虫作用稍差，对火鸡的小肠球虫病具有良好的防治效果，可长期连续用药至16周龄。二硝托胺可有效地预防家兔球虫病的暴发。

【注意事项】①粉末颗粒的大小是影响其抗球虫作用的主要因素，使用时应制成极微细粉末。②用于预防肉鸡球虫病时，必须连续应用，中断使用常致球虫病的复发。③可用于蛋鸡和肉用仔鸡，但是产蛋期禁用。

10. 尼卡巴嗪

【药理作用】尼卡巴嗪对鸡的多种艾美耳球虫（如柔嫩、脆弱、毒害、巨型、堆型、布氏等）均有良好的防治效果，主要对球虫的第二代裂殖体有效，其作用峰期是感染后第4天。推荐剂量不影响鸡免疫力，安全性较高，球虫对尼卡巴嗪的耐药性产生速度缓慢。

【应用】主要用于防治和治疗鸡和火鸡球虫病。

【注意事项】①夏天高温季节应慎用，否则会增加鸡的应激和鸡死亡率。②能使产蛋率、受精率及蛋品质量下降和棕色蛋壳色泽变浅，故蛋鸡产蛋期及种鸡禁用。

11. 氨丙啉

【药理作用】抗硫铵类广谱抗球虫药，可通过干扰球虫的维生素B_1（硫胺素）的代谢发挥抗球虫活性，对鸡的各种球虫均有作用，其中对柔嫩与堆型艾美耳球虫的作用最强，对毒害、布氏、巨型、和缓等艾美耳球虫的作用较弱，建议联合用药以增强其抗球虫药效。本品主要作用于球虫第一代裂殖体，阻止其形成裂殖子，作用峰期在感染后的第3天。此外，对球虫有性繁殖阶段和子孢子也有抑制作用。球虫对本品不易产生耐药性。

【应用】主要用于防治和治疗禽、牛和羊球虫病。

【注意事项】饲料中维生素B_1的含量在10mg/kg以上时与本品有明显的拮抗作用，抗球虫作用降低。因此，在用氨丙啉治疗时，应适当减少饲料中维生素B_1的用量。但本品使用剂量过大也易导致雏鸡维生素B_1缺乏症。

12. 乙氧酰胺苯甲酯（乙帕巴酸酯）

【药理作用】一般不单独使用，多数情况与氨丙啉等抗球虫药配成复方制剂使用，堪称抗球虫药的增效剂，类似磺胺药和抗菌增效剂（TMP、DVD）的关系。其对球虫的作用峰期在感染后第4天。

【应用】乙氧酰胺苯甲酯对鸡巨型、布氏艾美耳球虫及其他小肠球虫具有较强的抑制作用，可弥补氨丙啉对这些球虫作用不强的不足；而乙氧酰胺苯甲酯对柔嫩艾美耳球虫等缺乏活性，又为氨丙啉的有效活性所补偿，从而决定了本品不宜单用而多与氨丙啉合用的药理学基础。

【注意事项】很少单独应用，多与氨丙啉、磺胺喹噁啉等配成预混剂使用。

13. 盐酸氯苯胍

【药理作用】胍基衍生物，广泛用于禽、兔球虫病的防治。抗球虫作用机理是通过影响ATP，从而干扰球虫蛋白质代谢。氯苯胍对球虫的作用峰期主要在第一代裂殖体阶段，能阻止裂殖体形成裂殖子，还有人证实其对第二代裂殖体也有抑制作用，甚至还可抑制卵囊的发育。对机体的球虫免疫力无明显抑制作用。

【应用】氯苯胍对家禽柔嫩、毒害、布氏、巨型、堆型、和缓和早熟艾美耳球虫的单独或混合感染均有良好的防治效果，其中对柔嫩、堆型、巨型、布氏艾美耳球虫预防效果优于氯羟吡啶。已有试验证实，本品按 60mg/kg 浓度拌料使用对毒害、和缓艾美耳球虫的防治效果与氯羟吡啶（125mg/kg）相似。建议对急性球虫病的暴发以 60mg/kg 浓度拌料为宜。氯苯胍除对兔肠艾美耳球虫作用稍差外，对大多数兔艾美耳球虫（如中型艾美耳球虫、无残艾美耳球虫等）均有良好的防治效果。

【注意事项】①由于氯苯胍已被长期连续应用，临床上已引起严重的耐药性，对于是否使用、如何使用应进行合理的评价。②剂量过大可导致鸡肉、鸡肝甚至鸡蛋出现不良气味，在低于 30mg/kg 拌料浓度时则不会发生上述现象。因此，对急性暴发性球虫病，宜先用高剂量拌料浓度，1~3 周后再转用较低浓度维持为宜。③在应用时不宜停药过早，否则常导致球虫病的复发。④产蛋鸡禁用。

14. 氯羟吡啶

【药理作用】对鸡柔嫩、毒害、布氏、巨型、堆型、和缓和早熟等艾美耳球虫有效，特别是对柔嫩艾美耳球虫作用最强，对兔球虫也有一定的效果。氯羟吡啶对球虫的作用峰期是子孢子期，即感染后第 1 天，主要对其产生抑制作用。用药后 60d 内，子孢子在肠上皮细胞内不能发育。因此，必须在雏鸡感染球虫前或感染时给药，才能充分发挥抗球虫作用。

【应用】主要用于预防禽、兔球虫病。

【注意事项】适用于球虫病预防用药，无治疗意义。能抑制鸡对球虫产生免疫力，过早停药往往导致球虫病暴发。球虫对氯羟吡啶易产生耐药性。

15. 常山酮

【药理作用】对鸡的柔嫩、毒害、巨型、堆型、布氏等艾美耳球虫和火鸡的小艾美耳球虫、腺艾美耳球虫均有较强的抑制作用，对兔艾美耳球虫也有作用。常山酮对第一代、第二代裂殖体和子孢子均有杀灭作用，用药后能明显控制球虫病症状，并完全抑制虫卵排出，从而减少再感染的机会。其抗虫指数超过某些聚醚类抗球虫药，对其他药物耐药的球虫，使用本品仍然有效。

【应用】主要用于家禽球虫病。

【注意事项】①对珍珠鸡敏感，禁用；能抑制鹅、鸭生长，应慎用。②混料浓度达 6mg/kg 时可影响适口性，使鸡采食减少；9mg/kg 时大部分鸡拒食。药料应充分拌匀，否则影响疗效。③鱼及水生生物对常山酮极敏感，故喂药鸡的鸡粪及盛药容器切勿污染水源。④12 周龄以上火鸡、8 周龄以上雏鸡及蛋鸡产蛋期禁用。⑤禁与其他抗球虫药合用。

16. 癸氧喹酯

【药理作用】癸氧喹酯属喹啉类抗球虫药，主要作用是阻碍球虫子孢子的发育，作用峰期为球虫感染后的第 1 天。

【应用】主要用于预防鸡球虫病。

17. 磺胺喹噁啉

【药理作用】磺胺类药物中专用于治疗球虫病的药物，至今在临床上仍广泛使用。磺胺喹噁啉对鸡巨型、布氏、堆型艾美耳球虫等作用最强，但对毒害、柔嫩艾美耳球虫的作用较弱，需要较大剂量才有效果。抗球虫活性作用峰期是第二代裂殖体（一般为球虫感染后第 4 天），对第一代裂殖体也有一定作用。应用磺胺喹噁啉不会影响禽类对球虫的免疫力，由于本品还具有较强的抗菌作用，从而更好地加强了对球虫病的治疗效果。

【应用】临床上主要用于治疗鸡巨型、布氏和堆型艾美耳球虫感染，较高使用剂量对柔嫩、毒害艾美耳球虫感染也可取得较好效果。与氨丙啉或抗菌增效剂 DVD 联合应用，可扩大抗虫谱和增强抗球虫效应。本品对火鸡球虫病也具良好的防治效果（150~175mg/kg拌料浓度）。

治疗家兔球虫病可按250mg/kg拌料浓度连用30d；或按1000mg/kg拌料浓度连喂2周或按200mg/L饮水浓度连用3~4周，均能有效地控制兔的艾美耳球虫病；治疗水貂等孢球虫病，按240mg/L饮水浓度连续饮用，能有效地抑制卵囊的排出；对于羔羊球虫病，可用其钠盐配成250mg/L饮水浓度，连用2~5d；治疗牛的球虫病，可按0.1%拌料浓度，连用7~9d。

【注意事项】①对雏鸡有一定的毒性，较高给药剂量（如拌料浓度在0.1%以上）连用5d以上时，可引起与维生素K缺乏有关的出血与组织坏死现象，即使按推荐拌料浓度125mg/kg，连续使用8~10d，也可导致鸡红细胞和淋巴细胞减少。因此，治疗鸡球虫病时，连续喂饲不得超过5d。②磺胺药已引起细菌和球虫产生较严重的耐药性，磺胺喹噁啉与其他磺胺类药物之间存在交叉耐药性。本品宜与其他种类抗球虫药联合应用（如与氨丙啉或抗球虫增效剂DVD等）。③会导致产蛋率下降、蛋壳变薄等，因此，禁用于产蛋鸡。

18. 磺胺氯吡嗪钠

【药理作用】磺胺氯吡嗪为磺胺类专用抗球虫药，多在球虫暴发时短期应用。其抗球虫的作用峰期是球虫第二代裂殖体，对第一代裂殖体也有一定作用，但对球虫有性生殖阶段无效。其抗球虫作用机理同磺胺喹噁啉。本品内服后在消化道迅速吸收，3~4h达到血药浓度峰值，并迅速随尿排泄。

【应用】对家禽球虫病的作用特点与磺胺喹噁啉相似，但本品具有更强的抗菌作用，可治疗禽霍乱及禽伤寒等。在国外多用于球虫病暴发时治疗。应用本品不影响宿主对球虫的免疫力。对兔球虫病有效，按饲料浓度600g/t，连5~10d。对羔羊球虫病，可用3%磺胺氯吡嗪钠溶液按每千克体重1.2mL内服，连用3~5d。

【注意事项】①毒性较磺胺喹噁啉低，但长期应用仍可出现磺胺药中毒症状。肉鸡应用时，按推荐剂量一般只连用3d，最多不得超过5d。②与其他磺胺类药物一样，球虫已产生较严重耐药性，甚至交叉耐药性。在临床上一旦出现疗效不佳时，应及时更换其他类药物。③禁用于产蛋鸡以及16周龄以上鸡群。

二、抗锥虫药和抗梨形虫药

1. 三氮脒（贝尼尔）

【药理作用】本品对家畜的锥虫、梨形虫及无浆体（边虫、无形体）均有作用。对马巴贝斯虫、牛双芽巴贝斯虫、牛巴贝斯虫、柯契卡巴贝斯虫、羊巴贝斯虫等梨形虫效果显著，对牛环形泰勒虫、无浆体、马媾疫锥虫、水牛伊氏锥虫也有一定的治疗作用，但对其他梨形虫的预防效果不佳。对犬巴贝斯虫和吉氏巴贝斯虫引起的临床症状均有明显消除作用，但不能完全使虫体消失。

【应用】用于治疗家畜巴贝斯梨形虫病、泰勒梨形虫病、伊氏锥虫病和媾疫锥虫病。

【注意事项】①毒性大、安全范围较小。应用治疗量时，有时马、牛也会出现不安、起卧、频繁排尿、肌肉震颤等不良反应。②骆驼敏感，通常不用；马较敏感，忌用大剂量；水牛较黄牛敏感，连续应用时应慎重。大剂量应用可使奶牛产奶量减少。③水牛不宜连用，一次即可；其他动物必要时可连用，但须间隔24h，不得超过3次。④局部肌内注射有刺激性，可引起肿胀，应分点深层肌内注射。

2. 喹嘧胺（安锥赛）

【药理作用】喹嘧胺是常用的抗锥虫药，有甲基硫酸盐（甲硫喹嘧胺）和氯化物（喹嘧氯胺）两种。喹嘧胺对锥虫无直接溶解作用，而是影响虫体的代谢过程，使虫体生长繁殖抑制。体外试验证明，本品仅能阻碍锥虫的细胞分裂，但当剂量不足时虫体易产生耐药性。甲硫喹嘧胺易溶于水，经注射后吸收迅速，常用于治疗；而喹嘧氯胺难溶于水，注射后吸收缓慢，多用于预防。

【应用】喹嘧胺的抗锥虫谱较广，对伊氏锥虫、马媾疫锥虫、刚果锥虫、活跃锥虫作用明显，但对布氏锥虫作用较差。临床主用于防治马、牛、骆驼的伊氏锥虫和马媾疫锥虫感染。

本品主要为注射用剂。注射用喹嘧胺为 4 份喹嘧氯胺与 3 份甲硫喹嘧胺经混合而成的灭菌粉末。注射用喹嘧胺多在流行地区作为预防性用药，通常用药一次的有效预防期为：马 3 个月、骆驼 3~5 个月。

【注意事项】①具有一定的毒性作用，尤以马属动物最为敏感。通常在注射后 15~120min，动物出现兴奋不安、呼吸急促、肌肉震颤、心率加快、频排粪尿、腹痛、全身出汗等症状，一般可自行耐过，但严重者可致死。因此，在用药后必须注意观察，必要时可注射阿托品及其他支持与对症疗法。②严禁采用静脉注射。在皮下或肌内注射时，常见注射部位出现肿胀，甚至引起硬结，经 3~7d 可消退。当用量过大时，宜分点多次注射。

3. 青蒿琥酯

【药理作用】青蒿琥酯对红细胞内疟原虫裂殖体有强大杀灭作用，通常认为它作用于虫体的生物膜结构，干扰细胞膜与线粒体功能，从而阻断虫体对血红蛋白的摄取，最后膜破裂死亡。在人医临床上用作抗疟药。在兽医临床上建议试用于治疗牛、羊泰勒虫和双芽巴贝斯虫。青蒿琥酯在牛体内的药动学研究证实，消除半衰期为 0.5h，表观分布容积为 0.9~1.1L/kg，部分青蒿琥酯代谢为活性的双氢青蒿素代谢物。青蒿琥酯经单胃动物内服后，吸收迅速，广泛分布于各组织，并以胆汁浓度最高，肝脏、肾脏、肠次之，并可通过血-脑屏障及胎盘屏障。

【应用】可用于防治牛、羊泰勒虫和双芽巴贝斯虫感染。此外，还能杀灭红细胞内的配子体，减少细胞分裂及虫体代谢产物的致热原作用。

【注意事项】①对实验动物具有明显的胚胎毒作用，妊娠动物慎用。②反刍动物内服吸收较少，建议静脉注射给药。

4. 硫酸喹啉脲（阿卡普林）

【药理作用】对家畜的巴贝斯虫病有特效。对马巴贝斯虫、驽巴贝斯虫、牛双芽巴贝斯虫、牛巴贝斯虫、羊巴贝斯虫、猪巴贝斯虫、犬巴贝斯虫等均有良好的效果，一般于用药后 6~12h 出现药效，12~36h 体温下降，患病动物症状改善，外周血液内原虫消失。本品对牛早期的泰勒虫病有一些效果，但对无浆体效果较差。

【应用】主要用于家畜巴贝斯梨形虫病。

【注意事项】毒性较大，禁止静脉注射。肌内或皮下注射大剂量可发生血压骤降，导致休克死亡。治疗量可出现胆碱能神经兴奋的症状，如站立不安、流涎、出汗、肌肉震颤、疝痛、血压下降、脉搏加快、呼吸困难等副作用，一般持续 30~40min 逐渐消失。为减轻或防止副作用，可将总剂量分成 2~3 份，间隔几小时应用，也可在用药前注射小剂量硫酸阿托品或肾上腺素。

第三节 杀 虫 药

杀虫药指能杀灭节肢昆虫，主要是螨、蜱、虱、蚤、蝇、蚊等外寄生虫，从而防治由这些外寄生虫所引起的畜禽皮肤病的一类药物。控制外寄生虫感染的杀虫剂很多，国内目前应用的主要是有机磷类、拟除虫菊酯及双甲脒等。另外，阿维菌素类近年来也广泛用于驱除动物体表寄生虫。一般说来，所有杀虫药对哺乳动物都有一定的毒性，甚至按推荐剂量使用也会出现程度不同的不良反应。因此，在选用杀虫药时，尤应注意其安全性，不可直接将农药用作杀虫药；在产品质量上，要求较高的纯度和极少的杂质。在应用时，除严格掌握剂量、浓度和使用方法外，还需要加强动物的饲养管理，注意人、畜的防护，并妥善处理盛装过杀虫药的废弃物。

杀虫药的使用方式：①局部用药多用于个体杀虫，常采用局部涂擦、浇淋和撒布等，任何季节均可使用，且剂量无明确规定，但用药面积不宜过大，浓度不宜过高。油剂可经皮吸收，使用时应注意，避免吸收引起中毒。透皮剂（浇淋剂）含有促透剂，浇淋后经皮吸收转运至全身，也具有驱杀内寄生虫的作用，但也要注意避免吸收过量引起中毒。②全身用药多用于群体杀虫，一般采用喷雾、喷洒、药浴，适用于温暖季节。全身用药时应注意药液浓度和剂量，也要注意避免吸收过量引起中毒。杀虫药一般对虫卵无效，故需间隔一定时间重复用药。

一、有机磷化合物

有机磷化合物是传统的杀虫药，包括有机磷酸酯类和硫代有机磷酸酯类。有机磷杀虫药的作用特点是杀虫效力强、杀虫谱广、残效期短、对人、畜毒性一般较大。本类药物的作用机理是能与胆碱酯酶结合，使胆碱酯酶失去水解乙酰胆碱的活性，致使乙酰胆碱在虫体内蓄积，使昆虫神经系统过度兴奋，引起昆虫肢体震颤、痉挛、麻痹而死亡。由于乙酰胆碱也是畜禽的神经递质，所以用药过量也可使畜禽中毒。另外，一部分有机磷化合物具有潜在致畸作用。

由于有机磷化合物对人、畜毒性较大，因此有机磷杀虫剂用于杀灭畜禽体表寄生虫时应严格掌握用药浓度、使用范围、用药方法，以免造成人、畜中毒。如遇有中毒迹象，应立即采取抢救措施。中毒时宜选用阿托品或阿托品和胆碱酯酶复活剂进行解救。常用的有机磷杀虫药有蝇毒磷、倍硫磷、二嗪农、敌敌畏、辛硫磷、甲基吡啶磷、巴胺磷、马拉硫磷等。除蝇毒磷外，其他有机磷杀虫剂一般不适用于泌乳奶牛。

1. 二嗪农

【应用】主要用于驱杀寄生于家畜体表的螨、蜱、虱等。

【注意事项】①二嗪农对禽、猫及蜜蜂毒性较大，应慎用。②药浴时必须精确计量药液浓度，动物全身浸泡时间以1min为宜。为提高对猪疥癣病的治疗效果，可用软刷擦洗。③禁止与其他有机磷化合物和胆碱酯酶抑制剂合用。

2. 敌敌畏

【药理作用】本品为广谱杀虫、杀螨剂，具有触杀、胃毒和熏蒸作用。其触杀作用比敌百虫效果好，对害虫击倒力强而快，为高效、速效和广谱的杀虫剂。对畜禽的多种外寄生虫和马胃蝇、牛皮蝇、羊鼻蝇具有熏蒸、触杀和胃毒3种作用，其杀虫力比敌百虫强8~10倍，毒性也高于敌百虫。

【应用】①环境杀虫，杀虫效力强，杀虫速度快。②杀灭厩舍、家畜体表的寄生虫，如蜱、蚤、虱、蚊、蝇等。③驱杀马胃蝇蚴（对鼻胃蝇、肠胃蝇第一期蚴有100%杀灭作用，对东方胃蝇、鼻胃蝇、黑角胃蝇和肠胃蝇第二、第三期蚴也均有良好作用）及羊鼻蝇蚴（对第一期蝇蛆效果尤佳）。

【注意事项】①原液及乳油应避光密闭保存。稀水溶液易分解，宜现配现用，30℃时放置

18d可水解50%。②喷洒药液时应避免污染饮水、饲料、饲槽、用具及动物体表。③敌敌畏对人、畜毒性较大，易从消化道、呼吸道及皮肤等途径被吸收，引起中毒。动物出现中毒的主要表现及解救方法同敌百虫。④禽对本品敏感，应慎用。

3. 辛硫磷（肟硫磷、倍腈松或腈肟磷）

【**药理作用**】辛硫磷具有高效、低毒、杀虫谱广、击倒力强的特点，以触杀和胃毒作用为主，无内吸作用。对蚊、蝇、螨、虱的速杀作用仅次于敌敌畏和胺菊酯，强于马拉硫磷、倍硫磷等。对人、畜毒性较低，对蜜蜂有触杀和熏蒸毒性。水生生物最大耐受浓度：鲤和鳟鱼为0.1~1.0mg/L；金鱼为1~10mg/L。室内喷洒残效期长，可达3个月左右；但在室外，因药物对光不稳定，分解快，所以环境残留期短，残留危险小。

【**应用**】①驱除动物体表寄生虫，如羊螨、猪疥螨等。②杀灭环境中的蚊、蝇、蟑螂等。

【**注意事项**】对光敏感，应避光保存。室外应用残效期短。

4. 巴胺磷（胺丙畏、烯虫磷）

【**药理作用**】广谱有机磷杀虫剂，主要通过触杀、胃毒起作用，不仅能杀灭家畜体表寄生虫，如螨、蜱，还能杀灭卫生害虫蚊、蝇等。主要用于防治蟑螂、蝇、蚊等卫生害虫，也能防治家畜体外寄生螨类。20mg/L巴胺磷30min内可使螨虫麻痹，3.5h内全部死亡。羊在药浴（20mg/L巴胺磷）后，体表寄生虫一般于2d内全部死亡。

【**应用**】主要驱杀牛、羊、猪等家畜体表螨、蚊、蝇、虱等害虫。

【**注意事项**】①对严重感染的羊，药浴时最好人工辅助擦洗，数天后再药浴一次，效果更好。②对家禽、鱼类具有明显毒性。

5. 马拉硫磷

【**应用**】马拉硫磷主要用于治疗畜禽外寄生虫病，如杀灭牛皮蝇、牛虻、体虱、羊痒螨、猪疥螨等，也可用于杀灭蚊、蝇、虱、臭虫、蟑螂等卫生害虫。

【**注意事项**】①对眼睛、皮肤有刺激性；对蜜蜂有剧毒，对鱼类毒性也较大。②为增加其水溶液的稳定性和除去药物的臭味，在50%马拉硫磷溶液100 mL中加1 g过氧化苯甲酰，振荡至完全溶解，可获良好效果。③动物体表用马拉硫磷后数小时内应避免日光照射和风吹，必要时隔2~3周可再药浴或喷雾一次。

二、拟除虫菊酯类

除虫菊酯为菊科植物除虫菊的有效成分，具有杀灭各种昆虫的作用，击倒力甚强，对各种害虫有高效速杀作用，对人、畜无毒。拟除虫菊酯类的作用机理是作用于昆虫神经系统，通过特异性受体或溶解于膜内，选择性作用于膜上的钠离子通道，延迟离子通道的关闭，造成Na^+持续内流，引起过度兴奋，最后麻痹而死。由于除虫菊人工栽培产量有限，加之天然除虫菊酯性质不稳定，遇光、热易被氧化而失效，杀灭害虫力度不强，且不能彻底杀死。为此，人们在天然除虫菊酯结构基础上合成了一系列除虫菊酯的类似物，即拟除虫菊酯类药物。这类药物具有高效、速效及对人、畜毒性低且性质稳定，残效期较长等特点，但长期使用易产生耐药性。兽医临床使用的有氰戊菊酯、溴氰菊酯、氟氰胺菊酯和氟氯苯氰菊酯等。

1. 氰戊菊酯

【**应用**】用于驱杀畜禽体表寄生虫，如螨、虱、蜱、虻等；也用于杀灭环境、畜禽厩舍的有害昆虫，如蚊、蝇等。

【**注意事项**】①配制溶液时，水温以12℃为宜，如水温超过25℃会降低药效，水温超过

50℃时则药液失效。②避免使用碱性水,并忌与碱性药物合用,以防药液分解失效。③治疗畜禽外寄生虫病时,无论是喷淋、喷洒还是药浴,应保证畜禽的被毛、羽毛被药液充分湿透。④对蜜蜂、鱼虾、家蚕毒性强,使用时不能污染河流、池塘、桑园、养蜂场所。

2. 溴氰菊酯

【作用和应用】具有广谱、高效、残效期长、低残留特点,对虫体有胃毒和触杀作用,无内吸作用,广泛用于防治牛、羊体外寄生虫病。

【注意事项】①对人、畜毒性虽小,但对皮肤、黏膜、眼睛、呼吸道有较强的刺激性,特别对大面积皮肤病或组织损伤者影响更为严重,用时应注意防护。②对鱼类及其他冷血动物毒性较大,使用时切勿将残余药液倾入鱼塘。蜜蜂、家禽也较敏感。③遇碱宜分解,对塑料制品有腐蚀作用。

三、其他杀虫药

1. 双甲脒

【药理作用】双甲脒是接触性广谱杀虫剂,兼有胃毒和内吸作用,对各种螨、蜱、蝇、虱等均有效。其杀虫作用可能与干扰神经系统功能有关,使虫体兴奋性升高,口器部分失调,导致口器不能完全由动物皮肤拔出,同时还影响昆虫产卵功能及虫卵的发育能力。

【应用】主要用于杀螨,如疥螨、痒螨、蜂螨等;也用于杀灭蜱、虱等外寄生虫。

【注意事项】①对皮肤有刺激作用,使用时要防止药液沾污皮肤和眼睛。②对鱼有剧毒,勿使药液污染鱼塘、河流。③产奶山羊和水生食品动物禁用。

2. 升华硫(硫黄)

【药理作用】与皮肤及组织分泌物接触后,生成硫化氢、五硫磺酸等多化合物,具有杀灭细菌、真菌和疥螨的作用,并能去除油脂,软化表皮,溶解角质。

【应用】①治疗家畜疥螨、痒螨病。②用作蚕室、蚕具的消毒,防止僵蚕病,防治蜜蜂小蜂螨等。

【注意事项】①避免接触眼睛和其他黏膜(如口、鼻等)。②应密闭在阴凉处保存。③与汞制剂合用可引起化学反应,释放有臭味的硫化氢,有较强的刺激性,且能形成色素使皮肤变黑。

3. 环丙氨嗪

【药理作用】环丙氨嗪为昆虫生长调节剂,可抑制双翅目幼虫的蜕皮,特别是幼虫第一期蜕皮,使蝇蛆繁殖受阻,也可使蝇蛹不能蜕皮而死亡。鸡内服给药时不易吸收,可随粪便排泄发挥作用,即使在粪便中含药量极低也可彻底杀灭蝇蛆。

【应用】主要用于控制动物厩舍内蝇蛆的繁殖生长,杀灭粪池内蝇蛆,以保护环境卫生。

【注意事项】①饲喂浓度过高时对鸡可能产生一定的影响。饲料中药物浓度达 25mg/kg 时可使饲料消耗量增加,500mg/kg 以上时使饲料消耗量减少,1000mg/kg 以上长期饲喂可能因鸡采食量过少而死亡。②每公顷土地以用饲喂本品的鸡粪 1~2t 为宜,超过 9t 可能对植物生长不利。

4. 非泼罗尼

【药理作用】非泼罗尼通过受干扰 γ-氨基丁酸调控的氯离子通道,导致昆虫和蜱中枢神经系统混乱直至死亡。主要通过胃毒和触杀起作用,也具有一定的内吸作用。

【应用】兽医临床主要用于驱除犬、猫体表的跳蚤,犬蜱,以及其他体表害虫。

【注意事项】对人、畜有中等毒性,对鱼高毒,使用时应注意防止污染河流、湖泊、鱼塘。

第六章 外周神经系统药物

第一节 拟胆碱药

拟胆碱药能与胆碱能受体结合并激动受体，产生与乙酰胆碱相似的药理作用。根据受体选择性的不同，可分为作用于M和N受体的激动药（如氨甲酰胆碱）和主要作用于M受体的激动药（如氨甲酰甲胆碱、毛果芸香碱等）。此外，抑制胆碱酯酶活性的药物也能发挥乙酰胆碱样作用，如新斯的明等，故也称为拟胆碱药。

一、胆碱受体激动药

1. 氨甲酰胆碱

【药理作用】本品属于完全拟胆碱药，与乙酰胆碱相似，可直接兴奋M和N受体，发挥M样（毒蕈碱样）和N样（烟碱样）双重作用，无选择性，且本品不易被胆碱酯酶水解，在体液中较为稳定，作用强持久。

对胃肠、膀胱、子宫等平滑肌作用强，小剂量即可促进消化液分泌，加强胃肠收缩，促进内容物迅速排出，增强反刍动物瘤胃的反刍机能。阿托品可阻断本品上述兴奋效应。一般剂量对骨骼肌无明显影响。

【应用】用于家畜的胃肠弛缓、前胃弛缓，也可用于分娩后胎衣不下、子宫蓄脓、缓解眼内压等。由于本品是胃肠、子宫平滑肌的强兴奋药，使用时要严格控制剂量并注意观察。

【不良反应】大剂量可引起血压下降、呼吸困难、肌束震颤乃至麻痹。

【注意事项】①禁用于老年、瘦弱、妊娠、患心肺疾病及机械性肠梗阻等病的动物。②只可皮下注射，不可肌内注射和静脉注射。③中毒时可用阿托品解毒，但对N受体兴奋症状无法缓解。④为避免不良反应，可将一次剂量分2~3次皮下注射，每次间隔约30min。

2. 氨甲酰甲胆碱

【药理作用】本品直接兴奋M受体，发挥M样作用，增强食管蠕动和降低食道括约肌紧张性，增强胃和肠道的蠕动和张力，增加胃和胰腺的分泌，增加膀胱逼尿肌的张力和减少膀胱的容量，对心血管作用较弱。对胆碱酯酶较为稳定，不易被水解，故作用维持时间较长。

【应用】用于治疗非阻塞性膀胱积尿、膀胱非正常排空、胃肠弛缓、胎衣不下、子宫蓄脓等。

【注意事项】①禁用于膀胱颈或其他尿道闭塞、膀胱壁的完整性存在问题、甲状腺功能亢进症、消化性溃疡性疾病或存在其他炎性胃肠道损伤、刚做完胃肠道切除/吻合手术、胃肠道阻塞或腹膜炎、对此药过敏、癫痫、哮喘、冠状动脉疾病或闭塞、低血压、严重的心动过缓或迷走神经紧张或不稳定性的血管舒缩的病例。②不应与其他胆碱受体激动药或抗胆碱酯酶药联合应用；奎尼丁、普鲁卡因酰胺、肾上腺素或阿托品能拮抗氨甲酰甲胆碱的作用；氨甲酰甲胆碱与神经节阻断药物联合应用时能引起严重的胃肠道反应和低血压。

3. 毛果芸香碱

【药理作用】本品直接选择兴奋M受体，对胃肠平滑肌和多种腺体（唾液腺和胆碱能汗腺特别敏感，其次为泪腺、支气管腺、胃肠腺体、胰腺）有强烈的兴奋作用，对心血管系统及其他器官的影响较小，不引起心率减慢、血压下降；大剂量时也能出现 N 样作用及兴奋中枢神经系统。对眼部作用明显，可兴奋虹膜括约肌上的 M 受体，使虹膜括约肌收缩引起瞳孔缩小，还具有降低眼内压作用。

【应用】主要用于有胃肠弛缓、前胃弛缓、不完全阻塞性肠便秘等的动物。但本品作用比较温和，使用时应先行软化粪便，隔 30~60min 每次小量、皮下注射 20~40mg。1%~3% 毛果芸香碱（缩瞳药）与扩瞳药（1%~2% 阿托品）交替点眼可治疗虹膜炎，防止虹膜与晶状体粘连，还可治疗青光眼。

【不良反应】不良反应主要为流涎、呕吐和出汗等。

【注意事项】①禁用于老年、瘦弱、妊娠、心肺有疾病的动物。②对严重脱水的便秘动物能使脱水加剧（因能促进消化腺及汗腺大量分泌），用药前应补液，并灌服盐类泻药以软化粪便。③忌用于肠道完全阻塞性便秘，以防肠管剧烈收缩，导致肠破裂。④应用本品出现呼吸困难或肺水肿时，可注射氨茶碱扩张支气管，注射氯化钙制止渗出。⑤中毒时可用阿托品解救。

二、抗胆碱酯酶药

抗胆碱酯酶药是一类能抑制乙酰胆碱酯酶（AChE）或胆碱酯酶（ChE）活性，导致 ACh 在神经突触部位蓄积，从而延长与增加了 ACh 在体内的作用，表现出乙酰胆碱样的效应。抗胆碱酯酶药可分为易逆性抗胆碱酯酶药和难逆性抗胆碱酯酶药，前者主要有新斯的明，后者主要为有机磷酸酯类，具毒理学意义。

新斯的明

【药理作用】本品属胆碱酯酶抑制剂，能可逆性地抑制胆碱酯酶，使其不能水解乙酰胆碱，生理效应得到加强和延长，表现出乙酰胆碱的 M 样和 N 样作用。本品对胃肠、膀胱平滑肌作用较强，对心血管、腺体、支气管平滑肌作用较弱。因其还能直接激动骨骼肌运动终板上的 N 受体和促进运动神经末梢释放乙酰胆碱，故对骨骼肌的作用非常强。

【应用】用于治疗重症肌无力、胃肠道弛缓、子宫收缩无力和胎衣不下、腹气胀和尿潴留等；还可用于解救非去极化型肌松药（箭毒）中毒，1% 溶液用作缩瞳药。

【注意事项】机械性肠梗阻、胃肠完全阻塞或麻痹、痉挛疝动物及妊娠动物等禁止使用。用药过量中毒时，可用阿托品解救。

第二节　胆碱受体阻断药

胆碱受体阻断药又称抗胆碱药，是一类作用于节后胆碱能神经支配的效应细胞，阻断节后胆碱能神经兴奋效应的药物。依据作用的受体不同又分为 M 胆碱受体阻断药和 N 胆碱受体阻断药。前者主要有阿托品、东莨菪碱等，后者主要是 N_2 受体阻断药（骨骼肌松弛药），如琥珀胆碱、筒箭毒碱等。

1. 阿托品

【药理作用】本品为 M 胆碱受体阻断药，能与乙酰胆碱竞争 M 受体，阻断受体与乙酰胆碱或其他胆碱能激动药结合，产生竞争性抑制作用。对 M 受体选择性极高，当接近中毒剂量时也能阻断 N_1 受体。由于 M 受体分布广泛，因此阿托品的药理作用很广泛。

（1）平滑肌松弛作用　作用强度与平滑肌的机能状态有关。当平滑肌过度收缩或痉挛时，松弛作用极显著。阿托品对胃肠平滑肌解痉作用最强，对支气管平滑肌和输尿管平滑肌作用较弱，还可松弛虹膜括约肌和睫状肌，表现为散瞳、眼内压升高和调节麻痹。

（2）**抑制腺体分泌** 抑制唾液腺、汗腺、支气管腺、胃肠道腺体和泪腺等的分泌。小剂量能使唾液腺、支气管腺及汗腺（马除外）分泌减少，较大剂量可减少胃液分泌。但对胰腺、肠腺等分泌影响很小。

（3）**对心血管系统的影响** 治疗量对正常心血管系统无明显影响。大剂量能扩张外周及内脏器官血管，改善微循环；能提高窦房结的自律性，加快心率，促进房室传导，对抗因迷走神经过度兴奋所致的传导阻滞及心律失常。

（4）**中枢兴奋作用** 大剂量阿托品吸收后，可明显兴奋迷走神经中枢、呼吸中枢和大脑机能。中毒时引起大脑和脊髓的强烈兴奋，动物表现兴奋不安、运动亢进、肌肉震颤，随后动物由兴奋转为抑制、昏迷，最终可因呼吸麻痹而死亡。

【应用】①麻醉前给药，抑制腺体过多分泌及改善心脏活动。②缓解平滑肌痉挛，主要用于胃肠道及支气管平滑肌过度痉挛，也用作马疝痛的解痉药。③用作有机磷酸酯类中毒解毒药，可与胆碱酯酶复活剂配合应用。④0.5%~1%溶液用作散瞳，治疗虹膜炎、周期性眼炎及做眼底检查。

【不良反应】本品副作用与用药目的有关，其毒性作用往往是使用过大剂量所致。在麻醉前给药或治疗消化道疾病时，易致肠臌气、瘤胃臌气和便秘等。所有动物的中毒症状基本类似，即表现为口干、瞳孔扩大、脉搏快而弱、兴奋不安和肌肉震颤等，严重时则出现昏迷、呼吸浅表、运动麻痹等，最终可因惊厥、呼吸抑制及窒息而死亡。

【注意事项】①过量中毒解救时宜做对症治疗，可用拟胆碱药对抗其外周作用，中枢兴奋作用可用短效巴比妥类、水合氯醛对抗，呼吸抑制时可用尼可刹米。②应加强护理，如注意导尿、维护心脏功能等。③肠梗阻、尿潴留等动物禁用。

2. 东莨菪碱

【药理作用】本品为竞争性M受体拮抗剂，作用与阿托品相似，但扩大瞳孔和抑制腺体分泌作用较阿托品强，对心血管、支气管和胃肠道平滑肌的作用较弱。对中枢神经系统作用因动物种属不同而异。

【应用】用于解除胃肠道平滑肌痉挛，抑制腺体分泌过多，解救有机磷类药物中毒，抑制动物兴奋不安，麻醉前给药等。

【不良反应】①马属动物常出现中枢兴奋。②用药动物可出现胃肠蠕动减弱、腹胀、便秘、尿潴留或心动过速等不良反应。

【注意事项】心律失常或慢性支气管炎动物慎用。

第三节 肾上腺素受体激动药

肾上腺素受体激动药又称拟肾上腺素药，它能与肾上腺素受体结合，并激动受体，产生与肾上腺素相似的药理作用。根据受体选择性的不同，可分为同时作用于α和β肾上腺素受体激动药（如肾上腺素）、主要作用于α受体激动药（如去甲肾上腺素）和主要作用于β受体激动药（如异丙肾上腺素）3类。

1. 肾上腺素

【药理作用】本品可激动α与β受体，对β受体作用强于α受体。肾上腺素能使心肌收缩力加强，兴奋性升高，传导加速，心输出量增多。对不同部位的血管作用不同，如对皮肤、黏膜和内脏（如肾脏）的血管呈现收缩作用，对冠状动脉和骨骼肌血管呈现扩张作用等。因其可扩张冠状动脉血管，改善心脏供血，可用于强心。肾上腺素还可松弛支气管平滑肌及解除支气管平滑肌痉挛。利用其兴奋心脏、收缩血管及松弛支气管平滑肌等作用，可以缓解心跳微弱、血压下降、呼吸困难等症状。

【应用】用于麻醉过度、一氧化碳中毒、溺水等引起的动物心搏骤停的急救；治疗各种过敏反应，可用于过敏性休克等；与局部麻醉药如普鲁卡因等配伍，以延长其麻醉持续时间。

【不良反应】本品可诱发兴奋、不安、颤抖、呕吐、高血压（过量）、心律失常等。局部重复注射可引起注射部位组织坏死。

【注意事项】①本品与全身麻醉药（如水合氯醛）合用时，易发生心室颤动；不能与洋地黄、钙剂合用。②器质性心脏疾病、甲状腺机能亢进（甲状腺功能亢进）、外伤性及出血性休克等动物慎用。

2. 去甲肾上腺素

【药理作用】为 α_1、α_2 受体激动药，对 β_1 受体激动作用较弱，对 β_2 受体几乎无作用。

（1）血管　激动血管 α_1 受体，使血管特别是小动脉和小静脉收缩，以皮肤黏膜血管收缩最明显，其次是肾血管。对脑、肝脏、肠系膜甚至骨骼肌血管也都有收缩作用。此外，可使冠状动脉血流量增加。

（2）心脏　去甲肾上腺素对心脏 β_1 受体有一定的激动作用，可加强心肌收缩力、加速心率和加快传导，提高心肌的兴奋性，但对心脏的兴奋作用较肾上腺素弱。整体上，由于血压升高，反射性兴奋迷走神经反而使心率减慢。剂量过大、静脉注射过快时，可引起心律失常，但较肾上腺素少见。

（3）血压　去甲肾上腺素有较强的升压作用，可使外周血管收缩、心脏兴奋、收缩压和舒张压升高，脉压略加大。较大剂量时血管强烈收缩，外周阻力明显升高，使血压明显升高。

（4）其他　大剂量会引起血糖升高。其对中枢神经系统的作用也较弱。

【应用】用于动物外周循环衰竭休克时的早期急救。

【注意事项】①限用于动物休克早期的应急抢救，并在短时间内小剂量静脉滴注。若长期大剂量应用可导致血管持续地强烈收缩，反而加重组织缺血、缺氧，使休克的微循环障碍恶化。②静脉滴注时严防药液外漏，以免引起局部组织坏死。

3. 异丙肾上腺素

【药理作用】本品对 β_1 及 β_2 受体具有强烈兴奋作用，对 α 受体无作用。兴奋 β_1 受体，增加心肌收缩力，加快心率和传导作用，增加心输出量；扩张周围血管（骨骼肌），解除休克时小动脉痉挛，改善微循环；兴奋 β_2 受体，松弛支气管平滑肌。

【应用】主要用作平喘药，治疗急性支气管痉挛；也用于心搏骤停、完全性房室传导阻滞和休克的治疗，治疗休克时必须先补足血容量。

4. 多巴胺

【药理作用】本品为 α 和 β_1 受体激动剂。激动 β_1 受体发挥正性肌力作用；激动 α 受体，促进去甲肾上腺素释放，引起外周血管收缩。多巴胺还可直接作用于多巴胺 D_1 和 D_2 受体，选择性地引起内脏血管、冠状动脉和脑部血管舒张。高剂量时，可引起肾血管收缩而导致肾血流量减少。本品还可刺激大脑髓质的化学感受区而引起恶心、呕吐。

【应用】短期用于治疗心力衰竭和急性少尿性肾功能衰竭。

第四节　肾上腺素受体阻断药

肾上腺素受体阻断药又称抗肾上腺素药，能与肾上腺素受体结合，阻碍去甲肾上腺素能神经递质或肾上腺素受体激动药与肾上腺素受体结合，从而产生抗肾上腺素作用。依据与不同受体的结合情况，分为 α 受体阻断药（如酚妥拉明）和 β 受体阻断药（如普萘洛尔）两类。

1. 酚妥拉明

【药理作用】酚妥拉明与 α 受体的结合力弱，作用短暂，为短效 α 受体阻断药，对 α 受体选择性低，但对 α_1 受体的阻断作用弱于对 α_2 受体的作用。主要作用：①扩张血管，使血压下降，这与其对 α_1 受体的阻断作用和对血管的直接扩张作用有关。②兴奋心脏，使心脏收缩力增强，心率加快，心输出量增加，这与其阻断 α_2 受体和反射性兴奋交感神经有关。③拟胆碱作用，使胃肠平滑肌张力增加。

【应用】主要用于犬休克的治疗。

【注意事项】应用时须补充血容量，最好与去甲肾上腺素合用。

2. 普萘洛尔（心得安）

【药理作用】本品有较强的 β 受体阻断作用，但对 β_1 受体、β_2 受体的选择性低，可阻断心脏 β_1 受体，抑制心脏收缩力，减慢心率，减少循环血流量，降低血压；可阻断平滑肌 β_2 受体，使支气管和血管收缩。

【应用】主要用于抗心律失常，如犬心脏期前收缩。

第五节　局部麻醉药

局部麻醉药简称局麻药，是一类能在用药局部可逆性地阻断感觉神经发出的冲动与传导，使局部组织痛觉暂时丧失的药物。

局麻药的化学结构一般由亲脂性的芳香烷基、中间连接部分和亲水性的烷胺基3部分组成。亲脂性的芳香烷基有利于药物渗入神经组织发挥局麻作用；亲水性的烷胺基具有中等强度碱性，有利于制成水溶性盐酸盐；而中间连接部分以酯键或酰胺键结合成芳香酯类（如普鲁卡因、丁卡因）或酰胺类（如利多卡因）。

一、局麻作用、作用机理及麻醉方法

1. 局麻作用和作用机理

局麻药对任何神经都有抑制其兴奋、阻断传导的作用。本类药进入组织后，缓慢水解，释放游离碱基才发挥作用。当急性炎症时，组织中 pH 低，不利于游离碱释放，故局麻作用较弱。在局麻药的作用下，各种神经纤维麻醉的先后顺序为：自主神经、感觉神经、运动神经；各种感觉消失的先后顺序是：痛觉、嗅觉、味觉、冷热温觉、触觉、关节感觉和深部感觉，感觉恢复的顺序相反。

有关局麻药的作用机理，目前认为是阻断 Na^+ 内流，阻断动作电位的产生与传导。局麻药通过与神经细胞膜上的钠离子通道结合，阻断钠离子通道开放，Na^+ 无法进入膜内，膜内 K^+ 无法流出膜外，从而阻断神经冲动的传导，产生局部麻醉作用。

2. 局部麻醉方法

常用诱导局部麻醉的方式主要有表面麻醉、浸润麻醉、传导麻醉、硬膜外麻醉和封闭疗法。

(1) 表面麻醉　将穿透性强的局麻药滴于、涂布或喷雾在黏膜表面，使黏膜下的感觉神经麻醉，适用于眼、鼻、咽喉、尿道、气管等黏膜部位麻醉。

(2) 浸润麻醉　将局麻药注入皮下、皮内和肌层组织中，使用药部位的感觉神经麻醉，适用于各种浅表小手术。

(3) 传导麻醉　将局麻药注入神经干周围，使其支配的区域感觉丧失，阻断传导。

(4) 硬膜外麻醉　将局麻药注入硬膜外腔，阻断通过此孔的脊神经，使后躯麻醉。

(5) 封闭疗法　将局麻药注入患部周围或神经通路，阻断该部位的神经冲动向中枢传导。

二、常用局麻药

1. 普鲁卡因（奴佛卡因）

【药理作用】本品为短效酯类局麻药，对皮肤、黏膜穿透力差，故不适于表面麻醉。对组织刺激性小、毒性较低，适合浸润麻醉、传导麻醉、硬膜外麻醉和封闭疗法。本品具有扩张血管的作用，加入微量缩血管药物肾上腺素（用量一般为每100mL药液中加入0.1%盐酸肾上腺素0.2~0.5mL），可减少普鲁卡因吸收，延长局麻时间。

本品吸收入血主要影响中枢神经系统和心血管系统，小剂量对中枢神经系统轻微抑制，大剂量时则兴奋，并降低心脏的兴奋性和传导性。

【应用】本品广泛用于浸润麻醉、传导麻醉、脊髓麻醉和蛛网膜下腔麻醉，也可用于马痉挛疝时的解痉和镇痛。静脉注射可降低全身麻醉药对心脏的应激性。

【注意事项】①剂量过大易出现吸收作用，可引起中枢神经系统先兴奋后抑制的中毒症状，应进行对症治疗。马对本品比较敏感。②不能与磺胺类药物合用，因为其代谢产物对氨基苯甲酸可降低磺胺类药物的抗菌活性；也不能与洋地黄合用，其代谢产物二乙基氨基乙醇可增强洋地黄减慢心率、阻滞房室传导的作用。③也不宜与抗胆碱酯酶药、肌松药、氨茶碱、巴比妥类、硫酸镁等合用。

2. 利多卡因

【药理作用】本品属酰胺类中效局麻药。局麻作用较普鲁卡因强1~3倍，穿透力强、作用快、维持时间长（1~2h）。扩张血管作用不明显，其吸收作用表现为中枢神经抑制。此外，还能抑制心室自律性、缩短动作电位时程、延长有效不应期和相对不应期，故可用于治疗快速型心律失常。

【应用】用于表面麻醉、浸润麻醉、传导麻醉和硬膜外麻醉，还可用于治疗室性心律失常。兽医上常用利多卡因注射液，0.25%~0.5%溶液用于浸润麻醉，2%~5%溶液用于表面麻醉，2%溶液用于传导麻醉和硬膜外麻醉。本品治疗心律失常时必须静脉注射给药。

【注意事项】①用于硬膜外麻醉和静脉注射时，不可加肾上腺素。②剂量过大易出现吸收作用，可引起中枢抑制、共济失调、肌肉震颤等。

3. 丁卡因

【药理作用】本品为长效酯类局麻药，脂溶性高、组织穿透力强，局麻作用比普鲁卡因强10倍，麻醉维持时间长，可达3h左右。但潜伏期较长，需5~10min。毒性较普鲁卡因大，为其10~12倍。

【应用】0.5%~1%等渗溶液用于眼科表面麻醉，1%~2%溶液用于鼻、喉头喷雾或气管插管，0.1%~0.5%溶液用于泌尿道黏膜麻醉。

【不良反应】大剂量可致心脏传导系统抑制。

【注意事项】①因毒性大、作用出现慢，一般不用于浸润麻醉。②药液中宜加入 0.1% 盐酸肾上腺素（1∶100000）。

第七章 中枢神经系统药物

第一节 中枢兴奋药

中枢兴奋药是能选择性地兴奋中枢神经系统，提高其机能活动的一类药物。根据药物的主要作用部位可分为大脑兴奋药、延髓兴奋药和脊髓兴奋药 3 类。

（1）大脑兴奋药 能提高大脑皮层的兴奋性，促进脑细胞代谢，改善大脑机能，可引起动物觉醒、精神兴奋与运动亢进，如咖啡因。

（2）延髓兴奋药 又称呼吸兴奋药，主要兴奋延髓呼吸中枢，增加呼吸频率和呼吸深度，改善呼吸功能，如尼可刹米、戊四氮、樟脑等。

（3）脊髓兴奋药 能选择性地兴奋脊髓，小剂量提高脊髓反射兴奋性，大剂量导致强直性惊厥，如士的宁。

1. 咖啡因

【药理作用】咖啡因有兴奋中枢神经系统、兴奋心肌和松弛平滑肌等作用。小剂量即能提高大脑皮层对外界的感应性与反应能力，振奋动物精神。治疗量时，增强大脑皮层的兴奋过程，提高精神与感觉能力，减少疲劳，短暂地增加肌肉工作能力。较大剂量可兴奋延髓呼吸中枢和血管运动中枢，大剂量可兴奋包括脊髓在内的整个中枢神经系统，中毒量可引起强直或阵挛性惊厥，甚至死亡。咖啡因能直接作用于心脏和血管，使心肌收缩力增强、心率加快，使冠状血管、肾血管、肺血管和皮肤血管扩张。咖啡因还可松弛支气管平滑肌，但强度不如氨茶碱。

咖啡因兴奋中枢的作用机理是阻断腺苷受体，主要与竞争性拮抗 A_1 型嘌呤受体有关；其兴奋心肌、松弛平滑肌的作用机理主要是抑制细胞内磷酸二酯酶的活性，减少环磷酸腺苷被磷酸二酯酶分解，提高细胞内环磷酸腺苷的水平。与儿茶酚胺类合用有协同作用。

【应用】用于中枢抑制剂过量引起的呼吸、循环抑制，如可加速麻醉药的苏醒过程，解救镇静催眠药的过量中毒、急性严重感染、毒物中毒和过度劳役等引起的呼吸、循环衰竭等。与溴化物合用可调节大脑皮层的兴奋与抑制平衡。

【不良反应】剂量过大可引起反射亢进、肌肉抽搐乃至惊厥。

【注意事项】①大家畜心动过速（100 次 /min 以上）或心律不齐时禁用。②剂量过大或给药过频易发生中毒。中毒时可用溴化物、水合氯醛或巴比妥类药物对抗兴奋症状。

2. 尼可刹米（可拉明）

【药理作用】本品对延髓呼吸中枢具有选择性直接兴奋作用，也可作用于颈动脉窦和主动脉体化学感受器，反射性兴奋呼吸中枢，提高呼吸中枢对缺氧的敏感性，使呼吸加深加快。对大脑皮层、血管运动中枢和脊髓有较弱的兴奋作用，对其他器官无直接兴奋作用。

【应用】常用于各种原因引起的呼吸中枢抑制，如中枢抑制药中毒、疾病引起的中枢性呼吸抑制、一氧化碳中毒、溺水、新生仔畜窒息或加速麻醉动物的苏醒等。对吗啡中毒的解救效果优于对巴比妥类中毒的解救效果。

【不良反应】剂量过大可引起血压升高、出汗、心律失常、震颤及强直等。

【注意事项】①静脉注射速度不宜过快，宜间歇给药。②如出现惊厥，应及时静脉注射地西泮或小剂量硫喷妥钠。

3. 戊四氮

【药理作用】本品作用与尼可刹米相似，主要兴奋脑干，对大脑及脊髓也有兴奋作用。其作用比尼可刹米稍强。

【应用】主要用于解救呼吸中枢抑制。

【不良反应】本品选择性较差、安全范围小，过量易引起惊厥甚至呼吸麻痹。

【注意事项】①静脉注射本品时，速度应缓慢。②不宜用于普鲁卡因中毒的解救。

4. 士的宁（马钱子碱、番木鳖碱）

【药理作用】本品可选择性兴奋脊髓，增强脊髓反射的应激性，提高骨骼肌的紧张度，对大脑皮层也有一定的兴奋作用。中毒剂量对中枢神经系统的所有部位都有兴奋作用，使全身骨骼肌同时强制性收缩，出现典型的强直性惊厥。士的宁主要通过与甘氨酸受体结合，竞争性地阻断脊髓闰绍细胞释放的抑制性神经递质甘氨酸对神经元的抑制，从而引起脊髓兴奋效应。

【应用】临床使用小剂量治疗脊髓性不全麻痹，如后躯麻痹、膀胱麻痹、阴茎下垂等。

【不良反应】本品毒性大、安全范围小，过量易出现肌肉震颤、脊髓兴奋性惊厥、角弓反张等。

【注意事项】①排泄缓慢，长期应用易蓄积中毒，故使用时间不宜太长，反复给药应酌情减量。②因过量出现惊厥时应保持动物安静，避免外界刺激，并迅速肌内注射苯巴比妥钠或水合氯醛进行解救。③妊娠动物及有中枢神经系统兴奋症状的动物忌用。④肝肾功能不全、癫痫及破伤风动物禁用。

第二节 镇静催眠药和安定药

镇静催眠药和安定药在兽医临床使用的目的主要是消除动物躁动不安，用于化学保定以及全身麻醉药物的麻醉前给药。

镇静催眠药是一类抑制中枢神经系统功能，进而减弱机体的机能活动、消除躁动不安而起镇静催眠作用的药物。小剂量时引起安静或嗜睡的镇静作用，较大剂量时引起类似生理性睡眠的催眠作用，但不改变动物行为和基础体温，代表药物为水合氯醛、巴比妥类、苯二氮䓬类（BDZs）、α_2-受体激动剂等。安定药又称精神安定药，是指能消除异常兴奋、狂躁不安等，达到安稳的精神状态的一类药物。安定药能选择性地抑制不安和紧张状态等异常兴奋，用药后能使动物进入安静、嗜睡状态，代表性药物为吩噻嗪类、丁酰苯类等。

1. 地西泮（安定）

【药理作用】本品为长效苯二氮䓬类药物，具有镇静、催眠、抗惊厥、抗癫痫及中枢性肌肉松弛作用。小于镇静剂量的地西泮可明显缓解狂躁不安等症状，较大剂量时可产生镇静、中枢性肌肉松弛作用，能使兴奋不安的动物安静，使有攻击性、狂躁的动物变为驯服，易于接近和管理。本品具有较好的抗癫痫作用，对癫痫持续状态疗效显著，但对癫痫小发作效果较差；抗惊厥作用强，能对抗电惊厥、戊四氮与士的宁中毒引起的惊厥。

【作用机理】地西泮与苯二氮䓬类受体结合后，能增强中枢抑制性神经递质 γ-氨基丁酸和甘氨酸的活性，产生镇静和轻度镇痛、抗焦虑和肌肉松弛作用，并能改变动物行为，如抗焦虑和镇静（对健康动物影响较小）。

【应用】用于狂躁动物安静、保定、抗惊厥和抗癫痫，如治疗犬痫、伤风及士的宁中毒，防止水貂等野生动物攻击等；也可用于动物的基础麻醉及术前给药，如牛和猪麻醉前给药等。

【不良反应】①马在镇静剂量时，可引起肌肉震颤和共济失调。②猫可产生行为改变（兴奋、抑郁等），并可能引起肝损害。③犬可出现兴奋效应，不同个体可出现镇静或癫痫两种极端效应。

【注意事项】①所有食品动物禁止用其作为促生长剂。②肝肾功能障碍动物慎用，妊娠动物忌用。③与镇痛药（如哌替啶）合用时，应将后者的剂量减少 1/3。④静脉注射宜缓慢，以防止引起心血管和呼吸抑制。⑤对于犬并不是一种理想的镇静药。

2. 氯丙嗪（氯普马嗪、冬眠灵）

【药理作用】氯丙嗪为中枢多巴胺受体阻断药，具有多种药理活性，对中枢神经系统、自主神经系统、内分泌系统均有一定作用，还有抗休克作用。

（1）对中枢神经系统的作用　①镇静、催眠作用。氯丙嗪主要抑制大脑边缘系统和脑干网状结构上行激活系统，使动物对外界刺激的反应性降低，安静嗜睡。加大剂量不引起麻醉，可减弱动物的攻击性行为，使之驯服，易于接近。②镇吐作用。小剂量能抑制延髓催吐化学感受区，大剂量能直接抑制催吐中枢，表现出镇吐作用。③降温作用。能抑制下丘脑体温调节中枢，使体温显著降低。④强化中枢抑制药，如加强麻醉药、镇痛药与抗惊厥药的作用。

（2）对自主神经系统的作用　能明显阻断 α 受体，使肾上腺素的升压作用翻转，还能抑制血管运动中枢，直接舒张血管平滑肌，使血压下降。

（3）对内分泌系统的作用　能解除下丘脑神经递质多巴胺对催乳素的抑制作用，使动物催乳素分泌增加；可降低促肾上腺皮质激素释放因子在应激时的释放，抑制神经垂体的分泌。

（4）抗休克作用　因氯丙嗪可阻断外周 α 受体，直接扩张血管，解除小动脉和小静脉痉挛，可改善微循环，故有抗休克作用。

【应用】用于强化麻醉和使动物安静，如临床用于破伤风的辅助治疗、缓解脑炎的兴奋症状、驯服狂躁动物及消除攻击行为等。麻醉前给药能显著增强麻醉药效果，减少麻醉药的用量，减轻麻醉药的毒副反应。

【不良反应】①马用本品常兴奋不安，易发生意外，不建议使用。②过大剂量可使犬、猫等动物出现心律不齐，四肢与头部震颤，甚至四肢与躯干僵硬等不良反应。

【注意事项】①禁止用作食品动物的促生长剂。②过量引起的低血压禁用肾上腺素解救，但可选用去甲肾上腺素。③静脉注射前应进行稀释，注射速度宜慢。④不可与 pH 5.8 以上的药液配伍，如青霉素钠（钾）、戊巴比妥钠、苯巴比妥钠、苯妥英钠、氨茶碱、碳酸氢钠等。

第三节 抗惊厥药

抗惊厥药是指能对抗或缓解中枢神经因病变造成的过度兴奋状态，从而消除或缓解全身骨骼肌不自主强烈收缩的一类药物。常用药物有硫酸镁注射液、巴比妥类药、水合氯醛、地西泮等。

1. 硫酸镁注射液

【药理作用】硫酸镁注射给药主要发挥镁离子的作用。镁为动物机体必需元素之一，对神经冲动传导及神经肌肉应激性的维持均起重要作用，也是机体多种酶的辅助因子，参与蛋白质、脂肪和糖等许多物质的生化代谢过程。当血浆中镁离子浓度过低时，神经及肌肉组织的兴奋性升高。注射硫酸镁可使血中镁离子浓度升高，出现中枢神经抑制作用；镁离子拮抗钙离子的作用，可减少运动神经末梢乙酰胆碱的释放，在神经肌肉接头阻断神经冲动的传导而使骨骼肌松弛。此外，过量的镁离子还可直接松弛内脏平滑肌和扩张外周血管，使血压降低。故硫酸镁注射给药能产生较强的抗惊厥、解痉和降低血压的作用。

【应用】用于破伤风及其他痉挛性疾病，如缓解破伤风、脑炎、士的宁等中枢兴奋药中毒所致的惊厥等。

【注意事项】①静脉注射速度过快或过量可导致血镁过高，引起血压剧降，呼吸抑制，心动过缓，神经肌肉兴奋传导阻滞，甚至死亡，故静脉注射宜缓慢。若发生呼吸麻痹等中毒现象时，应立即静脉注射钙剂解救。②患肾功能不全、严重心血管疾病、呼吸系统疾病的动物慎用或不用。③与硫酸黏菌素、硫酸链霉素、葡萄糖酸钙、盐酸普鲁卡因、四环素、青霉素等药物存在配伍禁忌。

2. 苯巴比妥

【药理作用】本品为长效巴比妥类药物，其中枢抑制作用随剂量而异，具有镇静、催眠和抗惊厥作用。在低于催眠剂量时即有抗惊厥作用，也可抗癫痫。本品抗癫痫作用确实，对各种癫痫发作都有效。本品能提高癫痫发作阈值，减少病灶部位异常兴奋向周围神经元的扩散。对癫痫大发作及癫痫持续状态有良效，但对癫痫小发作疗效差，且单用本药治疗时还能使发作加重。本品对丘脑新皮层通路无抑制作用，故镇痛作用弱，但能增强解热镇痛药的镇痛作用。

【应用】用于缓解脑炎、破伤风等疾病及中枢兴奋药（如士的宁）中毒所致的惊厥，也可用于犬、猫的镇静和癫痫的治疗。

【不良反应】①本品是肝药酶（CYP450）诱导剂，与氨基比林、利多卡因、氢化可的松、地塞米松、睾酮、雌激素、孕激素、氯丙嗪、多西环素、洋地黄毒苷及保泰松合用时可使其代谢加速，疗效降低。②犬可能表现抑郁与躁动不安综合征，犬、猪有时出现运动失调。③猫对本品敏感，易致呼吸抑制。④超大剂量应用，可抑制延髓生命中枢，引起中毒死亡。

【注意事项】①肝肾功能不全、支气管哮喘或呼吸抑制动物禁用，严重贫血、在心脏疾患的动物及妊娠动物慎用。②中毒时可用安钠咖、戊四氮、尼可刹米等中枢兴奋药解救。③内服本品中毒的初期，可先用1：2000高锰酸钾洗胃，再以硫酸钠（忌用硫酸镁）导泻，并结合用碳酸氢钠碱化尿液以加速药物排泄。④与其他中枢抑制药（如全身麻醉药、抗组胺药、镇静药等）合用，则中枢抑制作用加强。

第四节　麻醉性镇痛药

临床上缓解疼痛的药物，按其作用机制、缓解疼痛的强度和临床用途可分为两类：一类是能选择性地作用于中枢神经系统，缓解疼痛作用较强，用于剧痛的一类药物，称镇痛药。另一类作用部位不在中枢神经系统，缓解疼痛作用较弱，多用于钝痛，同时还具有解热消炎作用，即解热镇痛抗炎药，临床多用于肌肉痛、关节痛、神经痛等慢性疼痛。

镇痛药可选择性地消除或缓解痛觉，减轻由疼痛引起的紧张、烦躁不安等，使疼痛易于耐受，但对其他感觉无影响并保持意识清醒。由于反复应用易成瘾，故又称麻醉性镇痛药或成瘾性镇痛药。此类药物多数属于阿片类生物碱，如吗啡、可待因等，也有一些是人工合成代用品，如哌替啶等。此类药物属于须依法管制的药物。

1. 吗啡

【药理作用】

（1）对中枢神经系统的作用　①镇痛：本品为阿片受体激动剂，可以与中枢不同部位的阿片受体结合，使传递痛觉的 P 物质减少，产生强大的中枢性镇痛作用。镇痛范围广，对各种痛觉都有效。②呼吸抑制：治疗量能抑制呼吸中枢，降低呼吸中枢对二氧化碳的敏感性，使呼吸频率减慢；过大剂量可致呼吸衰竭死亡。急性中毒常因呼吸中枢麻痹、呼吸停止而致死。③镇咳：能抑制咳嗽中枢，产生较强的镇咳作用。④其他。兴奋延脑催吐化学感受区，引起恶心、呕吐；还可使瞳孔缩小。

（2）对消化系统的作用　小剂量吗啡可使马、牛便秘；大剂量能使消化液分泌增多，蠕动加强。因能使平滑肌张力升高，故不能用于缓解平滑肌张力升高所致的疝痛。可引起犬便秘。

【不良反应】①可引起组胺释放、呼吸抑制、支气管收缩、中枢神经系统抑制。②引起胃肠道反应，包括呕吐、肠蠕动减弱、便秘（犬）。③引起体温过高（牛、羊、马和猫）或过低（犬、兔）等反应。④可引起猫强烈兴奋。

2. 哌替啶（度冷丁、杜冷丁）

【药理作用】本品是常用的人工合成的麻醉性镇痛药，也为阿片受体激动剂，可作为吗啡的良好代替品。

（1）对中枢神经系统的作用　①镇痛：其镇痛作用为吗啡的 1/10~1/8，维持时间也较短。哌替啶通过与中枢内的阿片受体特异性结合而产生镇痛作用。对大多数剧痛，如急性创伤、手术后及内脏疾病引起的疼痛均有效。②呼吸抑制：与吗啡等效剂量时，对呼吸有相同程度的抑制作用，但作用时间短。③对催吐化学感受区也有兴奋作用，易引起恶心、呕吐。

（2）对胃肠平滑肌的作用　对胃肠平滑肌有类似阿托品的作用，强度为阿托品的 1/20~1/10，能解除平滑肌痉挛。在消化道发生痉挛时可同时起镇静和解痉作用。

【应用】本品注射液用于缓解创伤性疼痛和某些内脏疾病的剧痛，也可用于犬、猫、猪等麻醉前给药。

【不良反应】①具有心血管抑制作用，易致血压下降。②可导致猫过度兴奋。③过量中毒可致呼吸抑制、惊厥、心动过速、瞳孔散大等。

【注意事项】①不宜用于妊娠动物、产科手术。②过量中毒时，除用纳洛酮对抗呼吸抑制外，须配合使用巴比妥类药物以对抗惊厥。③禁用于患有慢性阻塞性肺部疾病、支气管哮喘、肺源性心脏病和严重肝功能减退的动物。④对注射部位有较强刺激性。

第五节 全身麻醉药

全身麻醉药是指对中枢神经系统有广泛作用，导致意识、感觉及反射活动逐渐消失（特别是痛觉消失），以便于进行外科手术的一类药物。全身麻醉药又分为诱导麻醉药、吸入麻醉药与非吸入麻醉药。

一、诱导麻醉药

1. 硫喷妥钠

【药理作用】本品为超短时的巴比妥类药物。硫喷妥钠脂溶性高、亲脂性强，能通过血-脑屏障。静脉注射后随血流迅速进入脑组织中，因而作用迅速而强烈；随后又转移到体内各脂肪组织中，使脑内的药物浓度降低，因此本品作用时间短暂。一次静脉注射后迅速产生麻醉，数秒钟即奏效，无兴奋期，但维持麻醉时间很短，一次麻醉可维持20~30min。麻醉深度易调节，其麻醉深度和维持时间与静脉注射速度有关。

【应用】主要用于各种动物的诱导麻醉和基础麻醉。本品麻醉时镇痛效果差，肌肉松弛不完全。一般达到浅麻醉时，再改用较安全的麻醉药来维持。本品也可单独用于小手术的全身麻醉。临床上也用于中枢兴奋药中毒对抗解救及脑炎或破伤风引起的惊厥。

【不良反应】①猫注射后可出现窒息、轻度的动脉低血压。②马可出现兴奋和严重的运动失调（单独应用时）。此外，还可出现一过性白细胞减少，以及高血糖、窒息、心动过速和呼吸性酸中毒等。

【注意事项】①仅静脉注射给药，不可漏出血管外，否则易引起静脉周围组织炎症。不宜快速注射，否则将引起血管扩张和低血糖。②反刍动物麻醉前需注射阿托品，以减少腺体分泌。③患肝肾功能障碍、重病、衰弱、休克、腹部手术、支气管哮喘（可引起喉头痉挛、支气管水肿）等的动物禁用。④过量引起的呼吸与循环抑制，可用戊四氮等解救。

2. 丙泊酚（异丙酚）

【药理作用】本品为烷基酚类的短效静脉麻醉药。静脉注射给药后迅速分布于全身，十余秒内使动物进入麻醉状态，麻醉强度较硫喷妥强，起效迅速，持效时间短，苏醒快而完全。

【应用】兽医临床主要用于全身麻醉的诱导和维持，也可用于抗癫痫。本品可与镇痛药、肌松药及其他吸入麻醉药同用，适用于动物（猫、犬）门诊用药。

【注意事项】对呼吸有深度抑制作用，会导致呼吸暂停。用于诱导麻醉时，可能会出现轻度兴奋现象。镇痛作用差，不是良好的外科麻醉药。

二、吸入麻醉药

吸入麻醉药多为挥发性液体，如氟烷；少数为气体，如氧化亚氮。吸入麻醉药均可经呼吸道迅速进入体内而发挥麻醉作用。其麻醉深度多随脑中麻醉药的分压而变化。麻醉的诱导与苏醒的速度可通过调节吸入气体中的药物浓度加以控制。在吸入麻醉药中以异氟醚（异氟烷）较为安全，氟烷起效最快。

1. 麻醉乙醚

【药理作用】乙醚能广泛抑制中枢神经系统，随血药浓度的升高，抑制大脑皮层使各种感觉逐渐消失。麻醉浓度的乙醚对呼吸、血压几乎无影响，对心脏、肝脏和肾脏毒性小，安全范围广。

【应用】主要用于犬、猫等中小动物或实验动物的全身麻醉。

【不良反应】麻醉浓度的乙醚对呼吸道黏膜有刺激作用，可引起呼吸道分泌增多。

【注意事项】①极易燃烧爆炸，使用场合不可有开放火焰或电火花。②肝功能严重损害、急性上呼吸道感染动物忌用。

2. 氟烷

氟烷的麻醉强度比乙醚强，对黏膜无刺激性，麻醉诱导期短，不易引起唾液和支气管分泌液增多，不产生喉痉挛，也不易发生呕吐。通常用作外科手术时的吸入麻醉药。本品镇痛与肌肉松弛作用较差。麻醉诱导期与苏醒期较长。

3. 异氟醚（异氟烷）

本品对黏膜无刺激性，诱导麻醉比乙醚快。麻醉时肌肉松弛作用较强，但比乙醚弱。麻醉诱导期与苏醒期均较快。药物在体内较少分解，以原型从呼吸道呼出。本品在麻醉较深时对循环与呼吸系统均有抑制作用，但不易发生术后呕吐，故可用于各种手术的麻醉。

4. 七氟烷

【药理作用】本品作用同异氟醚。本品的麻醉诱导期短、平稳、舒适，麻醉深度易于控制，动物苏醒快，对心脏功能影响较小。快速麻醉诱导期和苏醒期后，此药的血/气分配系数很低（0.6），经面罩给药可快速进入诱导麻醉。在各种动物中报道的最低肺泡有效浓度（MAC，%）为：犬 2.09~2.4、猫 2.58、马 2.31、羊 3.3、猪 1.97~2.66、人（成年）1.71~2.05。

【应用】用于快速诱导和快速苏醒的吸入麻醉。

【注意事项】①禁用于曾有恶性体温过高病史，或易发生恶性体温过高的动物。②脑脊液增加、头部损伤或肾功能不全动物慎用。③注意在诱导阶段不要过量给药。④对于家兔，不是良好的吸入麻醉药。⑤可能出现剂量相关的低血压。⑥老龄动物要减少吸入麻醉剂量。

三、非吸入麻醉药

非吸入麻醉药主要由静脉注射给药，有操作简便、麻醉快、兴奋期短等优点。在兽医临床上应用最普遍。临床常用药物有戊巴比妥、异戊巴比妥、氯胺酮、水合氯醛等。

1. 戊巴比妥

【药理作用】本品为中效巴比妥类药物，具有镇静、催眠、麻醉、抗惊厥和抗癫痫作用，其作用具有高度选择性，无镇痛作用。作用机理为抑制脑干网状结构上行激活系统。

【应用】用作中小动物的全身麻醉药，还可用于各种动物的镇静药、基础麻醉药、抗惊厥药及中枢兴奋药中毒的解毒药。

【注意事项】麻醉剂量的戊巴比妥有明显的呼吸抑制。巴比妥类药物用于麻醉手术后再注射葡萄糖，可导致机体重新进入麻醉状态或休克而致死，这一现象称为"葡萄糖反应"。戊巴比妥麻醉过量或产生术后休克时，不宜静脉注射葡萄糖。

2. 异戊巴比妥

【药理作用】本品的作用与戊巴比妥相似。小剂量有镇静、催眠作用，随剂量增加能产生抗惊厥和麻醉作用。麻醉维持时间约为 30min。

【应用】用于中小动物的镇静、抗惊厥和麻醉。

【不良反应】在苏醒时有较强烈的兴奋现象。

【注意事项】①苏醒期较长，动物手术后在苏醒期应加强护理。②静脉注射不宜过快，否则可出现呼吸抑制或血压下降。③肝、肾、肺功能不全动物禁用。④中毒可用戊四氮等解救。

3. 氯胺酮

【药理作用】氯胺酮是一种作用迅速的全身麻醉药，具有明显的镇痛作用，对心肺功能几乎无影响。氯胺酮在抑制丘脑新皮层冲动传导的同时又能兴奋脑干和边缘系统，产生"分离"麻醉。麻醉期间，动物意识模糊，但各种反射，如咳嗽、吞咽、眨眼和缩肢反射依然存在；肌肉张力不变或增加，一些动物可出现程度不等的强直或"木僵样"症状。

【应用】用于马、猪、牛、羊和野生动物的化学保定、全身麻醉和基础麻醉。

【不良反应】①本品可使动物血压升高、唾液分泌增多、呼吸抑制和呕吐等。②高剂量可产生肌肉张力增加、惊厥、呼吸困难、痉挛、心搏暂停和苏醒期延长等。

【注意事项】①反刍动物应用时，麻醉前常需禁食12~24h，并给予小剂量阿托品抑制腺体分泌；常与赛拉嗪合用，可取得较好的麻醉效果。②马静脉注射应缓慢。③对咽喉或支气管的手术或操作，不宜单用本品，必须合用肌松药。④驴、骡及禽类不宜用本品。⑤妊娠后期动物禁用。

第六节　化学保定药

化学保定药也称制动药，这类药物在不影响意识和感觉的情况下可使动物情绪转为平静和温驯，嗜睡或肌肉松弛，从而停止抗拒和各种挣扎活动，以达到类似保定的目的。

一、α_2肾上腺素受体激动药

1. 赛拉嗪（隆朋）

【药理作用】本品为一种强效α_2肾上腺素受体激动药，具有明显的镇静、镇痛和肌肉松弛作用。尽管赛拉嗪的许多药理作用与吗啡相似，但不会引起猫、马和牛中枢兴奋，而是引起镇静和中枢抑制。对骨骼肌的松弛作用与其在中枢水平抑制神经冲动传导有关，肌内注射后常可诱导猫呕吐，犬也偶尔出现呕吐。

【应用】可用于各种动物的镇静和镇痛，达到化学保定效果；也可与某些麻醉药合用于外科手术。此外，有时也用于猫的催吐。

【不良反应】①犬、猫用药后常出现呕吐、肌肉震颤、心搏徐缓、呼吸频率下降等。另外，猫出现排尿增加。②反刍动物对本品敏感，用药后表现唾液分泌增多、瘤胃弛缓、臌胀、逆呕、腹泻、心搏徐缓和运动失调等，妊娠后期的牛会出现早产或流产。③马属动物用药后可出现肌肉震颤、心搏徐缓、呼吸频率下降、多汗，以及颅内压增加等。

【注意事项】①马静脉注射速度宜慢，给药前可先注射小剂量阿托品，以免发生心脏传导阻滞。②牛用本品前应禁食一定时间，并注射阿托品；手术时应采用伏卧姿势，并将头放低，以防异物性肺炎及减轻瘤胃臌胀时压迫心肺。妊娠后期牛不宜应用。③犬、猫用药后可引起呕吐。④有呼吸抑制、心脏病、肾功能不全等的动物慎用。⑤中毒时，可用α_2受体阻断药及阿托品等解救。

2. 赛拉唑（静松灵）

【药理作用】本品为我国合成的一种具有镇静、镇痛与中枢性肌肉松弛作用的化学保定药。作用与赛拉嗪基本相似。静脉注射后1min或肌内注射后10min显效。动物呈现镇静和嗜睡状态、站立不稳、肌肉松弛可持续1h左右。反刍动物中牛比较敏感。肌内注射后常可诱导猫呕吐，犬也偶尔出现呕吐。

【应用】【不良反应】【注意事项】参见赛拉嗪。

二、外周性骨骼肌松弛药

本类药物主要作用于神经肌肉接头，能与 N_2 胆碱受体结合，产生神经肌肉阻断作用，使骨骼肌松弛，故称骨骼肌松弛药（或神经肌肉阻断药）。外周性肌松药分去极化型（非竞争型）和非去极化型（竞争型）两种类型。去极化型肌松药（如琥珀胆碱）能与运动终板膜上的 N_2 胆碱受体相结合，在肌肉细胞膜产生与乙酰胆碱相似但较持久的去极化（除极化）作用，使骨骼肌松弛，抗胆碱酯酶药（新斯的明）不能阻断本类药物的肌肉松弛作用。非去极化型肌松药（如筒箭毒碱）能与运动终板膜上的 N_2 胆碱受体相结合，形成无活性的复合物，阻碍运动神经末梢释放的乙酰胆碱与 N_2 胆碱受体结合，因而不能产生去极化，致使骨骼肌松弛，抗胆碱酯酶药能阻断本类药物的肌肉松弛作用。

琥珀胆碱

【药理作用】本品为去极化型肌松药，能引起持久的去极化，防止复极化，使肌肉丧失对乙酰胆碱的反应性，导致肌肉麻痹、松弛。肌肉松弛的先后顺序为头部、颈部和眼部肌肉，然后为躯干和四肢肌肉，最后为肋间肌和膈肌。肌内注射本品后 2~3min 开始起效，维持 10~30min。肌肉松弛之前会出现短暂的肌束震颤。

【应用】①肌松性保定药，如用于梅花鹿、马鹿锯茸或野生动物断角时的保定，常采用肌内或皮下注射给药。也可用于猫、犬和马。②外科手术时用作肌松药。

【不良反应】①过量易引起呼吸肌麻痹。②使肌肉持久去极化而释放出钾离子，使血钾升高。③使唾液腺、支气管腺和胃腺的分泌增加。

【注意事项】①反刍动物对本品敏感，用药前应停食半天，以防影响呼吸或造成异物性肺炎，用药前可注射小剂量阿托品以抑制唾液腺和支气管腺的分泌。②用药过程中如发现呼吸抑制，应立即将舌拉出，输氧，同时静脉注射尼可刹米，但不可用新斯的明解救。③年老体弱、营养不良和妊娠动物忌用本品。④有机磷杀虫药能抑制胆碱酯酶活性，显著增加动物对本品的敏感性，用其驱虫期间避免使用琥珀胆碱。⑤不能与水合氯醛、氯丙嗪、普鲁卡因和氨基糖苷类抗生素合用。

第八章 解热镇痛抗炎药和皮质激素类药物

第一节 解热镇痛抗炎药

解热镇痛抗炎药是一类可以退热和缓解局部钝痛的药物，其中大多数还具备抗炎和抗风湿的作用。这类药物的抗炎机制与甾体类糖皮质激素不同，因此被称为非甾体类抗炎药。

尽管这类药物的化学结构各异，但它们共同的作用机制是抑制前列腺素的合成，即通过抑制中枢神经系统的前列腺素合成酶，减少前列腺素的生成，从而发挥解热作用，但不会降低正常的体温（与氯丙嗪和水合氯醛的降温效果不同）。此外，通过抑制外周前列腺素的合成发挥镇痛、抗炎和抗风湿作用。

环氧化酶（COX）有 COX-1 和 COX-2 两种亚型。COX-1 可在正常机体组织中存在，与机体的一些基本生理过程如血小板凝聚、胃黏膜保护、肾灌注有关，而COX-2主要在炎性组织中存在。非甾体类抗炎药产生的胃肠道及血液系统等不良反应与抑制COX-1的活性有关，故选择性抑制COX-2的解热镇痛抗炎药的胃肠道不良反应较轻。

1. 阿司匹林（乙酰水杨酸）

【药理作用】本品既抑制环氧化酶，又抑制血栓烷合成酶和肾素的生成。解热、镇痛效果较好，抗炎、抗风湿作用强。本品还可抑制抗体产生及抗原抗体结合反应，阻止炎性渗出，对急性风湿症有效。本品能抑制血小板凝集，防止血栓的形成。较大剂量时还可抑制肾小管对尿酸的重吸收，增加尿酸排泄，故有抗痛风作用。

【应用】主要用于发热、风湿症、肌肉和关节疼痛、软组织炎症和痛风症的治疗。

【不良反应】①能抑制凝血酶原合成，连续长期应用可发生出血倾向。②对胃肠道有刺激作用，剂量较大时易导致食欲不振、恶心、呕吐乃至消化道出血，长期使用可引起胃肠溃疡。③猫因缺乏葡萄糖苷酸转移酶，对本品代谢很慢，容易造成药物蓄积，故对猫的毒性大。

【注意事项】①患胃炎、胃溃疡动物慎用，与碳酸钙同服可减少对胃的刺激。不宜空腹投药。发生出血倾向时，可用维生素K防治。②用于解热时，动物应多饮水，以利于排汗和降温，否则会因出汗过多而造成水和电解质平衡失调或昏迷。③老龄动物、体弱或体温过高的动物，解热时宜用小剂量，以免大量出汗。④动物发生中毒时，可采取洗胃、导泻、内服碳酸氢钠及静脉注射5%葡萄糖和0.9%氯化钠等解救。

2. 卡巴匹林钙

【药理作用】本品为阿司匹林钙与尿素络合的盐。猪、鸡内服卡巴匹林钙后，水解为阿司匹林，阿司匹林吸收快，主要经肝代谢，在体内迅速降解为水杨酸。本品主要通过阿司匹林发挥解热、镇痛和抗炎作用。

【应用】用于猪、鸡的发热和缓解疼痛。

【注意事项】①不得与其他水杨酸类解热镇痛药合用。②糖皮质激素能刺激胃酸分泌、降低胃及十二指肠黏膜对胃酸的抵抗力，与本品合用可使胃肠出血加剧。与碱性药物合用，使疗效降低，一般不宜合用。

3. 对乙酰氨基酚（扑热息痛）

【药理作用】本品具有解热、镇痛作用。其抑制丘脑下部前列腺素合成与释放的作用较强，抑制外周前列腺素合成与释放的作用较弱。解热作用类似阿司匹林，但镇痛作用较差，几乎无抗炎、抗风湿作用。对血小板及凝血机制无影响。

【应用】主要作为中小动物的解热镇痛药，用于发热、肌肉痛、关节痛的治疗。

【不良反应】其代谢物亚氨基醌在体内能氧化血红蛋白使其失去携氧能力，可造成组织缺氧、发绀、红细胞溶解、黄疸和肝损害等不良反应。治疗量的不良反应较少，偶见发绀、厌食和呕吐等；大剂量可引起肝、肾损害，在给药后12h内使用乙酰半胱氨酸或蛋氨酸可以预防肝损害。

【注意事项】①猫禁用，因给药后可引起严重的急性肝损害。②肝、肾功能不全的动物及幼龄动物慎用。

4. 安乃近

【药理作用】本品内服吸收迅速，作用较快，药效维持3~4h。解热作用较显著，镇痛作用也较强，并有一定的消炎和抗风湿作用。对胃肠运动无明显影响。

【应用】用于动物肌肉痛、疝痛、风湿症及发热性疾病等。

【不良反应】长期应用可引起粒细胞减少。

【注意事项】①可抑制凝血酶原的合成,加重出血倾向。②不宜于穴位注射,尤其不适于关节部位注射,否则可能引起肌肉萎缩和关节机能障碍。

5. 安替比林

【药理作用】本品解热作用迅速,但维持时间较短,并有一定的镇痛、抗炎作用。

【应用】可作为中、小动物的解热镇痛药,很少单独应用,只在复方制剂(安痛定注射液)中作为组方中的一种成分。

【不良反应】剂量过大或长期应用,可引起虚脱、高铁血红蛋白血症、缺氧、发绀、粒细胞减少症等。

6. 氨基比林

【药理作用】本品解热作用强而持久,为安替比林的3~4倍,也强于对乙酰氨基酚,还有抗风湿和抗炎作用,可治疗急性风湿性关节炎,疗效与水杨酸类相近。

【应用】用于肌肉痛、风湿症、发热性疾病及疝痛的治疗等。如用于马、牛、犬等动物的解热和抗风湿,也可用于马和骡的疝痛,但镇痛效果较差。

【注意事项】长期应用可引起粒性白细胞减少症,应定期检查血象。

7. 萘普生

【药理作用】本品抗炎作用明显,也有镇痛和解热作用。对前列腺素合成酶的抑制作用为阿司匹林的20倍。对类风湿性关节炎、骨关节炎、强直性脊椎炎、痛风、运动系统(如关节、肌肉及腱)的慢性疾病以及轻中度疼痛,均有肯定疗效,药效比保泰松强。

【应用】用于肌炎、软组织炎疼痛所致的跛行和关节炎等。

【不良反应】①能明显抑制白细胞游走,对血小板黏着和聚集也有抑制作用,可延长凝血时间。②副作用较阿司匹林、吲哚美辛、保泰松轻,但仍有胃肠道反应,如溃疡甚至出血,犬较敏感,特敏感犬可引起肾炎。③偶致黄疸和血管性水肿。长期应用应注意肾功能损害。

【注意事项】①犬对本品敏感,可见溃疡出血或肾损害,应慎用。②消化道溃疡动物忌用。

8. 氟尼辛葡甲胺

【药理作用】本品为新型的动物专用解热镇痛抗炎药,具有解热、镇痛、抗炎和抗风湿作用,是一种强效环氧化酶抑制剂。镇痛作用是通过抑制外周的前列腺素或其他痛觉增敏物质的合成,从而阻断痛觉冲动传导所致。外周组织的抗炎作用可能是通过抑制环氧化酶、减少前列腺素前体物质形成,以及抑制其他介质引起局部炎症反应实现。

【应用】用于家畜及小动物的发热性、炎性疾病,肌肉痛和软组织痛等。

【不良反应】①大剂量或长期使用,马可发生胃肠溃疡。②牛连用超过3d,可能会出现血便和血尿。③犬的主要不良反应为呕吐和腹泻。④与非甾体类抗炎药合用会加重胃肠道反应,如溃疡、出血等。

【注意事项】①不得用于胃肠溃疡、胃肠道及其他组织出血、对氟尼辛葡甲胺过敏、心血管疾病、肝肾功能紊乱及脱水的动物。②勿与其他非甾体类抗炎药同时使用。

9. 美洛昔康

【药理作用】本品为COX-2的选择性抑制剂,对COX-1的抑制作用较轻,对胃肠道或肾的不良反应较轻,具有较好的抗炎镇痛作用。

【应用】用于缓解犬由急、慢性骨骼-肌肉疾病引起的炎症和疼痛。

【不良反应】食欲不振、呕吐、腹泻。这些不良反应通常是暂时性的，极少数引起死亡。

【注意事项】①妊娠期、泌乳期或不足6周龄的犬不推荐使用。②禁用于对本品过敏的犬。③存在肾毒性的潜在风险，慎用于脱水、血容量减少或低血压的动物。④禁用于胃肠道溃疡或出血、心血管疾病、肝肾功能紊乱及出血异常的动物。⑤禁与糖皮质激素、其他非甾体类抗炎药或抗凝血剂合用。

10. 替泊沙林

【药理作用】本品为环氧化酶和脂氧化酶抑制剂，双重阻断花生四烯酸代谢，抑制前列腺素和白三烯合成。抗炎作用明显，也有镇痛作用。

【应用】用于控制犬肌肉骨髓病所致的疼痛和炎症。

【不良反应】老年或敏感犬偶见呕吐、稀便或腹泻、血便，食欲不振或嗜睡。

【注意事项】①连续使用不得超过4周。②对于不到6月龄、体重3kg以下幼犬或老龄犬，应密切监视胃肠血液损失，如果发生不良反应立即停止用药。③禁用于有心脏、肝脏、肾脏疾病及胃肠溃疡、出血或对本品极度敏感的犬。④因有导致肾毒性增加的危险，禁用于脱水、低血容量犬。⑤禁止与其他非甾体类抗炎药或糖皮质激素合用，可增加胃肠道毒性。⑥与利尿药呋塞米联用可降低利尿效果。

11. 卡洛芬

【药理作用】本品为丙酸衍生的非甾体类抗炎药，和其他非甾体类抗炎药一样，卡洛芬通过抑制环氧化酶和磷脂酶 A_2，进而阻断前列腺素的合成，发挥止痛、消炎和解热作用。卡洛芬主要通过葡萄糖醛酸化和氧化在肝脏中代谢，70%~80%的代谢产物从粪便中排出，10%~20%随尿液排出，存在肝肠再循环现象。

【应用】卡洛芬适用于减轻犬的疼痛和炎症。在欧洲，单次剂量的卡洛芬已经注册，可用于猫，但有报道多于单次剂量给药会引起一些副作用如呕吐等。

【注意事项】①禁用于有出血障碍和对其（或其他）丙酸类非甾体类抗炎药有严重反应史的犬。②慎用于老年或有慢性疾病（如肠炎、肾或肝功能衰退）动物。③不满6周龄犬、妊娠犬、种犬或泌乳犬慎用。④卡洛芬避免与其他易引起溃疡的药物（如糖皮质激素或其他非甾体类抗炎药）合用。卡洛芬与阿司匹林合用时，卡洛芬的血浆浓度会下降，并增加出现胃肠道不良反应（失血）的可能性。⑤丙磺舒可引起卡洛芬的血浆浓度和半衰期明显增加。⑥当与非甾体类抗炎药和甲氨蝶呤合用时会出现严重的毒性。⑦卡洛芬可降低呋塞米的排盐和利尿效应，并且增加地高辛的血浆浓度，慎用于患有严重心力衰竭的动物。⑧卡洛芬可降低犬体内甲状腺素（T_4）和促甲状腺素（TSH）的总浓度，但不影响游离甲状腺素的浓度。

12. 托芬那酸

【药理作用】本品为非甾体类抗炎药，具有抗炎、抗渗出和止痛的作用，同时还具有解热作用。托芬那酸的作用机理与其他非甾体抗炎药一样，通过抑制环氧化酶，进而阻断前列腺素合成而发挥其解热镇痛抗炎作用。

【应用】用于治疗犬的骨骼-关节和肌肉-骨骼系统疾病引起的炎症和疼痛，用于猫发热综合征。

【不良反应】可能出现厌食、呕吐、腹泻和便血。治疗过程中呕吐和腹泻现象极少发生，动物仅伴有渴感和多尿表现，可自行恢复。

【注意事项】①患有心脏病或肝脏疾病的动物可能引起胃肠道溃疡或出血等，勿使用本品；对本品过敏的动物勿使用本品。②勿超剂量使用或延长使用时间，给药后的止痛效果可能会因疼痛的严重程度和给药持续时间不同而受到影响。③勿在 24h 内与其他非甾体类抗炎药同时使用。在治疗细菌感染的并发类炎症时，与抗菌药物联合使用可增强疗效。④用于 6 周龄以下动物或老年动物，可能会有风险，必需使用时则需降低本品的使用剂量并加以临床观察。⑤妊娠动物慎用。⑥用于猫时不可使用肌内注射。⑦全身麻醉动物勿使用本品。

13. 维他昔布

【药理作用】本品为 COX-2 选择性抑制剂，可选择性抑制 COX-2，进而阻断花生四烯酸合成前列腺素。犬体外全血试验结果表明，维他昔布对 COX-2 活性抑制的 IC_{50}（半抑制浓度）为 $0.34\mu g/mL$，对 COX-1 活性抑制的 IC_{50} 为 $19.40\mu g/mL$，IC_{50}（COX-1）与 IC_{50}（COX-2）比值为 57，故对 COX-2 具有选择性抑制作用。在治疗浓度下，维他昔布对 COX-1 无抑制作用，因此，胃肠道不良反应发生率明显减少。

【应用】用于治疗犬、猫围手术期及临床手术等引起的炎症和疼痛。

【注意事项】①对维他昔布有过敏史的动物禁用。②由于非甾体类抗炎药具有潜在发生胃溃疡和（或）穿孔的风险，因此在使用本品时应当避免使用其他抗炎类药物，如非甾体类抗炎药或糖皮质激素类药。③患有胃肠道出血、血液病或其他出血性疾病的犬、猫禁用。④如果患病犬、猫之前对非甾体类抗炎药不耐受，应在兽医的严格监测下使用本品。如果观察到下列症状应停止用药：反复腹泻、呕吐、粪便隐血、体重突然下降、厌食、嗜睡、肾或肝功能减退。⑤繁殖、妊娠或泌乳雌犬、猫，幼犬（10 周龄以下或体重小于 4kg 的犬）、幼猫（6 周龄以下或体重小于 2kg 的猫），或疑似和确诊有心脏、肾或肝功能损害的犬、猫，应在兽医的指导下使用。⑥宠物主人应该警惕诸如厌食、精神沉郁、无力等症状和体征，当有上述任何症状或体征发生后应该马上寻求兽医帮助。

第二节 糖皮质激素类药物

一、概述

糖皮质激素是一种由肾上腺皮质分泌的激素，属于甾体类化合物。肾上腺皮质激素总体上可分为 3 类。①盐皮质激素：由肾上腺皮质的球状带分泌，包括醛固酮和去氧皮质酮等。②糖皮质激素：由束状带合成和分泌，常见的有可的松、氢化可的松、泼尼松、氯化泼尼松、甲基泼尼松、甲基氢化泼尼松（甲泼尼龙）、曲安西龙（去炎松）、地塞米松、倍他米松和氟地塞米松等。这些激素的分泌受促肾上腺皮质激素（ACTH）调节。③氮皮质激素：包括雄激素和雌激素，由网状带分泌。通常所指的肾上腺皮质激素不包括这一类。

糖皮质激素属于甾体类抗炎药，在药理剂量下表现出显著的抗炎、抗过敏、抗毒素和抗休克等作用。根据它们的消除半衰期，这类药物可以分为短效、中效和长效 3 类。短效糖皮质激素包括氢化可的松、可的松、泼尼松、泼尼松龙和甲基氢化泼尼松；中效糖皮质激素主要有曲安西龙；长效糖皮质激素则包括地塞米松、氟地塞米松和倍他米松。

【药理作用】

（1）抗炎作用 本类药物能够抑制细胞内磷脂酶，从而抑制细胞膜上的磷脂分解为花生四烯酸。花生四烯酸是致炎物质前列腺素、白三烯、血栓烷等的前体，因此这类药物抗炎作用的机制之一是能抑制炎性产物的生成。其抗炎特点是对各种炎性刺激（如辐射、机械性、药物、免疫及感染等）和炎症反应的各个阶段（从红肿到瘢痕形成）均有作用。

（2）抗免疫作用 本类药物的抗免疫作用是糖皮质激素抑制淋巴细胞生成及抑制抗体和细胞因子生成的结果。

（3）**抗过敏作用**　本类药物对各种原因引起的过敏都有效。

（4）**抗内毒素作用**　糖皮质激素能对抗内毒素对机体的损害作用，可提高机体对内毒素的耐受性，对细菌产生的外毒素无作用。

（5）**抗休克作用**　糖皮质激素对各种休克（如过敏性休克、中毒性休克、低血容量休克等）都有一定的疗效，可增强机体对抗休克的能力。其抗休克作用主要与稳定溶酶体膜作用有密切的关系。

（6）**对代谢的影响**　糖皮质激素具有升高血糖、增加肝糖原及提高蛋白质分解代谢、抑制其合成代谢、促进脂肪分解等作用。大剂量时能引起钠重吸收增加，钾、钙、磷排出增加，长期用药可出现水肿。

【作用机制】糖皮质激素的主要作用是通过与特异性的糖皮质激素受体相互作用实现的。糖皮质激素受体位于靶细胞的细胞质内，并与热休克蛋白相连。糖皮质激素通过被动扩散进入细胞，与受体特异性结合，使热休克蛋白脱离。随后，活化的受体-药物复合物迁移至细胞核内，并与靶基因上的调节蛋白结合，从而引发基因转录，导致特定靶蛋白的合成或抑制。糖皮质激素诱导合成的蛋白质有脂肪分解酶原-1、β_2-肾上腺素受体、血管紧张素转化酶等，抑制合成的蛋白质有细胞因子、一氧化氮合成酶和COX-2等。糖皮质激素的作用强度与受体的数量直接相关，当受体数量减少时，其生物学效应也会降低。

【应用】

（1）**酮血症**　糖皮质激素对牛的酮血症有显著的疗效，可使血糖很快升高到正常，酮体慢慢下降，食欲在24h内改善，产奶量回升。

（2）**妊娠毒血症**　妊娠毒血症以羊为最常见，其他家畜也有发生。

（3）**关节炎**　用于马、牛、猪、犬的关节炎治疗，症状能暂时得到改善。如果在治疗期间没有完全恢复，则停药后常会复发。

（4）**感染性疾病**　一般的感染性疾病不应该使用糖皮质激素治疗。细菌引起重症感染或者发生内毒素血症时，糖皮质激素治疗具有重要意义，它对内毒素中毒能提供保护作用。如用于各种败血症、中毒性肺炎、中毒性菌痢、腹膜炎、产后急性子宫炎等，但应与大剂量的抗菌药一起应用。

（5）**眼科疾病**　用于眼科疾病的治疗，可以抑制液体的渗出，防止粘连和瘢痕的形成，防止角膜混浊。

（6）**皮肤疾病**　糖皮质激素对于皮肤的非特异性或变态反应性疾病有较好疗效，如荨麻疹、急性蹄叶炎、湿疹、脂溢性皮炎、外耳炎和其他化脓性皮炎等。

（7）**休克**　糖皮质激素对各种休克都有较好的疗效。

（8）**引产**　为了使母畜产仔同期化，便于生产管理，地塞米松已被用于牛、羊、猪的同步分娩。

（9）**预防手术后遗症**　糖皮质激素可用于剖腹产、瘤胃切开、肠吻合等外科手术后，以防脏器与腹膜粘连，减少创口瘢痕化。

【不良反应】

1）停药反应：糖皮质激素长期使用后突然停药会导致急性肾上腺功能不全，动物表现为发热、软弱无力、精神沉郁、食欲不振、血糖和血压下降等。

2）长期大剂量使用还会导致医源性肾上腺功能亢进（用药过程中出现），主要是激素过量引起的物质代谢和水盐代谢紊乱，如糖皮质激素的留钠排钾作用，常致动物出现水肿和低钾血症；还可使动物出现骨质疏松等，幼年动物出现生长抑制等。

3）多尿和饮欲亢进是糖皮质激素过量（无论内源性还是外源性）的经典症状。

【注意事项】

1）具有抗炎作用而无抗菌作用，在治疗严重细菌感染性疾病时，应同时用抗菌药，尤其是要选用杀菌药。对病毒感染禁用。

2）糖皮质激素对机体全身各个系统均有影响，可能使某些疾病恶化，不得用于骨软化及骨质疏松症、骨折治疗期、妊娠期、疫苗接种期、结核菌素或鼻疽菌素诊断期。对肾功能衰竭、胰腺炎、胃肠道溃疡和癫痫等动物应慎用。

3）对非感染性疾病，应严格掌握适应证，一旦症状改善并基本控制，应逐渐减量停药。

二、常用药物

1. 氢化可的松

本品属天然糖皮质激素，多用其静脉注射制剂，以治疗严重的中毒性感染或其他危险病症。肌内注射吸收很少，作用较弱，主要用于炎症性、过敏性疾病，牛酮血症和羊妊娠毒血症，关节炎、腱鞘炎、急慢性挫伤、肌腱劳损等。

2. 地塞米松

【药理作用】本品的作用较氢化可的松约强25倍，水、钠潴留的副作用极弱。本品可增加钙在粪便中的排泄，故可能产生钙负平衡。

【应用】用于家畜、宠物炎症性、过敏性疾病，牛酮血症和羊妊娠毒血症等。

【注意事项】①易引起妊娠动物早产。②急性细菌性感染时应与抗菌药物合用。③禁用于骨质疏松症和疫苗接种期。

3. 泼尼松

本品是人工合成的糖皮质激素，又称强的松。其抗炎作用较天然糖皮质激素强4~5倍。由于用量较小，故其水、钠潴留的副作用也显著减轻。泼尼松进入体内后转化为泼尼松龙（氢化泼尼松）而起作用。本品主要用于牛酮血症、羊妊娠毒血症、炎症性及过敏性疾病等，以及某些皮肤炎症和眼睛炎症。

4. 氟轻松

本品为外用糖皮质激素，作用强而副作用小。局部涂敷，对皮肤、黏膜的炎症、瘙痒和皮肤过敏反应等都能迅速显效，止痒效果尤好，低浓度（0.025%）即有明显效果。本品主要用于各种皮肤病，如湿疹、过敏性皮炎、皮肤瘙痒等。用于局部细菌性感染时应与抗菌药配伍使用。

5. 倍他米松

本品的作用、应用与地塞米松相似，但抗炎作用较地塞米松强，为氢化可的松的30倍，钠潴留的作用稍弱于地塞米松。本品用于犬、猫炎症性、过敏性疾病等。

第九章
消化系统药物

饲养管理不当、饲料质量不佳或某些疾病都可能导致胃肠消化功能异常。无论是原发性还是继发性的消化系统疾病，其治疗原则都是相同的，即在解决病因、改善饲养管理的基础上，合理使用调节消化功能的药物，才能取得良好的效果。

作用于消化系统的药物种类繁多，主要通过调节胃肠道的运动和消化腺的分泌功能，维持胃肠道的内环境和微生态平衡，从而改善和恢复消化系统的功能。这些药物根据其药理作用和临床用途，可以分为健胃药、助消化药、瘤胃兴奋药（反刍促进药）、制酵药、消沫药、泻药和止泻药等。

第一节 健胃药与助消化药

健胃药是指提高食欲、促进唾液和胃肠消化液分泌、提高食物消化机能的一类药物，分为苦味健胃药、芳香性健胃药和盐类健胃药3种。在养殖场中，多用健胃药提高动物的消化机能，提高食欲。

助消化药是指能促进胃肠消化过程的药物。本类药物多数就是消化液中的主要成分，或是促进消化液分泌的药物。在消化道分泌不足时，本类药物具有代替疗法的作用。在兽医临床上健胃与助消化密切相关，多同时使用。

1. 人工矿泉盐（人工盐）

【药理作用】本品由干燥硫酸钠、碳酸氢钠、氯化钠、硫酸钾等制成，故具有多种盐类的综合作用。内服少量时，能轻度刺激消化道黏膜，促进胃肠的分泌和蠕动，增加消化液分泌，从而产生健胃作用。内服大量时，其主要成分硫酸钠在肠道中可解离出Na^+和不易被吸收的SO_4^{2-}，借助渗透压作用，保持肠管中有大量水分，并刺激肠管蠕动，软化粪便，可起缓泻作用。

【应用】小剂量内服用于消化不良、前胃弛缓和慢性胃肠卡他等；大剂量内服用于早期大肠便秘。

【注意事项】①禁与酸性药物配伍应用。②用作泻药时宜大量饮水。

2. 胃蛋白酶

【药理作用】本品内服后，可使胃内蛋白质初步分解为蛋白胨，有利于蛋白质的进一步分解吸收。在酸性环境中作用强，pH为1.8时其活性最强。

【应用】用于胃液分泌不足或幼龄动物因胃蛋白酶缺乏引起的消化不良。

【注意事项】①宜同时服用稀盐酸。②忌与碱性药物、鞣酸、重金属盐等配合使用。③温度超过70℃时迅速失效，剧烈搅拌可破坏其活性。

3. 稀盐酸

【药理作用】盐酸是胃液的主要成分之一，适当浓度的稀盐酸可激活胃蛋白酶原，使其转变成为有活性的胃蛋白酶，并提供酸性环境使胃蛋白酶发挥消化蛋白质的作用。另外，胃内容物保持一定酸度有利于胃的排空及钙、铁等矿物质的溶解与吸收，还有抑菌制酵作用。

【应用】适用于胃酸缺乏引起的消化不良、胃内异常发酵等。

【注意事项】①禁与碱类、盐类健胃药、有机酸、洋地黄及其制剂合用。②用药浓度和剂量不宜过大，否则因食糜酸度过高，反射性地引起幽门括约肌痉挛，影响胃排空，产生腹痛。

4. 干酵母

【药理作用】干酵母富含B族维生素。每克酵母含维生素B_1 0.1~0.2mg、维生素B_2 0.04~0.06mg、烟酸0.03~0.06mg，此外还含有维生素B_6、维生素B_{12}、叶酸、肌醇以及转化酶、麦芽糖酶等。这些物质均是体内酶系统的重要组成物质，能参与体内糖、蛋白质、脂肪等的代谢和生物转化过程。

【应用】临床用于维生素 B_1 缺乏症（如多发性神经炎、糙皮病、酮血症等）的治疗和消化不良的辅助治疗。

【注意事项】①可拮抗磺胺类药物的抗菌作用，不宜合用。②用量过大可发生轻度泻下。

5. 乳酶生（表飞鸣）

【药理作用】本品为乳酸类链球菌的干燥制剂。每克含活菌数 1000 万个以上。本品内服后，在肠内分解糖类产生乳酸，提高肠内酸度，进而抑制腐败菌的繁殖、防止蛋白质发酵、减少肠道内产气。

【应用】用于动物的消化不良、肠臌气和幼龄动物腹泻等。

【注意事项】不宜与抗菌药或吸附药同服。

第二节　瘤胃兴奋药

瘤胃兴奋药是指能加强瘤胃收缩、促进蠕动、兴奋反刍的药物，又称反刍兴奋药。临床上常用的瘤胃兴奋药有胆碱受体激动药和抗胆碱酯酶药（如氨甲酰胆碱、新斯的明等）及浓氯化钠注射液等。

浓氯化钠注射液

【药理作用】静脉注射本品能短暂抑制胆碱酯酶活性，引起胆碱能神经兴奋，提高瘤胃的蠕动功能。此外，能增加血液中的 Na^+、Cl^-，对调节渗透压、维持电解质平衡和神经肌肉兴奋性起重要作用，从而可提高瘤胃运动机能，促进蠕动。

【应用】用于反刍动物前胃弛缓、瘤胃积食、马胃扩张和马属动物便秘等。

【注意事项】①静脉注射时不能稀释，速度宜慢，且不可漏至血管外。②心力衰竭和肾功能不全的动物慎用。

第三节　制酵药与消沫药

能制止胃肠内容物异常发酵的药物称为制酵药，常用药物有芳香氨醑、乳酸、鱼石脂等。另外，抗生素、磺胺药、消毒防腐药等都有一定程度的制酵作用。消沫药则是指能降低泡沫液膜的局部表面张力，使泡沫破裂的药物，如二甲硅油、松节油等。

1. 芳香氨醑

【药理作用】本品中的氨、乙醇和茴香中所含的茴香醚及挥发油，均具有挥发性和局部刺激性，也有抑菌作用。内服后可抑制胃肠道内细菌的发酵作用，并刺激胃肠使其蠕动加强，有利于气体排出；同时由于刺激胃肠道增加消化液分泌，可改善消化机能。

【应用】主要用于瘤胃臌气、胃肠积食和气胀，也可用于急慢性支气管炎的辅助治疗。

2. 乳酸

【药理作用】内服有防腐、制酵和增强消化液分泌的作用，有助于胃肠道消化。

【应用】配成 2% 溶液，用于马属动物急性胃扩张和牛、羊前胃弛缓。

3. 鱼石脂

【药理作用】鱼石脂有较弱的抑菌作用和温和的刺激作用，内服能制止发酵、祛风和防腐，促进胃肠蠕动。外用具有局部消炎和刺激肉芽生长的作用。

【应用】用于胃肠道制酵，如瘤胃臌气、前胃弛缓、急性胃扩张等。

【注意事项】禁与酸性药物（如稀盐酸、乳酸等）混合使用。

4. 二甲硅油

【药理作用】本品表面张力低，内服后能迅速降低瘤胃内泡沫液膜的表面张力，使小气泡破裂，融合成大气泡，随嗳气排出，产生消除泡沫作用。

【应用】用于泡沫性膨气病。

第四节　泻药与止泻药

一、泻药

泻药是一类能促进肠道蠕动，增加肠内容积，软化粪便，加速粪便排泄的药物。临床上主要用于治疗便秘、排出胃肠道内的毒物及腐败分解物，还可与驱虫药合用驱除肠道寄生虫。根据泻药的作用方式和特点，可分为容积性泻药、刺激性泻药和润滑性泻药3类。

1. 硫酸钠

【药理作用】本品内服后在肠内可解离出钠离子和硫酸根离子，提高肠内渗透压，使肠管中保持大量水分，扩大肠管容积，软化粪便，并刺激肠壁增强其蠕动，从而产生泻下作用。

【应用】用于大肠便秘，排出肠内毒物、毒素或驱虫药的辅助用药。

【注意事项】①治疗大肠便秘时，硫酸钠的适宜浓度为4%~6%。②因易继发胃扩张，不适用于小肠便秘的治疗。③患有肠炎的动物不宜用本品。

2. 硫酸镁

【药理作用】本品内服后在肠内可解离出镁离子和硫酸根离子，提高肠内渗透压，使肠管中保持大量水分，扩大肠管容积，软化粪便，并刺激肠壁增强其蠕动，从而产生泻下作用。

【应用】用于大肠便秘，排出肠内毒物、毒素或驱虫药的辅助用药。

【不良反应】导泻时如果服用浓度过高，会因从组织中吸取大量水分而脱水。

【注意事项】①在某些情况下（如机体脱水、肠炎等），镁离子吸收增多会产生毒副作用。②因易继发胃扩张，不适用于小肠便秘的治疗。③患有肠炎的动物不宜用本品。

3. 液状石蜡

【药理作用】本品内服后在肠道内不被吸收，也不发生变化，以原型通过肠管，能阻碍肠内水分的吸收，对肠黏膜有润滑作用，并能软化粪便。液状石蜡泻下作用缓和，对肠黏膜无刺激性，比较安全。

【应用】用于便秘。

【注意事项】①不宜多次服用，以免影响消化功能，阻碍脂溶性维生素及钙、磷的吸收。②用于猫，可加温水灌服。

4. 蓖麻油

【药理作用】蓖麻油本身并无刺激性，内服到达十二指肠后，一部分经胰脂肪酶作用，皂化分解为蓖麻油酸钠和甘油。蓖麻油酸钠通过刺激小肠黏膜、促进小肠蠕动而引起泻下。未被分解的蓖麻油对肠道和粪便起润滑作用。

【应用】主要用于幼龄动物及小动物小肠便秘。

【注意事项】①蓖麻油对肠道有刺激性，不宜用于妊娠动物及患有肠炎的动物。②哺乳动物内服后有一部分随乳汁排出，可使幼龄动物腹泻。③蓖麻油能促进脂溶性物质的吸收，不宜与脂溶性驱虫药合用，以免增加后者的毒性。④蓖麻油内服后易黏附于肠表面，影响消化机能，故不能长期反复使用。⑤对大家畜特别是牛的导泻效果不确实。

二、止泻药

止泻药是一类能制止腹泻、保护肠黏膜、吸附有毒物质或收敛消炎的药物。依据其作用特点可分为保护性止泻药、抑制肠蠕动止泻药、吸附性止泻药等。

1. 碱式硝酸铋（次硝酸铋）

【药理作用】本品内服难吸收，小部分在胃肠道内解离出铋离子，与蛋白质结合，产生收敛及保护黏膜作用。大部分碱式硝酸铋被覆在肠黏膜表面，同时游离的铋离子在肠道内还可与硫化氢结合，形成不溶性硫化铋，覆盖于肠表面，对肠黏膜呈机械性保护作用，并可减少硫化氢对肠黏膜的刺激作用。此外，碱式硝酸铋在炎症部位也可解离出铋离子，可与组织和细菌的蛋白质结合，产生收敛和抑菌作用。

【应用】用于胃肠炎和腹泻。碱式硝酸铋软膏还可用于湿疹、烧伤的治疗。

【注意事项】①由病原菌引起的腹泻，应先用抗菌药控制其感染后再用本品。②碱式硝酸铋在肠内溶解后，可形成亚硝酸盐，剂量大时能被吸收而引起中毒。

2. 碱式碳酸铋（次碳酸铋）

【药理作用】【应用】同碱式硝酸铋，但副作用较轻。

3. 药用炭

【药理作用】药用炭颗粒细小、表面积大，吸附能力很强。内服进入肠道后，可与肠道中有害物质或毒素结合，阻止其进一步吸收，从而减轻有害物质对肠壁的刺激，使肠蠕动减弱，发挥止泻作用。

【应用】用于阿片、马钱子等生物碱中毒的解救，以及腹泻、胃肠臌气等。

【注意事项】能吸附其他药物和影响消化酶活性。

4. 白陶土（高岭土）

【药理作用】白陶土有一定的吸附作用，但吸附能力较药用炭差。另外，兼有收敛作用。

【应用】内服用于治疗幼龄动物腹泻，外用可作为敷剂和撒布剂的基质。

【注意事项】能吸附其他药物和影响消化酶活性。

第十章 呼吸系统药物

第一节 平喘药

平喘药是指能够缓解气喘症状（如支气管平滑肌痉挛），并扩张支气管的一类药物。多种原因可引起气喘，包括过敏性和非过敏性因素。气道的高反应性（气道平滑肌痉挛）和炎症是气喘的重要表现。目前对气喘的治疗主要是缓解气道平滑肌痉挛和预防气道炎症，故平喘药可以分为支气管扩张药和抗炎、抗过敏药物。支气管平滑肌细胞内的 cAMP/cGMP 比值决定支气管的功能状态，该比值升高，支气管平滑肌松弛，肥大细胞膜稳定，过敏介质释放减少，气喘缓解；反之，则引发哮喘。

支气管扩张药通过：①激活细胞内的腺苷酸环化酶，分解 ATP 为 cAMP，从而提高细胞内cAMP的浓度，如肾上腺素受体激动药（如麻黄碱、异丙肾上腺素等）。②抑制鸟苷酸环化酶，使cGMP生成减少，如M型受体阻断药异丙托溴铵。③抑制磷酸二酯酶，使cAMP分解减少，如茶碱类药物氨茶碱。此外，常用平喘药还有糖皮质激素类药物和肥大细胞膜稳定剂（如色苷酸钠）等。

氨茶碱

【药理作用】本品对支气管平滑肌有较强的松弛作用。氨茶碱可通过多种机制发挥平喘作用：①抑制磷酸二酯酶，减少cAMP分解，升高支气管平滑肌组织中cAMP/cGMP比值；②抑制组胺、5-羟色胺、慢反应物质等过敏介质的释放，促进儿茶酚胺释放，使支气管平滑肌松弛；③直接松弛支气管平滑肌，从而解除支气管平滑肌痉挛，缓解支气管黏膜的充血水肿。另外，本品还有较弱的强心和继发利尿作用。

【应用】主要用于缓解动物支气管哮喘症状，也用于动物的心功能不全或肺水肿，如牛、马肺气肿、犬的心性气喘症。

【不良反应】①与红霉素、四环素、林可霉素等合用时，可降低本品在肝脏的清除率，使血药浓度升高，甚至出现毒性反应。②与儿茶酚胺类及其他肾上腺素受体激动药合用，能增加心律失常的发生率。

【注意事项】①静脉注射或静脉滴注用量过大、浓度过高或速度过快时，都可强烈兴奋心脏和中枢神经，故须稀释后注射并注意掌握速度和剂量。②本品碱性较强，可引起局部红肿、疼痛，应做深部肌内注射。③肝功能低下、心力衰竭的动物慎用。

第二节 祛痰镇咳药

咳嗽是机体的一种防御性反射，有助于呼吸道中的异物或炎症产物排出。轻度的咳嗽有助于祛痰，但剧烈而频繁的咳嗽，则会导致肺气肿或心脏功能障碍等不良后果。合理应用镇咳药可缓解和改善咳嗽症状。镇咳药是一类能够抑制咳嗽中枢或干预咳嗽反射弧中某一环节，从而减轻或止住咳嗽的药物。根据其作用部位，镇咳药可以分为中枢性镇咳药和外周性镇咳药。中枢性镇咳药根据其是否具有成瘾性分为成瘾性（如可待因）和非成瘾性（如喷托维林）两类。成瘾性镇咳药，镇咳效果较好，但存在成瘾风险，使用上受到限制；非成瘾性镇咳药，常用于治疗急性或慢性支气管炎，通常与祛痰药联合使用。对于无痰干咳的情况，可以单独使用镇咳药。有痰且剧烈咳嗽时，可以使用祛痰药适当配合少量作用较弱的镇咳药，以减轻咳嗽，但不应单独使用强效镇咳药。

祛痰药是一类能够增加呼吸道分泌，使痰液稀释并易于排出的药物。这类药物还有间接的镇咳作用，因为炎症刺激会导致支气管分泌物增多，或者由于黏膜上皮纤毛运动减弱，痰液无法及时排出，黏附在气管内并刺激黏膜下的感受器，引发咳嗽。痰液一旦排出，刺激减少，咳嗽也会随之缓解。

1. 氯化铵

【药理作用】氯化铵属于恶心性祛痰药，内服后可刺激胃黏膜迷走神经末梢，反射性引起支气管腺体分泌增加，使稠痰稀释，易于咳出，因而对支气管黏膜的刺激减少，咳嗽也随之缓解。此外，氯化铵为强酸弱碱盐，是有效的体液酸化剂可使尿液酸化，在弱碱性药物中毒时，可加速药物的排泄。

【应用】①作为祛痰药：用于支气管炎初期黏膜干燥、痰稠不易咳出的咳嗽。②作为体液酸化剂：用于有机碱中毒时，酸化体液，加速毒物的排出。

【注意事项】①单胃动物用后有呕吐反应。②肝、肾功能异常的动物，内服氯化铵容易引起血氯过高性酸中毒和血氨升高，应慎用或禁用。③忌与碱性药物、重金属盐、磺胺药等配伍应用。因本品遇碱或重金属盐类即分解，与磺胺类药物合用，可能使磺胺类药物在尿道析出结晶，发生泌尿道损害如尿闭、血尿等。

2. 碳酸铵

【药理作用】本品为碳酸氢铵与氨基甲酸铵的混合物。作用、应用与氯化铵类似，但较弱。在体内不会引起酸血症。

【应用】祛痰镇咳。

3. 碘化钾

【药理作用】本品内服后部分从呼吸道腺体排出，可刺激呼吸道黏膜，使腺体分泌增加，痰液稀释易于咳出。

【应用】内服用于治疗黏痰不易咳出的亚急性支气管炎和慢性支气管炎，以及防治碘缺乏症。

【注意事项】①碘化钾在酸性溶液中能析出游离碘，遇生物碱可产生沉淀。②肝、肾功能低下的动物慎用。③不适用于急性支气管炎症。

第十一章 血液循环系统药物

第一节 治疗充血性心力衰竭的药物

充血性心力衰竭（CHF），又称慢性心功能不全，是多种病因（如心脏瓣膜病、冠状动脉硬化等心血管疾病等）导致的超负荷心肌病，是心肌收缩力减弱或衰竭，导致心脏排血量减少，不能满足机体代谢需要的一种临床综合征。充血性心力衰竭时神经内分泌和心肌结构均发生改变，主要表现为交感神经系统、肾素-血管紧张素-醛固酮系统（RAAS）的激活及心肌肥厚和心肌重构。

强心药是指能够提高心肌兴奋性、增强心肌收缩力、改善心脏功能的药物。这类药物种类繁多，根据机制可分为肾素-血管紧张素-醛固酮系统抑制药（如卡托普钠、氯沙坦、缬沙坦等）、减轻心脏负荷药（如利尿药、硝酸甘油、肼屈嗪等）、β受体阻断药（如美托洛尔等）、正性肌力药（如强心苷类药物）。

强心苷类药物至今仍是治疗充血性心力衰竭的首选药物。临床上常用的强心苷类药物包括洋地黄毒苷、地高辛和毒毛花苷 K 等。虽然各种强心苷在增强心肌收缩力方面的作用相似，但它们的作用强度、起效速度和持续时间有所不同。洋地黄毒苷属于慢作用强心苷，而地高辛和毒毛花苷 K 则是快作用强心苷。这些药物主要用于治疗由各种原因引起的充血性心力衰竭。

【药理作用】

（1）正性肌力作用　强心苷对心脏具有高度选择作用，治疗剂量能明显加强衰竭心脏的收缩力，使心输出量增加和心肌耗氧量降低。

（2）**负性心率和负性频率作用** 强心苷能增强迷走神经活性、降低交感神经活性，减慢心率和房室传导速率。

（3）**继发性利尿作用** 在强心苷作用下，衰竭的心功能得到改善，心搏出量增加，流经肾的血流量和肾小球滤过功能加强，继发产生利尿作用。

【作用机理】 强心苷的正性肌力作用的基本机制是通过抑制 Na^+-K^+ATP 酶（俗称钠钾泵）活性，进而增加细胞内 Ca^{2+} 含量。强心苷类药物可与 Na^+-K^+ATP 酶结合，诱导该酶构象变化导致酶活性抑制，使细胞内 K^+ 浓度减少，Na^+ 浓度升高，激活 Na^+/Ca^{2+} 交换机制，导致细胞外 Na^+ 与细胞内的 Ca^{2+} 交换减少，细胞内 Ca^{2+} 浓度增加，进一步促使肌质网 Ca^{2+} 释放，细胞内游离 Ca^{2+} 增加，心肌收缩力增强。Na^+-K^+ATP 酶被强心苷严重抑制时，可产生明显毒性，此时心肌细胞 Ca^{2+} 超载，心肌难以松弛而加重心功能不全。此外，还会导致细胞内低 K^+，心肌细胞自律性升高、传导减慢而引起心律失常。

【应用】 用于马属动物（尤其赛马）、牛、犬的充血性心力衰竭、心房纤维性颤动和室上性心动过速。

1. 洋地黄毒苷

【药理作用】 洋地黄毒苷内服易吸收，生物利用度较高，可形成肝肠循环，故作用持久。主要用于慢性充血性心力衰竭、阵发性室上性心动过速和心房颤动等。

洋地黄毒苷安全范围窄，剂量过大时，常因抑制心脏的传导系统和兴奋异位节律点，而出现各种心律失常的中毒症状。中毒症状有精神抑郁、运动失调、厌食、呕吐、腹泻、严重虚弱、脱水和心律不齐等。犬最常见的心律不齐包括心脏房室传导阻滞、室上性心动过速、室性心悸。毒性作用存在种属差异，猫对本品较敏感。

若发生中毒要立即停药，内服或注射补充钾盐，维持体液和电解质平衡，停止使用排钾利尿药。中度及严重中毒引起的心律失常，应用抗心律失常药（如苯妥英钠或利多卡因）治疗。

【不良反应】 ①胃肠道功能紊乱，如厌食、腹泻、呕吐、体重减轻。②较高剂量可引起心律失常。③毒性作用存在种属差异性，猫对本品较敏感。

【注意事项】 ①有蓄积性。患有心内膜炎、急性心肌炎、心包炎等的动物慎用。用药期间忌用钙注射液。②用药期间动物可出现胃肠道功能紊乱，如厌食、泻下、呕吐、体重减轻等症状。③较高剂量可引起心律失常。治疗期间应监测心电图变化，以免发生毒性反应。在过去 10d 内用过任何强心苷类药物的动物，使用时剂量应减少，以免中毒。④低血钾能增加心脏对强心类药物的敏感性，不应与高渗葡萄糖、排钾利尿药合用。适当补钾可预防或减轻强心苷的毒性反应。⑤动物休克、贫血、患尿毒症时禁止使用，但若有充血性心力衰竭发生，可以使用。⑥在用钙盐或肾上腺素受体激动药物（如肾上腺素）时慎用。

2. 地高辛和毒毛花苷 K

地高辛和毒毛花苷 K 都是快作用强心苷。地高辛内服吸收较洋地黄毒苷差，可以通过内服或静脉注射给药；而毒毛花苷 K 内服吸收较少且不规律，因此通常使用注射剂进行静脉注射。毒毛花苷 K 静脉注射后起效迅速，通常 3~10min 显效，0.5~2h 作用达到高峰，作用持续 10~12h。在体内排泄较快，蓄积性较小。

临床上，这两种药物主要用于治疗由各种原因引起的充血性心力衰竭。其不良反应和注意事项与洋地黄毒苷相似。

第二节 抗凝血药与促凝血药

生理状态下机体内血液凝固、抗凝血和纤维蛋白溶解过程维持动态平衡,以确保血液在循环系统中处于流动状态,一旦平衡被打破,就会出现出血性或血栓性疾病。

(1) 血液的凝固 该过程中有多种凝血因子参与,主要分为3个阶段:①凝血酶原激活物形成,血液凝固有内源性或外源性途径,通过系列凝血因子的相继激活,最后使因子Ⅹ激活为Ⅹa,然后与因子Ⅴ、Ca^{2+}和血小板第Ⅲ因子(PF_3)结合形成凝血酶原激活物;②凝血酶原转变为凝血酶,因子Ⅱ(凝血酶原)被凝血酶原激活物激活成Ⅱa(凝血酶);③纤维蛋白原转变为纤维蛋白,因子Ⅰ(纤维蛋白原)在Ⅱa作用下转变为Ⅰa(纤维蛋白),然后交联形成纤维蛋白凝块。

(2) 血液抗凝系统 血浆中含有抗凝物质,如抗凝血酶Ⅲ(ATⅢ)和蛋白质C等。ATⅢ可作用于因子Ⅱa、Ⅸa、Ⅹa、Ⅺa和Ⅻa,使其失活,产生抗凝作用。

(3) 纤维蛋白溶解系统 在生理条件下,血液凝固过程中产生的难溶性纤维蛋白在纤溶酶的作用下再次液化溶解,包括纤溶酶原的激活和纤维蛋白溶解两个阶段。

血液中的抗凝血物质和纤维蛋白溶解系统是防止血液在血管内凝固、保持其循环流动性的关键因素。止血药和抗凝血药通过影响血液凝固和溶解过程中的不同环节来实现其止血或抗凝血的作用。常用的抗凝血药物包括肝素、枸橼酸钠等。它们通过干预凝血过程中的不同步骤来发挥抗凝作用,常用于输血、血样保存、实验室血样检查、体外循环以及预防和治疗有血栓形成风险的疾病。

促凝血药(止血药)可以通过促进某些凝血因子的活性或抑制纤维蛋白溶解系统来达到止血效果。抑制纤维蛋白溶解系统的药物也被称为抗纤溶药,包括氨甲苯酸、氨甲环酸等。此外,一些能降低毛细血管通透性的药物(如安络血)也常用于止血。

一、抗凝血药

1. 肝素

【药理作用】肝素在体内外均有抗凝血作用,作用快而强,几乎对凝血过程的每一步都有抑制作用。肝素的抗凝血机制是通过激活抗凝血酶Ⅲ(ATⅢ)而发挥抗凝血作用。ATⅢ是一种血浆 α_2 球蛋白,低浓度的肝素可与ATⅢ可逆性结合,引起ATⅢ分子结构变化,对许多凝血因子的抑制作用增强,尤其是对凝血酶和因子Ⅹa的灭活作用显著增强。肝素还有促进纤维蛋白溶解、抗血小板凝集的作用。鱼精蛋白硫酸盐为肝素的拮抗剂,在动物体内可与肝素结合,使其迅速失效。当肝素过量引起严重出血时,可静脉注射鱼精蛋白注射剂急救。

【应用】主要用于马和小动物的弥散性血管内凝血的治疗,也用于各种急性血栓性疾病,如手术后血栓的形成、血栓性静脉炎等。体外用于输血及检查血液时体外血液样品的抗凝。

【不良反应】①过量可导致出血,严重出血的特效解毒药是鱼精蛋白。②连续应用可引起红细胞显著减少。

【注意事项】①禁用于出血性素质和伴有血液凝固延缓的各种疾病,以及肝素过敏、活动性消化道溃疡、急性感染性心内膜炎。②慎用于肾功能不全、妊娠、产后、流产、外伤及手术后动物。

2. 枸橼酸钠

【药理作用】本品含有的枸橼酸根离子能与血浆中 Ca^{2+} 形成难解离的可溶性络合物,使

血中 Ca^{2+} 浓度迅速下降而产生抗凝血作用。

【应用】主要用于血液样品的抗凝，不用于体内抗凝。

【注意事项】大量输血时，若枸橼酸钠用量过大（体外抗凝时导致血浆中枸橼酸钠含量高），可引起血钙过低，导致心功能不全。遇此情况，可静脉注射钙剂以防治低钙血症。

二、促凝血药

1. 维生素 K

【药理作用】维生素 K 为肝合成凝血酶原（因子Ⅱ）的必需物质，还参与因子Ⅶ、Ⅸ、Ⅹ的合成。缺乏维生素 K 可致上述凝血因子合成障碍，影响凝血过程而引起出血倾向或出血。此时给予维生素 K 可达到止血目的。

【应用】用于维生素 K 缺乏所致的出血和各种原因引起的维生素 K 缺乏症。

2. 酚磺乙胺（止血敏）

【药理作用】酚磺乙胺能增加血小板数量，并增强其聚集性和黏附力，促进血小板释放凝血活性物质，缩短凝血时间，加速血块收缩而产生止血作用。此外，尚有增强毛细血管抵抗力、降低其通透性、减少血液渗出等作用。本品止血作用迅速。

【应用】适用于各种出血，如手术前后出血、消化道出血等，也可与其他止血药（如维生素 K）合用。

【注意事项】预防外科手术出血，应在术前 15~30min 用药。

3. 安络血（安特诺新）

【药理作用】本品主要作用于毛细血管，能增强毛细血管对损伤的抵抗力，促进毛细血管收缩，降低毛细血管通透性，促进断裂毛细血管端回缩而止血。安络血对大出血无效。安络血的某些作用能被抗组胺药抑制。

【应用】临床主要用于毛细血管渗透性增加所致的出血，如鼻出血、内脏出血、血尿、视网膜出血、手术后出血及产后子宫出血等。

【注意事项】①抗组胺药能抑制本品的作用，用前 48h 应停用抗组胺药。②对大出血、动脉出血无效。

4. 氨甲苯酸（止血芳酸）**和氨甲环酸**（凝血酸）

【药理作用】二者均为纤维蛋白溶解抑制剂，能竞争性对抗纤溶酶原激活因子的作用，使纤维酶原不能转变为纤溶酶，进而抑制纤维蛋白的溶解，发挥止血作用。此外，二者还可抑制链激酶和尿激酶激活纤溶酶原的作用。氨甲环酸的作用较氨甲苯酸略强。

【应用】二者主要用于纤维蛋白溶酶活性升高引起的出血，如产科出血，肝脏、肺、脾脏等内脏手术后的出血，因这些部位均有较高的纤溶酶原激活因子。

【注意事项】①对纤溶酶活性不升高的出血无效。②副作用较小，但过量也可导致血栓形成。

第三节 抗贫血药

当单位体积循环血液中的红细胞数量和血红蛋白水平低于正常范围时，称为贫血。抗贫血药物是指那些能够增强机体造血功能、补充造血所需物质和改善贫血状态的药物。

贫血的类型繁多，病因各异，因此治疗药物也有所不同。根据病因，临床上贫血主要分为 4 种类型：失血性贫血、营养性贫血、溶血性贫血和再生障碍性贫血。兽医临床常用的抗贫血药物主要针对缺铁性贫血和巨幼红细胞性贫血。缺铁性贫血是由于机体摄入的铁不足或铁损失过多，导致供给造血所需的铁不足。兽医临床上常见的缺铁性贫血包括哺乳期仔猪贫血和急慢性失血性贫血等。治疗缺铁性贫血的常用药物包括铁制剂（如硫酸亚铁、右旋糖酐铁等）。而巨幼红细胞性贫血则通常使用叶酸治疗，并辅以维生素 B_{12}。

1. 硫酸亚铁

【药理作用】铁为构成血红蛋白、肌红蛋白和多种酶（细胞色素氧化酶、琥珀酸脱氢酶、黄嘌呤氧化酶等）的重要成分。因此，铁缺乏不仅引起贫血，还可能影响其他生理功能。通常正常的日粮摄入足以维持体内铁的平衡，但在哺乳期、妊娠期和某些缺铁性贫血情况下，铁的需要量增加，补铁能纠正因铁缺乏引起的异常生理症状和血红蛋白水平的下降。

【应用】用于防治缺铁性贫血，如慢性失血、营养不良、孕畜及哺乳期仔猪贫血等。

【不良反应】①内服对胃肠道黏膜有刺激性，大量内服可引起肠坏死、出血，严重时可致休克。②铁能与肠道内硫化氢结合生成硫化铁，使硫化氢减少，减少了对肠蠕动的刺激作用，可致便秘，并排黑粪。

【注意事项】禁用于消化道溃疡、肠炎等。

2. 右旋糖酐铁

【药理作用】本品的作用同硫酸亚铁。肌内注射后右旋糖酐铁主要通过淋巴系统缓慢吸收，注射后 3d 内约有 60% 的铁被吸收，1~3 周后铁吸收率达到 90%。从右旋糖酐中分离的铁立即与蛋白分子结合形成含铁血黄素、铁蛋白或转铁蛋白，而右旋糖酐则被代谢或排泄。

【应用】主要用于驹、犊、仔猪、幼犬和毛皮兽的缺铁性贫血。

【注意事项】①猪注射铁剂偶尔会出现不良反应，临床表现为肌肉无力、站立不稳，严重时可致死亡。②肌内注射时可引起局部疼痛，应深部肌内注射。超过 4 周龄的猪注射有机铁，可引起臀部肌肉着色。③本品需防冻，久置可发生沉淀。

3. 叶酸

【药理作用】叶酸进入体内被还原并甲基化为具有活性的 5- 甲基四氢叶酸，然后作为甲基供体使维生素 B_{12} 转变为甲基维生素 B_{12}，自身则变成四氢叶酸。四氢叶酸作为一碳基团转移酶的辅酶参与体内多种氨基酸、嘌呤及嘧啶的合成和代谢，并与维生素 B_{12} 共同促进红细胞的生长和成熟。叶酸缺乏时，因氨基酸、嘌呤及嘧啶的合成受阻，以致核酸合成减少，导致细胞分裂与成熟不完全，机体出现巨幼红细胞性贫血、腹泻、皮肤功能受损、生长发育受阻等。

饲料中的叶酸以蝶酰多谷氨酸（蝶酰多聚谷氨酸）形式存在，进入肠道后在小肠黏膜上皮细胞内经 γ- 谷氨酰胺转移酶水解生成单谷氨酸，再经还原和甲基转移作用形成 5- 甲基四氢叶酸后被吸收。

【应用】临床上主要用于防治叶酸缺乏症，与维生素 B_{12} 合用效果更好。也可在饲料中添加本品，可改善母猪的繁殖性能，提高家禽种蛋的孵化率。

【注意事项】①对甲氧苄啶等所致的巨幼红细胞性贫血无效。②对维生素 B_{12} 缺乏所致的恶性贫血，使用大剂量叶酸治疗可纠正血象，但不能改善神经症状。

4. 维生素 B_{12}（钴铵素、氰钴铵素）

【药理作用】维生素 B_{12} 为合成核苷酸的重要辅酶的成分，参与体内甲基转换及叶酸代谢，促进 5- 甲基四氢叶酸转变为四氢叶酸。维生素 B_{12} 在肝脏内转变为脱氧腺苷钴胺素和甲钴胺素两种活性形式后参与体内多种代谢活动，前者是甲基丙二酰辅酶 A 变位酶的辅酶，参与丙二酸与琥珀酸的互变和三羧酸循环，后者是甲基转移酶的辅酶，参与蛋氨酸、胆碱及嘌呤和嘧啶的合成。

维生素 B_{12} 缺乏时，会引起 DNA 合成障碍，机体的细胞、组织生长发育将受到抑制，主要是红细胞生成引起动物恶性贫血以及神经系统损害等。叶酸不足会导致维生素 B_{12} 缺乏症更为严重。

饲料中的维生素 B_{12} 通常与蛋白质结合，在胃酸和胃蛋白酶的消化作用下释放。在肠道微碱性环境中，维生素 B_{12} 与内因子（肠黏膜细胞分泌的一种糖蛋白）结合形成二聚复合物，在钙离子存在下又游离出来从回肠末端吸收。在血中，与 α 和 β 球蛋白结合转运到全身各组织，其中大部分分布于肝脏，主要随尿和胆汁排泄。

【应用】用于维生素 B_{12} 缺乏所致的贫血和幼龄动物生长迟缓等。

【注意事项】在防治巨幼红细胞贫血症时，本品与叶酸配合应用可取得更好的效果。

第十二章 泌尿生殖系统药物

第一节 利尿药与脱水药

利尿药是作用于肾脏、增加电解质和水的排泄、使尿量增多的药物。利尿药通过影响肾小球的滤过、肾小管的重吸收和分泌等功能，特别是影响肾小管的重吸收而实现利尿作用。兽医临床主要用于治疗各种类型的水肿、急性肾功能衰竭及促进毒物的排出。利尿药根据其作用强度可分为高效利尿药（如呋塞米、依他尼酸等）、中效利尿药（如氢氯噻嗪、氯肽酮等）和低效利尿药（如螺内酯、氨苯蝶啶、阿米洛利等）。

脱水药又称渗透性利尿药，是一种非电解质类物质。脱水药多为低分子质量药物，在体内不被代谢或代谢较慢，但能迅速增加血浆渗透压，且很容易从肾小球滤过，在肾小管内不被重吸收或吸收很少，从而提高肾小管内渗透压，产生利尿脱水作用。兽医临床主要用于消除脑水肿、肺水肿等局部组织水肿，常用药物有甘露醇、山梨醇等。

一、利尿药

1. 呋塞米（速尿）

【药理作用】本品为高效利尿药，主要作用于肾小管髓袢升支髓质部和皮质部，抑制 Cl^- 和 Na^+ 的重吸收，降低肾小管浓缩功能，从而导致水、Na^+、Cl^- 排泄增多。由于 Na^+ 重吸收减少，远曲小管 Na^+ 浓度升高，使 Na^+-K^+ 和 Na^+-H^+ 交换加强，导致 K^+、H^+ 排泄增加。

【应用】主要用于治疗各种原因引起的全身水肿及其他利尿药无效的严重病例，也可用于预防急性肾功能衰竭以及药物中毒时加速药物排出。具体包括：①心性、肝性、肾性等各类水肿，如充血性心力衰竭、肺水肿等。②腹水、胸腔积液、尿毒症、高钾血症。③牛产后乳房水肿、马鼻出血和蹄叶炎的辅助治疗。④苯巴比妥、水杨酸盐等中毒时加速药物排出。

【不良反应】①可诱发低钠血症、低钙血症、低钾血症等电解质平衡紊乱及胃肠道功能紊乱。用于脱水动物易出现氮血症。②大剂量静脉注射可使犬听觉丧失。

【注意事项】①无尿动物禁用。电解质紊乱或肝损害的动物慎用。②长期大量用药可出现低血钾、低血氯及脱水，应补钾或与保钾性利尿药（螺内酯、氨苯蝶啶）配伍或交替使用，并定时监测水和电解质平衡状态。③避免与氨基糖苷类抗生素合用。

2. 氢氯噻嗪

【药理作用】本品为中效利尿药，主要作用于髓袢升支皮质部和远曲小管的前段，抑制 Na^+、Cl^- 的重吸收，从而起到排钠利尿作用。还能增加钾、镁、磷、碘和溴的排泄。由于流入远曲小管和集合管的 Na^+ 增加，促进 K^+-Na^+ 交换，故可使 K^+ 的排泄增加。

【应用】用于治疗肝性、心性、肾性水肿，也可用于治疗牛产前浮肿、产后乳房水肿等局部组织水肿，以及某些急性中毒时加速毒物排出。

【不良反应】①大剂量或长期应用可引起体液和电解质平衡紊乱，导致低钾性碱血症、低氯性碱血症。②可产生呕吐、腹泻等胃肠道反应。

【注意事项】①严重肝、肾功能障碍和电解质平衡紊乱的动物慎用。②宜与氯化钾合用，以免发生低钾血症。

二、脱水药

1. 甘露醇

【药理作用】本品为高渗性脱水剂，内服不吸收，静脉快速注射高渗甘露醇后，使血浆渗透压迅速升高，可促使组织（包括眼、脑、脑脊液）组织液的水分向血浆转移，产生组织脱水作用。甘露醇不能进入眼和中枢神经系统，但可以通过渗透压作用降低眼内压和脑脊液压。

【应用】临床主要用于预防急性肾功能衰竭，以促进利尿作用；降低眼内压和颅内压，用于脑水肿、脑炎的辅助治疗；加速部分毒物的排泄（如阿司匹林、巴比妥类和溴化物等），以及辅助其他利尿药迅速减轻水肿或腹水。

【不良反应】①大剂量或长期应用可引起水和电解质平衡紊乱。②静脉注射时药物漏出血管可使注射部位水肿，皮肤坏死。③静脉注射过快可能引起心血管反应，如肺水肿及心动过速等。

【注意事项】①严重脱水、肺充血或肺水肿、充血性心力衰竭以及进行性肾功能衰竭的动物禁用。②脱水动物在治疗前应补充适当体液。③静脉注射时勿漏出血管外，以免引起局部肿胀、坏死。

2. 山梨醇

【药理作用】本品为甘露醇的同分异构体，作用和应用与甘露醇相似。进入体内后，因部分在肝转化为果糖，作用减弱，因此相同浓度的山梨醇脱水效果较甘露醇弱。

【应用】用于脑水肿、脑炎的辅助治疗。

【注意事项】同甘露醇，但局部刺激作用比甘露醇大。

第二节 生殖系统药物

哺乳动物的生殖系统受神经和体液的双重调节，但通常以体液调节为主。当生殖激素分泌不足或过多时，机体的生殖系统机能将发生紊乱，引发产科疾病或繁殖障碍。性激素及其类似物广泛用于控制动物的发情周期，提高或抑制繁殖能力，调控繁殖进程，治疗内分泌紊乱引起的繁殖障碍以及增强抗病能力等。

一、子宫收缩药

子宫收缩药是一类能够兴奋子宫平滑肌、引起子宫收缩的药物。其作用因子宫所处的激素环境、药物种类及用药剂量的不同而表现为节律性收缩或强直性收缩，可用于催产、引产、产后止血或子宫复原。

1. 缩宫素（催产素）

【药理作用】本品能选择性兴奋子宫，加强子宫平滑肌的收缩。其兴奋子宫平滑肌的作用因用药剂量、体内激素水平的不同而异。小剂量能增加妊娠末期子宫肌的节律性收缩和张力，较少引起子宫颈兴奋，用于催产或引产；大剂量则能引起子宫平滑肌强直性收缩，使子宫肌层内的血管受压迫而起止血作用，用于子宫复原等。此外，缩宫素能加强乳腺腺泡和腺导管周围的肌上皮细胞收缩，促进排乳。

【应用】主要用于产前子宫收缩无力时催产、引产以及产后出血、胎衣不下和子宫复原不全的治疗。

【注意事项】产道阻塞、胎位不正、骨盆狭窄及子宫颈尚未开放时禁用。

2. 麦角新碱

【药理作用】本品能选择性地作用于子宫平滑肌，作用强而持久。临产前子宫或分娩后子宫最敏感。本品对子宫体和子宫颈都具有兴奋效应，剂量稍大易导致强直性收缩，因此禁用于催产和引产。但由于其可使子宫肌强直性收缩，机械压迫肌纤维中的血管，可阻止出血。

【应用】主要用于产后子宫出血、产后子宫复原不全和胎衣不下、子宫蓄脓等。

【注意事项】①胎儿未娩出前或胎衣未排出前均禁用。②不宜与缩宫素及其他收缩子宫制剂联用。

3. 垂体后叶素

【药理作用】垂体后叶素含缩宫素和加压素（抗利尿激素）。对子宫的作用与缩宫素相同，其所含加压素有抗利尿和升高血压的作用。

【应用】用于催产、产后子宫出血和胎衣不下等。

【注意事项】临产时，若产道阻塞、胎位不正、骨盆狭窄、子宫颈尚未开放等禁用。用量大时可引起血压升高、少尿及腹痛。

二、性激素类药物

雄性动物睾丸分泌的雄性激素（睾酮）、雌性动物卵巢分泌的雌性激素（雌二醇）和孕激素（黄体酮）都是类固醇化合物。

1. 丙酸睾酮

【药理作用】本品药理作用与天然睾酮相似，可促进雄性生殖器官及副性征的发育和成熟，引起性欲及性兴奋；还能对抗雌激素的作用，抑制母畜发情。

睾酮还具有同化作用，可促进蛋白质合成，引起氮、钠、钾、磷的潴留，减少钙的排泄；通过兴奋红细胞生成刺激因子，刺激红细胞生成。大剂量睾酮通过负反馈机制，抑制促黄体素的分泌，进而抑制精子生成。

【应用】兽医临床可用于雄激素缺乏症的辅助治疗。

【注意事项】①具有水、钠潴留作用，肾、心脏或肝功能不全的动物慎用。②可以作为治疗用药，但不得在动物源性食品中检出。

2. 苯丙酸诺龙

【药理作用】本品又称苯丙酸去甲睾酮，为人工合成的睾酮衍生物，其蛋白质同化作用较强，雄激素作用较弱，能促进蛋白质合成和抑制蛋白质异化作用，并有促进骨组织生长、刺激红细胞生成等作用。

【应用】兽医临床用于慢性消耗性疾病的恢复期，以及某些贫血性疾病的辅助治疗。

【注意事项】①可以作为治疗用药，但不得在动物源性食品中检出。②禁止用作食品动物的促生长剂。③肝、肾功能不全时慎用。

3. 雌二醇

【药理作用】雌二醇能促进雌性器官和副性征的正常生长和发育，引起子宫颈黏膜细胞增大和分泌增加，阴道黏膜增厚，促进子宫内膜增生和增加子宫平滑肌张力。本品对骨骼系统也有影响，能增加骨骼钙盐沉积，加速骨骺闭合和骨的形成，并有促进蛋白质合成，以及增加水、钠潴留的作用。

【应用】用于发情不明显动物的催情及胎衣、死胎排出。

【注意事项】①妊娠早期的动物禁用，以免引起流产或胎儿畸形。②可以作为治疗用药，但不得在动物源性食品中检出。

4. 黄体酮（孕酮）

【药理作用】在雌激素作用基础上，黄体酮可促进子宫内膜增生和腺体发育，抑制子宫肌收缩，减弱子宫肌对催产素的反应，起"安胎"作用；通过反馈机制抑制垂体前叶促黄体素的分泌，抑制发情和排卵。与雌激素共同作用，可刺激乳腺腺泡的发育，为泌乳做准备。

【应用】用于预防习惯性或先兆性流产，控制雌性动物的同期发情，抑制发情。

【注意事项】长期应用可使妊娠期延长。

5. 烯丙孕素

【药理作用】本品为人工合成的孕激素，与天然黄体酮的作用类似。给药期间能够抑制脑垂体分泌促性腺激素（促卵泡素和促黄体素），阻止卵泡发育及发情；给药结束后，脑垂体恢复分泌促性腺激素，促进卵泡发育与发情。停药时卵泡发育程度一致，加上促性腺激素的分泌同步恢复，促使所有动物在停药5~8d后同期发情。

【应用】用于控制后备母猪同期发情。

【注意事项】①仅用于至少发情过一次的性成熟的母猪。②有急性、亚急性、慢性子宫内膜炎的母猪慎用。

三、促性腺激素释放激素类药物

1. 绒促性素（绒膜激素）

【药理作用】绒促性素具有促卵泡素和促黄体素样作用。对母畜可促进卵泡成熟、排卵和黄体生成，并刺激黄体分泌孕激素。对未成熟卵泡无作用。对公畜可促进睾丸间质细胞分泌雄激素，促使性器官、副性征的发育、成熟，使隐睾病畜的睾丸下降，并促进精子生成。

【应用】主要用于诱导排卵、同期发情，治疗卵巢囊肿、习惯性流产和公畜性机能减退。

【注意事项】①不宜长期应用，以免产生抗体和抑制垂体促性腺功能。②本品的溶液极不稳定且不耐热，应在短时间内用完。

2. 血促性素

【药理作用】血促性素具有促卵泡素和促黄体素样作用。对母畜主要表现促卵泡素样作用，促进卵泡的发育和成熟，引起母畜发情；也有轻度促黄体素样作用，促进成熟卵泡排卵甚至超数排卵。对公畜主要表现促黄体素样作用，能增加雄激素分泌，提高性兴奋。

【应用】用于母畜催情和促进卵泡发育，也用于胚胎移植时的超数排卵。

【注意事项】①不宜长期应用，以免产生抗体和抑制垂体促性腺功能。②本品的溶液极不稳定且不耐热，应在短时间内用完。

3. 促黄体释放激素

【药理作用】促黄体释放激素能促使动物垂体前叶释放促黄体素和促卵泡素，兼具有促黄体素和促卵泡素作用。

【应用】用于治疗奶牛排卵迟滞、卵巢静止、持久黄体、卵巢囊肿及早期妊娠诊断，也可用于鱼类诱发排卵。

【注意事项】使用本品后一般不能再用其他类激素，剂量过大时可致催产失败。

四、前列腺素类药物

前列腺素是前列腺烷酸的衍生物，在繁殖和畜牧生产中，主要用其溶解黄体和收缩子宫。

1. 地诺前列腺素

【药理作用】本品又名氨基丁三醇前列腺素$F_{2\alpha}$、黄体溶解素，为前列腺素$F_{2\alpha}$的缓血酸胺制剂。本品能溶解黄体，使黄体萎缩，黄体酮产生减少和停止，黄体期缩短，从而使母畜提早发情和排卵，有利于配种、人工同期授精或胚胎移植。对于卵巢黄体囊肿或永久性黄体，本品均可使黄体萎缩退化，促进发情和排卵。前列腺素$F_{2\alpha}$能兴奋子宫平滑肌，对妊娠和未妊娠的子宫都有作用。妊娠末期的子宫对本品尤为敏感，可使子宫张力增加，子宫颈松弛，适用于催产、引产和人工流产。

【应用】用于马、牛、羊等同期发情，马、牛、猪催情；治疗牛持久性黄体和卵巢黄体囊肿，以及用于催产、引产、排除死胎，或治疗子宫蓄脓、慢性子宫内膜炎；用于雄性动物，可增加精液射出量。

【注意事项】①能导致多种动物流产或诱导分娩，因此注射本品前必须确定妊娠状态。②排卵后5d内给药无效。

2. 氯前列醇

【药理作用】本品为人工合成的前列腺素$F_{2\alpha}$同系物，具有强大的溶解黄体作用，能迅速引起黄体消退，并抑制其分泌；对子宫平滑肌也具有直接兴奋作用，可引起子宫平滑肌收缩，子宫颈松弛。对性周期正常的动物，通常在注射用药后2~5d发情。妊娠10~150d的母牛，通常在注射用药后2~3d出现流产。

【应用】可用于诱导母畜同期发情，治疗母牛持久黄体、黄体囊肿和卵泡囊肿等疾病；也可用于妊娠猪、羊的同期分娩，以及治疗产后子宫复原不全、胎衣不下、子宫内膜炎和子宫蓄脓等。

【注意事项】①不需要流产的妊娠动物禁用。②不能与非甾体类抗炎药同时应用。

第十三章 调节组织代谢药物

第一节 维 生 素

维生素是一类维持动物机体正常代谢和机能所必需的低分子化合物。多数维生素在体内不能合成，必须由日粮提供，或提供其前体物。维生素主要构成酶的辅酶（或辅基）参与调节物质和能量的代谢,其缺乏时可引起相应的营养代谢障碍,出现维生素缺乏症,如生长发育受阻,生产性能、繁殖力和抗病力下降等,严重者甚至可致死亡。维生素类药物主要用于防治维生素缺乏症,以及某些疾病的辅助治疗。维生素分为脂溶性维生素和水溶性维生素两类。

脂溶性维生素易溶于大多数有机溶剂,不溶于水。在食物中常与脂类共存,脂类吸收不良时其吸收也减少,甚至发生缺乏症。常用的脂溶性维生素包括维生素 A、维生素 D、维生素 E、维生素 K 等。脂溶性维生素吸收后可在体内的肝、脂肪组织中贮存,长期超量使用超过机体的贮存限量时可引起动物中毒。

水溶性维生素包括 B 族维生素和维生素 C,均易溶于水。目前已发现 20 多种 B 族维生素,如维生素 B_1(硫氨素)、维生素 B_2(核黄素)、泛酸、烟酸、叶酸、维生素 B_6、维生素 B_{12} 等。反刍动物瘤胃内的微生物能合成部分 B 族维生素,成年反刍动物一般不会缺乏,但家禽、犊牛、羔羊等则需要从饲料中获得足够的 B 族维生素才能满足其生长发育的需要。除了维生素 B_{12} 外,水溶性维生素在体内不易贮存,摄入的多余量全部随尿排出,因此急性毒性和蓄积毒性较低,临床应用比较安全。

一、脂溶性维生素

1. 维生素 A

【药理作用】维生素 A 具有促进生长、维持上皮组织(如皮肤、结膜、角膜等)正常机能的作用,并参与视紫红质的合成,增强视网膜感光力。另外,还参与体内许多氧化过程,尤其是不饱和脂肪酸的氧化。

【应用】用于防治维生素 A 缺乏症所致角膜软化症、干眼症、夜盲症及皮肤粗糙等,也可用于皮肤黏膜炎症的辅助治疗。体质虚弱的畜禽、妊娠和泌乳母畜补充适量维生素 A 可增强机体对感染的抵抗力;局部用于烧伤和皮肤炎症,有促进愈合的作用。

【注意事项】维生素 A 过量易引起中毒,表现为骨骼畸形、骨折、生长减慢、体重减轻、皮肤病、贫血、肠炎等;维生素 A 还有致畸毒性。

2. 维生素 D

【药理作用】维生素 D 对钙、磷代谢及幼龄动物骨骼生长有重要影响,主要生理功能是促进钙、磷在小肠内正常吸收。维生素 D 的代谢活性物质能调节肾小管对钙的重吸收,维持循环血液中钙的水平,并促进骨骼的正常发育。

【应用】用于防治维生素 D 缺乏所致的疾病,如佝偻病、骨软症等;也可用于治疗骨折,促进骨的愈合。奶牛产前使用,能有效预防分娩轻瘫、乳热症和产褥热。

3. 维生素 E

【药理作用】维生素 E 是机体不可缺乏的维生素,缺乏可导致白肌病、黄脂病、肝坏死、渗出性素质、贫血等,以及羔羊四肢僵直、猪桑葚心、鸡脑软化等。维生素 E 可阻止体内不饱和脂肪酸及其他易氧化物质的氧化,保护细胞膜的完整性,维持其正常功能;维生素 E 可促进性激素分泌,调节性腺发育、促成受孕、防止流产、提高繁殖能力;另外,维生素 E 还能提高动物对疾病的抵抗力,增强抗应激能力;维护骨骼肌和心肌的正常功能;维生素 E 与硒关系密切,可改善缺硒症状,其可将含硒的氧化型过氧化物酶变为还原型过氧化物酶,以及减少其他过氧化物的生成而节约硒。

【应用】用于防治畜禽维生素 E 缺乏症,如犊牛、羔羊、马驹和猪的白肌病、猪的肝坏死病和黄脂病、雏鸡的脑软化和渗出性素质等;与硒合用可减少母牛胎盘滞留、子宫炎、卵巢囊肿的发生率。

二、水溶性维生素

1. 维生素 B_1（硫胺素）

【药理作用】维生素 B_1 在体内与焦磷酸结合成焦磷酸硫胺素（辅羧酶），参与体内糖代谢中丙酮酸、α-酮戊二酸的氧化脱羧反应，为糖类代谢所必需。维生素 B_1 对维持神经组织、心脏及消化系统的正常机能起着重要作用。

【应用】用于防治维生素 B_1 缺乏症，如多发性神经炎、各种原因引起的疲劳和衰竭。另外，还可用于高热、重度损伤以及牛酮血症、神经炎、心肌炎的辅助治疗。

2. 维生素 B_2（核黄素）

【药理作用】维生素 B_2 是体内黄素酶类辅基的组成部分。黄素酶在生物氧化还原中发挥递氢作用，参与体内碳水化合物、氨基酸和脂肪的代谢，并对中枢神经系统的营养、毛细血管功能具有重要影响。

【应用】用于防治维生素 B_2 缺乏症，如口炎、皮炎、角膜炎等。

3. 维生素 B_6

【药理作用】维生素 B_6 是吡哆醇、吡哆醛、吡哆胺的总称，它们在动物体内有着相似的生物学作用。维生素 B_6 在体内经酶作用生成具有生理活性的磷酸吡哆醛和磷酸吡哆醇，是氨基转移酶、脱羧酶及消旋酶的辅酶，参与体内氨基酸、蛋白质、脂肪和糖的代谢。此外，维生素 B_6 还在亚油酸转变为花生四烯酸等过程中发挥重要作用。

【应用】用于防治维生素 B_6 缺乏症，如皮炎、周围神经炎等。

4. 复合维生素 B

本品用于防治 B 族维生素缺乏所致的多发性神经炎、消化障碍、癞皮病、口腔炎等。

5. 维生素 C

【药理作用】维生素 C 在体内和脱氢维生素 C 形成可逆的氧化还原系统，此系统在生物氧化还原反应和细胞呼吸中起重要作用。维生素 C 参与氨基酸代谢及神经递质、胶原蛋白和组织细胞间质的合成，可降低毛细血管通透性，具有促进铁在肠内吸收、增强机体对感染的抵抗力以及增强肝脏解毒能力等作用。

【应用】用于防治维生素 C 缺乏症，也常用于各种传染性疾病和高热、外伤或烧伤，以增强抗病力和促进伤口愈合。此外，还用于各种贫血、出血症、高铁血红蛋白血症和过敏性皮炎等的辅助治疗。也用于砷、汞、铅和某些化学药品中毒，以提高机体解毒能力。

第二节 矿 物 质

矿物质是动物机体的重要组成成分，是一类无机营养素。矿物质对保障动物健康、提高生产性能和畜产品品质均有重要作用。动物机体所必需的微量元素有铁、硒、钴、铜、锰、锌等，它们对动物的生长代谢过程起着重要的调节作用，缺乏时可引起各种疾病，并影响动物生长和繁殖性能；但过多也会引起动物中毒，甚至死亡。钙和磷等常量元素广泛分布于土壤和植物中，为动植物的生长所必需。在现代畜牧业生产中，钙和磷常以骨粉或钙、磷制剂的形式按适当比例混合添加在动物日粮中，以保证畜禽健康生长。

一、钙和磷

1. 钙

【药理作用】

1）促进骨骼和牙齿钙化形成：动物机体中的钙99%沉积在骨骼和牙齿中，以促进其生长发育，维持其形态与硬度。正在生长的动物、泌乳和妊娠家畜、产蛋家禽更需要从日粮中获得必需的钙，以保持骨的正常结构。当钙、磷不足时，成年动物出现骨软症、幼年动物出现佝偻病。

2）维持神经肌肉的正常兴奋性和收缩功能：血浆钙浓度过低、神经肌肉兴奋性过高，可呈现强直惊厥、昏迷；反之，血浆钙浓度过高、神经肌肉兴奋性下降，表现出肌张力下降。

3）参与神经递质的释放与调节激素的分泌：自主神经末梢神经递质和内分泌激素的释放，都需有钙离子参与。在细胞外钙离子浓度升高并进入细胞内时，神经递质和激素的释放速度加快。

4）对抗镁离子作用：钙离子和镁离子在中枢神经系统内有竞争性对抗作用，增加钙离子浓度就能排挤受体上的镁离子。在动物发生镁离子中毒时，可用钙盐解救。

5）消炎、抗过敏：钙离子能增加毛细血管的致密度，降低其通透性，减少渗出，达到消炎、抗过敏作用。

6）促进凝血：钙离子是重要的凝血因子，其参与凝血酶原激活物的形成，可激活凝血酶，维持正常凝血过程。

【应用】

1）产后瘫痪：奶牛产后瘫痪（或猪产前瘫痪）需补充钙制剂。

2）软骨病：可用于日粮中钙、磷及维生素 D 等营养物质缺乏、钙磷比例失调或因吸收障碍所致骨组织骨化不全或脱钙脱磷，出现骨质疏松、软脆、变形等。成年鸡腿软无力、行走困难，奶牛出现跛行，应适当补钙、磷，配合给予维生素 D 治疗。

3）佝偻病：正在生长发育的幼龄动物因缺钙缺磷或因维生素 D 不足导致骨化速度减缓或停止，使骨骼变形、变软。早期可用补钙、磷制剂，配合维生素 D 治疗防止病情进一步发展，但对已变形骨骼治疗效果不佳。

4）抗过敏、消炎：钙离子能增加毛细血管的致密度、减少炎症物渗出，用作消炎或抗过敏药。可用于各种过敏性疾病，如荨麻疹、渗出性水肿、瘙痒性皮肤病（如湿疹）。

【常用钙制剂】

1）葡萄糖酸钙注射液：主要用于急性或慢性钙缺乏症，如猪、牛等产前或产后瘫痪、骨软症及佝偻病；也可用于毛细血管渗出性升高的过敏性疾病，如血管神经渗出性水肿、荨麻疹、皮肤瘙痒病和对抗硫酸镁中毒等。

2）氯化钙注射液：与葡萄糖酸钙应用相同，但刺激性强、含钙量比较高、安全性较差。应用时，先用等量葡萄糖注射液稀释，缓缓静脉注射。本品不得皮下或肌内注射，也不得溢出血管外，否则会导致剧痛或组织坏死。

3）氯化钙葡萄糖注射液：是含氯化钙 5%、葡萄糖 10%~20% 的注射液，用于消炎、抗过敏，治疗急性或慢性钙缺乏症和解救硫酸镁中毒。

4）碳酸钙和乳酸钙：主要供内服补充钙，用于骨软症、产后瘫痪等钙缺乏症。碳酸钙也用作抗酸药中和胃酸，或用于吸附剂进行止泻等。

2. 磷

【药理作用】

1）参与骨骼和牙齿的形成：磷和钙都是骨骼和牙齿的主要成分，不仅是骨盐结晶成分，还有促进骨盐沉淀和加速钙转运的作用，因而磷的不足和缺乏也可发生骨软症。

2）维持细胞膜结构功能的完整性：磷脂为磷在体内重要的存在方式，是细胞膜、微粒体膜、肌质网膜、线粒体膜的组成成分。因而磷脂也是维持细胞膜的正常结构和功能必不可少的成分。磷脂在血浆中与蛋白质结合成脂蛋白，参与调节和运输胆固醇等物质。

3）参与体内脂肪的转运和储存：肝脏中的脂肪酸与磷结合形成磷脂，才能离开肝脏进入血液，再与血浆蛋白结合成脂蛋白而被转运到全身组织中。

4）参与能量储存：磷是体内高能物质三磷酸腺苷（ATP）、二磷酸腺苷（ADP）和磷酸肌酸（CP）的组成成分。这些化合物在脱磷酸水解过程中能释放出大量能量，是机体细胞活动能量的重要来源。

5）磷是 DNA 和 RNA 的组成成分，还参与蛋白质的合成，对动物生长发育和繁殖等起重要作用。

6）磷也是体内磷酸盐缓冲液的组成成分，参与调节体内的酸碱平衡。

【应用】

1）防治佝偻病和骨软症：生长期的幼龄动物缺磷和钙时，骨基质上钙盐沉积不良或停止，骨骼变软或变形，行走困难；成年个体磷和钙缺乏时可使骨组织骨化不全或脱钙脱磷、骨骼疏松或松脆。母畜和产蛋家禽由于钙、磷需要量增加，因而病情更加突出，母畜可出现产后瘫痪，成年鸡腿软无力、行走困难。

2）低磷血症：急性低磷血症或慢性缺磷症，如呕吐、吸收不良等引起低血磷时，应补给磷制剂。

【常用磷制剂】

1）布他磷：促进肝功能，帮助肌肉运动系统消除疲劳，降低应激反应，用于动物急性、慢性代谢紊乱疾病。

2）磷酸氢钙：本品用于磷、钙缺乏症，多用于治疗佝偻病、骨软症及骨发育不全。家禽混饲内服，应根据日粮中磷的最少需要量（0.4%）、最适需要量（0.6%），计算磷酸氢钙的需要量。

二、微量元素

亚硒酸钠

【药理作用】 硒作为谷胱甘肽过氧化物酶的组成成分，在体内能清除脂质过氧化自由基中间产物，防止生物膜的脂质过氧化，维持细胞膜的正常结构和功能；硒还参与辅酶 A 和辅酶 Q 的合成，在体内三羧酸循环及电子传递过程中起重要作用。硒以硒半胱氨酸和硒蛋氨酸两种形式存在于硒蛋白中，通过硒蛋白影响动物机体的自由基代谢、抗氧化功能、免疫功能、生殖功能、细胞凋亡和内分泌系统等而发挥其生物学功能。

动物硒缺乏时可发生营养型肌肉萎缩，初期可能表现为呼吸困难、骨骼肌僵硬，幼龄动物发生白肌病。猪还会出现营养性肝坏死，雏鸡则发生渗出性素质、脑软化和肌肉萎缩等。成年动物硒缺乏则对疾病的易感性增加，母畜易出现繁殖机能障碍等。

【应用】 亚硒酸钠临床上作为硒补充药，用于防治幼龄动物白肌病和雏鸡渗出性素质等。

【注意事项】 ①皮下或肌内注射有局部刺激性。②硒毒性较大，超量肌内注射易致动物中毒，中毒时表现为呕吐、呼吸抑制、虚弱、中枢抑制、昏迷等症状，严重时可致死亡。③补硒的同时添加维生素 E，防治效果更好。

第十四章 组胺受体阻断药

组胺是一种常见的自体活性物质，由组氨酸脱羧而成，广泛分布在机体各组织中，尤以消化道、呼吸道和皮肤中浓度最高。正常状态下组胺以肝素-蛋白复合物形式存在，不具有生物活性，当机体受到某种因素刺激后，消化道、呼吸道和皮肤就会激活和释放大量组胺，组胺再参与机体的一系列病理反应，如过敏、炎症、增加胃酸分泌等。

组胺的生物学作用通过靶细胞上的组胺受体实现。外周组织存在两种组胺受体，即 H_1 受体和 H_2 受体。H_1 受体主要分布于皮肤血管、支气管和胃肠平滑肌，被组胺激活后引起皮肤血管通透性增加，导致皮炎，呼吸道平滑肌痉挛引起呼吸困难和哮喘，胃肠平滑肌痉挛出现腹痛、腹泻等；H_2 受体主要分布于胃壁腺细胞上，组胺作用于 H_2 受体，可使细胞内 cAMP 含量增加，通过蛋白激酶激活碳酸酐酶，使之催化 CO_2 和 H_2O 生成 H_2CO_3，后者解离并释放 H^+，使胃酸分泌增加。

抗组胺药主要是组胺受体拮抗剂，结构与组胺相似，能与组胺竞争结合受体，从而缓解因组胺释放过多导致的一系列疾病。根据药物结合受体种类的不同，本类药物主要包括 H_1 受体阻断药和 H_2 受体阻断药。H_1 受体阻断药能选择性对抗组胺兴奋 H_1 受体所致的血管扩张及平滑肌痉挛等作用，主要用于与皮肤、黏膜过敏反应有关的疾病，如荨麻疹、湿疹、饲料过敏引起的腹泻、蹄叶炎、过敏性鼻炎等。常用药物有苯海拉明、异丙嗪、马来酸氯苯那敏等，本类药物因可进入中枢神经系统，故常伴有中枢抑制的副作用。H_2 受体阻断药又称为新型抗组胺药，能有效地阻断组胺与胃壁腺细胞上的 H_2 受体结合，从而抑制胃酸分泌，临床主要用来治疗胃炎，胃、皱胃及十二指肠溃疡，应激或药物过敏引起的糜烂性胃炎等。常用药物主要有西咪替丁、雷尼替丁、法莫替丁等。此类药物一般不通过血-脑屏障，故无中枢神经抑制作用。

第一节　H_1 受体阻断药

1. 苯海拉明

【药理作用】本品为 H_1 受体阻断药，可完全对抗组胺引起的胃、肠、气管、支气管平滑肌的收缩作用，对组胺所致毛细血管通透性增加及水肿也有明显的抑制作用，作用快、维持时间短。本品尚有较强的镇静、嗜睡等中枢抑制作用和局麻、轻度抗胆碱作用。

【应用】用于变态反应性疾病，如荨麻疹、过敏性皮炎、血清病等；用于过敏性休克、因饲料过敏引起的腹泻和蹄叶炎；用于有机磷中毒的辅助治疗；用于小动物运输晕动、止吐。

【不良反应】本品有较强的中枢神经抑制作用。大剂量静脉注射时常出现中毒症状，以中枢神经系统过度兴奋为主。此时可静脉注射短效巴比妥类（如硫喷妥钠）进行解救，但不可使用长效或中效巴比妥。

【注意事项】①对于过敏性疾病，本品仅是对症治疗，同时还须对因治疗，否则病状会复发。②对严重的急性过敏性病例，一般先给予肾上腺素，然后再注射本品。全身治疗一般需持续 3d。③对过敏性支气管痉挛效果差。

2. 异丙嗪（非那根）

【药理作用】本品抗组胺作用较苯海拉明强而持久，作用时间超过 24h。因其为氯丙嗪的衍生物，故有较强的中枢抑制、止吐和降温作用，但其中枢抑制作用比氯丙嗪弱。本品可加强麻醉药、镇静药和镇痛药的作用。

【应用】用于各种过敏性疾病，如荨麻疹、过敏性皮炎、血清病等。

【不良反应】本品有较强的中枢抑制作用。

【注意事项】①小动物在饲喂后或饲喂时内服，可避免对胃肠道产生刺激作用，也可延长吸收时间。②忌与碱性溶液或生物碱合用。③有刺激性，不宜皮下注射。

3. 马来酸氯苯那敏（扑尔敏）

【药理作用】本品抗组胺作用较苯海拉明强而持久，对中枢神经系统的抑制作用较轻，但对胃肠道有一定的刺激作用。

【应用】用于过敏性疾病，如荨麻疹、过敏性皮炎、血清病等。

【不良反应】本品有轻度中枢抑制作用和胃肠道反应。

【注意事项】①对于过敏性疾病，本品仅是对症治疗，同时还须对因治疗，否则病状会复发。②幼龄动物在饲喂后或饲喂时内服可减轻对胃肠道的刺激性。③可增强胆碱受体阻断药、氟哌啶醇、吩噻嗪类及拟肾上腺素药等的作用。

第二节　H_2 受体阻断药

西咪替丁（甲氰咪胍）

【药理作用】本品为较强的 H_2 受体阻断药，能抑制胃酸分泌，还能抑制胃蛋白酶的分泌，并具有一定的免疫调节作用，无抗胆碱作用。本品对因饲料、组胺等刺激所诱发的胃酸分泌有抑制作用（既能减少分泌量又能降低酸度），对应激性溃疡和消化道上段出血也有明显作用。

【应用】主要用于治疗胃炎、胃及十二指肠溃疡和急性胃肠（消化道前段）出血等。

【注意事项】①对肝药酶（CYP450）有抑制作用，可减少多种药物的代谢，延长半衰期，应注意药物间相互作用。②能降低肝血流量，提高强首过效应药物的生物利用度。

第十五章
解毒药

　　兽医临床用于解救中毒的药物称为解毒药。根据作用特点，解毒药可分为非特异性解毒药和特异性解毒药。非特异性解毒药又称一般解毒药，是指能阻止毒物吸收、促进其排出、解除中毒症状的药物，如诱吐剂、吸附剂、泻药、利尿药、药理拮抗剂等。非特异性解毒药对多种毒物或药物中毒均可应用，但由于不具特异性，且效能较低，仅用作解毒的辅助治疗。特异性解毒药可特异性地对抗或阻断毒物的效应，而其本身并不具有与毒物相反的效应。本类药物特异性强，在中毒的治疗中占有重要地位。

本章主要介绍常用的特异性解毒药。根据解救毒物的机理，解毒药分为金属络合剂、胆碱酯酶复活剂、高铁血红蛋白还原剂、氰化物解毒剂和氟中毒解毒剂等。

一、金属络合剂

金属汞、锑、铋、铅、铜或类金属砷等大量进入动物体内，可与多种含巯基的酶结合，抑制酶的活性，使细胞代谢障碍而产生一系列中毒症状。金属络合剂的共同特点是在碳链上含有两个与金属亲和力极强的活性巯基，能与酶的巯基竞争络合金属，进而使酶复活，缓解重金属或类金属引起的中毒症状。

1. 二巯丙醇

【药理作用】本品为巯基络合剂。2 个分子的二巯丙醇与 1 个金属原子结合，可形成较稳定的水溶性复合物。复合物在动物体内有部分可重新解离为金属和二巯丙醇，后者很快被氧化并失去作用，而游离的金属仍能引起机体中毒。因此，必须反复给予足够剂量（保持药物与金属浓度比为 2:1），使游离的金属再度与二巯丙醇结合，直至全部随尿排出为止。最好在动物发生金属中毒后 1~2h 内用药，超过 6h 则作用减弱。

【应用】主要用于解救砷中毒，对汞和金中毒也有一定作用。与依地酸钙钠合用可治疗幼小动物的急性铅脑病。对其他金属的促排效果如下：排铅作用不如依地酸钙钠，排铜作用不如青霉胺，对锑和铋无效。本品还能减轻由发泡性砷化物（战争毒气）引起的损害。

【不良反应】二巯丙醇对肝脏、肾脏具有损害作用，过量使用可引起动物呕吐、震颤、抽搐、昏迷甚至死亡。由于药物排出迅速，一般不良反应可以耐过。

【注意事项】①本品为竞争性解毒剂，应及早足量使用。当重金属中毒严重或解救过迟时，含巯基细胞酶被抑制过久，活性难以恢复，故疗效不佳。②内服不吸收，仅供肌内注射，且由于注射后会引起剧烈疼痛，须深部肌内注射。③肝、肾功能不良的动物慎用。碱化尿液可减少复合物重新解离，从而使肾损害减轻。④可与镉、硒、铁、铀等金属形成有毒复合物，其毒性作用高于金属本身，故应避免与硒或铁盐同时应用。最后一次使用本品后，至少经过 24h 后才能应用硒、铁制剂。⑤对机体其他酶系统也有一定抑制作用，故应控制剂量。

2. 二巯丙磺钠

【药理作用】本品作用与二巯丙醇相似，但比二巯丙醇强，毒性较小。除对汞、砷中毒有效外，对铅、镉中毒也有效。

【应用】主要用于解救汞、砷中毒，也用于解救铅、镉等中毒。

【不良反应】静脉注射速度快时可引起呕吐、心动过速等。

【注意事项】①本品为无色澄明液体，混浊变色时不能使用。②一般多采用肌内注射，静脉注射速度宜慢。

二、胆碱酯酶复活剂

有机磷杀虫剂与动物机体的胆碱酯酶结合，形成磷酰化胆碱酯酶，使酶失去水解乙酰胆碱的活性，导致乙酰胆碱在体内蓄积，引起胆碱能神经支配的组织和器官发生一系列先兴奋后抑制的中毒症状。胆碱酯酶复活剂分子中的肟（=NOH）与磷原子的亲和力强，能夺取与胆碱酯酶（ChE）结合的磷，使胆碱酯酶恢复活性。胆碱酯酶复活剂对有机磷引起的 N 样作用（烟碱样作用）治疗效果显著，而阿托品对其引起的 M 样作用（毒蕈碱样作用）治疗效果较强，因此，有机磷化合物中毒引起机体同时出现 M 样和 N 样作用时，须两药联用，效果更好。

1. 碘解磷定（解磷定、派姆）

【药理作用】碘解磷定为肟类胆碱酯酶复活剂，其亲核基团可直接与胆碱酯酶的磷酰化基团结合，然后共同脱离胆碱酯酶，使胆碱酯酶游离恢复活性。胆碱酯酶被有机磷抑制超过36h，其活性难以恢复，故应用胆碱酯酶复活剂治疗有机磷中毒时，须在中毒早期使用，对有机磷引起的慢性中毒则无效。本品可有效缓解有机磷引起的N样症状。

【应用】对轻度有机磷中毒，可单独应用本品或阿托品控制中毒症状；中度或重度中毒时，因本品对体内已蓄积的乙酰胆碱无作用，则必须联用阿托品。阿托品能迅速缓解有机磷引起的M样中毒症状，如支气管痉挛、胃肠道痉挛和抑制腺体分泌，并通过一定的兴奋呼吸中枢作用解除有机磷引起的呼吸抑制，因此，严重中毒时胆碱酯酶复活剂与阿托品联合应用，具有协同作用。

【不良反应】注射速度过快可引起呕吐、心率加快和共济失调。大剂量或注射速度过快还可引起血压波动、呼吸抑制。

【注意事项】①有机磷中毒的动物应先以2.5%碳酸氢钠溶液彻底洗胃（敌百虫除外）；由于消化道下部也可吸收有机磷，应用本品至少维持48~72h，以防延迟吸收的有机磷加重中毒程度，甚至致死。②用药过程中定时测定血液胆碱酯酶水平，作为用药监护指标。血液胆碱酯酶活性应维持在50%~60%或更高，必要时应及时重复应用本品。③本品在碱性溶液中易分解，禁止与碱性药物配伍使用。④因本品能增强阿托品的作用，与阿托品联合应用时，可适当减少阿托品剂量。

2. 氯解磷定（氯磷定）

药理作用、应用和注意事项与碘解磷定相似，但其重活化作用更强，1g氯解磷定的作用相当于1.53g碘解磷定。

三、高铁血红蛋白还原剂

亚甲蓝（美蓝）

【药理作用】亚甲蓝本身是氧化剂，根据其在血液中浓度的不同，对血红蛋白可产生两种不同的作用。亚甲蓝在低浓度时，可通过6-磷酸-葡萄糖脱氢过程中的氢离子传递，使其转变为还原型亚甲蓝（MBH_2），进而可将高铁血红蛋白的Fe^{3+}还原为Fe^{2+}，还原型亚甲蓝又被氧化成亚甲蓝。

亚甲蓝的作用类似还原型辅酶Ⅱ高铁血红蛋白还原酶的作用，可作为中间电子传递体，促进含高铁血红蛋白还原为正常血红蛋白，并使血红蛋白重新恢复携氧的功能，所以临床上使用小剂量（每千克体重1~2mg）的亚甲蓝解救高铁血红蛋白症。当使用大剂量亚甲蓝（每千克体重超过5mg）时，血中亚甲蓝浓度过高，不能全部转变为还原型亚甲蓝，此时血中高浓度的氧化型亚甲蓝则可使血红蛋白氧化为高铁血红蛋白。

【应用】小剂量（每千克体重1~2mg）用于解救动物的亚硝酸盐中毒；大剂量（每千克体重10~20mg）用于解救氰化物中毒，与硫代硫酸钠交替使用。

【不良反应】静脉注射过速，可引起头晕、恶心、呕吐、胸闷、腹痛。剂量过大，除上述症状加剧外，还出现头痛、血压降低、心率加快伴心律失常、大汗淋漓和意识障碍。用药后尿呈蓝色，排尿时可能有尿道口刺痛。

【注意事项】①不能皮下、肌内或鞘内注射，皮下注射会引起组织坏死，后两者引起瘫痪。②肾功能不全动物慎用。③不能与强碱溶液、氧化剂、还原剂和碘化物混合注射。

四、氰化物解毒剂

氰化物中的氰离子（CN^-）能迅速与氧化型细胞色素氧化酶的 Fe^{3+} 结合，从而阻碍酶的还原，抑制酶的活性，使组织细胞缺氧，导致动物中毒。组织缺氧首先引起脑、心血管系统损害和电解质紊乱。牛对氰化物最敏感，其次是羊、马和猪。目前采用亚硝酸钠联合硫代硫酸钠解毒。

1. 亚硝酸钠

【药理作用】亚硝酸钠为氧化剂，可将血红蛋白中的二价铁（Fe^{2+}）氧化成三价铁（Fe^{3+}），高铁血红蛋白的 Fe^{3+} 与 CN^- 亲和力较氧化型细胞色素氧化酶的 Fe^{3+} 强，可竞争置换出氧化型细胞色素氧化酶，恢复酶的活性。但是高铁血红蛋白与 CN^- 结合后形成的氰化高铁血红蛋白，在数分钟后又逐渐解离，释出的 CN^- 又重现毒性，此时宜再注射硫代硫酸钠。本品仅能暂时性地延迟氰化物对机体的毒性。

【应用】用于暂时缓解氰化物中毒。

【不良反应】可引起呕吐、呼吸急促等；血管扩张可致低血压、心动过速；剂量过大或注射过快可导致虚脱、惊厥甚至死亡。

【注意事项】①对患心血管病和动脉硬化的动物应用时，要适当减少剂量和减慢注射速度。②注射较大剂量本品引起高铁血红蛋白的发绀，可用亚甲蓝使高铁血红蛋白还原。③对氰化物中毒仅能暂时性的延迟其毒性。因此要在应用本品后，立即通过原静脉注射针头注射硫代硫酸钠，使其与 CN^- 结合变成毒性较小的硫氰酸盐，随尿排出。④必须在中毒早期应用，中毒时间稍长则无解毒作用。

2. 硫代硫酸钠

【药理作用】在肝脏内硫氰生成酶的催化下，本品能与体内游离的或已与高铁血红蛋白结合的 CN^- 结合，使其转化为无毒的硫氰酸盐而随尿排出。

【应用】主用于解救氰化物中毒，也可用于砷、汞、铅、铋、碘等中毒。

【不良反应】静脉注射后除有暂时性渗透压改变外，尚未见其他不良反应。

【注意事项】①解毒作用产生较慢，应先静脉注射亚硝酸钠，再缓慢注射本品，但不能将两种药液混合静脉注射。②对内服中毒动物，还应使用本品的5%溶液洗胃，并于洗胃后保留适量溶液于胃中。

五、氟中毒解毒剂

乙酰胺（解氟灵）

【药理作用】乙酰胺为有机氟杀虫和杀鼠药氟乙酰胺、氟乙酸钠等中毒的解毒剂。乙酰胺化学结构与氟乙酰胺相似，乙酰胺的乙酰基与氟乙酰胺争夺酰胺酶，使氟乙酰胺不能脱氨转化为氟乙酸；乙酰胺被酰胺酶分解生成乙酸，阻止氟乙酸对三羧酸循环的干扰，恢复组织的正常代谢功能，从而消除有机氟对机体的毒性。

【应用】用于解救氟乙酰胺等有机氟中毒。

【不良反应】大量应用可能引起血尿，必要时停药并加用糖皮质激素使血尿减轻。

【注意事项】酸性强，肌内注射时局部疼痛，可配合应用普鲁卡因或利多卡因，以减轻疼痛。

参 考 文 献

［1］陈耀星，崔燕.动物解剖学与组织胚胎学［M］.北京：中国农业出版社，2019.
［2］董玉兰.动物解剖及组织胚胎学彩色实验教程［M］.北京：中国农业出版社，2018.
［3］赵茹茜.动物生理学［M］.6版.北京：中国农业出版社，2020.
［4］陈守良.动物生理学［M］.4版.北京：北京大学出版社，2012.
［5］邹思湘.动物生物化学［M］.5版.北京：中国农业出版社，2013.
［6］马海田.动物生物化学［M］.6版.北京：中国农业出版社，2023.
［7］佘锐萍.动物病理学［M］.北京：中国农业出版社，2017.
［8］郑世民.动物病理学［M］.2版.北京：高等教育出版社，2021.
［9］陈杖榴，曾振灵.兽医药理学［M］.4版.北京：中国农业出版社，2017.
［10］曾振灵.兽医药理学实验指导［M］.2版.北京：中国农业出版社，2017.
［11］陈杰.家畜生理学［M］.4版.北京：中国农业出版社，2003.
［12］中国兽医协会.2018年执业兽医资格考试应试指南：兽医全科类［M］.北京：中国农业出版社，2018.
［13］陈明勇.全国执业兽医资格考试历年试卷：兽医全科类［M］.北京：中国农业出版社，2023.